Ulrich Trick, Frank Weber
SIP und Telekommunikationsnetze

Weitere empfehlenswerte Titel

Ulrich Trick, Frank Weber

SIP und Tele-
kommunikationsnetze

Next Generation Networks und
Multimedia over IP – konkret

5., überarbeitete und erweiterte Auflage

DE GRUYTER
OLDENBOURG

Autoren
Prof. Dr.-Ing. Ulrich Trick
Frankfurt University of Applied Sciences
Forschungsgruppe und Labor für Telekommunikationsnetze
Kleiststr. 3
60318 Frankfurt a. M.
e-Mail: trick@e-technik.org

Dr. Frank G. Weber
60437 Frankfurt a. M.
e-Mail: weber@e-technik.org

ISBN 978-3-486-77853-3
e-ISBN (PDF) 978-3-486-85922-5
e-ISBN (EPUB) 978-3-11-039911-0
Set-ISBN 978-3-486-85923-2

Library of Congress Cataloging-in-Publication Data
A CIP catalog record for this book has been applied for at the Library of Congress.

Bibliografische Information der Deutschen Nationalbibliothek
Die Deutsche Nationalbibliothek verzeichnet diese Publikation in der Deutschen National-
bibliografie; detaillierte bibliografische Daten sind im Internet über http://dnb.dnb.de abrufbar.

© 2015 Walter de Gruyter GmbH, Berlin/Boston
Coverabbildung: shuoshu/iStock/thinkstock
Druck und Bindung: CPI books GmbH, Leck
♾ Gedruckt auf säurefreiem Papier
Printed in Germany

www.degruyter.com

Für meine Ehefrau Cornelia, meine Töchter Johanna und Susanne, meine Mutter Mafalda und zur Erinnerung an meinen Vater Werner.

Ulrich Trick

Für meine Ehefrau Heike, für Jochen und Susanne und für Krümel und Pünktchen.

Frank Weber

Inhalt

Vorwort zur fünften Auflage

Die klassischen Telekommunikationsnetze, wie ISDN und GSM/GPRS/UMTS verlieren immer mehr an Bedeutung. Moderne Telekommunikationsnetze sind IP-basiert und integrieren alle Dienste und Zugangsnetztechniken. Aktuelle Stichworte in diesem Zusammenhang sind Voice und Multimedia over IP, das Session Initiation Protocol (SIP), das Konzept der Next Generation Networks (NGN), IMS (IP Multimedia Subsystem), Software Defined Networking (SDN) und Netzwerkvirtualisierung. Diese veränderte Situation basiert auf raschen Fortschritten in der Standardisierung und bei den eingesetzten Techniken. Daher war es wieder Zeit für eine neue Auflage des deutschsprachigen NGN-Standardwerks „SIP, TCP/IP und Telekommunikationsnetze", nun mit dem präziseren Titel „SIP und Telekommunikationsnetze".

Wichtige Impulse kamen dabei erneut aus den laufenden Forschungs- und Entwicklungsprojekten der Forschungsgruppe für Telekommunikationsnetze an der Frankfurt University of Applied Sciences sowie aus Diskussionen mit Fachkollegen/innen aus Industrie und Hochschule.

Im Vergleich zur vierten Auflage wurden alle Kapitel komplett überarbeitet und aktualisiert. Dabei wurden viele neue Standards, Drafts, Studien und Publikationen berücksichtigt. Darüber hinaus wurden in der fünften Auflage einige ganz neue Kapitel und Abschnitte mit hochaktuellen und wichtigen Themen hinzugefügt:

- Bei den Protokollen in Kapitel 4 wurde wegen der zunehmenden Bedeutung der Abschnitt 4.2.3 zu IPv6 erweitert. Abschnitt 4.2.7 RTCP wurde um RTCP XR für eine detailliertere Qualitätsanalyse der Echtzeitnutzdaten ergänzt.
- Im zentralen SIP-Kapitel 5 kam ein Abschnitt 5.9 „SIP, SDP und IPv6" hinzu, um der Multimediakommunikation in IPv6-Netzen Rechnung zu tragen. Dieses Thema fand auch Eingang in Abschnitt 6.13.
- Ebenfalls in Kapitel 6 findet man nun den Abschnitt 6.7.5 „SIP-Trunking" für die Anbindung privater Multimedia over IP-Netze an öffentliche Telekommunikationsnetze.
- Erweitert wurde auch Abschnitt 6.12 „Application Server", um die komplexen Zusammenhänge bei Mehrwertdiensten in SIP-IP-Netzen an einem konkreten Beispiel zu verdeutlichen.
- Ganz neu ist Kapitel 13 zum sehr aktuellen Thema „SIP und WebRTC", der SIP-basierten Multimediakommunikation inkl. Collaboration mit einem Standard-Webbrowser als Endgerät.
- Angesichts der dynamischen Entwicklung bei der Technik der UMTS-Netze (Universal Mobile Telecommunication System) und ihrer großen Bedeutung wurde Abschnitt 14.2

„UMTS-Mobilfunknetze" unter Berücksichtigung der Releases 99 bis 13 grundlegend überarbeitet und stark erweitert. Man findet hier nicht nur aktuelle Übersichten zu allen UMTS-Releases, sondern auch eine Beschreibung des neuen Evolved Packet Systems (EPS) als Basis für LTE (Long Term Evolution) und LTE-Advanced sowie Erläuterungen zu den verschiedenen Voice over LTE (VoLTE)-Verfahren.

- Besonders interessant sind neue Netzentwicklungen. Diese fanden Widerhall in Kapitel 15 mit eigenen Abschnitten zu Network Functions Virtualisation (NFV), Software Defined Networking (SDN), Mobilfunknetzen der 4. und 5. Generation (4G und 5G), Machine-to-Machine Communications (M2M) und Internet of Things (IoT) sowie dem Konzept der Future Networks. In diesem Kapitel kann man, komprimiert und verständlich auf knapp 40 Seiten dargestellt, in die nähere und fernere Zukunft der Telekommunikationsnetze eintauchen.

- Kapitel 16 schließlich bietet nicht nur eine Übersicht zu den für die im Buch behandelten Themen relevanten Standardisierungsorganisationen und Technikforen, sondern gibt einen Ausblick auf die Entwicklung der Telekommunikationsnetze vom ISDN über GSM/GPRS, NGN bzw. All IP-Netzen bis hin zum zukünftigen virtuellen, z.B. bei 5G-Netzen zum Einsatz kommenden Future Network.

- Auch die fünfte Buchauflage wird wieder durch das beliebte Praxiskapitel 17 „Testaufbau mit SIP User Agent und Protokollanalyse-Software" abgerundet. Hier wird nicht nur die Bedienung des Softphones PhonerLite und der sowohl auf Windows- als auch Linux-Rechnern einsetzbaren Protokollanalyse-Software Wireshark beschrieben, sondern auch der Einsatz von WebRTC mit SIP-Signalisierung.

Weitere und jeweils aktuelle Informationen zu diesem Buch sowie Links zur PhonerLite- und Wireshark-Software finden Sie auf der Web-Seite www.sip.e-technik.org. Gerne dürfen Sie uns auch Kommentare und Hinweise per E-Mail (sip@e-technik.org) zukommen lassen.

An dieser Stelle danken wir wieder Herrn Heiko Sommerfeldt, der für die Praxisteile eine neue Version des SIP User Agents PhonerLite beigesteuert hat. Besonderer Dank gebührt Herrn Dr. Armin Lehmann für die Entwicklung und Implementierung der Infrastruktur für die Praxisteile mit SIP, Multimedia over IP und WebRTC sowie seine wertvollen Beiträge zu SIP und WebRTC in Kapitel 13.

Für die kritische und sorgfältige Durchsicht des Manuskripts, verbunden mit vielen weiterführenden Anregungen und wichtigen Hinweisen danken wir den Herren Dr. Armin Lehmann und Michael Steinheimer sowie Frau Cornelia Trick.

Darüber hinaus danken wir dem De Gruyter Oldenbourg-Verlag für die Unterstützung und gute Zusammenarbeit, allen voran Herrn Dr. Gerhard Pappert und Herrn Leonardo Milla.

Frankfurt am Main, im März 2015   Ulrich Trick

                                                                        Frank Weber

1 Anforderungen an die Telekommunikationsinfrastruktur der Zukunft

Telekommunikation und damit die alltägliche Nutzung von Kommunikations- und Internetdiensten spielen heute für die Gesellschaft, das Zusammenleben, die Arbeit, die Geschäftswelt, die Freizeit etc. eine herausragende Rolle. Die hierfür erforderliche Infrastruktur hat mittlerweile eine ähnlich große Bedeutung wie die für Wasser und elektrische Energie. Daher ist auf ihre Funktion und ihre Weiterentwicklung ganz besonderes Augenmerk zu richten.

Die fortschreitende Digitalisierung, die Migration hin zu IP-Netzen (Internet Protocol), der Ausbau der Festnetzzugänge für hohe Bitraten, die zunehmende Verfügbarkeit höherer Bitraten im Mobilfunk, die massive Verbreitung extrem leistungsfähiger Endgeräte wie Smartphones und Tablets, das riesige Angebot an Diensten (z.B. in Form von Apps) etc. haben dazu geführt, dass in der Vergangenheit nicht vorstellbare Anwendungen Wirklichkeit werden, zum Teil heute schon Wirklichkeit sind.

Von nahezu jedem Ort aus elektronisch zu kommunizieren, Informationen abzurufen und Produkte und Dienstleistungen im Internet zu kaufen sowie sich online fortzubilden ist in Deutschland bzw. entprechend entwickelten Ländern mit hoher Abdeckung in der Fläche möglich. Die Menschen leben zunehmend in einer digital vernetzten Welt: am Arbeitsplatz, in der Schule oder Universität und in ihren eigenen vier Wänden. Digitalisierung und leistungsfähige Kommunikationsmöglichkeiten erleichtern die medizinische Versorgung durch schnelle Verfügbarkeit von Röntgenbildern und Krankenberichten sowie das Hinzuziehen von Spezialisten per Telekommunikation. Diagnose und Behandlung können durch Vernetzung verbessert werden. In der Zukunft könnte Telemedizin die medizinische Versorgung optimieren bzw. in ländlichen Gebieten sicherstellen. Ein anderer Lebensbereich, der von höheren Bandbreiten und Vernetzung z.B. durch verbesserte Home Office-Möglichkeiten profitiert, ist die Vereinbarkeit von Familie und Beruf. Bereits heute unterstützt die Telekommunikationsinfrastruktur einen hohen Grad an Mobilität. Die Nutzer haben u.a. Zugriff auf maßgeschneiderte Apps, ermitteln damit vor Ort die beste Verkehrsverbindung mit Bus oder Bahn oder den kürzesten Weg zum nächstgelegenen Bankautomaten. Für den nächsten Flug können sich Reisende schon heute per Smartphone einchecken. Autofahrer werden digital an Staus vorbeigeleitet, in der Zukunft werden Autos untereinander und mit den Nutzern kommunizieren und z.B. vor Staus, Geisterfahrern und anderen Sicherheitsrisiken wie Glatteis warnen. Das Internet erleichtert durch umfassend mögliche Information, durch Meinungsaustausch, Online-Petitionen usw. die Partizipation an gesellschaftlichen Entwicklungen und Entscheidungsprozessen und kann damit die Demokratie stärken. Als weitere große gesellschaftliche Aufgaben, bei deren Bewältigung die Vernetzung durch eine leistungsfähige Telekommunikationsinfrastruktur helfen kann, sind die Energiewende, Verkehr und Elektromobilität, der demografische Wandel sowie eine exzellente Ausbildung zu nennen [Bund].

Daneben könnten sich infolge einer hochbitratigen, IP-basierten und mobilen Vernetzung wirtschaftliche Chancen in den Bereichen Smart Grid, Smart Home, Energiemanagement, Big Data, Industrie 4.0 (die vernetzte Produktion), Cloud Computing, E-Mobility etc. ergeben durch innovative Techniken und neue Geschäftsmodelle. Dies betrifft viele Wirtschaftssektoren wie Energie, Umwelt, IT (Informationstechnik), Industrie allgemein, Anlagen- und Maschinenbau, die Automobilbranche, Verkehr, Gesundheit, Bildung, ja sogar die Landwirtschaft [Bund].

Bei diesen Betrachtungen dürfen aber auch die Probleme in der Umsetzung und mögliche negative Auswirkungen nicht unerwähnt bleiben. Während die US-amerikanische Regulierungsbehörde FCC (Federal Communications Commission) im Januar 2015 ihre Definition für einen schnellen Internetzugang von 4/1 Mbit/s down-/upstream (vom Netz zum Nutzer/vom Nutzer zum Netz) auf 25/3 Mbit/s heraufsetzte [FCCN], ging man in der deutschen Politik – allerdings ohne offizielle Definition – noch 2013 bereits bei 1 Mbit/s downstream von einem Breitbandanschluss aus. Immerhin ist es gemäß der „Digitalen Agenda 2014–2017" [Bund] das erklärte Ziel, 2018 in Deutschland flächendeckend mindestens 50 Mbit/s anbieten zu können, u.a. mittels Technologiemix und infolge von Breitbandförderung in ländlichen Räumen [Bund].

Kritikwürdig sind sicherlich Sicherheit und Datenschutz. Cyber-Kriminalität, aber auch die unterschiedslose Überwachung durch Geheimdienste [Rose3] sind in den Fokus der Öffentlichkeit getreten. Die Integrität der Daten und Netze kann derzeit nicht sichergestellt werden. Durch Sammeln und Auswerten von Big Data wird zukünftig eine Vorhersage der Gewohnheiten und Handlungsweisen möglich. Der „Big Brother" tritt zum einen in Form der Geheimdienste, aber vor allem auch in Gestalt der Firmen Google, Apple, Amazon etc. auf [Opas1]. Mit der zunehmenden Vernetzung und der Durchdringung des Privatlebens und Geschäftsalltags mit alle Lebensbereiche umfassenden Applikationen wachsen die Möglichkeiten der Überwachung und Fremdbestimmung. Das Vertrauen in Datenschutz, Datensicherheit und informationelle Selbstbestimmung nimmt ab, das technisch Machbare könnte der Maßstab werden [Opas1]. Zudem ist bez. technischer und gesellschaftlicher Entwicklung zu berücksichtigen, dass sich die Technologien deutlich schneller ändern als die Gewohnheiten der Menschen [Opas2].

Betrachtet man die Situation und den Veränderungsprozess rein vom technischen Standpunkt aus, wird der Blick auf die aktuellen und die sich erst noch abzeichnenden Entwicklungen bei den Telekommunikationsnetzen gelenkt. Stichworte hierfür sind die Ausrichtung auf Paketvermittlung, die Konvergenz der verschiedenen Netze mit Leitungs- und Paketvermittlung sowie festen und mobilen Teilnehmeranschlüssen, Voice/Multimedia over IP, UMTS (Universal Mobile Telecommunication System), NGN (Next Generation Networks), Mobilfunknetze der 4. und 5. Generation usw.

Eine sehr wichtige Rolle spielt hierbei das Session Initiation Protocol (SIP). Für die Multimedia-Versionen von UMTS, ab UMTS Release 5, wurde es als Standard festgelegt.

In diesem Zusammenhang ebenfalls zu erwähnen sind neue Techniktrends wie Network Functions Virtualisation (NFV) und Software Defined Networking (SDN). Großen Einfluss auf die Netze wird auch die massiv zunehmende Kommunikation von Maschinen bzw. smarten Dingen haben. Stichworte hierzu sind Machine-to-Machine Communications (M2M) und Internet of Things (IoT).

Die Zukunft der Telekommunikationsinfrastruktur, diese Thematik ist von enormer Wichtigkeit: für das Zusammenleben aus internationaler, nationaler, regionaler und lokaler Sicht, für die soziale und wirtschaftliche Entwicklung der Gesellschaften und nicht zuletzt auch für die technische Entwicklung im IT-Sektor. Das wirft natürlich unterschiedlichste Fragen auf. Während in diesem Kapitel 1 einführend auf mögliche Anwendungen, Auswirkungen auf die Gesellschaft, eine Telekommunikationsinfrastruktur allgemein, das Nutzerverhalten, Applikationsbereiche und hierfür benötigte Netze sowie grundlegende Anforderungen an die Telekommunikationsnetze eingegangen wird, widmen sich alle folgenden Kapitel 2 bis 17 detailliert heutigen und zukünftigen Netzkonzepten, Netzarchitekturen, Kommunikationssystemen, Protokollen, ihrer Standardisierung und praktischen Anwendung.

1.1   Telekommunikationsinfrastruktur

Unter Infrastruktur versteht man alle Einrichtungen und Gegebenheiten, die der Wirtschaft als Basis ihrer Aktivitäten zur Verfügung stehen [Joch]. Darunter fallen Bereiche wie die Energieversorgung, das Ausbildungssystem, die Verkehrsinfrastruktur und natürlich die Telekommunikationsinfrastruktur. Noch allgemeiner ausgedrückt kommen Infrastrukturen allen Menschen eines Landes zugute [Rade]. Dies hat zur Folge, dass nicht nur die wirtschaftlichen Randbedingungen, sondern auch die Lebensqualität in einer Region maßgeblich von den vorhandenen Infrastrukturen abhängen.

Eine detailliertere Beschreibung geht von drei sich ergänzenden Begriffen aus [Joch; Buhr]:

- materielle Infrastruktur,
- institutionelle Infrastruktur,
- personelle Infrastruktur.

Dabei umfasst die materielle Infrastruktur alle Anlagen und Betriebsmittel. Im Falle der Telekommunikation sind das die informations- und kommunikationstechnischen Systeme und die durch ihre Verschaltung gebildeten Netze, die zugehörigen Übertragungswege, die erforderliche Energieversorgung und die Gebäude etc. Unter institutioneller Infrastruktur versteht man die für diesen Bereich gültigen Gesetze und Verordnungen, die Vorgaben der Regulierungsbehörde, die nationalen und internationalen Standards, denen die IT-Systeme genügen müssen, usw. Die personelle Infrastruktur schließlich meint die Menschen, ihre Zahl, die Altersstruktur, ihre Ausbildung und Qualifikation.

Für die nachfolgenden Betrachtungen interessant ist vor allem die materielle Infrastruktur. Daher wird sie, primär unter dem Gesichtspunkt der Netze und Systeme, etwas näher untersucht.

Bild 1.1 zeigt ganz grundlegend die Basiskomponenten eines Telekommunikationsnetzes und ihre mögliche Verschaltung. Ein Netz setzt sich zusammen aus

- Übertragungssystemen mit den Übertragungswegen,
- Vermittlungssystemen und
- Endeinrichtungen.

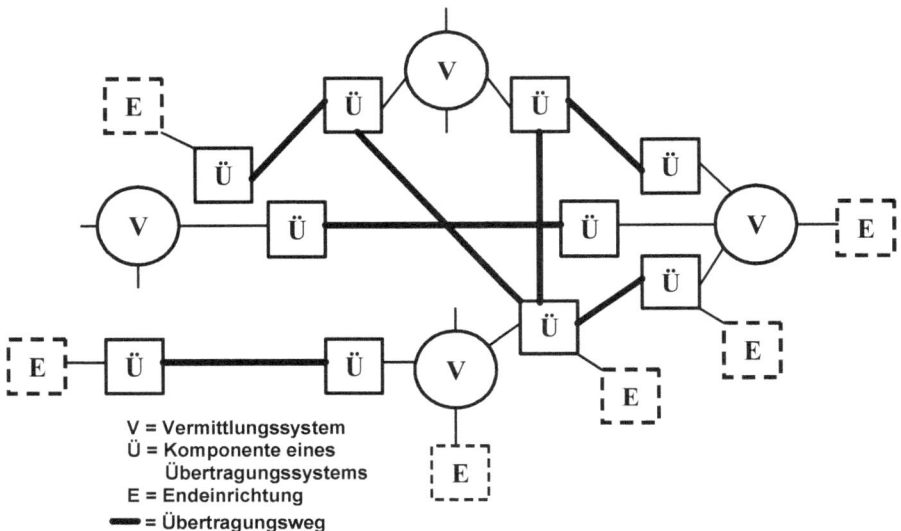

V = Vermittlungssystem
Ü = Komponente eines
     Übertragungssystems
E = Endeinrichtung
■ = Übertragungsweg

Bild 1.1: Komponenten eines Telekommunikationsnetzes

In Bild 1.1 repräsentiert jede mit Ü gekennzeichnete Einheit eine Komponente eines Übertragungssystems, z.B. Sender und Empfänger eines optischen Übertragungssystems oder eines Richtfunksystems. Mindestens zwei korrespondierende Komponenten eines Übertragungssystems kommunizieren miteinander über einen Übertragungsweg. Dies können Kupferdoppeladern oder Koaxialkabel, Lichtwellenleiter oder terrestrische bzw. satellitengestützte Funkstrecken sein. Übertragungssysteme und -wege dienen zum Transport von Nachrichten bzw. Informationen über räumliche Distanzen hinweg.

Dafür, dass für die Nachrichten im Netz geeignete Routen gesucht und zur Verfügung gestellt werden, sorgen die mit V gekennzeichneten Vermittlungssysteme. Beispiele hierfür sind ISDN-Vermittlungsstellen (Integrated Services Digital Network) oder IP-Router.

Die Endeinrichtungen E ermöglichen den Zugang zu Diensten. Beispiele sind Telefone zur Nutzung des Telefondienstes für die Sprachkommunikation oder PCs (Personal Computer) für Datendienste im Internet.

Während Bild 1.1 die Komponenten eines Telekommunikationsnetzes in mehr oder weniger beliebiger Zusammenschaltung zeigt, wird in Bild 1.2 eine typische Netzstruktur herausgearbeitet. Gemäß dieser Architektur gliedert sich ein öffentliches Telekommunikationsnetz in

- ein Kernnetz (englisch Core Network),
- ein Zugangsnetz (englisch Access Network) und
- die Endgeräte bzw. privaten Kommunikationsnetze.

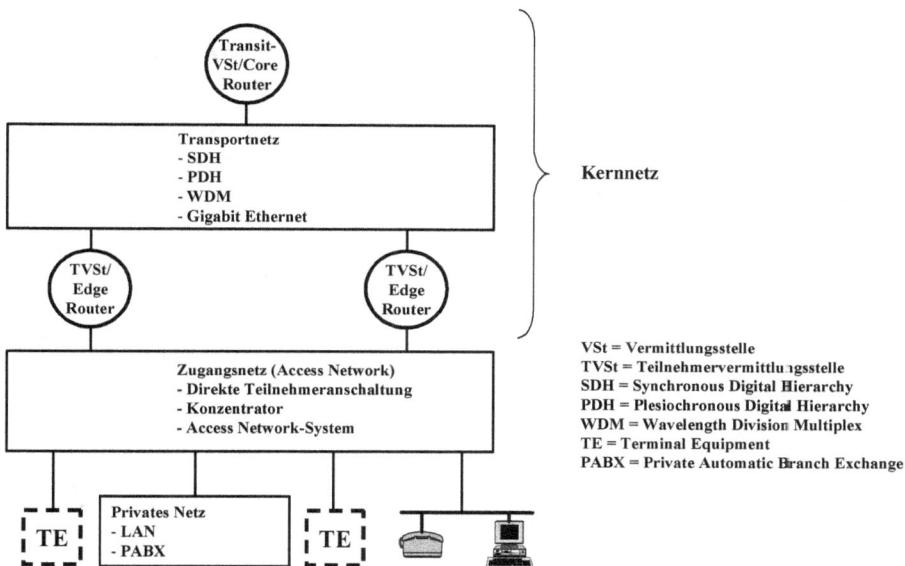

Bild 1.2: Prinzipielle Architektur eines Telekommunikationsnetzes

Zum Kernnetz gehören ISDN-Transit-Vermittlungsstellen bzw. IP Core Router zur Wegesuche (dem Routing für den Transitverkehr zwischen den Vermittlungssystemen), lokale ISDN-Vermittlungsstellen bzw. IP Edge Router (für den direkt von den Teilnehmern kommenden und zu ihnen gehenden Verkehr) sowie ein Transportnetz (englisch Transport Network), das die notwendige Übertragungstechnik im Kernnetz zur Verfügung stellt.

Im Transportnetz kommen breitbandige SDH-Technik (Synchronous Digital Hierarchy) mit Bitraten von 155 Mbit/s bis 40 Gbit/s, 1- bis 100-Gbit/s-Ethernet, WDM-Technologie (Wavelength Division Multiplex) für Bitraten von 40 Gbit/s und mehr sowie PDH-Technik (Plesiochronous Digital Hierarchy) im Bereich 2 Mbit/s bis 140 Mbit/s zum Einsatz.

Das Zugangsnetz umfasst alle übertragungstechnischen Systeme inkl. der Übertragungsmedien, die für die Anbindung der Teilnehmer mit ihren Endgeräten bzw. privaten Netzen (z.B. TK-Anlagen oder Rechner-LANs (Local Area Network)) erforderlich sind. Im einfachsten Fall repräsentiert das Zugangsnetz nur Kupferkabel für die direkte Anschaltung von Endgeräten an die Vermittlung. Häufig enthält es jedoch aktive Systeme, vor allem einer Vermittlungsstelle lokal vorgelagerte Konzentratoren oder auch spezielle Zugangsnetzsysteme mit höherer Diensteintegration.

1.2   Kommunikationsdienste und Nutzerverhalten

Grundlegend im Hinblick auf die Anforderungen an heutige und vor allem zukünftige Telekommunikationsinfrastrukturen bzw. -netze ist das Verhalten der Nutzer sowohl bezüglich der Anschlüsse als auch der Dienste.

Erste Hinweise für die deutschen Fest- und Mobilfunknetze mit Stand Ende 2014 können [VATM] entnommen werden. Dabei stellt man fest, dass es nicht nur bei den TK-Festnetzen (Telekommunikation), sondern auch bei den Mobilfunknetzen gegenüber dem Vorjahr ein leichtes Umsatzminus gegeben hat. Nur die Kabelnetze verzeichneten einen Umsatzzuwachs. Nach wie vor ist der Festnetzmarktanteil in Deutschland mit 57,5% deutlich höher als der der Mobilfunknetze mit 42,5%.

Zum bundesdeutschen Festnetzmarkt ist zu sagen, dass die Anzahl der Sprachtelefonanschlüsse immer noch leicht rückläufig ist. Was die Migration zu Voice over IP (VoIP) angeht, hat die Deutsche Telekom Ende 2014 erst knapp 20% der Telefonanschlüsse migriert, bei den Wettbewerbern ist dieser Prozess mit fast 70% deutlich weiter fortgeschritten. Bis Ende 2018 sollen alle Festnetzanschlüsse auf VoIP umgestellt sein. Mit den noch 36,8 Mio. Anschlüssen wurde im Mittel 452 Mio. Min. pro Tag telefoniert. Die Zahl der Breitbandanschlüsse nahm bis Ende 2014 auf 29,4 Mio. zu. Davon basierten 23,2 Mio. auf DSL- (Digital Subscriber Line), 5,9 Mio. auf HFC-Technik (Hybrid Fibre Coax) und gut 0,3 Mio. auf FTTB/H (Fibre To The Building/Home), wobei mittels Glasfaser 1,6 Mio. Kunden anschließbar wären. Die Nachfrage ist jedoch nicht hoch genug. Erwähnenswert ist noch, dass über diese Breibandanschlüsse – mit einer weiten Streuung – pro Nutzer und Monat ein durchschnittliches Datenvolumen von 26,7 GByte übertragen wird [VATM].

In den deutschen Mobilfunknetzen waren Ende 2014 117,5 Mio. SIM-Karten aktiviert, davon ca. 6% für M2M-Anwendungen. Mobil telefoniert wurden 303 Mio. Min. pro Tag. Während das Versenden von SMS (Short Message Service) wegen der Messaging-Dienste wie WhatsApp binnen eines Jahres massiv um 27% auf 73,8 Mio. SMS pro Tag abnahm, stieg der mobile Datenverkehr um 45% pro SIM-Karte auf durchschnittlich 283 Mbyte pro Nutzer und Monat [VATM].

Die Anzahl der Internet-Nutzer in Deutschland nimmt nur noch sehr langsam zu, auf knapp 77% in 2014. Das heißt aber auch, dass noch über 23% der Menschen offline sind. Die Zahl der Smartphone- bzw. der Tablet-Nutzer stieg von 2013 bis 2014 von 41% auf 53% bzw. von

13% auf 28% [ID21]. U.a. dieser Sachverhalt erklärt die oben erwähnte deutliche Zunahme des mobilen Datenverkehrs.

Besonders interessant im Hinblick auf die Zukunft der Netze und die zu stellenden Anforderungen ist das in [BITK1] untersuchte und 2014 veröffentlichte Kommunikationsverhalten der jungen Generation. Im Unterschied zur Gesamtbevölkerung sind 97% der 16- bis 18-Jährigen online, durchschnittlich pro Person 115 Min. am Tag. 89% dieser Altersgruppe nutzen dabei bereits ein Smartphone, bei 12-Jährigen sind es auch schon 85%. Wichtige Internet-Anwendungen für Jugendliche sind – nach Nutzungsumfang absteigend sortiert – Video-Streaming, Informationen suchen und abrufen, Musik-Streaming inkl. Web-Radio, Online-Spiele, Chatten, soziale Netzwerke nutzen, E-Mails und Telefonieren (z.B. mit Skype). Die bevorzugten Kommunikationsformen sind SMS/Messaging (z.B. WhatsApp) – für 94% die wichtigsten Dienste – Telefonieren per Festnetz, soziale Netzwerke (z.B. Facebook), mobil Telefonieren, via Internet Telefonieren (z.B. Skype) [BITK1].

Betrachtet man Telefonie und Internetnutzung im weltweiten Maßstab, stellt man im Vergleich zu Deutschland Gemeinsamkeiten, aber auch Unterschiede fest. Gemäß Untersuchungen der ITU (International Telecommunication Union), einer UN-Standardisierungsorganisation (United Nations), gab es Ende 2014 weltweit ca. 1,1 Mrd. Festnetzanschlüsse mit einem Rückgang von ca. 2% pro Jahr, während sich die Zahl der Mobilfunkverträge bei einer Steigerungsrate von 2,6% auf 6,9 Mrd. (3,6 Mrd. in der Asien-Pazifik-Region) erhöhte. Ca. 3 Mrd. Menschen (40%) nutzen das Internet, mit signifikanten Unterschieden in der Penetration zwischen städtischen und ländlichen Gebieten, 4,3 Mrd. sind offline. Letztere leben vor allem in Entwicklungsländern. Trotz dieses Missverhältnisses wächst die Datenkommunikation rasant, der internationale Internetverkehr steigt um ca. 45% pro Jahr [ITU2]. Laut [Bels] lag im 3. Quartal 2014 bei festen Internetanschlüssen weltweit die durchschnittliche Bitrate bei 4,5 Mbit/s, in der Schweiz als europäischem Spitzenreiter bei 14,5 Mbit/s, in Deutschland immerhin noch bei 8,7 Mbit/s. Zu bemerken ist in diesem Zusammenhang, dass für 4k-Videos eine Bitrate zwischen 10 und 20 Mbit/s erforderlich ist. Interessanterweise verzeichnet [Bels] auch eine deutliche Zunahme der Internet-Angriffe, wobei bei mittlerweile 201 Ursprungsländern bzw. -regionen für 49% China und für 17% die USA verantwortlich zeichneten [Bels].

Abgerundet und ergänzt werden die obigen Informationen zu Zugängen, Diensten und Nutzerverhalten durch Daten und Erhebungen des internationalen Telekommunikationsherstellers Ericsson. Demzufolge gab es Ende 2013 weltweit bereits 1,9 Mrd. Smartphones und 240 Mio. Mobilfunkverträge mit breitbandigen LTE-Zugängen (Long Term Evolution). 2019 wird mit Bezug zu 2013 vom zehnfachen mobilen Datenverkehr ausgegangen, vor allem infolge der Smartphone-Zunahme und des besonders starken Wachstums bei Video- und mit Abstrichen bei Social Media-Verkehr. Erste kommerzielle LTE-Advanced-Netzinstallationen laufen seit 2013 in Südkorea und Australien. Ende 2013 waren laut Ericsson 200 Mio. M2M Devices in den Netzen, meist noch wegen der Kosten und dem nur geringen Bitratenbedarf (z.B. für Smart Meter) in 2G-Technik [Eric1]. In [Berg2] werden für dasselbe Jahr über 176 Mio. M2M-Anschlüsse genannt, mit jährlichen Wachstumsraten von mehr als 20%.

Eine Umfrage der Firma Ericsson [Eric2] hat interessante Trends im Hinblick auf das Nutzerverhalten und zukünftige Kommunikationsdienste bzw. Applikationen zu Tage gefördert.

So übersteigt 2015 in Ländern wie z.B. Deutschland der TV-Konsum via Streaming den per Broadcast-Verteilung. Bis zu 55% der Befragten zeigten großes Interesse an Smart Home-Anwendungen, z.B. wollten sie bei per Sensoren detektiertem Wassereinbruch gerne via Smartphone alarmiert werden. Noch deutlich größer war das Interesse an Smart City-Anwendungen, z.B. Verkehrsstauinformationen via Smartphone zu erhalten (bis 76%) oder einen täglichen Verbrauchsvergleich mit anderen Nutzern bei Gas, Elekrizität und Wasser durchführen zu können (bis 70%). Zunehmendes Interesse gibt es auch an am Körper getragenen, smarten Geräten bzw. Dingen (Wearables) mit dem Ziel gesünder und länger zu leben. Zudem möchten immer mehr Menschen (bis 48%) gerne mit dem Smartphone bezahlen. Offensichtlich kommt aber auch das Thema Sicherheit immer mehr in den Nutzerfokus. 56% der Smartphone-Besitzer wollen verschlüsselt kommunizieren [Eric2].

1.3   Applikationen und Kommunikationsnetze

Prinzipiell sind Telekommunikationsnetze zur Bereitstellung z.B. oben erwähnter Dienste und Applikationen gemäß der Bilder 1.1 und 1.2 aufgebaut. Konkretisierung, Detaillierung und insbesondere die Weiterentwicklung sind Gegenstand der folgenden Kapitel 2 bis 15. An dieser Stelle soll nur auf einen besonderen Sachverhalt im Zusammenhang mit bereits in der Einführung zu Kapitel 1 angesprochenen Anwendungsgebieten wie z.B. Energie, Verkehr und Gesundheit eingegangen werden.

Bild 1.3 zeigt in einer ersten Konkretisierung rechts unten ein modernes Kernnetz als Next Generation Network (NGN) (siehe Kapitel 3), Next Generation Mobile Network (NGMN) (siehe Abschnitt 14.2) und/oder als öffentliches Internet (siehe Abschnitt 2.3). Dabei handelt es sich beim Transportnetz um ein Glasfaser-basiertes Hochgeschwindigkeits-Optical Transport Network (OTN). Da es sich um ein konvergentes Netz (siehe Abschitt 14.6) handeln soll, sind an dieses eine Kernnetz verschiedene Zugangsnetzsysteme unterschiedlichster Technik angebunden. Hierunter fallen Systeme in DSL-Technik mit Kupferleitungen als Übertragungsmedium, HFC-Netze mit Glasfasern und Koaxialkabeln, Glasfaser-basierte Fibre In The Loop-Systeme (FITL) sowie unterschiedlichste Radio Access Networks (RAN) mit WLAN- (Wireless Local Area Network), UTRAN- (Universal Terrestrial Radio Access Network) oder auch LTE-Technik. Basisdienste wie u.a. Telefonie, Videotelefonie, Textmitteilungen werden direkt im NGN bzw. NGMN bereitgestellt, darüber hinausgehende, komplexere Dienste wie z.B. Videokonferenzen werden von Diensteplattformen (siehe Abschnitt 14.7) beigesteuert. Die bis hierher beschriebenen Funktionalitäten sind typische Teile eines modernen Telekommunikationsnetzes.

Ergänzend zeigt aber Bild 1.3 im linken Teil sogenannte Applikationsspezifische Netze (AN), die über die Zugangsnetzsysteme an das Kernnetz angebunden sind. Letztendlich handelt es sich bei den ANs um spezielle, auf einzelne Anwendungsgebiete zugeschnittene Netze, die die Infrastruktur der eigentlichen Telekommunikationsnetze nutzen und deren spezifische Applikationen dezentral in den ANs, auf Diensteplattformen der Netzbetreiber oder von Service-Anbietern in der Cloud (siehe Abschnitt 15.1) bereitgestellt werden. Vereinfacht ausgedrückt kann man die ANs in einer weiteren Netzwerkschicht oberhalb der

Telekommunikationsnetze (on top) sehen. Solche applikationsspezifischen Netze kann es für Anwendungsgebiete wie Smart Grid (intelligentes Energieverteilnetz), Smart Home (intelligente/s Haus/Wohnung), AAL (Ambient Assisted Living, intelligente Wohnung zur Unterstützung von Personen mit körperlichen Einschränkungen), E-Health (intelligentes Gesundheitsnetz), eine Smart City (intelligente Stadt), die Vernetzung von Produktionsprozessen mit Cyber Physical Systems (CPS, Industrie 4.0), ein intelligentes Verkehrsnetz mit Car-to-X-Kommunikation (z.B. Fahrzeug – Fahrzeug oder Fahrzeug – Werkstatt), smarte Logistik-Dienste, E-Learning usw. geben.

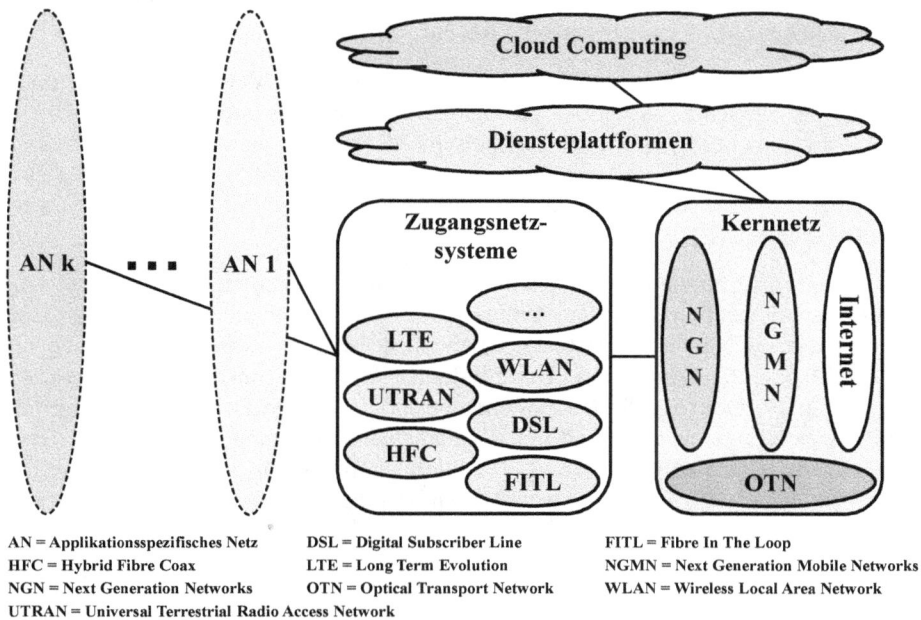

AN = Applikationsspezifisches Netz	DSL = Digital Subscriber Line	FITL = Fibre In The Loop
HFC = Hybrid Fibre Coax	LTE = Long Term Evolution	NGMN = Next Generation Mobile Networks
NGN = Next Generation Networks	OTN = Optical Transport Network	WLAN = Wireless Local Area Network
UTRAN = Universal Terrestrial Radio Access Network		

Bild 1.3: Applikationsspezifische bzw. Intelligente Netze

[BITK2] greift diesen Ansatz der applikationsspezifischen Netze gemäß Bild 1.3 auf und spricht von sog. Intelligenten Netzen in den Bereichen Energie, Verkehr, Verwaltung, Gesundheit und Bildung.

Intelligente Energienetze sorgen für ein stabiles Energiesystem durch aktive Netzteilnehmer. Im Zuge des Umstiegs auf erneuerbare Energien treten viele dezentrale Erzeuger wie Photovoltaik-Anlagen und Windkrafträder an die Stelle von vergleichsweise wenigen fossilen Kraftwerken. Weil in einem stabilen Stromnetz Erzeugung und Verbrauch sich immer die Waage halten müssen, ergeben sich für die Energie-, speziell die Verteilnetzbetreiber durch die Veränderungen bei den Erzeugern verschärfte Herausforderungen. Diesen kann durch eine Vernetzung der vielen dezentralen Erzeugern mit größeren Verbrauchern, Energiespei-

chern und ggf. auch Elektrofahrzeugen begegnet werden. Durch miteinander kommunizierende intelligente Energietechnikkomponenten und Nutzung von entsprechenden Optimie-
rungsdiensten kann die Systemstabilität sichergestellt und teurer Netzausbau vermieden
werden [BITK2]. Ein solches intelligentes Energienetz wird mit dem Fokus auf das Verteil-
netz Smart Grid genannt.

Ziel intelligenter Verkehrsnetze ist die domänenübergreifende Vernetzung des Individual-,
des Transport-, des Güterverkehrs und des öffentlichen Personennahverkehrs, um die Verkehrsinfrastruktur optimal ausnutzen zu können. Hierzu können Car-to-X-Technologie, der
Ausbau einer Sensorinfrastruktur sowie die Einbeziehung des Mautsystems für den Fernlast-
verkehr beitragen. Über die Erfassung und Verarbeitung entsprechend verfügbarer Informationen soll eine intelligente Steuerung der Verkehre erfolgen [BITK2].

Der Datenaustausch zwischen den Bürgern und der öffentlichen Verwaltung ist immer noch
Papier-lastig. Allein schon wegen des demografischen Wandels und demzufolge fehlenden
Bearbeitern ist dem durch informationstechnische Vernetzung weit über die elektronische
Steuererklärung hinaus zu begegnen. Ziel sind intelligente Verwaltungsnetze, die eine um-
fassende prozessorientierte Vernetzung sämtlicher Verwaltungen mit elektronischen Verfah-
rensabläufen schaffen [BITK2].

Unter die Überschrift Intelligente Gesundheitsnetze fallen die Vernetzung von Arzt-, Klinik-
und Apothekeninformationssystemen, Online-Anwendungen für die elektronische Gesund-
heitskarte, papierloses Informationsmanagement in der Pflege sowie Unterstützung in der
häuslichen Pflege durch Vernetzung. Darüber hinaus ist die Telemedizin zu nennen. Angestrebt werden auch audiovisuelle Kommunikationsmöglichkeiten zwischen Leistungserbrin-
gern, z.B. Ärzten, untereinander und mit den Patienten. Insgesamt wird auf dem Gesund-
heitssektor eine viel stärkere Vernetzung und Interoperabilität angestrebt. Interessant in diesem Zusammenhang sind auch Krankheitspräventionsmöglichkeiten durch z.B. Smartphones
mit Sensoren [BITK2].

Intelligente Bildungsnetze schließlich könnten digitale Lerninhalte bundesländerübergreifend
bereitstellen, Lernplattformen zugänglich machen, E-Learning fördern, etc. [BITK2].

Grundsätzlich gilt jedoch für alle oben genannten Beispiele applikationsspezifischer Netze
und die gemäß [BITK2] skizzierten intelligenten Netze, dass hierfür Breitbandnetze, ener-
gieeffiziente Rechenzentren, große Nutzerfreundlichkeit und vor allem ein extrem hohes
Maß an Sicherheit und Datenschutz Voraussetzung sind.

1.4   Anforderungen

In der Einführung zu diesem Kapitel 1 wurde versucht, für Telekommunikationsnetze bzw.
die Telekommunikationsinfrastruktur derzeitige Entwicklungen (z.B. die IP-Migration) auf-
zuzeigen sowie auf bereits von Vielen genutzte (z.B. App-basierte Dienste) oder sich abzeichnende Applikationen (z.B. Smart Grids) hinzuweisen. In der Gegenüberstellung wird
aber auch auf Defizite wie fehlende Breitbandzugänge und die Probleme bei Sicherheit und

Datenschutz hingewiesen. Zudem kann man anhand der obigen Ausführungen davon ausgehen, dass der Techniktrend der Virtualisierung sowie die Zunahme der Vernetzung von Maschinen und smarten Dingen zukünftige Netze massiv beeinflussen werden.

Betrachtet man, wie in Abschnitt 1.1 geschehen, Kommunikationsnetze als lebenswichtige Infrastruktur, ergeben sich hohe Anforderungen an die Verfügbarkeit (z.B. keine Ausfälle; Zugänge nicht nur in städtischen, sondern auch in ländlichen Gebieten), die Zuverlässigkeit, die Leistungsfähigkeit (z.B. hohe Bitraten entsprechend der zu unterstützenden Dienste), aber vor allem auch hinsichtlich Sicherheit und Datenschutz.

Verstärkt und ergänzt werden die sich bisher abzeichnenden Anforderungen durch das in Abschnitt 1.2 skizzierte Nutzerverhalten. In diesem Kontext sind die nach wie vor gegebene Bedeutung von Festnetzanschlüssen (im Mittel über 90-mal höheres Datenvolumen als bei mobilen Zugängen), die immer noch unzureichende Nutzerfreundlichkeit (z.B. 23% der Bundesbürger sind offline), die Wichtigkeit von Videostreaming und Messaging-Diensten sowie die extreme Verbreitung von Smartphones (vor allem auch bei jungen Menschen) zu nennen. Hiermit einher geht ein starkes Wachstum des Daten- bzw. Internetverkehrs. Der Bedarf an festen und mobilen Breitbandzugängen steigt. Darüber hinaus kommen zu den bereits extrem vielen von Menschen genutzten mobilen Endgeräten nach und nach immer mehr kommunizierende Maschinen und smarte Dinge.

Anwendungen in den Bereichen Smart Home und Smart City werden attraktiv, und Abschnitt 1.3 zeigt auf, dass sich auf der Basis der bestehenden und zukünftigen Telekommunikationsnetze sog. Applikationsspezifische bzw. Intelligente Netze ausbilden, z.B. in den Anwendungsgebieten Energie, Verkehr, Verwaltung, Gesundheit und Bildung. Zudem tut sich unter dem Stichwort Industrie 4.0 mit der intelligenten Vernetzung von Produktionsprozessen ein stark beachteter weiterer großer Anwendungsbereich auf.

Wegen der Ressourcenknappheit und der drohenden Klimakatastrophe gilt für alle Telekommunikationsnetze bzw. -infrastrukuren und die darauf laufenden Applikationen inkl. der Endgeräte die starke Forderung nach Energieeffizienz und geringem Energieverbrauch.

Von diesen Betrachtungen ausgehend, wurden in Tabelle 1.1 Anforderungen an zukünftige Telekommunikationsnetze zusammengestellt. Ergänzt werden diese durch allgemeingültige Anforderungen an Kommunikationsnetze.

Zum einen vermittelt diese Anforderungsliste einen ersten Eindruck zukünftiger Netze, zum anderen können die in den nachfolgenden Kapiteln behandelten Netzkonzepte zu ISDN, GSM (Global System for Mobile Communications), NGN, UMTS, FMC (Fixed Mobile Convergence), 4G und 5G, Internet of Things, Ambient Networks und Future Networks daran gespiegelt werden.

Tabelle 1.1: Anforderungen an zukünftige Telekommunikationsnetze

Anforderungen aus Infrastruktur, Kommunikationsdiensten, Nutzerverhalten und Applikationen
Sehr hohe zeitliche Verfügbarkeit
Gleichwertige Netzzugänge in städtischen und ländlichen Gebieten
Hoher Grad an Mobilitätsunterstützung
Breitbandnetz mit sehr hohen Bitraten
Nutzerschnittstellen mit hohen Bitraten
Verschiedenste, vielfältige und maßgeschneiderte Dienste
Hohes Maß an Nutzerfreundlichkeit
Voice over IP
Multimedia over IP (Sprache, Video, Text und Daten)
Sehr gute Unterstützung von Videodiensten und speziell Videostreaming
Support für 4k- und 8k-Videoauflösung für UHDTV (Ultra High Definition Television)
Bestmögliche Kommunikation zwischen Menschen
Kommunikation zwischen Maschinen bzw. smarten Dingen
Kommunikation zwischen Menschen und Maschinen bzw. smarten Dingen
Paketvermittelndes Netz auf IP-Basis
Konvergentes Netz mit verschiedenen leitungsgebundenen und Funk-Zugangsnetzsystemen
Gute Skalierbarkeit bez. Nutzerzahlen, Diensten, Bitraten und der Verteilung im Netz
Einsatz von Virtualisierungstechniken
Optimiert für Applikationsspezifische/Intelligente Netze für Smart Grid, Smart City, Industrie 4.0 usw.
Sehr hohes Maß an Sicherheit (Security)
Umfassender, wirkungsvoller und Vertrauen gebender Datenschutz
Hohe Energieeffizienz
Geringer Energieverbrauch
Allgemeine Anforderungen an Telekommunikationsnetze
Offene Systeme mit standardisierten Schnittstellen
Berücksichtigung der regulatorischen Anforderungen (z.B. Notruf, gesetzliches Abhören)
Einbindung der bestehenden Infrastruktur (z.B. ISDN)
Niedrige Betriebskosten, komplette Managebarkeit
Niedrige Systemkosten
Niedrige Inbetriebnahmekosten
Geringer Ressourcenverbrauch bei der Herstellung
Geringe Umweltbelastung in Herstellung, Betrieb und Entsorgung

2 Klassische Telekommunikationsnetze

Die klassische öffentliche Kommunikationsinfrastruktur in der Bundesrepublik Deutschland bestand aus ISDN-Netzen (z.B. von der Deutschen Telekom, Vodafone, Net Cologne, EWE TEL) für analoge und digitale Festanschlüsse, den GSM- und UMTS-Mobilfunknetzen für mobile Anschlüsse (D1 – Deutsche Telekom, D2 – Vodafone, E1 – E-Plus/Telefónica, E2 – Telefónica/O_2), dem Internet als einem aus unterschiedlichsten Netzen bestehenden IP-Netz, weiteren Datennetzen sowie Festverbindungsnetzen für nichtvermittelte Kommunikation. Ergänzt wurden ISDN und die GSM/UMTS-Netze durch die Komponenten für das sog. Intelligente Netz (IN), um komplexere, netzweite und netzübergreifende Dienste und Dienstmerkmale, sog. Mehrwertdienste anbieten zu können.

In nicht geringem Umfang wurden Kommunikationsnetze in Deutschland bereits auf Basis der NGN-Technik (siehe Kapitel 3 ff.) realisiert. Die Planungen sehen vor, dass bei den meisten Netzbetreibern der Umstieg von u.a. ISDN auf NGN in 2018 vollzogen sein wird. Parallel hierzu gibt es zahlreiche Provider mit VoIP-Angeboten via Internet.

Die oben genannten Netze unterstützen uneingeschränkt bidirektionale Kommunikation zwischen den Nutzern. Dies gilt auch für die mittlerweile hochgerüsteten, für eine breitbandige bidirektionale Kommunikation gut geeigneten koaxialkabelbasierten Fernseh- und Rundfunkverteilnetze (z.B. Unitymedia KabelBW, Kabel Deutschland/Vodafone), nicht jedoch für die ebenfalls landesweit verfügbaren terrestrischen und satellitengestützten Rundfunk- und TV-Verteilnetze.

Weitere existierende Netze, z.B. für spezielle Datenanwendungen oder Behörden, werden im Folgenden nicht näher betrachtet, da sie für die zukünftige Gesamtinfrastruktur ohne große Bedeutung sind.

2.1 ISDN

Die ISDN-Netze [Kanb; Sieg1; Stal1] versorgen die Bevölkerung flächendeckend, auch in sehr dünn besiedelten Gebieten, mit analogen und digitalen Festnetzanschlüssen für relativ schmalbandige Sprach-, Text-, Daten- und Videodienste auf Basis von 64-kbit/s-Kanälen. Bild 2.1 zeigt den prinzipiellen Aufbau des ISDN.

Das Netz arbeitet verbindungsorientiert mit Leitungsvermittlung, d.h. anhand der Telefonnummer des gewünschten Zielkommunikationspartners suchen die beteiligten Vermittlungsstellen (VSt) einen Weg durch das Netz und schalten bei Erfolg für die Dauer der Verbindung einen exklusiven 64-kbit/s-Kanal. Gemäß Bild 2.1 besteht das ISDN aus einem Kern- und einem Zugangsnetz. Zum Kernnetz gehören die wichtigsten Netzelemente, die Vermittlungsstellen. Bei ihnen unterscheidet man zwischen Teilnehmervermittlungsstellen (TVSt) für die Anschaltung der Nutzer mit ihren Endgeräten und Netzabschlüssen sowie Transit-Vermittlungsstellen für die dynamische Bereitstellung überregionaler Verbindungen. Im amerikanischen Sprachgebrauch wird eine TVSt als Class 5 Switch, eine Transit-VSt als Class 4 Switch bezeichnet.

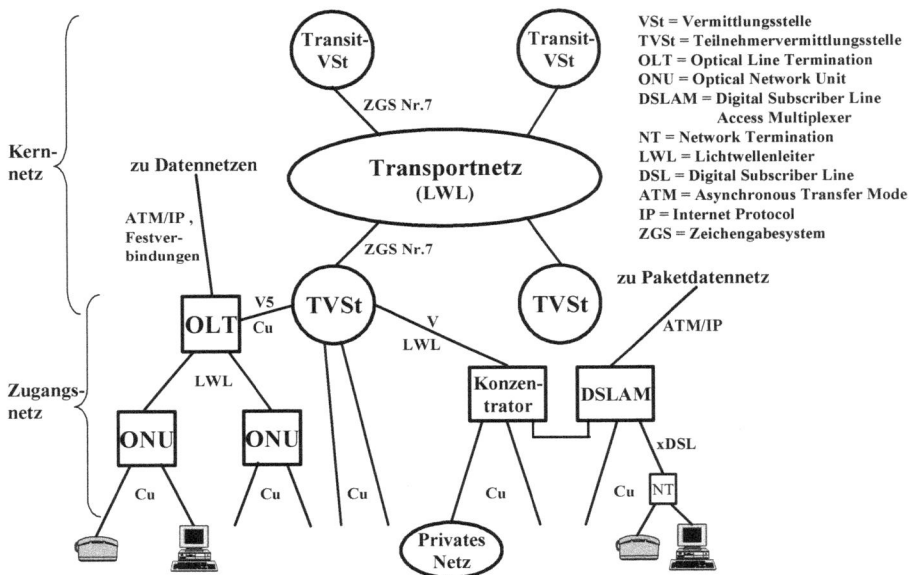

Bild 2.1: Prinzipieller Aufbau des ISDN

Unter anderem für die Kommunikation zwischen den Vermittlungsstellen über die räumlichen Distanzen hinweg dient das Transportnetz. Hier kommen weitgehend Lichtwellenleiter (LWL) und optische Übertragungstechnik zum Einsatz. Daher wird dieser schon heute relativ breitbandige Kernnetzteil auch für über ISDN hinausgehende Anwendungen wie Fest- und Internet-Verbindungen genutzt. Da die Transportnetze nur Übertragungstechnik bereitstellen, ist in diesem Bereich die Integration der verschiedenen Kommunikationsnetze am weitesten fortgeschritten.

Für den Nachrichtenaustausch zum Auf- und Abbau von Verbindungen sowie zur Steuerung der Dienste und Dienstmerkmale nutzen die Vermittlungsstellen die Signalisierungsprotokolle des zentralen Zeichengabesystems Nr.7 (ZGS Nr.7), speziell das ISUP-Protokoll (ISDN User Part) [Band; Sail]. Über das international standardisierte ZGS Nr.7 erfolgt auch die Anbindung an die ausländischen Fernsprechnetze (mittels ISUP oder TUP (Telephone User Part)), das Intelligente Netz (mittels INAP (Intelligent Network Application Part)) und die zellularen Mobilfunknetze (mittels ISUP).

Das Zugangsnetz, auch Access Network genannt, deckt den Bereich zwischen den Teilnehmervermittlungsstellen (TVSt) und den Nutzern mit ihren Endgeräten ab. Dies ist, wie schon aus Bild 2.1 ersichtlich, der inhomogenste Bereich. Die meisten Teilnehmer sind über Kupfererdkabel (Cu) angeschaltet, entweder direkt an einer TVSt oder viel häufiger – da kostengünstiger – über einen von der TVSt abgesetzt betriebenen Konzentrator. In diesen Fällen kann ein Teilnehmer nur vermittelte, d.h. über seine TVSt laufende Dienste in Anspruch nehmen. Für andere Dienste wie Festverbindungen braucht er einen separaten Zugang. Ein sich aus dieser Situation für breitbandige Internet-Anschlüsse ergebender Kompromiss ist die Kombination eines Konzentrators/einer TVSt mit einem DSLAM (Digital Subscriber Line Access Multiplexer) für xDSL-Übertragungstechnik (Digital Subscriber Line). Beispielsweise werden bei der ADSL-Technik (Asymmetric Digital Subscriber Line) das Internet-Signal (bis 8 bzw. sogar 24 Mbit/s downstream) und das analoge bzw. digitale Fernsprechsignal auf der VSt-Seite zusammengemultiplext, auf einer Cu-Doppelader übertragen und beim Nutzer wieder getrennt. Für die Upstream-Richtung (bis 1 bzw. 3,5 Mbit/s) gilt das Umgekehrte. Flexibilität bezüglich seines Diensteangebots gewinnt ein ISDN-Netzbetreiber aber erst durch Einsatz eines Zugangsnetzsystems, insbesondere wenn dieses mit Lichtwellenleitern auf Glasfaserbasis als Übertragungsmedium arbeitet. Bild 2.1 zeigt ein räumlich verteiltes System mit einem zentralen Optical Line Termination (OLT) und verteilten Optical Network Units (ONU). In diesem Fall wird nur eine Zugangstechnik trotz verschiedenster Dienste benötigt. Diese Systemarchitektur ermöglicht es, nach und nach und damit kostenoptimiert Glasfasern näher zu den Haushalten zu bringen. Damit entsteht mit der Zeit eine zukunftssichere, breitbandige Infrastruktur, zumindest was die Übertragungsmedien angeht. Ein weiterer Vorteil von modernen Zugangsnetzsystemen ist, dass sie für die Anschaltung an die TVSt standardisierte V5-Schnittstellen [Gill] bieten, während Konzentratoren üblicherweise mit firmenspezifischen V-Schnittstellen arbeiten. Dies bedeutet, dass der Konzentrator vom gleichen Hersteller wie die TVSt sein muss.

Die beschriebenen vorteilhaften Access Network-Systeme werden in Deutschland vor allem von den City- und Regional-Netzbetreibern eingesetzt, oft in Verbindung mit von der Deutschen Telekom vermieteten Cu-Leitungen (Unbundled Access). Bei den landesweit agierenden Netzbetreibern spielen sie prozentual eine geringere Rolle.

2.2   GSM- und UMTS-Mobilfunknetze

Noch deutlich mehr Nutzer als das ISDN haben die vier zellularen GSM/UMTS-Mobilfunknetze [Lüde; Walk1; 3GPP] in der Bundesrepublik. Bild 2.2 zeigt den prinzipiellen Aufbau eines GSM-Netzes. Es unterstützt die Sprach- und Datenkommunikation sowie den Internet-Zugang. Sprache wird mit 13 bzw. 12,2 kbit/s oder auch mit 5,6 kbit/s übertragen, Daten von 9,6 kbit/s pro Mobile Station (MS) bis ca. 640 kbit/s pro Funkzelle, wobei mit der EDGE-Zugangstechnik (Enhanced Data Rates for GSM Evolution) noch höhere Raten möglich sind. Während ein GSM-Netz bei Sprache und niederen Datenraten verbindungsorientiert mit Leitungsvermittlung arbeitet, hat man bei höheren Datenraten die Möglichkeit, verbindungslos mit Paketvermittlung zu kommunizieren. Letzteres setzt die Erweiterung des Netzes mit den für GPRS (General Packet Radio Service) erforderlichen Komponenten voraus [Lüde].

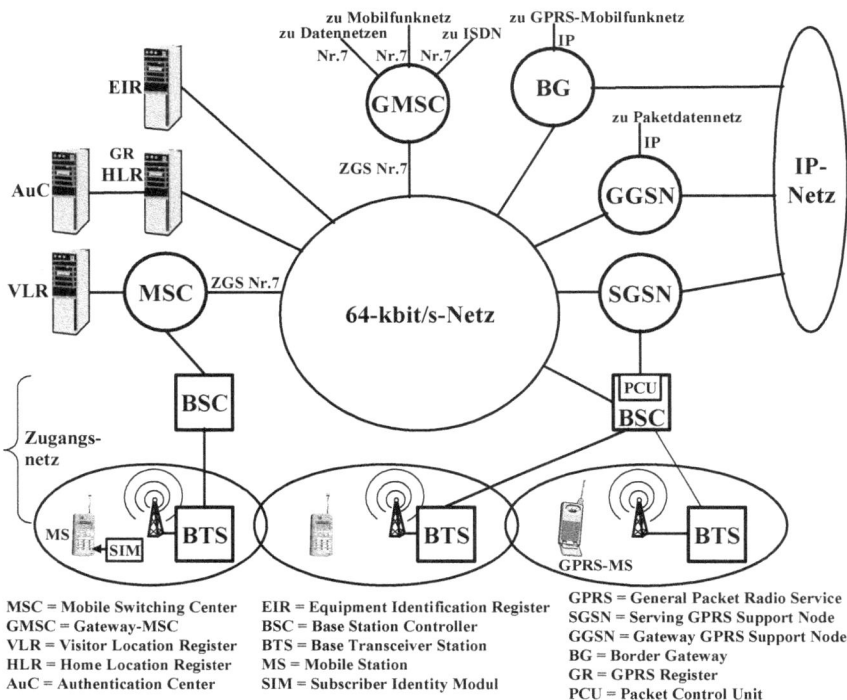

MSC = Mobile Switching Center   EIR = Equipment Identification Register   GPRS = General Packet Radio Service
GMSC = Gateway-MSC   BSC = Base Station Controller   SGSN = Serving GPRS Support Node
VLR = Visitor Location Register   BTS = Base Transceiver Station   GGSN = Gateway GPRS Support Node
HLR = Home Location Register   MS = Mobile Station   BG = Border Gateway
AuC = Authentication Center   SIM = Subscriber Identity Modul   GR = GPRS Register
   PCU = Packet Control Unit

Bild 2.2: Prinzipieller Aufbau eines GSM-Mobilfunknetzes inkl. GPRS

Damit setzt sich das GSM-Mobilfunknetz gemäß Bild 2.2 aus einem leitungs- und einem paketvermittelnden Kernnetz mit einem gemeinsamen Zugangsnetz zusammen. Die Vermittlungsstellen des leitungsvermittelnden Teils sind das Mobile Switching Center (MSC) und das Gateway-MSC (GMSC) für den Übergang zu anderen verbindungsorientierten Netzen. Die MSCs entsprechen ISDN-Vermittlungsstellen mit mobilfunkspezifischer Software. Sie kommunizieren miteinander in 64-kbit/s-Kanälen über ein kanalorientiertes Transportnetz, wobei sie für den Nachrichtenaustausch zum Auf- und Abbau von Verbindungen sowie zur Steuerung der Dienste und Dienstmerkmale die um einen mobilfunkspezifischen Anteil ergänzten Signalisierungsprotokolle des zentralen Zeichengabesystems Nr.7 (ZGS Nr.7) (ISUP für die Verbindungs-, MAP (Mobile Application Part) für die Mobilitätssteuerung) verwenden. Darüber erfolgt auch die Anbindung an die anderen Mobilfunknetze (mittels ISUP), das Intelligente Netz (mittels INAP und CAP (CAMEL Application Part)) und das ISDN-Festnetz (mittels ISUP).

Im Hinblick auf die Unterstützung umfassender Mobilität im Netz und auch zwischen GSM-Netzen können bzw. müssen die Vermittlungsstellen (die MSCs) verschiedene Register (d.h. Datenbanken) im Netz abfragen: das Home Location Register (HLR), das Visitor Location Register (VLR), das Authentication Center (AuC) und das Equipment Identification Register (EIR). Das HLR enthält die Teilnehmeridentifikationsdaten, die vom Teilnehmer abonnierten Dienste, die Kennziffer des aktuell für ihn zuständigen MSC und erforderlichenfalls die Parameter für Dienstmerkmale wie Rufweiterschaltung. Das VLR ist im Allgemeinen mit einem MSC verknüpft und enthält für alle Teilnehmer, für die das MSC gerade zuständig ist, eine Kopie der HLR-Daten. Im AuC ist für jeden Teilnehmer der persönliche Netzzugangsschlüssel gespeichert. Er wird für die Prüfung der Netzzugangsberechtigung, die Authentifizierung, herangezogen. Im EIR werden die Registriernummern der Mobilstationen (MS), der Handys, verwaltet. Es erlaubt z.B. eine Identifikation sowie eine Sperrung gestohlen gemeldeter Endgeräte.

Das Zugangsnetz enthält pro Funkzelle eine Base Transceiver Station (BTS), die Übertragungstechnik für die funktechnische Versorgung. Mehrere dieser Basisstationen werden von einem Base Station Controller (BSC), einem Konzentrator, gesteuert. Zudem routet der BSC den entsprechenden Verkehr zu den angeschalteten BTSs.

Jede Mobile Station (MS) benötigt eine SIM-Karte (Subscriber Identity Module). Diese kleine, in das Handy einzufügende Chipkarte enthält die Teilnehmer-Identifikationsnummer, während der Nutzung dann auch weitere Daten wie den letzten Aufenthaltsbereich, das persönliche Adressbuch, empfangene SMS (Short Message Service) und kleine, auch nachträglich geladene Applikationsprogramme.

Im Vergleich zum ISDN sind bei einem GSM-Netz neben dem Funkzugang zwei Funktionsbereiche gerade auch im Hinblick auf die zukünftige Infrastruktur besonders herauszustellen: die Sicherheit im Netz und die Mobilitätsunterstützung.

Ohne SIM-Karte mit den erforderlichen Daten sowie freigegebener MS-Registriernummer ist kein allgemeiner Zugang möglich. Bereits bei der Zugangsberechtigungsprüfung werden die Daten verschlüsselt übertragen. Durch die Verwendung spezieller, zum Teil temporärer Kennungen soll die Anonymität gewahrt und Unbefugten das Erstellen von Bewegungsprofilen etc. unmöglich gemacht werden. Für den Netzbetreiber ist der Nutzer bei eingeschaltetem Handy allerdings ziemlich „gläsern", der Betreiber kann (bei aktivem Handy) jederzeit feststellen, in welcher Funkzelle sich der Nutzer befindet.

Mobilität wird in einem GSM-Netz auf verschiedene Weise unterstützt. Der Teilnehmer kann abgehend und ankommend kommunizieren, egal in welcher Funkzelle er sich gerade befindet, er wird im Netz lokalisiert. Dazu wird laufend sein Aufenthaltsbereich aktualisiert, es findet das sog. Roaming statt. Dies initiiert die Mobilstation selbst, indem sie ihrem aktuellen MSC mitteilt, in welcher Location Area bzw. Funkzelle sie sich gerade befindet. Das

MSC aktualisiert in der Folge erforderlichenfalls die VLR- und HLR-Einträge. Beispielsweise bestimmt bei einem ankommenden Ruf das mit dem rufenden Teilnehmer korrespondierende MSC oder GMSC anhand der Rufnummer das HLR der Ziel-MS und ruft von dort (mittels MAP-Protokoll) deren augenblickliche Position ab (d.h., in welchem MSC-Bereich/VLR (Location Area) sie sich gerade befindet). Aufgrund dieser Information wird eine direkte Verbindung zwischen den beiden beteiligten MSCs aufgebaut (mittels ISUP), und das Ziel-MSC erfragt im besuchten Bereich die gültigen Teilnehmerdaten im VLR. Ist die MS erreichbar, wird sie vom MSC über alle angeschlossenen BTS dieser Location Area gerufen. Antwortet die MS, kommt die Verbindung zustande, und der genaue Aufenthaltsort (die Funkzelle) ist bekannt. Eine bestehende Verbindung bleibt auch erhalten, wenn der Nutzer währenddessen die Zelle oder sogar den MSC-Bereich wechselt. Diesen Vorgang nennt man Handover. Grundsätzlich gilt, dass der Teilnehmer mit seiner MS überall im Netz und auch in fremden GSM-Netzen mit Roaming-Abkommen kommunizieren kann. Insgesamt bietet GSM eine ziemlich umfassende Mobilitätsunterstützung: persönliche, Endgeräte- und Dienste-Mobilität. D.h., der Nutzer kann bei gleicher SIM-Karte eine beliebige MS verwenden und ist dann über seine Rufnummer im gesamten Netz erreichbar, eine MS funktioniert auch bei räumlicher Bewegung weiter, und dem Teilnehmer stehen über seine SIM-Karte unabhängig von Aufenthaltsort und Endgerät die von ihm abonnierten Dienste und Dienstmerkmale mit seinen persönlichen Daten wie z.B. seinem Adressbuch zur Verfügung.

Gemäß Bild 2.2 wird die GSM-Architektur für Paketdaten um drei logische Netzelementtypen erweitert, zudem brauchen die Nutzer spezielle GPRS-Mobile Stations. Ansonsten kann die GSM-Infrastruktur mit Erweiterungen der BTSs und BSCs verwendet werden. Bei GPRS werden pro Zelle mehrere Funkkanäle zusammengefasst, die dann von mehreren GPRS-Nutzern gemeinsam mit statistischem Multiplex für IP-Kommunikation, z.B. für mobile Internet-Zugänge, genutzt werden können. Das Kernnetz wird um die Netzelemente SGSN (Serving GPRS Support Node), GGSN (Gateway GPRS Support Node) und BG (Border Gateway) ergänzt. Hierbei handelt es sich um Paketvermittlungsstellen mit den Aufgaben nach Bild 2.2, die untereinander über ein IP-Netz kommunizieren. Für die Mobilität der GPRS-Teilnehmer muss das HLR um GPRS-spezifische Daten bzw. -Teilnehmerprofile erweitert werden, das sog. GPRS Register (GR). Zudem tauschen die aktuell zugehörigen MSC/VLR und SGSN laufend Informationen zum Aufenthaltsbereich der GPRS-Nutzer aus. Soll im Zugangsnetz zur Erzielung höherer Bitraten mit EDGE-Technik gearbeitet werden, sind sowohl EDGE-fähige Basisstationen als auch Endgeräte notwendig.

Ein GSM-Netz mit GPRS bietet eine integrierte Lösung mit leitungs- und paketvermittelten Diensten für mobile Nutzer, allerdings nur per Funk und relativ schmalbandig.

Im Prinzip genau die gleiche Funktionalität, allerdings mit breitbandigerem Funkzugang bieten die UMTS Release 99-Netze gemäß Bild 2.3 (siehe auch Abschnitt 14.2). Im Kernnetz wird weiter die GSM- und GPRS-Technik genutzt [100522], die Sprachkommunikation erfolgt nach wie vor leitungsvermittelt. Die eigentliche Neuerung im Vergleich mit einem GSM-Netz ist das deutlich leistungsfähigere Zugangsnetz UTRAN (Universal Terrestrial Radio Access Network) [25401], das pro Funkzelle Bitraten bis zu 2 Mbit/s bzw. mit HSDPA- (High Speed Downlink Packet Access) und HSUPA-Technik (High Speed Uplink Packet Access) bis zu 14,4 Mbit/s downstream und 5,8 Mbit/s upstream unterstützt. Das

UTRAN-Zugangsnetz in Bild 2.3 wird mittels Base Stations Node B und den zugehörigen Controllern RNC (Radio Network Controller) realisiert.

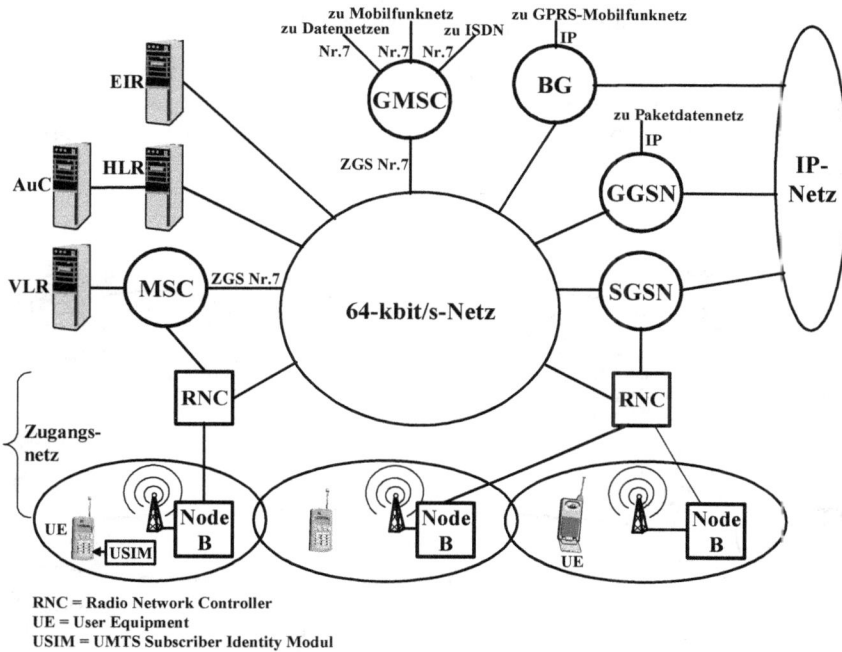

RNC = Radio Network Controller
UE = User Equipment
USIM = UMTS Subscriber Identity Modul

Bild 2.3: Prinzipieller Aufbau eines UMTS Release 99-Mobilfunknetzes

Zum allgemeinen Verständnis in nachfolgenden Abschnitten, die sich mit Mobilfunktechnik befassen, soll hier noch kurz auf die verschiedenen Funkzellentypen eingegangen werden. Macro-Zellen versorgen einen größeren Bereich mit mehreren Kilometern Ausdehnung. Ergänzt werden diese durch Micro-Zellen für kleinere Versorgungsbereiche mit hohem Verkehrsaufkommen (z.B. Kreuzung) oder schwierigen Funkausbreitungsverhältnissen (z.B. enger Straßenzug). Wird eine Micro-Zelle im Gebäudeinneren eingesetzt (z.B. Einkaufszentrum, Bahnhof), spricht man auch von einer Pico-Zelle. Femto-Zellen schließlich decken nur eine einzelne Wohnung oder einen Raum ab.

2.3   Internet

Während bei ISDN bzw. NGN (siehe Kapitel 3 ff.) und bei den GSM-Netzen nahezu 100% aller Bürgerinnen und Bürger in Deutschland Nutzer sind, gilt dies beim Internet [Tane; Stal2; Steu] nur für einen deutlich geringeren Prozentsatz [Paul].

Der große Vorteil des Internets ist, dass es auf Basis von IP (Internet Protocol) verschiedenste Dienste bis hin zu Multimedia und sogar Netze integriert. Damit bietet es eine offene, landes- bzw. weltweit verfügbare Kommunikationsplattform. Bild 2.4 zeigt den prinzipiellen Aufbau des Internet.

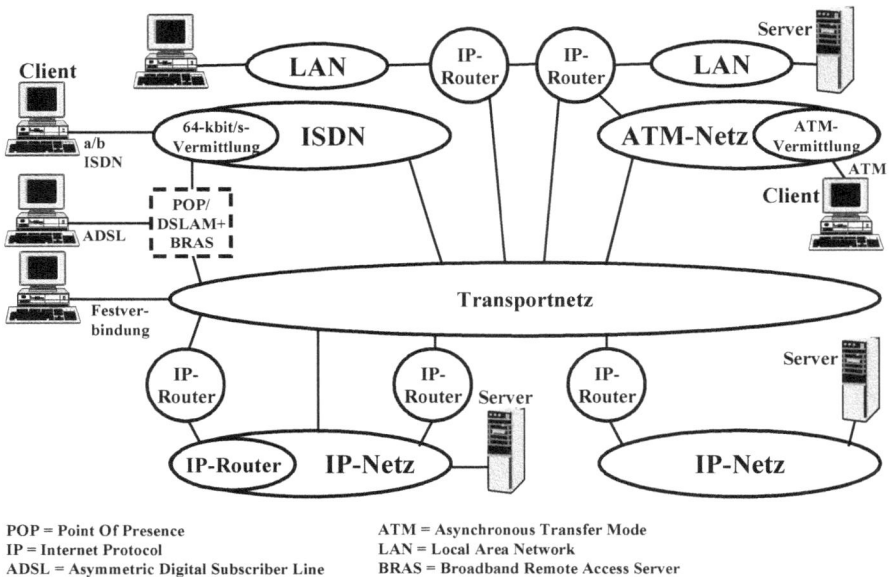

POP = Point Of Presence   ATM = Asynchronous Transfer Mode
IP = Internet Protocol   LAN = Local Area Network
ADSL = Asymmetric Digital Subscriber Line   BRAS = Broadband Remote Access Server

Bild 2.4: Prinzipieller Aufbau des Internet

Es besteht aus den Clients (d.h. Rechnern mit entsprechender Software bei den Anwendern z.B. für E-Mail-Versand oder WWW-Browser (World Wide Web)), den Servern (d.h. Rechnern mit der zugehörigen Software bei den Diensteanbietern), Servents (Client und Server bei der direkten Peer-to-Peer-Kommuniktion, z.B. in Datei-Tauschbörsen) und den IP-Routern (den Paketvermittlungsstellen). Die Netze bzw. Subnetze zwischen den IP-Routern, Clients und Servern bieten aus IP-Sicht nur Übertragungskapazität, unabhängig davon, ob es sich um ein Transportnetz mit Festverbindungen handelt, ein ATM-Netz (Asynchronous Transfer Mode) mit Fest- und Wählverbindungen, ein Local Area Network (LAN) oder das ISDN für die dynamische Einwahl per Modem oder ISDN-Zugang. Da auch für die Zugänge ganz unterschiedliche Netze zur Anwendung kommen – Beispiele für Modem-, ISDN- oder ADSL-Zugang sind detaillierter in Bild 2.5 dargestellt –, variieren die Bitraten auf den Nutzerschnittstellen zwischen minimal 14,4 kbit/s und mehr als 1 Gbit/s.

Das Resultat ist: Beim Internet handelt es sich um ein IP-basiertes, sich aus vielen Subnetzen bildendes Paketdatennetz, das vermittelnde (z.B. ISDN, ATM) und Transport-Netze zur Übertragung der IP-Pakete mit einbezieht. Trotz der Nutzung darunter liegender, verbindungsorientiert und leitungsvermittelt arbeitender Netze erfolgt die Kommunikation im Internet selbst als einem übergreifenden Gesamtnetz verbindungslos und paketvermittelt. Die Wegesuche, das Routing im Netz, geschieht anhand der IP-Adressen, wobei aufeinander folgende Pakete trotz gleicher Kommunikationspartner verschiedene Wege nehmen können. Bis heute arbeitet das Internet nach dem Best Effort-Prinzip, d.h. IP-Pakete werden unabhängig vom Dienst von den Routern mit der gleichen Priorität weitervermittelt. Zusammenfassend bedeutet dies, dass die Quality of Service nicht vorhersagbar ist, d.h. wie lange ein Paket im Netz braucht, wie stark die Verzögerungen streuen, wie groß die Wahrscheinlichkeit ist, dass es verloren geht, ist unbestimmt. Daher ist das derzeitige Internet für nicht-zeitkritische Datendienste wie File-Transfer, E-Mail-Versand und Homepage-Abrufe sehr gut geeignet, für Echtzeitdienste wie Telefonie oder Videokonferenzen mit jederzeit guter Qualität eher nicht.

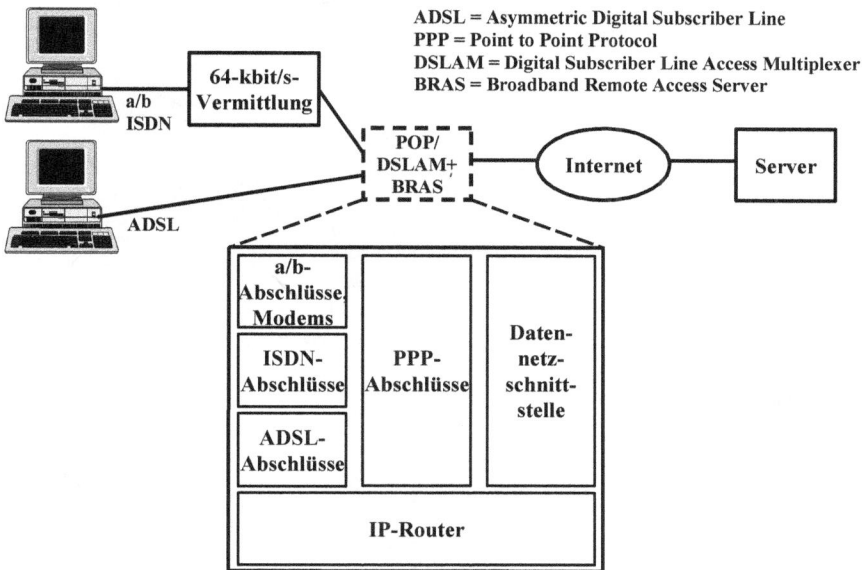

Bild 2.5: POP (Point of Presence)

Die in Bild 2.5 nur prinzipiell für verschiedene Anschlüsse skizzierte Internet-Einwahl mittels POP wird anhand von Bild 2.6 für DSL-Anschlüsse noch etwas detaillierter erläutert. Dabei kommen – wie in heutigen Zugangsnetzen üblich – sowohl ATM-DSLAMs als auch die neueren Ethernet-DSLAMs zum Einsatz. In Bild 2.6 sind VoIP-Telefone über IADs (Integrated Access Device) und Cu-Zweidrahtleitungen an die DSL-Ports der DSLAMs angeschaltet. Die DSLAMs wiederum sind über ein aggregierendes ATM- bzw. Ethernet-Netz an einen BRAS (Broadband Remote Access Server) angebunden.

Ein BRAS repräsentiert für einen Nutzer den Einwahlknoten in ein IP-Netz bzw. das Internet. Mittels PPP (Point-to-Point Protocol)/PPPoE (PPP over Ethernet) realisiert ein BRAS die Nutzer-Authentifizierung und die dynamische IP-Adressvergabe. Ein RAS ist ein System, das von einem entfernten Host oder Netz (Remote) aus den Aufbau einer Punkt-zu-Punkt-Verbindung zulässt und diesen so angebundenen Rechnern (hier IAD) den Zugang (Access) zu einem Netz bereitstellt (Server). Sollen die Daten für die AAA-Funktionen (Authentication, Authorization, Accounting) nicht in jedem BRAS, sondern zentral gehalten werden, kommen ein oder mehrere AAA-Server hinzu. Meist hat ein Netzbetreiber nicht nur einen Einwahlknoten (BRAS), sondern mehrere und muss neben seinen eigenen Kunden zudem die Kunden anderer Internet Service Provider (ISP) bedienen. Geht ein Nutzer A in Bild 2.6 mit Hilfe von Provider 2 online, „wählt" er sich am BRAS Prov. 2 in das IP-Netz Prov. 2 ein. Ist stattdessen 4 sein Provider, erfolgt die „Einwahl" mittels PPP, von BRAS Prov. 2 über L2TP (Layer 2 Tunneling Protocol) getunnelt, an BRAS Prov. 4. Wie aus Bild 2.6 zusätzlich hervorgeht, können die eigentlichen physikalischen Netzzugänge von weiteren Netzbetreibern (Prov. 1 und Prov. 3) bereitgestellt werden.

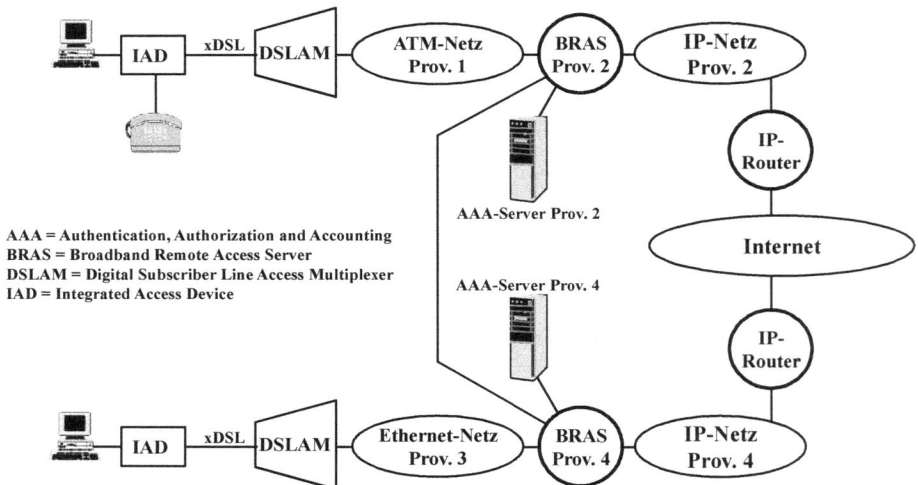

Bild 2.6: Internet-Zugänge via xDSL, DSLAM und BRAS

In dem in Bild 2.6 oben gezeichneten ATM-Netz wird ein Kommunikationspfad zwischen dem DSL-Port eines DSLAMs und dem terminierenden BRAS Prov. 2 durch abschnittsweise gültige ATM-Adressen VPI (Virtual Path Identifier) und VCI (Virtual Channel Identifier) gekennzeichnet. Das Mapping ist fix, es wird eine konfigurierte PVC (Permanent Virtual Connection) verwendet, sodass aus VPI und VCI eindeutig auf den ATM-Port und indirekt auf den DSL-Port geschlossen werden kann. Letzterer bedient eine Cu-Leitung. Das Zusammenspiel mit Ethernet-DSLAMs, in Bild 2.6 unten gezeichnet, funktioniert genau gleich. In diesem Fall wird üblicherweise einem Anschluss und damit DSL-Port ein VLAN (Virtual Local Area Network) mit einer VLAN ID zugeordnet. D.h., im Vergleich mit dem Ablauf für ATM sind einfach VPI/VCI durch die VLAN ID zu ersetzen [Akka2; Tric9; Rück].

2.4   IN (Intelligentes Netz)

Das Intelligente Netz (IN) [Sieg2; Zopf] wurde aus dem Wunsch heraus entwickelt, auch komplexere Dienste und Dienstmerkmale, sog. Mehrwertdienste, anbieten zu können und das mit einer möglichst offenen Plattform und so weit wie möglich entkoppelt von der eigentlichen Technik der Telekommunikationsnetze. Heute werden mit dem IN eine Menge Dienste in den ISDN- und GSM/UMTS-Netzen auch netzübergreifend realisiert, beispielsweise „gebührenfreie Rufnummer", „Zielansteuerung ursprungs-/ zeitabhängig/ aufgrund von Eingaben des Anrufers", „Alternativziel bei Besetzt/ Nichtantworten", „einheitliche Rufnummer", „virtuelles privates Netz (VPN)", „persönliche Rufnummer", „Rufnummernportabilität", „Screening (Berechtigungsprüfung) von Call by Call-Gesprächen". Diese Beispiele zeigen, dass mit dem IN bereits seit Längerem eine netzweite und netzübergreifende Technik für mehr Anwenderfreundlichkeit und Teilnehmermobilität für ISDN und GSM/UMTS zur Verfügung steht.

Das wesentliche Kriterium der meisten IN-Dienste sind komplexe Mechanismen der Rufnummernübersetzung. Z.B. muss die gebührenfreie 0800-Rufnummer im Netz in die konkrete Zielrufnummer umgesetzt und der Verkehr in der Folge entsprechend geroutet werden. Bild 2.7 zeigt die Struktur des IN.

Die wichtigsten IN-Netzelemente sind der Service Switching Point (SSP), der Service Control Point (SCP), der Service Management Point (SMP) und der Specialized Resource Point (SRP). Der SSP ist Teil einer Vermittlungsstelle (Transit-VSt oder auch TVSt im ISDN, MSC oder SGSN bei GSM/UMTS) und ist als systeminterne Software realisiert. Er erkennt IN-Rufe und leitet die Anfragen an den SCP weiter. Der SCP repräsentiert die IN-Dienstesteuerung. Realisiert wird er mit Rechnern bzw. Servern. Bei den GSM/UMTS-Netzen entspricht der SCP speziell für den Dienst der Mobilitätsverwaltung dem HLR/VLR, für andere IN-Dienste stehen auch in diesen Netzen eigene SCPs zur Verfügung. Mit dem SMP, ebenfalls einem Rechner mit Datenbank, werden die IN-Dienste eingerichtet, geändert, verwaltet und überwacht. Dies erfolgt zum einen durch den IN-Betreiber bzw. die IN-Diensteanbieter, aber in einem gewissen Umfang auch durch die Dienstkunden. Letztere können sich per ISDN in den SMP einwählen oder per Internet und WWW zugreifen und Einstellungen für den von ihnen abonnierten Dienst vornehmen, z.B. die Zeiten für unterschiedliche Zielrufnummern ändern. Für bestimmte Dienste ist auch die Einbeziehung von Nutzdatenkanälen erforderlich, z.B. für vom IN gesteuerte Sprachansagen, für die Erfassung von Nutzereingaben mit MFV-Signalen (Mehrfrequenzwahlverfahren) oder für Spracherkennung. Diese Aufgaben werden vom SRP wahrgenommen.

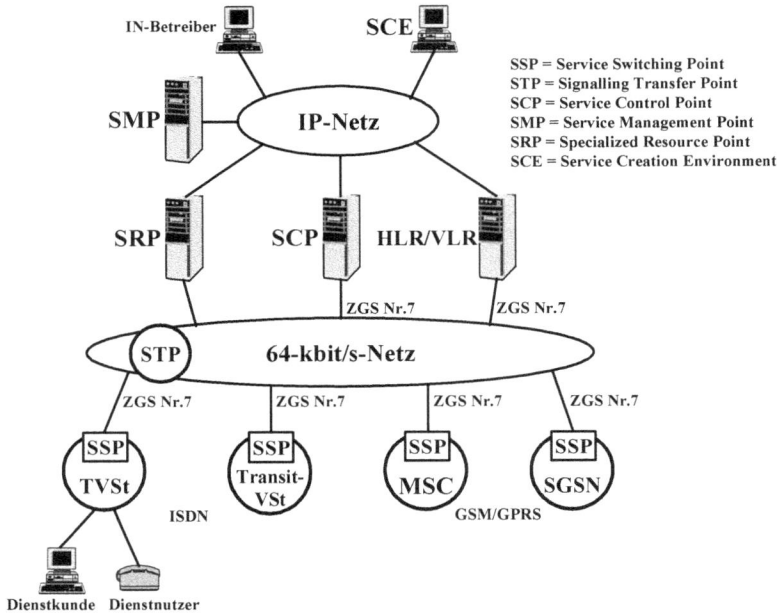

Bild 2.7: Das Intelligente Netz (IN)

SSP, SCP und SRP kommunizieren miteinander in 64-kbit/s-Kanälen über ein kanalorientiertes Transportnetz, wobei sie für den Nachrichtenaustausch zur Steuerung der IN-Dienste die um IN-spezifische Anteile ergänzten Signalisierungsprotokolle des zentralen Zeichengabesystems Nr.7 (ZGS Nr.7) verwenden (INAP und CAP für die Dienste-, MAP für die Mobilitätssteuerung). STPs (Signalling Transfer Point) fungieren dabei als Paketvermittlungsstellen für die Nr.7-Nachrichten [Jobm]. Die STP-Funktion wird normalerweise im Netz als Stand-alone-Gerät realisiert, kann aber auch Bestandteil einer Vermittlungsstelle sein.

Die Rechner und Bedienstationen für SCP, SMP und SRP sind durch ein IP-Netz miteinander verknüpft. Hierüber wird auch das Service Creation Environment (SCE) für die Entwicklung und Einbringung neuer IN-Dienste bzw. die Anpassung bestehender angebunden.

Wegen der Komplexität und fehlenden Flexibilität, speziell der ZGS Nr.7-Erweiterungen, ist das IN trotz der standardisierten Schnittstellen für Diensteanbieter und -entwickler nicht so offen, wie es für die Weiterentwicklung der Netze wünschenswert gewesen wäre [Berg].

3 NGN (Next Generation Networks)

Eine Prognose zur zukünftigen Kommunikationsinfrastruktur basiert vor allem auf den Anforderungen der Nutzer inkl. der Betreiber und Diensteanbieter, berücksichtigt die heute vorhandenen Infrastrukturen, bezieht aber auch die aktuellen technischen Tendenzen mit ein. Die derzeit wichtigste Entwicklung bei Telekommunikationsnetzen lässt sich unter dem Stichwort „Next Generation Networks (NGN)" zusammenfassen.

3.1 Konzept

Der Begriff NGN steht für ein Konzept, das relativ präzise durch die nachfolgend genannten Punkte und die prinzipielle Netzstruktur in Bild 3.1 beschrieben werden kann [Tric2; EURE; Sieg3; NGNI].

Die NGN zeichnen sich aus durch

- ein paketorientiertes (Kern-) Netz für möglichst alle Dienste.
- Darunter fallen auch Echtzeitdienste wie Telefonie, deshalb muss das Netz eine bestimmte Quality of Service (QoS) zur Verfügung stellen.
- Ein besonders wichtiger Punkt, sowohl im Hinblick auf die Kosten als auch die Offenheit für neue Dienste, ist die vollständige Trennung der Verbindungs- und Dienstesteuerung vom Nutzdatentransport. Ersteres wird mit zentralen Call Servern (CS) implementiert – die Hauptnetzintelligenz wird vor allem per Software zentral mit kostengünstiger Standard-Rechner-Hardware realisiert. Letzteres bieten das Paketdatennetz direkt sowie Gateways für die Anschaltung kanalorientiert arbeitender Netze, Subnetze und Endgeräte.
- Gemäß dem NGN-Gedanken werden alle bestehenden wichtigen Telekommunikationsnetze, vor allem auch die einen hohen Wert darstellenden technisch unterschiedlichen Zugangsnetze mit integriert. Das geschieht mit Gateways für die Nutzdaten (Media Gateway, MGW) und für die Signalisierung (Signalling Gateway, SGW). Mehrere MGWs werden von einem zentralen Call Server bzw. dem darin enthaltenen Media Gateway Controller (MGC) gesteuert. Der Call Server, manchmal speziell nur der MGC, wird in der Literatur [Orth] auch als Softswitch oder Call Agent bezeichnet.
- Zur Realisierung von Mehrwertdiensten kommuniziert der Call Server mit Application Servern.

- Multimedia-Dienste und entsprechend hohe Bitraten werden unterstützt.
- Die Netzintegration hat nicht nur niedrige System- und Betriebskosten durch einheitliche Technik, weitgehende Wiederverwendung vorhandener Infrastrukturen, optimale Verkehrsauslastung des Kernnetzes und übergreifendes einheitliches Netzmanagement zum Ziel, sondern auch Mobilität.
- Integrierte Sicherheitsfunktionen sorgen für den Schutz der transferierten Daten und des Netzes.

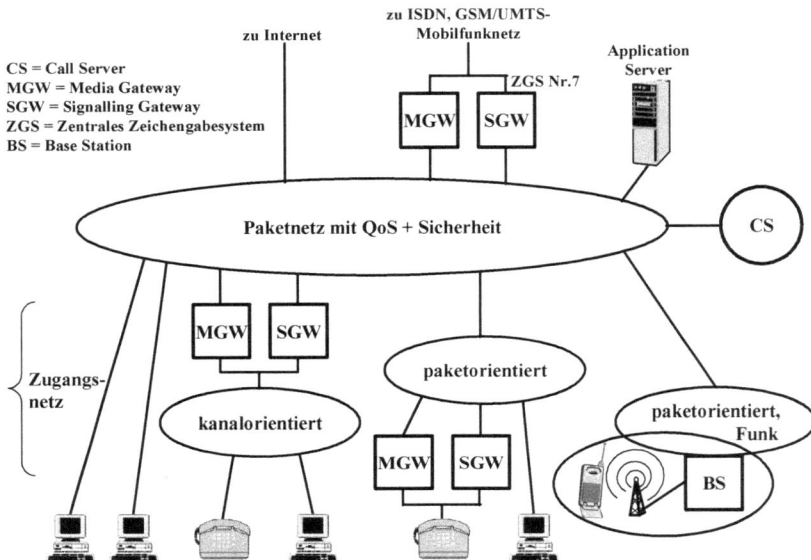

Bild 3.1: Prinzipielle Struktur eines Next Generation Networks (NGN)

Dabei kann gemäß Bild 3.2 die Gateway-Funktionalität Teil des Endgeräts oder des privaten leitungsvermittelten Netzes sein (Residential Gateway), den Übergang vom Zugangsnetz zum IP-Kernnetz repräsentieren (Access Gateway) oder ein leitungs- (z.B. ISDN) und ein paketvermitteltes Kernnetz verbinden (Trunking Gateway) [Weik].

Im Hinblick auf die zu tätigenden Investitionen erwartet ein Netzbetreiber vom NGN-Konzept

- eine den Diensten angemessene Entgelterfassung und
- Skalierbarkeit [Orla1].

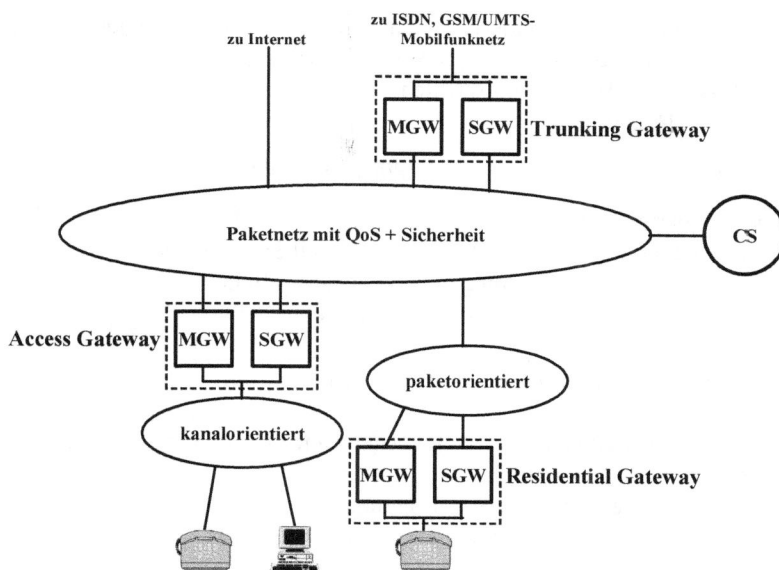

Bild 3.2: Gateway-Typen

Schwerpunktmäßig hat sich die ITU-T (International Telecommunication Union – Telecommunication Standardization Sector) zuerst mit dem NGN 2004 Project, dann mit einer Joint Rapporteurs Group und ab Juni 2004 mit ihrer Focus Group on Next Generation Networks (FGNGN) [FGNG] die NGN-Standardisierung vorgenommen. Ab Januar 2006 wurde dann die NGN-Standardisierung bei der ITU-T von der Next Generation Network-Global Standards Initiative (NGN-GSI) [NGNG] durchgeführt. Die Gründe für die umfangreichen Arbeiten zu NGN bei der ITU-T waren

- der Wettbewerb,
- die starke Zunahme des Datenverkehrs,
- die Nutzerforderung nach Multimedia-Diensten,
- die Nutzerforderung nach genereller Mobilität und
- die Konvergenz der Netze und Dienste.

Parallel hierzu liefen umfangreiche NGN-Standardisierungsarbeiten bei der ETSI-Arbeitsgruppe (European Telecommunications Standards Institute) TISPAN (Telecoms & Internet converged Services & Protocols for Advanced Network) [TISP], wobei ITU-T und ETSI bez. NGN weitgehend das gleiche Verständnis haben [180000; Y2001].

Im Rahmen der oben genannten Aktivitäten hat die ITU-T auch eine Definition für den Begriff „Next Generation Network (NGN)" veröffentlicht:

"A packet-based network able to provide telecommunication services and able to make use of multiple broadband, QoS-enabled transport technologies and in which service-related functions are independent from underlying transport-related technologies. It enables unfettered access for users to networks and to competing service providers and/or services of their choice. It supports generalized mobility which will allow consistent and ubiquitous provision of services to users" [Y2001].

Die ITU-T charakterisiert ein NGN gemäß [Y2001] wie folgt:

- paketbasierte Übermittlung
- Trennung der Steuerung für Nutzdatentransport, Call/Session, Dienst/Applikation
- Entkoppeln der Dienstebereitstellung vom Transport, offene Schnittstellen
- Unterstützung verschiedenster Dienste/Applikationen
- breitbandfähig, QoS
- Interworking mit bestehenden Netzen, offene Schnittstellen
- generelle Mobilität
- unbeschränkter Nutzerzugang zu verschiedenen Netzen und Diensteanbietern
- Dienstekonvergenz für Fest- und Mobilfunknetze
- Unterstützung verschiedenster Access-Techniken
- Berücksichtigung geltender regulatorischer Anforderungen (z.B. Notruf, gesetzliches Abhören, Sicherheit, Privatsphäre).

Mit Ausnahme von „unbeschränkter Nutzerzugang zu verschiedenen Netzen und Diensteanbietern" und „Berücksichtigung geltender regulatorischer Anforderungen" wurden alle diese Kennzeichen oben schon genannt, d.h. in früheren Publikationen zum Thema NGN bereits erwähnt. Zusammenfassend können daher die Kennzeichen eines NGN aufgelistet werden [Tric5]:

1. paketorientiertes (Kern-) Netz für möglichst alle Dienste
2. Quality of Service
3. Offenheit für neue Dienste
4. Trennung der Verbindungs- und Dienstesteuerung vom Nutzdatentransport
5. Integration aller bestehenden wichtigen Telekommunikationsnetze, vor allem der Zugangsnetze
6. Application Server
7. Multimedia-Dienste
8. hohe Bitraten
9. übergreifendes einheitliches Netzmanagement
10. Mobilität
11. integrierte Sicherheitsfunktionen
12. den Diensten angemessene Entgelterfassung
13. Skalierbarkeit
14. unbeschränkter Nutzerzugang zu verschiedenen Netzen und Diensteanbietern
15. Berücksichtigung geltender regulatorischer Anforderungen.

Obige Zusammenstellung macht deutlich, dass grundlegende Anforderungen an eine moderne Telekommunikationsinfrastruktur durch das NGN-Konzept zu einem großen Teil abgedeckt werden. Unabhängig hiervon scheint die Umsetzung dieses Konzepts schon aus reinen

Kostengründen sinnvoll, wenn ein Netz neu realisiert oder erweitert werden soll bzw. wenn modernisiert werden muss. Zumindest im Kernnetz kommt ein Netzbetreiber dann mit nur einem IP-Datennetz aus, statt bisher je einem getrennten Netz für Sprache und Daten. Zudem sind im Hinblick auf die erforderliche Bandbreite ohnehin die Datendienste dominierend, dafür ist das Netz dann von vornherein optimal angepasst. Insgesamt wird diese Vorgehensweise zu weniger Netzelementen, homogenerer Technik, einer Vereinheitlichung des Netzmanagements und damit zu Kosteneinsparungen in der Beschaffung und vor allem im Betrieb führen. Zudem können neue Dienste, vor allem multimediale mit der Integration von Sprache und Daten einfacher implementiert werden als in den bisherigen Netzen [Schu1; Vida; Ritt].

Bei Paketnetzen denkt man heute vor allem an IP-Netze. Ein IP-Netz arbeitet aber verbindungslos, d.h. möchte z.B. ein Client mit einem Server kommunizieren, sendet er einfach ein IP-Datenpaket mit der IP-Adresse des Zielkommunikationspartners und den Nutzdaten, ohne zu wissen, ob dieser online und gewillt ist zu kommunizieren. Diese Vorgehensweise ist natürlich bei einem Telefongespräch nicht die richtige. Daher wurden und werden für die Telefonie und andere Echtzeitanwendungen Protokolle erarbeitet, die zwar IP nutzen, aber trotzdem dafür sorgen, dass vor der eigentlichen Kommunikation via Nutzdaten die Verbindung steht.

3.2   Protokolle

Prinzipiell kommen für die Aufgabe mehrere Protokollfamilien in Frage, vor allem SIP (Session Initiation Protocol) [3261; John1] und H.323 [H323; Kuma]. Beide sind allerdings nur in den Grundfunktionen miteinander kompatibel. SIP ist zwar das jüngere Protokoll, wurde aber für Release 5 des UMTS (Universal Mobile Telecommunications System) als Standard festgelegt, wird mittlerweile von vielen Firmen unterstützt, ist insgesamt leistungsfähiger sowie leichter erweiterbar.

Bild 3.3 zeigt die prinzipielle Struktur eines IP-basierten Netzes, in dem die Verbindungs- und Dienststeuerung mittels SIP realisiert wird [Tric3; 3261]. Möchte ein SIP User Agent (z.B. ein PC, der mit entsprechender Telefon-Software als Softphone arbeitet) über das IP-Netz zu einem Telefon (in diesem Fall einem IP-Phone) eine Verbindung, nutzt er SIP, um nach der Registrierung bei einem SIP Registrar Server über einen SIP Proxy Server und erforderlichenfalls weitere Proxy Server die gewünschte Verbindung aufzubauen. Dabei werden auch mittels SDP (Session Description Protocol) [4566] die Medienparameter für die Nutzdaten ausgehandelt. Ist die SIP-Session zustandegekommen, wird für die paketierten Nutzdaten, die Sprachkommunikation, ein RTP-Kanal (Real-time Transport Protocol) aufgebaut.

Der Location Server speichert den Zusammenhang zwischen den ständigen und den IP-Subnetz-abhängigen temporären SIP-Adressen. Er erhält diese Informationen vom Registrar Server und stellt sie für die Session-Steuerung dem SIP Proxy Server zur Verfügung. Ein

Redirect Server bietet ebenfalls Mobilitätsunterstützung, indem er einem rufenden SIP User Agent alternative Zieladressen des gerufenen Teilnehmers liefert.

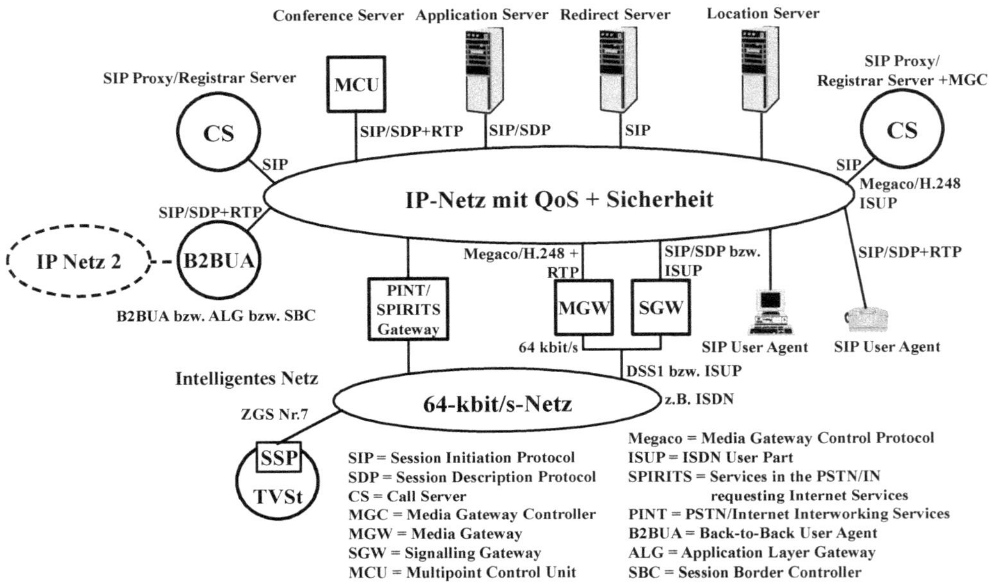

Bild 3.3: Protokolle und Netzarchitektur für Next Generation Networks mit SIP für die Session-Steuerung

Die Kommunikation z.B. ins ISDN erfolgt über Gateways, wobei hier entsprechend dem NGN-Konzept das eigentliche Gateway (MGW + SGW) und die Steuerung des MGW getrennt sind. Die Steuerung, der Media Gateway Controller (MGC), ist Teil der Call Server-Funktionalität. Er kommuniziert mit dem MGW beispielsweise über das Media Gateway Control Protocol/H.248 (Megaco) [Dous]. Die Application Server dienen zur Realisierung von Mehrwertdiensten. Sie arbeiten mit den SIP Proxy Servern per SIP zusammen. Der Conference Server/die MCU (Multipoint Control Unit) unterstützt z.B. Konferenzen [4353]. Dabei sind die verschiedenen Server-Typen (z.B. SIP Registrar Server, SIP Proxy Server, Media Gateway Controller) als logische Einheiten zu sehen. Physikalisch können sie in eigenständigen Geräten oder auch in Kombination realisiert sein [3261].

So wie oben beschrieben arbeiten die Gateway-Elemente MGW und SGW in enger Kooperation mit dem Call Server bzw. dem Media Gateway Controller. Das Media Gateway (MGW) realisiert nur die Umsetzung zwischen 64-kbit/s-Nutzdatenkanälen und IP-Paketen, ansonsten wird es komplett vom MGC via Megaco bzw. H.248 [3525; H248] ferngesteuert. Beide Standards beschreiben dasselbe Protokoll. Das Signalling Gateway (SGW) konvertiert normalerweise nur die Protokolle für den Transport der Signalisierungsnachrichten, nicht die Signalisierung selbst. Konkret bedeutet dies im Falle der Anbindung eines digitalen Fernsprechnetzes mit Nr.7-Signalisierung an ein IP-Netz mit SIP-Signalisierung, dass im Signalling Gateway nur eine Konvertierung der unteren Protokollschichten MTP (Message Transfer Part) auf IP in Kombination mit SCTP (Stream Control Transmission Protocol) vorgenommen wird, während die ISUP-Nachrichten (ISDN User Part) transparent zum Call Server übermittelt werden und erst dort eine Umsetzung in das SIP stattfindet [Dous]. Dies ist der typische Gateway-Einsatz in öffentlichen und damit größeren Netzen. In diesen Fällen spricht man von Decomposed Gateways, die Konvertierung der Nutzdaten findet im MGW statt, die der Signalisierungsnachrichten im MGC, d.h. in getrennten Geräten [Rose].

Anders kann das in privaten und damit häufig kleinen Netzen aussehen. Hier sind MGW und SGW meist in einem Gerät kombiniert und stellen sich Richtung ISDN z.B. als ISDN-Terminal mit DSS1-Signalisierung (Digital Subscriber Signalling system no. 1) und zum IP-Netz hin als SIP User Agent dar.

Abgerundet wird die Netzeintegration durch SIP und sein Umfeld mit den Protokollen PINT (PSTN/Internet Interworking Services) und SPIRITS (Services in the PSTN/IN requesting Internet Services), die in einem IP-Netz realisierte Dienste mit dem PSTN (Public Switched Telephone Network) zusammenführen. Mit PINT kann z.B. von einer Web-Seite aus mit einem Mausklick ein telefonischer Rückruf aus dem ISDN initiiert werden. Mit SPIRITS können umgekehrt aus leitungsvermittelten Netzen Aktionen im Internet angestoßen werden [2848; 3136; 3298; Sieg2]. Allerdings muss an dieser Stelle auch darauf hingewiesen werden, dass die PINT- und SPIRIT-Standards heute in der Praxis kaum noch Bedeutung haben. Erforderlichenfalls werden die Funktionen mit NGN-Technik (u.a. Gateways und SIP Application-Servern) realisiert.

Eine Alternative zu SIP ist die Kommunikation mittels H.323. Der Grundleistungsumfang ist ähnlich wie bei SIP, allerdings haben gemäß Bild 3.4 [Tric3; H323] die Netzelemente andere Bezeichnungen – H.323 Gatekeeper, H.323 Terminals – und es kommen zum Teil andere Protokolle zum Einsatz – H.225.0 RAS (Registration, Admission and Status), H.225.0 für die Verbindungssteuerung sowie H.245 für die Steuerung der Nutzdatenströme [Kuma; Dous].

Zumindest in der Vergangenheit wurde auch MGCP (Media Gateway Control Protocol) [3435; Akka1] als Alternative zu SIP und H.323 gesehen. MGCP ist eigentlich ein Master/Slave-Protokoll für die Fernsteuerung von Media Gateways. Daher werden gemäß Bild 3.5 alle Endgeräte als Gateways (Slaves) betrachtet, die von einem zentralen Call Agent bzw. Media Gateway Controller (MGC) gesteuert werden. Als Vorteile gelten die einfachen und damit kostengünstigen Endgeräte sowie die starke Position des Netzbetreibers. Beispielsweise ist schon vom Grundkonzept her keine direkte, d.h. Peer-to-Peer-Kommunikation ohne Entgelterfassung zwischen den Endsystemen möglich. Massiver Nachteil ist, dass nur Dienste auf Basis der Gateway-Sicht angeboten werden können. Das bedeutet, dass in Zukunft MGCP höchstens noch als Protokoll zur Steuerung „echter" Media Gateways sowie in HFC-Netzen (Hybrid Fiber Coax) als sog. NCS-Signalisierungsprotokoll (Network Call Signaling) für VoIP [P10N] Bedeutung haben wird.

Application Server

H.323 Gatekeeper   MCU   H.323 Gatekeeper +
                                                                               MGC

CS   H.225,   CS
            H.245+RTP
      H.225, BICC   BICC, H.225

                    IP-Netz mit QoS + Sicherheit   Megaco/H.248
                                                                                ZGS Nr.7

                    Megaco/H.248+   H.225, H.245   H.225, H.245+
                           RTP   bzw. ZGS Nr.7   RTP

                    MGW   SGW

                    64 kbit/s   H.323 Terminal   H.323 Terminal
                                 DSS1 bzw. ZGS Nr.7

              64-kbit/s-Netz   z.B. zu ISDN

        CS = Call Server   BICC = Bearer Independent Call Control
        MGC = Media Gateway Controller   Megaco = Media Gateway Control Protocol
        MGW = Media Gateway   MCU = Multipoint Control Unit
        SGW = Signalling Gateway

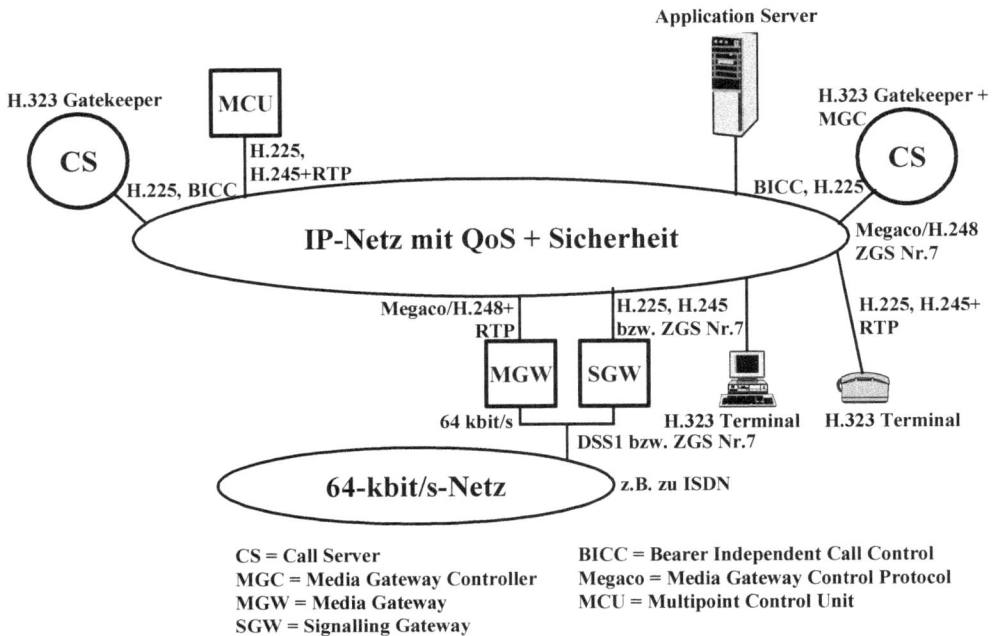

Bild 3.4: Protokolle und Netzarchitektur für Next Generation Networks mit H.323 für die Session-Steuerung

Neben den standardisierten SIP-, H.323- und MGCP-Lösungen gibt es eine Reihe firmenspe-
zifischer und damit proprietärer Lösungen. Dazu gehören zum einen VoIP-Implementierungen, die nur die Basisabläufe (für Session-Auf- und -Abbau) standardkonform unterstützen
(z.B. gemäß H.323) und ansonsten mit proprietären Protokollen arbeiten (z.B. mit getun-
nelten ISDN-Protokollen zur Realisierung von Leistungsmerkmalen). Zum anderen gibt es
aber auch komplett proprietäre Lösungen. Hierzu zählt die mittlerweise sehr bekannte VoIP-
Internet-Applikation Skype [Skyp; Rött; Almu; Base]. Die dahinter stehende Funktionalität
soll hier skizziert werden, um die Bedeutung solcher proprietärer VoIP-Implementierungen
abschätzen zu können.

Die Skype-VoIP-Lösung ging aus dem KaZaA-Konzept für das File Sharing hervor. Damit
wird ein Peer-to-Peer-Ansatz verfolgt.

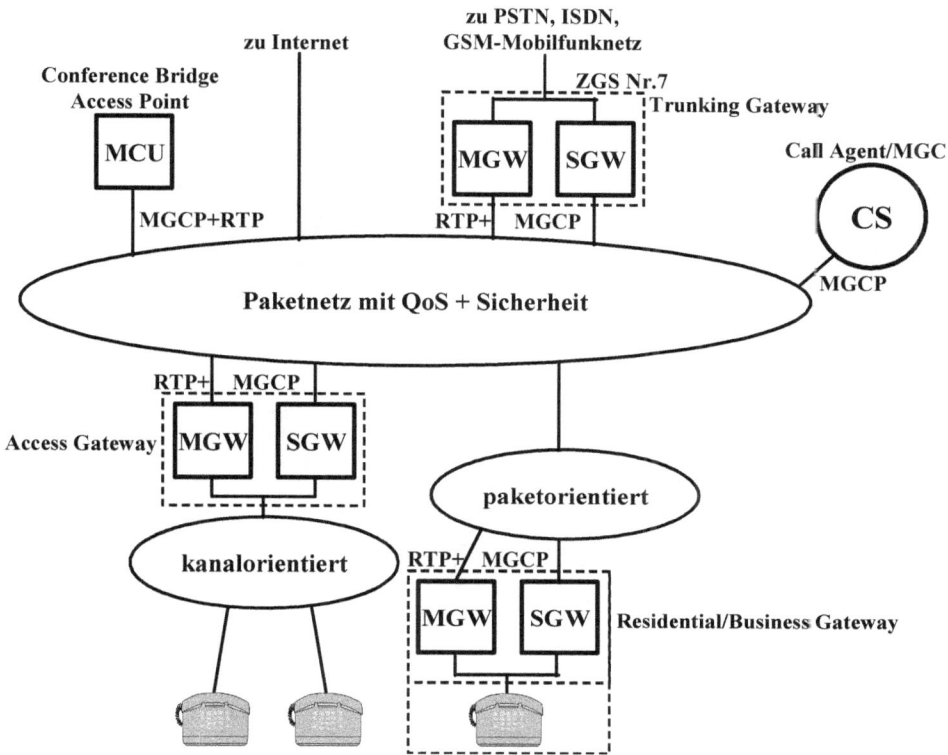

Bild 3.5: Protokolle und Netzarchitektur für Next Generation Networks mit MGCP für die Session-Steuerung

Wie in Bild 3.6 dargestellt besteht die Skype-Infrastruktur Clients, Super Nodes und einen Login Server. Prinzipiell entspricht ein Skype Client einem SIP User Agent oder einem H.323 Terminal. Super Node und Login Server können in der SIP-Welt mit Registrar und Redirect Server verglichen werden, bei H.323 gibt es für die Kombination keine direkte Entsprechung. Der Login Server verwaltet die Skype-Nutzer, speziell ihre User-Namen und Passwörter für die Authentifizierung. Die Super Nodes, von denen jeder einige hundert Clients bedient, bilden eine verteilte Datenbank mit den Nutzerprofilen (Nutzerkennung, Name, Online-Status, IP-Adresse etc.). Dabei handelt es sich um die Rechner von Skype-Nutzern mit öffentlichen IP-Adressen, die an das Internet entsprechend breitbandig angebunden und leistungsfähig sind. Sind die genannten Randbedingungen erfüllt, wird ein normaler Skype Client ohne Einflussmöglichkeit des Nutzers automatisch zum Super Node. Alle Super Nodes zusammen bilden ein globales dezentrales Nutzerverzeichnis.

Geht ein Skype-Nutzer A online, fragt er zuerst mittels UDP-Datagrammen nach aktiven Super Nodes. Diese antworten, und Client A baut eine TCP-Verbindung zu mindestens einem von ihnen auf. Darüber signalisiert er den Super Nodes seinen Online-Status und erhält seinerseits die entsprechenden Informationen zu den von ihm gelisteten Kommunikationspartnern. Möchte A nun mit Teilnehmer B telefonieren, fragt er „seinen" Super Node nach der IP-Adresse von B und baut dann direkt (Peer-to-Peer) mittels proprietärem Protokoll via TCP eine Session zu B auf.

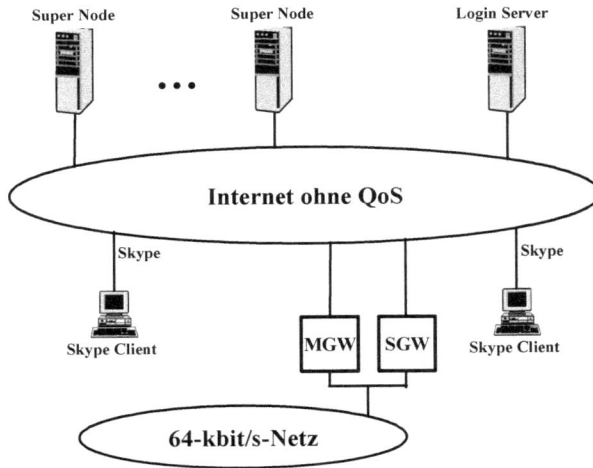

Bild 3.6: Skype für die Session-Steuerung

Die Übertragung der Sprachdaten erfolgt gesichert mittels AES (Advanced Encryption Standard), wobei symmetrische private 256-bit-Schlüssel verwendet werden. Der dafür notwendige Schlüsselaustausch zwischen A und B wird durch das unsymmetrische RSA-Verfahren (Rivest, Shamir, Adleman) gesichert. Die für RSA notwendigen öffentlichen Schlüssel werden vom zentralen Login Server zertifiziert. Die Sprache wird in UDP-Paketen je nach verfügbarer Bandbreite mit einer Bitrate zwischen 8 kbit/s und 128 kbit/s übermittelt. Codiert wird sie mit dem Codec iLBC (internet Low Bit rate Codec), der mit 8-kHz-Abtastfrequenz und LPC (Linear Predictive Coding) arbeitet [3951], iSAC [iSAC] oder neuerdings SILK (mit skalierbarer Abtast- und Bitrate: 8 kHz → 6-20 kbit/s; 16 kHz → 8-30 kbit/s; 24 kHz → 12-40 kbit/s) [SILK]. Interessanterweise kann die Sprache alternativ auch mit TCP-Segmenten transportiert werden, z.B. wenn ein Firewall die Nutzung von UDP verhindert [Skyp; Rött; Almu; Base].

Insgesamt handelt es sich bei Skype um einen sehr interessanten Ansatz für VoIP, allerdings nur im Sinne einer reinen Internet-Applikation. Durch die proprietären Protokolle ist unter anderem die in einem zukünftigen öffentlichen Telekommunikationsnetz unverzichtbare „Offenheit für neue Dienste" überhaupt nicht gegeben. Auch die für die Kosten entscheidende „Integration aller bestehenden wichtigen Telekommunikationsnetze" wird deshalb nicht zu leisten sein. Somit ist die Skype-VoIP-Lösung nur für das Internet, nicht für ein öffentliches NGN geeignet. Daher werden im Folgenden nur noch H.323 und vor allem SIP betrachtet.

4 Multimedia over IP

Ein Netz, das dem NGN-Konzept genügt, unterstützt Multimedia-Kommunikation, d.h., es ermöglicht Audio-, Text-, Stand- und Bewegtbildkommunikation, auch in Kombination, letztendlich die Kommunikation mittels beliebiger Medien. Ein solches Netz arbeitet zumindest in seinem Kern paketorientiert, normalerweise auf Basis des Internet Protocols. Daher sollen hier die wichtigsten technischen Zusammenhänge bei der Multimedia-Echtzeit-Kommunikation in einem IP-Netz genauer erläutert werden. Zum einfacheren Verständnis wird dabei der Schwerpunkt auf Voice over IP (VoIP) gelegt.

4.1 Echtzeitkommunikation in Paketnetzen

Von Echtzeitkommunikation spricht man dann, wenn der Informationsaustausch nahezu ohne Zeitverzögerung bzw. innerhalb bestimmter Grenzen ablaufen muss, um die gewünschte Dienstgüte, die erforderliche Quality of Service (QoS) realisieren zu können. Nach der ITU-T-Empfehlung G.114 [G114] und natürlich auch aufgrund der Praxiserfahrungen geht man bei Sprachkommunikation von einer sehr guten Qualität aus, wenn die Signalverzögerung (Mund – Ohr) in einer Übertragungsrichtung unter 200 ms bleibt. 200 bis 300 ms gelten als gut. Noch akzeptabel sind 300 bis 400 ms. Oberhalb 400 ms ist die Verständlichkeit auf keinen Fall mehr ausreichend [Reyn]. Diese echtzeitbedingten Anforderungen können nicht von jedem Paketnetz, schon gar nicht von jedem IP-Netz erfüllt werden. Zudem hängt das Zeitverhalten auch von den Endgeräten ab. Diese Zusammenhänge und die notwendigen erweiterten Funktionalitäten werden im Folgenden ausgearbeitet.

4.1.1 VoIP-Kommunikationsszenarien

Einen ersten Schritt zum Verständnis liefert die Darstellung der verschiedenen möglichen VoIP-Kommunikationsszenarien [Orla2]. Bild 4.1 zeigt die einfachste Situation, bei der VoIP-Terminals, z.B. PCs mit Soundkarte und SIP User Agent SW, direkt an einem IP-Netz betrieben werden. Dabei gibt es wieder zwei Fälle zu unterscheiden. Im einfacheren, aber unflexibleren und in großen Netzen überhaupt nicht praktizierbaren Fall kommunizieren die Terminals direkt miteinander, auch was die Signalisierung für die Verbindungs- und Dienstesteuerung betrifft, dafür müssen die IP-Adressen bereits vor Verbindungsaufbau bekannt sein. Die Funktionalität für die Multimedia over IP-Dienste ist hier vollständig dezentral realisiert. Im zweiten Fall enthält das IP-Netz mindestens einen Call Server, z.B. einen SIP

Proxy Server, für die Verbindungs- und Dienstesteuerung. Ein solcher CS repräsentiert im Vergleich mit einem ISDN-Netz eine Vermittlungsstelle.

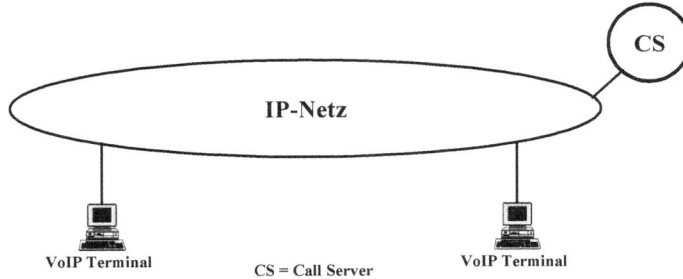

Bild 4.1: VoIP-Kommunikation zwischen zwei Terminals, direkt über ein IP-Netz

Bild 4.2 zeigt die Zusammenschaltung eines IP-Netzes und eines digitalen Fernsprechnetzes mittels eines Gateways. Das ISDN-Telefon kommuniziert via Gateway (GW) mit dem am IP-Netz angeschalteten VoIP Terminal. Dabei kann die Signalisierung wieder direkt zwischen Gateway und VoIP Terminal ablaufen oder wahrscheinlicher über den Call Server, wobei letzterer auch die Media Gateway Controller-Funktionalität beinhaltet, sofern das Media Gateway ferngesteuert wird. Aus Sicht des ISDN-Telefons spielen Gateway und Call Server zusammen die Rolle einer ISDN-Teilnehmer- oder Transit-Vermittlungsstelle.

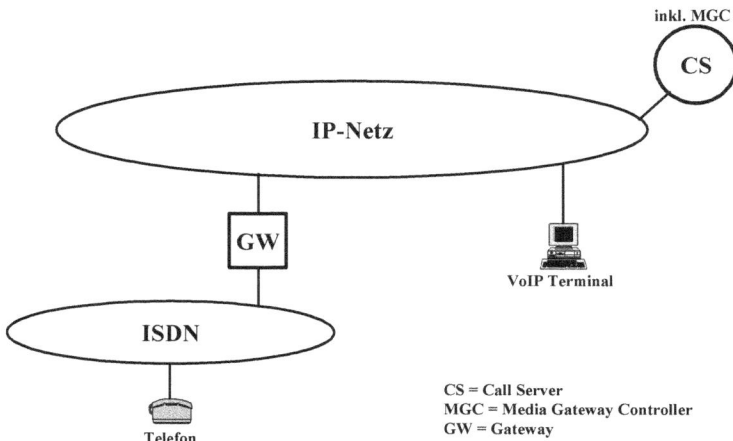

Bild 4.2: Kommunikation zwischen einem VoIP-Terminal und einem Telefon über ein IP/ISDN-Gateway

In Bild 4.3 gibt es nur über Gateways angeschaltete Endgeräte. Hier arbeitet nur das eigentliche Kernnetz IP-basiert. Auch hier könnte die Signalisierung direkt zwischen den Gateways ablaufen, viel wahrscheinlicher wird die Verbindungs- und Dienstesteuerung jedoch über den Call Server erfolgen, wobei letzterer auch die Media Gateway Controller-Funktionalität beinhaltet, sofern die Media Gateways ferngesteuert werden. Gateways und Call Server repräsentieren in diesem Fall eine ISDN-Transit-, ggf. auch Teilnehmervermittlungsstelle.

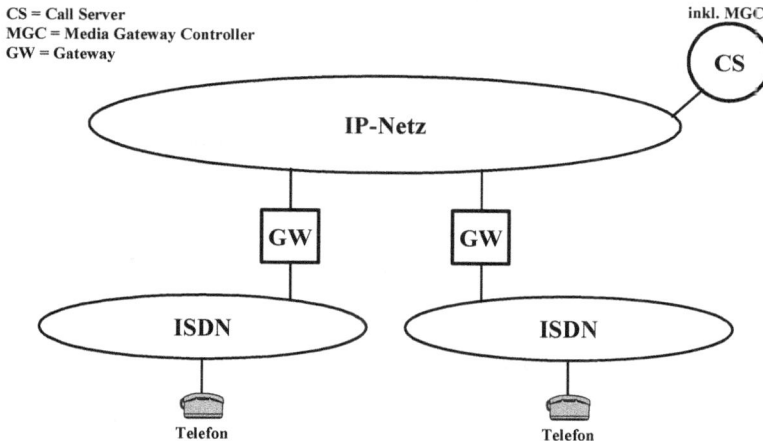

Bild 4.3: Kommunikation zwischen zwei Telefonen am ISDN über ein IP-Netz und IP/ISDN-Gateways

4.1.2 VoIP-Nutzdaten

Für alle drei beschriebenen Szenarien gültig ist in Bild 4.4 das Prinzip der Übertragung von Sprache über ein IP-Netz dargestellt. Der Schall wird zunächst mittels eines Mikrofons in ein analoges elektrisches Signal umgewandelt (1.). Anschließend erfolgt die Digitalisierung des Signals mit Hilfe eines Analog/Digital-Wandlers (2.), den z.B. jede handelsübliche PC-Soundkarte zur Verfügung stellt. Dann erfolgt die Codierung und häufig eine Komprimierung der Daten zur Reduzierung der Bitrate.

Mit Hilfe entsprechender Protokolle können die digitalisierten Audiosignale nun sequenziell in Pakete aufgeteilt (3.) und über ein IP-Netz übertragen werden (4.).

Auf der Empfängerseite werden die aus den empfangenen Paketen ausgelesenen Daten in der richtigen Reihenfolge wieder zusammengeführt und anschließend decodiert sowie ggf. dekomprimiert (5.). Nun folgt die Rückwandlung der in digitaler Form vorliegenden Audiodaten in ein analoges elektrisches Signal (6.), was wiederum z.B. durch die Soundkarten-Hardware (in diesem Fall mittels eines Digital/Analog-Wandlers) geschieht. Das analoge

Signal kann nun mit einem Lautsprecher oder Kopfhörer in hörbare Schallwellen umgesetzt werden (7.); die Übertragung akustischer Schallereignisse über ein IP-Netz ist erfolgt.

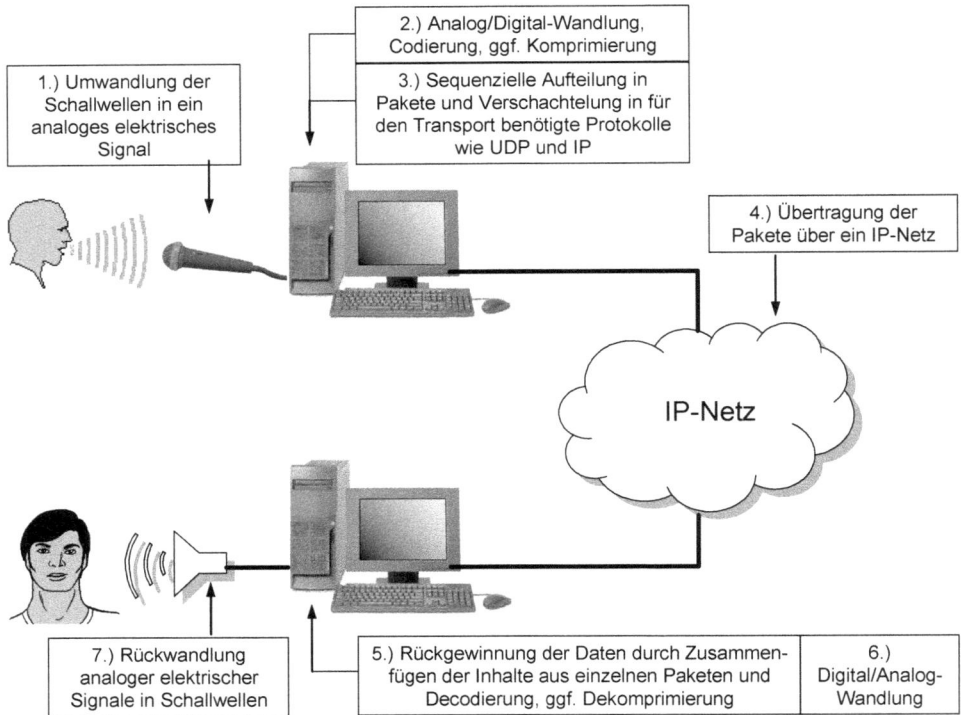

Bild 4.4: Grundfunktionen zur Realisierung von VoIP

Die beschriebene Abfolge lässt die Art der Analog/Digital-Wandlung, der Codierung und der Komprimierung noch offen und berücksichtigt auch nicht die ggf. sehr komplexe interne Struktur des IP-Netzes. Um ein detailliertes Verständnis von VoIP zu erreichen, wird daher im Folgenden von der in Bild 4.5 dargestellten verallgemeinerten Struktur eines IP-Netzes ausgegangen. Sowohl an den Grenzen zu den Zugangsnetzen als auch an den Übergängen zu benachbarten Datennetzen sowie ggf. auch intern zur Unterteilung eines größeren Netzes in weitere Subnetze sitzen Router, d.h. IP-Vermittlungssysteme. Diese sind zumindest zum Teil vermascht, wobei zur Überbrückung der Distanzen zwischen den Routern eigenständige oder in den Routern integrierte Übertragungssysteme zum Einsatz kommen. Innerhalb eines solchen IP-Netzes werden nun VoIP-, aber auch andere Datenpakete übermittelt. Ein Router empfängt, evtl. über verschiedene physikalische Schnittstellen mit ggf. unterschiedlichen Bitraten, Datenpakete von verschiedensten Quellen, speichert sie in seinen Eingangs-Queues zwischen und sendet sie entsprechend dem Inhalt seiner Routing-Tabelle weiter. Das bedeutet aber, dass in Abhängigkeit vom Verkehrsaufkommen, der Verarbeitungsleistung des

Routers und seiner Queue-Größen VoIP-Datenpakete durch andere Daten „ausgebremst" werden können. Zudem muss ein VoIP-Datenpaket durch den „Flaschenhals" Ausgangs-schnittstelle mit einer bestimmten, unter Umständen relativ niedrigen Bitrate. Dies hat Ver-zögerungen und in Überlastfällen auch Paketverluste zur Folge. Weitere Verzögerungen entstehen durch die Signallaufzeiten auf den Übertragungsstrecken. Zudem variieren die Laufzeiten verschiedener Pakete von einer bestimmten Quelle zur gleichen Senke, manchmal schon bei zwei aufeinander folgenden Paketen. Dies liegt zum einen an der oben schon erläu-terten internen Verarbeitung in den Routern inkl. der möglichen Konflikte zwischen Daten-paketen, zum anderen aber vor allem auch daran, dass IP-Netze mit verbindungsloser Kom-munikation arbeiten. Jedes IP-Paket wird als Datagramm mit Quell- und Zieladresse verse-hen unabhängig von den zuvor und danach versendeten Datenpaketen verschickt, auch ohne zu wissen, welche Wege zum Ziel aktuell verfügbar sind und ob das Ziel überhaupt vorhan-den oder empfangsbereit ist. Das hat aber zur Folge, dass manches Mal zwei aufeinander folgende IP-Pakete von der gleichen Quelle zwei verschiedene Wege zum gleichen Ziel nehmen, z.B. bei zwischenzeitlichem Ausfall einer Übertragungsstrecke oder eines Routers. Da beide Wege unterschiedlich lang sein können, differieren dann auch die Laufzeiten der beiden IP-Pakete im Netz, es kommt zu Laufzeitschwankungen bzw. Jitter, im Extremfall sogar zu einer veränderten Paketreihenfolge.

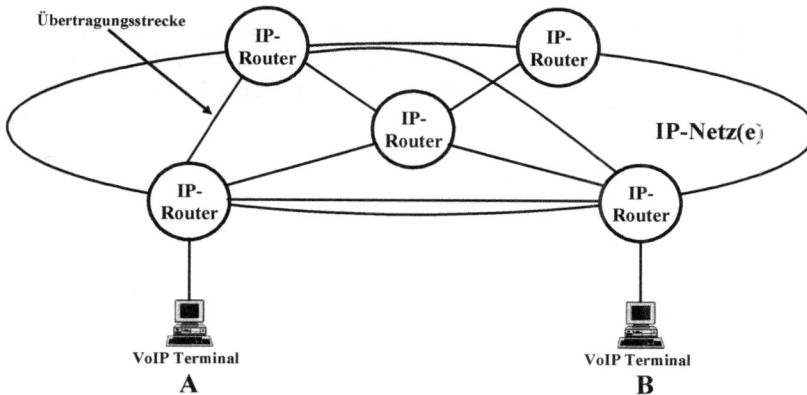

Bild 4.5: Prinzipielle Struktur eines IP-Netzes

In Bild 4.6 sind diese Zusammenhänge übersichtlich aufgelistet. Anhand dieser Darstellung werden nun die einzelnen Funktionalitäten und Parameter auf dem Weg eines VoIP-Nutz-datenstroms von Terminal A zu B näher erläutert.

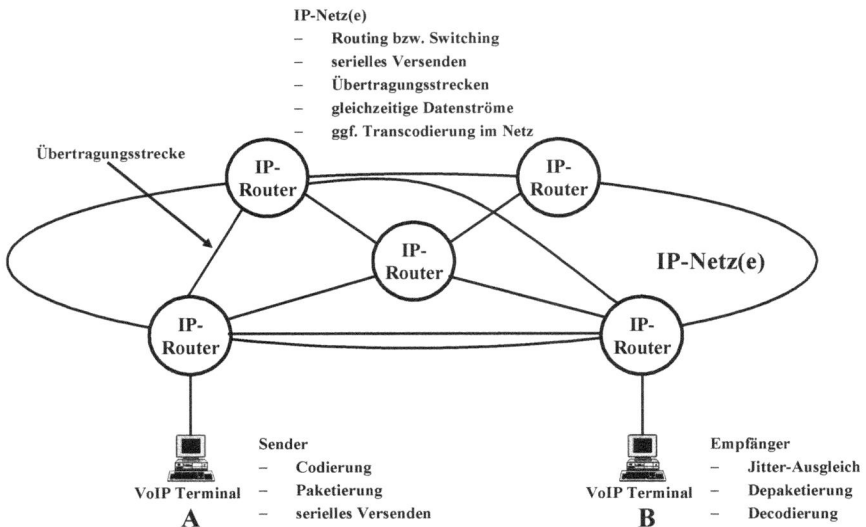

IP-Netz(e)
- Routing bzw. Switching
- serielles Versenden
- Übertragungsstrecken
- gleichzeitige Datenströme
- ggf. Transcodierung im Netz

Bild 4.6: Funktionen und Parameter auf dem Weg eines VoIP-Nutzdatenstroms

In Bild 4.6 wird nur eine Übermittlungsrichtung, von A nach B, verfolgt. Bei einem realen VoIP-Telefonat erfolgt die Kommunikation natürlich bidirektional, d.h. gleichzeitig in beiden Richtungen. Entsprechend sind die Effekte auch für beide Kommunikationsrichtungen zu berücksichtigen.

Die wichtigsten Funktionen bzw. Parameter sind:

- Sender
  - Codierung
  - Paketierung
  - serielles Versenden
- IP-Netz(e)
  - Routing oder Switching
  - serielles Versenden
  - Übertragungsstrecken
  - gleichzeitige Datenströme
  - erforderlichenfalls Transcodierung
- Empfänger
  - Jitter-Ausgleich
  - Depaketierung
  - Decodierung.

Zur Vereinfachung und weil eine Abschätzung des Einflusses nur ungenau möglich ist, wird angenommen, dass die Prozessoren in den Endgeräten und Routern unendlich schnell arbeiten, d.h., dass in den Geräten durch die Verarbeitung der IP-Pakete mit Prozessoren keine

Verzögerungen entstehen. Dies gilt sicher mit guter Näherung für die sehr leistungsstarken Core Router. Edge Router und die Geräte bei den Kunden sind häufig weniger leistungsstark, infolgedessen kann z.B. das Betriebssystem eines PCs Einfluss auf die Verzögerungszeiten haben.

Codierung: Bei der Analog/Digital-Wandlung im Sender wird das analoge Audio-Signal abgetastet. Die dabei gewonnenen zeitdiskreten, aber noch wertkontinuierlichen Abtastwerte werden in der Folge quantisiert, d.h. einem bestimmten Amplitudenbereich wird ein wertdiskreter Amplitudenwert zugeordnet. Ergebnis ist ein zeit- und wertdiskretes Signal. Um dieses als Digitalsignal übertragen zu können, werden die einzelnen Amplitudenwerte als digitale Codeworte, spezielle 0/1-Folgen, abgebildet. Diesen Vorgang nennt man Codierung. Dabei wird unter Umständen berücksichtigt, abhängig vom Codierungsalgorithmus, dass das ursprüngliche analoge Sprachsignal „überflüssige" Information enthält, z.B. mehrere Abtastwerte für Sprechpausen. Diese Redundanz kann dann bei der Codierung zumindest zum Teil beseitigt werden, das Sprachsignal wird dadurch komprimiert, die für die Übertragung erforderliche Bandbreite wird geringer [Lüke; Weid1]. Für die Codierung von Sprache wurden verschiedene Standards erarbeitet. Eine Auswahl zeigt Tabelle 4.1. Aus dieser Zusammenstellung geht hervor, welcher Algorithmus verwendet wird und welche Bitrate daraus resultiert. Zudem werden verschiedene Parameter zur Ermittlung der resultierenden Signalverzögerung und die Sprachqualität (R-Faktor) angegeben [Kuma; Vida; Lüde; Stös; 3951; Lesc1; AbuS; 6716].

Zum besseren Verständnis der angegebenen Parameter sollen zwei Codecs (Coder – Decoder) bzw. das zugehörige Codierungsverfahren herausgegriffen und näher betrachtet werden. Der bekannteste Sprach-Codec ist in der ITU-T-Empfehlung G.711 spezifiziert, er kommt z.B. in digitalen Fernsprechnetzen bzw. dem ISDN zum Einsatz. Dabei wird das analoge Sprachsignal auf 300 Hz bis 3,4 kHz bandbegrenzt, mit 8 kHz Taktrate abgetastet, die Amplitudenwerte werden zur genaueren Darstellung häufig vorkommender Werte nichtlinear quantisiert – in Europa mit der sog. A-Law-, in USA mit der μ-Law-Kennlinie – und in der Folge mit 8-bit-Worten codiert. In diesem Fall wird jedes Codewort unabhängig von den Nachbarn ermittelt, es muss kein Rahmen gebildet werden (Sample based codec), damit ist auch die Verzögerung mit 0,125 ms minimal und nur durch den durch die 8-kHz-Abtastfrequenz festgelegten Abstand zwischen zwei Abtastwerten bestimmt. Die erforderliche Bandbreite ist mit 64 kbit/s groß, dafür aber auch die Sprachqualität hoch.

Etwas anders arbeitet z.B. ein Codec nach ITU-T G.723.1 mit dem ACELP-Algorithmus (Algebraic Code-Excited Linear Prediction). Hier wird mit dem Ziel der Datenkomprimierung Redundanz im Sprachsignal berücksichtigt. Dafür ist es erforderlich, mehrere Abtastwerte abzuwarten, zwischenzuspeichern und auszuwerten. Im vorliegenden Fall werden jeweils 240 Abtastwerte, d.h. ein 30-ms-Block, herangezogen und als zusammengehöriger Rahmen mit 20 8-bit-Codeworten codiert (Frame based codec). Aus diesen Zahlenwerten ergeben sich der 30-ms-Rahmen infolge 240 x 0,125 ms und die Bitrate von 5,3 kbit/s, indem 20 x 8 bit in 30 ms übertragen werden müssen.

Tabelle 4.1: Sprach-Codecs und zugehörige Kennwerte

a) Schmal-band-Codec	Algorithmus	Bitrate	Block-dauer	Zus.Ver-zögerung	Ges.Ver-zögerung	Sprach-qualität (R)
G.711	PCM (Pulse Code Modulation), A-law	64 kbit/s (1 Abtastwert pro Rahmen)	0,125 ms	–	0,125 ms	93
G.723.1	MP-MLQ (Multi-Pulse-Maximum Likelihood Quantization)	6,3 kbit/s (240 Abtast-werte → 24 Byte pro Rahmen)	30 ms	7,5 ms	37,5 ms	78
G.723.1	ACELP (Algebraic Code-Excited Linear Prediction)	5,3 kbit/s (240 Abtast-werte → 20 Byte pro Rahmen)	30 ms	7,5 ms	37,5 ms	74
G.726	ADPCM (Adaptive Differential Pulse Code Modulation)	z.B. 32 kbit/s (1 Abtast-wert pro Rahmen)	0,125 ms	–	0,125 ms	86
G.728	LD-CELP (Low Delay-Code-Excited Linear Prediction)	16 kbit/s (5 Abtastwerte pro Rahmen)	0,625 ms	–	0,625 ms	86
G.729	CS-ACELP (Conjugate Structure-Algebraic Code-Excited Linear Prediction)	8 kbit/s (80 Abtastwerte pro Rahmen)	10 ms	5 ms	15 ms	83
iLBC	Block-Independent Linear-Predictive Cod-ing	13,33 kbit/s (240 Abtast-werte → 50 Byte pro Rahmen) bzw. 15,2 kbit/s (160 Abtastwerte → 38 Byte pro Rahmen)	30 ms bzw. 20 ms	–	30 ms bzw. 20 ms	81 bzw. 83
GSM-FR (Full Rate)	RPE-LTP (Regular Pulse Excitation-Long Term Predictor)	13 kbit/s	20 ms	–	20 ms	73
GSM-HR (Half Rate)	VSELP (Vector Code Excited Linear Predic-tion)	5,6 kbit/s	20 ms	–	20 ms	70
GSM-EFR (Enhanced Full Rate)	ACELP (Algebraic Code-Excited Linear Prediction)	12,2 kbit/s	20 ms	–	20 ms	88
AMR (Adaptive Multi Rate)	AMR	schrittweise von 4,75 bis 12,2 kbit/s	20 ms	–	20 ms	max. 88
b) Breit-band-Codec	Algorithmus	Bitrate	Block-dauer	Zus.Ver-zögerung	Ges.Ver-zögerung	Sprach-bandbreite
G.722	SB-ADPCM (Sub-Band)	schrittweise von 48 bis 64 kbit/s (2 Abtastwerte pro Rahmen, 16 kHz Abtastrate)	0,125 ms	–	0,125 ms	7 kHz
AMR-WB (Wideband)	ACELP	schrittweise von 6,6 bis 19,85 kbit/s (320 Abtast-werte pro Rahmen, 16 kHz Abtastrate)	20 ms	5 ms	25 ms	7 kHz
Opus	LP (Linear Prediction) + MDCT (Modified Discrete Cosine Trans-form)	schrittweise von 6 bis 510 kbit/s (8 bis 48 kHz Abtastrate)	2,5 bis 60 ms	2,5 bis 5 ms	5 bis 65 ms	4 bis 20 kHz

Man sieht, dass sich durch Ausnutzung der Redundanz und entsprechende Datenkomprimie-rung die Bitrate massiv reduzieren lässt. Allerdings nimmt auch die Sprachqualität ab. Zu-dem muss immer abgewartet werden, bis wieder 240 Abtastwerte als Block zur Verfügung stehen, dies führt zu einer entsprechenden zeitlichen Verzögerung des Sprachsignals. Dar-über hinaus berücksichtigt der verwendete ACELP-Algorithmus zur Redundanzminderung zusätzlich die ersten 60 Abtastwerte des nächsten Rahmens. Daraus resultiert eine weitere Zeitverzögerung (look-ahead time) von 7,5 ms. Die Gesamtverzögerung durch den Codie-rungsvorgang beträgt damit 37,5 ms.

Mit ähnlichen Betrachtungen können die Parameter in Tabelle 4.1 für alle angegebenen Codecs ermittelt werden. Infolge Quantisierung und Komprimierung weicht das digitale Sprachsignal vom ursprünglichen analogen ab. Dies beeinflusst, ebenso wie Paketverluste im Netz, die Sprachqualität. Die Werte in der entsprechenden Spalte in Tabelle 4.1 (R-Faktor) berücksichtigen dies [P15A; emod; Vida]. Sprache mit G.711-Codierung ist bei einer Paket-verlustrate bis 0,5% gut, bis maximal 2% noch akzeptabel [AbuS]. Bei einer Qualitätsge-samtbetrachtung über das komplette Netz hinweg zeigt sich, dass bei der Sprachübermittlung eine geringe Verzögerung wichtig ist, bei Daten hingegen geringe Paketverluste [Schu1].

Ergänzend sind in Tabelle 4.1 neben den Schmalband-Codecs unter a) mit max. 4 kHz Sprachbandbreite unter b) auch Breitband-Codecs mit 7 kHz oder sogar bis zu 20 kHz oberer Audiofrequenz angegeben. Exemplarisch wurden für diese Gruppe der schon seit längerem auch im ISDN eingeführte Codec gemäß ITU-T G.722 [G722; Jaga], der für UMTS-standardisierte Wideband-Codec AMR-WB nach G.722.2 [G7222; Jaga] und der ver-gleichsweise neue, sehr flexibel einsetzbare und leistungsfähige Opus-Codec [6716; opus] ausgewählt. Diese Audio-Codecs können für hochqualitative Sprach- bis hin zu Stereo-Musikübertragung eingesetzt werden und verdeutlichen einen nicht offensichtlichen, aber großen Vorteil von Voice bzw. Audio over IP: Sprach- und Musikübertragung mit einer im Vergleich zum PSTN deutlich höheren Qualität ohne zusätzlichen Aufwand.

Paketierung: Die codierten Sprachsignalnutzdaten müssen nun so aufbereitet werden, dass sie überhaupt in einem IP-Netz von Punkt A nach Punkt B transportiert werden können. Das bedeutet zuerst einmal, dass IP-Pakete generiert werden müssen, die dann abschnittsweise mittels Schicht 2-Protokoll gesichert über die vorhandenen Übertragungsmedien wie z.B. Kupfer- und Glasfaserkabel mit der passenden Übertragungstechnik (Schicht 1) übertragen werden.

Dass dies so einfach nicht möglich ist, geht aus dem oben schon erläuterten Sachverhalt hervor: IP arbeitet verbindungslos, also nimmt jedes IP-Paket unabhängig von den anderen seinen Weg durch ein Netz. Damit variieren nicht nur die Laufzeiten, es kann auch sein, dass ein IP-Paket ein vorhergehendes überholt. Auf der Empfangsseite muss im Hinblick auf die Sprachverständlichkeit die ursprüngliche Reihenfolge erkannt, ggf. auch wieder hergestellt werden. Dies geht nur, wenn auch die hierfür notwendige Information verfügbar ist. Sie wird vom RTP (Real-time Transport Protocol) geliefert, indem auf der Senderseite für jeden Sprachdatenrahmen die Sequenznummer und ein Zeitstempel generiert werden. Zusätzlich zu diesen Informationen wird noch mindestens eine Identifikationsnummer für die Daten-quelle mit übertragen. Dazu werden die Nutzdaten (Payload) in einen RTP-Rahmen einge-packt (siehe Abschnitt 4.2.6). Der Empfänger kann auf dieser Basis die ursprünglichen Zeitbeziehungen wiederherstellen und auch erkennen, wenn ein Paket verloren gegangen ist [Sieg3].

Allerdings kann ein RTP-Rahmen auch nicht direkt in ein IP-Datagramm (siehe Abschnitt 4.2.2 und 4.2.3) eingepackt werden, weil IP von seiner Definition her zwar die transportierten Protokolle, nicht aber die aktuell unterstützten Anwendungen unterscheiden kann. Dies liefert erst ein zusätzliches Schicht 4-Protokoll über die Port-Nummer. Am bekanntesten ist das TCP (Transmission Control Protocol, siehe Abschnitt 4.2.4) z.B. für den Einsatz im Zusammenhang mit dem WWW-Dienst im Internet. Das TCP-Transportprotokoll arbeitet jedoch verbindungsorientiert, d.h. die Kommunikation erfolgt Handshake-gesteuert, verlorengegangene IP-Pakete werden erneut gesendet. Eine solche Vorgehensweise kostet Zeit, würde bei VoIP-Paketen also zu einer unzulässigen Verzögerung führen. Daher kann hier nicht TCP zur Anwendung kommen, stattdessen wird das verbindungslos arbeitende, einfache UDP (User Datagram Protocol, siehe Abschnitt 4.2.5) eingesetzt, das im Wesentlichen als zusätzliche Protokollinformation nur die Port-Nummern liefert [Bada].

Bild 4.7 zeigt die beschriebene Vorgehensweise bei der Bildung von VoIP-Paketen. Dabei ist der Fall gezeichnet, dass die IP-Daten über ein Ethernet-Netz laufen, d.h. die Schichten 2 und 1 werden von den Ethernet-Protokollen bereitgestellt (siehe Abschnitt 4.2.1). In der Schicht 2 ist dies das MAC-Protokoll (Medium Access Control), in der Schicht 1 z.B. der 100Base-TX-Standard zur Übertragung mit 100 Mbit/s über verdrillte Kupferdoppeladern [Rech]. Bild 4.7 verdeutlicht die Datenverschachtelung auf der Senderseite, indem die Nutzdaten (die Rahmen mit codierten Sprachdaten) mit einem RTP-Header (der zugehörigen Steuerinformation) versehen werden, dieser RTP-Rahmen wiederum mit einem UDP-Header usw., bis schließlich der auf dem Übertragungsweg zu transferierende Ethernet-Rahmen entsteht.

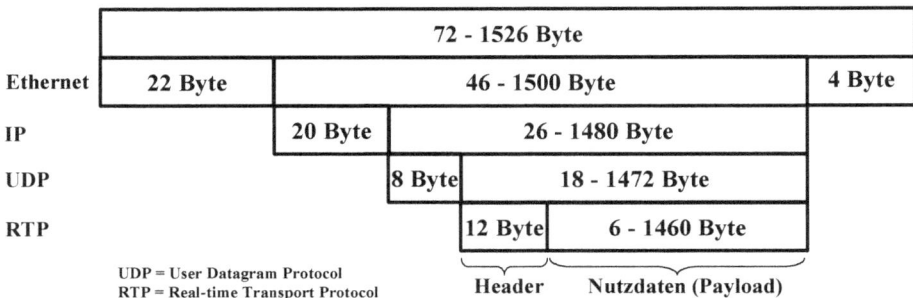

		72 - 1526 Byte		
Ethernet	22 Byte	46 - 1500 Byte		4 Byte
IP		20 Byte	26 - 1480 Byte	
UDP		8 Byte	18 - 1472 Byte	
RTP		12 Byte	6 - 1460 Byte	

UDP = User Datagram Protocol
RTP = Real-time Transport Protocol

Header   Nutzdaten (Payload)

Bild 4.7: Prinzip der Bildung von VoIP-Sprachdatenpaketen

Bild 4.7 gibt für den Ethernet-Fall die für jede Protokollschicht jeweils minimal und maximal mögliche Byte-Anzahl für die Payload und die minimale Byte-Anzahl für Header und ggf. Trailer an. Im Hinblick auf die Minimierung des Overheads wäre es jetzt sinnvoll, in einem

Paket möglichst viele Nutzdaten-Bytes zu übermitteln. Dies würde jedoch zu einer unzulässig großen Zeitverzögerung führen, max. 182,5 ms wegen 1460 x 0,125 ms mit G.711-Codierung, da bei der Paketierung im Sender immer so lange gewartet werden muss, bis genügend Sprachabtastwerte zur Bildung eines kompletten IP-Datagramms vorliegen. Zudem würde bei Verlust eines Pakets eine Menge Sprachinformation fehlen. Daher werden relativ kleine Pakete mit z.B. 40 Byte Sprachnutzdaten (typisch 160 Byte bei G.711) gebildet. Bei Frame based Codecs nach z.B. G.723.1 ACELP können natürlich nur komplette Rahmen mit 20 Byte und ganzzahligen Vielfachen paketiert werden.

Die Paketierung mit der Protokollverschachtelung führt zwangsweise zu einer im Vergleich zur Nettobitrate von z.B. 64 kbit/s (G.711) bzw. 5,3 kbit/s (G.723.1 ACELP) deutlich höheren Bruttobitrate von z.B. 169,6 kbit/s statt 64 kbit/s (G.711; 12 Byte RTP Header + 8 Byte UDP Header + 20 Byte IP Header + 26 Byte Ethernet Header/Trailer + 40 Byte Payload; 40 Byte repräsentieren 64 kbit/s, 106 Byte entsprechen 169,6 kbit/s) bzw. 22,8 kbit/s statt 5,3 kbit/s (G.723.1; 12 Byte RTP Header + 8 Byte UDP Header + 20 Byte IP Header + 26 Byte Ethernet Header/Trailer + 20 Byte Payload; 20 Byte repräsentieren 5,3 kbit/s, 86 Byte entsprechen 22,8 kbit/s).

Zudem führt die Paketierung bei Sample based Codecs zu einer zusätzlichen Verzögerung, da im Falle von G.711-Codierung z.B. 40 Sprachabtastwerte abgewartet werden müssen, bevor ein IP-Paket gebildet werden kann. Dies führt im Beispiel zu einer Laufzeit von 40 x 0,125 ms, im Ergebnis 5 ms. Man könnte natürlich auch ein Paket mit nur einem Abtastwert und damit 0,125 ms Verzögerung bilden, der prozentuale Overhead durch die Protokoll-Header wäre jedoch gigantisch, die Vorgehensweise völlig unwirtschaftlich. Bei Frame based Codecs ist die Rahmenbildung vom Codierungs-Algorithmus her schon vorgegeben, damit steht z.B. bei G.723.1 ACELP ein 20-Byte-Rahmen für die Paketierung schon bereit. Übermittelt man in diesem Fall jedoch zwei Rahmen pro IP-Paket, d.h. 40 Byte Nutzdaten, kommen an Verzögerungszeit für den zweiten G.723.1-Rahmen nochmals 30 ms hinzu.

Serielles Versenden: Nach der Paketierung müssen die VoIP-Pakete über die Schnittstelle des Terminals A in Richtung des IP-Netzes seriell gesendet werden. Wie schnell das vonstatten geht, hängt von der durch die Schnittstelle unterstützten Bitrate und dem Übertragungsverfahren ab. Beispielsweise benötigt man zum Versenden der 106 Byte (aus dem oben genannten 64 kbit/s-G.711-Beispiel) über eine 100-Mbit/s-Ethernet-Schnittstelle nur 8,5 µs (100 Mbit/s, 106 x 8 bit in 8,5 µs), während mit einer Upstream-Bitrate von 256 kbit/s 3,3 ms (256 kbit/s, 106 x 8 bit in 3,3 ms) Laufzeit auf der Teilnehmerschnittstelle entstehen. Unter Umständen resultieren aus dem Übertragungsverfahren weitere Verzögerungen, wenn Mechanismen zur Fehlerkorrektur bzw. -unterdrückung angewendet werden wie z.B. das Interleaving (die Verschachtelung von Datenrahmen zur Minimierung der Einflüsse von Burst-Störungen) auf ADSL-Strecken (Asymmetric Digital Subscriber Line).

Routing bzw. Switching: Router wählen für jedes empfangene IP-Paket den günstigsten verfügbaren Weg, indem sie die Ziel-IP-Adresse auswerten und anhand des Inhalts ihrer Routing-Tabelle entscheiden, zu welchem Nachbar-Router sie das Paket weiterleiten. Für diesen Vorgang muss jedes IP-Paket in einer Eingangs-Queue zwischengespeichert werden, anschließend erfolgt die Auswertung. Beides kostet Zeit: wieviel, hängt von der Verarbei-

tungsleistung des Routers und der aktuellen Verkehrslast ab. Auch hier ist zu berücksichtigen, dass die Core Router sehr leistungsstark sind, bei allerdings normalerweise auch sehr
hoher Verkehrsbelastung. Edge Router und die Geräte bei den Kunden sind häufig weniger
leistungsstark. In kleineren privaten Netzen werden anstelle der Router Switches eingesetzt.
Diese arbeiten auf Schicht 2 und werten anstatt der IP-Adresse die MAC-Adresse aus. Die
infolge Routing bzw. Switching sich ergebenden Verzögerungen sind relativ konstant, in der
Summe auf verschiedenen Wegen über verschiedene Router hinweg jedoch variabel. Bei
internationaler Kommunikation via Internet können durchaus 15 und mehr Router beteiligt
sein.

Serielles Versenden: Die bereits oben beschriebene Situation des seriellen Versendens eines
VoIP-Pakets tritt an jedem Router auf jeder Ausgangsschnittstelle auf, fällt aber beim Lauf-
zeit-Budget zumindest bei den Core Routern wegen der hohen Bitraten von 155 Mbit/s bis zu
40 Gbit/s und mehr nicht ins Gewicht und kann daher vernachlässigt werden.

Übertragungsstrecken: Dieser Faktor berücksichtigt die Laufzeiten auf den Übertragungsstrecken zwischen Terminal und Edge Router sowie vor allem zwischen den Routern. Vereinfachend setzt man hier eine Signalübertragungsgeschwindigkeit von 200000 km/s (z.B.
Lichtgeschwindigkeit in Glasfaser) an, was einer Laufzeit von 5 µs pro km entspricht [Pate].
Bei einer Transatlantikübertragungsstrecke mit 5000 km Distanz erhält man damit immerhin
25 ms Zeitverzögerung. Nicht berücksichtigt sind dabei zusätzliche Verzögerungszeiten
durch die Rahmenbildung bei den eingesetzten Übertragungsverfahren.

Gleichzeitige Datenströme: An jedem Router mit mindestens zwei Schnittstellen können
gleichzeitig auch mindestens zwei verschiedene Datenströme ankommen. Beide stehen dann
in Konkurrenz zueinander. Dies kann, je nach Router-Architektur, zu weiterer Verzögerung
führen, die zum einen von der Länge des etwas früher eingegangenen Datenpakets abhängt,
zum anderen davon, wie viel früher es empfangen wurde, und natürlich von der Bitrate auf
den Schnittstellen. Der ungünstigste Fall für ein VoIP-Paket ist gegeben, wenn auf einer
relativ niedrigbitratigen Schnittstelle unmittelbar vorher ein langes Datenpaket angekommen
ist, das nun zuerst komplett verarbeitet werden muss. Wird beispielsweise auf einem 256-
kbit/s-Interface gerade ein 1526-Byte-Datenpaket empfangen, muss das folgende VoIP-Paket
47,7 ms warten (256 kbit/s, 1526 x 8 bit in 47,7 ms). Handelt es sich stattdessen um eine
100-Mbit/s-Ethernet-Schnittstelle, beträgt die maximale Wartezeit nur 0,12 ms (100 Mbit/s,
1526 x 8 bit in 0,12 ms). Konkurrieren zwei relativ kurze 106-Byte-VoIP-Pakete, ist die
Verzögerung mit 3,3 ms bei 256 kbit/s bzw. 8,5 µs bei 100 Mbit/s deutlich geringer. Die
Wartezeiten differieren je nach Zeitpunkt des Eintreffens, daher führt dieser Effekt zu einem
Jitter. Dieser Effekt kann im Hinblick auf Konkurrenz an den Eingangsschnittstellen eines
Routers durch den Einsatz von verschieden prior behandelten Queues für Daten- und VoIP-
Pakete vermieden werden, nicht jedoch auf einer von beiden Pakettypen gemeinsam genutz-
ten Ausgangsschnittstelle wie im folgenden Beispiel.

Ein ganz konkretes Beispiel für in der heutigen Praxis auftretende zusätzliche Zeitverzögerungen durch konkurierende IP-Pakete ist ein DSL-Router mit einer öffentlichen und zwei
oder mehr privaten Datenschnittstellen. In dem Moment, indem der DSL-Router mit dem
Versenden eines Datenpakets in das öffentliche Netz begonnen hat, wird ein kurze Zeit später zu versendendes VoIP-Paket „ausgebremst".

An den beiden Parametern, „serielles Versenden" und „gleichzeitige Datenströme", wird deutlich, dass ein Netz für Multimedia over IP umso besser geeignet ist, je breitbandiger es ausgelegt ist bzw. je höher die unterstützten Bitraten sind.

Transcodierung: Diese Funktion, d.h. das Decodieren und erneute Codieren eines VoIP-Datenstroms ist dann notwendig, wenn im Terminal A ein anderer Codec zum Einsatz kommt als in Terminal B. Dies hat zur Folge, dass ein direkter Nutzdatenaustausch zwischen den beiden Endgeräten nicht möglich ist. Daher wird die Transcoding-Funktion benötigt. Beispielsweise arbeitet Terminal A im Festnetz mit einem Codec nach G.711, Terminal B in einem zellularen Mobilfunknetz mit GSM-EFR. In diesem Fall müssen im Transcoder die G.711-Sprachdaten decodiert und dann erneut codiert werden, allerdings nun gemäß GSM-EFR. Eine solche Situation sollte nach Möglichkeit vermieden werden, da durch das Transcoding Verzögerungszeiten für das zusätzliche Decodieren und partiell auch für das neue Codieren, ggf. auch für „Serielles Versenden" hinzukommen.

Jitter-Ausgleich: Im Empfänger am Decodierer muss ein konstanter, das Sprachsignal repräsentierender Bitstrom anliegen. Daher müssen zuvor alle Verzögerungsschwankungen (d.h. der Jitter infolge gleichzeitiger Datenströme und durch Laufzeitunterschiede im IP-Netz) ausgeglichen werden. Dies erfolgt mit Hilfe einer Queue (Jitter Buffer) mit so großer Speichertiefe, dass auch stark verzögerte VoIP-Pakete noch zwischengespeichert und dann in der richtigen zeitlichen Reihenfolge mit konstanter Bitrate ausgelesen werden können. Wird diese Queue zu klein gewählt, gehen Pakete verloren, wird sie zu groß gewählt, wird eine unnötig große Verzögerung infolge des Jitter-Ausgleichs verursacht. Eine mögliche Lösung hierfür ist eine Queue variabler Größe, die entsprechend den Gegebenheiten im Netz adaptiv angepasst wird [Schu1]. Auf jeden Fall entsteht durch den Jitter-Ausgleich eine Verzögerung, z.B. von 47,7 ms durch ein möglicherweise am Eingang des Edge Routers konkurrierendes IP-Datenpaket wie im Beispiel unter „gleichzeitige Datenströme". Dieser Parameter könnte auch mehrfach hinzukommen, zusätzlich ist ein Netzwerk-Jitter von einigen Millisekunden zu berücksichtigen [Thor; Stös].

Depaketierung: Im Empfänger muss jedes empfangene IP-Paket ausgepackt werden, entsprechend den Protokollen nach Bild 4.7 in den verschiedenen Schichten, ausgehend von der Schicht 1. Verzögerungszeiten entstehen durch diesen Vorgang nur in geringem Umfang.

Decodierung: Wie schon angesprochen müssen hier die seriell empfangenen Nutzdatenbits parallel gewandelt und dann z.B. Byte-weise (Sample based Codec) oder als kompletter Rahmen (Frame based Codec) decodiert werden. Anschließend erfolgt die Digital/Analog-Wandlung, es liegt wieder ein analoges Sprachsignal vor. Die Zeiten für diesen Vorgang sind vernachlässigbar.

Wie bei den obigen Ausführungen deutlich wurde, sind für die Güte der Nutzdatenübermittlung bei VoIP die QoS-Parameter

- Zeitverzögerung,
- Jitter und
- Paketverlust

entscheidend. Dabei ist auch zu berücksichtigen, dass der Einfluss von Jitter und Paketverlust u.a. vom eingesetzten Codec abhängt. All diese Faktoren sind beim Netzdesign zu berücksichtigen. Zudem muss ein Netzbetreiber in der Lage sein, sie erforderlichenfalls messtechnisch zu ermitteln. Neben den die Dienstgüte kennzeichnenden Parametern Verzögerung, Jitter und Paketverlust wird häufig auch die übermittelte Sprache selbst herangezogen und mit entsprechenden Verfahren bewertet, um eine direkte Aussage über die Sprachgüte zu erhalten [Vida; Sun; ElBo2; Brac; AbuS] (siehe Abschnitt 4.3.4). Um im laufenden Betrieb die Dienstgüte Ende-zu-Ende sicherstellen zu können, werden in NGN-Netzen häufig spezielle Systeme zur passiven und aktiven QoS-Überwachung eingesetzt [Maru; Sumn]. D.h., es findet damit eine Beobachtung der übermittelten VoIP-Daten statt, erforderlichenfalls ergänzt durch aktives Testen, um mögliche Probleme im Netz erkennen zu können.

4.1.3   Beispiele für VoIP-Kommunikation

In der Zusammenfassung zeigen die Tabellen 4.2 bis 4.5 für ausgewählte Beispiele die wichtigsten Kennwerte für die VoIP-Nutzdatenübermittlung. Dabei wird das in Bild 4.8 dargestellte Netz zu Grunde gelegt und es werden die folgenden Annahmen getroffen:

- 66 Byte Header bzw. Trailer pro VoIP-Paket (26 Byte Ethernet, 20 Byte IP, 8 Byte UDP, 12 Byte RTP)
- 1526-Byte-Pakete für reine Daten
- 3 IP-Router
- Router im Abstand von 10 km, über Glasfaserkabel verbunden
- Codecs
    - G.711, 64 kbit/s, 20 Byte Payload (Tabelle 4.2)
    - G.711, 64 kbit/s, 160 Byte Payload (Tabelle 4.3). Dies entspricht dem typischen Anwendungsfall von VoIP.
    - G.723 ACELP, 5,3 kbit/s, 20 Byte Payload (Tabelle 4.4)
    - G.723 ACELP, 5,3 kbit/s, 160 Byte Payload (Tabelle 4.5).

Dabei ergibt sich der Wert für den Jitter-Ausgleich als Summe der Maximalwerte der variablen Zeitverzögerungswerte.

IP-Netz
- Routing
- serielles Versenden
- Übertragungsstrecken
- gleichzeitige Datenströme

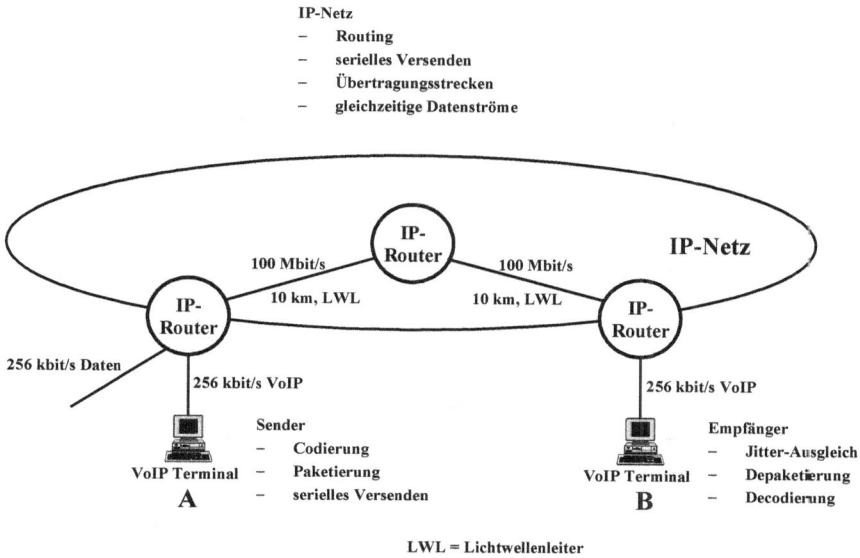

Bild 4.8: VoIP-Beispielnetz zur Ermittlung der wichtigsten Nutzdatenkennwerte

Tabelle 4.2: Nutzdatenkennwerte eines VoIP-Beispielnetzes mit G.711, 64 kbit/s, 20 Byte Payload

Parameter	Zeitverzögerung	
→ Bruttobitrate: 275,2 kbit/s (für 256-kbit/s-Schnittstelle bereits zu hoch)		
	fest	**variabel**
Codierung	0,125 ms	–
Paketierung	2,5 ms	–
Serielles Versenden	2,7 ms	–
Routing (3x)	3 ms	max. 2 ms
Serielles Versenden (2x, 100 Mbit/s)	14 µs	–
Serielles Versenden (256 kbit/s)	2,7 ms	–
Übertragungsstrecke (2x)	100 µs	–
Gleichzeitige Datenströme	–	max. 47,7 ms
Jitter-Ausgleich	–	**max. 49,7 ms**
Transcodierung	–	–
Depaketierung	–	–
Decodierung	–	–
→ Gesamtverzögerung: 60,8 ms		

Tabelle 4.3: Nutzdatenkennwerte eines VoIP-Beispielnetzes mit G.711, 64 kbit/s, 160 Byte Payload (typischer Fall)

Parameter	Zeitverzögerung	
→ Bruttobitrate: 90,4 kbit/s		
	fest	**variabel**
Codierung	0,125 ms	–
Paketierung	20 ms	–
Serielles Versenden	7,1 ms	–
Routing (3x)	3 ms	max. 2 ms
Serielles Versenden (2x, 100 Mbit/s)	36 µs	–
Serielles Versenden (256 kbit/s)	7,1 ms	–
Übertragungsstrecke (2x)	100 µs	–
Gleichzeitige Datenströme	–	max. 47,7 ms
Jitter-Ausgleich	–	**max. 49,7 ms**
Transcodierung	–	–
Depaketierung	–	–
Decodierung	–	–
→ Gesamtverzögerung: 87,2 ms		

Tabelle 4.4: Nutzdatenkennwerte eines VoIP-Beispielnetzes mit G.723.1 ACELP, 5,3 kbit/s, 20 Byte Payload

Parameter	Zeitverzögerung	
→ Bruttobitrate: 22,8 kbit/s		
	fest	**variabel**
Codierung	37,5 ms	–
Paketierung	–	–
Serielles Versenden	2,7 ms	–
Routing (3x)	3 ms	max. 2 ms
Serielles Versenden (2x, 100 Mbit/s)	14 µs	–
Serielles Versenden (256 kbit/s)	2,7 ms	–
Übertragungsstrecke (2x)	100 µs	–
Gleichzeitige Datenströme	–	max. 47,7 ms
Jitter-Ausgleich	–	**max. 49,7 ms**
Transcodierung	–	–
Depaketierung	–	–
Decodierung	–	–
→ Gesamtverzögerung: 95,7 ms		

Tabelle 4.5: Nutzdatenkennwerte eines VoIP-Beispielnetzes mit G.723.1 ACELP, 5,3 kbit/s, 160 Byte Payload

Parameter	Zeitverzögerung	
→ Bruttobitrate: 7,5 kbit/s		
	fest	**variabel**
Codierung	37,5 ms	–
Paketierung	210 ms	–
Serielles Versenden	7,1 ms	–
Routing (3x)	3 ms	max. 2 ms
Serielles Versenden (2x, 100 Mbit/s)	36 µs	–
Serielles Versenden (256 kbit/s)	7,1 ms	–
Übertragungsstrecke (2x)	100 µs	–
Gleichzeitige Datenströme	–	max. 47,7 ms
Jitter-Ausgleich	–	**max. 49,7 ms**
Transcodierung	–	–
Depaketierung	–	–
Decodierung	–	–
→ Gesamtverzögerung: 314,5 ms		

Ein Vergleich der Tabellen 4.2 bis 4.5 lässt die folgenden wichtigen Rückschlüsse zu.

- Je kürzer die Payload, umso höher ist die Bruttobitrate.
- Je kürzer die Payload, umso geringer ist die Zeitverzögerung.
- Es muss ein Kompromiss zwischen Effizienz und Verzögerung gefunden werden.
- Hohe Bitraten auf den Schnittstellen führen zu geringen Verzögerungen durch „Serielles Versenden".
- Frame based Codecs führen im Allgemeinen zu sehr viel geringeren Bitraten als Sample based Codecs, die Netzbelastung wird entsprechend geringer.
- Aus dem Zusammenfassen mehrerer Rahmen zu einem VoIP-Paket bei Frame based Codecs können unakzeptabel hohe Verzögerungszeiten resultieren.

4.2   Protokolle

Unter anderem in den Abschnitten 3.2 und 4.1.2 wurde bereits deutlich, dass eine ganze Reihe von Protokollen zu einer Multimedia-Kommunikation in einem IP-Netz beitragen. Für die Nutzdaten sind das RTP (Real-time Transport Protocol), UDP (User Datagram Protocol), IP (Internet Protocol) sowie mindestens noch ein Schicht 2- und ein Schicht 1-Protokoll. In Bild 4.7 wurde das am Beispiel eines Ethernet-LANs dargestellt.

Dabei wurde von einer Schichtung gemäß dem OSI-Referenzmodell (Open Systems Interconnection) ausgegangen [Sieg1; Tane]. Dieses Modell wird auch allen folgenden Betrachtungen zu Protokollen zugrunde gelegt.

IP arbeitet verbindungslos, ein Telefonat aber basiert auf verbindungsorientierter Kommunikation. D.h., dass zuerst eine Verbindung aufgebaut wird, dann die Nutzdaten ausgetauscht

werden und zum Schluss die Verbindung wieder abgebaut wird. Während des Verbindungsaufbaus wird der Zielkommunikationspartner ermittelt und z.B. mittels Klingelton informiert. Er entscheidet dann selbst vor dem Nutzdatenaustausch, ob er den Verbindungswunsch annimmt oder ablehnt [Kühn]. Diese Vorgehensweise muss auch bei der VoIP-
Kommunikation eingehalten werden, wenn auf Basis der IP-Technik der Telefondienst oder
andere vergleichbare Echtzeitdienste angeboten werden sollen.

Dies hat zur Folge, dass in einem verbindungslos arbeitenden IP-Netz oberhalb der IP-
Schicht Protokolle zum Auf- und Abbau von Sessions, d.h. logischen Verbindungen, benötigt werden. Diese Funktionen können vom SIP (siehe Kapitel 5), den Protokollen der H.323-
Familie (siehe Abschnitt 4.2.8) oder auch vom MGCP (siehe Abschnitt 3.2) bereitgestellt
werden. Dabei geht es jedoch nicht nur um die Steuerung der Sessions und der Dienstmerkmale, die sog. Verbindungssignalisierung (Call Signalling), sondern auch um die Medien-
steuerung (Bearer Control), z.B. die Auswahl des zu verwendenden Audio- oder Video-
Codecs durch die beteiligten Endgeräte.

Bild 4.9 zeigt den bei VoIP zum Einsatz kommenden Protokoll-Stack für SIP, Bild 4.10 für
H.323 und Bild 4.11 für MGCP. Dabei fällt auf, dass sie für die Nutzdaten vollkommen
identisch sind, nur bei der Steuerung gibt es Unterschiede. SIP deckt die Funktionen nach
ITU-T H.225, SDP (Session Description Protocol) die gemäß H.245 ab. MGCP nutzt wie
SIP ebenfalls SDP.

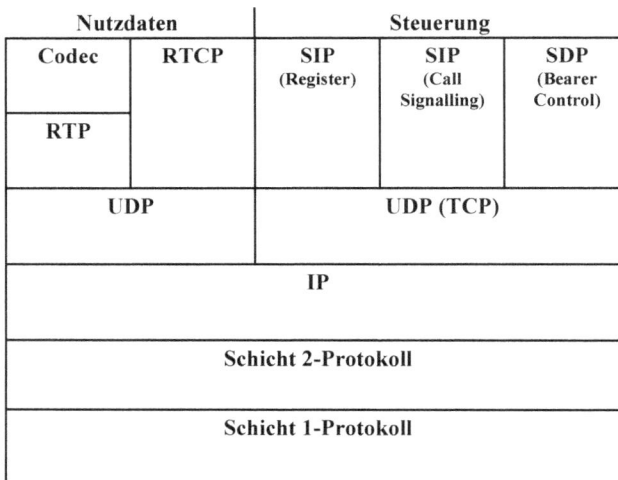

RTCP = RTP Control Protocol
SDP = Session Description Protocol

Bild 4.9: SIP-Protokoll-Stack

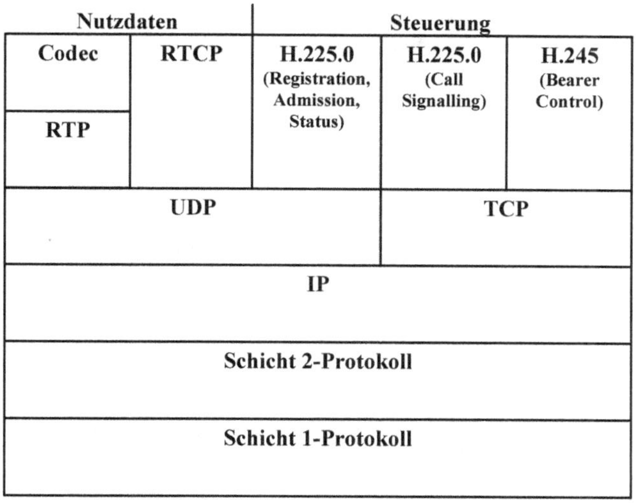

Nutzdaten		Steuerung		
Codec	**RTCP**	**H.225.0** (Registration, Admission, Status)	**H.225.0** (Call Signalling)	**H.245** (Bearer Control)
RTP				
UDP		**TCP**		
IP				
Schicht 2-Protokoll				
Schicht 1-Protokoll				

RTCP = RTP Control Protocol

Bild 4.10: H.323-Protokoll-Stack

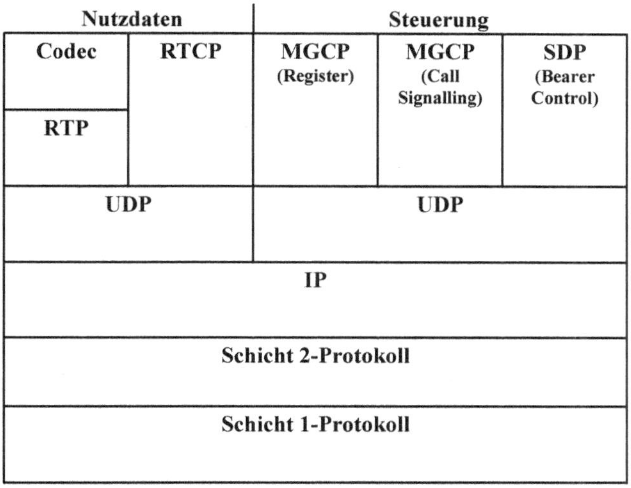

Nutzdaten		Steuerung		
Codec	**RTCP**	**MGCP** (Register)	**MGCP** (Call Signalling)	**SDP** (Bearer Control)
RTP				
UDP		**UDP**		
IP				
Schicht 2-Protokoll				
Schicht 1-Protokoll				

SDP = Session Description Protocol

Bild 4.11: MGCP-Protokoll-Stack

Die Bilder 4.12, 4.13 und 4.14 geben ergänzend einen Überblick über die Verteilung der Protokolle auf die Systeme im Netz. Dabei sind im Hinblick auf das Gesamtverständnis auch die Protokolle für die Nutzung von z.B. WWW-Applikationen (AP, Application) auf Basis HTTP (HyperText Transfer Protocol) angegeben.

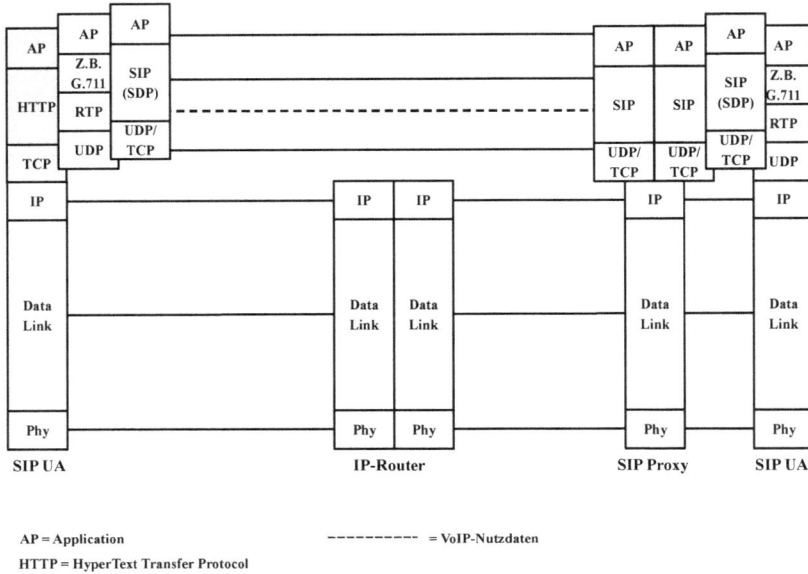

Bild 4.12: Systeme und Protokolle bei SIP-basierter Multimedia-Kommunikation in einem IP-Netz

Die wichtigsten der genannten Protokolle werden in den folgenden Abschnitten näher erläutert, wobei zum besseren Verständnis in einem ersten Schritt mit Schwerpunkt Ethernet auf die in den Netzen sehr unterschiedlich gestaltete Kommunikation in den OSI-Schichten 1 und 2 eingegangen wird.

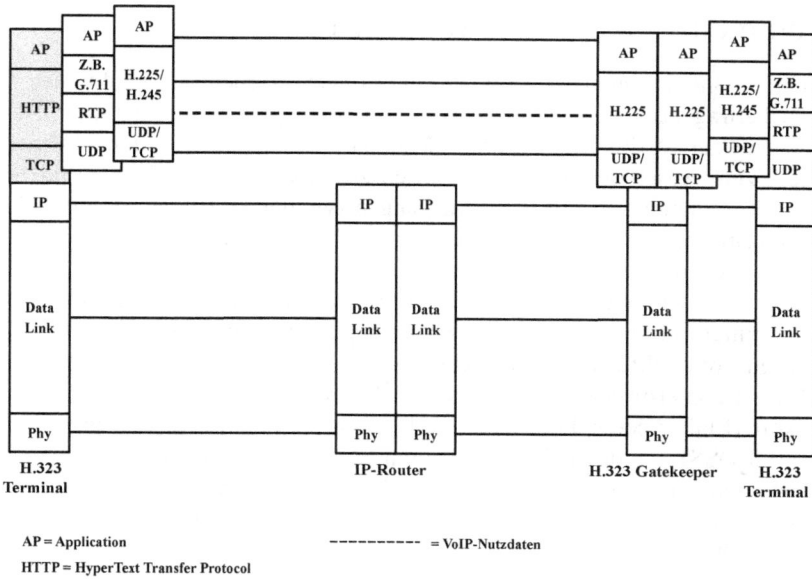

Bild 4.13: Systeme und Protokolle bei H.323-basierter Multimedia-Kommunikation in einem IP-Netz

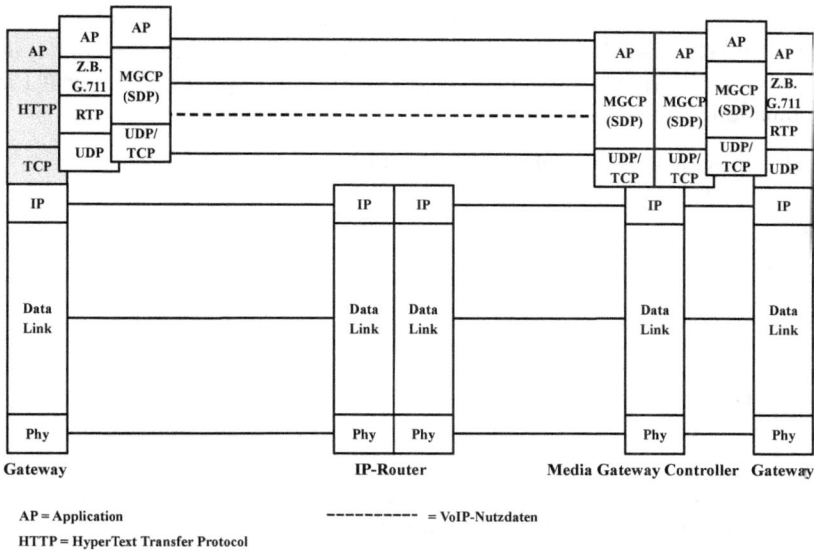

Bild 4.14: Systeme und Protokolle bei MGCP-basierter VoIP-Kommunikation

4.2.1   Kommunikation in den Schichten 1 und 2

In der OSI-Schicht 1 (Bitübertragungsschicht, Physical Layer) werden alle Funktionen für die physikalische Übertragung von Nachrichten auf den Übertragungswegen definiert. Dazu zählen Festlegungen zur Leitungscodierung, Modulation, Synchronisation, Aktivierung/Deaktivierung, zum Abschlusswiderstand, zu den zu verwendenden Kabeln und Steckern. Beispiele im Zusammenhang mit IP-Netzzugängen (vergleiche Bilder 2.4 und 2.5 in Abschnitt 2.3) sind ein analoger Telefonanschluss a/b, ein ISDN-Basisanschluss mit S_0-Schnittstelle, ADSL (Asymmetric Digital Subscriber Line), Ethernet mit 10BaseT oder 100Base-TX, aber auch hochbitratige SDH-Strecken (Synchronous Digital Hierarchy). Bei den Wählzugängen mittels a/b und ISDN ist besonders interessant, dass hierbei für Verbindungsauf- und -abbau Protokollfunktionen der OSI-Schichten 1 bis 3 notwendig sind. Beim ISDN-Basisanschluss beispielsweise sind dies die S_0-Übertragungstechnik in der Schicht 1, das LAPD-Protokoll (Link Access Procedure on D-channel) zur Datensicherung in der Schicht 2 und das L3-DSS1-Protokoll (Layer 3-Digital Subscriber Signalling system no. 1) für die Verbindungssteuerung in der Schicht 3. Aus IP-Sicht stellt der nach erfolgreichem ISDN-Verbindungsaufbau genutzte 64-kbit/s-B-Kanal nur „ein Stück Draht", eine Schicht 1-Übertragungsstrecke, dar.

Obige Aufzählung zeigt die große Vielfalt bezüglich der Schicht 1, die bei Einbeziehung der Schicht 2 jedoch noch deutlich ausgeweitet wird. In der Schicht 2 (Sicherungsschicht, Data Link Layer) werden die Festlegungen für eine gesicherte Übertragung von Daten auf einer Teilstrecke getroffen. Funktionen sind unter anderem ein möglicher Schicht 2-Verbindungsauf- und -abbau, Flusskontrolle, Aufteilung der Daten der Schicht 3 auf Blöcke, Fehlerüberwachung, Blockwiederholung nach Fehlern. Beispiele für Schicht 2-Protokolle bei IP-Zugängen sind das PPP (Point-to-Point Protocol), ATM (Asynchronous Transfer Mode) und bei Ethernet die Protokolle MAC (Medium Access Control) und ggf. LLC (Logical Link Control) in Kombination.

Wichtige Beispiele für Schicht 1/2-Protokoll-Stacks bei IP-Zugängen sind:

- POTS/PPP,
- ISDN/PPP,
- ADSL/ATM+PPP,
- SDH/ATM,
- SDH/PPP,
- 10BaseT/MAC,
- 100Base-TX/MAC,
- 1000Base-T/MAC.

Mit dem Ziel eines einfacheren Gesamtverständnisses werden im Folgenden etwas tiefer gehend die Schichten 1 und 2 speziell bei Ethernet betrachtet [Rech]. Basis hierfür ist Bild 4.15, das die prinzipielle Netz- und Protokollarchitektur bei einem Ethernet-LAN zeigt. Daran wird zum einen deutlich, welche Protokolle in welchen OSI-Schichten beispielsweise zum Abruf einer Web-Seite durch einen Client-Rechner von einem Server beitragen. Zum anderen sind die verschiedenen Netzknoten und ihre Einordnung im OSI-Referenzmodell zu sehen.

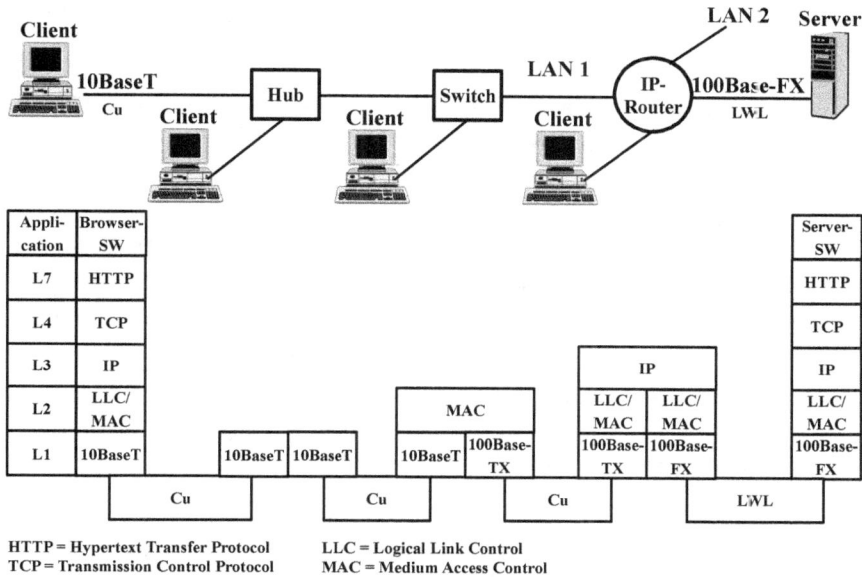

Bild 4.15: Prinzipielle Netz- und Protokollarchitektur bei einem Ethernet-LAN

Ein Hub ist demzufolge ausschließlich in der Schicht 1 angesiedelt [Stal2]. Er repräsentiert einen Repeater, der im Broadcast Mode arbeitet. Ein Ethernet-Rahmen, den ein Host zum Hub sendet, wird von diesem auf allen Schnittstellen weitergeleitet. Das bedeutet, dass jedes von einem Host versendete IP-Paket von allen anderen an diesem Hub angeschalteten Hosts empfangen wird. Somit kann in einer bestimmten Zeitphase immer nur ein Rechner erfolgreich ein Datenpaket absetzen, die Zugriffssteuerung erfolgt durch die Hosts mit Hilfe des MAC-Protokolls. In einer Netzkonfiguration mit einem Hub hat man es zwar physikalisch mit einem Stern, logisch jedoch mit einem Bus zu tun.

Ein Switch bearbeitet die Protokollschichten 1 und 2. Ein empfangener Ethernet-Rahmen wird zwischengespeichert und dann direkt über die zugehörige Schnittstelle zum Ziel-Host gesendet. Die dafür notwendige Information über die richtige Route leitet der Switch aus den Schicht 2-MAC-Adressen der auf seinen Schnittstellen empfangenen Ethernet-Rahmen ab.

Router unterstützen Protokolle aus den Schichten 1 bis 3. Wie in Abschnitt 2.3 schon erläutert repräsentieren sie IP-Vermittlungsstellen.

Bezüglich der Schicht 1 und Ethernet werden hier zwei Schnittstellen herausgegriffen, 10BaseT und 100Base-TX. Die wichtigsten Schicht 1-Funktionen bei 10BaseT gemäß IEEE

802.3 Clause 14 (Klausel, Abschnitt; ehemals IEEE 802.3i) sind: 10-Mbit/s-Bitrate, Stern-Topologie, Kupferkabel (4-adrig, je 2 Adern verdrillt (Twisted Pair), mindestens Kategorie 3 (Cat 3), ca. 100 m Reichweite), 100-Ω-Impedanzabschlüsse, RJ-45-Stecker und -Buchsen (Western), Manchester-Leitungscodierung [Rech].

Für eine 100Base-TX-Schnittstelle nach IEEE 802.3 Clause 25 (ehemals IEEE 802.3u) gilt: 100 Mbit/s, Stern-Topologie, Kupfer-Kabel (4-adrig, je 2 Adern verdrillt (Twisted Pair), mindestens Kategorie 5 (Cat 5), ca. 100 m Reichweite), 100-Ω-Impedanzabschlüsse, RJ-45-Stecker und -Buchsen (Western), Leitungscodierung (4B5B (Binär) $\rightarrow$ 125 Mbit/s, dann MLT-3 (Multi Level Transmit-3 levels)), Rahmenkennung (Start: 11000 10001 = Start of Stream Delimiter, Ende: 01101 00111 = End of Stream Delimiter) [Rech].

Gemäß Bild 4.15 wird bei Ethernet die Schicht 2 in zwei Teilschichten 2a (MAC) und 2b (LLC) aufgeteilt. In 2a, der MAC-Schicht (Medium Access Control), ist zum einen das Mehrfachzugriffsverfahren CSMA/CD (Carrier Sense Multiple Access/Collision Detection) für den Einsatz mit einem Hub definiert, zum anderen die Adressierung in der Schicht 2 mit sog. MAC-Adressen. Eine MAC-Adresse ist die physikalische Adresse einer Ethernet-Komponente. Sie ist theoretisch weltweit eindeutig (in der Praxis nicht immer) und umfasst 6 Byte. IEEE (Institute of Electrical and Electronics Engineers) [IEEE] verwaltet die MAC-Adressen und weist den Herstellern Adressblöcke zu. Aus diesem Pool wird dann z.B. einer Ethernet-Baugruppe ihre MAC-Adresse vergeben. Beispiele für MAC-Adressen inkl. der Zuordnung zu Herstellern sind

*   in HEX-Darstellung: 00-00-CB-80-80-A4 oder 00:00:CB:80:80:A4,
*   binär (kanonische Darstellung, pro Byte wird niedrigstwertiges Bit zuerst gesendet usw.): 00000000-00000000-11010011-00000001-00000001-00100101,
*   CISCO: 00-00-0C-xx-xx-xx,
*   HP: 00-00-C6-xx-xx-xx,
*   3COM: 00-AA-8C-xx-xx-xx.

Bild 4.16 zeigt den möglichen MAC-Rahmenaufbau. Es gibt zwei Varianten, nach dem Ethernet II- oder dem IEEE 802.3-Standard, wobei der einzige Unterschied im Typ- bzw. Längenfeld besteht [Rech].

Ethernet II-Frame

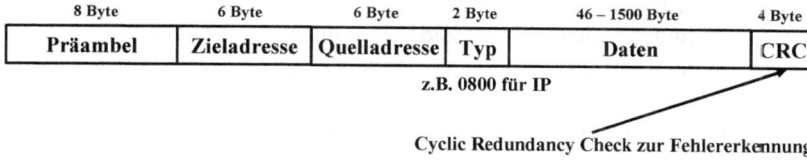

8 Byte	6 Byte	6 Byte	2 Byte	46 – 1500 Byte	4 Byte
Präambel	Zieladresse	Quelladresse	Typ	Daten	CRC

z.B. 0800 für IP

Cyclic Redundancy Check zur Fehlererkennung

IEEE 802.3-Frame

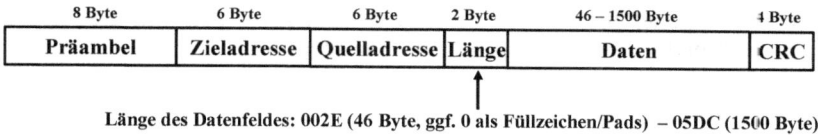

8 Byte	6 Byte	6 Byte	2 Byte	46 – 1500 Byte	4 Byte
Präambel	Zieladresse	Quelladresse	Länge	Daten	CRC

Länge des Datenfeldes: 002E (46 Byte, ggf. 0 als Füllzeichen/Pads) – 05DC (1500 Byte)

Bild 4.16: Ethernet-Schicht 2a – MAC-Rahmen (Medium Access Control)

Ein Beispiel aus der Netzwerkpraxis für Parameter eines Ethernet II-Rahmens zeigt Bild 4.17.

```
⊞  Ⴧ  Frame 15 (294 bytes on wire, 294 bytes captured)
⊟  Ⴧ  Ethernet II, Src: 00:30:05:19:58:d5, Dst: 00:30:05:19:59:4f
       Ⴧ  Destination: 00:30:05:19:59:4f (Fujitsu_19:59:4f)
       Ⴧ  Source: 00:30:05:19:58:d5 (Fujitsu_19:58:d5)
       Ⴧ  Type: IP (0x0800)
⊞  Ⴧ  Internet Protocol, Src Addr: 192.168.0.4 (192.168.0.4), Dst Addr: 192.168.0.2 (192.168.0.2)
⊞  Ⴧ  User Datagram Protocol, Src Port: 1060 (1060), Dst Port: 1058 (1058)
   Ⴧ  Data (252 bytes)

0000:                                       45 00                     E.
```

Bild 4.17: Parameter eines Ethernet II-Rahmens, aufgezeichnet mit Protokollanalyse-SW

Das der Schicht 2b zuzuordnende LLC-Protokoll (Logical Link Control) wird benötigt, wenn mehrere Kommunikationspartner mit Protokollen der höheren Schichten parallel mittels der gleichen MAC-Rahmen kommunizieren wollen, ohne dass die höheren Schichten dies unterstützen. Dann wird ein Multiplexmechanismus in der Schicht 2 erforderlich. Ethernet II kann über das Typ-Feld nur zwischen verschiedenen Schicht 3-Protokollen unterscheiden. Wird stattdessen mit IEEE 802.3-Rahmen gearbeitet, kann über einen LLC- und ggf. noch einen SNAP-Header (Sub Net Access Protocol) auch in der Schicht 2 zwischen mehreren Nutzern des gleichen Schicht 3-Protokolls unterschieden werden. Bild 4.18 zeigt die möglichen LLC-Rahmen. Dabei stehen die LSAPs (Link Service Access Point) für SAPs (Service Access Point Identifier) und bilden die Schnittstelle zwischen Schicht 2b und Schicht 3-Protokollen.

Damit wird es möglich, trotz nur einer MAC-Adresse mit n x LSAP zu arbeiten, wobei ein
LSAP sich aus einem DSAP (Destination Service Access Point), einem SSAP (Source Ser-
vice Access Point) und einem Control Field zusammensetzt. Ein SNAP-Header (Sub Net
Access Protocol) wird ergänzend zum LSAP benötigt, wenn Kompatibilität zwischen Ether-
net II und IEEE 802.2 gefordert ist (Informationen aus Typfeld notwendig). Dabei kennzeichnet der OUI (Organizational Unit Identifier) die im Ethernet Type-Feld verwendete
Codierung, der Ethernet Type bezeichnet das transportierte Schicht 3-Protokoll, z.B. IP
[Rech; Gilb]. Sowohl für WWW- als auch VoIP-Anwendungen genügt ein Ethernet II-
Rahmen. Der 802.2-Frame wird z.B. im Zusammenhang mit dem Schleifen im Netzwerk
verhindernden Spanning Tree Protocol eingesetzt. Allgemein gilt, dass die Clients normalerweise automatisch die passenden Frame-Typen wählen.

IEEE 802.2-Frame

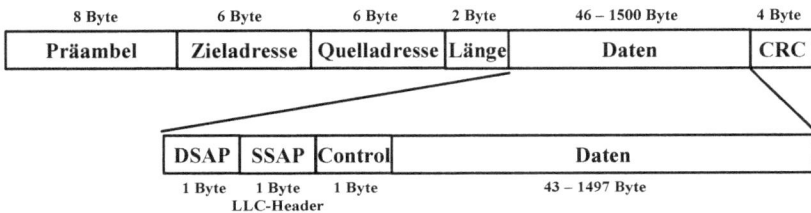

8 Byte	6 Byte	6 Byte	2 Byte	46 – 1500 Byte	4 Byte
Präambel	Zieladresse	Quelladresse	Länge	Daten	CRC

DSAP	SSAP	Control	Daten
1 Byte	1 Byte	1 Byte	43 – 1497 Byte

LLC-Header

Ethernet SNAP-Frame

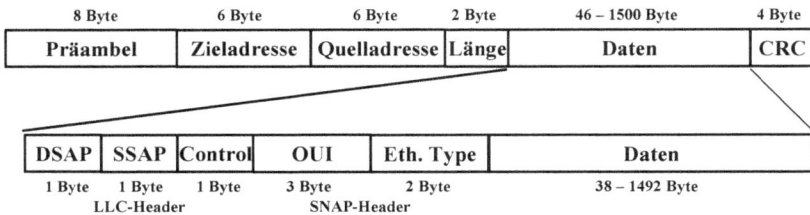

8 Byte	6 Byte	6 Byte	2 Byte	46 – 1500 Byte	4 Byte
Präambel	Zieladresse	Quelladresse	Länge	Daten	CRC

DSAP	SSAP	Control	OUI	Eth. Type	Daten
1 Byte	1 Byte	1 Byte	3 Byte	2 Byte	38 – 1492 Byte

LLC-Header   SNAP-Header

DSAP = Destination Service Access Point   SNAP = Sub Net Access Protocol
SSAP = Source Service Access Point   OUI = Organizational Unit Identifier

Bild 4.18: Ethernet-Schicht 2b – LLC-Rahmen (Logical Link Control) gemäß IEEE 802.2 oder Ethernet SNAP

4.2.2   IPv4 (Internet Protocol version 4)

Das Internet-Protokoll in der Version 4 (IPv4) ist die Basis heutiger IP-Netze und des Internets. Es ist der OSI-Schicht 3 (Vermittlungsschicht, Network Layer) zuzuordnen. In dieser
Schicht erfolgt die Wegewahl, d.h. das Routing im Netz, die Kopplung der Teilstrecken
zwischen Endsystem und Transitsystem bzw. zwischen Transitsystemen. Erforderlichenfalls
wird hier auch die gewünschte Dienstgüte (Quality of Service) zur Verfügung gestellt. Auch

der Aufbau und die Überwachung von Verbindungen wäre hier anzusiedeln, allerdings nicht im Falle von IP, da IP verbindungslos arbeitet.

Theoretische Beschreibung

Die Festlegungen für IPv4 als Basisprotokoll wurden unter anderem im RFC 791 (Request for Comments) [791] von der IETF (Internet Engineering Task Force) [IETF] getroffen. Die verwendeten Signalstrukturen, d.h. die IP-Pakete, werden im asynchronen Zeitmultiplex mit variabler Blocklänge gebildet, wobei ein Paket maximal (64K – 1) Byte umfassen darf. Wie Bild 4.19 weiter verdeutlicht, erfolgt die Kommunikation verbindungslos mit Datagrammen. Nachrichtenaustausch und Verbindungsauf-/abbau finden quasi gleichzeitig statt, die gesendeten Datenpakete enthalten nicht nur Nutzdaten, sondern im Header auch Ursprungs- und Zieladresse für das Routing.

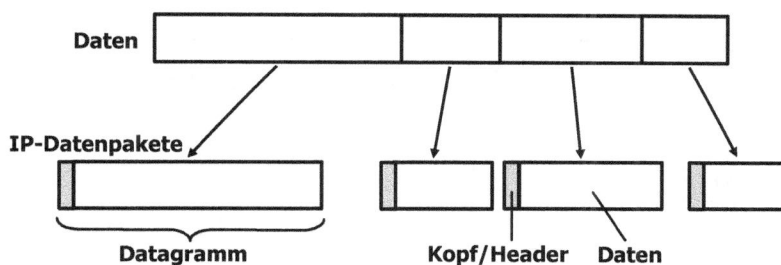

Bild 4.19: Verbindungslose Kommunikation mit Datagrammen

In Bild 4.20 ist der Aufbau eines IP-Datagramms dargestellt, übersichtlich in Zeilen und Spalten entsprechend der verschiedenen Funktionen strukturiert. In dieser Darstellung hat ein IP-Datagramm eine Zeilenlänge von 4 Byte bzw. 32 bit. Die ersten fünf Zeilen, d.h. 20 Byte, bilden den Header, der ggf. um das bis zu 40 Byte lange Feld „Options" für Debugging-, Mess- und Sicherheitsfunktionen ergänzt werden kann. Um grundsätzlich auf Zeilenlängen von 32 bit zu kommen, werden erforderlichenfalls Padding Bits ohne Funktion hinten angefügt. Normalerweise ist das Feld „Options" aber leer, die Standardlänge eines IP-Headers ist daher 20 Byte. Anschließend an die IP-Steuerinformation im Header folgen die IP-Nutzdaten, die z.B. einen TCP-Rahmen repräsentieren. Dieses Data-Feld kann theoretisch zwischen 0 und 65515 Byte lang sein, üblich sind jedoch 180 Byte (z.B. für UDP-basierte VoIP-Nutzdaten) bis knapp 1500 Byte (z.B. für TCP-basierte Daten). In der praktischen Anwendung wird ein IP-Paket gemäß Bild 4.20 Bit für Bit seriell und zeilenweise von links oben nach rechts unten übertragen.

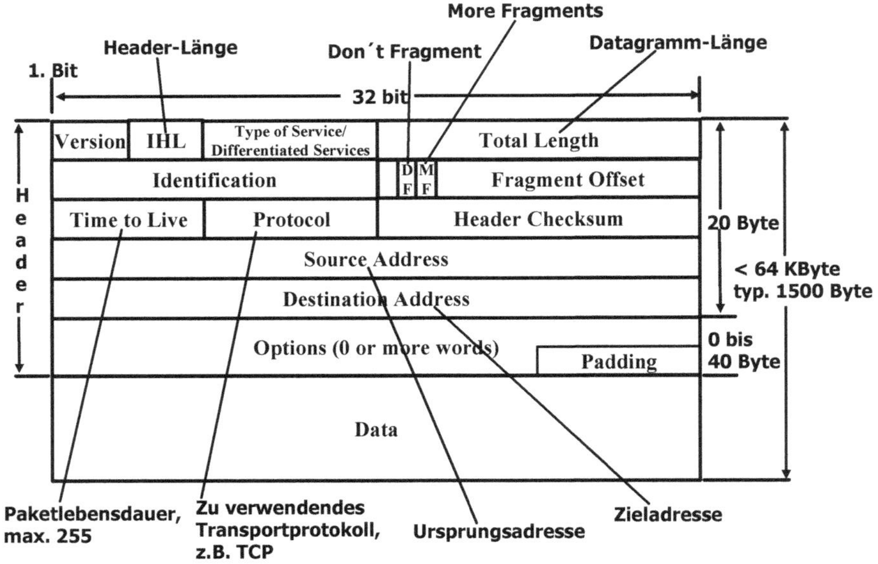

Bild 4.20: Aufbau eines IP-Datagramms

Zum Verständnis der Steuerfunktionen eines IP-Datagramms werden im Folgenden die Header-Felder nach Bild 4.20 näher erläutert [Bada; Steu; Tane].

- **Version** (4 bit): Enthält die Nummer der aktuellen IP-Header-Version IPv4, d.h. dezimal 4 bzw. binär 0100.
- **IHL** (Internet Header Length) (4 bit): In diesem Feld wird die Länge des Headers angegeben. Die Angabe bezieht sich auf 32-bit-Worte, d.h. die Zeilenanzahl in Bild 4.20. Da üblicherweise die Felder „Options" und „Padding" nicht übertragen werden, ist der IHL-Wert normalerweise 5 bzw. 0101.
- **Type of Service** (ToS) (8 bit): Das ToS-Feld beinhaltet drei sog. Precedence-Bits, die eine Priorität für das zugehörige IP-Paket definieren, z.B. 111 für hoch priorisierte Network Control-Daten, 001 für priorisierte Daten oder 000 für Best Effort-Daten, letzteres z.B. bei einem Homepage-Abruf. Zusätzlich kann je ein Bit gesetzt werden: D (Delay) für minimale Verzögerung, T (Throughput) für maximalen Durchsatz und R (Reliability) für maximale Zuverlässigkeit. Damit kann die Quality of Service (QoS) definiert werden [791; 1349]. Die Anwendung dieses Feldes in der ToS-Bedeutung hat sich jedoch nicht durchgesetzt, stattdessen gewinnt es als Differentiated Services-Feld an Bedeutung [2474]. Dabei werden die Precedence-Bits beibehalten, das bisherige 3-bit-Feld wird jedoch zum sog. DSCP (Differentiated Service Code Point) auf 6 bit erweitert, sodass Qualitätsklassen mit relativ feiner Auflösung gebildet werden können. Nähere Informationen können Abschnitt 4.3.2 entnommen werden. Egal ob gemäß ToS oder DiffServ, ein „normales" IP-Datenpaket, das nach dem Best Effort-Prinzip übermittelt wird, ist mit 00000000 gekennzeichnet.

- **Total Length** (16 bit): Gibt die Länge des gesamten IP-Datagramms (Header + Nutzdaten) in Byte an.
- **Identification** (16 bit): Kennzeichnet zusammengehörige IP-Pakete, die durch Fragmentierung (d.h. Aufteilung eines größeren IP-Datagramms) entstanden sind. Ein IP-Paket kann bis zu (64K − 1) Byte, also 65535 Byte groß sein. Normalerweise unterstützen aber die darunter liegenden Schicht 2-Protokolle nur sehr viel kleinere Paketlängen, z.B. 1500 Byte max. bei Ethernet. Der zulässige Maximalwert wird als MTU (Maximum Transmission Unit) bezeichnet. Ein den MTU-Wert überschreitendes IP-Paket muss daher fragmentiert, d.h. in kleinere IP-Pakete aufgeteilt werden. Dies kann auf dem Weg von der Quelle zum Ziel mehrfach geschehen.
- **Flags** (3 bit): Dieses Feld enthält – neben einem reservierten Bit mit dem Wert 0 – die beiden wichtigen Flags „Don't Fragment" (Fragmentieren erlaubt bzw. nicht erlaubt) und „More Fragments" (es folgen auf das aktuelle IP-Paket weitere Fragmente bzw. keine weiteren Fragmente).
- **Fragment Offset** (13 bit): Kennzeichnet die richtige Position des im aktuellen IP-Datagramm enthaltenen Fragments in der Gesamtnachricht (durch 8 dividierte Byte-Nummer, wenn im ursprünglichen IP-Paket mit der Zählung bei 0 begonnen wird) und ermöglicht damit deren Wiederherstellung aus den Fragmenten im Zielsystem. Diese sog. Defragmentierung darf im Hinblick auf die Transparenz erst im Zielrechner durchgeführt werden, da zusammengehörende Fragmente nicht zwingend den gleichen Weg durch das Netz nehmen.
- **Time to Live** (8 bit): Kennzeichnet die Lebensdauer des IP-Paketes, wobei sie maximal 255 betragen kann. Dieser Wert wird von jedem IP-Router, der vom betreffenden IP-Paket durchlaufen wird, um 1 erniedrigt. Bei 0 wird das Paket verworfen und mittels ICMP (Internet Control Message Protocol) eine Fehlermeldung an die Quelle versendet. Dieser Parameter verhindert das Zirkulieren eines nicht zustellbaren IP-Pakets im Netz.
- **Protocol** (8 bit): In diesem Feld wird per festgelegter Protokollnummer das in der nächst höheren Ebene 4 oder 3b verwendete Protokoll gekennzeichnet. Z.B. steht der Wert dez. 6 (hex. 06) für TCP (L4), 17 (hex. 11) für UDP (L4), 1 für das Steuerprotokoll ICMP (L3b) und 89 für das Routing-Protokoll OSPF (Open Shortest Path First, L3b) [1700].
- **Header Checksum** (16 bit): Enthält eine Prüfsumme, die auf jedem IP-Übermittlungsabschnitt aus dem Inhalt des IP-Headers errechnet, als Parameter mit übertragen und im Empfänger mit dem neu errechneten Wert verglichen wird. Wird eine Abweichung detektiert, ist auf dem Übermittlungsabschnitt ein Fehler aufgetreten, das IP-Datagramm wird verworfen.
- **Source Address** (32 bit): Repräsentiert die IP-Adresse der Quelle des IP-Pakets. Eine IPv4-Adresse umfasst 4 Byte, wobei jedes Byte für eine binär codierte Dezimalziffer steht. Normalerweise wird daher eine IPv4-Adresse mit vier, durch Punkte getrennte Dezimalzahlen mit Werten zwischen 0 und 255 dargestellt. Ein Beispiel ist dezimal 213.7.27.33, binär 11010101 00000111 00011011 00100001, hexadezimal D5 07 1B 21. Im öffentlichen Internet genutzte IP-Adressen müssen weltweit eindeutig sein. Der 4-Byte-Adressierungsraum bietet theoretisch über 4 Milliarden Adressen, allerdings ist infolge von Klassenbildung für die Netzstrukturierung die in der Praxis verfügbare Anzahl von Adressen sehr viel geringer. Zusätzliche Maßnahmen erweitern jedoch den Einsatz des verfügbaren IPv4-Adressraums. Eine der Maßnahmen ist, dass eine IP-Adresse erst

dann, wenn sie wirklich gebraucht wird, dynamisch zugewiesen wird. Ein Internet Service Provider vergibt beispielsweise einem Kunden mittels PPP (Point to Point Protocol)
aus seinem Gesamt-Pool erst dann eine IP-Adresse, wenn dieser sich einwählt und online
gehen will. Eine andere Maßnahme ist die Anwendung von privaten IP-Adressbereichen
(10.0.0.0 bis 10.255.255.255, 172.16.0.0 bis 172.31.255.255 und 192.168.0.0 bis
192.168.255.255), die im öffentlichen Internet nicht benutzt werden. Diese Adressen
können gleichzeitig in sehr vielen privaten Netzen eingesetzt werden. Will ein entsprechender Nutzer über das öffentliche Netz kommunizieren, wird in den IP-Paketen durch
den Gateway Router die private Adresse durch eine öffentliche und umgekehrt ersetzt.
Dazu wird die NAT-Funktionalität (Network Address Translation, siehe auch Abschnitte
8.1 und 8.2) benötigt.

• **Destination Address** (32 bit): Steht für die IP-Adresse des Zielsystems.

Praktisches Beispiel
Zur Vertiefung der obigen theoretischen Ausführungen soll das IPv4 in der Praxis beim
Abruf einer Homepage von einem Web Server analysiert werden. Den hierfür erforderlichen
Systemaufbau zeigt Bild 4.21. Benötigt werden nur ein am Internet betriebener PC mit einer
Browser-SW für das WWW (World Wide Web) und eine Protokollanalyse-SW wie z.B.
Wireshark. Alle Informationen zur Installation, Konfiguration und Bedienung von Wireshark
können Abschnitt 17.2 dieses Buches entnommen werden.

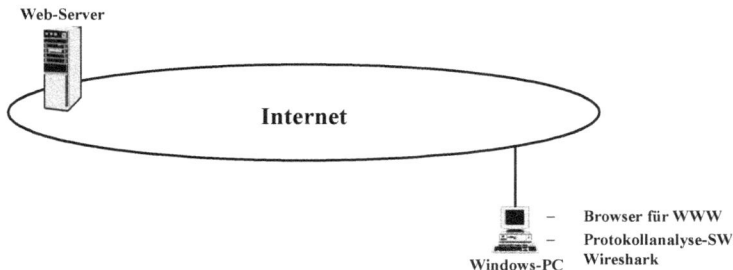

Bild 4.21: Systemaufbau für IP in der Praxis

Um IP-Pakete aufzuzeichnen bzw. auszuwerten, sollte wie folgt vorgegangen werden:

1. Erforderlichenfalls Internet-Zugang für PC aktivieren.
2. Protokollaufzeichnungsvorgang mit der Analyse-SW Wireshark starten.
3. Am Web-Browser einen Domain-Namen, z.B. www.e-technik.org, eingeben und den
   Homepage-Abruf starten.
4. Warten, bis der gewünschte Homepage-Inhalt komplett auf den PC geladen wurde.
5. Stoppen des Protokollaufzeichnungsprozesses.

6. Abspeichern der Protokolldaten. Dies ist von Vorteil, wenn man später eine detailliertere Analyse vornehmen möchte oder anhand der erfassten Daten auch weitere Protokolle, wie z.B. TCP, analysieren möchte.

7. Vergleichen eines IP-Paketes, z.B. des ersten Paketes, das HTTP-Nutzdaten (HyperText Transfer Protocol) enthält, mit der Theorie. Ein Beispiel-IP-Datagramm zeigt Bild 4.22.

8. Verifizieren der von der Protokollanalyse-SW angezeigten IP-Adresse des Windows-PCs durch Starten der Eingabeaufforderung und Eingabe von ipconfig /all.

9. Verifizieren der von der Protokollanalyse-SW angezeigten Web Server-IP-Adresse durch Eingabe von ping <Domain-Name>, z.B. ping www.e-technik.org, in der Eingabeaufforderung.

10. Wie viele IP-Router auf dem Weg zwischen PC und dem angesprochenen Web Server liegen, kann durch Eingabe von tracert <Domain-Name>, z.B. tracert www.e-technik.org, ermittelt werden.

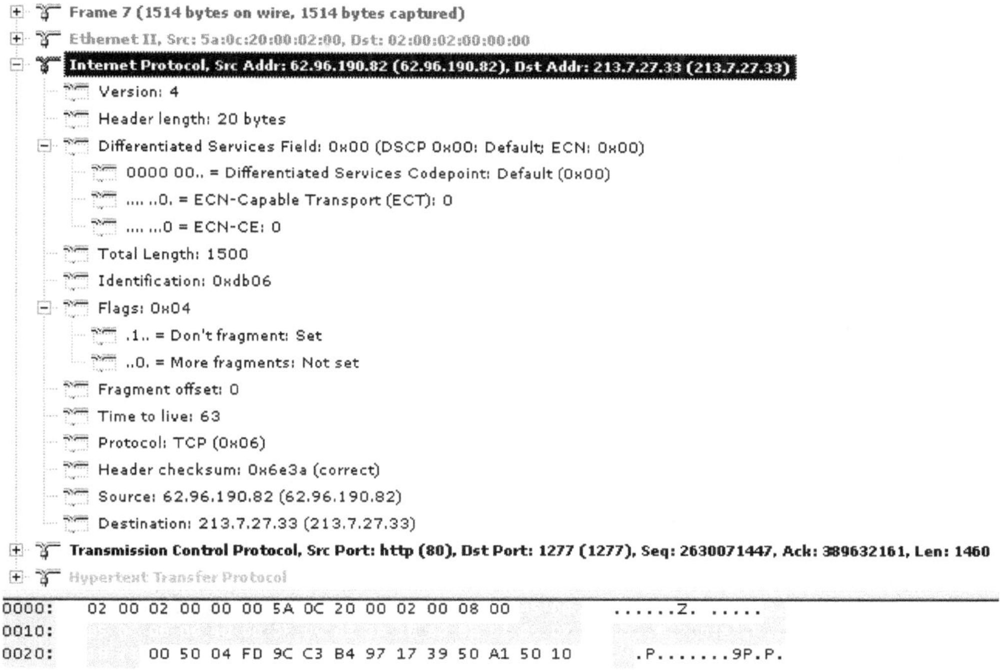

```
⊞ ⟨Ÿ  Frame 7 (1514 bytes on wire, 1514 bytes captured)
⊞ ⟨Ÿ  Ethernet II, Src: 5a:0c:20:00:02:00, Dst: 02:00:02:00:00:00
⊟ ⟨Ÿ  Internet Protocol, Src Addr: 62.96.190.82 (62.96.190.82), Dst Addr: 213.7.27.33 (213.7.27.33)
       ⟨Ÿ  Version: 4
       ⟨Ÿ  Header length: 20 bytes
    ⊟ ⟨Ÿ  Differentiated Services Field: 0x00 (DSCP 0x00: Default; ECN: 0x00)
           ⟨Ÿ  0000 00.. = Differentiated Services Codepoint: Default (0x00)
           ⟨Ÿ  .... ..0. = ECN-Capable Transport (ECT): 0
           ⟨Ÿ  .... ...0 = ECN-CE: 0
       ⟨Ÿ  Total Length: 1500
       ⟨Ÿ  Identification: 0xdb06
    ⊟ ⟨Ÿ  Flags: 0x04
           ⟨Ÿ  .1.. = Don't fragment: Set
           ⟨Ÿ  ..0. = More fragments: Not set
       ⟨Ÿ  Fragment offset: 0
       ⟨Ÿ  Time to live: 63
       ⟨Ÿ  Protocol: TCP (0x06)
       ⟨Ÿ  Header checksum: 0x6e3a (correct)
       ⟨Ÿ  Source: 62.96.190.82 (62.96.190.82)
       ⟨Ÿ  Destination: 213.7.27.33 (213.7.27.33)
⊞ ⟨Ÿ  Transmission Control Protocol, Src Port: http (80), Dst Port: 1277 (1277), Seq: 2630071447, Ack: 389632161, Len: 1460
⊞ ⟨Ÿ  Hypertext Transfer Protocol
```

```
0000:     02 00 02 00 00 00 5A 0C 20 00 02 00 08 00          ......Z. .....
0010:
0020:     00 50 04 FD 9C C3 B4 97 17 39 50 A1 50 10          .P.......9P.P.
```

Bild 4.22: Parameter eines IP-Datagramms, aufgezeichnet mit Protokollanalyse-SW

4.2.3   IPv6 (Internet Protocol version 6)

Das Internet-Protokoll in der Version 6 (IPv6) kommt bereits heute in vielen Netzen zum Einsatz und wird die Basis zukünftiger IP-Netze sein, auch für zellulare Mobilfunknetze der

3. und 4. Generation. Es ist eine Weiterentwicklung von IPv4. Somit ist es mit IPv4 eng verwandt und unterstützt auch die meisten Funktionen von IPv4. Darüber hinaus bietet es aber infolge umfassender Verbesserungen entscheidende Vorteile. Der IP-Adressraum wurde massiv erweitert, die Paketstruktur wurde unter dem Gesichtspunkt der Effizienz angepasst. Authentifizierung und Sicherheit, Mobilität sowie die Bereitstellung der gewünschten Quality of Service werden in weit höherem Maße als bei IPv4 unterstützt. Zudem wird der Netzwerkbetrieb durch das Leistungsmerkmal Adress-Autokonfiguration einfacher.

Theoretische Beschreibung
Die Festlegungen für IPv6 wurden unter anderem im RFC 2460 [2460] von der IETF (Internet Engineering Task Force) getroffen. Auch bei IPv6 werden die IP-Pakete im asynchronen Zeitmultiplex mit variabler Blocklänge gebildet, die Kommunikation erfolgt ebenfalls verbindungslos mit Datagrammen.

In Bild 4.23 ist der Aufbau eines IPv6-Pakets dargestellt, übersichtlich in Zeilen und Spalten entsprechend der verschiedenen Funktionen strukturiert.

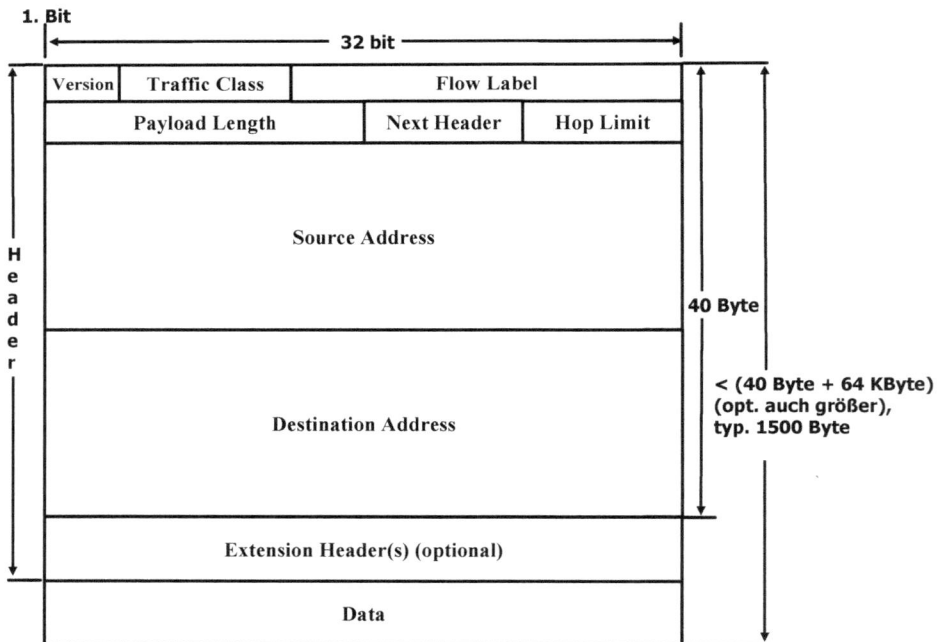

Bild 4.23: Aufbau eines IPv6-Datagramms

In dieser Darstellung (siehe Bild 4.23) hat ein IP-Datagramm eine Zeilenlänge von 4 Byte bzw. 32 bit. Die ersten zehn Zeilen, d.h. 40 Byte, bilden den Header, der optional um bis zu acht verschiedene Erweiterungs-Header ergänzt werden kann. Die Minimallänge eines IPv6-Headers ist daher 40 Byte. Anschließend an die IP-Steuerinformation im Header bzw. den Erweiterungs-Headern folgen die IP-Nutzdaten, die z.B. einen TCP-Rahmen repräsentieren. Dieses Data-Feld kann theoretisch zwischen 0 und 65535 Byte lang sein, bei Nutzung der sog. Jumbo Payload Option sind auch Werte oberhalb (64K − 1) Byte möglich. Üblich sind jedoch auch hier 180 Byte (z.B. für UDP-basierte VoIP-Nutzdaten) bis knapp 1500 Byte (z.B. für TCP-basierte Daten). In der praktischen Anwendung wird ein IPv6-Paket gemäß Bild 4.23 Bit für Bit seriell und zeilenweise von links oben nach rechts unten übertragen.

Zum Verständnis der Steuerfunktionen eines IP-Datagramms werden im Folgenden die Header-Felder nach Bild 4.23 näher erläutert [2460; 4291; Wies; Ditt].

- **Version** (4 bit): Enthält die Nummer der IP-Header-Version IPv6, d.h. dezimal 6 bzw. binär 0110.
- **Traffic Class** (8 bit): Das Traffic Class-Feld beinhaltet, wie bei IPv4 auch möglich, die DiffServ-Bits [2474]. Mit den dafür genutzten 6 bit können Qualitätsklassen mit relativ feiner Auflösung gebildet werden. In Abhängigkeit des Traffic Class-Wertes wird ein IPv6-Paket von einem Router mehr oder weniger priorisiert behandelt. Ein „normales" IP-Datenpaket, das nach dem Best Effort-Prinzip übermittelt wird, ist mit 00000000 gekennzeichnet.
- **Flow Label** (20 bit): Hiermit können IPv6-Pakete gekennzeichnet werden, die einen zusammengehörenden Datenstrom bilden, z.B. bei einer Echtzeit-Audio- oder Video-Session. Als Wert für den Flow Label trägt der Absender eine für ihn eindeutige Zufallszahl zwischen 1 und FFFFF hex ein. Diese Zahl kennzeichnet in der Folge zusammen mit Sender- und Empfänger-IP-Adresse den zusammenhängenden Datenstrom. Jeder IP-Router auf dem Weg muss nur diesen Flow Label und die Adressen auswerten, um zu wissen, zu welcher Kommunikationsbeziehung inkl. Anwendung ein IPv6-Paket gehört. Daher ist es sehr viel einfacher als bei IPv4, zusammengehörige Datenpakete gleich zu behandeln, sie z.B. bei VoIP im Hinblick auf die Minimierung der Verzögerungszeiten und des Jitters immer den gleichen Weg nehmen zu lassen. Der Parameter „Flow Label" ermöglicht damit sehr wirkungsvoll die Anwendung von Mechanismen zur Sicherstellung einer gewünschten Quality of Service. Soll ein IPv6-Paket ohne Beachtung besonderer Regeln behandelt werden, wird der Flow Label-Wert 0 übertragen [Ditt].
- **Payload Length** (16 bit): Gibt die Länge des IPv6-Datagramms nach dem Header in Byte an, d.h. der Wert umfasst die Nutzdaten, aber auch gegebenenfalls vorhandene Erweiterungs-Header. Pakete mit mehr als (64K − 1) Byte können im Erweiterungs-Header „Hop-by-Hop Options" spezifiziert werden. Eine solche Jumbo Payload dürfte maximal 4.294.967.255 Byte umfassen, d.h. über 4 Milliarden Byte. Wird mit dieser Option gearbeitet, wird der Payload Length-Wert auf 0 gesetzt [Ditt].
- **Next Header** (8 bit): Kennzeichnet den Typ der Nutzdaten, z.B. dez. 6 (hex. 06) für TCP oder 17 (hex. 11) für UDP, oder den ersten Erweiterungs-Header. Dieser kann dann auf einen zweiten Erweiterungs-Header zeigen, der letzte Erweiterungs-Header verweist auf die Nutzdaten. Steht an dieser Stelle im Header oder einem Erweiterungs-Header der Wert dez. 59, folgen keine weiteren Header und auch keine Nutzdaten, das IPv6-Paket dient Steuer- oder Testzwecken. Nachfolgend sind die acht möglichen Erweiterungs-Header in dezimaler Schreibweise aufgelistet, wobei nur der Destination Options Header

zweimal vorkommen darf. Jeder Extension Header umfasst 8 Byte, erforderlichenfalls durch Padding-Bytes ergänzt. Infolge der festen Länge können unbekannte Extension Header einfach übersprungen werden [Lüdt; 7045].

1. 0 → Hop-by-Hop Options Header: Mit diesem Header werden Optionen mitgegeben, die für jeden Knoten auf dem Weg inkl. Sender und Empfänger Gültigkeit haben. Eine Option ist die bereits angesprochene Jumbo Payload, eine andere die spezielle Information, welche Parameter eines IP-Pakets ein Router im Hinblick auf eine gewünschte Dienstegüte analysieren und gegebenenfalls ändern muss, auch wenn das Paket nicht direkt an ihn adressiert ist. Letzteres hat z.B. Bedeutung im Zusammenhang mit Bandbreitenreservierung mittels RSVP (Resource Reservation Protocol, siehe Abschnitt 4.3.1).

2. 60 → Destination Options Header: Dieser Header definiert, wie oft das IPv6-Paket bei einem Tunneling-Vorgang noch verpackt werden darf, d.h. wie oft dieses IPv6-Paket als Nutzdatum in andere IP-Pakete eingefügt werden darf. Damit können bis zu einer erlaubten Schachtelungstiefe Tunnel in Tunneln definiert werden. Eine weitere Anwendung ist die Unterstützung von Mobilität. Ein mobiler Host arbeitet in einem fremden Netz mit einer von dort vergebenen IPv6-Adresse und benutzt auch beim Versenden von IP-Paketen diese Adresse als Source Address. Allerdings kann er im Destination Options Header sowohl seine temporäre (besuchtes Netz) als auch seine feste IP-Adresse (Heimnetz) mitgeben. Jeder IPv6-Router muss in der Lage sein, die Fremdadresse durch die Heimatadresse zu ersetzen, damit der Kommunikationspartner nur IP-Pakete mit der festen Heimatadresse sieht. IPv6 hat damit die Funktion des bei IPv4 separaten Fremdagenten (Foreign Agent) für Mobile IP mit integriert. Zusätzlich ist der Destination Options Header für zukünftige Erweiterungen vorgesehen. Dies ist der einzige Erweiterungs-Header, der mehrfach vorkommen kann. Steht er vor dem Routing Header, wird er von allen Routern auf dem Weg ausgewertet, ist er dahinter angeordnet, ist sein Inhalt nur für den Zielrechner bestimmt.

3. 43 → Routing Header: Hiermit kann der Absender z.B. den Weg, den sein IPv6-Paket im Netz nehmen soll, mit einer Liste zu durchlaufender Router vorgeben (Typ 0). Allerdings rät [5095] wegen damit möglicher Denial of Service-Attacken von diesem Gebrauch ab. Eine andere, unkritische Anwendung des Routing Extension Headers ist die Speicherung der sog. Home Address (Typ 2) bei Einsatz von Mobile IPv6 [Lüdt].

4. 44 → Fragment Header: In diesem Header werden die für die Defragmentierung notwendigen Informationen übertragen. Defragmentiert werden darf wie bei IPv4 nur im Zielsystem, Fragmentieren darf im Unterschied zu IPv4 nur der Absender einer Nachricht, nicht ein IP-Router auf dem Weg. Stellt ein Router fest, dass ein IPv6-Paket für das folgende Subnetz zu lang ist, sendet er eine entsprechende ICMPv6-Meldung an den Absender zurück, dieser fragmentiert daraufhin die Nachricht und versendet sie in kleineren Blöcken erneut.

5. 51 → Authentication Header: Mit diesem Extension Header wird Information übermittelt, mit der ein empfangenes IPv6-Paket eindeutig einem Absender zugeordnet werden kann (Authentifizierung der Quelle) bzw. mit der mögliche Manipulationen auf dem Weg festgestellt werden können. Die Basis hierfür ist das IPsec-Protokoll (Internet Protocol Security) als fester Bestandteil von IPv6. IPsec kann eigenständig auch zusammen mit IPv4 eingesetzt werden.

6. 50 → Encapsulation Security Payload Header: Hiermit wird eine Verschlüsselung der vom IPv6-Paket transportierten Information unterstützt, ein unberechtigtes Mitlesen unterwegs wird dadurch verhindert. Auch hier gilt das oben zu IPsec Gesagte.

7. 135 → Mobility Header: Hiermit können die Adressbeziehungen mobiler und mit ihnen kommunizierender Hosts sowie der Home Agents bei Einsatz von Mobile IPv6 verwaltet werden. Beispielsweise kann hiermit ein mobiler Host seinen Home Router über einen Netzwerkwechsel informieren [6275; Lüdt].

8. 140 → Shim6 Header: Dieser Header verweist auf eine sog. Shim6-Protokollnachricht, mit deren Hilfe mittels IPv6 ein Subnetz über mehrere alternative Provider (Multihoming) inkl. der Unterstützung von Failover- und Load-Sharing-Mechanismen an das Kernnetz angebunden werden kann [5533; Lüdt].

9. Destination Options Header: kommt ggf. zweimal vor, Bedeutung wie unter Listenpunkt 2 erläutert.

Darüber hinaus sind in [7045] noch zwei Erweiterungs-Header mit den Kennzeichnungen 253 und 254 für Experimentier- und Testzwecke genannt sowie der Extension Header 139 „Host Identity" zur Unterstützung des in [5201] spezifizierten gleichnamigen Protokolls zur Unterstützung von Roaming in IP-Netzwerken, wobei [7045] diesen Header mit „experimentelle Anwendung" kennzeichnet.

- **Hop Limit** (8 bit): Kennzeichnet die Lebensdauer des IPv6-Paketes, wobei sie maximal 255 betragen kann. Dieser Wert wird von jedem IP-Router, der vom betreffenden IPv6-Paket durchlaufen wird, um 1 erniedrigt. Bei 0 wird das Paket verworfen und mittels ICMPv6 eine Fehlermeldung an die Quelle versendet. Dieser Parameter verhindert das Zirkulieren eines nicht zustellbaren IPv6-Pakets im Netz.

- **Source Address** (128 bit): Repräsentiert die IPv6-Adresse des Quellrechners des IP-Pakets. Eine IPv6-Adresse umfasst 16 Byte und wird in Form von acht, jeweils zwei Byte umfassenden Hexadezimalziffern angegeben, die durch Doppelpunkte getrennt sind. Ein Beispiel hierfür ist: 02ba:0000:0066:0834:0000:0000:4593:0ac3 oder vereinfacht geschrieben: 2ba:0:66:834:0:0:4593:ac3. Bei der Adressangabe kann noch eine Nullfolge durch zwei aufeinander folgende Doppelpunkte ersetzt werden. Das führt im genannten Beispiel zu der Schreibweise 2ba:0:66:834::4593:ac3 oder in Extremfällen z.B. zu ::12 statt 0:0:0:0:0:0:0:12. Mit diesen 128-bit-Adressen erhält man einen gigantischen Adressraum mit ca. 10^{38} Adressen. Damit stehen genügend Adressen zur Verfügung, um die Netze im Hinblick auf möglichst einfaches Routing optimal strukturieren zu können, aber vor allem auch um auf die bei (mobiler) Multimediakommunikation oder Peer-to-Peer-Netzwerken störende Network Address Translation und dynamische IP-Adressvergabe verzichten zu können. Eine weitere Verbesserung durch die IPv6-Adressierung ist die Möglichkeit, dass sich ein Rechner selbst beim Start die benötigte IP-Adresse aus der MAC-Adresse errechnet.

- **Destination Address** (128 bit): Steht für die IP-Adresse des Zielsystems.

Die bereits gemachten Ausführungen zur IPv6-Adressierung sollen im Folgenden wegen der großen Bedeutung und zum Verständnis im Zusammenhang mit SIP und SDP (siehe Abschnitt 5.9) noch vertieft werden.

Gemäß RFC 5952 [5952] gilt für IPv6-Adressen folgende einheitliche Notation:

- Alle führenden Nullen innerhalb von Blöcken müssen weggelassen werden. Z.B. wird statt 02ba:0000:0066:0834:0000:0000:4593:0ac3 vereinfacht 2ba:0:66:834:0:0:4593:ac3 geschrieben.
- Zwei Doppelpunkte (zum Ersetzen einer Serie von Null-Blöcken) müssen immer die größtmögliche Anzahl von Null-Blöcken kürzen. So gilt statt 2ba:0:66:834:0:0:4593:ac3 vereinfacht 2ba:0:66:834::4593:ac3.
- Nie zwei Doppelpunkte zur Kürzung eines alleinstehenden Null-Blocks verwenden.
- Sind mehrere gleichwertige Kürzungen möglich, ist von links kommend die erste von mehreren Möglichkeiten zu wählen, z.B. statt 2ba:0:0:834:0:0:4593:ac3 vereinfacht 2ba::834:0:0:4593:ac3.
- Alle alphabetischen Zeichen werden klein geschrieben, z.B. 2ba::834:0:0:4593:ac3 statt 2BA::834:0:0:4593:AC3.
- Bei Sockets mit Port-Nummer wird die IPv6-Adresse in eckige Klammern gesetzt, z.B. [2ba::834:0:0:4593:ac3]:80 (Port-Nummer eines Web Servers).

Der Netzwerkteil einer IPv6-Adresse wird durch ein sog. Präfix, dem Doppelpunkt-Hexadezimal-Äquivalent einer IPv4-Subnetz-ID, gekennzeichnet, wobei die Länge durch einen mittels Schrägstrich von der Adresse abgetrennten Wert festgelegt wird. Z.B. wird durch 2001:cff:0:cd30::/60 das Präfix (Netzwerk-ID) 2001:cff:0:cd3 repräsentiert [Bada; Davi; 4291].

IPv6 kennt drei Adresstypen: Unicast, Multicast und Anycast. Letztere sind im Vergleich zu IPv4 neu. Eine Anycast-Adresse (entspricht syntaktisch einer Unicast-Adresse, allein auf Basis der Adresse nicht unterscheidbar) identifiziert eine Gruppe von Schnittstellen, die wie bei Multicast alle auf die gleiche Adresse hören, allerdings wird ein entsprechendes IPv6-Paket nur zur „nächstgelegenen" (im Sinne einer Distanz beim Routing) Schnittstelle gesendet, z.B. zum nächstgelegenen Router oder Server, nicht wie bei Multicast (ff00::/8) zu allen (Point-to-Multipoint). Im Gegensatz zu IPv4 gibt es bei IPv6 keine Broadcast-Adressen, stattdessen werden Multicast-Adressen verwendet. Mit Unicast-Adressen, die jeweils eine einzelne Schnittstelle identifizieren, wird Point-to-Point kommuniziert [Bada; Davi; 4291]. Dabei muss man verschiedene Unicast-Adresstypen unterscheiden. Global Unicast-IPv6-Adressen sind öffentlich, weltweit gültig und eindeutig. Sie werden von der IANA (Internet Assigned Number Authority) vergeben, derzeit alle mit dem Präfix 2000::/3, wobei sich diesem generellen Präfix der von einer regionalen bzw. lokalen Registrierungsorganisation vergebene Global Routing Prefix (GRP) und eine Subnet-ID anschließen: z.B. 2a02:908:e147:f301::/64. Daneben existieren private Unicast-Adressen, wovon insbesondere die sog. Link Local Unicast-Adressen wichtig sind. Sie werden für einen sog. Link, ein einzelnes privates Netz ohne weitere Subnetze, verwendet und durch das Präfix fe80::/10 gekennzeichnet [4291]. Daneben sollen noch die Unspecified (::/128, keine IPv6-Adresse zugewiesen) und Loopback Unicast-Adressen (::1/128, Ziel auf demselben Host) erwähnt werden. Bezüglich aller weiteren standardisierten IPv6 Unicast- und Multicast-Adressen sei auf [4291] verwiesen.

Vor allem wegen des untenstehenden praktischen Beispiels wird im Folgenden noch auf die IPv6-Adress-Autokonfiguration, die sog. Stateless Address Autoconfiguration (SLAAC) eingegangen. Der hierfür im RFC 4862 [4862] standardisierte Mechnismus ermöglicht es einem Host, sich sowohl Link Local als auch Global Unicast IPv6-Adressen ohne Konfigurationsserver selbst zu generieren, was im Hinblick auf eine zukünftig sehr große Zahl von IP-Geräten wie Sensoren und Aktoren sehr wichtig ist. Bei der SLAAC wird wie folgt schrittweise vorgegangen:

1. Ein Host generiert sich für eine Schnittstelle eine provisorische Link Local-Adresse mit dem Prefix fe80::/64 und der zugehörigen MAC-Adresse, wobei bei Letzterer im 1. Byte das zweitniederwertigste Bit invertiert wird und zwischen dem 3. und 4. Byte FFFE eingefügt wird. Z.B. entsteht aus der MAC-Adresse 08:00:27:49:37:79 der modifizierte Hex-Wert 0A:00:27:49:37:79 (zweitniederwertigstes Bit im 1. Byte invertiert) und hieraus mittels Prefix fe80:: und Einfügen von fffe die Link Local Unicast-Adresse fe80::a00:27ff:fe49:3779.
2. Mittels der ICMPv6-Nachricht „Neigbor Solicitation" wird überprüft, ob die generierte IPv6-Adresse auf dem Link bereits vergeben ist. Wenn nein, wird
3. mittels der ICMPv6-Nachrichten „Router Solicitation" und „Router Advertisement" der zuständige Router und das zu verwendende Global Unicast Prefix ermittelt, welches vom Router an die Hosts verteilt wird.
4. Der Host generiert aus dem erhaltenen globalen Präfix (z.B. 2a02:908:e147:f301::/64) und der oben berechneten lokalen Link-Adresse eine Global Unicast-Adresse, z.B. 2a02:908:e147:f301:a00:27ff:fe49:3779.
5. Diese wird wiederum auf Eindeutigkeit überprüft.

Alternativ zu der MAC-Adresse kann in Schritt 1 auch ein Zufalls-Hex-Wert durch Aktivierung der sog. Privacy Extensions verwendet werden. Dies erhöht die Sicherheit, da aus der IPv6-Adresse nicht mehr auf die MAC-Adresse zurückgeschlossen werden kann [4862; Lüdt].

Die Einführung von IPv6 kann nicht sprunghaft erfolgen, sie ist als Evolutionsprozess zu sehen, mit langer Koexistenz von IPv4 und IPv6. Dabei geht die Einführung von den Grenzen der IP-Netze, von den Endgeräten und Edge Routern aus vonstatten, da genau in diesem Bereich die IPv4-Adressen knapp sind. In den Kernnetzen kann häufig weiter mit IPv4 gearbeitet werden, die IPv6-Pakete werden in IPv4-Tunneln übertragen. Zumindest in Europa und schon länger in Asien besteht Notwendigkeit zur Migration zu IPv6, da nicht mehr genügend freie IPv4-Adressen vorhanden sind. Von Seiten der Endbenutzer wird IPv6 normalerweise nicht gefordert, weil außer dem größeren Adressbereich die wesentlichen neuen Eigenschaften von IPv6 inzwischen mehr oder weniger erfolgreich nach IPv4 zurückportiert wurden, beispielsweise IPSec, QoS, Multicast. Bei UMTS Release 5 wurde IPv6 für das IP Multimedia Subsystem (IMS) des Kernnetzes als Standard festgelegt (siehe Abschnitte 14.2 und 14.3).

Häufig werden von den Anwendungen Parameter von IP und von den Protokollen der höheren Schichten in Kombination genutzt. Beispiele hierfür sind die Sockets – IP-Adressen und Port-Nummern – sowie die Pseudo-Header bei TCP und UDP im Zusammenspiel mit IP (siehe Abschnitte 4.2.4 und 4.2.5). Dies macht deutlich, dass durch die Migration hin zu IPv6 u.a. infolge der Addressänderungen auch Anwendungen betroffen sind, die IP nur indirekt über TCP bzw. UDP nutzen [Wies].

Praktisches Beispiel

Zur Vertiefung der obigen theoretischen Ausführungen soll zuerst die IPv6-Adressautokonfiguration an einem Windows-PC in einem Bild 4.21-ähnlichen Systemaufbau betrachtet werden:

1. Starten der Eingabeaufforderung als Administrator und Ausschalten der standardmäßig bei Windows eingeschalteten Privacy Extensions mit „netsh interface ipv6 set global randomizeidentifiers=disabled".
2. Ermitteln der MAC-Adresse nach Eingabe von ipconfig /all und Errechnen der Link Local-Adresse.
3. Verifizieren der errechneten IPv6-Adresse durch Anzeige der automatisch generierten Link Local-Adresse nach Eingabe von ipconfig /all. Wird der Windows-PC an einem IPv6-Netz betrieben, kann in diesem Zusammenhang auch die Global Unicast-Adresse abgelesen werden.

In der Folge kann bei gegebener IPv6-Netzanbindung wie in obigem IPv4-Beispiel (siehe Abschnitt 4.2.2) ein Webseitenabruf auf Basis IPv6 ausgeführt und analysiert werden:

1. Protokollaufzeichnungsvorgang mit der Analyse-SW Wireshark starten.
2. Am Web-Browser einen Domain-Namen einer IPv6-Domäne, z.B. www.e-technik.org, eingeben und den Homepage-Abruf starten.
3. Warten, bis der gewünschte Homepage-Inhalt komplett auf den PC geladen wurde.
4. Stoppen des Protokollaufzeichnungsprozesses.
5. Abspeichern der Protokolldaten. Dies ist von Vorteil, wenn man später eine detailliertere Analyse vornehmen möchte oder anhand der erfassten Daten auch weitere Protokolle, wie z.B. TCP, analysieren möchte.
6. Vergleichen eines IPv6-Paketes, z.B. des ersten Paketes, das HTTP-Nutzdaten (Hyper-Text Transfer Protocol) enthält, mit der Theorie. Ein Beispiel-IPv6-Paket zeigt Bild 4.24.
7. Verifizieren der von der Protokollanalyse-SW angezeigten Web Server-IPv6-Adresse durch Eingabe von ping -6 <Domain-Name>, z.B. ping -6 www.e-technik.org, in der Eingabeaufforderung.
8. Wie viele IP-Router auf dem Weg zwischen PC und dem angesprochenen Web Server liegen, kann durch Eingabe von tracert -6 <Domain-Name>, z.B. tracert -6 www.e-technik.org, ermittelt werden.

+ ⅂ **Frame 89 (374 bytes on wire, 374 bytes captured)**
+ ⅂ Ethernet II, Src: 54:53:ed:b8:fd:a3 (54:53:ed:b8:fd:a3), Dst: 24:65:11:17:c7:4e (24:65:11:17:c7:4e)
− ⅂ Internet Protocol Version 6
   ⅂ Version: 6
   ⅂ Traffic class: 0x00
   ⅂ Flowlabel: 0x00000
   ⅂ Payload length: 320
   ⅂ Next header: TCP (0x06)
   ⅂ Hop limit: 255
   ⅂ Source address: 2a02:908:e147:f300:bca2:e4be:c0a4:472b
   ⅂ Destination address: 2a01:238:20a:202:1091::145
+ ⅂ **Transmission Control Protocol, Src Port: 54966 (54966), Dst Port: http (80), Seq: 1, Ack: 1, Len: 300**
+ ⅂ Hypertext Transfer Protocol

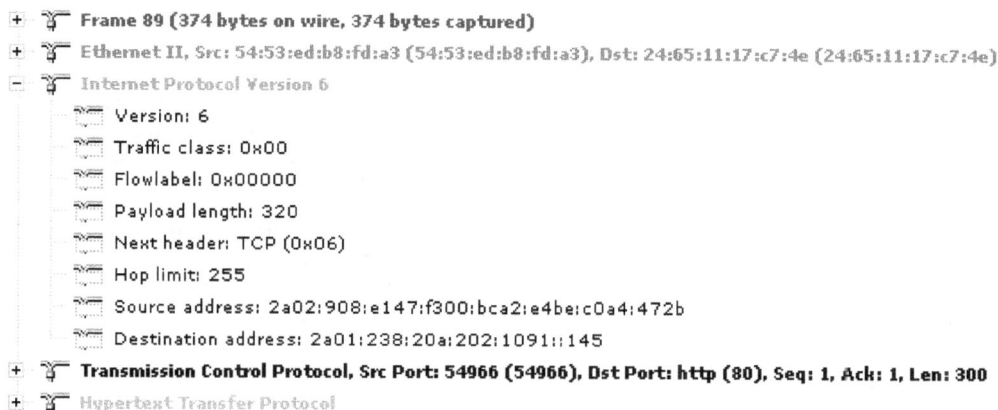

Bild 4.24: Parameter eines IPv6-Pakets, aufgezeichnet mit Protokollanalyse-SW

4.2.4   TCP (Transmission Control Protocol)

Das TCP-Protokoll ist ein Transportprotokoll. Es ist der OSI-Schicht 4 (Transportschicht, Transport Layer) zuzuordnen und sorgt für sichere Ende-zu-Ende-Transportverbindungen, indem TCP die Anpassung an unterschiedliche Netzabschnitte in heterogenen Netzen sicherstellt. Funktionen in diesem Zusammenhang sind unter anderem die Zerlegung der zu übertragenden Daten in nummerierte Segmente, das Multiplexen verschiedener Sessions, eine Ende-zu-Ende-Fehlerüberwachung und die Flusskontrolle.

Theoretische Beschreibung

Das TCP stellt ein verbindungsorientiertes L4-Transportprotokoll dar, das unter anderem im RFC 793 [793] spezifiziert ist. Die Verbindungssteuerung erfolgt mittels eines Handshake-Verfahrens anhand spezifischer Control Flags. Für die Ende-zu-Ende-Fehlerüberwachung stehen Zähler (Sequence Number, Acknowledgement Number) sowie eine Prüfsumme (Checksum) über das TCP-Segment inkl. dem sog. Pseudo-Header zur Verfügung. Die Flusskontrolle wird ebenfalls durch die Zähler und ein Fenstergrößen-Management (Window Size) unterstützt. TCP stellt sicher, dass Segmente, z.B. im Falle des Verlusts eines – ungesichert übermittelten – IP-Pakets, wiederholt gesendet werden. Wird der Empfang eines Pakets nicht innerhalb einer bestimmten Zeit (Retransmission Time) quittiert, wiederholt die Quelle das besagte TCP-Segment [Bada; Steu; Tane].

Wegen der durch die Verbindungssteuerung und die möglichen Nachrichtenwiederholungen fehlenden Echtzeitfähigkeit hat das TCP-Protokoll im Zusammenhang mit VoIP nur bei der Signalisierung für Sessions eine gewisse Bedeutung, speziell für die H.323-Protokolle H.225.0 (Call Signalling) und H.245 (Bearer Control). Ein Einsatz zusammen mit SIP ist nur optional, bevorzugt wird hier UDP. Allerdings kommt TCP zusammen mit TLS [5246] bei sicherer, d.h. verschlüsselter SIP-Kommunikation (SIP over TLS over TCP) zum Einsatz [3261]. Für die

Übermittlung von Echtzeit-Nutzdaten wie Sprachdatenpaketen ist TCP wegen möglicherweise unzumutbarer Verzögerungen weitgehend ungeeignet.

Damit die per TCP transportierten Daten verschiedenen Anwendungen zugeordnet werden können, sodass z.B. ein Client parallel über eine physikalische Schnittstelle mit einem Web- und einem Mail-Server kommunizieren kann, gibt es Port-Nummern. Sie sind den Anwendungen fest oder dynamisch zugeordnet und repräsentieren den Service Access Point zwischen den Protokollen der höheren Schichten und L4-TCP. Beispielsweise steht der Port 80 für das HTTP (HyperText Transfer Protocol) beim WWW-Dienst, 25 für SMTP (Simple Mail Transfer Protocol) beim Senden und 110 für POP3 (Post Office Protocol version 3) beim Empfangen einer E-Mail. Die genannten Beispiel-Ports sind fest zugeordnete, sog. Well known Ports. Sie gelten nur Server-seitig. Mit einem Well known Port adressiert der Client die von ihm auf dem Server gewünschte Anwendung. Für die Rückrichtung, d.h. die Antwort des Servers, liefert der Client in der Anfrage eine dynamisch vergebene Port-Nummer mit. Damit ist es möglich, von einem Client aus mehrere parallele Sessions unter Nutzung des gleichen Applikationsprotokolls und damit des gleichen Well known Ports zu initiieren, z.B. wenn gleichzeitig Homepages von verschiedenen Web-Servern abgerufen werden. Nicht abgedeckt ist damit allerdings der Fall, dass ein Server parallel mehrere Clients bedient, da alle die gleiche, von den Clients selbst vergebene Port-Nummer verwenden können. In dieser Situation müssen als weiteres Unterscheidungskriterium noch die IP-Adressen herangezogen werden. Insofern können alle Varianten des TCP-Transports von Anwendungsprotokollen zwischen Clients und Servern nur durch die Kombination von IP-Adressen und Ports, den sog. Sockets, abgedeckt werden. Ein Socket repräsentiert IP-Adresse und Port von Kommunikationspartner A bzw. B [793]. In der Darstellung werden IP-Adresse und Port-Nummer durch einen Doppelpunkt getrennt, z.B.: 62.96.190.82:80 [Steu; Bada].

Das angesprochene Client-Server-Modell gilt für die Anwendungsprotokollebene. Bei TCP sind beide Kommunikationspartner gleichberechtigt, in diesem Fall spricht man von Peer-to-Peer-Kommunikation [Bada].

In Bild 4.25 ist der Aufbau eines TCP-Segments dargestellt, übersichtlich in Zeilen und Spalten entsprechend der verschiedenen Funktionen strukturiert. In dieser Darstellung hat ein TCP-Segment eine Zeilenlänge von 4 Byte bzw. 32 bit. Die ersten fünf Zeilen, d.h. 20 Byte, bilden den Header, der erforderlichenfalls um das Feld „Options" für Service-Optionen ergänzt werden kann. An dieser Stelle wird z.B. beim TCP-Verbindungsaufbau für den Ziel-kommunikationspartner die maximale Segmentgröße (MSS, Maximum Segment Size), d.h. die Tiefe des Sendedatenspeichers, mit übertragen. Um grundsätzlich auf Zeilenlängen von 32 bit zu kommen, werden erforderlichenfalls Padding Bits ohne Funktion hinten angefügt. Außer bei der Verbindungsaufbauphase ist das Feld „Options" normalerweise leer, die Standardlänge eines TCP-Headers ist daher 20 Byte. Anschließend an die TCP-Steuerinformation im Header folgen die TCP-Nutzdaten, die z.B. HTTP-Daten repräsentieren. Header und Data-Feld zusammen können theoretisch zwischen 0 und 65515 Byte lang sein, in der Praxis ist der MSS-Wert deutlich kleiner, z.B. 1460 Byte. Ein TCP-Rahmen gemäß Bild 4.25 wird Bit für Bit seriell und zeilenweise von links oben nach rechts unten übertragen.

Zum Verständnis der Steuerfunktionen eines TCP-Segments werden im Folgenden die Header-Felder nach Bild 4.25 näher erläutert [Bada; Steu; Tane].

- **Source Port** (16 bit): Dieses Feld enthält die auf die Anwendung bezogene Port-Nummer des Quellrechners.
- **Destination Port** (16 bit): In diesem Feld wird der anwendungsbezogene Port auf dem Zielrechner angegeben. Dabei wird sowohl beim Source- als auch Destination Port zwischen drei Wertebereichen unterschieden. Die Ports 0 bis 1023, die sog. Well known Ports, sind Server-seitig Standardanwendungsprotokollen wie HTTP, SMTP, POP3 oder FTP (File Transfer Protocol) zugeordnet. Die Ports 1024 bis 49151, die Registered Ports, sind für die Client-seitig dynamisch vergebenen Ports und für komplexere Anwendungen wie beim Einsatz von SIP (z.B. 5060) oder der H.323-Protokolle (z.B. 1720) bestimmt. Für nichtstandardisierte Anwendungen, z.B. firmenspezifische Anwendungsprotokolle, stehen frei verfügbare Port-Nummern im Bereich 49152 bis 65535 zur Verfügung [Hein; IANA1].

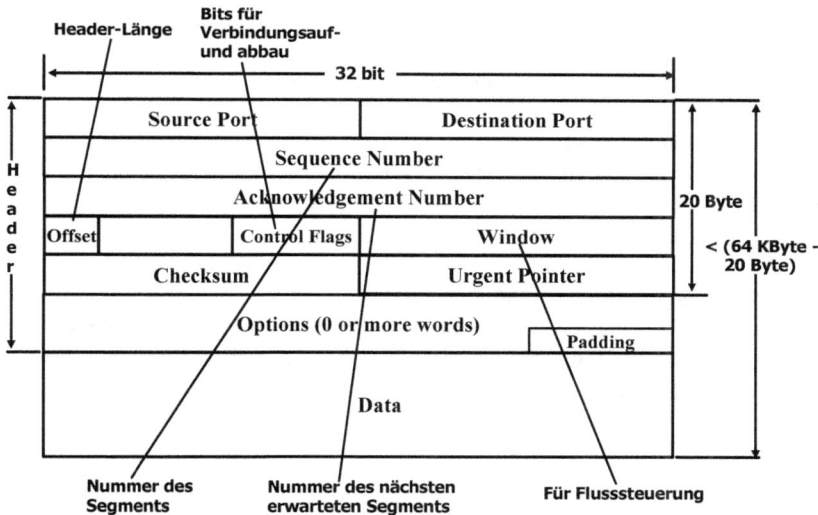

Bild. 4.25: Aufbau eines TCP-Segments

- **Sequence Number** (32 bit): Mit diesem Wert teilt ein Sender dem Empfänger mit, wie viele TCP-Nutzdaten-Bytes er seit Verbindungsaufbau bereits gesendet hat. Dabei werden die Nutzdaten im aktuellen Segment nicht mitgezählt. Beim Verbindungsaufbau generieren beide TCP-Instanzen jeweils eine Start-Sequenznummer, tauschen diese aus und bestätigen sie gegenseitig. In der Folge zählen sie die Werte entsprechend ihrer gesendeten Daten hoch. Ein Empfänger kann dann durch Verfolgung der Sequence Number die richtige Reihenfolge der eingegangenen TCP-Rahmen wiederherstellen oder erkennen, ob ein Rahmen verloren ging. Der Seq-Wert (Sequence) ist die Summe aus zuletzt gesendetem Seq-Wert und der Anzahl an zuvor gesendeten Daten-Bytes.

Gesendeter Seq-Wert (i) = gesendeter Seq-Wert (i-1) + gesendete Daten (i-1).

- **Acknowledgement Number** (32 bit): Mit diesem Wert teilt der Empfänger dem Sender mit, wie viele TCP-Nutzdaten-Bytes er bereits korrekt empfangen hat und welche Seq-Nummer (Sequence) er als nächstes erwartet. Der Ack-Wert (Acknowledgement) ist die Summe aus zuletzt empfangenem Seq-Wert und der Anzahl an zuvor empfangenen Daten-Bytes.

  Gesendeter Ack-Wert (i) = empfangener Seq-Wert (i-1) + empfangene Daten (i-1).

- **Offset** (4 bit): Dieses Feld kennzeichnet die TCP-Header-Länge in 32-bit-Worten. Der Default-Wert ist 5, in diesem Fall umfasst der Header 5 x 4 Byte, d.h. 20 Byte. Die auf das Offset-Feld folgenden 6 bit sind für zukünftige Erweiterungen reserviert und derzeit immer auf 0 gesetzt.

- **Control Flags** (6 bit): In diesem Feld stehen sechs 1-Bit-Flags in folgender Reihenfolge.
  1. **URG = 1** bedeutet, dass das Urgent Pointer-Feld gültige Daten enthält.
  2. **ACK = 1** steht für die Quittierung eines empfangenen TCP-Pakets. Zudem bedeutet es, dass das Feld „Acknowledgement Number" gültige Daten enthält. D.h., der Ack-Wert wird nur bei gesetztem ACK-Flag beachtet.
  3. **PSH = 1** besagt, dass die übertragenen Daten sofort an die nächsthöhere Protokoll-schicht weitergereicht werden müssen.
  4. **RST = 1** erzwingt das Rücksetzen einer TCP-Verbindung (Reset).
  5. **SYN = 1** initiiert den Aufbau einer TCP-Verbindung. Ein übertragenes SYN-Flag wird im Hinblick auf den Ack-Wert wie ein 1-Byte-Datum gezählt. SYN muss mit ACK quittiert werden.
  6. **FIN = 1** initiiert einen Verbindungsabbau. Auch ein FIN-Flag zählt als 1-Byte-Datum. FIN muss ebenfalls mit ACK quittiert werden.

- **Window** (16 bit): Der in diesem Feld übertragene Wert ist wichtig für die Flusskontrolle mittels Fenstersteuerung (Window Management). Ein Empfänger von Daten teilt damit dem Sender mit, wie viel Byte an Daten er noch in seinem Eingangsspeicher bezogen auf den aktuellen Ack-Wert aufnehmen kann. Über den Parameter „Window" kann z.B. ein weniger leistungsstarker Empfänger einen schnellen Sender steuern (0 führt zu einem Sendestopp) und damit Datenverlust vermeiden. Die Window-Größe legt die maximale Anzahl an Daten-Bytes fest, die versendet werden dürfen, ohne auf eine Quittung warten zu müssen.

- **Checksum** (16 bit): Mit der Prüfsumme in diesem Feld wird die Basis für die Fehler-erkennung gelegt. Die Prüfsumme wird über das gesamte TCP-Paket und einen Teil des IP-Headers (IP-Adressen, Protocol, IHL und Total Length, siehe Bild 4.20), den sog. Pseudo-Header, gebildet. Weichen empfangene und neu berechnete Prüfsumme voneinander ab, ist bei der Übermittlung ein Fehler aufgetreten.

- **Urgent Pointer** (16 bit): Am Anfang eines TCP-Segments können priorisierte, durch das URG-Flag speziell gekennzeichnete Daten stehen. Der „Urgent Pointer" zeigt auf das Ende der priorisierten Bytes.

Mit der Kenntnis der oben erläuterten Parameter können die Kommunikationsabläufe in den Bildern 4.26 bis 4.28 nachvollzogen werden. Bild 4.26 zeigt den Three Way Handshake beim TCP-Verbindungsaufbau mit Angabe der gesetzten SYN- bzw. ACK-Flags sowie der Seq- und Ack-Werte. In dieser Phase werden noch keine Nutzdaten übertragen, der Ack-Wert (Ack = Seq + Data) wird ausschließlich wegen des zuvor empfangenen TCP-Segments mit gesetztem SYN-Flag um 1 erhöht.

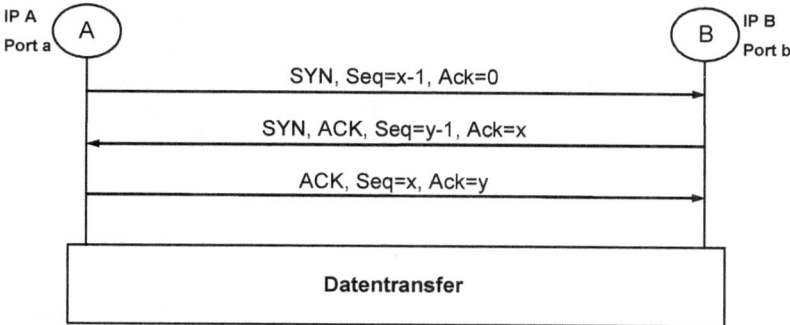

Bild 4.26: TCP-Verbindungsaufbau, prinzipieller Ablauf

Bild 4.27 verdeutlicht die prinzipiellen Abläufe beim TCP-Datentransfer inkl. der Fenster-steuerung über die mit übertragene aktuelle Window-Größe Win. Damit kann der Empfänger den Sender kontrollieren, indem er ihm fortlaufend mitteilt, wie viel Empfangsspeicherplatz bei ihm noch zur Verfügung steht.

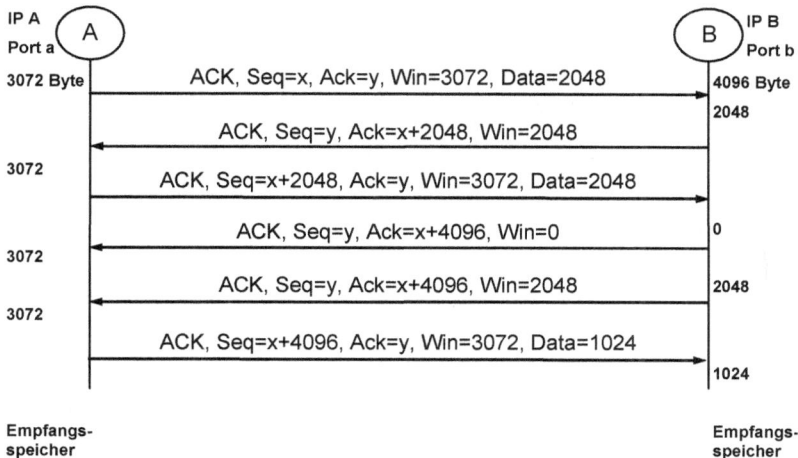

Bild 4.27: TCP-Datentransfer mit Management der Fenstergröße

Sende- (MSS) und Empfangsspeichergröße (Window) werden dynamisch an die Situation im jeweiligen Netz angepasst. Dies ist einer der Gründe, weshalb sich TCP so gut für die Integration heterogener Telekommunikationsnetze eignet. Dafür muss ein TCP-Sender aber in Wirklichkeit mit zwei Fenstergrößen arbeiten. Eine ist abhängig von der Speichertiefe des Empfängers, die andere von der Netzbelastung bzw. -qualität. Ausschlaggebend für den Sender ist das jeweilige Minimum, wobei dieser Window-Wert permanent nachgeregelt wird. Nach dem TCP-Verbindungsaufbau erhöht der Sender nach einem bestimmten Algorithmus so lange die Fenstergröße, bis die in einer bestimmten Zeitspanne erwartete Quittung ausbleibt. Dies wird als Zeichen für zu hohen Verkehr interpretiert, die Fenstergröße wird zurückgenommen, dann langsam wieder erhöht, usw. Das bedeutet, dass TCP die in einem Netz verfügbare Bandbreite optimal ausnutzt, jeder Sender arbeitet so schnell wie vom Netz her möglich, bei Paketverlusten reduziert er seine Senderate. Treten nun aber die Paketverluste nicht wegen Netzüberlastung, sondern wegen Übertragungsfehlern z.B. auf Funkstrecken auf, wird die Fenstergröße jedes Mal verringert, der Transport mit TCP wird ohne zusätzliche Maßnahmen uneffektiv [Ekst; Tane; Bada].

Die Abläufe beim Verbindungsabbau gehen aus Bild 4.28 hervor. Der Kommunikationspartner B startet den Vorgang einseitig durch Setzen des FIN-Flags, A quittiert. Damit ist die TCP-Verbindung von B nach A abgebaut, noch nicht von A nach B. Daher muss der gleiche Vorgang jetzt noch für die Kommunikationsrichtung A → B ablaufen, wobei im Unterschied zur Darstellung in Bild 4.28 Kommunikationspartner B bereits in seiner Quittung mit gesetztem ACK-Flag auch das FIN-Flag setzen kann. Die Ack-Werte (Ack = Seq + Data) werden in diesem Fall ausschließlich wegen der zuvor empfangenen TCP-Segmente mit gesetztem FIN-Flag um 1 erhöht.

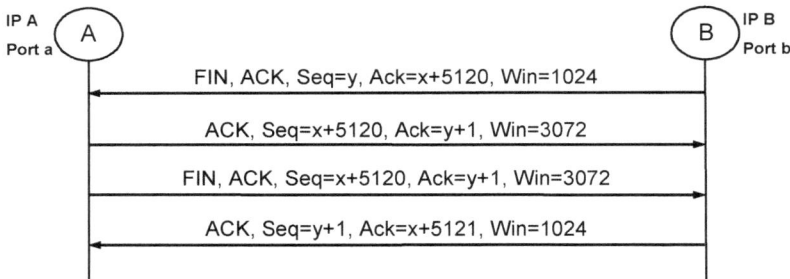

IP A   Port a   (A)   (B)   IP B   Port b

FIN, ACK, Seq=y, Ack=x+5120, Win=1024

ACK, Seq=x+5120, Ack=y+1, Win=3072

FIN, ACK, Seq=x+5120, Ack=y+1, Win=3072

ACK, Seq=y+1, Ack=x+5121, Win=1024

Bild 4.28: TCP-Verbindungsabbau, prinzipieller Ablauf

Zur Vertiefung des Verständnisses, speziell im Hinblick auf die Anwendung in der Praxis, sind die bis jetzt nur prinzipiell skizzierten Abläufe in den Bildern 4.29 bis 4.31 mit konkreten, beim Abruf des Inhalts einer Homepage von einem Web-Server gewonnenen Werten dargestellt.

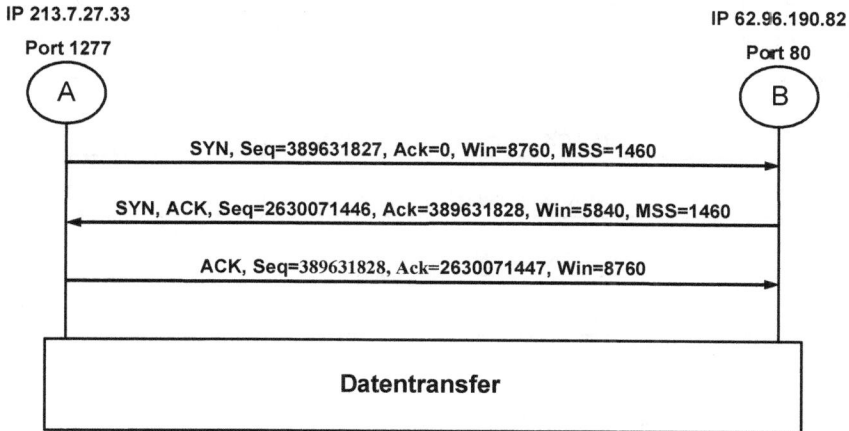

Bild 4.29: TCP-Verbindungsaufbau, konkreter Ablauf

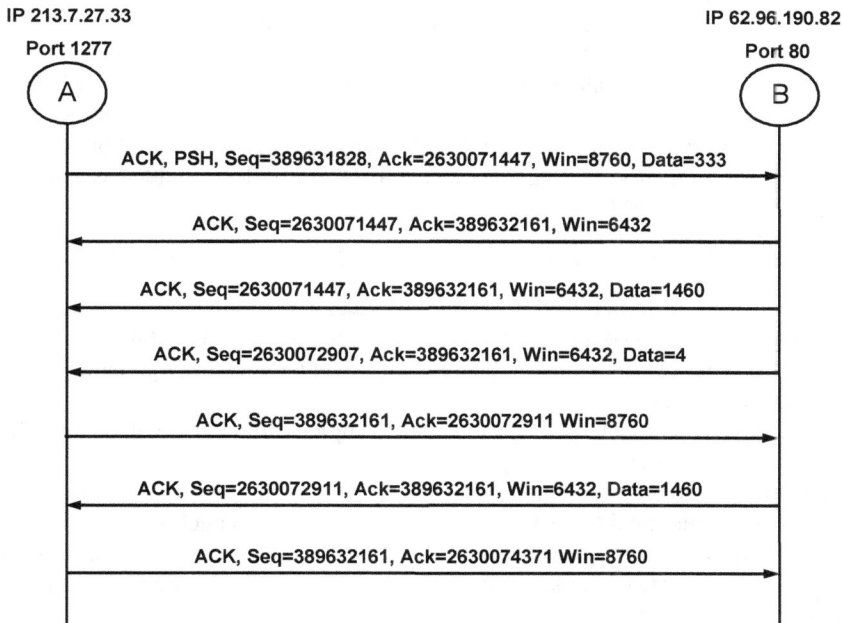

Bild 4.30: TCP-Datentransfer bei Homepage-Abruf von WWW-Server

```
IP 213.7.27.33                                          IP 62.96.190.82
Port 1277                                               Port 80
```

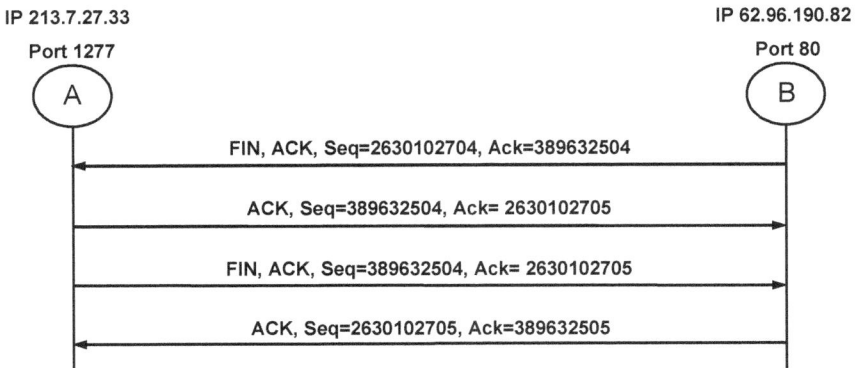

Bild 4.31: TCP-Verbindungsabbau, konkreter Ablauf

Praktisches Beispiel

Zur Vertiefung der obigen theoretischen Ausführungen soll das TCP in der Praxis beim Abruf einer Homepage von einem Web Server analysiert werden. Den hierfür erforderlichen Systemaufbau zeigt Bild 4.32. Benötigt werden nur ein am Internet betriebener PC mit einer Browser-SW für das WWW (World Wide Web) und die Protokollanalyse-SW Wireshark. Alle Informationen zur Installation, Konfiguration und Bedienung der Protokollanalyse-SW Wireshark können Abschnitt 17.2 entnommen werden. Da sowohl der gleiche Systemaufbau als auch die gleiche Anwendung wie bei der IP-Analyse genutzt werden, können die praktischen TCP-Betrachtungen vorteilhafterweise auch auf Basis der gemäß Abschnitt 4.2.2 gespeicherten Daten durchgeführt werden.

Um TCP-Pakete aufzuzeichnen bzw. auszuwerten, sollte wie folgt vorgegangen werden:

1. Erforderlichenfalls Internet-Zugang für PC aktivieren.
2. Protokollaufzeichnungsvorgang mit der Protokollanalyse-SW Wireshark starten.
3. Am Web-Browser einen Domain-Namen, z.B. www.e-technik.org, eingeben und den Homepage-Abruf starten.
4. Warten, bis der gewünschte Homepage-Inhalt komplett auf den PC geladen wurde.
5. Stoppen des Protokollaufzeichnungsprozesses.
6. Abspeichern der Protokolldaten. Dies ist von Vorteil, wenn man später eine detailliertere Analyse vornehmen möchte oder anhand der erfassten Daten auch weitere Protokolle wie z.B. HTTP analysieren möchte. Greift man für die TCP-Praxis auf die bei IP aufgezeichneten und gespeicherten Protokolldaten zurück, müssen bei TCP die Schritte 1 bis 6 nicht mehr durchgeführt werden.
7. Vergleichen der TCP-Pakete für den TCP-Verbindungsaufbau, für den HTTP-Nutzdatentransfer und den TCP-Verbindungsabbau mit der Theorie. Beispiele für die entsprechenden TCP-Segmente zeigen die Bilder 4.33 bis 4.40.
8. Die ermittelten TCP-Abläufe können mit Hilfe der Protokollanalyse-SW Wireshark verifiziert werden. Gehen Sie hierzu wie folgt vor: Wählen Sie nach beendeter Aufzeichnung

im Menü „Statistics" den Menüpunkt „Flow Graph". Im mittleren Abschnitt („Choose flow type") des erscheinenden Fensters wählen Sie „TCP flow" und klicken anschließend auf die Schaltfläche „OK". Ein Beispiel für einen kompletten TCP-Flow, aufgezeichnet mit Wireshark, wegen der Übersichtlichkeit aber dargestellt mit der SW Packetyzer, ist in den Bildern 4.41 und 4.42 zu finden.

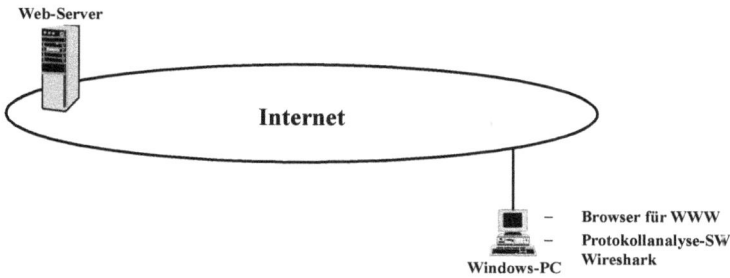

Bild 4.32: Systemaufbau für TCP in der Praxis

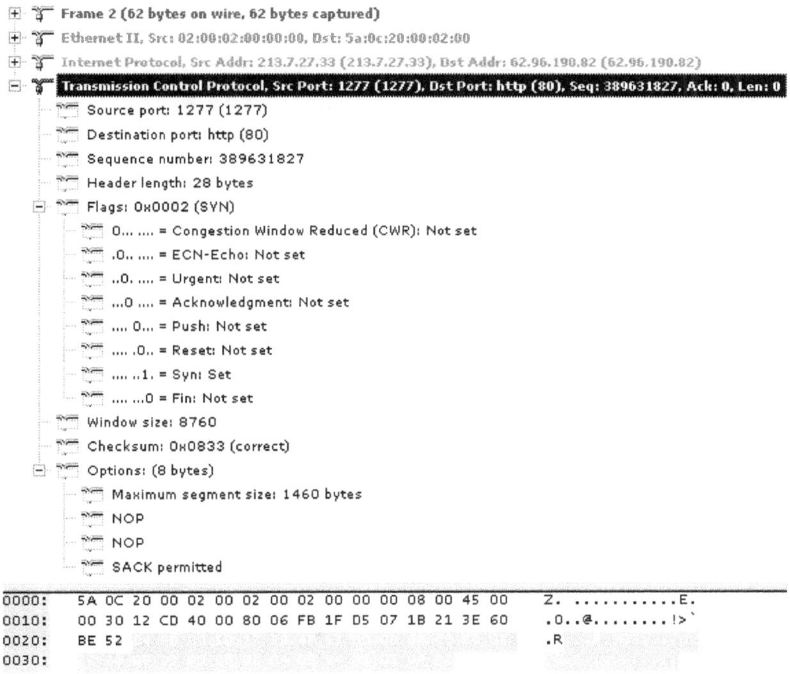

Bild 4.33: TCP-Verbindungsaufbau – 1. Nachricht mit SYN-Flag, aufgezeichnet mit Protokollanalyse-SW

```
⊞  ʏ͞  Frame 3 (62 bytes on wire, 62 bytes captured)
⊞  ʏ͞  Ethernet II, Src: 5a:0c:20:00:02:00, Dst: 02:00:02:00:00:00
⊞  ʏ͞  Internet Protocol, Src Addr: 62.96.190.82 (62.96.190.82), Dst Addr: 213.7.27.33 (213.7.27.33)
⊟  ʏ͞  Transmission Control Protocol, Src Port: http (80), Dst Port: 1277 (1277), Seq: 2630071446, Ack: 389631828, Len: 0
        ʏ͞  Source port: http (80)
        ʏ͞  Destination port: 1277 (1277)
        ʏ͞  Sequence number: 2630071446
        ʏ͞  Acknowledgement number: 389631828
        ʏ͞  Header length: 28 bytes
   ⊟  ʏ͞  Flags: 0x0012 (SYN, ACK)
           ʏ͞  0... .... = Congestion Window Reduced (CWR): Not set
           ʏ͞  .0.. .... = ECN-Echo: Not set
           ʏ͞  ..0. .... = Urgent: Not set
           ʏ͞  ...1 .... = Acknowledgment: Set
           ʏ͞  .... 0... = Push: Not set
           ʏ͞  .... .0.. = Reset: Not set
           ʏ͞  .... ..1. = Syn: Set
           ʏ͞  .... ...0 = Fin: Not set
        ʏ͞  Window size: 5840
        ʏ͞  Checksum: 0xc22f (correct)
   ⊟  ʏ͞  Options: (8 bytes)
           ʏ͞  Maximum segment size: 1460 bytes
           ʏ͞  NOP
           ʏ͞  NOP
           ʏ͞  SACK permitted

0000:  02 00 02 00 00 00 5A 0C 20 00 02 00 08 00 45 00    ......Z. .....E.
0010:  00 30 00 00 40 00 3F 06 4E ED 3E 60 BE 52 D5 07    .0..@.?.N.>`.R..
0020:  1B 21                                              .!
0030:
```

Bild 4.34: TCP-Verbindungsaufbau – 2. Nachricht mit SYN- und ACK-Flag

```
⊞  ʏ͞  Frame 4 (54 bytes on wire, 54 bytes captured)
⊞  ʏ͞  Ethernet II, Src: 02:00:02:00:00:00, Dst: 5a:0c:20:00:02:00
⊞  ʏ͞  Internet Protocol, Src Addr: 213.7.27.33 (213.7.27.33), Dst Addr: 62.96.190.82 (62.96.190.82)
⊟  ʏ͞  Transmission Control Protocol, Src Port: 1277 (1277), Dst Port: http (80), Seq: 389631828, Ack: 2630071447, Len: 0
        ʏ͞  Source port: 1277 (1277)
        ʏ͞  Destination port: http (80)
        ʏ͞  Sequence number: 389631828
        ʏ͞  Acknowledgement number: 2630071447
        ʏ͞  Header length: 20 bytes
   ⊟  ʏ͞  Flags: 0x0010 (ACK)
           ʏ͞  0... .... = Congestion Window Reduced (CWR): Not set
           ʏ͞  .0.. .... = ECN-Echo: Not set
           ʏ͞  ..0. .... = Urgent: Not set
           ʏ͞  ...1 .... = Acknowledgment: Set
           ʏ͞  .... 0... = Push: Not set
           ʏ͞  .... .0.. = Reset: Not set
           ʏ͞  .... ..0. = Syn: Not set
           ʏ͞  .... ...0 = Fin: Not set
        ʏ͞  Window size: 8760
        ʏ͞  Checksum: 0xe38b (correct)

0000:  5A 0C 20 00 02 00 02 00 02 00 00 00 08 00 45 00    Z. ...........E.
0010:  00 28 12 CF 40 00 80 06 FB 25 D5 07 1B 21 3E 60    .(..@....%...!>`
0020:  BE 52                                              .R
0030:
```

Bild 4.35: TCP-Verbindungsaufbau – 3. Nachricht mit ACK-Flag

⊞ ϒ Frame 5 (387 bytes on wire, 387 bytes captured)
⊞ ϒ Ethernet II, Src: 02:00:02:00:00:00, Dst: 5a:0c:20:00:02:00
⊞ ϒ Internet Protocol, Src Addr: 213.7.27.33 (213.7.27.33), Dst Addr: 62.96.190.82 (62.96.190.82)
⊟ ϒ **Transmission Control Protocol, Src Port: 1277 (1277), Dst Port: http (80), Seq: 389631828, Ack: 2630071447, Len: 333**
   ϒ Source port: 1277 (1277)
   ϒ Destination port: http (80)
   ϒ Sequence number: 389631828
   ϒ Next sequence number: 389632161
   ϒ Acknowledgement number: 2630071447
   ϒ Header length: 20 bytes
 ⊟ ϒ Flags: 0x0018 (PSH, ACK)
    ϒ 0... .... = Congestion Window Reduced (CWR): Not set
    ϒ .0.. .... = ECN-Echo: Not set
    ϒ ..0. .... = Urgent: Not set
    ϒ ...1 .... = Acknowledgment: Set
    ϒ .... 1... = Push: Set
    ϒ .... .0.. = Reset: Not set
    ϒ .... ..0. = Syn: Not set
    ϒ ....0 = Fin: Not set
   ϒ Window size: 8760
   ϒ Checksum: 0xa1a5 (correct)
⊞ ϒ Hypertext Transfer Protocol

```
0000:   5A 0C 20 00 02 00 02 00 02 00 00 00 08 00 45 00    Z. ..........E.
0010:   01 75 12 D0 40 00 80 06 F9 D7 D5 07 1B 21 3E 60    .u..@........!>`
0020:   BE 52                                              .R
0030:                     47 45 54 20 2F 20 48 54 54 50       GET / HTTP
```

Bild 4.36: TCP-Datentransfer mit HTTP-Daten

⊞ ϒ Frame 115 (54 bytes on wire, 54 bytes captured)
⊞ ϒ Ethernet II, Src: 5a:0c:20:00:02:00, Dst: 02:00:02:00:00:00
⊞ ϒ Internet Protocol, Src Addr: 62.96.190.82 (62.96.190.82), Dst Addr: 213.7.27.33 (213.7.27.33)
⊟ ϒ **Transmission Control Protocol, Src Port: http (80), Dst Port: 1277 (1277), Seq: 2630102704, Ack: 389632504, Len: 0**
   ϒ Source port: http (80)
   ϒ Destination port: 1277 (1277)
   ϒ Sequence number: 2630102704
   ϒ Acknowledgement number: 389632504
   ϒ Header length: 20 bytes
 ⊟ ϒ Flags: 0x0011 (FIN, ACK)
    ϒ 0... .... = Congestion Window Reduced (CWR): Not set
    ϒ .0.. .... = ECN-Echo: Not set
    ϒ ..0. .... = Urgent: Not set
    ϒ ...1 .... = Acknowledgment: Set
    ϒ .... 0... = Push: Not set
    ϒ .... .0.. = Reset: Not set
    ϒ .... ..0. = Syn: Not set
    ϒ ....1 = Fin: Set
   ϒ Window size: 7504
   ϒ Checksum: 0x6bb5 (correct)

```
0000:   02 00 02 00 00 00 5A 0C 20 00 02 00 08 00 45 00    ......Z. .....E.
0010:   00 28 DB 1F 40 00 3F 06 73 D5 3E 60 BE 52 D5 07    .(..@.?.5.>`.R..
0020:   1B 21                                              .!
0030:
```

Bild 4.37: TCP-Verbindungsabbau – 1. Nachricht mit FIN- und ACK-Flag

⊞ 𝄟 Frame 116 (54 bytes on wire, 54 bytes captured)
⊞ 𝄟 Ethernet II, Src: 02:00:02:00:00:00, Dst: 5a:0c:20:00:02:00
⊞ 𝄟 Internet Protocol, Src Addr: 213.7.27.33 (213.7.27.33), Dst Addr: 62.96.190.82 (62.96.190.82)
⊟ 𝄟 **Transmission Control Protocol, Src Port: 1277 (1277), Dst Port: http (80), Seq: 389632504, Ack: 2630102705, Len: 0**
　　𝄟 Source port: 1277 (1277)
　　𝄟 Destination port: http (80)
　　𝄟 Sequence number: 389632504
　　𝄟 Acknowledgement number: 2630102705
　　𝄟 Header length: 20 bytes
　⊟ 𝄟 Flags: 0x0010 (ACK)
　　　𝄟 0... .... = Congestion Window Reduced (CWR): Not set
　　　𝄟 .0.. .... = ECN-Echo: Not set
　　　𝄟 ..0. .... = Urgent: Not set
　　　𝄟 ...1 .... = Acknowledgment: Set
　　　𝄟 .... 0... = Push: Not set
　　　𝄟 .... .0.. = Reset: Not set
　　　𝄟 .... ..0. = Syn: Not set
　　　𝄟 ....0 = Fin: Not set
　　𝄟 Window size: 8508
　　𝄟 Checksum: 0x67c9 (correct)

```
0000:   5A 0C 20 00 02 00 02 00 02 00 00 00 08 00 45 00    Z. ...........E.
0010:   00 28 13 29 40 00 80 06 FA CB D5 07 1B 21 3E 60    .(.)@........!>`
0020:   BE 52                                              .R
0030:
```

Bild 4.38: TCP-Verbindungsabbau – 2. Nachricht mit ACK-Flag

⊞ 𝄟 Frame 117 (54 bytes on wire, 54 bytes captured)
⊞ 𝄟 Ethernet II, Src: 02:00:02:00:00:00, Dst: 5a:0c:20:00:02:00
⊞ 𝄟 Internet Protocol, Src Addr: 213.7.27.33 (213.7.27.33), Dst Addr: 62.96.190.82 (62.96.190.82)
⊟ 𝄟 **Transmission Control Protocol, Src Port: 1277 (1277), Dst Port: http (80), Seq: 389632504, Ack: 2630102705, Len: 0**
　　𝄟 Source port: 1277 (1277)
　　𝄟 Destination port: http (80)
　　𝄟 Sequence number: 389632504
　　𝄟 Acknowledgement number: 2630102705
　　𝄟 Header length: 20 bytes
　⊟ 𝄟 Flags: 0x0011 (FIN, ACK)
　　　𝄟 0... .... = Congestion Window Reduced (CWR): Not set
　　　𝄟 .0.. .... = ECN-Echo: Not set
　　　𝄟 ..0. .... = Urgent: Not set
　　　𝄟 ...1 .... = Acknowledgment: Set
　　　𝄟 .... 0... = Push: Not set
　　　𝄟 .... .0.. = Reset: Not set
　　　𝄟 .... ..0. = Syn: Not set
　　　𝄟 ....1 = Fin: Set
　　𝄟 Window size: 8508
　　𝄟 Checksum: 0x67c8 (correct)

```
0000:   5A 0C 20 00 02 00 02 00 02 00 00 00 08 00 45 00    Z. ...........E.
0010:   00 28 13 2A 40 00 80 06 FA CA D5 07 1B 21 3E 60    .(.*@........!>`
0020:   BE 52                                              .R
0030:
```

Bild 4.39: TCP-Verbindungsabbau – 3. Nachricht mit FIN- und ACK-Flag

```
⊞  🐚 Frame 135 (54 bytes on wire, 54 bytes captured)
⊞  🐚 Ethernet II, Src: 5a:0c:20:00:02:00, Dst: 02:00:02:00:00:00
⊞  🐚 Internet Protocol, Src Addr: 62.96.190.82 (62.96.190.82), Dst Addr: 213.7.27.33 (213.7.27.33)
⊟  🐚 Transmission Control Protocol, Src Port: http (80), Dst Port: 1277 (1277), Seq: 2630102705, Ack: 389632505, Len: 0
        🐚 Source port: http (80)
        🐚 Destination port: 1277 (1277)
        🐚 Sequence number: 2630102705
        🐚 Acknowledgement number: 389632505
        🐚 Header length: 20 bytes
     ⊟  🐚 Flags: 0x0010 (ACK)
            🐚 0... .... = Congestion Window Reduced (CWR): Not set
            🐚 .0.. .... = ECN-Echo: Not set
            🐚 ..0. .... = Urgent: Not set
            🐚 ...1 .... = Acknowledgment: Set
            🐚 .... 0... = Push: Not set
            🐚 .... .0.. = Reset: Not set
            🐚 .... ..0. = Syn: Not set
            🐚 .... ...0 = Fin: Not set
        🐚 Window size: 7504
        🐚 Checksum: 0x6bb4 (correct)
```

```
0000:   02 00 02 00 00 00 5A 0C 20 00 02 00 08 00 45 00   ......Z. ......E.
0010:   00 28 00 00 40 00 FE 06 8F F4 3E 60 BE 52 D5 07   .(..@.....>`.R..
0020:   1B 21                                             .!
0030:
```

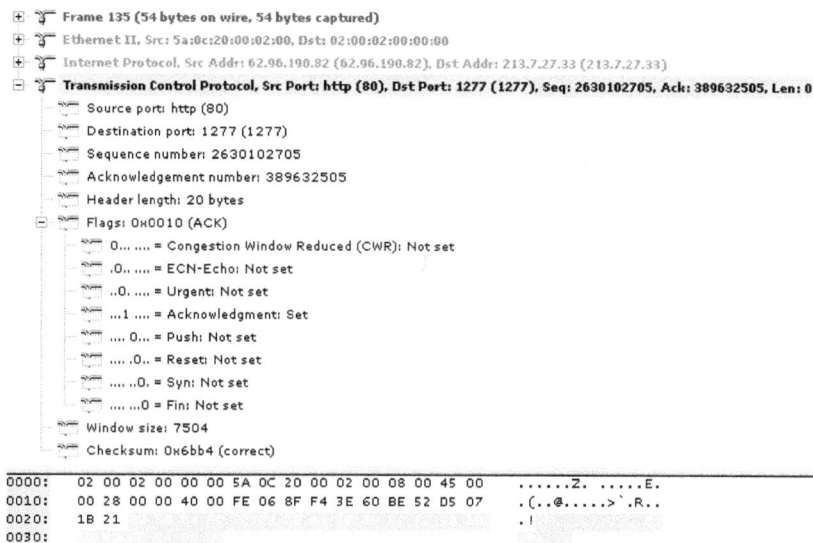

Bild 4.40: TCP-Verbindungsabbau – 4. Nachricht mit ACK-Flag

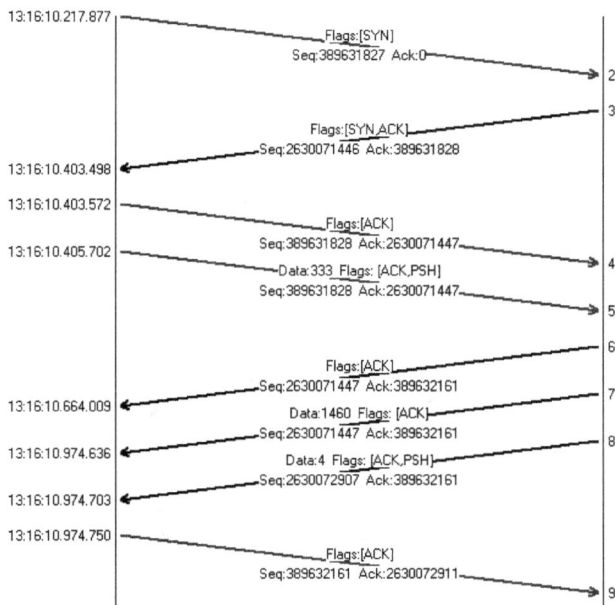

Bild 4.41: TCP-Flow mit Verbindungsaufbau und HTTP-Datentransfer, dargestellt mit der Protokollanalyse-SW Packetyzer

Entgegen der Darstellung in den Bildern 4.28, 4.31 und 4.42 werden in der Praxis beim TCP-Verbindungsabbau häufig auch mehrere TCP-Segmente mit gesetztem FIN- oder auch RST-Flag gesendet.

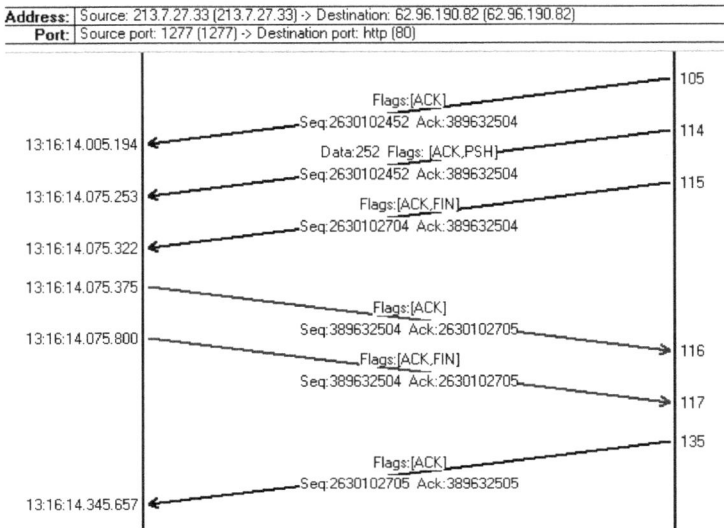

Bild 4.42: TCP-Flow mit HTTP-Datentransfer und Verbindungsabbau

4.2.5   UDP (User Datagram Protocol)

Das UDP-Protokoll ist ein einfaches Transportprotokoll. Es ist der OSI-Schicht 4 (Transport-schicht, Transport Layer) zuzuordnen und sorgt für einen Ende-zu-Ende-Transport, aller-dings ungesichert. Funktionen sind die Zerlegung der zu übertragenden Daten in Datagram-me und das Multiplexen verschiedener Sessions.

Theoretische Beschreibung
Das UDP stellt ein verbindungslos arbeitendes L4-Transportprotokoll dar, das unter anderem im RFC 768 [768] spezifiziert ist. Infolge der verbindungslosen, ungesicherten Kommunika-tion werden UDP-Datagramme so schnell wie möglich, ohne Verzögerungen z.B. durch Paketwiederholungen, übermittelt. Daher ist UDP sehr gut geeignet für die Echtzeitkommu-nikation, zum Transportieren von RTP-Sprachdatenpaketen. Zudem wird es bevorzugt für SIP-Nachrichten eingesetzt.

Erforderlichenfalls müssen die UDP nutzenden Protokolle der höheren Schichten, z.B. SIP, bei Verlusten oder falscher Reihenfolge selbst für Nachrichtenwiederholungen bzw. die richtige Reihenfolge etc. sorgen.

Damit die per UDP transportierten Daten verschiedenen Anwendungen zugeordnet werden können (d.h., dass gemultiplext werden kann), werden, genau wie bei TCP, Port-Nummern eingesetzt. Sie sind den Anwendungen fest oder dynamisch zugeordnet und repräsentieren den Service Access Point zwischen den Protokollen der höheren Schichten und L4-UDP. Beispielsweise steht der Port 53 für DNS (Domain Name System), 161 und 162 für SNMP (Simple Network Management Protocol) bei Netzmanagementanwendungen, 520 für RIP (Routing Information Protocol) beim Informationsaustausch zwischen IP-Routern. Die genannten Beispiel-Ports sind fest zugeordnete, sog. Well known Ports. Sie gelten nur serverseitig. Mit einem Well known Port adressiert der Client die von ihm auf dem Server gewünschte Anwendung. Für die Rückrichtung, d.h. die Antwort des Servers, liefert der Client in der Anfrage eine dynamisch vergebene Port-Nummer mit. Damit ist es möglich, von einem Client aus mehrere parallele Sessions unter Nutzung des gleichen Applikationsprotokolls und damit des gleichen Well known Ports zu initiieren. Nicht abgedeckt ist damit allerdings der Fall, dass ein Server parallel mehrere Clients bedient, da alle die gleiche, von den Clients selbst vergebene Port-Nummer verwenden können. In dieser Situation müssen als weiteres Unterscheidungskriterium noch die IP-Adressen herangezogen werden. Insofern können auch alle Varianten des UDP-Transports von Anwendungsprotokollen zwischen Clients und Servern nur durch die Kombination von IP-Adressen und Ports, den sog. Sockets, abgedeckt werden [Steu; Bada].

Das angesprochene Client-Server-Modell gilt für die Anwendungsprotokollebene. Bei UDP wie schon bei TCP sind beide Kommunikationspartner gleichberechtigt, in diesem Fall spricht man von Peer-to-Peer-Kommunikation [Bada].

In Bild 4.43 ist der Aufbau eines UDP-Datagramms dargestellt, übersichtlich in Zeilen und Spalten entsprechend den verschiedenen Funktionen strukturiert.

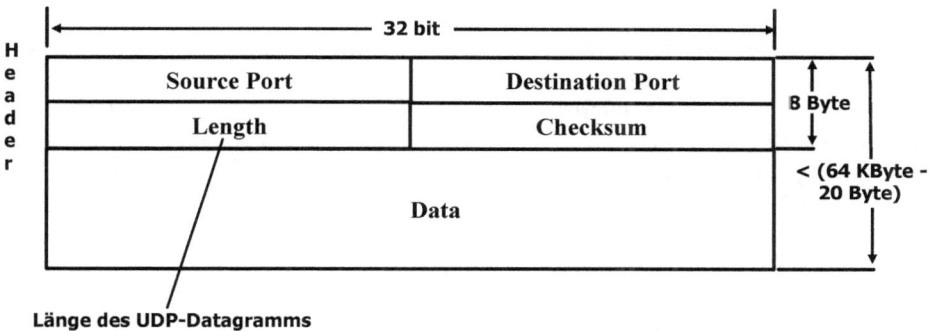

Bild 4.43: Aufbau eines UDP-Datagramms

In dieser Darstellung (siehe Bild 4.43) hat ein UDP-Datagramm eine Zeilenlänge von 4 Byte bzw. 32 bit. Die ersten zwei Zeilen, d.h. 8 Byte, bilden den Header. Anschließend an die UDP-Steuerinformation im Header folgen die UDP-Nutzdaten, die z.B. RTP-VoIP-

Nutzdaten repräsentieren. Header und Data-Feld zusammen können theoretisch zwischen 0 und 65515 Byte lang sein, in der Praxis ist der Wert speziell bei VoIP deutlich kleiner, z.B. 180 Byte. Ein UDP-Rahmen gemäß Bild 4.43 wird Bit für Bit seriell und zeilenweise von links oben nach rechts unten übertragen.

Zum Verständnis der Steuerfunktionen eines UDP-Datagramms werden im Folgenden die Header-Felder nach Bild 4.43 näher erläutert [Bada; Steu; Tane].

- **Source Port** (16 bit): Dieses Feld enthält die auf die Anwendung bezogene Port-Nummer des Quellrechners.
- **Destination Port** (16 bit): In diesem Feld wird der anwendungsbezogene Port auf dem Zielrechner angegeben. Dabei wird sowohl beim Source- als auch Destination Port zwischen drei Wertebereichen unterschieden. Die Ports 0 bis 1023, die sog. Well known Ports, sind Server-seitig Standardanwendungsprotokollen wie DNS, SNMP oder RIP zugeordnet. Die Ports 1024 bis 49151, die Registered Ports, sind für die Client-seitig dynamisch vergebenen Ports und für komplexere Anwendungen wie beim Einsatz von SIP (z.B. 5060) oder den H.323-Protokollen (z.B. 1718 und 1719) bestimmt. Für nicht standardisierte Anwendungen, z.B. firmenspezifische Anwendungsprotokolle, stehen frei verfügbare Port-Nummern im Bereich 49152 bis 65535 zur Verfügung [Hein; IANA1].
- **Length** (16 bit): Dieses Feld kennzeichnet die UDP-Datagramm-Länge in Byte. Minimum ist daher 8, wenn das Data-Feld leer ist.
- **Checksum** (16 bit): Mit der Prüfsumme in diesem Feld kann eine Fehlererkennung erfolgen. Die Prüfsumme wird über das gesamte UDP-Paket und einen Teil des IP-Headers (IP-Adressen, Protocol, IHL und Total Length, siehe Bild 4.20), den sog. Pseudo-Header, gebildet. Weichen empfangene und neu berechnete Checksumme voneinander ab, ist bei der Übermittlung ein Fehler aufgetreten. Häufig wird der Checksum-Wert aber einfach auf Null gesetzt, diese Funktion also nicht genutzt [Bada; Steu].

Praktisches Beispiel

Zur Vertiefung der obigen theoretischen Ausführungen soll das UDP in der Praxis bei einem VoIP-Telefonat analysiert werden. Den hierfür erforderlichen Systemaufbau zeigt Bild 4.44. Benötigt werden nur ein am Internet betriebener PC mit der PhonerLite SIP User Agent-SW für VoIP, der SIP Registrar und SIP Proxy Server inkl. eines automatisch antwortenden SIP User Agents an der Frankfurt University of Applied Sciences sowie die Protokollanalyse-SW Wireshark. Alle Informationen zur Installation, Konfiguration und Bedienung des PhonerLite SIP User Agents und von Wireshark können Kapitel 17 entnommen werden.

Um UDP-Pakete aufzuzeichnen bzw. auszuwerten, sollte wie folgt vorgegangen werden.

1. Erforderlichenfalls Internet-Zugang für PC aktivieren.
2. Protokollaufzeichnungsvorgang mit der Protokollanalyse-SW Wireshark starten.
3. PhonerLite SIP User Agent-SW am PC starten.
4. Initiieren eines VoIP-Telefonats mit dem automatisierten SIP User Agent an der Frankfurt University of Applied Sciences. Geben Sie hierfür den Benutzernamen auto in das mit „Zielrufnummer" überschriebene Eingabefeld im linken oberen Teil des PhonerLite-Hauptfensters ein. Klicken Sie dann auf die Schaltfläche mit dem diagonal angewinkelt

dargestellten Hörersymbol (abgehobener (grüner) Hörer) unmittelbar oberhalb des Eingabefeldes. PhonerLite baut nun eine SIP-Session zum automatisierten SIP User Agent an der Hochschule auf. Zum Beenden der Session klicken Sie auf die Schaltfläche mit dem waagerecht liegenden Hörersymbol (aufgelegter (roter) Hörer) neben der Schaltfläche zum Initiieren einer Session.

5. Stoppen des Protokollaufzeichnungsprozesses.
6. Abspeichern der Protokolldaten. Dies ist von Vorteil, wenn man später eine detailliertere Analyse vornehmen möchte oder anhand der erfassten Daten auch weitere Protokolle wie z.B. RTP analysieren möchte.
7. Vergleichen eines UDP-Datagramms mit der Theorie. Ein Beispiel zeigt Bild 4.45.

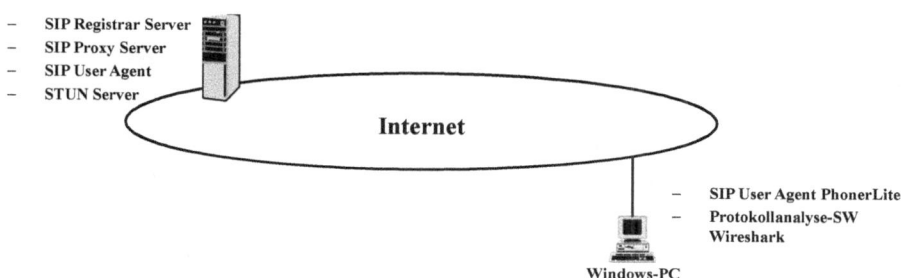

Bild 4.44: Systemaufbau für UDP in der Praxis

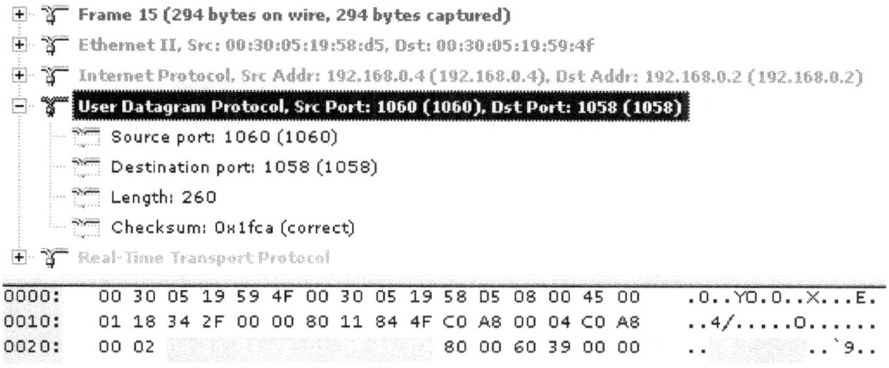

Bild 4.45: Parameter eines UDP-Datagramms mit VoIP-Nutzdaten, aufgezeichnet mit Protokollanalyse-SW

4.2.6   RTP (Real-time Transport Protocol)

Das RTP ist ein Protokoll für den Transport von Audio- und Video-Echtzeitdaten. Daher ist es eigentlich der OSI-Schicht 4 (Transportschicht, Transport Layer) zuzuordnen. Allerdings nutzt es üblicherweise UDP und ist eng verknüpft mit der Applikation, insofern wird es häufig auch der Schicht 7 (Anwendungsschicht, Application Layer) zugeordnet. Richtiger ist aber die Einordnung in Schicht 4b, wenn man UDP in Schicht 4a ansiedelt [Tane]. RTP sorgt für einen verbindungslosen, ungesicherten Ende-zu-Ende-Transport der Echtzeitnutzdaten. Funktionen sind die Nummerierung der zu übertragenden Daten und das Mitübertragen von Zeitstempeln.

Theoretische Beschreibung
Das RTP stellt ein verbindungslos arbeitendes L4-Transportprotokoll dar, das unter anderem im RFC 3550 [3550] spezifiziert ist. Vorgänger war der RFC 1889 [1889]. Infolge der verbindungslosen, ungesicherten Kommunikation werden RTP-Datagramme so schnell wie möglich (ohne Verzögerungen z.B. durch Paketwiederholungen) übermittelt. Daher ist RTP im Zusammenspiel mit UDP bestens geeignet für die Echtzeitkommunikation, zum Transportieren von Sprachdatenpaketen.

Das Echtzeitverhalten wird zusätzlich durch eine zeitliche Synchronisation zwischen Sender und Empfänger sichergestellt, indem RTP per fortlaufender Paketnummerierung und Zeitstempelung gewährleistet, dass die Multimediadaten – im Falle von IP-Netz-typischen Paketverlusten oder -überholungen – auf der Empfängerseite in korrekter Reihenfolge wiedergegeben werden können. Allerdings kann RTP keinerlei Einfluss auf die charakteristischen Eigenschaften eines IP-Netzes oder dessen Protokolle nehmen; RTP besitzt keine Merkmale im Bezug auf die Dienstgüte. Kommt es innerhalb des Netzes zu engpassbedingten Transportverzögerungen, kann eine Synchronität der Echtzeitdaten zwischen Sender und Empfänger durch RTP nicht sichergestellt werden.

RTP unterstützt sowohl Unicast-Datenströme zwischen einem Sender und einem Empfänger als auch Multicast-Datenströme zwischen einem Sender und mehreren Empfängern.

Für jeden Sender, d.h. pro Übertragungsrichtung, wird eine eigene RTP-Session initiiert, die durch eine Kennung, die SSRC (Synchronization Source), und einen UDP-Port gekennzeichnet ist. Werden von einem Gerät aus Audio- und Video-Daten gleichzeitig gesendet, z.B. bei einer Videokonferenz, werden auch zwei RTP-Sessions gestartet, pro Medium eine.

Grundsätzlich werden für RTP dynamisch vergebene UDP-Port-Nummern verwendet, allerdings nur geradzahlige. Über die Port-Nummern können verschiedene Datenströme, die zum gleichen Sender gehören, unterschieden und damit der korrespondierenden Applikation zugeordnet werden [3550; Nöll].

In Bild 4.46 ist der Aufbau eines RTP-Pakets dargestellt, übersichtlich in Zeilen und Spalten entsprechend der verschiedenen Funktionen strukturiert. In dieser Darstellung hat ein RTP-Datagramm eine Zeilenlänge von 4 Byte bzw. 32 bit. Mindestens drei (12 Byte), höchstens 18 Zeilen (72 Byte) bilden den Header. Anschließend an die RTP-Steuerinformation im

Header folgen die RTP-Nutzdaten, die z.B. VoIP-Audiodaten repräsentieren. Ein RTP-Rahmen gemäß Bild 4.46 wird Bit für Bit seriell und zeilenweise von links oben nach rechts unten übertragen.

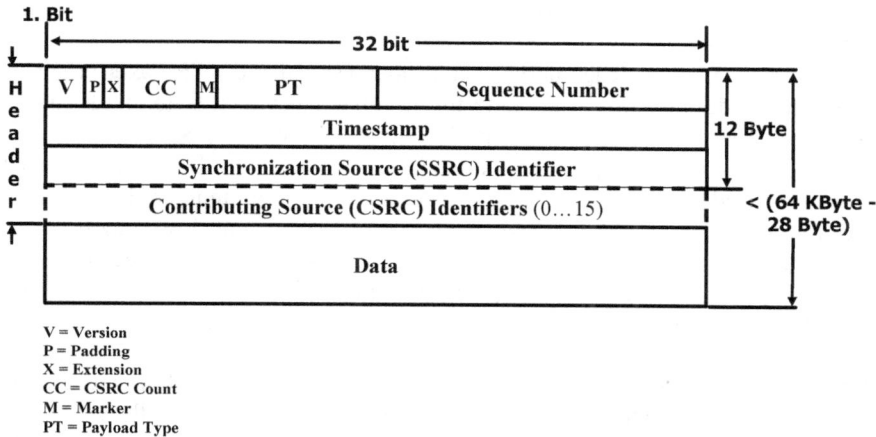

V = Version
P = Padding
X = Extension
CC = CSRC Count
M = Marker
PT = Payload Type

Bild 4.46: RTP-Paket

Zum Verständnis der Steuerfunktionen eines RTP-Pakets werden im Folgenden die Header-Felder nach Bild 4.46 näher erläutert [3550; Nöll].

- **V** (Version) (2 bit): Dieses Feld kennzeichnet die verwendete RTP-Version. Es hat den Wert dezimal 2 beim RTP gemäß RFC 3550 bzw. RFC 1889.
- **P** (Padding) (1 bit): Ist das Padding Bit gesetzt, enthält das RTP-Paket im Anschluss an die Nutzdaten noch Padding Bytes. Sie werden gegebenenfalls benötigt, um unabhängig von den Payload Bytes für einen Verschlüsselungsalgorithmus oder das darunter liegende Protokoll eine bestimmte Mindestanzahl von Bytes zu generieren.
- **X** (Extension) (1 bit): Ist dieses Bit gesetzt, folgt auf den RTP-Header noch ein optionaler Erweiterungs-Header. Eine Anwendung im Zusammenhang mit SRTP (Secure RTP) enthält Abschnitt 12.2.1.
- **CC** (CSRC Count) (4 bit): Dieses Feld gibt Auskunft darüber, wie viele Contributing Source (CSRC) Identifiers im gleichnamigen Feld folgen.
- **M** (Marker) (1 bit): Mit diesem Bit kann gekennzeichnet werden, wenn Sprachpausen unterdrückt, d.h. im Hinblick auf eine Reduzierung der Bitrate nicht mitübertragen werden [Kuma]. Ansonsten hat es nur Bedeutung im Zusammenhang mit einer eventuellen zukünftigen Nutzung zusätzlicher RTP-Profile, mit denen die Bedeutung des Oktetts M + PT neu definiert werden kann.
- **PT** (Payload Type) (7 bit): In diesem Feld wird das Format der Payload-Daten festgelegt. Diese Information benötigt der Empfänger, um die Nutzdaten korrekt decodieren zu können. Einige Datenformate sind im RFC 3551 [3551] bereits vordefiniert, z.B. PT = 8 für

PCMA: A-law-codierte Sprache mit 64 kbit/s oder PT = 18 für G729: Sprache mit 8 kbit/s. Andere können durch RTP-nutzende Anwendungen dynamisch vergeben werden. Der Payload Type kann während einer Session gewechselt werden.

- **Sequence Number** (16 bit): Die Sequenznummer wird zu Beginn einer RTP-Session mit einer Zufallszahl initialisiert und dann bei jedem gesendeten Paket um 1 erhöht. Damit kann der Empfänger Paketverluste erkennen bzw. die richtige Reihenfolge wieder herstellen.

- **Timestamp** (32 bit): Jedes durch den Sender verschickte RTP-Paket erhält einen sog. Zeitstempel, der den Abtastzeitpunkt für das erste Nutzdaten-Byte repräsentiert. Anhand dieses Wertes, der – ausgehend von einem Zufallswert – pro Signalabtastwert um 1 erhöht wird, kann der Empfänger die ursprüngliche zeitliche Differenz zwischen den in zwei verschiedenen Paketen enthaltenen Abtastwerten ermitteln, um in der Folge ein zeitlich richtiges, d.h. synchrones Signal ausgeben zu können, auch wenn z.B. Sprachpausen nicht mit übertragen wurden. Zudem ermöglicht diese Information Jitter-Berechnungen.

- **Synchronization Source (SSRC) Identifier** (32 bit): Dieses Feld identifiziert den Sender der RTP-Daten anhand eines von diesem zu Beginn der RTP-Session generierten Zufallswertes. Im Falle einer Konferenz enthält dieses Feld den durch die signalmischende Instanz, den RTP Mixer, z.B. eine Multipoint Control Unit (MCU), erzeugten Identifier-Wert. Wegen der möglichen Konflikte infolge zweier gleicher Zufalls-SSRC-Werte muss jede RTP-Implementierung einen Mechanismus zu dessen Erkennung und Auflösung enthalten.

- **Contributing Source (CSRC) Identifiers (0...15)** (je 32 bit): Dieses Feld ist optional und daher bei einer Punkt-zu-Punkt-Kommunikation leer. Werden aber Signale während einer RTP-Session gemischt, d.h. werden die Daten von verschiedenen Quellen zu einem Datenstrom zusammengefasst, enthält das CSRC-Feld eine Liste aller beteiligten Quellen. Damit kann ein Teilnehmer z.B. einer Telefonkonferenz sehen, wer alles teilnimmt, obwohl in jedem RTP-Paket durch den SSRC-Wert der Mixer als unmittelbarer Sender genannt wird.

Praktisches Beispiel
Zur Vertiefung der obigen theoretischen Ausführungen soll das RTP in der Praxis bei einem VoIP-Telefonat analysiert werden. Den hierfür erforderlichen Systemaufbau zeigt Bild 4.47. Benötigt werden nur ein am Internet betriebener PC mit der PhonerLite SIP User Agent-SW für VoIP, der SIP Registrar und SIP Proxy Server inkl. eines automatisch antwortenden SIP User Agents an der Frankfurt University of Applied Sciences sowie eine Protokollanalyse-SW wie Wireshark. Alle Informationen zur Installation, Konfiguration und Bedienung des PhonerLite SIP User Agents und von Wireshark können Kapitel 17 entnommen werden. Da sowohl der gleiche Systemaufbau als auch die gleiche Anwendung wie bei der UDP-Analyse genutzt werden, können die praktischen RTP-Betrachtungen vorteilhafterweise auch auf Basis der gemäß Abschnitt 4.2.5 gespeicherten Daten durchgeführt werden.

- SIP Registrar Server
- SIP Proxy Server
- SIP User Agent
- STUN Server

Internet

- SIP User Agent PhonerLite
- Protokollanalyse-SW Wireshark

Windows-PC

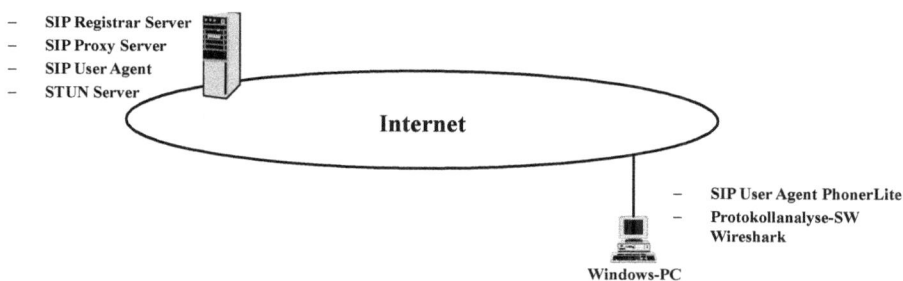

Bild 4.47: Systemaufbau für RTP in der Praxis

Um RTP-Pakete aufzuzeichnen bzw. auszuwerten, sollte wie folgt vorgegangen werden.

1. Erforderlichenfalls Internet-Zugang für PC aktivieren.
2. Protokollaufzeichnungsvorgang mit der Protokollanalyse-SW Wireshark starten.
3. PhonerLite SIP User Agent-SW am PC starten.
4. Initiieren eines VoIP-Telefonats mit dem automatisierten SIP User Agent an der Frankfurt University of Applied Sciences. Geben Sie hierfür den Benutzernamen auto in das mit „Zielrufnummer" überschriebene Eingabefeld im linken oberen Teil des PhonerLite-Hauptfensters ein. Klicken Sie dann auf die Schaltfläche mit dem diagonal angewinkelt dargestellten Hörersymbol (abgehobener (grüner) Hörer) unmittelbar oberhalb des Eingabefeldes. PhonerLite baut nun eine SIP-Session zum automatisierten SIP User Agent an der Hochschule auf. Zum Beenden der Session klicken Sie auf die Schaltfläche mit dem waagerecht liegenden Hörersymbol (aufgelegter (roter) Hörer) neben der Schaltfläche zum Initiieren einer Session.
5. Stoppen des Protokollaufzeichnungsprozesses.
6. Abspeichern der Protokolldaten. Dies ist von Vorteil, wenn man später eine detailliertere Analyse vornehmen möchte oder anhand der erfassten Daten auch weitere Protokolle wie z.B. RTCP analysieren möchte. Greift man für die RTP-Praxis auf die bei UDP aufgezeichneten und gespeicherten Protokolldaten zurück, müssen bei RTP die Schritte 1 bis 6 nicht mehr durchgeführt werden.
7. Vergleichen eines RTP-Pakets mit der Theorie. Dazu muss ein IP-Paket ausgesucht werden, das RTP-Nutzdaten enthält. Erforderlichenfalls muss man ein UDP-Datagramm mit gerader Port-Nummer markieren und nach Betätigen der rechten Maustaste „Decode as/Transport/RTP" (Wireshark) wählen. Beispiele zeigen die Bilder 4.48 und 4.49.

⊞ ⊶ **Frame 6 (294 bytes on wire, 294 bytes captured)**

⊞ ⊶ Ethernet II, Src: 00:30:05:19:59:4f, Dst: 00:30:05:19:58:d5

⊞ ⊶ Internet Protocol, Src Addr: 192.168.0.2 (192.168.0.2), Dst Addr: 192.168.0.4 (192.168.0.4)

⊞ ⊶ **User Datagram Protocol, Src Port: 1056 (1056), Dst Port: 1062 (1062)**

⊟ ⊶ **Real-Time Transport Protocol**

     ⊡ Version: RFC 1889 Version (2)

     ⊡ Padding: False

     ⊡ Extension: False

     ⊡ Contributing source identifiers count: 0

     ⊡ Marker: False

     ⊡ Payload type: ITU-T G.711 PCMU (0)

     ⊡ Sequence number: 52305

     ⊡ Timestamp: 0

     ⊡ Synchronization Source identifier: 55368014

     ⊡ Payload: FFFFFFFF7FFF7FFF7FFF7FFF7F7FFF7F...

```
0000:    00 30 05 19 58 D5 00 30 05 19 59 4F 08 00 45 00      .0..X..0..YO..E.
0010:    01 18 21 81 00 00 80 11 96 FD C0 A8 00 02 C0 A8      ..!.............
0020:    00 04 04 20 04 26 01 04 4F F1                        ... .&..O.
0030:
0040:
0050:
0060:
0070:
0080:
0090:
00A0:
00B0:
00C0:
00D0:
00E0:
00F0:
0100:
0110:
0120:
```

Bild 4.48: Parameter eines ersten RTP-Pakets mit VoIP-Nutzdaten, aufgezeichnet mit Protokollanalyse-SW

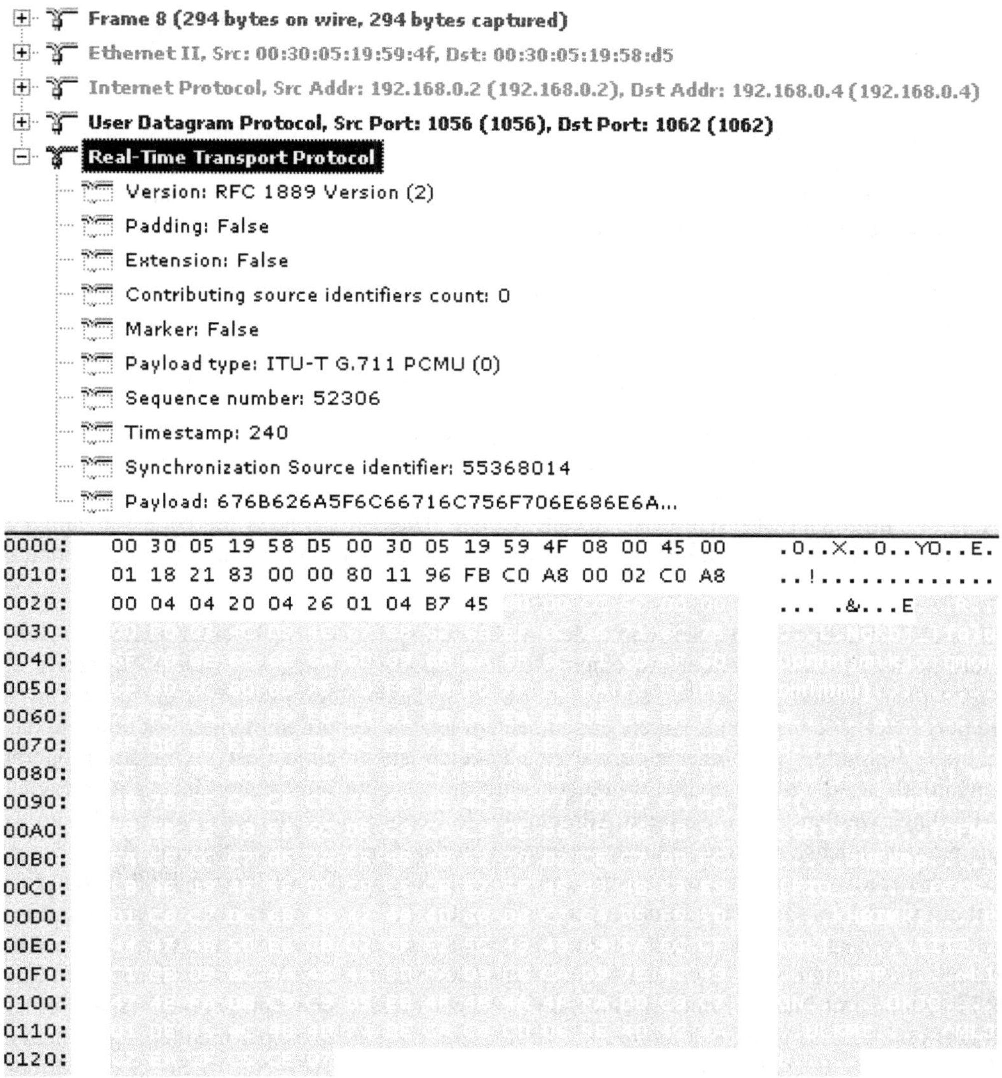

⊞ 🍸 **Frame 8 (294 bytes on wire, 294 bytes captured)**

⊞ 🍸 Ethernet II, Src: 00:30:05:19:59:4f, Dst: 00:30:05:19:58:d5

⊞ 🍸 Internet Protocol, Src Addr: 192.168.0.2 (192.168.0.2), Dst Addr: 192.168.0.4 (192.168.0.4)

⊞ 🍸 **User Datagram Protocol, Src Port: 1056 (1056), Dst Port: 1062 (1062)**

⊟ 🍸 **Real-Time Transport Protocol**

    🗎 Version: RFC 1889 Version (2)

    🗎 Padding: False

    🗎 Extension: False

    🗎 Contributing source identifiers count: 0

    🗎 Marker: False

    🗎 Payload type: ITU-T G.711 PCMU (0)

    🗎 Sequence number: 52306

    🗎 Timestamp: 240

    🗎 Synchronization Source identifier: 55368014

    🗎 Payload: 676B626A5F6C66716C756F706E686E6A...

```
0000:  00 30 05 19 58 D5 00 30 05 19 59 4F 08 00 45 00    .0..X..0..YO..E.
0010:  01 18 21 83 00 00 80 11 96 FB C0 A8 00 02 C0 A8    ..!.............
0020:  00 04 04 20 04 26 01 04 B7 45                      ... .&...E
0030:
0040:
0050:
0060:
0070:
0080:
0090:
00A0:
00B0:
00C0:
00D0:
00E0:
00F0:
0100:
0110:
0120:
```

Bild 4.49: Parameter eines zweiten RTP-Pakets

4.2.7 RTCP (RTP Control Protocol)

Das RTCP ist ein Protokoll zur Kontrolle von RTP-Sessions. Es ergänzt RTP, indem es Quality of Service-Informationen zwischen Sendern und Empfängern austauscht und in geringem Umfang auch Funktionen für die Sitzungssteuerung bereitstellt. RTCP tritt nur in Kombination mit RTP auf und ist daher ebenfalls der OSI-Schicht 4 (Transportschicht, Transport Layer) zuzuordnen [Nöll].

Theoretische Beschreibung

Das RTCP stellt ein RTP ergänzendes L4-Kontrollprotokoll dar, das wie RTP im RFC 3550 [3550] spezifiziert ist. Es dient als Unterstützungsprotokoll für die RTP-basierte Echtzeit-Nutzdatenübertragung. Während die eigentlichen Multimediadaten per RTP übertragen werden (siehe Abschnitt 4.2.6), wird das RTCP zur Überwachung der Verbindungsqualität sowie zur periodischen Übermittlung zusätzlicher Informationen über die Teilnehmer einer RTP-Session genutzt. Dabei werden für RTCP auch dynamisch vergebene UDP-Port-Nummern verwendet, allerdings nur ungeradzahlige, konkret der nächsthöhere ungerade Wert im Vergleich zur zugehörigen RTP-Session mit einer geraden Port-Nummer [3550].

Pro unidirektionaler RTP-Nutzdaten-Session gibt es eine eigene bidirektionale RTCP-Kontroll-Session. Allerdings sind weder für RTP noch für RTCP Mechanismen zum Auf- und Abbau der Sessions definiert, diese Funktion muss von Protokollen wie H.245 aus der H.323-Familie oder SIP/SDP bereitgestellt werden. Dies erklärt auch die enge Verzahnung zwischen RTP/RTCP und den genannten Protokollen, die ihre Dienste in Anspruch nehmen [Bada; Tane].

Die RTCP-Funktionen werden durch den Austausch spezieller Nachrichten realisiert. Zum Beispiel teilt ein RTP-Sender mit einem Sender Report (SR) mit, wie viele RTP-Pakete er seit seinem letzten Report versendet hat. Ein Empfänger übermittelt mit einem Receiver Report (RR), wie viele RTP-Pakete er seit seinem letzten Report empfangen hat und wie das aktuelle Verhältnis verlorener zu erwarteten Paketen ist (Fraction Lost). Arbeitet ein Gerät sowohl als Sender als auch als Empfänger, wird die gesamte Information im SR übertragen. Allerdings werden vom jeweiligen Adressaten die Reports normalerweise nur zur Kenntnis genommen, höchstens dazu genutzt, gesteuert von der Applikation die Session abzubrechen oder das Datenvolumen zu reduzieren. Ein wiederholtes Senden verlorener RTP-Pakete findet auf Grund der Echtzeitanforderungen nicht statt. RTCP kann daher von seinem Funktionsumfang keinen wirklichen Beitrag zur Sicherstellung einer gewünschten QoS (siehe Abschnitt 4.3) leisten. Mit einer SDES-Nachricht (Source DEScription) identifiziert sich eine RTP-Quelle mit Namen, mittels eines BYE-Pakets meldet sich ein Teilnehmer aus einer RTP-Session, z.B. einer Konferenz, ab. Ergänzend kann beim Experimentieren mit neuen Applikationen oder Features die eigens dafür definierte APP-Nachricht (APPlication-Defined) angewendet werden [3550; Nöll].

In den Bildern 4.50 bis 4.53 sind der Aufbau der RTCP-Nachrichten SR, RR, SDES und BYE dargestellt, übersichtlich in Zeilen und Spalten entsprechend der verschiedenen Funktionen strukturiert. Dabei wird eine solche Nachricht Bit für Bit seriell und zeilenweise von links oben nach rechts unten übertragen.

In dieser Darstellung gemäß Bild 4.50 hat eine SR-Nachricht eine Zeilenlänge von 4 Byte bzw. 32 bit. 2 Zeilen (8 Byte) bilden den Header. Daran schließt sich die zweite Sektion Sender Information mit 5 Zeilen (20 Byte) an. Hier anschließend folgt eine dritte Sektion mit sog. Report Blocks. Sie ist leer, wenn es sich bei dem Gerät nur um einen RTP-Sender handelt. Arbeitet es aber als Sender und auch als Empfänger, enthält diese dritte Sektion einer SR-Nachricht für jede RTP-Quelle, von der Daten empfangen wurden, auch einen Report Block mit 6 Zeilen (24 Byte). Optional können noch profilspezifische Erweiterungen folgen.

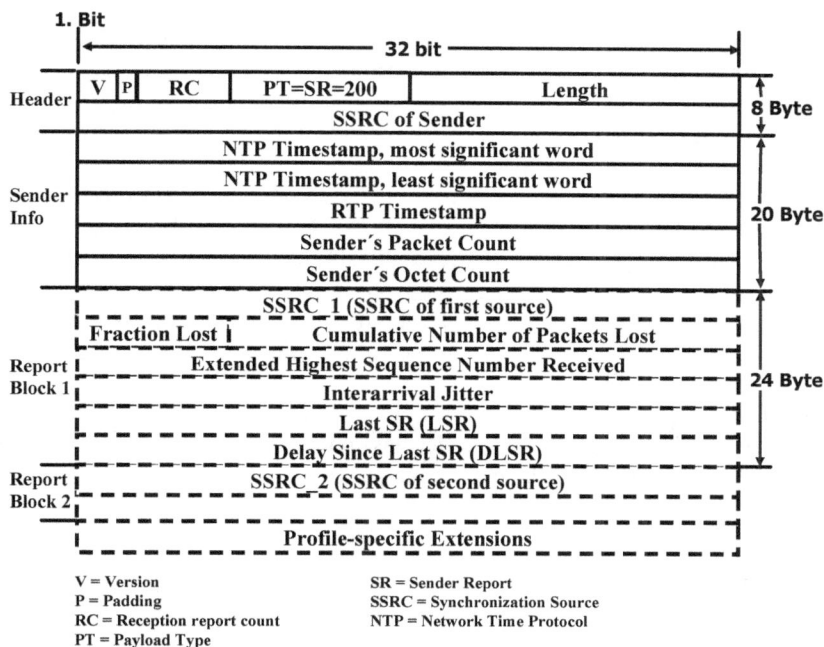

Bild 4.50: RTCP Sender Report (SR)

Zum Verständnis der Kontrollfunktionen einer RTCP-SR-Nachricht nach Bild 4.50 werden im Folgenden die Felder im Einzelnen erläutert [3550; Nöll].

Header:

- **V** (Version) (2 bit): Dieses Feld kennzeichnet die verwendete RTCP-Version. Es hat den Wert dezimal 2 beim RTCP gemäß RFC 3550 bzw. RFC 1889.
- **P** (Padding) (1 bit): Ist das Padding Bit gesetzt, enthält das RTCP-Paket am Ende der Nachricht noch Padding Bytes. Sie werden gegebenenfalls benötigt, um für einen Verschlüsselungsalgorithmus eine bestimmte Mindestanzahl von Bytes zu generieren.
- **RC** (Reception Report Count) (5 bit): Dieses Feld gibt Auskunft über die Anzahl an Report Blocks in dieser Nachricht.
- **PT** = SR = 200 (Payload Type) (8 bit): Hier wird bei einer SR-Nachricht der feste Wert 200 eingetragen. Damit wird die RTCP-Nachricht als SR deklariert.
- **Length** (16 bit): Dieses Feld zeigt die (Länge - 1) des gesamten RTCP-Pakets in 4-Byte-Worten an.

- **SSRC of Sender** (Synchronization Source) (32 bit): Dieses Feld identifiziert den Sender der RTP-Daten anhand eines von diesem zu Beginn der RTP-Session generierten Zufallswertes.

Sender Information:

- **NTP Timestamp** (Network Time Protocol) (64 bit): Repräsentiert die Uhrzeit, zu der dieser Sender Report verschickt wurde (Zeitstempel im Format gemäß dem NTP). In Kombination mit dem zugehörigen Receiver Report von einem Empfänger kann dann die Umlaufverzögerung (Round-Trip Delay) errechnet werden. Der Zeitstempelwert kann auch auf 0 gesetzt werden.
- **RTP Timestamp** (32 bit): Referenziert auch die Sendezeit wie der NTP Timestamp, allerdings im gleichen Format wie bei den RTP-Paketen. Trotzdem werden diese Zeitstempel bei zusammengehörenden RTCP- und RTP-Paketen voneinander abweichen, da die Pakete normalerweise immer zeitversetzt versendet werden.
- **Sender's Packet Count** (32 bit): Dieses Feld gibt an, wie viele RTP-Pakete seit Beginn der Session gesendet wurden. Ändert eine Quelle ihren SSRC-Wert, wird dieser Zähler zurückgesetzt.
- **Sender's Octet Count** (32 bit): Dieses Feld gibt an, wie viele RTP-Nutzdaten-Bytes (ohne Header und Padding) seit Beginn der Session gesendet wurden. Ändert eine Quelle ihren SSRC-Wert, wird dieser Zähler ebenfalls zurückgesetzt.

Report Block:

- **SSRC** (Synchronization Source) (32 bit): Dieses Feld kennzeichnet den ursprünglichen Sender der RTP-Daten, für die dieser Report ausgestellt wird.
- **Fraction Lost** (8 bit): Hiermit wird die relative Paketverlustrate als Verhältnis der verlorenen zu den insgesamt erwarteten RTP-Paketen ausgedrückt. Dieser Wert bezieht sich auf die Zeitspanne seit dem letzten Receiver Report.
- **Cumulative Number of Packets Lost** (24 bit): Mit diesem Feld werden die verlorenen RTP-Pakete seit Beginn der Session gezählt.
- **Extended Highest Sequence Number Received** (32 bit): Die niederwertigen 16 bit repräsentieren die höchste bisher von der korrespondierenden Quelle empfangene RTP-Sequenznummer. Die höherwertigen 16 bit zeigen die bisher durchlaufene Anzahl von Zyklen, d.h. Überlauf der Sequenznummer und Rücksprung, an.
- **Interarrival Jitter** (32 bit): Dieses Feld macht eine Aussage über den mittleren Jitter der zeitlichen Differenz zwischen zwei hintereinander empfangenen und den zugehörigen gesendeten RTP-Paketen.
- **Last SR (LSR)** (32 bit): Hier werden die mittleren 32 bit des zuletzt empfangenen 64-bit-NTP-Zeitstempels zurück übertragen. Dieser Wert wird auf 0 gesetzt, wenn noch kein SR empfangen wurde.
- **Delay Since Last SR (DLSR)** (32 bit): Die Zeit in Einheiten von 1/65536 seit dem zuletzt empfangenen SR wird in diesem Feld angegeben. Dieser Wert wird ebenfalls auf 0 gesetzt, wenn noch kein SR empfangen wurde.

Wie aus einem Vergleich der Bilder 4.50 und 4.51 hervorgeht, ist eine reine RR-Nachricht identisch mit einer SR-Nachricht mit der Ausnahme, dass sie durch PT = SR = 201 gekennzeichnet wird und keine Sender Info enthält [3550].

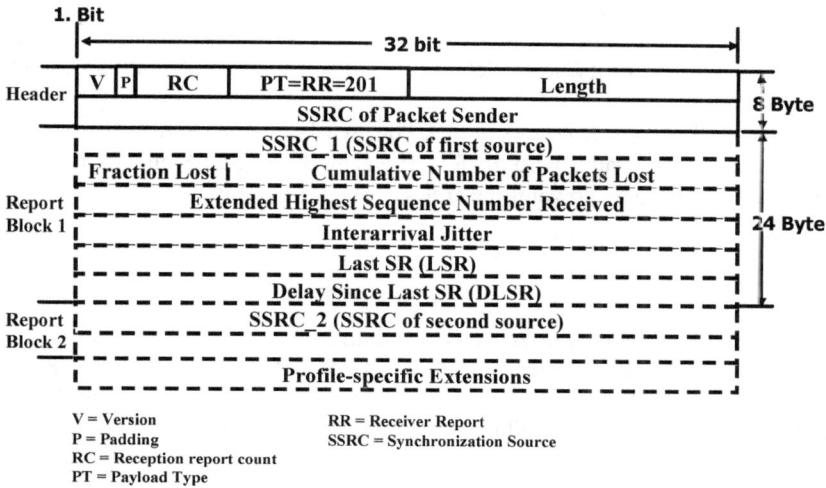

Bild 4.51: RTCP Receiver Report (RR)

Zum Verständnis der Kontrollfunktionen einer RTCP-SDES-Nachricht nach Bild 4.52 werden im Folgenden die Felder im Einzelnen erläutert [3550].

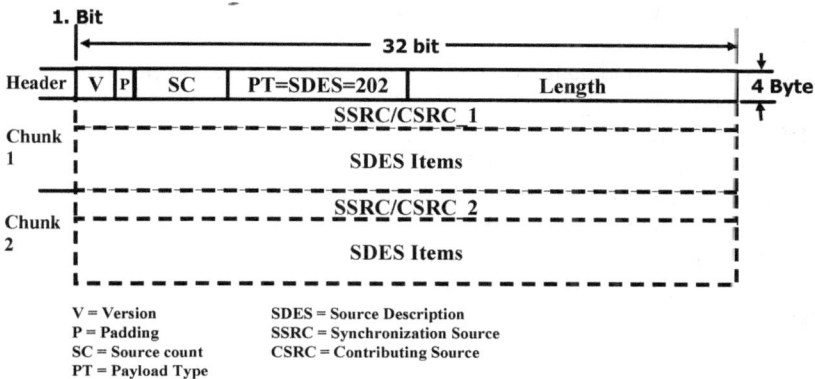

Bild 4.52: RTCP Source Description Packet (SDES)

Header:

- **V** (Version) (2 bit): Dieses Feld kennzeichnet die verwendete RTCP-Version. Es hat den Wert dezimal 2 beim RTCP gemäß RFC 3550 bzw. RFC 1889.
- **P** (Padding) (1 bit): Ist das Padding Bit gesetzt, enthält das RTCP-Paket am Ende der Nachricht noch Padding Bytes. Sie werden gegebenenfalls benötigt, um für einen Verschlüsselungsalgorithmus eine bestimmte Mindestanzahl von Bytes zu generieren.
- **SC** (Source Count) (5 bit): Dieses Feld gibt Auskunft über die Anzahl an Chunk Blocks in dieser Nachricht.
- **PT** = SDES = 202 (Payload Type) (8 bit): Hier wird bei einer SDES-Nachricht der feste Wert 202 eingetragen. Damit wird die RTCP-Nachricht als SDES deklariert.
- **Length** (16 bit): Dieses Feld zeigt die (Länge - 1) des gesamten RTCP-Pakets in 4-Byte-Worten an.

Chunk:

- **SSRC/CSRC** (Synchronization Source/Contributing Source) (32 bit): Dieses Feld identifiziert den Sender der RTP-Daten anhand eines von diesem zu Beginn der RTP-Session generierten Zufallswertes. Dabei sendet ein reines Endsystem seinen SSRC Identifier, ein Mixer sendet eine Liste aller beteiligten Sender (chunk 1 bis n) oder n SDES-Nachrichten für n > 31.
- **SDES Items** (> 48 bit): Hier folgt eine Beschreibung der RTP-Quelle in Textform mit maximal 257 Byte. Dabei sind die folgenden Informationen definiert.
  - **CNAME** (Canonical NAME): Da der die Quelle kennzeichnende SSRC-Wert als Zufallswert sich infolge eines Konflikts ändern kann, wird zusätzlich der Canonical End-Point Identifier CNAME genutzt, um eine Quelle in jedem Fall eindeutig identifizieren zu können. Als Format wird user@host oder nur host genutzt. Dabei kann für host auch einfach die IP-Adresse stehen. Dieses Feld muss immer ausgefüllt sein.
  - **NAME:** Hier kann optional der reale Name des Gerätenutzers stehen, z.B. Frank Weber. Dies ist wichtig, wenn die Namen der Kommunikationspartner angezeigt werden sollen.
  - **EMAIL:** Dieses optionale Feld kann die E-Mail-Adresse des Gerätenutzers enthalten, z.B. sip@e-technik.org.
  - **PHONE:** Telefonrufnummer, optional.
  - **LOC** (User LOCation): geografischer Ort, an dem das Gerät steht, z.B. Frankfurt University of Applied Sciences, Kleiststraße 3.
  - **TOOL:** Bezeichnung der Applikation, die RTP nutzt, z.B. Videotool 5.1.
  - **NOTE:** textuelle Information, in welchem Zustand sich die Quelle, die SSRC, gerade befindet, z.B. „aktiv" oder „zur Zeit nicht ansprechbar".
  - **PRIV** (PRIVate): für benutzerdefinierte Eintragungen, unter anderem auch für experimentelle Erweiterungen.

Zum Verständnis der Kontrollfunktionen einer RTCP-BYE-Nachricht nach Bild 4.53 werden im Folgenden die Felder im Einzelnen erläutert [3550]. Mit BYE zeigen eine oder mehrere Quellen an, dass sie nicht länger aktiv sind.

- **V (Version) (2 bit):** Dieses Feld kennzeichnet die verwendete RTCP-Version. Es hat den Wert dezimal 2 beim RTCP gemäß RFC 3550 bzw. RFC 1889.
- **P (Padding) (1 bit):** Ist das Padding Bit gesetzt, enthält das RTCP-Paket am Ende der Nachricht noch Padding Bytes. Sie werden gegebenenfalls benötigt, um für einen Verschlüsselungsalgorithmus eine bestimmte Mindestanzahl von Bytes zu generieren.
- **SC (Source Count) (5 bit):** Dieses Feld gibt Auskunft über die Anzahl an SSRC/CSRC Identifiers in dieser Nachricht.
- **PT = BYE = 203 (Payload Type) (8 bit):** Hier wird bei einer BYE-Nachricht der feste Wert 203 eingetragen. Damit wird die RTCP-Nachricht als BYE deklariert.
- **Length (16 bit):** Dieses Feld zeigt die (Länge - 1) des gesamten RTCP-Pakets in 4-Byte-Worten an.
- **SSRC/CSRC (Synchronization Source/Contributing Source) (32 bit):** Dieses Feld identifiziert den Sender der RTP-Daten anhand eines von diesem zu Beginn der RTP-Session generierten Zufallswertes. Dabei sendet ein reines Endsystem seinen SSRC Identifier, ein Mixer sendet eine Liste aller beteiligten Sender.
- **Length (8 bit):** kennzeichnet die Länge des „Reason for Leaving"-Feldes, optional.
- **Reason for Leaving (≥ 24 bit):** gibt den Grund für das Verlassen der Session an, optional.

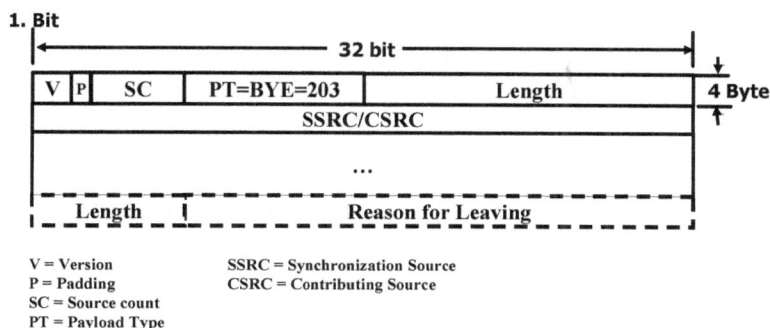

Bild 4.53: RTCP BYE Packet

Praktisches Beispiel

Zur Vertiefung der obigen theoretischen Ausführungen soll das RTCP in der Praxis bei einem VoIP-Telefonat analysiert werden. Den hierfür erforderlichen Systemaufbau zeigt Bild 4.54. Benötigt werden nur ein am Internet betriebener PC mit der PhonerLite SIP User Agent-SW für VoIP, der SIP Registrar und SIP Proxy Server inkl. eines automatisch antwortenden SIP User Agents an der Frankfurt University of Applied Sciences sowie eine Protokollanalyse-SW wie Wireshark. Alle Informationen zur Installation, Konfiguration und Bedienung des PhonerLite SIP User Agents und von Wireshark können Kapitel 17 entnommen werden. Da sowohl der gleiche Systemaufbau als auch die gleiche Anwendung wie bei der UDP- und vor allem der RTP-Analyse genutzt werden, können die praktischen RTP-

Betrachtungen vorteilhafterweise auch auf Basis der gemäß Abschnitt 4.2.5 oder 4.2.6 gespeicherten Daten durchgeführt werden.

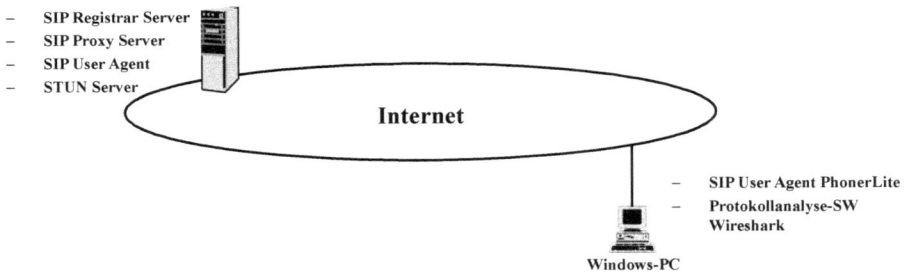

- SIP Registrar Server
- SIP Proxy Server
- SIP User Agent
- STUN Server

Internet

- SIP User Agent PhonerLite
- Protokollanalyse-SW Wireshark

Windows-PC

Bild 4.54: Systemaufbau für RTCP in der Praxis

Um RTCP-Pakete aufzuzeichnen bzw. auszuwerten, sollte wie folgt vorgegangen werden.

1. Erforderlichenfalls Internet-Zugang für PC aktivieren.
2. Aufzeichnungsvorgang mit der Protokollanalyse-SW Wireshark starten.
3. PhonerLite SIP User Agent-SW am PC starten.
4. Initiieren eines VoIP-Telefonats mit dem automatisierten SIP User Agent an der Frankfurt University of Applied Sciences. Geben Sie hierfür den Benutzernamen auto in das mit „Zielrufnummer" überschriebene Eingabefeld im linken oberen Teil des PhonerLite-Hauptfensters ein. Klicken Sie dann auf die Schaltfläche mit dem diagonal angewinkelt dargestellten Hörersymbol (abgehobener (grüner) Hörer) unmittelbar oberhalb des Eingabefeldes. PhonerLite baut nun eine SIP-Session zum automatisierten SIP User Agent an der Hochschule auf. Zum Beenden der Session klicken Sie auf die Schaltfläche mit dem waagerecht liegenden Hörersymbol (aufgelegter (roter) Hörer) neben der Schaltfläche zum Initiieren einer Session.
5. Stoppen des Protokollaufzeichnungsprozesses.
6. Abspeichern der Protokolldaten. Dies ist von Vorteil, wenn man später eine detailliertere Analyse vornehmen möchte oder anhand der erfassten Daten auch weitere Protokolle wie z.B. SIP/SDP analysieren möchte. Greift man für die RTCP-Praxis auf die bei UDP oder RTP aufgezeichneten und gespeicherten Protokolldaten zurück, müssen bei RTCP die Schritte 1 bis 6 nicht mehr durchgeführt werden.
7. Vergleichen eines RTCP-Pakets mit der Theorie. Dazu muss ein IP-Paket ausgesucht werden, das RTCP-Steuerungsdaten enthält. Erforderlichenfalls muss man ein UDP-Datagramm mit ungerader Port-Nummer markieren und nach Betätigen der rechten Maustaste „Decode as/Transport/RTCP" (Wireshark) wählen. Beispiele einer SR- und einer SDES-Nachricht zeigt Bild 4.55.

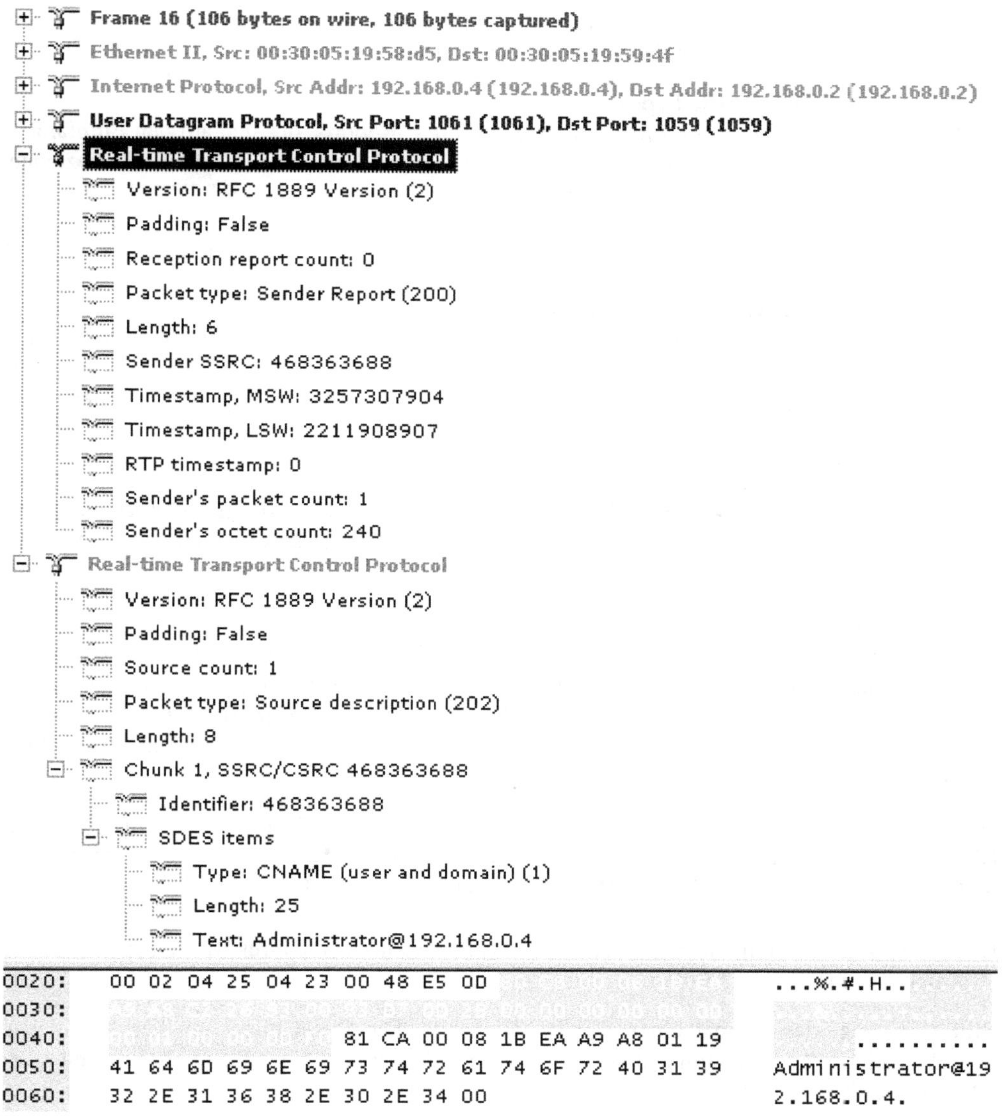

⊞ Frame 16 (106 bytes on wire, 106 bytes captured)
⊞ Ethernet II, Src: 00:30:05:19:58:d5, Dst: 00:30:05:19:59:4f
⊞ Internet Protocol, Src Addr: 192.168.0.4 (192.168.0.4), Dst Addr: 192.168.0.2 (192.168.0.2)
⊞ **User Datagram Protocol, Src Port: 1061 (1061), Dst Port: 1059 (1059)**
⊟ **Real-time Transport Control Protocol**
   Version: RFC 1889 Version (2)
   Padding: False
   Reception report count: 0
   Packet type: Sender Report (200)
   Length: 6
   Sender SSRC: 468363688
   Timestamp, MSW: 3257307904
   Timestamp, LSW: 2211908907
   RTP timestamp: 0
   Sender's packet count: 1
   Sender's octet count: 240
⊟ Real-time Transport Control Protocol
   Version: RFC 1889 Version (2)
   Padding: False
   Source count: 1
   Packet type: Source description (202)
   Length: 8
   ⊟ Chunk 1, SSRC/CSRC 468363688
      Identifier: 468363688
      ⊟ SDES items
         Type: CNAME (user and domain) (1)
         Length: 25
         Text: Administrator@192.168.0.4

```
0020:      00 02 04 25 04 23 00 48 E5 0D                      ...%.#.H..
0030:
0040:                           81 CA 00 08 1B EA A9 A8 01 19  ..........
0050:      41 64 6D 69 6E 69 73 74 72 61 74 6F 72 40 31 39    Administrator@19
0060:      32 2E 31 36 38 2E 30 2E 34 00                      2.168.0.4.
```

Bild 4.55: Parameter eines SR- und eines SDES-RTCP-Pakets, aufgezeichnet mit Protokollanalyse-SW

RTCP XR

Bei RTCP XR (XR steht für Extended Report) [3611] handelt es sich um eine Weiterentwicklung des RTCP. Hierbei bietet RTCP XR die Möglichkeit, über die per RTCP übermittelbaren Informationen hinausgehende Aussagen zur Medienqualität bzw. Quality of Service der betreffenden Session zu übermitteln.

Die per RTCP XR übermittelbaren Informationen (sog. Extended Report Blocks) werden gemäß [3611] in die folgenden drei Kategorien unterteilt.

- **Packet-by-Packet Block Types**
    1. *Loss RLE (Run Length Encoding) Report Block*: Reports, die sich auf den Empfang von RTP-Paketen und in diesem Zusammenhang auf einzelne Paketverluste beziehen
    2. *Duplicate RLE Report Block*: bezieht sich auf Duplikationen von RTP-Paketen
    3. *Packet Receipt Times Report Block*: bezieht sich auf die Übermittlung von Listen mit Zeitstempeln empfangener RTP-Pakete

- **Reference Time related Block Types**
    4. *Receiver Reference Time Report Block*: Reports, die Referenzzeitstempel der Empfängerseite beinhalten
    5. *DLRR (Delay since Last Receiver Reference) Report Block*: Reports, die einen Wert für die Verzögerung übermitteln, mit der der letzte *Receiver Reference Time Report Block* empfangen wurde

Aus der Kombination dieser beiden Report Blocks lässt sich auf der Empfängerseite eines RTP-Medienstroms die Umlaufzeit (Round Trip Time) für Pakete der betreffenden Medien-Session berechnen.

- **Summary Metric Block Types**
    6. *Statistics Summary Report Block*: Reports, die zusammenfassende, statistische Informationen zu einer RTP-Session übermitteln, wie RTP-Sequenznummern, Paketverluste, Paketduplikationen, Jitter, TTL (Time To Live) oder Hop Limit-Werte
    7. *VoIP Metrics Report Block*: Reports für die Übermittlung von Metriken für das Monitoren von VoIP-Sessions.

Die den oben gelisteten Extended Report Blocks voranstehende Nummer entspricht der sog. Block Type (BT) Number. Sie dient zur Differenzierung der verschiedenen Extended Report-Blöcke. Neben den gelisteten, bereits im Basisstandard [3611] definierten RTCP XR Report Blocks existieren weitere, nachträglich spezifizierte Report Blocks. Eine vollständige Liste aller spezifizierten und registrierten Report Blocks inklusive ihrer Block Type Numbers lässt sich unter [IANA2] abrufen.

Bild 4.56 zeigt das Format eines RTCP XR-Pakets. Die Basis bildet ein herkömmlicher RTCP-Header, allerdings mit entsprechend modifizierten Inhalten, die im Folgenden kurz erläutert werden.

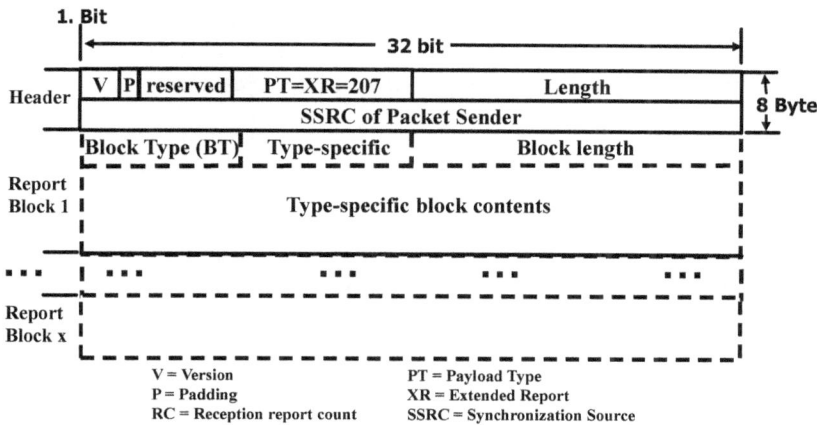

Bild 4.56: RTCP Extended Report

Header:

- **V** (Version) (2 bit): Dieses Feld kennzeichnet die verwendete RTCP-Version. Es hat den Wert dezimal 2 beim RTCP gemäß RFC 3550 bzw. RFC 1889.
- **P** (Padding) (1 bit): Ist das Padding Bit gesetzt, enthält das RTCP-Paket am Ende der Nachricht noch Padding Bytes. Sie werden gegebenenfalls benötigt, um für einen Verschlüsselungsalgorithmus eine bestimmte Mindestanzahl von Bytes zu generieren.
- **Reserved** (5 bit): Für RTCP XR ist dieses Header-Feld für zukünftige Anwendungen reserviert, die Bits sind im Normalfall auf den Wert Null zu setzen.
- **PT** = XR = 207 (Packet Type) (8 bit): Im Falle eines RTCP XR-Pakets trägt dieses Feld den Wert 207
- **Length** (16 bit): Wie bei herkömmlichen RTCP Reports wird in diesem Feld die Länge (minus Wert 1) des gesamten RTCP-Pakets in 4-Byte-Worten übermittelt.
- **SSRC** (32 bit): Wie bei herkömmlichen RTCP-Paketen wird hier die SSRC des Absenders des betreffenden RTCP XR-Pakets übermittelt.
- **Report Blocks** (variable Länge): Ab dieser Stelle innerhalb des Pakets folgen die eigentlichen Extended Report Blocks. Hierbei muss jeder Block aus einem oder mehreren 32-Bit-Worten bestehen. Das erste 32-Bit-Wort übergibt die folgenden Informationen, die den Extended Report Block näher beschreiben.
  - **Block Type** (BT) (8 bit): Übergibt die Block Type-Nummer und somit die Information, um welchen Block Type es sich bei dem betreffenden Extended Report Block handelt (z. B. Block Type-Wert 7 bei einem *VoIP Metrics Report Block*)
  - **Type-specific** (8 bit): Der Inhalt dieses Feldes kann pro Block Type variabel (gemäß seiner Definition) gestaltet werden.
  - **Block length** (8 bit): Übergibt die Länge des betreffenden Report Blocks (minus Wert 1) in 32-Bit-Worten. Besteht ein Report Block lediglich aus den Feldern *Block Type*, *Type-specific* und *Block Length*, ist der *Block length*-Wert also Null.
  - **Type-specific block contents** (beliebige Anzahl ganzer 32-Bit-Worte): Der ggf. weitere Inhalt eines Report Blocks variiert zwischen den verschiedenen Report Block

Types und ist in der Spezifikation des jeweiligen Report Blocks näher beschrieben. Reicht das oben aufgeführte Feld *Type-specific* für die Übermittlung der betreffenden Information aus, entfallen die *Type-specific block content*-Felder.

Um zu verdeutlichen, wie detailliert die mittels RTCP XR übermittelten Informationen sein können, zeigt Bild 4.57 exemplarisch einen Extended Report Block des Typs *VoIP Metrics Report Block* gemäß [3611]. Die enthaltenen Felder werden im Anschluss erläutert. Paket-spezifische Werte (wie z.B. die Paketverlustrate) beziehen sich hierbei auf RTP-Pakete, die im Rahmen der betreffenden VoIP-Session ausgetauscht wurden. Hinweise zur Berechnung der einzelnen Werte werden in [3611] gegeben. Des Weiteren gibt [IANA2] Aufschluss über in der Zwischenzeit gegenüber [3611] geänderte Berechnungsverfahren für einzelne Werte.

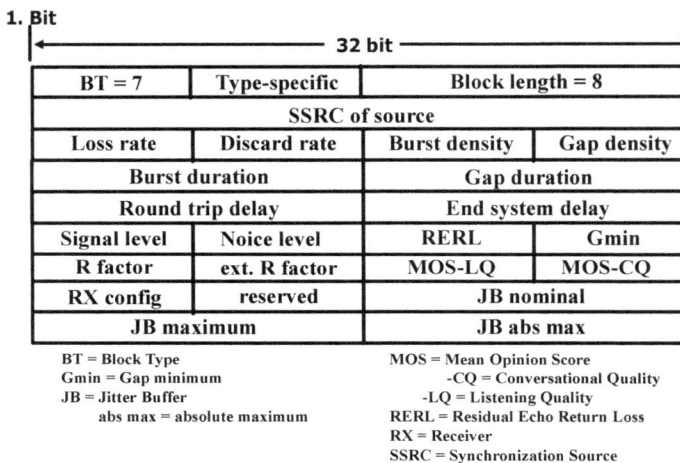

1. Bit

BT = 7	Type-specific	Block length = 8	
SSRC of source			
Loss rate	Discard rate	Burst density	Gap density
Burst duration		Gap duration	
Round trip delay		End system delay	
Signal level	Noice level	RERL	Gmin
R factor	ext. R factor	MOS-LQ	MOS-CQ
RX config	reserved	JB nominal	
JB maximum		JB abs max	

BT = Block Type
Gmin = Gap minimum
JB = Jitter Buffer
    abs max = absolute maximum

MOS = Mean Opinion Score
    -CQ = Conversational Quality
    -LQ = Listening Quality
RERL = Residual Echo Return Loss
RX = Receiver
SSRC = Synchronization Source

Bild 4.57: VoIP Metrics Report Block

- **BT** (Block Type) (8 bit): *VoIP Metrics Report Blocks* führen die Block Type-Nummer 7.
- **Type-specific** (Padding) (8 bit): Dieses Feld ist für zukünftige Anwendungen vorbehalten und wird deshalb mit binären Nullen gefüllt.
- **Block length** (16 bit): Ein *VoIP Metrics Report Block* besteht aus neun 32-Bit-Worten, die Blocklänge wird also mit „8" angegeben.
- **SSRC of source** (32 bit): SSRC der RTP-Quelle, auf die sich dieser Report Block bezieht
- **Loss rate** (8 bit): Paketverlustrate (im IP-Netz verworfene Pakete)
- **Discard rate** (8 bit): Rate der Paketverluste aufgrund Paketverwerfungen seitens des Jitter Buffers des empfangenden Endgeräts wegen zu frühen oder zu späten Eintreffens der Pakete (siehe Abschnitte 4.1.2 und 4.3.4)
- **Burst density** (8 bit): Angabe zum Paketverlustvolumen im Rahmen eines Bursts (stoß-weise auftretende Häufung aufeinanderfolgender Paketverluste)
- **Gap density** (8 bit): Angabe zum Volumen empfangener Pakete in Phasen ohne Burst (Gap)

- **Burst duration** (16 bit): Mittlere Burst-Dauer in Millisekunden
- **Gap duration** (16 bit): Mittlere Gap-Dauer in Millisekunden
- **Round trip delay** (16 bit): Paketumlaufzeit zwischen den beteiligten RTP-Instanzen in Millisekunden
- **End system delay** (16 bit): Summe aller Verzögerungen (in Millisekunden), die auf Sender- und Empfängerseite durch die beteiligten Endsysteme entstehen. Beinhaltet auf der Senderseite u.a. das Sampling sowie des Codieren der Sprachinformation und auf der Empfängerseite u.a. des Decodieren sowie die Jitter Buffer-Verzögerung.
- **Signal level** (8 bit): Signalstärke (in Dezibel) des Sprachsignals bei der Abtastung auf der Senderseite
- **Noice level** (8 bit): Signalstärke (in Dezibel) des Hintergrundgeräuschs bei der Abtastung des Sprachsignals auf der Senderseite
- **RERL** (Residual Echo Return Loss) (8 bit): Verluste der Signalstärke des Sprachsignals (in Dezibel) durch leitungs- oder endgerätbedingte Echoeinflüsse
- **Gmin** (Gap minimum) (8 bit): Schwellwert zur Identifizierung von Gaps (s.o.)
- **R factor** (8 bit): Angabe des R-Faktors zur QoS-Bewertung (siehe Abschnitt 4.3.4) bezogen auf die betreffende RTP-Session
- **Ext. R factor** (external) (8 bit): Angabe des R-Faktors bezogen auf eine ggf. involvierte nicht RTP-basierte Teilübertragungsstrecke (im Falle einer Verbindung zwischen einem VoIP- und einem GSM-Mobilfunkteilnehmer entspricht das GSM-Mobilfunknetz einer solchen Teilübertragungsstrecke)
- **MOS-LQ** (Mean Opinion Score – Listening Quality) (8 bit): Mean Opinion Score zur QoS-Bewertung bezogen auf die Hörqualität (siehe Abschnitt 4.3.4)
- **MOS-CQ** (Mean Opinion Score – Conversational Quality) (8 bit): Mean Opinion Score zur QoS-Bewertung bezogen auf die Konversationsqualität (siehe Abschnitt 4.3.4)
- **RX config** (Receiver) (8 bit): Übermittelt Detailinformationen über die empfängerseitige Endgerätekonfiguration, z.B. bezüglich des Jitter Buffers
- **reserved** (8 bit): Feld ist für zukünftige Verwendung reserviert.
- **JB nominal** (Jitter Buffer) (16 bit): Aktuelle nominale Jitter Buffer-Verzögerung in Millisekunden
- **JB maximum** (16 bit): Bisherige maximale Jitter Buffer-Verzögerung in Millisekunden
- **JB abs max** (absolute maximum) (16 bit): Maximal mögliche Jitter Buffer-Verzögerung in Millisekunden.

4.2.8   H.323

Der H.323-Standard definiert eine Architektur und eine ganze Protokollfamilie zur Unterstützung von Multimediakommunikation in paketorientierten Netzen. Dabei ist IP nur eine Option neben z.B. ATM [H323; Sieg3].

Die H.323-Netzelemente H.323 Terminal, Gatekeeper, Gateway und MCU (Multipoint Control Unit) wurden bereits in Abschnitt 3.2, speziell Bild 3.4 erläutert. Eine Betrachtung des H.323-Protokoll-Stacks erfolgte schon in Abschnitt 4.2, vor allem anhand der Bilder 4.10 und 4.13. Hier sollen nun noch die wesentlichsten Protokollabläufe betrachtet werden, um H.323 und SIP vergleichen zu können.

Da es gemäß Abschnitt 4.2 keine Unterschiede zwischen dem H.323- und dem SIP-Ansatz bei der Nutzdatenübertragung über IP gibt – in beiden Fällen kommen RTP/UDP/IP zum Einsatz – wird im Folgenden besonderes Augenmerk auf die Session-Signalisierung und die Medien-Steuerung gelegt. Erstere wird durch die ITU-T-Empfehlung H.225.0 [H225] spezifiziert und kann in die Phasen „Registration, Admission and Status (RAS)" sowie „Call Signalling" aufgesplittet werden. Die Medien-Steuerung wird durch den Standard H.245 [H245] definiert und als „Bearer Control" bezeichnet.

Grundsätzlich dienen die Protokolle nach H.225 und H.245 der Verbindungssteuerung in einem Paketnetz, im vorliegenden Fall in einem verbindungslos arbeitenden IP-Netz. Daher werden speziell mit dem Protokoll für das Call Signalling nach H.225 Vermittlungsfunktionen realisiert. Insofern wären diese Protokolle eigentlich der OSI-Schicht 3 (Vermittlungsschicht, Network Layer) zuzuordnen, auch wenn sie auf einem Schicht 4-Protokoll – UDP bei H.225.0 RAS, TCP bei H.225.0 Call Signalling und H.245 – aufsetzen. Wegen Letzterem werden sie in Teilen der Literatur der Schicht 5 (Kommunikationssteuerungsschicht, Session Layer), in anderen der Schicht 7 (Anwendungsschicht, Application Layer) zugeordnet.

Mit dem Protokoll H.225.0 RAS werden die Funktionen

- Gatekeeper Discovery,
- User Registration,
- Admission Control und
- Call Termination realisiert.

Konkret bedeutet dies, dass ein Endgerät, ein H.323 Terminal, in einem Netz zuerst einmal einen Gatekeeper ausfindig machen muss, sofern es diese Information nicht per Konfiguration bereits erhalten hat. Hat das Endgerät einen Gatekeeper gefunden, übermittelt dieser ihm seine IP-Adresse. Will das Terminal in der Folge einen Dienst nutzen, registriert es sich beim zugehörigen Gatekeeper. Danach ist es mit seiner IP-Adresse und normalerweise einer korrespondierenden Alias-Adresse wie Rufnummer, E-Mail-Adresse, URL oder einfach einer Zeichenfolge bekannt. Soll nun über den Gatekeeper eine Session aufgebaut werden, müssen zuvor Admission Control-Nachrichten ausgetauscht werden. Kann das Netz laut Informationsstand des Gatekeepers die nötigen Ressourcen zur Verfügung stellen, erhält das H.323 Terminal die Erlaubnis zum nun folgenden Session-Aufbau. Eine Authentifizierung kann sowohl während der Gatekeeper Discovery- als auch der User Registration-Phase stattfinden [H225; Kuma; Sieg3].

Die Nutzung der RAS-Funktionen mittels des zugehörigen Protokolls H.225.0 RAS setzt voraus, dass es im Netz mindestens einen Gatekeeper gibt. Prinzipiell ist das für die Multimediakommunikation auf Basis H.323 allerdings nicht nötig. Auch eine direkte Signalisierung zwischen H.323 Terminals ist ohne weiteres möglich, sofern die Endgeräte die IP-Adresse des Zielkommunikationspartners kennen. Dann kann H.225.0 Call Signalling und H.245 Bearer Control unmittelbar zwischen den Endsystemen ablaufen. Dieser dezentrale Ansatz hat aber den Nachteil, dass die IP-Adressen wechselseitig bekannt sein müssen, ein Ruf nur bei verfügbarem Zielterminal erfolgreich sein kann (z.B. keine zentrale Rufweiterschaltung möglich ist), die Endsysteme selbst für die gewünschte Sicherheit sorgen müssen und für den Netzbetreiber die Erfassung von Rechnungsdaten schwierig ist.

Daher kommen in größeren IP-Netzen grundsätzlich Gatekeeper zum Einsatz. Allerdings kann auch in diesem Szenario mit unterschiedlichen Graden von zentral bereitgestellter Funktionalität gearbeitet werden. Der Gatekeeper kann ausschließlich für die Registrierung und Admission Control zuständig sein oder er kann auch zusätzlich die Call Signalling-Nachrichten routen, ja sogar die Bearer Control-Protokolldatenelemente. Letzteres mit maximaler Zentralisierung repräsentiert den üblichen Fall bei Einsatz eines Gatekeepers [Kuma].

Dieses Gatekeeper-Routed Call Signalling und Bearer Control wird im Folgenden anhand von Bild 4.58 etwas näher betrachtet. Dabei wird der Einfachheit halber angenommen, dass das H.323 Terminal A bereits beim Gatekeeper registriert ist. Bei Terminal B wird auf die RAS-Prozeduren komplett verzichtet. Will nun Teilnehmer A mit B mittels der H.323-Protokolle über ein IP-Netz kommunizieren, sendet Terminal A zuerst eine H.225.0-RAS-Nachricht ARQ (Admission ReQuest) an den Gatekeeper. Kann die gewünschte Session aus Sicht des Gatekeepers aufgebaut werden, antwortet er mit ACF (Admission ConFirm). Dabei liefert er gegebenenfalls die IP-Adresse des Zielkommunikationspartners. Dieser RAS-Ablauf nutzt UDP mit dynamisch vergebenen Port-Nummern als Transportprotokoll.

Der sich anschließende Session-Aufbau gemäß H.225.0 Call Signalling erfolgt mittels Nachrichten, die stark an die Festlegungen beim ISDN-DSS1-Protokoll (Digital Subscriber Signalling system no. 1) angelehnt sind. Die PDU (Protocol Data Unit) SETUP leitet den Verbindungsaufbau ein, das optionale CALL PROCEEDING ist die Bestätigung, dass der Verbindungsaufbau läuft und keine weiteren Informationen hierfür benötigt werden. Das gerufene Endgerät signalisiert mit ALERTING, dass ein Rufsignal anliegt (gegebenenfalls klingelt das IP-Phone), die Annahme des Rufes wird durch CONNECT gekennzeichnet. Damit ist der Session-Aufbau abgeschlossen. Dieser Signalisierungsablauf erfolgt gesichert auf TCP-Basis, d.h. vor dem Übermitteln der H.225-PDUs muss zuerst eine TCP-Verbindung aufgebaut werden, wobei auf der B-Seite die Well-known-Port-Nummer 1720 genutzt wird. Mit der CONNECT-Nachricht teilt Terminal B A mit, welche dynamisch vergebene Port-Nummer es in der Folge für die Mediensteuerung gemäß H.245 Bearer Control verwenden wird [H225; Kuma; Moos; Mini].

Die H.245-PDUs (siehe Bild 4.58) nutzen ebenfalls TCP, die hierfür erforderliche zweite TCP-Verbindung kann von A oder B initiiert werden. Nach Bild 4.58 schließt sich an den Session-Aufbau die Absprache an, wie die gewünschten Medienströme unterstützt werden können, d.h., es wird u.a. festgelegt, welche Art von Multimediadaten übertragen werden soll und welche Codecs dabei zum Einsatz kommen. Damit wird mit der H.245-PDU „Terminal-CapabilitySet" und der korrespondierenden Quittung „TerminalCapabilitySetAck" sichergestellt, dass Empfänger und Sender auch zusammenpassen, sowohl für den Nutzdatentransfer von A nach B als auch von B nach A.

H.323 Terminal   **H.323 Gatekeeper**   **H.323 Terminal**

A   B

ARQ

ACF

SETUP

CALL PROCEEDING

ALERTING

CONNECT

TerminalCapabilitySet

MasterSlaveDetermination

TerminalCapabilitySet

MasterSlaveDetermination

TerminalCapabilitySetAck

MasterSlaveDeterminationAck

MasterSlaveDeterminationAck

OpenLogicalChannel

OpenLogicalChannel

OpenLogicalChannelAck

OpenLogicalChannelAck

RTP-Nutzdaten (UDP)

RTCP (UDP)

RTP-Nutzdaten (UDP)

RTCP (UDP)

EndSessionComand (H.245)

ReleaseComplete (H.225.0)

DRQ

DCF

H.225.0

H.245

RTP

ARQ = Admission Request
ACF = Admission Confirm
DRQ = Disengage Request
DCF = Disengage Confirm

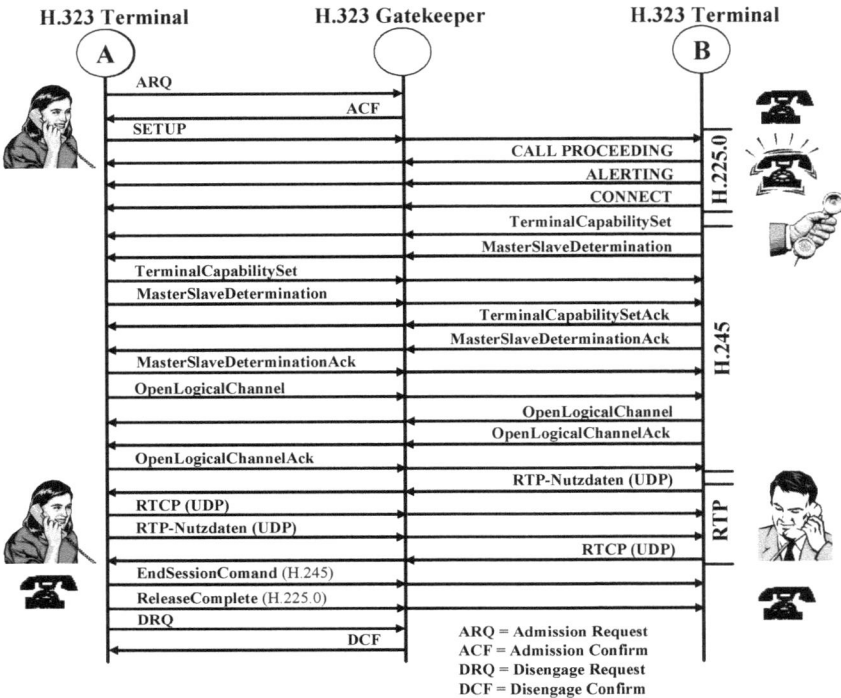

Bild 4.58: H.323-Kommunikation in IP-Netz mit Gatekeeper

Mit dem H.245-PDU-Paar MasterSlaveDetermination und MasterSlaveDeterminationAck wird festgelegt, welche Seite im Falle eines Konflikts wegen einer Ressource die Festlegungen treffen darf. Dazu senden B und dann A ihren Terminal-Typ (Terminal, Gateway, MCU) und eine Zufallszahl aus dem Wertebereich 2^{24}-1. In Abhängigkeit dieser beiden Parameter wird bestimmt, ob zukünftig A oder B der Master ist. Nachdem nun die zu nutzenden Funktionen und die Master/Slave-Beziehung ausgehandelt sind, wird mit „OpenLogicalChannel" und der Quittung „OpenLogicalChannelAck" für jede Übertragungsrichtung dem Kommunikationspartner mitgeteilt, welcher Medienstrom zu erwarten ist, welche IP-Adresse und welche dynamisch vergebene geradzahlige UDP-Port-Nummer für die RTP-Nutzdaten verwendet werden soll. Den jeweils nächsthöheren ungeraden Port verwendet dann das korrespondierende RTCP. Während des Datentransfers wird die TCP-Verbindung für H.245 aufrechterhalten, um erforderlichenfalls steuernd in die Medienströme eingreifen zu können, z.B. um einen logischen Kanal zu schließen und dafür einen anderen zu öffnen [H245; Kuma; Moos; Mini]. Ist der Nutzdatenaustausch zu Ende, wird die H.245- mit „EndSessionCommand", die H.225-Session mit „Release Complete" wieder abgebaut, jeweils im Anschluss auch die zugehörige TCP-Verbindung. Die Abmeldung des H.323 Terminals beim Gatekeeper erfolgt mit der RAS-Nachricht DRQ (Disengage ReQuest) und der Quittung DCF (Disengage Confirm) [H245; H225; Mini].

Der Standard-Ablauf für eine H.323-Kommunikation in Bild 4.58 ist relativ komplex und zeitaufwändig, da die Verbindungssignalisierung nach H.225.0 und die Mediensteuerung gemäß H.245 nacheinander ablaufen. In großen öffentlichen Netzen kann dies zu nichtakzeptablen Zeitverzögerungen beim Session-Aufbau führen. Daher wurden zwei Varianten definiert, die zu zeitlich optimierten Abläufen führen:

• Fast Connect
• H.245 Tunneling.

Bei der Option Fast Connect werden die notwendigen Informationen für Bearer Control in der H.225-PDU SETUP als Parameter gleich mitgesendet. Damit wird nur eine TCP-Verbindung benötigt, das gerufene H.323 Terminal antwortet in einer der folgenden H.225-Nachrichten, spätestens mit CONNECT. Damit stehen die für die Nutzdaten erforderlichen RTP-Kanäle viel früher zur Verfügung. Allerdings kann B nur aus den von A angebotenen Möglichkeiten wählen, Eigeninitiative ist nicht möglich, zudem können keine weiteren Kanäle eingerichtet werden. Damit hat man unter Umständen unerwünschte Beschränkungen und kann damit bestimmte Leistungsmerkmale gar nicht realisieren [Kuma; H225; Cord].

Abhilfe kann hierfür die Variante H.245 Tunneling schaffen. Dabei werden die H.245-Nachrichten als Parameter in den H.225-PDUs transportiert. Damit hat man den Geschwindigkeitsvorteil gepaart mit der Funktionsvielfalt von H.245 [Kuma; H225; Cord].

Daneben gibt es auch Lösungen, bei denen Fast Connect mit späterem Umschalten auf H.245 Bearer Control kombiniert wird oder bei denen die H.245-Protokollabläufe schon kurz nach dem H.225-SETUP gestartet werden (early H.245).

Für die Realisierung von Dienst- bzw. Leistungsmerkmalen gibt es eine ganze Reihe von ITU-T-Empfehlungen, die den Rahmen hierfür definieren [H4501; H45012], aber auch einzelne Merkmale wie Rufweiterschaltung, Halten, Parken, Anklopfen, Namensanzeige etc. [H4502; H.4503; H4504; H4505; H4506; H4507; H4508; H4509; H45010; H45011]. Weitere Leistungsmerkmale können durch Kombination oben genannter Merkmale generiert werden.

Ein Vergleich mit SIP (Session Initiation Protocol) ergibt, dass auf Basis H.323 und auf Basis SIP im Prinzip die gleichen Funktionalitäten bezüglich der Session-Vermittlung in IP-Netzen bereitgestellt werden können. Dabei gibt es funktionale Entsprechungen zwischen den H.225-Protokollen und SIP sowie H.245 und SDP (Session Description Protocol). Allerdings wurden bei H.323 und SIP/SDP gänzlich unterschiedliche Ansätze gewählt, sodass zwar ein Interworking bezüglich des Session-Auf- und Abbaus unproblematisch ist, bei bestimmten Leistungsmerkmalen eine direkte Konvertierung aber unmöglich sein kann [Step].

Obwohl die ITU-T-Standards zur H.323-Protokollfamilie früher zur Verfügung standen und auch das für öffentliche Kommunikationsnetze wichtige Thema Dienstmerkmale von Anfang an bei der ITU-T ernster genommen wurde als bei der IETF, wurde SIP unter anderem wegen seiner Offenheit und Einfachheit für UMTS Release 5 als Standard gewählt. SIP spielte zudem in fast allen Überlegungen für NGN-Realisierungen eine wichtige Rolle bzw. wird mittlerweile weltweit angewendet. Für die Signalisierung bei der Multimediakommunikation hat sich SIP ohnehin schon länger durchgesetzt. Daher wird in den folgenden Kapiteln nur noch SIP vertiefend betrachtet.

4.3   QoS (Quality of Service)

Die Dienstgüte, die QoS (Quality of Service), ist ein sehr wichtiger Faktor bei der Übermittlung von Informationen in Telekommunikationsnetzen. Dabei sind die Anforderungen je nach Anwendung ganz unterschiedlich. Beispielsweise sind für einen Dateitransfer hoher Durchsatz (d.h. schnellstmögliche Übertragung der Daten) und vor allem hohe Zuverlässigkeit (d.h. fehlerfreie Datenübermittlung) am wichtigsten. Bei einer E-Mail wird vor allem Wert auf die Zuverlässigkeit gelegt, es ist weniger wichtig, dass die Nachricht schnell übertragen wird. Bei Audio- oder Videoechtzeitkommunikation dagegen kommt es vor allem auf geringe und möglichst konstante Verzögerung an [Steu]. Die Teilnehmer eines Telefonats empfinden es als sehr viel störender, wenn sie wegen hoher Signallaufzeiten ungewohnt lange auf eine Antwort warten müssen, als wenn hin und wieder wegen Datenverlusten (d.h. geringerer Zuverlässigkeit) ein Störgeräusch (z.B. ein Knacken) zu hören ist. Nach der ITU-T-Empfehlung G.114 [G114] und natürlich auch aufgrund der Praxiserfahrungen geht man bei Sprachkommunikation von einer sehr guten Qualität aus, wenn die Signalverzögerung (Mund – Ohr) in einer Übertragungsrichtung unter 200 ms bleibt. 200 bis 300 ms gelten als gut. Noch akzeptabel sind 300 bis 400 ms. Oberhalb 400 ms ist die Verständlichkeit auf keinen Fall mehr ausreichend [Reyn]. Diese echtzeitbedingten Anforderungen können nicht von jedem Paketnetz, schon gar nicht von jedem IP-Netz erfüllt werden. Daher müssen zusätzliche Maßnahmen ergriffen werden, um mit einem IP-Netz die verschiedenen Anwendungen mit der erforderlichen Qualität unterstützen zu können [Jha].

Mögliche Maßnahmen bzw. Techniken zur Realisierung der QoS für Echtzeit-Kommunikation in IP-Netzen sind im Folgenden aufgelistet:

• Überdimensionierung des Netzes bzw. der Netze,
• IntServ (Integrated Services),
• DiffServ (Differentiated Services),
• Traffic Engineering und Constraint-based Routing (Routing mit Randbedingung),
• MPLS (Multiprotocol Label Switching),
• ATM (Asynchronous Transfer Mode),
• Kombinationen der oben genannten Verfahren.

Das von der Technik her einfachste Verfahren ist die Überdimensionierung des Netzes bzw. der beteiligten Netze, das sog. Overprovisioning. In diesem Fall werden die Netzressourcen so ausgelegt, dass auch in Situationen mit maximalem Verkehrsaufkommen weniger als 50% der verfügbaren Bandbreite genutzt werden. Dadurch wird sichergestellt, dass alle IP-Pakete (auch die mit Echtzeitdaten) mit nahezu gleich bleibender minimaler Verzögerung das Netz durchlaufen. Diese Lösung ist zwar technisch einfach, dafür aber unter Umständen teuer. Zudem werden die Kosten für das Overprovisioning auf alle Dienste umgelegt, auch auf die mit minimalen QoS-Anforderungen, die sonst nach dem Best-Effort-Prinzip übermittelt würden. In der Praxis lässt sich auf diese Weise das QoS-Problem ohnehin nur in einem dauerhaft leicht überschaubaren LAN, nicht in einem WAN (Wide Area Network) lösen [Toss].

Während mit Overprovisioning die Performance des Netzes gesteigert wird, wird sie im Zusammenhang mit allen anderen oben aufgelisteten Maßnahmen nicht verbessert, sondern entsprechend den Anforderungen der verschiedenen Dienste möglichst optimal auf diese verteilt. Das bedeutet aber, dass das Netz sich gegenüber den Nutzern bzw. ihren IP-Paketen unterschiedlich verhalten muss. Entsprechend dem Dienst müssen „wichtige" Datenpakete bevorzugt werden. Zudem muss verhindert werden, dass alle Nutzer für sich und ihre IP-Pakete das Prädikat „wichtig" in Anspruch nehmen. Daher muss ihr diesbezügliches Verhalten überwacht und erforderlichenfalls korrigiert werden. Den gesamten Vorgang nennt man „Policy based Networking" [Toss].

Häufig kommt es nur an ganz bestimmten Stellen in einem Netz zu Verkehrsengpässen, die die QoS beeinträchtigen. Sie können vermieden werden, indem durch Traffic Engineering eine gleichmäßigere Netzauslastung erreicht wird. Um diesen Prozess zu automatisieren, kann Constraint-based Routing angewandt werden. Während bei konventionellem IP-Routing ein optimaler Pfad durch Minimierung einer gewählten Metrik (z.B. der Anzahl von Hops) ermittelt wird, müssen bei Constraint-based Routing zusätzlich zum Metrik-Minimum noch spezielle Randbedingungen erfüllt sein (z.B. die Verfügbarkeit von genügend Bandbreite bzw. Bitrate). Damit erhält man zwar gegebenenfalls einen längeren Pfad, aber dafür einen mit ausreichend Kapazität. Engpässe können dadurch vermieden werden, der Verkehr wird im Netz gleichmäßiger verteilt [Xiao; Scho].

MPLS (Multiprotocol Label Switching) setzt an der Schnittstelle zwischen der Sicherungsschicht 2 und der Netzwerkschicht 3 an. Jedes IP-Paket wird am Übergang von einem IP- zu einem MPLS-Netz etikettiert, d.h. mit einem zusätzlichen Label versehen, wobei zusammengehörende Pakete das gleiche Label erhalten. In der Folge müssen nicht mehr die kompletten IP-Header ausgewertet werden, sondern nur noch verarbeitungsoptimiert die MPLS-Label. Es wird mit Layer 2 Forwarding statt mit Layer 3 Routing gearbeitet. Alle Datenpakete mit gleichem Label nehmen den gleichen Weg durchs Netz. Label gelten immer nur abschnittsweise, zu Beginn müssen sie zugewiesen, d.h. verteilt werden. Dies erfolgt entweder im Falle des Routing-Protokolls BGP (Border Gateway Protocol) zusammen mit der Routing-Information oder mit speziell dafür vorgesehenen Protokollen wie LDP (Label Distribution Protocol) oder RSVP-TE (Resource Reservation Protocol-Traffic Engineering). Für sich allein genommen liefert MPLS nur den Vorteil, dass Switching schneller ist als Routing und dass zusammengehörende IP-Pakete den gleichen Pfad durchlaufen. Eine definierte QoS erhält man durch Reservierung der benötigten Netzressourcen beim LSP-Aufbau (Label Switched Path). Zudem lassen sich infolge der Label-Nutzung und ihrer nur abschnittsweisen Gültigkeit VPNs (Virtual Private Network) sehr einfach und sicher realisieren [Scho; Xiao; Steu; Böhm].

ATM (Asynchronous Transfer Mode) wurde von vornherein dafür entwickelt, verschiedenste Dienste über ein Paketnetz mit der jeweils erforderlichen QoS anzubieten. Es werden Zellen (d.h. Pakete konstanter Länge) mit einem 5 Byte Header und 48 Byte Payload übertragen.

Zusammengehörige Zellen werden durch eine VPI/VCI-Kombination (Virtual Path Identifier/Virtual Channel Identifier) gekennzeichnet. Ein ganzes Bündel von Zellströmen kann durch einen gemeinsamen VPI (Virtual Path Identifier) markiert werden. Auch die VCI- bzw. VPI-Werte gelten immer nur abschnittweise und werden vor Übermittlungsbeginn per Konfiguration zugewiesen (oder bei SVCs (Switched Virtual Circuit) per UNI- (User Network Interface) bzw. NNI-Protokoll (Network Network Interface)). Alle zusammengehörigen Zellen durchlaufen in der Folge den gleichen Kanal bzw. Pfad im Netz. Für unterschiedliche Dienste stehen unterschiedliche Diensteklassen zur Verfügung, z.B. CBR (Constant Bit Rate) für Sprachkommunikation, UBR (Unspecified Bit Rate) für Best Effort-Anwendungen. Die für die Bereitstellung eines Dienstes im Verkehrsvertrag vereinbarten Verkehrsparameter werden beim Einrichten der virtuellen Verbindung auf Zulässigkeit geprüft (Connection Admission Control). In der Folge werden die im Netz tatsächlich verwendeten Parameter laufend überwacht (Parameter Control), erforderlichenfalls wird korrigierend eingegriffen (Policing). Bei der Kombination von MPLS und ATM werden VCI und VPI als Label verwendet. Insofern lässt sich MPLS sehr einfach in ATM-Systemen implementieren [Sieg4].

Die speziell für IP-Netze entwickelten Verfahren IntServ (Integrated Services) und DiffServ (Differentiated Services) sowie ihre Kombination werden in den folgenden drei Abschnitten näher erläutert. Zum einen ist der enge Bezug zu IP gegeben, zum anderen kann anhand von IntServ und DiffServ am einfachsten ein tiefergehendes Verständnis der Probleme und Mechanismen im Zusammenhang mit IP und QoS erarbeitet werden.

4.3.1   IntServ (Integrated Services)

Das IntServ-Verfahren unterstützt absolute QoS, d.h., die zu einem „wichtigen" Dienst oder einer Diensteklasse gehörenden IP-Pakete werden nicht nur im Vergleich mit anderen bevorzugt behandelt, sondern sie erhalten (sofern vom Netz her möglich) als absolute Größe die gewünschte Dienstegüte. Mit IntServ kann damit eine QoS garantiert werden [Scho]. Spezifiziert wird IntServ unter anderem in den RFCs 1633, 2205, 2210 und 2750 [1633; 2205; 2210; 2750].

Um die QoS im Netz garantieren zu können, müssen die erforderlichen Ressourcen reserviert werden. Dazu ist wiederum ein Protokoll erforderlich, das Ende-zu-Ende den Bedarf und das Angebot signalisiert. Hierfür eingesetzt wird RSVP (Resource Reservation Protocol), der prinzipielle Ablauf beim Reservieren von Netz-Ressourcen ist in Bild 4.59 dargestellt. Zur Sicherstellung der QoS wird dem verbindungslos arbeitenden IP mit RSVP eine verbindungsorientierte Komponente hinzugefügt. Im Beispiel startet das Endgerät A mit der RSVP-Nachricht Path die Ressourcenreservierung Richtung A nach B. Dabei wird der Weg von A nach B ermittelt und festgehalten, indem jedes beteiligte Netzelement (Router und Endsysteme) in die Path-Nachricht Informationen über sich einträgt. In der anderen Richtung, hier von B nach A, werden dann die gewünschten QoS-Parameter mit der Nachricht Resv übertragen und jeder IP-Router reserviert (sofern möglich) die von der Verbindung geforderte Bandbreite und den internen Speicher. Dabei nehmen die Path- und Resv-Nachrichten exakt den gleichen Weg wie später die Nutzdaten. Die erfolgreiche Ressourcenreservierung wird mit ResvConf bestätigt. Bei bidirektionaler Kommunikation findet (wie in Bild 4.59 ebenfalls dargestellt) zeitlich parallel der gleiche Protokollablauf für die Richtung B nach A statt. In der Folge muss die Reservierung in regelmäßigen Abständen erneuert werden (Soft State Protocol). Dies ist das Zugeständnis an die verbindungslose Kommunikation mit IP. Voraussetzung für das IntServ-Verfahren ist, dass die Endgeräte und alle beteiligten Router das RSVP unterstützen.

Die RSVP-Nachrichten werden direkt in IP-Paketen mit der Protokoll-ID dez. 46 übermittelt. Geht eines dieser ungesicherten Datagramme verloren, wird die Information den beteiligten RSVP-Knoten wieder beim nächsten Refresh-Zyklus zugestellt [2205].

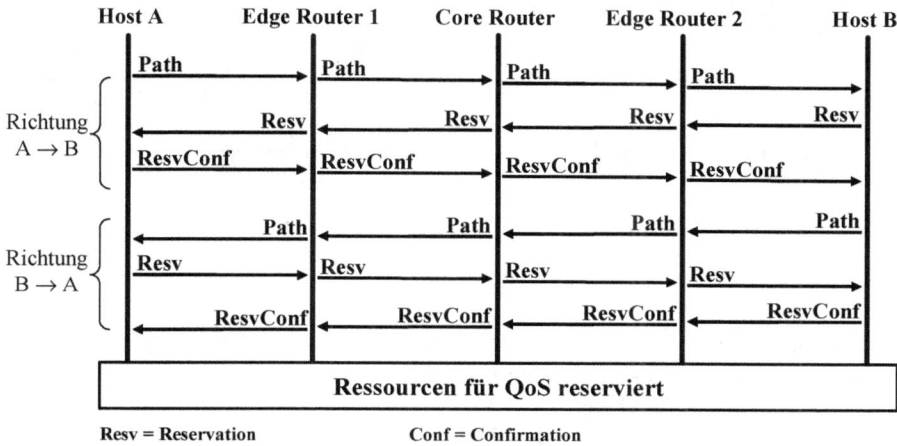

Bild 4.59: IntServ mit RSVP

Dieses QoS-Handling erfolgt normalerweise pro zusammenhängendem Datenfluss (Flow) von A nach B und zusätzlich von B nach A. Dies führt, auch wegen der erforderlichen Refresh-Zyklen, zu einem hohen Signalisierungsaufkommen im Netz und ist daher bei großen IP-Netzen nur an den Rändern (Edge Router), nicht im Kern (Core Router) handhabbar, da dort gleichzeitig zigtausende von Flows bearbeitet werden müssten. Insofern wird IntServ, zumindest für sich allein genommen, bis heute kaum eingesetzt.

Dies könnte sich allerdings, gerade im Zusammenhang mit SIP, in der Zukunft ändern (siehe Kapitel 10). Insofern macht es Sinn, sich die Funktionalitäten bei IntServ anhand von Bild 4.60 genauer anzuschauen. Dabei wird der Einfachheit halber neben den beiden an der Kommunikation beteiligten Endgeräten nur ein IntServ unterstützender IP-Router betrachtet.

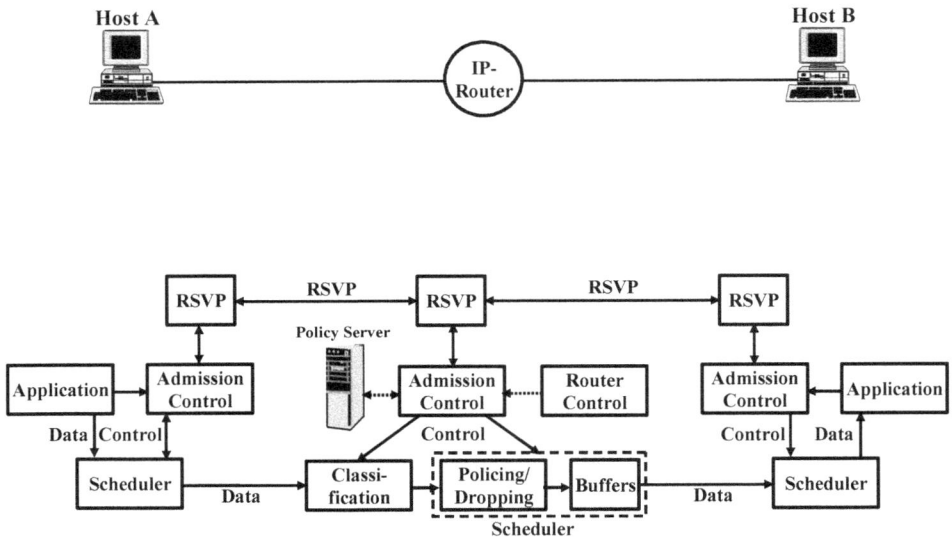

Bild 4.60: Funktionen für IntServ

Eine Applikation in Host A (siehe Bild 4.60) fragt nach einer bestimmten QoS. Dazu triggert
sie die korrespondierende Admission Control-Funktion. Diese überprüft anhand der Informationen des Schedulers, ob überhaupt Host A die benötigten Ressourcen aktuell verfügbar hat.
Wenn ja, wird die QoS-Anforderung dem Netz, d.h. im Beispiel dem IP-Router und Host B,
mittels RSVP signalisiert (siehe Bild 4.59). Von A nach B werden die verfügbaren Ressourcen mitgeteilt, von B ausgehend dann reserviert, wobei die Admission Control-Funktion
(Zutrittskontrolle) Knoten für Knoten entscheidet, ob dieser neue Flow mit der gewünschten
QoS zugelassen werden kann. Wenn ja, wird dies Host A mittels RSVP (Resv) signalisiert.
In der Folge kann die Applikation A ihre Daten an B senden. Allerdings werden die Daten
nur dann mit der benötigten Dienstgüte übermittelt, wenn zuvor die Admission Control-
Funktion nicht nur die bezüglich der Ressourcen richtige Entscheidung getroffen hat, son-
dern auch Classifier und Scheduler mit den entsprechenden Parametern versorgt hat. Der
Classifier muss wissen, welcher Flow zu welcher QoS gehört, damit der Router auch VoIP-
Pakete, für die eigens Ressourcen reserviert wurden, und IP-Pakete, die nur nach dem Best
Effort-Prinzip Homepage-Inhalte transportieren, unterscheiden kann. Der Scheduler (Ablaufsteuerung) versendet die empfangenen IP-Pakete entsprechend ihrer „Wichtigkeit", zudem
überwacht er die einzelnen Datenflüsse daraufhin, ob sie den vereinbarten Verkehrsvertrag
auch wirklich einhalten. Bei Überschreitung werden überzählige Pakete erforderlichenfalls
entfernt (Dropping), d.h. verworfen. Dieser Vorgang, das Überwachen und Nachjustieren der
Verkehrsflüsse, wird als Policing bezeichnet [1633; Zhao; Xiao; Scho].

Überzähliger Verkehr wird damit auf Flow-Ebene bei der QoS-Anforderung mit der Admission Control-Funktion abgewiesen (Blockierung), auf der Paket-Ebene erfolgt dies während
der Datenübermittlung mit der Policing-Funktion (Policy Control).

Bei den unterstützten Diensten wird zwischen zwei Klassen unterschieden:

- Guaranteed Service [2212] und
- Controlled Load Service [2211].

In beiden Fällen wird für den Flow die zugehörige QoS per RSVP angefordert und der Zugang von der Admission Control-Funktion erlaubt oder abgewiesen. Unterschieden wird aber bei den Anforderungen. Der Guaranteed Service ist für Echtzeit-Multimedia-Anwendungen gedacht. Gefordert werden hier eine Mindestbandbreite und ein nicht zu überschreitender, definierter Maximalwert für die Verzögerung. Der Controlled Load Service hingegen ist für Applikationen gedacht, die keine expliziten Anforderungen an Verzögerung und Paketverlustrate haben, aber auch noch in verkehrsreichen Zeiten zuverlässig arbeiten sollen, etwa so wie im Best Effort-Fall bei wenig Last. Unter Hinzunahme des Standard-Best Effort-Dienstes hat man somit in einer IntServ-Umgebung drei Diensteklassen, wovon zwei mit Admission Control arbeiten.

Im Falle von IntServ müssen bei der Klassifizierung der ankommenden IP-Pakete normalerweise mehrere Felder des IPv4-Headers ausgewertet werden. Zum Beispiel kann ein VoIP-Flow durch die Kombination von IP-Quell- und Zieladresse, die Protokoll-ID dez. 17 für das UDP sowie Quell- und Ziel-Port-Nummer gekennzeichnet sein. Daher spricht man von MF (MultiFied classification) [Xiao]. Mit IPv6 und dem dort eingeführten Flow Label (siehe Abschnitt 4.2.3) wird dieser Vorgang deutlich vereinfacht.

Bild 4.60 zeigt als bisher noch nicht angesprochene Funktionen im Zusammenspiel mit der Admission Control-Funktion des IP-Routers ein Modul Router Control und einen externen Policy Server. Dabei liefert Router Control (d.h. die Steuerung des Routers mit ihren Kenntnissen der aktuellen Verkehrsbeziehungen) Informationen über den Zustand des Routers und seine Ressourcenauslastung, die dann bei der Entscheidungsfindung für die Zutrittskontrolle einbezogen werden können. Entsprechende Informationen zum Netz oder einem Teil des Netzes sowie Vorgaben des Netzadministrators kann ein Policy Server beisteuern. Umgekehrt kann der Policy Server Informationen zur Verkehrsauslastung des Routers von diesem beziehen und in der Folge bei seiner netzweiten Kommunikation mit anderen Routern berücksichtigen [Zhao; Scho].

Die anhand von Bild 4.60 oben erläuterten IntServ-Funktionen sind im Folgenden als Übersicht aufgelistet.

- QoS-Handling
  - Pro Flow einer einzelnen Session: MF (MultiFied classification)
  - Pro Flow mit aggregiertem Verkehr: MF
- Signalisierung: RSVP (Resource Reservation Protocol)
- Steuermechanismen
  - Admission Control
  - Policy Control
- Daten-Handling
  - Classification
  - Policing

Dabei ist auch berücksichtigt, dass unter Umständen IntServ mit RSVP nur auf einem Netz-abschnitt, z.B. zwischen Routern, nicht Ende-zu-Ende, angewandt wird. In diesem Fall könn-ten mehrere Flows mit gleichen QoS-Anforderungen und gleichem Zwischenziel als Bündel zusammengefasst und bei der Klassifizierung als aggregierter Verkehr gemeinsam behandelt werden. Durch die Verkehrs-Aggregation sinkt der Signalisierungsaufwand.

4.3.2   DiffServ (Differentiated Services)

Das DiffServ-Verfahren unterstützt „nur" relative QoS, d.h. die zu einem „wichtigen" Dienst bzw. einer Diensteklasse gehörenden IP-Pakete werden nur im Vergleich mit anderen bevor-zugt behandelt. Das bedeutet, dass es bei DiffServ einfach verschiedene Diensteklassen gibt, mit unterschiedlichen Anforderungen an die QoS. Entsprechend werden die zugehörigen IP-Pakete im Netz mit unterschiedlicher Priorität behandelt. Präziser spricht man daher von einer CoS (Class of Service) statt von einer QoS. Für die gewünschte Dienstegüte erhält man nur eine relative Garantie, keine absolute [Scho]. Spezifiziert wird DiffServ unter anderem in den RFCs 2475, 2474, 3246, 2597 und 3260 [2475; 2474; 3246; 2597; 3260].

Bei DiffServ findet daher keine Signalisierung statt. Vielmehr werden gleich „wichtige" IP-Pakete einer Klasse zugeordnet. Verkehrsströme einer Klasse werden im Netz zusammengefasst, d.h. aggregiert, und von den Routern mit gleicher Priorität behandelt. Dieses Vorgehen ist vergleichsweise einfach, die erforderliche Verarbeitungsleistung in den Routern relativ gering und damit auch bei hohem Verkehrsaufkommen anwendbar.

Die Kennzeichnung einer Klasse erfolgt bei IPv4 mit Hilfe des Type of Service- bzw. Diffe-rentiated Services-Feldes (siehe Abschnitt 4.2.2, Bild 4.20), bei IPv6 mit dem Traffic Class-Feld (siehe Abschnitt 4.2.3, Bild 4.23). Ganz allgemein ist die Verwendung des 6 bit umfas-senden, als DSCP (Differentiated Services Code Point) bezeichneten DS-Feldes (die zwei niederwertigsten Bits werden nicht für DiffServ genutzt) im RFC 2474 und 3260 definiert. Der für das Priorisieren normaler Daten vorgesehene Wertebereich umfasst *****0 (* = 0 oder 1) und wird als Pool 1 bezeichnet (Pools 2 und 3 für experimentelle und lokale Nut-zung) [2474]. Insgesamt können damit 32 Qualitätsklassen definiert werden. Für die Anwen-dung herauskristallisiert haben sich drei Hauptklassen, von denen eine wiederum in Unter-klassen aufgesplittet wird. Dabei wird die Art der Behandlung eines IP-Paketes durch einen DiffServ-Knoten im Netz als PHB (Per-Hop Behavior) bezeichnet [Xiao]. Die Klassifizie-rung und das zugehörige Handling definieren einen Netzdienst. Für DiffServ definiert wur-den die PHBs bzw. Dienste

- Expedited Forwarding,
- Assured Forwarding und
- Best Effort.

Expedited Forwarding (beschleunigtes Versenden) steht für eine sehr gute QoS, die sich durch geringe Werte für Verzögerungszeit, Jitter und Paketverlustrate sowie eine zugesicher-te Bandbreite auszeichnet. Sie eignet sich für eine virtuelle Festverbindung, natürlich auch für jede Art der Echtzeitkommunikation. Der Dienst wird auch als Premium Service bezeichnet. Der DSCP hat den Wert bin. 101110 [3246].

Assured Forwarding (zugesichertes Versenden) bietet unterhalb von Expedited Forwarding zwölf verschiedene Prioritätsklassen und damit eine relativ feine Abstufung für Anwendungen, die verschiedene Anforderungen an die Kombination aus zugesicherter Bandbreite (Class) und der Wahrscheinlichkeit, dass ein Datenpaket bei zu hoher Verkehrslast verworfen wird (Drop Precedence), haben. Tabelle 4.6 zeigt die DSCP-Werte, die jeweils zu einer Kombination aus Class (Bandbreite) und Drop Precedence (Wahrscheinlichkeit für das Verwerfen eines IP-Pakets) gehören. Dabei steht Class 1 für die relativ geringste Bandbreite, Class 4 für die größte [2597]. Eine mögliche Implementierung dieses Schemas wird in [2597] beschrieben. Der Netzdienst wird als Olympic Service mit den Klassen Gold (Class 3), Silver (Class 2) und Bronze (Class 1) beschrieben, wobei Gold die höchste Priorisierung bedeutet. Pro Klasse ist dann nochmals eine weitere Differenzierung mittels Low, Medium und High Drop Precedence möglich.

Tabelle 4.6: Assured Forwarding-Prioritätsklassen

	Class 1	Class 2	Class 3	Class 4
Low Drop Precedence	001010	010010	011010	100010
Medium Drop Precedence	001100	010100	011100	100100
High Drop Precedence	001110	010110	011110	100110

Ein „normales" IP-Datenpaket, das nach dem Best Effort-Prinzip übermittelt wird, ist mit bin. 000000 gekennzeichnet.

Bei DiffServ erfolgt das QoS-Handling immer entsprechend der Klasse des gerade empfangenen IP-Pakets und damit für alle zu einer Klasse gehörenden Datenpakete gemeinsam (d.h. für den entsprechenden aggregierten Verkehr) pro DiffServ-Knoten (per Hop) (nicht in Abhängigkeit vom aktuellen Zustand anderer Knoten im Netz). Im Folgenden werden nun die Funktionalitäten bei DiffServ anhand von Bild 4.61 im Einzelnen erläutert. Dabei werden neben den beiden an der Kommunikation beteiligten Endgeräten zwei DiffServ unterstützende Edge Router und ein Core Router betrachtet.

Eine Applikation in Host A (siehe Bild 4.61) benötigt eine bestimmte QoS. Daher veranlasst die Applikation die Marker-Funktion, die DSCP-Bits in jedem der zu sendenden IP-Pakete entsprechend zu setzen. In der Folge versendet der Scheduler (Ablaufsteuerung) die IP-Pakete mit der geforderten Priorität, wobei er dabei IP-Pakete anderer, auf diesem Host gleichzeitig laufender Anwendungen mit einbezieht. Da die Datenpakete bereits im sendenden Host einer bestimmten QoS-Klasse zugewiesen wurden, müssten die Scheduler der nachfolgenden IP-Router eigentlich nur die empfangenen IP-Pakete entsprechend ihrer Priorität (nur Auswertung des DiffServ-Feldes, Behavior Aggregate (BA) classification) weiterleiten und bei zu viel Verkehr (wiederum in Abhängigkeit von der Priorität) überzählige Pakete entfernen (Policing/Dropping), d.h. verwerfen. Der Scheduler in Host B stellt dann die Daten der dortigen Applikation zur Verfügung.

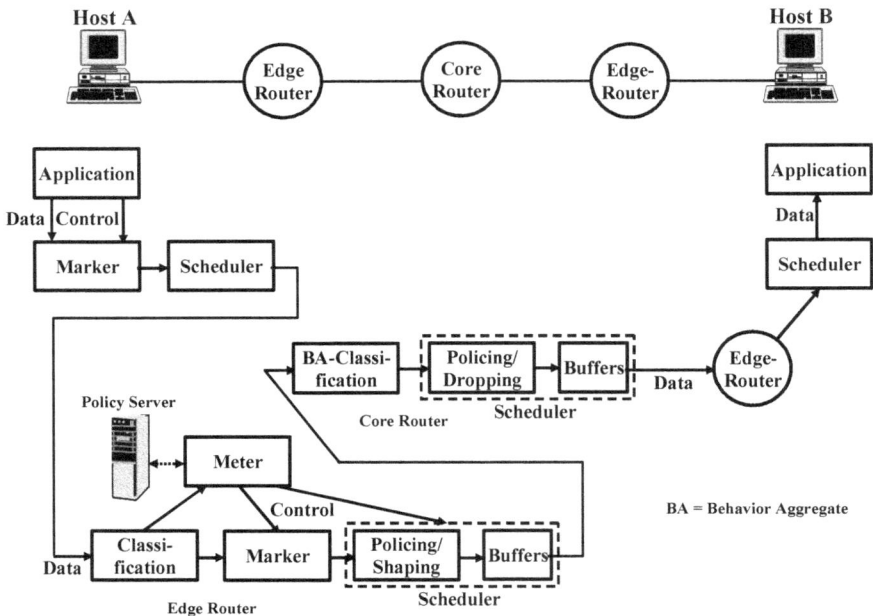

Bild 4.61: Funktionen für DiffServ

Dies würde allerdings nur funktionieren, so lange die sendenden Hosts ihren Paketen auch die Prioritäten mitgeben, die ihnen zustehen, für die sie z.B. bezahlen. Da dies in der Praxis nicht vorausgesetzt werden kann, müssen im Netz zusätzliche Maßnahmen ergriffen werden. Daher enthält der Eingangs-Router eines DiffServ unterstützenden Netzes (DiffServ Domain) nicht nur BA-Classification-, Policing- und Buffer-Funktion, sondern zusätzlich die Module MF-Classification (MultiFied), Meter und Marker. Das bedeutet, dass der Edge Router bei der Klassifizierung der ankommenden IP-Pakete mehrere Felder des IP-Headers auswerten muss, um sicher zu gehen, dass diesem Paket auch wirklich die mitgelieferte Priorität zusteht. Zum Beispiel kann ein VoIP-Flow durch die Kombination von IP-Quell- und Zieladresse, die Protokoll-ID dez. 17 für das UDP sowie Quell- und Ziel-Port-Nummer gekennzeichnet sein. Für diese Kombination muss der Edge Router eine Zuordnung zu den DiffServ-Bits kennen. Sind sie schon richtig gesetzt, gibt der Classifier das Paket weiter, sind sie falsch oder gar nicht gesetzt, werden sie von der Marker-Funktion passend überschrieben (Re-mark). Die Vorgaben für die Zuordnung muss der Edge Router von außen von einem Policy Server oder von der Netzmanagementzentrale erhalten. Diese Funktion im Edge Router ermöglicht die Anwendung des DiffServ-Verfahrens zur Sicherstellung einer bestimmten CoS bzw. einer relativen QoS auch dann, wenn die Hosts bzw. Applikationen dies überhaupt nicht unterstützen. Zudem ist die relativ hohe Verarbeitungsleistung für die MF-Classification nur in den Edge Routern notwendig. In den Core Routern wird davon ausgegangen, dass die DiffServ-Bits an der Netzgrenze richtig gesetzt wurden. Daher muss nur noch BA-Classification vorgenommen werden.

Wurde dem Edge Router von außen zusätzlich ein Verkehrsprofil für eine bestimmte Anwendung vorgegeben, d.h. ist ein sog. Traffic Profile mit Angaben z.B. zur Spitzen- und mittleren Bitrate sowie der zulässigen maximalen Burst-Größe definiert, vergleicht die Meter-Funktion fortlaufend, ob der reale Verkehr die Vorgaben des Verkehrsprofils einhält. Wenn nein, greift die Policing-Funktion ein und verwirft überzählige IP-Pakete. Gegebenenfalls ist nur für eine kurze Zeitspanne die Burst-Größe (d.h. die Spitzen-Bitrate) zu hoch, die mittlere Bitrate aber in Ordnung. In diesem Fall wird versucht, mit der Funktion Shaping die das Verkehrsprofil verletzenden Daten zwischenzuspeichern (d.h. zu verzögern) und entsprechend zeitlich gestreckt wieder zu versenden [2475; Steu; Xiao; Sieg3].

Die externen Vorgaben für das Netz, bezogen auf einen Kunden und dessen Kommunikationsbeziehungen, müssen definiert werden. Dazu dient ein sog. Service Level Agreement (SLA) [2475] bzw. in neuerer und präziserer Ausdrucksweise eine Service Level Specification (SLS) [3260], das bzw. die einen Service-Kontrakt für die Dienstgüten zwischen Kunde und Diensteanbieter darstellt. Dabei kann der Kunde ein Teilnehmer oder der Betreiber einer benachbarten DiffServ-Domäne sein. Dieses SLA bzw. diese SLS enthält für den konkreten Fall die Regeln für das Handling des Verkehrs in dieser DiffServ-Domäne. Daraus werden dann vom Netzbetreiber unter Berücksichtigung von durch das Netz gegebenen Vorgaben die Verkehrsprofile und die konkreten Regeln für Classifier, Meter, Marker, Policing und Shaping abgeleitet. Das Ergebnis ist ein Traffic Conditioning Agreement (TCA) [2475] bzw. neuer eine Traffic Conditioning Specification (TCS) [3260], das bzw. die die externen Daten für die Edge Router zur Verfügung stellt.

Trotz zusätzlicher Maßnahmen für die QoS bleibt mit DiffServ alles verbindungslos, die nötigen Prioritätsinformationen werden nur mit IP transportiert. Überzähliger Verkehr wird ausschließlich auf der Paket-Ebene mit der Policing-Funktion (Policy Control) abgewiesen, d.h. verworfen.

Die anhand von Bild 4.61 oben erläuterten DiffServ-Funktionen sind im Folgenden als Übersicht aufgelistet.

- QoS-Handling: pro Service-Klasse (mit aggregiertem Verkehr)
  - BA (Behavior Aggregate classification)
  - MF (MultiFied classification)
- PHB (Per Hop Behavior)
- Steuermechanismus: Policy Control
- Daten-Handling
  - Classification
  - Metering
  - Marking
  - Shaping
  - Policing

Bild 4.62 zeigt eine konkrete Anwendung von DiffServ im Zusammenspiel zweier Netze (d.h. zweier DiffServ Domains) für den Fall einer statischen SLS (z.B. für einen Premium Service) für den Host A und zwischen den IP-Netzen 1 und 2.

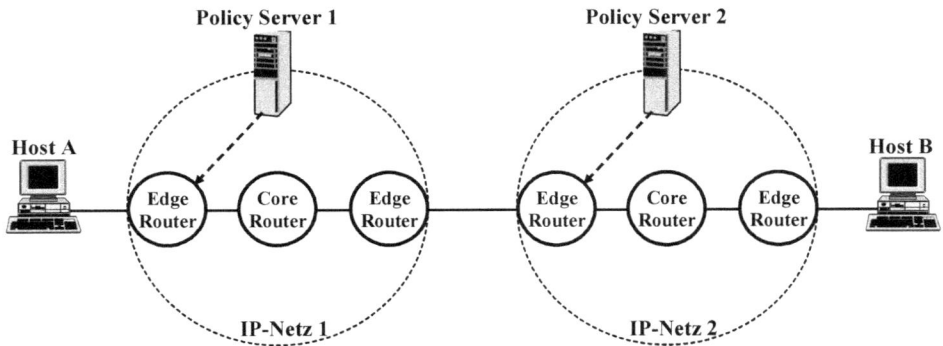

Bild 4.62: DiffServ mit statischer SLS

Auf Basis der SLS bzw. TCS für Host A (siehe Bild 4.62) konfiguriert der Policy Server 1 in Netz 1 den Edge Router am Netzeingang im Hinblick auf die gewünschte QoS für einen bestimmten Datenstrom von A nach B. Die in der Folge von Host A gesendeten, zugehörigen IP-Pakete werden vom Eingangs-Edge Router einer MF-Classification unterzogen, als Ergebnis werden die DiffServ-Bits passend gesetzt. Alle weiteren Router in IP-Netz 1 führen nur eine BA-Classification durch und behandeln den Verkehr entsprechend priorisiert. Der Eingangs-Edge Router in IP-Netz 2 unterzieht den aggregierten Verkehr, den er aus Netz 1 empfängt, unter Berücksichtigung der SLS bzw. TCS für Netz 1 einem Policing. Durch die SLS nicht abgedeckte IP-Pakete werden verworfen. Alle weiteren Router in Netz 2 führen nur BA-Classification durch. Der Ausgangs-Edge Router übergibt dann die Daten mit der geforderten QoS an Host B. Werden weitere DiffServ-Domänen auf dem Weg zu Host B durchlaufen, verhalten sich diese Netze genau wie IP-Netz 2 [Xiao]. Jeder Netzbetreiber sorgt dafür, dass sein Netz der Summe aller von ihm angeschlossenen SLSs genügt. Das obige Beispiel repräsentiert das heute übliche Vorgehen in IP-Netzen zur Sicherstellung einer QoS mittels DiffServ.

Die Abläufe sind andere, wenn statt statischer dynamische SLS zum Einsatz kommen. Gemäß Bild 4.63 sendet Host A in dem Moment, in dem er für eine Anwendung z.B. den Premium Service benötigt, seine QoS-Anforderung an seinen Bandwidth Broker 1 in IP-Netz 1. Zur Übermittlung dieser dynamischen SLS kann RSVP mit der Path-Nachricht genutzt werden (siehe Abschnitt 4.3.1). Der Bandwidth Broker 1 kennt sein Netz im Hinblick auf die aktuell verfügbaren Ressourcen und kann daher für seinen Bereich eine Admission Control-Entscheidung treffen. Ist die benötigte Bandbreite aktuell nicht verfügbar, lehnt er die QoS-Anforderung von Host A unmittelbar ab. Stehen in IP-Netz 1 aber die gewünschten Netzressourcen zur Verfügung, gibt er die Anfrage wieder mittels RSVP-Path an den Bandwidth Broker 2 des IP-Netzes 2 weiter. Dieser trifft für seinen Netzbereich ebenfalls eine Admission Control-Entscheidung. Fällt sie negativ aus, wird Host A via Bandwidth Broker 1 mittels RSVP informiert. Kann positiv entschieden werden, konfiguriert Bandwidth Broker 2 die Edge Router in Netz 2 mit den notwendigen Classification- und Policing-Regeln und teilt dies Bandwidth Broker 1 mittels RSVP-Resv mit. In der Folge konfiguriert dieser seine Edge

Router entsprechend und erteilt Host A mit RSVP-Resv die Sendeerlaubnis [Xiao]. Die Übermittlung der eigentlichen Daten mit der gewünschten QoS erfolgt dann gemäß den Bildern 4.61 und 4.62 mit DiffServ und den zugehörigen Mechanismen.

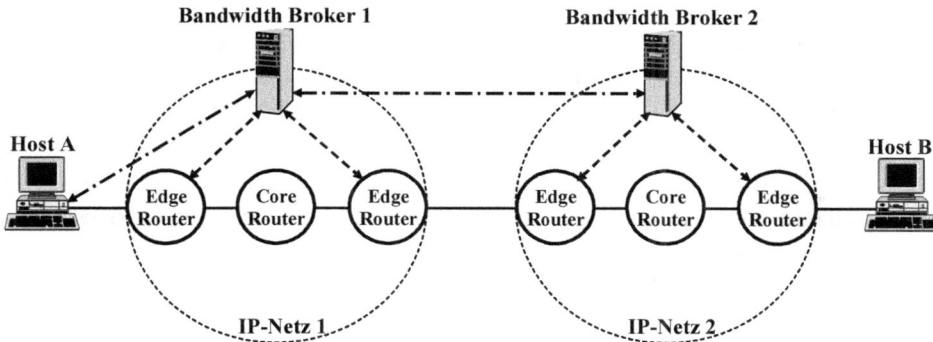

Bild 4.63: DiffServ mit dynamischer SLS

Man spricht bei einem Ressourcen-Manager von einem Policy Server, wenn er Policy- und Konfigurations-Entscheidungen nur für eine Netz-Domäne trifft. Allokiert er aber nicht nur die Intra Domain Resourcen, sondern arrangiert er auch Inter Domain-Absprachen (d.h. vereinbart er SLSs), handelt es sich um einen Bandwidth Broker [Zhao; Raja; Jha]. Dabei sind Policy Server bzw. Bandwidth Broker zuerst einmal Funktionen, d.h. logische Einheiten. Realisiert werden können sie auf eigenständigen Rechnern oder als Teil eines Routers [Jha; Xiao].

Die oben beschriebene Kommunikation zwischen Policy Server/Bandwidth Broker und Router kann als Netzmanagement-Vorgang oder mittels spezifischer Protokolle erfolgen. Vorgeschlagen werden in der Literatur LDAP (Lightweight Directory Access Protocol), RSVP [Xiao], COPS (Common Open Policy Service) [Zhao; Gall; Röme], Diameter [3588] und Megaco/H.248 [Gall]. Interessant speziell bei einem Szenario nach Bild 4.63 ist, dass nicht nur die Bandwidth Broker im Hinblick auf die QoS die Router konfigurieren, sondern dass diese auch umgekehrt Informationen zur Situation im Netz und den aktuell verfügbaren Ressourcen liefern. Damit kann ein Bandwidth Broker laufend seine Netzsicht aktualisieren und damit optimale Admission Control-Entscheidungen treffen.

Der Vorteil gegenüber der IntServ-Lösung (siehe Abschnitt 4.3.1) besteht darin, dass die dynamische Ressourcenreservierung z.B. mittels RSVP nur zwischen den Hosts und den Bandwidth Brokern abläuft. Die Router sind davon nicht betroffen. Daher bleibt das Netz trotz definierter QoS besser skalierbar [Xiao].

4.3.3   IntServ und DiffServ kombiniert

DiffServ mit dynamischer SLS in Abschnitt 4.3.2 lieferte bereits die vorteilhafte Kombination von Admission Control für die QoS-Anfrage und Priorisierung inkl. Provisioning für die IP-Datenpakete mit der damit einhergehenden Skalierbarkeit. Dies erreicht man auch, indem man unmittelbar IntServ (mit dem Vorteil von Admission Control) und DiffServ (mit dem Vorteil der Skalierbarkeit) kombiniert. Zudem sind dies die beiden einzigen Möglichkeiten, wie DiffServ mit Markierung im Router (nicht schon im Host) bei im Tunnel-Modus verschlüsselt übertragenen IP-Paketen (z.B. mittels IPsec) angewandt werden kann. Spezifiziert wird IntServ over DiffServ unter anderem im RFC 2998 [2998].

Bild 4.64 zeigt drei Netze, von denen zwei mit IntServ arbeiten, während ein drittes, zwischengeschaltetes Netz DiffServ unterstützt und aus IntServ-Sicht ein einziges IntServ-Netzelement darstellt.

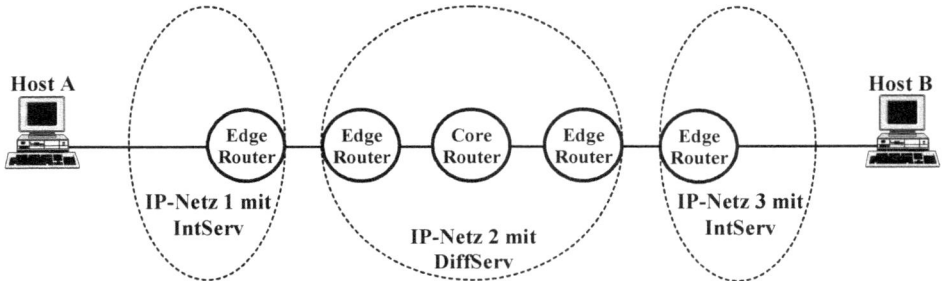

Bild 4.64: IntServ und DiffServ kombiniert

Die Hosts A und B (siehe Bild 4.64) kommunizieren im Hinblick auf die benötigte QoS per RSVP Ende-zu-Ende miteinander. Dabei durchlaufen die RSVP-Nachrichten die DiffServ-Domäne wie ganz normale IP-Pakete, d.h., sie werden in IP-Netz 2 einfach ignoriert. Die Ressourcenreservierung (beispielsweise von Host A initiiert) läuft genau so ab, wie für den reinen IntServ-Fall in Bild 4.59 (siehe Abschnitt 4.3.1) dargestellt. Allerdings nehmen die Edge Router in den IntServ-Netzen 1 und 3 eine Sonderrolle ein. Sie repräsentieren für Netz 2 jeweils die Admission Control-Funktion. Damit stellt sich das komplette DiffServ-Netz nach außen wie ein IntServ Router dar. Nach innen (Richtung Netz 2) müssen sich die beiden Edge Router aus den Netzen 1 und 3 aber wie DiffServ-Router verhalten. Das hat zur Konsequenz, dass jeder dieser beiden Edge Router eine Abbildung der IntServ- auf DiffServ-Dienste und umgekehrt vornehmen muss (d.h. es muss jeweils ein Mapping der RSVP- auf DiffServ-Parameter und umgekehrt realisiert werden), zudem müssen die IP-Datenpakete entsprechend behandelt werden [2998].

Gemäß Bild 4.64 wurden die beiden IntServ/DiffServ-Router den IntServ-Netzen 1 und 3 zugeschlagen. Genauso gut könnten sie aber auch Teil des DiffServ-Netzes 2 sein [2998].

Obige Erläuterungen zu IP und QoS zeigen, dass die Frage nach der QoS ein nicht ganz einfaches Thema für die Next Generation Networks ist. Dies wird vor allem an der Komplexität deutlich. Hieraus resultierend basieren die Realisierungen in der Netzpraxis fast ausschließlich auf DiffServ mit statischer SLS und/oder MPLS.

4.3.4   QoS und VoIP

Um die Betrachtungen zum Thema Quality of Service in IP-Netzen und speziell bei VoIP noch anhand konkreter Beispiele anschaulicher zu machen, werden in diesem Abschnitt konkrete Messergebnisse aufgezeigt, erläutert und analysiert. Zuvor wird jedoch etwas detaillierter als bisher auf die Parameter, mit Hilfe derer die QoS bewertet werden kann, eingegangen.

Die drei wichtigsten, unmittelbar durch das Netz beeinflussten und auch im Netz beobachtbaren QoS-Parameter sind die Verzögerung, der Jitter und die Paketverlustrate.

Die Verzögerung (Delay) des Sprach- bzw. VoIP-Signals kann Ende-zu-Ende (Mund – Ohr) oder nur netzbezogen (Sender-IP-Schnittstelle – Empfänger-IP-Schnittstelle) betrachtet werden. Zudem muss unterschieden werden zwischen Verzögerungsmessungen nur in einer Richtung (Sender A – Empfänger B; One Way Delay) oder in Hin- und Rückrichtung (Sender A – Empfänger B – Sender B – Empfänger A; Round Trip Delay). Bei One Way Delay-Messungen muss dafür gesorgt werden, dass Sender A und Empfänger B zeitlich synchronisiert sind, d.h., das Round Trip Delay ist einfacher zu messen.

Aufgrund langjähriger Erfahrungen mit Sprachkommunikation hat die ITU-T für den QoS-Parameter Verzögerung die nachfolgenden Empfehlungen herausgegeben [G114]. Bleibt die One Way Delay bei einer Ende-zu-Ende-Betrachtung (Mund - Ohr) unterhalb 200 ms, geht man von einer sehr guten Sprachqualität aus. 200 bis 300 ms werden noch als gut erachtet, 300 bis 400 ms als akzeptabel. Oberhalb 400 ms ist eine normale Unterhaltung nicht mehr möglich, hier ist entsprechend angepasstes, die Laufzeiten berücksichtigendes Kommunikationsverhalten erforderlich.

Der zweite QoS-Parameter, der Jitter (Delay Variation), erfasst die Schwankungen der Übermittlungszeit, bezogen auf einen beliebigen, den mittleren oder den minimalen Delay-Wert. Jitter wird u.a. durch unterschiedliche Laufzeiten aufeinanderfolgender VoIP-Pakete im Netz verursacht und führt infolge des notwendigen Jitter Buffers zu einer erhöhten Verzögerung oder sogar zu einer Zunahme der Paketverluste (siehe auch Abschnitt 4.1.2). Für die Jitter-Erfassung wurden von der IETF zwei Ansätze spezifiziert. Der erste, der im RFC 3393 [3393] festgelegt ist, ermittelt den exakten Jitter zum Zeitpunkt i, die Maximum Delay Variation, gemäß der Gleichung:

$J(i) =$ Verzögerung (i) – minimale Verzögerung.

Im Unterschied hierzu betrachtet der zweite Ansatz gemäß RFC 3550 [3550] nicht die gesamte Zeitspanne der VoIP-Kommunikation, sondern ermittelt nur einen gleitenden Mittelwert, d.h. Extremwerte schlagen nicht in vollem Umfang auf das Gesamtergebnis durch. Dieser sog. Interarrival Jitter errechnet sich wie folgt:

J(i) = J(i-1) + (|Verzögerung (i) – Verzögerung (i-1)| - J(i-1))/16.

Man erhält geglättete Jitterwerte mit rel. geringem Einfluss der selten vorkommenden Maxima und Minima, wobei der Parameter 1/16 in der Gleichung erfahrungsgemäß für eine gute Störunterdrückung sorgt. J(i) wird gemäß RFC 3550 [3550] im Sender Report von RTCP-Paketen (siehe Abschnitt 4.2.7) mit übertragen.

Die Paketverlustrate (Packet Loss) kennzeichnet in Prozent das Verhältnis von verlorengegangenen zu insgesamt übertragenen VoIP-Paketen. In Abschnitt 4.1.2 wurden hierfür bereits erste Richtwerte angegeben. Für G.711-codierte Sprache gilt: Ist die Paketverlustrate nicht höher als ca. 0,5 %, ist die Sprachqualität gut, bis 2 % ist sie noch akzeptabel. An diesen Werten sieht man bereits, dass der Einfluss der Paketverlustrate auf die QoS bei VoIP rel. gering ist, da auch in „schlechten" IP-Netzen heutzutage üblicherweise die Paketverlustrate deutlich unterhalb 0,5% liegt. Dies wird durch die Ausführungen weiter unten bestätigt.

Neben diesen „harten", vor allem das Netz charakterisierenden QoS-Parametern wurden weitere, speziell die Qualität der Sprache bewertende Größen eingeführt. In diesem Zusammenhang ist zuerst der sog. R-Faktor zu nennen, den man als Ergebnis der Anwendung des E-Modells gemäß ITU-T G.107 [G107] erhält. Die Gleichung zur Berechnung des R-Faktors in der Empfehlung G.107 berücksichtigt den Signal-Rausch-Abstand, Quantisierung und Nebengeräusche, die absolute Verzögerung und mögliche Echos, den verwendeten Codec [G113; P15A], die Paketverlustrate und die Art des Netzes (z.B. Festnetz oder Mobilfunknetz). Der Wertebereich liegt zwischen 0 für extrem schlechte und 100 für außergewöhnlich gute Sprachqualität. Berücksichtigt man nur den Codec, nicht die Netzeigenschaften, erhält man beispielsweise für G.711-codierte Sprache R = 93, für den GSM-FR-Codec R = 73. Für weitere Codecs können die R-Faktor-Werte Tabelle 4.1 (siehe Abschnitt 4.1.2) entnommen werden. Der R-Faktor wird häufig von Messgeräten für rechnerische Sprachqualitätsabschätzungen auf Basis rel. einfach zu messender, in die Gleichung eingehender Einflussgrößen (z.B. Paketverlust) und dem Standard [G107] zu entnehmender Default-Werte herangezogen. Vorteilhafterweise können hierfür die RTP Header-Daten (Payload Type, Sequence Number; siehe Abschnitt 4.2.6) und/oder RTCP-Informationen (Timestamp, Delay Since Last Sender Report, Fraction Lost, Cumulative Number of Packets Lost, Interarrival Jitter; siehe Abschnitt 4.2.7) genutzt werden.

Im Zusammenhang mit der Sprachqualitätsbewertung besonders bekannt und häufig genannt ist der sog. MOS-Wert (Mean Opinion Score) [P800]. Er wurde eingeführt, indem ursprünglich Probanden Sprachproben vorgespielt wurden und diese eine subjektive Bewertung zwischen 5 (exzellent) und 1 (schlecht) vornahmen. Auf dieser Basis kann die Sprachqualität auf der MOS-Skala (5 = hervorragend/excellent, 4 = gut/good, 3 = ausreichend/fair, 2 = dürftig/poor, 1 = schlecht/bad) abgebildet werden. In der Folge wurde dann zur vereinfachten Handhabung und im Sinne der Reproduzierbarkeit das menschliche Gehör durch Algorithmen ersetzt [P862; P563]. Dabei wurden für verschiedene Szenarien verschiedene Arten von MOS-Werten festgelegt [P8001], u.a. MOS-LQS (Listening-only Quality Subjective) für die Bewertung durch Probanden, MOS-LQO (Listening-only Quality Objective) beim Einsatz von Sprachbewertungsalgorithmen und MOS-CQE (Conversational Quality Estimated) für rechnerische Abschätzungen beispielsweise mit Hilfe von E-Modell und R-Faktor. In allen Fällen kommt jedoch die MOS-Skala mit Werten zwischen 1 und 5 zur Anwendung.

Der MOS-LQO wird vorzugsweise mit Hilfe des PESQ-Algorithmus (Perceptual Evaluation of Speech Quality) [P862; P8621] ermittelt, indem das am Empfänger abgegriffene, von Codec- und Netzwerkeigenschaften beeinflusste Signal mit dem von einer Referenzquelle gesendeten Originalsignal verglichen wird. Das PESQ-Verfahren bildet dabei einen menschlichen Hörer nach und schätzt anhand der Signaldifferenz die Sprachqualität. Dabei wird ein MOS-Wert PESQ Score [P862] generiert, der, mit einer Kennlinie gemäß ITU-T P.862.1 [P8621] bewertet, zum MOS-LQO-Wert führt. Der PESQ-Algorithmus gemäß P.862 und P.862.1 liefert beispielsweise für ein G.711-codiertes Sprachsignal bei direkt verbundenem Sender und Empfänger (ideales Netz) den aus der Literatur gut bekannten MOS-LQO-Wert von 4,4. Das bedeutet, dass die Sprachqualität infolge der Codierung von hervorragend (5) auf gut bis hervorragend (4,4) zurückgeht.

Alternativ kann der MOS-CQE auf Basis des E-Modells und dem daraus gewonnenen R-Faktor abgeleitet werden [G107]. Auch diese Vorgehensweise liefert für G.711-Sprache bei idealem Netz den Wert 4,4 für MOS-CQE. Sowohl für den Fall des MOS-CQE als auch des MOS-LQO gilt, dass – infolge der Erfahrungen mit menschlichen Probanden und damit der resultierenden Gleichungen bzw. Algorithmen – der MOS-Wert nie besser als 4,5 (R = 100) werden kann.

Ein erstes Gefühl dafür, welche Werte die QoS-Parameter in realen Netzen annehmen können, vermittelt Tabelle 4.7. Sie zeigt konkrete Messwerte (Mittelwerte) aus Langzeitmessungen (7 mal 24 Stunden) in drei Internet-Szenarien ohne QoS-Unterstützung und einem auf DiffServ (siehe Abschnitt 4.3.2) und MPLS (siehe Abschnitt 4.3) basierenden NGN mit drei Verkehrsklassen. Den Messungen in Tabelle 4.7 lagen RTP-IP-Ströme realer VoIP Calls mit nach G.711 codierter Sprache zugrunde. Zu bedenken ist, dass hier Round Trip Delay gemessen wurde, sodass die Delay- und Jitter-Werte nicht nur durch das Netz, sondern auch durch einen RTP Proxy (Spiegel für die RTP-Nutzdaten) beeinflusst wurden. Dieser Einfluss konnte nur in den NGN-Fällen wieder herausgerechnet werden. Im NGN-Szenario war das Messsystem mittels 2-Mbit/s-Schnittstelle an das NGN angebunden. Das bedeutet, dass bei den Messungen mit einem VoIP Call und TCP-Volllast vor allem der Einfluss des Zugangs, nicht der des eigentlichen Netzes gemessen wurde [AbuS].

Aus den Ergebnissen in Tabelle 4.7 kann das folgende Resümee gezogen werden [AbuS]:

- Innerhalb Deutschlands ist die QoS auch im Internet sehr gut.
- Im internationalen Maßstab ist das Internet bez. der QoS sehr gut (Deutschland – USA <200 ms one way) bzw. gut (Deutschland – Australien <300 ms one way) [G114], wobei die Verzögerung in beiden Szenarien vor allem durch die Entfernung bestimmt ist.
- Bei nur mittlerer Verkehrslast bietet das MPLS-basierte NGN besonders exzellente QoS-Eigenschaften, im Vergleich speziell beim Jitter.
- Auch im Extremfall der zusätzlichen TCP-Volllast erhält man im NGN wegen der Priorisierung der VoIP-Verkehrsklasse noch sehr gute QoS-Werte.

Tabelle 4.7: QoS-Messergebnisse für VoIP aus realen Netzen (Langzeitmessungen) [AbuS]

QoS- Parameter für G.711- Codec	Netz				
	Internet Deutschland	Internet Deutschland - USA	Internet Deutschland - Australien	NGN Deutschland	NGN Deutschland (mit TCP- Volllast)
Round Trip Delay	15 ms	106 ms	441 ms	11 ms	29 ms
Jitter nach RFC 3393	7 ms	15 ms	59 ms	1 ms	18 ms
Jitter nach RFC 3550	3 ms	3 ms	4 ms	0,2 ms	3 ms
Paketverlust	0,01 %	0,02 %	0,16 %	0 %	0,01 %

Zusätzliche Messungen ergaben, dass die Wahl der IP-Paketlänge wenig bis keinen Enfluss hat. So wurden mit G.711 und 160 Byte Payload pro RTP-Paket nahezu die gleichen Ergebnisse wie mit GSM-FR und 33 Byte Payload erzielt [AbuS].

Während die Ergebnisse in Tabelle 4.7 vor allem die verschiedenen Netze bez. der QoS charakterisieren, hat Tabelle 4.8 den Einfluss der Sprachcodierung auf die Sprachqualität zum Thema.

Tabelle 4.8: QoS und Sprach-Codecs [AbuS]

Codec	Nettobitrate	MOS-LQO (gemessen)	MOS-CQE (berechnet)	R-Faktor (berechnet)
G.711	64 kbit/s	4,4	4,4	93
G.723.1	5,3 kbit/s	3,47	3,8	74
G.726-32	32 kbit/s	4,09	4,2	86
G.729	8 kbit/s	3,73	4,1	83
iLBC	13,33 kbit/s	3,77	4,1	81
GSM-FR	13 kbit/s	3,61	3,7	73

Für ausgewählte Codecs aus Tabelle 4.1 in Abschnitt 4.1.2 sind in Tabelle 4.8 die berechneten R-Faktoren, die daraus abgeleiteten MOS-CQE- und die mit Hilfe des PESQ-Algorithmus gemessenen MOS-LQO-Werte angegeben [AbuS].

Während Tabelle 4.8 den Einfluss des Netzes außen vor lässt, wird durch Bild 4.65 bzw. 4.66 der Zusammenhang zwischen Jitter bzw. Paketverlustrate und Sprach-Codec anhand des mittels PESQ-Algorithmus gemessenen MOS-LQO dargestellt [AbuS]. Damit kann der Einfluss der Netzqualität – ausgedrückt durch die QoS-Parameter Jitter und Paketverlust – auf verschieden codierte VoIP-Signale abgeschätzt werden. Aus einem anderen Blickwinkel ermöglichen die Bilder 4.65 und 4.66 die Wahl des für ein bestimmtes Netz geeignetsten Codecs.

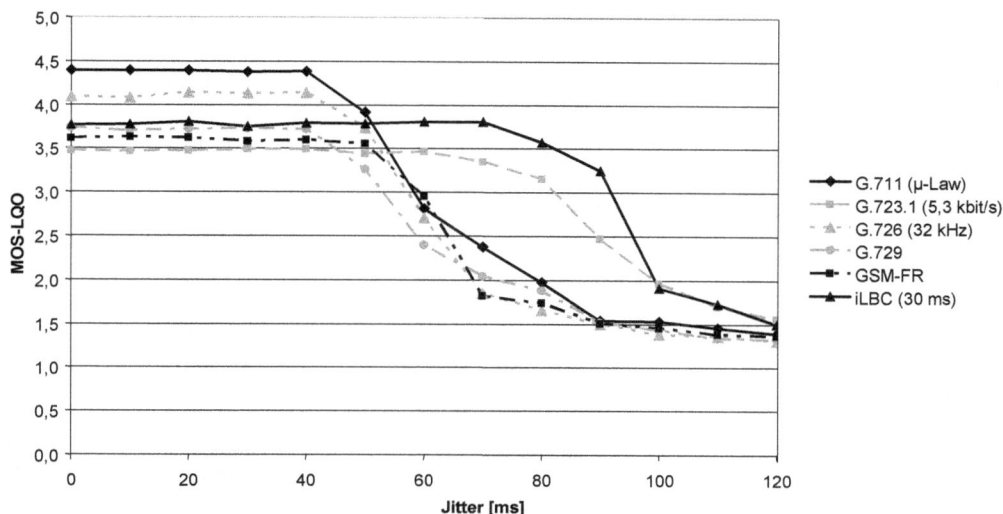

Bild 4.65: Jitter nach RFC 3393 und Sprach-Codecs [AbuS]

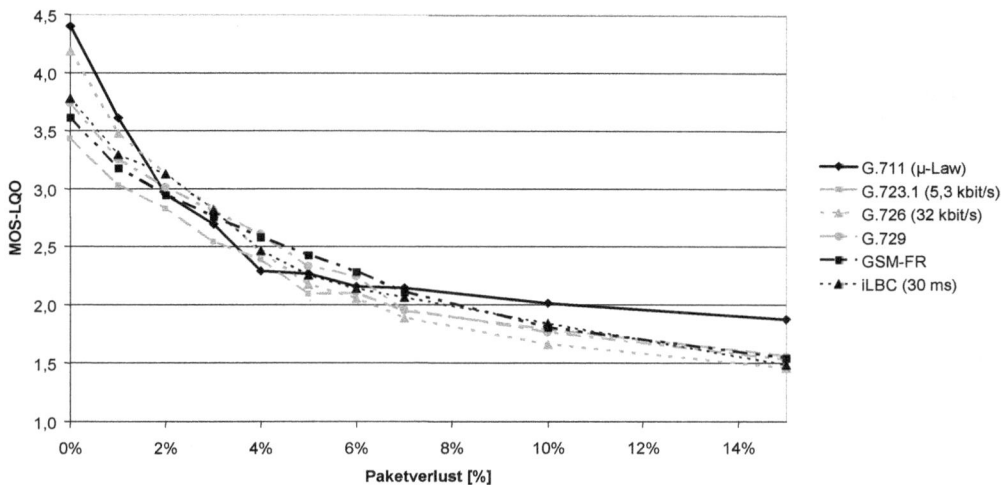

Bild 4.66: Paketverlust und Sprach-Codecs [AbuS]

Aus den Ergebnissen in Tabelle 4.8 und den Bildern 4.65 und 4.66 kann das folgende Resümee gezogen werden:

- Die berechneten MOS-Werte (MOS-CQE) sind meist besser als die gemessenen (MOS-LQO).
- Die Codecs iLBC und G.723.1 sind im Vergleich mit den anderen untersuchten Codecs am unempfindlichsten gegen Jitter-Einflüsse.
- Paketverluste haben bei allen Codecs ähnlich negative Einflüsse. Leichte Vorteile bietet hier bis 2,5 % Paketverlust der Codec iLBC.
- Bis 0,5 % Paketverlust ist die Qualität mit G.711-codierter Sprache noch gut (MOS $\geq$ 4).
- Bis 1 % Paketverlust liefern alle betrachteten Codecs ausreichende Qualität (MOS $\geq$ 3), bis knapp 2 % alle mit Ausnahme von G.723.1.

Darüber hinaus war festzustellen, dass sowohl Codec- bzw. SIP User Agent-Implementierung als auch der Messaufbau zum Teil starken Einfluss auf die Messergebnisse haben [AbuS].

In Ergänzung zu den oben skizzierten Messungen und Ergebnissen wurde auch das Thema Transcoding (siehe Abschnitt 4.1.2) und sein Einfluss auf die QoS praktisch untersucht. Dabei wurden folgende Erkenntnisse gewonnen [AbuS]:

- Transcoding ruft messbare Sprachqualitätsverluste hervor, die aber meist nur gering oder zumindest moderat sind.
- Dabei ist auch bei Transcoding die QoS abhängig von der Realisierung der Codec-Algorithmen.

Transcoding ist im Hinblick auf den für VoIP besonders wichtigen QoS-Parameter Verzögerung dann besonders nachteilig, wenn auf der Senderseite kürzere Sprachrahmen pro VoIP-Paket (z.B. 20 ms mit G.711) als auf der Empfängerseite (z.B. 30 ms mit iLBC) verwendet werden, da der Transcoder immer wieder erst zwei Pakete empfangen muss, bevor er ein neues Paket bilden kann.

5 SIP (Session Initiation Protocol) und SDP (Session Description Protocol)

Das Session Initiation Protocol (SIP) ist in erster Linie ein VoIP- und Multimedia-Vermittlungsprotokoll. Praktisch betrachtet erfüllt es im Bezug auf VoIP denselben Zweck wie ein Signalisierungsprotokoll in der herkömmlichen Telekommunikationswelt (siehe Abschnitt 3.2 und 4.2).

Gegenüber der von der ITU-T spezifizierten H.323-Protokollsammlung bietet das SIP u.a. den Vorteil der verhältnismäßig einfachen, an typischen IP-Anwendungen orientierten Architektur. Standardabläufe wie z.B. der Verbindungsaufbau inkl. der Aushandlung von Medien sind in einer SIP-basierten Kommunikation deutlich einfacher realisiert und bedürfen bezüglich ihrer Analysierbarkeit keiner Decodierung bzw. Übersetzung.

Eine gültige SIP-Spezifikation wurde erstmals im Jahr 1999 von der IETF in Form des RFC 2543 [2543] veröffentlicht. Dieser RFC stellte das Ergebnis der Zusammenführung zweier ähnlicher Protokoll-Vorlagen dar, die von der IETF modifiziert und weiterentwickelt wurden.

Die heute aktuellen SIP-Basis-RFCs 3261 bis 3264 sowie RFC 6665 [3261; 3262; 3263; 3264; 6665] beinhalten einige Erweiterungen bzw. Verbesserungen der im RFC 2543 festgelegten SIP-Reglements. Auch die Inhalte der aktuellen SIP-RFCs wurden im Laufe der Zeit weiter ergänzt. Gemäß der üblichen Vorgehensweise der IETF wurden diese Ergänzungen jedoch nicht nachträglich in bestehende RFCs integriert, sondern existieren jeweils als eigenständige RFCs. Entsprechende Querverweise zwischen ergänzten („Updated by …“) bzw. ergänzenden („Updates …“) lassen sich z.B. im Rahmen der RFC-Suche auf der offiziellen IETF-Datatracker-Web-Seite [data] finden.

5.1 Grundlagen

Das Session Initiation Protocol dient in erster Linie der Übermittlung von Signalisierungsnachrichten für die Etablierung von Kommunikationsbeziehungen („Sessions“) in den Bereichen VoIP bzw. allgemein „Multimedia over IP“. Die Medienformen im Rahmen einer Session (VoIP, „Video over IP" oder sonstige Multimedia-Anwendungen) sowie die zur Codierung und Decodierung der Multimedia-Daten notwendigen Parameter (z.B. verwendeter Codec etc.) werden im Rahmen von SIP-Nachrichten ebenso übertragen wie Teilnehmer- und Signalisierungsinformationen. SIP stellt – unter Zuhilfenahme weniger unterstützender Protokolle (z.B. SDP) – die komplette Kommunikationsbasis für den Auf- und Abbau sowie für das Beherrschen einer bestehenden Session zur Verfügung und bietet somit – im Vergleich zur H.323-Protokollsammlung – den entscheidenden Vorteil der einfachen Handhabung, der leichten Erweiterbarkeit sowie der Übersichtlichkeit.

Neben der Funktion der Session-Vermittlung bietet SIP eine große, relativ leicht erweiterbare Basis weiterer Kommunikationsmechanismen, z.B. für den Session-unabhängigen Austausch schriftlicher Kurzmitteilungen sowie zur Abfrage von Stadien bestimmter Zustände bzw. Ereignisse (z.B. der Kommunikationsbereitschaft eines Teilnehmers).

5.1.1   Transport

SIP kann wahlweise per UDP (siehe Abschnitt 4.2.5), TCP (siehe Abschnitt 4.2.4) oder SCTP (Stream Control Transmission Protocol [4960]) transportiert werden [3261; 4168]. Da SIP als Vermittlungs- und Signalisierungsprotokoll selbst Handshake-, Wiederholungs- und Timeout-Verfahren als Maßnahmen zur Kommunikationssicherung einsetzt und somit verbindungsorientiert arbeitet, besteht keine Notwendigkeit zur Nutzung eines verbindungsorientiert arbeitenden Transportprotokolls. Üblicherweise wird aus diesem Grund das verbindungslose UDP als Transportprotokoll für SIP verwendet. Dieses bietet im Gegensatz zu den verbindungsorientiert arbeitenden Protokollen TCP und SCTP den Vorteil, dass weder ein zusätzlicher Verbindungsaufbau vor dem SIP-Signalisierungsdatenaustausch noch eine Flusskontrolle währenddessen erfolgen muss. Hieraus ergeben sich Einsparungen im Bezug auf Zeit und Datenverkehrsaufkommen bei der Verwendung von UDP als Transportprotokoll für SIP.

Da SIP bezüglich seines Nachrichtenaufbaus in großen Teilen auf dem HTTP-Standard basiert und die SIP-Nachrichten unter Verwendung des ASCII-kompatiblen UTF-8-Zeichensatzes (Universal character set Transformation Format) übertragen werden, sind für ihre schriftliche Darstellung keine besonderen Decoder nötig [3261; Cama].

5.1.2   SIP-Nachrichten (SIP Messages)

Zur Kommunikation mittels SIP werden zwei Arten von SIP-Nachrichten unterschieden: Anfragen (SIP Requests) und Statusinformationen (SIP Responses). Hierbei leiten SIP-Anfragen generell sog. SIP-Transaktionen (vereinfacht betrachtet z.B. den Aufbau einer Session) ein. SIP-Statusinformationen beantworten SIP-Anfragen meist inhaltlich, mindestens jedoch empfangsbestätigend.

Ein SIP-Endsystem, das eine SIP-Anfrage aussendet, fungiert in diesem Moment als sog. „Client". Das Endsystem wiederum, das eine erhaltene Anfrage durch das Senden einer Statusinformation beantwortet, betätigt sich als „Server" bezogen auf den „Client". Diese Definition ist dem für Internet-Protokolle typischen Client-Server-Prinzip entliehen, das u.a. auch für HTTP (HyperText Transfer Protocol) gilt. Dessen grundsätzlicher Aufbau bezüglich des Austauschs von Nachrichten wurde für SIP übernommen. Deutliche Spuren dieser Übernahme finden sich u.a. in der Nummerierung der Statusinformationen, z.B. „404 Not found".

Weitere Erläuterungen zu SIP-Anfragen und -Statusinformationen folgen in den Abschnitten 5.2 bzw. 5.3.

5.1.3   Client und Server

Ein SIP-Software- oder Hardware-Telefon (User Agent), das mittels einer SIP-Anfrage an ein anderes Endsystem eine Transaktion einleitet, arbeitet in diesem Fall als „User Agent Client" (kurz: UAC), während die mittels einer SIP-Statusinformation antwortende Instanz als „User Agent Server" (kurz: UAS) bezeichnet wird.

Die gerade eingeführten Begriffe „Client" und „Server" sagen jedoch nichts über die grundsätzliche Funktion des jeweils benannten SIP-Netzelements (z.B. User Agent, SIP Proxy Server etc.) aus. Vielmehr kann man diese Begriffe jeweils als die Beschreibung einer Rolle ansehen, die ein beliebiges, an einer Kommunikation beteiligtes SIP-Netzelement im Rahmen einer bestimmten Transaktion (z.B. Aufbau einer Sprachverbindung) einnimmt. Beispielsweise kann auch ein SIP Proxy Server (SIP-Vermittlungsnetzelement; siehe Abschnitt 6.3) bezogen auf eine Transaktion als „UAC" fungieren, indem von ihm eine Anfrage an ein Endsystem weitergeleitet wird.

Bild 5.1 zeigt die Verteilung der Zustände „UAC" und „UAS" am Beispiel des Session-Auf- und -Abbaus zwischen zwei User Agents. User Agent A fungiert in Bezug auf die Initiierung der Session als Client, weil die Einleitung (in Form der SIP-Anfrage INVITE) von ihm ausgeht, er also eine Anfrage an User Agent B richtet. User Agent B hat die Rolle des Servers, weil er der Empfänger dieser Anfrage ist.

Beim Abbau der in Bild 5.1 dargestellten Session gilt in diesem konkreten Beispiel die entgegengesetzte Zuordnung von UAC und UAS, da der Abbau von User Agent B ausgeht, er also die Anfrage in Form der SIP-Nachricht BYE stellt. User Agent A ist der Empfänger dieser Anfrage und arbeitet somit als UAS.

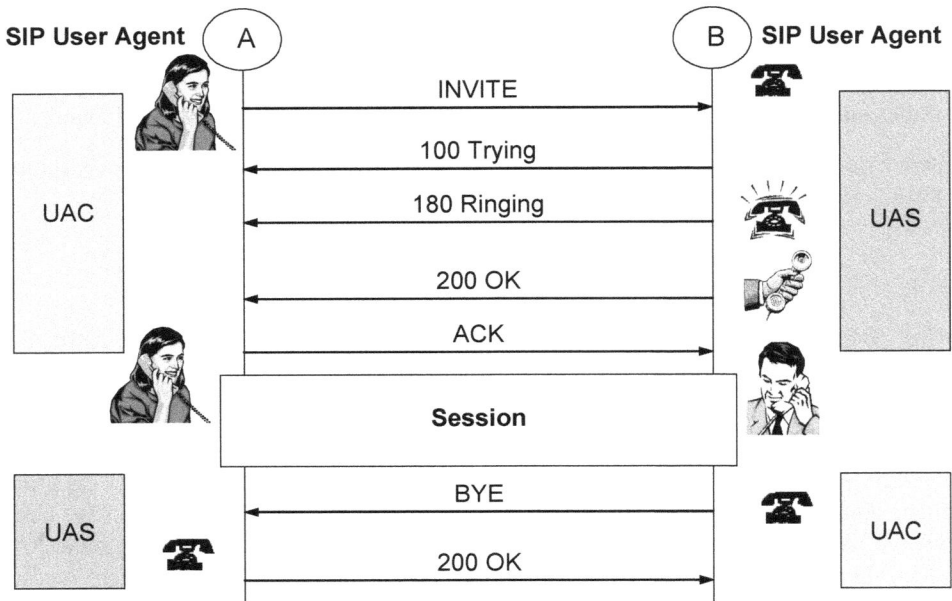

Bild 5.1: Darstellung der Verteilung der Zustände „Client" (UAC) und „Server" (UAS) am Beispiel einer SIP-Session

5.1.4   SIP URIs (SIP Uniform Resource Identifier)

Eine SIP URI (auch SIP URL (Uniform Resource Locator)) stellt eine Kontaktadresse eines SIP-Endsystems dar. Ihre Funktion ist vergleichbar mit der einer Telefonrufnummer in leitungsvermittelten TK-Netzen. Der syntaktische Aufbau einer SIP URI entspricht dem Aufbau einer E-Mail-Adresse mit einer vorangestellten Protokollbezeichnung, sip:User@Host. „User" stellt hierbei einen individuellen Benutzernamen dar. „Host" entspricht einer IP-Adresse bzw. einem Domain-Namen.

Sobald ein SIP User Agent in einem Netzwerk aktiviert wird, generiert er eine umgebungsabhängige (temporäre) SIP URI. In diesem Fall kann „User" ein beliebiger, zuvor eingegebener Benutzername sein, „Host" hingegen entspricht der aktuellen IP-Adresse des betreffenden SIP User Agents. Die temporäre SIP URI ist also grundsätzlich abhängig vom Netzwerk, in dem sich der betreffende User Agent gerade befindet (da die als „Host" eingesetzte IP-Adresse netzwerkabhängig ist). Soll ein SIP User Agent B direkt (d.h. ohne Mitwirken einer vermittelnden SIP-Infrastruktur) von einem anderen SIP-Nutzer A kontaktiert werden, muss A also die aktuelle SIP URI von User Agent B kennen. Wechselt ein SIP-Nutzer das Endsystem oder das Netzwerk, ändert sich seine temporäre SIP URI.

Aufgrund der unmittelbaren Abhängigkeit einer temporären SIP URI von der IP-Adresse des jeweiligen SIP User Agents ist jede temporäre SIP URI innerhalb eines IP-Netzverbunds (z.B. dem Internet) einmalig und eindeutig.

Beispiele für temporäre SIP URIs

```
sip:mike@192.168.0.3
sip:10@192.109.234.124
```

Der Anbieter einer vermittelnden SIP-Kommunikationsinfrastruktur kann einem Kunden eine „ständige SIP URI" zuordnen. In diesem Fall ist der Kunde grundsätzlich über diese ständige URI erreichbar, sobald er sich mit einem SIP User Agent von einem beliebigen Ort/aus einem beliebigen Netzwerk bei seinem SIP-Anbieter anmeldet. Diese Registrierung erfolgt bei einem SIP Registrar Server (siehe Abschnitt 6.2), der den Zusammenhang zwischen der temporären SIP URI des gerade benutzten User Agents und der ständigen SIP URI des Kunden ermittelt. Die daraus gewonnene Information (der vergängliche Zusammenhang zwischen einer bestimmten, gerade aktuellen temporären SIP URI und der ständigen SIP URI des Kunden) wird in einem sog. Location Server (siehe Abschnitt 6.5) abgelegt. Soll ein SIP-Nutzer über seine ständige SIP URI kontaktiert werden, liefert der Location Server diese Information an das vermittelnde SIP-Netzelement (z.B. an einen SIP Proxy Server (siehe Abschnitt 6.3)), der daraufhin zwischen der ständigen und der umgebungsabhängigen SIP URI des betreffenden SIP-Nutzers vermittelt.

Ggf. kann ein Nutzer zu gleicher Zeit mehrere SIP User Agents mit verschiedenen temporären SIP URIs unter derselben ständigen SIP URI beim Registrar Server seines SIP-Anbieters registrieren (siehe Abschnitt 6.2). Je nach Vermittlungssystem (z.B. Stateful oder Stateless Proxy, siehe Abschnitt 6.3) kann so eine größtmögliche, orts- und endsystem-unabhängige Erreichbarkeit eines Nutzers über seine ständige SIP URI gewährleistet werden.

Auch eine ständige SIP URI hat den Aufbau „sip:User@Host", wobei User der beim SIP-Anbieter registrierte Benutzername des Kunden ist. Host hingegen kann z.B. der Domain-Name des Anbieters sein.

Eine ständige SIP URI beinhaltet üblicherweise keine IP-Adresse, sondern einen im betreffenden IP-Netz gültigen Domain-Namen. SIP-Netzelemente nutzen DNS (Domain Name System), um Domain-Namen in IP-Adressen aufzulösen [3263].

Beispiele für ständige SIP URIs

```
sip:auto@sip-verstehen
sip:maxmueller@sip.fb2.frankfurt-university.de
```

Aufgrund der Zuordnung von in ständigen SIP URIs enthaltenen Benutzernamen zu Nutzeridentitäten sowie aufgrund der Abhängigkeit einer ständigen SIP URI vom durch den Anbieter zur Verfügung gestellten eindeutigen Domain-Namen ist jede ständige SIP URI innerhalb eines IP-Netzverbunds (z.B. dem Internet) einmalig und eindeutig (vergleichbar mit E-Mail-Adressen).

Eine ständige SIP URI, die einem bestimmten Nutzer zugewiesen ist, wird auch „Address Of Records" (AOR) genannt [3261]. Der die AOR innehabende Teilnehmer kann ggf. mehrere SIP-Endsysteme betreiben, die zwar jeweils unabhängige temporäre SIP URIs besitzen, jedoch unter derselben AOR beim SIP-Dienstbetreiber registriert sind (siehe Abschnitt 6.2). Ist eine ständige SIP URI jedoch nicht einem bestimmten Teilnehmer, sondern explizit einem bestimmten SIP User Agent zugewiesen, wird diese ständige SIP URI auch als „Globally Routable User Agent URI" (GRUU) bezeichnet [5627].

Die folgenden Abschnitte widmen sich dem konkreten Aufbau von SIP-Nachrichten sowie den für das SIP festgelegten Ablaufmechanismen.

5.2   SIP-Anfragen – SIP Requests

SIP-Anfragen (Requests) dienen dem Einleiten von für die jeweilige IP-Multimedia-Kommunikation notwendigen Transaktionen (z.B. erster Schritt beim Verbindungsaufbau, Abfragen von Informationen über Endsysteme oder bestehende Sessions, Ausführung bestimmter Leistungsmerkmale sowie Verbindungsabbau). Mögliche SIP-Anfragen werden durch ihre jeweilige „Methode" (engl.: Method), also durch ihren grundlegenden Zweck, voneinander unterschieden, die in Form von zum Teil ausgeschriebenen, zum Teil aus Abkürzungen zusammengesetzten englischsprachigen Worten angegeben wird.

Im Folgenden werden die wesentlichsten SIP-Anfragen in ihrer Funktion erklärt. Einige dieser Anfragen haben bezüglich der SIP-Kommunikation tatsächlich keine anfragende, sondern eine bestätigende oder mitteilende Funktion (z.B. die SIP-Anfragen ACK, PRACK, MESSAGE und NOTIFY), gehören aber nicht zur Gruppe der Statusinformationen (weil sie keine unmittelbare Antwort auf eine andere Anfrage darstellen), sondern zu den Anfragen. Alle SIP-Anfragen gehören zur übergeordneten Gruppe der SIP-Nachrichten.

Grundanfragen (im SIP-Basisstandard [3261] definierte elementare Anfragen, mit denen die wesentlichsten SIP-Grundfunktionen ausgeführt werden können):

- **INVITE:** Diese Anfrage dient dem Aufbau einer SIP-Session, also einem verbindungs-orientierten Kommunikationszustand zwischen zwei Endsystemen (z.B. VoIP- oder sonstige IP-Multimedia-Verbindung). In dieser Nachricht sind bereits wesentliche Verbindungsparameter (z.B. der gewählte Codec) im Rahmen des speziell für die Übertragung solcher Informationen geeigneten Unterprotokolls SDP [4566] (siehe Abschnitt 5.7) enthalten.
  Das Senden einer INVITE-Anfrage durch einen Teilnehmer setzt einen Prozess in Gang, der den Austausch verschiedener SIP-Nachrichten zwischen Initiator und Zielteilnehmer beinhaltet und dessen Ziel es ist, eine Session zu etablieren. Der Initiator muss nicht zwangsläufig ein Teilnehmer der eingeleiteten Session sein. Eine Session kann also auch durch einen SIP User Agent initiiert werden, der nicht am Nutzdatenaustausch der eingeleiteten Kommunikationsverbindung teilnimmt.

Das Senden einer INVITE-Anfrage im Rahmen einer bereits bestehenden SIP-Session wird als Re-INVITE bezeichnet und dient üblicherweise der Modifizierung der Session (z.B. zur Übermittlung geänderter SDP-Parameter (siehe Abschnitt 5.7), die sich auf den Nutzdatenaustausch zwischen den Endsystemen auswirken).

- **BYE:** Das Senden dieser Anfrage bewirkt den Abbau einer bestehenden Session.
- **OPTIONS:** Dient dem Erfragen von Eigenschaften eines Endsystems, ohne dass dafür der Aufbau einer Session nötig ist.
- **CANCEL:** Mit der CANCEL-Anfrage kann die Bearbeitung von SIP-Transaktionen (z.B. das Einleiten einer Session) noch während der Etablierung abgebrochen werden.
- **ACK:** Steht für „ACKnowledgement" und dient als Bestätigung des Empfangs einer finalen Statusinformation (siehe Abschnitt 5.3), die ihrerseits eine INVITE-Anfrage beantwortet hat (SIP Three Way Handshake; siehe Abschnitt 5.4). ACK ist die einzige SIP-Anfrage, deren Empfang niemals mit einer Statusinformation quittiert wird.
- **REGISTER:** Diese Anfrage dient der Registrierung eines SIP User Agents bei einem SIP Registrar Server (siehe Abschnitt 6.2). Im Rahmen der Registrierung übergibt der User Agent sowohl die dem Endsystem umgebungsabhängig zugeordnete temporäre SIP URI als auch die ständige SIP URI der das Endsystem nutzenden Person.

Erweiterte Anfragen (dienen der Einleitung zusätzlicher, über den SIP-Session-Auf- und -Abbau hinausgehender SIP-Transaktionen):

- **SUBSCRIBE** [6665]: Einleitung der Überwachung eines Endsystems bezüglich eines bestimmten Ereignisses oder Zustands (Event). Die Überwachung erfolgt im Rahmen eines verbindungsorientieren Kommunikationszustands (Dialog, siehe Abschnitt 5.5), der mittels SUBSCRIBE eingeleitet wird. Eine Anwendung dieser Anfrage kann die Einleitung des Leistungsmerkmals „Anrufübernahme" (siehe Abschnitt 9.5), aber auch die Anfrage nach der Übermittlung von Informationen über den Online-Status eines anderen Endsystems (Presence-Funktion, siehe Abschnitt 5.8.6) sein.
- **NOTIFY** [6665]: Logische Antwort auf die Anfragen SUBSCRIBE sowie REFER zur Meldung eines bestimmten Zustands bzw. Ereignisses im Rahmen eines Überwachungsdialogs. Zur Anwendung kann diese Nachricht u.a. bei den Leistungsmerkmalen „Verbindungsübergabe" (siehe Abschnitt 9.2) und „Anrufübernahme" (siehe Abschnitt 9.5) sowie bei der Presence-Funktion (siehe Abschnitt 5.8.6) kommen.
- **REFER** [3515]: Diese Anfrage fordert von ihrem Empfänger die Kontaktierung eines weiteren, dritten Endsystems. Ein diese Anfrage aussendender User Agent A steuert also gewissermaßen die Kommunikation zwischen dem diese Anfrage empfangenden User Agent B und einem weiteren User Agent C („Third Party Call Control"; 3pcc). Eine typische Anwendung hierfür ist die Übergabe einer bestehenden SIP-Session an ein weiteres, bis dahin unbeteiligtes Endsystem, die u.a. beim Leistungsmerkmal „Verbindungsübergabe" (siehe Abschnitt 9.2), aber auch bei der Mobilitätsunterstützung durch SIP (siehe Abschnitt 11.2) genutzt wird. Die REFER-Anfrage leitet einen verbindungsorientierten Zustand (Dialog; siehe Abschnitt 5.5.1) zwischen zwei SIP-Endsystemen ein, in dessen Rahmen der jeweils aktuelle Zustand (Event; siehe Abschnitt 5.5.3) der mittels REFER eingeleiteten „Third-Party Call Control" überwacht wird.

- **MESSAGE** [3428]: Mit Hilfe dieser Nachricht kann dem Empfänger eine schriftliche Kurzmitteilung übermittelt werden, was vorwiegend der Realisierung des Dienstes „Instant Messaging" (siehe Abschnitt 5.8.5) dient.
- **PRACK** [3262]: Als Kurzform von „Provisional Response ACKnowledgement". Diese Nachricht stellt eine Antwort auf sog. „Provisional Responses" (siehe Abschnitt 5.3) dar. Sie kommt in der Praxis dann zum Einsatz, wenn eine provisorische Statusinformation eine Aussage beinhaltet, die für den weiteren Fortgang eines laufenden Session-Aufbaus von Bedeutung ist (z.B. Vorbedingungen für das Zustandekommen der Session). Ein Beispiel hierfür ist die Aushandlung der Ressourcenreservierung zur Sicherstellung einer bestimmten Quality of Service für die zu etablierende Session (siehe Kapitel 10).
- **UPDATE** [3311]: Diese Anfrage dient der Veränderung bestimmter, die Session betreffender Parameter, während die eigentliche Initiierung der Session noch nicht abgeschlossen ist. U.a. wird diese Anfrage im Zusammenhang mit der gegenseitigen Vereinbarung einer bestimmten Quality of Service (siehe Kapitel 10) angewandt.
- **INFO** [6086]: Mit dieser Nachricht können zwischen SIP-Netzelementen im Rahmen einer SIP-Session Informationen übermittelt werden, die nicht unmittelbar die Session selbst betreffen. Hierbei kann es sich z.B. um Steuer- und Kontrollinformationen handeln, die nicht unmittelbar auf die SIP-Session angewendet werden sollen. Beispielsweise können mit der INFO-Nachricht ISDN- bzw. ISUP-Nachrichten durch SIP-IP-Netze getunnelt und so zwischen SIP/ZGS Nr.7-Gateways ausgetauscht werden (siehe Abschnitt 6.7.4). Eine andere Anwendung ist der Austausch von Informationen, die z.B. Software-Funktionen von SIP-Endgeräten betreffen.
- **PUBLISH** [3903]: Dient der Übermittlung unangeforderter Zustands- bzw. Ereignisinformationen durch SIP User Agents.

Bei Bedarf können weitere SIP-Anfragen in ergänzenden RFCs durch die IETF definiert werden.

5.3   SIP-Statusinformationen – SIP Responses

Durch das Senden von einer oder mehreren Statusinformationen (Responses) wird eine Anfrage durch den Empfänger quittiert und gleichzeitig inhaltlich beantwortet.

Statusinformationen erhalten – im Gegensatz zu Anfragen – ihre Bedeutung nicht durch Bezeichnungsnamen („Methods" wie z.B. INVITE oder BYE), sondern durch dreistellige dezimale Zahlen (den sog. „Status-Codes"). Jedem Status-Code ist eine individuelle sog. „Standard Reason Phrase" (also eine Bedeutung in Wortform) zugewiesen, die bezüglich ihrer wörtlichen Aussage jedoch nicht bindend ist. Relevant für die inhaltliche Aussage einer Statusinformation ist allein ihr Status Code. Alle SIP-Statusinformationen gehören zur übergeordneten Gruppe der SIP-Nachrichten.

Um eine inhaltlich möglichst exakte Antwort auf eine Anfrage zu gewährleisten, sind Statusinformationen in sechs Grundtypen aufgeteilt, die sich jeweils in der ersten Ziffer der

Bezeichnungszahl unterscheiden (dargestellte Form: <Status-Code> <Standard Reason Phrase>) [3261; 6665].

Grundtyp 1xx: Provisional Responses (provisorische Statusinformationen): Statusinformationen dieses Typs beantworten Anfragen, deren Bearbeitung noch nicht abgeschlossen ist. Der Einsatz ist in einfachen Kommunikationsszenarien (ohne Beteiligung einer SIP-Vermittlungsinfrastruktur mit SIP Proxy Servern etc.) prinzipiell optional.

100 Trying	180 Ringing
181 Call is being forwarded	182 Queued
183 Session progress	

Grundtyp 2xx: Successful (erfolgreich): Dieser Typ als Antwort kennzeichnet den Empfang und die erfolgreiche Bearbeitung einer Anfrage.

200 OK	202 Accepted

Grundtyp 3xx: Redirection (Umleitung): Sendet ein SIP-Netzelement eine Statusinformation dieses Grundtyps als Antwort auf eine eingegangene SIP-Anfrage, entspricht dies einer Umleitungsaussage. Der Absender der Anfrage sollte diese erneut aussenden, und zwar an eine andere SIP URI, die mit der 3xx-Statusinformation übergeben wird.

300 Multiple choices	301 Moved permanently
302 Moved temporarily	305 Use proxy
380 Alternative service	

Grundtyp 4xx: Request Failure (auf Anfrage bezogener Fehler): negative Rückmeldung. Aufgrund ihres Inhalts (z.B. wegen unvollständiger SIP URI) konnte die vorhergehende Anfrage von einem an der Kommunikation beteiligten UAS nicht bearbeitet werden.

400 Bad Request	401 Unauthorized
402 Payment required	403 Forbidden
404 Not found	405 Method not allowed
406 Not acceptable	407 Proxy Authentication required
408 Request Timeout	410 Gone
413 Request Entity too large	414 Request-URI too long
415 Unsupported Media Type	416 Unsupported URI Scheme
420 Bad Extension	421 Extension required
423 Interval too brief	480 Temporarily unavailable
481 Call/Transaction does not exist	482 Loop detected
483 Too many Hops	484 Address incomplete
485 Ambiguous	486 Busy here
487 Request terminated	488 Not acceptable here
489 Bad Event	491 Request pending
493 Undecipherable	

Grundtyp 5xx: Server Failure (auf einen Server bezogener Fehler): Dient als Antwort auf eine Anfrage, die von einem an der Übermittlung beteiligten UAS aus Server-bedingten Gründen (z.B. wegen einer Fehlfunktion) nicht bearbeitet werden konnte.

500 Server internal error	501 Not implemented
502 Bad Gateway	503 Service unavailable
504 Server Timeout	505 Version not supported
513 Message too large	

Grundtyp 6xx: Global Failure (genereller Fehler): Besagt, dass der UAS zwar erfolgreich kontaktiert wurde, die im Rahmen der vorhergehenden Anfrage angeforderte Transaktion jedoch nicht zustande kommt. Die Gründe hierfür liegen beim UAS und sind genereller Natur (z.B. die Ablehnung eines Session-Aufbaus mit einem bestimmten Teilnehmer).

600 Busy everywhere	603 Decline
604 Does not exist anywhere	606 Not acceptable

Im Gegensatz zu den Statusinformationen des Grundtyps 1xx (provisorische Statusinformationen) kennzeichnen die Statusinformationen aller anderen Grundtypen eine prinzipiell endgültige (finale) Bearbeitung einer SIP-Anfrage.

Bei Bedarf können weitere Statusinformationen der Grundtypen 1xx bis 6xx in ergänzenden RFCs durch die IETF definiert werden.

5.4   SIP Three Way Handshake

Beim sog. SIP Three Way Handshake handelt es sich um den typischen SIP-Kommunikationsablauf, der zur Etablierung einer SIP-Session (verbindungsorientierter Kommunikationszustand mit dem Ziel des Austauschs von Multimedia-Nutzdaten zwischen SIP-Endsystemen) führen kann. Wie bereits in Bild 5.1 (siehe Abschnitt 5.1.3) dargestellt können mehrere aufeinanderfolgende SIP-Statusinformationen (z.B. „100 Trying", „180 Ringing" etc.) eine INVITE-Anfrage vorläufig (provisorisch) beantworten. Aussschlaggebend für das Zustandekommen der Session ist jedoch nur die Statusinformation „200 OK" als Bestätigung der endgültigen, erfolgreichen Bearbeitung der Anfrage (vgl. Abschnitt 5.3). Bild 5.2 zeigt den entsprechenden Kommunikationsverlauf. SIP-Nachrichten, die nicht dem SIP Three Way Handshake angehören, sind blass dargestellt. Bezüglich des Session-Aufbaus optionale, provisorische Statusinformationen sind mit Strichlinien angedeutet.

Die SIP-Nachricht ACK dient ausschließlich der Bestätigung des Empfangs einer finalen Statusinformation, wenn diese eine INVITE-Anfrage beantwortet hat (vgl. Abschnitt 5.2). Diese Regel dient der SIP-Kommunikationssicherung und wird angewandt, da die Bearbeitung einer INVITE-Anfrage durch den UAS üblicherweise eine menschliche Interaktion (Erkennen eines eingehenden Session-Aufbauwunsches und Annahme der Session) erfordert. Hierbei kann es aus Sicht des UAC zu relativ langen Zeitabständen zwischen dem Aussenden einer INVITE-Anfrage und dem Empfang einer finalen Statusinformation kommen. Aus diesem Grund wird durch das anschließende Aussenden der SIP-Nachricht ACK sicherge-stellt, dass das als UAC arbeitende Endsystem nach wie vor zum Aufbau der Session in der Lage ist (Netzwerkverbindung weiterhin vorhanden, SIP User Agent-Applikation weiterhin aktiv etc.) [3261].

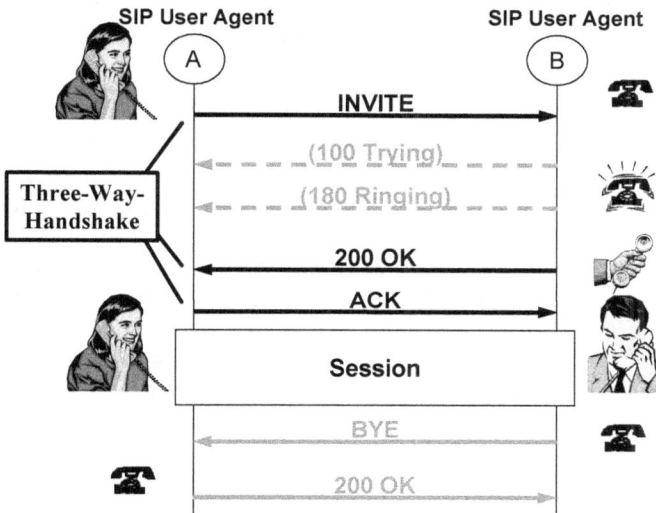

Bild 5.2: SIP Three Way Handshake

Lehnt der UAS den mit INVITE ausgedrückten Session-Aufbauwunsch des UACs durch Aussenden einer finalen Statusinformation z.B. des Grundtyps 4xx ab, muss deren Empfang durch den UAC ebenfalls mit der SIP-Nachricht ACK bestätigt werden. Ein SIP Three Way Handshake wird also nicht nur bei einem erfolgreichen Session-Aufbau, sondern im Zusam-menhang mit jeder INVITE-Anfrage ausgeführt.

Wird ein SIP Three Way Handshake im Rahmen einer bereits bestehenden SIP-Session zwi-schen zwei SIP User Agents durchgeführt, dient dieser im Allgemeinen der Modifizierung der Session. Dieses als Re-INVITE bezeichnete Verfahren kann beispielsweise für das Hin-zufügen bzw. Entfernen von Kommunikationsmedien (z.B. Audio, Video etc.) im Rahmen einer bestehenden Session (siehe Abschnitt 5.7.3) sowie zum Einleiten bestimmter Leis-tungsmerkmale (z.B. „Halten"; siehe Abschnitt 9.1) angewendet werden.

5.5   SIP-Dialoge, -Transaktionen und Events

[3261] unterscheidet prinzipiell zwei Stufen von verbindungsorientierten Kommunikations-
beziehungen zwischen SIP-Netzelementen: SIP-Dialoge (Dialogs) und SIP-Transaktionen
(Transactions) [3261]. Hinzu kommt die Möglichkeit, per SIP Informationen über bestimmte
Zustände (z.B. den Erreichbarkeitszustand eines Teilnehmers, siehe Abschnitt 5.8.6) bzw.
Ereignisse (z.B. den aktuellen Status einer zuvor eingeleiteten Verbindungsübergabe, siehe
Abschnitt 9.2), sog. Events, auszutauschen. Die folgenden Abschnitte widmen sich der Defi-
nition der Begriffe SIP-Dialog, SIP-Transaktion und Event.

5.5.1   SIP-Dialog

Bei einem SIP-Dialog handelt es sich um einen verbindungsorientierten Kommunikationszustand zwischen zwei SIP-Endsystemen (SIP User Agents). Das einfachste Beispiel für einen
SIP-Dialog ist eine SIP-Session mit dem Zweck des Austauschs von Nutzdaten beliebiger
Medien (z.B. Sprache; VoIP) zwischen zwei SIP-Endsystemen. SIP User Agents, die im
Rahmen eines aktiven Dialoges in einer Beziehung zueinander stehen, interpretieren die
zwischen ihnen ausgetauschten SIP-Nachrichten jeweils im Sinne dieses Dialogs. Hierzu
werden empfangene und gesendete SIP-Anfragen und -Statusinformationen anhand folgender sog. „Dialog Identifier" jeweils einem bestimmten Dialog zugeordnet (siehe Abschnitt
5.6.2):

- Wert des Call-ID-Header-Feldes
- Wert des tag-Parameters im From-Header-Feld
- Wert des tag-Parameters im To-Header-Feld

Die Initiierung eines SIP-Dialogs wird von einem SIP-Endsystem ausgehend durch das Aussenden bestimmter SIP-Anfragen eingeleitet und kann vom Ziel-Kommunikationspartner
durch das Aussenden entsprechender SIP-Statusinformationen entweder akzeptiert oder
abgelehnt werden. Kommt es zu einem SIP-Dialog zwischen zwei Endsystemen, kann dieser
von beiden Seiten durch den Austausch bestimmter SIP-Nachrichten sowohl modifiziert
(z.B. durch Re-INVITE; siehe Abschnitt 5.4) als auch beendet werden. Siehe auch Abschnitt
5.5.2.

SIP-Dialoge werden grundsätzlich in SIP-Endsystemen (SIP User Agents) terminiert. Reine
SIP-Vermittlungsnetzelemente (sog. SIP Proxy Server; siehe Abschnitt 6.3) wirken Dialog-
transparent. Es gibt jedoch auch zentral angesiedelte Netzelemente (auf Basis sog. Back-to-
Back User Agents, siehe Abschnitt 6.8), die im Rahmen der Vermittlung von SIP-
Nachrichten SIP-Dialoge terminieren können, und zwar in beide logische Kommunikations-
richtungen, d.h. zu beiden Endsystemen hin.

Mit dem Zweck der Vereinfachung wird auf eine ausführliche Definition des SIP-Dialog-
Begriffs an dieser Stelle bewusst verzichtet. Weitere Informationen zu SIP-Dialogen können
[3261] sowie [5057] entnommen werden.

5.5.2   SIP-Transaktion

Ein bestehender SIP-Dialog (siehe Abschnitt 5.5.1) setzt voraus, dass zuvor SIP-Nachrichten (SIP-Anfragen und -Statusinformationen; siehe Abschnitt 5.1.2) zwischen den Endsystemen ausgetauscht wurden. Gemäß dem Client-Server-Prinzip (siehe Abschnitt 5.1.3) sendet der Initiator hierzu eine SIP-Anfrage an den Ziel-User Agent und fungiert somit als UAC. Der Empfänger der Anfrage agiert als UAS, indem er die Anfrage durch das Aussenden einer oder mehrerer Statusinformation(en) beantwortet.

Der logische Prozess, der sowohl in einem UAC als auch in einem UAS durch das Aussenden bzw. Empfangen einer SIP-Anfrage ausgelöst wird, wird als Transaktion bezeichnet. Eine Transaktion wird üblicherweise durch das Aussenden (UAS) bzw. Empfangen (UAC) einer finalen Statusinformation in beiden beteiligten SIP-Netzelementen abgeschlossen. Eine Transaktion stellt also den verbindungsorientierten Austausch genau einer SIP-Anfrage und einer oder mehrerer SIP-Statusinformation(en) zwischen einem UAC und einem UAS dar, die direkt miteinander kommunizieren. Für den SIP Three Way Handshake zum Aufbau einer SIP-Session (siehe Abschnitt 5.4) gelten besondere, im Folgenden erläuterte Bedingungen.

Durch eine SIP-Transaktion kann ein SIP-Dialog etabliert werden, durch eine weitere SIP-Transaktion kann ein bestehender SIP-Dialog wieder beendet werden. Eine SIP-Transaktion führt jedoch – abhängig von der eingesetzten SIP-Methode – nicht zwangsläufig zu einem Dialog. Lediglich die mit den SIP-Anfragen INVITE, SUBSCRIBE und REFER (siehe Abschnitt 5.2) eingeleiteten Transaktionen lösen Dialoge aus, wenn dies vom jeweils empfangenden User Agent akzeptiert und die jeweilige SIP-Anfrage somit positiv beantwortet wird (Statusinformation vom Grundtyp 2xx; siehe Abschnitt 5.3).

Empfangene und gesendete SIP-Anfragen und -Statusinformationen werden durch SIP-Netzelemente anhand folgender sog. „Transaction Identifier" einer bestimmten, gemeinsamen Transaktion zugeordnet (siehe Abschnitt 5.6.2):

* Wert des branch-Parameters im Via-Header-Feld
* Wert des CSeq-Header-Feldes

Passive SIP-Vermittlungsnetzelemente (sog. Stateless SIP Proxy Server; siehe Abschnitt 6.3) arbeiten bezüglich Transaktionen grundsätzlich transparent. Das Verhalten aktiver SIP-Vermittlungselemente (sog. Stateful SIP Proxy Server) bezüglich Transaktionen wird in Abschnitt 6.3 angesprochen.

Transaktionen beim Aufbau einer SIP-Session
Beim Aufbau einer SIP-Session mittels Three Way Handshake (siehe Abschnitt 5.4) handelt es sich um einen Sonderfall im Sinne der obigen Definition (siehe Bild 5.3).

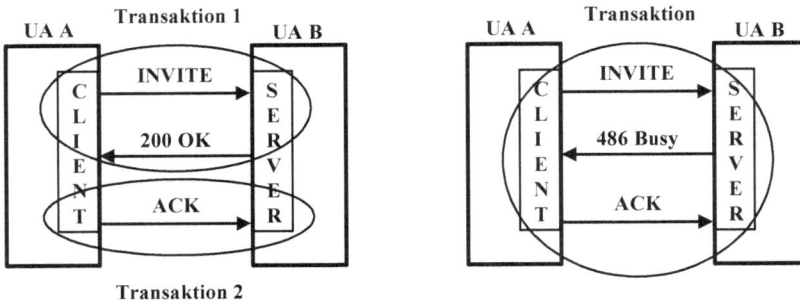

Bild 5.3: Transaktionen im SIP Three Way Handshake in Abhängigkeit von der durch den UAS gesendeten finalen Statusinformation

Wird eine INVITE-Anfrage durch den empfangenden UAS mit einer Statusinformation vom Grundtyp 2xx (z.B. „200 OK") positiv beantwortet, löst die durch den UAC anschließend gemäß SIP Three Way Handshake (siehe Abschnitt 5.4) ausgesendete ACK-Nachricht eine separate eigenständige Transaktion aus (siehe Bild 5.3). Beantwortet der UAS die INVITE-Anfrage jedoch mit einer finalen Statusinformation der Grundtypen 3xx bis 6xx (z.B. „486 Busy" (Besetzt)), zählt die anschließend vom UAC ausgesendete ACK-Nachricht zur per INVITE ausgelösten Transaktion (siehe Bild 5.3) [3261]. Eine ACK-Nachricht wird jedoch in keinem Fall durch den empfangenen UAS mit einer Statusinformation beantwortet.

Weitere Transaktionen sind z.B. die Registrierung eines SIP User Agents bei einem SIP Registrar Server mit der SIP-Anfrage REGISTER (siehe Abschnitt 6.2) oder die Übermittlung einer Kurzmitteilung mit der SIP-Nachricht MESSAGE (siehe Abschnitt 5.8.5), die jeweils keinen Dialog erzeugen.

5.5.3   Event

Bei einem Event handelt es sich im Sinne von SIP prinzipiell um ein bestimmtes Ereignis bzw. im erweiterten Sinne um einen bestimmten Zustand (z.B. den aktuellen Status einer zuvor eingeleiteten Verbindungsübergabe oder die Kommunikationsbereitschaft eines Teilnehmers). SIP bietet die Möglichkeit zur Überwachung von Ereignissen bzw. Zuständen, jeweils fokussiert auf ein bestimmtes „Event". Eine derartige Überwachung erfolgt im Rahmen eines SIP-Dialogs (siehe Abschnitt 5.5.1), der zwischen dem überwachenden und dem überwachten SIP-Endsystem üblicherweise mit der SIP-Anfrage SUBSCRIBE (bzw. unter bestimmten Umständen mit der Anfrage REFER; siehe Abschnitt 5.2) etabliert wird. Die Meldung von Ereignissen bzw. Zuständen erfolgt durch das überwachte Endsystem mit der SIP-Nachricht NOTIFY. Jede NOTIFY-Nachricht löst eine separate SIP-Transaktion im Rahmen des bestehenden SIP-(Überwachungs-)Dialogs aus. Das der Überwachung und daraus resultierenden Rückmeldungen zu Grunde liegende Prinzip ist unter der Bezeichnung „SIP-Specific Event Notification" in [6665] definiert.

Mittels SUBSCRIBE bzw. REFER werden also Informationen bezüglich bestimmter überwachbarer Zustände bzw. Ereignisse abonniert und mittels NOTIFY werden die abonnierten Informationen an den Abonnenten übergeben. Da diese Informationen inhaltlich vom jeweiligen Event (z.B. Erreichbarkeit eines Teilnehmers) abhängen, muss pro überwachbarem Event eine Regelung existieren, die das Event sowie das Format entsprechender Rückmeldungen definiert. Derartige Definitionen werden als „SIP Event Package" bezeichnet [6665]. Das SIP Event Package „presence" für das Abonnement des Erreichbarkeitsstatus eines Teilnehmers wurde beispielsweise in [3856] festgelegt. Ein Beispiel für die Anwendung dieses Event Packages wird in Abschnitt 5.8.6 behandelt. Generell werden alle aktuell spezifizierten SIP Event Packages unter [IANA3] gelistet.

5.6   Aufbau der SIP-Nachrichten

Grundsätzlich haben sowohl SIP-Anfragen als auch SIP-Statusinformationen denselben Aufbau:

Sie bestehen jeweils aus einer „**Start-Line**" (Startzeile), einem mehrere sog. Header-Felder beinhaltenden „(Message) **Header**" (Kopf) und ggf. einem „(Message) **Body**" (Körper).

Aus der **Start-Line** gehen die grundlegendsten Informationen wie die Bezeichnung der verwendeten SIP-Version, die Bezeichnung des Anfragentyps (Method) bzw. der Status-Code inkl. Reason-Phrase sowie (nur bei SIP-Anfragen) die Request URI (Uniform Resource Identifier; die Ziel-Adresse des Endsystems, an die sich die Anfrage richtet) hervor.

Der **Header** enthält Parameter in sog. Header-Feldern, die u.a. den Nachrichteninhalt näher beschreiben und ansonsten für die Transport-Logistik von Bedeutung sind. Einige Header-Felder wurden dabei aus der HTTP-Version 1.1 [7230; 7231; 7232; 7233; 7234; 7235] übernommen (z.B. Felder wie „Subject", „From" und „To"), andere wurden speziell für SIP entwickelt (z.B. CSeq).

In Tabelle 5.1 sind die in [3261] definierten Header-Felder aufgelistet.

Tabelle 5.1: SIP-Header-Felder

Accept	Content-Encoding	Min-Expires	Route
Accept-Encoding	Content-Language	MIME-Version	Server
Accept-Language	Content-Length	Organization	Subject
Alert-Info	Content-Type	Priority	Supported
Allow	CSeq	Proxy-Authenticate	Timestamp
Authentication-Info	Date	Proxy-Authorization	To
Authorization	Error-Info	Proxy-Require	Unsupported
Call-ID	Expires	Record-Route	User-Agent
Call-Info	From	Reply-To	Via
Contact	In-Reply-To	Require	Warning
Content-Disposition	Max-Forwards	Retry-After	WWW-Authenticate

Weitere SIP-Header-Felder sind durch diverse, die SIP-Basisdefinition [3261] ergänzende SIP-Spezifikationen deklariert worden. Die Verwendung zusätzlich definierter Header-Felder zur Beschreibung von Beispielen in diesem Buch geschieht prinzipiell unter Angabe der jeweiligen Deklarationsquelle.

Anmerkung zur Zuordnung der Header-Felder
Einige Header-Felder (wie z.B. „To", „From", „Via") müssen zwingend in fast allen SIP-Nachrichten enthalten sein, andere Header wiederum sind optional oder dürfen sogar unter bestimmten Umständen (z.B. bei nicht vorhandenem Message Body) nicht angewendet werden. Eine entsprechende Zuordnung für die SIP-Grundanfragen (ACK, BYE, CANCEL, INVITE, OPTIONS, REGISTER) in Tabellenform geht aus [3261] hervor. Entsprechende Regeln für erweiterte Anfragen bzw. zusätzlich definierte Header-Felder sind in den jeweiligen Zusatzspezifikationen enthalten.

Neben der Start-Line und dem Header können Nachrichten einen sog. **Message Body**, also einen Nachrichtenkörper, enthalten. In ihm werden ggf. weitere Informationen übermittelt, die der Empfänger zur Ausführung einer durch die SIP-Nachricht ausgedrückten Anforderung benötigt. Häufig handelt es sich dabei um Parameter, die eine bestehende oder noch zu initialisierende Session konkret beschreiben, z.B. die für die zu etablierende oder zu modifizierende Verbindung erforderliche Bandbreite, die für die Komprimierung der Echtzeitdaten zu verwendenden Codecs etc.

Für den Austausch solcher Parameter wird im Allgemeinen das SDP (siehe Abschnitt 5.7) verwendet, da es die erforderlichen Eigenschaften mitbringt und sich sehr gut in SIP-Nachrichten integrieren lässt.

Allerdings muss der Inhalt eines Message Bodys nicht zwingend SDP-konform sein. Ggf. kann er auch zur Übertragung anderer Daten wie z.B. SOAP (vormals Simple Object Access Protocol)- oder XML (Extensible Markup Language)-Code, aber auch (z.B. im Falle der MESSAGE-Nachricht) von reinem ASCII-Text genutzt werden. Weitere ergänzende Hinweise zum SIP-Message Body gehen auch aus [5621] hervor.

In Bild 5.4 ist der prinzipielle Gesamtaufbau einer SIP-Nachricht dargestellt.

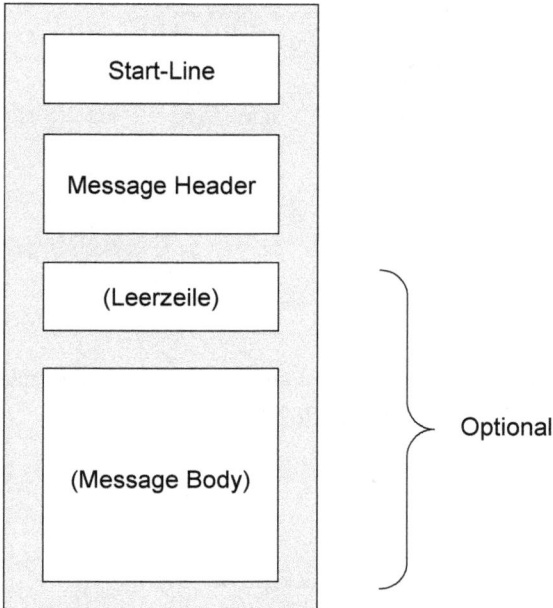

Bild 5.4: Prinzipieller Gesamtaufbau einer SIP-Nachricht [Sieg3]

Obwohl der grundsätzliche Aufbau von SIP-Anfragen und -Statusinformationen identisch ist, gibt es syntaktische Unterschiede in der Start-Line beider Nachrichten.

Bild 5.5 zeigt den entsprechenden Aufbau der Start-Line von SIP-Anfragen und -Statusinformationen am Beispiel einer INVITE-Anfrage und der Statusinformation „180 Ringing".

Aufbau der Start-Line einer SIP-Nachricht (Request):

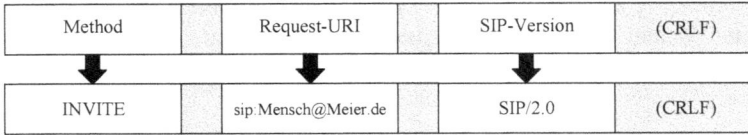

Method	Request-URI	SIP-Version	(CRLF)

INVITE	sip:Mensch@Meier.de	SIP/2.0	(CRLF)

Aufbau der Start-Line einer SIP-Statusinformation (Response):

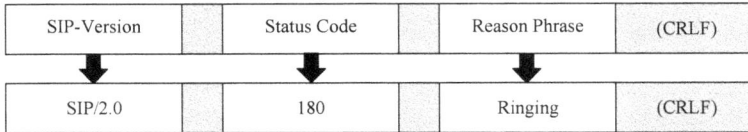

SIP-Version	Status Code	Reason Phrase	(CRLF)

SIP/2.0	180	Ringing	(CRLF)

☐ = Single Space   (CRLF) = Carriage Return Line Feed

Bild 5.5: Unterschiede im syntaktischen Aufbau der Start-Lines von Anfragen und Statusinformationen

Der konkrete Aufbau einer SIP-Nachricht lässt sich am besten anhand eines Beispiels nachvollziehen, das in Bild 5.6 in Form einer realen INVITE-Anfrage gegeben ist.

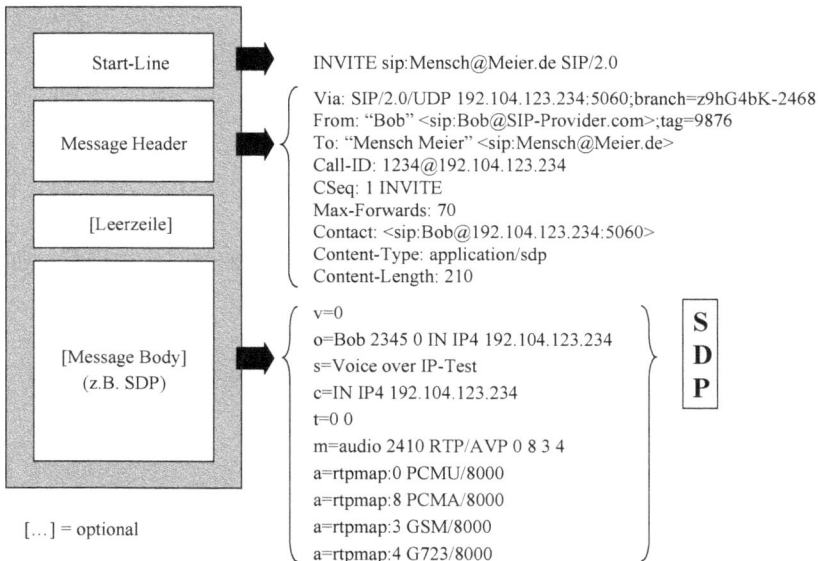

Start-Line	➤	INVITE sip:Mensch@Meier.de SIP/2.0

Message Header ➤
```
Via: SIP/2.0/UDP 192.104.123.234:5060;branch=z9hG4bK-2468
From: "Bob" <sip:Bob@SIP-Provider.com>;tag=9876
To: "Mensch Meier" <sip:Mensch@Meier.de>
Call-ID: 1234@192.104.123.234
CSeq: 1 INVITE
Max-Forwards: 70
Contact: <sip:Bob@192.104.123.234:5060>
Content-Type: application/sdp
Content-Length: 210
```

[Leerzeile]

[Message Body] (z.B. SDP) ➤
```
v=0
o=Bob 2345 0 IN IP4 192.104.123.234
s=Voice over IP-Test
c=IN IP4 192.104.123.234
t=0 0
m=audio 2410 RTP/AVP 0 8 3 4
a=rtpmap:0 PCMU/8000
a=rtpmap:8 PCMA/8000
a=rtpmap:3 GSM/8000
a=rtpmap:4 G723/8000
```
} **S D P**

[...] = optional

Bild 5.6: Konkreter Aufbau einer SIP-Nachricht am Beispiel einer INVITE-Anfrage

Die Inhalte der in Bild 5.6 dargestellten SIP-Nachricht werden in den beiden folgenden Abschnitten im Einzelnen beschrieben.

5.6.1   Start-Line

Die Start-Line enthält folgende Elemente:

- **Method** (hier: INVITE): grundlegender Zweck der Anfrage; im konkret dargestellten Fall: Einladen eines Teilnehmers zu einer SIP-Session (es handelt sich also um eine INVITE-Anfrage).
- **Request-URI** (hier: sip:Mensch@Meier.de): Kontaktadresse des Ziel-SIP-Netzelements dieser Anfrage, meist in Form einer SIP URI (siehe Abschnitt 5.1.4), in manchen Fällen in Form eines Domain-Namens bzw. einer IP-Adresse. Der einzuladene Teilnehmer (hier: Mensch) wird auf einem in der SIP-Domain Meier.de registrierten Zielsystem vermutet. Ist der Teilnehmer „Mensch" in dieser Domain nicht bekannt, so kann unter bestimmten Umständen unter Einsatz eines SIP Proxy- oder -Redirect Servers eine Weiterleitung der INVITE-Anfrage in die entsprechende Domain erfolgen.
- **SIP-Version** (hier: SIP/2.0): Bezeichnung der verwendeten SIP-Version. Seitdem SIP durch die IETF im RFC 2543 spezifiziert wurde, trägt es die Versionsnummer 2.0. Daran hat sich auch seit der Neuspezifikation von SIP im RFC 3261 [3261] nichts geändert.

5.6.2   Header

Prinzipiell gilt für SIP-Header-Felder folgende Syntax.

```
Header-Feld: Feldwert;Feldparameter=Feldparameterwert
```

Hierbei sind Feldparameter sowie Feldparameterwert optional. Sind sie nicht enthalten, entfällt auch das Semikolon. Ein Header-Feld kann auch mehrere Feldparameter enthalten. In diesem Fall werden die Feldparameter jeweils durch Semikolon voneinander abgetrennt.

Die in Bild 5.6 dargestellte INVITE-Anfrage enthält alle für die SIP-Grundfunktionen wesentlichen und somit für den Einsatz mit der INVITE-Methode zwingend vorgeschriebenen Header-Felder, die im Folgenden erklärt werden.

- **Via** (hier: SIP/2.0/UDP 192.104.123.234:5060; branch=z9hG4bK-2468): Neben der SIP-Versionsnummer (hier: Version 2.0) sowie der Bezeichnung des angewendeten Transportprotokolls (hier: UDP) wird in diesem Header-Feld der IP-Socket (IP:Port) oder ein per DNS auflösbarer Domain-Name des eine SIP-Anfrage erstellenden bzw. versendenden UACs (z.B. SIP User Agent) übergeben. Diese Information verwendet der die Anfrage empfangene UAS, um die die jeweilige Anfrage beantwortende(n) Statusinformation(en) an den UAC zurückzusenden. Hierbei wird das in der zu beantwortenden Anfrage enthaltene Via-Header-Feld in die jeweilige Statusinformation kopiert.
  Ein SIP-Netzelement mit Vermittlungsfunktion (SIP Proxy Server; siehe Abschnitt 6.3), das eine SIP-Anfrage empfängt und weiterleitet, fügt vor der Weiterleitung oberhalb bereits bestehender Via-Header-Felder ein eigenes Via-Header-Feld unter Angabe des eige-

nen, für die SIP-Kommunikation verwendeten IP-Sockets bzw. Domain-Namens hinzu, bevor es die Anfrage weiterleitet. Auf diese Weise wird gewährleistet, dass im Rahmen einer SIP-Transaktion eine SIP-Statusinformation immer über dieselben Proxy Server ge-routet wird wie zuvor die zu beantwortende SIP-Anfrage (siehe Abschnitt 7.1.1).

Der im Via-Header-Feld enthaltene Parameter „branch" übergibt einen Wert, der den an einer Transaktion beteiligten SIP-Netzelementen als „Transaction Identifier" dient (siehe Abschnitt 5.5.2). Gemäß [3261] beginnt dieser Wert mit einem sog. „Magic Cookie" (z9hG4bK), gefolgt von einer zufälligen Zeichenkette.

- **From** (hier: "Bob" <sip:Bob@SIP-Provider.com>;tag=9876): Dieses Header-Feld ent-hält, ggf. von einem Namen angeführt, die SIP URI des Initiators der SIP-Transaktion (siehe Abschnitt 5.5.2), der die jeweilige Nachricht angehört. In diesem Beispiel will Bob, Inhaber der ständigen SIP URI sip:Bob@SIP-Provider.com, eine SIP-Session initi-ieren.

  Der eine SIP-Anfrage beantwortende UAS übernimmt das From-Header-Feld aus der An-frage in die beantwortende Statusinformation.

  Der im From-Header-Feld enthaltene Parameter „tag" übergibt einen Zufallswert, der den an einem Dialog beteiligten SIP-Endsystemen als „Dialog Identifier" dient (siehe Ab-schnitt 5.5.1).

- **To** (hier: "Mensch Meier" <sip:Mensch@Meier.de>): In diesem Header-Feld werden ggf. der Name (hier: Mensch Meier), in jedem Fall aber die SIP-Kontaktadresse (hier: sip:Mensch@Meier.de) des Ziel-Teilnehmers einer SIP-Anfrage im Rahmen einer SIP-Transaktion übertragen. Bei INVITE-Anfragen entspricht die im To-Header-Feld ange-gebene SIP URI üblicherweise der in der Start-Line der Anfrage übergebenen Request-URI.

  Beantwortet ein UAS eine SIP-Anfrage, übernimmt er das To-Header-Feld aus der An-frage in die beantwortende Statusinformation und fügt den Feld-Parameter „tag" inkl. ei-nes Zufallswerts hinzu. Dieser Wert dient beiden an einem Dialog beteiligten SIP-Endsystemen als „Dialog Identifier" (siehe Abschnitt 5.5.1).

- **Call-ID** (hier: 1234@192.104.123.234): Die Call-ID stellt die eindeutige Zuordnung einer SIP-Nachricht zu einem bestimmten sog. SIP-Dialog (z.B. zu einer SIP-Session; siehe Abschnitt 5.5.1) dar. Alle Anfragen und Statusinformationen, die einen bestimmten SIP-Dialog betreffen, tragen dieselbe Call-ID, die mindestens aus einem von dem den Dialog initiierenden SIP-Endsystem generierten Zufallscode besteht. Oft wird zusätzlich der Hostname bzw. die IP-Adresse des Initiators angefügt (Syntax: <Zufalls-code>@<Host>). Der Wert des Call-ID-Header-Feldes dient den User Agents als „Dialog Identifier" (siehe Abschnitt 5.5.1).

- **CSeq** („Command Sequence", hier: 1 INVITE): Die in diesem Header-Feld angegebene SIP-Methode (hier: INVITE) sagt aus, auf die Bearbeitung welcher SIP-Anfrage sich die aktuelle SIP-Nachricht bezieht. Alle SIP-Statusinformationen, die z.B. eine INVITE-Anfrage beantworten, enthalten (ebenso wie die INVITE-Anfrage selbst) die CSeq „<x> INVITE". Der CSeq-Wert vor der Methodenbezeichnung wird im Rahmen eines Dialogs einmalig mit einem Zufallswert initialisiert und lässt u.a. Rückschlüsse auf ggf. wieder-holt gesendete SIP-Anfragen zu. Erzeugt ein SIP User Agent z.B. mittels INVITE eine Transaktion, die einen Dialog einleitet, generiert er einen eigenständigen CSeq-Wert, der im Allgemeinen für jede weitere durch ihn initiierte Transaktion im Rahmen dieses Dialogs um den Wert „eins" erhöht wird. Der Wert des CSeq-Header-Feldes dient den jeweils beteiligten SIP-Netzelementen als „Transaction Identifier" (siehe Abschnitt 5.5.2).

- **Max-Forwards** (hier: 70): Der in diesem Header-Feld übergebene Wert entspricht der Anzahl der „Hops" (Sprünge), die die betreffende SIP-Nachricht (hier: die INVITE-Anfrage) zwischen dem aussendenden SIP-Netzelement und dem endgültigen Ziel (z.B. zwischen zwei SIP User Agents) vollziehen darf. Hierbei wird der Max-Forwards-Wert durch jedes vermittelnde SIP-Netzelement (SIP Proxy Server) um den Wert 1 dekrementiert. Wird hierbei der Wert „0" erreicht, wird die entsprechende SIP-Nachricht durch das letzte dekrementierende SIP-Netzelement verworfen. Dieser Mechanismus dient u.a. der Vermeidung von Endlosschleifen (z.B. im Falle von Server-Defekten).
- **Contact** (hier: <sip:Bob@192.104.123.234:5060>): In diesem Header-Feld gibt ein die betreffende SIP-Nachricht versendender SIP User Agent seine „temporäre", umgebungsabhängige SIP URI an. Diese kann ggf. durch den jeweils empfangenden SIP User Agent für die direkte Kontaktierung des Kommunikationspartners verwendet werden.
- **Content-Type** (hier: application/sdp): Dieses Header-Feld gibt an, um welchen Datentyp es sich bei den im Message Body der SIP-Anfrage enthaltenen Daten handelt. Im vorliegenden Beispiel sind dies Daten des Typs „sdp" (Session Description Protocol) für eine Anwendung („application").
- **Content-Length** (hier: 210): In diesem Header-Feld wird die Länge des Message Bodys in der Einheit Byte angegeben. Enthält eine SIP-Nachricht keinen Message Body, übergibt das Content-Length-Header-Feld den Wert „0".

Der SDP-Inhalt des Message Bodys der in Bild 5.6 dargestellten INVITE-Anfrage wird in Abschnitt 5.7 eingehend erläutert.

Hinweis zu den Header-Feldern „From" und „To"

Die SIP-Header-Felder „From" und „To" kennzeichnen üblicherweise den Ausgangspunkt („From") und das Ziel („To") einer Transaktion (z.B. erster Schritt eines SIP-Session-Aufbaus; siehe Abschnitt 5.5.2). Der SIP User Agent des im From-Header-Feld angegebenen Teilnehmers nimmt also für diese Transaktion die Rolle des UAC (siehe Abschnitt 5.1.3) ein, das Endsystem des im To-Header-Feld bezeichneten Teilnehmers hingegen die Rolle des UAS. Diese „Rollenverteilung" ändert sich während des Ablaufs einer Transaktion nicht. Aus diesem Grund werden die in einer SIP-Anfrage enthaltenen From- und To-Header durch den UAS unverändert in die die Anfrage beantwortende(n) Statusinformation(en) übernommen. Jede SIP-Statusinformation, die der Beantwortung der in Bild 5.6 dargestellten INVITE-Anfrage dient, beinhaltet also das Header-Feld „From" mit der Angabe "Bob" <sip:Bob@SIP-Provider.com> sowie das Header-Feld „To" mit der Angabe "Mensch Meier" <sip:Mensch@Meier.de>, obwohl die Statusinformation von „Mensch Meier" an „Bob" gesendet wurde. Auch die an From- und To-Header-Felder angefügten tag-Parameter werden übernommen.

Angabe von SIP URIs in Start-Lines (nur in SIP-Anfragen) und SIP-Header-Feldern (in SIP-Anfragen und -Statusinformationen)

Sowohl eine temporäre als auch eine ständige SIP URI kann mit einem oder mehreren sog. URI-Parametern versehen werden, die, jeweils per Semikolon abgetrennt, an die SIP URI angehängt werden. Mit URI-Parametern können weitere Informationen übergeben werden, die die URI selbst oder die Kontaktierung des entsprechenden User Agents betreffen. Beispielsweise besagt der URI-Parameter user mit dem Parameterwert phone, dass es sich bei der in der betreffenden URI als Benutzername eingesetzten Zahlenkombination um eine PSTN-Telefonrufnummer handelt. Die Schreibweise der URI lautet dann:

```
sip:(Rufnummer)@Host;user=phone
```

Diese Information kann beispielsweise für die netzübergreifende Kommunikation über Gateways (siehe Kapitel 3, Abschnitt 6.7 sowie Kapitel 14) von Bedeutung sein.

Weitere Regeln zur Syntax von SIP URIs sowie zu SIP URI-Parametern gehen aus [3261] hervor.

5.7   SDP (Session Description Protocol) und Medienaushandlung

Das von der IETF spezifizierte SDP [4566] dient prinzipiell der Beschreibung von Medien, die im Rahmen einer Multimedia over IP-Session zum Einsatz kommen sollen. Hierbei werden neben den Medientypen (Audio, Video etc.) auch die Kontaktparameter (IP-Adresse und Port-Nummer) sowie eine Aufzählung der pro Medium auf dem jeweiligen Kommunikationsendsystem verfügbaren Codecs (z.B. G.711, G.723 etc. für Sprache) übermittelt.

SDP wurde nicht explizit für den Einsatz mit SIP entwickelt, eignet sich aber gut zur Beschreibung der im Rahmen von SIP-Sessions auszutauschenden Medien und wurde deshalb als Standardprotokoll für die Medienaushandlung beim SIP-Session-Aufbau definiert [3261].

Wie viele Protokolle, wurde auch das SDP in der Vergangenheit bereits einer grundlegenden Revision unterzogen. Hierdurch wurde der ursprüngliche SDP-Standard [2327] im Jahr 2006 durch [4566] abgelöst. Zum Zeitpunkt der Drucklegung dieses Buches wird an einer erneuten Revision des SDP gearbeitet, deren jeweiliger Stand [Hand; Bege] bzw. deren jeweiligen Nachfolgedokumenten entnommen werden kann.

Wie SIP selbst werden auch SDP-Elemente mit dem ASCII-kompatiblen UTF-8-Zeichensatz codiert. Die Übertragung erfolgt wechselseitig zwischen den User Agents im Message Body von SIP-Anfragen und -Statusinformationen während des SIP-Session-Aufbaus. Üblicherweise übermittelt jeder User Agent einmalig seine medienrelevanten Parameter (gewünschte/akzeptierte Medienformen, Kontaktparameter, verfügbare Codecs; siehe Abschnitt 5.7.1) an den Kommunikationspartner. Hierbei erfolgt die Medienaushandlung zwischen den Endsystemen in Form des sog. SDP-Offer/Answer-Modells ([3264]; siehe Abschnitt 5.7.2).

5.7.1   Beschreibung medienrelevanter Parameter

Innerhalb der zwischen SIP User Agents wechselseitig ausgetauschten SDP-Inhalte sind sämtliche, die bevorstehende Medienkommunikation beschreibende Parameter enthalten.

SDP-Inhalte bestehen generell aus sog. Parametern, die mittels einer einfachen Syntax (<Parametertyp> = <Wert>) untereinander stehend im SIP-Message Body angeordnet sind. Hierbei wird der Parametertyp jeweils in Form eines Kleinbuchstabens angegeben. Anhand des beispielhaften SDP-Teils aus der in Bild 5.6 (siehe Abschnitt 5.6) dargestellten INVITE-Anfrage werden im Folgenden die wesentlichsten SDP-Parameter ausführlich erläutert.

Beispiel
```
v=0
o=Bob 2345 0 IN IP4 192.104.123.234
s=Voice over IP-Test
c=IN IP4 192.104.123.234
t=0 0
m=audio 2410 RTP/AVP 0 8 3 4
a=rtpmap:0 PCMU/8000
a=rtpmap:8 PCMA/8000
a=rtpmap:3 GSM/8000
a=rtpmap:4 G723/8000
```

Es folgt die Beschreibung der im Beispiel dargestellten SDP-Parameter.

- **v (Protocol Version)** (hier: v=0): Gibt die zu Grunde gelegte Version des Session Description Protocols an. Die aktuelle Versionsnummer ist „0" gemäß [4566].
- **o (Origin)** (hier: o=Bob 2345 0 IN IP4 192.104.123.234): Der Parameter „o" benennt die die Medien-Session einleitende Person (hier: Bob) und übergibt eine die Medien-Session identifizierende, pro Session einmal generierte Zufallszahl (hier: 2345). Da eine durch diesen Wert identifizierte Medien-Session während ihres Verlaufs modifiziert werden kann (z.B. Hinzufügen weiterer Kommunikationsmedien (Video, Chat, ...)), wird zusätzlich eine die aktuelle Version der Session bezeichnende Nummer (hier: 0) übermittelt, die in der ersten Session-Beschreibung mit einem beliebigen Wert initialisiert und bei jeder Modifikation der Medien-Session inkrementiert wird. Es folgen Parameter, die das die Medien-Session einleitende Endsystem näher klassifizieren. Zunächst wird hierbei der Typ des Netzwerks (hier: IN (InterNet; IP-basiertes Netzwerk)) angegeben, gefolgt vom Adresstyp (hier: IP4 (IPv4)) und der Kontaktadresse selbst (hier: 192.104.123.234).
- **s (Session Name)** (hier: s=Voice over IP-Test): Dieser Parameter beschreibt den Namen bzw. den Betreff (hier: Voice over IP-Test) der einzuleitenden Medien-Session. Die hierin angegebene Session-Bezeichnung ist für SIP-basierte Multimedia over IP-Verbindungen zwar meist nicht von Bedeutung, da es sich aber um einen SDP-Pflichtparameter handelt, muss er grundsätzlich übergeben werden.

- **c (Connection Data)** (hier: c=IN IP4 192.104.123.234): Der Parameter „Connection Data" übermittelt prinzipiell die Nutzdatenempfangsadresse des betreffenden Session-Teilnehmers. Hierzu werden zunächst der Typ des Netzwerks (hier: IN (InterNet; IP-basiertes Netzwerk)) sowie der Adresstyp (hier: IP4 (IPv4)), anschließend die entsprechende Adresse (hier: 192.104.123.234) übergeben.

- **t (Timing)** (hier: t=0 0): Mit diesem Parameter lassen sich prinzipiell Start- und Endzeitpunkte für Medien-Übertragungen (z.B. fest terminierte Video-Stream-Sendungen) definieren. Da dies bei spontan per SIP eingeleiteten Multimedia over IP-Sessions (z.B. VoIP-Telefonaten) nicht sinnvoll ist, es sich aber um einen SDP-Pflichtparameter handelt, werden in diesen Fällen die Werte für Start- und Endzeit üblicherweise auf Null gesetzt.

- **m (Media Descriptions)** (hier: m=audio 2410 RTP/AVP 0 8 3 4): Mit diesem SDP-Parameter wird jeweils ein Medium, das Bestandteil einer Medien-Session sein soll, näher spezifiziert. Zunächst erfolgt die Angabe des Medientyps (hier: audio) sowie des für den Empfang des betreffenden Mediums auf dem Zielsystem bereitgestellten Ports (hier: 2410). Es folgt die Benennung sowie die nähere Spezifizierung des für das entsprechende Medium gewählten Nutzdatentransportprotokolls (hier: RTP/AVP (Real-time Transport Protocol/Audio Video Profile); [3551]; siehe Abschnitt 4.2.6) sowie die Angabe der für das betreffende Medium (hier: audio) zur Verfügung stehenden Codecs in Form einer sog. Formatliste (Listeninhalt hier: 0 8 3 4 (jeweils separate, durch Leerzeichen getrennte Listeneinträge)). Die in der Formatliste angegebenen Einträge sind gemäß RTP/AVP [3551] den vom entsprechenden Kommunikationsendsystem unterstützten RTP-Codecs für das jeweilige Medium (hier: Audio) zugeordnet (siehe Tabelle 5.2). Die Angabe der Formatlisteneinträge erfolgt in der „Codec-Wunschreihenfolge" (siehe Abschnitt 5.7.2) des betreffenden Kommunikationsendsystems. Die namentliche Zuordnung zwischen den in der Formatliste übergebenen Nummern und den zugehörigen Codecs geht aus jeweils einem Attribut (SDP-Parameter „a") pro Listeneintrag hervor.
  Für jedes Medium (z.B. Audio, Video etc.), das Bestandteil einer Multimedia over IP-Session ist, wird ein separater m-Parameter sowie ggf. zugehörige Attribute im SDP-Anteil übergeben (siehe Abschnitt 5.7.3).

- **a (Attributes)** (hier viermal enthalten; erster Eintrag (exemplarisch): a=rtpmap:0 PCMU/8000): Mit einem Attribut kann u.a. das in der vorangegangenen „Media Description" angegebene Übertragungsformat erläutert werden. Beim ersten Formatlisteneintrag im SDP-m-Parameter des vorliegenden Beispiels handelt es sich um den im RTP/AVP [3551] definierten „rtpmap"-Payload Type-Eintrag 0. In diesem ist die Übertragung von Audiodaten mittels des G.711-Codecs (μ-law) bei einer Abtastrate von 8000 Hz definiert (PCMU/8000 (Pulse Code Modulation μ-law/8000). Die weiteren Attribute des oben dargestellten SDP-Anteils beschreiben die Codecs G.711 (a-law) (rtpmap-Payload Type 8), GSM (rtpmap-Payload Type 3) und G.723 (rtpmap-Payload Type 4), jeweils mit einer Abtastrate von 8000 Hz.
  Neben der näheren Beschreibung der im SDP-m-Parameter enthaltenen Formatlisteneinträge können SDP-Attribute prinzipiell flexibel eingesetzt werden, um Details der auszuhandelnden Medienkommunikation zu beschreiben. Eine weitere typische Anwendung für Attribute ist die Vorgabe der Kommunikationsrichtung (bidirektional, unidirektional von

Teilnehmer A zu Teilnehmer B bzw. umgekehrt). Die Attribute entsprechen dann dem folgenden Format.

- a=sendonly: send only; das im vorhergehenden m-Parameter bezeichnete Medium soll im Rahmen der bevorstehenden Medien-Session unidirektional durch das diesen SDP-Anteil kreierende Kommunikationsendsystem gesendet werden.
- a=recvonly: receive only; das im vorhergehenden m-Parameter bezeichnete Medium soll im Rahmen der bevorstehenden Medien-Session unidirektional durch das diesen SDP-Anteil empfangende Kommunikationsendsystem gesendet werden.
- a=sendrecv: send and receive; es wird eine bidirektionale Kommunikation angestrebt.

Fehlt die explizite Angabe der Kommunikationsrichtung, wird per Default von einer angestrebten bidirektionalen Kommunikation ausgegangen.

SDP erlaubt die proprietäre Definition von bestimmten auf Medienanwendungen bezogenen Attributen in Form von selbst kreierten Attributwerten. Ist die empfängerseitige Anwendung nicht in der Lage, diese nicht standardisierten Medienattribute zu interpretieren, werden diese als nicht existent angesehen.

Tabelle 5.2 zeigt einen Auszug aus der im RTP-Audio Video Profil [3551] angegebenen rtpmap-Tabelle.

Tabelle 5.2: Auszug aus der rtpmap-Tabelle des RTP-Audio-Video-Profils zur RTP-Codec-Angabe in SDP [3551]

Payload Type	Encoding Name	Media Type	Clock Rate	Channels
0	PCMU	A	8000	1
1	reserved	A		
2	reserved	A		
3	GSM	A	8000	1
4	G723	A	8000	1
5	DVI4	A	8000	1
6	DVI4	A	16000	1
7	LPC	A	8000	1
8	PCMA	A	8000	1

Für die Übermittlung von Mehrfrequenzwahltönen (MFV, DTMF (Dual Tone Multi Frequency)) über IP-Netze steht ein separates RTP-Payload-Format zur Verfügung [4733; 4734]. Dieses wird üblicherweise mit der (gemäß RTP-Audio-Video-Profil [3551] dynamisch allokierbaren) Payload Type-Nummer „101" identifiziert, die im zugehörigen Attribut als „telephone-event" benannt wird. Hierbei werden die MFV-Wahlinformationen nicht als Tonsignal per RTP übertragen, sondern nur der eigentliche Informationsgehalt (also die gewählten Ziffern) in Form eines festgelegten Datenformats, aber dennoch in RTP-Paketen.

Zusammenfassung der wesentlichsten Aussagen des beispielhaften SDP-Teils

Die hier zu etablierende Medien-Session (Identifikationsnummer der Medien-Session: 2345, Versionsnummer der Session-Beschreibung: 0 (siehe o-Parameter)) wird von „Bob" (siehe o-Parameter) initiiert. Bobs Endsystem ist ein IP-Host (siehe o-Parameter; „IN") und hat die IPv4-Adresse 192.104.123.234 (siehe o-Parameter; „IP4"). Die im Rahmen dieser Session an Bob zu sendenden Mediendaten sollen durch die per SIP zu dieser Medien-Session eingeladene Instanz (User Agent von „Mensch Meier"; siehe Abschnitt 5.6, Bild 5.6) an das IP-Netzelement (siehe c-Parameter; „IN") mit der IPv4-Adresse 192.104.123.234 (siehe c-Parameter; „IP4") übertragen werden. Die zu etablierende Medien-Session wird nur auf der Übertragung von Audiodaten (z.B. Sprache; siehe m-Parameter) basieren (sollten weitere Medien Bestandteil dieser Session sein, gäbe es für jedes Medium einen separaten m-Parameter sowie dazu gehörige a-Parameter). Die im Rahmen dieser Session an Bob zu sendenden Audiodaten sollen an Port 2410 (siehe m-Parameter) des im c-Parameter per IP-Adresse identifizierten Endsystems adressiert werden. Für den Transport der Audiodaten soll RTP (siehe m-Parameter), für die Auswahl der für deren Codierung benötigten Codecs das Audio-Video-Profil („AVP"; siehe m-Parameter) verwendet werden. Die an Bob zu übermittelnden Audiodaten können wahlweise mit den Codecs G.711 (μ-law), G.711 (a-law), GSM oder G.723 codiert werden (siehe m-Parameter sowie entsprechende a-Parameter), wobei die Reihenfolge der aufgezählten Codecs Bobs Priorität bezüglich der Codec-Wahl für die aufzubauende Session ausdrückt (siehe Abschnitt 5.7.2).

Der Austausch der Audio- bzw. Sprachnutzdaten (da es sich bei allen aufgezählten Codecs um typische Codecs zur Codierung von Sprachdaten handelt) soll bidirektional erfolgen, da kein a-Parameter vorhanden ist, der eine unidirektionale Kommunikationsrichtung (a=sendonly, a=recvonly) beschreibt. Es soll also eine typische VoIP-Session etabliert werden.

In Tabelle 5.3 sind alle SDP-Parametertypen gemäß [4566] in alphabetischer Reihenfolge wiedergegeben.

Tabelle 5.3: Alle gebräuchlichen SDP-Parametertypen, alphabetisch geordnet [4566]

Parametertyp (gesendeter Buchstabe)	Für Session-Aufbau vorgeschrieben	Parametername
a	nein	Attributes
b	nein	Bandwidth
c	ja	Connection Data
e	nein	Email Address
i	nein	Session Information
k	nein	Encryption Keys
m	ja	Media Descriptions
o	ja	Origin
p	nein	Phone Number
r	nein	Repeat Times
s	ja	Session Name
t	ja	Timing
u	nein	URI
v	ja	Protocol Version
z	nein	Time Zones

5.7.2   Codec-Aushandlung mittels Offer/Answer-Modell

Gemäß SIP-Standard [3261] erfolgt der gegenseitige Austausch medienrelevanter Parameter (siehe Abschnitt 5.7.1) per SDP im Rahmen des SIP-Session-Aufbaus nach dem sog. Offer/Answer-Modell [3264]. Hier wird generell der SDP-Anteil, der als erstes von einem der beiden User Agents an den zukünftigen Kommunikationspartner übermittelt wird, als „Offer" (Angebot) bezeichnet. Der vom anderen User Agent als Antwort kreierte SDP-Anteil geht inhaltlich auf die zuvor empfangenen medienrelevanten Parameter ein und stellt somit die „Answer" (Antwort) im Sinne des Offer/Answer-Modells dar.

Bild 5.7 zeigt einen möglichen Ablauf der Medienaushandlung gemäß SDP-Offer/Answer-Modell zwischen den beteiligten SIP User Agents.

In dem in Bild 5.7 dargestellten SIP-Verbindungsaufbau enthalten zwei Nachrichten jeweils einen SDP-Teil. Der Initiator der Session (User Agent A) übermittelt die sein Endsystem betreffenden, für die aufzubauende Medienkommunikation relevanten Parameter per SDP (SDP A; hier: Offer) bereits in der INVITE-Anfrage. Die vom Zielsystem (User Agent B) ausgehenden SDP-Informationen (SDP B; hier: Answer) werden im Message Body der „200 OK"-Statusinformation übertragen.

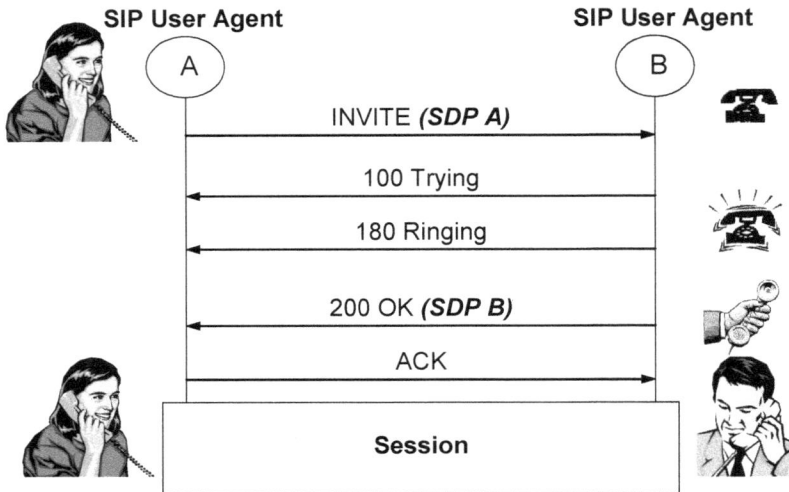

Bild 5.7: Beispiel einer SDP-Medienaushandlung im Rahmen eines SIP-Session-Aufbaus

Alternativ zu der in Bild 5.7 dargestellten Abfolge könnte User Agent A die INVITE-Anfrage auch ohne SDP-Anteil versenden. Dies entspräche einem generellen Session-Aufbauwunsch ohne bestimmte Medienvorgaben. User Agent B könnte somit im in der „200 OK"-Statusinformation enthaltenen SDP-Teil die Auswahl der Medien, die Bestandteil der bevorstehenden Multimedia over IP-Kommunikation sein sollen, selbst treffen (Offer). User Agent A würde die entsprechende „Answer" dann per SDP im Message Body der den SIP Three Way Handshake (siehe Abschnitt 5.4) abschließenden Nachricht ACK an User Agent B übermitteln.

Durch den Austausch von SDP-Offer und -Answer wird zwischen den beiden SIP User Agents die Nutzung bestimmter Medien (z.B. Audio, Video etc.) sowie die Verwendung jeweils zur Verfügung stehender Codecs (z.B. G.711, G.723 etc. für Sprach-Sessions) pro entsprechendem Medium ausgehandelt. Hierbei übergibt der die SDP-Offer kreierende User Agent für jedes Medium, das Bestandteil der Session sein soll, einen separaten m-Parameter (siehe Abschnitt 5.7.1) inkl. seiner individuellen Codec-Wunschreihenfolge (siehe unten stehendes Beispiel).

Beispiel eines SDP-m-Parameters mit Angabe der Codec-Wunschreihenfolge
```
m=audio 2410 RTP/AVP 0 8 3 4
```

Der User Agent, der den in diesem Beispiel gezeigten SDP-m-Parameter erzeugt hat, favorisiert für die bevorstehende Audio-Kommunikation die Verwendung des Codecs G.711 μ-law (Payload Type 0; siehe Abschnitt 5.7.1, Tabelle 5.2), gefolgt von den Codecs G.711 a-law (Payload Type 8), GSM (Payload Type 3) und G.723 (Payload Type 4).

[3264] sieht die folgenden drei jeweils alternativen Methoden vor, mit denen der „Answerer" auf die in der „Offer" enthaltene Codec-Auswahl reagieren kann. Die unter b) genannte Methode wird für die Medienaushandlung im Rahmen des SIP-Session-Aufbaus empfohlen.

a) „Answer" enthält eigene Codec-Wunschauswahl und -Reihenfolge, inhaltlich unabhängig von der „Offer".
b) „Answer" wiederholt die Codec-Wunschauswahl und -Reihenfolge, ggf. unter Auslassung von durch den die „Answer" kreierenden User Agent nicht unterstützten bzw. unerwünschten Codecs (empfohlene Methode).
c) Die „Answer" kreierender User Agent wählt genau einen Codec aus der in der „Offer" enthaltenen Liste aus und übergibt diesen als Wunsch-Codec in der „Answer".

Das folgende Beispiel zeigt die Anwendung des Offer/Answer-Modells für die Aushandlung eines gemeinsam verwendeten Audio-Codecs gemäß der unter b) bezeichneten empfohlenen Methode.

Beispiel der Aushandlung eines gemeinsam verwendeten Audio-Codecs per SDP-Offer/Answer-Modell
Der die „Offer" kreierende SIP User Agent übergibt im Rahmen des SIP-Session-Aufbaus den folgenden, eine individuelle Codec-Auswahl enthaltenden SDP-m-Parameter.

Offer
```
m=audio 2410 RTP/AVP 0 8 3 4
```

Der die „Offer" empfangende SIP User Agent reagiert auf die dargestellte Codec-Auswahl gemäß der in b) bezeichneten Methode mit folgendem SDP-m-Parameter in der „Answer".

Answer
```
m=audio 2468 RTP/AVP 0 3
```

Mit der in der „Answer" angegebenen Codec-Auswahl signalisiert der betreffende User Agent, dass er lediglich die Codecs mit den Payload Type-Nummern 0 und 3 unterstützt. Gemäß der in der „Offer" angegebenen Codec-Wunschreihenfolge kommt zwischen den betreffenden User Agents eine Audio-Session unter Verwendung des Codecs G.711 μ-law (Payload Type 0) zu Stande.

Das SDP-Offer/Answer-Modell räumt den an einer Medien-Session beteiligten SIP User Agents prinzipiell einige Freiheiten bezüglich der Verwendung von Codecs ein. So gelten beispielsweise die folgenden Regeln.

• Da RTP-Sessions prinzipiell unidirektionaler Natur sind, müssen im Falle eines bevorstehenden bidirektionalen Medienaustauschs zwei separate RTP-Sessions etabliert werden (Nutzdatenübermittlung User Agent A → User Agent B, Nutzdatenübermittlung User Agent B → User Agent A). Diese separaten Sessions müssen nicht auf dem gleichen

Codec basieren, jedoch ist die Verwendung desselben Codecs in beiden Kommunikationsrichtungen üblich.

• Jeder beteiligte User Agent muss während einer laufenden Medien-Session weiterhin alle durch ihn in „Offer" bzw. „Answer" angegebenen Codecs empfangen und decodieren können, auch wenn eine Nutzdaten-Session mit einem anderen Codec begonnen wurde.

• Vor dem „Umschalten" einer bestehenden Medien-Session auf einen anderen Codec ist keine erneute SDP-Codec-Aushandlung erforderlich, wenn beide User Agents den neu zu verwendenden Codec gemäß der ursprünglichen „Offer" bzw. „Answer" prinzipiell unterstützen.

Zum besseren Verständnis des SDPs und seiner Parameter können die in Abschnitt 5.8 eingearbeiteten praktischen Beispiele bzw. die darin enthaltenen Abbildungen (z.B. Bild 5.11 und Bild 5.13) herangezogen werden.

5.7.3   Aushandlung von Multimedia-Sessions

Es besteht die Möglichkeit, mittels SDP eine Medien-Session zu beschreiben, die mehr als ein Kommunikationsmedium beinhaltet (z.B. eine kombinierte Audio- und Video-Session). Dies geschieht durch das Aufnehmen der entsprechenden Anzahl von Medienbeschreibungen (Media Descriptions; m-Parameter) sowie ggf. der jeweils zugehörigen Attribute in den SDP-Teil (siehe Beispiel 1).

Beispiel 1: Beschreibung einer kombinierten Audio- und Video-Session

```
v=0
o=Bob 2345 0 IN IP4 192.104.123.234
s=Multimedia over IP-Test
c=IN IP4 192.104.123.234
t=0 0
m=audio 2410 RTP/AVP 0 8 3 4
a=rtpmap:0 PCMU/8000
a=rtpmap:8 PCMA/8000
a=rtpmap:3 GSM/8000
a=rtpmap:4 G723/8000
m=video 2412 RTP/AVP 34
a=rtpmap:34 H263/90000
```

Beispiel 1 zeigt die Beschreibung einer kombinierten Audio- und Video-Session. Hierbei können gemäß dem oberen m-Parameter für die Codierung der Sprachdaten die Codecs G.711 µ- bzw. a-law (Payload Types 0 bzw. 8), GSM (Payload Type 3) oder G.723 (Payload Type 4) verwendet werden. Der betreffende User Agent möchte die die Audio-Daten enthaltenden RTP-Pakete auf Port 2410 empfangen. Die Codierung der Videodaten soll gemäß dem zweiten in der Beschreibung enthaltenen m-Parameter mit dem Video-Codec H.263 (Payload Type 34) mit einer Abtastrate von 90000 Hz erfolgen. Der Empfangs-Port für die Video-Daten hat die Port-Nummer 2412.

Weitere Medien können der Session-Beschreibung also jeweils in Form eines weiteren m-Parameters sowie ggf. zugehöriger Attribute (a-Parameter) hinzugefügt werden.

In Beispiel 1 sollen sowohl die Audio- als auch die Video-Daten auf dem IP-System mit der IP-Adresse 192.104.123.234 empfangen werden (siehe c-Parameter). Alternativ besteht die Möglichkeit der Angabe einer unabhängigen Empfangs-IP-Adresse pro Medium. Die Angabe der IP-Adresse in Form jeweils eines c-Parameters erfolgt in diesem Fall jeweils unterhalb des entsprechenden m-Parameters (siehe Beispiel 2) [4566].

Beispiel 2: Beschreibung einer kombinierten Audio- und Video-Session mit separaten Empfangs-IP-Adressen pro Medium

```
v=0
o=Bob 2345 0 IN IP4 192.104.123.234
s=Multimedia over IP-Test
t=0 0
m=audio 2410 RTP/AVP 0 8 3 4
c=IN IP4 192.104.123.234
a=rtpmap:0 PCMU/8000
a=rtpmap:8 PCMA/8000
a=rtpmap:3 GSM/8000
a=rtpmap:4 G723/8000
m=video 2412 RTP/AVP 34
c=IN IP4 88.88.88.88
a=rtpmap:34 H263/90000
```

Die in Beispiel 2 beschriebene Session umfasst dieselben Medien wie die in Beispiel 1. Jedoch gibt die Session-Beschreibung in Beispiel 2 separate IP-Adressen für den Empfang von Audio- (IP-Adresse 192.104.123.234; siehe c-Parameter unterhalb des die Audio-Daten beschreibenden m-Parameters) bzw. Video-Daten (IP-Adresse 88.88.88.88; siehe c-Parameter unterhalb des die Video-Daten beschreibenden m-Parameters) vor.

Regeln für die Aushandlung mehrerer Medien mittels Offer/Answer-Modell

In der Medienaushandlung mittels Offer/Answer-Modell (siehe Abschnitt 5.7.2) muss in der „Answer" prinzipiell die gleiche Anzahl von m-Parametern enthalten sein wie in der Offer. Akzeptiert der „Answerer" ein in der „Offer" angegebenes Medium nicht, fügt er seiner „Answer" dennoch einen m-Parameter für das betreffende Medium hinzu und setzt den Empfangsport auf den Wert „0" [3264].

Grundsätzlich können Sessions während ihres Verlaufs modifiziert werden. Dies betrifft sowohl die pro Medium zur Verfügung stehenden Codecs als auch die Anzahl bzw. Art der Medien selbst. Die Modifikation bestehender Medien-Sessions erfolgt per SIP durch in sog. Re-INVITEs (siehe Abschnitt 5.4) enthaltene SDP-Teile. Hierbei dürfen der bestehenden Medien-Session weitere Medien hinzugefügt werden, was durch das Einbringen entsprechender SDP-m-Parameter in die SDP-Medienbeschreibung geschieht. Soll im Rahmen einer Session-Modifikation ein Medium entfallen, das zuvor Bestandteil der Session war, so wird durch den das Medium ausgrenzenden User Agent der Medienempfangs-Port auf den Wert „0" gesetzt [3264].

Weitere Beispiele und Informationen zur Anwendung des Offer/Answer-Modells für die Medienaushandlung per SIP bzw. SDP können [4317; 6337] entnommen werden.

Mögliche Medien

[4566] definiert folgende mit SDP beschreibbare Medienformen.

- Audio (siehe Abschnitt 5.8.1)
- Video (siehe Abschnitt 5.8.2)
- Text (Session-basierte Übertragung von Text)
- Application (auf eine bestimmte Anwendung bezogene Daten; siehe Abschnitt 5.8.3)
- Message (Session-basierte Übertragung von nicht näher definierten Mitteilungen)

In zusätzlichen Spezifikationen können weitere Medienformen beschrieben werden. So werden z.B. im RFC 3840 [3840] die Medienformen „Data" (nicht näher definierte Daten) und „Control" (Session, in deren Rahmen in einer nicht näher definierten Form eine Fernsteuerung stattfindet) definiert. Diese sind bezüglich ihrer Semantik allerdings nicht genügend spezifiziert und sollen aus diesem Grund bis auf Weiteres nicht für die Medienbeschreibung per SDP im Rahmen der SIP-Kommunikation verwendet werden [4566].

Für die Aushandlung einer Session zur Übermittlung von Telefax-Daten können alternativ die Medienbezeichnungen „image" ([3362]; Telefax-Datenübermittlung per UDP) oder „audio" ([4612]; Telefax-Datenübermittlung per RTP) im m-Parameter verwendet werden. Die Medienbezeichung „audio" besagt in diesem Fall, dass die Telefax-Daten auf die gleiche Weise wie digitalisierte Sprache per RTP transportiert werden.

Bezüglich der Codierung der Telefax-Daten wird auf den T.38-Standard [T38] der ITU-T verwiesen, der sich mit der Telefax-Übertragung über IP-Netze befasst. In Annex D des T.38-Standards wird speziell auf die Einleitung und Medienaushandlung von Telefax-Sessions per SIP Bezug genommen.

Steht T.38 nicht bei beiden Kommunikationspartnern zur Verfügung, ist auch die Übermittlung bzw. Durchleitung von Telefax-Informationen in modulierter Form als quasi-analoge Tonsignalisierung über RTP möglich, wenn ein nicht komprimierender Audio-Codec eingesetzt wird (z.B. G.711). Die Interpretation der Telefax-Informationen muss in diesem Fall in einer der Anwendungsebene zugeordneten Instanz der betreffenden User Agents erfolgen.

Damit eingehende Telefax-SIP-Sessions explizit zum telefaxtauglichen User Agent des betreffenden Zielteilnehmers geroutet werden können, wird in [6913] ein sog. „Fax" Media Feature Tag definiert. Mittels dieses Tags können SIP User Agents bereits im Rahmen der SIP-Registrierung bei ihrem Dienstanbieter die Information hinterlegen, dass sie telefaxtauglich sind bzw. ob sie T.38 oder ein Durchleiten der Telefax-Informationen („passthrough") per G.711 unterstützen.

5.8   SIP-Basisabläufe und mögliche Anwendungen

In diesem Abschnitt werden mögliche SIP-Kommunikationsabläufe anhand konkreter Anwendungen erläutert. Es ist anzumerken, dass bestimmte Basisabläufe wie z.B. der Auf- und Abbau einer Session durch die IETF einheitlich definiert sind [3261; 3665]. Allerdings gibt es bewusst Spielräume insbesondere in der Anwendung proprietärer Medienformen. Im Zweifelsfall sind die im Rahmen einer SIP-Kommunikationsinfrastruktur möglichen Anwendungsfälle also von der Unterstützung durch die SIP-Netzelemente abhängig, z.B. vom Typ der verwendeten User Agents bzw. den darin implementierten Applikationen.

5.8.1   VoIP (Voice over IP) – Audiokommunikation

Dies ist gewissermaßen die „Standard-Funktion" unter den SIP-Anwendungen. Da hier lediglich der prinzipielle Ablauf verschiedener Kommunikationsweisen des SIP gezeigt werden soll, wird im folgenden Beispiel bewusst der einfachste Fall angenommen eine „direkte Verbindung" zwischen zwei SIP-Endsystemen ohne den Einsatz weiterer SIP-Netzelemente wie Proxy- und/oder Registrar Server. Komplexere Verbindungen unter Einbeziehung verschiedener Netzelemente werden in Kapitel 6 eingehend erläutert.

Theoretische Beschreibung
Für die direkte Kommunikation zwischen zwei SIP-User Agents ist es erforderlich, dass dem die Verbindung initiierenden Endsystem die IP-Adresse des Zielsystems bekannt ist.

Im in Bild 5.8 dargestellten Beispiel wird – ausgehend von User Agent A – eine VoIP-Session zwischen den User Agents A und B aufgebaut und später durch User Agent B wieder beendet. Im Rahmen des SIP-Session-Aufbaus kommen die SIP-Anfragen INVITE, ACK und BYE (siehe Abschnitt 5.2) sowie die Statusinformationen „100 Trying", „180 Ringing" sowie „200 OK" (siehe Abschnitt 5.3) zum Einsatz.

Generelle Anmerkung zum Aufbau einer Session

Die in Bild 5.8 mit unterbrochenen Pfeillinien gekennzeichneten provisorischen Statusinformationen „100 Trying" und „180 Ringing" sind für den Verbindungsaufbau nicht zwingend erforderlich (siehe Abschnitt 5.3), auch wenn ihr Einsatz allgemein üblich ist. Obligatorisch hingegen ist der aus den drei Nachrichten „INVITE", „200 OK" und „ACK" bestehende Initiierungsablauf, der als „SIP Three Way Handshake" (siehe Abschnitt 5.4) bezeichnet wird.

SIP User Agent A

m=audio 1028 RTP/AVP 0 8 4
a=rtpmap:0 PCMU/8000
a=rtpmap:8 PCMA/8000
a=rtpmap:4 G723/8000

SIP User Agent B

A   B

INVITE B (SDP A)

(100 Trying)

(180 Ringing)

200 OK (SDP B)

ACK

Session

BYE

200 OK

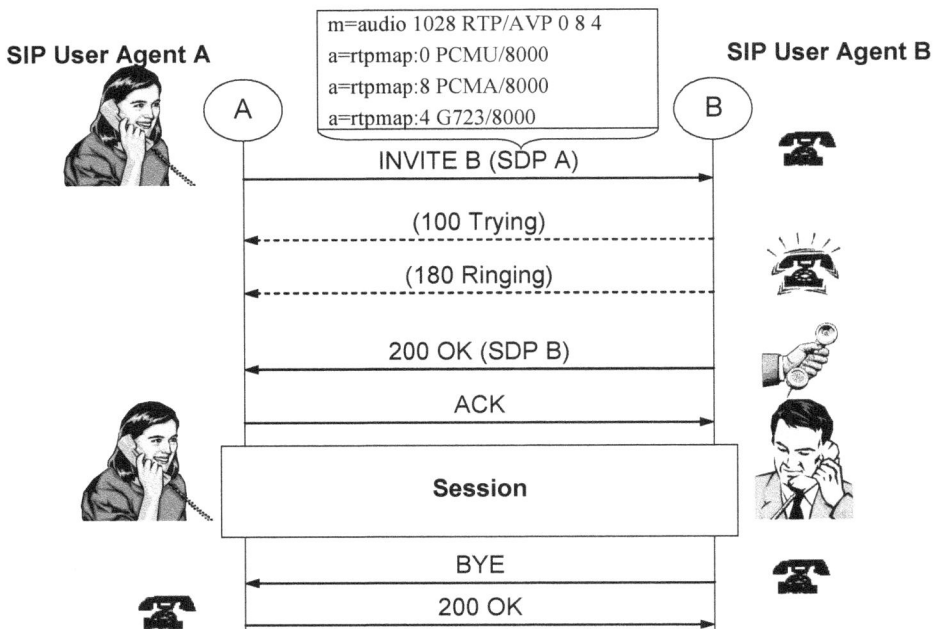

Bild 5.8: Session-Auf- und Abbau einer reinen Sprachverbindung zwischen zwei SIP-User Agents

Dass es sich bei dem in Bild 5.8 dargestellten Beispiel um eine VoIP-Session handelt, geht nur aus den im Rahmen des Three Way Handshakes ausgetauschten Elementen INVITE und „200 OK" hervor, bzw. aus den in deren Message Bodys (siehe Abschnitt 5.6) enthaltenen SDP-Anteilen (siehe Abschnitt 5.7). In diesen gibt jeder Session-Teilnehmer unter Anwendung des SDP-Offer/Answer-Modells (siehe Abschnitt 5.7.2) an, welches Medium (z.B. Audio, Video etc.) er empfangen kann und welche Codecs dazu verwendet werden können (siehe Abschnitt 5.7.1). Ein Auszug aus dem im Message Body der INVITE-Anfrage enthaltenen SDP-Anteil ist in Bild 5.8 oberhalb der INVITE-Anfrage dargestellt.

Die Zeile „m=..."(Media Descriptions, siehe Abschnitt 5.7.1) besagt, dass der Sender dieses SDP-Inhalts ausschließlich Audio-Nutzdaten auf seinem UDP-Port 1028 empfangen kann. Er kann die im RTP-Audio-Video-Profil (RTP/AVP) [3551] festgelegten Codec-Typen 0, 8 und 4 decodieren. In den mit „a=..." beginnenden Zeilen (Attributes, siehe Abschnitt 5.7.1) werden diese Codecs rein informativ nochmals näher beschrieben: Der Codec-Typ 0 stellt eine PCM-Codierung nach dem μ-Law-Prinzip dar, wobei eine Abtastfrequenz von 8000 Hz (8 kHz) vorgesehen ist. Der Codec-Typ 8 entspricht einer PCM-a-law-Codierung und der Codec-Typ 4 einer Codierung nach G.723, wobei auch hier jeweils eine Abtastrate von 8000 Hz zu Grunde liegt.

Weitere Details über SDP und seine Parameter werden in Abschnitt 5.7 eingehend erläutert.

Praktisches Beispiel

Zur Veranschaulichung der obigen theoretischen Ausführungen soll nun eine SIP-Voice over IP-Session praktisch analysiert werden. Bild 5.9 zeigt den hierfür benötigten Versuchsaufbau.

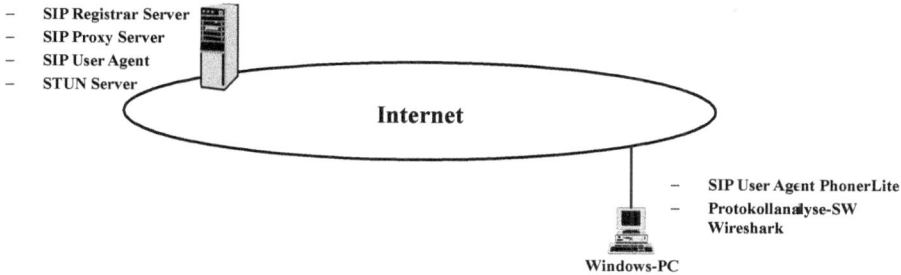

- SIP Registrar Server
- SIP Proxy Server
- SIP User Agent
- STUN Server

Internet

- SIP User Agent PhonerLite
- Protokollanalyse-SW Wireshark

Windows-PC

Bild 5.9: Testaufbau für praktische Beispiele zu SIP

Für die Durchführung des Versuchs wird ein am Internet betriebener PC mit Windows benötigt, auf dem die SIP User Agent-Software PhonerLite sowie eine Protokollanalyse-Software wie Wireshark installiert sind. Mittels PhonerLite kann eine SIP-Kommunikation mit einer öffentlichen SIP-Infrastruktur an der Frankfurt University of Applied Sciences etabliert werden. Ein dort stationierter SIP Proxy/Registrar Server sorgt für die Weiterleitung der SIP-Nachrichten zu bzw. von einem automatisiert arbeitenden SIP User Agent.

Alle nötigen Informationen zur Installation, Konfiguration und Bedienung des SIP User Agents PhonerLite und von Wireshark können Kapitel 17 entnommen werden.

Um eine SIP-Voice over IP-Session aufzuzeichnen bzw. zu analysieren, sollte wie folgt vorgegangen werden.

1. Erforderlichenfalls Internet-Zugang des PCs aktivieren.
2. Protokollaufzeichnungsvorgang mit Protokollanalyse-Software Wireshark starten.
3. SIP User Agent-Software PhonerLite starten.
4. Initiieren einer SIP-VoIP-Session mit dem automatisierten SIP User Agent an der Frankfurt University of Applied Sciences. Geben Sie hierfür den Benutzernamen auto in das mit „Zielrufnummer" überschriebene Eingabefeld im linken oberen Teil des PhonerLite-Hauptfensters ein. Klicken Sie dann auf die Schaltfläche mit dem diagonal angewinkelt dargestellten Hörersymbol (abgehobener (grüner) Hörer) unmittelbar oberhalb des Eingabefeldes. PhonerLite baut nun eine SIP-Session zum automatisierten SIP User Agent an der Frankfurt University of Applied Sciences auf. Zum Beenden der Session klicken Sie auf die Schaltfläche mit dem waagerecht liegenden Hörersymbol (aufgelegter (roter) Hörer) neben der Schaltfläche zum Initiieren einer Session.
5. Stoppen der Protokollaufzeichnung in Wireshark.
6. Speichern Sie die Aufzeichnungs-Session bei Bedarf ab.

7. Vergleichen Sie den SIP-Session-Ablauf (siehe Bild 5.10) mit der Theorie. Decodieren Sie bei Bedarf RTP und RTCP (siehe hierfür die praktischen Beispiele in Abschnitt 4.2.6 (RTP) bzw. 4.2.7 (RTCP)). Vergleichen Sie des Weiteren die in den einzelnen SIP-Nachrichten enthaltenen SIP-Header-Felder und SDP-Anteile. Die Bilder 5.11 bis 5.14 zeigen Beispiele für die zwischen den beiden SIP User Agents ausgetauschten SIP-Nachrichten des SIP-Session-Aufbaus, jeweils mit detaillierter Auflösung der enthaltenen SIP-Header-Felder sowie der ggf. im Message Body enthaltenen SDP-Anteile. Die für den Session-Abbau relevanten Nachrichten sind beispielhaft in den Bildern 5.15 und 5.16 dargestellt.

No.	Time	Source	Destination	Protocol	Length	Info
35	8.104318000	192.172.0.30	192.168.50.109	SIP/SDP	1142	Request: INVITE sip:auto@192.168.50.109:5080 |
37	8.122186000	192.168.50.109	192.172.0.30	SIP	422	Status: 100 Trying |
38	8.124123000	192.168.50.109	192.172.0.30	SIP	527	Status: 180 Ringing |
41	10.137877000	192.168.50.109	192.172.0.30	SIP	527	Status: 180 Ringing |
42	10.150225000	192.168.50.109	192.172.0.30	SIP/SDP	813	Status: 200 OK |
43	10.177641000	192.172.0.30	192.168.50.109	SIP	492	Request: ACK sip:192.168.50.109:5080 |
45	10.208534000	192.172.0.30	192.168.50.109	RTP	102	PT=DynamicRTP-Type-107, SSRC=0x5A1736E2, Seq=37743, Time=3010
46	10.209069000	192.172.0.30	192.168.50.109	RTP	102	PT=DynamicRTP-Type-107, SSRC=0x5A1736E2, Seq=37744, Time=3970
47	10.225121000	192.172.0.30	192.168.50.109	RTP	102	PT=DynamicRTP-Type-107, SSRC=0x5A1736E2, Seq=37745, Time=4930
48	10.245409000	192.172.0.30	192.168.50.109	RTP	102	PT=DynamicRTP-Type-107, SSRC=0x5A1736E2, Seq=37746, Time=5890
49	10.265285000	192.172.0.30	192.168.50.109	RTP	102	PT=DynamicRTP-Type-107, SSRC=0x5A1736E2, Seq=37747, Time=6850
50	10.285178000	192.172.0.30	192.168.50.109	RTP	102	PT=DynamicRTP-Type-107, SSRC=0x5A1736E2, Seq=37748, Time=7810
52	10.306073000	192.172.0.30	192.168.50.109	RTP	102	PT=DynamicRTP-Type-107, SSRC=0x5A1736E2, Seq=37749, Time=8770
53	10.325528000	192.172.0.30	192.168.50.109	RTP	102	PT=DynamicRTP-Type-107, SSRC=0x5A1736E2, Seq=37750, Time=9730
54	10.345236000	192.172.0.30	192.168.50.109	RTP	102	PT=DynamicRTP-Type-107, SSRC=0x5A1736E2, Seq=37751, Time=10690
55	10.365892000	192.172.0.30	192.168.50.109	RTP	102	PT=DynamicRTP-Type-107, SSRC=0x5A1736E2, Seq=37752, Time=11650
56	10.383623000	192.168.50.109	192.172.0.30	RTP	214	PT=opus, SSRC=0x3F6C75C9, Seq=12764, Time=4280153532
57	10.385143000	192.172.0.30	192.168.50.109	RTP	102	PT=DynamicRTP-Type-107, SSRC=0x5A1736E2, Seq=37753, Time=12610
59	10.390758000	192.168.50.109	192.172.0.30	RTP	214	PT=opus, SSRC=0x3F6C75C9, Seq=12765, Time=4280154492
60	10.405082000	192.172.0.30	192.168.50.109	RTP	102	PT=DynamicRTP-Type-107, SSRC=0x5A1736E2, Seq=37754, Time=13570
61	10.418934000	192.168.50.109	192.172.0.30	RTP	214	PT=opus, SSRC=0x3F6C75C9, Seq=12766, Time=4280155452
62	10.420892000	192.168.50.109	192.172.0.30	RTP	214	PT=opus, SSRC=0x3F6C75C9, Seq=12767, Time=4280156412
63	10.424777000	192.172.0.30	192.168.50.109	RTP	102	PT=DynamicRTP-Type-107, SSRC=0x5A1736E2, Seq=37755, Time=14530
...	...	...	...	...	...	...
636	16.067093000	192.172.0.30	192.168.50.109	RTP	102	PT=DynamicRTP-Type-107, SSRC=0x5A1736E2, Seq=38037, Time=285250
637	16.087601000	192.168.50.109	192.172.0.30	RTP	214	PT=opus, SSRC=0x3F6C75C9, Seq=13050, Time=4280428092
638	16.088184000	192.172.0.30	192.168.50.109	RTP	102	PT=DynamicRTP-Type-107, SSRC=0x5A1736E2, Seq=38038, Time=286210
639	16.106819000	192.172.0.30	192.168.50.109	RTP	102	PT=DynamicRTP-Type-107, SSRC=0x5A1736E2, Seq=38039, Time=287170
640	16.112180000	192.168.50.109	192.172.0.30	RTP	214	PT=opus, SSRC=0x3F6C75C9, Seq=13051, Time=4280429052
641	16.119358000	192.172.0.30	192.168.50.109	SIP	527	Request: BYE sip:192.168.50.109:5080 |
642	16.294923000	192.168.50.109	192.172.0.30	SIP	483	Status: 200 OK |

Bild 5.10: Ablauf einer SIP-Voice over IP-Session mit Session-Aufbau, bidirektionalem RTP-Nutzdatentransfer und Session-Abbau

```
+  Frame 35 (1142 bytes on wire, 1142 bytes captured)
+  Ethernet II, Src: 00:ff:dd:d0:e1:d7 (00:ff:dd:d0:e1:d7), Dst: 00:50:56:b8:13:f7 (00:50:56:b8:13:f7)
+  Internet Protocol, Src: 192.172.0.30 (192.172.0.30), Dst: 192.168.50.109 (192.168.50.109)
+  User Datagram Protocol, Src Port: 5060 (5060), Dst Port: 5080 (5080)
-  Session Initiation Protocol
   +  Request-Line: INVITE sip:auto@192.168.50.109:5080 SIP/2.0
   -  Message Header
         Via: SIP/2.0/UDP 192.172.0.30:5060;branch=z9hG4bK808501c377bee411a692d00a0a635598;rport
      +  From: "PhonerLite" <sip:MeinName@192.168.50.109>;tag=2030736945
      +  To: <sip:auto@192.168.50.109:5080>
         Call-ID: 808501C3-77BE-E411-A691-D00A0A635598@192.172.0.30
         CSeq: 3 INVITE
      +  Contact: <sip:MeinName@192.172.0.30:5060>
         Content-Type: application/sdp
         Allow: INVITE, OPTIONS, ACK, BYE, CANCEL, INFO, NOTIFY, MESSAGE, UPDATE
         Max-Forwards: 70
         Supported: 100rel, replaces, from-change
         P-Early-Media: supported
         User-Agent: SIPPER for PhonerLite
         P-Preferred-Identity: <sip:MeinName@192.168.50.109>
         Content-Length:   443
   -  Message body
      -  Session Description Protocol
            Session Description Protocol Version (v): 0
         +  Owner/Creator, Session Id (o): - 56564262 1 IN IP4 192.172.0.30
            Session Name (s): SIPPER for PhonerLite
         +  Connection Information (c): IN IP4 192.172.0.30
         +  Time Description, active time (t): 0 0
         +  Media Description, name and address (m): audio 5062 RTP/AVP 107 8 0 2 3 97 110 111 9 101
         +  Media Attribute (a): rtpmap:107 opus/48000/2
         +  Media Attribute (a): rtpmap:8 PCMA/8000
         +  Media Attribute (a): rtpmap:0 PCMU/8000
         +  Media Attribute (a): rtpmap:2 G726-32/8000
         +  Media Attribute (a): rtpmap:3 GSM/8000
         +  Media Attribute (a): rtpmap:97 iLBC/8000
         +  Media Attribute (a): rtpmap:110 speex/8000
         +  Media Attribute (a): rtpmap:111 speex/16000
         +  Media Attribute (a): rtpmap:9 G722/8000
         +  Media Attribute (a): rtpmap:101 telephone-event/8000
         +  Media Attribute (a): fmtp:101 0-16
         +  Media Attribute (a): ssrc:1511470818
            Media Attribute (a): sendrecv
```

Bild 5.11: SIP-INVITE-Anfrage zur Initiierung einer Voice over IP-Session mit Darstellung aller enthaltener SIP-Header-Felder und SDP-Übersicht

```
+  🌳 Frame 38 (527 bytes on wire, 527 bytes captured)
+  🌳 Ethernet II, Src: 50:c5:8d:7a:d6:82 (50:c5:8d:7a:d6:82), Dst: 00:ff:dd:d0:e1:d7 (00:ff:dd:d0:e1:d7)
+  🌳 Internet Protocol, Src: 192.168.50.109 (192.168.50.109), Dst: 192.172.0.30 (192.172.0.30)
+  🌳 User Datagram Protocol, Src Port: 5080 (5080), Dst Port: 5060 (5060)
-  🌳 Session Initiation Protocol
   +  🌳 Status-Line: SIP/2.0 180 Ringing
   -  🌳 Message Header
      +  🌳 To: <sip:auto@192.168.50.109:5080>;tag=33659672_8f3a5fe8_6fdadc48_2f64b45b-f6f0-4dab-be45-6f65431ade6a
         🌳 Via: SIP/2.0/UDP 192.172.0.30:5060;branch=z9hG4bK808501c377bee411a692d00a0a635598;rport=5060;received=192.172.0.30
         🌳 CSeq: 3 INVITE
         🌳 Call-ID: 808501C3-77BE-E411-A691-D00A0A635598@192.172.0.30
      +  🌳 From: "PhonerLite" <sip:MeinName@192.168.50.109>;tag=2030736945
         🌳 Server: Frankfurt University SIP Server v0.1
      +  🌳 Contact: <sip:192.168.50.109:5080>
         🌳 Content-Length: 0
```

Bild 5.12: SIP-Statusinformation „180 Ringing", die den Status des kontaktierten Endsystems nach dem Eintreffen der INVITE-Anfrage repräsentiert, mit Darstellung der SIP-Header-Felder

```
+  🌳 Frame 42 (813 bytes on wire, 813 bytes captured)
+  🌳 Ethernet II, Src: 50:c5:8d:7a:d6:82 (50:c5:8d:7a:d6:82), Dst: 00:ff:dd:d0:e1:d7 (00:ff:dd:d0:e1:d7)
+  🌳 Internet Protocol, Src: 192.168.50.109 (192.168.50.109), Dst: 192.172.0.30 (192.172.0.30)
+  🌳 User Datagram Protocol, Src Port: 5080 (5080), Dst Port: 5060 (5060)
-  🌳 Session Initiation Protocol
   +  🌳 Status-Line: SIP/2.0 200 OK
   -  🌳 Message Header
      +  🌳 To: <sip:auto@192.168.50.109:5080>;tag=33659672_8f3a5fe8_6fdadc48_2f64b45b-f6f0-4dab-be45-6f65431ade6a
         🌳 Via: SIP/2.0/UDP 192.172.0.30:5060;branch=z9hG4bK808501c377bee411a692d00a0a635598;rport=5060;received=192.172.0.30
         🌳 CSeq: 3 INVITE
         🌳 Call-ID: 808501C3-77BE-E411-A691-D00A0A635598@192.172.0.30
      +  🌳 From: "PhonerLite" <sip:MeinName@192.168.50.109>;tag=2030736945
         🌳 Server: Frankfurt University SIP Server v0.1
      +  🌳 Contact: <sip:192.168.50.109:5080>
         🌳 Content-Type: application/sdp
         🌳 Content-Length: 258
   -  🌳 Message body
      -  🌳 Session Description Protocol
            🌳 Session Description Protocol Version (v): 0
      +  🌳 Owner/Creator, Session Id (o): - 56564262 3634199793 IN IP4 192.168.50.109
            🌳 Session Name (s): MediaSession Frankfurt University
      +  🌳 Connection Information (c): IN IP4 192.168.50.109
      +  🌳 Time Description, active time (t): 0 0
      +  🌳 Media Description, name and address (m): audio 35076 RTP/AVP 107 8 0 3
      +  🌳 Media Attribute (a): rtpmap:107 opus/48000/2
      +  🌳 Media Attribute (a): rtpmap:8 PCMA/8000
      +  🌳 Media Attribute (a): rtpmap:0 PCMU/8000
      +  🌳 Media Attribute (a): rtpmap:3 GSM/8000
         🌳 Media Attribute (a): sendrecv
```

Bild 5.13: SIP-Statusinformation „200 OK" zur Indikation der Verbindungsannahme durch den kontaktierten SIP User Agent, inkl. Auflösung des SIP-Headers und SDP-Übersicht

+   ⌐ Frame 43 (492 bytes on wire, 492 bytes captured)
+   ⌐ Ethernet II, Src: 00:ff:dd:d0:e1:d7 (00:ff:dd:d0:e1:d7), Dst: 00:50:56:b8:13:f7 (00:50:56:b8:13:f7)
+   ⌐ Internet Protocol, Src: 192.172.0.30 (192.172.0.30), Dst: 192.168.50.109 (192.168.50.109)
+   ⌐ **User Datagram Protocol, Src Port: 5060 (5060), Dst Port: 5080 (5080)**
−   ⌐ Session Initiation Protocol
     +   ⌐ Request-Line: ACK sip:192.168.50.109:5080 SIP/2.0
     −   ⌐ Message Header
          ⌐ Via: SIP/2.0/UDP 192.172.0.30:5060;branch=z9hG4bK80b232c477bee411a692d00a0a635598;rport
       + ⌐ From: "PhonerLite" <sip:MeinName@192.168.50.109>;tag=2030736945
       + ⌐ To: <sip:auto@192.168.50.109:5080>;tag=33659672_8f3a5fe8_6fdadc48_2f64b45b-f6f0-4dab-be45-6f65431ade6a
          ⌐ Call-ID: 808501C3-77BE-E411-A691-D00A0A635598@192.172.0.30
          ⌐ CSeq: 3 ACK
       + ⌐ Contact: <sip:MeinName@192.172.0.30:5060>
          ⌐ Max-Forwards: 70
          ⌐ Content-Length: 0

Bild 5.14: SIP-Nachricht ACK zur Erfüllung des SIP Three Way Handshakes beim Session-Aufbau mit Darstellung der SIP-Header-Felder

+   ⌐ Frame 641 (527 bytes on wire, 527 bytes captured)
+   ⌐ Ethernet II, Src: 00:ff:dd:d0:e1:d7 (80:ff:dd:d0:e1:d7), Dst: 00:50:56:b8:13:f7 (00:50:56:b8:13:f7)
+   ⌐ Internet Protocol, Src: 192.172.0.30 (192.172.0.30), Dst: 192.168.50.109 (192.168.50.109)
+   ⌐ **User Datagram Protocol, Src Port: 5060 (5060), Dst Port: 5080 (5080)**
−   ⌐ Session Initiation Protocol
     +   ⌐ Request-Line: BYE sip:192.168.50.109:5080 SIP/2.0
     −   ⌐ Message Header
          ⌐ Via: SIP/2.0/UDP 192.172.0.30:5060;branch=z9hG4bK8039c6c777bee411a692d00a0a635598;rport
       + ⌐ From: "PhonerLite" <sip:MeinName@192.168.50.109>;tag=2030736945
       + ⌐ To: <sip:auto@192.168.50.109:5080>;tag=33659672_8f3a5fe8_6fdadc48_2f64b45b-f6f0-4dab-be45-6f65431ade6a
          ⌐ Call-ID: 808501C3-77BE-E411-A691-D00A0A635598@192.172.0.30
          ⌐ CSeq: 4 BYE
       + ⌐ Contact: <sip:MeinName@192.172.0.30:5060>
          ⌐ Max-Forwards: 70
          ⌐ User-Agent: SIPPER for PhonerLite
          ⌐ Content-Length: 0

Bild 5.15: SIP-Anfrage BYE zur Einleitung des Session-Abbaus inkl. Auflösung des SIP-Headers

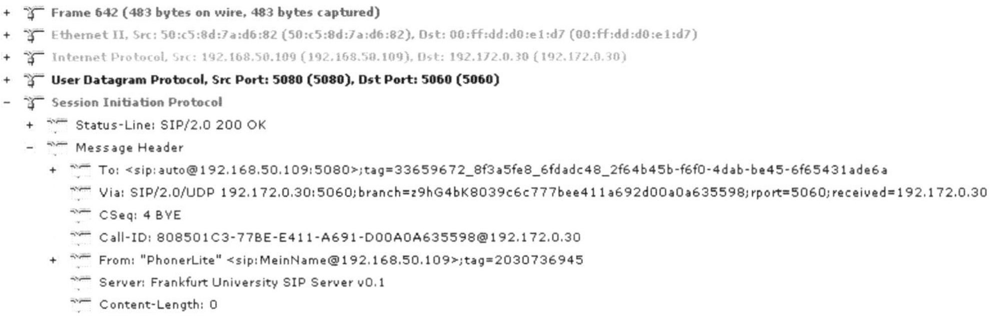

```
+  Ⴕ  Frame 642 (483 bytes on wire, 483 bytes captured)
+  Ⴕ  Ethernet II, Src: 50:c5:8d:7a:d6:82 (50:c5:8d:7a:d6:82), Dst: 00:ff:dd:d0:e1:d7 (00:ff:dd:d0:e1:d7)
+  Ⴕ  Internet Protocol, Src: 192.168.50.109 (192.168.50.109), Dst: 192.172.0.30 (192.172.0.30)
+  Ⴕ  User Datagram Protocol, Src Port: 5080 (5080), Dst Port: 5060 (5060)
-  Ⴕ  Session Initiation Protocol
   +  ᷡ  Status-Line: SIP/2.0 200 OK
   -  ᷡ  Message Header
      +  ᷡ  To: <sip:auto@192.168.50.109:5080>;tag=33659672_8f3a5fe8_6fdadc48_2f64b45b-f6f0-4dab-be45-6f65431ade6a
         ᷡ  Via: SIP/2.0/UDP 192.172.0.30:5060;branch=z9hG4bK8039c6c777bee411a692d00a0a635598;rport=5060;received=192.172.0.30
         ᷡ  CSeq: 4 BYE
         ᷡ  Call-ID: 808501C3-77BE-E411-A691-D00A0A635598@192.172.0.30
      +  ᷡ  From: "PhonerLite" <sip:MeinName@192.168.50.109>;tag=2030736945
         ᷡ  Server: Frankfurt University SIP Server v0.1
         ᷡ  Content-Length: 0
```

Bild 5.16: Statusinformation „200 OK" als Reaktion auf eine BYE-Anfrage im Rahmen des Session-Abbaus mit aufgelöster SIP-Header-Darstellung

5.8.2   Videokommunikation

Theoretische Beschreibung

Der Aufbau einer SIP-Session zur Übertragung von Video-Daten (Video over IP) erfolgt im Prinzip genauso wie der Aufbau einer reinen VoIP-Verbindung (siehe Abschnitt 5.8.1), unabhängig davon, ob nur ein Videosignal oder im Rahmen derselben Session zusätzlich auch Audiosignale übertragen werden sollen. Der einzige Unterschied besteht in den SDP-Anteilen (siehe Abschnitt 5.7) der während des SIP Three Way Handshakes (siehe Abschnitt 5.4) ausgetauschten SIP-Nachrichten INVITE und „200 OK". Der entsprechende Ausschnitt des SDP-Anteils könnte im Falle einer reinen Video-Session folgendermaßen aussehen:

```
m=video 1038 RTP/AVP 34
a=rtpmap:34 H263/90000
```

Dieser Ausschnitt besagt, dass es sich bei dem auf Port 1038 zu empfangenden Signal um Video-Daten handeln muss, die nach dem RTP/AVP-Codec-Typ 34 komprimiert sind. Dieser Video-Codec-Typ wird in der zweiten Zeile (a=...) nochmals erläutert; es handelt sich um eine Codierung nach H.263 mit einer Abtastrate von 90000 Hz (90 kHz).

Im Falle einer kombinierten Sprach- und Videoverbindung werden in den SDP-Anteilen sowohl die Audio- als auch die Video-Parameter übermittelt. Diese Medienbeschreibung innerhalb einer SDP-Nachricht könnte wie folgt aussehen:

```
m=audio 1028 RTP/AVP 0 8 4 3
a=rtpmap:0 PCMU/8000
a=rtpmap:8 PCMA/8000
a=rtpmap:4 G723/8000
a=rtpmap:3 GSM/8000
m=video 1038 RTP/AVP 34
a=rtpmap:34 H263/90000
```

Deutlich erkennbar ist, dass die bereits bekannten Medienbeschreibungen für Audio (siehe Abschnitt 5.8.1) und Video einfach untereinander angeordnet werden.

Bild 5.17 zeigt den Auf- und Abbau einer Video-Session.

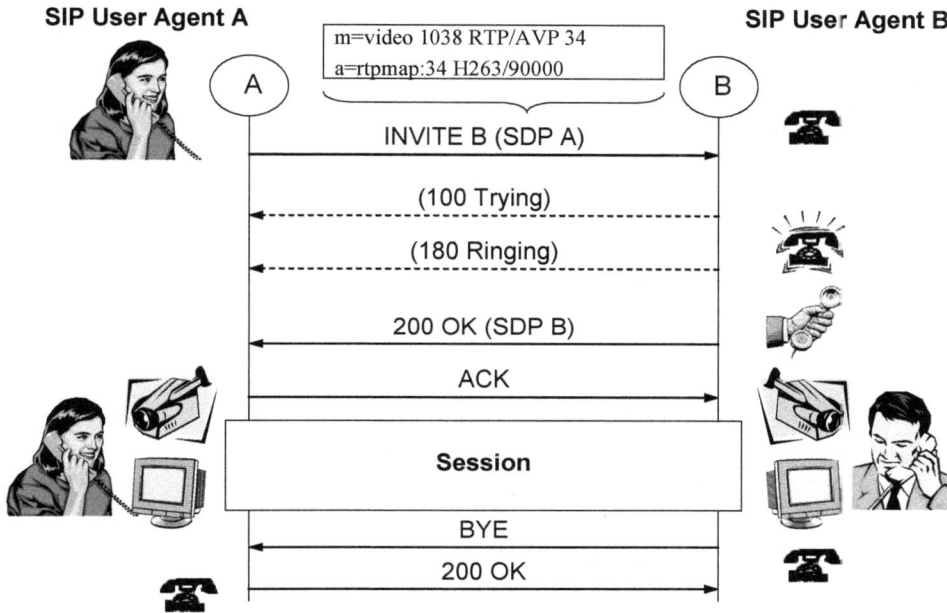

Bild 5.17: Session-Auf- und -Abbau einer Video-Verbindung zwischen zwei SIP User Agents

Praktisches Beispiel

Bild 5.18 zeigt ein Beispiel aus der Praxis für den Ablauf einer SIP-vermittelten Video over IP-Session. In Bild 5.19 ist die diese Session einleitende INVITE-Anfrage im Detail dargestellt. Beachten Sie insbesondere die Angabe des Video-Codecs (hier: Payload Type 34; H.263) im SDP-m-Parameter und den unteren SDP-a-Parameter, der die Vorgabe recvonly übermittelt. Der diese Session einleitende Teilnehmer will also im Rahmen der Session lediglich Video over IP empfangen, jedoch selber keinen RTP-Video-Datenstrom aussenden. Das Ergebnis bezüglich der RTP-Nutzdaten zeigt Bild 5.18.

Ein vergleichbares Praxisbeispiel kann auch mit der SIP-Infrastruktur des Labors für Telekommunikationsnetze der Frankfurt University of Applied Sciences durchgespielt werden. Hierzu wird ein videofähiger SIP User Agent benötigt. Die Bedienung orientiert sich in diesem Fall am VoIP-Praxisbeispiel (siehe Abschnitt 5.8.1).

Num	Source Address	Dest Address	Summary	Length
1	192.109.234.123	192.109.234.124	SIP/SDP: Request: INVITE sip:auto@sip-verstehen, with sessi...	683
2	192.109.234.124	192.109.234.123	SIP: Status: 100 Trying	282
3	192.109.234.124	192.109.234.123	SIP: Status: 180 ringing	366
4	192.109.234.124	192.109.234.123	SIP: Status: 180 ringing	366
5	192.109.234.124	192.109.234.123	SIP: Status: 180 ringing	366
6	192.109.234.124	192.109.234.123	RTP: Payload type=ITU-T H.263, SSRC=3973738B, Seq=620...	766
7	192.109.234.124	192.109.234.123	RTCP: Sender Report	110
8	192.109.234.124	192.109.234.123	SIP/SDP: Status: 200 OK, with session description	715
9	192.109.234.124	192.109.234.123	RTP: Payload type=ITU-T H.263, SSRC=3973738B, Seq=623...	770
10	192.109.234.124	192.109.234.123	RTP: Payload type=ITU-T H.263, SSRC=3973738B, Seq=620...	774
11	192.109.234.123	192.109.234.124	SIP: Request: ACK sip:auto@sip-verstehen;maddr=192.109.23...	475
12	192.109.234.124	192.109.234.123	RTP: Payload type=ITU-T H.263, SSRC=3973738B, Seq=623...	782
13	192.109.234.124	192.109.234.123	RTP: Payload type=ITU-T H.263, SSRC=3973738B, Seq=623...	822
14	192.109.234.124	192.109.234.123	RTP: Payload type=ITU-T H.263, SSRC=3973738B, Seq=623...	822
15	192.109.234.124	192.109.234.123	RTP: Payload type=ITU-T H.263, SSRC=3973738B, Seq=623...	822
...	...	...	...	...
28	192.109.234.124	192.109.234.123	RTP: Payload type=ITU-T H.263, SSRC=3973738B, Seq=623...	476
29	192.109.234.124	192.109.234.123	RTP: Payload type=ITU-T H.263, SSRC=3973738B, Seq=623...	1235
30	192.109.234.124	192.109.234.123	RTP: Payload type=ITU-T H.263, SSRC=3973738B, Seq=623...	1374
31	192.109.234.124	192.109.234.123	RTP: Payload type=ITU-T H.263, SSRC=3973738B, Seq=623...	1348
32	192.109.234.123	192.109.234.124	ICMP: Destination unreachable	70
33	192.109.234.124	192.109.234.123	RTP: Payload type=ITU-T H.263, SSRC=3973738B, Seq=623...	473
34	192.109.234.123	192.109.234.124	ICMP: Destination unreachable	70
35	192.109.234.123	192.109.234.124	SIP: Request: BYE sip:auto@sip-verstehen;maddr=192.109.23...	418
36	192.109.234.124	192.109.234.123	SIP: Status: 100 Trying	299
37	192.109.234.124	192.109.234.123	SIP: Status: 200 OK	385

Bild 5.18: Ablauf einer unidirektionalen SIP-Video over IP-Session mit Session-Aufbau, RTP-Nutzdatentransfer und Session-Abbau

```
+  🖅 Frame 1 (683 bytes on wire, 683 bytes captured)
+  🖅 Ethernet II, Src: 00:40:d0:3f:b2:50, Dst: 00:0c:6e:91:0a:41
+  🖅 Internet Protocol, Src Addr: 192.109.234.123 (192.109.234.123), Dst Addr: 192.109.234.124 (192.109.234.124)
+  🖅 User Datagram Protocol, Src Port: 5060 (5060), Dst Port: 5060 (5060)
-  🖅 Session Initiation Protocol
   +  🖅 Request line: INVITE sip:auto@sip-verstehen SIP/2.0
   -  🖅 Message Header
         🖅 Via: SIP/2.0/UDP 192.109.234.123:5060
         🖅 To: sip:auto@sip-verstehen
         🖅 From: Peter Braun <sip:ihrname@sip-verstehen>;tag=5015adb86a173fb
         🖅 Call-ID: 82c52fdc92833d4@sip-verstehen
         🖅 CSeq: 1569710888 INVITE
         🖅 Max-Forwards: 70
         🖅 Allow: INVITE, ACK, OPTIONS, BYE, CANCEL, REGISTER, REFER, SUBSCRIBE, NOTIFY, MESSAGE
         🖅 Content-Type: application/sdp
         🖅 Content-Length: 159
         🖅 Contact: Peter Braun <sip:ihrname@192.109.234.123:5060>
         🖅 User-Agent: SCS/v3.1.12.33
-  🖅 Session Description Protocol
         🖅 Session Description Protocol Version (v): 0
   +  🖅 Owner/Creator, Session Id (o): PeterBraun 310095 0 IN IP4 192.109.234.123
         🖅 Session Name (s): ScS Client
   +  🖅 Connection Information (c): IN IP4 192.109.234.123
   +  🖅 Time Description, active time (t): 0 0
   +  🖅 Media Description, name and address (m): video 1042 RTP/AVP 34
   +  🖅 Media Attribute (a): rtpmap:34 H263/90000
         🖅 Media Attribute (a): recvonly
```

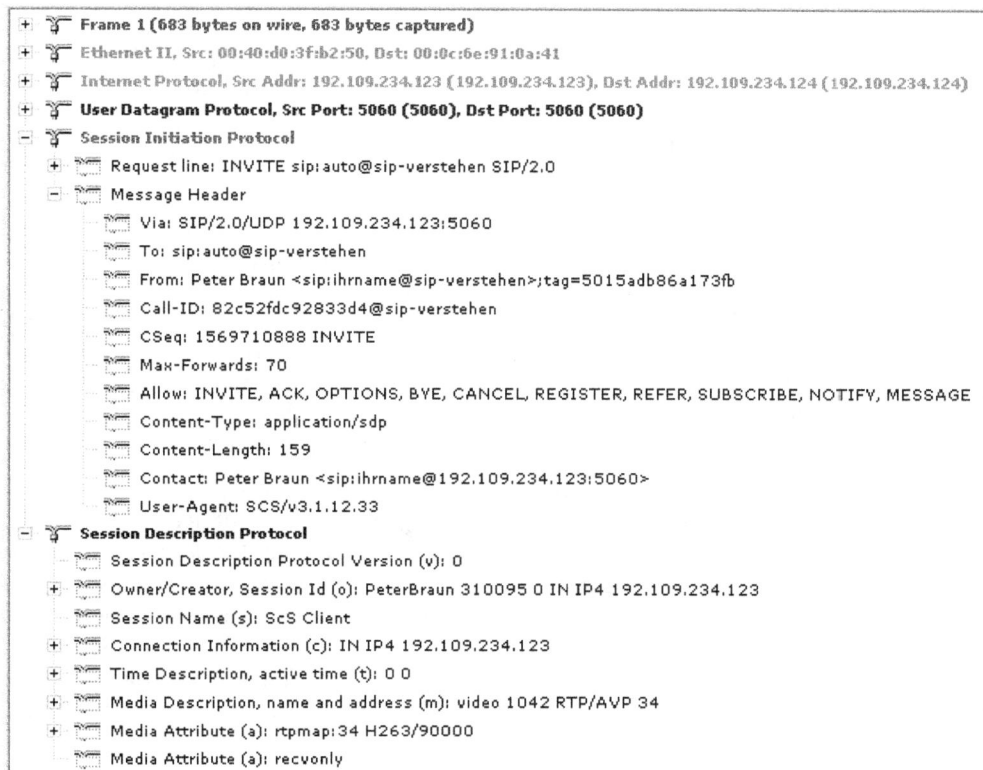

Bild 5.19: Darstellung einer SIP-INVITE-Anfrage zur Initiierung einer unidirektionalen Video over IP-Session inkl. Auflösung aller enthaltenen SIP-Header-Felder und SDP-Übersicht

5.8.3   Chat – Kommunikation mit Text

Auch die Einleitung einer wechselseitigen schriftlichen Kommunikation (Chat-Prinzip) kann mittels SIP realisiert werden. Zweckmäßigerweise wird auch hierzu eine regelgerechte Session initiiert, um eine Verbindungsorientierung zu gewährleisten. Im Rahmen dieser Session kann ein Verschlüsselungsverfahren für den Nutzdatenaustausch angewendet werden. Wie schon anhand der Beschreibungen in den Abschnitten 5.8.1 und 5.8.2 erläutert besteht der einzige Unterschied zu Sessions für andere Medientypen in den im SDP-Anteil (siehe Abschnitt 5.7) enthaltenen Parametern, die während des SIP Three Way Handshakes (siehe Abschnitt 5.4) innerhalb der INVITE-Anfrage bzw. der „200 OK"-Statusinformation übermittelt werden.

Theoretische Beschreibung

Eine Chat-Kommunikation setzt bei beiden Session-Teilnehmern die Implementierung einer Applikation zur Realisierung der Textannahme und -übergabe im jeweiligen SIP User Agent voraus.

Man beachte, dass im Verlauf einer SIP-Session-Initiierung ausschließlich Vereinbarungen bezüglich der Medienart (z.B. Audio-, Video- oder Textkommunikation) sowie der zu nutzenden Software-Applikationen und Ports getroffen werden. Je nach Art der Kommunikation (z.B. Textkommunikation), die Gegenstand einer Session sein soll, bzw. je nach dem dafür vorgesehenen Transportprotokoll (z.B. TLS (Transport Layer Security; [5246]) für die Verschlüsselung von Nutzdaten (siehe Abschnitt 12.2.2)) werden jedoch weitere Absprachen zwischen Client und Server nötig (z.B. der Verbindungsaufbau bei TCP bzw. Authentifizierung und Schlüsseltausch bei der Verwendung eines Verschlüsselungsverfahrens). Derartige Absprachen werden nicht mittels SIP, sondern mit der vom jeweiligen Medium bzw. Protokoll vorgesehenen Methode (z.B. mittels eines protokollspezifischen Handshakes) getroffen.

Bild 5.20 zeigt ein Beispiel für die Einleitung einer SIP-Session zur verschlüsselten Textkommunikation. Zur Chiffrierung der auszutauschenden Text-Daten soll das TLS-Verfahren verwendet werden. Dieses stellt eine Weiterentwicklung der Version 3.0 des SSL-Protokolls (Secure Socket Layer) dar und dient einer verschlüsselten Client-Server-Kommunikation durch Verwendung kryptografischer Algorithmen. Vor dem eigentlichen Austausch TLS-verschlüsselter Nutzdaten erfolgen zunächst ein für dieses Verfahren typischer Handshake und ein Schlüsseltausch zwischen den beteiligten Kommunikationspartnern. Da TLS-Elemente allerdings mittels des verbindungsorientiert arbeitenden TCP transportiert werden, findet zuvor noch ein TCP-Verbindungsaufbau statt.

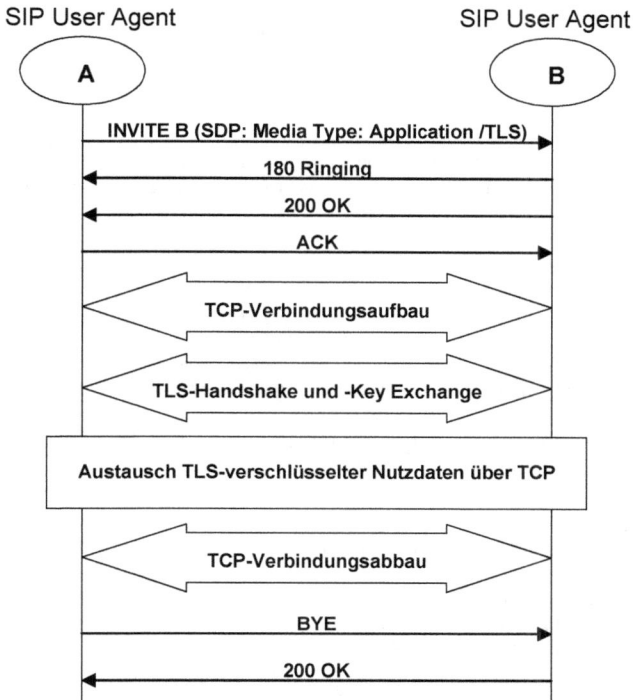

Bild 5.20: SIP-Session zur verschlüsselten Textkommunikation mit dem per TCP transportierten TLS zwischen zwei SIP User Agents

Praktisches Beispiel
Bild 5.21 zeigt ein Beispiel aus der Praxis für den Ablauf einer SIP-basierten Chat-Session mit per TLS verschlüsselter Übertragung der Nutzdaten. In Bild 5.22 ist die diese Session einleitende INVITE-Anfrage im Detail dargestellt. Beachten Sie insbesondere den mit dem SDP-m-Parameter übermittelten Namen des Kommunikationsmediums (hier: application) sowie das im gleichen Parameter angegebene Transportprotokoll (hier: tls). Das angegebene Medienformat (hier: es8tlschat) ist ein applikationsspezifisches Datenformat für die Übermittlung von Texten im Rahmen einer Chat-Session.

Num	Source Address	Dest Address	Summary	Length
1	192.109.234.123	192.109.234.124	SIP/SDP: Request: INVITE sip:auto@sip-verstehen, with sessi...	657
2	192.109.234.124	192.109.234.123	SIP: Status: 100 Trying	282
3	192.109.234.124	192.109.234.123	SIP: Status: 180 ringing	366
4	192.109.234.124	192.109.234.123	SIP: Status: 180 ringing	366
5	192.109.234.124	192.109.234.123	SIP: Status: 180 ringing	366
6	192.109.234.124	192.109.234.123	TCP: 1100 > 1047 [SYN] Seq=1657862954 Ack=0 Win=642...	62
7	192.109.234.123	192.109.234.124	TCP: 1047 > 1100 [SYN, ACK] Seq=1602953170 Ack=1657...	62
8	192.109.234.124	192.109.234.123	TCP: 1100 > 1047 [ACK] Seq=1657862955 Ack=160295317...	60
9	192.109.234.124	192.109.234.123	TLS: Client Hello	110
10	192.109.234.123	192.109.234.124	TLS: Server Hello, Certificate, Server Hello Done	588
11	192.109.234.124	192.109.234.123	TLS: Client Key Exchange, Change Cipher Spec, Encrypted Han...	244
12	192.109.234.123	192.109.234.124	TLS: Change Cipher Spec, Encrypted Handshake Message	105
13	192.109.234.124	192.109.234.123	SIP/SDP: Status: 200 OK, with session description	689
14	192.109.234.123	192.109.234.124	SIP: Request: ACK sip:auto@sip-verstehen;maddr=192.109.23...	475
15	192.109.234.124	192.109.234.123	TCP: 1100 > 1047 [ACK] Seq=1657863201 Ack=160295375...	60
16	192.109.234.123	192.109.234.124	TLS: Application Data	115
17	192.109.234.124	192.109.234.123	TCP: 1100 > 1047 [ACK] Seq=1657863201 Ack=160295381...	60
18	192.109.234.123	192.109.234.124	TLS: Application Data	115
...	...	...	...	...
28	192.109.234.123	192.109.234.124	TCP: 1047 > 1100 [ACK] Seq=1602954122 Ack=165786327...	54
29	192.109.234.123	192.109.234.124	TLS: Encrypted Alert	83
30	192.109.234.123	192.109.234.124	TCP: 1047 > 1100 [FIN, ACK] Seq=1602954151 Ack=165786...	54
31	192.109.234.124	192.109.234.123	TCP: 1100 > 1047 [ACK] Seq=1657863270 Ack=160295415...	60
32	192.109.234.124	192.109.234.123	TLS: Encrypted Alert	83
33	192.109.234.124	192.109.234.123	TCP: 1047 > 1100 [RST] Seq=1602954152 Ack=165786327...	54
34	192.109.234.123	192.109.234.124	SIP: Request: BYE sip:auto@sip-verstehen;maddr=192.109.23...	418
35	192.109.234.124	192.109.234.123	SIP: Status: 100 Trying	299
36	192.109.234.124	192.109.234.123	SIP: Status: 200 OK	385

Bild 5.21: Ablauf einer SIP-Session zur verschlüsselten Textkommunikation mit SIP-Session- und anschließendem TCP-Verbindungsaufbau, TLS-Handshake und -Nutzdatentransfer sowie TCP- und SIP-Session-Verbindungsabbau

```
+  🖳  Frame 1 (657 bytes on wire, 657 bytes captured)
+  🖳  Ethernet II, Src: 00:40:d0:3f:b2:50, Dst: 00:0c:6e:91:0a:41
+  🖳  Internet Protocol, Src Addr: 192.109.234.123 (192.109.234.123), Dst Addr: 192.109.234.124 (192.109.234.124)
+  🖳  User Datagram Protocol, Src Port: 5060 (5060), Dst Port: 5060 (5060)
-  🖳  Session Initiation Protocol
   +  🖳  Request line: INVITE sip:auto@sip-verstehen SIP/2.0
   -  🖳  Message Header
         🖳  Via: SIP/2.0/UDP 192.109.234.123:5060
         🖳  To: sip:auto@sip-verstehen
         🖳  From: Peter Braun <sip:ihrname@sip-verstehen>;tag=c3e117c66d51c68
         🖳  Call-ID: f6cf551662ec854@sip-verstehen
         🖳  CSeq: 2033999070 INVITE
         🖳  Max-Forwards: 70
         🖳  Allow: INVITE, ACK, OPTIONS, BYE, CANCEL, REGISTER, REFER, SUBSCRIBE, NOTIFY, MESSAGE
         🖳  Content-Type: application/sdp
         🖳  Content-Length: 133
         🖳  Contact: Peter Braun <sip:ihrname@192.109.234.123:5060>
         🖳  User-Agent: SCS/v3.1.12.33
-  🖳  Session Description Protocol
         🖳  Session Description Protocol Version (v): 0
   +  🖳  Owner/Creator, Session Id (o): PeterBraun 603257 0 IN IP4 192.109.234.123
         🖳  Session Name (s): ScS Client
   +  🖳  Connection Information (c): IN IP4 192.109.234.123
   +  🖳  Time Description, active time (t): 0 0
   -  🖳  Media Description, name and address (m): application 1047 tls es8tlschat
         🖳  Media Type: application
         🖳  Media Port: 1047
         🖳  Media Proto: tls
         🖳  Media Format: es8tlschat
```

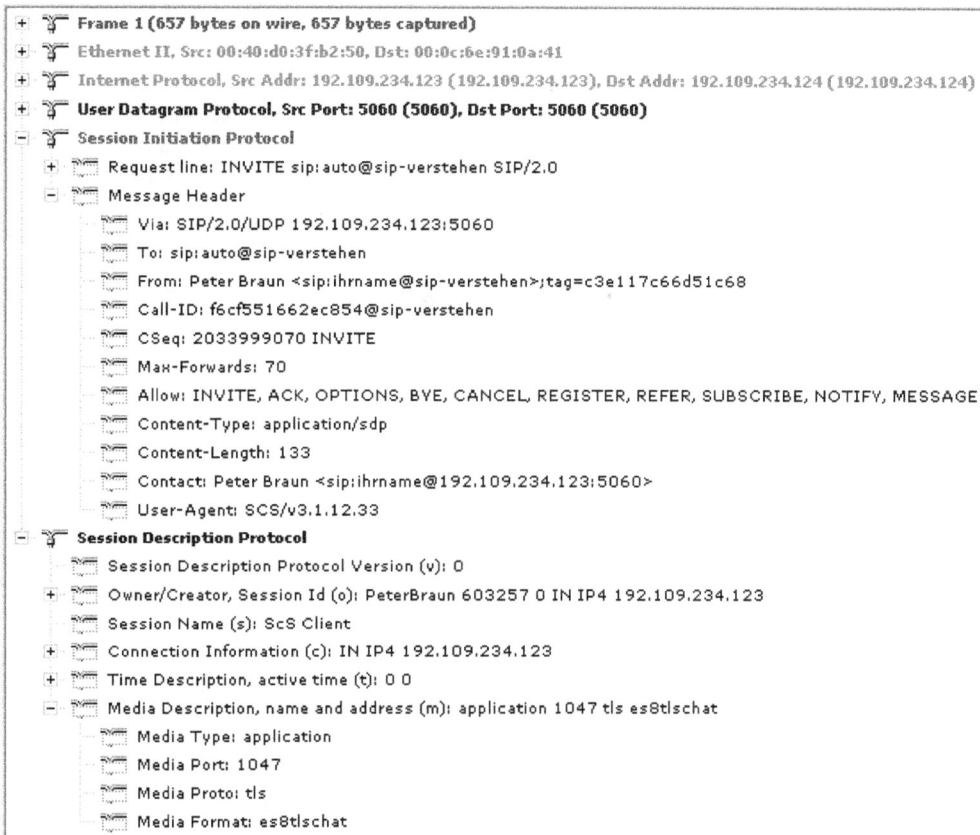

Bild 5.22: SIP-INVITE-Anfrage zur Initiierung einer Session zur verschlüsselten Textkommunikation inkl. Auflösung aller enthaltener SIP-Header-Felder und SDP-Übersicht

5.8.4   File Transfer – Dateiübertragung

Zur einfachen Übertragung von Dateien über IP-Netze bedarf es im Prinzip keiner SIP-Infrastruktur. Das verbindungsorientiert arbeitende TCP (siehe Abschnitt 4.2.4) stellt, ggf. in Verbindung mit Transportprotokollen wie HTTP und FTP, eine genügende Basis für die Übertragung von Dateien zu Verfügung. Soll eine Dateiübermittlung allerdings nur einmalig und nur nach vorheriger Absprache zwischen zwei fest definierten Endsystemen stattfinden, kann es sinnvoll sein, die Übertragung im Rahmen einer Session zu vollziehen. So ist auch die Aushandlung der Verwendung eines Verschlüsselungsverfahrens möglich. Wie bereits in Abschnitt 5.8.3 erläutert, stellt SIP entsprechende Möglichkeiten zur Verfügung.

Theoretische Beschreibung

Genauso wie die SIP-basierte Einleitung einer chiffrierten Textkommunikation (siehe Abschnitt 5.8.3) ist auch die Initiierung einer SIP-Session mit dem Zweck der verschlüsselten Übertragung einer Datei über ein IP-Netz möglich. Grundlage hierfür kann wiederum die Einleitung einer SIP-Session sein, in deren Rahmen entsprechende Absprachen getroffen werden. Nach der SIP-Session-Initiierung findet im Falle der Verwendung von TLS als Verfahren zur Verschlüsselung der zu übertragenden Dateisegmente zunächst ein TCP-Verbindungsaufbau, nachfolgend der TLS-Handshake sowie der -Key Exchange statt. Im Anschluss daran erfolgt die unidirektionale Übertragung der Dateisegmente. Die in Abschnitt 5.8.3 unter „Theoretische Beschreibung" gegebenen Erläuterungen sowie Bild 5.20 gelten entsprechend.

Praktisches Beispiel

Bild 5.23 zeigt ein Beispiel für den Ablauf einer SIP-basierten Session zur verschlüsselten Übertragung einer Datei mittels TLS.

Num	Source Address	Dest Address	Summary	Length
1	192.168.0.6	192.168.0.2	SIP/SDP: Request: INVITE sip:192.168.0.2:5063, with session...	836
2	192.168.0.2	192.168.0.6	SIP: Status: 180 ringing	424
3	192.168.0.2	192.168.0.6	TCP: 1113 > 1231 [SYN] Seq=3899054360 Ack=0 Win=163...	62
4	192.168.0.6	192.168.0.2	TCP: 1231 > 1113 [SYN, ACK] Seq=1001625631 Ack=3899...	62
5	192.168.0.2	192.168.0.6	TCP: 1113 > 1231 [ACK] Seq=3899054361 Ack=100162563...	60
6	192.168.0.2	192.168.0.6	TLS: Client Hello	110
7	192.168.0.6	192.168.0.2	TLS: Server Hello, Certificate, Server Hello Done	588
8	192.168.0.2	192.168.0.6	TLS: Client Key Exchange, Change Cipher Spec, Encrypted Han...	244
9	192.168.0.2	192.168.0.6	SIP/SDP: Status: 200 OK, with session description	802
10	192.168.0.6	192.168.0.2	TLS: Change Cipher Spec, Encrypted Handshake Message	105
11	192.168.0.6	192.168.0.2	TLS: Application Data, Application Data	2912
12	192.168.0.2	192.168.0.6	TCP: 1113 > 1231 [ACK] Seq=3899054607 Ack=100162767...	60
13	192.168.0.6	192.168.0.2	TLS: Application Data, Application Data	2912
14	192.168.0.2	192.168.0.6	TCP: 1113 > 1231 [ACK] Seq=3899054607 Ack=100163053...	60
15	192.168.0.6	192.168.0.2	SIP: Request: ACK sip:192.168.0.2:5063	526
16	192.168.0.6	192.168.0.2	TLS: Application Data, Application Data	2912
...	...	...	...	...
26	192.168.0.2	192.168.0.6	TCP: 1113 > 1231 [ACK] Seq=3899054607 Ack=100164622...	60
27	192.168.0.6	192.168.0.2	TLS: Application Data	123
28	192.168.0.2	192.168.0.6	TLS: Encrypted Alert	83
29	192.168.0.2	192.168.0.6	TCP: 1113 > 1231 [FIN, ACK] Seq=3899054636 Ack=100164...	60
30	192.168.0.6	192.168.0.2	TCP: 1231 > 1113 [ACK] Seq=1001646292 Ack=389905463...	54
31	192.168.0.6	192.168.0.2	TLS: Encrypted Alert	83
32	192.168.0.6	192.168.0.2	TCP: 1231 > 1113 [FIN, ACK] Seq=1001646321 Ack=389905...	54
33	192.168.0.2	192.168.0.6	TCP: 1113 > 1231 [RST] Seq=3899054637 Ack=100164629...	60
34	192.168.0.2	192.168.0.6	TCP: 1113 > 1231 [RST] Seq=3899054637 Ack=389905463...	60
35	192.168.0.2	192.168.0.6	SIP: Request: BYE sip:auto@tklabor;maddr=192.168.0.6	390
36	192.168.0.6	192.168.0.2	SIP: Status: 100 Trying	277
37	192.168.0.6	192.168.0.2	SIP: Status: 200 OK	353

Bild 5.23: Ablauf einer SIP-Session zur verschlüsselten Übertragung einer Datei mit SIP-Session- und anschließendem TCP-Verbindungsaufbau, TLS-Handshake und -Nutzdatentransfer sowie TCP- und SIP-Session-Verbindungsabbau

5.8.5   Instant Messaging (IM) – Kurzmitteilungen

Im Gegensatz zu den in den Abschnitten 5.8.1 bis 5.8.4 angeführten SIP-Anwendungen wird für die einmalige Übermittlung einer schriftlichen Kurzmitteilung keine Session initiiert. Die Übertragung des Textes erfolgt innerhalb der SIP-Nachricht MESSAGE (siehe Abschnitt 5.2), genauer gesagt in deren Message Body, in dem in den bisherigen Anwendungsbeispielen der SDP-Anteil übertragen wurde.

Theoretische Beschreibung
Eine derartige MESSAGE-Nachricht (hier beispielhaft von einem Benutzer mit der SIP URI sip:Bob@SIP-Provider.com an den Benutzer der SIP URI sip:Mensch@Meier.de) kann folgendermaßen aussehen:

```
MESSAGE sip:Mensch@Meier.de SIP/2.0
Via: SIP/2.0/UDP 192.104.123.234
To: sip:Mensch@Meier.de
From: Bob <sip:Bob@SIP-Provider.com>
Call-ID: 200ed69e@192.104.123.234
CSeq: 1337953480 MESSAGE
Contact: sip:Bob@192.104.123.234
Content-Length: 35
Content-Type: text/plain
User-Agent: SCS/v3.1.12.33

Dies ist eine Test-Sofortnachricht!
```

Die Nachricht enthält im Header-Feld Content-Type die Information, dass es sich bei den im Message Body übertragenen Daten um einfachen ASCII-Text (text/plain) handelt. Der im Header-Feld Content-Length übertragene Wert 35 ergibt sich aus der Anzahl Byte für die als Text übertragenen Zeichen.

Der Erhalt einer MESSAGE-Nachricht wird durch den Empfänger mittels der Statusinformation „200 OK" bestätigt.

Das Prinzip der Übertragung einer derartigen Kurzmitteilung ist in Bild 5.24 dargestellt.

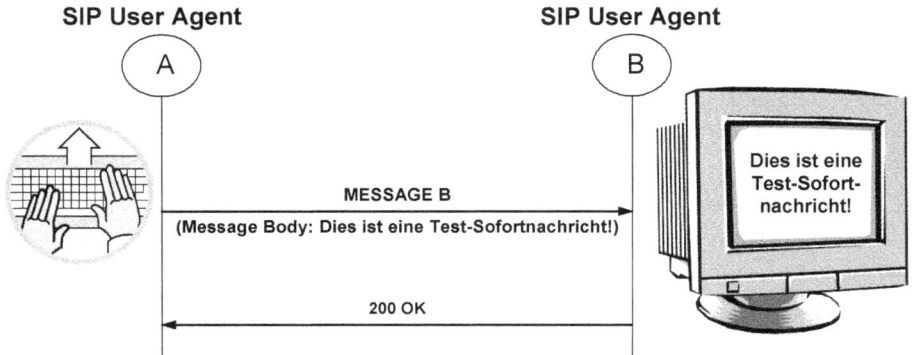

Bild 5.24: Prinzip der unidirektionalen Übermittlung einer schriftlichen Kurzmitteilung per SIP-MESSAGE-Nachricht

Praktisches Beispiel

Auch der Versand und Empfang SIP-basierter Kurzmitteilungen kann mit Hilfe des SIP User Agents PhonerLite und der SIP-Infrastruktur des Labors für Telekommunikationsnetze der Frankfurt University of Applied Sciences praktisch erprobt und analysiert werden. Der Versuchsaufbau hierfür ist identisch mit dem für das in Abschnitt 5.8.1 erläuterte VoIP-Praxisbeispiel.

Um Instant Messages zu senden, zu empfangen und zu analysieren gehen Sie wie folgt vor.

1. Erforderlichenfalls Internet-Zugang des PCs aktivieren.
2. Protokollaufzeichnungsvorgang mit Protokollanalyse-Software Wireshark starten.
3. SIP User Agent-Software PhonerLite starten.
4. Absenden einer SIP-Kurzmitteilung an den automatisierten SIP User Agent an der Frankfurt University of Applied Sciences. Klicken Sie hierfür auf den Reiter „Nachrichten" im mittleren Teil des PhonerLite-Hauptfensters. Geben Sie nun den Benutzernamen auto in das mit „Zieladresse" überschriebenen Feld im linken mittleren Bereich des PhonerLite-Programmfensters ein. Geben Sie nun einen beliebigen Kurzmitteilungstext in das darunterliegende mit „Nachricht" überschriebene Feld ein und betätigen Sie abschließend die darunterliegende Schaltfläche „Senden". Im großen Feld rechts sehen Sie nun den Text der abgeschickten Kurzmitteilung sowie den Text der automatisch gesendeten Antwort aus der Frankfurt University of Applied Sciences.
5. Stoppen der Protokollaufzeichnung in Wireshark.
6. Speichern Sie die Aufzeichnungs-Session bei Bedarf ab.

Bild 5.25 zeigt ein Beispiel aus der Praxis für den wechselseitigen Austausch jeweils einer Kurzmitteilung unter Einsatz der SIP-Nachricht MESSAGE zwischen zwei SIP User Agents. In Bild 5.26 ist die erste der beiden MESSAGE-Nachrichten im Detail dargestellt. Beachten Sie die Angabe im „Content-Type"-Header-Feld (hier: text/plain) bezüglich des Formats der im Message Body der Nachricht enthaltenen Daten sowie den Inhalt des Message Bodys.

Vergleichen Sie die Angabe im SIP-Header-Feld Content-Length (hier: 35) mit der tatsächlichen Länge des Message Bodys (jedes ASCII-Zeichen wird mit 1 Byte codiert).

No.	Time	Source	Destination	Protocol	Length	Info
60	23.616334000	192.172.0.30	192.168.50.109	SIP	583	Request: MESSAGE sip:auto@192.168.50.109
61	23.634209000	192.168.50.109	192.172.0.30	SIP	483	Status: 200 OK
62	23.635276000	192.168.50.109	192.172.0.30	SIP	559	Request: MESSAGE sip:MeinName@192.172.0.30:5060
63	23.635664000	192.172.0.30	192.168.50.109	SIP	659	Status: 200 OK

Bild 5.25: Ablauf des Versendens und anschließenden Empfangens jeweils einer Kurzmitteilung auf Basis der SIP-Nachricht MESSAGE

```
+  Frame 60 (583 bytes on wire, 583 bytes captured)
+  Ethernet II, Src: 00:ff:dd:d0:e1:d7 (00:ff:dd:d0:e1:d7), Dst: 00:50:56:b8:13:f7 (00:50:56:b8:13:f7)
+  Internet Protocol, Src: 192.172.0.30 (192.172.0.30), Dst: 192.168.50.109 (192.168.50.109)
+  User Datagram Protocol, Src Port: 5060 (5060), Dst Port: 5080 (5080)
-  Session Initiation Protocol
   +  Request-Line: MESSAGE sip:auto@192.168.50.109 SIP/2.0
   -  Message Header
         Via: SIP/2.0/UDP 192.172.0.30:5060;branch=z9hG4bK006f67e481bee411a695d00a0a635598;rport
      +  From: "PhonerLite" <sip:MeinName@192.168.50.109>;tag=3385248981
      +  To: <sip:auto@192.168.50.109>
         Call-ID: 006F67E4-81BE-E411-A694-D00A0A635598@192.172.0.30
         CSeq: 11 MESSAGE
      +  Contact: <sip:MeinName@192.172.0.30:5060>
         Content-Type: text/plain; charset="UTF-8"
         Max-Forwards: 70
         Date: Sun, 01 Mar 2015 13:09:42 GMT
         User-Agent: SIPPER for PhonerLite
         Content-Length:   36
   -  Message body
      -  Line-based text data: text/plain
            Dies ist eine Test-Kurzmitteilung!
```

Bild 5.26: Darstellung einer SIP-MESSAGE-Nachricht zum Versenden einer Kurzmitteilung inkl. Auflösung aller enthaltener SIP-Header-Felder sowie des im Message-Body der Nachricht transportierten Textes

5.8.6 Presence – Ermitteln des Online-Status eines anderen Nutzers

Theoretische Beschreibung

Seit Einführung diverser Internet Messenger wie z.B. MSN Messenger, AOL Instant Messenger oder ICQ zur (z.B. textbasierten) Online-Kommunikation über das Internet hat sich die Komfort-Funktion „Presence" bewährt, mit deren Hilfe ein Benutzer bereits vor dem Verbindungsaufbau erkennen kann, ob ein potentieller Chat- oder Gesprächs-Partner gerade erreichbar ist. Eine solche Funktion entspricht der Überwachung bzw. dem Abonnieren des Erreichbarkeitsstatus eines Nutzers und kann mit Hilfe der SIP-Nachrichten SUBSCRIBE und NOTIFY (siehe Abschnitt 5.2) realisiert werden. Der prinzipielle Ablauf derartiger Überwachungen mittels SIP ist unter der Bezeichnung „SIP-Specific Event Notification" (dt.: Ereignismitteilung) in [6665] spezifiziert. [3856] definiert die Anwendung von „SIP-Specific Event Notification" für die SIP-basierte Realisierung der Funktion „Presence" in Form eines sog. „Event Package" (siehe Abschnitt 5.5.3).

Bild 5.27 zeigt ein Beispiel für das Abonnieren des Online-Status eines Benutzers unter Einsatz der SIP-Nachrichten SUBSCRIBE und NOTIFY.

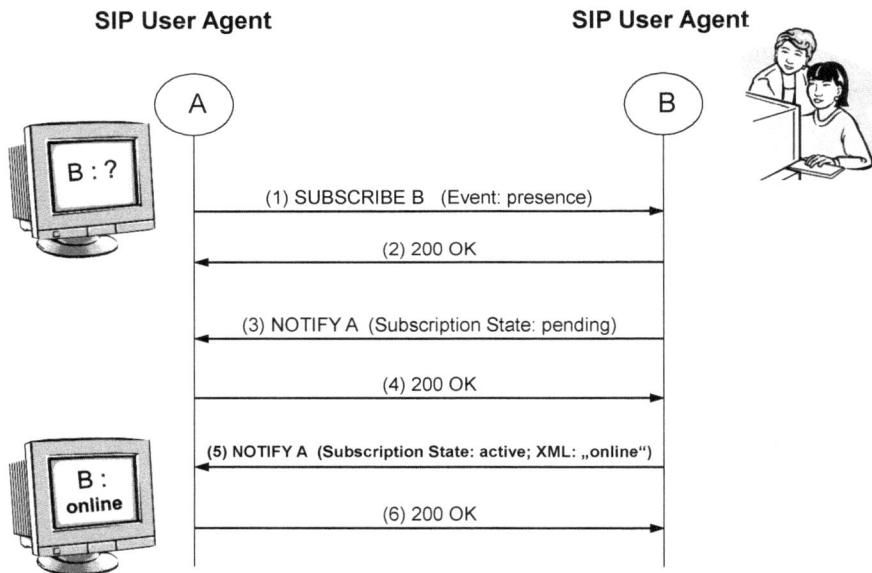

Bild 5.27: Abfrage des Online-Status mittels SUBSCRIBE und NOTIFY

Der User Agent des Benutzers A, der Informationen über den Erreichbarkeitsstatus eines anderen Teilnehmers B erhalten möchte, versendet an diesen eine SUBSCRIBE-Anfrage (siehe Bild 5.27; Schritt (1)), in der das SIP-Header-Feld Event [6665] mit dem Argument „presence" [3856] (dt.: Präsenz, Anwesenheit) eingebunden ist. Eine derartige SUBSCRIBE-Anfrage könnte im Detail wie folgt aussehen.

```
SUBSCRIBE sip:B@B.com SIP/2.0
Via: SIP/2.0/UDP 1.1.1.1:5060
To: sip:B@B.com
From: A <sip:A@A.com>
```

```
Call-ID: 6e16363af0e09a3349b0c95d077e3296
CSeq: 1325513535 SUBSCRIBE
Max-Forwards: 70
Expires: 3600
Contact: sip:1.1.1.1:5060
Event: presence
```

Die Angabe „presence" im Event-Header-Feld drückt die Wahl des gleichnamigen SIP Event Packages (siehe Abschnitt 5.5.3) aus. Dies besagt, dass im Rahmen des mittels SUBSCRIBE ggf. initiierten SIP-Dialogs (siehe Abschnitt 5.5.1) der Erreichbarkeitszustand von User Agent B überwacht werden soll.

Im Rahmen des SIP-Header-Feldes Expires wird die angestrebte Dauer der Status-Überwachung in Sekunden übermittelt. Soll eine Überwachung über diese Zeitspanne hinaus erfolgen, so muss das Online-Status-Abonnement in Form einer weiteren SUBSCRIBE-Anfrage erneuert werden.

Ist der Ziel-User Agent B online und in der Lage, Präsenzstatusanfragen zu bearbeiten, bestätigt er den Erhalt einer SUBSCRIBE-Anfrage zunächst durch das Senden einer Statusinformation der Gruppe 2xx (Schritt (2) in Bild 5.27). Im obigen Beispiel ist dies die Statusinformation „200 OK". Einige SIP-Netzelemente senden an dieser Stelle stattdessen „202 Accepted". In früheren Versionen des Standards zur SIP-specific Event Notification wurde zwischen den Statusinformationen „200 OK" und „202 Accepted" hinsichtlich ihrer Bedeutung als Antwort auf die SUBSCRIBE-Anfrage unterschieden. Diese Differenzierung wurde allerdings in [6665] aufgehoben. Gleichzeitig wird empfohlen, statt „202 Accepted" grundsätzlich „200 OK" als Quittierung von SUBSCRIBE zu nutzen. Eine Abwärtskompatibilität ist jedoch gewährleistet, sodass die Nutzung von „202 Accepted" an dieser Stelle keinen Fehler darstellt.

Im Anschluss sendet User Agent B eine erste NOTIFY-Nachricht (3), die das SIP-Header-Feld Subscription-State [3265] mit dem Argument „pending" [3265] (dt.: schwebend, in Bearbeitung) enthält. User Agent A bestätigt den Empfang dieser NOTIFY-Nachricht durch Aussenden der Statusinformation „200 OK" (4).

In Schritt (5) sendet User Agent B erstmals auf seinen Online-Status bezogene Informationen an User Agent A in Form einer weiteren NOTIFY-Nachricht. Auch diese enthält das SIP-Header-Feld Subscription-State, diesmal allerdings mit dem Argument „active" [3265] (dt.: aktiv, bezogen auf die Gültigkeit des Online-Status-Abonnements). Des Weiteren wird im Rahmen des Message Bodys dieser SIP-Nachricht XML-Code gemäß „Presence Information Data Format" (PIDF; [3863]) übertragen, der detaillierte Informationen bezüglich des Online-Status von B beinhaltet [3856]. Der wesentlichste Teil dieses Codes bezüglich des Erreichbarkeitsstatus von B ist im folgenden Code-Ausschnitt dargestellt.

```
<?xml version="1.0" encoding="UTF-8"(…)?>
    …
    <tuple id="user">
        <status>
            <basic>open</basic>
        </status>
    </tuple>
```

Der hier gezeigte Code-Ausschnitt besagt, dass der Teilnehmer generell erreichbar (open) ist. Wäre dies nicht der Fall, hätte das „basic"-Argument den Wert „closed". Durch die Anwendung entsprechender Syntax lässt sich der Erreichbarkeitsstatus eines Teilnehmers auch für jedes durch den entsprechenden User Agent unterstützte Medium (z.B. Audio, Video, Chat, Instant Messaging etc.) separat angeben [3863].

Der Empfang der NOTIFY-Nachricht wird durch denjenigen User Agent, von dem die Anfrage zur Überwachung des Online-Status ausgegangen ist, durch das Senden einer „200 OK"-Statusinformation (siehe Schritt (6)) bestätigt. Die Transaktion mit dem Ziel der Übertragung des Online-Status mit entsprechend erfolgter Rückmeldung ist abgeschlossen.

So lange die Präsenzüberwachung aktiv ist, überträgt User Agent B jede Veränderung seines Online-Status in Form weiterer NOTIFY-Nachrichten an User Agent A. Dieser kann die Überwachung durch das Aussenden einer weiteren SUBSCRIBE-Nachricht an B beenden, in der die Überwachungsdauer (SIP-Header-Feld Expires) auf Null gesetzt ist [6665].

Auch User Agent B selbst kann den Überwachungsstatus aufheben, indem er eine NOTIFY-Nachricht an A sendet, die das SIP-Header-Feld „Subscription-State" mit dem Argument „terminated" enthält [6665].

Neben dem unmittelbaren Abonnieren des Presence-Zustands eines einzelnen User Agents in Form von direkter Kommunikation zwischen den Endsystemen ist auch der Einsatz eines sog. Presence Servers (siehe Abschnitt 6.6) möglich. Dieser kann genutzt werden, um den Presence-Zustand jedes Teilnehmers eines Netzes zentral vorzuhalten und entsprechend berechtigten User Agents einzeln oder gebündelt in Form sog. Resource Lists auf Anfrage zu übergeben [3856; 4662; 5367].

Praktisches Beispiel
Bild 5.28 zeigt ein Beispiel aus der Praxis für den Ablauf der Online-Status-Überwachung (Presence) eines SIP User Agents. In Bild 5.29 ist die diese Überwachung einleitende SUBSCRIBE-Anfrage dargestellt. Die Bilder 5.30 und 5.31 zeigen die NOTIFY-Anfrage, die Informationen über den Erreichbarkeitszustand übermittelt.

Beachten Sie in Bild 5.29 das SIP-Header-Feld Event, mit dem der überwachende User Agent das SIP Event Package (siehe Abschnitt 5.5.3) definiert, das für diese Überwachung gelten soll (hier: presence) und damit explizit festlegt, dass der Online-Status des betreffenden Teilnehmers Gegenstand der hier eingeleiteten Überwachung ist. Beachten Sie des Weiteren den im Message Body der NOTIFY-Anfrage (siehe Bild 5.30) übermittelten XML-Code (siehe Bild 5.31), mit dem der überwachte User Agent seinen Online-Status meldet.

No.	Time	Source	Destination	Protocol	Length	Info
1	0.000000	192.109.234.123	192.109.234.124	SIP		422 Request: SUBSCRIBE sip:auto@sip-verstehen
2	0.001008	192.109.234.124	192.109.234.123	SIP		292 Status: 100 Trying
3	0.010879	192.109.234.124	192.109.234.123	SIP		498 Status: 202 Accepted
4	0.055073	192.109.234.124	192.109.234.123	SIP		620 Request: NOTIFY sip:192.109.234.123
5	0.056379	192.109.234.123	192.109.234.124	SIP		577 Status: 200 OK
6	0.057659	192.109.234.124	192.109.234.123	SIP/PRESENCE		1112 Request: NOTIFY sip:192.109.234.123
7	0.058773	192.109.234.123	192.109.234.124	SIP		577 Status: 200 OK

Bild 5.28: Ablauf des Abonnierens und Übermittelns des Online-Status eines SIP User Agents mittels der SIP-Nachrichten SUBSCRIBE und NOTIFY

+ 🍃 **Frame 1 (422 bytes on wire, 422 bytes captured)**

+ 🍃 Ethernet II, Src: 00:40:d0:3f:b2:50 (00:40:d0:3f:b2:50), Dst: 00:0c:6e:91:0a:41 (00:0c:6e:91:0a:41)

+ 🍃 Internet Protocol, Src: 192.109.234.123 (192.109.234.123), Dst: 192.109.234.124 (192.109.234.124)

+ 🍃 **User Datagram Protocol, Src Port: 5060 (5060), Dst Port: 5060 (5060)**

- 🍃 Session Initiation Protocol

    + 🍃 Request-Line: SUBSCRIBE sip:auto@sip-verstehen SIP/2.0

    - 🍃 Message Header

        🍃 Via: SIP/2.0/UDP 192.109.234.123

      + 🍃 To: sip:auto@sip-verstehen

      + 🍃 From: Peter Braun <sip:ihrname@sip-verstehen>;tag=738b274ba97d5db;ScsId=ch

        🍃 Call-ID: 6b0f562b581533f2360c4e43407eb557

        🍃 CSeq: 1942629184 SUBSCRIBE

        🍃 Max-Forwards: 70

      + 🍃 Contact: sip:192.109.234.123

        🍃 Event: presence

        🍃 Expires: 3600

        🍃 Content-Length: 0

        🍃 User-Agent: SCS/v3.1.12.33

Bild 5.29: Darstellung einer SUBSCRIBE-Anfrage zum Abonnieren des Online-Status eines Benutzers inkl. Auflösung der enthaltenen Header-Felder

+ ⌐Ⴀ **Frame 6 (1112 bytes on wire, 1112 bytes captured)**

+ ⌐Ⴀ Ethernet II, Src: 00:0c:6e:91:0a:41 (00:0c:6e:91:0a:41), Dst: 00:40:d0:3f:b2:50 (00:40:d0:3f:b2:50)

+ ⌐Ⴀ Internet Protocol, Src: 192.109.234.124 (192.109.234.124), Dst: 192.109.234.123 (192.109.234.123)

+ ⌐Ⴀ **User Datagram Protocol, Src Port: 5060 (5060), Dst Port: 5060 (5060)**

– ⌐Ⴀ **Session Initiation Protocol**

    + ⌐Ⴀ Request-Line: NOTIFY sip:192.109.234.123 SIP/2.0

    – ⌐Ⴀ Message Header

        ⌐Ⴀ Via: SIP/2.0/UDP 192.109.234.124:5060;branch=z9hG4bK-62f6fb081fd40fd1693e30dc61fe1506.1

        ⌐Ⴀ Record-Route: <sip:auto@sip-verstehen;maddr=192.109.234.124>

        ⌐Ⴀ Via: SIP/2.0/UDP 192.109.234.124:5061

    + ⌐Ⴀ To: Peter Braun <sip:ihrname@sip-verstehen>;tag=738b274ba97d5db

    + ⌐Ⴀ From: sip:auto@sip-verstehen;tag=1af2f3df9db5342;ScsId=ch

        ⌐Ⴀ Call-ID: 6b0f562b581533f2360c4e43407eb557

        ⌐Ⴀ CSeq: 877655566 NOTIFY

        ⌐Ⴀ Max-Forwards: 69

    + ⌐Ⴀ Contact: sip:192.109.234.124:5061

        ⌐Ⴀ Event: presence

        ⌐Ⴀ Subscription-State: active;expires=3599

        ⌐Ⴀ Content-Type: application/cpim-pidf+xml

        ⌐Ⴀ Content-Length: 450

        ⌐Ⴀ User-Agent: SCS/v3.1.12.33

  + ⌐Ⴀ Message body

Bild 5.30: Darstellung einer NOTIFY-Anfrage zur Übermittlung des Online-Status eines Benutzers inkl. Auflösung der enthaltenen SIP-Header-Felder

```
Message body
    eXtensible Markup Language
        <?xml
            version="1.0"
            encoding="UTF-8"
            standalone="no"
            ?>
        <presence
            entity="sip:auto@sip-verstehen"
            xmlns="urn:ietf:params:xml:ns:pidf">
            <tuple
                id="user">
                <status>
                    <basic>
                    </status>
                </tuple>
            <tuple
                id="audio,video,chat,im,pipe">
                <status>
                    <basic>
                        open
                        </basic>
                    </status>
                <contact
                    priority="0.9">
                    sip:auto@sip-verstehen
                    </contact>
                </tuple>
            <note>
                ready to stream
                </note>
            </presence>
```

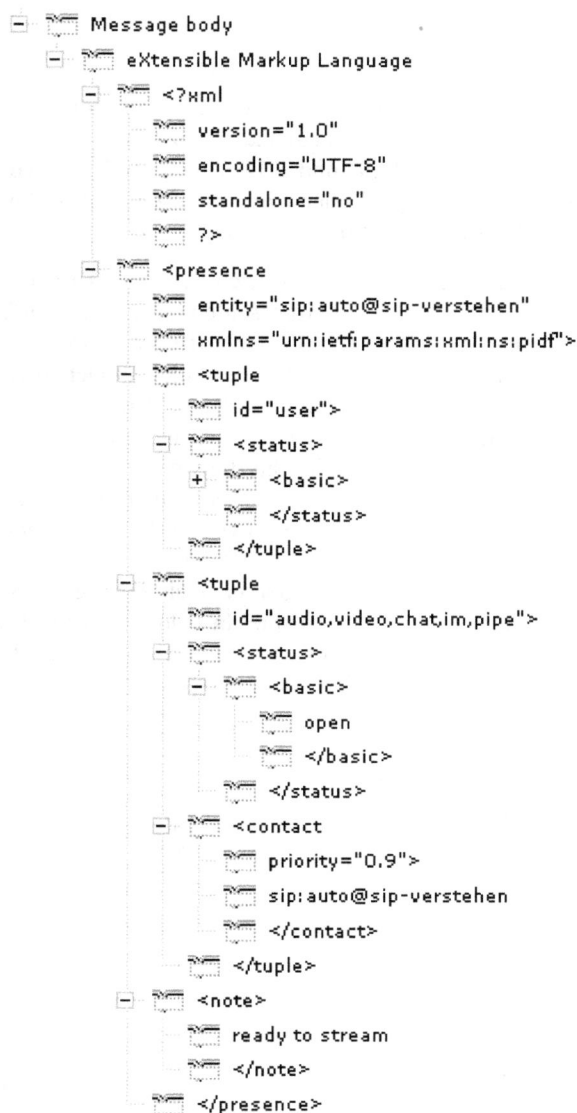

Bild 5.31: Message Body einer NOTIFY-Anfrage inkl. detaillierten XML-basierten Presence-Informationen

5.9   SIP, SDP und IPv6

Wie bereits aus Abschnitt 4.2.3 hervorging, findet derzeit in bereits fortgeschrittenem Stadium die Migration in den Netzen von IPv4 nach IPv6 statt. Das hat natürlich zur Konsequenz, dass auch Multimediakommunikation auf Basis SIP, SDP und RTP zunehmend in IPv6-Netzen und über IPv4-IPv6-Netzgrenzen hinweg erfolgt. Daher wird in diesem und in Abschnitt 6.13 auf die sich hieraus ergebenden Konsequenzen hingewiesen.

Betrachtet man SIP- (siehe Abschnitte 5.6 und 7.1.2) und SDP-Nachrichten (siehe Abschnitt 5.7.1), stellt man fest, dass diese an verschiedenen Stellen IP-Adressen enthalten und damit direkt von einem Wechsel von IPv4 nach IPv6 betroffen sind. Dies betrifft die temporären SIP-URIs mit der Request-URI in der Start-Line sowie dem SIP-Header-Feld Contact. Weitere SIP-Header-Felder mit IP-Adressen sind Via, ggf. Call-ID, Record-Route, Route u.a. Ein Beispiel hierfür zeigt Bild 5.32. Daneben enthalten SIP-Nachrichten auch Domänennamen, z.B. in Form einer permanenten SIP-URI in der Request-URI der Startline, die ggf. per DNS aufgelöst werden müssen, um zum verantwortlichen SIP Proxy Server routen zu können (siehe Abschnitt 7.1.3). Daher müssen im Falle von SIP auf Basis IPv6 zur Auflösung von Domänen in IPv6-Adressen auch sog. Resource Records vom Typ AAAA unterstützt werden, d.h., dass z.B. ein IPv6-SIP-Nachrichten routender Proxy Server auch entsprechende DNS-Abfragen generieren und verarbeiten können muss. Im Beispiel in Bild 5.32 wird das DNS allerdings nicht benötigt, da statt der Domänen z.B. in den SIP-Header-Feldern From und To unmittelbar die korrespondierenden IPv6-Adressen angewandt werden.

```
- Session Initiation Protocol (INVITE)
  + Request-Line: INVITE sip:Alice@[2A02:908:E147:F300:18EF:E41E:446:2EC9]:5060 SIP/2.0
  - Message Header
    + Record-Route: <sip:[2A02:908:E147:F300:A00:27FF:FE49:3779];lr=on>
    + Via: SIP/2.0/UDP [2A02:908:E147:F300:A00:27FF:FE49:3779];branch=z9hG4bK3f3b.07105ce2358a9b7b5b2ea497dd1a8521.0
    + Via: SIP/2.0/UDP [2A02:908:E147:F300:3:639C:1A97:186E]:5060;received=2A02:908:E147:F300:3:639C:1A97:186E;branch=
    + From: "PhonerLite" <sip:Bob@[2A02:908:E147:F300:A00:27FF:FE49:3779]>;tag=3793226357
    + To: <sip:Alice@[2A02:908:E147:F300:A00:27FF:FE49:3779]>
      Call-ID: 0015588E-6176-E411-8EA0-F4157C25A7F7@2A02:908:E147:F300:3:639C:1A97:186E
    + CSeq: 10 INVITE
    + Contact: <sip:Bob@[2A02:908:E147:F300:3:639C:1A97:186E]:5060>
      Content-Type: application/sdp
      Allow: INVITE, OPTIONS, ACK, BYE, CANCEL, INFO, NOTIFY, MESSAGE, UPDATE
      Max-Forwards: 69
      Supported: 100rel, replaces, from-change
      P-Early-Media: supported
      User-Agent: SIPPER for PhonerLite
    + P-Preferred-Identity: <sip:Bob@[2A02:908:E147:F300:A00:27FF:FE49:3779]>
      Content-Length:   491
  + Message Body
```

Bild 5.32: SIP-Nachricht INVITE Request auf Basis IPv6

Neben SIP ist von einem IPv4-IPv6-Wechsel auch SDP betroffen, konkret die SDP-Parameter o (Origin) und vor allem c (Connection Data), der festlegt, auf welcher IP-Adresse die z.B. RTP-Nutzdaten empfangen werden. Ein Beispiel hierfür zeigt Bild 5.33.

```
⊟ Session Description Protocol
   Session Description Protocol Version (v): 0
 ⊞ Owner/Creator, Session Id (o): - 2880789318 1 IN IP6 2A02:908:E147:F300:3:639C:1A97:186E
   Session Name (s): SIPPER for PhonerLite
 ⊞ Connection Information (c): IN IP6 2A02:908:E147:F300:3:639C:1A97:186E
 ⊞ Time Description, active time (t): 0 0
 ⊞ Media Description, name and address (m): audio 5062 RTP/AVP 107 8 0 2 3 97 110 111 9 101
 ⊞ Media Attribute (a): rtpmap:107 opus/48000/2
 ⊞ Media Attribute (a): rtpmap:8 PCMA/8000
 ⊞ Media Attribute (a): rtpmap:0 PCMU/8000
 ⊞ Media Attribute (a): rtpmap:2 G726-32/8000
 ⊞ Media Attribute (a): rtpmap:3 GSM/8000
 ⊞ Media Attribute (a): rtpmap:97 iLBC/8000
 ⊞ Media Attribute (a): rtpmap:110 speex/8000
 ⊞ Media Attribute (a): rtpmap:111 speex/16000
 ⊞ Media Attribute (a): rtpmap:9 G722/8000
 ⊞ Media Attribute (a): rtpmap:101 telephone-event/8000
 ⊞ Media Attribute (a): fmtp:101 0-16
 ⊞ Media Attribute (a): ssrc:1492581663
   Media Attribute (a): sendrecv
```

Bild 5.33: SDP-Nachricht auf Basis IPv6

Weitere Konsequenzen bez. SIP, SDP und die korrespondierenden Nutzdaten hat ein Umstieg von IPv4 auf IPv6 zuerst einmal nicht. Allerdings wird es noch sehr lange eine Koexistenz von IPv4- und IPv6-Netzen geben mit der Folge, dass auch SIP-Netzelemente (siehe Kapitel 6) IP-versionsübergreifend miteinander kommunizieren können müssen. Hierfür müssen entsprechende, sowohl SIP und SDP als auch die Nutzdaten betreffende Funktionalitäten bereitgestellt werden. Auf diese wird dann – nach Durchsprache aller SIP-Netzelemente in Kapitel 6 – in Abschnitt 6.13 näher eingegangen. Weitere technische Grundlagen zu diesem Thema lassen sich zusätzlich [6157] entnehmen.

6 SIP-Netzelemente

Bei den in diesem Kapitel beschriebenen SIP-Netzelementen handelt es sich zumeist um logische Netzelemente, die eine oder mehrere jeweils individuelle Funktion(en) innerhalb einer SIP-Kommunikationsinfrastruktur bereitstellen. Logische SIP-Netzelemente bzw. deren Funktionen werden in der Praxis häufig in einer HW bzw. SW miteinander kombiniert (z.B. SIP Proxy/Registrar Server mit integrierter Location Server-Funktion).

6.1 User Agent

Als User Agent (UA) bezeichnet man diejenige Software- und/oder Hardware-Komponente, die das Endgerät für eine SIP-basierte Kommunikation darstellt. Z.B. handelt es sich dabei um ein Software-Telefon (Softphone), das – auf einem Computer installiert – eine Schnittstelle zwischen dem Benutzer (User) und der IP-Kommunikationswelt bildet. Hierdurch wird dem Benutzer eine grafische Oberfläche zur einfachen Bedienung zur Verfügung gestellt. Die dahinterstehende Software wandelt die vom Menschen getätigten Aktionen in SIP-konforme Nachrichten um [Cama].

Als wichtigste Eigenschaft eines UAs ist sicherlich zunächst die reine VoIP-Fähigkeit anzusehen. Mit Hilfe des UAs kann der Benutzer VoIP-Verbindungen annehmen sowie selbst Gespräche einleiten.

Die meisten UAs verfügen allerdings noch über eine Vielzahl weiterer Funktionen, die über die eigentliche VoIP-Kommunikation hinausgehen. So gehören beispielsweise Videokonferenzen, der wechselseitige Austausch von schriftlichen Kurzmitteilungen (Instant Messaging) sowie die Übermittlung von Online-Status-Informationen über andere Teilnehmer (Presence) zu den Merkmalen einiger UAs.

In Bild 6.1 ist die Benutzeroberfläche eines SIP UAs dargestellt.

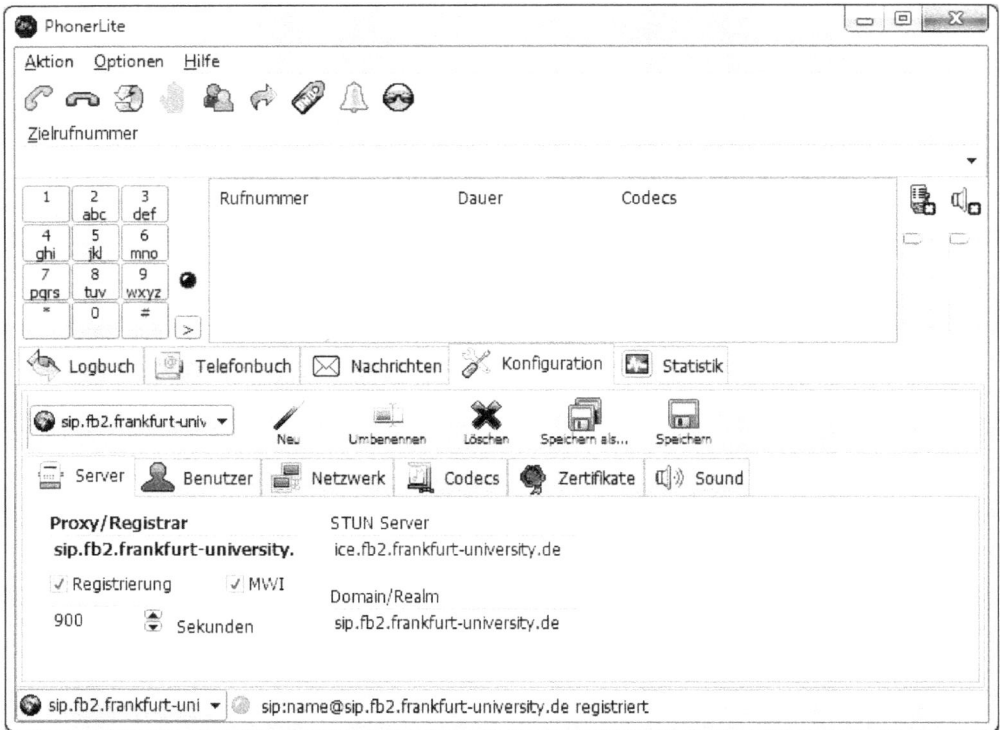

Bild 6.1: Darstellung der grafischen Benutzeroberfläche eines Software-SIP User Agents (PhonerLite)

Aus kommunikationstechnischer Sicht gibt es grundsätzlich zwei verschiedene Möglichkeiten, den UA eines gewünschten Gesprächspartners zu kontaktieren. Die erste Möglichkeit besteht in der Wahl der temporären, umgebungsabhängigen SIP URI (siehe Abschnitt 5.1.4) des Teilnehmers, was voraussetzt, dass dem Anrufer die IP-Adresse des anzurufenden Teilnehmers grundsätzlich bekannt ist. Da dies in den seltensten Fällen gegeben ist und nicht von besonderem Komfort zeugt, werden in der professionellen SIP-VoIP-Kommunikation verschiedene Server-Typen (SIP-Registrar, -Proxy und -Redirect Server sowie Location Server; siehe Abschnitte 6.2 bis 6.5) eingesetzt, mit deren Hilfe ein Teilnehmer über eine ständige SIP URI (siehe Abschnitt 5.1.4) gesucht und gefunden werden kann. Diese SIP-Adresse ist bezüglich ihres Aufbaus der E-Mail-Welt entliehen.

```
sip:Benutzername@Domainname
```

Neben den sog. Softphones, die in Software-Form auf einem Computer installiert werden müssen, gibt es auch Hardware-IP-Telefone. Diese werden direkt an ein vorhandenes IP-Netz angeschlossen und arbeiten auf SIP- und/oder H.323-Basis, seltener auch auf Basis von MGCP (siehe Abschnitt 3.2). Bezüglich ihres Aussehens und ihrer Bedienung gleichen sie handelsüblichen Analog- bzw. ISDN-Telefonen (siehe Bild 6.2); ihre interne Funktionsweise entspricht hingegen der eines Computers mit installiertem Softphone, im Fall von SIP also der eines User Agents.

Ein SIP-basiertes Kommunikationsendsystem, das seinem Benutzer die Möglichkeiten sowohl der abgehend als auch der ankommend eingeleiteten Multimedia over IP-Kommunikation bietet, beinhaltet die logischen Funktionen eines UAC (abgehende Einleitung; siehe Abschnitt 5.1.3) sowie eines UAS (Annahme ankommender Verbindungswünsche).

Bild 6.2: Hardware-IP-Telefon auf SIP-Basis [snom]

6.2 Registrar Server

Ein Registrar Server bildet die Grundlage für die komfortable, orts- und endgeräteunabhängige Erreichbarkeit eines Teilnehmers anhand einer ständigen SIP URI (siehe Abschnitt 5.1.4). Um den Zusammenhang (Binding) zwischen der einem Teilnehmer durch einen SIP-Dienstbetreiber zugewiesenen ständigen SIP URI und der temporären SIP URI des Endsystems (abhängig von dessen IP-Adresse) in der Vermittlungsinfrastruktur zu erzeugen, sendet ein SIP User Agent die SIP-Anfrage REGISTER an einen Registrar Server des entsprechenden Anbieters. Diese Anfrage übergibt im SIP-Header-Feld „To" (siehe Abschnitt 5.6.2) die ständige SIP URI des zu registrierenden Teilnehmers, im SIP-Header-

Feld „Contact" hingegen die temporäre SIP URI des Endsystems, von dem aus die jeweilige Registrierung erfolgt (siehe Bild 6.3). Die in der Start-Line einer REGISTER-Anfrage angegebene Request URI enthält prinzipiell keine SIP URI der Form „sip:Benutzer@Domain", sondern die Kontaktadresse (IP-Adresse bzw. per DNS auflösbarer Domain-Name) des jeweiligen Registrar Servers in der Form „sip:Domain". Diese muss dem SIP User Agent per vorheriger Konfiguration bekannt gemacht werden.

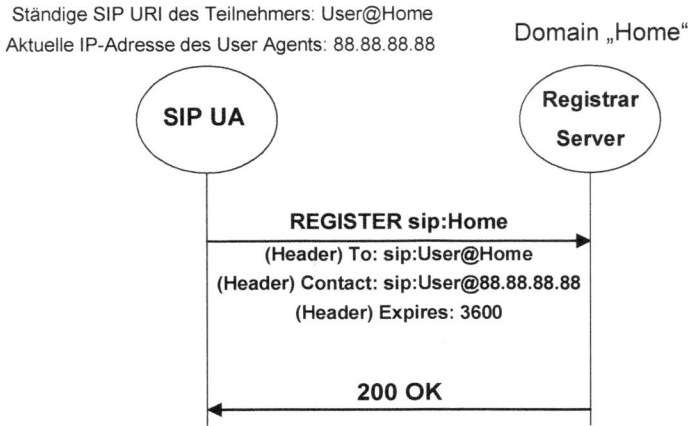

Ständige SIP URI des Teilnehmers: User@Home
Aktuelle IP-Adresse des User Agents: 88.88.88.88

Domain „Home"

SIP UA

Registrar
Server

REGISTER sip:Home
(Header) To: sip:User@Home
(Header) Contact: sip:User@88.88.88.88
(Header) Expires: 3600

200 OK

Bild 6.3: Vorgang der Registrierung eines SIP User Agents bei einem SIP Registrar Server

Der Registrar Server liest nach Erhalt die in der REGISTER-Anfrage enthaltene Information (Zusammenhang zwischen temporärer und ständiger SIP URI) aus und übergibt sie an einen sog. Location Server (siehe Abschnitt 6.5), der prinzipiell eine Datenbank repräsentiert. Diese stellt die durch den Registrar Server übergebene Bindung zwischen der ständigen SIP URI des sich registrierenden Benutzers und der temporären SIP URI des von diesem Teilnehmer genutzten Endsystems in der Vermittlungsumgebung des SIP-Dienstanbieters zur Verarbeitung durch Vermittlungselemente (z.B. SIP Proxy Server; siehe Abschnitt 6.3) bereit.

Um die durch den User Agent übergebene Kontaktinformation in der Vermittlungs-infrastruktur möglichst aktuell zu halten, wird die Gültigkeitsdauer eines mittels SIP-Registrierung erzeugten Bindings zwischen temporärer und ständiger SIP URI befristet. Dies geschieht vom sich registrierenden User Agent ausgehend durch die Angabe eines Zeitintervalls (Einheit: Sekunden) im SIP-Header-Feld „Expires" (siehe Bild 6.3). Wahlweise kann anstelle eines Expires-Header-Feldes ein gleichnamiger Header-Feld-Parameter (expires) im Contact-Header-Feld übergeben werden. Registriert sich der betreffende SIP User Agent nicht innerhalb des angegebenen Intervalls erneut, verfällt das durch die jeweils vorhergehende REGISTER-Anfrage erzeugte bzw. aufgefrischte Binding zwischen temporärer und ständiger SIP URI. Will sich ein User Agent deregistrieren, so sendet er eine neue REGISTER-Anfrage, die den Expires-Wert 0 an den Registrar Server übergibt.

Eine durch einen Registrar Server erfolgreich bearbeitete/ausgewertete REGISTER-Anfrage wird durch diesen mit der SIP-Statusinformation „200 OK" quittiert (siehe Bild 6.3).

Die Registrierung eines SIP User Agents bei einem SIP Registrar Server entspricht der Aktivierung des mit der jeweiligen ständigen SIP URI verknüpften Benutzerkontos beim jeweiligen SIP-Dienstanbieter. Dieser sorgt auf Basis der im Rahmen der Registrierung übergebenen Kontaktinformationen durch den Einsatz von SIP-Proxy bzw. -Redirect Servern dafür, dass an eine bestimmte ständige SIP URI gerichtete SIP-Anfragen an den unter dieser SIP URI registrierten SIP User Agent (und somit zum entsprechenden Teilnehmer) vermittelt werden. Um den Missbrauch von SIP-Nutzerkonten auszuschließen, empfiehlt sich die Authentifizierung des Teilnehmers im Rahmen der Registrierung. Hierfür wird üblicherweise per SIP-Basisdefinition das in Abschnitt 12.1.1 ausführlich erläuterte SIP Digest-Authentifizierungsverfahren angewandt [3261].

SIP gestattet prinzipiell die Registrierung beliebig vieler, voneinander unabhängiger SIP User Agents (mit jeweils einer autarken, temporären SIP URI) für ein und dieselbe ständige SIP URI. Die praktische Konsequenz dieses Prinzips besteht darin, dass eine an eine bestimmte ständige SIP URI gerichtete SIP-Anfrage ggf. sequenziell oder parallel an alle unter dieser ständigen SIP URI registrierten SIP User Agents vermittelt werden muss (Forking). Die Anwendung dieses Prinzips ist jedoch abhängig von der Wahl der Vermittlungsnetzelemente (Stateless/Stateful SIP Proxy Server; siehe Abschnitt 6.3) und obliegt letztendlich somit dem jeweiligen SIP-Dienstbetreiber.

In einfachen Kommunikationsszenarien (z.B. in einer firmeninternen SIP-Vermittlungsinfrastruktur) werden SIP-Proxy Server und -Registrar Server häufig miteinander kombiniert; man spricht dann vom sog. Proxy/Registrar Server.

6.3   Proxy Server

Ein Proxy Server erfüllt die Aufgabe des Routings von SIP-Nachrichten. Im jeweils einfachsten Fall erfolgt das Weiterleiten von SIP-Anfragen durch Proxy Server anhand der in der Request URI (siehe Abschnitt 5.6.1) der jeweiligen Anfrage enthaltenen SIP-Kontaktadresse, das Weiterleiten von SIP-Statusinformationen hingegen anhand der Kontaktadresse, die im obersten Via-Header-Feld (siehe Abschnitt 5.6.2) der jeweiligen Statusinformation enthalten ist.

Das Routen von SIP-Anfragen innerhalb der SIP-Vermittlungsinfrastruktur geschieht auf Basis des Zusammenhangs zwischen der temporären und der ständigen SIP URI des Zielteilnehmers. Diese Information erhält der betreffende Proxy Server vom Location Server (siehe Abschnitt 6.5) der betreffenden Domain. Das Domain-übergreifende Weiterleiten von SIP-Anfragen erfolgt ggf. unter Einsatz von DNS.

Detaillierte Erläuterungen zum Routing von SIP-Nachrichten werden in Abschnitt 7.1 gegeben.

Grundsätzlich werden zwei Typen von SIP Proxy Servern unterschieden: „**Stateless Proxy**" und „**Stateful Proxy**" Server.

Ein „**Stateless Proxy**" arbeitet als einfaches Durchgangselement. SIP-Nachrichten, die er empfängt, leitet er an genau ein SIP-Netzelement weiter, nachdem er ggf. eine Routing-Entscheidung getroffen hat. Ein Stateless Proxy ist nicht in der Lage, selbständig SIP-Nachrichten zu erzeugen oder wiederholt zu senden. Er speichert keinerlei Informationen über weitergeleitete SIP-Nachrichten, Zustände von SIP-Transaktionen und dgl. [3261].

Bild 6.4 zeigt den SIP-Kommunikationsverlauf für einen Session-Aufbau zwischen zwei SIP User Agents über einen Stateless Proxy. Dieser reicht jede Nachricht, die er von einer Seite empfängt, direkt an die andere Seite weiter.

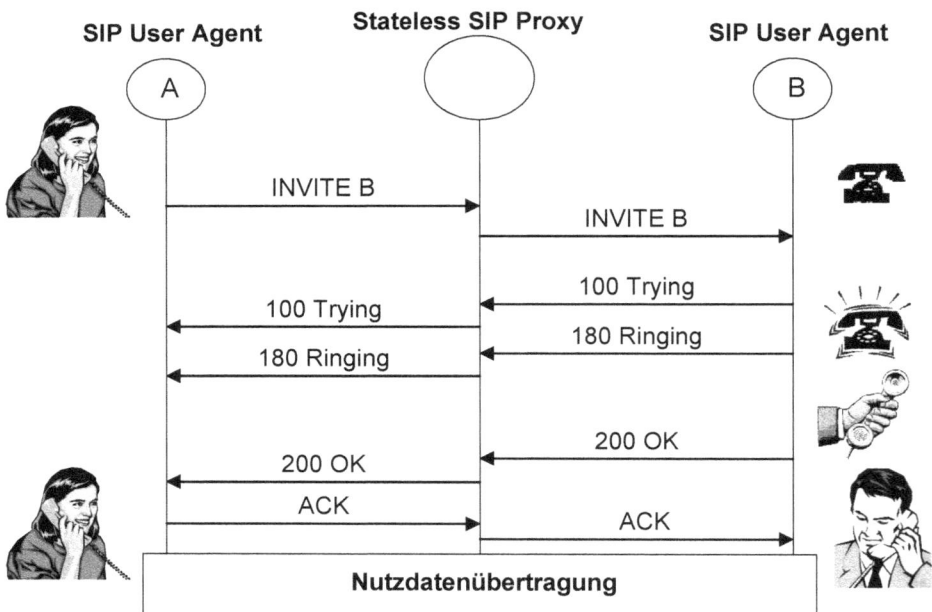

Bild 6.4: SIP-Session-Aufbau über einen Stateless Proxy Server

Ein „**Stateful Proxy**" hingegen agiert als aktives SIP-Netzelement im Sinne des SIP-Transaktionsbegriffs (siehe Abschnitt 5.5.2). Er speichert den Transaktionsstatus jeder eingegangenen, bearbeiteten und weitergeleiteten SIP-Anfrage, um sich im Verlauf der SIP-Kommunikation erneut auf diese Informationen beziehen zu können. Ein Stateful Proxy agiert aktiv sowohl als UAC als auch als UAS und kann somit unter bestimmten, in [3261] geregelten Umständen selbständig bestimmte SIP-Anfragen (z.B. CANCEL) und -Statusinformationen (z.B. „100 Trying") kreieren. Nur ein „Stateful Proxy" kann z.B. auch als sog. „Forking Proxy" (siehe Bild 6.7) arbeiten, der gemäß [3261] eine SIP-Anfrage selbstständig parallel oder sequenziell an mehrere temporäre SIP URIs weiterleitet (siehe Abschnitt 6.2). Auch kann ein Stateful Proxy selbständig eine SIP-Anfrage wiederholt versenden, wenn er mit dem Verlust der zuvor weitergeleiteten Original-Anfrage rechnen muss. SIP definiert diverse Timer zur Erkennung von Nachrichten-Verlusten [3261].

Bild 6.5 zeigt den SIP-Kommunikationsverlauf für einen Session-Aufbau zwischen zwei SIP User Agents über einen Stateful Proxy.

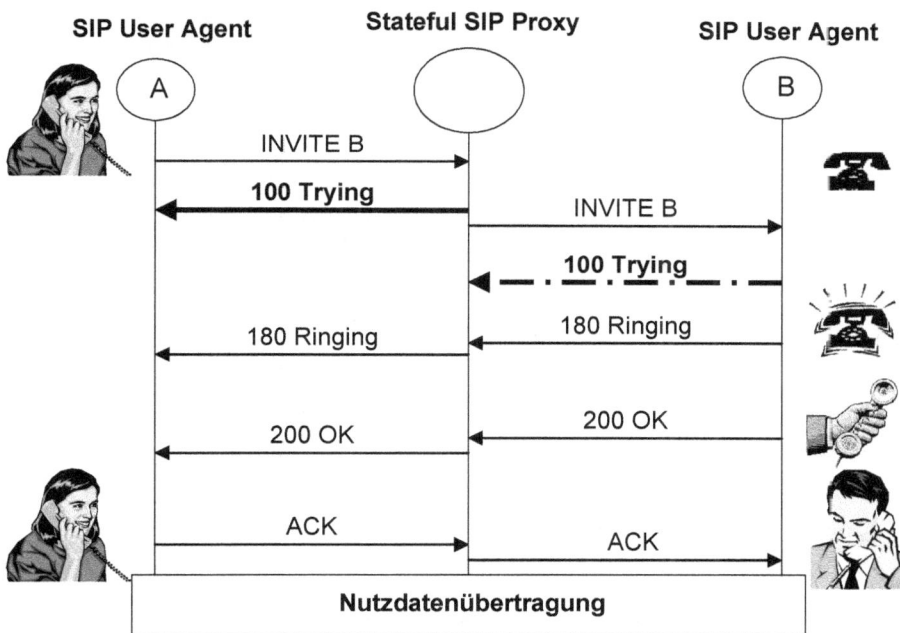

Bild 6.5: SIP-Session-Aufbau über einen Stateful Proxy Server

Wie der in Bild 6.5 dargestellte Kommunikationsverlauf zeigt, reagiert ein Stateful Proxy Server auf eine eingehende INVITE-Anfrage (hier: von User Agent A) prinzipiell mit dem Aussenden der provisorischen Statusinformation „100 Trying" (im Bild fett gezeichnet) an den Absender der Anfrage [3261]. Diese Statusinformation dient als Bestätigung des Empfangs der Anfrage, sagt jedoch nichts über den Fortgang des Session-Aufbaus aus. Quasi parallel leitet der Stateful Proxy die INVITE-Anfrage an den Ziel-UA (hier: User Agent B) weiter. Eine ggf. von UA B erzeugte „100 Trying"-Statusinformation (im Bild durch eine fette Strichpunktpfeillinie gekennzeichnet) wird durch den Stateful Proxy Server prinzipiell nicht an UA A weitergeleitet [3261], da der Stateful Proxy Server die gleiche Aussage bereits zuvor selbst erzeugt und an User Agent A gesendet hat. Im Gegensatz dazu werden die von User Agent B ausgehenden Statusinformationen „180 Ringing" und „200 OK" durch den Stateful Proxy an den Ziel-UA übermittelt. Gleiches gilt in diesem Beispiel für die von User Agent A ausgehende Nachricht ACK, die unter bestimmten Umständen jedoch auch direkt zwischen den User Agents ohne Einbeziehung des Proxy Servers ausgetauscht werden kann (siehe Abschnitt 7.1.2).

Im Gegensatz zu Stateless Proxy Servern sind Stateful Proxy Server aktive SIP-Netzelemente im Sinne des SIP-Transaktionsbegriffs (siehe Abschnitt 5.5.2). Gegenüber einem als UAC agierenden SIP-Netzelement (z.B. SIP-Endgerät, von dem ausgehend eine Session initiiert wird) wirkt ein Stateful Proxy Server als UAS, gegenüber einem als UAS agierenden SIP-Netzelement (z.B. SIP-Endgerät eines angerufenen Teilnehmers) wirkt ein Stateful Proxy Server als UAC. Entsprechend wirkt er – z.B. im Falle eines Session-Aufbaus zwischen zwei SIP-Endgeräten – in beide Kommunikationsrichtungen Transaktion-terminierend (siehe Bild 6.6).

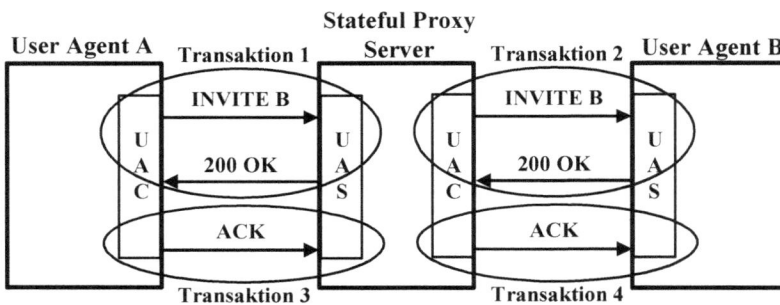

Bild 6.6: Transaktionen im Rahmen eines SIP-Session-Aufbaus unter Einbeziehung eines Stateful Proxy Servers

User Agent A (siehe Bild 6.6) initiiert eine SIP-Session zu User Agent B unter Einbeziehung eines Stateful Proxy Servers. Dieser terminiert als UAS die durch User Agent A mit dem Aussenden der INVITE-Anfrage eingeleitete Transaktion (Transaktion 1). Zur Erfüllung seiner Vermittlungsaufgabe eröffnet er als UAC durch das Weiterleiten der INVITE-Anfrage an User Agent B eine neue Transaktion (Transaktion 2). Sendet User Agent B aufgrund der Annahme der Session durch den Teilnehmer die Statusinformation „200 OK", wird zunächst Transaktion 2 sowohl in User Agent B als auch im Proxy Server abgeschlossen. Durch das Weiterleiten der „200 OK"-Statusinformation beendet der Proxy Server Transaktion 1. Da die den SIP Three Way Handshake abschließende Nachricht ACK bei einem erfolgreichen Session-Aufbau eine separate Transaktion darstellt (siehe Abschnitt 5.5.2), erzeugt auch diese wieder neue Transaktionen im Proxy Server (Transaktion 3 bzw. Transaktion 4), falls dieser in die Vermittlung dieser Nachricht involviert ist (siehe Abschnitt 7.1.2).

Aufgrund seiner Transaktion-terminierenden Funktion ist ein Stateful Proxy Server – im Gegensatz zu einem Stateless Proxy Server – auch in der Lage, selbständig SIP-Transaktionen zu erzeugen. Diese Eigenschaft wird z.B. beim sog. „Forking" genutzt, dem Weiterleiten einer SIP-Anfrage an mehr als ein Ziel durch einen Stateful Proxy Server. Bild 6.7 zeigt ein Beispiel für die Anwendung dieser Funktion. In diesem Beispiel hat Teilnehmer B zuvor zwei unabhängige SIP User Agents (B1, temporäre SIP URI: sip:B@88.88.88.88 und B2, temporäre SIP URI: sip:B@90.90.90.90) beim Registrar Server seines SIP-Dienstanbieters unter seiner ständigen SIP URI sip:B@Home registriert.

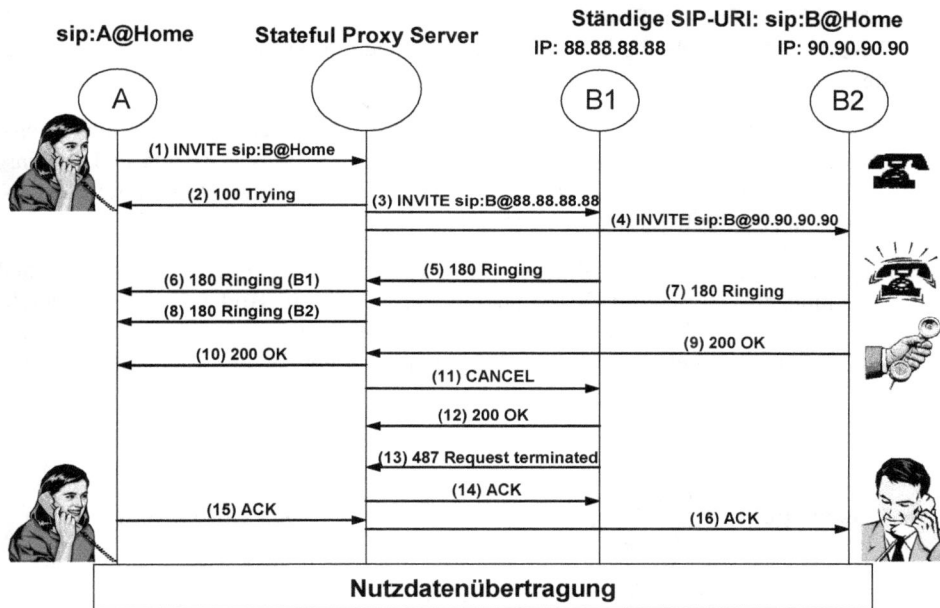

Bild 6.7: Einsatz eines Stateful Proxy Servers als Forking Proxy

Teilnehmer A (siehe Bild 6.7) möchte eine SIP-Session zu Teilnehmer B (ständige SIP URI: sip:B@Home) aufbauen. Aus diesem Grund sendet User Agent A eine entsprechende INVITE-Anfrage (siehe Schritt (1)) an den Proxy Server der Domain Home. Dieser bestätigt zunächst den Empfang der INVITE-Anfrage mit der Statusinformation „100 Trying" (siehe Schritt (2)) und leitet dann die Anfrage an beide von Teilnehmer B registrierten SIP User Agents B1 (siehe Schritt (3)) und B2 (siehe Schritt (4)) weiter. User Agent B1 antwortet mit der Statusinformation „180 Ringing" (siehe Schritt (5)), die der Proxy Server in Schritt (6) an User Agent A weiterleitet. Ebenso verfährt er mit der von User Agent B2 ausgehenden „180 Ringing"-Statusinformation (siehe Schritte (7) und (8)). Nach der Annahme der Session durch Teilnehmer B mit User Agent B2 sendet dieser im Sinne des SIP Three Way Handshakes die Statusinformation „200 OK" (siehe Schritt (9)) an den Proxy Server, der sie in

Schritt (10) an User Agent A übergibt. Die Bearbeitung der in Schritt (3) durch den Proxy Server eingeleiteten INVITE-Transaktion durch User Agent B1 muss nun abgebrochen werden, damit User Agent B1 nicht weiterhin von einem bestehenden Verbindungswunsch ausgeht und die Anrufmeldung (z.B. Klingeln) einstellt. Aus diesem Grund schickt der Proxy Server selbstständig die SIP-Nachricht CANCEL (siehe Schritt (11)) an User Agent B1, der deren Empfang und erfolgreiche Verarbeitung mit der Statusinformation „200 OK" in Schritt (12) bestätigt. Um die INVITE-Transaktion entsprechend zu terminieren, sendet User Agent B1 in Schritt (13) die finale Statusinformation „487 Request Terminated" an den Proxy Server, der deren Empfang im Sinne des SIP Three Way Handshakes in Schritt (14) mit der SIP-Nachricht ACK bestätigt. User Agent A schließt den Three Way Handshake für den durch ihn mit der INVITE-Anfrage in Schritt (1) eingeleiteten SIP-Session-Aufbau in Schritt (15) mit der SIP-Nachricht ACK ab, die in Schritt (16) durch den Proxy Server an User Agent B2 weitergeleitet wird.

In den Austausch von SIP-Nachrichten zwischen zwei SIP-Endsystemen können auch mehrere Proxy Server involviert sein, z.B. wenn die beteiligten SIP User Agents in Domains unterschiedlicher SIP-Dienstanbieter registriert sind. Details zu derartigen Kommunikationsszenarien werden in Abschnitt 7.1.3 eingehend erläutert.

Bild 6.8 zeigt einen beispielhaften SIP-Session-Aufbau zwischen zwei SIP User Agents unter Einbeziehung zweier Stateful Proxy Server. Wie bereits in Bild 6.5 sind die durch einen der beiden Server selbst generierten Statusinformationen mit fetten durchgehenden Pfeillinien, das nicht weitergeleitete Element hingegen mit einer fetten Strichpunktpfeillinie markiert.

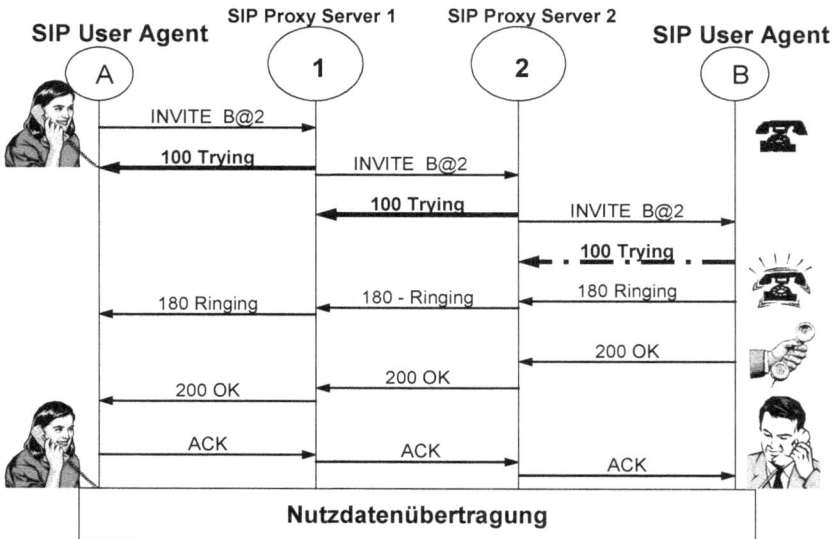

Bild 6.8: Verbindungsaufbau zwischen zwei SIP User Agents über zwei Stateful Proxy Server

Abhängig vom prinzipiellen Aufbau der Kommunikationsinfrastruktur eines SIP-Dienstanbieters kann die Authentifizierung eines Teilnehmers, der einen Proxy Server für die SIP-Kommunikationsvermittlung in Anspruch nimmt, sinnvoll bzw. notwendig sein. Hierfür wird üblicherweise das in Abschnitt 12.1.1 ausführlich erläuterte SIP Digest-Authentifizierungsverfahren angewandt [3261].

In einfachen Kommunikationsszenarien (z.B. in einer firmeninternen SIP-Vermittlungsinfrastruktur) werden SIP Proxy und -Registrar Server häufig miteinander kombiniert; man spricht dann vom sog. Proxy/Registrar Server.

Dient ein Proxy Server in einer SIP-Infrastruktur der Vermittlung von SIP-Sessions, die durch Nutzer dieser Infrastruktur initiiert werden und deren Ziel-Teilnehmer in anderen SIP-Domains angesiedelt sind, wird dieser Proxy Server als „Outbound Proxy Server" bezeichnet (siehe Abschnitt 7.1.1). Vermittelt ein Proxy Server hingegen Sessions, die von Teilnehmern anderer Domains zu Nutzern der betrachteten Infrastruktur aufgebaut werden, spricht man von einem sog. „Inbound Proxy Server" (siehe Abschnitt 7.1.1).

6.4   Redirect Server

Ein SIP Redirect Server dient prinzipiell der SIP-basierten Weitergabe von Kontaktinformationen eines SIP User Agents. Geht eine an einen SIP User Agent gerichtete SIP-Anfrage bei einem Redirect Server ein, beantwortet dieser die Anfrage mit einer Statusinformation des Grundtyps 3xx (Redirection), die im Header-Feld „Contact" Kontaktparameter (z.B. alternativ gültige, ständige oder temporäre SIP URIs) des User Agents bzw. Teilnehmers, an den die Anfrage ursprünglich gerichtet war, übergibt. Der die Statusinformation empfangende User Agent kann die entsprechende Anfrage an diejenige(n) SIP URI(s) richten, die der Redirect Server im Contact-Header-Feld übergeben hat.

Ein Redirect Server kann in verschiedensten Anwendungsszenarien vorkommen. Beispielsweise kann er zur zentralen Realisierung des Dienstmerkmals „Rufumleitung" genutzt werden, woraus sich eine Entlastung der SIP-Vermittlungsinfrastruktur (SIP Proxy Server) des jeweiligen SIP-Dienstanbieters ergeben kann. Bild 6.9 zeigt einen möglichen Ablauf dieses Beispiels. Hierbei wird davon ausgegangen, dass Teilnehmer B Anrufe, die an sein SIP-Nutzerkonto beim SIP-Provider 1 gerichtet sind, auf sein Nutzerkonto bei SIP-Provider 2 umleiten lässt. Die entsprechende Information liegt in der SIP-Infrastruktur des Providers 1 vor. Provider 1 vermittelt jedoch in diesem Anwendungsbeispiel keine SIP-Nachrichten in Domains fremder Dienstanbieter.

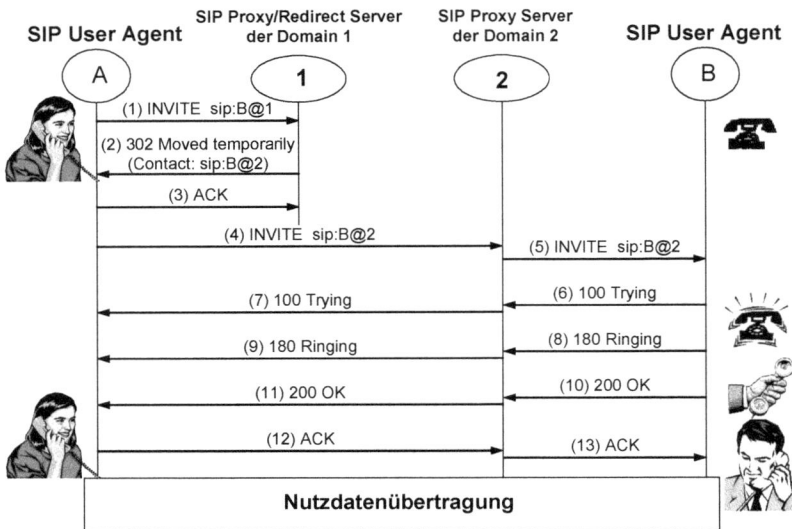

Bild 6.9: Anwendung eines SIP Redirect Servers zur Realisierung des Dienstmerkmals „Rufumleitung"

Teilnehmer A sendet mit dem Ziel eines SIP-Session-Aufbaus eine INVITE-Anfrage (siehe Schritt (1)) an die ständige SIP URI, die das Benutzerkonto von Teilnehmer B in der SIP-Infrastruktur des Dienstanbieters 1 identifiziert (sip:B@1). Teilnehmer B hat zuvor (z.B. per Fernkonfiguration oder per Absprache mit Provider 1) eine Rufumleitung auf sein Nutzer-konto bei Provider 2 eingerichtet. Da Provider 1 jedoch seine aus einem SIP Proxy Server bestehende Vermittlungsinfrastruktur in diesem Anwendungsfall für das Routing von SIP-Nachrichten nur innerhalb der eigenen Domain nutzt, wird die von User Agent A ausgehende INVITE-Anfrage nicht durch den Proxy Server bedient. Stattdessen wird sie von einem SIP Redirect Server bearbeitet, der die Anfrage mit einer Statusinformation des Grundtyps 3xx (hier: „302 Moved temporarily"; siehe Schritt (2)) beantwortet. Im Contact-Header-Feld dieser Statusinformation übergibt er die SIP URI (hier: sip:B@2), auf die Teilnehmer B sein Provider 1-Nutzerkonto umgeleitet hat. User Agent A muss zur Erfüllung des SIP Three Way Handshakes den Empfang der Statusinformation mit der SIP-Nachricht ACK (siehe Schritt (3)) bestätigen und kontaktiert unter Umgehung der Vermittlungsinfrastruktur von Provider 1 direkt den Proxy Server derjenigen Domain, der die SIP URI angehört, auf die Teilnehmer B umgeleitet hat. Es folgt ein herkömmlicher SIP-Session-Aufbau (siehe Schritte (4) bis (13)) zwischen den beiden User Agents unter Einbeziehung des Proxy Servers von Provider 2.

Auch ein SIP Redirect Server ist als logisches (und somit nicht zwingend separates) SIP-Netzelement beliebig mit anderen SIP-Netzelementen kombinierbar. Gekoppelt mit einem SIP User Agent (siehe Abschnitt 6.1) kann ein SIP Redirect Server auch zur SIP-endgeräteseitigen und somit dezentralen Realisierung des Dienstmerkmals „Rufumleitung" eingesetzt werden. Das betreffende Endsystem mit integriertem SIP Redirect Server reagiert nach Aktivierung des Dienstmerkmals „Rufumleitung" auf eine eingehende SIP-Anfrage prinzipiell mit einer 3xx-Statusinformation und übergibt in deren Contact-Header-Feld die SIP URI des Umleitungsziels.

6.5   Location Server

Location Server sind keine SIP-Netzelemente im eigentlichen Sinne, da sie keine SIP-Nachrichten verarbeiten. In einer SIP-Infrastruktur dienen sie als Datenbank zur Bereitstellung eines sog. Location Service (Dienst zur Ablage/Bereitstellung des Zusammenhangs zwischen temporären und ständigen SIP URIs; [3261]; siehe Abschnitt 5.1.4). Diese im Rahmen der SIP-Registrierung übermittelten SIP URI-Informationen erhalten sie von SIP Registrar Servern (siehe Abschnitt 6.2) und übergeben sie bei Bedarf an SIP Proxy- (siehe Abschnitt 6.3) sowie SIP Redirect Server (siehe Abschnitt 6.4). Die Kommunikation zwischen SIP- und Location Servern findet hierbei nicht mit SIP, sondern mittels anderer Protokolle für Datenbankzugriffe wie z.B. dem „Lightweight Directory Access Protocol" (LDAP) oder Diameter statt [Cama; Sinn1; 3589; 4740].

Bild 6.10 zeigt das Prinzip der Übermittlung des Zusammenhangs zwischen der ständigen SIP URI eines SIP-Teilnehmers und der temporären SIP URI des von diesem Teilnehmer registrierten SIP-Endsystems.

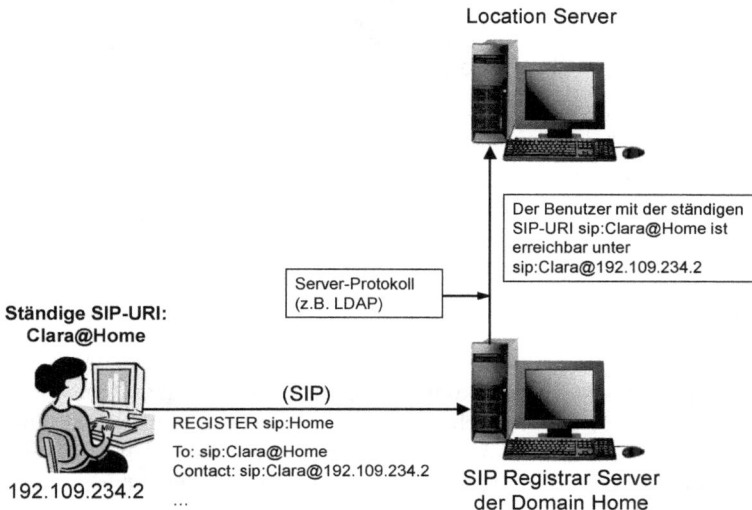

Bild 6.10: Registrierung eines SIP-Teilnehmers und Übergabe der Registrierungsinformation an einen Location Server

Der Abruf des Zusammenhangs zwischen einer temporären und einer ständigen SIP URI durch einen SIP Proxy Server ist in Bild 6.11 dargestellt.

In einfachen Kommunikationsszenarien (z.B. in einer firmeninternen SIP-Vermittlungsinfrastruktur) wird der Location Service häufig in Form einer einfachen Datenbankfunktion direkt im SIP Registrar bzw. in einer Kombination aus SIP Proxy- und -Registrar Server implementiert. In diesem Fall werden keine autarken Location Server benötigt.

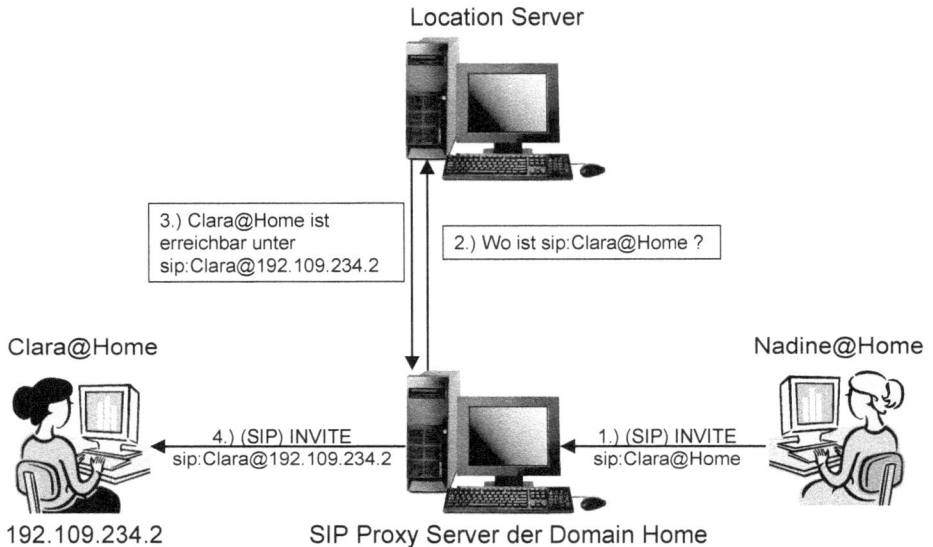

Bild 6.11: Prinzip des Abrufs der einer bestimmten ständigen SIP URI zugeordneten temporären SIP URI bei einem Location Server durch einen SIP Proxy Server

6.6   Presence Server

In einem sog. Presence Server [3856] können die Erreichbarkeitszustände (Presence-Zustände; siehe Abschnitt 5.8.6) von Teilnehmern einer SIP-Vermittlungsinfrastruktur zentral vorgehalten werden. Dies hat insbesondere den Vorteil, dass auch dann Informationen über den Erreichbarkeitszustand eines Teilnehmers abgerufen werden können, wenn das Endsystem des entsprechenden Teilnehmers gerade deaktiviert ist. Des Weiteren entlastet ein zentraler Presence Server die SIP-Endsysteme, deren Presence-Zustand durch mehrere andere Teilnehmer abonniert wird. Der betreffende User Agent muss seinen Presence-Zustand lediglich einer Instanz (dem Presence Server) übergeben, unabhängig von der Anzahl der

Abonnenten des Presence-Zustands des betreffenden Teilnehmers. Zur Übergabe des Presence-Zustands an den Presence Server wird die SIP-Nachricht PUBLISH (siehe Abschnitt 5.2)
eingesetzt. Der Presence Server übernimmt anschließend ggf. die Weiterverteilung der Informationen an die Abonnenten. Zur Erfüllung dieser Aufgabe enthält ein Presence Server
u.a. die logische Funktion eines sog. Presence Agents [3856]. Dieser stellt eine Sonderform
eines SIP User Agents dar, der SUBSCRIBE-Anfragen von Abonnenten empfängt, mit entsprechenden Statusinformationen reagiert und mit NOTIFY-Nachrichten inhaltlich auf die
SUBSCRIBE-Anfragen antwortet.

Bild 6.12 zeigt beispielhaft die Übermittlung von Presence-Informationen an einen Abonnenten über einen Presence Server.

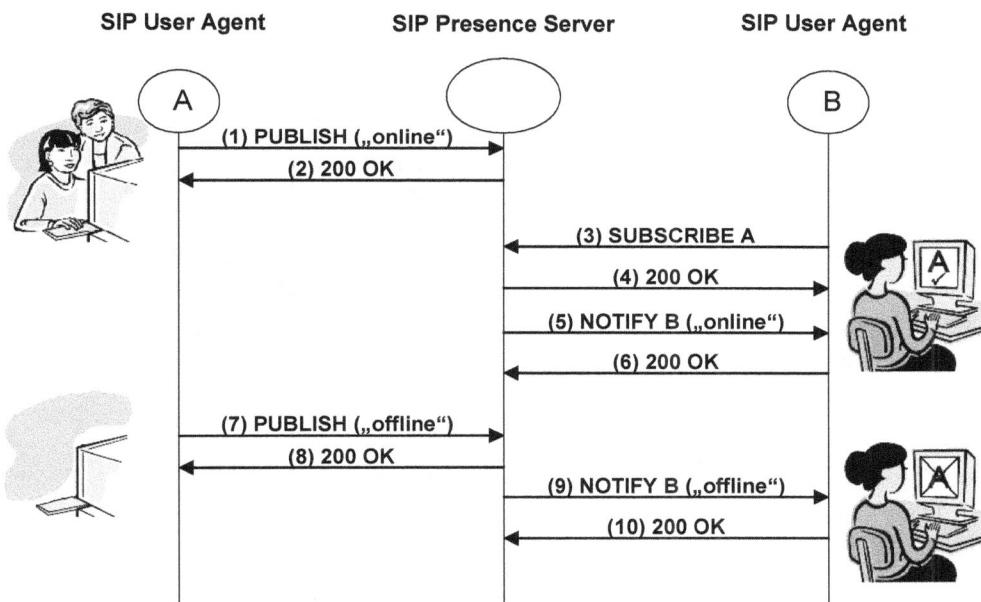

Bild 6.12: Übermittlung des Presence-Zustands eines Teilnehmers unter Einbeziehung eines SIP Presence Servers

User Agent A übergibt in Schritt (1) Informationen über seinen Presence-Zustand per PIDF
(Presence Information Data Format; siehe Abschnitt 5.8.6) im Message Body der SIP-
Request PUBLISH (siehe Abschnitt 5.2) an den Presence Server. Dieser bestätigt den Emp-
fang der PUBLISH-Nachricht mit der Statusinformation „200 OK". Teilnehmer B möchte
den Presence-Zustand von Teilnehmer A abonnieren und schickt deshalb in Schritt (3) die
SIP-Anfrage SUBSCRIBE in die Vermittlungsinfrastruktur der gemeinsamen Domäne. Die
Anfrage wird zum Presence Server geroutet und von diesem mit der Statusinformation 200
OK positiv quittiert (siehe Schritt (4)). Der Presence Server übergibt den aktuellen Presence-
Zustand per PIDF im Message Body der SIP-Nachricht NOTIFY an User Agent B (siehe

Schritt (5)). Dieser quittiert den Empfang der NOTIFY-Nachricht mit der Statusinformation „200 OK" in Schritt (6). Nach einiger Zeit ändert sich der Presence-Zustand von User Agent A von „online" zu „offline". Diese neue Information wird durch User Agent A in Form einer weiteren PUBLISH-Nachricht in Schritt (7) an den Presence Server übergeben. Dieser bestätigt den Empfang der PUBLISH-Nachricht mit der Statusinformation „200 OK" (siehe Schritt (8)) und übergibt die geänderte Information an den abonnierenden User Agent B in Form einer weiteren NOTIFY-Nachricht in Schritt (9). Deren Empfang wird von User Agent B in Schritt (10) mit der Statusinformation „200 OK" bestätigt.

Der in Bild 6.12 gezeigte Ablauf berücksichtigt der Einfachheit halber nicht die ansonsten im Rahmen der Weitergabe von Presence-Informationen obligatorische Authentifizierung der SUBSCRIBE-Anfragen sowie die vorgeschriebene Autorisierung durch die Teilnehmer. Presence-Informationen dürfen erst nach vorheriger Zustimmung durch den überwachten Teilnehmer weitergegeben werden. Dabei kann die Zustimmung im Vorhinein über eine durch den Überwachten erstellte und gepflegte Access-Liste, durch Abfrage eines Autorisierungs-Servers oder per SIP-Anfrage SUBSCRIBE eingeholt werden [3856].

Neben Presence-Zuständen einzelner Teilnehmer können gemäß [4662] auch sog. Resource Lists zentral verwaltet bzw. vorgehalten werden. Eine Resource List im Sinne der Presence-Funktionalität bezeichnet eine Zusammenstellung der Presence-Zustände mehrerer Teilnehmer in Form einer Liste, die durch eine einzige SUBSCRIBE-Anfrage abonniert werden kann [5367]. Hierdurch ergibt sich ein großes Einsparpotential bezüglich des für den Austausch von Presence-Zustandsinformationen nötigen SIP-Signalisierungsverkehrs.

6.7   Gateways

Um Netze, die mit unterschiedlichen Signalisierungsprotokollen und/oder Nutzdatenformaten arbeiten, zusammenschalten zu können, werden Gateways benötigt. Andere Begriffe hierfür sind auch Interworking Function (IWF) und Interworking Unit (IWU). Üblicherweise arbeiten Gateways bidirektional, d.h. die notwendigen Umsetzungen erfolgen parallel in beiden Übertragungsrichtungen, z.B. von Netz 1 nach 2 und von 2 nach 1.

Bild 6.13 zeigt in der Übersicht die je nach Anwendung und Anordnung im Netz unterschiedlichen Gateway-Typen.

Zum einen wird bez. seiner Wirkung auf die Nutzdaten oder die Signalisierung von einem Media Gateway (MGW) oder einem Signalling Gateway (SGW) gesprochen. Ein MGW muss in Abhängigkeit von der Signalisierung gesteuert werden. Z.B. ist bei einem Gateway zwischen einem SIP-IP- und einem ISDN-Netz je nach SIP- (z.B. SIP z in Bild 6.13) oder DSS1-Nachricht (z.B. Signalisierung z) im MGW eine VoIP-RTP-Session (z.B. RTP z) aufzubauen und ein 64-kbit/s-Sprachdatenkanal (z.B. Nutzdaten z) durchzuschalten. Diese Steuerungsfunktionalität kann in einem kombinierten MGW-SGW (z.B. Residential Gateway in Bild 6.13) integriert sein.

Sie kann aber aus Kostengründen oder um die Steuerungsintelligenz im Netz zentral zu halten auch in ein zentrales Netzelement, den sog. Media Gateway Controller (MGC), ausgelagert sein. In diesem Fall spricht man von einem Decomposed Gateway (siehe auch Abschnitt 3.2), das aus MGW(s), SGW und MGC besteht (z.B. Decomposed Gateway in Bild 6.13). Die zentralisierte Lösung hat zudem zur Folge, dass die Protokollumsetzung für die Signalisierung, beispielsweise von SIP (z.B. SIP x) nach ISUP (z.B. Signalisierung x) und umgekehrt, nicht im SGW, sondern im MGC erfolgt, da ja dort die Informationen aus beiden Protokollen für die Steuerung eines oder normalerweise mehrerer MGWs benötigt werden. Das SGW dient in diesem Fall nur zur Umsetzung der Transportprotokolle, z.B. von ISUP over MTP (Signalisierung x) auf ISUP over IP (Signalisierung x over IP). Bei einem Decomposed Gateway wird für die MGW-Steuerung üblicherweise auch ein standardisiertes Protokoll, z.B. Megaco/H.248 oder auch MGCP (Steuerung in Bild 6.13), verwendet.

Zusätzlich zu den entsprechend ihrer Anwendung unterschiedlichen Gateway-Typen MGW, SGW und Decomposed Gateway mit MGC zeigt zum anderen Bild 6.13 auch verschiedene Gateways bez. ihrer Anordnung im Netz (siehe auch Abschnitt 3.1): Trunking Gateway (TG) am Übergang zwischen zwei Kernnetzen, z.B. SIP-IP-NGN und ISDN, Access Gateway (AG) für die Zusammenschaltung eines Kernnetzes mit einem Zugangsnetz, z.B. eines SIP-IP-NGN mit einem kanalorientiert arbeitenden Access-Netz für ISDN-Teilnehmerschnittstellen, sowie Residential Gateway (RG) zur Anbindung von Endgeräten oder privaten Netzen.

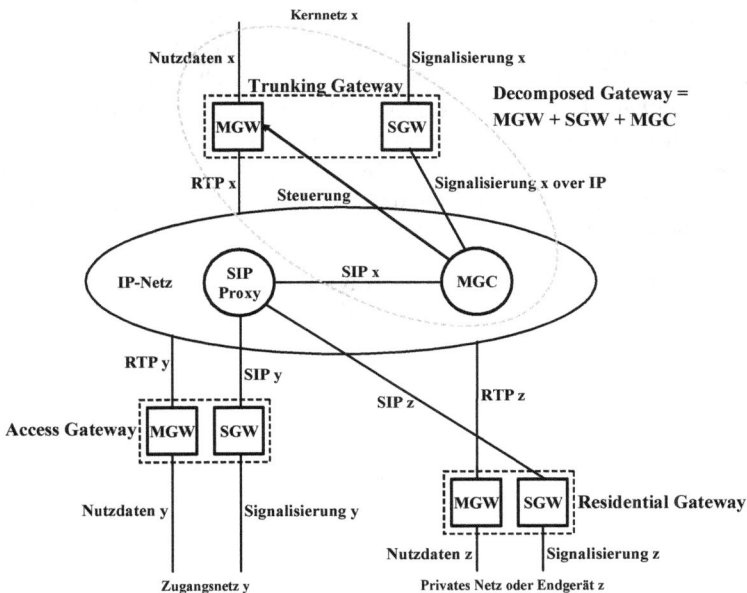

Bild 6.13: Gateways

Die folgenden Abschnitte 6.7.1 bis 6.7.4 gehen etwas detaillierter auf die im Zusammenhang mit SIP-IP-NGN wichtigsten Gateways ein.

6.7.1   SIP/H.323

Die Kopplung zweier paketvermittelnder Netze, von denen das eine mit SIP-Signalisierung arbeitet, während das andere auf der H.323-Protokollfamilie basiert, zeigt Bild 6.14. Beispielsweise könnte es sich dabei um die Zusammenschaltung eines privaten H.323-Netzes mit einem öffentlichen SIP-NGN handeln.

Wie aus Bild 6.14 sowie den Bildern 4.9 und 4.10 in Abschnitt 4.2 hervorgeht, müssen folgende Protokollumsetzungen vorgenommen werden:

* für Registrierung und Signalisierung: SIP/H.225.0,
* für die Mediensteuerung: SDP/H.245.

Da es sich in beiden Fällen um IP-Netze handelt, wird für z.B. Sprachnutzdaten auch jeweils RTP inkl. RTCP verwendet, eine Konvertierung ist zumindest bei Nutzung des gleichen Audiocodecs nicht notwendig.

Dabei geht Bild 6.14 gemäß der Einführung zu Abschnitt 6.7 von einem integrierten Gateway aus, d.h., das skizzierte Gateway enthält MGW, SGW und Controller.

Da die beiden Realisierungsansätze SIP und H.323 sehr verschieden sind, sind auch die oben genannten Protokollkonvertierungen relativ komplex. Es müssen nicht einzelne Nachrichten interpretiert und protokollkonform weitergegeben werden, sondern ganze Protokollabläufe. Dies wurde bereits anhand der Inhalte von Kapitel 5 (SIP) und Abschnitt 4.2.8 (H.323) deutlich. Darüber hinaus ist zu berücksichtigen, dass die SIP-Nachrichten in ASCII-Textformat, die H.323-PDUs im Binärformat vorliegen. Zudem gilt, dass bei H.323 für die Adressierung nicht nur URIs wie bei SIP, sondern auch direkt E.164-Rufnummern oder E-Mail-Adressen verwendet werden können. Die Gemeinsamkeiten und Unterschiede zwischen SIP und H.323 können Kapitel 5 und Abschnitt 4.2.8 sowie [pack2] entnommen werden.

Die wesentlichen Anforderungen an SIP/H.323-Gateways sind in [4123] beschrieben. Ergänzend hierzu liefert [102237] mögliche Architekturen und Testszenarien.

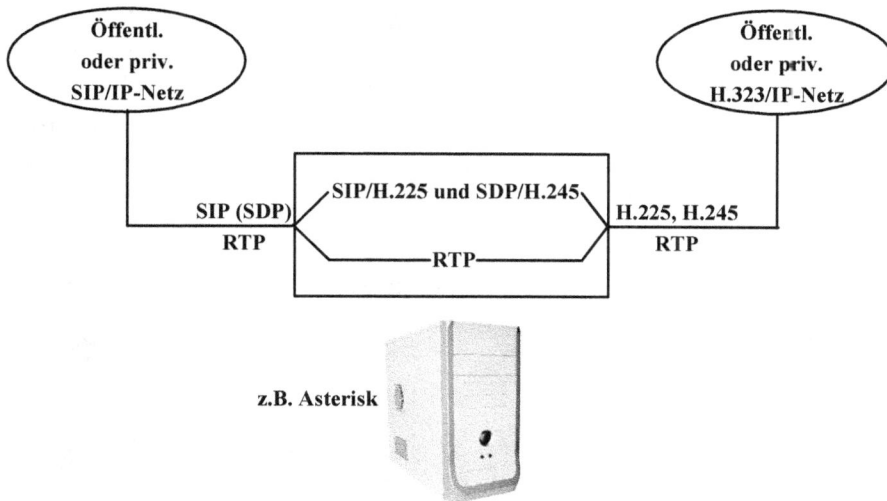

Bild 6.14: SIP/H.323-Gateway

Die Bilder 6.15 und 6.16 zeigen jeweils den Verbindungsaufbau zwischen einem SIP User Agent und einem H.323-Terminal: Anruf von SIP nach H.323 in Bild 6.15; Anruf von H.323 nach SIP in Bild 6.16. Das eingesetzte SIP/H.323-Gateway wirkt hier nach beiden Seiten selbst als Endsystem der entsprechenden Protokollfamilie, SIP-seitig also als SIP User Agent, H.323-seitig als H.323 Terminal.

Ausgehend von den Szenarien in [102237] wurde hier der einfachste Fall zu Grunde gelegt, bei dem die Signalisierung zwischen SIP User Agent und SIP/H.323-Gateway bzw. SIP/H.323-Gateway und H.323 Terminal Peer-to-Peer verläuft. Selbstverständlich ist in der Praxis auf der SIP-Seite normalerweise mindestens ein SIP Proxy Server zwischengeschaltet, auf der H.323-Seite ein H.323 Gatekeeper.

Besonders auffällig am Pfeildiagramm in Bild 6.16 ist, dass die SDP-Parameter des B-Teilnehmers vom Gateway erst mit der SIP-Nachricht ACK geliefert werden können, nicht schon mit INVITE. Dies liegt an der Trennung des H.225.0-basierten Verbindungsaufbaus von der Medienaushandlung gemäß H.245 auf der H.323-Seite. Daraus könnte ein erfolgreicher Verbindungsaufbau ohne Nutzdatenaustausch infolge fehlender Übereinstimmung bei den Codecs resultieren. Diese Problematik kann nicht auftreten, wenn auf der H.323-Seite mit dem Fast Connect-Verfahren (siehe Abschnitt 4.2.8) gearbeitet wird.

Trotzdem gibt bereits diese denkbare Situation einen Vorgeschmack auf die Komplexität und
mögliche Schwierigkeiten, insbesondere wenn man an die SIP/H.323-übergreifende Bereitstellung von Dienstmerkmalen und Mehrwertdiensten denkt.

Ein SIP/H.323-Gateway kann in einem Softswitch integriert sein, aber auch wie in Bild 6.14
standalone realisiert werden, Letzteres z.B. mittels PC und der Open Source Software Asterisk [aste].

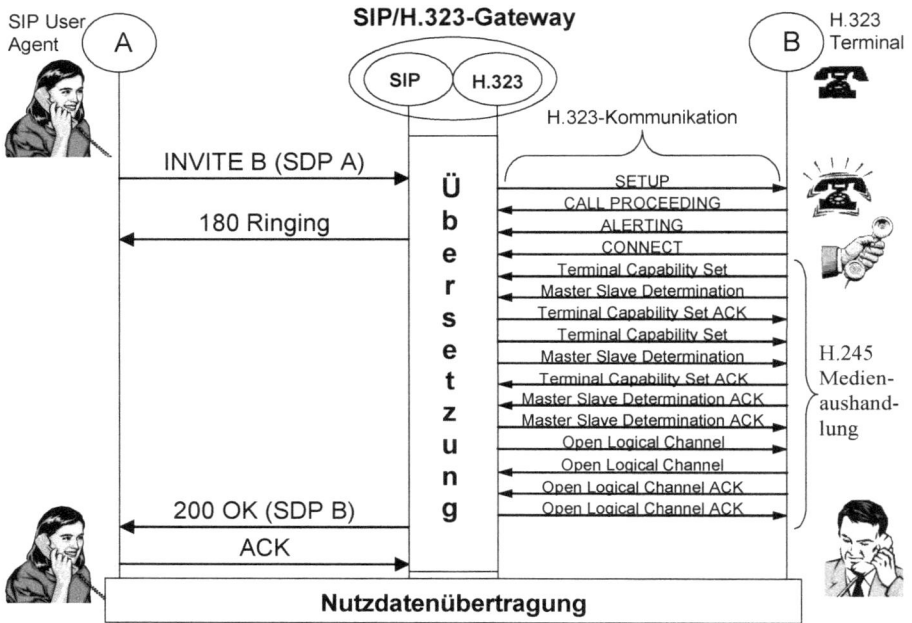

*Bild 6.15: Schematische Darstellung eines Verbindungsaufbaus zwischen einem SIP- und einem H.323-Endsystem
über ein Gateway, vom SIP User Agent ausgehend*

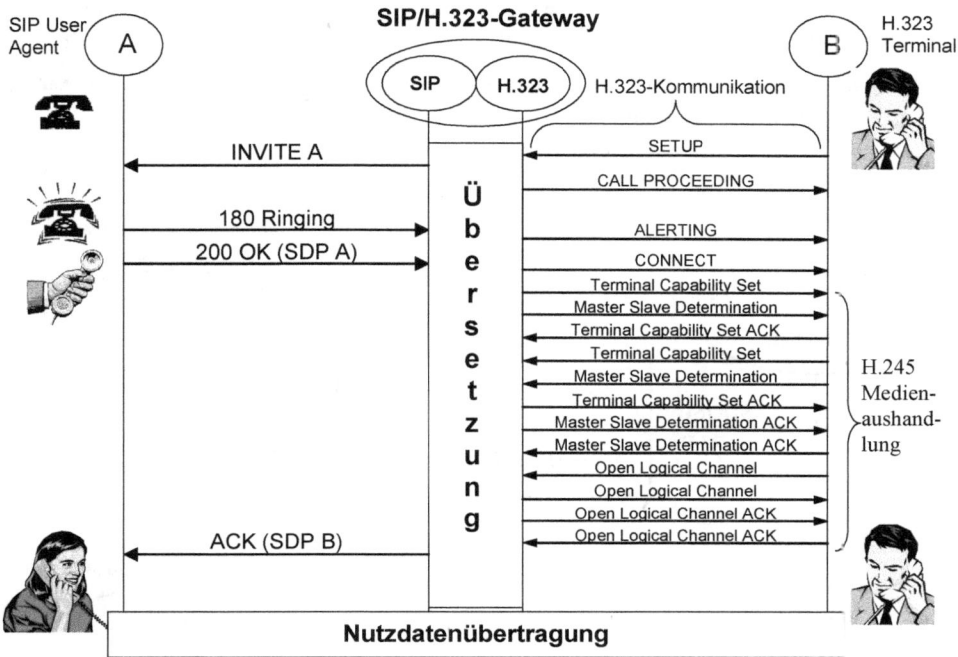

Bild 6.16: Schematische Darstellung eines Verbindungsaufbaus zwischen einem SIP- und einem H.323-Endsystem über ein Gateway, vom H.323 Terminal ausgehend

6.7.2 SIP/DSS1 (Digital Subscriber Signalling system no. 1)

Die wichtigsten Szenarien für den Einsatz eines SIP/DSS1-Gateways zeigt Bild 6.17. Im oben dargestellten Szenario wird eine ISDN-Nebenstellenanlage (ISDN-TK-Anlage) oder ein ISDN-Endgerät via SIP/DSS1-Gateway an ein öffentliches SIP-NGN oder eine entsprechende SIP-Infrastruktur im Internet angebunden. Dabei repräsentiert das Gateway aus ISDN-Sicht die ISDN-S_0- oder S_{2M}-Schnittstelle einer Vermittlungsstelle, aus SIP-Sicht stellt sich das Gateway als SIP User Agent dar.

Die vorzunehmenden Konvertierungen beziehen sich in diesem Fall nicht nur auf die Signalisierung, sondern auch auf die Nutzdaten:

- SIP (SDP)/DSS1,
- RTP/64-kbit/s-B-Kanal mit G.711-Audiocodec.

In Bild 6.17 unten geht es um die gleichen Umsetzungen. Allerdings ist hier das Szenario so, dass jetzt ein privates SIP/IP-Netz über das Gateway mittels ISDN-Schnittstelle an das öffentliche ISDN angebunden ist. Nun zeigt sich das Gateway aus ISDN-Sicht als ISDN-Endgerät, aus SIP/IP-Sicht als SIP User Agent.

In beiden Szenarien in Bild 6.17 wird wieder von einem integrierten Gateway mit MGW, SGW und Controller ausgegangen.

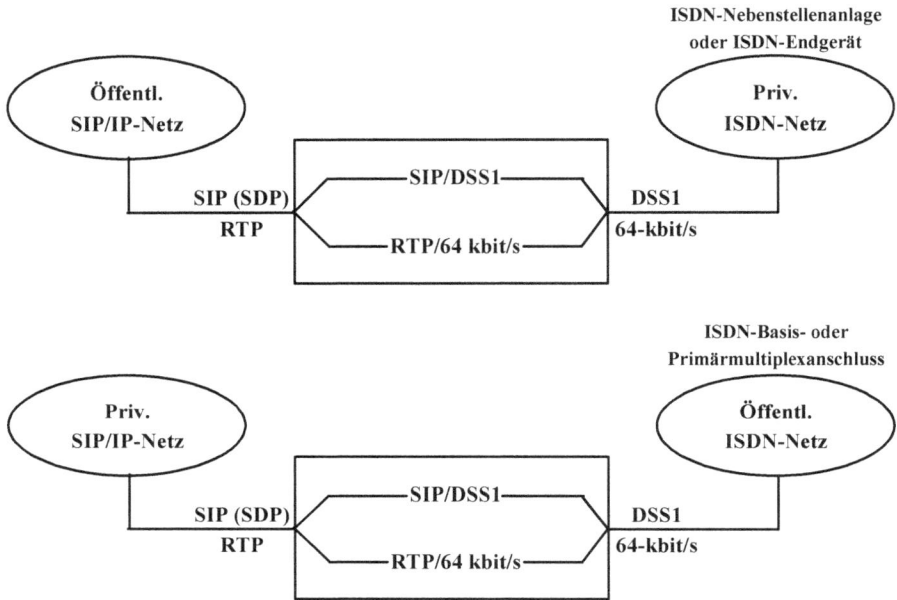

Bild 6.17: SIP/DSS1-Gateway

Praktische Anwendung findet das in Bild 6.17 gezeigte SIP/DSS1-Residential Gateway in sog. IADs (Integrated Access Device) oder VoIP-DSL-Routern, z.B. von der Firma AVM. Der oben gezeigte Anwendungsfall ermöglicht den Betrieb vorhandener ISDN-Nebenstellenanlagen oder -Endgeräte an einem SIP-NGN oder einer SIP-Infrastruktur für Voice over Internet. Der unten gezeigte Fall repräsentiert die Möglichkeit, mit SIP/IP-Endgeräten auch bei Ausfall der öffentlichen IP-Anbindung noch zu telefonieren, allerdings über ein SIP/DSS1-Gateway und das öffentliche ISDN.

Eine andere Möglichkeit der Realisierung eines SIP/ISDN-DSS1-Gateways basiert auf dem Einsatz eines handelsüblichen PCs als Hardware-Umsetzer und Software-basiertem Protokollkonverter. Der betreffende PC ist hierfür sowohl mit einer Netzwerk- als auch mit einer ISDN-Karte ausgestattet. Die Netzwerk-Karte stellt die Verbindung zu einer SIP-VoIP-Infrastruktur dar, die ISDN-Karte den Übergang ins ISDN. Die Protokollübersetzungen erfolgen durch eine auf dem PC installierte Software, z.B. durch die bereits im Zusammenhang mit dem SIP/H.323-Gateway in Abschnitt 6.7.1 erwähnte Open Source Software Asterisk [aste].

Das Prinzip eines Verbindungsaufbaus zwischen einem SIP User Agent und einem ISDN-Endgerät über ein SIP/ISDN-Gateway ist in Bild 6.18 für von SIP ausgehende Gespräche, in Bild 6.19 hingegen für von einem ISDN-Endgerät ausgehende Verbindungen dargestellt. In beiden Fällen wird davon ausgegangen, dass das Gateway sowohl für SIP als auch für ISDN/DSS1 die logische Rolle eines Endsystems einnimmt. Auch hier wird vereinfachend zu Grunde gelegt, dass die Signalisierung zwischen SIP User Agent und SIP/DSS1-Gateway Peer-to-Peer verläuft. Selbstverständlich ist in der Praxis auf der SIP-Seite meist mindestens ein SIP Proy Server zwischengeschaltet.

Weitere Details zu Verbindungsabläufen über SIP/ISDN-Gateways sind in [3666] beschrieben. Außerdem wird in [6567; 7433; 7434] die Verwendung spezieller SIP-Header-Felder zur Übermittlung von User-to-User-Informationen (UUI) in SIP-Nachrichten definiert. Dies ermöglicht explizit auch den Transport bzw. die Übergabe von ISDN-User-to-User-Informationen über SIP/ISDN-Gateways.

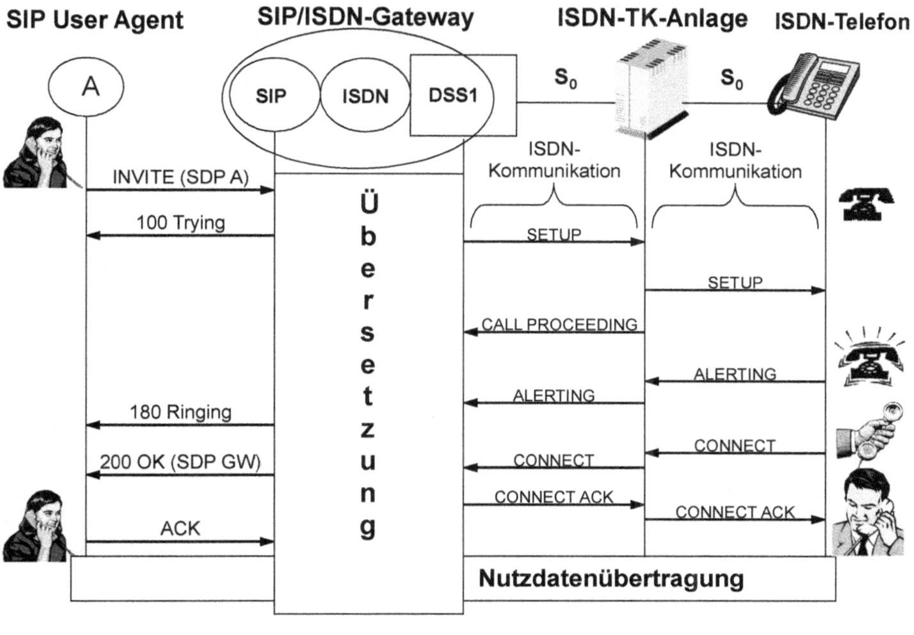

Bild 6.18: Schematische Darstellung eines Verbindungsaufbaus zwischen einem SIP- und einem ISDN-Endsystem über ein Gateway und eine ISDN-TK-Anlage, vom SIP User Agent ausgehend

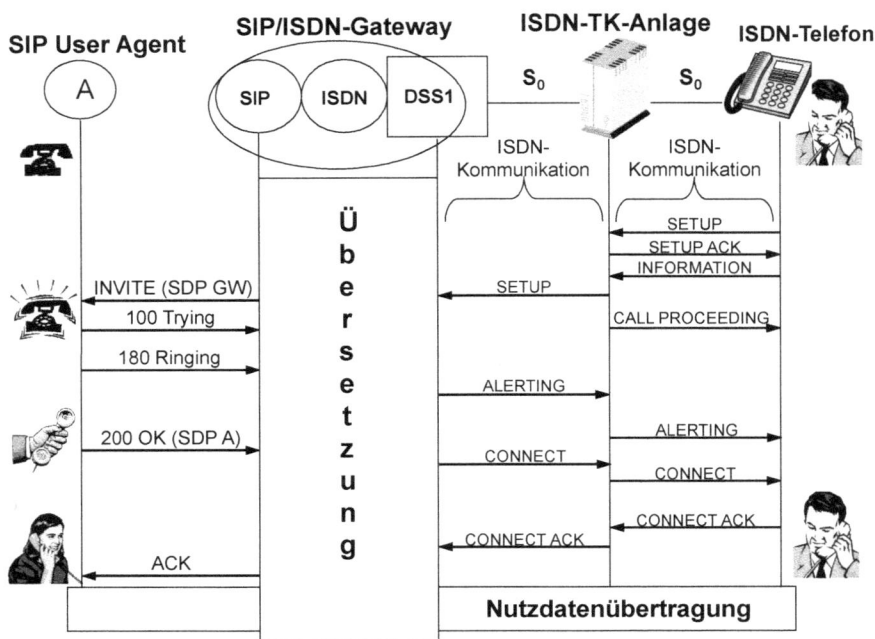

Bild 6.19: Schematische Darstellung eines Verbindungsaufbaus zwischen einem SIP- und einem ISDN-Endsystem über ein Gateway und eine ISDN-TK-Anlage, vom ISDN-Endgerät ausgehend

6.7.3   SIP/POTS (Plain Old Telephone Service)

In diesem Abschnitt soll eine Möglichkeit zur direkten Anbindung einer herkömmlichen, rein analogen TK-Infrastruktur (POTS, Plain Old Telephone Service) an ein SIP/IP-Netz aufgezeigt werden.

Die wichtigsten Szenarien für den Einsatz eines SIP/POTS-Gateways zeigt Bild 6.20. Dabei wird deutlich, dass es große Ähnlichkeiten zum SIP/DSS1-Gateway gibt. Im in Bild 6.20 oben dargestellten Szenario wird eine analoge Nebenstellenanlage oder ein entsprechendes Endgerät via SIP/POTS-Gateway an ein öffentliches SIP-NGN oder eine entsprechende SIP-Infrastruktur im Internet angebunden. Dabei repräsentiert das Gateway aus POTS-Sicht die a/b-Schnittstelle einer Vermittlungsstelle, aus SIP-Sicht stellt sich das Gateway als SIP User Agent dar.

Die vorzunehmenden Konvertierungen beziehen sich in diesem Fall nicht nur auf die Signalisierung, sondern auch auf die Nutzdaten:

- SIP/ a/b-Signalisierung,
- RTP/3,4-kHz-Audiosignal.

In Bild 6.20 unten geht es um die gleichen Umsetzungen. Allerdings ist hier das Szenario so, dass jetzt ein privates SIP/IP-Netz über das Gateway via analoger a/b-Schnittstelle an das öffentliche ISDN bzw. PSTN angebunden ist. Nun zeigt sich das Gateway aus ISDN-Sicht als POTS-Endgerät, aus SIP/IP-Sicht als SIP User Agent.

In beiden Szenarien in Bild 6.20 wird wieder von einem integrierten Gateway mit MGW, SGW und Controller ausgegangen.

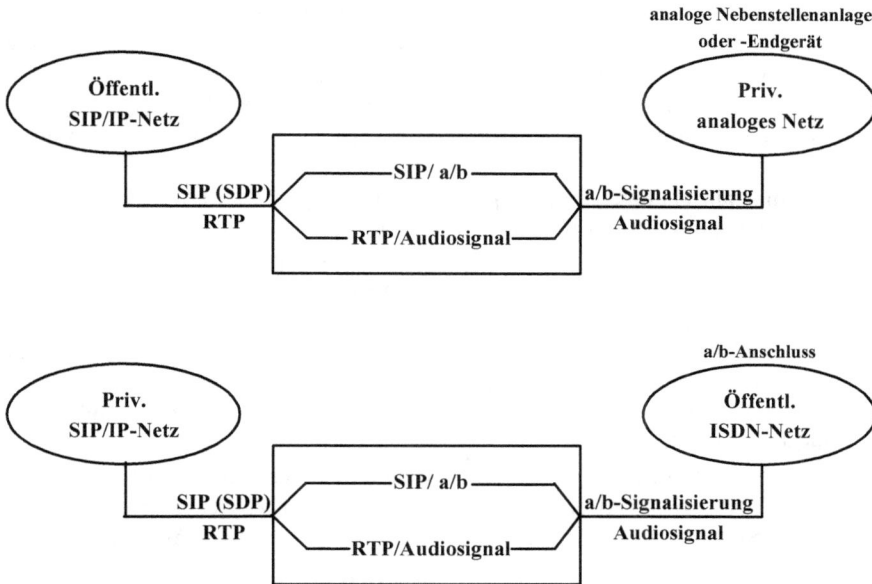

Bild 6.20: SIP/POTS-Gateway

Praktische Anwendung findet das in Bild 6.20 gezeigte SIP/POTS-Residential Gateway wie im SIP/DSS1-Fall in sog. IADs (Integrated Access Device), VoIP-DSL-Routern, z.B. von der Firma AVM, oder in ATAs (Analog Terminal Adapter), z.B. von der Firma Grandstream Networks. Der in Bild 6.20 oben gezeigte Anwendungsfall ermöglicht den Betrieb vorhandener analoger Nebenstellenanlagen oder Endgeräte an einem SIP-NGN oder einer SIP-Infrastruktur für Voice over Internet. Der unten gezeigte Fall repräsentiert die Möglichkeit, mit SIP/IP-Endgeräten auch bei Ausfall der öffentlichen IP-Anbindung noch zu telefonieren, allerdings über ein SIP/POTS-Gateway und das öffentliche ISDN bzw. PSTN. Ein IAD bzw. ATA bietet häufig mehr als eine analoge a/b-Schnittstelle, sodass ggf. mehrere analoge Endgeräte an eine SIP-basierte IP-Kommunikationsinfrastruktur angeschaltet werden können.

Bild 6.21 zeigt den Signalisierungsablauf für einen (aus Sicht des analogen Endgeräts) ankommenden Anruf im Falle einer derartigen Zusammenschaltung. Sowohl hier als auch in

Bild 6.22 wird vereinfachend zu Grunde gelegt, dass die Signalisierung zwischen SIP User Agent und SIP/POTS-Gateway Peer-to-Peer verläuft. Selbstverständlich ist in der Praxis auf der SIP-Seite normalerweise mindestens ein SIP Proxy Server zwischengeschaltet.

Es folgt die Erläuterung des Kommunikationsverlaufs anhand der in Bild 6.21 dargestellten Nummerierung der einzelnen Schritte.

1. Ein SIP User Agent sendet eine INVITE-Nachricht an die ständige SIP URI des SIP/POTS-Gateways.
2. Das Gateway quittiert die eingehende Nachricht mit der Statusinformation „100 Trying".
3. Unmittelbar darauf wird seitens des Gateways (in Verbindung mit entsprechender Hardware zur Anschaltung eines a/b-Teilnehmers) eine Rufwechselspannung an die analoge Anschlussleitung angelegt; der angeschlossene a/b-Apparat klingelt.
4. Das Gateway meldet die erfolgreiche Einleitung des Anrufsignalisierungsvorgangs mittels der SIP-Statusinformation „180 Ringing" an den die Verbindung initiierenden SIP UA weiter.
5. Der Teilnehmer am analogen Endgerät nimmt das Gespräch an (Abheben des Hörers). Dabei wird seitens des a/b-Apparats die Widerstandsschleife zur Gateway-Hardware hin geschlossen, was dem Gateway die Annahme des Anrufs signalisiert.
6. Es folgt die Durchschaltung einer bidirektionalen Audio-Verbindung zwischen dem Gateway und dem analogen Endgerät.
7. Als Reaktion auf die Annahme des Anrufs in Schritt (5) sendet das Gateway die Statusinformation „200 OK" an den initiierenden SIP UA.
8. Zwischen dem Gateway und dem SIP User Agent wird nun ebenfalls eine bidirektionale Audio-Verbindung etabliert.
9. Der SIP UA bestätigt den Abschluss des erfolgreichen Verbindungsaufbaus durch Aussenden der SIP-Nachricht „ACK". Somit können Nutzdaten zwischen einem SIP UA und einem an ein SIP/POTS-Gateway angeschalteten analogen Endgerät ausgetauscht werden.

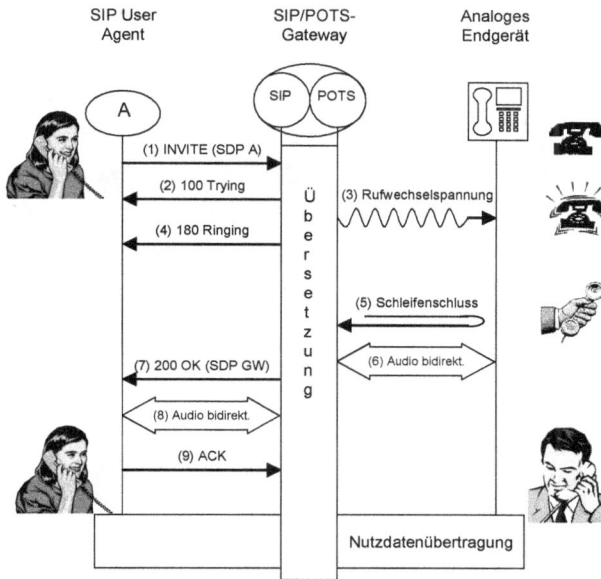

Bild 6.21: Signalisierungsverlauf beim Verbindungsaufbau zwischen einem SIP- und einem analogen Endgerät über ein SIP/POTS-Gateway, vom SIP UA ausgehend

Bild 6.22 zeigt den Signalisierungsverlauf für einen vom analogen Endgerät ins SIP-basierte Telekommunikationsnetz abgehenden Anruf.

Es folgt die Erläuterung des Kommunikationsverlaufs anhand der in Bild 6.22 dargestellten Nummerierung der einzelnen Schritte.

1. Ausgehend von einem analogen Endgerät soll eine Verbindung zu einem Teilnehmer innerhalb der SIP-Infrastruktur eingeleitet werden. Durch das Herstellen der Wählbereitschaft am analogen Endgerät (Abheben des Hörers) wird die Widerstandsschleife im Apparat geschlossen, was dem SIP/POTS-Gateway die Einleitung einer (aus Sicht des analogen Endgeräts) abgehenden Verbindung signalisiert.
2. Daraufhin wird ein unidirektionaler Audio-Kanal vom Gateway zum analogen Teilnehmer durchgeschaltet.
3. Auf der a/b-Schnittstelle wird seitens des Gateways ein Wählton angelegt, der die Bereitschaft für die Annahme von Wahlinformationen indiziert.
4. Mit der Wahl der gewünschten Nummer seitens des Benutzers wird die entsprechende Wahlinformation mittels IWV (Impulswahlverfahren) oder MFV (Mehrfrequenz(wahl)-verfahren) beim Gateway abgesetzt. Hierbei erkennt das Gateway das Wahlende üblicherweise entweder Timer-gesteuert oder (bei MFV-Wahl) anhand eines durch den Teilnehmer einzugebenden Wahlendezeichens (z.B. #-Taste).

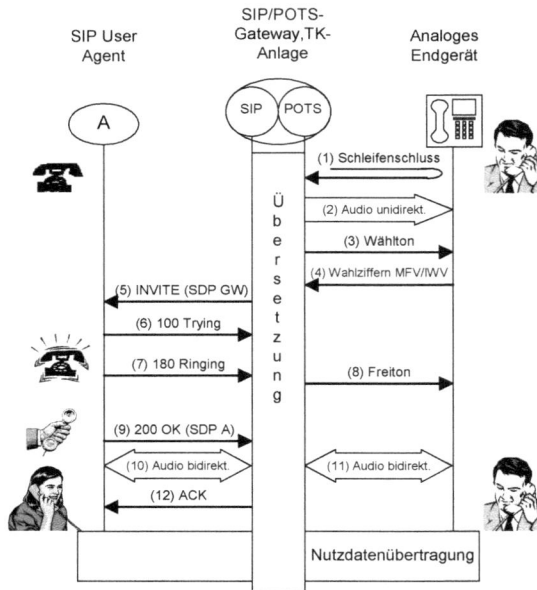

Bild 6.22: Signalisierungsverlauf für einen von einem analogen Teilnehmer abgehenden Anruf in ein SIP-IP-Netz über ein SIP/POTS-Gateway

5. Nach der Auswertung der in Schritt (4) beim Gateway eingegangenen Wahlinformation generiert und versendet das Gateway die SIP-Nachricht INVITE an den entsprechend angewählten SIP User Agent. Hierbei wird die durch den Nutzer gewählte Rufnummer meist als Teil der Ziel-SIP URI übergeben.

6. Der gewünschte SIP User Agent (oder ein die Anfrage bearbeitender SIP Server) reagiert auf die in Schritt (5) erhaltene INVITE-Nachricht ggf. mit dem Aussenden der Statusinformation „100 Trying".

7. Der angewählte SIP UA kündigt dem SIP/POTS-Gateway mittels der Statusinformation „180 Ringing" die benutzerseitige Signalisierung des ankommenden Anrufs an.

8. Das Gateway setzt die in Schritt (7) empfangene Information in einen Freiton auf der a/b-Schnittstelle des angerufenen Teilnehmers um.

9. Wird der ankommende Anruf durch den Benutzer des angewählten SIP UAs angenommen, sendet dieser die Statusinformation „200 OK" an das die SIP-Session initiierende SIP/POTS-Gateway.

10. Daraufhin wird auf der IP-Schnittstelle des SIP/POTS-Gateways die bidirektionale Übertragung von Audio-Daten zwischen dem Gateway und dem User Agent in Form von RTP-Strömen eingeleitet.

11. Quasi parallel zu Schritt (10) wird die bidirektionale Übertragung von Sprachdaten auf der a/b-Schnittstelle zwischen dem Gateway und dem analogen Endgerät freigegeben.

12. Zur Erfüllung des Three Way Handshakes im Zusammenhang mit dem SIP-Session-Aufbau sendet das SIP/POTS-Gateway die SIP-Nachricht ACK an denjenigen SIP User Agent, zu dem die SIP-Session aufgebaut wurde.

Weitere Details zu Verbindungsabläufen über SIP/POTS-Gateways sind in [3666] beschrieben.

6.7.4   SIP/ISUP (ISDN User Part)

Für den professionellen Einsatz von SIP als Vermittlungs- und Signalisierungsprotokoll ist insbesondere die Betrachtung der Kombinationsfähigkeit mit dem ZGS Nr.7 (Zentrales Zeichengabesystem Nr.7) von Bedeutung. Hierbei handelt es sich um diejenige Protokollfamilie, die weltweit für die Zwischenamtssignalisierung in herkömmlichen leitungsvermittelten TK-Netzen eingesetzt wird und somit einen wesentlichen Anteil an der Funktionalität der heutigen globalen Telekommunikationsinfrastruktur hat.

Im Bezug auf die Übertragung von Zeichengabe- und Signalisierungsinformationen zwischen Vermittlungsstellen in herkömmlichen TK-Netzen ist der sog. ISUP (ISDN User Part) als der wesentlichste Funktionsteil des ZGS Nr.7 anzusehen. Hierbei spielt es keine Rolle, ob die ISUP-Nachricht während des Transports ggf. eine oder mehrere Transitvermittlungsstellen durchläuft; der Nachrichteninhalt des ISUP wird in vollem Umfang in denjenigen Vermittlungsstellen ausgewertet, an die die jeweiligen Verbindungsteilnehmer direkt angeschaltet sind. Insofern kommt dem Zusammenwirken von SIP und ISUP bei der Betrachtung eines SIP/ISUP-Gateways eine vorrangige Funktion zu.

Grundsätzliche Überlegungen zum Interworking zwischen SIP und ISUP sowie zur gekapselten, SIP-basierten Übermittlung von ISUP-Nachrichten (Encapsulation) wurden durch die IETF in [3372] unter dem Stichwort SIP-T (Session Initiation Protocol for Telephones) angestellt. In [3398; 3578; 3666] werden diese prinzipiellen Ansätze konkretisiert und ergänzt.

Durch die ITU-T wurde in [Q19125] ebenfalls ein SIP/ISUP-Interworking-Reglement definiert, das unter der Bezeichnung SIP-I (SIP with encapsulated ISUP) bei Telekommunikationsnetzbetreibern und -herstellern Verbreitung gefunden hat. ETSI hat diese ITU-T-Spezifikation in modifizierter Form in [383001] übernommen.

3GPP befasst sich in [29163] ebenfalls mit SIP/ISUP-Interworking für die Zusammenschaltung von leitungsvermittelten Telekommunikationsnetzen und dem ab UMTS Rel. 5 definierten SIP/IP-basierten IP Multimedia Subsystem (IMS; siehe Abschnitt 14.3). Auch dieser Ansatz basiert in Teilen auf der ITU-T-Spezifikation [Q19125]. Für ETSI TISPAN NGN Releases 1 und 2 (siehe Abschnitt 14.4) wurden die Ergebnisse aus [29163], basierend auf der Version für UMTS Rel. 7, in die entsprechenden Versionen von [283027] übernommen.

[3372; 3398; Q19125; 383001; 29163; 283027] sprechen neben der rein konvertierenden Gateway-Funktionalität zwischen SIP und ISUP auch den Transport von eingekapselten ISUP-Nachrichten über IP-Netzwerke mittels SIP an. Es ergeben sich somit die in Bild 6.23 und Bild 6.24 dargestellten Szenarien für das Zusammenwirken von SIP und ISUP.

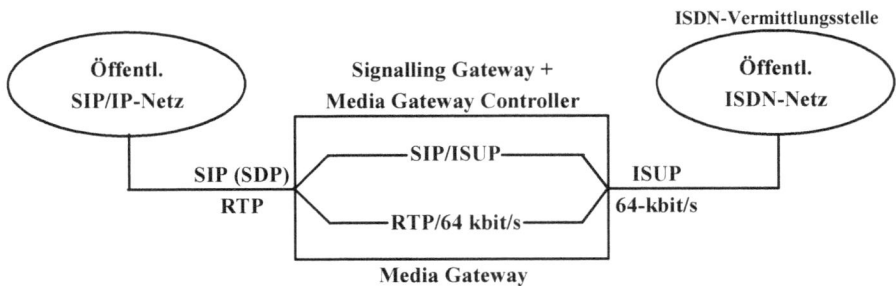

Bild 6.23: Zusammenschaltung einer ZGS Nr.7- und einer SIP-Infrastruktur über ein SIP/ISUP-Gateway

Bild 6.23 zeigt ein typisches, von anderen Protokollen bekanntes Gateway-Schema. Im Gateway findet eine reine Konvertierung (und somit eine eindeutige Trennung) zwischen SIP und ISUP statt; beide Protokollschnittstellen des Gateways haben jeweils terminierende Funktion: PSTN-Vermittlungsstelle (ISUP) bzw. SIP User Agent (SIP). Die vorzunehmenden Konvertierungen beziehen sich eigentlich, wie in Bild 6.23 auch dargestellt, nicht nur auf die Signalisierung, sondern auch auf die Nutzdaten:

- SIP (SDP)/ISUP,
- RTP/64-kbit/s-B-Kanal mit G.711-Audiocodec.

Allerdings handelt es sich bei SIP/ISUP-Gateways normalerweise um große Trunking Gateways, die als Decomposed Gateways realisiert sind, sodass die eigentliche Signalisierungsprotokollkonvertierung vom MGC durchgeführt wird. Das SGW dient nur zur Aufbereitung des ISUP-Protokoll-Stacks für ein IP- bzw. ISDN-Netz. Die vom MGC ferngesteuerten MGWs repräsentieren auch physikalisch eigenständige Netzelemente. Entsprechende SIP/ISUP-Trunking Gateways werden von allen maßgeblichen Telekommunikationsherstellern angeboten.

Im in Bild 6.24 gezeigten Szenario hingegen dienen die Gateways nicht dem Konvertieren von ISUP-Nachrichten in SIP-Kommunikationselemente und umgekehrt, sondern dem Formatieren und Einkapseln von ISUP- in entsprechende SIP-Nachrichten mit dem Zweck der Übertragung von ISUP über ein IP-Netz. Die zwischen den beiden PSTN-Vermittlungsstellen auszutauschenden Vermittlungs- und Signalisierungsinformationen werden über das IP-Netz also generell nicht nur in Form von SIP-Nachrichten weitergegeben, sondern vor allem mittels in deren Message Bodys eingebundener ISUP-Nachrichten, die durch das jeweils empfangende Gateway ausgelesen und verwertet werden können. Aus Sicht der außen liegenden herkömmlichen TK-Netze entsteht so eine größtmögliche Transparenz des zwischengeschalteten IP-Netzes (Tunneling). Dies gilt nicht nur für die Signalisierung mit ISUP, sondern auch für die weitgehend transparent übertragenen 64-kbit/s-Nutzdatenkanäle. Der Einsatz eines derartigen Szenarios ist gerade im Hinblick auf reine IP-Kernnetze sinnvoll. Die Bedeutung nimmt aber mit zunehmender Verbreitung von NGN-Netzen ab.

ISDN-Vermittlungsstelle

**Öffentl.
ISDN-Netz**

Signalling Gateway

**ISUP over MTP
64-kbit/s**

ISUP/SIP(ISUP)

64 kbit/s/ 64 kbit/s

**ISUP over SIP
64 kbit/s over IP**

Media Gateway

ISDN-Vermittlungsstelle

**Öffentl.
ISDN-Netz**

**Öffentl.
SIP/IP-Netz**

Signalling Gateway

**ISUP over MTP
64-kbit/s**

ISUP/SIP(ISUP)

64 kbit/s/ 64 kbit/s

**ISUP over SIP
64 kbit/s over IP**

Media Gateway

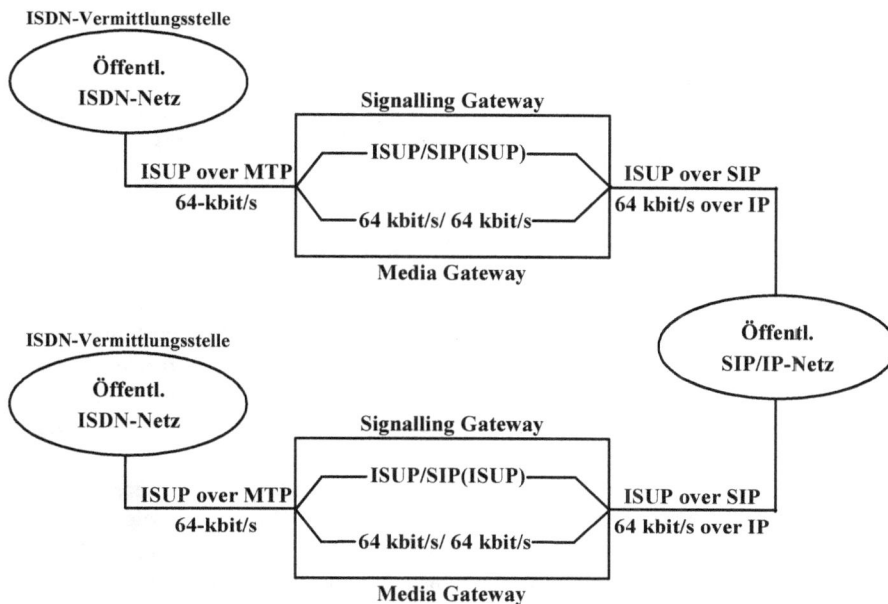

Bild 6.24: Infrastruktur zur transparenten Übertragung von ZGS Nr.7-Signalisierung über ein IP-Netz mittels SIP und zwei SIP/ISUP-Gateways

Empfohlene Erweiterungen zu SIP

Um generell ein möglichst einheitliches Übergangsverhalten zwischen SIP und ISUP zu gewährleisten, wird in [3398] die Anwendung einiger Erweiterungen zum SIP-Standard-Reglement [3261] empfohlen, auf die im Folgenden kurz eingegangen werden soll:

- Für den Fall des SIP-basierten Transports von ISUP-Nachrichten über IP-Netzwerke (siehe Bild 6.24) sollte ein einheitliches, definiertes ISUP-Nachrichtenformat gewählt werden. In [3398] wird hierfür die Anwendung von speziellen Multipurpose Internet Mail Extensions (MIME) Media Types gemäß [3204] empfohlen.

- Werden im Message Body einer SIP-Nachricht neben einer ISUP-Nachricht weitere andersartige Inhalte (z.B. SDP) transportiert, wird diese Mehrfachnutzung des Message Bodies durch den Eintrag „multipart/mixed" im SIP-Header „Content-Type" gekenn-zeichnet. Entsprechend muss ein SIP/ISUP-Gateway in der Lage sein, diesen Eintrag zu interpretieren, der bereits vor der Entstehung des SIP für andere Internet-Anwendungen als MIME Media Type in [2046] definiert wurde.

- Für jeden Fall des Zusammenwirkens von SIP und ISUP sollte die Möglichkeit der Über-tragung von Wahlziffern mittels Mehrfrequenz(wahl)verfahren (MFV) während einer be-reits bestehenden Verbindung gegeben sein, da sich dieses Prinzip in herkömmlichen TK-Festnetzen z.B. für die Bedienung von menügesteuerten automatischen Ansagen sowie zur Fernabfrage von Anrufbeantwortern durchgesetzt hat. Da die im Rahmen einer VoIP-

Kommunikation zur Verfügung stehende Audio-Bandbreite allerdings je nach verwende-
tem Codec und allgemeiner Netzauslastung variieren kann, ist es nicht sinnvoll, Signalisierungsinformationen wie MFV-Wahlziffern IP-seitig in Form von Audiodaten im RTP-
Kanal zu übertragen. Für die Übermittlung derartiger Informationen mit dem Ziel der
eindeutigen Interpretation durch ein SIP/ISUP-Gateway wird in [3398] die Anwendung
von speziell für diesen Zweck entwickelten RTP-Payload-Formaten gemäß [4733; 4734]
empfohlen.

- Informationen über den Zustand von im Aufbau befindlichen Sessions werden im SIP
  mittels sog. „provisorischer Statusinformationen" (Statusinformationen des Grundtyps
  1xx, siehe Abschnitt 5.3) übertragen. Dies geschieht gemäß [3261] üblicherweise „ungesichert", d.h. es erfolgt keine Empfangsbestätigung. Da „provisorische Statusinformationen" aber gerade für das Zusammenwirken von SIP und PSTN-Protokollen wie dem
  ISUP von wesentlicher Bedeutung sind, empfiehlt sich die Anwendung eines Mechanismus (basierend auf der SIP-Nachricht PRACK) zur Bestätigung des Empfangs derartiger
  Statusinformationen gemäß [3262].

- In herkömmlichen TK-Festnetzen wird seitens der Vermittlungsebene bereits unmittelbar
  nach dem Empfang einer vollständigen Wahlinformation ein von der Ziel-Vermittlungs-
  stelle abgehender, unidirektionaler Audio-Kanal in Richtung desjenigen Teilnehmers
  durchgeschaltet, von dem der Verbindungswunsch ausgeht. Dies dient der Möglichkeit
  zur Übermittlung verbindungsspezifischer Informationen in akustischer Form vor dem
  Zustandekommen der eigentlichen, meist kostenpflichtigen Verbindung. Ein Beispiel dafür ist die Ansage des Verbindungspreises vor der endgültigen Gesprächsvermittlung im
  Falle der Nutzung eines Call-by-Call-Anbieters. Angewandt auf eine von einem SIP-
  Teilnehmer ausgehende Kommunikationsverbindung über ein Gateway ins PSTN muss
  also die Möglichkeit zur Übertragung von Audiodaten in Richtung des die Verbindung
  initiierenden SIP UAs bereits unmittelbar nach dessen Aussenden der INVITE-Nachricht
  bestehen (sog. „Early Media"). Dies scheint zunächst ohne weiteres denkbar, da der SIP
  UA die ihn betreffenden medienspezifischen Daten wie den RTP-Empfangs-Port, die seinerseits verwertbaren Audio-Codecs etc. bereits im SDP-Teil der INVITE-Nachricht
  übermittelt. Aus Sicht eines Gateways wäre also die Möglichkeit zur Übertragung von
  Audio-Daten in Richtung des initiierenden SIP UAs bereits vor dem Zustandekommen
  der eigentlichen Nutzdaten-Session gegeben. Allerdings fehlt für die Anwendung einer
  derartigen Vor-Session-Medienübertragung jegliche Vereinbarungsmöglichkeit zwischen
  dem Gateway und dem SIP UA. Falls beispielsweise die Annahme bzw. die akustische
  Darstellung von Audiodaten vor dem Zustandekommen einer Session seitens des SIP UA
  durch Software-bedingte Mechanismen unterbunden würde, könnte der Teilnehmer diejenigen Audio-Daten, die bereits vor dem Zustandekommen der eigentlichen Verbindung
  übermittelt würden, nicht empfangen und ggf. nicht darauf reagieren. Aus diesem Grund
  wird in [3398] für den Fall einer Verbindung zwischen einem SIP-Teilnehmer und einem
  mittels ISUP über ein entsprechendes Gateway vermittelten PSTN-Teilnehmer bei Bedarf
  die Anwendung eines Verfahrens empfohlen, das die Möglichkeit zur wechselseitigen
  Aushandlung einer unidirektionalen „Early Media"-Übertragung bietet. Als Beispiel hierfür wird ein in [3311] definierter Mechanismus genannt, dem die SIP-Nachricht
  UPDATE zugrunde liegt.

- Zu einigen ISUP-Nachrichten existieren bisher keine korrespondierenden SIP-Methoden. Dies gilt insbesondere für ISUP-Nachrichten, die üblicherweise im Verlauf einer bereits bestehenden Verbindung übertragen werden. Um dennoch die Übertragung der entsprechenden ISUP-Nachrichteninhalte zu gewährleisten, müssen SIP/ISUP-Gateways die SIP-Methode INFO gemäß [6086] unterstützen. ISUP-Nachrichten ohne SIP-Korrespondierende werden also im Message Body einer durch das Gateway generierten SIP-INFO-Nachricht übermittelt. Folglich dürfen derartige Gateways die SIP-Statusinformationen „405 Method Not Allowed" und „501 Not Implemented" nicht als Auslösegrund für eine bestehende Verbindung interpretieren, falls diese Statusinformationen Antworten auf eine SIP-INFO-Nachricht darstellen.

- Die anruferseitige Möglichkeit der Unterdrückung der eigenen Rufnummer auf der Seite eines angerufenen Teilnehmers (ISDN-Dienstmerkmal „CLIR") ist im SIP-Basisstandard [3261] nicht vorgesehen. Die SIP-seitige Unterstützung zusätzlicher Mechanismen zum Schutz der Privatsphäre von Teilnehmern durch SIP/ISUP-Gateways wird daher empfohlen. In diesem Zusammenhang wird beispielhaft auf [3323] verwiesen (Der darin beschriebene Anonymisierungsmechanismus wird in Abschnitt 12.1.4 dieses Buches vorgestellt.).

- Im Falle des gewollten Abbruchs eines noch nicht beendeten SIP-Session-Aufbaus wird durch den entsprechenden SIP UA die Anfrage CANCEL ausgesendet. Im ZGS Nr.7 hingegen wird für den gleichen Zweck die ISUP-Nachricht REL genutzt. Diese enthält u.a. den Pflicht-Parameter „Cause Indicators", der Aufschluss über den Auslösegrund gibt. Um eine in jedem Fall eindeutige Interpretation des Abbruchs eines Verbindungsaufbaus zwischen einer SIP-basierten IP-Kommunikationsinfrastruktur und einem ZGS Nr.7-vermittelten PSTN-Netz zu gewährleisten, wird die Aufnahme des Header-Feldes „Reason" gemäß [3326] in die SIP-Anfrage CANCEL empfohlen.

Abhängig vom grundsätzlichen Umfeld (z.B. NGN nach ETSI TISPAN (siehe Abschnitt 14.4) bzw. UMTS-IMS nach 3GPP (siehe Abschnitt 14.3)), in dem eine SIP/ISUP-Umsetzung stattfinden soll, sind bezüglich des Protokoll-Interworkings anderweitige bzw. zusätzliche Erweiterungen des Protokolls SIP zu beachten. Entsprechende Informationen können den in der jeweiligen Umgebung anzuwendenden Versionen der Standards [Q19125; 383001; 29163; 283027] entnommen werden.

Vom SIP/IP-Netz ausgehender Verbindungsaufbau zu einem PSTN-Teilnehmer
Soll seitens eines SIP-Teilnehmers eine Verbindung über ein SIP/ISUP-Gateway zu einem entsprechend vermittelten PSTN-Teilnehmer eingeleitet werden, ergibt sich gemäß [3398] der in Bild 6.25 dargestellte Nachrichtenaustausch zwischen dem beteiligten SIP UA und dem Gateway einerseits, normalerweise via SIP Proxy Server, bzw. zwischen diesem Gateway und der entsprechenden PSTN-Vermittlungsstelle andererseits. Hierbei fungiert das Gateway SIP-seitig als User Agent, PSTN-seitig als ZGS Nr.7-Transit-Vermittlungsstelle. Zur Vereinfachung wird in diesem Bild auf die Darstellung der vollständigen PSTN-Architektur bis hin zum Teilnehmer bewusst verzichtet. Gestrichelte Pfeillinien weisen auf optionale ISUP- bzw. SIP-Nachrichten sowie auf die optionale Durchschaltung von Medienkanälen hin.

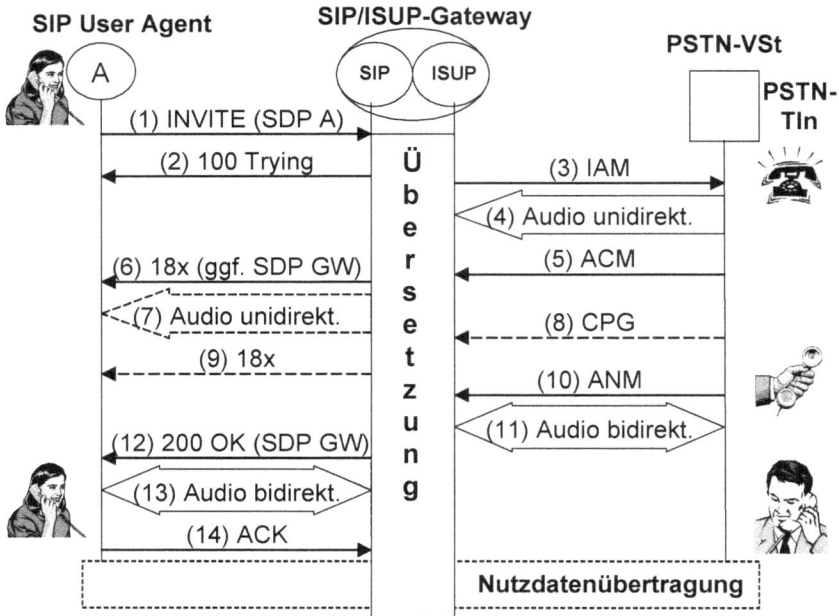

Bild 6.25: Darstellung des Kommunikationsablaufs für eine von einem SIP UA ausgehende, über ein SIP/ISUP-Gateway vermittelte Verbindung zu einem PSTN-Teilnehmer [3398]

Es folgt die Erläuterung des Kommunikationsverlaufs anhand der in Bild 6.25 dargestellten Nummerierung der einzelnen Schritte.

1. Ein SIP UA initiiert eine Verbindung durch das Aussenden einer INVITE-Nachricht an ein SIP/ISUP-Gateway.
2. Das Gateway bestätigt den Empfang der SIP-Anfrage INVITE unmittelbar mit der Statusinformation „100 Trying".
3. Zum Zweck der PSTN-seitigen Einleitung der Verbindung kreiert das Gateway die ISUP-Nachricht IAM (Initial Address Message; enthält die Wahlinformation) und sendet diese zur angeschlossenen Vermittlungsstelle.
4. Daraufhin wird seitens dieser Vermittlungsstelle ein unidirektionaler Audiokanal in Richtung des Gateways durchgeschaltet mit dem Zweck der Übertragung ggf. vorhandener „Early Media" (z.B. für Ansagen bezüglich des Verbindungspreises etc.).
5. Die angeschlossene Vermittlungsstelle bestätigt durch das Aussenden der ISUP-Nachricht ACM (Address CoMplete) an das Gateway, dass die in Schritt 3 empfangene Wahlinformation vollständig ist. Des Weiteren enthält die ACM-Nachricht im Rahmen ihres Pflichtparameters „Backward Call Indicator" u.a. Informationen über den aktuellen Betriebszustand des gerufenen Teilnehmers (frei/besetzt) sowie darüber, ob die Zwischenamtsignalisierung von der Quell- bis zur Zielvermittlungsstelle einheitlich auf ZGS Nr.7 basiert.

6. Als Reaktion auf die in Schritt 5 eingegangene ISUP-Nachricht ACM sendet das Gateway eine provisorische Statusinformation an den SIP UA. Diese Statusinformation ist in jedem Fall vom Typ „18x". Kann anhand des „Backward Call Indicator"-Parameters der in Schritt 3 übertragenen ACM-Nachricht eindeutig der Frei-Status des angerufenen PSTN-Teilnehmers festgestellt werden und wird seitens des Gateways keine „Early Media"-Übertragung in Richtung des SIP UAs angestrebt, wird üblicherweise die Statusinformation „180 Ringing" eingesetzt. Falls hingegen „Early Media" zum SIP UA übertragen werden sollen, wird stattdessen „183 Session Progress" mit einer SDP-Medienbeschreibung im Message Body zur Anwendung kommen.

7. Enthält die provisorische Statusinformation in Schritt 6 einen SDP-Anteil, wird seitens des Gateways eine unidirektionale Übertragung der „Early Media" zum SIP UA aufgenommen. Dieser Schritt entfällt, falls die Statusinformation in Schritt 6 keine SDP-Medienbeschreibung enthält; in diesem Fall kommt eine Medienübertragung zum SIP UA erst nach Schritt 12 zustande.

8. Ggf. können mittels der ISUP-Nachricht CPG (Call ProGress) weitere, die Verbindung betreffende Informationen (z.B. Eintritt in eine Rufweiterschaltung) seitens der PSTN-Vermittlungsstelle(n) zum Gateway hin übertragen werden.

9. Trifft gemäß Schritt 8 eine CPG-Nachricht beim Gateway ein, sendet dieses eine provisorische Statusinformation des Typs „18x" zum SIP UA. Welchen Status Code diese Statusinformation trägt, hängt vom Code des Pflichtparameters „Event Information" ab, der in der ISUP-CPG-Nachricht in Schritt 8 enthalten ist. Tabelle 6.1 gibt Aufschluss über den Zusammenhang zwischen dem CPG-Parameter „Event Information" und dem Status Code der seitens des Gateways ggf. ausgesendeten SIP-Statusinformation.

10. Wird die Verbindung durch den angerufenen PSTN-Teilnehmer angenommen, wird seitens der Vermittlungsstelle(n) die ISUP-Nachricht ANM (ANswer Message) zum Gateway hin übertragen.

11. Unmittelbar auf Schritt 10 folgt die Durchschaltung des bidirektionalen Audiokanals zwischen dem Gateway und der Vermittlungsstelle bis hin zum PSTN-Teilnehmer.

12. Als Reaktion auf die in Schritt 10 beim Gateway eingegangene ANM-Nachricht sendet das Gateway die Statusinformation „200 OK" an den die Verbindung initiierenden SIP UA. Das Aussenden dieser Statusinformation entspricht dem zweiten von drei „Handschlägen" im Rahmen des beim SIP-Session-Aufbau obligatorischen Three Way Handshakes (siehe Abschnitt 5.4).

13. Unmittelbar auf die Statusinformation in Schritt 12 folgend beginnt der bidirektionale Medienaustausch nun auch zwischen dem SIP UA und dem entsprechenden Media Gateway, das darüber hinaus für die Mediendurchschaltung bzw. -übersetzung zwischen dem SIP UA und dem ZGS Nr.7-vermittelten PSTN-Teilnehmer zuständig ist.

14. Im Rahmen der Erfüllung des SIP Three Way Handshakes sendet der SIP UA die Nachricht ACK zum Gateway.

Tabelle 6.1: Zusammenhang zwischen dem Code des Parameters „Event Information" einer ggf. beim Gateway eintreffenden ISUP-CPG-Nachricht und dem Status Code der daraus resultierenden SIP-Statusinformation [3398]

Event Information Code der ISUP-Nachricht CPG	Status Code der resultierenden SIP-Statusinformation
1 – Alerting	180 Ringing
2 – Progress	183 Session Progress
3 – In-Band Information	183 Session Progress
4 – Call Forward; line busy	181 Call is being forwarded
5 – Call Forward; no reply	181 Call is being forwarded
6 – Call Forward; unconditional	181 Call is being forwarded
(ohne Event Information Code)	183 Session Progress

Vom PSTN ausgehender Verbindungsaufbau zu einem SIP UA

Soll seitens eines PSTN-Teilnehmers über ein SIP/ISUP-Gateway eine Verbindung zu einem SIP UA eingeleitet werden, erfolgt der Aufbau gemäß [3398] entsprechend dem in Bild 6.26 gezeigten Ablauf. Auch hier wird die Darstellung des Nachrichtenaustauschs auf die Kommunikationswege zwischen der Übergabe-Vermittlungsstelle und dem Gateway einerseits sowie zwischen dem Gateway und dem zu kontaktierenden SIP UA andererseits beschränkt. Optionale SIP- bzw. ISUP-Nachrichten sind wiederum durch gestrichelte Pfeillinien gekennzeichnet.

Im Folgenden werden die einzelnen Schritte des Kommunikationsverlaufs entsprechend der in Bild 6.26 eingebrachten Nummerierungen erläutert.

1. Geht seitens eines PSTN-Teilnehmers ein Verbindungswunsch zu einem SIP UA bei einer PSTN-Vermittlungsstelle ein, generiert diese die ISUP-Nachricht IAM und sendet sie an das SIP/ISUP-Gateway.
2. Unmittelbar darauf wird ein vom Gateway ausgehender, unidirektionaler Audiokanal in Richtung des PSTN-Teilnehmers durchgeschaltet, um Hörtöne (Frei-/Besetztton) oder ggf. Ansagen (z.B. Informationen über den Verbindungspreis) übertragen zu können.
3. Das Gateway wertet die in der IAM-Nachricht enthaltene Wahlinformation aus und sendet die SIP-Anfrage INVITE in das SIP/IP-Netz, in der Regel zu einem SIP Proxy Server (hier aus Gründen der Übersichtlichkeit nicht dargestellt).
4. Das empfangende SIP-Netzelement reagiert auf den Empfang der INVITE-Nachricht ggf. mit dem Aussenden der Statusinformation „100 Trying".
5. Wenn innerhalb der SIP-Infrastruktur eine Routing-Entscheidung getroffen wurde und die INVITE-Nachricht erfolgreich an einen SIP UA weitergeleitet werden konnte, sendet dieser eine provisorische Statusinformation mit dem Status Code 180 oder höher zum SIP/ISUP-Gateway.
6. Quasi parallel zu Schritt (5) wird eine unidirektionale Audio-Verbindung aus der SIP-Infrastruktur zum Gateway hin durchgeschaltet, um ggf. Ansagen oder andere akustisch übermittelte Informationen zu dem Anruf einleitenden PSTN-Teilnehmer übertragen zu können.
7. Aufgrund der in Schritt (5) aus der SIP-Infrastruktur zum Gateway hin übertragenen provisorischen SIP-Statusinformation generiert das Gateway die ISUP-Nachricht ACM

und sendet diese zur angeschlossenen Vermittlungsstelle. Hiermit wird signalisiert, dass der Verbindungswunsch bei einem SIP UA eingegangen ist. Trägt die SIP-Statusinformation aus Schritt (5) nicht den Status Code „180 Ringing", wird im Rahmen der daraus resultierenden ISUP-Nachricht ACM im Pflichtparameter „Backward Call Indicator" für „called party status" der Wert „no indication" übermittelt.

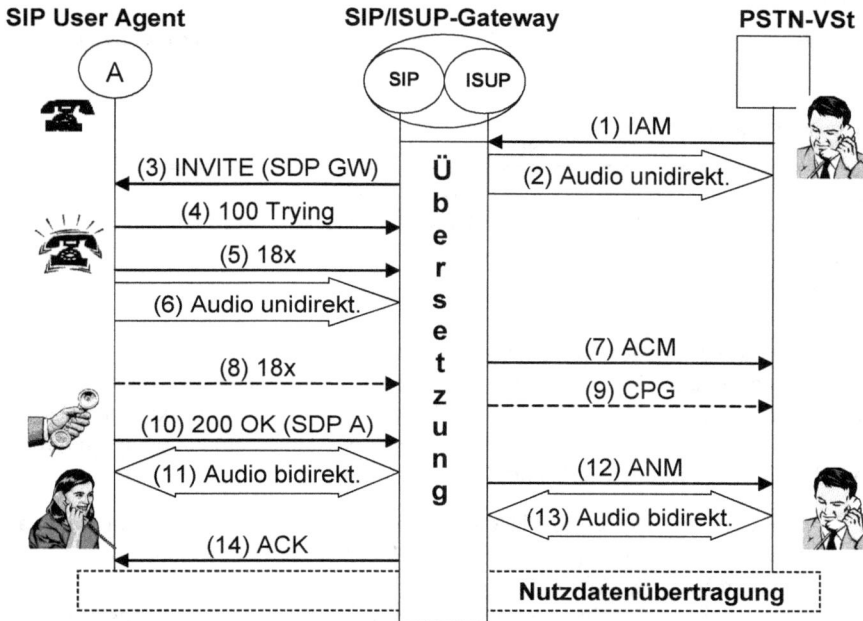

Bild 6.26: Darstellung des Kommunikationsablaufs für eine Verbindung von einem ZGS Nr.7-vermittelten PSTN-Teilnehmer über ein SIP/ISUP-Gateway zu einem SIP User Agent [3398]

8. Ggf. kann seitens der SIP-Infrastruktur die Übertragung weiterer provisorischer Statusinformationen zum SIP/ISUP-Gateway erfolgen, um den Fortschritt des Verbindungsaufbaus zu signalisieren.
9. Gehen nach Schritt (7) beim Gateway weitere provisorische SIP-Statusinformationen ein, werden diese jeweils in die ISUP-Nachricht CPG übersetzt und an die angeschlossene PSTN-Vermittlungsstelle gesendet. Die Übersetzung des SIP-Status Codes in den entsprechenden ISUP-CPG-Event Information Code geschieht anhand Tabelle 6.2.
10. Wird die Verbindung durch einen SIP UA angenommen, sendet dieser die Statusinformation „200 OK" zum Gateway.
11. Unmittelbar darauf wird zwischen dem SIP UA und dem involvierten Media Gateway eine bidirektionale Audio-Übertragung in Form von zwei entgegengesetzt gerichteten RTP-Audio-Kanälen etabliert.

12. In Reaktion auf die im Rahmen von Schritt (10) beim Gateway eingegangene SIP-Statusinformation „200 OK" kreiert das Gateway die ISUP-Nachricht ANM und sendet diese an die angeschlossene PSTN-Vermittlungsstelle.

13. Unmittelbar auf Schritt (12) folgt die Durchschaltung des bidirektionalen Audiokanals vom Gateway bis hin zum PSTN-Teilnehmer.

14. Das Gateway sendet als Antwort auf die in Schritt (10) empfangene finale Statusinformation die SIP-Nachricht ACK an den SIP UA.

Tabelle 6.2: Zusammenhang zwischen dem Status Code einer provisorischen SIP-Statusinformation und dem Event Information Code einer daraus resultierenden ISUP-CPG-Nachricht [3398]

Status Code einer provisorischen SIP-Statusinformation	Event Information Code der resultierenden ISUP-Nachricht CPG
180 – Ringing	1 – Alerting
181 – Call is being forwarded	6 – Call Forward; unconditional
182 – Queued	2 – Progress
183 – Session Progress	2 – Progress

Vom SIP/IP-Netz ausgehender Verbindungsabbau

Der SIP-seitig eingeleitete Abbau einer Verbindung zu einem mittels ZGS Nr.7 vermittelten PSTN-Teilnehmer wird gemäß des in Bild 6.27 dargestellten Kommunikationsablaufs zwischen dem SIP UA und dem Gateway einerseits sowie zwischen dem Gateway und der angeschlossenen PSTN-Vermittlungsstelle andererseits vollzogen.

1. Der die Verbindung auslösende SIP UA sendet die SIP-Nachricht BYE zum Gateway.

2. Unmittelbar nach dem Empfang der SIP-BYE-Nachricht hebt das Gateway den Medienaustausch mit dem SIP UA auf.

3. Als Antwort auf die in Schritt 1 empfangene BYE-Nachricht sendet das Gateway die SIP-Statusinformation „200 OK" zum SIP UA. Die SIP-Session zwischen dem User Agent und dem SIP/ISUP-Gateway ist somit regelgerecht abgebaut.

4. Das Gateway baut PSTN-seitig den Medienkanal zum Teilnehmer ab.

5. Zum regelgerechten Abbau der ZGS Nr.7-basierten Verbindung sendet das Gateway die ISUP-Nachricht REL (RELease) mit dem im Pflichtparameter „Cause Indicator" codierten Cause Code 16 (normal call clearing) an die angeschlossene Vermittlungsstelle.

6. Diese bestätigt den Empfang der REL-Nachricht durch das Aussenden der ISUP-Nachricht RLC (ReLease Complete). Die ZGS Nr.7-basierte Kommunikation zwischen dem Gateway und der PSTN-Vermittlungsstelle ist beendet.

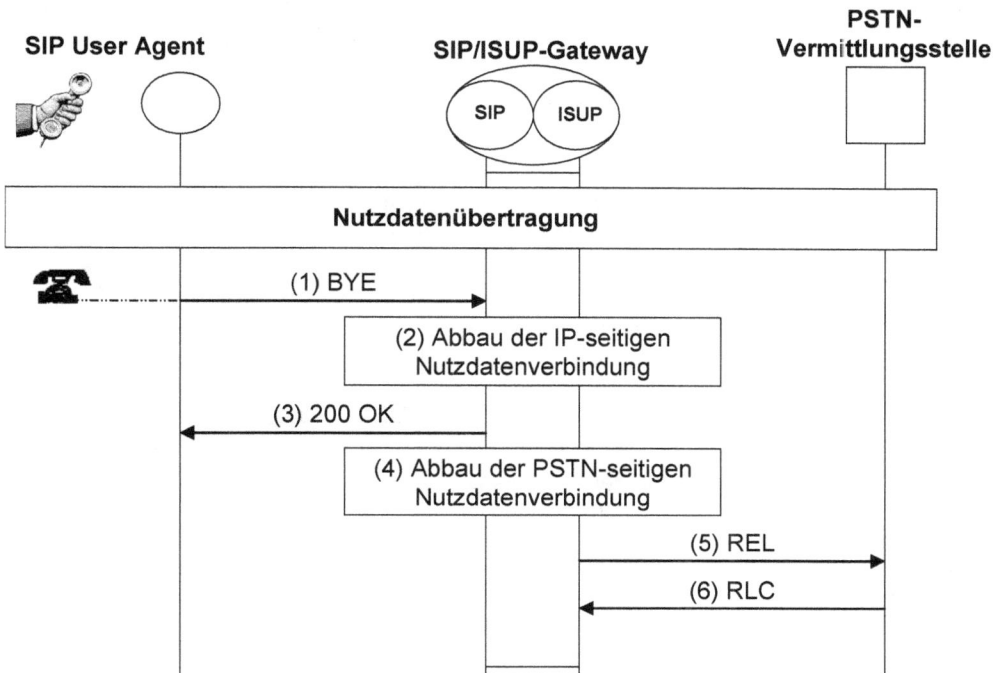

Bild 6.27: Darstellung des SIP-seitig eingeleiteten Abbaus einer Verbindung zwischen einem SIP UA und einem ZGS Nr.7-vermittelten PSTN-Teilnehmer

Vom PSTN ausgehender Verbindungsabbau

Wird der Abbau einer Verbindung zwischen einem ZGS Nr.7-vermittelten PSTN-Teilnehmer und einem SIP UA durch den PSTN-Teilnehmer ausgelöst, ergibt sich der in Bild 6.28 dargestellte ISUP- bzw. SIP-Nachrichtenaustausch.

1. Löst der PSTN-Teilnehmer eine bestehende Verbindung aus, wird durch die betreffende Vermittlungsstelle die ISUP-Nachricht REL an das Gateway gesendet.
2. Daraufhin baut das Gateway die PSTN-Nutzdatenverbindung zum PSTN-Teilnehmer ab.
3. Das Gateway bestätigt der angeschlossenen PSTN-Vermittlungsstelle den erfolgreichen Abbau mittels der ISUP-Nachricht RLC.
4. In Form der SIP-Anfrage BYE teilt das Gateway dem SIP UA das Auslösen der Verbindung mit.
5. Unmittelbar darauf folgt Gateway-seitig der Abbau der Nutzdatenverbindung zum SIP UA.
6. Dieser bestätigt den Empfang der in Schritt 4 erhaltenen Nachricht BYE durch das Aussenden der SIP-Statusinformation „200 OK" an das Gateway. Die SIP-Session wurde abgebaut.

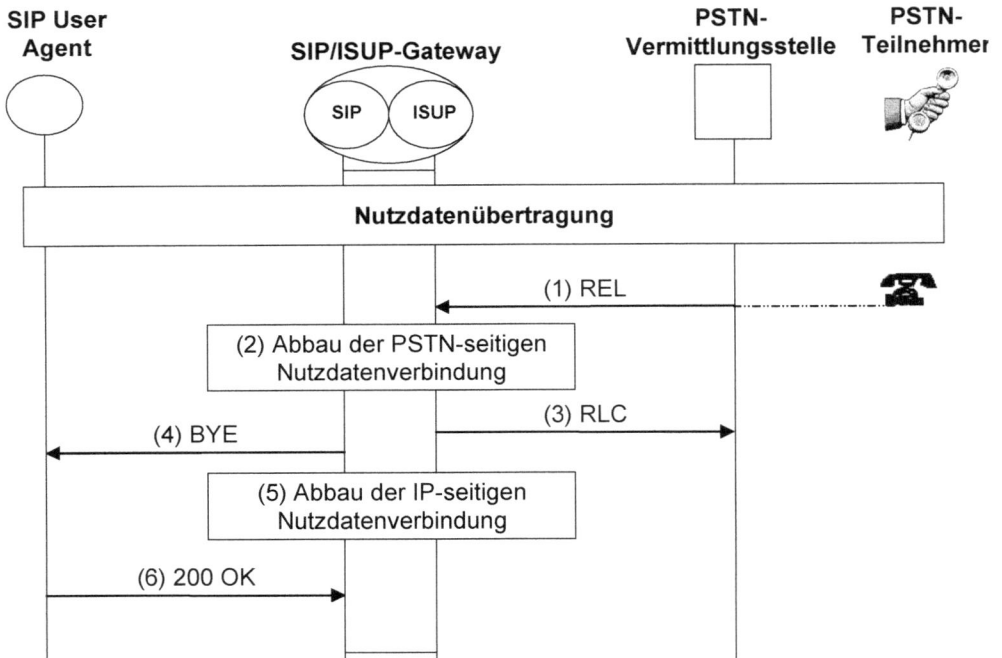

Bild 6.28: Darstellung des PSTN-seitig eingeleiteten Abbaus einer Verbindung zwischen einem SIP UA und einem ZGS Nr.7-vermittelten PSTN-Teilnehmer

Der Gesamtzusammenhang zwischen den Protokollen DSS1, ZGS Nr.7 und SIP sowie die Anwendung in konvergenten heterogenen Telekommunikationsnetzen werden in Abschnitt 14.6 erläutert.

6.7.5   SIP Trunking

Wie bereits in Kapitel 2 erläutert, sehen Planungen vor, dass die meisten Betreiber von Tele-kommunikationsnetzen bis zum Jahr 2018 die Umstellung von ISDN auf NGN-basierte Vermittlung vollzogen haben werden. Reine ISDN-Anschlüsse werden dann nicht mehr verfügbar sein, weder in Form von S_0-Basisanschlüssen für Privathaushalte und Kleinbetrie-be noch in Form von S_{2M}-Primärmultiplexanschlüssen mit 30 ISDN-B-Kanälen für große Unternehmen. Für Haushalte und Firmen, die bereits mittels kleiner, meist vom Provider gestellten SIP/DSS1- oder SIP/POTS-Gateways über einen Voice-over-Internet-Anschluss telefonieren, ändert sich dadurch praktisch nichts, denn sie sind bereits mit einer SIP-Vermittlungsplattform ihres Dienstanbieters verbunden. Größere Unternehmen hingegen verfügen zwar häufig bereits über Voice over IP-fähige Telekommunikations- bzw. Unified Communications-Systeme, die aber meist noch über ISDN-Anschlüsse mit dem entspre-chenden Telefoniedienstanbieter und -netzbetreiber verbunden sind. Hier muss im Zuge der geplanten ISDN-Abschaltung eine direkte Kopplung des firmeninternen SIP-fähigen Kommunikationssystems bzw. -netzes mit der ebenfalls SIP-basierten öffentlichen Vermittlungseinrichtung des Dienstanbieters vollzogen werden. Dieses als *SIP Trunking* bezeichnete Verfahren wird bereits seit einigen Jahren von einzelnen Netzbetreibern angeboten, stellt aber nach wie vor eine vergleichsweise große Herausforderung dar. Diese bezieht sich insbesondere auf die Kompatibilität der Schnittstellen des privaten Kommunikationssystems und der Provider-Infrastruktur hinsichtlich der kaum überschaubaren Vielfalt großteils optionaler Eigenschaften und Funktionen, die die beteiligten Protokolle, hauptsächlich also SIP und RTP, bieten.

Mit der Harmonisierung von SIP Trunking-Schnittstellen und -Funktionen beschäftigen sich verschiedene Verbände, die wiederum die Interessen unterschiedlicher Hersteller und Netzbetreiber vertreten. Das SIP Forum [SIPF], dem insbesondere einige der wichtigsten Hersteller von SIP-Netzelementen angeschlossen sind, arbeitet unter dem Namen SIPconnect bereits seit 2005 an Empfehlungen zur Implementierung kompatibler SIP Trunking-Lösungen. Die zum Zeitpunkt der Drucklegung dieses Buches aktuelle Empfehlung SIPconnect 1.1 [Dawk] beinhaltet eine Zusammenstellung aller IETF- und ITU-T-Spezifikationen, die mindestens unterstützt werden sollten, um eine problemlose Zusammenschaltung SIP-basierter Kommunikationsanlagen auf Unternehmenseite mit SIP-basierten Vermittlungseinrichtungen auf Provider-Seite zu ermöglichen. Diese Zusammenstellung soll als SIP Trunking-spezifisches Profil für SIP und medienrelevante Aspekte verstanden werden. Neben der Definition der mindestens zu unterstützenden Basisfunktionalitäten wie z.B. der SIP-Registrierung sowie der Nutzungsweise bestimmter SIP-Header-Felder und SDP-Offer/Answer-Optionen werden auch weitere praxisrelevante Aspekte wie SIP over TLS, die Realisierung bestimmter Leistungsmerkmale, Notruf, Echounterdrückung, MFV-Nachwahl und die Unterstützung von Telefax-Diensten behandelt.

Der deutsche Branchenverband BITKOM hat auf Basis von SIPconnect 1.1 weiterführende Detailempfehlungen herausgegeben, die sich speziell auf eine Harmonisierung von SIP Trunking unter Berücksichtigung von in Deutschland vorherrschenden Gegebenheiten beziehen [BIST]. Hierin werden einzelne Punkte aus [Dawk] aufgegriffen und Vorschläge für eine erleichterte Umsetzung unterbreitet.

Eine neue Auflage der SIPconnect-Spezifikation des SIP Forums, SIPconnect 2.0, ist zum Zeitpunkt der Drucklegung dieses Buches bereits in Arbeit. Hierin sollen u.a. eine aktualisierte Sicherheitsarchitektur inkl. Provider-Authentifizierung und per SRTP verschlüsselte Medienübertragung, die Unterstützung von IPv6 und IPv4/IPv6 Dual Stack sowie die Nutzung von Video over IP-Diensten über SIP Trunks geregelt werden [Sc20].

Trotz der o.g. Harmonisierungsbemühungen wird es voraussichtlich noch für längere Zeit SIP-Netzelemente unterschiedlicher Hersteller auf Kunden- und Provider-Seite geben, die für SIP Trunking nicht hinreichend bzw. nur bedingt zueinander kompatibel sind. Für diesen Fall kann sich die Zwischenschaltung eines speziellen Netzelements empfehlen, das herstellerspezifische Schnittstelleneigenschaften ausgleichen kann. Derartige Netzelemente werden auch als SIP/SIP-Gateway bezeichnet und entsprechen in ihrer Funktion einem Session Border Controller (siehe Abschnitt 6.10).

Bild 6.29 zeigt zwei SIP Trunking-Szenarien. Es wird davon ausgegangen, dass die Telekommunikationsnetze zweier Unternehmen 1 und 2 jeweils über ein eigenes Kommunikationssystem (SIP PBX (Public Branch eXchange; Telekommunikationsanlage) bzw. UCS (Unified Communications System)) verfügen, das die unternehmensinterne Telekommunikationsvermittlung übernimmt und eine SIP-Schnittstelle zur Anschaltung an öffentliche Telekommunikationsnetzbetreiber bietet (SIP Trunking-Schnittstelle). Seitens des Netzbetreibers existiert eine SIP-Vermittlungsinfrastruktur, typischerweise in Form eines NGN. Angelehnt an [Dawk] wurden hierfür bewusst die logischen Funktionen für die SIP- bzw. für die Medienterminierung in der Vermittlungsinfrastruktur separat dargestellt.

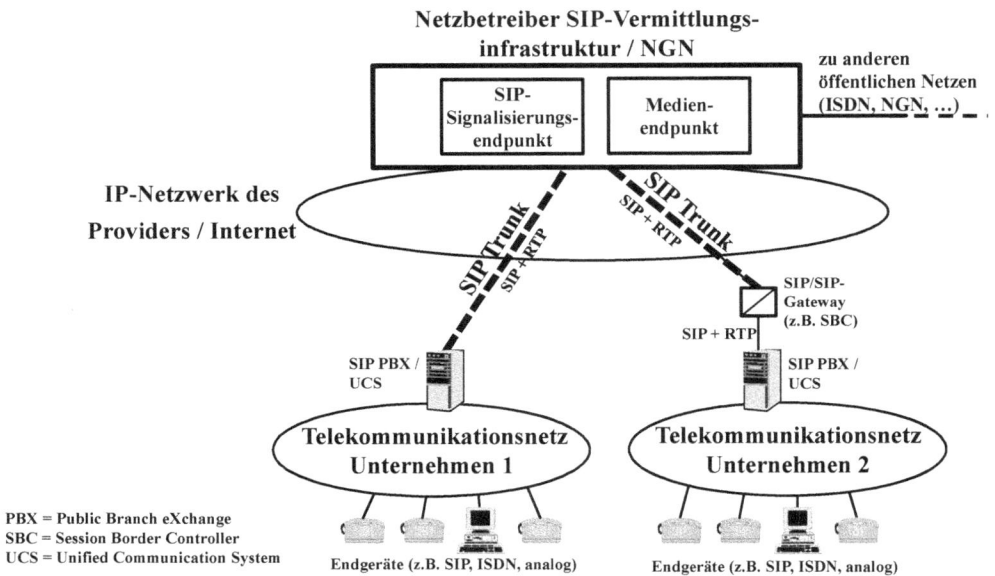

Bild 6.29: Anschaltung privater Telekommunikationsnetze an öffentliche SIP-Vermittlung per SIP Trunk

Die Kommunikationssysteme der Unternehmen 1 und 2 sind jeweils über einen SIP Trunk an die Vermittlungsinfrastruktur des Netzbetreibers angeschaltet. Hierbei spielt es keine Rolle, ob die Anbindung über ein privates IP-Netz des Dienstanbieters oder per VPN über das Internet erfolgt. Der SIP Trunk stellt also eine logische Schnittstelle auf IP-Basis dar, über die sowohl SIP-Signalisierungs- als auch RTP-Medienströme zwischen einer privaten Telekommunikationsanlage eines Unternehmens und dem Vermittlungssystem des Dienstanbieters ausgetauscht werden. Die Anzahl der gleichzeitigen Sessions pro SIP Trunk ist hierbei nicht, wie beim ISDN, schnittstellenbedingt begrenzt (z.B. auf 30 B-Kanäle beim ISDN-Primärmultiplexanschluss). Stattdessen richtet sich die Anzahl gleichzeitiger Sessions über den SIP Trunk nach den Parametern des privaten Kommunikationssystems einerseits sowie der Vermittlungsinfrastruktur des Dienstanbieters andererseits, nach der Bandbreite der zur

Verfügung stehenden IP-Verbindung sowie nach den vertraglichen Vereinbarungen zwischen Dienstanbieter und Kundenunternehmen.

Während der SIP Trunk des Unternehmens 1 direkt am Kommunikationssystem des Unternehmens terminiert wird, wird der SIP Trunk des Unternehmens 2 über ein SIP/SIP-Gateway (z.B. einen Session Border Controller) geführt, um ggf. bestehende Inkompatibilitäten zwischen der SIP Trunking-Schnittstelle des Unternehmenskommunikationssystems und der entsprechenden Gegenschnittstelle auf Seiten des Dienstanbieters auszugleichen.

6.8   Back-to-Back User Agent (B2BUA)

In diesem und den beiden folgenden Abschnitten wird auf drei weitere, zumindest vom Namen her unterschiedliche SIP-Netzelemente eingegangen, die von der SIP-Grundidee her eigentlich nicht benötigt werden, aber in realen Netzen, z.B. an Netzübergängen, sehr nützlich und von den Netzbetreibern auch häufig eingesetzt werden.

Der SIP Proxy Server als SIP-Vermittlungssystem (siehe Abschnitt 6.3) generiert mit Ausnahme von CANCEL und ACK keine Requests, er routet sie nur weiter oder beantwortet sie mit Responses. Zudem analysiert er nur die Message Header, nicht die Message Bodys. Bezüglich der Medienströme bietet er keinerlei Funktionalität. Die Aufgabe eines SIP Proxy Servers ist das Routing von SIP-Nachrichten mit Unterstützung einer Ende-zu-Ende-Transparenz der SIP-Signalisierung [3261; John1].

Im Unterschied hierzu bearbeitet bzw. generiert ein B2BUA (Back-to-Back User Agent) erforderlichenfalls nicht nur Responses, sondern auch Requests und ist damit eine Kombination von UAC (User Agent Client) und UAS (User Agent Server). Um entsprechend agieren zu können, speichert er SIP-Session-Zustände zwischen. Bei Bedarf terminiert er auch die Medienströme. Anschaulich dargestellt repräsentiert ein B2BUA zwei oder mehr Rücken-an-Rücken geschaltete User Agents (siehe Abschnitt 6.1).

Zwar verletzt der Einsatz eines B2BUA den Internet-Gedanken der Ende-zu-Ende-Transparenz, stellt eine zusätzliche Fehlerquelle dar und führt ggf. zu einer größeren Signalverzögerung und evtl. sogar höheren Paketverlustrate, dafür bietet er aber auch für ein Netz unbestreitbare Vorteile.

Stoßen ein Netz mit privaten und eines mit öffentlichen IP-Adressen aneinander, hat man das Problem der Network Address and Port Translation (NAPT), gerade auch im Zusammenhang mit SIP (siehe Kapitel 8). Die dann notwendige Adress- und Port-Umsetzung inkl. der Berücksichtigung bei der SIP-Signalisierung kann elegant durch den Einsatz eines B2BUA am Netzübergang gelöst werden, da er ja die SIP- und/oder RTP-Daten terminieren kann.

Aus diesem Grund kann mit Hilfe eines B2BUA auch die Netztopologie, z.B des Kernnetzes, vor Nutzern oder benachbarten Netzbetreibern verborgen werden, indem IP-Adressen und Port-Nummern nach außen nicht in Erscheinung treten. Diese Funktion kann auch genutzt werden, um die Anonymität von Nutzern, speziell der IP-Adressen ihrer Anschlüsse, zu gewährleisten. Damit können z.b. Peer-to-Peer-Anrufe (IP-Adresse des Gerufenen muss bekannt sein) für SPIT (Spam over Internet Telephony) oder zur Umgehung der Vergebührung durch den Netzbetreiber unterbunden werden.

Ein weites Feld für Back-to-Back User Agents bietet ihr Einsatz im Zusammenhang mit SIP Application Servern (SIP AS). Mit SIP AS (siehe Abschnitt 6.12) können komplexere Dienste und Leistungsmerkmale (Value Added Services, Mehrwertdienste) in einem Netz bereitgestellt werden. Häufig müssen dabei die SIP-Signalisierung und gegebenenfalls auch die RTP-Nutzdatenströme terminiert werden. Diese Funktionalität wird durch einen B2BUA realisiert [3261; John1; Sinn2].

Häufig kommt die B2BUA-Funktionalität auch in Call Servern bzw. Softswitches zum Einsatz, allerdings beschränkt auf die Signalisierung. Indem die SIP-Signalisierung nicht nur weitervermittelt, sondern zuvor teilweise oder komplett ausgewertet, evtl. auch modifiziert wird (SIP Header und Message Body, auch SDP), können neue Funktionen realisiert (z.B. Festlegung erlaubter Codecs, Überwachung der Zugriffsrechte, Routing-Entscheidung, Anforderung der Netzressourcen, jeweils in Abhängigkeit vom gewünschten Medium), aber auch die Netzfunktionalität vor den Nutzern verborgen (z.B. Nutzer-IP-Adressen) und die Sicherheit erhöht werden (z.B. Firewall- bzw. Application Layer Gateway-Funktionalität). Die UMTS-Standardisierung hat diese Art von Einsatz des logischen Netzelements B2BUA in einem Call Server bei den IMS-Netzelementen S-CSCF (Serving-Call Session Control Function) und I-CSCF (Interrogating-Call Session Control Function) vorgesehen (siehe Abschnitt 14.3).

6.9   Application Layer Gateway (ALG)

Bei einem Application Layer Gateway (ALG) handelt es sich im Prinzip auch um einen B2BUA mit dem Schwerpunkt auf den Themen NAPT und Sicherheit.

Gemäß RFC 2663 [2663] – hier wird allerdings von einem Application Level Gateway (ALG) gesprochen – ist ein ALG ein applikationsspezifischer Übersetzungs-Agent an einer durch NAT (Network Address Translation) bzw. NAPT (Network Address and Port Translation) hervorgerufenen Grenze. Es sorgt für die ordnungsgemäße Funktion einer Applikation mit verborgenen IP-Adressen und Port-Nummern über die NAPT-Grenze hinweg.

Im RFC 3665 [3665] und in [John1] taucht dann im Zusammenhang mit SIP der Begriff des Application Layer Gateway (ALG) auf. Konkret heißt das, dass ein ALG sowohl die SIP-Signalisierung als auch die RTP-Nutzdaten terminiert, dabei die NAPT-Problematik (siehe Kapitel 8) löst und erforderlichenfalls Firewall-Funktionalität bereitstellt, um die Sicherheit der SIP-gesteuerten Kommunikation zu gewährleisten. Darüber hinaus könnte ein ALG bei Bedarf auch IPv4/IPv6-Interworking realisieren [Hoeh] (siehe Abschnitte 5.9 und 6.13).

Im Prinzip bieten ALG und B2BUA die gleichen Funktionen. Das Message Sequence Chart in Bild 6.30 zeigt die Einbindung eines B2BUA bzw. ALG in die SIP-Kommunikationsabläufe [3665]. Dabei ist zur Verdeutlichung der Unterschiede zwischen B2BUA/ALG und

SIP Proxy Server der gemäß RFC 3261 [3261] auch mögliche Fall angenommen, dass nach erfolgreichem SIP Three Way Handshake der Proxy Server aus der SIP-Kommunikation ausscheidet (siehe Abschnitt 7.1.2).

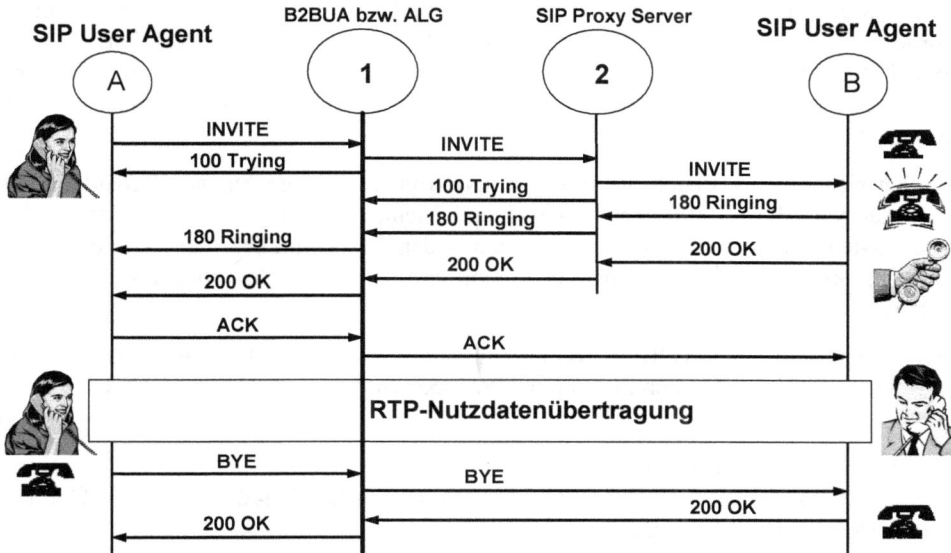

Bild 6.30: SIP-Kommunikation mit B2BUA bzw. ALG

6.10 Session Border Controller (SBC)

Während die SIP-Netzelemente B2BUA und ALG in den einschlägigen SIP-IETF-Standards [3261; 3665] beschrieben sind, wurde der Begriff Session Border Controller (SBC) erst vor wenigen Jahren von den Standardisierungsgremien aufgegriffen. Davor war der SBC eher von Herstellern definiert worden: als Netzelement, das erforderlichenfalls alle notwendigen Funktionen am Übergang zwischen

- zwei VoIP-Netzen verschiedener Betreiber,
- öffentlichem und Unternehmens-Netz sowie
- Kern- und Access-Netz

bereitstellt.

Dabei steht „Session" allgemein für IP-basierte Echtzeitkommunikation mit Signalisierungs-protokollen wie SIP, H.323, MGCP und/oder Megaco/H.248, „Border" für die Anordnung an der Grenze zwischen zwei IP-Netzen und „Control" für die Bereitstellung von Sicherheit,

Diensteverfügbarkeit (z.B. auf Basis von Service Level Agreements für die QoS) und den Funktionen für das gesetzliche Abhören (Lawful Interception).

Seit 2005 gibt es eine offizielle Definition von der ITU-T für die dort sog. S/BC-Funktion (Session/Border Control):

"Session Border Control is a set of functions that enables interactive communication across the borders or boundaries of disparate IP networks. It provides sessions of real time IP voice, video and other data across borders between IP networks and provides control over security, Quality of Service, Service Level Agreements, legal intercept and other functions using IP signalling protocols" [NGNP].

Zudem hat sich in [5853] auch die IETF, motiviert durch die zunehmende Bedeutung des SBCs in der NGN-Praxis, des eher "ungeliebten" Themas SBC angenommen. Hier werden die wichtigsten SBC-Funktionen diskutiert, um sodann eine möglichst „SIP-freundliche"-Realisierung einzufordern, d.h. im SIP-Signalfluss soll möglichst viel Ende-zu-Ende-Transparenz erhalten werden.

Ein SBC basiert auf einem B2BUA/ALG, kann aber gemäß nachfolgender Auflistung eine ganze Reihe weiterer Funktionen bieten [NGNP; 5853; Giuh; Acme; Haye; FGNG].

Funktionen bez. der Signalisierung
- Traffic Control für die Signalisierung: Ablehnung von Session-Wünschen bei Überlast (Admission Control); Load Balancing bez. Servern
- Authentication, Authorization, and Accounting (AAA): Authentifizierung von Nutzern bez. Endsystemen; Zugriffskontrolle für Sessions; Erfassung von Call Detail Records (CDR)
- Übersetzung der Signalisierung: z.B. bei SIP-Inkompatibilitäten (z.B. zwischen 3GPP- und PacketCable-Realisierungen) oder nicht standardkonformen SIP-Derivaten (z.B. Microsoft Lync [Lewi])
- Signalisierungs-Interworking: z.B. SIP/H.323, SIP/MGCP; UDP/TCP; IPv4/IPv6
- Session-basiertes Routing: Zuordnung von Sessions zu Servern und Netzbetreibern
- Codec-Aushandlung
- Verbergen der Nutzerinformationen: z.B. Identität, Adresse
- Verbergen der Netztopologie und der Infrastruktur
- Schutz vor Denial of Service-Attacken (DoS)
- Verschlüsselung der Signalisierung
- Unterstützung von Abhörmaßnahmen (Lawful Interception): bei Bedarf Erfassen der Signalisierungsabläufe und -daten

Funktionen bez. der Medien
- VPN-Bridge (Virtual Private Network): Zusammenschaltung verschiedener VPN-Typen
- Öffnen und Schließen von Firewall-Durchlässen (Pinholes): Getriggert durch die Signalisierung wird ein IP-Flow, gekennzeichnet durch IP-Adressen, Port-Nummern und Protokoll-ID, durchgeschaltet oder geblockt.

- Policing and Marking: Garantieren der mit Service Level Agreements (SLA) festgelegten QoS; Check des IP-Flows bez. Erfüllung des Verkehrskontrakts; Traffic Shaping; Policing; Marking
- Detektion von Inaktivitätsphasen: Ggf. wird die Session abgebaut.
- NAT und NAPT: inkl. Unterstützung von Remote NAT/NAPT
- Resource and Admission Control
- Nutzdatenbearbeitung: z.B. Transcoding, DTMF-Behandlung
- Performance-Messungen: z.B. Verzögerung, Jitter, Paketverlust
- Schutz vor Denial of Service-Attacken (DoS): z.B. Blockieren ungewöhnlicher IP-Pakete; Überwachen der IP-Pakete in Abhängigkeit der Quell-IP-Adressen
- Medien-Verschlüsselung
- Unterstützung von Abhörmaßnahmen (Lawful Interception): bei Bedarf Erfassen der Mediendaten

Die obige Aufzählung möglicher SBC-Funktionen ist vor allem durch [NGNP] geprägt.

In Ergänzung zu den umfangreichen Funktionen zeigt Bild 6.31 die Einsatzvarianten für einen SBC [NGNP]:

- Kernnetz 1 – SBC – Kernnetz 2
- Zugangsnetz – SBC – Kernnetz
- Privates Netz – SBC – öffentliches Netz
- Netz eines Netzbetreibers – SBC – Netz eines Diensteanbieters.

Darüber hinaus zeigt Bild 6.31 auch die durch die oben gelisteten Funktionen sich bereits abzeichnende logische, ggf. auch physikalische Trennung in einen Teil für die Signalisierung (SBC-S = SBC-Signalling) und einen für die Medien (SBC-M = SBC-Media). Dabei steuert erforderlichenfalls der SBC-S den SBC-M, z.B. im Falle des Öffnens und Schließens von Firewall-Durchlässen in Abhängigkeit von der Signalisierung [NGNP]. Ein konkretes Beispiel für eine auch physikalisch getrennte Realisierung von SBC-S und SBC-M ist die THIG-Funktion ((Topology Hiding Inter-network Gateway) im I-CSCF (Interrogating-Call Session Control Function) als SBC-S und das GGSN (Gateway GPRS Support Node) als SBC-M beim IMS ab UMTS Release 5 (siehe Abschnitte 14.2 und 14.3).

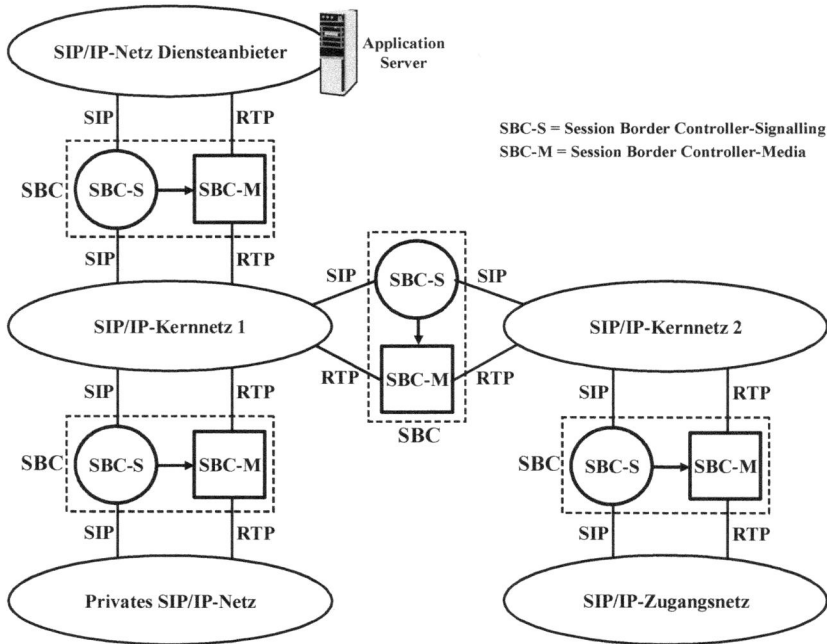

Bild 6.31: SBC-Einsatzvarianten

Diese zuerst einmal logische Aufteilung eines SBC in einen SBC-S- und einen SBC-M-Anteil wird auch nochmals von Bild 6.32 aufgegriffen. Hier ist die gesamte Bandbreite möglicher SBC-Architekturen dargestellt, links oben beginnend mit der in der Praxis häufigsten, der integrierten Lösung, über eine verteilte Struktur mit einem SBC-S und einem SBC-M, bis hin zu verschiedenen, relativ komplexen verteilten Strukturen, die z.B. bezüglich Kosten und/oder Verfügbarkeit optimiert sein können. Handelt es sich auch um physikalisch verteilte Strukturen bietet sich für die Kommunikation zwischen SBC-S und SBC-M das Megaco/H.248-Protokoll an [NGNP].

Das in der Standardisierung ganz offiziell SBC-M genannte, SBC-Funktionen für die Nutzdaten bereitstellende Netzelement wird in der praktischen Umsetzung für die Terminierung und Umsetzung von RTP-Nutzdatenströmen häufig auch als RTP Proxy bezeichnet. Wird ein solcher RTP Proxy statt von einem SBC-S von einem Call Server bzw. Media Gateway Controller (MGC) gesteuert, entspricht er gemäß Abschnitt 6.13 einem IP-Media Gateway (MGW-IP).

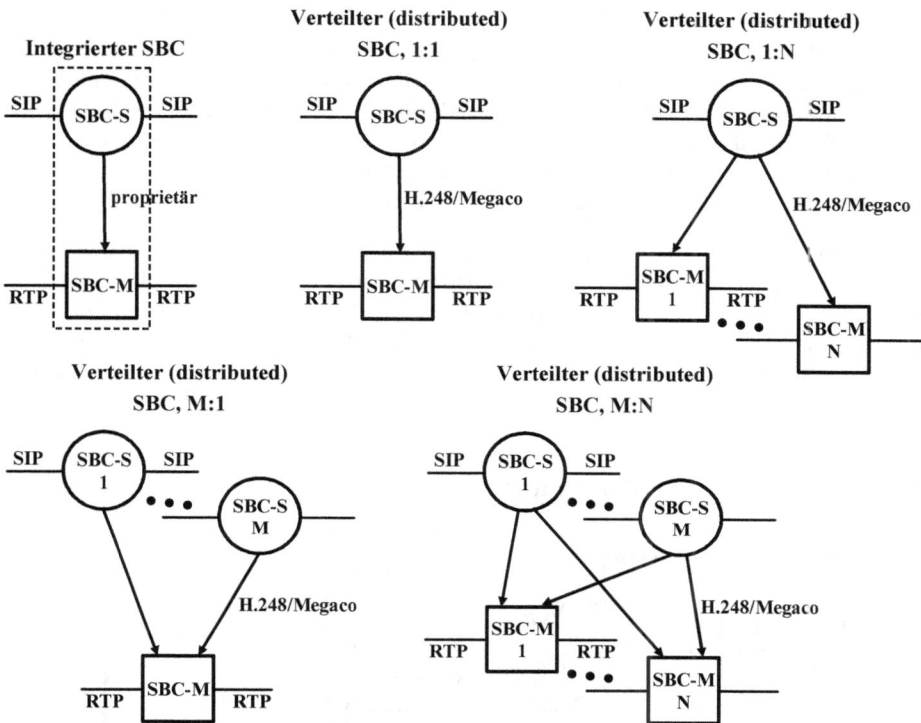

Bild 6.32: Integrierter und verteilter SBC

6.11 Conference Server/MCU (Multipoint Control Unit)

SIP ist ein Protokoll zum Einleiten, Modifizieren und Beenden von Multimedia over IP-Sessions. Gemäß [3261] kann eine derartige Session auch eine Konferenz zwischen drei oder mehr Teilnehmern darstellen. Allerdings setzt eine SIP-Session grundsätzlich einen SIP-Dialog (siehe Abschnitt 5.5.1) voraus, der wiederum jeweils immer nur zwischen zwei beteiligten SIP-Instanzen stattfinden kann [4353]. Demzufolge bedarf es für den Fall einer SIP-basierten Sprach- bzw. Multimediakonferenz eines Elements, das für jedes an einer Konferenz beteiligte Endsystem für den jeweils erforderlichen Dialog die Rolle einer SIP-Kontaktinstanz übernimmt. Ein solches Element wird in [4353] als „Focus" bezeichnet. Ein Focus stellt eine Sonderform eines SIP User Agents dar und hat somit eine SIP URI. Durch Initiierung einer SIP-Session mit einem Focus tritt ein SIP-Nutzer einer Konferenz bei.

Des Weiteren müssen im Falle einer Konferenz die von allen beteiligten User Agents abgehenden Nutzdaten (z.B. Audiosignale im Falle einer Sprachkonferenz) jeweils zu einem nutzerspezifischen Gesamtsignal gemischt und dieses wiederum allen beteiligten User Agents als ankommendes Nutzdatensignal zur Verfügung gestellt werden. In [4353] wird für diese Aufgabe ein als „Mixer" bezeichnetes Element definiert. Der Mixer wird durch den Focus anhand der per SIP/SDP ausgetauschten Session- und Medien-Eigenschaften (z.B. verwendete Medien, Codecs, IP-Adressen, Nutzdaten-Port-Nummern) gesteuert [4353].

Focus und Mixer stellen die Grundelemente einer Einheit dar, die man unter den Begriffen Conference Server (vor allem in der SIP-Welt) [4353] bzw. MCU (Multipoint Control Unit) oder Conference Bridge (vor allem in der H.323-Welt) [H323; Kuma] zusammenfassen kann. Sie bildet den logischen Mittelpunkt eines einfachen SIP-Konferenzszenarios wie in Bild 6.33 am Beispiel einer Konferenz mit RTP-basiertem Nutzdatentransport dargestellt.

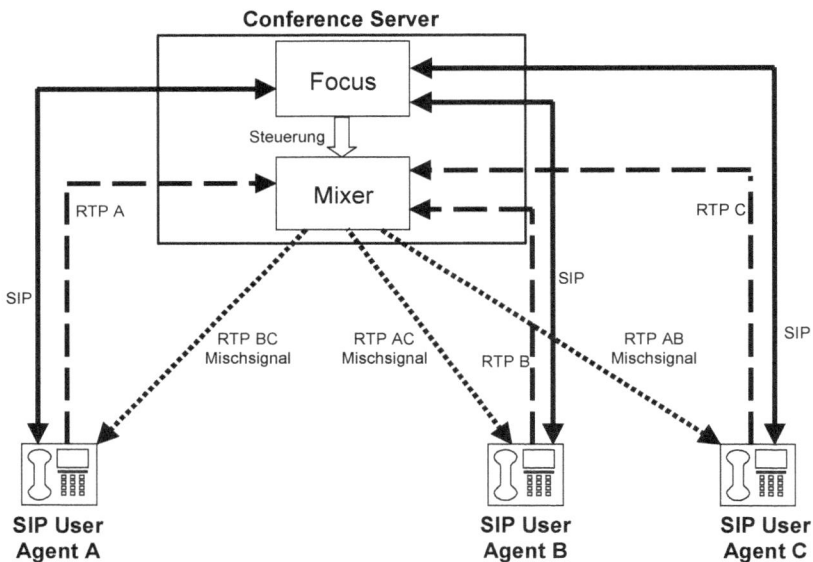

Bild 6.33: Einsatz eines Conference Servers in einem SIP-Konferenz-Szenario

Im in Bild 6.33 dargestellten Szenario sind die SIP User Agents A, B und C Teilnehmer einer Konferenz. Zwischen dem Focus des Conference Servers und jedem User Agent muss dazu jeweils ein SIP-Dialog bzw. eine separate SIP-Session initiiert werden. Im Rahmen der beim Session-Aufbau ausgetauschten SDP-Parameter lenkt der Focus die Nutzdaten jedes an der Konferenz beteiligten User Agents auf den Mixer. Des Weiteren versorgt der Focus den Mixer mit Steuerinformationen, die dieser für das Empfangen und Mischen der von jedem User Agent separat beim Mixer eingehenden Nutzdaten sowie für das Zurücksenden des pro

User Agent zu empfangenden Mischsignals benötigt (z.B. die IP-Adresse und den RTP-Empfangsport jedes User Agents sowie die jeweils unterstützten Codecs).

In Bild 6.33 ist der aus Focus und Mixer bestehende Conference Server als separates, von den Konferenzteilnehmern physisch abgesetztes SIP-Netzelement dargestellt. Jedoch ist auch eine Integration des Conference Servers in einen Software- oder Hardware-basierten SIP User Agent möglich. In diesem Fall kann der betreffende User Agent selbst Teilnehmer einer Konferenz sein und den anderen Teilnehmern gleichzeitig die Funktionen von Focus und Mixer bieten. Die in Abschnitt 9.6 im Zusammenhang mit Leistungsmerkmalen vorgestellten Konferenzszenarien gehen von einer derartigen Integration aus.

Nachdem durch Bild 6.33 das Prinzip einer SIP-gesteuerten Konferenz verdeutlicht wurde, geht Bild 6.34 - basierend auf den Ausführungen in [4353] – noch etwas detaillierter auf die Funktionen eines Conference Servers ein.

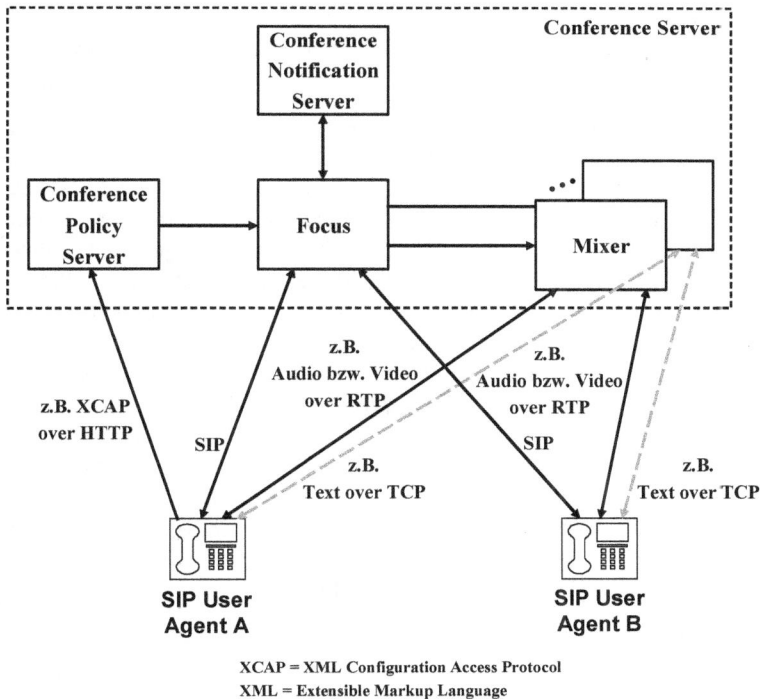

Bild 6.34: Funktionen eines SIP Conference Servers

Natürlich sind auch hier (Bild 6.34) wieder der Mixer für die Aufbereitung der Nutzdaten sowie der Focus für die SIP-Signalisierung und Mixer-Steuerung gezeichnet. Zusätzlich wird jedoch aufgezeigt, dass es verschiedene Mixer, je nach Art der verwendeten Medien (Audio,

Video, Text/Chat u.a.), geben kann. Beispielsweise arbeitet der Audio-Mixer bei einer Telefonkonferenz wie in Bild 6.33 dargestellt. Für eine Videokonferenz wird zusätzlich ein Vi-
deo-Mixer benötigt, der dafür sorgt, dass auf jedem User Agent z.B. 9 Videoströme in einem
Bild im 3 x 3-Format dargestellt werden können [4597]. Zudem kann ein Focus mehrere
Mixer steuern. Mixer und Focus können im gleichen oder in verschiedenen Geräten realisiert
sein. Darüber hinaus können auch verteilte oder kaskadierte Mixer zum Einsatz kommen
[4353]. Ganz neu in Bild 6.34 sind der Conference Notification Server und der Conference
Policy Server, zwei weitere logische Komponenten.

Basierend auf dem in [4575] spezifizierten Conference Event Package kann ein entsprechend
ausgestatteter SIP User Agent (Conference-aware User Agent) [4579] mit SUBSCRIBE via
Focus beim Conference Notification Server den Conference Event Service abonnieren. Zu
Beginn und bei Änderungen des Konferenzzustandes erhält er dann alle Informationen zu
dieser Konferenz mittels NOTIFY in Form eines XML-Dokuments [4575]. Dabei wird u.a.
übermittelt: Conference URI, textuelle Beschreibung der Konferenz, maximale Teilneh-
meranzahl, verfügbare Medien, aktuelle Teilnehmer, Medien, Endsysteme. Verlässt z.B. ein
Teilnehmer die Konferenz oder modifiziert er sein Medium, werden alle anderen darüber
informiert. Das gilt beispielsweise auch für das Einrichten einer Unterkonferenz (Sidebar).

Der Conference Policy Server in Bild 6.34 realisiert einen Mechanismus und die korrespon-
dierende Datenhaltung, um für eine bestimmte Konferenz ein Set von Regeln (Conference
Policy) definieren, modifizieren und abfragen zu können [4353]. Solch eine „Conference
Policy" kann entweder gar nicht existieren, statisch konfiguriert werden (z.B. über eine Web-
Seite), mittels IVR (Interactive Voice Response) eingestellt werden oder von einem entsprechenden User Agent (Conference-aware) selbst mit Hilfe eines geeigneten Protokolls, z.B.
XCAP (XML Configuration Access Protocol) over HTTP [4825; Poik; 183023], gesteuert
werden. Gibt es überhaupt Regeln für eine Konferenz, ist das im einfachsten Fall eine Liste
mit zugelassenen Konferenzteilnehmern. Das Regelwerk kann aber auch deutlich komplexer
sein und den Zugriff z.B. in Abhängigkeit von der Zeit oder des Presence-Zustands anderer
Teilnehmer etc. regeln. Grundsätzlich muss der Focus die Regeln umsetzen, dazu erhält er
die Informationen vom Conference Policy Server [4353]. Bei der Umsetzung geht es vor
allem um Zugriffsrechte. Daher müssen sich die Teilnehmer sowohl bez. der SIP-
Kommunikation als auch der Conference Policy-Steuerung authentifizieren. Ggf. sind die
Inhalte vertraulich und daher zu verschlüsseln. In manchen Fällen ist auch Anonymität er-
wünscht. Die dafür benötigten Sicherheitsmechanismen werden von SIP und auch von HTTP
bereitgestellt und werden in Kapitel 12 ausgeführt [4353; 4245].

Näheres zu den Funktionen und Protokollabläufen bei SIP-basierten multimedialen Konferenzen kann [4353; 24147; 4579; Poik] entnommen werden. Zudem enthalten die Abschnitte
9.6.1 und 9.6.2 aufschlussreiche Beispiele für die Handhabung von Konferenzen mit SIP.

6.12   Application Server

Bei den Netzbetreibern und Diensteanbietern besteht in der Zukunft ein großer Bedarf, schnell, einfach und kostenoptimiert neue Dienste anbieten zu können. Hauptgrund hierfür ist, dass mit normalen Telefongesprächen kaum noch Einnahmen erzielt werden können und daher auf Basis der durch NGN gegebenen neuen Dienstemöglichkeiten neue Einnahmequellen erschlossen werden müssen. Zudem wollen die Nutzer vermehrt neue und maßgeschneiderte Mehrwertdienste. Dies kann nur gelingen und umgesetzt werden, wenn die Dienste mit relativ geringen Kosten optimal an die Bedürfnisse der zahlenden Kunden angepasst werden können. Die Technik hierfür bieten die Application Server. Mit dem Thema „Dienste und Application Server" sind daher die Ziele

- bestmögliche Kommunikation der Nutzer und
- Einnahmen für die Provider

unmittelbar verbunden.

Es geht für Netzbetreiber und Dienste-Provider darum, Diensteplattformen zur Verfügung zu haben, mit denen in kürzester Zeit und mit geringstem Aufwand neue Anwendungen entwickelt und im Markt eingeführt werden können. Zukünftige Kommunikationsdienste werden verstärkt Personalisierung, Mobilität, Ortsbezug (Location-based Services) und Video unterstützen. Reine Telefonie wird längerfristig ein Dienst unter vielen sein [Krem; Pohl]. Es wird zwar nicht die „Killer-Applikation" geben, aber für bestimmte Nutzergruppen, ja sogar einzelne Nutzer „Mikro-Killer-Applikationen".

Im Folgenden sind die prinzipiellen Anforderungen an Dienste und die Technik zu ihrer Entwicklung und Bereitstellung aufgelistet [Tric7]:

- einfache, schnelle und kostengünstige Entwicklung und Bereitstellung von Diensten,
- Multimedia-, Mehrwertdienste,
- neue Dienste, die z.B. in der „alten" ISDN/GSM-Welt gar nicht möglich sind,
- Verknüpfung von Sprach-, Bild-, Video- und Textkommunikation mit beliebigen Daten,
- eigene Dienste für spezielle Nutzergruppen/einzelne Nutzer,
- Mobilität,
- Quality of Service,
- Sicherheit.

Bevor hiervon ausgehend auf die Umsetzung mit Hilfe der Technik der Application Server näher eingegangen wird, müssen jedoch noch einige Begriffe genauer definiert werden:

- Ein Dienst (Service) wird durch die funktionalen Eigenschaften des Netzes repräsentiert, die eine bestimmte Kommunikationsform zwischen Quellen und Senken unterstützen [Kühn].
- Dienst- bzw. Leistungsmerkmale (Supplementary Services) beschreiben die Ausstattung eines Dienstes (Add-on) [Kühn; Stal1].

Bei den Diensten bzw. Services unterscheidet man wiederum zwischen

- Bearer Service (z.B. 64 kbit/s, 8 kHz strukturiert)
- Teleservice (z.B. Telefon- oder Telefax-Dienst) und
- Mehrwertdienst bzw. Value Added Service (z.B. Televoting) [Kanb].

Ein Dienst bzw. Service umfasst somit den Bereich vom einfachen Bearer Service bis hin zur Kombination aus Bearer Service(s), Teleservice(s) und Value Added Service(s).

Die wichtigsten Beispiele für Teleservices, d.h. Basisdienste im Zusammenhang mit NGN, sind

- Telefonie 3,1 kHz,
- Telefonie 7 kHz,
- Faxübermittlung, T.38-Unterstützung,
- Audiostreaming,
- Video-Telefonie,
- Videostreaming,
- File Transfer, Dateiübermittlung,
- Instant Messaging, Kurznachrichten.

Daraus können dann Dienstepakete wie z.B. Triple Play, die Kombination von Sprach-, Daten- und Fernsehangeboten [Fues], zusammengestellt werden.

Wie bereits erwähnt werden diese Basisdienste, speziell im Bereich der Telefonie, ergänzt durch Dienst- bzw. Leistungsmerkmale wie

- CFU (Call Forwarding Unconditional), direkte Anrufweiterschaltung,
- CLIP (Calling Line Identification Presentation), Anzeige der A-Rufnummer beim B-Teilnehmer,
- CW (Call Waiting), Anklopfen,
- HOLD (Call Hold), Halten, Rückfrage, Makeln,
- MCID (Malicious Call Identification), Rufnummernidentifikation (Fangen),
- MSN (Multiple Subscriber Number), Mehrfachrufnummer.

Das Session Initiation Protocol (SIP) liefert unmittelbar die Unterstützung der für zukünftige Dienste so wichtigen Funktionen Presence (siehe Abschnitt 5.8.6) und Mobilität [Tric8; Mage1], bei Letzterem mit den Ausprägungen

- Persönliche Mobilität (siehe Abschnitt 11.1),
- Session-Mobilität (siehe Abschnitt 11.2),
- Dienstemobilität (siehe Abschnitt 11.3),
- ENUM (E.164 Number Mapping) (siehe Abschnitt 7.3) und
- Notruf auch bei Nomadismus (siehe Abschnitt 14.1).

Während in einem NGN die Basisdienste, die Teleservices, durch SIP und die vermittelnden Call Server realisiert werden, werden die Mehrwertdienste, die Value Added Services, wie z.B.

- Click-to-Dial,
- E-Mail bei Anruf in Abwesenheit oder im Offline-Zustand,
- Terminplaner mit telefonischer Benachrichtigung,
- Televoting,
- Location-based Services wie z.B. Restaurantsuche oder auch
- Steuerungen im Haushalt

mit Application Servern bereitgestellt. Diese Auslagerung der Diensteintelligenz von den Vermittlungssystemen, den Call Servern, auf separate Diensteplattformen, die SIP Application Server, führt beispielsweise im Vergleich mit ISDN und IN zu deutlich geringeren Abhängigkeiten zwischen Netz und Diensten. Damit wird es sehr viel einfacher, schnell neue Dienste einzuführen [Berg].

An dieser Stelle soll auch kurz auf das im Bereich der Business-Kommunikation hochaktuelle Thema „Unified Communications (UC)" eingegangen werden, bei dem die Integration verschiedener (Mehrwert-)Dienste eine zentrale Rolle spielt. Zwar gibt es für diesen Begriff keine offizielle Definition, dennoch ist man sich in der Literatur rel. einig, was unter einem UC-System zu verstehen ist: Ein UC-System integriert traditionelle und neue Kommunikationsmedien (Telefon, Fax, E-Mail, Instant Messaging, Video), Endgeräte, Präsenzinformation und Kooperationsfunktionen (z.B. Konferenz, Gruppenarbeit), wobei ein wesentlicher Aspekt die Integration von UC-Funktionen in Unternehmenssoftware (z.B. Customer Relationship Management (CRM)) ist [Pico]. Demzufolge sind die wichtigsten Komponenten eines Unified Communications realisierenden Systems ein Communicator, d.h. eine für die Nutzer alle Kommunikationsfunktionen integrierende Client Software, die Unterstützung der Medien Voice, Video und Instant Messaging (IM), die Presence-Funktionalität, die Einbindung von E-Mail und Unified Messaging (UM) sowie Konferenzen und Kollaboration [Hick]. Ein Praxisbeispiel für eine UCS-Implementierung ist das Lync-System der Firma Microsoft [Lewi].

Ein SIP Application Server (SIP AS) ist eine Kombination aus SIP User Agent und/oder SIP Proxy Server und/oder SIP Redirect Server sowie einer Software-Plattform für die Dienste. Dieses logische Netzelement kann physikalisch als eigenständiger Server realisiert oder auch in einem Call Server/Softswitch integriert sein. Mittels eines SIP AS können schnell und kostengünstig Dienste, speziell multimediale Mehrwertdienste, aber auch Dienstmerkmale entwickelt und bereitgestellt werden [Tric7].

Nachfolgend sind die wesentlichen Funktionen eines SIP AS zusammengestellt [IPCC]:

- SIP-Schnittstelle zum NGN, zu Call Servern,
- Initiierung und Terminierung von SIP- und RTP-Sessions (SIP UA, SIP B2BUA),
- Vermittlung von SIP-Sessions (SIP Proxy, SIP Redirect Server),
- Modifizierung von SDP-Medien-Session-Parametern,
- Steuerung eines oder mehrerer Media-Server (MS),
- Datenschnittstelle, z.B. Web Interface,
- API (Application Programming Interface) für die Diensteentwicklung,
- Software-Plattform für die Diensteentwicklung und Dienstebereitstellung,

- Aufruf anderer SIP Application Server, um mit den von ihnen bereitgestellten Diensten komplexere Dienste zu realisieren,
- Unterstützung der Protokolle SIP, HTTP, XML, Diameter u.a.,
- Schnittstellen zu Systemen für Authentifizierung (Authentication), Zugriffsteuerung (Authorization) und Erfassung von Rechnungsdaten (Accounting, Billing), d.h. z.B. zu einem AAA-Server mittels des Diameter-Protokolls.

Bild 6.35 zeigt die geschilderten Zusammenhänge und Schnittstellen. Es ist allgemeingültig, beschreibt aber gleichzeitig auch die Situation im IMS, bei dem ein AS via Diameter [3588] auf den AAA-Server HSS (Home Subscriber Server) zugreift [23228; Mage1; Poik]. Gemäß Bild 6.35 hat ein SIP AS auf jeden Fall eine SIP-Schnittstelle zu einem Call Server und eine Datenschnittstelle zur Einbeziehung von Web Servern, E-Mail Servern, Datenbanken, Location Server etc. zur Realisierung entsprechender, die Daten nutzender Dienste. Bez. der Medienbehandlung kann ein AS die Nutzdaten (z.B. RTP) selbst terminieren (z.B. per AS realisierter Voicemail Server [23218]), oder er kann für diese Aufgabe einen integrierten oder externen Media Server (MS) einbeziehen und steuern. Eigenständige MS werden via SIP, SIP + VoiceXML [4267], SIP + MSCML (Media Server Control Markup Language) [4722] oder SIP + MSML (Media Server Markup Language) [5707] angesprochen.

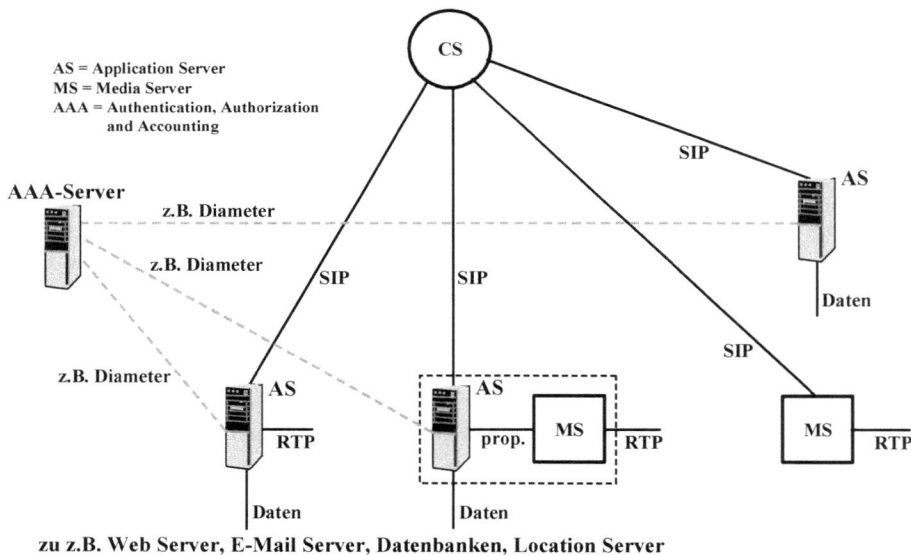

Bild 6.35: SIP Application Server

In Ergänzung zu der in Bild 6.35 gezeigten Netzarchitektur mit AS und MS bzw. MRF (Media Resource Function) ist noch darauf hinzuweisen, dass MS/MRF z.B. im IMS gemäß Bild

14.32 (siehe Abschnitt 14.3) nicht nur logisch, sondern auch physikalisch aufgeteilt sein kann [23228], in einen MRFC (Media Resource Function Controller) und einen MRFP (Media Resource Function Processor). Der MRFC ist für die Signalisierung mit CS und AS verantwortlich und steuert den die Nutzdaten bearbeitenden MRFP (vgl. hierzu Conference Server mit Focus und Mixer in Abschnitt 6.11). Die Schnittstelle zwischen MRFC und MRFP basiert ab UMTS Release 7 auf dem Megaco/H.248-Protokoll [29333].

Ein Call Server (CS) in Bild 6.35 leitet aufgrund von konfigurierten oder aktuell im AAA-Server abgefragten Filterkriterien bei Bedarf SIP-Nachrichten an einen geeigneten AS weiter. Dieser entscheidet anhand weiterer Filterkriterien, welche Software für diesen Dienst zuständig ist und startet dann die entsprechende Applikations-SW.

Mittels Filterung der SIP-Nachrichten im CS muss herausgefunden werden, ob der Service vom CS selbst oder nur von einem AS erbracht werden kann (Service Trigger). In der Folge ist der passende AS zu ermitteln. Zudem muss für den Fall, dass mehrere Filterkriterien gleichzeitig zutreffen, definiert sein, wie die Prioritäten sind, d.h., in welcher Reihenfolge sie abzuarbeiten sind. Darüber hinaus muss im CS hinterlegt sein, wie er reagiert, wenn der angesprochene AS gar nicht antwortet.

Ein Service Trigger-Punkt kann u.a. über die SIP Request URI, z.B. sip:sportnews@eintracht-frankfurt.de, die SIP-Methode, z.B. INVITE oder MESSAGE, ein SIP Header-Feld, z.B. „From: Ulrich Trick" oder SDP-Parameter, z.B. Audio, RTP/AVP 8, gesetzt werden [Poik].

Beispielsweise schickt „Ulrich Trick" von seinem SIP User Agent aus eine Instant Message an sip:sportnews@eintracht-frankfurt.de mit dem Wunsch, ihn bei Neuigkeiten zum Fußballverein Eintracht Frankfurt zu informieren. Auf Grund der Ziel-URI routet der Call Server diese Kurznachricht an den korrespondierenden Application Server. Dieser sorgt nun in der Folge dafür, dass „Ulrich Trick" angerufen wird, d.h., dass vom AS aus mittels INVITE eine Session initiiert wird, sobald Eintracht Frankfurt ein Tor geschossen hat. Nach der Annahme des Anrufes wird per RTP die Reportage zum Torerfolg übermittelt.

Als weiteres Beispiel zur Verdeutlichung der Zusammenhänge bei der Bereitstellung und Ausführung von Mehrwertdiensten mittels SIP AS dient Bild 6.36 mit dem sog. Pizza-Service, der eine Nutzerin Alice ohne Kenntnis der konkreten Rufnummer mit der geografisch nächstgelegenen Pizzeria Antonio verbindet.

1. **User Agent A** (SIP URI: alice@provider.de) **ruft den Dienst über die allgemeine SIP URI pizza@provider.de auf.**

2. **Call Server fragt in CS-Datenbank ab, welcher SIP AS für den Pizza-Service zuständig ist.**

3. **CS routet zu SIP AS für Pizza-Service.**

4. **SIP AS filtert Service-Anfrage und ermittelt über Datenbankabfrage Aufenthaltsort von A** (Alice).

5. **SIP AS ermittelt über erneute Datenbankabfrage SIP URI der nächstgelegenen Pizzeria Antonio** (antonio@provider.de).

6. **SIP AS routet Verbindungswunsch für antonio@provider.de zu CS.**

7. **CS vermittelt weiter zur nächstgelegenen Pizzeria Antonio**

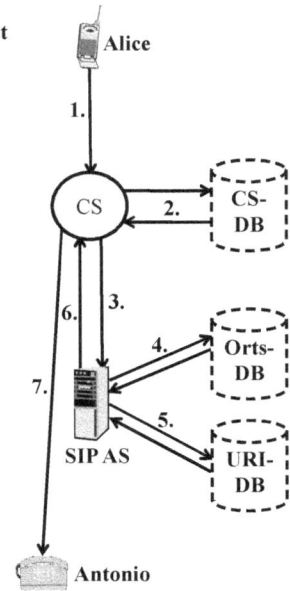

Bild 6.36: Bereitstellung und Ausführung des Mehrwertdienstes Pizza-Service

Wie bereits erwähnt kann ein SIP Application Server als UA, SIP Redirect Server, SIP Proxy Server oder B2BUA arbeiten, z.B. in Abhängigkeit vom angeforderten Dienst. Die daraus und aus den möglichen Diensteklassen resultierenden Betriebsmodi eines SIP AS zeigt Bild 6.37 [Mage1; 23228]. In Bild 6.37 werden die verschiedenen, vom AS zu erbringenden Dienste den Klassen „Content", „Wake up", „Call Forwarding" und „Click2Dial" zugeordnet.

Im Falle Content in Bild 6.37 wird der Dienst von einem UA aus per SIP initiiert. Der AS arbeitet in diesem Fall als User Agent (siehe Abschnitt 6.1) oder als Redirect Server (siehe Abschnitt 6.4), Letzteres z.B. zur Realisierung einer Anrufweiterschaltung. Für die Diensterbringung werden üblicherweise weitere, über die entsprechende Schnittstelle abzurufende Daten benötigt. Ein einfaches Beispiel für eine derartige AS-Anwendung ist eine Anrufweiterschaltung mittels Redirect-Funktion in Abhängigkeit von Anrufziel und Tageszeit. Ein weiteres Beispiel für einen wirklich neuen Dienst ist „Text aus Datenbank (z.B. Wikipedia) abfragen und als Sprachnachricht vorlesen". Hier wird ein interessierender Begriff, z.B. „NGN", an den AS übermittelt, z.B. mit der URI sip:NGN@wikipedia.de. In der Folge fragt der AS den Begriff „NGN" bei der Online-Enzyklopädie Wikipedia im WWW ab. Er erhält den Textinhalt der zugehörigen Web-Seite, führt, ggf. unter Einbeziehung eines Media Servers, die erforderliche Text-to-Speech-Konvertierung durch und liefert dem Aufrufenden die Erläuterungen zu NGN per Audio-RTP-Datenstrom über dessen Telefon.

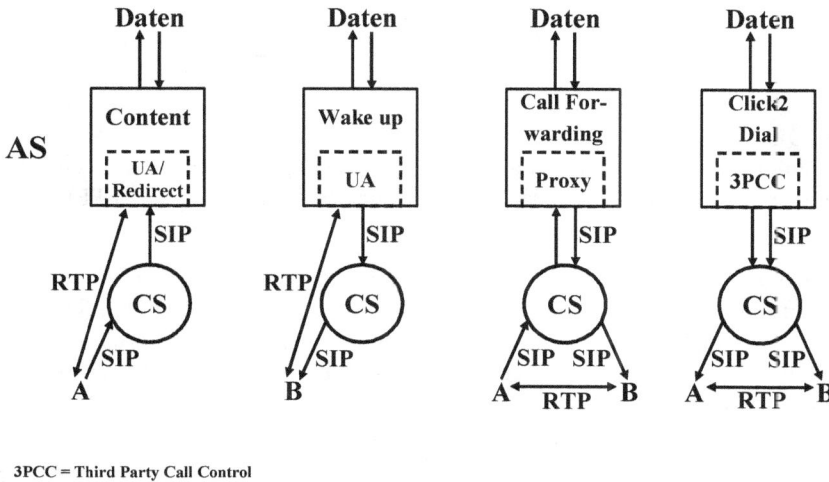

AS

3PCC = Third Party Call Control

Bild 6.37: Betriebsmodi eines SIP Application Server

Ein weiterer möglicher Dienst in diesem Zusammenhang ist ein mehrsprachiger Chat mit jeweils übersetzten Instant Messages (z.B. von Deutsch in Englisch). In diesem Fall wird der AS als Conference Server für Textkommunikation genutzt (vgl. Abschnitt 6.11).

Im „Wake up"-Fall in Bild 6.37 geht die Initiative für den Dienst vom AS bzw. der Daten-Seite aus. Ist eine bestimmte Randbedingung erfüllt, baut der AS als SIP User Agent (siehe Abschnitt 6.1) selbständig z.B. eine Session zu einem vorher definierten Ziel auf. Beipiels-weise könnte ein Nutzer A mit Szenario „Content" für einen Nutzer B eine spezielle Sprach-nachricht hinterlegen, die Nutzer B dann automatisch zu einer von A vorgegebenen Zeit per Anruf vorgelesen wird. Damit können z.B. Terminplaner-, Notizbuch- oder Memo-Funktionen realisiert werden.

Das „Call Forwarding"-Szenario mit integriertem SIP Proxy Server (siehe Abschnitt 6.3) in Bild 6.37 eignet sich für alle Dienste, bei denen in Abhängigkeit vorgegebener Bedingungen weitervermittelt werden soll. Beispieldienste hierfür sind:

- Location-based Services wie z.B. Restaurantsuche inkl. Wegbeschreibung,
- serielles Forking eines SIP-Anrufes in SIP/IP-, GSM-, ISDN-, UMTS-Netz,
- E-Mail bei Anruf in Abwesenheit oder im Offline-Zustand.

Bei den beiden ersten Beispielen zu „Call Forwarding" wird durch eine Datenabfrage (Aktu-eller Ort? Nächstgelegenes Restaurant? Vom Nutzer definierte Rufprioritäten?) ermittelt, wohin der Ruf gehen muss. Im letzten Beispiel wird in Abhängigkeit vom Ergebnis des ver-suchten SIP-Session-Aufbaus eine Aktion (E-Mail-Versand) via Datenschnittstelle gestartet.

Beim „Click2Dial"-Szenario in Bild 6.37 ist wieder der AS bw. die Daten-Seite initiativ. Der AS triggert als Dritter im Bunde (3PCC = Third Party Call Control) den Session-Aufbau zwischen zwei Nutzern A und B. In diesem Fall arbeitet der AS als B2BUA (siehe Abschnitt 6.8). Das nahe liegende Beispiel hierfür ist, dass ein Nutzer einen Kontakt in seinem E-Mail-Programm anklickt. In der Folge wird vom AS zuerst sein eigenes IP-Phone angerufen. Nimmt er ab, ruft der AS im zweiten Schritt den im Kontakt hinterlegten Zielkommunikationspartner. Die ggf. zustande kommende SIP-Session läuft über den im AS integrierten B2BUA, während die RTP-Nutzdaten direkt zwischen den User Agents von A und B ausgetauscht werden. Alternativ könnte der SIP AS Click-to-Dial auch per REFER-Nachricht steuern (siehe Abschnitte 5.2 und 9.2.1).

Die vier AS-Betriebsmodi und allein schon die wenigen Beispiele zeigen die ungeheuren Möglichkeiten im Hinblick auf zukünftige Kommunikationsdienste. Eigentlich sind Beschränkungen nicht mehr durch die technischen Möglichkeiten, sondern durch die Kreativität der Diensteentwickler und -nutzer gegeben. Prinzipiell lassen sich per AS realisierbare Dienste einer der Gruppen

- Media Manipulation Services,
- Event Notification Services oder
- Routing Services

zuordnen [Hofp].

Für die Realisierung der Dienste mittels Software gibt es eine ganze Reihe unterschiedlich komplexer und unterschiedlich leistungsfähiger Möglichkeiten. An dieser Stelle werden sie aus Platzgründen nur kurz aufgelistet, eine ausführliche Darstellung enthält Abschnitt 14.7.

Prinzipiell wird unterschieden zwischen Diensterealisierungen direkt auf dem Application Server (Low Level API):

- SIP Servlets,
- CPL (Call Processing Language),
- SIP-CGI (Common Gateway Interface),
- Scripting oder Software in C, C++ , .NET oder Java,
- JAIN (lite) (Java APIs for Integrated Networks),
- Proprietäre APIs (Application Programming Interface)

und solchen, die auf Middleware (High Level API) und damit auf externen Servern aufsetzen:

- JAIN SLEE (JAIN Service Logic Execution Environment),
- OSA/Parlay (Open Service Access), Parlay X,
- CSE (CAMEL Service Environment),
- Web Services,
- OMA OSE (Open Mobile Alliance OMA Service Environment) [Lehm2].

Zum besseren Gesamtverständnis wird abschließend die Diensterealisierung anhand der sehr leistungsfähigen, dabei aber noch leicht verständlichen SIP Servlets erläutert. SIP Servlets sind Java-Applikationen, die auf einem SIP AS laufen. Sie haben sehr viel Ähnlichkeit mit den HTTP Servlets, Java-Applikationen auf Web-Servern. Für die SIP-basierte Kommunikation wurde das HTTP-API von der Java Community erweitert und als SIP Servlet API in den

Standards JSR 116 (Java Specification Requests) [116] und JSR 289 [289] spezifiziert. Die gesamte Software-Plattform für SIP Servlets auf einem SIP Application Server zeigt in der Prinzipdarstellung Bild 6.38 [Pete]. Der SIP Stack realisiert die Schnittstelle zum SIP-IP-Netz. Für die SIP Servlets stellt der AS die Ausführungsumgebung in Form eines sog. SIP Servlet Containers auf der Basis einer Java Virtual Machine zur Verfügung. Wird eine SIP-Nachricht, z.B. eine SIP-Anfrage INVITE vom Protokoll-Stack empfangen, reicht dieser sie an den Servlet Container zur Auswertung weiter. In einem ersten Schritt wird geprüft, welcher Dienst angefordert wird bzw. ob der Dienst überhaupt zur Verfügung steht. Dazu ruft der Servlet Container den sog. Service Dispatcher auf. Gibt es den gewünschten Dienst gar nicht, wird stattdessen ein Default Service bereitgestellt. Steht der Dienst jedoch zur Verfügung, werden verschiedene Filter, ebenfalls SIP Servlets, durchlaufen. Anhand des Ergebnisses des Filterungsprozesses wird dann das den Dienst primär repräsentierende SIP Servlet ausgeführt, erforderlichenfalls werden auch weitere SIP Servlets einbezogen [Pete].

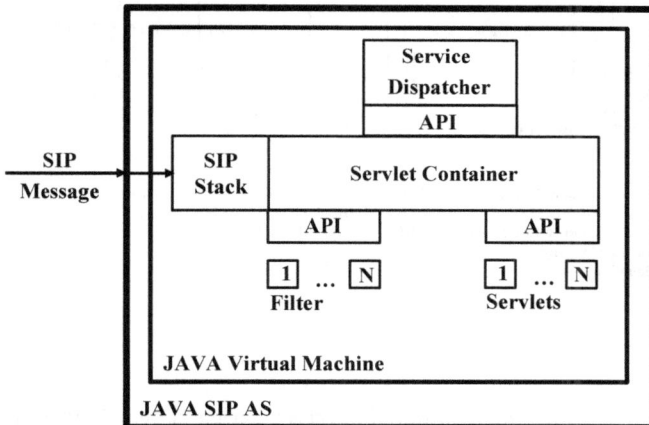

Bild 6.38: Realisierung eines SIP Application Servers mit SIP Servlets [Pete]

Während normalerweise ein SIP AS zur Bereitstellung von Mehrwertdiensten eingesetzt wird, wurde von ETSI TISPAN in [183043] noch ein sog. PES Application Server (PSTN/ISDN Emulation Subsystem) definiert, der im NGN zur Emulation der PSTN/ISDN-Dienstmerkmale dient (siehe Abschnitt 9.8). Er bearbeitet nicht nur SIP-Nachrichten, sondern auch via SIP getunnelte ISUP-Nachrichten, die für die Dienstmerkmale relevant sind, für die es aber keine Entsprechungen im SIP gibt (siehe Abschnitt 6.7.4).

6.13   Einsatz der SIP-Netzelemente in einem NGN

Um die Gesamtzusammenhänge herauszuarbeiten, werden in diesem Abschnitt die oben erläuterten SIP-Netzelemente anhand der Bilder 6.39 bis 6.45 betrachtet. Dabei werden die Abnschnitte 3.2 und 6.1 bis 6.10 als bekannt vorausgesetzt.

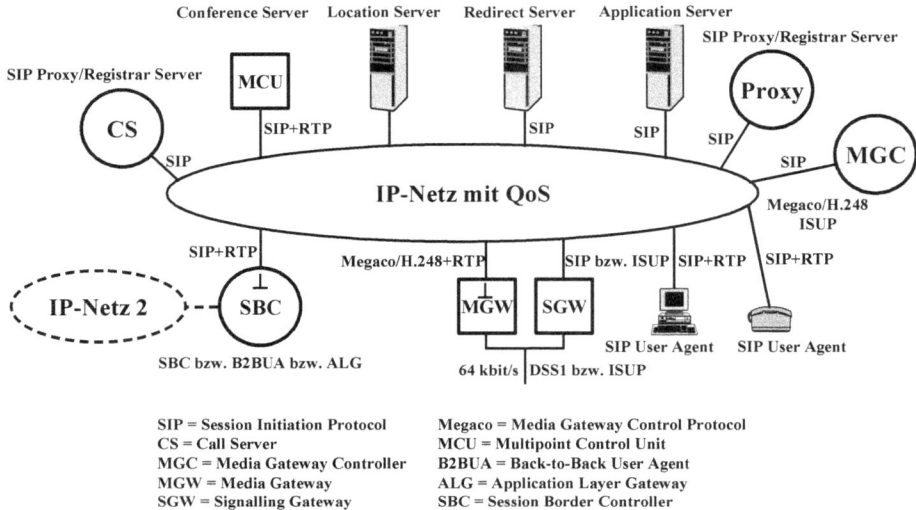

Bild 6.39: SIP-Netzelemente in einem IP-Netz

Grundsätzlich können verschiedene Kommunikationsszenarien unterschieden werden. Im Folgenden werden die Wichtigsten angesprochen.

Peer-to-Peer-Kommunikation (P2P) zwischen SIP User Agents (UA)
In diesem in Bild 6.40 gezeigten Szenario werden sowohl die SIP-Signalisierung (SIP A1/B1) als auch die RTP-Nutzdaten (RTP A1/B1) P2P direkt zwischen den UAs A1 und B1 ausgetauscht (siehe auch Abschnitt 7.1.2).

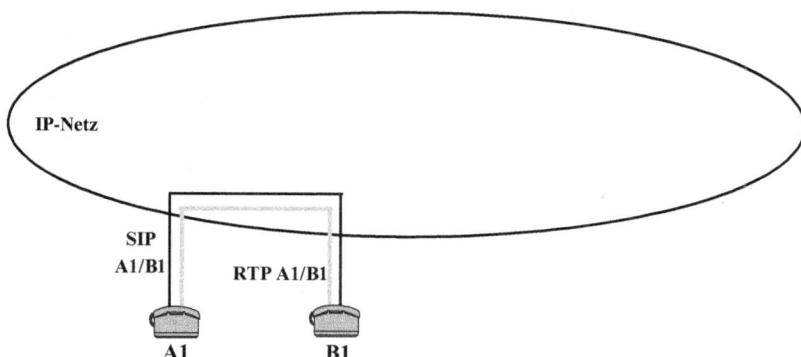

Bild 6.40: Peer-to-Peer-Kommunikation (P2P) zwischen SIP User Agents

SIP-Kommunikation über SIP Proxy Server
Dies ist der SIP-Normalfall, er wird durch Bild 6.41 beschrieben. Die SIP-Signalisierung (SIP A2, SIP B2) läuft über den Proxy Server, die RTP-Nutzdaten (RTP A2/B2) nehmen den direkten Weg zwischen den UAs A2 und B2 bzw. Gateways (siehe auch Abschnitt 7.1.2).

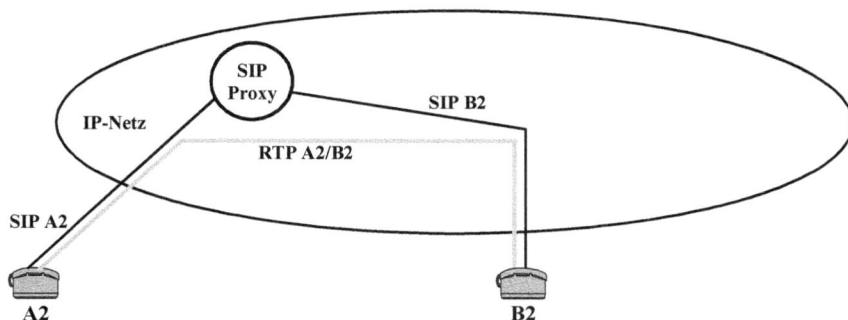

Bild 6.41: SIP-Kommunikation über SIP Proxy Server

SIP- und RTP-Kommunikation über Session Border Controller (SBC)
Die wichtigste Anwendung für dieses in Bild 6.42 gezeigte Szenario ist die Zusammenschaltung zweier verschiedener VoIP-Netze (öffentlich-öffentlich, privat-öffentlich, Access-Core; IP-Netz A3 und IP-Netz) (siehe Abschnitt 6.10). Dabei werden Signalisierung (SIP A3/SIP B3) und Nutzdaten (RTP A3/RTP B3) terminiert. Vorteile bez. des über den SBC geführten Verkehrs sind u.a. erhöhte Sicherheit, die resultierende einfache Möglichkeit der Entgelter-

fassung mit Zeit- und/oder Volumentarifen sowie ein definierter Zugriffspunkt für das gesetzliche Abhören [Klen; Stah; Klot]. Allerdings werden bei einem solchen Netzübergang
die NGN-Kennzeichen „4. Trennung der Verbindungs- und Dienstesteuerung vom Nutzdatentransport" und damit auch „13. Skalierbarkeit" und „3. Offenheit für neue Dienste" verletzt. Der SBC muss in Abhängigkeit des Bandbreitenbedarfs der Dienste dimensioniert bzw.
angepasst werden. Es entstehen eigentlich unerwünschte Abhängigkeiten zwischen Netz und
Diensten.

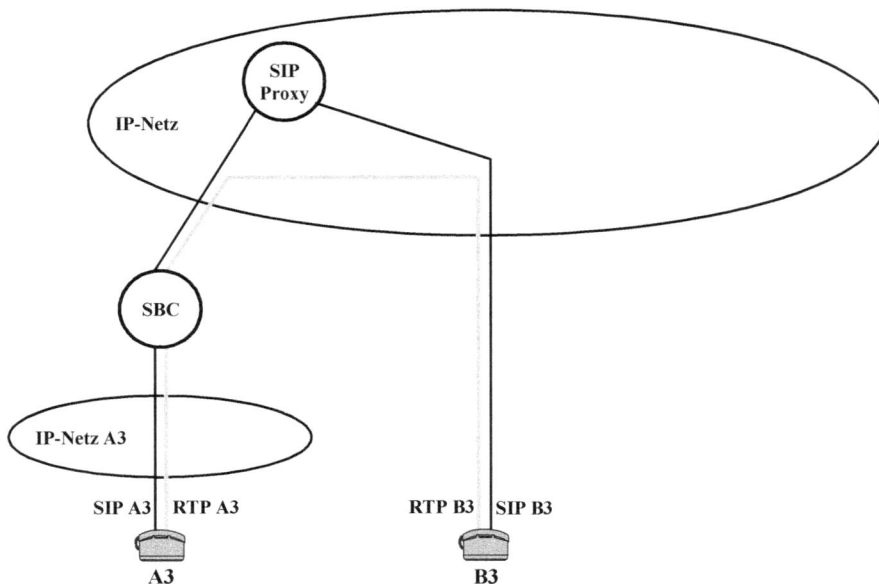

Bild 6.42: SIP- und RTP-Kommunikation über Session Border Controller (SBC)

Kommunikation mit leitungsvermittelndem Netz über Media (MGW) und Signalling Gateway (SGW)

Dies ist, wie in Bild 6.43 skizziert, die typische Situation beim Zusammenschalten eines
PSTN (Public Switched Telephone Network) und eines SIP/IP-Netzes. Das SGW konvertiert
nur z.B. ISUP (ISDN User Part) over MTP (Message Transfer Part) over 64 kbit/s (ISUP
B4) in ISUP over IP (z.B. mittels SIGTRAN) (ISUP B4 over IP) [4166]. Die eigentliche
Protokollumsetzung zwischen ISUP und SIP erfolgt im Media Gateway Controller (MGC)
(SIP B4/ISUP B4 over IP). Das MGW realisiert die Konvertierung zwischen den 64-kbit/s-
PCM-Sprachkanälen (Pulse Code Modulation) (64 kbit/s B4) und den RTP-IP-Paketen (RTP
A4). Dabei wird das MGW vom MGC anhand der aus den Protokollen ISUP und SIP ge-
wonnenen Informationen per Megaco/H.248 oder MGCP ferngesteuert. Die Vorteile dieses

„Decomposed Gateway" genannten Ansatzes, vor allem im Hinblick auf die Kosten, wurden bereits in den Abschnitten 3.2 und 6.7 erläutert.

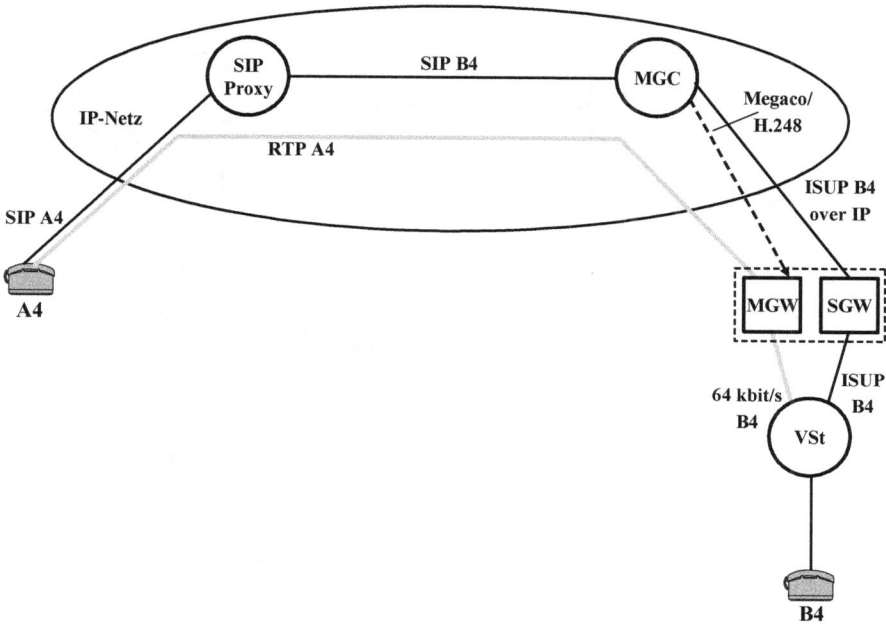

Bild 6.43: Kommunikation mit leitungsvermittelndem Netz über Media Gateway (MGW) und Signalling Gateway (SGW)

RTP-IP-Kommunikation über Session Border Controller für Media-Daten (SBC-M) bzw. IP-Media Gateway (MGW-IP)

In diesem Fall gemäß Bild 6.44 laufen alle, auch die im IP-Netz verbleibenden RTP-Nutzdatenströme, über einen SBC-M oder ein MGW-IP bzw. einen RTP Proxy (RTP A5/RTP B5). D.h., vom SBC-M oder MGW-IP bzw. RTP Proxy werden nur die RTP-Nutzdaten terminiert, evtl. sogar nur einem Monitoring unterzogen, die Signalisierung ist von diesem Eingriff nicht betroffen. Damit kombiniert man die Vorteile der Szenarien „SIP-und RTP-Kommunikation über Session Border Controller (SBC)" – Sicherheit, Entgelterfassung nach Zeit oder Volumen, Abhören – und „Kommunikation mit leitungsvermittelndem Netz über Media (MGW) und Signalling Gateway (SGW)" – Decomposed Gateway, niedrige Kosten. Die negative Folge ist jedoch auch hier der Verlust der NGN-Kennzeichen „13. Skalierbarkeit" und „3. Offenheit für neue Dienste", obwohl im Unterschied zur reinen SBC-Lösung in Bild 6.42 die Trennung von Verbindungssteuerung und Nutzdatentransport gar nicht aufgehoben wird. Trotzdem ist auch hier das Resultat, dass nicht nur das IP-Netz, sondern auch die entsprechenden Netzelemente SBC-M oder MGW-IP bzw. RTP Proxy für die von den Diensten her maximal möglichen Bitraten dimensioniert werden müssen. Das SIP-Netz wird von den für die Applikationen benötigten Bandbreiten abhängig. Damit geht ein gewichtiger Vorteil des NGN-Konzepts verloren.

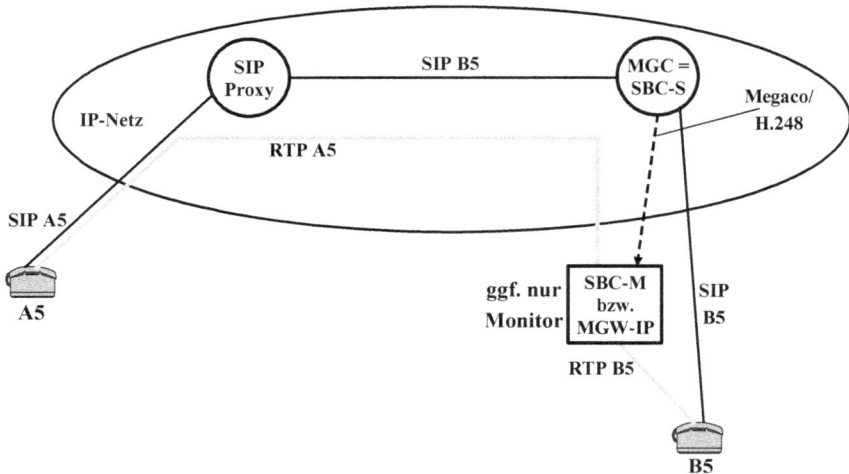

SIP Proxy   SIP B5   MGC = SBC-S   Megaco/ H.248

IP-Netz   RTP A5

SIP A5

A5

ggf. nur Monitor   SBC-M bzw. MGW-IP   SIP B5

RTP B5

B5

Bild 6.44: RTP-IP-Kommunikation über Session Border Controller für Media-Daten bzw. IP-Media Gateway

Je nach Anforderungen an das Netz können die spezifischen Funktionen der durch die Bilder 6.40 bis 6.44 beschriebenen Kommunikationsszenarien kombiniert werden. Dies ist in der Realität auch in größeren Netzen häufig der Fall, insbesondere wenn großer Wert auf Sicherheit gelegt wird und auch im NGN noch nach Zeit tarifiert werden soll. Bild 6.45 zeigt die komplette Vielfalt der Verschaltungsvarianten der SIP-Netzelemente SIP User Agent, SIP Proxy Server, Media Gateway Controller, Media Gateway, Signalling Gateway und Session Border Controller. Dabei wird es aber in den meisten Fällen so sein, dass zwar alle Szenarien anzutreffen sind, aber selektiv angewandt werden. Das heißt, dass z.B. ein SBC nur an den Grenzen zu fremden Netzen und für zu überwachende Nutzer zum Einsatz kommt oder dass der SBC-M bzw. das MGW-IP nur für die Nutzer mit Tarifierung nach Zeit relevant ist.

Ausgehend von den oben besprochenen SIP-Netzelementen und ihren Funktionen und den Betrachtungen zu SIP, SDP, RTP und IPv6 in Abschnitt 5.9 soll hier noch auf Verschaltungsvarianten von SIP-Netzelementen zur Unterstützung der Migration von IPv4 nach IPv6 eingegangen werden. Dabei werden gemäß Bild 6.46 drei Netzwerkszenarien – IPv4-, IPv6- und Dual Stack IPv4+IPv6-Netz – sowie drei SIP User Agent-Typen – IPv4H (Host), IPv6H und DSH (Dual Stack Host) – betrachtet.

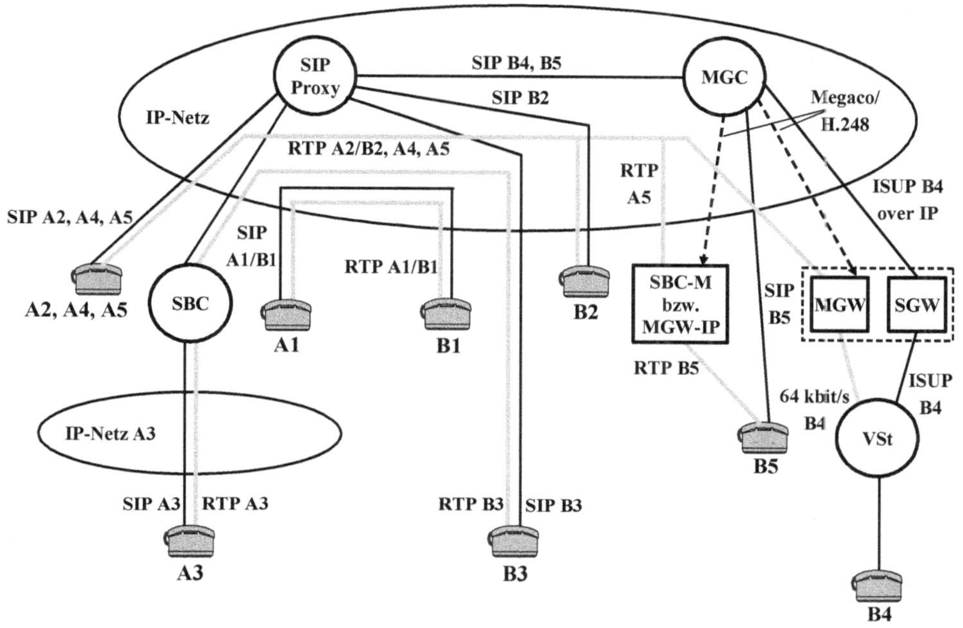

Bild 6.45: Verschaltungsvarianten der SIP-Netzelemente SIP UA, Proxy, MGC, MGW, SGW und SBC

Bild 6.46 zeigt links oben im IPv4-Netz einen SIP UA als IPv4 Host im Zusammenspiel mit einem CS, der ebenfalls nur IPv4 unterstützt. In diesem Netzszenario kann u.a. SIP-basiert nur auf Basis IPv4 kommuniziert werden. In Bild 6.46 links unten ist stattdessen das IPv6-Pendant mit reinen IPv6 Hosts und einem IPv6-CS gezeigt. Eine netzübergreifende Kommunikation unter Einbeziehung dieser beiden Szenarien erfordert nicht nur eine Konvertierung der IP-Adressen in den SIP- und SDP-Nachrichten, sondern auch eine Umsetzung der RTP-Pakete von IPv4 auf IPv6 und umgekehrt. Eine solche Aufgabe kann vorteilhaft gemäß der Funktionsbeschreibungen in Abschnitt 6.9 bzw. 6.10 von einem ALG bzw. SBC wahrgenommen werden [Hoeh].

Ein drittes Szenario mit einem sowohl IPv4 als auch IPv6 unterstützenden Netzwerk ist in Bild 6.46 rechts dargestellt. In diesem Szenario werden SIP UAs als IPv4-, IPv6- oder Dual Stack Hosts betrieben. Sie werden bez. der SIP-Signalisierung alle von einem Dual Stack-CS bedient, der u.a. die erforderliche Konvertierung der IP-Adressen in den SIP- (Registrar- und Proxy Server-Funktion) und SDP-Nachrichten (B2BUA-Funktion) vornimmt. Eine ggf. notwendige Domänenauflösung erfolgt mittels DNS und Resource Records vom Typ A (IPv4) und AAAA (IPv6). Der Nutzdatenaustausch zwischen einem IPv4- und einem IPv6 Host erfordert eine Umsetzung der Nutzdatenpakete von IPv4 auf IPv6 und umgekehrt. Da Nutzdaten nicht von einem CS bearbeitet werden dürfen, übernimmt hier diese Aufgabe ein durch den CS gesteuerter RTP Proxy (siehe Abschnitt 6.10). Im Falle der Kommunikation mit einem Dual Stack-SIP UA passt sich Letzterer mit der verwendeten IP-Protokollversion an, insofern können in einem solchen Fall die Nutzdaten Peer-to-Peer ausgetauscht werden [Hoeh; Hafe]. Darüber hinausgehende Festlegungen zur SIP-Signalisierung, SDP-Medienbeschreibung und IPv4/IPv6 können u.a. [6157] entnommen werden.

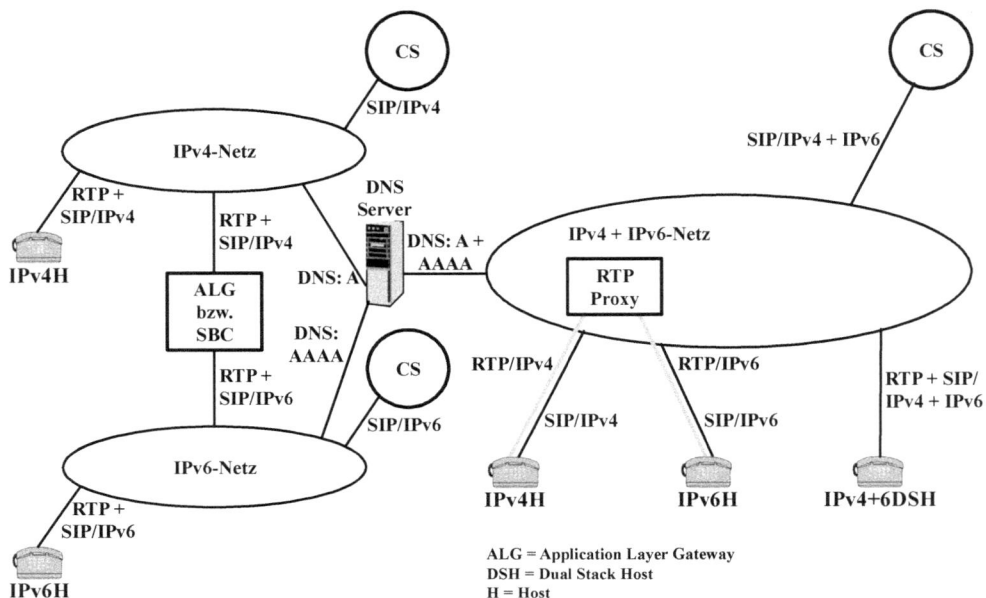

Bild 6.46: SIP, SDP, RTP und die Migration von IPv4 nach IPv6

7   SIP Routing

Dieses Kapitel beschreibt die wesentlichen Details zur Adressierung und Vermittlung von SIP-Anfragen und -Statusinformationen in verschiedenen Kommunikationsszenarien. Neben den Standardmechanismen zum Routing von SIP-Nachrichten in herkömmlichen SIP-Infrastrukturen (siehe Abschnitt 7.1) werden zusätzlich die Themen Peer-to-Peer SIP (siehe Abschnitt 7.2) sowie ENUM (E.164 Number Mapping; siehe Abschnitt 7.3) angesprochen.

7.1   Routing von SIP-Nachrichten

Die folgenden Abschnitte widmen sich ausführlich der Vermittlung von SIP-Nachrichten in SIP-Kommunikationsinfrastrukturen. Hierbei werden die wesentlichen Prinzipien und Mechanismen des SIP Routings verdeutlicht. Somit wird die generelle Funktionsweise von SIP Proxy Servern dargelegt.

7.1.1   Routing von SIP-Anfragen und -Statusinformationen

Das Routing von SIP-Anfragen bzw. -Statusinformationen durch SIP-Netzelemente (SIP Proxy Server etc.) erfolgt prinzipiell anhand der folgenden Regeln.

- **SIP-Anfragen** werden üblicherweise anhand der in der Start-Line enthaltenen Request URI geroutet (siehe Abschnitt 5.6). Ein sog. Inbound Proxy Server erfüllt die Funktion eines zentralen Eingangs-Servers für SIP-Nachrichten, die für die Nutzer einer betrachteten SIP-Infrastruktur bzw. SIP-Domain aus anderen Domains eintreffen. Durch Anfrage bei einem Location Server (siehe Abschnitt 6.5) ermittelt ein Inbound Proxy Server anhand der in der Start-Line als Request URI enthaltenen ständigen SIP URI, an die eine eintreffende SIP-Anfrage gerichtet ist, die aktuelle temporäre SIP URI des vom entsprechenden Teilnehmer genutzten Endsystems (UA) und leitet die eingetroffene SIP-Anfrage an diesen User Agent weiter. Ein sog. Outbound Proxy Server stellt den Nutzern einer SIP-Infrastruktur die nötigen Routing-Funktionen für die Vermittlung von SIP-Nachrichten in andere SIP-Domains zur Verfügung. Zu diesem Zweck setzt ein Outbound Proxy Server nötigenfalls DNS ein, um anhand von Domain-Namen die jeweils zugehörigen IP-Adressen von SIP Servern anderer Domains ermitteln zu können. Empfängt ein sog. Outbound Proxy Server eine SIP-Anfrage zur weiteren Vermittlung, fragt er bei einem DNS Server die IP-Adresse derjenigen Domain ab, deren Hostname Bestandteil der Request URI ist. Anschließend leitet er die SIP-Anfrage an die ermittelte IP-Adresse weiter.

Eine Ausnahme bezüglich des Routens von SIP-Anfragen durch SIP Proxy Server anhand der jeweiligen Request URI bildet der Einsatz spezieller Routing-Mechanismen („Strict Routing" bzw. „Loose Routing"; siehe Abschnitt 7.1.2).

Ein Einsatzbeispiel für die Verwendung von Inbound- und Outbound Proxy Servern, auch in Verbindung mit dem „Loose Routing"-Mechanismus, ist in Abschnitt 7.1.3 dargestellt.

- **SIP-Statusinformationen** werden normalerweise anhand der Host- oder IP-Angabe im obersten enthaltenen SIP-Header-Feld „Via" geroutet (siehe Abschnitt 5.6.2). Jedes SIP-Netzelement, das eine SIP-Anfrage erstellt (z.B. SIP User Agent) oder weiterleitet (SIP Proxy Server), fügt dem Message Header ein neues Via-Header-Feld oberhalb ggf. bereits bestehender Via-Header-Felder hinzu. Ein UAS, der eine SIP-Anfrage beantwortet, übernimmt sämtliche Via-Header-Felder aus der zu beantwortenden Anfrage in die resultierende Statusinformation und leitet diese an die im obersten Via-Header-Feld enthaltene Kontaktadresse (IP-Adresse oder per DNS auflösbarer Host-Name) weiter. Ein SIP Proxy Server, der eine SIP-Statusinformation empfängt, geht bei deren Bearbeitung schematisch gemäß Bild 7.1 vor [John1].

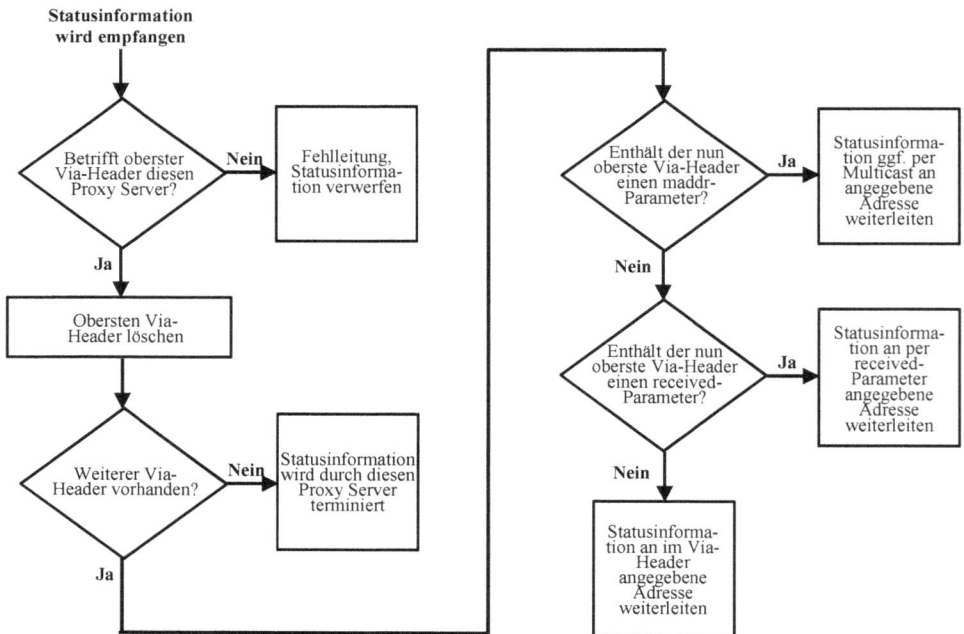

Bild 7.1: Vorgehen eines SIP Proxy Servers bei der Bearbeitung einer empfangenen Statusinformation [John1]

Empfängt ein SIP Proxy Server eine SIP-Statusinformation, prüft er zunächst, ob er der im obersten Via-Header-Feld angegebene IP-Host ist (siehe Bild 7.1). Ist dies der Fall, löscht der Proxy Server das ursprünglich durch ihn selbst erzeugte oberste Via-Header-Feld und überprüft, ob weitere Via-Header-Felder vorhanden sind. Ist dies nicht der Fall, ist diese Statusinformation eine Antwort auf eine durch den Proxy Server selbständig generierte SIP-Anfrage (z.B. im Rahmen eines Forking-Vorgangs; siehe Abschnitt 6.3). Ist hingegen mindestens ein weiteres Via-Header-Feld in der Statusinformation enthalten, wird überprüft, ob das nun oberste Via-Header-Feld einen IP-Multicast-Address-Parameter (maddr) enthält. Die ggf. mit diesem Parameter übergebene IP-Adresse oder Host-Bezeichnung wird grundsätzlich vorrangig als Kontaktadresse des nächsten Ziels der betreffenden Statusinformation behandelt, um eine Abwärtskompatibilität zur SIP-Spezifikation nach RFC 2543 [2543] zu gewährleisten (die Verwendung des maddr-Parameters wurde in [2543] für die Beeinflussung des SIP Routings zusätzlich zum Record-Route-Mechanismus (siehe Abschnitt 7.1.2) empfohlen). Die Statusinformation wird durch den Proxy entsprechend an die per maddr-Parameter übergebene Adresse weitergeleitet. Dies gilt auch, wenn mit dem maddr-Parameter eine IP-Unicast-Adresse übergeben wird.

Fehlt hingegen der maddr-Parameter im nun obersten Via-Header-Feld, wird das Vorhandensein des Via-Header-Feld-Parameters „received" (siehe Abschnitt 8.3.1) überprüft und die SIP-Statusinformation ggf. an die mit diesem Parameter übergebene Adresse weitergeleitet. Ist hingegen auch der received-Parameter nicht vorhanden, vermittelt der Proxy Server die Statusinformation an die mit dem Via-Header-Feld übergebene Kontaktadresse.

Üblicherweise gilt: Eine SIP-Statusinformation nimmt immer den Weg über die gleichen SIP-Netzelemente zurück, über die die zu beantwortende SIP-Anfrage zuvor geroutet wurde.

Im Allgemeinen übermittelt jeder SIP User Agent seine temporäre SIP URI (siehe Abschnitt 5.1.4) im Contact-Header-Feld von SIP-Anfragen und -Statusinformationen (siehe Abschnitt 7.1.2). Prinzipiell kann jedoch innerhalb der Vermittlungsinfrastruktur eines SIP-Dienstbetreibers der Inhalt des Contact-Header-Feldes neutralisiert werden (z.B. durch Einsatz eines B2BUA (siehe Abschnitt 6.8)). Ein SIP User Agent, der dennoch Kenntnis über die temporäre SIP URI eines anderen User Agents erlangt, kann diesen ohne Einbeziehung einer SIP-Vermittlungsinfrastruktur kontaktieren, sofern der potentielle Empfänger nicht grundsätzlich den Empfang von SIP-Nachrichten ausschließt, die nicht von einem bestimmten SIP Server (z.B. Inbound Proxy Server eines bestimmten Dienstanbieters) zu ihm geroutet wurden.

Durch den Einsatz eines speziellen SIP Routing-Mechanismus lässt sich die generelle Einbeziehung eines oder mehrerer SIP Proxy Server in die SIP-Kommunikation zwischen zwei User Agents erzwingen. Dies wird durch den/die betreffenden Proxy Server selbst durch das Einfügen des Header-Feldes „Record-Route" in die die erste Transaktion einleitende SIP-Anfrage verfügt (siehe Abschnitt 7.1.2).

Der folgende Abschnitt widmet sich den verschiedenen Einbindungsmöglichkeiten von SIP-Vermittlungsinfrastrukturen in den SIP-Signalisierungsaustausch.

7.1.2   Einbeziehung von SIP-Vermittlungsinfrastrukturen

Prinzipiell lassen sich drei verschiedene Formen der Nutzung von Vermittlungsinfrastrukturen für den SIP-Signalisierungsaustausch zwischen SIP User Agents unterscheiden: keine Einbeziehung (direkte Kommunikation zwischen den Endsystemen), bedingte Einbeziehung und generelle Einbeziehung von Vermittlungsinfrastrukturen. Diese drei Fälle werden im Folgenden näher betrachtet. In der Praxis sind jedoch (je nach Kommunikationsszenario) auch fallabhängige Mischformen möglich.

Direkter SIP-Signalisierungsaustausch zwischen SIP-Endsystemen
Im einfachsten Fall erfolgt die SIP-Signalisierung direkt zwischen den Endsystemen, d.h., es werden keinerlei SIP Server (Proxy-, Redirect-, Registrar Server etc.) benötigt. Dies bedeutet aber, dass keine ständige SIP URI zur Kontaktierung der Endsysteme eingesetzt werden kann, die temporäre SIP URI des Zielteilnehmers muss also bekannt sein. Bild 7.2 zeigt ein Beispiel für direkte SIP-Kommunikation zwischen zwei Endsystemen.

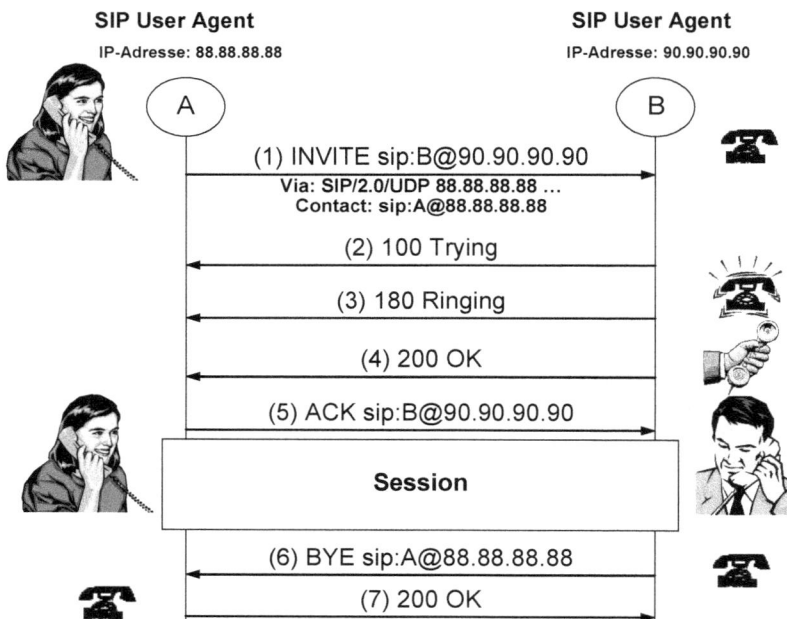

Bild 7.2: SIP-Session-Auf- und -Abbau bei direktem SIP-Signalisierungsaustausch zwischen den SIP-Endsystemen

Von Teilnehmerin A ausgehend soll eine SIP-Session mit Teilnehmer B ohne Einbeziehung einer SIP-Vermittlungsinfrastruktur etabliert werden (siehe Bild 7.2). Teilnehmerin A muss aus diesem Grund die temporäre SIP URI von User Agent B (hier: sip:B@90.90.90.90) kennen. An diese Kontaktadresse schickt User Agent A die den Session-Aufbau einleitende INVITE-Anfrage (siehe Schritt (1)). Diese Anfrage enthält u.a. die SIP-Header-Felder „Via" und „Contact". User Agent B sendet die die Anfrage beantwortenden SIP-Status-informationen (siehe Schritte (2) bis (4)) an die im Via-Header-Feld der INVITE-Anfrage angegebene IP-Adresse (hier: 88.88.88.88). Nach Annahme der Session durch Teilnehmer B (siehe Schritt (4)) sendet User Agent A zur Erfüllung des SIP Three Way Handshakes die SIP-Nachricht ACK wiederum an die ihm bekannte temporäre SIP URI von User Agent B.

Teilnehmer B möchte die etablierte Session nach einer gewissen Zeit wieder abbauen. Hierzu sendet er die SIP-Nachricht BYE (siehe Schritt (6)) an die temporäre SIP URI von User Agent A (hier: sip:A@88.88.88.88), die im Contact-Header-Feld der die Session initiieren-den INVITE-Anfrage (siehe Schritt (1)) an User Agent B übermittelt wurde.

Bedingte Einbeziehung von SIP-Vermittlungsinfrastrukturen in die Signalisierung zwischen SIP-Endsystemen
Hierbei handelt es sich gemäß [3261] um das Standardszenario für den Aufbau von SIP-Sessions. Die aus SIP Proxy Servern bestehende SIP-Vermittlungsinfrastruktur wird nur benötigt, um den ersten Kontakt zwischen zwei SIP-Endsystemen herzustellen. Die Aufgabe der Vermittlungsinfrastruktur liegt hierbei prinzipiell in der Auflösung von ständigen SIP URIs in temporäre SIP URIs. Bild 7.3 zeigt ein entsprechendes Beispiel.

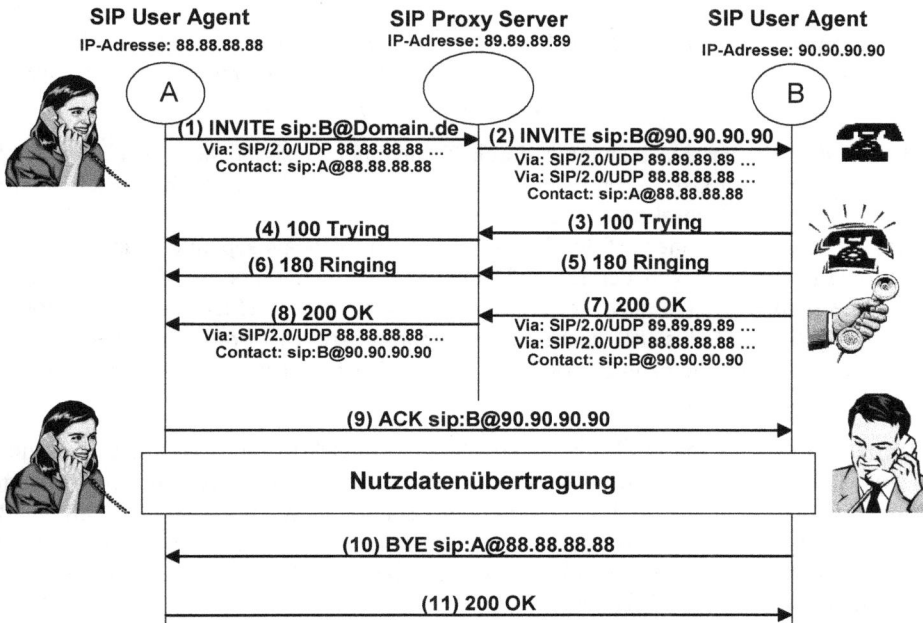

Bild 7.3: SIP-Session-Auf- und -Abbau unter bedingter Einbeziehung einer SIP-Vermittlungsinfrastruktur

Von User Agent A ausgehend soll eine SIP-Session mit Teilnehmer B unter bedingter Einbeziehung einer SIP-Vermittlungsinfrastruktur etabliert werden (siehe Bild 7.3). User Agent A erstellt eine INVITE-Anfrage an die ständige SIP URI von Teilnehmer B (hier: sip:B@Domain.de) unter Angabe seiner Kontaktparameter (Adresse für den Empfang von SIP-Statusinformationen (Via-Header-Feld; hier IP-Adresse: 88.88.88.88) sowie temporäre SIP URI im Contact-Header-Feld; hier: sip:A@88.88.88.88) und versendet sie in Schritt (1) an einen SIP Proxy Server (hier: IP-Adresse 89.89.89.89). Dieser fragt beim Location Server die unter der ständigen SIP URI von Teilnehmer B registrierte temporäre SIP URI (hier: sip:B@90.90.90.90) ab und routet die INVITE-Anfrage in Schritt (2) an User Agent B, nachdem er der Anfrage ein Via-Header-Feld (oberhalb des bereits bestehenden Via-Header-Feldes) hinzugefügt hat und in diesem seine Kontaktparameter (hier: IP-Adresse 89.89.89.89) für das spätere Zurück-Routen von Statusinformationen übergeben hat.

User Agent B sendet nach Empfang der INVITE-Anfrage die Statusinformationen „100 Trying" (Schritt (3)), „180 Ringing" (Schritt (5)) und „200 OK" (Schritt (7)) jeweils an die im obersten Via-Header-Feld angegebene Kontaktadresse des Proxy Servers (hier: IP-Adresse 89.89.89.89). Die Via-Header-Felder aus der INVITE-Anfrage werden dabei von User Agent B in gleicher Reihenfolge in jede gesendete Statusinformation übernommen. Des Weiteren hat User Agent B jeweils im Contact-Header-Feld dieser Statusinformationen seine temporäre SIP URI (hier: sip:B@90.90.90.90) übergeben. Die Via-Header-Felder sowie das Contact-Header-Feld sind in Bild 7.3 exemplarisch nur für die finale Statusinformation „200 OK" (siehe Schritte (7) und (8)) eingezeichnet.

Der die von B gesendeten Statusinformationen empfangende Proxy Server löscht jeweils das ihn selbst bezeichnende Via-Header-Feld aus den Statusinformationen heraus und routet sie an die im verbleibenden Via-Header-Feld angegebene Kontaktadresse (hier: IP-Adresse 88.88.88.88), also an User Agent A (siehe Schritte (4), (6) und (8)).

Nach Erhalt der die Session-Annahme durch Teilnehmer B signalisierenden „200 OK"-Statusinformation ist für User Agent A die seinerseits mit der INVITE-Anfrage (siehe Schritt (1)) eingeleitete SIP-Transaktion (siehe Abschnitt 5.5.2) abgeschlossen. Da die SIP-Nachricht ACK im Falle eines erfolgreichen Session-Aufbaus als separate Transaktion gilt, kann er diese unabhängig von der Einbeziehung des Proxy Servers auf direktem Weg an User Agent B senden. Hierzu nutzt er die in den Contact-Header-Feldern der Statusinformationen (siehe Schritte (3) bis (8)) übergebene temporäre SIP URI von User Agent B (hier: sip:B@90.90.90.90), an die er in Schritt (9) die ACK-Nachricht direkt sendet (ohne Einbeziehung des Proxy Servers).

Die nun bestehende Session wird durch Teilnehmer B in Schritt (10) durch das Aussenden der SIP-Nachricht BYE beendet. Diese sendet User Agent B ebenfalls ohne Einbeziehung des Proxy Servers an die temporäre SIP URI von User Agent A (hier: sip:A@88.88.88.88), die User Agent B bereits in Schritt (2) (INVITE-Anfrage) per Contact-Header-Feld erhalten hat. User Agent A sendet die Statusinformation „200 OK" zur Bestätigung des Empfangs der BYE-Nachricht ebenfalls auf direktem Weg an User Agent B (Schritt (11)).

Generelle Einbeziehung von SIP-Vermittlungsinfrastrukturen in die Signalisierung zwischen SIP-Endsystemen

In einigen Fällen kann es notwendig bzw. sinnvoll sein, dass eine SIP-Vermittlungsinfrastruktur generell in die SIP-Session-Signalisierung zwischen SIP-Endsystemen involviert ist, so z.B. für die Erfassung von Verbindungsdauern. In solchen Fällen muss der entsprechende Proxy Server den User Agents explizit bekannt geben, dass er auch über die notwendigen Vermittlungsaufgaben bei der Verarbeitung der INVITE-Transaktion hinaus (siehe oben) im SIP-Signalisierungspfad verbleiben will. Hierzu setzt der Proxy Server das SIP-Header-Feld „Record-Route" mit der Angabe seiner IP-Adresse bzw. per DNS auflösbaren Domain-Bezeichnung in die erste im Rahmen der Kommunikation vermittelte SIP-INVITE-Anfrage ein. Der die Anfrage empfangende User Agent übernimmt das „Record-Route"-Header-Feld aus der INVITE-Anfrage in die beantwortende(n) SIP-Statusinformation(en). Jede weitere SIP-Anfrage, die im Rahmen dieses SIP-Dialogs (siehe Abschnitt 5.5.1) zwischen den User Agents ausgetauscht wird, muss über den betreffenden Proxy Server vermittelt werden. Hierzu legt jeder User Agent intern ein sog. „Route Set" an, das die per „Record-Route"-Header-Feld übergebene(n) Kontaktadresse(n) des/der jeweils in den SIP-Signalisierungsaustausch zu involvierenden Proxy Server(s) enthält. In alle weiteren im Rahmen des betreffenden Dialogs zu versendenden SIP-Anfragen setzt der die jeweilige Anfrage kreierende User Agent das SIP-Header-Feld „Route" ein, das die Kontaktadressen der in die Kommunikation mit einzubeziehenden SIP-Proxy Server übergibt.

Bild 7.4 zeigt ein Beispiel für die generelle Einbeziehung eines SIP Proxy Servers in die SIP-Signalisierung zwischen zwei User Agents.

Von User Agent A ausgehend soll eine SIP-Session mit Teilnehmer B unter genereller Einbeziehung einer SIP-Vermittlungsinfrastruktur etabliert werden (siehe Bild 7.4). User Agent A erstellt eine INVITE-Anfrage an die ständige SIP URI von Teilnehmer B (hier: sip:B@Domain.de) unter Angabe seiner Kontaktparameter (Adresse für den Empfang von SIP-Statusinformationen (Via-Header-Feld; hier IP-Adresse: 88.88.88.88) sowie temporäre SIP URI im Contact-Header-Feld; hier: sip:A@88.88.88.88) und versendet sie in Schritt (1) an einen SIP Proxy Server (hier: IP-Adresse 89.89.89.89). Dieser fragt beim Location Server die unter der ständigen SIP URI von Teilnehmer B registrierte temporäre SIP URI (hier: sip:B@90.90.90.90) ab. Da der Proxy Server in jeden weiteren Schritt der SIP-Signalisierung dieser Session mit einbezogen werden will, setzt er selbstständig das Header-Feld „Record-Route" unter Angabe der IP-Adresse (hier: 89.89.89.89) bzw. eines per DNS auflösbaren Domain-Namens ein. Das Kürzel lr, das ebenfalls im Rahmen des „Record-Route"-Header-Feldes übergeben wird, besagt, dass dieser Proxy Server das „Loose Routing-Schema" gemäß [3261] beherrscht (siehe unten).

SIP User Agent
IP-Adresse: 88.88.88.88

SIP Proxy Server
IP-Adresse: 89.89.89.89

SIP User Agent
IP-Adresse: 90.90.90.90

A   B

(1) INVITE sip:B@Domain.de
Via: SIP/2.0/UDP 88.88.88.88 ...
Contact: sip:A@88.88.88.88

(2) INVITE sip:B@90.90.90.90
Via: SIP/2.0/UDP 89.89.89.89 ...
Via: SIP/2.0/UDP 88.88.88.88 ...
Record-Route: 89.89.89.89; lr
Contact: sip:A@88.88.88.88

(3) 100 Trying

(5) 180 Ringing   (4) 180 Ringing

(7) 200 OK
Via: SIP/2.0/UDP 88.88.88.88 ...
Record-Route: 89.89.89.89; lr
Contact: sip:B@90.90.90.90

(6) 200 OK
Via: SIP/2.0/UDP 89.89.89.89 ...
Via: SIP/2.0/UDP 88.88.88.88 ...
Record-Route: 89.89.89.89; lr
Contact: sip:B@90.90.90.90

(8) ACK sip:B@90.90.90.90
Via: SIP/2.0/UDP 88.88.88.88 ...
Route: 89.89.89.89; lr
Contact: sip:A@88.88.88.88

(9) ACK sip:B@90.90.90.90
Via: SIP/2.0/UDP 89.89.89.89 ...
Via: SIP/2.0/UDP 88.88.88.88 ...
Contact: sip:A@88.88.88.88

Nutzdatenübertragung

(11) BYE sip:A@88.88.88.88
Via: SIP/2.0/UDP 89.89.89.89 ...
Via: SIP/2.0/UDP 90.90.90.90 ...
Contact: sip:B@90.90.90.90

(10) BYE sip:A@88.88.88.88
Via: SIP/2.0/UDP 90.90.90.90 ...
Route: 89.89.89.89; lr
Contact: sip:B@90.90.90.90

(12) 200 OK
Via: SIP/2.0/UDP 89.89.89.89 ...
Via: SIP/2.0/UDP 90.90.90.90 ...
Contact: sip:A@88.88.88.88

(13) 200 OK
Via: SIP/2.0/UDP 90.90.90.90 ...
Contact: sip:A@88.88.88.88

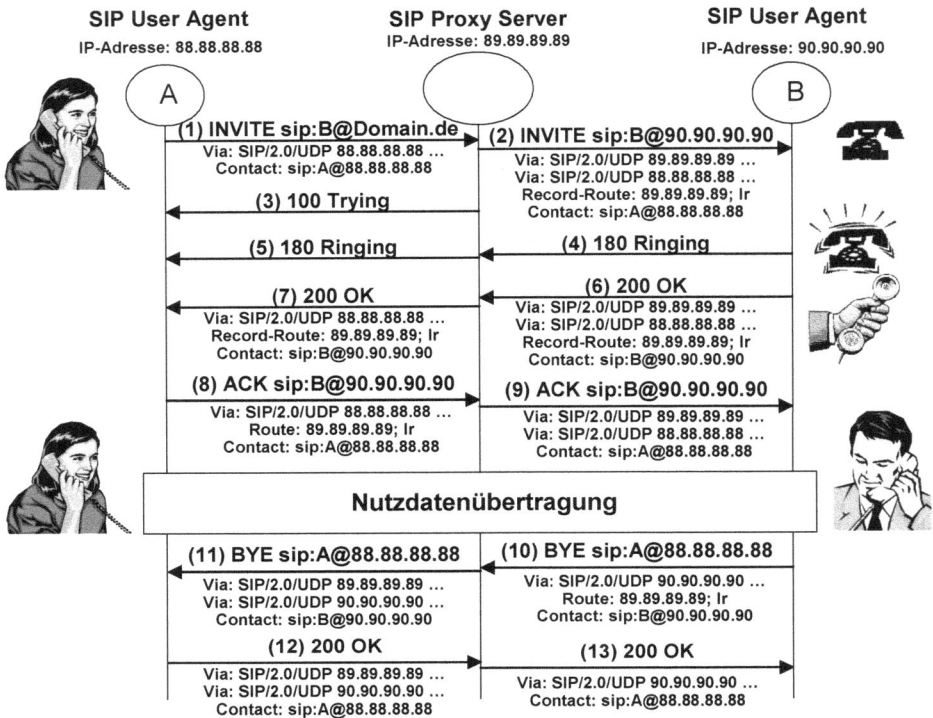

Bild 7.4: SIP-Session-Auf- und -Abbau unter genereller Einbeziehung einer SIP-Vermittlungsinfrastruktur

Anschließend fügt der Proxy Server der Anfrage ein Via-Header-Feld (oberhalb des bereits bestehenden Via-Header-Feldes) hinzu und übergibt in diesem seine Kontaktparameter (hier: IP-Adresse 89.89.89.89) für das Zurück-Routen von die Anfrage beantwortenden Statusinformationen. In Schritt (2) routet der Proxy Server die INVITE-Anfrage an User Agent B.

User Agent B sendet nach Empfang der INVITE-Anfrage die Statusinformationen „180 Ringing" (Schritt (4)) und „200 OK" (Schritt (6)) jeweils an die im obersten Via-Header-Feld angegebene Kontaktadresse des Proxy Servers (hier: IP-Adresse 89.89.89.89). Die Via-Header-Felder aus der INVITE-Anfrage werden dabei von User Agent B in gleicher Reihenfolge in jede gesendete Statusinformation ebenso übernommen wie das „Record-Route"-Header-Feld, das der Proxy Server vor der Weiterleitung der INVITE-Anfrage (siehe Schritt (2)) in diese eingefügt hat. Des Weiteren hat User Agent B jeweils im Contact-Header-Feld dieser Statusinformationen seine temporäre SIP URI (hier: sip:B@90.90.90.90) übergeben. Die SIP-Header-Felder „Via", „Record-Route" sowie „Contact" sind in Bild 7.4 exemplarisch nur für die finale Statusinformation „200 OK" (siehe Schritte (6) und (7)) eingezeichnet.

Der die von B gesendeten Statusinformationen empfangende Proxy Server löscht jeweils das ihn selbst bezeichnende Via-Header-Feld aus den Statusinformationen heraus. Das „Record-

Route"-Header-Feld belässt er hingegen in den Statusinformationen, die er an die im verbleibenden Via-Header-Feld angegebene Kontaktadresse (hier: IP-Adresse 88.88.88.88), also an User Agent A, weiterleitet (siehe Schritte (5) und (7)).

Nach Erhalt der die Session-Annahme durch Teilnehmer B signalisierenden „200 OK"-Statusinformation ist für User Agent A die seinerseits mit der INVITE-Anfrage (siehe Schritt (1)) eingeleitete SIP-Transaktion (siehe Abschnitt 5.5.2) abgeschlossen. Zur Erfüllung des SIP Three Way Handshakes muss er die SIP-Nachricht ACK an User Agent B senden. Der bisher in den SIP-Signalisierungsaustausch involvierte Proxy Server hat mittels „Record-Route"-Header-Feld in der ersten weitergeleiteten Anfrage (INVITE; siehe Schritt (2)) sein weiteres Verbleiben im SIP-Signalisierungspfad zwischen den User Agents A und B für die hier aufgebaute Session bekannt gegeben. Dieses „Record-Route"-Header-Feld wurde durch User Agent B innerhalb der die INVITE-Anfrage beantwortenden Statusinformationen auch an User Agent A übergeben. Dieser hat nach Erhalt des „Record-Route"-Header-Feldes ein internes sog. „Route Set" für den weiteren SIP-Signalisierungsaustausch mit User Agent B erstellt. Dieses „Route Set" beinhaltet die Kontaktadresse des SIP Proxy Servers gemäß „Record-Route"-Header-Feld.

User Agent A muss sich beim Senden der ACK-Nachricht für User Agent B an das „Route Set" halten. Er sendet die Nachricht ACK in Schritt (8) also an den Proxy Server. Die als Request URI in der Start-Line der ACK-Nachricht enthaltene temporäre SIP URI von User Agent B, die dieser zuvor per Contact-Header-Feld an User Agent A übergeben hat, ist hier zunächst irrelevant. User Agent A übergibt im SIP-Header-Feld Route innerhalb der ACK-Nachricht (siehe Schritt (8)) seinen Route Set-Eintrag (hier: „89.89.89.89; lr"). Der die ACK-Nachricht empfangende Proxy Server löscht den ihn selbst betreffenden Route Set-Eintrag, fügt der Nachricht ein Via-Header-Feld hinzu und leitet sie an die in der Start-Line als Request URI übergebene temporäre SIP URI von User Agent B weiter (siehe Schritt (9)).

Die nun bestehende Session wird durch Teilnehmer B in Schritt (10) durch das Aussenden der SIP-Nachricht BYE beendet. Anhand des in die INVITE-Nachricht eingebundenen „Record-Route"-Header-Feldes hat User Agent B ebenfalls ein „Route Set" für den weiterführenden SIP-Signalisierungsaustausch mit User Agent A erstellt. Aufgrund des Vorhandenseins dieses Route Sets sendet User Agent B die BYE-Nachricht nicht an die als Request URI in der Start-Line übergebene temporäre SIP URI von User Agent A, sondern an den Proxy Server. Innerhalb der BYE-Nachricht übergibt User Agent B seinen „Route Set"-Eintrag (hier: „89.89.89.89; lr") im Route-Header-Feld. Der die BYE-Nachricht in Schritt (10) empfangende Proxy Server löscht den ihn selbst betreffenden „Route Set"-Eintrag, fügt der Nachricht ein Via-Header-Feld hinzu und leitet sie an die in der Start-Line als Request URI übergebene temporäre SIP URI von User Agent A weiter (siehe Schritt (11)). User Agent A bestätigt den Empfang der BYE-Nachricht in Schritt (12) mit der Statusinformation „200 OK", die er an die im obersten Via-Header-Feld der BYE-Nachricht angegebene Kontaktadresse des Proxy Servers sendet (SIP-Statusinformationen werden immer auf dem gleichen Weg zurück gesendet wie die SIP-Anfragen, die sie beantworten). Dieser löscht das ihn betreffende Via-Header-Feld aus der Statusinformation und leitet sie in Schritt (13) an User Agent B weiter, dessen Kontaktadresse er aus dem verbleibenden Via-Header-Feld liest.

Strict Routing und Loose Routing
Wie das in Bild 7.4 dargestellte Beispiel für die generelle Einbeziehung einer auf SIP Proxy
Servern basierten Vermittlungsinfrastruktur in die Signalisierung zeigt, erzwingt der Proxy
Server selbst das Verbleiben im SIP-Kommunikationspfad zwischen den User Agents A und
B durch das Einfügen des SIP-Header-Feldes „Record-Route" in die erste zu vermittelnde
SIP-Anfrage. Dieses Header-Feld wird durch die User Agents im Rahmen der ersten SIP-
Transaktion untereinander „verteilt" und bildet die Basis für die Erstellung eines sog. „Route
Sets" (Verteilerliste) in beiden User Agents. Jede weitere Transaktion im Rahmen der betref-
fenden Session muss unter Beachtung dieses „Route Sets" eingeleitet werden, indem der
entsprechende Proxy Server in den Austausch von SIP-Signalisierungsinformationen involviert wird. Dies geschieht unter Einsatz des SIP-Header-Feldes Route, das in jeder SIP-
Anfrage, die eine neue Transaktion im Rahmen der betreffenden Session einleitet, enthalten
sein muss, sofern zuvor ein „Route Set" für diese Session angelegt wurde.

Bezüglich der Behandlung von „Route Sets" bzw. Route-Header-Feldern wurde in [2543]
ein Mechanismus definiert, der in [3261] als „Strict Routing" bezeichnet wurde. Gleichzeitig
definierte [3261] den neuen „Loose Routing"-Mechanismus und erklärte den „Strict Routing"-Mechanismus für ungültig, da dieser die SIP-Logik verletzt und u.U. zu einem instabi-
len Routing-Schema führen kann. Sowohl „Strict Routing" als auch „Loose Routing" arbeiten mit den SIP-Header-Feldern „Record-Route" und „Route", wobei zur Kennzeichnung
eines „Loose Routing"-fähigen SIP-Netzelements das Kürzel lr (loose routing) an die betreffende Kontaktangabe in „Record-Route"- und „Route"-Header-Feldern angefügt wird.

In der Praxis kommen heute meist SIP-Netzelemente zur Anwendung, die sowohl „Strict
Routing"- als auch „Loose Routing"-kompatibel sind bzw. beide Routing-Mechanismen
optional beherrschen.

Weitere Informationen zum „Strict Routing"-Mechanismus sowie zur Kompatibilität zwischen „Strict Routing" und „Loose Routing" können [2543] bzw. [3261] entnommen werden. Im Folgenden wird die Funktionsweise des „Loose Routing"-Mechanismus erläutert.

„Loose Routing"-Grundregeln
Für den „Loose Routing"-Mechanismus gelten die folgenden Grundregeln.

- Die Request URI in der Start-Line einer SIP-Anfrage entspricht grundsätzlich der SIP
  URI des Ziel-User Agents, d.h., der Bezug zwischen der in der Start-Line enthaltenen
  Request URI und dem Ziel-User Agent bleibt in jedem Fall erhalten.
- Der erste (oberste) Eintrag im Route-Header-Feld enthält ggf. die Kontaktadresse des
  nächsten direkt anzusprechenden Proxy Servers.
- Der letzte (unterste) Eintrag im Route-Header-Feld enthält immer die Kontaktadresse des
  letzten anzusprechenden Proxy Servers, bevor die betreffende Anfrage an den Ziel-User
  Agent weitergeleitet werden kann.

„Loose Routing"-Prinzip
Bild 7.5 zeigt das Prinzip des „Loose Routing"-Mechanismus unter Einbeziehung zweier SIP
Proxy Server.

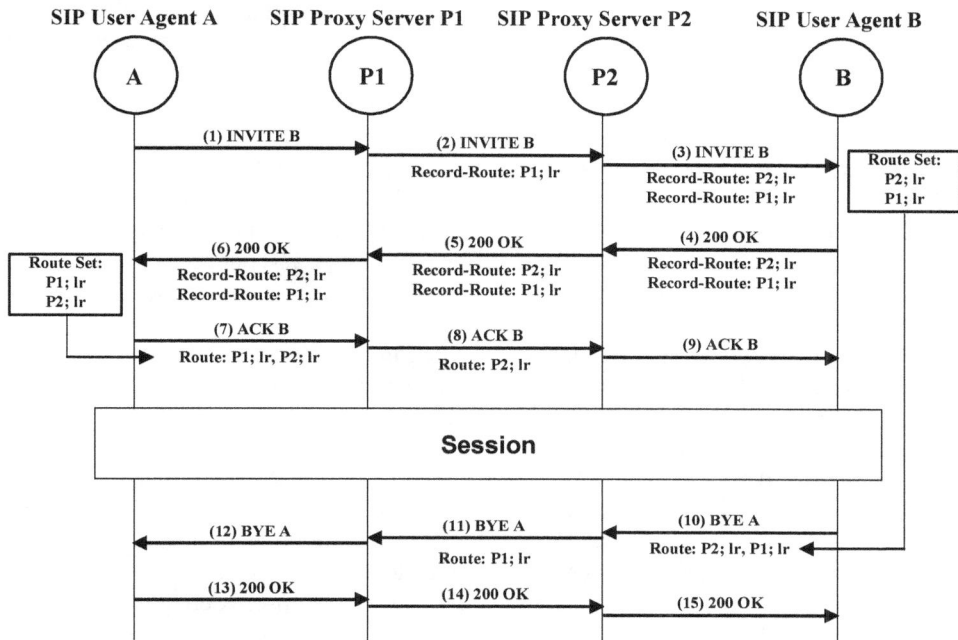

SIP User Agent A   **SIP Proxy Server P1**   **SIP Proxy Server P2**   **SIP User Agent B**

A   P1   P2   B

(1) INVITE B

(2) INVITE B
Record-Route: P1; lr

(3) INVITE B
Record-Route: P2; lr
Record-Route: P1; lr

Route Set:
P2; lr
P1; lr

(6) 200 OK
Record-Route: P2; lr
Record-Route: P1; lr

(5) 200 OK
Record-Route: P2; lr
Record-Route: P1; lr

(4) 200 OK
Record-Route: P2; lr
Record-Route: P1; lr

Route Set:
P1; lr
P2; lr

(7) ACK B
Route: P1; lr, P2; lr

(8) ACK B
Route: P2; lr

(9) ACK B

Session

(12) BYE A

(11) BYE A
Route: P1; lr

(10) BYE A
Route: P2; lr, P1; lr

(13) 200 OK

(14) 200 OK

(15) 200 OK

Bild 7.5: Prinzip des „Loose Routing"-Mechanismus unter Einbeziehung zweier SIP Proxy Server

Es folgt die Erklärung des „Loose Routing"-Mechanismus anhand der Prinzipdarstellung in Bild 7.5.

- Ein Proxy Server, der nach der Vermittlung der ersten SIP-Transaktion im Rahmen eines SIP-Session-Aufbaus weiterhin in die SIP-Signalisierung zwischen den betreffenden User Agents involviert bleiben will, fügt (oberhalb ggf. bereits vorhandener „Record-Route"-Header-Felder) in die erste durch ihn vermittelte SIP-Anfrage das SIP-Header-Feld Record-Route mit der Angabe seiner eigenen Kontaktadresse (IP-Adresse bzw. per DNS auflösbarer Domain-Name) gefolgt von dem Kürzel lr ein (siehe Schritt (2) (Proxy Server P1) bzw. Schritt (3) (Proxy Server P2)).
- Der die betreffende Anfrage empfangende User Agent legt ein sog. „Route Set" an, in dem die „Record-Route"-Header-Feld-Einträge aus der Anfrage in der **gleichen** Reihenfolge abgelegt werden.
- Der die betreffende Anfrage empfangende User Agent kopiert die in der Anfrage enthaltenen „Record-Route"-Header-Felder in der gleichen Reihenfolge in die beantwortende Statusinformation und übergibt sie so dem User Agent des Kommunikationspartners (siehe Schritte (4) bis (6)).
- Der die Statusinformation empfangende User Agent legt ein eigenes „Route Set" an, in das die „Record-Route"-Header-Feld-Einträge aus der Statusinformation in der **umgekehrten** Reihenfolge eingesetzt werden.

- Beide User Agents versenden im Rahmen dieser Session fortan weitere SIP-Anfragen prinzipiell an die im obersten Eintrag ihres jeweiligen Route Sets angegebene Kontaktadresse (siehe Schritt (7) (ACK-Nachricht durch User Agent A) bzw. Schritt (10) (BYE-Nachricht durch User Agent B)). Hierbei wird das komplette jeweilige „Route Set" in Form des SIP-Header-Feldes Route der Anfrage beigelegt.
- Ein Proxy Server, der eine SIP-Anfrage empfängt, dessen erster (oberster) Eintrag im Route-Header-Feld auf ihn selbst zeigt, löscht diesen Eintrag aus dem Route-Header-Feld heraus (siehe z.B. Übergang zwischen den Schritten (7) und (8) (Proxy Server P1)).
  - Ggf. leitet der Proxy Server die betreffende Anfrage anschließend an die nun im Route-Header-Feld an erster Stelle stehende Kontaktadresse weiter (siehe z.B. Schritt (8)).
  - Falls kein weiterer Route-Header-Feld-Eintrag mehr besteht, löscht der Proxy Server das Route-Header-Feld aus der Anfrage und leitet diese an die in der Request URI der Start-Line angegebene SIP URI (siehe z.B. Übergang zwischen den Schritten (8) und (9) (Proxy Server P2)).

  Ein Proxy Server, der eine SIP-Anfrage empfängt, die ein Route-Header-Feld enthält, dessen erster (oberster) Eintrag nicht auf diesen Proxy Server zeigt, leitet die betreffende Anfrage an die im Route-Header-Feld an erster Stelle stehende Kontaktadresse weiter, ohne das Route-Header-Feld zu verändern oder zu löschen.
- Das Routing von SIP-Statusinformationen, die eine per „Loose Routing"-Mechanismus weitergeleitete SIP-Anfrage beantworten, bleibt von diesem Mechanismus unberührt, da Statusinformationen ohnehin an die im jeweils durch SIP User Agents und SIP Proxy Server eingesetzten Via-Header-Feld enthaltene Kontaktadresse geroutet werden. Eine SIP-Statusinformation nimmt immer den Weg über die gleichen SIP-Netzelemente zurück, über die die zu beantwortende SIP-Anfrage zuvor geroutet wurde (siehe Abschnitt 7.1.1).

Der folgende Abschnitt widmet sich einem als SIP-Trapezoid bezeichneten SIP-Anwendungsmodell, in dem der „Loose Routing"-Mechanismus beispielhaft zur Anwendung kommt.

7.1.3   SIP-Trapezoid

Im SIP-Standard RFC 3261 [3261] wird ein typisches SIP-Kommunikationsszenario beschrieben, das von der Existenz sog. Inbound- bzw. Outbound SIP Proxy Server in SIP-Kommunikationsinfrastrukturen ausgeht. Aufgrund der äußeren Form des Szenariomodells wird dieses als SIP-Trapezoid bezeichnet (siehe Bild 7.6).

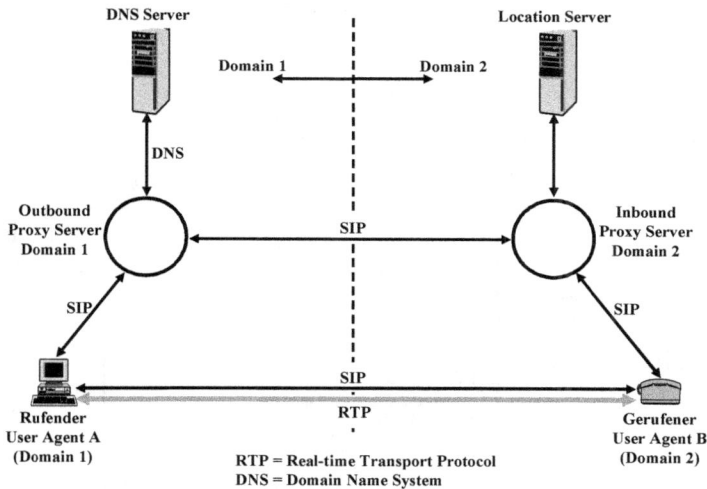

Bild 7.6: SIP-Trapezoid [3261; John1]

Ein Outbound Proxy Server (hier: Outbound Proxy Server der Domain 1; siehe Bild 7.6)
stellt einem beliebigen Nutzer der entsprechenden Betreiberinfrastruktur (hier: User Agent A
in Domain 1) die nötigen Routing-Funktionen für die Vermittlung von SIP-Nachrichten in
andere SIP-Domains (hier exemplarisch: Domain 2) zur Verfügung. Zu diesem Zweck setzt
ein Outbound Proxy Server nötigenfalls DNS ein, um anhand von Domain-Namen die jeweils zugehörigen IP-Adressen von SIP Servern anderer Domains ermitteln zu können.

Ein Inbound Proxy Server (hier: Inbound Proxy Server der Domain 2; siehe Bild 7.6) erfüllt
hingegen die Funktion eines zentralen Eingangs-Servers für SIP-Nachrichten, die für die
Nutzer der jeweils betrachteten SIP-Infrastruktur bzw. SIP-Domain eintreffen. Durch Anfrage bei einem Location Server (siehe Abschnitt 6.5) ermittelt er anhand der ständigen SIP
URI, an die eine eintreffende SIP-Anfrage gerichtet ist (hier: SIP URI des den User Agent B
nutzenden Teilnehmers), die aktuelle temporäre SIP URI des vom entsprechenden Teilnehmer genutzten Endsystems (hier: User Agent B) und leitet die eingetroffene SIP-Anfrage an
diesen User Agent weiter.

Nachdem über das SIP-Trapezoid beispielsweise ein SIP-Session-Aufbau erfolgt ist, findet
der Austausch der Mediennutzdaten (z.B. per RTP) direkt zwischen den SIP User Agents
über das IP-Netz statt. Ggf. kann auch der Austausch weiterer SIP-Nachrichten direkt zwischen den SIP User Agents stattfinden, sofern die Vermittlungsinfrastruktur sowohl der Domain 1 als auch der Domain 2 dies nicht unterbindet (siehe Abschnitt 7.1.2).

Die Bilder 7.7 und 7.8 zeigen den möglichen Aufbau einer SIP-Session zwischen zwei SIP
User Agents über ein SIP-Trapezoid. Für das hier dargestellte Trapezoid wird beispielhaft
angenommen, dass der den „Loose Routing"-Mechanismus beherrschende Proxy Server der
Domain2.de generell in die Vermittlung sämtlicher SIP-Nachrichten eingebunden sein soll,

während der SIP Proxy Server der Domain1.com nach der ersten Transaktion des Session-Aufbaus ausscheidet (siehe Abschnitt 7.1.2).

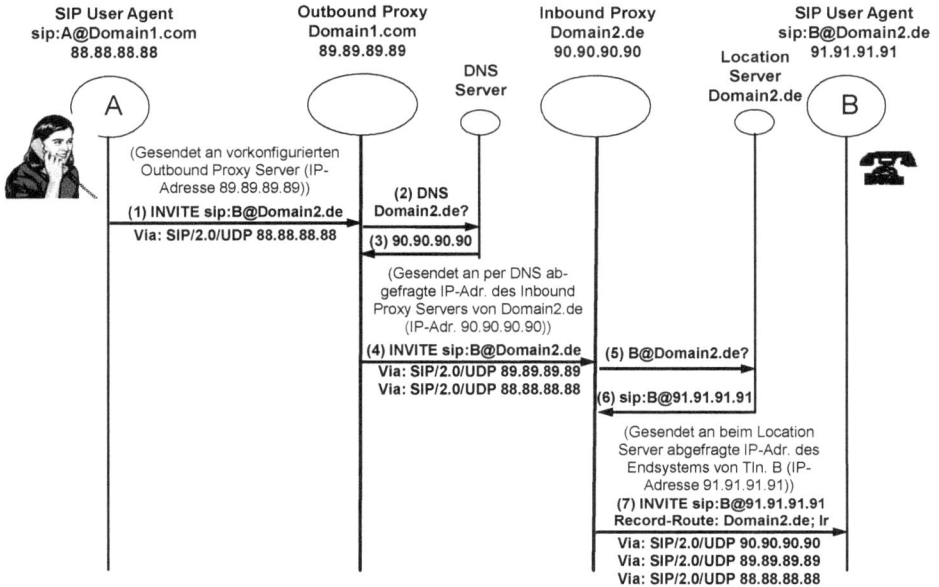

Bild 7.7: Vermittlung einer INVITE-Anfrage über ein SIP-Trapezoid

In Bild 7.7 ist die Vermittlung der die Session initiierenden INVITE-Anfrage dargestellt. SIP User Agent A (ständige SIP URI: sip:A@Domain1.com) sendet zum Zweck des Session-Aufbaus mit User Agent B (ständige SIP URI: sip:B@Domain2.de) eine INVITE-Anfrage (siehe Schritt (1)) an den Outbound Proxy Server seines SIP-Dienstanbieters Domain1.com. Die IP-Adresse bzw. ein per DNS auflösbarer Domain-Name des Outbound Proxy Servers wurde SIP-Endsystem A zuvor per Konfiguration bekannt gegeben. Die INVITE-Anfrage enthält u.a. das durch User Agent A eingefügte Via-Header-Feld, das den Kontaktparameter (hier: IP-Adresse 88.88.88.88) für das spätere Routen der die Anfrage beantwortenden SIP-Statusinformationen übergibt.

Der Outbound Proxy Server von Domain1.com erkennt anhand des in der Request URI (hier: sip:B@Domain2.de) enthaltenen Host-Namens (hier: Domain2.de), dass die in Schritt (1) erhaltene INVITE-Anfrage für einen Nutzer einer anderen Domain bestimmt ist. Per DNS (siehe Schritt (2)) erfragt er die IP-Adresse des SIP-Netzelements für den Empfang von SIP-Anfragen in Domain2.de. Nach Erhalt der entsprechenden IP-Adresse (hier: 90.90.90.90; siehe Schritt (3)) routet er die INVITE-Anfrage in Schritt (4) an den Inbound Proxy Server von Domain2.de. Zuvor fügt der Outbound Proxy Server von Domain1.com jedoch der Anfrage ein weiteres Via-Header-Feld unter Angabe seiner eigenen IP-Adresse (hier:

89.89.89.89) oberhalb des bereits enthaltenen, durch User Agent A eingefügten Via-Header-Feldes hinzu.

Der Inbound Proxy Server von Domain2.de erkennt nach Erhalt der INVITE-Anfrage (siehe Schritt (4)) anhand der Request URI, dass diese Anfrage für einen Nutzer der von ihm bearbeiteten Domain bestimmt ist. Er befragt daraufhin in Schritt (5) den entsprechenden Location Server, mit welcher temporären SIP URI der Nutzer mit der ständigen SIP URI sip:B@Domain2.de registriert ist. Der Location Server übergibt die angeforderte temporäre SIP URI (hier: sip:B@91.91.91.91) in Schritt (6). Der Inbound Proxy Server von Domain2.de leitet die INVITE-Anfrage an diese temporäre SIP URI weiter (siehe Schritt (7)), nachdem er – oberhalb der bereits bestehenden Via-Header-Felder – ein weiteres Via-Header-Feld mit seinen eigenen Kontaktierungsdaten (hier: IP-Adresse 90.90.90.90) in die SIP-Anfrage eingebunden hat. Des Weiteren hat der Inbound Proxy Server im hier gezeigten Szenario beispielhaft das Header-Feld Record-Route mit dem Wert „Domain2.de; lr" in die Anfrage eingebracht. Dieses Header-Feld besagt, dass der Proxy Server von Domain2.de in den SIP-Signalisierungsaustausch zwischen den User Agents A und B weiterhin eingebunden bleiben will, auch wenn dies nach Abschluss der ersten Transaktion im Rahmen des Session-Aufbaus nicht mehr nötig wäre (siehe Abschnitt 7.1.2).

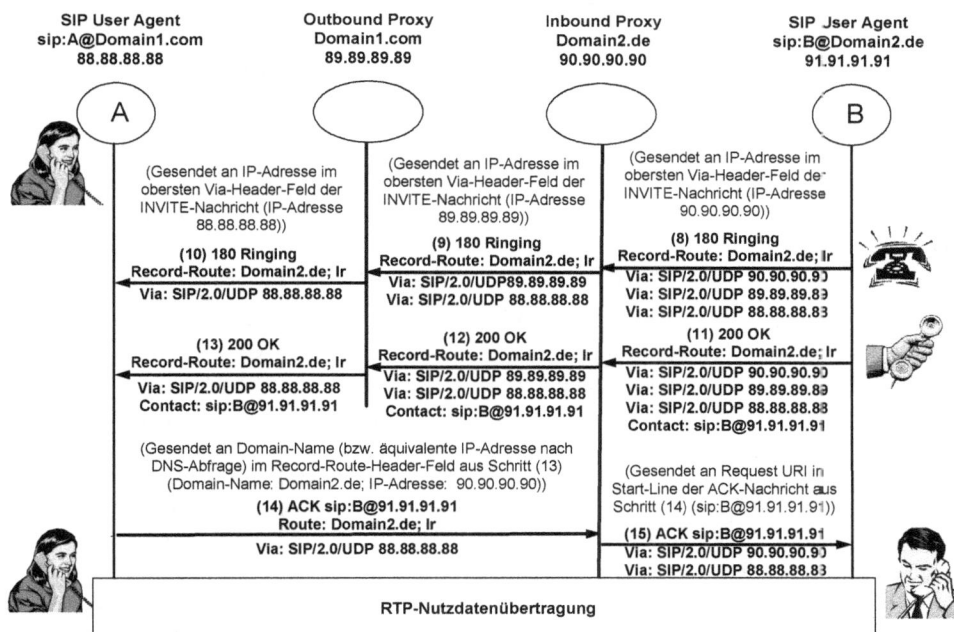

Bild 7.8: Vermittlung weiterer SIP-Nachrichten beim Session-Aufbau über ein SIP-Trapezoid

Bild 7.8 zeigt die Vermittlung der weiteren SIP-Nachrichten im Rahmen des SIP Three Way Handshakes infolge der in Bild 7.7 vermittelten SIP-INVITE-Anfrage. Nach deren Empfang meldet User Agent B dem Teilnehmer einen eingehenden Session-Aufbauwunsch und signalisiert dies mit der SIP-Statusinformation „180 Ringing" zurück. Diese Statusinformation sendet User Agent B in Schritt (8) (siehe Bild 7.8) an die Kontaktadresse, die im obersten Via-Header-Feld der in Schritt (7) (siehe Bild 7.7) eingegangenen INVITE-Anfrage enthalten war (hier: IP-Adresse 90.90.90.90). In die Statusinformation hat User Agent B zuvor sämtliche Via-Header-Felder aus der INVITE-Anfrage in gleicher Reihenfolge übernommen. Ebenfalls in die Statusinformation übernommen wurde das durch den Inbound Proxy Server in die INVITE-Anfrage (siehe Schritt (7)) eingebrachte Header-Feld Record-Route inkl. des entsprechenden Feldwertes (hier: „Domain2.de; lr").

Der Inbound Proxy Server von Domain2.de erhält in Schritt (8) die Statusinformation „180 Ringing". Gemäß Bild 7.1 (siehe Abschnitt 7.1.1) überprüft er, ob die im obersten Via-Header-Feld der Statusinformation enthaltenen Kontaktparameter (hier: IP-Adresse 90.90.90.90) ihn betreffen. Da dies der Fall ist, löscht er das oberste Via-Header-Feld (jedoch nicht das Header-Feld Record-Route) und routet die „180 Ringing"-Statusinformation in Schritt (9) an die im nun obersten Via-Header-Feld angegebenen Kontaktparameter (hier: IP-Adresse 89.89.89.89). Hierbei handelt es sich um die Adresse des Outbound Proxy Servers von Domain1.com. Dieser verfährt nach Erhalt der Statusinformation in der gleichen Weise wie zuvor der Inbound Proxy Server von Domain2.de, indem er das oberste Via-Header-Feld aus der Statusinformation löscht und diese in Schritt (10) an die im nun verbleibenden Via-Header-Feld enthaltene Kontaktadresse (hier: 88.88.88.88) weiterleitet. Auf diese Weise erhält User Agent A die durch User Agent B gesendete Statusinformation „180 Ringing", die die zuvor von User Agent A ausgesendete INVITE-Anfrage provisorisch beantwortet.

Analog zum Routing der „180 Ringing"-Statusinformation in den Schritten (8) bis (10) erfolgt die Vermittlung der Statusinformation „200 OK" (siehe Schritte (11) bis (13)), die User Agent B nach Annahme der Session durch den Teilnehmer kreiert.

Nach Erhalt der Statusinformation „200 OK" (siehe Schritt (13)) als finale positive Antwort auf die in Schritt (1) durch ihn ausgesendete INVITE-Anfrage muss User Agent A zur Erfüllung des SIP Three Way Handshakes (siehe Abschnitt 5.4) die SIP-Nachricht ACK an User Agent B übermitteln. Da es sich hierbei um eine separate Transaktion (siehe Abschnitt 5.5.2) handelt, wäre User Agent A grundsätzlich nicht gezwungen, die Vermittlungsinfrastrukturen von Domain1.com bzw. Domain2.de einzubeziehen (siehe Abschnitt 7.1.2). Üblicherweise würde User Agent A die ACK-Nachricht an die temporäre SIP URI von User Agent B senden, die dieser im Contact-Header-Feld der „200 OK"-Statusinformation (siehe Schritte (11) bis (13)) übergeben hat. Der Inbound Proxy Server von Domain2.de hat jedoch in die in Schritt (7) an User Agent B weitergeleitete INVITE-Anfrage das Header-Feld Record-Route mit der Angabe seines Domain-Namens eingebracht. User Agent B hat dieses Header-Feld vorschriftsgemäß in die von ihm ausgesendeten Statusinformationen „180 Ringing" (siehe Schritt (8)) und „200 OK" (siehe Schritt (11)) übernommen und so auch User Agent A von der weiteren Einbeziehung der Vermittlungsinfrastruktur von Domain2.de in den Austausch von SIP-Signalisierungsinformationen zwischen den User Agents A und B informiert. Aus diesem Grund sendet User Agent A die in Schritt (14) von ihm ausgehende ACK-Nachricht an den Inbound Proxy Server von Domain2.de. Dieser Nachricht fügt er das Header-Feld Route mit der Angabe des Domain-Namens der weiterhin einzubeziehenden SIP-Vermittlungsinfrastruktur inkl. dem Kürzel für die „Loose Routing"-Erkennung (hier: Domain2.de; lr) bei.

Der Inbound Proxy Server von Domain2.de erhält in Schritt (14) die an die temporäre SIP URI sip:B@91.91.91.91 gerichtete SIP-Nachricht ACK und löscht den auf ihn zeigenden Route-Header-Feld-Eintrag heraus. Da dies der einzige Route-Header-Feld-Eintrag war, wird das komplette Feld gelöscht. Anschließend vermittelt der Inbound Proxy von Domain2.de die ACK-Nachricht in Schritt (15) an die in der Request URI angegebene temporäre SIP URI (hier: sip:B@91.91.91.91), also an User Agent B. Der SIP Three Way Handshake im Rahmen des Session-Aufbaus zwischen den User Agents A und B über das SIP-Trapezoid ist somit abgeschlossen.

7.2   Peer-to-Peer SIP

Bereits seit einigen Jahren erfreuen sich Peer-to-Peer-Anwendungen (P2P) im Internet, z.B. in Form von Online-Tauschbörsen für Musik- und Videodateien (File Sharing), großer Beliebtheit. Mit Skype (siehe Abschnitt 3.2) wurde eine Möglichkeit zur Nutzung des Internet für komfortable Peer-to-Peer-Telefonie geschaffen, ohne dass dafür ein Dienstanbieter eine Vermittlungsinfrastruktur bereitstellen muss.

Obwohl SIP-Nachrichten prinzipiell auch ohne den Einsatz zentraler Vermittlungselemente direkt zwischen SIP User Agents ausgetauscht werden können (siehe Abschnitt 7.1.2), wird in der Praxis meist von der Nutzung einer zentralen Vermittlungsinfrastruktur (bestehend aus SIP Proxy und -Registrar Servern; siehe Abschnitte 6.2 und 6.3) ausgegangen. Der hauptsächliche Grund hierfür ist, dass die SIP-Endsysteme bei fehlender Vermittlungsinfrastruktur allein anhand ihrer temporären SIP URI (und somit letztendlich durch ihre IP-Adresse) identifiziert und kontaktiert werden können. Somit ist eine komfortable Teilnehmeradressierung mittels einer ständigen, unveränderlichen Kontaktadresse nicht ohne Weiteres möglich (vgl. Abschnitt 5.1.4). Des Weiteren sind wichtige praxisrelevante Eigenschaften wie die generelle Erreichbarkeit eines SIP User Agents auch über NAT (siehe Kapitel 8), die gesicherte Identitätsverifizierung (siehe Abschnitt 12.1.1) sowie der Aufbau von Sessions über Gateways in andere Netze (z.B. ins PSTN; siehe Abschnitt 6.7) ohne eine hierarchisch übergeordnete SIP-Vermittlungsinfrastruktur nur schwer realisierbar.

Die wesentlichste Aufgabe einer zentralen SIP-Vermittlungsinfrastruktur besteht also nicht in der Vermittlung der SIP-Nachrichten, sondern vielmehr in der Fähigkeit, den Zusammenhang zwischen der ständigen Kontaktadresse eines Teilnehmers und der temporären umgebungsabhängigen SIP URI des vom entsprechenden Teilnehmer benutzten Endsystems zu speichern und bei Bedarf anderen Netzelementen zur Verfügung zu stellen. Seit einigen Jahren wird an verschiedenen Stellen mit zum Teil unterschiedlichen Ansätzen an der Entwicklung und Konkretisierung von Peer-to-Peer SIP-Ansätzen mit komfortabler Adressierung geforscht. Im Februar 2007 wurde innerhalb der IETF eine separate Working Group gegründet, die die Standardisierung von Peer-to-Peer SIP zum Zweck hat [P2PS]. Auch existieren bereits einige kommerzielle SIP-Kommunikationslösungen auf Peer-to-Peer-Basis.

Um die Peer-to-Peer-Fähigkeit von SIP zu nutzen und gleichzeitig nicht auf eine komfortable Adressierung sowie auf weitere Vorteile einer zentralen SIP-Vermittlungsinfrastruktur verzichten zu müssen, muss insbesondere die Funktion des Speicherns und Wiedergebens von Adresszusammenhängen unabhängig von zentralen Servern und demzufolge im Rahmen eines sog. Peer-to-Peer Overlay-Netzwerks bereitgestellt werden. Hierbei handelt es sich um einen virtuellen Zusammenschluss beliebig vieler Peers (Gleichgestellte) mit dem Ziel, einen bestimmten Dienst (z.B. SIP-Kontaktadressenverwaltung) möglichst ohne den Einsatz zentraler Instanzen (z.B. Server) anzubieten. Ein Peer im Sinne dieser Definition wird üblicherweise durch eine Software-Funktionalität auf dem Computer eines Nutzers des entsprechenden Dienstes repräsentiert, d.h. die Software zur Dienstenutzung (Client) stellt gleichzeitig auch anderen Nutzern Dienste bzw. Teile eines verteilt arbeitenden Dienstes zur Verfügung (Server). Es handelt sich bei einem Peer also im weitesten Sinne um eine Vereinigung eines Clients und eines Servers, weshalb in diesem Zusammenhang auch von einem sog. Servent gesprochen wird. Ein modernes Peer-to-Peer-Overlay-Netzwerk basiert meist auf sog. DHT (Distributed Hash Tables), die das systematische Ablegen und Auffinden beliebiger Daten (z.B. Adressierungsinformationen) auf mehreren Peers zum Zweck der verteilten Dienstebereitstellung ermöglichen [Sing2].

7.2.1   Grundkonzepte für Peer-to-Peer SIP-Infrastrukturen

Für die Kombination aus SIP-basierter Signalisierung und Peer-to-Peer-Overlay-basierter Kontaktadressenverwaltung können zwei prinzipielle Konzepte unterschieden werden: „SIP-using-P2P" und „P2P-over-SIP" [Sing3; Sing4]. Diese werden im Folgenden erläutert.

SIP-using-P2P
Beim SIP-using-P2P-Konzept wird ein herkömmliches Peer-to-Peer-Overlay-Netzwerk (basierend z.B. auf OpenDHT [ODHT], Chord [Chor] oder JXTA [JXTA; Ezzo; Webe1]) verwendet, um den Zusammenhang zwischen der ständigen Kontaktadresse eines Teilnehmers und der temporären umgebungsabhängigen SIP URI des von ihm benutzten SIP-Endsystems zu verwalten. Das Endsystem eines anderen Teilnehmers fragt bei Bedarf die im Peer-to-Peer-Overlay-Netzwerk abgelegten Informationen mittels des entsprechenden Peer-to-Peer-Protokolls ab und kann anschließend das Endsystem des gewünschten Teilnehmers per SIP direkt kontaktieren. Bild 7.9 zeigt beispielhaft das Anwendungsprinzip des SIP-using-P2P-Ansatzes. Unter Anwendung eines entsprechenden Protokolls wird der User Agent des Teilnehmers B im P2P-Netzwerk angemeldet, d.h., der Zusammenhang des Teilnehmernamens (hier: B) und der IP-Adresse des Endsystems (hier: IP 89.89.89.89) wird innerhalb des P2P-Netzwerks abgelegt (siehe Schritt (1)). Das Endsystem des Teilnehmers A, der eine P2P SIP-Session zu Teilnehmer B aufbauen möchte, erfragt im P2P-Netzwerk mit Hilfe des entsprechenden P2P-Protokolls die benötigte Information (IP-Adresse des SIP-Endsystems von Teilnehmer B; siehe Schritt (2)). Der Zusammenhang zwischen dem Namen des Teilnehmers

(B) und der IP-Adresse des von B benutzten Endsystems wird User Agent A in Schritt (3) mitgeteilt. User Agent A verwendet die erhaltene Information in Schritt (4) zur Übermittlung einer SIP-INVITE-Anfrage direkt an die temporäre SIP URI von User Agent B ohne Einbeziehung eines weiteren SIP-Netzelements (z.B. eines SIP Proxy Servers).

Zum Zeitpunkt der Drucklegung dieses Buches wird das SIP-using-P2P-Konzept als Basis für die Peer-to-Peer SIP-Standardisierung angesehen (siehe Abschnitt 7.2.2).

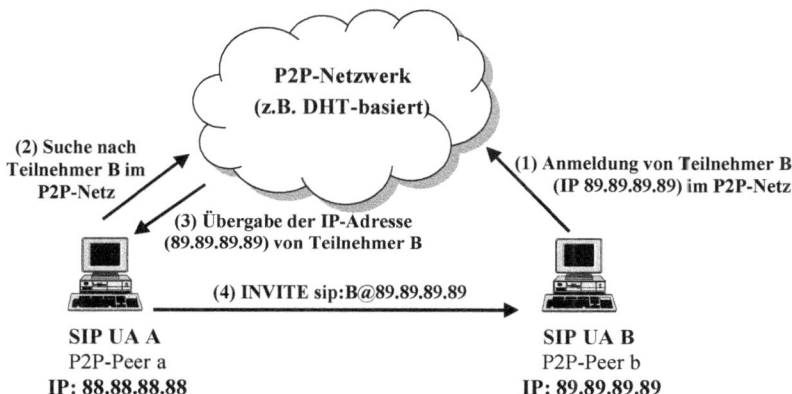

Bild 7.9: Anwendungsprinzip des SIP-using-P2P-Ansatzes für Peer-to-Peer-SIP

P2P-over-SIP

Im Gegensatz zu „SIP-using-P2P" wird für die Anwendung des P2P-over-SIP-Konzepts kein zusätzliches Protokoll für die Kommunikation der Peer-to-Peer SIP User Agents mit einem Peer-to-Peer-Overlay-Netzwerk benötigt. Vielmehr handelt es sich bei den das Peer-to-Peer-Overlay-Netzwerk bildenden Funktionen um Sonderformen spezialisierter SIP-Netzelemente (z.B. SIP Registrar Server, Location Server, Redirect Server), die die für das komfortable Auffinden von Nutzern benötigte Funktionalität zur Verfügung stellen. Demzufolge werden auch die für die Organisation des Peer-to-Peer-Overlay-Netzwerks nötigen Informationen in Form von SIP-Nachrichten ausgetauscht.

Bild 7.10 zeigt beispielhaft das Anwendungsprinzip des P2P-over-SIP-Ansatzes. SIP-Nachrichten der Methode ACK werden aus Gründen der Übersichtlichkeit bewusst nicht dargestellt.

Der User Agent des Teilnehmers B registriert sich per SIP-Anfrage REGISTER im SIP-basierten Peer-to-Peer-Overlay-Netzwerk (siehe Schritt (1)). Dabei wird der Zusammenhang des Teilnehmernamens (hier: B) und der IP-Adresse des Endsystems (hier: IP 89.89.89.89) innerhalb des Peer-to-Peer-Overlay-Netzwerks abgelegt. Das Endsystem des Teilnehmers A, der eine P2P SIP-Session zu Teilnehmer B aufbauen möchte, sendet in Schritt (2) die an

User Agent B gerichtete SIP-INVITE-Anfrage an einen Peer innerhalb des SIP-basierten Peer-to-Peer-Overlay-Netzwerks und erhält in Schritt (3) im Contact-Header-Feld der SIP-Statusinformation „302 Moved Temporarily" die gesuchte temporäre SIP URI des Teilnehmers B (hier: sip:B@89.89.89.89). User Agent A richtet daraufhin in Schritt (4) eine weitere INVITE-Anfrage direkt an User Agent B.

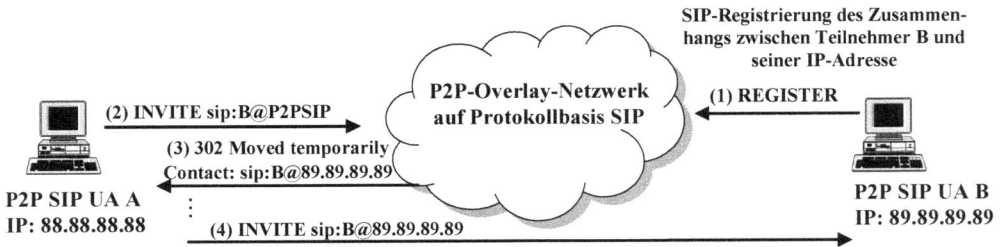

Bild 7.10: Mögliches Anwendungsprinzip des P2P-over-SIP-Ansatzes für Peer-to-Peer-SIP

7.2.2   Peer-to-Peer SIP-Standardisierung

Die IETF-Working Group „Peer-to-Peer Session Initiation Protocol (P2PSIP)" [P2PS] hat sich zum Ziel gesetzt, Konzepte, Einsatzgebiete sowie eine einheitliche Terminologie für SIP-basierte Kommunikationsinfrastrukturen auf Peer-to-Peer-Basis zu standardisieren. Hierbei wird von einem SIP-using-P2P-Konzept (siehe Abschnitt 7.2.1) ausgegangen, d.h., das Management des für die SIP-Adressierungsverwaltung benötigten Peer-to-Peer Overlay-Netzwerks erfolgt unabhängig von der SIP-Signalisierung zwischen den SIP User Agents der Teilnehmer. Um beliebige Peer-to-Peer-Algorithmen (z.B. Chord [Chor] oder OpenDHT [ODHT]) zur Bildung einer verteilten Adressierungsverwaltung einsetzen zu können, wird durch die P2PSIP Working Group ein neuartiger Protokoll- und Architekturansatz namens RELOAD (REsource LOcation And Discovery) [6940] entwickelt.

RELOAD (REsource LOcation And Discovery)
RELOAD ist prinzipiell ein aus mehreren logischen Funktionskomponenten (z.B. Datenspeicherung, Datentransport etc.) bestehendes virtuelles System zur Verwaltung von Daten für Protokollanwendungen in Peer-to-Peer Overlay-Netzen. Eine solche Protokollanwendung stellt beispielsweise die Verwaltung, d.h. das Ablegen, Suchen und Weitergeben von Zusammenhängen zwischen Benutzernamen und temporären SIP URIs innerhalb einer Peer-to-Peer SIP-Infrastruktur dar. Somit ist ein RELOAD-System geeignet, die wesentlichste Aufgabe einer üblicherweise zentral angesiedelten SIP-Vermittlungsinfrastruktur auf Peer-to-Peer-Basis zu übernehmen. Das RELOAD-System wird in seiner Gesamtfunktionalität auf

alle Peers eines auf einem beliebigen Peer-to-Peer-Algorithmus basierten Overlay-Netz verteilt.

RELOAD stellt also ein universelles Bindeglied dar zwischen beliebigen Peer-to-Peer-Algorithmen einerseits und beliebigen Anwendungsprotokollen andererseits, die auf verteilt abzulegende Informationen (in Falle von SIP also Adressierungsinformationen) angewiesen sind. Neben Bildung und Management einer verteilten Infrastruktur, die das zuverlässige Ablegen sowie das schnelle Auffinden von Datenzusammenhängen in einem Peer-to-Peer Overlay-Netzwerk ermöglichen, bietet RELOAD gemäß [6940] zusätzlich folgende Funktionen.

- Sicherheits-Framework: Durch einen zentralen Server werden Zertifikate für alle an der Datenhaltung und -abfrage beteiligten Peers vergeben, sodass jeder Peer, der eine Operation (z.B. eine Adressenabfrage) innerhalb des Peer-to-Peer-Netzwerks einleitet, authentifiziert werden kann.
- Anwendungsfall-Modellierung: RELOAD ist nicht auf die Anwendung mit SIP beschränkt. Durch entsprechende Dokumentationsvorgänge kann RELOAD auch für die Bildung von Peer-to-Peer-Infrastrukturen für andere Protokolle (z.B. XMPP (Extensible Message and Presence Protocol) [6120] eingesetzt werden. [Jenn1] beschreibt den entsprechenden Anwendungsfall für den Einsatz von RELOAD mit SIP.
- NAT-Überwindung: Durch integrierte NAT-Überwindungsfunktionen wie z.B. ICE (siehe Abschnitt 8.3.4) kann RELOAD auch eingesetzt werden, wenn viele beteiligte Peers hinter NAT Gateways bzw. Firewalls angesiedelt sind. Die integrierten NAT-Überwindungsmechanismen unterstützen sowohl die RELOAD-interne Kommunikation beim Auffinden von gesuchten Peers als auch das mit der jeweiligen RELOAD-Umgebung assoziierte Anwendungsprotokoll (z.B. SIP).
- Ressourcenschonendes Overlay-Signalisierungsprotokoll: In einem Peer-to-Peer Overlay-Netzwerk sind Peers naturgemäß an der Weiterleitung von Informationen zwischen anderen Peers beteiligt. Das Weiterleiten von Informationen beansprucht jedoch sowohl Netzwerk- als auch Verarbeitungsressourcen des routenden Peers. Aus diesem Grund wurde das RELOAD-Signalisierungsprotokoll bezüglich seines Bandbreitenbedarfs sowie hinsichtlich des für die Verarbeitung erforderlichen Rechenaufwandes optimiert, sodass am Routing beteiligte RELOAD Peers (und somit die Rechner der am jeweiligen Peer-to-Peer-Netzwerk angemeldeten Teilnehmer) nicht unnötig belastet werden.
- Schnittstelle für Overlay-Algorithmen: Es existiert heute eine Vielzahl verschiedener Peer-to-Peer Overlay-Algorithmen. Um einen für den jeweiligen Anwendungsfall optimalen Algorithmus in das entsprechende Peer-to-Peer Overlay-Netzwerk integrieren zu können, bietet RELOAD eine entsprechende Schnittstelle zur Einbindung von unstrukturierten sowie DHT-basierten strukturierten Overlay-Algorithmen. Zur Sicherstellung der Interoperabilität zwischen verschiedenen RELOAD-basierten Peer-to-Peer-Netzwerken ist Chord [Chor] als Default-Algorithmus vorgesehen.

Des Weiteren unterstützt RELOAD neben der Anbindung von Peers, die sich an der Bildung des Overlay-Netzes und dem Speichern von Daten beteiligen, auch die Einbeziehung reiner Clients. Ein Client im Sinne von RELOAD ist ein Netzelement, das durch das RELOAD-Netzwerk zur Verfügung gestellte Dienste (wie Ablage und Bereitstellung von Adressierungsinformationen, Routing, NAT-Überwindung etc.) nutzt, ohne selbst Teil des Overlays zu sein.

Neben dem RELOAD-Basisprotokoll [6940] wurden bereits zwei RELOAD-Erweiterungen standardisiert, die jeweils auf die Optimierung des Routings innerhalb einer RELOAD-Infrastruktur abzielen [7263; 7264]. Weitere Standards definieren eine Erweiterung zur automatisierten Anpassung eines in einer RELOAD-Umgebung genutzten DHTs an unterschiedliche Netzwerkbedingungen [7363] bzw. einen Mechanismus zum erleichterten Auffinden von Diensten (Service Discovery) mittels RELOAD [7374].

Die Standardisierungsarbeiten rund um P2PSIP und RELOAD befinden sich nach wie vor im Fluss. Aktuelle Informationen über die generelle Fortentwicklung in der Peer-to-Peer SIP-Standardisierung sind unter [P2PS] zu finden.

7.3   ENUM (E.164 Number Mapping)

Bei der Migration von leitungsvermittelten Telekommunikationsnetzen hin zu SIP-basierten IP-Telekommunikationsnetzen stellt sich unter anderem die Frage, wie eine gegenseitige Erreichbarkeit von Teilnehmern beider Netzformen gewährleistet werden kann. Diese Fragestellung betrifft insbesondere die Adressierung von Endgeräten der jeweils anderen Netzform aus einer SIP-Infrastruktur bzw. aus dem PSTN.

An öffentliche leitungsvermittelte Netze (z.B. ISDN, GSM, …) angeschlossene Telekommunikationsendgeräte werden weltweit mittels sog. E.164-Rufnummern adressiert (Telefonrufnummern nach den in [E164] von der ITU-T aufgestellten, weltweit gültigen Rufnummernplanregeln). Diese Rufnummern bestehen ausschließlich aus hierarchisch geordneten Kombinationen der Ziffern 0 bis 9. Diese Hierarchie erhöht sich von ihrer äußersten rechten Stelle (letzte Stelle der Anschlussrufnummer) bis zu ihrer äußersten linken Stelle (erste Stelle des Ländercodes).

SIP-Endsysteme (SIP User Agents) werden durch eine SIP URI adressiert. Diese besteht aus einem (meist personenbezogenen) Benutzernamen und einem Domain-Namen, die durch das @-Zeichen voneinander getrennt werden (siehe Abschnitt 5.1.4). Sowohl der Benutzer- als auch der Domain-Name können aus Zeichenketten, kombiniert aus Zahlen, Buchstaben sowie für URLs (Uniform Resource Locators) gültigen Sonderzeichen (z.B. Minuszeichen), bestehen. Des Weiteren lassen sich durch Punkte innerhalb des Domain-Namens weitere Hierarchien abtrennen (z.B. sip:bob@fb2.frankfurt-university.de).

E.164-Rufnummern und SIP URIs sind also nicht miteinander kompatibel. Jedoch ist das Anwählen einer E.164-Rufnummer von einem SIP-Endsystem abgehend lediglich eine Frage der Vereinbarung zwischen SIP-Dienst- bzw. SIP/PSTN-Gateway-Anbieter und SIP-Nutzern. In der Praxis muss üblicherweise die zu wählende E.164-Rufnummer lediglich als Bestandteil der SIP URI eingegeben werden, z.B. sip:06912345678@sipprovider.de. Hierbei stellt der als Benutzername in der SIP URI enthaltene Anteil die im PSTN zu wählende Rufnummer dar.

Soll hingegen aus dem PSTN abgehend der Nutzer eines SIP-Endsystems kontaktiert werden, stellt die Inkompatibilität von E.164-Rufnummern und SIP URIs ein Problem dar, da mit einem herkömmlichen PSTN-Endgerät nur die Ziffern von 0 bis 9 als Wahlinformation übergeben werden können.

ENUM [6116] ist eine Methodik zur Abbildung von E.164-Rufnummern auf per DNS auflösbare, im Internet gültige URLs. Hierbei wird die Rufnummer durch rekursives Einsetzen an die für URLs gültige Hierarchieanordnung angepasst, d.h. die Rufnummer wird, „von hinten nach vorne" eingesetzt, Teil einer URL. Jede Wahlziffer wird dabei als separate Hierarchieebene betrachtet und als solche durch einen Punkt von den jeweiligen Nachbarziffern abgetrennt (siehe Beispiel). So wird gewährleistet, dass jede weltweit gültige öffentliche PSTN-Rufnummer unabhängig von der jeweiligen Ziffernanzahl für die Abbildung per ENUM geeignet ist. Hinter die rechts außen eingetragene Wahlziffer wird als höchste Hierarchiestufe die Bezeichnung der sog. Top Level Domain, typischerweise e164.arpa (Address and Routing Parameter Area domain) [6116; denE1], gesetzt.

Beispiel für die Abbildung einer E.164-Rufnummer auf eine URL per ENUM

    E.164-Rufnummer   → ENUM-URL

    +49 69 1234 5678   → 8.7.6.5.4.3.2.1.9.6.9.4.e164.arpa

Neben der sog. Public ENUM Top Level Domain e164.arpa werden auch andere, weniger bedeutende Domains (z.B. e164.info) von unterschiedlichen Anbietern für den Einsatz der ENUM-Methodik betrieben [denE1].

Eine im Internet gültige URL lässt sich prinzipiell per DNS auflösen. Über den DNS-Eintrag für die URL einer Web-Seite im Internet wird z.B. die IP-Adresse des IP-Systems ermittelt, auf dem die betreffende Web-Seite gespeichert ist. Im DNS-Eintrag einer ENUM-URL können hingegen prinzipiell mehrere, jeweils priorisierte Kontaktadressen unterschiedlichen Typs (z.B. SIP URIs, E-Mail-Adressen, Web-Seiten-URLs etc.) abgelegt werden. Diese Kontaktierungsarten werden durch bestimmte Kürzel (jeweils beginnend mit e2u (E.164 Number to URL)) voneinander unterschieden. Sie alle dienen der Kontaktierung desjenigen Teilnehmers, dem die der ENUM-URL entsprechende E.164-Rufnummer zugeordnet ist (siehe Beispiel).

Beispiel für den DNS-Eintrag einer ENUM-URL

8.7.6.5.4.3.2.1.9.6.9.4.e164.arpa (...) "e2u+sip" (...) sip:fritz.meier@sip.de
8.7.6.5.4.3.2.1.9.6.9.4.e164.arpa (...) "e2u+msg" (...) mailto:fritz.meier@e-mail.de
8.7.6.5.4.3.2.1.9.6.9.4.e164.arpa (...) "e2u+http" (...) http://www.fritzmeier.de

Mittels DDDS (Dynamic Delegation Discovery System) [3401; 3402; 3403; 3404], einem abstrakten Algorithmus zur Anwendung dynamischer Zeichenkettenregeln auf anwendungsspezifische Zeichenfolgen, in Verbindung mit DNS Name Authority Pointer (DNS NAPTR) lässt sich der komplette DNS-Eintrag abfragen. Auf diese Weise können unterschiedlichste Adressen zur Kontaktierung einer Person im Rahmen einer Abfrage übermittelt werden. Die Basis für diese Abfrage besteht lediglich in der E.164-Rufnummer der betreffenden Person.

In der Vergangenheit liefen weltweit nationale Feldversuche zum Einsatz von ENUM. Die internationale Verwaltung der Domain e164.arpa wurde durch das die Top Level Domain arpa innehabende IAB (Internet Architecture Board) [IAB] an RIPE NCC (Réseaux IP Européens Network Coordination Centre) [ripE] delegiert und wird durch ITU [ituE] kontrolliert [denE2]. In Deutschland wurde der durch DENIC (Deutsches Network Information Center) [denE2] betreute ENUM-Feldversuch Ende des Jahres 2005 abgeschlossen. Die die deutsche Länderkennziffer 49 beinhaltende öffentliche ENUM-Domain 9.4.e164.arpa befindet sich seit April 2006 im Wirkbetrieb [enum].

Neben der Nutzung von ENUM in öffentlich zugänglichen Netzen wird die ENUM-Methodik auch innerhalb Carrier-eigener Privatnetze angewendet [denE3]. Weitere Informationen zu ENUM sind unter [denE2; enum] verfügbar.

Gemäß [3824] kann ENUM in Verbindung mit SIP eingesetzt werden.

Die folgenden Beispiele demonstrieren mögliche Einsatzgebiete von ENUM in Kombination mit SIP.

Beispiel 1: Verbindung eines PSTN-Teilnehmers mit einem SIP-Teilnehmer
Von einem PSTN-Anschluss ausgehend soll ein SIP-Teilnehmer auf seinem SIP-Endsystem erreicht werden. Der SIP-Teilnehmer hat bei einem entsprechenden Dienstbetreiber eine E.164-Rufnummer als ENUM-Domain registriert und im entsprechenden DNS-Eintrag seine SIP URI abgelegt. Der PSTN-Teilnehmer, der den SIP-Teilnehmer erreichen möchte, wählt mit seinem PSTN-Endgerät die E.164-Rufnummer des SIP-Teilnehmers. Es wird hierbei davon ausgegangen, dass die PSTN-Vermittlungsinfrastruktur, an die der PSTN-Teilnehmer angeschlossen ist, neben einer ISDN-Vermittlungsstelle auch über einen ENUM-Client (zur Abfrage des ENUM-Domain-Eintrags per DNS) sowie über ein PSTN/SIP-Gateway verfügt.

Bild 7.11 veranschaulicht dieses Beispiel.

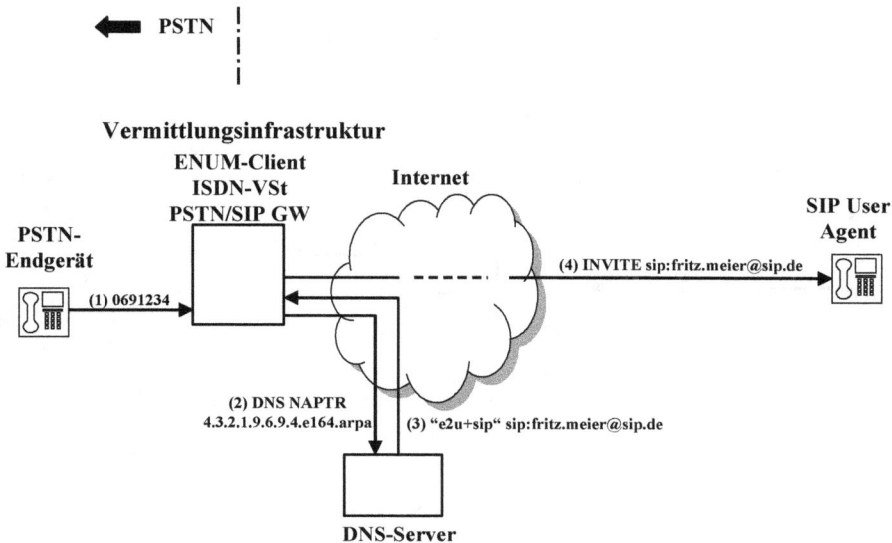

Bild 7.11: Verbindung eines PSTN-Teilnehmers mit einem SIP-Teilnehmer

Ein PSTN-Teilnehmer wählt in Schritt (1) von seinem Endgerät die E.164-Rufnummer (hier: 0691234), die dem zu erreichenden Teilnehmer zugeordnet ist. Die PSTN-Vermittlungs-infrastruktur nimmt die Wahlinformation auf und startet in Schritt (2) eine DNS NAPTR-Abfrage der ENUM-Domain (hier: 4.3.2.1.9.6.9.4.e164.arpa) der gewählten Rufnummer. Der DNS-Server liefert in Schritt (3) die unter dieser ENUM-Domain eingetragene SIP URI (hier: sip:fritz.meier@sip.de) des gewünschten Teilnehmers zurück. Daraufhin wird durch die Vermittlungsinfrastruktur eine Verbindung zwischen dem PSTN-Teilnehmer und dem SIP-Teilnehmer über das PSTN/SIP-Gateway aufgebaut (siehe Schritt (4); SIP-INVITE-Anfrage an die im ENUM-Domain-Eintrag übergebene SIP URI).

Beispiel 2: Netzübergreifende Mobilität
Ein PSTN-Teilnehmer verfügt an einem Standort über einen PSTN-Anschluss, an einem anderen Standort hingegen über ein SIP-Endsystem. Er soll jedoch an beiden Standorten gleichermaßen unter derselben Nutzerkennung (hier: PSTN-Rufnummer) erreichbar sein.

Bild 7.12 veranschaulicht dieses Beispiel für den Fall, dass der Teilnehmer auf seinem PSTN-Endgerät erreicht wird.

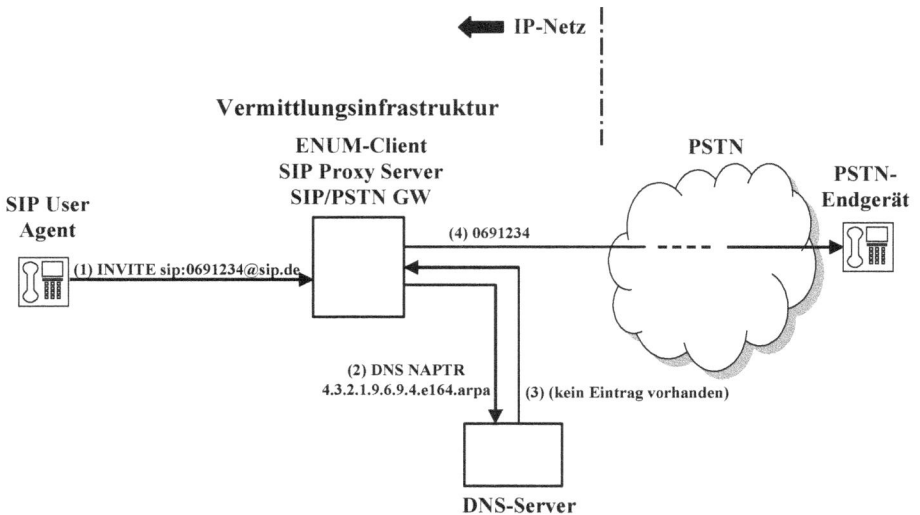

Bild 7.12: Netzübergreifende Mobilität: eingehender Anruf wird zu einem PSTN-Endgerät geleitet

Ein beliebiger Teilnehmer (hier: SIP-Teilnehmer) wählt in Schritt (1) die ihm bekannte PSTN-Rufnummer des netzübergreifend mobilen Teilnehmers (INVITE-Anfrage an sip:0691234@sip.de). Die SIP-Vermittlungsinfrastruktur des wählenden Nutzers besteht sowohl aus einem SIP Proxy Server als auch aus einem SIP/PSTN-Gateway sowie einem ENUM-Client. Die im Rahmen der gewählten SIP URI als Benutzername übertragene E.164-Rufnummer (hier: 0691234) wird als solche erkannt. Der ENUM-Client der Vermittlungsinfrastruktur startet daraufhin in Schritt (2) eine DNS NAPTR-Anfrage bezüglich der ENUM-Domain, der diese Rufnummer entspricht (hier: 4.3.2.1.9.6.9.4.e164.arpa). Da der Zielteilnehmer jedoch zu dieser Zeit auf seinem PSTN-Endgerät erreicht werden möchte, hat er keine weitere Kontaktinformation unter seiner ENUM-Domain abgelegt. Der DNS-Server liefert die entsprechende Information in Schritt (3) an den anfragenden ENUM-Client zurück. Die Vermittlungsinfrastruktur des rufenden SIP-Teilnehmers baut daraufhin über ihr integriertes SIP/PSTN-Gateway in Schritt (4) eine Verbindung zu dem PSTN-Endgerät auf, dessen Rufnummer (hier: 0691234) der SIP-Teilnehmer zuvor in der gewählten SIP URI (siehe Schritt (1)) übergeben hat.

Zu einem anderen Zeitpunkt möchte der Teilnehmer mit der PSTN-Rufnummer 0691234 unter seiner SIP URI sip:fritz.meier@sip.de erreichbar sein. Hierzu hat er in seiner ENUM-Domain auf einem Provider-spezifischen Weg (z.B. per Web-Interface) einen entsprechenden Eintrag hinterlegt. Bild 7.13 verdeutlicht den Ablauf im Falle eines dann eingehenden Anrufs bzw. SIP-Session-Aufbauwunsches.

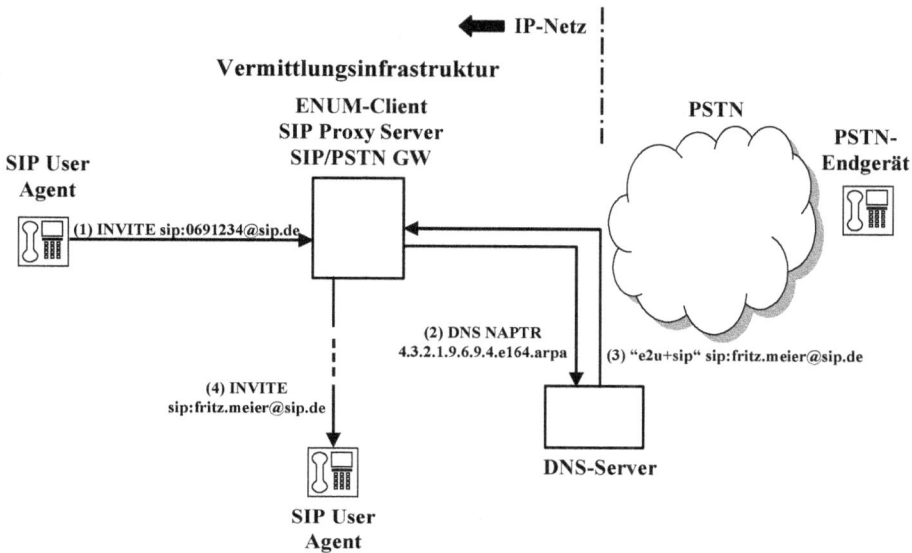

Bild 7.13: Netzübergreifende Mobilität: eingehender Anruf wird zu SIP User Agent geleitet

Wie bereits im in Bild 7.12 dargestellten Fall setzt ein SIP-Teilnehmer eine INVITE-Anfrage (siehe Bild 7.13; Schritt (1)) in der Vermittlungsinfrastruktur seines SIP-Dienstanbieters ab. Diese INVITE-Anfrage enthält einen als Telefonrufnummer interpretierbaren Benutzernamen in der gewählten SIP URI. Der ENUM-Client der Vermittlungsinfrastruktur initiiert daraufhin in Schritt (2) eine DNS NAPTR-Anfrage bezüglich der ENUM-Domain, der diese Rufnummer entspricht (hier: 4.3.2.1.9.6.9.4.e164.arpa). Der DNS-Server liefert die zuvor durch den gerufenen Teilnehmer konfigurierte SIP URI zurück (hier: sip:fritz.meier@sip.de; siehe Schritt (3)). Der in der Vermittlungsinfrastruktur des rufenden Teilnehmers enthaltene SIP Proxy Server vermittelt daraufhin in Schritt (4) die in Schritt (1) eingegangene INVITE-Anfrage an die per DNS-Eintrag erhaltene SIP URI des gewünschten Teilnehmers.

8   SIP und NAPT (Network Address and Port Translation)

Für Voice bzw. Multimedia over IP, aber auch allgemeiner z.B. im Hinblick auf Breitband-Internet-Zugänge in Privathaushalten ist das Zusammenschalten verschiedener, in sich autark arbeitender IP-Netze (z.B. Netzwerke von Telekommunikationsnetzbetreibern bzw. Anschaltung eines Heimnetzwerks an das Internet) von großer Bedeutung. Hierbei spielt die Größe der zu verschaltenden Netze eine untergeordnete Rolle, da jedes Netz in sich bereits über eine auf seine eigene Größe ausgelegte IP-Vermittlungsinfrastruktur (im Allgemeinen aus Routern und Switches bestehend) verfügt.

Ein wesentlicher Faktor beim Zusammenschalten zweier eigenständiger IP-Netze ist hingegen die NAT-Funktionalität (Network Address Translation) [3022; 2663] des die Netze verbindenden Gateways. Dieses sog. NAT Gateway wird für die Übersetzung der in beiden Netzen jeweils separat gültigen IP-Adressen benötigt, wenn ein Austausch von IP-Paketen zwischen beiden Netzen möglich sein soll.

Der Einsatz von NAT Gateways ist also prinzipiell bei der Zusammenschaltung zweier IP-Netze notwendig, unabhängig davon, ob es sich um Netze mit dem Primärziel des Multimediatransports handelt. Die Anbindung eines privaten Netzwerks (z.B. Heim- oder Firmennetzwerk) mit „intern" gültigen IP-Adressen für jedes angeschlossene Gerät an ein öffentliches Netz (z.B. das Internet) setzt den Einsatz eines NAT Gateways generell voraus, das häufig in entsprechende Netzwerk-Elemente (z.B. DSL-Router) integriert ist.

Bild 8.1 zeigt das Prinzip der Zusammenschaltung eines privaten LANs (Local Area Network; z.B. ein intern bestehendes IP-Netzwerk einer Firma) und eines öffentlichen IP-Netzes (WAN (Wide Area Network), z.B. das Internet). Beide Netze verfügen jeweils über separate, sich nicht überschneidende IP-Adresskreise (hier IP-Adressen im LAN: 192.168.0.1 … 192.168.0.254; Internet: alle für das öffentliche Internet freigegebenen IP-Adressen). Sollen IP-Pakete zwischen beiden Netzen ausgetauscht werden, muss also eine Übersetzung der IP-Adressen durch ein zwischengeschaltetes NAT Gateway erfolgen. Wenn die Anzahl der in beiden Netzen existierenden IP-Endsysteme bzw. die Anzahl der pro Netz verfügbaren IP-Adressen voneinander abweicht, muss zusätzlich eine Umsetzung von UDP- bzw. TCP-Port-Nummern (NAPT, Network Address and Port Translation) erfolgen, damit der Zusammenhang zwischen von netzübergreifend korrespondierenden IP-Endsystemen gesendeten Anfragen (Client-Anfragen) und eingehenden Antworten (Server-Antworten) im Gateway hergestellt werden kann. Die Begriffe NAT und NAPT werden üblicherweise synonym verwendet. Tatsächlich kann in den meisten Anwendungsfällen davon ausgegangen werden, dass sowohl IP-Adressen als auch Port-Nummern umgesetzt werden (NAPT-Funktionalität).

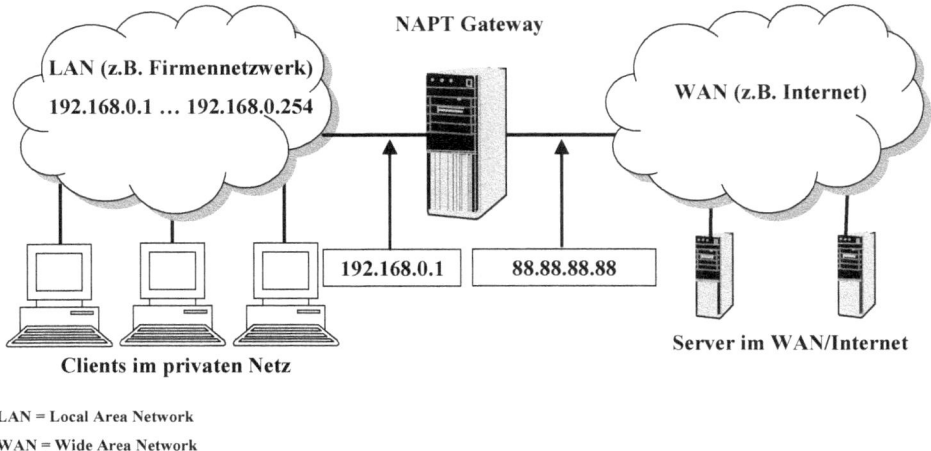

LAN = Local Area Network
WAN = Wide Area Network

Bild 8.1: Prinzip der Zusammenschaltung eines privaten und eines öffentlichen IP-Netzes mittels NAPT Gateway

Aus Bild 8.2 geht die prinzipielle Arbeitsweise eines NAPT Gateways hervor. Beispielhaft wird die Kommunikation zwischen einem im LAN befindlichen Web Client (PC mit Web Browser-Software) und einem Web Server im Internet betrachtet. Der zuvor notwendige TCP-Verbindungsaufbau sowie HTTP-Protokolldetails werden hierbei vernachlässigt.

Der Web Client erstellt eine Anfrage für den Abruf (HTTP-basiert) einer Web-Seite und sendet diese Anfrage in Schritt (1) zunächst an das per Konfiguration im Web Client als „Standard-Gateway" eingetragene NAPT Gateway (IP-Adresse des Gateways innerhalb des LANs: hier 192.168.0.1). Der IP-Header (siehe Abschnitt 4.2.2) des die Anfrage transportierenden IP-Pakets beinhaltet die Quell- und Ziel-IP-Adressen (Quell-IP: 192.168.0.2, Ziel-IP: 90.90.90.90), der TCP-Header (siehe Abschnitt 4.2.4) die Quell- und Ziel-TCP-Portnummern (Quell-Port: 1234, Ziel-Port: 80). Das NAPT Gateway erkennt anhand der Ziel-IP-Adresse, dass die Anfrage an ein IP-Endsystem im Internet gerichtet ist, und versendet sie in Schritt (2) über seine zweite, z.B. per DSL ans Internet angeschaltete Netzwerkschnittstelle (Internet-IP-Adresse des NAPT Gateways: hier 88.88.88.88) an das Ziel. Vor der eigentlichen Weiterleitung der Anfrage nimmt das NAPT Gateway jedoch folgende Änderungen in IP- und TCP-Headern des Pakets vor.

- **Änderung der IP Source Address**: Das NAPT Gateway ersetzt die Quell-IP-Adresse (hier: 192.68.0.2) des die Anfrage stellenden Web Clients durch die im Internet gültige IP-Adresse (hier: 88.88.88.88) seiner „öffentlichen" Netzwerkschnittstelle.
- **Änderung des TCP Source Ports**: Das NAPT Gateway ersetzt den TCP-Quell-Port (hier: 1234) des die Anfrage stellenden Web Clients durch eine auf der Internet-

Schnittstelle des Gateways verfügbare Port-Nummer (hier: 5000) anhand eines sog. Port Mapping-Schemas (siehe Abschnitt 8.2).

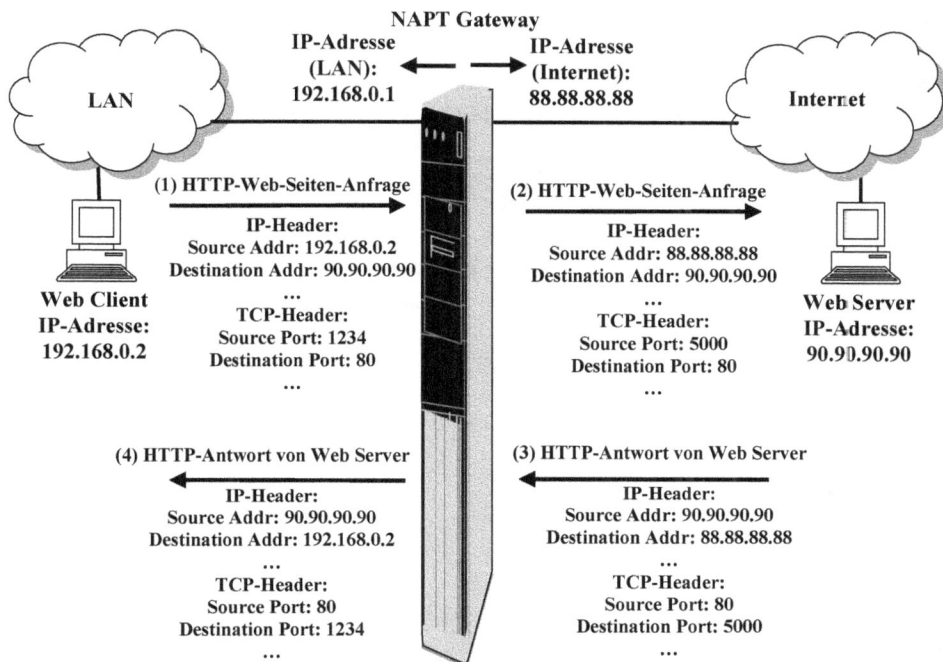

NAPT Gateway

IP-Adresse
(LAN): ◄──►
192.168.0.1

IP-Adresse
(Internet):
88.88.88.88

LAN

Internet

(1) HTTP-Web-Seiten-Anfrage

IP-Header:
Source Addr: 192.168.0.2
Destination Addr: 90.90.90.90
...
TCP-Header:
Source Port: 1234
Destination Port: 80
...

(2) HTTP-Web-Seiten-Anfrage

IP-Header:
Source Addr: 88.88.88.88
Destination Addr: 90.90.90.90
...
TCP-Header:
Source Port: 5000
Destination Port: 80
...

Web Client
IP-Adresse:
192.168.0.2

Web Server
IP-Adresse:
90.90.90.90

(4) HTTP-Antwort von Web Server

IP-Header:
Source Addr: 90.90.90.90
Destination Addr: 192.168.0.2
...
TCP-Header:
Source Port: 80
Destination Port: 1234
...

(3) HTTP-Antwort von Web Server

IP-Header:
Source Addr: 90.90.90.90
Destination Addr: 88.88.88.88
...
TCP-Header:
Source Port: 80
Destination Port: 5000
...

Bild 8.2: Prinzip des Abrufs einer im Internet verfügbaren Web-Seite aus einem privaten IP-Netz

Des Weiteren „merkt" sich das NAPT Gateway den Zusammenhang zwischen den ursprünglichen und den ersatzweise eingesetzten IP-Adressen und Port-Nummern, um die Weiterleitung der zu einem späteren Zeitpunkt vom Web Server beim NAPT Gateway eintreffenden, die Anfrage beantwortenden Pakete möglich zu machen.

Der im Internet stationierte Web Server erstellt eine Antwort auf die bei ihm in Schritt (2) eingegangene Anfrage und sendet sie an die IP-Adresse und TCP-Port-Nummer, die im IP- bzw. TCP-Header der entsprechenden Anfrage als Quell-IP-Adresse bzw. -Port-Nummer enthalten waren, also an die „öffentliche" IP-Adresse des NAPT Gateways (siehe Schritt (3); Ziel-IP-Adresse der Antwort durch den Web Server: 88.88.88.88, Ziel-TCP-Port: 5000).

Das NAPT Gateway „erkennt" den Zusammenhang zwischen der in Schritt (1) bei ihm eingegangenen und in Schritt (2) modifiziert weitergeleiteten Anfrage sowie der in Schritt (3) erhaltenen Antwort anhand der darin enthaltenen Quell-IP-Adresse und -Port-Nummer des Web Servers. Aus diesem Grund leitet das Gateway die eingetroffene Antwort in Schritt (4) an den anfragenden Web Client weiter, nachdem es folgende Veränderungen in IP- und TCP-Headern vorgenommen hat.

- **Änderung der IP Destination Address**: Das NAPT Gateway ersetzt die Ziel-IP-Adresse der ursprünglich vom Web Server ausgesendeten Antwort (siehe Schritt (3); Ziel-IP-Adresse: hier 88.88.88.88) durch die IP-Adresse des Web Clients (IP-Adresse: hier 192.168.0.2).
- **Änderung des TCP Destination Ports**: Das NAPT Gateway ersetzt die Ziel-TCP-Port-Nummer der ursprünglich vom Web Server ausgesendeten Antwort (Schritt (3); Ziel-TCP-Port-Nummer: hier 5000) durch die vom Web Client für seine Anfrage (siehe Schritt (1)) verwendete Port-Nummer (TCP-Port-Nummer: hier 1234).

Bereits seit Längerem spielt die NAPT-Funktionalität von IP-Netze verbindenden Gateways auch für SIP eine wichtige Rolle, z.B. für die Anschaltung von in Heim- und Firmen-IP-Netzwerken angeschlossenen IP-Telefonen, DSL-Routern mit zusätzlicher Voice over IP-Vermittlungsfunktionalität und VoIP-ATAs (Voice over Internet Protocol Analog Terminal Adapter; kompakte SIP/POTS-Gateways). Für die Zusammenschaltung IP-basierter Telekommunikationsnetze verschiedener Netzbetreiber mit dem Ziel der netzübergreifenden Kommunikationsfähigkeit haben NAPT-Gateways ebenfalls große Bedeutung. Aus diesen Gründen widmen sich die folgenden Abschnitte speziell dem Einsatz von NAPT Gateways für die SIP-basierte Multimedia over IP-Kommunikation.

8.1   NAT-Problematik

Wie aus dem Beispiel für einen Web-Seiten-Abruf in der Einführung zu Kapitel 8 hervorgeht, stellt der netzübergreifende, sequenzielle Austausch von IP-Paketen über ein NAT-bzw. NAPT-Gateway prinzipiell keine Schwierigkeit dar, da das Gateway auf Schicht 3 (IP; NAT-Funktionalität) und ggf. auf Schicht 4 (UDP bzw. TCP; NAPT-Funktionalität) reversibel Adressumsetzungen für jedes IP-Paket vornimmt und somit zwischen beiden Netzen vermittelt. Im Zusammenhang mit Multimedia over IP ergibt sich durch den Einsatz von NAT bzw. NAPT jedoch eine wesentliche Problematik, die zum einen durch die Funktionsweise von Multimedia over IP-Vermittlungsprotokollen (z.B. SIP und H.323) [3027; 4787], zum anderen durch die Trennung von Signalisierungs- und Nutzdatentransport begründet ist.

Bild 8.3 verdeutlicht diese Problematik am Beispiel der Initiierung einer SIP-Session zwischen einem in einem privaten IP-Netz angesiedelten SIP User Agent und einem SIP User Agent in einem WAN (Wide Area Network, z.B. dem Internet).

Der in einem privaten, über ein NAPT-Gateway mit dem Internet verbundenen LAN angeschlossene SIP User Agent A (IP-Adresse (nur innerhalb des LANs gültig): 192.168.0.2) sendet zum Zweck der Initiierung einer SIP-Session eine INVITE-Anfrage an den im WAN angesiedelten User Agent B (IP-Adresse (nur innerhalb des WANs gültig): 90.90.90.90). Das zwischengeschaltete NAPT Gateway übernimmt die Umsetzung der jeweils nur innerhalb eines der Netze gültigen IP-Adressen (Schicht 3) sowie der UDP- bzw. TCP-Portnummern (Schicht 4) und leitet das die SIP-INVITE-Anfrage enthaltende IP-Paket an den im WAN angesiedelten Ziel-SIP User Agent weiter. Dieser wird vom NAPT Gateway anhand der im

IP-Header des von User Agent A abgesendeten Pakets angegebenen Ziel-IP-Adresse als IP-System identifiziert.

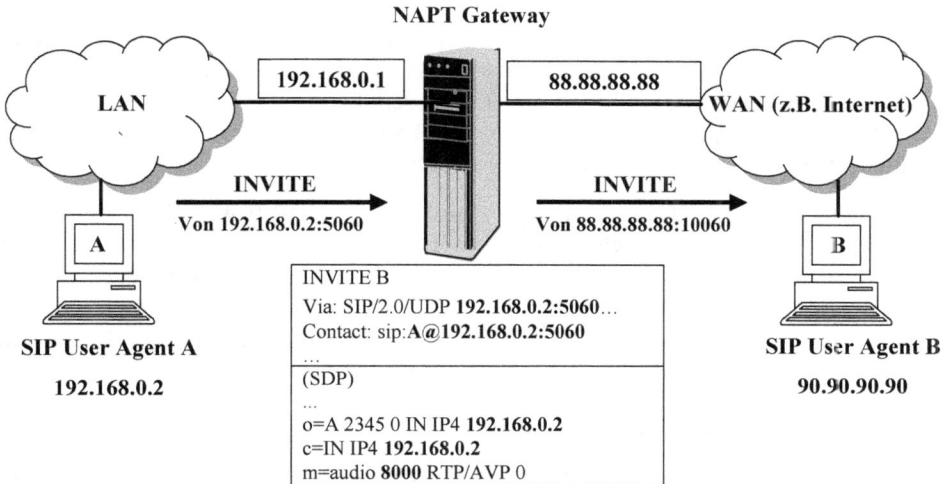

Bild 8.3: Prinzip der NAT-Problematik bei Multimedia over IP am Beispiel der Initiierung einer SIP-Session über ein NAPT Gateway

Da ein NAPT Gateway gemäß [3022] lediglich in den OSI-Schichten 3 und 4 aktiv agieren kann, ist es nicht in der Lage, in höheren Schichten transportierte Informationen auszuwerten bzw. abzuändern. Aus diesem Grund belässt es die innerhalb der SIP-INVITE-Anfrage in SIP-Header-Feldern (z.B. Via und Contact) und SDP-Parametern (z.B. c (Connection Data) und m (Media Descriptions)) übermittelten IP-Adressen und Port-Angaben unverändert. User Agent B muss also nach Erhalt der INVITE-Anfrage von folgenden SIP- und Medien-Kontaktdaten des User Agents A ausgehen (siehe Bild 8.3).

- Socket für den Empfang von SIP-Statusinformationen: **192.168.0.2:5060**
- Temporäre SIP URI von User Agent A: sip:**A@192.168.0.2:5060**
- IP-Adresse von User Agent A für den Medienempfang: **192.168.0.2**
- UDP-Port-Nummer von User Agent A für den Medienempfang: **8000**

Allerdings sind diese Kontaktdaten nur innerhalb des IP-Netzes gültig, in dem User Agent A ansässig ist, also im LAN. Aus dem Internet kann User Agent B mit diesen Kontaktinformationen User Agent A weder für die SIP- noch für die Medienkommunikation erreichen. Die IP-Netz-übergreifende SIP-Session bzw. der Nutzdatenaustausch zwischen A und B können aufgrund der NAT-Problematik nicht etabliert werden.

Der Einsatz von TCP anstelle von UDP als Transportprotokoll für SIP würde im in Bild 8.3 gezeigten Szenario zwar zu einem zunächst reibungslosen SIP-Session-Aufbau zwischen den

User Agents A und B führen, da sowohl die von User Agent A ausgehenden SIP-Anfragen als auch die von User Agent B ausgehenden SIP-Statusinformationen über dieselbe, zuvor seitens User Agent A über das NAPT-Gateway aufgebaute TCP-Verbindung zu B (siehe Abschnitt 4.2.4) ausgetauscht würden, unabhängig von im Rahmen der SIP-Nachrichten übermittelten IP-Adressen und Port-Nummern. Der im NAPT Gateway zu diesem Zweck erzeugte Zusammenhang (sog. Binding bzw. Mapping) zwischen A und B besteht allerdings nur temporär, sodass beispielsweise ein später von B ausgehender Session-Abbau ggf. nicht mehr erfolgen kann. Unabhängig davon besteht in jedem Fall weiterhin die oben aufgezeigte Problematik bezüglich des Nutzdatenversands von B zu A, wenn dieser (wie für die meisten Echtzeitmedien üblich) per RTP (und somit über UDP) erfolgt.

Ein herkömmliches NAPT Gateway ignoriert also die per UDP bzw. TCP transportierten Daten (z.B. SIP und SDP), auch wenn darin IP-Adressen und UDP- bzw. TCP-Port-Nummern enthalten sind. Dies stellt beispielsweise für den Abruf einer Web-Seite per HTTP (siehe obiges Beispiel) kein Problem dar, da die Übermittlung von IP-Adressen und Port-Nummern oberhalb von Schicht 4 hierfür nicht notwendig ist. Für Protokolle, die oberhalb von Schicht 4 angesiedelt sind und die ihrerseits Kontaktdaten in Form von IP-Adressen und ggf. Port-Nummern transportieren, ergibt sich jedoch durch die Vermittlung über ein NAPT Gateway generell die oben aufgezeigte NAT-Problematik [3027].

Abhilfe kann hier der Einsatz eines NAPT Gateways schaffen, das in der Lage ist, per UDP bzw. TCP transportierte SIP-Nachrichten zu erkennen, zu interpretieren und entsprechend abzuändern (sog. SIP-aware NAPT-Funktionalität). Ein solches Gateway, dessen aktive Funktionalität über die OSI-Schichten 3 und 4 hinausgeht, wird allgemein als Application Layer Gateway (ALG; siehe Abschnitt 6.9) bezeichnet [3027]. Des Weiteren besteht die Möglichkeit des Einsatzes eines Session Border Controllers (SBC; siehe Abschnitt 6.10) zur Terminierung der SIP- sowie ggf. der Medienkommunikation im NAPT Gateway. Der Einsatz derartiger Spezialkomponenten ist allerdings im Hinblick auf Skalierbarkeit sowie die Offenheit für neue Dienste (siehe Abschnitt 6.13) kritisch zu sehen und daher nicht in jedem Fall sinnvoll. Zudem wird weltweit bereits eine große Anzahl herkömmlicher NAPT Gateways in unterschiedlichen Netzszenarien eingesetzt (z.B. zur Anbindung von Heim- und Firmennetzwerken an Betreibernetzwerke), deren Austausch in absehbarer Zeit allein aus Kostengründen nicht möglich wäre.

Neben dem Einsatz von SIP-aware NAPTs existieren einige protokollbasierte Lösungen für die Multimedia over IP-NAPT-Problematik. Abschnitt 8.3 zeigt entsprechende Möglichkeiten sowohl für SIP als auch für die Medienkommunikation auf. Da die Einsetzbarkeit derartiger Lösungen jedoch vom Realisierungsprinzip des jeweils zu betrachtenden NAPT Gateways abhängt, wird zuvor in Abschnitt 8.2 auf verschiedene NAT-Grundtypen Bezug genommen.

8.2 NAT-Typen

Wie anhand des Beispiels eines IP-Netz-übergreifenden Web-Seiten-Abrufs in der Einführung zu Kapitel 8 gezeigt wurde, muss ein NAPT Gateway zur Erfüllung seiner Funktion Adressumsetzungen in Schicht 3 und ggf. Schicht 4 vornehmen. Des Weiteren muss es mittels Adress- und Port-Mapping den Zusammenhang zwischen netzübergreifend auszutauschenden, korrespondierenden IP-Paketen herstellen und aus dem öffentlichen Netz eintreffende IP-Pakete dem jeweiligen Empfänger im privaten Netz zuführen. Die Erfüllung dieser Aufgaben kann in NAPT Gateways unterschiedlich realisiert sein. Gemäß [3489] wurden ursprünglich vier verschiedene NAT-Grundtypen (Full Cone, Restricted Cone, Port Restricted Cone und Symmetric NAT) unterschieden, deren Funktionsweisen in den folgenden Abschnitten 8.2.1 bis 8.2.4 erläutert werden. Da es sich bei allen vier beschriebenen Typen prinzipiell um NAPT-Funktionalitäten handelt (Umsetzung von IP-Adressen und Port-Nummern), die Standardisierung hingegen konsequent den Begriff NAT gebraucht, werden die Begriffe NAT und NAPT im Folgenden ausdrücklich synonym verwendet.

In der Praxis werden Einzelfunktionen der vier NAT-Grundtypen häufig miteinander sowie ggf. mit Firewall-Funktionen kombiniert. Aus diesem Grund ist gemäß [4787; Jenn2] eine feinere Unterteilung der Funktionalitäten von NAPT Gateways sinnvoll. Einen Überblick über einen sich zunehmend durchsetzenden detaillierteren Beschreibungsansatz bietet Abschnitt 8.2.5.

In den folgenden Abschnitten werden aus Gründen der Übersichtlichkeit IP-Adressen prinzipiell nicht ausgeschrieben, sondern in Form von Buchstabenkombinationen ausgedrückt. Beispielsweise entspricht „A:5060" dem Port 5060 und der IP-Adresse des IP-Endsystems A; „NAT-GW:10060" entspricht dem Port 10060 und der IP-Adresse des NAT Gateways etc. Das IP-Endsystem A hat also auch die IP-Adresse A usw.

8.2.1 Full Cone NAT

Die einfachste Variante eines NAPT Gateways ist das sog. Full Cone NAT. Hierbei wird von einem statischen Mapping-Schema ausgegangen. D.h., das NAPT-Gateway legt bei Bedarf eine Umsetzungstabelle an, die eine feste Zuordnung zwischen IP-Sockets (Kombination aus IP-Adressen und Port-Nummern in der Schreibweise „IP:Port") der IP-Netzelemente im privaten Netz zu IP-Sockets auf der öffentlichen Netzwerkschnittstelle des Gateways erlaubt.

Des Weiteren führt das Full Cone NAT keine Selektierung von aus dem öffentlichen Netz ankommenden Paketen durch, sondern verfährt bei der Adressumsetzung strikt nach seinem individuellen Mapping-Schema [3489].

Bild 8.4 zeigt das Arbeitsprinzip einer Full Cone NAT. Sie verfügt über eine Mapping-Tabelle, die folgenden beispielhaften Eintrag enthält.

- Port-Nummer 10060 der Netzwerkschnittstelle des NAT Gateways ins öffentliche Netz ist auf die Port-Nummer 5060 des IP-Systems A im privaten Netz gemappt.

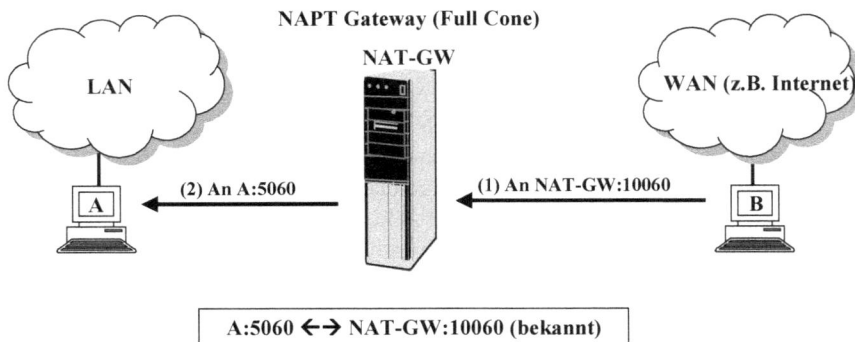

Bild 8.4: Arbeitsprinzip einer Full Cone NAT

Ein beliebiges IP-System B (z.B. ein SIP User Agent) im öffentlichen Netz (siehe Bild 8.4), dem sowohl dieses beispielhafte Mapping-Schema als auch die öffentliche IP-Adresse des NAT Gateways bekannt ist, kann also indirekt IP-Pakete an die Port-Nummer 5060 des im privaten Netz angesiedelten IP-Systems A schicken, indem es die Pakete an die öffentliche Netzwerkschnittstelle des NAT Gateways sendet und in Schicht 4 (z.B. UDP oder TCP) die Port-Nummer 10060 adressiert (siehe Bild 8.4, Schritte (1) und (2)).

Die in der Mapping-Tabelle eines NAPT Gateways enthaltenen Einträge sind üblicherweise nur für eine begrenzte Zeitdauer nach der Erstellung bzw. nach der letzten Inanspruchnahme gültig. Aus diesem Grund muss der Zusammenhang (sog. Binding) zwischen IP-Adressen und Port-Nummern im privaten Netz einerseits und Port-Nummern im öffentlichen Netz andererseits regelmäßig durch den ein- oder wechselseitigen Austausch von IP-Paketen zwischen privatem und öffentlichem IP-Host aufgefrischt werden (Mapping Refresh).

8.2.2   Restricted Cone NAT

Auch die sog. Restricted Cone NAT arbeitet mit einem statischen Mapping-Schema (siehe Abschnitt 8.2.1). Der Unterschied zur Full Cone NAT besteht darin, dass der netzübergreifende Austausch von IP-Paketen prinzipiell von einem im privaten Netz angesiedelten IP-System begonnen werden muss [3489]. Ist dies erfolgt, kann ein im öffentlichen Netz stationiertes IP-System B (z.B. ein SIP User Agent) Pakete lediglich an den Port des im privaten Netz angesiedelten IP-Systems A schicken, den A zuvor zum Senden von Paketen an B verwendet hat.

Bild 8.5 verdeutlicht die Funktionsweise einer Restricted Cone NAT.

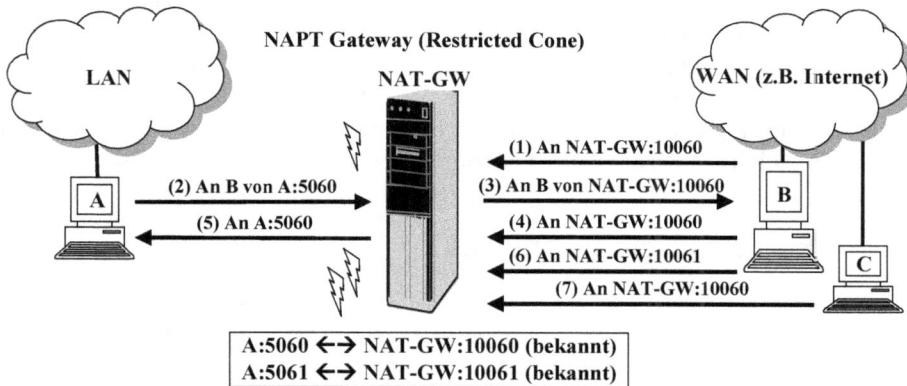

Bild 8.5: Arbeitsprinzip einer Restricted Cone NAT

Die in Bild 8.5 dargestellte Restricted Cone NAT verfügt über eine Mapping-Tabelle, die folgende beispielhafte Einträge enthält.

- Port-Nummer 10060 der Netzwerkschnittstelle des NAT Gateways ins öffentliche Netz ist auf die Port-Nummer 5060 des IP-Systems A im privaten Netz gemappt.
- Port-Nummer 10061 der Netzwerkschnittstelle des NAT Gateways ins öffentliche Netz ist auf die Port-Nummer 5061 des IP-Systems A im privaten Netz gemappt.

Das indirekte Adressieren von Paketen an Port 5060 des Endsystems A aus dem öffentlichen Netz erfolgt also durch das Senden des entsprechenden Pakets an Port 10060 der öffentlichen Netzwerkschnittstelle des NAT Gateways bzw. an Port 10061 der öffentlichen Netzwerkschnittstelle, wenn Port 5061 des Systems A adressiert werden soll.

Ein beliebiges IP-System B im öffentlichen Netz (siehe Bild 8.5), dem sowohl dieses beispielhafte Mapping-Schema als auch die öffentliche IP-Adresse des NAT Gateways bekannt ist, kann nur dann von einem beliebigen Sende-Port indirekt IP-Pakete an die Port-Nummer 5060 des im privaten Netz angesiedelten IP-Systems A schicken (siehe Bild 8.5, Schritte (4) und (5)), wenn A zuvor mindestens ein IP-Paket von seinem Port 5060 ausgehend an einen beliebigen Port von B gesendet hat (Schritte (2) und (3)). Vor dem Eintreffer eines von A abgesendeten Pakets bei B leitet das NAT Gateway kein von B ankommendes Paket an A weiter (siehe Schritt (1)).

Selbst nachdem ein wechselseitiger Austausch von IP-Paketen zwischen Port 5060 von A und einem beliebigen Port von B über das NAT Gateway etabliert ist, kann B weiterhin keine Pakete indirekt an Port 5061 von A schicken (Schritt (6)), da A kein von diesem Port ausgehendes Paket an B gesendet hat. Auch kann kein bislang unbeteiligtes IP-System C im öffentlichen Netz indirekt Pakete an Port 5060 von A adressieren (Schritt (7)), obwohl A diesen Port bereits für den Austausch von IP-Paketen ins öffentliche Netz (Kommunikation mit IP-System B) benutzt.

Die in der Mapping-Tabelle eines NAPT Gateways enthaltenen Einträge sind üblicherweise nur für eine begrenzte Zeitdauer nach der Erstellung bzw. nach der letzten Inanspruchnahme gültig. Aus diesem Grund muss der Zusammenhang (sog. Binding) zwischen IP-Adressen und Port-Nummern im privaten Netz einerseits und Port-Nummern im öffentlichen Netz andererseits regelmäßig durch den ein- oder wechselseitigen Austausch von IP-Paketen zwischen privatem und öffentlichem IP-Host aufgefrischt werden (Mapping Refresh).

8.2.3   Port Restricted Cone NAT

Anders als bei der Restricted Cone NAT werden bei der Port Restricted Cone NAT nicht nur die Port-Nummern des im privaten Netz angesiedelten IP-Endsystems A, sondern auch die Port-Nummern des IP-Systems B (z.B. eines SIP User Agents) im öffentlichen Netz berücksichtigt. Jedoch wird auch hier ein statisches Mapping-Schema verwendet [3489].

Bild 8.6 zeigt das Arbeitsprinzip einer Port Restricted Cone NAT.

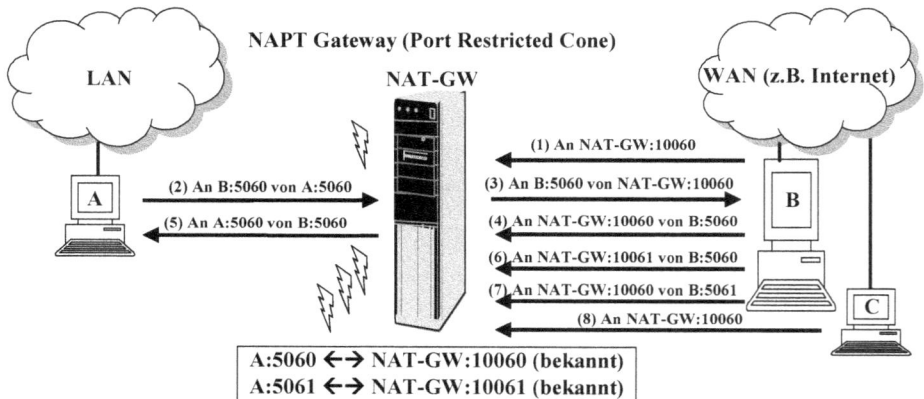

Bild 8.6: Arbeitsprinzip einer Port Restricted Cone NAT

Die in Bild 8.6 dargestellte Port Restricted Cone NAT verfügt über eine Mapping-Tabelle, die folgende beispielhafte Einträge enthält.

• Port-Nummer 10060 der Netzwerkschnittstelle des NAT Gateways ins öffentliche Netz ist auf die Port-Nummer 5060 des IP-Systems A im privaten Netz gemappt.
• Port-Nummer 10061 der Netzwerkschnittstelle des NAT Gateways ins öffentliche Netz ist auf die Port-Nummer 5061 des IP-Systems A im privaten Netz gemappt.

Das indirekte Adressieren von Paketen an Port 5060 des Endsystems A aus dem öffentlichen Netz erfolgt also durch das Senden des entsprechenden Pakets an Port 10060 der öffentlichen

Netzwerkschnittstelle des NAT Gateways bzw. an Port 10061 der öffentlichen Netzwerkschnittstelle, wenn Port 5061 des Systems A adressiert werden soll.

Ein beliebiges IP-System B im öffentlichen Netz (siehe Bild 8.6), dem sowohl dieses beispielhafte Mapping-Schema als auch die öffentliche IP-Adresse des NAT Gateways bekannt ist, kann nur dann von seinem Sende-Port 5060 indirekt IP-Pakete an die Port-Nummer 5060 des im privaten Netz angesiedelten IP-Systems A schicken (siehe Bild 8.6, Schritte (4) und (5)), wenn A zuvor mindestens ein IP-Paket von seinem Port 5060 ausgehend an Port 5060 von B gesendet hat (Schritte (2) und (3)). Vor dem Eintreffen eines von A abgesendeten Pakets bei B leitet das NAT Gateway kein von B ankommendes Paket an A weiter (siehe Schritt (1)).

Selbst nachdem ein wechselseitiger Austausch von IP-Paketen zwischen Port 5060 von A und Port 5060 von B über das NAT Gateway etabliert ist, kann B von seinem Port 5060 weiterhin keine Pakete indirekt an Port 5061 von A schicken (Schritt (6)), da A kein von seinem Port 5061 ausgehendes Paket an Port 5060 von B gesendet hat. Des Weiteren kann B von seinem Port 5061 weiterhin keine Pakete indirekt an Port 5060 von A schicken (Schritt (7)), da A kein von seinem Port 5060 ausgehendes Paket an Port 5061 von B gesendet hat.

Auch kann kein bislang unbeteiligtes IP-System C im öffentlichen Netz von einem beliebigen Sende-Port indirekt Pakete an Port 5060 von A adressieren (Schritt (8)), obwohl A diesen Port bereits für den Austausch von IP-Paketen ins öffentliche Netz (Kommunikation mit IP-System B) benutzt.

Die in der Mapping-Tabelle eines NAPT Gateways enthaltenen Einträge sind üblicherweise nur für eine begrenzte Zeitdauer nach der Erstellung bzw. nach der letzten Inanspruchnahme gültig. Aus diesem Grund muss der Zusammenhang (sog. Binding) zwischen IP-Adressen und Port-Nummern im privaten Netz einerseits und Port-Nummern im öffentlichen Netz andererseits regelmäßig durch den ein- oder wechselseitigen Austausch von IP-Paketen zwischen privatem und öffentlichem IP-Host aufgefrischt werden (Mapping Refresh).

8.2.4   Symmetric NAT

Anders als die in den Abschnitten 8.2.1 bis 8.2.3 erläuterten NAT-Grundtypen arbeiten Symmetric NATs nicht mit statischen Mapping-Schemata. Das Port-Mapping eines Symmetric NAT Gateways ist dynamisch abhängig von IP-Adressen und Port-Nummern der im öffentlichen Netz angesiedelten IP-Systeme B bzw. C, mit denen jeweils ein wechselseitiger Austausch von IP-Paketen mit einem IP-System A im privaten Netz stattfinden soll [3489].

Bild 8.7 verdeutlicht die Funktionsweise einer Symmetric NAT.

In der Mapping-Tabelle der in Bild 8.7 dargestellten Symmetric NAT existieren zunächst keine Einträge. Aus diesem Grund leitet das NAT Gateway kein von einem beliebigen IP-System B aus dem öffentlichen Netz ankommendes Paket an ein IP-Endsystem im privaten Netz weiter (siehe Schritt (1)).

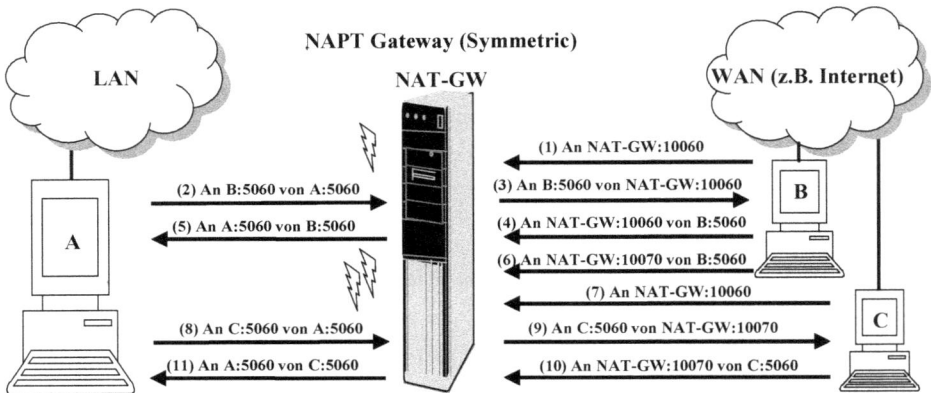

Bild 8.7: Arbeitsprinzip einer Symmetric NAT

Ein beliebiges IP-System B im öffentlichen Netz (siehe Bild 8.7) kann nur dann von seinem Sende-Port 5060 indirekt IP-Pakete an die Port-Nummer 5060 des im privaten Netz angesiedelten IP-Systems A schicken (siehe Bild 8.7, Schritte (4) und (5)), wenn A zuvor mindestens ein IP-Paket von seinem Port 5060 ausgehend an Port 5060 von B gesendet hat (Schritte (2) und (3)). Hierbei erfolgt das Port-Mapping (Port-Nummer 10060 der Netzwerkschnittstelle des NAT Gateways ins öffentliche Netz ist auf die Port-Nummer 5060 des IP-Systems A im privaten Netz gemappt) im NAT Gateway dynamisch in Abhängigkeit vom zu kontaktierenden IP-Socket (IP:Port) des Endsystems B. Dieses beispielhafte Mapping-Schema wird also erst nach Schritt (2) des in Bild 8.7 dargestellten Kommunikationsverlaufs erstellt und gilt ausschließlich für die Kommunikation zwischen jeweils einem bestimmten Port der IP-Endsysteme A und B.

Selbst nachdem ein wechselseitiger Austausch von IP-Paketen zwischen Port 5060 von A und Port 5060 von B über das NAT Gateway etabliert ist, kann B von seinem Port 5060 weiterhin keine Pakete indirekt an einen beliebigen anderen Port von A schicken (Schritt (6)), da das etablierte Mapping-Schema lediglich für Port 5060 des IP-Systems A gilt.

Auch kann kein bislang unbeteiligtes IP-System C im öffentlichen Netz von einem beliebigen Sende-Port indirekt Pakete an Port 5060 von A adressieren (Schritt (7)), da das Mapping-Schema unmittelbar von der IP-Adresse und einer bestimmten Port-Nummer des Endsystems B abhängt.

Ein beliebiges IP-System C im öffentlichen Netz (siehe Bild 8.7) kann erst dann von seinem Sende-Port 5060 indirekt IP-Pakete an die Port-Nummer 5060 des im privaten Netz angesiedelten IP-Systems A schicken (siehe Bild 8.7, Schritte (10) und (11)), wenn A zuvor mindestens ein IP-Paket von seinem Port 5060 ausgehend an Port 5060 von C gesendet hat (Schritte (8) und (9)). Für die Kommunikation zwischen A:5060 und C:5060 initialisiert das NAT Gateway ein anderes Mapping-Schema (hier beispielhaft: Port-Nummer 10070 der Netzwerkschnittstelle des NAT Gateways ins öffentliche Netz ist für die Kommunikation mit

C:5060 auf die Port-Nummer 5060 des IP-Systems A im privaten Netz gemappt) als für die Kommunikation zwischen A:5060 und B:5060.

Nach Schritt (11) des in Bild 8.7 dargestellten Kommunikationsverlaufs liegen also folgende beispielhafte Einträge in der Mapping-Tabelle des Symmetric NAT Gateways vor.

• Port-Nummer 10060 der Netzwerkschnittstelle des NAT Gateways ins öffentliche Netz ist für die Kommunikation mit Port 5060 des Endsystems B im öffentlichen Netz auf die Port-Nummer 5060 des IP-Systems A im privaten Netz gemappt.
• Port-Nummer 10070 der Netzwerkschnittstelle des NAT Gateways ins öffentliche Netz ist für die Kommunikation mit Port 5060 des Endsystems C im öffentlichen Netz auf die Port-Nummer 5060 des IP-Systems A im privaten Netz gemappt.

Die in der Mapping-Tabelle eines NAPT Gateways enthaltenen Einträge sind üblicherweise nur für eine begrenzte Zeitdauer nach der Erstellung bzw. nach der letzten Inanspruchnahme gültig. Aus diesem Grund muss der Zusammenhang (Binding) zwischen IP-Adressen und Port-Nummern im privaten Netz einerseits und Port-Nummern im öffentlichen Netz andererseits regelmäßig durch den ein- oder wechselseitigen Austausch von IP-Paketen zwischen privatem und öffentlichem IP-Host aufgefrischt werden (Mapping Refresh).

8.2.5 NAPT Gateway-Funktionalität im Detail

Neben der traditionellen Einteilung von NAPT Gateways in vier Grundtypen (siehe Abschnitte 8.2.1 bis 8.2.4) setzt sich zunehmend eine detailliertere, praxisorientierte Kategorisierung der Funktionalitäten von NAPT Gateways durch [4787; 6314; 5389]. Hierbei wird zunächst davon ausgegangen, dass NAPT Gateways für unterschiedliche Schicht 4-Protokolle (z.B. UDP und TCP) jeweils unterschiedliche Funktionsmuster aufweisen können [4787; 5382; 5508; 5597; Stew]. Aufgrund der starken Praxisrelevanz im Bezug auf Echtzeitverkehr über IP-Netze wird im Folgenden hauptsächlich auf die Einteilung von NAPT-Funktionsweisen für UDP-Verkehr eingegangen.

Gemäß [4787] kann das Verhalten von NAPT Gateways bezüglich UDP-Verkehr folgendermaßen unterteilt werden.

• Verhalten bei der Übersetzung von IP-Adressen und Port-Nummern
• Filterverhalten für aus dem öffentlichen Netz ankommende Pakete
• Verhalten bei Adressierung eines Hosts in einem privaten Netz aus dem gleichen privaten Netz über einen öffentlichen IP-Socket (sog. Hairpinning Behavior)
• Application Layer/Level Gateway
• Deterministisches Gesamtverhalten
• Verhalten bei Empfang von ICMP-Paketen aus dem öffentlichen Netz als Information über einen nicht erreichbaren Host
• Fragmentierung von durch einen Host im privaten Netz ausgesendeten Paketen bei Übergabe ins öffentliche Netz
• Verhalten bei Empfang fragmentierter IP-Pakete

Die wichtigsten Elemente dieser Kategorien sowie die wesentlichsten zu jeder Kategorie gegebenen Empfehlungen bzw. Forderungen bezüglich der Funktionsweise von NAPT Gateways werden im Folgenden erläutert. Weitere Informationen können [4787] entnommen werden.

Verhalten bei der Übersetzung von IP-Adressen und Port-Nummern
Diese Kategorie kann nochmals in vier Unterpunkte unterteilt werden [4787].

*   IP-Adress- und Port-Mapping
    Ein NAPT Gateway wendet ein sog. Mapping-Schema an, um einem bestimmten Socket (Kombination aus IP-Adresse und Port-Nummer) eines Hosts im privaten Netz einen bestimmten Socket des NAPT Gateways im öffentlichen Netz zuzuordnen. Dieser Zusammenhang (das sog. Mapping) wird für die Kommunikation zwischen dem betreffenden Host im privaten Netz und einem anderen Host im öffentlichen Netz über das NAPT Gateway benötigt (siehe einführendes Beispiel für eine Web-Seiten-Abfrage). Das Mapping kann z.B. unabhängig von der IP-Adresse und Port-Nummer des Ziel-Hosts im öffentlichen Netz erfolgen (sog. Endpoint-Independent Mapping; Anforderung an NAPT Gateways gemäß [4787]). Dies entspricht der Anwendung eines statischen Mapping-Schemas und trifft nach herkömmlicher Einteilung auf die NAT-Grundtypen Full Cone-, Restricted Cone- und Port Restricted Cone-NAT zu (siehe Abschnitte 8.2.1 bis 8.2.3).
    Besteht hingegen eine Abhängigkeit zwischen der Wahl des vergebenen öffentlichen Sockets des NAPT Gateways und dem im öffentlichen Netz anzusprechenden Ziel-Host, spricht man entweder von „Address-Dependent Mapping" (beim Mapping wird lediglich nach der IP-Adresse des Ziel-Hosts im öffentlichen Netz differenziert) oder von „Address and Port-Dependent Mapping" (beim Mapping wird sowohl die IP-Adresse des Zielhosts im öffentlichen Netz als auch die Nummer des anzusprechenden Ports berücksichtigt). In beiden Fällen liegt ein dynamisches Mapping-Schema vor, was dem NAT-Grundtyp Symmetric NAT entspricht (siehe Abschnitt 8.2.4).
*   Port-Zuweisung (Port Assignment)
    Die Wahl der Port-Nummer des öffentlichen Sockets, den ein NAPT Gateway für die Kommunikation zwischen einem Host im privaten Netz und einem Ziel-Host im öffentlichen Netz vorsieht, kann völlig unabhängig (No Port Preservation) oder in unterschiedlicher Weise abhängig vom verwendeten Port des Hosts im privaten Netz sein, der die Kommunikation über das NAPT Gateway ins öffentliche Netz führt. Beispielsweise kann ein NAPT Gateway für das Mapping eines Sockets eines privaten Hosts die gleiche Port-Nummer auf der öffentlichen Schnittstelle vorsehen, die der private Host selbst verwendet hat (Port Preservation). Der für die Kommunikation über das NAPT Gateway verwendete Socket des Hosts im privaten Netz unterscheidet sich vom durch das NAPT Gateway gemappten öffentlichen Socket dann lediglich in der IP-Adresse, die Port-Nummern sind gleich. Ist die betreffende Port-Nummer auf der öffentlichen Schnittstelle bereits anderweitig belegt, kann das NAPT Gateway je nach Ausführung unterschiedlich verfahren, z.B. indem es vom Port Preservation-Prinzip abweicht oder sog. „Port Overloading" betreibt, d.h., derselbe öffentliche Socket des NAPT Gateways wird für verschiedene IP-Sessions verwendet. Eine Alternative stellt das Mapping lediglich innerhalb von gleichen Port-Bereichen dar, d.h. eine Port-Nummer im Well-known-Bereich (Ports

0...1023) wird auf einen anderen Well-known-Port gemappt, eine Port-Nummer im Registered-Bereich (Ports 1024 bis 49151) auf einen anderen Registered-Port usw. (empfohlen).

Ein NAPT Gateway gemäß [4787] darf „Port Overloading" nicht anwenden.

Des Weiteren sollten geradzahlige Port-Nummern nur auf ebenfalls geradzahlige Port-Nummern gemappt werden; Gleiches gilt synonym für nicht geradzahlige Port-Nummern (Port Parity).

- Auffrischen des Mappings (Mapping Refresh)
  Üblicherweise verfällt der einmal gemappte Zusammenhang zwischen dem IP-Socket eines internen, über das NAPT Gateway ins öffentliche Netz kommunizierenden Hosts und dem für diese Kommunikation vergebenen öffentlichen Socket des NAPT Gateways nach einer gewissen Zeit. Das Mapping kann jedoch aufgefrischt werden, was je nach Realisierung im NAPT Gateway entweder durch den Host im privaten Netz (Outbound Refresh) oder durch den Host im öffentlichen Netz (Inbound Refresh) oder alternativ durch einen der beiden Hosts erfolgen kann.

- Überschneidung interner und externer IP-Adresskreise
  In seltenen Fällen ist es möglich, dass sich die IP-Adresskreise auf der internen und der externen Schnittstelle eines NAPT Gateways überschneiden (insbesondere, wenn das NAPT Gateway die Netzwerkkonfiguration seiner öffentlichen Schnittstelle per DHCP (Dynamic Host Configuration Protocol) [2131] bezieht und der Betreiber dieses Netzes IP-Adressen aus einem privaten IP-Adresskreis [1918] vergibt). Ein NAPT Gateway muss gemäß [4787] entweder in der Lage sein, diesen Zustand zu erkennen und ggf. Gegenmaßnahmen zu ergreifen, oder trotz überschneidender Adresskreise Mappings zwischen interner und externer Schnittstelle durchführen können, ohne dass dabei die NAPT-Funktionalität verloren geht.

Filterverhalten für aus dem öffentlichen Netz ankommende Pakete

Diese Kategorie beschreibt das Verhalten von NAPT Gateways bezüglich des Filterns/Verwerfens bzw. Weiterleitens von aus dem öffentlichen Netz ankommenden IP-Paketen. Je nach Realisierung kann ein NAPT Gateway unterschiedlich verfahren, wenn ein Paket auf einem öffentlichen Socket des NAPT Gateways ankommt, der auf einen bestimmten Port eines bestimmten Hosts im privaten Netz gemappt ist. Wendet das NAPT Gateway sog. „Endpoint-Independent Filtering" an, wird es das Paket an den entsprechend gemappten Socket des Hosts im privaten Netz weiterleiten, unabhängig davon, welcher Host im öffentlichen Netz der Absender dieses Pakets ist. Dies entspricht nach herkömmlicher Einteilung der NAT-Grundtypen dem Filterverhalten einer Full Cone NAT (siehe Abschnitt 8.2.1). Verfährt das NAPT Gateway hingegen nach dem sog. „Address-Dependent Filtering", wird es das Paket nur an den betreffenden Host im privaten Netz weiterleiten, wenn dieser zuvor mindestens ein Paket an den gleichen Host (IP-Adresse) im öffentlichen Netz gesendet hat (entspricht nach herkömmlicher Einteilung dem Filterverhalten einer Restricted Cone NAT; siehe Abschnitt 8.2.2). Beim „Address and Port-Dependent Filtering" erfolgt hingegen eine Weiterleitung an den Host im privaten Netz nur dann, wenn dieser zuvor mindestens ein IP-Paket an den gleichen Socket (IP-Adresse und Port-Nummer) gesendet hat, den der Host im öffentlichen Netz zum Senden des ggf. weiterzuleitenden Pakets benutzt hat. Nach herkömmlicher Einteilung der NAT-Grundtypen weisen sowohl Port Restricted Cone NAT (siehe Abschnitt 8.2.3) als auch Symmetric NAT (siehe Abschnitt 8.2.4) dieses Filterverhalten auf.

Verhalten bei Adressierung eines Hosts im privaten Netz aus dem gleichen privaten Netz über einen öffentlichen IP-Socket (sog. Hairpinning Behavior)
In dieser Kategorie wird das Verhalten eines NAPT Gateways beschrieben für den Fall, dass ein Host in einem privaten Netz unwissentlich mit einem anderen Host im gleichen privaten Netz durch Adressierung eines öffentlichen Sockets des NAPT Gateways in Kontakt tritt.

Application Layer/Level Gateway
Einige NAPT Gateways beinhalten Application Layer/Level Gateways (ALG; siehe Abschnitt 6.9) für diverse Protokolle wie z.B. SIP. Da die unwissentliche gleichzeitige Anwendung von ALGs und anderen Verfahren zur Überwindung der NAT-Problematik bei Multimedia over IP (z.B. STUN; siehe Abschnitt 8.3.2) zu unvorhersehbaren Phänomenen und letztendlich zur Verschlechterung der Kommunikationsfähigkeit über ein NAPT Gateway führen kann, sollten ggf. in solche Gateways integrierte ALGs per Default deaktiviert sein. Eine Aktivierung sollte erforderlichenfalls durch einen Administrator manuell vorgenommen werden können.

Deterministisches Gesamtverhalten
Dieser Kategorie liegt die Problematik zu Grunde, dass einige in der Praxis eingesetzte NAPT Gateways ihre jeweiligen Verhaltensmuster (z.B. IP-Adress- und Port-Mapping-Schemata) nicht konsequent, sondern variabel anwenden, und zwar abhängig von beliebigen äußeren Umständen (z.B. Anzahl der gleichzeitig über das NAPT Gateway kommunizierenden Hosts im privaten Netz). Da die Variation des Verhaltens eines NAPT Gateways im laufenden Betrieb jedoch dazu führen kann, dass die Kommunikation zwischen privaten und öffentlichen Hosts über dieses NAPT Gateway gestört wird, wird in [4787] ein deterministisches Gesamtverhalten bezüglich Mapping und Filterung für NAPT Gateways vorgeschrieben. D.h., ein NAPT Gateway muss seine Mapping- und Filterregeln konsequent anwenden und darf sie im laufenden Betrieb nicht ändern.

Verhalten bei Empfang von ICMP-Paketen aus dem öffentlichen Netz als Information über einen nicht erreichbaren Host
Empfängt ein NAPT Gateway auf einem bestimmten öffentlichen Socket ICMP-Pakete (Internet Control Message Protocol) [792] mit der Aussage „Destination unreachable" (Ziel nicht erreichbar), so darf sich dieser Umstand nicht störend auf das auf diesem Socket bestehende IP- und Port-Mapping auswirken [4787].

NAPT Gateways gemäß [4787] sollten aus dem öffentlichen Netz eintreffende ICMP-Pakete an den gemäß IP- und Port-Mapping zu ermittelnden Ziel-Host im privaten Netz weiterleiten.

Fragmentierung von durch einen Host im privaten Netz ausgesendeten Paketen bei Übergabe ins öffentliche Netz

Ist die MTU (Maximum Transmission Unit; siehe Abschnitt 4.2.2) der öffentlichen Schnittstelle eines NAPT Gateways kleiner als die MTU der privaten Schnittstelle, müssen aus dem privaten Netz ins öffentliche Netz adressierte Pakete u.U. durch das NAPT Gateway fragmentiert werden [4787]. Die fragmentierten Pakete sollten in der korrekten Reihenfolge an den Ziel-Host im öffentlichen Netz verschickt werden. Ist das DF-Feld („Don't Fragment"; siehe Abschnitt 4.2.2) im IP-Header des entsprechenden Pakets gesetzt, muss das NAPT Gateway eine ICMP-Nachricht mit der Aussage „Fragmentation needed and DF set" an den Quell-Host des entsprechenden Pakets im privaten Netz zurücksenden. Dies entspricht dem Verhalten eines IP-Routers gemäß [1812].

Verhalten bei Empfang fragmentierter IP-Pakete

Ein NAPT Gateway muss in der Lage sein, fragmentierte Pakete empfangen, wieder zusammensetzen und weiterleiten zu können, auch wenn die die Fragmente enthaltenden Pakete nicht in der richtigen Reihenfolge beim NAPT Gateway eintreffen [4787].

8.3 Lösungsmöglichkeiten

Neben dem Einsatz spezieller, sog. SIP-aware NAPT Gateways (siehe Abschnitt 8.1) existieren zahlreiche protokollbasierte Lösungen zur Umgehung der NAPT-Problematik für Multimedia over IP. Die wesentlichsten praxisrelevanten Lösungsmöglichkeiten für den wechselseitigen Austausch sowohl von SIP-Signalisierungs- als auch von RTP-Nutzdaten werden in den folgenden Abschnitten näher erläutert.

8.3.1 NAPT-Überwindung durch SIP – Symmetric Response Routing

Wie das Beispiel eines Web-Seiten-Abrufs in der Einführung zu Kapitel 8 zeigt, stellt die Überwindung eines NAPT Gateways für den wechselseitigen Austausch von IP-Paketen zwischen öffentlichen und privaten Netzen kein Problem dar, wenn der im öffentlichen Netz angesiedelte IP-Host (z.B. ein im Internet stationierter Web Server) die von ihm ausgehenden, z.B. Web-Seiten-Daten beinhaltenden IP-Pakete an denselben IP-Socket (IP-Adresse und Port-Nummer) des NAPT Gateways schickt, von dem er zuvor IP-Pakete empfangen hat. Diese Möglichkeit kann auch durch SIP genutzt werden, um den Austausch von SIP-Anfragen und -Statusinformationen über NAPT Gateways zu gewährleisten.

Stellt ein im öffentlichen Netz angesiedeltes SIP-Netzelement (z.B. ein SIP Registrar Server) fest, dass die im Via-Header-Feld (siehe Abschnitt 5.6.2) einer SIP-Anfrage angegebene IP-Adresse (bzw. die korrespondierende IP-Adresse zu einem angegebenen Domain-Namen) von der im IP-Header (siehe Abschnitt 4.2.2) enthaltenen tatsächlichen Quell-IP-Adresse (Source Address) des die SIP-Anfrage transportierenden IP-Pakets abweicht, fügt er gemäß

[3261] dem Via-Header-Feld der erhaltenen SIP-Anfrage den Feld-Parameter „received" und als Parameterwert die im IP-Header angegebene IP-Adresse hinzu (Syntax: received=<IP-Adresse>). Erst nach dieser Modifikation wird die eingegangene SIP-Anfrage durch das SIP-Netzelement weiterverarbeitet, im Falle eines SIP Registrar Servers also für die SIP-Registrierung (siehe Abschnitt 6.2) ausgewertet. Wurde die betreffende SIP-Anfrage beispielsweise von einem SIP User Agent aus einem privaten IP-Netz über ein NAPT Gateway an einen SIP Registrar Server in einem öffentlichen Netz gesendet, fügt der Registrar Server also dem Via-Header-Feld vor der weiteren Verarbeitung in Form des received-Parameters die IP-Adresse des NAPT Gateways hinzu. Diese Ergänzung des Via-Header-Feldes um die Angabe der tatsächlichen IP-Adresse, von der ein eine SIP-Anfrage enthaltendes IP-Paket empfangen wurde, ist bei der weiteren Verarbeitung der Anfrage durch SIP-Netzelemente zu berücksichtigen. SIP-Statusinformationen als Antwort auf diese SIP-Anfrage müssen also an die im received-Parameter angegebene IP-Adresse gesendet werden.

Zusätzlich zur Ermittlung der tatsächlichen Quell-IP-Adresse eines eine SIP-Anfrage enthaltenden IP-Pakets und der Angabe dieser Adresse in Form des received-Parameters im Via-Header-Feld ist auch die Auswertung der realen Sende-Port-Nummer für die Überwindung eines NAPT Gateways von Bedeutung. Hierzu wird in [3581] ein als „Symmetric Response Routing" bezeichnetes Verfahren sowie der Via-Header-Feldparameter „rport" eingeführt. Da es sich um eine nachträgliche SIP-Protokollerweiterung handelt, muss die Anwendung dieses Parameters allerdings vom im privaten Netz angesiedelten, eine SIP-Anfrage über ein NAPT Gateway sendenden UAC gesteuert werden. Dies geschieht durch selbstständiges Anbringen eines rport-Parameters ohne Angabe einer Port-Nummer im Via-Header-Feld der betreffenden SIP-Anfrage. Hiermit kennzeichnet der UAC, dass er in der Lage ist, SIP-Nachrichten auf dem gleichen Port sowohl zu senden als auch zu empfangen.

Ein SIP-Netzelement (z.B. ein SIP Registrar Server) im öffentlichen Netz, das eine SIP-Anfrage empfängt, die im obersten Via-Header-Feld den Feldparameter „rport" mitführt, muss diesem Parameter vor der weiteren Verarbeitung die (UDP- bzw. TCP-) Port-Nummer hinzufügen, die als Sende-Port-Nummer im UDP- bzw. TCP-Header (siehe Abschnitt 4.2.5 (UDP) bzw. Abschnitt 4.2.4 (TCP)) angegeben ist. Diese Ergänzung des Via-Header-Feldes um die Angabe der tatsächlichen Port-Nummer, von der ein eine SIP-Anfrage enthaltendes UDP-Datagramm bzw. TCP-Segment empfangen wurde, ist bei der weiteren Verarbeitung der Anfrage durch SIP-Netzelemente zu berücksichtigen. SIP-Statusinformationen als Antwort auf diese SIP-Anfrage müssen also an die im rport-Parameter angegebene Port-Nummer gesendet werden.

Bild 8.8 zeigt die Funktionalität der Kombination von received- und rport-Parametern im Via-Header-Feld am Beispiel einer SIP-Registierung über ein NAPT Gateway.

Der in einem privaten IP-Netz angesiedelte SIP User Agent A (siehe Bild 8.8) sendet eine SIP-REGISTER-Anfrage (siehe Schritt (1)) an einen SIP Registrar Server in einem öffentlichen IP-Netz über ein NAPT Gateway. Dieses modifiziert die IP- und UDP-Quelladressen des die REGISTER-Anfrage transportierenden Pakets und leitet es an den Registrar Server weiter (siehe Schritt (2)). Der Registrar Server stellt eine Abweichung zwischen der von User Agent A im SIP-Via-Header-Feld der REGISTER-Anfrage angegebenen IP-Adresse (hier: 192.168.0.2) und der Angabe der Quell-IP-Adresse im IP-

Header (hier: 88.88.88.88) des die SIP-Anfrage transportierenden IP-Pakets fest. Aus diesem Grund fügt der Registrar Server vor der weiteren Verarbeitung der SIP-Anfrage den Via-Header-Feld-Parameter „received" mit der Angabe der „realen" Quell-IP-Adresse hinzu. Des Weiteren erkennt der Registrar Server den Feld-Parameter „rport" im Via-Header-Feld der REGISTER-Anfrage. Dieser Feld-Parameter wird vor der weiteren Verarbeitung der SIP-Anfrage durch den Registrar Server um die Angabe der „realen" Quell-Port-Nummer des UDP-Headers (hier: 10060) erweitert.

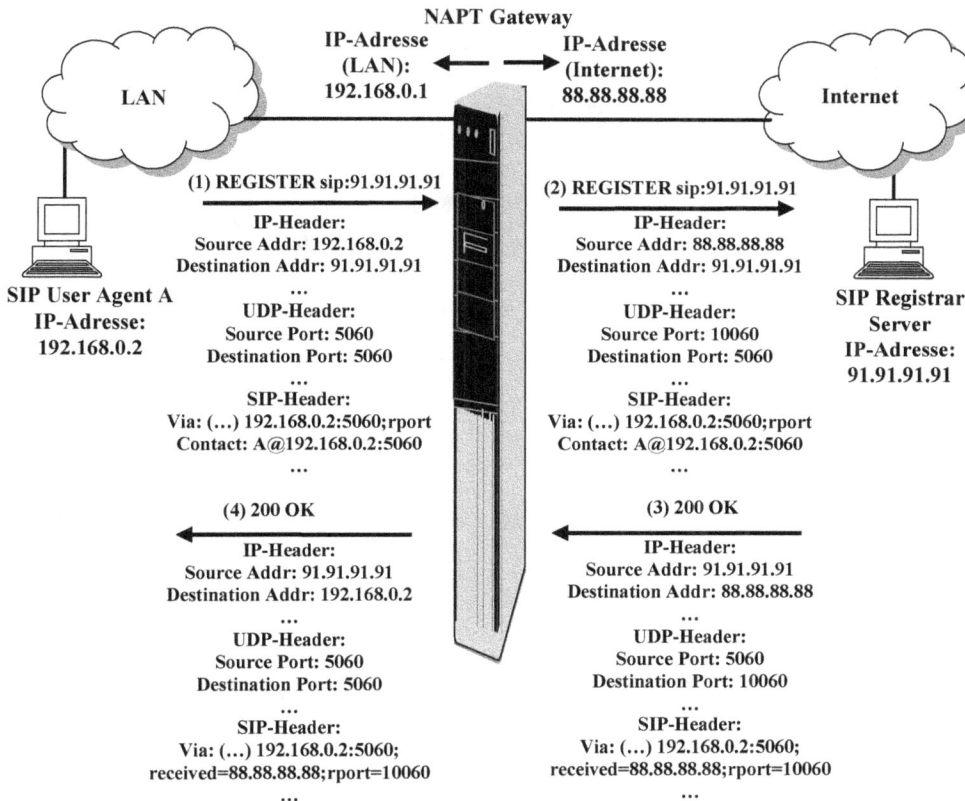

NAPT Gateway
IP-Adresse (LAN): 192.168.0.1
IP-Adresse (Internet): 88.88.88.88

LAN

Internet

(1) REGISTER sip:91.91.91.91
IP-Header:
Source Addr: 192.168.0.2
Destination Addr: 91.91.91.91
...
UDP-Header:
Source Port: 5060
Destination Port: 5060
...
SIP-Header:
Via: (...) 192.168.0.2:5060;rport
Contact: A@192.168.0.2:5060
...

(2) REGISTER sip:91.91.91.91
IP-Header:
Source Addr: 88.88.88.88
Destination Addr: 91.91.91.91
...
UDP-Header:
Source Port: 10060
Destination Port: 5060
...
SIP-Header:
Via: (...) 192.168.0.2:5060;rport
Contact: A@192.168.0.2:5060
...

SIP User Agent A
IP-Adresse: 192.168.0.2

SIP Registrar Server
IP-Adresse: 91.91.91.91

(4) 200 OK
IP-Header:
Source Addr: 91.91.91.91
Destination Addr: 192.168.0.2
...
UDP-Header:
Source Port: 5060
Destination Port: 5060
...
SIP-Header:
Via: (...) 192.168.0.2:5060;
received=88.88.88.88;rport=10060
...

(3) 200 OK
IP-Header:
Source Addr: 91.91.91.91
Destination Addr: 88.88.88.88
...
UDP-Header:
Source Port: 5060
Destination Port: 10060
...
SIP-Header:
Via: (...) 192.168.0.2:5060;
received=88.88.88.88;rport=10060
...

Bild 8.8: Anwendung der Via-Header-Feld-Parameter „received" und „rport" am Beispiel einer SIP-Registrierung über ein NAPT Gateway

Gemäß [3261] und [3581] müssen bei der Versendung einer SIP-Statusinformation als Antwort auf eine SIP-Anfrage die ggf. in deren oberstem Via-Header-Feld enthaltenen received- und rport-Parameterangaben beachtet werden. Aus diesem Grund sendet der Registrar Server in Schritt (3) die die REGISTER-Anfrage beantwortende SIP-Statusinformation „200 OK" an die durch ihn selbst ermittelte IP-Adresse (hier: 88.88.88.88) und UDP-Port-Nummer (hier: 10060) des NAPT Gateways. Dieses modifiziert die Zieladressen in IP- und UDP-Header gemäß seines nach Schritt (1) aufgestellten Mapping-Schemas und leitet das die SIP-Statusinformation enthaltende IP-Paket an User Agent A weiter (siehe Schritt (4)). User Agent A „kennt" nun aufgrund der Angaben im Via-Header-Feld der durch ihn empfangenen „200 OK"-Statusinformation seinen „öffentlichen" IP-Socket für die SIP-Kommunikation (hier: 88.88.88.88:10060) und kann diesen in SIP-Header-Feldern (z.B. Via, Contact etc.) zukünftig zu sendender SIP-Anfragen selbst als Quell-IP-Socket angeben. Gleichzeitig ist im Rahmen dieses Registrierungsvorgangs der „öffentliche" Socket (hier: 88.88.88.88:10060) von User Agent A auch in der Vermittlungsinfrastruktur des entsprechenden Providers bekannt geworden und wurde in dessen Location Server in Zusammenhang mit der ständigen SIP URI von Teilnehmer A abgelegt (siehe Abschnitt 6.5). Aufgrund des im NAPT Gateway erfolgten Mappings können SIP-Nachrichten, die aus der SIP-Vermittlungsinfrastruktur des gleichen Providers abgesendet werden, nun das NAPT Gateway passieren und werden zu User Agent A geroutet. D.h. Teilnehmer A ist nun aus der Vermittlungsinfrastruktur „seines" Providers per SIP erreichbar, obwohl sein User Agent in einem privaten IP-Netz, das über eine NAPT mit dem öffentlichen IP-Netz verbunden ist, angeschaltet ist.

Bild 8.9 zeigt den Ablauf einer mit der Protokollanalyse-SW Packetyzer aufgezeichneten, über ein NAPT Gateway erfolgten Registrierung sowie eine Detaildarstellung der vom Registrar Server gesendeten „200 OK"-Statusinformation inkl. der received- und rport-Parameterangaben im Via-Header-Feld.

Num	Source Address	Dest Address	Summary
52	192.168.0.224	192.109.234.124	SIP: Request: REGISTER sip:192.109.234.124
53	192.109.234.124	192.168.0.224	SIP: Status: 100 Trying (0 bindings)
54	192.109.234.124	192.168.0.224	SIP: Status: 200 OK (1 bindings)

```
+  🗱  Frame 54 (540 bytes on wire, 540 bytes captured)
+  🗱  Ethernet II, Src: 00:40:05:0a:36:ee, Dst: 00:04:13:10:11:44
+  🗱  Internet Protocol, Src Addr: 192.109.234.124 (192.109.234.124), Dst Addr: 192.168.0.224 (192.168.0.224)
+  🗱  User Datagram Protocol, Src Port: 5060 (5060), Dst Port: 5060 (5060)
-  🗱  Session Initiation Protocol
    +  🔲  Status line: SIP/2.0 200 OK
    -  🔲  Message Header
         🔲  Via: SIP/2.0/UDP 192.168.0.224:5060;branch=z9hG4bK-1ffeu5fjaw6h;rport=1062;received=194.94.81.60
      +  🔲  From: "napttest@sip-verstehen" <sip:napttest@192.109.234.124>;tag=p5vv4w9pts
      +  🔲  To: "napttest@sip-verstehen" <sip:napttest@192.109.234.124>;tag=xqk2kbmkkl
         🔲  Call-ID: 3c2a9d8045a3-g26ywlcxe3ka@192-168-0-224
         🔲  Contact: <sip:napttest@192.168.0.224:5060;line=y5yuq814>;expires=300
         🔲  CSeq: 2640 REGISTER
         🔲  Date: Fri, 17 Jun 2005 10:47:50 GMT
         🔲  Server: snom proxy (Win) 2.40
         🔲  Content-Length: 0
```

Bild 8.9: Ablauf einer SIP-Registrierung über ein NAPT Gateway mit Detaildarstellung der durch den Registrar Server gesendeten SIP-Statusinformation „200 OK"

Der Einsatz der Via-Header-Feldparameter „received" und „rport" ermöglicht lediglich die Überwindung der NAPT-Problematik für den Austausch von Vermittlungs- bzw. Signalisierungsinformationen per SIP. Für den bidirektionalen Austausch von Multimedia-Nutzdaten (z.B. Sprach- bzw. Video-Daten per RTP) über ein NAPT Gateway müssen weitere, ggf. ergänzende Maßnahmen zur Umgehung der NAPT-Problematik ergriffen werden. Die folgenden Abschnitte widmen sich entsprechenden protokollbasierten Lösungen.

Bei der verbindlichen Registrierung eines User Agents über ein NAPT Gateway bei einem im öffentlichen IP-Netz angesiedelten SIP Registrar Server mit dem Ziel der ständigen Erreichbarkeit des User Agents aus dem öffentlichen Netz empfiehlt sich in der Praxis die Wahl relativ kurzer Zeitintervalle für die Gültigkeitsdauer der Registrierung (SIP-Header-Feld „expires", siehe Abschnitt 6.2), da ansonsten die Gefahr besteht, dass das Port-Binding des entsprechenden NAPT Gateways (siehe Abschnitte 8.2.1 bis 8.2.5) bereits vor der Erneuerung der Registrierung aufgehoben wird. In diesem Fall ist die Erreichbarkeit des im privaten Netz angesiedelten User Agents aus dem öffentlichen Netz nicht gewährleistet, obwohl eine gültige SIP-Registrierung besteht.

In [5626] wird ein Verfahren vorgestellt, das in Form eines umfassenden NAT-Überwindungsmechanismus für SIP eine Alternative zu kurzen SIP-Registrierungsintervallen darstellt. Hierzu wird u.a. das STUN-Protokoll (siehe Abschnitt 8.3.2) in einer bestimmten Anwendungsform eingesetzt (sog. STUN Keepalive Usage). Die Realisierung von SIP Outbound erfordert jedoch die Erweiterung von SIP Proxy und Registrar Servern sowie User Agents um die in [5626] beschriebenen Funktionalitäten (u.a. müssen ggf. Nachrichten der Protokolle SIP und STUN auf denselben Ports der entsprechenden Netzelemente verarbeitet werden können).

8.3.2   STUN (Session Traversal Utilities for NAT)

Gemäß Abschnitt 8.1 besteht die NAPT-Problematik für Multimedia over IP in der Übermittlung von nur im privaten IP-Netz gültigen Kontaktdaten (IP-Adressen und Port-Nummern) in das jeweils angeschlossene öffentliche IP-Netz. Mit Hilfe des von der IETF spezifizierten STUN-Protokolls [5389] können in privaten Netzen angesiedelte Multimedia over IP-Endsysteme (z.B. SIP User Agents) die jeweils für sie im öffentlichen Netz gültigen Kontaktdaten ermitteln und selbstständig in SIP-Header-Feldern (z.B. Via und Contact (siehe Abschnitt 5.6.2)) und SDP-Parametern (z.B. c und m (siehe Abschnitt 5.7.1)) einsetzen. Das Protokoll STUN wird auch im Zusammenhang mit anderen NAT-Überwindungsverfahren (z.B. TURN (siehe Abschnitt 8.3.3) und ICE (siehe Abschnitt 8.3.4)) eingesetzt. Teilweise wurden hierzu weitere Usages (Anwendungsfälle) für das STUN-Protokoll definiert [5245; 5626].

Das STUN-Protokoll basiert generell auf dem Austausch sog. STUN Messages (STUN-Nachrichten). Neben STUN Requests (STUN-Anfragen) und STUN Responses (Nachrichten zur Beantwortung von STUN-Anfragen) existiert des Weiteren der STUN-Nachrichtentyp „STUN Indication". Dieser kann für die Übermittlung STUN-bezogener Informationen verwendet werden, deren direkte Beantwortung nicht vorgesehen ist. Indications können gleichermaßen von STUN Clients und STUN Servern ausgehen. STUN-Nachrichten können per UDP, TCP oder TLS over TCP übertragen werden.

Für die STUN-basierte Ermittlung der „öffentlichen" IP-Sockets sowohl für die SIP- als auch für die Nutzdatenkommunikation benötigt ein im privaten Netz angesiedeltes Multimedia over IP-Endsystem die zusätzlich implementierte Funktion eines sog. STUN Clients und nimmt als solcher Kontakt mit einem (z.B. durch einen VoIP-Dienstbetreiber bereitgestellten) sog. STUN Server im öffentlichen IP-Netz auf. Die Kontaktdaten (IP-Adresse und Port-Nummer) des STUN Servers müssen hierfür im STUN Client vorkonfiguriert werden. STUN Server verwenden üblicherweise Port 3478.

Die Ermittlung öffentlicher Kontaktdaten aus einem privaten IP-Netz basiert auf dem Austausch folgender STUN-Nachrichten.

- **Binding Request**: wird durch einen STUN Client an einen STUN Server gesendet. Hierfür wird seitens des STUN Clients ein für die spätere SIP- bzw. Nutzdatenkommunikation benötigter Sende-Port (z.B. UDP-Port 5060 für SIP) verwendet. Die Binding Request beinhaltet die Aufforderung zur Übermittlung der durch den STUN Server als Quell-IP-Socket der Binding Request „gesehenen", im öffentlichen Netz gültigen IP-Adresse und Port-Nummer. Hierbei handelt es sich um den IP-Socket im öffentlichen Netz, den das NAPT Gateway (siehe Kapitel 8) für die Kommunikation mit dem jeweiligen Sende-Port des im privaten Netz angesiedelten STUN Clients gemappt hat.
- **Binding Response**: wird durch einen STUN Server als Antwort auf eine zuvor eingegangene Binding Request an den STUN Client zurückgesendet. Die Binding Response beinhaltet u.a. das STUN-Protokoll-Attribut „MAPPED-ADDRESS" [3489] bzw. „XOR-MAPPED-ADDRESS" [5389], mit dem der STUN Server den als Quell-Adresse der Binding Request „gesehenen" IP-Socket an den STUN Client übermittelt. Da diese STUN-Nachrichten oberhalb von Schicht 4 transportiert werden, erfolgt keine Abänderung der per STUN übermittelten Informationen durch ein herkömmliches NAPT Gateway.

Bild 8.10 zeigt das Prinzip der Ermittlung eines im öffentlichen IP-Netz gültigen IP-Sockets per STUN, ausgehend von einem Multimedia over IP-Endsystem (SIP User Agent) in einem über ein NAPT Gateway angeschlossenen privaten IP-Netz.

Der in einem privaten Netz angesiedelte SIP User Agent mit STUN Client-Funktionalität (siehe Bild 8.10) schickt in Schritt (1) eine STUN Binding Request von einem bestimmten UDP-Port (hier: 5060) abgehend an einen STUN Server (IP-Adresse hier: 89.89.89.89) im über ein NAPT Gateway angeschlossenen öffentlichen IP-Netz. Das NAPT Gateway nimmt die notwendigen Veränderungen in IP- und UDP-Headern des die STUN Binding Request transportierenden IP-Pakets (siehe Abschnitt 8.2) vor und leitet das Paket in Schritt (2) an den durch den STUN Client adressierten STUN Server weiter. Dieser liest die durch das NAPT Gateway eingesetzte Quell-IP-Adresse (hier: 88.88.88.88) und UDP-Port-Nummer (hier: 10060) aus IP- und UDP-Header des die STUN Binding Request transportierenden IP-Pakets aus und übermittelt diese Information in Form des STUN-Protokoll-Attributs „MAPPED-ADDRESS" in einer STUN Binding Response (Schritt (3)) an den entsprechenden IP-Socket (hier: 88.88.88.88:10060) des NAPT Gateways. Das NAPT Gateway leitet das die STUN Binding Response transportierende IP-Paket nach Abänderung der IP- und UDP-Zieladressen (siehe Abschnitt 8.2) an den STUN Client weiter (Schritt (4)). Die per STUN-MAPPED-ADDRESS-Attribut erhaltene, im öffentlichen IP-Netz gültige Kontaktinformation kann nun durch den mit dem STUN Client kombinierten SIP User Agent als Kontaktinformation in entsprechenden SIP-Header-Feldern bzw. SDP-Parametern eingesetzt werden. Da eine direkte Abhängigkeit zwischen der für das Senden der STUN Binding Request durch den STUN Client verwendeten Port-Nummer und dem vom NAPT Gateway gemappten, im öffentlichen Netz gültigen IP-Socket besteht, muss der Austausch von Binding Requests und -Responses zwischen STUN Client und -Server für jeden vom SIP User Agent für die bevorstehende SIP- und Nutzdatenkommunikation benötigten UDP-Port wiederholt werden.

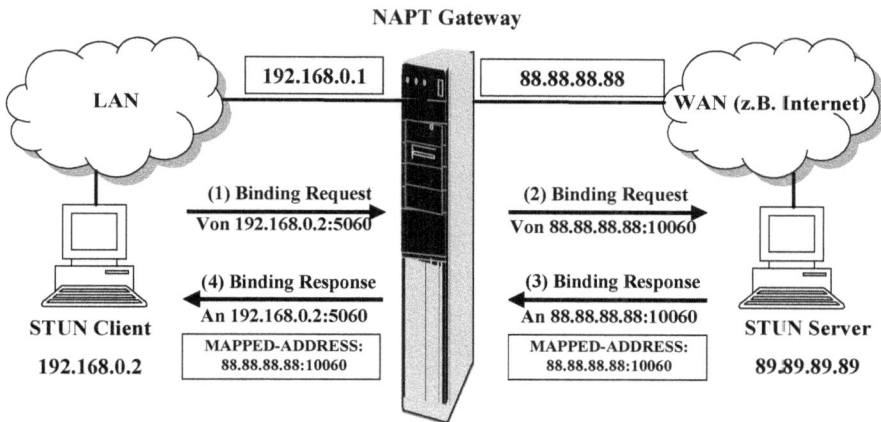

Bild 8.10: Funktionsprinzip von STUN gemäß [3489]

Die folgenden Bilder 8.11 bis 8.13 zeigen den Einsatz von STUN gemäß [3489] für eine SIP-basierte Kommunikation über ein NAPT Gateway in der Praxis, aufgezeichnet mit der Protokollanalyse-SW Packetyzer. Hierbei ist in Bild 8.11 der Ablauf eines SIP-Session-Aufbaus mit vorhergehender STUN-Korrespondenz und anschließender Nutzdatenkommunikation dargestellt. Bild 8.12 zeigt die entsprechende, vom STUN Server ausgesendete Binding Response mit der Angabe der für den RTP-Nutzdatentransport im öffentlichen Netz gültigen IP-Adresse und UDP-Port-Nummer des User Agents. Bild 8.13 beinhaltet eine Darstellung des im Message Body der SIP-INVITE-Anfrage enthaltenen SDP-Teils, in dem der die Session initiierende User Agent seine zuvor vom STUN Server eingeholten „öffentlichen" Kontaktparameter (IP-Adresse und UDP-Port-Nummer) für den Nutzdatenempfang an den im öffentlichen IP-Netz angesiedelten Kommunikationspartner übergibt. Die Ermittlung der für den Austausch von SIP-Anfragen und -Statusinformationen gültigen „öffentlichen" Kontaktparameter erfolgte in diesem Fall bereits im Rahmen der Registrierung des im privaten IP-

Netz angesiedelten User Agents bei einem SIP Registrar Server im öffentlichen IP-Netz und ist aus diesem Grund in Bild 8.11 nicht enthalten.

Num	Source Address	Dest Address	Summary
1	192.168.0.224	192.109.234.124	STUN: Message : Binding Request
2	192.109.234.124	192.168.0.224	STUN: Message : Binding Response
3	192.168.0.224	192.109.234.124	SIP/SDP: Request: INVITE sip:auto@192.109.234.124, with session description
4	192.109.234.124	192.168.0.224	SIP: Status: 100 Trying
11	192.109.234.124	192.168.0.224	SIP: Status: 180 ringing
15	192.109.234.124	192.168.0.224	SIP/SDP: Status: 200 OK, with session description
19	192.168.0.224	192.109.234.124	SIP: Request: ACK sip:auto@192.109.234.124;maddr=192.109.234.124
22	192.109.234.124	192.168.0.224	RTP: Payload type=ITU-T G.711 PCMU, SSRC=120255428, Seq=23450, Time=960
25	192.168.0.224	192.109.234.124	RTP: Payload type=ITU-T G.711 PCMU, SSRC=105503570, Seq=7, Time=246640 ...
26	192.109.234.124	192.168.0.224	RTP: Payload type=ITU-T G.711 PCMU, SSRC=120255428, Seq=23451, Time=1120

Bild 8.11: SIP-Session-Aufbau mit vorhergehender STUN-Korrespondenz und anschließendem Nutzdatenaustausch, aufgezeichnet mit der Protokollanalyse-SW Packetyzer

```
+  ᵀ  Frame 2 (86 bytes on wire, 86 bytes captured)
+  ᵀ  Ethernet II, Src: 00:40:05:0a:36:ee, Dst: 00:04:13:10:11:44
+  ᵀ  Internet Protocol, Src Addr: 192.109.234.124 (192.109.234.124), Dst Addr: 192.168.0.224 (192.168.0.224)
+  ᵀ  User Datagram Protocol, Src Port: 3478 (3478), Dst Port: 10002 (10002)
-  ᵀ  Simple Traversal of UDP through NAT
       ᵀ  Message Type: Binding Response (0x0101)
       ᵀ  Message Length: 0x0018
       ᵀ  Message Transaction ID: 2807FF1DC4403D763D8A5D6FB1145362
    -  ᵀ  Attributes
           ᵀ  Attribute Type: SOURCE-ADDRESS (0x0004)
           ᵀ  Attribute Length: 8
           ᵀ  Protocol Family: IPv4 (0x0001)
           ᵀ  Port: 3478
           ᵀ  IP: 192.109.234.124 (192.109.234.124)
           ᵀ  Attribute Type: MAPPED-ADDRESS (0x0001)
           ᵀ  Attribute Length: 8
           ᵀ  Protocol Family: IPv4 (0x0001)
           ᵀ  Port: 1123
           ᵀ  IP: 194.94.81.60 (194.94.81.60)
```

Bild 8.12: Detailansicht der STUN Binding Response mit Angabe des öffentlichen IP-Sockets für den Nutzdatenaustausch (Attribut „MAPPED-ADDRESS")

Neben dem ungesicherten Austausch von STUN Binding Requests und -Responses zwischen STUN Client und STUN Server existiert gemäß [3489; 5389] die Möglichkeit der Authentifizierung und Integritätsprüfung von STUN-Nutzern bzw. STUN-Nachrichten. Hierzu ist die Übermittlung eines „Shared Secrets" (geteiltes Geheimnis) per TLS [5246] vom STUN Server zum STUN Client vor dem Austausch von STUN Binding Request und -Response vorgesehen. Auch die Möglichkeit zur Übermittlung von STUN-Nachrichten per DTLS (Datagram Transport Layer Security) ist standardisiert [7350].

```
[+] ⊤ Frame 3 (1027 bytes on wire, 1027 bytes captured)
[+] ⊤ Ethernet II, Src: 00:04:13:10:11:44, Dst: 00:40:05:0a:36:ee
[+] ⊤ Internet Protocol, Src Addr: 192.168.0.224 (192.168.0.224), Dst Addr: 192.109.234.124 (192.109.234.124)
[+] ⊤ User Datagram Protocol, Src Port: 5060 (5060), Dst Port: 5060 (5060)
[–] ⊤ Session Initiation Protocol
    [+] ⊤ Request line: INVITE sip:auto@192.109.234.124 SIP/2.0
    [+] ⊤ Message Header
    [–] ⊤ Message body
        [–] ⊤ Session Description Protocol
                ⊤ Session Description Protocol Version (v): 0
            [+] ⊤ Owner/Creator, Session Id (o): root 1561039683 1561039683 IN IP4 194.94.81.60
                ⊤ Session Name (s): call
            [+] ⊤ Connection Information (c): IN IP4 194.94.81.60
            [+] ⊤ Time Description, active time (t): 0 0
            [+] ⊤ Media Description, name and address (m): audio 1123 RTP/AVP 0 8 3 18 101
            [+] ⊤ Media Attribute (a): rtpmap:0 pcmu/8000
            [+] ⊤ Media Attribute (a): rtpmap:8 pcma/8000
            [+] ⊤ Media Attribute (a): rtpmap:3 gsm/8000
            [+] ⊤ Media Attribute (a): rtpmap:18 g729/8000
            [+] ⊤ Media Attribute (a): rtpmap:101 telephone-event/8000
            [+] ⊤ Media Attribute (a): fmtp:101 0-15
```

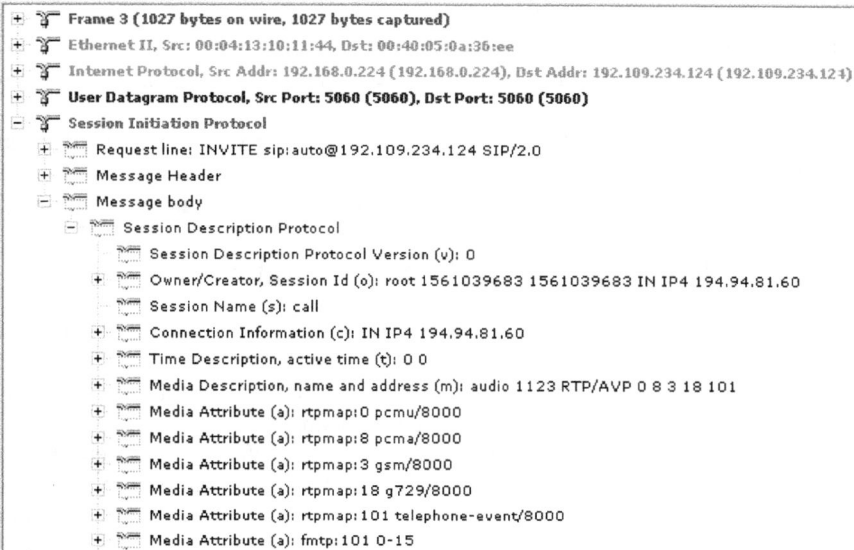

Bild 8.13: Detailansicht des SDP-Teils der INVITE-Anfrage mit Angabe des zuvor beim STUN Server eingeholten, „öffentlichen" IP-Sockets für den Nutzdatenempfang

Einschränkungen der Überwindung der NAPT-Problematik mittels STUN

Die Anwendung von STUN stellt eine mögliche Lösung zur Überwindung der NAPT-Problematik sowohl für den Austausch von SIP-Nachrichten als auch für den Nutzdatenaustausch zwischen privaten und öffentlichen IP-Netzen dar. Das Port-Mapping von NAPT Gateways hängt jedoch je nach NAPT-Typ (siehe Abschnitt 8.2) u.U. sowohl von Port-Nummern als auch von IP-Adressen der im öffentlichen Netz zu kontaktierenden IP-Systeme (z.B. SIP User Agents, SIP Proxy Server etc.) ab. Ein per STUN ermittelter „öffentlicher" IP-Socket eines NAPT Gateways ist also nicht für jeden IP-Host im öffentlichen Netz gleichermaßen als Kontakt-IP-Socket für einen bestimmten Port eines im privaten Netz angesiedelten IP-Systems gültig, da eine direkte Abhängigkeit vom NAPT-Typ des zu überwindenden NAPT Gateways besteht. Aus diesem Grund ist insbesondere die Überwindung von Symmetric NAPTs (siehe Abschnitt 8.2.4) bzw. von NAPT Gateways mit Address-Dependent oder Address and Port-Dependent Mapping-Schemata (siehe Abschnitt 8.2.5) durch den Einsatz von STUN nicht möglich [3489; 5389; 6314].

Weitere relevante Anwendungsfälle des STUN-Protokolls (sog. STUN Usages)

Die in diesem Abschnitt beschriebene Grundanwendung von STUN dient als Basis für erweiterte Anwendungsfälle des STUN-Protokolls. Neben den in den folgenden Abschnitten vorgestellten NAT-Überwindungsverfahren TURN (siehe Abschnitt 8.3.3) und ICE (siehe Abschnitt 8.3.4) zählen hierzu u.a. folgende weitere Anwendungsfälle.

- [5626] stellt ein Verfahren vor, mit dessen Hilfe hinter NAPT Gateways angesiedelte User Agents ihre Erreichbarkeit bezüglich SIP über NAPT Gateways sicherstellen können. Hierzu wird u.a. das STUN-Protokoll in einer bestimmten Anwendungsform eingesetzt (sog. Keep alive).
- In [5780] wird ein experimenteller STUN-Anwendungsfall definiert, mit dessen Hilfe ein hinter einem NAPT Gateway angesiedelter STUN Client das Vorhandensein sowie die Funktionsweise des betreffenden NAPT Gateways detektieren kann (siehe Abschnitt 8.2).

8.3.3   TURN (Traversal Using Relays around NAT)

In bestimmten Kommunikationsszenarien, z.B. wenn beide Teilnehmerendgeräte einer zu initiierenden VoIP-Session jeweils über ein separates NAPT Gateway mit einem öffentlichen IP-Netz verbunden sind und beide NAPT Gateways ein dynamisches Mapping-Schema anwenden (siehe Abschnitte 8.2.4 und 8.2.5), ist der unmittelbare Austausch von IP-Paketen (Peer-to-Peer) zwischen den Endgeräten prinzipiell nicht möglich. Während die Vermittlung von SIP-Nachrichten zwischen den Endgeräten über eine zentral im öffentlichen Netz angesiedelte SIP-Vermittlungsinfrastruktur dank entsprechender Mechanismen (siehe Abschnitt 8.3.1) im Normalfall trotzdem erfolgreich verläuft, stellen die NAPT Gateways für die nach dem SIP-Session-Aufbau „peer-to-peer" zwischen den Endgeräten auszutauschenden Nutzdaten enthaltenden IP-Pakete (z.B. in Form von RTP, siehe Abschnitt 4.2.6) ein unüberwindbares Hindernis dar.

Das TURN-Protokoll [5766] dient der Überwindung dieses Hindernisses. Hierzu wird ein zentraler Server im öffentlichen Netz (sog. TURN Server) eingesetzt, der – von einem der an einer Medien-Session beteiligten Endgeräte per TURN-Protokoll gesteuert – der aktiven Vermittlung der Nutzdaten zwischen Multimedia over IP-Endgeräten dient. Der TURN Server stellt für beide Endgeräte einen gemeinsamen Bezugspunkt sowohl für den Empfang als auch für den Versand von Nutzdaten enthaltenden IP-Paketen dar und übernimmt die Weiterleitung („Relay") der Pakete zum jeweiligen Ziel-Host. Das weitgehend auf STUN (siehe Abschnitt 8.3.2) basierende TURN-Protokoll dient hierbei dem Allokieren der für den Nutzdatenaustausch bereitzustellenden IP-Sockets auf dem TURN Server sowie zur Übermittlung von Adressierungsinformationen. Lediglich eines der an einer einzuleitenden Medienkommunikation beteiligten Endgeräte muss zur Nutzung von TURN die Funktionalität eines sog. TURN Clients beinhalten.

Der Vorteil dieses Ansatzes für die NAPT-Überwindung ist, dass jedes an einer Medien-Session beteiligte Endgerät Nutzdaten mit einem ihm bekannten IP-Socket eines im öffentlichen Netz angesiedelten Hosts austauschen kann und somit die durch NAPT ggf. entstehende Problematik des dynamischen Port Mappings (siehe Abschnitte 8.2.4 und 8.2.5) kein Kommunikationshindernis darstellt.

TURN basiert im Wesentlichen auf den im Folgenden erläuterten Funktionen. Pro Funktion kommen mehrere verschiedene protokollspezifische Nachrichten zum Einsatz.

- **Allokierung (Allocation)**: Ein TURN Client weist einen TURN Server zur Bereitstellung eines Netzwerk-Sockets an (*Allocate Request*). Dieser Socket soll als Repräsentanzadresse (*Relayed Transport Address*) des Clients im öffentlichen Netz dienen. Entsprechend beinhaltet die Allokierung auch die Anweisung, dass der Server alle auf diesem Socket eingehenden Pakete an den Client weiterleiten soll. Die Allokierung wird erst nach erfolgter Authentifizierung des Clients beim Server durch diesen akzeptiert, was an den Client zurücksignalisiert wird (*Allocate Success Response*). Im Rahmen dieser Antwort übergibt der Server dem Client die *Relayed Transport Address*, die der TURN Client dem Endgerät des designierten Kommunikationspartners als Socket für den Austausch von Nutzdaten nennen kann. Im Falle von SIP erfolgt diese Bekanntgabe per SDP (siehe Abschnitt 5.7) im Rahmen des SIP-Session-Aufbaus. Da TURN-Nachrichten oberhalb von Schicht 4 transportiert werden, erfolgt keine Abänderung der per TURN übermittelten Informationen durch das NAPT Gateway.

- **Auffrischung (Refresh)**: Da eine Allokierung potentiell Ressourcen des TURN Servers bindet, muss dafür gesorgt werden, dass die Allokierung nicht länger als nötig aufrechterhalten bleibt; die Defaultdauer einer Allokierung beträgt zehn Minuten. Mittels der Anfrage *Refresh Request* signalisiert der Client dem Server während dieser Zeit, dass die Allokierung noch benötigt wird. Die Fortdauer der Allokierung wird daraufhin durch den Server mittels *Refresh Success Response* bestätigt.

- **Erlaubnis (Permission)**: Um zu verhindern, dass die Relay-Funktion des TURN Servers missbraucht wird, um von einem beliebigen Host potentiell unerwünschte Pakete an den Client hinter der NAT weiterzuleiten, übergibt der TURN Client dem Server eine Liste der IP-Adressen aller Hosts, die die bereitgestellte *Relayed Transport Address* nutzen dürfen, um Pakete an den Client weiterleiten zu lassen. Hierzu nutzt der Client die Anfrage *CreatePermission Request*, diese wird durch den Server mit *CreatePermission Success Response* beantwortet. (Im Falle von kanalorientiertem Datenaustausch (s.u.) kommt stattdessen das TURN-Nachrichtenpaar *ChannelBind Request* und *ChannelBind Success Response* zum Einsatz.) Dieser Schritt muss alle fünf Minuten (bzw. alle zehn Minuten bei *ChannelBind*) wiederholt werden.

- **Datenaustausch / NAT-Überwindung**: Der TURN-Mechanismus unterstützt zwei verschiedene Verfahren für den Datenaustausch zwischen einem TURN Client und einem beliebigen Peer mit Hilfe eines TURN Servers: Das paketweise Senden bzw. Empfangen von Daten (*Send Mechanism*) und den Aufbau sog. Kanäle (*Channels*).
  - **Send Mechanism**: Daten vom TURN Client werden in spezielle TURN-Nachrichten, sog. *Send Indications*, integriert und so an den TURN Server gesendet. Der Header der *Send Indication* weist den TURN Server jeweils an, an welcher Kommunikationspartner die Daten weiterzuleiten sind. Daten, die auf der dem betrachteten Client zugewiesenen *Relayed Transport Address* des TURN Servers empfangen werden, werden durch diesen in sog. *Data Indication*-Nachrichten integriert und an den TURN Client weitergeleitet.
  - **Channels**: Für bestimmte Anwendungen, z.B. Voice over IP, ist der Overhead der *Send*- bzw. *Data Indication*-Nachrichten ein potentielles Manko. Um dieses zu umgehen, wurde ein alternatives Paketformat (*ChannelData*) definiert, was mit einem deutlich kleineren Header auskommt. Hierbei wird außer den Nutzdaten lediglich noch eine 4 Byte große Channel-Nummer zusätzlich übermittelt, sodass der Overhead deutlich geringer ausfällt als bei den 36 Byte langen, bezüglich des Nachrichtenformats an STUN angelehnten *Send*- bzw. *Data Indications*.

Nach erfolgreicher TURN-Kommunikationseröffnung werden die im Rahmen einer beispielsweise per SIP initiierten Medien-Session auszutauschenden Nutzdaten in beide Kommunikationsrichtungen durch den TURN Server zwischen den beteiligten Endsystemen vermittelt. Die Übergabe der Nutzdaten von bzw. zu dem als TURN Client agierenden Endgerät erfolgt hierbei typischerweise per UDP im Rahmen von *ChannelData*-Paketen. Der TURN Server löst den nutzdatenrelevanten Inhalt (z.B. RTP-Pakete) aus den *ChannelData*-Paketen heraus und leitet ihn ungekapselt per UDP an das Endgerät des Kommunikationspartners (der keine TURN-Funktionalität beinhalten muss) weiter. Von diesem Kommunikationspartner beim TURN Server ankommende Nutzdatenpakete (RTP over UDP over IP) werden durch den TURN Server in *ChannelData*-Pakete gekapselt und so an den TURN Client weitergereicht.

Bild 8.14 zeigt das Prinzip zur Umgehung der NAPT-Problematik durch den Einsatz des TURN-Mechanismus, ausgehend von einem Multimedia over IP-Endsystem (SIP User Agent A) in einem über ein NAPT Gateway angeschlossenen privaten IP-Netz. Hierbei wird lediglich die grundsätzliche Funktionsweise von TURN dargestellt. Auf Protokolldetails sowie auf die gemäß [5766] notwendige Authentifizierung des TURN Clients beim TURN Server wird hierbei zur Vereinfachung verzichtet. Da es sich um eine Multimedia over IPKommunikation handelt, wird aus den o.g. Gründen von der Verwendung des bandbreitesparenden Channel-Mechanismus ausgegangen.

Der in einem privaten Netz angesiedelte SIP User Agent A mit TURN Client-Funktionalität gemäß [5766] (siehe Bild 8.14) schickt in Schritt (1) eine Allokierungsanfrage von einem bestimmten UDP-Port abgehend an einen TURN Server (IP-Adresse hier: 89.90.89.90) im über ein NAPT Gateway angeschlossenen öffentlichen IP-Netz. Das NAPT Gateway nimmt die notwendigen Veränderungen in IP- und UDP-Headern des die Allokierunganfrage transportierenden IP-Pakets (siehe Abschnitt 8.2) vor und leitet das Paket an den durch den TURN Client adressierten TURN Server weiter. Dieser liest den durch das NAPT Gateway verwendeten IP-Socket (hier: 88.88.88.88:y) aus IP- und UDP-Header des die Allokierungsanfrage transportierenden IP-Pakets aus und allokiert einen IP-Socket (hier: 89.90.89.90:x) seiner eigenen Netzwerkschnittstellen für die Kommunikation von User Agent A mit einem beliebigen IP-Host im öffentlichen Netz. Diesen IP-Socket übermittelt der TURN Server in einer Allokierungsbestätigung (Schritt (2)) an den entsprechenden IP-Socket des NAPT Gateways. Das NAPT Gateway leitet das die Allokierungsbestätigung transportierende IPPaket nach Abänderung der IP- und UDP- bzw. TCP-Zieladressen (siehe Abschnitt 8.2) an den TURN Client (in SIP User Agent A implementiert) weiter.

User Agent A baut nun eine SIP-Session zu User Agent B im öffentlichen Netz auf (siehe Schritte (3) bis (5)). Es wird hierbei davon ausgegangen, dass die erfolgreiche NATÜberwindung für die SIP-Kommunikation gewährleistet ist (z.B. durch Symmetric Response Routing, siehe Abschnitt 8.3.1). Im SDP-Teil der INVITE-Nachricht in Schritt (3) übermittelt User Agent A den durch den TURN Server für die Nutzdatenkommunikation mit User Agent B bereitgestellten IP-Socket (hier: 89.90.89.90:x). User Agent B übergibt per SDP im Rahmen der SIP-Statusinformation „200 OK" den seinerseits für die Nutzdatenkommunikation vorgesehenen IP-Socket (hier: 90.90.90.90:z).

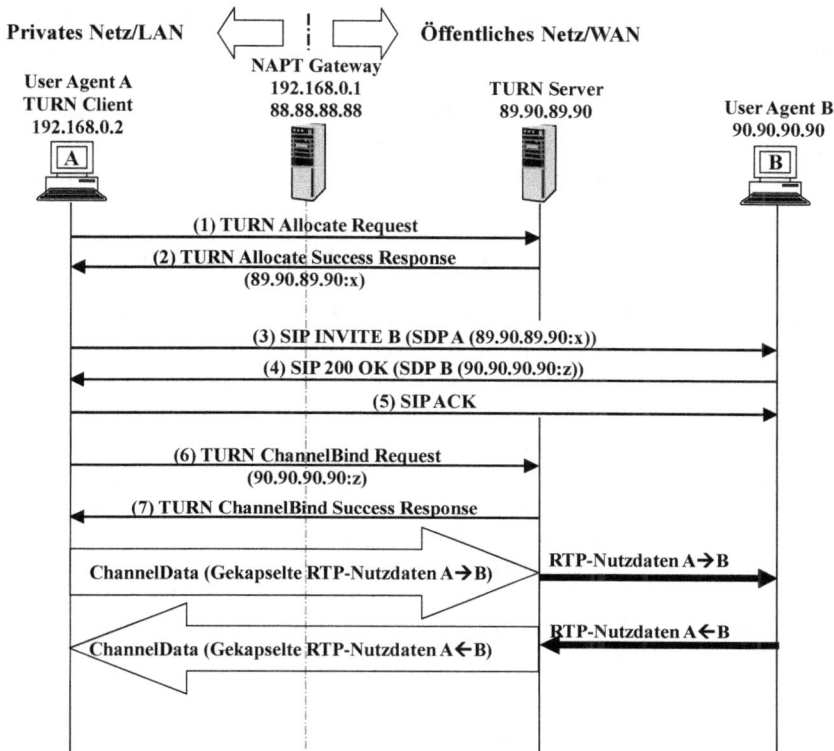

Bild 8.14: Prinzip des TURN-Mechanismus

Nach dem erfolgreichen Aufbau der SIP-Session sendet der in User Agent A implementierte TURN Client eine TURN-Anfrage zum Aufbau eines Kommunikationskanals (ChannelBind Request) an den TURN Server (Schritt (6)) und übergibt diesem somit den von User Agent B vorgesehenen IP-Socket für den Nutzdatenempfang und -versand. Der TURN Server bestätigt die Eröffnung der Nutzdatenvermittlung (siehe Schritt (7)). Ab sofort kann mit dem Nutzdatenaustausch in beide Kommunikationsrichtungen begonnen werden. User Agent A sendet hierzu die für User Agent B bestimmten Nutzdaten (hier RTP-Pakete) in Form von ChannelData-Paketen an den TURN Server, der die Nutzdaten ungekaspelt an den aus der Eröffnungsanfrage „gelernten" IP-Socket (hier: 90.90.90.90:z) und somit an User Agent B weiterleitet. Die von User Agent B abgehenden, auf dem zuvor allokierten IP-Socket (hier: 89.90.89.90:x) des TURN Servers ankommenden RTP-Pakete werden durch den TURN Server in gekapselter Form an den TURN Client weitergeleitet. Hierzu sendet der TURN Server die gekapselten Nutzdatenpakete an den „öffentlichen" IP-Socket (hier: 88.88.88.88:y), der vom NAPT Gateway für den Nachrichtenaustausch zwischen dem TURN Client und dem TURN Server „gemappt" wurde. Die von User Agent B abgehenden Nutzdaten gelangen also über den TURN Server in gekapselter Form über das NAPT Gateway zum TURN Client bzw. zum diesen beinhaltenden SIP User Agent A.

Alternativ könnte der SIP-Session-Aufbau auch von User Agent B initiiert werden. In diesem Fall würde User Agent A nach Erhalt der SIP-INVITE-Anfrage von B die Allokierungsanfrage an den TURN Server senden und nach Erhalt der Allokierungsbestätigung den allokierten „öffentlichen" IP-Socket des TURN Servers im Rahmen der 200 OK-Statusinformation per SDP an User Agent B übergeben. Im Anschluss daran würde der TURN Client in User Agent A die Eröffnungsanfrage an den TURN Server senden usw.

Einschränkungen der Überwindung der NAPT-Problematik mit dem TURN-Mechanismus
Wird der TURN-Mechanismus für die Überwindung der NAPT-Problematik bei Multimedia over IP-Kommunikation zwischen einem SIP User Agent in einem privaten Netz und einem SIP-Netzelement im per NAPT Gateway angeschlossenen öffentlichen Netz genutzt, fungiert der TURN Server als Kontakt- und Vermittlungsinstanz für die von beiden an der Kommunikation beteiligten SIP-Netzelementen abgehenden, RTP-Daten enthaltenden IP-Pakete. Bei der Paketumsetzung durch den TURN Server entstehen zwangsläufig zusätzliche Verzögerungen sowie ggf. Jitter (siehe Abschnitt 4.1.2), was sich ggf. massiv auf die Echtzeitnutzdatenkommunikation auswirkt. Aus demselben Grund werden hohe Performance-Anforderungen an TURN Server gestellt, was zu entsprechenden Betriebs- und Systemkosten für TURN Server-Betreiber führt. Deshalb wird der Einsatz des TURN-Mechanismus nur empfohlen, wenn keine anderen Maßnahmen zur Überwindung der NAPT Problematik (z.B. STUN) anwendbar sind [5766].

Im Gegensatz zu STUN (siehe Abschnitt 8.3.2) hat der Einsatz des TURN-Mechanismus zur Umgehung der NAPT-Problematik bisher noch kaum praktische Bedeutung erlangt.

8.3.4   ICE (Interactive Connectivity Establishment)

Nicht jedes Verfahren zur Überwindung der NAPT-Problematik bei Multimedia over IP ist gleichermaßen in jedem beliebigen Kommunikationsszenario einsetzbar, z.B. führt der Einsatz von STUN (siehe Abschnitt 8.3.2) über Symmetric NAT Gateways (siehe Abschnitt 8.2.4) nicht zum Erfolg. Als besonders problematisch ist die Multimedia over IP-Kommunikation zwischen zwei IP-Systemen anzusehen, die jeweils in einem separaten privaten IP-Netz angesiedelt sind und nur indirekt über das die beiden Privatnetze verbindende öffentliche Netz adressiert werden können.

Um die Überwindung der NAPT-Problematik für jedes beliebige Kommunikationsszenario zu ermöglichen, muss die Wahl eines bestimmten Verfahrens in Abhängigkeit von der jeweils vorliegenden Kommunikationssituation (z.B. jeweils ein SIP User Agent in einem privaten und in einem über NAPT angebundenen öffentlichen Netz oder zwei SIP User Agents in jeweils separaten, durch ein öffentliches Netz verbundenen privaten Netzen etc.) getroffen werden.

Die von der IETF spezifizierte Methode ICE [5245] ermöglicht einem IP-System in einem privaten Netz voneinander unabhängige alternative Kontaktinformationen (IP-Sockets) für die z.B. RTP-basierte Nutzdatenkommunikation mit einem IP-System im öffentlichen Netz im Rahmen z.B. eines SIP-Session-Aufbaus priorisiert an den Kommunikationspartner zu übergeben. Derartige Kontaktinformationen können z.B. durch den Einsatz eines VPNs ins öffentliche Netz existieren oder durch den Einsatz unterschiedlicher Verfahren (z.B. STUN, TURN-Mechanismus etc.) gewonnen werden. Unterschiedlichen Kontaktwegen werden mittels entsprechender Algorithmen verschiedene Prioritäten zugeordnet, u.a. abhängig vom Typ des Kontaktwegs (z.B. lokale IP-Adresse des Endsystems oder per STUN (siehe Abschnitt 8.3.2) ermittelter „öffentlicher Socket" am NAT Gateway). Hierbei liegt die Wahl der Priorisierung eines bestimmten Kontaktwegtyps bei dem IP-Endsystem, auf den der Kontaktweg zeigt.

Nach der gegenseitigen Übergabe der Kontaktinformationen wird durch beide Kommunikationsendsysteme jeweils die beste, möglichst höchstpriore Kontaktmöglichkeit ermittelt und für den Austausch von Multimedia over IP-Nutzdaten eingesetzt. Für die Ermittlung des jeweils besten Kontaktwegs wird eine Peer-to-Peer-Variante des STUN-Protokolls (siehe Abschnitt 8.3.2) zwischen den beiden Kommunikationsendsystemen verwendet.

Für die Nutzung der ICE-Methode benötigt ein im privaten Netz angesiedeltes Multimedia over IP-Endsystem neben der Implementierung der ICE-Funktionalität zusätzlich die Funktion eines STUN Clients sowie die Funktion eines STUN Servers für die Peer-to-Peer-erfolgende Ermittlung des besten Kontaktwegs zum Kommunikationspartner. Des Weiteren sollten mehrere Verfahren (z.B. STUN, TURN-Mechanismus etc.) zur Ermittlung alternativer Kontaktwege angewendet werden können.

Bild 8.15 zeigt das Prinzip der Ermittlung und anschließenden Übergabe alternativer Kontaktinformationen für den Nutzdatenaustausch durch einen in einem privaten IP-Netz angesiedelten SIP User Agent mittels ICE an einen zu kontaktierenden SIP User Agent im öffentlichen Netz.

Unter Nutzung der ICE-Methode soll seitens des in einem privaten IP-Netz angesiedelten User Agent A (siehe Bild 8.15) eine SIP-Voice over IP-Session zu User Agent B im über NAPT angeschalteten öffentlichen IP-Netz aufgebaut werden. Zu diesem Zweck ermittelt User Agent A unter Nutzung verschiedener Verfahren (hier beispielhaft: TURN (siehe Abschnitt 8.3.3) und STUN (siehe Abschnitt 8.3.2)) voneinander unabhängige IP-Sockets, über die er aus dem öffentlichen Netz kontaktiert werden kann.

Zunächst fordert User Agent A einen im öffentlichen Netz angesiedelten TURN Server (siehe Abschnitt 8.3.3) mittels einer Allokierungsanfrage in Schritt (1) zur Bereitstellung eines IP-Sockets für die Kommunikation mit User Agent B auf und erhält im Rahmen der Allokierungsbestätigung in Schritt (2) vom TURN Server die entsprechende Kontaktinformation (vom TURN Server bereitgestellter IP-Socket hier: 89.90.89.90:14000). Anschließend kontaktiert User Agent A einen STUN Server (siehe Abschnitt 8.3.2) mittels STUN Binding Request (siehe Schritt (3)), um in der darauf folgenden, vom STUN Server an User Agent A gesendeten STUN Binding Response (siehe Schritt (4)) seinen durch das NAPT Gateway gemappten, „öffentlichen" IP-Socket (hier: 88.88.88.88:10000) aus dem STUN-Attribut „MAPPED-ADDRESS" bzw. „XOR-MAPPED-ADDRESS" auslesen zu können.

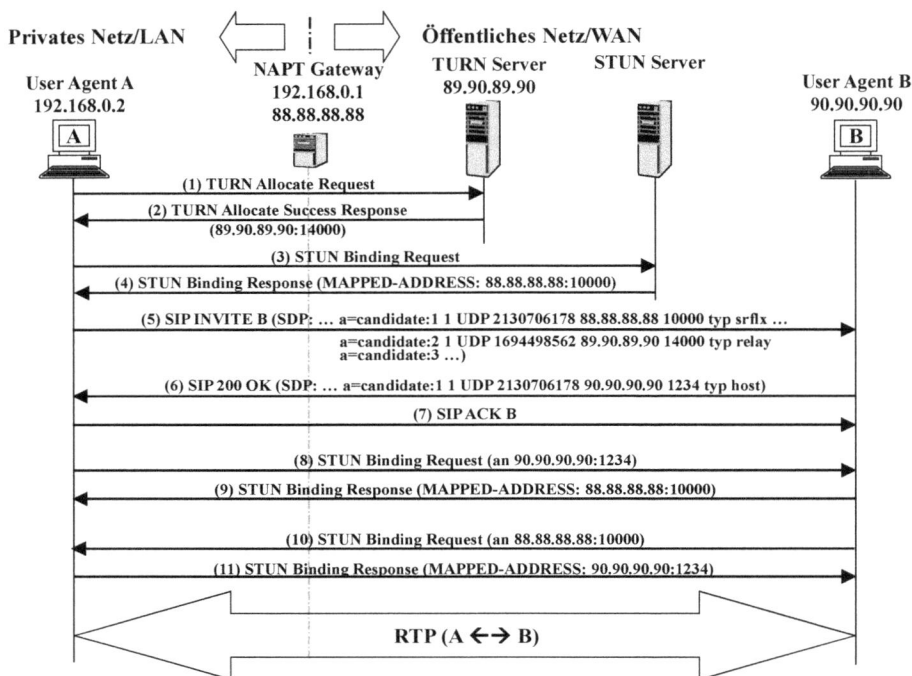

Bild 8.15: Prinzip der ICE-Methode

Im SDP-Teil der dem SIP-Session-Aufbau zu User Agent B dienenden SIP-INVITE-Anfrage (siehe Schritt (5)) gibt User Agent A nun im Rahmen jeweils eines SDP-Attribute-Parameters („a=…"; siehe Abschnitt 5.7.1) jede zuvor von ihm ermittelte Kontaktinformation in Form des Attributs „candidate" an. Hierbei wird für jede einzelne Kontaktinformation u.a. sowohl eine logische Identifizierung („candidate:1…", „candidate:2…" etc.) als auch eine Priorisierung in Form eines gemäß [5245] algorithmisch berechneten Wertes (z.B. „2130706178") angegeben. Des Weiteren werden Informationen über den Typ des Kontaktwegs des jeweiligen Kandidaten übermittelt (z.B. „typ srflx" (server reflexive; durch STUN Server ermittelte öffentliche Kontaktadresse); „typ relay" (von einem TURN Server zur Verfügung gestellter Kontaktweg); „typ host" (unmittelbar oder per VPN kontaktierbare Netzwerkadresse)).

Nachdem die Session durch Teilnehmer B angenommen wurde, sendet User Agent B in Schritt (6) die SIP-Statusinformation „200 OK" an User Agent A. Im SDP-Teil dieser Statusinformation übergibt der mit einer öffentlichen IP-Adresse ausgestattete User Agent B ebenfalls einen Kontaktwegkandidaten, dessen Erreichbarkeit durch User Agent A in Schritt (8) mittels einer STUN Binding Request überprüft wird. Nach Erhalt der resultierenden, von User Agent B ausgesendeten Binding Response (siehe Schritt (9)) gilt der Kontaktweg für die Nutzdatenübermittlung von User Agent A zu User Agent B als verifiziert. User Agent B überprüft den Kontaktweg zu User A auf die gleiche Weise (siehe Schritte (10) und (11)).

Sollte sich bei der Prozedur zur Überprüfung der Kontaktwegkandidaten herausstellen, dass der vorgesehene Kontaktweg zu einem oder beiden User Agents nicht genutzt werden kann, erfolgt die Verifizierung für den Kontaktwegkandidaten mit der nächstniedrigeren Priorität usw.

Nach Abschluss dieser Ermittlungen findet der RTP-Nutzdatenaustausch zwischen den User Agents A und B statt. Je nach Ergebnis der durch beide User Agents durchgeführten Kontaktwegüberprüfungen kann dies entweder Peer-to-Peer (z.B. unter Nutzung der per STUN ermittelten Kontaktwege) oder aber über einen TURN Server geschehen.

Auch nach einigen Jahren befinden sich die Standardisierungsarbeiten zu ICE nach wie vor im Fluss. In Form eines IETF-Drafts [Kera] wird die erste in Form eines RFC erschienene ICE-Spezifikation [5245] zum Zeitpunkt der Drucklegung dieses Buches erneut überarbeitet. Hierbei wird neben Erweiterungen und Optimierungen hinsichtlich der IPv6-Unterstützung durch ICE u.a. auch an der Auslagerung der SIP/SDP-spezifischen Inhalte in einen separaten IETF-Draft [Peti] gearbeitet. Durch diesen Schritt soll ICE auch in Verbindung mit anderen Vermittlungs- bzw. Steuerungsprotokollen einsetzbar gemacht werden und so einen generellen Ansatz zur NAPT-Überwindung, losgelöst von SIP/SDP, darstellen.

Einschränkungen der Überwindung der NAPT-Problematik mit ICE
ICE stellt eine Methode zur Angabe und Verwertung mehrerer möglicher Kontaktparameter für ein in einem privaten IP-Netz angesiedeltes Kommunikationsendsystem dar. Aus diesem Grund macht der Einsatz von ICE nur Sinn für ein Endsystem, das mittels entsprechender Verfahren (z.B. STUN, TURN-Mechanismus etc.) voneinander unabhängige Kontaktparameter selbst ermitteln kann. Neben der ICE-Methode müssen also durch das Endsystem zusätzlich weitere Verfahren unterstützt werden, die entsprechende Kontaktinformationen in Form von IP-Socket-Angaben zur Verfügung stellen. In jedem Fall benötigt ein ICE-fähiges Kommunikationsendsystem STUN Client- und STUN Server-Funktionalität, damit die per SDP-Attribut „candidate" zwischen den potentiellen Kommunikationspartnern ausgetauschten Kontaktinformationen per STUN Peer-to-Peer überprüft und ausgewertet werden können. Die Implementierung von ICE in einem Kommunikationsendsystem erfordert also auch die Implementierung weiterer Mechanismen und Protokolle.

Des Weiteren macht der Einsatz der ICE-Methode nur Sinn, wenn beide an einem zukünftigen Nutzdatenaustausch beteiligten Endsysteme diese Methode unterstützen, da per SDP-Attribut „candidate" übergebene Kontaktparameter nur von ICE-fähigen Endsystemen ausgewertet und bezüglich ihrer Kontaktierbarkeit überprüft werden können. Nicht ICE-fähige Endsteme ignorieren ggf. in SDP enthaltene „candidate"-Attribute. In [5768] werden sog. Tags definiert, mit deren Hilfe einerseits ein User Agent per SIP Informationen über seine ICE-Fähigkeit übermitteln kann. Andererseits kann die Unterstützung von ICE durch den User Agent eines potentiellen Gesprächspartners zur Bedingung für das Zustandekommen einer SIP-Session gemacht werden.

Letztendlich setzt der sinnvolle Einsatz von ICE voraus, dass ein Endsystem bezüglich eines angestrebten Nutzdatenaustauschs tatsächlich über mehr als einen Kontaktweg verfügt, was u.a. durch den Einsatz des TURN-Mechanismus sowie durch die Schaffung von VPN-

Tunneln zwischen privaten und öffentlichen Netzen realisiert sein kann. Zumindest für die Anbindung von in privaten Heimnetzwerken angesiedelten IP-Kommunikationsendsystemen ist die Bereitstellung mehrerer potentieller Kontaktwege jedoch derzeit unüblich.

Trickle ICE

Wie im ersten Teil dieses Abschnittes erläutert wurde, werden bei der Verwendung von ICE zunächst zwischen den Endgeräten beider Kommunikationpartner komplette Zusammenstellungen bzw. Listen aller möglichen Kontaktwegkandidaten ausgetauscht. Zuvor muss jedes Endgerät jeweils seine eigenen möglichen Kontaktwegkandidaten ermittelt haben, beispielsweise durch die Anwendung von STUN und TURN sowie weiteren Verfahren. Diese Kandidatenermittlung kann mehr oder weniger viel Zeit in Anspruch nehmen. Auf Seiten des die Session eröffnenden Teilnehmers beginnt die Kandidatenermittlung bereits, sobald er durch Eingabe am Endgerät einen Session-Aufbau einleitet. Auf Seiten des angerufenen Teilnehmers hingegen muss erst eine Information über den Kommunikationswunsch (in SIP-Umgebungen also eine INVITE-Anfrage) eingehen, bevor das Endgerät mit der Kontaktkandidatensuche überhaupt beginnen kann. Die Kontaktwegermittlung auf beiden Seiten erfolgt also sequentiell, nicht parallel zueinander.

Erst nach dem gegenseitigen Austausch der vollständigen Kandidatenlisten kann die Ermittlung des jeweils besten Kontaktwegs zwischen den Endgeräten erfolgen. Auch dies kostet wiederum Zeit, da in beide Kommunikationsrichtungen jeweils ein Kandidat gefunden werden muss und hierfür u.U. mehrere Testläufe nötig sind. Erst wenn der jeweils beste Kandidat gefunden ist, können Nutzdaten ausgetauscht werden.

Die gesamte beschriebene Prozedur kann u.U. eine signifikante Verzögerung im Aufbau der Session bzw. hinsichtlich des Medienaustauschs zur Folge haben. Mit *trickle ICE* [Ivov1] wurde ein Verfahren geschaffen, das dabei hilft, die beschriebenen Verzögerungen deutlich zu minimieren. Hierbei ist es nicht nötig, dass die Endgeräte beider Kommunikationspartner jeweils ihre Kandidatenlisten komplettieren, bevor sie sie dem jeweils anderen Endgerät zukommen lassen. Stattdessen können unmittelbar nach der Sessioneröffnung einzelne Kontaktkandidaten jeweils separat zwischen den Endgeräten ausgetauscht werden, sobald sie bekannt sind, und hinsichtlich ihrer Nutzbarkeit sofort verifiziert werden. Kommt ein Kandidat aufgrund des Verifikationsergebnisses nicht in Frage, wird der nächste in der Zwischenzeit bekannt gegebene Kandidat verifiziert usw. Es handelt sich also um ein inkrementelles Verfahren, das zudem eine weitestgehend parallele Abarbeitung in beiden Endsystemen erlaubt.

Trickle ICE wurde nicht für die unmittelbare Verwendung in Kombination mit SIP definiert, beispielsweise wird es auch im Zusammenhang mit WebRTC ohne konkret festgelegtes Signalisierungsprotokoll angewandt (siehe Kapitel 13). Die Anwendung von trickle ICE mit SIP wird in einem separaten Dokument [Ivov2] beschrieben.

Bild 8.16 zeigt den beispielhaften Ablauf einer Anwendung von trickle ICE auf generische Weise, d.h. ohne unmittelbaren Protokollbezug [John2]. In diesem Beispiel wird davon ausgegangen, dass sich beide Endsysteme (User Agents) jeweils hinter einem eigenen NAPT-

Gateway befinden. Auf die bei der Anwendung mit SIP zum Einsatz kommenden SIP-Nachrichten wird im folgenden bilderläuternden Text Bezug genommen.

In Schritt (1) sendet User Agent A eine Nachricht mit dem Zweck der Session-Initiierung „Offer" an User Agent B. Wird hier von einem SIP-Kommunikationsszenario ausgegangen, handelt es sich bei dieser Nachricht also um eine INVITE-Anfrage. In dieser übermittelt User Agent A hier beispielhaft einen ersten Kontaktadresskandidaten A1 an B. User Agent B reagiert auf diese Anfrage mit einer den Session-Aufbau bestätigenden Antwort „Answer" (Schritt (2)). Auch diese enthält in diesem Beispiel bereits einen möglichen Kontaktadresskandidaten B1. Im Fall von SIP könnte an dieser Stelle beispielsweise die provisorische Statusinformation „183 Session Progress" stehen [Ivov2].

Beide User Agents beginnen nun, die vom jeweils anderen User Agent erhaltenen Kandidaten zu verifizieren (Schritte (3) und (4)). Dies erfolgt wie bei der herkömmlichen ICE-Methode mittels Peer-to-Peer STUN. Parallel dazu beginnt User Agent A in diesem Beispiel mit der Ermittlung eines weiteren Kontaktadresskanditaten A2 per STUN (Schritt (5)). Den auf diese Weise zusätzlich gewonnenen Kontaktadresskandidaten übermittelt er in Schritt (6) an User Agent B. Im Falle eines SIP-Kommunikationsszenarios wird hier gemäß [Ivov2] die Anwendung der SIP-Anfrage INFO empfohlen. Parallel dazu ermittelt auch User Agent B einen weiteren Kontaktadresskandidaten B2 und übermittelt ihn an User Agent A (Schritte (7) und (8)). Erneut nutzen beide User Agents Peer-to-Peer STUN zur Verifikation der vom jeweils anderen User Agent neu erhaltenen Adresskandidaten (Schritte (9) und (10)). Ggf. werden noch weitere Kontaktadresskandidaten durch einen oder beide User Agents ermittelt (z.B. mittels TURN, UPnP o.a.).

Im gegebenen Beispiel konnten jedoch beide User Agents einen jeweils guten Adresskandidaten finden und informieren sich in den Schritten (11) und (12) gegenseitig über den jeweils gewählten Kandidaten. Im Falle eines SIP-Szenarios erfolgt an dieser Stelle gemäß [Ivov2] ein per Re-INVITE eingeleiteter SIP Three Way Handshake, um den SIP-Session-Aufbau zu komplettieren. Sobald dies erfolgt ist, kann die Medienübermittlung zwischen beiden User Agents beginnen (hier in Form von RTP-Strömen).

Trickle ICE ist prinzipiell nicht kompatibel zur herkömmlichen, weiter oben beschriebenen ICE-Methode gemäß [5245]. Dennoch lassen sich ICE und trickle ICE kombinieren, indem das die Session initiierende Endgerät eine vollständige Kandidatenliste übermittelt, gleichzeitig aber mittels eines in [Ivov1] definierten Indikators signalisiert, dass es auch trickle ICE unterstützt. Dieses Prinzip wird auch als Half Trickle bezeichnet. Das Endgerät des angerufenen Teilnehmers kann also sofort mit dem Testen der mitgeschickten Kandidaten beginnen, während es gleichzeitig eigene Kandidaten ermittelt und diese jeweils separat dem Endgerät des Anrufers zukommen lässt.

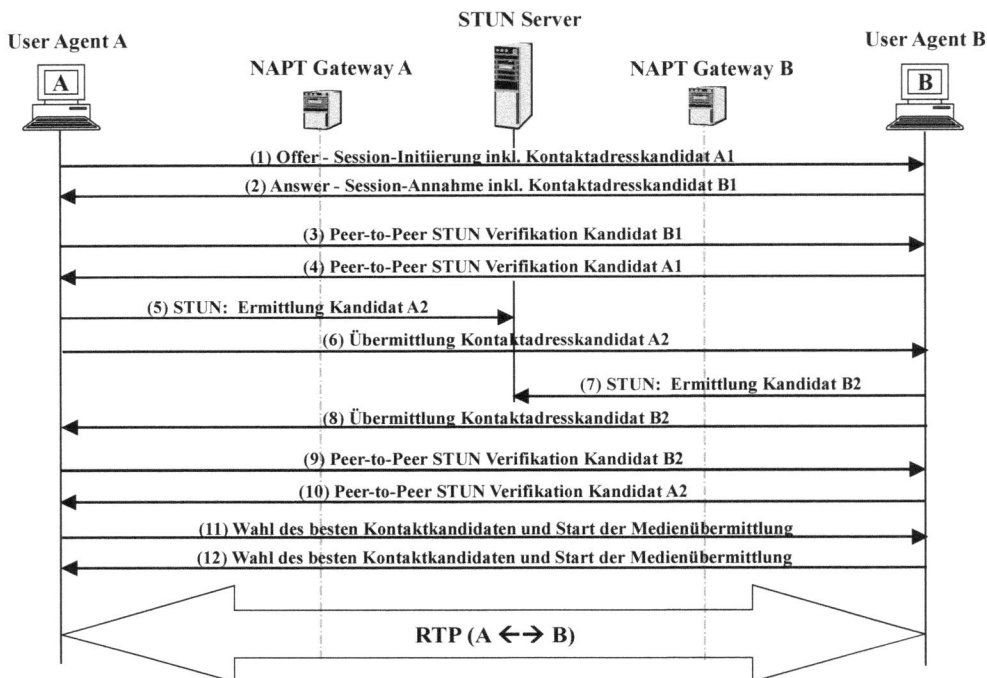

Bild 8.16: Generisches Beispiel zur Anwendung von trickle ICE [John2]

8.3.5   UPnP (Universal Plug and Play)

Im Gegensatz zu den in den Abschnitten 8.3.1 bis 8.3.4 vorgestellten Verfahren zur Überwindung der NAPT-Problematik für SIP bzw. Multimedia over IP basiert die vom hersteller-
bzw. institutionsübergreifend arbeitenden UPnP Forum [upnp1] entwickelte UPnP-Architektur auf der aktiven, geräte- und anwendungsübergreifenden Beeinflussung von IP-Netzele-
menten innerhalb eines Netzwerks. Somit ist UPnP nicht prinzipiell auf die Überwindung
von NAPT Gateways für Multimedia over IP beschränkt, kann jedoch gemäß entsprechender
Protokollspezifikationen [upnp2; upnp3] für diesen Zweck (bezogen sowohl auf die Signalisierung als auch auf die Nutzdatenkommunikation) angewendet werden. Anders als die in
den Abschnitten 8.3.1 bis 8.3.4 benannten Verfahren wird hierbei das zwischen einem privaten und einem öffentlichen IP-Netz vermittelnde NAPT Gateway nicht als passives Netzelement im Sinne der NAPT-Problematik betrachtet, sondern vielmehr durch das im privaten
Netz angesiedelte Kommunikationsendsystem (z.B. SIP User Agent) aktiv gesteuert. Im
Rahmen des Steuerungsvorgangs übermittelt das NAPT Gateway seine „öffentliche" IP-
Adresse an das steuernde Kommunikationsendsystem, das zusätzlich das Port Mapping und
-Binding des betreffenden NAPT Gateways beeinflusst.

Neben der ursprünglichen Version 1.0 des sog. UPnP Inter Gateway Device Device Control Protocols (IGD DCP V1.0) [upnp2] existiert seit dem Jahr 2010 auch eine zweite Version IGD DCP V2.0 [upnp3]. Diese bietet u.a. erweiterte Sicherheitsfunktionen, zusätzliche Freiheiten in der Port-Zuweisung sowie erweiterte IPv6-Unterstützung, u.a. hinsichtlich der Steuerung von IPv6-Firewalls [Saar]. Das Grundprinzip hinsichtlich der NAPT-Überwindung, nämlich die Steuerung des NAPT-Gateways durch das Kommunikationsendsystem selbst, ist gleichgeblieben. Aus diesem Grund wird im Folgenden beispielhaft IGD V1.0 als Beispiel für die Erklärung dieses Prinzips herangezogen.

Eine innerhalb eines IP-Netzwerks eingesetzte UPnP-Architektur gemäß IGD V1.0 [upnp2] besteht prinzipiell aus folgenden logischen Komponenten.

- **Devices**: zu steuernde Netzwerkelemente (z.B. NAPT Gateway). Ein Device stellt Dienste (sog. Services, z.B. NAPT-Vermittlung zwischen zwei unabhängigen IP-Netzen) im Netzwerk zur Verfügung, die durch Control Points gesteuert werden können.
- **Control Points**: steuernde Netzwerkelemente (z.B. SIP User Agent). Ein Control Point kann die durch Devices zur Verfügung gestellten Dienste (Services) steuern.

Für die Kommunikation zur Steuerung von in Devices enthaltenen Services durch Control Points stellt UPnP folgende Funktionen bereit.

- **Discovery**: Ein Device annonciert (Advertisement) seine Anwesenheit im Netzwerk bzw. ein Control Point sucht (Search) ein Device zur Ausführung eines bestimmten Service.
- **Description**: Nach abgeschlossener Discovery fordert der Control Point eine detaillierte Beschreibung des benötigten Service an. Das Device liefert die gewünschte Beschreibung.
- **Control**: Ein durch ein Device bereitgestellter Service wird durch einen Control Point aktiv gesteuert.
- **Eventing**: Ggf. informiert ein Device andere UPnP-Netzelemente selbstständig über eingetretene Ereignisse.

Für die Ausführung dieser Funktionen kommen in einer UPnP-Architektur folgende Protokolle auf Basis IP, TCP bzw. UDP zum Einsatz:

- GENA (General Event Notification Architecture) [Cohe] für Discovery/Advertisement sowie Eventing,
- SSDP (Simple Service Discovery Protocol) [Gola1] over HTTP(M)U (Multicast and Unicast UDP HTTP Messages) [Gola2] für Discovery/Search,
- XML (Extensible Markup Language) [w3cX] over HTTP (HyperText Transfer Protocol) [7230; 7231; 7232; 7233; 7234; 7235] für Description,
- SOAP (vormals Simple Object Access Protocol) [w3cS] over HTTP für Control.

Die Bilder 8.17 bis 8.20 zeigen das Anwendungsprinzip von UPnP für die Überwindung der NAPT-Problematik für SIP bzw. Multimedia over IP.

Privates Netz/LAN   Öffentliches Netz/WAN

User Agent A, UPnP   NAPT Gateway, UPnP   User Agent D
192.168.0.2   192.168.0.1 / 88.88.88.88   90.90.90.90

        [A]   [D]

                (1) SSDP over HTTP(M)U: M-Search
                (Discovery; Service: WAN**Connection)

                (2) SSDP over HTTPU: 200 OK
            (Description Location: http://192.168.0.1:80/desc.xml)

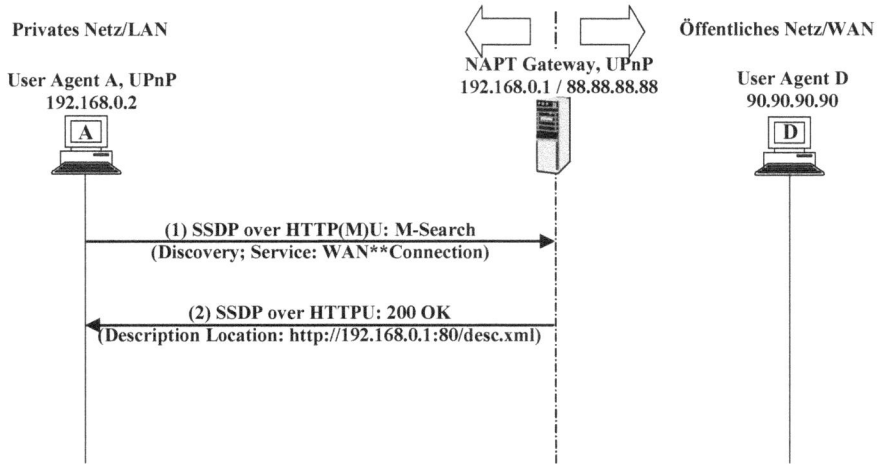

Bild 8.17: Prinzip der UPnP-Funktion „Discovery" (hier: Search) zum Auffinden eines NAPT Gateways durch einen SIP User Agent

Vom in einem privaten IP-Netz angesiedelten UPnP-fähigen SIP User Agent A (siehe Bild 8.17) soll eine Multimedia over IP-Verbindung zu einem SIP User Agent in einem öffentlichen IP-Netz aufgebaut werden. Zu diesem Zweck führt SIP User Agent A nach seiner Aktivierung einmalig die UPnP-Funktion Discovery (Search) aus. Er sendet per SSDP over HTTP over UDP Multicast eine Anfrage (siehe Schritt (1)) zur Suche eines Device, das den gewünschten Service „WAN**Connection" zur Verfügung stellt. „**" steht hier synonym für „PPP" z.B. im Falle einer DSL-Anbindung des gesuchten NAPT Gateways an ein öffentliches IP-Netz bzw. für „IP" bei einer direkten Anbindung des gesuchten NAPT Gateways an das öffentliche IP-Netz.

Das UPnP-fähige NAPT Gateway-Device im Netzwerk empfängt diese Multicast-Anfrage und sendet in Schritt (2) per SSDP over HTTP over UDP eine Bestätigung über die prinzipielle Verfügbarkeit des gesuchten Service an User Agent A. Im Rahmen dieser Bestätigung übermittelt das NAPT Gateway eine URL (hier: http://192.168.0.1:80/desc.xml), von der eine weitere Beschreibung (Description) des Device bzw. der verfügbaren Services abgefragt werden kann.

In Schritt (3) (siehe Bild 8.18) fordert User Agent A nach der erfolgten Discovery einmalig mittels HTTP over TCP beim NAPT Gateway die detaillierte XML-basierte Device- und Service-Beschreibung unter der in Schritt (2) erhaltenen URL an. Das NAPT Gateway übermittelt diese Beschreibung in Schritt (4) per HTTP an den User Agent.

Die im Rahmen der UPnP-Funktion „Control" auszuführenden Schritte werden generell für jede unmittelbar bevorstehende SIP-Aktivität (z.B. Registrierung des User Agents nach dessen Aktivierung, SIP-Session-Aufbau etc.) durchlaufen.

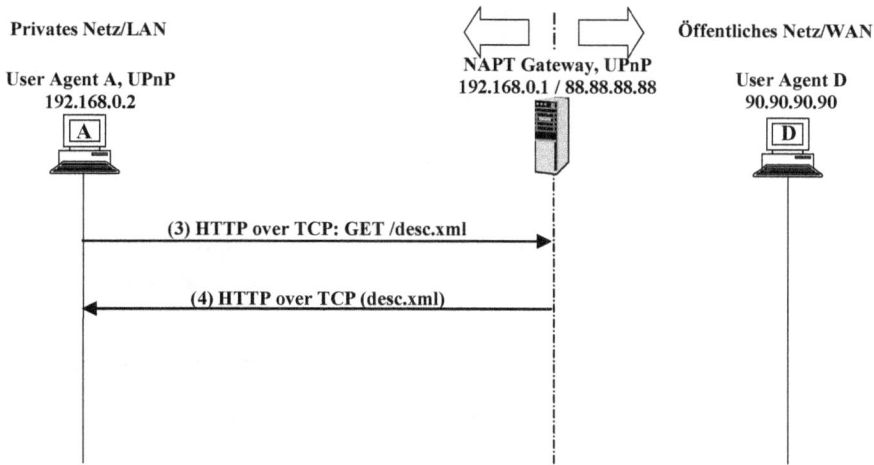

Bild 8.18: Prinzip der UPnP-Funktion „Description" zur Abfrage einer detaillierten Device- und Service-Beschreibung eines NAPT Gateways durch einen SIP User Agent

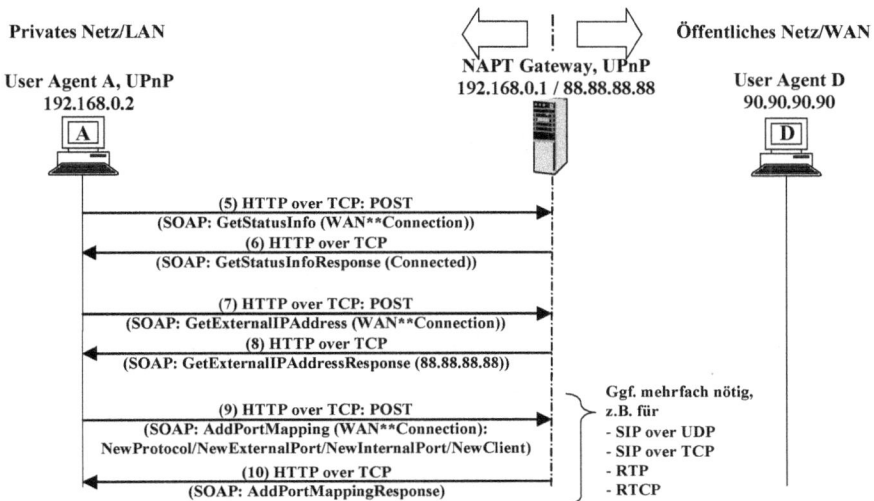

Bild 8.19: Prinzip der UPnP-Funktion „Control" zur Steuerung eines NAPT Gateways durch einen SIP User Agent

Vor dem nachfolgenden SIP-Session-Aufbau fragt User Agent A im Rahmen der UPnP-Funktion „Control" (siehe Bild 8.19) per SOAP over HTTP zunächst den Online-Status

(GetStatusInfo, siehe Schritt (5)) des NAPT Gateways ab. Dieses übermittelt in Schritt (6) die geforderte Information (Connected). Im Anschluss fordert der User Agent in Schritt (7) die „öffentliche" IP-Adresse (GetExternalIPAddress) des NAPT Gateways an, das die gewünschte Information (öffentliche IP-Adresse des NAPT Gateways hier: 88.88.88.88) in Schritt (8) per SOAP übergibt. Der User Agent leitet daraufhin die Steuerung des Port Mappings (AddPortMapping) des NAPT Gateways ein, indem er per SOAP direkte Zuweisungen der durch ihn verwendeten Port-Nummern im privaten IP-Netz zu den im öffentlichen IP-Netz gültigen, durch das NAPT Gateway bereitzustellenden Port-Nummern (NewExternalPort/NewInternalPort) vorgibt (siehe Schritt (9)). Hierbei wird zwischen UDP- und TCP-Ports unterschieden (NewProtocol). Das NAPT Gateway bestätigt jedes auf diese Weise erzeugte Port Mapping (siehe Schritt (10)).

Werden seitens des User Agents mehrere Ports für die bevorstehende Kommunikation benötigt (z.B. Port 5060 für SIP, Port 8000 für RTP, Port 8001 für RTCP), müssen die Schritte (9) und (10) jeweils für jeden ins öffentliche IP-Netz zu mappenden Port wiederholt werden.

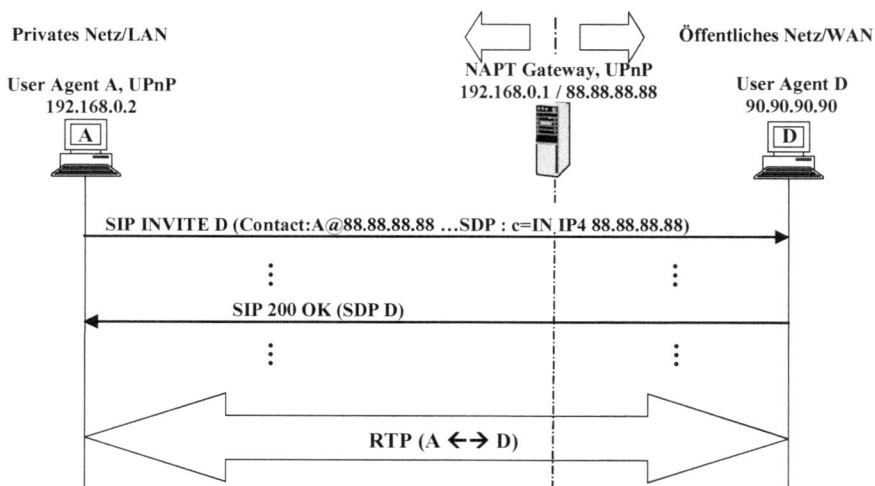

Bild 8.20: Aufbau einer SIP-Session durch einen SIP User Agent über ein NAPT Gateway nach Anwendung von UPnP

Nach der Steuerung des Port Mappings für alle durch User Agent A im Rahmen der bevorstehenden Kommunikation benötigten Ports erfolgt der SIP-Session-Aufbau zu User Agent D im öffentlichen Netz (siehe Bild 8.20). Hierbei verwendet User Agent A in SIP-Header-Feldern (z.B. Via, Contact etc.) sowie in SDP-Parametern (z.B. c (Connection Data)) die in Schritt (8) (siehe Bild 8.19) vom NAPT Gateway „gelernte", im angeschlossenen öffentlichen IP-Netz gültige IP-Adresse (hier: 88.88.88.88) sowie die durch ihn selbst vorgegebenen, in Schritt (9) an das Gateway übermittelten Port-Nummern der Netzwerkschnittstelle des NAPT Gateways ins öffentliche IP-Netz. Das NAPT Gateway vermittelt gemäß der durch User Agent A vorgegebenen Mapping-Schemata den Austausch von SIP-Nachrichten und RTP-Nutzdaten zwischen den beiden User Agents.

Einschränkungen der Überwindung der NAPT-Problematik mit UPnP
Die Anwendung von UPnP für die Überwindung der Multimedia over IP-NAPT-Problematik setzt voraus, dass die UPnP-Funktionalitäten sowohl in dem im privaten Netz angesiedelten SIP User Agent (UPnP Control Point) als auch im NAPT Gateway (UPnP Device) implementiert sind, wovon nicht in jedem Kommunikationsszenario ausgegangen werden kann. Da die Steuerung von UPnP Devices durch UPnP Control Points nur innerhalb eines IP-Netzes möglich ist, ist die Beeinflussung kaskadiert angeordneter NAPT Gateways nicht möglich.

8.3.6   Symmetric RTP

Wie das Beispiel für den Abruf einer Web-Seite über ein NAPT Gateway in der Einleitung zu Kapitel 8 zeigt, stellt die Überwindung von NAPT Gateways im Allgemeinen kein Problem dar, wenn die aus dem öffentlichen Netz erwarteten Nutzdaten direkt an den „öffentlichen" IP-Socket des NAPT Gateways gesendet werden können, von dem die ursprüngliche Anfrage ausgegangen ist. Gemäß dem in Abschnitt 8.3.1 vorgestellten Verfahren kann diese Eigenschaft auch zur Überwindung von NAPT Gateways für SIP-Nachrichten genutzt werden. Hierbei wird den in IP- bzw. UDP-Headern enthaltenen Quell-IP-Adressen bzw. -Port-Nummern des eine SIP-Anfrage transportierenden IP-Pakets eine höhere Priorität zugestanden als den im SIP-Header-Feld „Via" durch den User Agent selbst gemachten Angaben.

Dieses Prinzip lässt sich unter Anwendung der in [4961] als „Symmetric RTP" bezeichneten Regel auch auf RTP-Nutzdatenströme beziehen. Diese Regel besagt, dass ein für die bidirektionale RTP-Kommunikation ausgelegtes System im Rahmen einer Session RTP-Nutzdaten auf demselben UDP-Port senden wie auch empfangen sollte. Unter dieser Voraussetzung ist es möglich, ohne den Einsatz zusätzlicher Verfahren RTP-Nutzdaten über ein beliebiges NAPT Gateway zwischen einem in einem privaten IP-Netz angesiedelten Kommunikationsendsystem (z.B. SIP User Agent) und einem Kommunikationspartner im öffentlichen Netz wechselseitig auszutauschen. Hierfür muss das im öffentlichen IP-Netz stationierte Kommunikationsendsystem die von ihm abgehenden Nutzdaten jedoch nicht an die ggf. zuvor per SIP/SDP übermittelten Kontaktparameter, sondern an den IP-Socket senden, der als Sende-IP-Socket für die aus dem privaten Netz ankommenden RTP-Nutzdaten erkannt wurde [6314].

Bild 8.21 zeigt das Prinzip der Nutzung von Symmetric RTP zur Überwindung der Multimedia over IP-NAPT-Problematik am Beispiel einer SIP-Session.

Der in einem privaten IP-Netz angesiedelte SIP User Agent A (siehe Bild 8.21) initiiert einen SIP-Session-Aufbau zu dem im per NAPT Gateway angeschlossenen öffentlichen Netz stationierten SIP User Agent D mit der SIP-Anfrage INVITE (siehe Schritt (1)). Die in deren SDP-Teil enthaltene Angabe des IP-Sockets für den Nutzdatenempfang (hier: IP-Adresse

192.168.0.2, Port-Nummer 12345) ist für die bevorstehende Kommunikation unbrauchbar, da sie aus dem öffentlichen Netz nicht direkt adressiert werden kann.

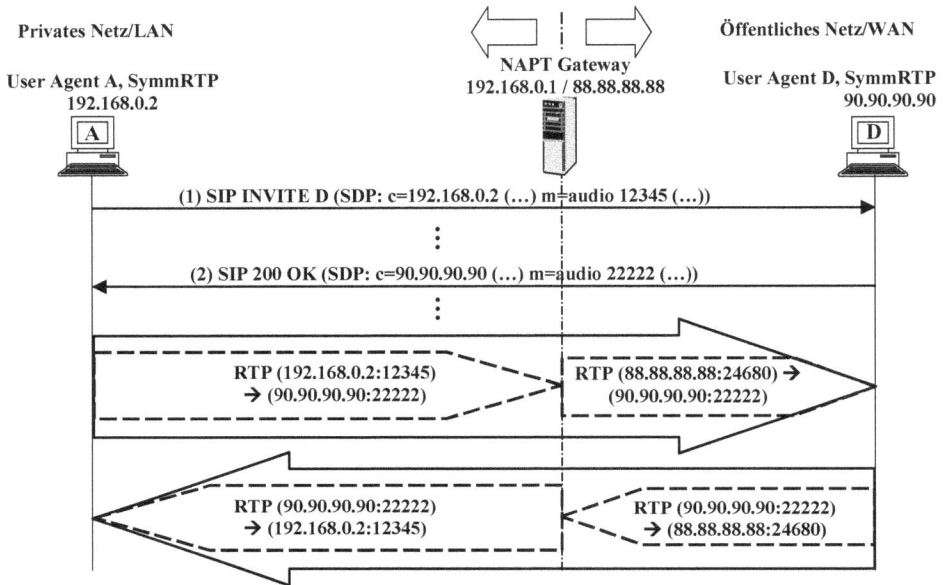

Bild 8.21: Prinzip der Nutzung von Symmetric RTP zur Überwindung der Multimedia over IP-NAPT-Problematik

User Agent D übermittelt im Rahmen der die Annahme der Session kennzeichnenden Statusinformation „200 OK" (siehe Schritt (2)) seine Nutzdatenempfangsparameter (hier: IP-Adresse 90.90.90.90, Port-Nummer 22222) an User Agent A.

Sendet A von seinem auch für den Nutzdatenempfang verwendeten IP-Socket (hier: 192.168.0.2:12345) nach erfolgtem SIP-Session-Aufbau ein RTP-Nutzdaten enthaltendes IP-Paket an User Agent D, so werden Quell-IP-Adresse und -UDP-Port-Nummer des betreffendes Pakets durch das NAPT Gateway auf den entsprechenden „öffentlichen" Ausgangs-IP-Socket des Gateways (hier: 88.88.88.88:24680) angepasst (siehe Abschnitt 8.2). User Agent D „erkennt" nach Erhalt des ersten von User Agent A gesendeten RTP-Pakets die Abweichung zwischen der in Schritt (1) per SDP übergebenen Kontaktinformation (hier: IP-Socket für den Nutzdatenempfang 192.168.0.2:12345) und dem im IP- und UDP-Header tatsächlich übermittelten IP-Socket (hier: 88.88.88.88:24680). Aufgrund dieser Abweichung ignoriert User Agent D die per SDP erhaltenen Kontaktparameter und sendet die seinerseits abgehenden RTP-Pakete an den von ihm „gesehenen" Quell-IP-Socket (hier: 88.88.88.88:24680) des bei ihm ankommenden RTP-Stroms. Aufgrund des durch den von User Agent A abgehenden RTP-Strom eingerichteten Port Mappings leitet das NAPT Gateway die von User Agent D eintreffenden RTP-Nutzdaten an User Agent A weiter. Somit wurde eine bidirektionale Nutzdatenkommunikation zwischen den User Agents über das NAPT Gateway etabliert.

Einschränkungen der Überwindung der NAPT-Problematik mit Symmetric RTP
Soll Symmetric RTP zur Überwindung der NAPT-Problematik bei Multimedia over IP mit SIP eingesetzt werden, müssen beide am Nutzdatenaustausch beteiligten Kommunikations-endsysteme Symmetric RTP (Nutzung desselben UDP-Ports für das Senden und Empfangen von RTP-Nutzdaten pro Endsystem im Rahmen einer Session) unterstützen. Zusätzlich muss der im öffentlichen Netz angesiedelte SIP User Agent eine ggf. vorhandene Abweichung zwischen den per SDP vom Kommunikationsendsystem im privaten Netz angegebenen Kontaktparametern und dem durch das NAPT Gateway eingesetzten Quell-IP-Socket der vom User Agent aus dem privaten Netz abgehenden Nutzdaten erkennen. Im Falle einer Abweichung muss der im öffentlichen Netz angesiedelte SIP User Agent die per SDP an ihn übergebenen Nutzdatenkontaktparameter ignorieren und die seinerseits abgehenden RTP-Nutzdaten an den im öffentlichen Netz gemappten IP-Socket des NAPT Gateways senden. Der User Agent im öffentlichen Netz benötigt also zusätzlich implementierte Funktionen, damit Symmetric RTP für die Überwindung der NAPT-Problematik eingesetzt werden kann.

Prinzipiell resultiert aus der Anwendung von Symmetric RTP zur Überwindung der Multimedia over IP-NAPT-Problematik eine SIP-/SDP-Regelverletzung, indem die vom User Agent im privaten Netz per SDP übermittelten Kontaktparameter stillschweigend durch den im öffentlichen Netz angesiedelten User Agent ignoriert werden.

Symmetric RTP sollte nur dann zur Überwindung der Multimedia over IP-NAPT-Problematik zum Einsatz kommen, wenn davon auszugehen ist, dass einer der beiden Kommunikationspartner mit Sicherheit im öffentlichen IP-Netz (und nicht beispielsweise in einem weiteren, ebenfalls mit dem öffentlichen Netz verbundenen privaten Netz) angesiedelt ist, da ansonsten eine einwandfreie NAT-Überwindung mittels Symmetric RTP nicht in jedem Fall gewährleistet werden kann.

8.3.7 Zusammenfassung und weitere Lösungsansätze

Tabelle 8.1 bietet einen zusammenfassenden Überblick über die Arbeitsprinzipien der in den Abschnitten 8.3.1 bis 8.3.6 vorgestellten Verfahren zur Überwindung der NAPT-Problematik für Multimedia over IP.

Tabelle 8.2 gibt Aufschluss über die Eigenschaften der in den Abschnitten 8.3.1 bis 8.3.6 vorgestellten NAPT-Überwindungsverfahren unter verschiedenen Bedingungen. Hierbei wird in der rechten Spalte der Tabelle von zwei möglichen Varianten ausgegangen, in denen jeweils zwei oder ggf. mehr NAPT Gateways auf einem IP-Kommunikationsweg auftreten können. Variante I geht von einer kaskadierten Folge von mindestens zwei NAPT Gateways zwischen einem in einem privaten Netz ansässigen Teilnehmer A und einem Teilnehmer B im öffentlichen Netz aus. Dies kann der Fall sein, wenn ein Internet Service Provider seinen Kunden lediglich IP-Zugänge aus einem Provider-eigenen privaten Netz zuweist, das über ein zusätzliches NAPT Gateway mit dem Internet verbunden ist. In diesem Fall muss jedes

IP-Paket auf dem Weg von Teilnehmer A zu Teilnehmer B zwei NAPT Gateways durchlaufen (ein NAPT Gateway am Übergang zwischen dem Privatnetz von Teilnehmer A und dem Provider-Privatnetz sowie ein weiteres NAPT Gateway am Übergang zwischen dem Provider-Privatnetz und dem Internet).

Tabelle 8.1: Arbeitsprinzipien der in den Abschnitten 8.3.1 bis 8.3.6 vorgestellten Verfahren zur Überwindung der NAPT-Problematik für Multimedia over IP

Verfahren	Arbeitsprinzip
SIP Symmetric Response Routing (siehe Abschnitt 8.3.1)	Erkennung und Berücksichtigung von Abweichungen zwischen per SIP angegebener und tatsächlicher IP-Adresse/Port-Nummer für die SIP-Signalisierung durch SIP-Netzelemente im öffentlichen Netz
STUN (siehe Abschnitt 8.3.2)	Ermittlung und Übergabe des vom NAPT Gateway pro Port gemappten "öffentlichen" IP-Sockets durch zentrale STUN Server im öffentlichen Netz
TURN (siehe Abschnitt 8.3.3)	Zusätzliche Vermittlung von Nutzdaten enthaltenden IP-Paketen durch zentrale TURN Server im öffentlichen Netz
ICE (siehe Abschnitt 8.3.4)	Methode und SDP-Protokollerweiterung zur Priorisierung und Übergabe verschiedener, voneinander unabhängiger, im öffentlichen Netz gültiger Kontaktparameter (mit anderen Verfahren zu ermitteln)
UPnP (siehe Abschnitt 8.3.5)	Aktive Steuerung des NAPT Gateway-Port Mappings durch UA im privaten Netz
Symmetric RTP (siehe Abschnitt 8.3.6)	Erkennung und Berücksichtigung von Abweichungen zwischen per SDP angegebenem und im öffentlichen Netz gültigem IP-Socket für den Nutzdatenempfang durch Nutzdatenkommunikationspartner

In Tabelle 8.2 berücksichtigt Variante II den Fall, dass zwei Teilnehmer A und B miteinander kommunizieren möchten, die jeweils in einem eigenen privaten Netz ansässig sind, die über das Internet miteinander verbunden sind. Auch hier haben die die Kommunikation betreffenden IP-Pakete zwei NAPT Gateways zu überwinden, eines am Übergang zwischen dem Privatnetz von Teilnehmer A und dem Internet und ein weiteres am Übergang zwischen dem Internet und dem Privatnetz von Teilnehmer B.

In [4504] werden hinsichtlich der Anwendung von Verfahren zur Überwindung der NAPT-Problematik folgende Anforderungen an SIP User Agents aufgestellt.

• SIP User Agents sollten in der Lage sein, über NAPT Gateways mit statischen Mapping-Schemata (Full Cone-, Restricted Cone- und Port Restricted Cone NAT-Typen; siehe Abschnitte 8.2.1 bis 8.2.3) kommunizieren zu können. Aus diesem Grund sollten SIP User Agents erstens im angeschlossenen öffentlichen IP-Netz gültige Kontaktparameter (IP-Sockets) in SIP-Nachrichten angeben können, zweitens SIP Symmetric Response Routing (siehe Abschnitt 8.3.1) verwenden oder SIP-Nachrichten per TCP (siehe Abschnitt 8.1) übermitteln und drittens Symmetric RTP (siehe Abschnitt 8.3.6) nutzen.

- SIP User Agents sollten STUN-fähig sein (siehe Abschnitt 8.3.2), um ihre im angeschlossenen öffentlichen IP-Netz gültigen Kontaktparameter (IP-Sockets) ermitteln zu können.
- SIP User Agents können UPnP (siehe Abschnitt 8.3.5) einsetzen, um ein einzelnes lokales NAPT Gateway zu überwinden. Die Überwindung ggf. zusätzlich im IP-Netz des Netzanbieters existierender NAPT Gateways (NAT-Kaskaden) per UPnP ist nicht möglich.
- Der Nummernbereich der für die RTP-Nutzdatenkommunikation verwendeten UDP-Ports muss im User Agent einschränkbar sein.

Tabelle 8.2: Eigenschaften der in den Abschnitten 8.3.1 bis 8.3.6 vorgestellten Verfahren zur Überwindung der NAPT-Problematik für Multimedia over IP

Verfahren	Überwindbare NAT-Grundtypen				Anwendung		NAPT-Kombination: Variante I / Variante II
	Full Cone	Restricted Cone	Port Restricted Cone	Symmetric	SIP	RTP	
SIP Symmetric Response Routing (siehe Abschnitt 8.3.1)	+	+	+	+	+		+/+
STUN (siehe Abschnitt 8.3.2)	+	+	+		+	+	+/+
TURN (siehe Abschnitt 8.3.3)	+	+	+	+		+	+/+
ICE (siehe Abschnitt 8.3.4)	abhängig von parallel anzuwendenden Verfahren zur NAPT-Überwindung					+	abhängig von parallel anzuwendenden Verfahren zur NAPT-Überwindung
UPnP (siehe Abschnitt 8.3.5)	spezielle, UPnP-fähige NAPT				+	+	–/+
Symmetric RTP (siehe Abschnitt 8.3.6)	+	+	+	+		+	+/–

Neben den in den Abschnitten 8.3.1 bis 8.3.6 vorgestellten Verfahren existieren weitere, weniger bedeutende Ansätze zur Umgehung der NAPT-Problematik beim Austausch von Signalisierungs- und Mediendaten. Einige dieser Verfahren werden im Folgenden vorgestellt.

Comedia (vormals Connection-Oriented Media Transport)
Die in [4145] vorgestellte, als „Comedia" bezeichnete SDP-Erweiterung zur Aushandlung von TCP-basiertem Mediendatentransport hat für den Austausch von echtzeitkritischen Nutzdaten (Sprache, Video etc.) praktisch keine Bedeutung. Vor dem Medientransport wird per TCP-Handshake (siehe Abschnitt 4.2.4) ein verbindungsorientierter Kommunikationszustand zwischen den beteiligten Endsystemen erzeugt, der in einem ggf. zwischengeschalteten NAPT Gateway ein entsprechendes Port Binding aktiviert.

MIDCOM (Middlebox Communication)

Bei MIDCOM [3303; 3304] handelt es sich um eine kombinierte, bisher nur theoretisch bestehende Architektur- und Protokolllösung zur Steuerung sog. „Middleboxes" (z.B. NAPT Gateways) durch sog. „MIDCOM Agents". Gemäß [3303] könnte die Funktionalität eines MIDCOM Agents beispielsweise in einem SIP Proxy Server implementiert sein, der anhand von per SIP/SDP übermittelten Kontaktierungsparametern Port Mappings von NAPT Gateways steuert.

Obwohl bereits detaillierte Anforderungen an ein Protokoll zur Middlebox-Steuerung bestehen [3304; 5189], wurde bisher keine eigenständige MIDCOM-Protokoll-Implementierung geschaffen. Vielmehr wird die Verwendung eines entsprechend geeigneten, bereits existierenden Protokolls angestrebt [4097].

NSIS (Next Steps In Signaling)

Die IETF-Working Group NSIS [NSIS] befasst sich prinzipiell mit Protokollen bzw. Architekturen zur umgebungsübergreifenden Beeinflussung von Netzwerkressourcen bzw. Netzelementen [3726]. In diesem Zusammenhang wurde ein Protokoll zur Steuerung von NAT Gateways und Firewalls (NAT/Firewall NSLP; NAT/Firewall NSIS Signaling Layer Protocol [Stie] vorläufig definiert, das explizit auch für die Anwendung mit SIP vorgeschlagen wird.

RSIP (Realm Specific IP)

Die in [3102; 3103] definierte, kombinierte Architektur- und Protokolllösung RSIP stellt eine Alternative zur Anbindung von privaten an öffentliche IP-Netze über NAPT Gateways dar. Hierbei wird das NAPT Gateway durch ein sog. RSIP Gateway ersetzt, das im privaten Netz angesiedelten Kommunikationssystemen feste Kontaktressourcen (IP-Sockets) auf der Netzwerkschnittstelle zum öffentlichen Netz zur Verfügung stellen kann. Die entsprechenden, im angeschlossenen öffentlichen IP-Netz gültigen Kontaktparameter können durch RSIP-fähige Applikationen („RSIP Host", z.B. RSIP-fähige SIP User Agents) als Kontaktparameter (z.B. im Rahmen von SIP-Header-Feldern und SDP-Parametern) angegeben werden. Das RSIP Gateway arbeitet in diesem Fall transparent bezüglich der Kommunikation zwischen einem RSIP Host im privaten Netz und einem beliebigen IP-System im öffentlichen Netz.

RSIP Gateways sowie RSIP-fähige Applikationen haben bislang für die Multimedia over IP-Kommunikation wenig Bedeutung.

9   SIP und Leistungsmerkmale

Bereits seit einigen Jahrzehnten stellen professionelle TK-Anlagen, wie sie in privaten, meist firmeninternen TK-Netzen zur Anwendung kommen, eine große Auswahl sog. Leistungsmerkmale wie z.B. Halten, Verbindungsübergabe, Rufweiterleitung und Dreierkonferenz zur Verfügung. Viele dieser Merkmale konnten zunächst allerdings nur innerhalb des jeweiligen Privatnetzes genutzt werden; die Einleitung einer Dreierkonferenz unter Einbeziehung zweier im öffentlichen Netz befindlicher Nebenstellen beispielsweise war nicht ohne Weiteres möglich.

TK-Leistungsmerkmale dienen allgemein dem Komfort zugunsten der Nutzer. Viele dieser Merkmale zählen zum Standard-Leistungsspektrum jeder privaten TK-Infrastruktur und werden durch deren Teilnehmer gerne in Anspruch genommen.

Seitdem das öffentliche deutsche Fernsprechnetz Mitte der Neunziger Jahre des letzten Jahrhunderts vollständig digitalisiert wurde, können Leistungsmerkmale wie die oben Genannten auch im öffentlichen Netz genutzt werden. Unabhängig von der Art der jeweiligen Anschaltung (a/b- bzw. ISDN-Teilnehmeranschluss) stellen heute also auch öffentliche Netzbetreiber eine gewisse Auswahl an Leistungsmerkmalen (Halten/Makeln, Rückruf bei Besetzt, Dreierkonferenz etc.) zur Verfügung. In öffentlichen Netzen werden derartige dienstbezogene Funktionen meist als Dienstmerkmale bezeichnet. Im Folgenden werden die Begriffe Leistungsmerkmal und Dienstmerkmal synonym verwendet.

Obwohl SIP/SDP prinzipiell ein großes Potential für die Bedienung verschiedenster Leistungs- bzw. Dienstmerkmale im Rahmen einer Multimedia over IP-Infrastruktur bietet, existiert bis heute bezüglich der reinen SIP-Protokollstandardisierung seitens der IETF kein bindendes Reglement, das die Einleitung bzw. Ausführung von Dienstmerkmalen mittels SIP betrifft. Viele Merkmale lassen sich jedoch relativ leicht unter Anwendung von SIP-Grundfunktionen und Kombinationen verschiedener logischer SIP-Netzelemente realisieren, z.B. Rufumleitungsvarianten mittels SIP Redirect Server (siehe Abschnitt 6.4). Voraussetzung hierfür ist jedoch, dass die beteiligten SIP-Netzelemente (sowohl SIP-Endsysteme als auch die SIP-Vermittlungsinfrastruktur der betreffenden SIP-Dienstanbieter) absolut konform bezüglich der für das jeweilige Dienstmerkmal angewendeten SIP-Standards arbeiten. Dies kann insbesondere bei der Anwendung nachträglicher SIP-Erweiterungen zur Realisierung von Dienstmerkmalen (z.B. Verbindungsübergabe mittels SIP-Anfrage REFER (siehe Abschnitt 5.2)) zu Problemen führen, da nicht jedes SIP-Basisstandard-konforme Netzelement (RFC 3261-kompatible SIP-Netzelemente [3261]) zwangsläufig die im Rahmen bestimmter Leistungsmerkmale angewendeten Erweiterungen unterstützt.

Des Weiteren existieren herstellerspezifische Lösungen für Dienstmerkmale in SIP-Kommunikationsumgebungen, z.B. die Übergabe proprietär zu verarbeitender Informationen in SIP-Message Bodys. Hierbei kann nicht von einer Kompatibilität mit Realisierungen anderer Hersteller ausgegangen werden.

Ohne Zweifel zählt die möglichst einheitliche herstellerübergreifende Realisierung unterschiedlicher Leistungsmerkmale in SIP-basierten Multimedia over IP-Umgebungen zu den wesentlichsten Grundvoraussetzungen für eine erfolgreiche professionelle Nutzung des SIP als Vermittlungsprotokoll in Telekommunikationsnetzen.

In [5359] werden einige brauchbare Ansätze für die Vereinheitlichung von TK-Standardleistungsmerkmalen in SIP-basierten IP-Telekommunikationsumgebungen beschrieben. Hierbei wird zumeist von einer Implementierung der entsprechenden Merkmale in SIP-Endsystemen (User Agents) ausgegangen. Einige der in [5359] definierten Dienstmerkmale setzen die Implementierung nachträglich hinzugekommener SIP-Funktionen (z.B. Anwendung der SIP-Nachricht REFER; siehe Abschnitt 5.2) voraus.

Im Folgenden werden einige der in [5359] behandelten Merkmale bzw. deren Realisierungen näher erläutert. Generell wird hierbei vom Einsatz der Leistungsmerkmale nur in Verbindung mit reinen Audio-Sessions ausgegangen. Die Nutzung unter Einbeziehung weiterer Medien (z.B. im Zusammenhang mit einer kombinierten Audio- und Video-Session) ist jedoch ebenfalls möglich.

Aus Gründen der Übersichtlichkeit wird im Rahmen dieses Kapitels auf die Darstellung von ggf. in die SIP-Kommunikation involvierten SIP Proxy Servern bewusst verzichtet, sofern diese lediglich der Weiterleitung von SIP-Nachrichten dienen und keine besonderen Funktionen im Sinne des jeweiligen Leistungsmerkmals erfüllen.

Abschließend wird in Abschnitt 9.8 auf die Realisierung von PSTN/ISDN-Leistungsmerkmalen in einem NGN nach ETSI TISPAN eingegangen.

9.1   Halten (Hold)

Das Leistungsmerkmal „Halten" bietet dem einleitenden Teilnehmer die Möglichkeit, den Nutzdatenaustausch im Rahmen einer zwischen ihm und einem weiteren Endsystem bestehenden Kommunikation zu unterbrechen und zu gegebener Zeit wieder aufzunehmen, ohne dass dabei die Verbindung an sich ab- bzw. erneut aufgebaut werden muss.

Eine Variante dieses Leistungsmerkmals ist „Halten mit Rückfrage" (Consultation Hold; derjenige Teilnehmer, der „Halten" einleitet, kann parallel mit einem weiteren Kommunikationspartner Kontakt aufnehmen, während die gehaltene Verbindung ruht).

9.1.1   Einfaches Halten

Im einfachsten Fall der Realisierung des Leistungsmerkmals „Halten" im Rahmen einer SIP-Session wird lediglich der Nutzdatenaustausch in beide Richtungen unterbrochen, während die eigentliche Session weiterhin bestehen bleibt. Sowohl das Einleiten als auch das Aufheben dieses Leistungsmerkmals erfolgt jeweils durch die Übermittlung entsprechend modifizierter Medieneigenschaften mittels SDP im Rahmen der SIP-Anfrage INVITE. Diese geht von demjenigen SIP UA aus, dessen Teilnehmer das Leistungsmerkmal „Halten" einleitet bzw. aufhebt und löst jeweils einen SIP Three Way Handshake (INVITE, „200 OK", ACK) aus. Dieser Vorgang wird allgemein als Re-INVITE bezeichnet und meint die Modifizierung einer bereits bestehenden SIP-Session. Ein Re-INVITE bezieht sich also immer auf eine bereits bestehende SIP-Session und kann – durch entsprechende Angaben im SDP-Teil – die betreffende Nutzdaten-Session modifizieren.

Bild 9.1 zeigt den SIP-Kommunikationsverlauf für den Fall des Einleitens sowie des Aufhebens des Leistungsmerkmals „Halten" im Rahmen einer SIP-Session.

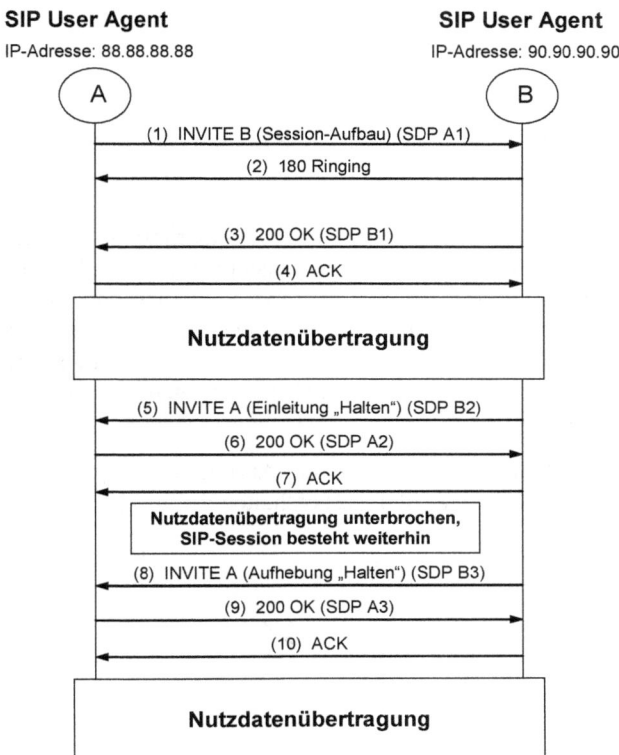

Bild 9.1: SIP-Kommunikationsverlauf für den Einsatz des Leistungsmerkmals „Halten" im einfachsten Fall

Einleitung des Leistungsmerkmals „Halten"

Zunächst wird durch den Benutzer des User Agents A auf herkömmliche Weise eine SIP-Session mit User Agent B initiiert (siehe Bild 9.1, Schritte (1) bis (4)). In den Message Bodys der SIP-Anfrage INVITE (Schritt (1)) bzw. der SIP-Statusinformation „200 OK" (Schritt (3)) werden hierbei die folgenden typischen Session- bzw. medienrelevanten Informationen per SDP übermittelt:

- (SDP A1) in Schritt (1) (INVITE):

  ```
  v=0
  o=TeilnehmerA 1234 1234 IN IP4 88.88.88.88
  s=Voice over IP Session
  c=IN IP4 88.88.88.88
  t=0 0
  m=audio 3456 RTP/AVP 0
  a=rtpmap:0 PCMU/8000
  ```

- (sdp B1) in Schritt (3) (200 OK):

  ```
  v=0
  o=TeilnehmerB 2468 2468 IN IP4 90.90.90.90
  s=Voice over IP Session
  c=IN IP4 90.90.90.90
  t=0 0
  m=audio 49170 RTP/AVP 0
  a=rtpmap:0 PCMU/8000
  ```

Nach erfolgtem Session-Aufbau und daran anschließender Nutzdatenübertragung aktiviert einer der Teilnehmer (hier der Benutzer des User Agents B) das Leistungsmerkmal „Halten". Daraus resultiert das Aussenden der INVITE-Anfrage in Schritt (5). Start-Line und Header dieser Anfrage unterscheiden sich im Wesentlichen nicht von denjenigen SIP-Informationen, die üblicherweise im Rahmen einer INVITE-Anfrage übermittelt werden. Insbesondere bezieht sich die INVITE-Anfrage in Schritt (5) auf dieselbe Call-ID wie beim Aufbau der Nutzdaten-Session in den Schritten (1) bis (4).

Allerdings ist im Message Body der in Schritt (5) übermittelten Anfrage der folgende, im Vergleich zu (SDP B1) leicht modifizierte SDP-Teil (SDP B2) enthalten:

- (SDP B2) in Schritt (5) (INVITE):

  ```
  v=0
  o=TeilnehmerB 2468 2469 IN IP4 90.90.90.90
  s=Voice over IP Session
  c=IN IP4 90.90.90.90
  t=0 0
  m=audio 49170 RTP/AVP 0
  a=rtpmap:0 PCMU/8000
  a=sendonly
  ```

Wie aus dem zweiten Attribut in (SDP B2) (unterste Zeile, a=sendonly) hervorgeht, wird die ursprünglich bidirektional angelegte Medien-Session nun in eine unidirektionale Session abgeändert. User Agent B soll ausschließlich als Mediensender agieren, was zur Folge hat, dass User Agent A nur noch Medienempfänger ist. Dieser quittiert seinen neuen Status im SDP-Teil (SDP A2), der in Schritt (6) im Rahmen der Statusinformation „200 OK" von User Agent A an User Agent B gesendet wird (siehe (SDP A2), unterste Zeile: a=recvonly (receive only)):

- (SDP A2) in Schritt (6) (200 OK):
  ```
  v=0
  o=TeilnehmerA 1234 1235 IN IP4 88.88.88.88
  s=Voice over IP Session
  c=IN IP4 88.88.88.88
  t=0 0
  m=audio 3456 RTP/AVP 0
  a=rtpmap:0 PCMU/8000
  a=recvonly
  ```

Da die beide Endsysteme betreffende Medien-Session durch User Agent B modifiziert wurde, inkrementierten beide User Agents die Session-Versionsnummer im SDP-Parameter o.

Der Empfang der Statusinformation „200 OK" aus Schritt (6) wird durch User Agent B in Schritt (7) mit der SIP-Nachricht ACK bestätigt. Die ursprünglich bidirektionale Audio-Session wurde nun scheinbar in eine unidirektionale Audio-Session (Mediensenderichtung: von B nach A) umgewandelt.

Zwar wird nach Abschluss dieser aus den Schritten (5) bis (7) bestehenden Prozedur der Medienstrom in eine Übertragungsrichtung scheinbar aufrechterhalten, was für das Leistungsmerkmal „Halten" unüblich erscheint; jedoch kann auf der Seite desjenigen Teilnehmers, der „Halten" eingeleitet hat, User Agent-intern die Audioquelle stumm geschaltet werden (z.B. mittels einer Software-Funktion). Es wird somit ein Zustand erreicht, der dem Leistungsmerkmal „Halten" entspricht:

- Von Teilnehmer A zu Teilnehmer B findet keine RTP-Medienübertragung statt.
- Von Teilnehmer B zu Teilnehmer A können zwar theoretisch weiterhin RTP-Pakete übertragen werden; ggf. enthalten diese jedoch nur „leere" Information, da die Audioquelle von Teilnehmer B User Agent-intern stumm geschaltet wurde.
- Nur derjenige Teilnehmer, der das Leistungsmerkmal „Halten" eingeleitet hat (in unserem Beispiel also Teilnehmer B), kann den Haltezustand wieder aufheben. User Agent A kann ohne Bestätigung durch User Agent B die Medien-relevanten Parameter der Session nicht verändern und somit auch den bidirektionalen Zustand der Medien-Session nicht selbständig wieder herstellen. Des Weiteren hat User Agent A keinen Einfluss auf die Wiederanschaltung der Audio-Quelle auf der Seite von User Agent B.

Aufhebung des Leistungsmerkmals „Halten"

Hebt derjenige Teilnehmer, der das Merkmal „Halten" eingeleitet hatte, diesen Zustand auf, so resultiert daraus wiederum eine INVITE-Anfrage (siehe Schritt (8)), die den SDP-Teil (SDP B3) enthält:

- (SDP B3) in Schritt (8) (INVITE):
  ```
  v=0
  o=TeilnehmerB 2468 2470 IN IP4 90.90.90.90
  s=Voice over IP Session
  c=IN IP4 90.90.90.90
  t=0 0
  m=audio 49170 RTP/AVP 0
  a=rtpmap:0 PCMU/8000
  ```

Dieser SDP-Teil unterscheidet sich von (SDP B2) neben der wiederum imkrementierten Medien-Session-Versionsnummer nur durch das in (SDP B3) nicht mehr enthaltene Medien-attribut a=sendonly, d.h., ab sofort soll die Nutzdaten-Session wieder einen bidirektionalen Status erhalten. Alternativ könnte ein SDP-Attribut mit dem Wert a=sendrecv (send and receive) eingesetzt werden.

User Agent A bestätigt den nun wieder bidirektionalen Charakter der Medien-Session mittels SDP-Teil (SDP A3), der im Rahmen der Statusinformation „200 OK" in Schritt (9) übertragen wird:

- (SDP A3) in Schritt (9) (200 OK):
  ```
  v=0
  o=TeilnehmerA 1234 1236 IN IP4 88.88.88.88
  s=Voice over IP Session
  c=IN IP4 88.88.88.88
  t=0 0
  m=audio 3456 RTP/AVP 0
  a=rtpmap:0 PCMU/8000
  ```

Auch in (SDP A3) existiert kein Hinweis mehr auf eine unidirektionale Medien-Session (vgl. (SDP A2); Medienattribut a=recvonly).

Parallel zum SIP Three Way Handshake in den Schritten (8) bis (10) wird die Stummschal-tung der Audioquelle von Teilnehmer B User Agent-intern ebenfalls wieder aufgehoben; das Leistungsmerkmal „Halten" wurde ausgelöst. Der in den Schritten (1) bis (4) ursprünglich eingeleitete Nutzdatenaustausch wird fortgesetzt.

9.1.2   Makeln/Halten mit Rückfrage (Consultation Hold)

In dieser Variante des Leistungsmerkmals „Halten" initiiert derjenige Teilnehmer, der „Hal-ten" eingeleitet hat (in diesem Beispiel ist dies Teilnehmer B), eine weitere SIP-Session zu einem dritten Teilnehmer C. Während des Nutzdatenaustauschs zwischen den Teilnehmern B und C wird die zuvor etablierte Verbindung zwischen den Teilnehmern A und B gehalten. Teilnehmer A erfährt nicht, ob und falls ja mit wem Teilnehmer B in der Zwischenzeit kommuniziert.

Bild 9.2 zeigt den Kommunikationsverlauf für den Fall der Nutzung des Leistungsmerkmals „Halten" in Kombination mit einer zusätzlich eingeleiteten Rückfrage-Session zu einem dritten Teilnehmer.

Wie bereits im Beispiel des einfachen Haltens (siehe Abschnitt 9.1.1) initiiert Teilnehmer A zunächst eine herkömmliche SIP-Voice over IP-Session mit Teilnehmer B (siehe Bild 9.2, Schritte (1) bis (4)). Nachdem die Nutzdatenübertragung etabliert ist, leitet Teilnehmer B das Leistungsmerkmal „Halten" ein (Schritte (5) bis (7)). Die Medien-Session zwischen den User Agents A und B wird somit unidirektional (RTP-Übertragung nur noch von B zu A möglich) und die Audioquelle von Teilnehmer B wird User Agent-intern für die Verbindung zu Teilnehmer A stumm geschaltet. Die Verbindung zwischen den Teilnehmern A und B befindet sich somit im Haltezustand.

Da der SIP-Kommunikationsverlauf inkl. sämtlicher SIP- und SDP-Parameter bis hierhin exakt der in Abschnitt 9.1.1 beschriebenen Sequenz gleicht, wird auf die Reproduktion der SDP-Teile A1, B1 und A2 verzichtet; es erfolgt lediglich die Darstellung von (SDP B2):

- (SDP B2) in Schritt (5) (INVITE):
  ```
  v=0
  o=TeilnehmerB 2468 2469 IN IP4 90.90.90.90
  s=Voice over IP Session
  c=IN IP4 90.90.90.90
  t=0 0
  m=audio 49170 RTP/AVP 0
  a=rtpmap:0 PCMU/8000
  a=sendonly
  ```

SIP User Agent
IP-Adresse: 88.88.88.88

SIP User Agent
IP-Adresse: 90.90.90.90

SIP User Agent
IP-Adresse: 91.91.91.91

(A)   (B)   (C)

(1) INVITE B (Session-Aufbau) (SDP A1)

(2) 180 Ringing

(3) 200 OK (SDP B1)

(4) ACK

Nutzdatenübertragung

(5) INVITE A (Einleitung „Halten") (SDP B2)

(6) 200 OK (SDP A2)

(7) ACK

Nutzdatenübertragung unterbrochen, SIP-Session besteht weiterhin

(8) INVITE C (Rückfrage-Session) (SDP B3)

(9) 180 Ringing

(10) 200 OK (SDP C1)

(11) ACK

Nutzdatenübertragung

(12) BYE C (Ende der Rückfrage-Session)

(13) 200 OK

(14) INVITE A (Aufhebung „Halten") (SDP B4)

(15) 200 OK (SDP A3)

(16) ACK

Nutzdatenübertragung

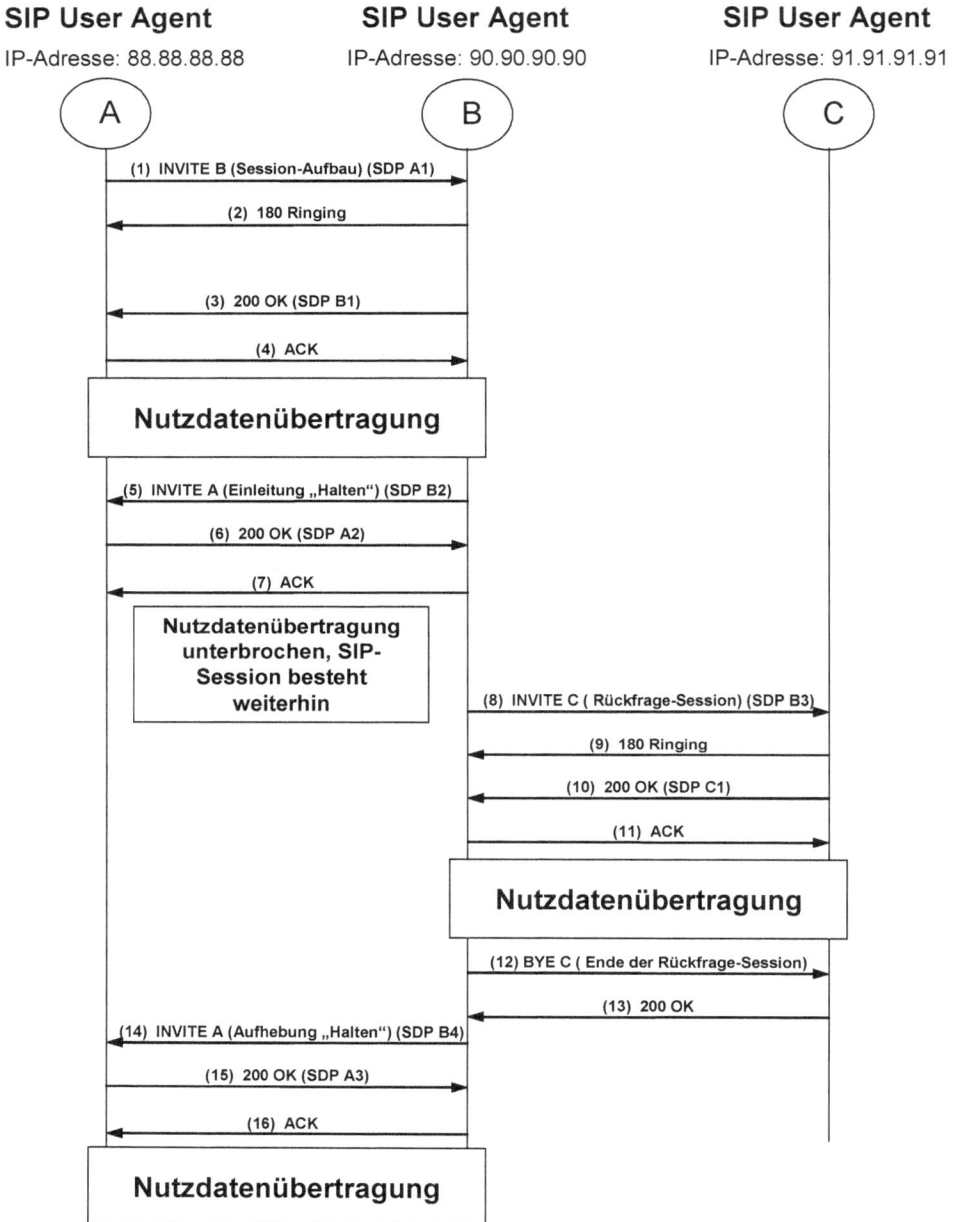

Bild 9.2: SIP-Kommunikationsverlauf für den Einsatz des Leistungsmerkmals „Halten" in Verbindung mit einer Rückfrage-Session zu einem dritten Teilnehmer

Während die Verbindung zwischen den Teilnehmern A und B gehalten wird, initiiert Teilnehmer B nun eine weitere Voice over IP-Session zu einem dritten Teilnehmer. In unserem Beispiel ist dies Teilnehmer C. Daraus ergibt sich der in Bild 9.2 in den Schritten (8) bis (11) dargestellte SIP-Session-Aufbau. Die SDP-Teile (SDP B3) und (SDP C1), die dabei zum Einsatz kommen, entsprechen erwartungsgemäß der folgenden Form:

- (SDP B3) in Schritt (8) (INVITE):

```
v=0
o=TeilnehmerB 9876 9876 IN IP4 90.90.90.90
s=Session II
c=IN IP4 90.90.90.90
t=0 0
m=audio 50170 RTP/AVP 0
a=rtpmap:0 PCMU/8000
```

- (SDP C1) in Schritt (10) (200 OK):

```
v=0
o=TeilnehmerC 5432 5432 IN IP4 91.91.91.91
s=Session II
c=IN IP4 91.91.91.91
t=0 0
m=audio 3000 RTP/AVP 0
a=rtpmap:0 PCMU/8000
```

Man beachte die sich jeweils unterscheidenden Angaben bezüglich des RTP-Nutzdaten-empfangs-Ports von User Agent B in den Sessions mit Teilnehmer A (vgl. (SDP B2), Zeile „m= …“: Port 49170) bzw. Teilnehmer C (vgl. (SDP B3), Zeile „m= …“: Port 50170) sowie die verschiedenen Medien-Session-IDs bzw. -Versionsnummern (vgl. (SDP B2), Zeile „o=…“ „2468 2469“ und (SDP B3), Zeile „o=…“ „9876 9876“) (siehe Abschnitt 5.7.1 zur Erklärung der SDP-Parameterwerte).

Nach der in den Schritten (12) und (13) vollzogenen Beendigung der Verbindung zwischen den Teilnehmern B und C hebt Teilnehmer B den Haltezustand der Session mit Teilnehmer A wieder auf (siehe Bild 9.2, Schritte (14) bis (16)). Dies erfolgt analog zu der bereits in Abschnitt 9.1.1 beschriebenen Auslösung dieses Leistungsmerkmals (Wiederherstellung der Bidirektionalität der Session sowie Wiederanschaltung der Audioquelle von User Agent B für diese Session). Im Anschluss findet demzufolge wieder eine bidirektionale Nutzdaten-übertragung zwischen A und B statt.

9.2   Verbindungsübergabe (Call Transfer)

Eines der wichtigsten Leistungsmerkmale, die in privaten TK-Netzen zur Verfügung stehen, ist die Verbindungsübergabe („Verbinden"). Hierdurch wird es möglich, ein bereits aufgebautes Gespräch an einen anderen Teilnehmer innerhalb desselben TK-Netzes zu vermitteln. Eine typische Anwendung für dieses Leistungsmerkmal ist die manuelle Vermittlung eines Gesprächs durch eine mit Telefonisten besetzte Telefonzentrale bzw. eine Hotelrezeption.

Eine Verbindungsübergabe kann entweder direkt oder aber nach Rücksprache mit demjenigen Teilnehmer erfolgen, an den die Verbindung übergeben werden soll. Die hier jeweils vorgestellten Realisierungsbeispiele basieren auf der SIP-Anfrage REFER [3515] sowie dem nachträglich definierten SIP-Header-Feld „Referred-by" [3892]. Mit der REFER-Anfrage wird automatisch die Überwachung des Fortschritts der Verbindungsübergabe gemäß SIP Event Package „refer" [3515] eingeleitet (siehe Abschnitt 5.5.3).

9.2.1   Direkte Verbindungsübergabe (Unattended Transfer)

Ein Teilnehmer B eines Gesprächs möchte seinen Kommunikationspartner A mit einer anderen Person C verbinden, die über einen separaten Anschluss innerhalb desselben TK-Netzes erreichbar ist. Diese Verbindungsübergabe soll direkt erfolgen, d.h. derjenige Teilnehmer, an den das Gespräch übergeben werden soll, wird durch die verbindende Person B nicht im Vorhinein informiert.

Bild 9.3 zeigt den Kommunikationsverlauf für eine mögliche Realisierung dieses Leistungsmerkmals mit SIP.

Im Rahmen der in Bild 9.3 dargestellten Schritte (1) bis (4) initiiert Teilnehmer A erfolgreich eine SIP-Session mit Teilnehmer B.

Einleitung und Akzeptieren der Übergabe
Teilnehmer B möchte das mit Teilnehmer A geführte Gespräch an Teilnehmer C übergeben, wobei in Schritt (5) die SIP-Anfrage REFER gemäß [3515] zum Einsatz kommt. U.a. ist in dieser REFER-Anfrage das SIP-Header-Feld „Refer-To" [3515] enthalten, das User Agent A zur selbständigen Kontaktierung des User Agents C auffordert.

User Agent A akzeptiert die Übergabe (siehe Schritt (6): „202 Accepted") und informiert User Agent B in Schritt (7) mittels der SIP-Nachricht NOTIFY gemäß [3515; 6665] über den aktiven Status der durch REFER ausgelösten Verbindungstransaktion. Als Empfangsbestätigung für die NOTIFY-Nachricht wird in Schritt (8) die Statusinformation „200 OK" an A übermittelt.

Abbau der ursprünglichen Nutzdaten-Session
User Agent B beendet daraufhin in Schritt (9) mittels BYE die Nutzdatenverbindung zu A. Es folgt die von User Agent A ausgehende Empfangsbestätigung „200 OK" (siehe Schritt (10)).

SIP User Agent
IP-Adresse: 88.88.88.88

SIP User Agent
IP-Adresse: 90.90.90.90

SIP User Agent
IP-Adresse: 91.91.91.91

A

B

C

(1) INVITE B

(2) 180 Ringing

(3) 200 OK

(4) ACK

Nutzdatenübertragung

(5) REFER (Refer-To:C)

(6) 202 Accepted

(7) NOTIFY

(8) 200 OK

(9) BYE

(10) 200 OK

(11) INVITE C (Referred-By: B)

(12) 180 Ringing

(13) 200 OK

(14) ACK

Nutzdatenübertragung

(15) NOTIFY

(16) 200 OK

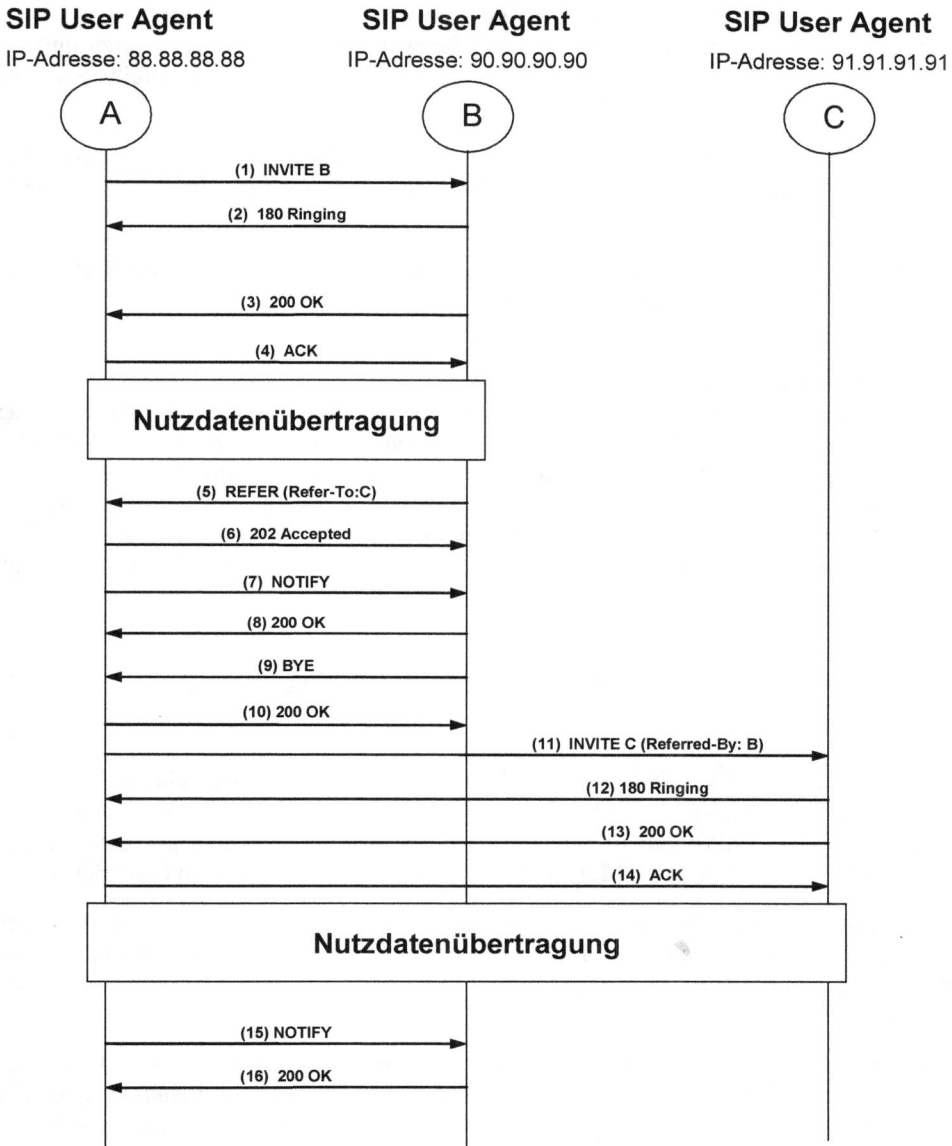

Bild 9.3: SIP-Kommunikationsverlauf für den Einsatz des Leistungsmerkmals „Direkte Verbindungsübergabe"

Aufbau der aus der Übergabe resultierenden Nutzdaten-Session
User Agent A initiiert nun selbständig eine SIP-Session mit Teilnehmer C. Hierzu nutzt er die ihm im Header-Feld „Refer-To" der REFER-Anfrage in Schritt (5) mitgeteilte SIP URI als Ziel-Adresse seiner INVITE-Anfrage (siehe Schritt (11)).

Die INVITE-Anfrage in Schritt (11) enthält des Weiteren das Header-Feld „Referred-By" [3892], das auf User Agent B verweist. Dies dient der Transparenz des durch Teilnehmer B ausgelösten Verbindungsvorgangs für User Agent C.

Mit dem Aussenden der SIP-Nachricht ACK in Schritt (14) ist der Aufbau der Verbindung zwischen den Teilnehmern A und C abgeschlossen.

Bestätigung über die erfolgte Übergabe
Nach der Annahme der Session durch Teilnehmer C in Schritt (13) („200 OK") wird User Agent B mittels einer von User Agent A ausgehenden NOTIFY-Nachricht in Schritt (15) über den Erfolg der Verbindungsübergabe informiert. Gleichzeitig wird durch diese Nachricht die Zustandsüberwachung des refer-Events beendet, da das zu überwachende Ereignis (also die Verbindungsübergabe) bereits stattgefunden hat. Der Empfang dieser Nachricht wird in Schritt (16) mittels der von B ausgesendeten Statusinformation „200 OK" bestätigt. Die Verbindungsübergabe ist somit erfolgt.

9.2.2 Verbindungsübergabe nach Rückfrage (Attended Transfer)

Soll der Übergabe einer Verbindung eine Rückfrage zwischen dem übergebenden und dem ihn in der Folge ersetzenden Teilnehmer vorausgehen, kann dies durch eine Kombination der Leistungsmerkmale „Halten mit Rückfrage" (siehe Abschnitt 9.1.2) und „Direkte Verbindungsübergabe" (siehe Abschnitt 9.2.1) realisiert werden, wie im Folgenden beschrieben.

Aus Gründen der Übersichtlichkeit wird zur Erläuterung der Verbindungsübergabe nach Rückfrage auf die Darstellung von SIP-Nachrichten verzichtet. Vielmehr werden der Verlauf der Einleitung und die Nutzung dieses Leistungsmerkmals in Bild 9.4 anhand von Funktionsblöcken aufgezeigt.

Gemäß des in Bild 9.4 dargestellten Kommunikationsverlaufs leitet Teilnehmer A zunächst auf herkömmliche Weise eine Verbindung zu Teilnehmer B ein (siehe Funktionsblock a)). Während der Nutzdatenübertragung versetzt Teilnehmer B die Kommunikation in den Haltezustand (siehe Funktionsblock b)); dies geschieht analog zu den Schritten (5) bis (7) in Bild 9.2 (siehe Abschnitt 9.1.2).

Es folgt der von User Agent B ausgehende Aufbau der Rückfrage-Session zu Teilnehmer C, wie in Funktionsblock c) dargestellt. B kann C nun über die anstehende Verbindung zu Teilnehmer A in Kenntnis setzen. Soll die Übergabe erfolgen, versetzt Teilnehmer B auch die Rückfrage-Session in einen Haltezustand (siehe Funktionsblock d)), was wiederum analog zu den Schritten (5) bis (7) des in Abschnitt 9.1.2 beschriebenen Beispiels geschieht.

SIP User Agent
IP-Adresse: 88.88.88.88

SIP User Agent
IP-Adresse: 90.90.90.90

SIP User Agent
IP-Adresse: 91.91.91.91

A   B   C

a) Session-Aufbau A→B

Nutzdatenübertragung A ←→B

b) Einleitung „Halten" B→A

c) Session-Aufbau B→C

Nutzdatenübertragung B←→C

d) Einleitung „Halten" B→C

e) Einleitung „Übergabe" B→A

f) Session-Aufbau A→C

Nutzdatenübertragung A←→C

g) Session-Abbau C→B

h) Bestätigung „Übergabe"
erfolgt A→B

i) Session-Abbau B→A

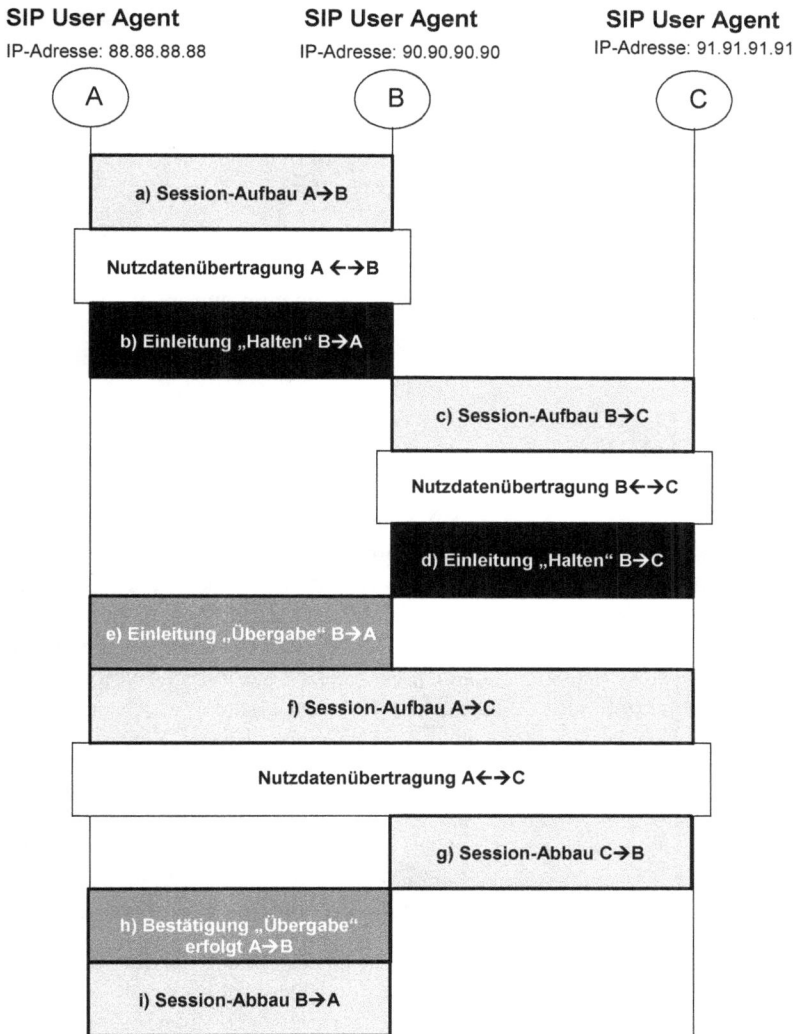

Bild 9.4: SIP-Kommunikationsverlauf für den Einsatz des Leistungsmerkmals „Verbindungsübergabe mit Rückfrage", dargestellt in Form von Funktionsblöcken

Teilnehmer B leitet nun die Übergabe des Gesprächs an Teilnehmer C ein. Dies geschieht im Rahmen von Funktionsblock e) durch das Aussenden der SIP-Anfrage REFER an User Agent A, wie in Abschnitt 9.2.1 unter „Einleitung und Akzeptieren der Übergabe" beschrieben. User Agent A initiiert daraufhin in Block f) selbständig eine Kommunikationsverbindung mit User Agent C.

Nach erfolgtem Session-Aufbau zwischen A und C beendet User Agent C im Rahmen von Funktionsblock g) die noch immer im Haltezustand bestehende Verbindung zwischen ihm und B, die in Funktionsblock c) aufgebaut wurde.

User Agent A liefert an B in Funktionsblock h) die Bestätigung für den Erfolg der Übergabe in Form der SIP-Nachricht NOTIFY. Dies geschieht analog zu den in Abschnitt 9.2.1 unter „Bestätigung über die erfolgte Übergabe" beschriebenen Schritten.

Schließlich wird von User Agent B ausgehend in Block i) die ursprüngliche Kommunikationsverbindung zu A abgebaut, die im Rahmen des Funktionsblocks a) initiiert worden war. Die Übergabe dieser Nutzdaten-Session ist – nach Rückfrage bei dem nun involvierten Teilnehmer C – erfolgt.

9.3   Parken (Call Park)

Eine u.U. sinnvolle Alternative zur in Abschnitt 9.2 beschriebenen Verbindungsübergabe stellt das Leistungsmerkmal „Parken" dar. Hierbei wird eine prinzipiell zu übergebende Verbindung nicht aktiv an einen bestimmten Teilnehmer vermittelt, sondern zunächst neutral „zwischengelagert", also „geparkt". Dies macht beispielsweise dann Sinn, wenn vor der Übergabe erst noch ermittelt werden muss, welcher Mitarbeiter der kompetenteste Ansprechpartner für eine spezifische Frage eines Kunden ist, die sich aus einem Telefonat ergeben hat. Ist der Ansprechpartner gefunden, kann dieser z.B. nach persönlicher Absprache mit der das Leistungsmerkmal „Parken" einleitenden Person selbstständig die Verbindung aus dem Parkzustand übernehmen.

Im Rahmen der hier vorgestellten Möglichkeit für die SIP-Realisierung des Leistungsmerkmals „Parken" wird ein sog. Park-Server genutzt. Dieser wird durch einen automatisierten SIP-User Agent repräsentiert, der einen gespeicherten Medienstrom (z.B. Musik oder eine Ansage) an den wartenden Teilnehmer, dessen Verbindung geparkt wurde, aussendet.

Die in diesem Abschnitt vorgestellte „Park"-Lösung stellt bezüglich der Art ihrer Realisierung einen Spezialfall des Leistungsmerkmals „Direkte Verbindungsübergabe" dar (siehe Abschnitt 9.2.1).

Bild 9.5 zeigt anhand von Funktionsblöcken den Kommunikationsverlauf der Einleitung des Leistungsmerkmals „Parken" und die anschließende Übernahme der Verbindung für den Fall der in [5359] vorgestellten SIP-basierten Realisierung dieses Leistungsmerkmals.

SIP User Agent	SIP User Agent	Park-Server	SIP User Agent
IP-Adresse: 88.88.88.88	IP-Adresse: 90.90.90.90	IP-Adresse: 91.91.91.91	IP-Adresse: 89.89.89.89
A	B	P	C

a) Session-Aufbau A→B

Nutzdatenübertragung A ←→B

b) Einleitung „Übergabe" B→P

c) Session-Aufbau P→A

Nutzdatenübertragung P→A

d) Session-Abbau A→B

e) Bestätigung „Übergabe" erfolgt P→B

f) Session-Aufbau C→A

Nutzdatenübertragung C←→A

g) Session-Abbau A→P

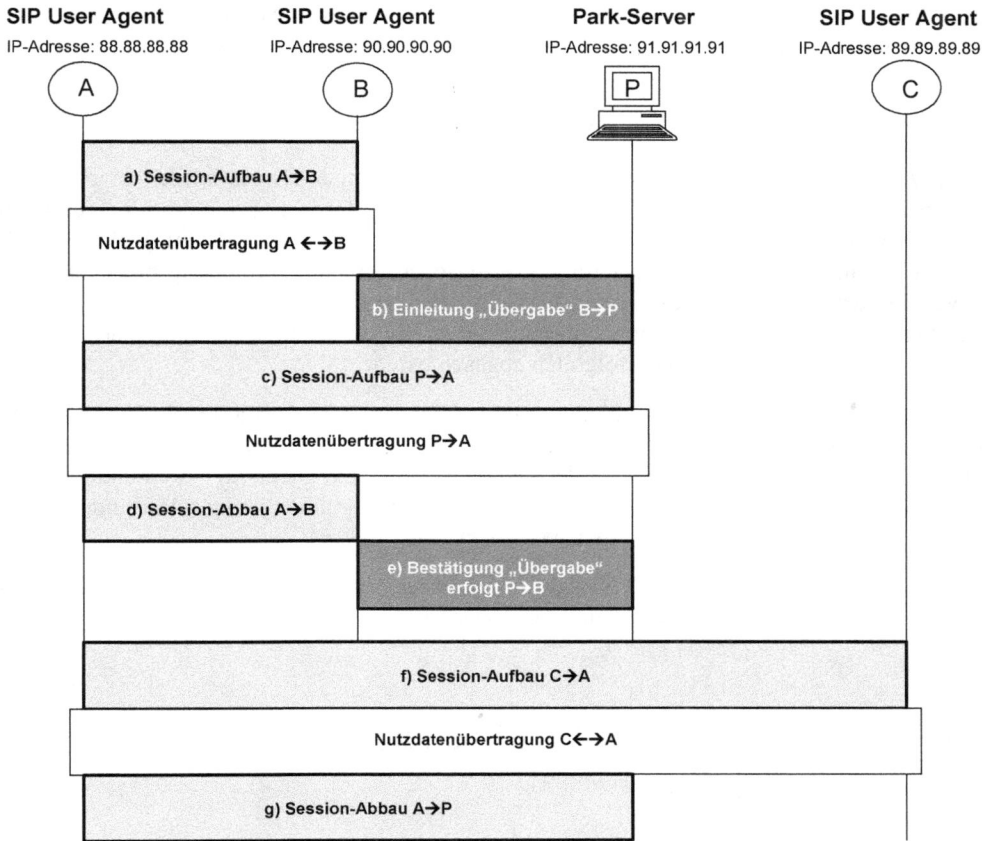

Bild 9.5: SIP-Kommunikationsverlauf für den Einsatz des Leistungsmerkmals „Parken", dargestellt in Form von Funktionsblöcken

Funktionsblock a) stellt den Aufbau der von Teilnehmer A ausgehenden Ursprungsverbindung mit Teilnehmer B dar. Nach der Etablierung der Kommunikation leitet B das Leistungsmerkmal „Parken" ein, was praktisch durch die Übergabe der Verbindung an den Park-Server realisiert wird. Diese Übergabe wird in Funktionsblock b) analog zu dem in Abschnitt 9.2.1 unter „Einleitung und Akzeptieren der Übergabe" vollzogen. Dies führt zum Aufbau einer vom Park-Server ausgehenden Nutzdaten-Session mit Teilnehmer A im Rahmen von Funktionsblock c). Anhand des in der hierbei eingesetzten INVITE-Anfrage enthaltenen SIP-Headers-Feldes „Replaces" [3891] wird User Agent A mitgeteilt, dass die in Block c) kreierte Session die ursprüngliche Nutzdatenverbindung ersetzt, die in a) eingeleitet wurde.

Aufgrund dieser Information baut User Agent A in Funktionsblock d) die SIP-Session zu Teilnehmer B ab. Der Park-Server bestätigt User Agent B die erfolgte Übergabe der Verbindung. Dies geschieht im Rahmen von Block e) analog zu dem in Abschnitt 9.2.1 unter „Bestätigung über die erfolgte Übergabe" beschriebenen SIP-Kommunikationsverlauf.

Die Verbindung ist nun „geparkt"; vom Park-Server geht ein Medienstrom (z.B. Ansagetext oder Musik) an User Agent A.

Teilnehmer C soll nun die „geparkte" Verbindung übernehmen. Hierzu initiiert er in Funktionsblock f) eine SIP-Session zu A. Wiederum wird im Rahmen der hierbei eingesetzten INVITE-Anfrage das Header-Feld „Replaces" verwendet, sodass User Agent A die in Block f) aufzubauende Session als Ersatz für seine zwischenzeitliche Verbindung mit dem Park-Server anerkennt. Nach der Etablierung der Nutzdatenkommunikation mit Teilnehmer C baut A in Funktionsblock g) die Session zum Park-Server ab; die Übernahme der geparkten Verbindung durch Teilnehmer C ist erfolgreich abgeschlossen.

Der soeben beschriebene Kommunikationsverlauf für das Leistungsmerkmal „Parken" kann auch für die SIP-basierte Realisierung des aus dem ISDN bekannten Leistungsmerkmals „Umstecken am Bus" angewandt werden. Hierbei würde die „geparkte" Verbindung nicht durch einen dritten Teilnehmer C übernommen, sondern durch denjenigen Verbindungsteilnehmer, der die Verbindung zuvor „geparkt" hatte.

Ferner kann der hier beschriebene Verlauf in ähnlicher Form für die Realisierung des Leistungsmerkmals „Halten mit Musik" eingesetzt werden.

9.4   Rufumleitung/Anrufweiterschaltung (Call Forwarding)

Mittels dieses sowohl in privaten als auch in öffentlichen TK-Netzen zur Verfügung stehenden Leistungsmerkmals ist es möglich, ankommende Anrufe generell oder aber unter bestimmten Bedingungen an einen definierten dritten Teilnehmer umzuleiten, ohne dass der Anrufende in die Umleitungsentscheidung mit involviert ist.

In den im Folgenden aufgezeigten Beispielen zur Realisierung verschiedener Rufumleitungsvarianten mit SIP wird derjenige User Agent, von dem die ursprüngliche Session-Initiierung ausging, grundsätzlich mittels der Statusinformation „181 Call is being Forwarded" über die in Kraft tretende Rufumleitung informiert. In diesem Fall ist ein Stateful Proxy Server mit entsprechender Kenntnis der Umleitungsziele für die aktive Umleitung der SIP-Nachrichten an den entsprechenden User Agent zuständig. Informationen zur Funktionsweise von Proxy Servern können Abschnitt 6.3 entnommen werden.

Eine alternative Möglichkeit für die SIP-Realisierung von Rufumleitungen stellt der Einsatz von SIP Redirect Servern (siehe Abschnitt 6.4) dar, die Statusinformationen mit Umleitungsaussage (Grundtyp 3xx, siehe Abschnitt 5.3) aussenden. In diesem Fall wäre es die Aufgabe des die Session initiierenden User Agents, die Umleitungsinformation auszuwerten und entsprechend einzusetzen.

9.4.1 Generelle Rufumleitung (Unconditional Call Forwarding)

Ein ankommender Anruf wird in jedem Fall an einen vorher definierten Anschluss umgeleitet. Dies macht z.B. im Rahmen eines firmeninternen TK-Netzes Sinn für einen Angestellten, der in Urlaub gegangen ist. Per genereller Rufumleitung werden sämtliche Anrufe, die sonst auf dem Apparat des Urlaubers eingehen würden, an dessen Stellvertreterin vermittelt.

Bild 9.6 zeigt eine mögliche Variante eines SIP-Kommunikationsverlaufs für den Fall einer generellen Rufumleitung.

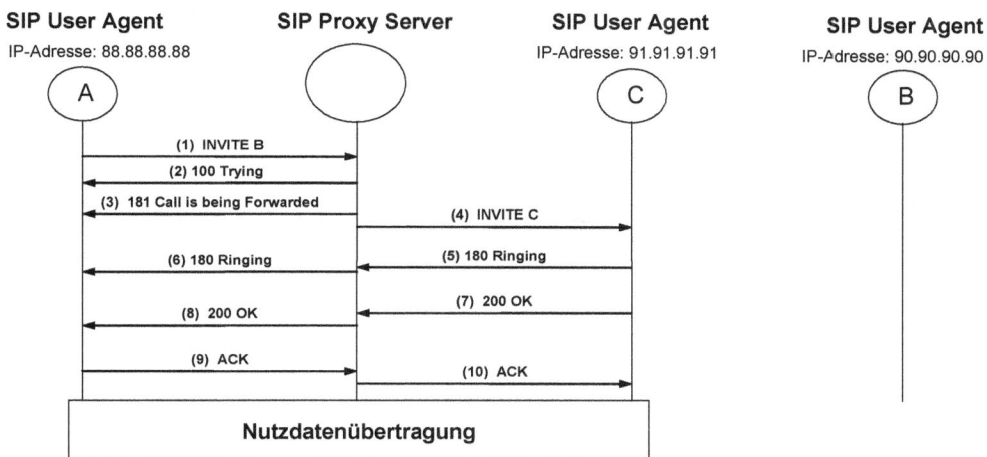

Bild 9.6: SIP-Kommunikationsverlauf für den Einsatz des Leistungsmerkmals „Generelle Rufumleitung"

Teilnehmer A möchte unter Einbeziehung eines SIP Proxy Servers eine Session zu Teilnehmer B aufbauen (siehe Bild 9.6, Schritt (1)). Dieser hat jedoch zuvor das Leistungsmerkmal „generelle Rufumleitung" aktiviert und somit – auf einem Provider-abhängigen Weg (z.B. mittels Web-Interface) – dem Proxy Server die Information übergeben, dass alle für B eingehenden Verbindungswünsche an Teilnehmer C umgeleitet werden sollen. In Schritt (3) antwortet der Proxy Server dementsprechend auf den Verbindungswunsch mit der Statusinformation „181 Call is being Forwarded" und leitet daraufhin in Schritt (4) die (Proxy-seitig modifizierte) INVITE-Anfrage an Teilnehmer C weiter. Es erfolgt ein gewöhnlicher SIP-Session-Aufbau zwischen den Teilnehmern A und C über einen SIP Proxy Server (siehe Schritte (4) bis (10)). Die Rufumleitung des von Teilnehmer A ausgehenden Verbindungswunsches wurde erfolgreich ausgeführt.

9.4.2   Rufumleitung bei Besetzt (Call Forwarding if Busy)

Wie die Bezeichnung dieses Leistungsmerkmals bereits verdeutlich, findet hier die Umleitung eines Anrufs nur dann statt, wenn der ursprünglich angewählte Anschluss besetzt ist. Eine typische Anwendung dieses Leistungsmerkmals ist die Weiterschaltung von Anrufen innerhalb einer Firmenabteilung zu einem anderen freien Mitarbeiter, der ggf. auch in der Lage ist, den Anrufer zu bedienen. Im vermittelnden Netzelement (hier: SIP Proxy Server) muss das entsprechende Umleitungsziel für den Besetztfall des zu erreichenden Teilnehmers vorliegen (ggf. per zuvor erfolgter Konfiguration).

In Bild 9.7 ist der Kommunikationsverlauf für eine mögliche Realisierung dieses Leistungsmerkmals mit SIP dargestellt.

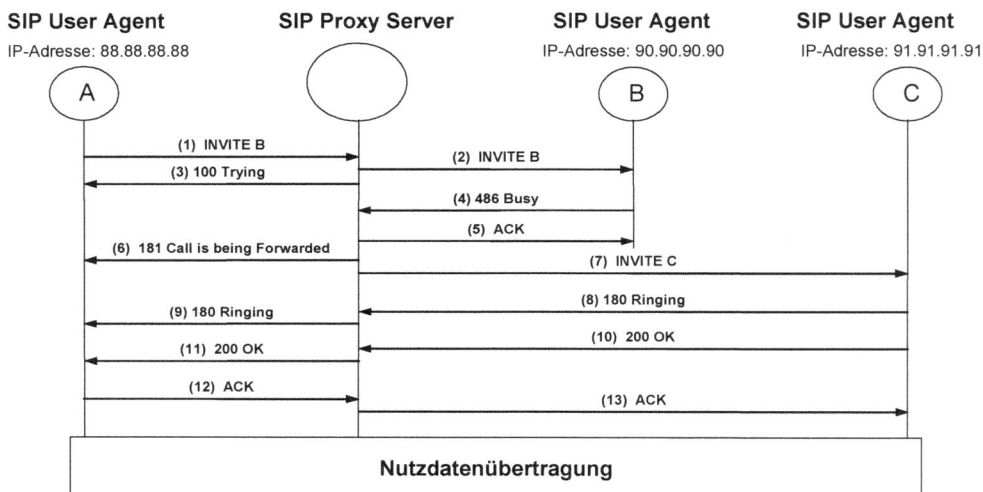

Bild 9.7: SIP-Kommunikationsverlauf für den Einsatz des Leistungsmerkmals „Rufumleitung bei Besetzt"

Teilnehmer A versucht in Schritt (1), eine Session mit Teilnehmer B zu initiieren. Der SIP Proxy Server leitet in Schritt (2) die Anfrage entsprechend an B weiter. Dessen User Agent antwortet jedoch in Schritt (4) mit der Statusinformation „486 Busy", d.h., er ist besetzt. Zuvor wurde dem Proxy Server allerdings über einen SIP-Dienstanbieter-spezifischen Weg (z.B. mittels Web-Interface) mitgeteilt, dass Anrufe für Teilnehmer B im Besetztfall an Teilnehmer C umgeleitet werden sollen. Aus diesem Grund sendet der Proxy Server in Schritt (6) zunächst die Statusinformation „181 Call is being Forwarded" an Anrufer A und leitet dessen INVITE-Anfrage (nach entsprechender Modifikation) an User Agent C weiter (siehe Schritt (7)). Es folgt ein herkömmlicher SIP-Session-Aufbau zwischen den User Agents A und C unter Beteiligung des Proxy Servers in den Schritten (7) bis (13). Die Rufumleitung war erfolgreich.

9.4.3 Rufumleitung nach Zeit, Anrufweiterschaltung (Call Forwarding if No Answer)

Im Rahmen dieses Leistungsmerkmals greift eine zuvor initialisierte Rufumleitung nur dann, wenn ein Teilnehmer auf einen ankommenden Anruf innerhalb einer bestimmten Zeit nicht reagiert.

Der entsprechende Kommunikationsverlauf für den Fall der Realisierung dieses Leistungsmerkmals mittels SIP ist in Bild 9.8 dargestellt.

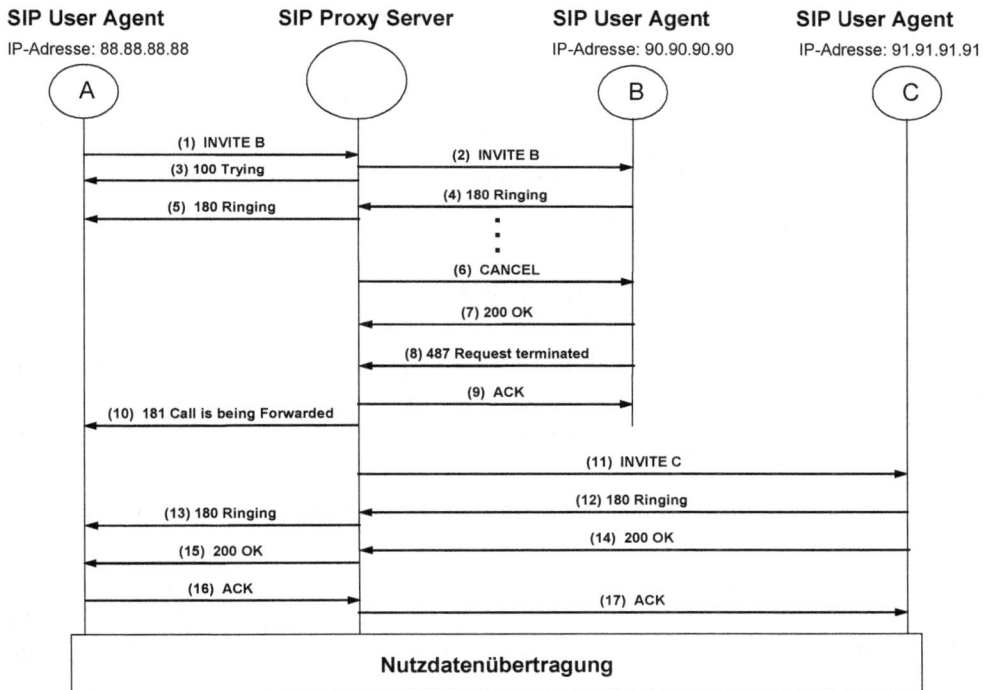

Bild 9.8: SIP-Kommunikationsverlauf für den Einsatz des Leistungsmerkmals „Rufumleitung nach Zeit"

Wie aus Bild 9.8 hervorgeht, versucht Teilnehmer A unter Einbeziehung eines SIP Proxy Servers eine Session zu Teilnehmer B (siehe Schritte (1) bis (5)) zu initiieren. B hat zuvor das Leistungsmerkmal „Rufumleitung nach Zeit" bzw. „Anrufweiterschaltung" in der Vermittlungsinfrastruktur seines SIP-Dienstanbieters aktiviert. Der Proxy Server wurde somit auf einem betreiberabhängigen Weg (z.B. mittels Web-Interface) instruiert, eingehende Verbindungswünsche für Teilnehmer B an User Agent C zu vermitteln, falls B die Verbindung nicht innerhalb einer definierten Zeitspanne annimmt. Die Dauer dieser Zeitspanne kann variabel gestaltet werden. SIP-spezifisch wird die zeitversetzte Vermittlung einer INVITE-

Nachricht an mehr als eine Empfangsinstanz durch einen SIP Proxy Server auch als „serielles Forking" (siehe Abschnitt 6.3) bezeichnet.

Obwohl User Agent B offensichtlich aktiv ist (erkennbar daran, dass er auf die INVITE-Anfrage mit der Statusinformation „180 Ringing" antwortet (siehe Schritt (4))), wird die Session durch den entsprechenden Teilnehmer nicht innerhalb der vorgesehenen Zeitspanne angenommen. Der SIP Proxy Server bricht daraufhin in Schritt (6) mit der SIP-Anfrage CANCEL den Session-Aufbau zu Teilnehmer B ab. Dessen User Agent bestätigt in Schritt (7) den Empfang der CANCEL-Anfrage (Statusinformation „200 OK") sowie in Schritt (8) den tatsächlichen Abbruch der Bearbeitung des Verbindungswunschs durch das Aussenden der Statusinformation „487 Request terminated". Deren Eingang beim Proxy Server wird mit der SIP-Nachricht ACK quittiert.

Der Proxy Server informiert Teilnehmer A in Schritt (10) (Statusinformation „181 Call is being Forwarded") über die anstehende Weiterleitung seiner Anfrage und sendet die entsprechend modifizierte INVITE-Anfrage an User Agent C (Schritt (11)). Es folgt ein herkömmlicher Session-Aufbau zwischen den Teilnehmern A und C in den Schritten (11) bis (17) unter Einbeziehung des SIP Proxy Servers. Die Session wurde erfolgreich umgeleitet.

9.5   Anrufübernahme (Call Pickup)

Im Rahmen dieses Leistungsmerkmals besteht die Möglichkeit, dass ein für einen bestimmten Teilnehmer B ankommender Anruf durch einen anderen entsprechend berechtigten Teilnehmer C übernommen wird. Hierbei wird die Unterstützung des SIP Event Packages (siehe Abschnitt 5.5.3) „dialog" [4235] durch die User Agents B und C vorausgesetzt.

Bild 9.9 zeigt den Kommunikationsverlauf für die Realisierung dieses Leistungsmerkmals mit SIP.

Wie aus Bild 9.9 hervorgeht, versucht Teilnehmer A eine Session mit Teilnehmer B zu initiieren (Schritt (1)). Teilnehmer C, der z.B. aufgrund der akustischen Signalisierung auf den bei User Agent B eingehenden Verbindungswunsch aufmerksam wird, sei berechtigt, Anrufe für Teilnehmer B entgegenzunehmen.

Mittels der in Schritt (3) ausgesendeten SIP-Anfrage SUBSCRIBE leitet Teilnehmer C die Überwachung und Übernahme der für B anstehenden Verbindung ein. User Agent B akzeptiert den Übernahmewunsch (Schritt (4); Statusinformation „200 OK") und übergibt an User Agent C in Schritt (5) die zur Übernahme notwendigen Daten wie z.B. die SIP URI des Anrufers (Teilnehmer A) sowie die Call-ID der ursprünglich zwischen den Teilnehmern A und B zu initiierenden Session. Diese Übergabe geschieht per XML-Nachricht, deren Code im Message Body der SIP-Nachricht NOTIFY transportiert wird. Die entsprechende Syntax wird durch das SIP Event Package „dialog" [4235] definiert.

SIP User Agent
IP-Adresse: 88.88.88.88

SIP User Agent
IP-Adresse: 90.90.90.90

SIP User Agent
IP-Adresse: 91.91.91.91

A   B   C

(1) INVITE B

(2) 180 Ringing

(3) SUBSCRIBE

(4) 200 OK

(5) NOTIFY

(6) 200 OK

(7) INVITE A (Replaces: B)

(8) 200 OK

(9) CANCEL

(10) 200 OK

(11) 487 Request terminated

(12) ACK

(13) ACK

Nutzdatenübertragung

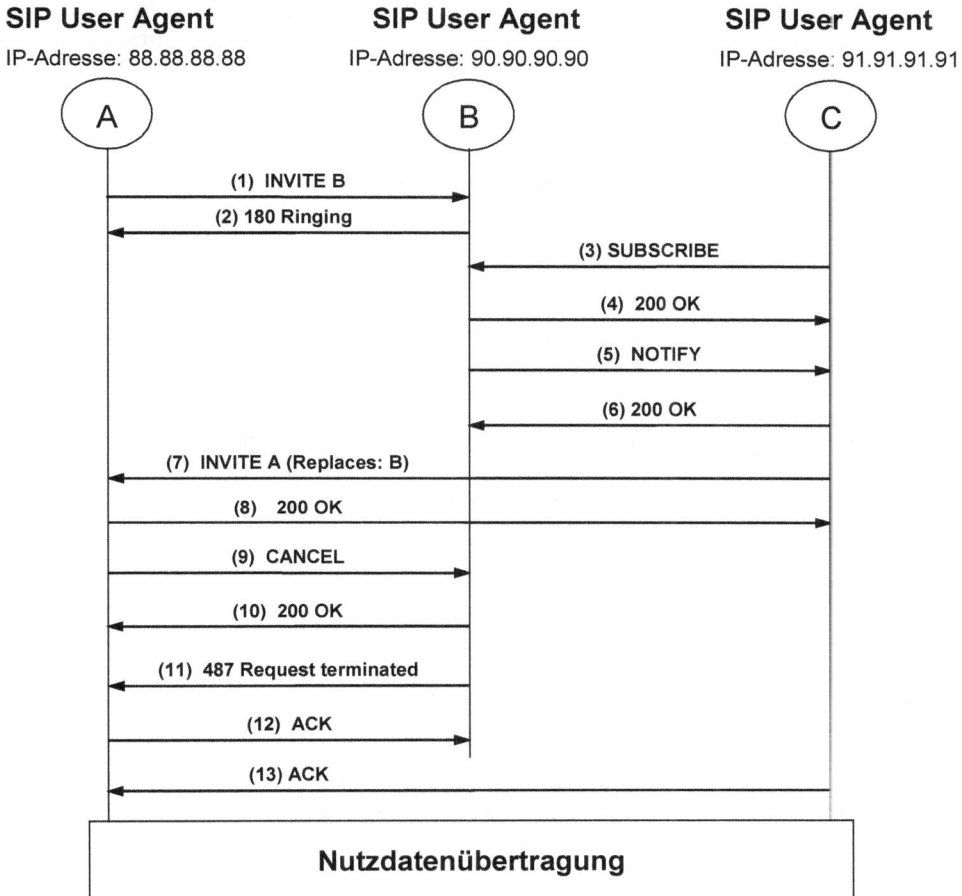

Bild 9.9: SIP-Kommunikationsverlauf für den Einsatz des Leistungsmerkmals „Anrufübernahme"

User Agent C realisiert nun die Übernahme des Anrufs, indem er seinerseits in Schritt (7) eine Session mit Teilnehmer A initiiert. In der dabei eingesetzten INVITE-Anfrage ist das SIP-Header-Feld „Replaces" [3891] enthalten, das User Agent A davon in Kenntnis setzt, dass diese durch C initiierte Session zur Übernahme des ursprünglichen Verbindungswunsches von Teilnehmer A an Teilnehmer B dient.

Mittels der in Schritt (8) ausgesendeten Statusinformation „200 OK" akzeptiert User Agent A die durch C initiierte Session und bricht seinerseits den Verbindungsaufbau zu B ab (Schritte (9) bis (12)).

Nach der Erfüllung des SIP Three Way Handshakes mittels ACK in Schritt (13) ist der Session-Aufbau zwischen den Teilnehmern C und A abgeschlossen. Die Übernahme des für Teilnehmer B anstehenden Anrufs durch Teilnehmer C ist somit erfolgt.

Als Alternative bzw. Ergänzung zu der in diesem Abschnitt aufgezeigten Methode für die Anrufübernahme soll gemäß [Tver] ein weiteres Verfahren etabliert werden. Dieses soll auf den eigens für diesen Zweck neu einzuführenden SIP-Methoden ANSWER, PICKUP und REJECT basieren.

9.6   Dreierkonferenz (3-Way Conference)

Dieses recht bekannte Leistungsmerkmal wird eingesetzt, um in ein herkömmliches Zweiergespräch einen gleichberechtigten dritten (sowie ggf. weitere) Teilnehmer zu integrieren. Ein von einem beliebigen Konferenzteilnehmer gesprochenes Wort wird von den beiden anderen Verbindungsparteien gleichermaßen gehört. Weder bezüglich der Hör- noch bezüglich der Sprechrichtung findet von irgendeiner Seite eine Selektierung statt.

Um dieses Leistungsmerkmal zu realisieren, bedarf es generell einer Instanz, die die von allen Teilnehmern ausgehenden Nutzdatenströme mischt und wiederum an alle Teilnehmer verteilt. Im Falle einer SIP-basierten Realisierung ist dies die Aufgabe eines Conference Servers/einer MCU (siehe Abschnitt 6.11). Diese kann als logisches Netzelement allerdings auch in einen SIP User Agent integriert sein [4353; 4579], was in beiden im Rahmen dieses Abschnitts gezeigten Beispielen vorausgesetzt wird.

Neben den in den folgenden Abschnitten 9.6.1 und 9.6.2 dargestellten einfachen Konferenzfällen sind weitere, zum Teil deutlich komplexere Konferenzszenarien denkbar. Einige Beispiele hierfür können [4579; 4597] entnommen werden.

9.6.1   Dreierkonferenz mit passivem Teilnehmerbeitritt (3rd Party is Added)

In dieser Variante des Leistungsmerkmals „Dreierkonferenz" ist der hinzukommende dritte Teilnehmer passiv im Sinne seines Konferenzbeitritts. Eine der beiden Parteien des bestehenden Zweiergesprächs lädt die dritte Partei zur Teilnahme an der Konferenz ein.

Bild 9.10 zeigt den Kommunikationsverlauf für den Fall der Realisierung dieses Leistungsmerkmals mit SIP. Hier ist zunächst die von Teilnehmer A ausgehende Initiierung einer herkömmlichen Session zu Teilnehmer B erkennbar (Schritte (1) bis (4)). Nach dem erfolgreichen Aufbau der Session möchte B nun Teilnehmer C als dritte Partei an der bestehenden Verbindung teilhaben lassen. Bevor C jedoch involviert werden kann, muss User Agent B die Kontaktierungsdaten (SIP URI, UDP-Port-Nummer etc.) seiner integrierten MCU auch an seinen bisherigen Kommunikationspartner A weitergeben, da nur die MCU zum Mischen der von den Teilnehmern A, B und C ankommenden Nutzdaten in der Lage ist.

Die Übergabe der MCU-Kontaktierungsdaten an A geschieht im Rahmen einer neuerlichen INVITE-Anfrage (Re-INVITE) in Schritt (5), die einen Three Way Handshake (Schritte (5) bis (7)) zur Folge hat. Im Contact-Header-Feld der INVITE-Anfrage wird hierbei die SIP URI der MCU von B übergeben und mit dem SIP-Header-Feld-Parameter „isfocus" [3840; 4579] als solche kenntlich gemacht.

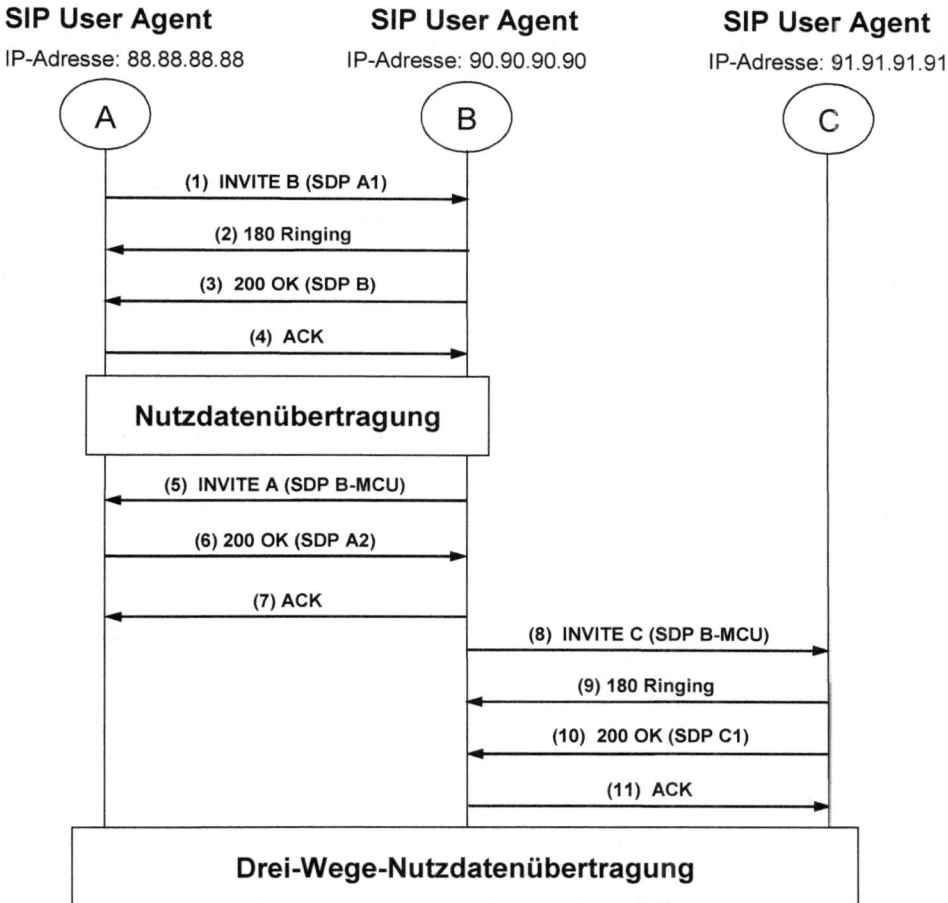

Bild 9.10: SIP-Kommunikationsverlauf für den Einsatz des Leistungsmerkmals „Dreierkonferenz" mit passivem Teilnehmerbeitritt

Anschließend wird Teilnehmer C im Rahmen eines herkömmlichen SIP-Session-Aufbaus durch User Agent B zur Teilnahme an der Konferenz eingeladen (siehe Schritte (8) bis (11)). Hierzu übermittelt B wiederum die Kontaktierungsdaten seiner integrierten MCU im Rahmen der INVITE-Anfrage (Schritt (8)) an C, ebenfalls unter Einsatz des isfocus-Header-

Feld-Parameters im Contact-Header-Feld. Ist die Verbindung zwischen B und C etabliert, existiert eine Dreierkonferenz zwischen A, B und C über die in User Agent B integrierte MCU.

9.6.2 Dreierkonferenz mit aktivem Teilnehmerbeitritt (3rd Party Joins)

Im Gegensatz zu der in Abschnitt 9.6.1 vorgestellten Variante der Dreierkonferenz folgt nun die Darstellung des aus seiner Sicht aktiven Beitritts eines potentiellen dritten Teilnehmers zu einem bestehenden Zweiergespräch.

Bild 9.11 zeigt den entsprechenden Kommunikationsverlauf für eine Realisierung mit SIP. Hierbei wird davon ausgegangen, dass dem User Agent von Teilnehmer C, der sich der bestehenden Verbindung anschließen will, die Kontaktierungsdaten (z.B. SIP URI für den Beitritt zur Konferenz) bereits bekannt sind. Dies könnte z.B. durch den Einsatz des SIP Event Package „conference" ([4575]; siehe Abschnitt 5.5.3) auf Basis der SIP-Nachrichten SUBSCRIBE und NOTIFY zwischen den User Agents B und C vonstatten gegangen sein.

Teilnehmer A baut zunächst auf herkömmliche Weise eine Kommunikationsverbindung zu Teilnehmer B auf (siehe Bild 9.11; Schritte (1) bis (4)).

Während des laufenden Gesprächs möchte sich Teilnehmer C der Kommunikation zwischen A und B anschließen. Er initiiert eine Session zu Teilnehmer B mittels der SIP-Anfrage INVITE (siehe Schritt (5)), die u.a. das SIP-Header-Feld „Join" [3911] enthält. In diesem Header-Feld werden die Dialog-Identifier (siehe Abschnitt 5.5.1) übermittelt, die die Session identifizieren, der Teilnehmer C beitreten möchte.

User Agent B reagiert auf die eingehende INVITE-Anfrage durch das Aussenden der Statusinformation „180 Ringing". In ihr wird im Header-Feld „Contact" die SIP URI der für die Realisierung der Konferenz benötigten MCU an User Agent C übergeben, wobei der Header-Feld-Parameter „isfocus" zur Anwendung kommt (siehe Abschnitt 9.6.1). Die MCU sei in User Agent B integriert und mit einer separaten SIP URI ausgestattet.

Zur praktischen Umsetzung der anstehenden Konferenz zwischen den Teilnehmern A, B und C muss die SIP URI der in B integrierten MCU zudem an User Agent A übermittelt werden. B übergibt deshalb die entsprechenden Kontaktierungsdaten der MCU im Rahmen einer INVITE-Anfrage in Schritt (7) an A. Diese INVITE-Anfrage zur Modifikation der bereits bestehenden Session zwischen A und B hat einen SIP Three-Way Handshake (Schritte (7) bis (9)) zur Folge.

Nachdem User Agent A durch die in Schritt (8) übermittelte Statusinformation „200 OK" der Umwandlung der Ursprungsverbindung in eine Konferenz unter Beteiligung von Teilnehmer C zugestimmt hat, wird die Einleitung der Session zwischen B und C in den Schritten (10) und (11) erfolgreich abgeschlossen. Es besteht nun eine Dreierkonferenz zwischen den Teilnehmern A, B und C, wobei die in User Agent B integrierte MCU als Nutzdatenmischstufe dient.

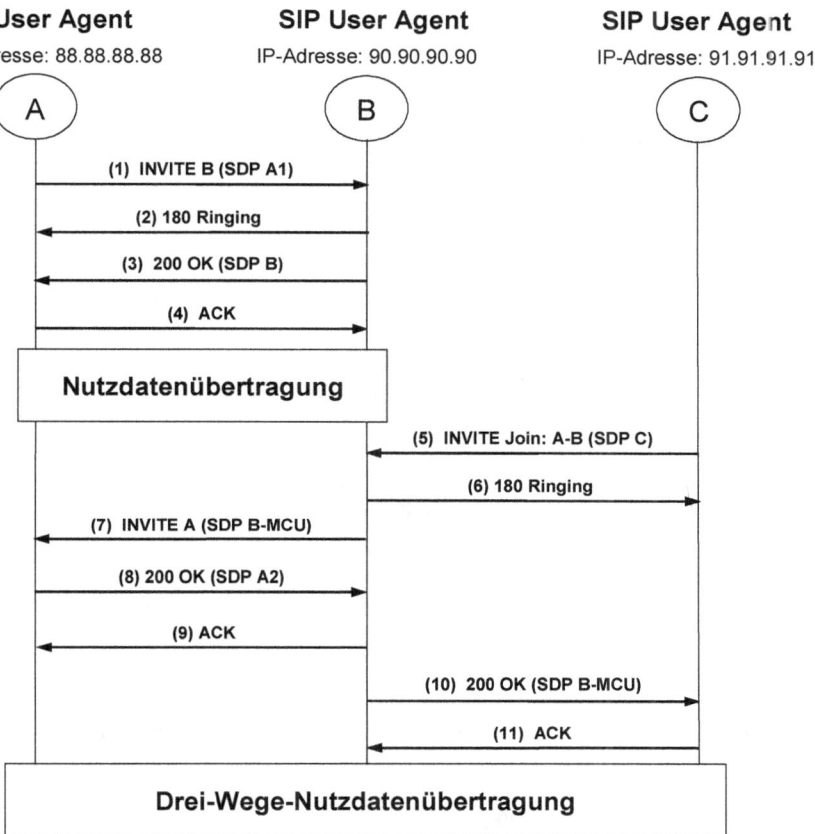

SIP User Agent
IP-Adresse: 88.88.88.88

SIP User Agent
IP-Adresse: 90.90.90.90

SIP User Agent
IP-Adresse: 91.91.91.91

A   B   C

(1) INVITE B (SDP A1)

(2) 180 Ringing

(3) 200 OK (SDP B)

(4) ACK

Nutzdatenübertragung

(5) INVITE Join: A-B (SDP C)

(6) 180 Ringing

(7) INVITE A (SDP B-MCU)

(8) 200 OK (SDP A2)

(9) ACK

(10) 200 OK (SDP B-MCU)

(11) ACK

Drei-Wege-Nutzdatenübertragung

Bild 9.11: SIP-Kommunikationsverlauf für den Einsatz des Leistungsmerkmals „Dreierkonferenz" mit aktivem Teilnehmerbeitritt

9.7   Weitere Leistungsmerkmale

Neben den in den Abschnitten 9.1 bis 9.6 behandelten Leistungsmerkmalen werden in [5359] Vorschläge zur Realisierung folgender weiterer Merkmale mit SIP betrachtet.

- Music on Hold (Halten mit Musik)
  Nachdem ein Teilnehmer während eines Gesprächs das Dienstmerkmal „Halten" (siehe Abschnitt 9.1) eingeleitet hat, hört sein Gesprächspartner eine Musikeinspielung. Diese wird von einem zentral beim Dienstbetreiber angesiedelten Musik-Server per RTP-Stream ausgesendet.

- Find-Me
  Ein eingehender Verbindungswunsch an eine bestimmte SIP URI wird – entweder parallel oder sequenziell – von einem Proxy Server an mehrere definierte User Agents weitergeleitet (sog. Forking, siehe Abschnitt 6.3). Allerdings bleibt derjenige Teilnehmer, der den ankommenden Anruf annimmt, alleiniger Gesprächspartner des Anrufenden für die Dauer der Verbindung. Ein Beitritt der übrigen User Agents zu der zustande gekommenen Verbindung ist nicht vorgesehen.
- Call Management: Incoming Call Screening
  Mittels einer Liste unerwünschter Gesprächspartner kann sich ein Teilnehmer vor ankommenden Verbindungen schützen, die von bestimmten Anrufern ausgehen. Die in der Liste enthaltenen Daten müssen einem in die SIP-Kommunikation einbezogenen Proxy Server zur Verfügung gestellt werden. Ein wesentlicher Bestandteil der praktischen Realisierung dieses Dienstmerkmals ist die Authentifizierung des Anrufers durch den beteiligten Proxy Server per SIP Digest (siehe Abschnitt 12.1.1).
- Call Management: Outgoing Call Screening
  Ein bestimmter User Agent A darf nur bestimmte Teilnehmer (z.B. die Teilnehmer B, C und D) kontaktieren, die in einer Liste aufgeführt sind. Die Liste muss einem an der SIP-Kommunikation beteiligten Proxy Server zur Verfügung stehen und enthält alle durch A anwählbare Ziele. Versucht User Agent A eine Verbindung zu einem nicht in der Liste aufgeführten Teilnehmer (z.B. zu Teilnehmer E) aufzubauen, so wird der Verbindungswunsch durch den Proxy Server abgewiesen. Die Authentifizierung des Anrufers erfolgt ebenfalls per SIP Digest.
- Automatic Redial
  In der praktischen Konsequenz entspricht „Automatic Redial" dem bekannten Dienstmerkmal „Rückruf bei Besetzt". Ist ein angerufener Teilnehmer B belegt, kann der Anrufer A eine Überwachung des Besetztzustands von B veranlassen. Sobald B wieder bereit zur Annahme eines Anrufs ist, erfolgt erneut eine von A ausgehende Verbindungseinleitung.
  Im Gegensatz zum aus der leitungsvermittelten Telekommunikationstechnik bekannten Leistungsmerkmal „Rückruf bei Besetzt" ist zwar im Falle von „Automatic Redial" nicht vorgesehen, dass Teilnehmer A vor dem erneuten Versuch des Verbindungsaufbaus informiert wird (z.B durch einen Wiederanruf). Diese Funktion ließe sich jedoch recht einfach im SIP User Agent (in diesem Falle von Teilnehmer A) implementieren.
  [6910] empfiehlt die beschriebene Variante des „Automatic Redial" gemäß [5359] als Grundlösung für einfache Szenarien. Für den Fall, dass auf der Seite des Angerufenen automatisierte Rückruflisten angelegt bzw. abgearbeitet werden sollen, wird in [6910] unter dem Begriff „Call Completion" ein erweitertes, aufwendigeres Verfahren definiert. Dieses basiert u.a. auf einem eigens definierten SIP Event Package (siehe Abschnitt 5.5.3) namens „call-completion".

Anhand der in [5359] gebotenen Lösungen sind somit praktisch alle heute im öffentlichen ISDN-Netz gängigen Standard-Dienstmerkmale auch mittels SIP realisierbar. Das Merkmal „Anklopfen" ist in einem paketvermittelnden Netz unabhängig vom verwendeten Vermittlungsprotokoll und von Vermittlungseinrichtungen realisierbar; hier bedarf es lediglich der Unterstützung durch den verwendeten SIP User Agent. Einige Leistungsmerkmale wie CLIP

(Calling Line Identification Presentation) oder das Empfangen und Versenden schriftlicher Kurzmitteilungen ist in SIP ohnehin per Standard integriert.

Über die in [5359] behandelten Beispiele für die SIP-basierte Realisierung verschiedener Leistungsmerkmale hinaus sind beliebige weitere Merkmale (z.B. eine selektive, anruferabhängige Rufweiterschaltung; „Rückruf bei Nichtmelden" etc.) mit SIP grundsätzlich realisierbar, oft auch unter Anwendung von SIP-Standard-konformen Operationen ohne zusätzliche Protokollerweiterungen (z.B. unterschiedlichste Rufumleitungsvarianten unter Einsatz von SIP Redirect Servern; siehe Abschnitt 6.4). Aufgrund der offenen Protokollstruktur von SIP ist aber bei Bedarf auch die Erweiterung der Grundfunktionalität des Protokolls problemlos möglich, ohne dass Eingriffe in das eigentliche Vermittlungsprokotoll SIP nötig werden (z.B. durch das Definieren entsprechender SIP Event Packages; siehe Abschnitt 5.5.3).

9.8 Leistungsmerkmale bei PSTN/ISDN-Simulation und -Emulation

Durchstandardisierte NGN-Lösungen gibt es für Mobilfunknetze (UMTS ab Release 5, siehe Abschnitt 14.2) von 3GPP [3GPP] und für Fest- bzw. konvergente Netze (NGN Release 1 und 2, siehe Abschnitt 14.4) von ETSI TISPAN [TISP]. Speziell im letztgenannten Fall, bei dem das NGN zumindest mittelfristig ein bestehendes PSTN- oder ISDN-Netz ablösen soll, müssen die bekannten PSTN/ISDN-Leistungsmerkmale bereitgestellt werden. Dazu gibt es zwei Ansätze: PSTN/ISDN-Simulation und PSTN/ISDN-Emulation [180001].

Während bei der Simulation die Leistungsmerkmale nicht genauso wie in der PSTN/ISDN-Welt umgesetzt, sondern nur nachgebildet werden, geht man bei der Emulation von einer Eins-zu-Eins-Abbildung aus. Dabei hat die Simulation reine SIP-Teilnehmer, die VoIP oder auch multimediale Dienste nutzen, im Fokus. Die Emulation legt stattdessen den Schwerpunkt auf die bisherigen, nun über Gateways angeschalteten POTS- und ISDN-Teilnehmer.

Die PSTN/ISDN-Simulation erfolgt mittels IMS [282001] unter Einbeziehung dafür zuständiger Application Server (siehe Abschnitt 14.3). Für NGN Release 1 (siehe Abschnitt 14.4) wurden eine ganze Reihe von Leistungsmerkmalen standardisiert:

- Originating Identification Presentation (OIP) [183007]; Übermittlung der Rufnummer des Anrufenden,
- Originating Identification Restriction (OIR) [183007]; Unterdrückung der Rufnummernübermittlung des Anrufenden,
- Anonymous Communication Rejection (ACR) [183011]; Ablehnung anonym ankommender Rufe,
- Communication Baring (CB) [183011]; Ablehnung bestimmter ankommender oder abgehender Rufe,
- Conference (CONF) [183005],
- Message Waiting Indication (MWI) [183006]; Hinweis auf vorhanden(e) Nachricht(en),

- Communication Diversion (CDIV) [183004]; verschiedene Ausprägungen der Anrufweiterschaltung,
- Explicit Communication Transfer (ECT) [183029]; Verbindungsübergabe,
- Malicious Communication Identification (MCID) [183016]; Fangen (Identifizierung böswilliger Anrufer),
- Terminating Identification Presentation (TIP) [183008]; Übermittlung der Rufnummer des Angerufenen,
- Terminating Identification Restriction (TIR) [183008]; Unterdrückung der Rufnummernübermittlung des Angerufenen,
- Communication HOLD (CH) [183010]; Halten.

Für Release 2 wurden die oben genannten Dienstmerkmale-Standards überarbeitet und zudem weitere spezifiziert [00005]:

- Closed User Group (CUG) [183054]; geschlossene Benutzergruppe,
- Call Waiting (CW) [183015]; Anklopfen,
- Advice of Charge (AoC) [183047]; Gebührenübermittlung,
- Call Completion on Busy Subscriber (CCBS) [183042]; Rückruf bei Besetzt,
- Call Completion No Reply (CCNR) [183042]; automatischer Rückruf.

Im Unterschied zur direkt IMS-basierten PSTN/ISDN-Simulation geht der PSTN/ISDN-Emulation-Ansatz bei der Realisierung von einem zusätzlichen, das IMS ergänzenden Subsystem aus, dem sog. PSTN/ISDN Emulation Subsystem (PES) [282002; 183043; 183036] (siehe Abschnitt 14.4). Das PES besteht im Wesentlichen aus Gateway Controllern (AGCF (Access Gateway Control Function) und TGCF (Trunking Gateway Control Function)) zur Umsetzung und Steuerung bzw. zum Tunneln der POTS-, DSS1- und ISUP-Signalisierung sowie PES Application Servern (PES AS) zur Bereitstellung der gewünschten Leistungs- bzw. Dienstmerkmale. Dabei wird die an Residential und Access Gateways anfallende POTS- und DSS1-Signalisierung üblicherweise auf das H.248-Protokoll umgesetzt. Die AGCF übernimmt die Gateway-Steuerung mittels H.248, mit den Application Servern kommuniziert sie per SIP. Die ISUP-Signalisierung wird normalerweise direkt zu einem für das gewünschte Leistungsmerkmal zuständigen Application Server getunnelt (siehe Abschnitt 6.7.4). Dieser PES AS unterstützt somit auch ISUP. Alternativ oder ergänzend können bez. der Gateways neben H.248 und ISUP auch SIP und MGCP zum Einsatz kommen.

Diese Vorgehensweise hat insbesondere im Falle des Tunnelns der Signalisierungsinformation den Vorteil, dass von der Realisierung der PSTN/ISDN-Leistungsmerkmale im NGN nur das PES und da vor allem die für die Leistungsmerkmale zuständigen Application Server betroffen sind. Für NGN Releases 1, 2 und 3 sind in [183043] und [183036] alle für analoge Telefonanschlüsse mit POTS-Signalisierung bzw. ISDN-Anschlüsse wesentlichen Leistungsmerkmale aus AGCF- und AS-Sicht spezifiziert.

10   SIP und Quality of Service

Gerade bei den Next Generation Networks (NGN) spielt die Möglichkeit, die geforderte Quality of Service (QoS) für die VoIP- bzw. Multimediakommunikation sicherzustellen, eine wichtige Rolle. Die Grundlagen hierzu können Abschnitt 4.3 entnommen werden.

Mittels der in [3311] definierten UPDATE-Nachricht wurde eine Möglichkeit geschaffen, Session-Parameter noch während des laufenden Initialisierungsvorgangs zu modifizieren, ohne dass der Status (bezogen auf den Fortschritt) des jeweiligen Session-Aufbaus dadurch verändert wird. Diese Eigenschaft wird genutzt, um im Rahmen des Session-Aufbaus medienrelevante Bedingungen für das Zustandekommen der Session zwischen den Endsystemen auszuhandeln (sog. Precondition Framework) [3312; 4032].

Durch Nutzung des Precondition Frameworks lässt sich u.a. erreichen, dass die beteiligten SIP-Endsysteme quasi parallel jeweils für den aus ihrer Sicht in abgehende Richtung fließenden Medienstrom eine Ressourcenreservierung für QoS einleiten können. Der eigentliche Verbindungsaufbau ruht in diesem Stadium und wird erst dann fortgesetzt, wenn alle zu etablierenden Medienströme der entsprechend vorgesehenen QoS genügen, im Falle eines Scheiterns der Ressourcenreservierung (= Nichterfüllung der für sodass die entsprechende Verbindung festgelegten Vorbedingungen) kein ungewollter Verbindungsstatus entstehen kann. Dadurch werden Störungen (z.B. ein „Phantomklingeln"), die sich aus unklaren Verbindungszuständen ergeben, vermieden.

Wesentliche Bestandteile eines derartig modifizierten Session-Aufbaus sind neben der UPDATE-Nachricht auch die SIP-Nachricht PRACK [3262], die Statusinformation „183 Session Progress" sowie einige in [3312] definierte SDP-Medienattribute, die u.a. Aussagen über den aktuellen und den gewünschten Status der Ressourcenreservierung machen können. Diese SDP-Attribute und die jeweils verwendeten Parameter werden im Folgenden erläutert.

- **current-status** (Syntax: "a=curr:"; enthaltene Parameter: precondition-type, status-type, direction-tag): Mit diesem Attribut beschreibt ein User Agent den gerade aktuellen Reservierungsstatus von Netzwerkressourcen, bezogen auf einen bestimmten Medienstrom.
- **desired-status** (Syntax: "a=des:"; enthaltene Parameter: precondition-type, strength-tag, status-type, direction-tag): In Form dieses Attributs wird der gewünschte Reservierungszustand in Bezug auf Netzwerkressourcen spezifiziert.
- **confirm-status** (Syntax: "a=conf:"; enthaltene Parameter: precondition-type, status-type, direction-tag): Mit diesem Attribut kann ein User Agent seinen potentiellen Kommunikationspartner dazu auffordern, beim Erreichen des zuvor per „desired-status"-Attributs definierten Reservierungszustands Rückmeldung zu geben. Die Rückmeldung erfolgt dann

in Form der Versendung einer SIP-Nachricht mit einem im SDP-Anteil enthaltenen „current-status"-Attributs (s.o.), das auf den jeweiligen Medienstrom bezogen ist.

Es folgt die Definition der in diesen drei SDP-Attributen enthaltenen Parameter.

- **precondition-type** (mögliche Zustände: qos oder andere): Mit diesem Attribut wird definiert, zur Erfüllung welcher Vorbedingung die Anwendung des Precondition Frameworks erfolgen soll bzw. erfolgt. Bei der in diesem Kapitel beschriebenen Möglichkeit einer QoS-Gewährleistung wird qos (=Quality of Service) als Attribut angegeben. Ein weiterer möglicher Vorbedingungstyp sec (Security) wurde in [5027] definiert, um eine verschlüsselte Nutzdatenkommunikation zur Bedingung für den erfolgreichen Aufbau einer Session machen zu können (siehe Abschnitt 12.2).
- **strength-tag** (mögliche Zustände: mandatory, optional, none, failure oder unknown): Dieser Parameter klassifiziert die Notwendigkeit einer QoS-Ressourcenreservierung für eine Verbindung. Ist eine bestimmte QoS zwingende Voraussetzung für das Zustandekommen der Session, hat das strength-tag den Zustand mandatory. Kann eine Verbindung auch ohne gewährleistete QoS etabliert werden, falls eine Ressourcenreservierung z.B. temporär nicht möglich ist, so ist „optional" der Zustand des strength-tags.
- **status-type** (mögliche Zustände: e2e, local oder remote): Grundsätzlich existieren zwei mögliche Status-Typen: end-to-end (=e2e) (bezieht sich auf die Ressourcenreservierung über das gesamte Netzwerk von einem User Agent zum anderen) und segmented (segmentiert; bezieht sich jeweils nur auf die Ressourcenreservierung im Zugangsnetz eines der beiden User Agents).
  Im Falle des segmentierten Status-Typs muss anhand der Zustände local (lokal) und remote (fern) unterschieden werden, auf welche Teilnehmerseite sich die zugangsnetzbezogene Ressourcenreservierung bezieht. Hat der Parameter status-type also den Zustand local oder remote, handelt es sich immer um einen segmentierten Status-Typ.
- **direction-tag** (mögliche Zustände: none, send, recv oder sendrecv): Dieser Parameter definiert, auf welche logische Medienstromrichtung das betreffende Status-Attribut (current status, desired status oder confirmation status) angewendet wird (send: in abgehende Richtung, recv: in ankommende Richtung, sendrecv: in beide Richtungen, jeweils aus Sicht des User Agents, der diesen Status-Parameter in eine SDP-Nachricht integriert hat).

Bild 10.1 zeigt den möglichen Ablauf eines Verbindungsaufbaus mit integrierter Bearbeitung einer Anforderung zur Ressourcenreservierung mittels der SIP-Nachrichten PRACK und UPDATE zur Sicherstellung einer gewünschten QoS.

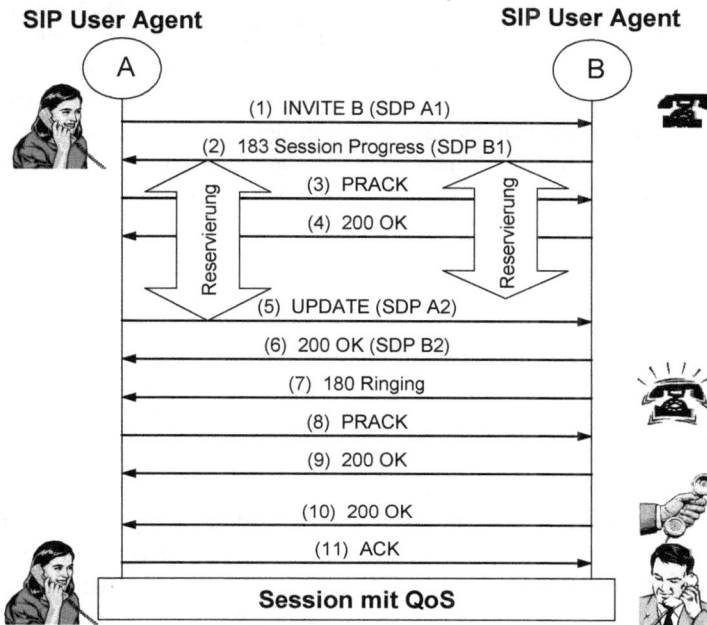

Bild 10.1: Aufbau einer QoS-VoIP-Session mittels PRACK und UPDATE für eine Ende-zu-Ende-erfolgende Ressourcenreservierung [3311]

Es folgt die ausführliche Erläuterung des Ablaufs eines Session-Aufbaus gemäß Bild 10.1.

Bereits die durch User Agent A gesendete INVITE-Anfrage (siehe Schritt (1)) enthält in ihrem Message Body die Forderung nach einer definierten QoS für die zu initiierende Verbindung in Form von SDP.

- (SDP A1) in Schritt (1) (INVITE):

```
...
m=audio 20000 RTP/AVP 0
a=curr:qos e2e none
a=des:qos mandatory e2e sendrecv
```

Die erste Medienattribut-Zeile beschreibt den derzeitigen (*curr*) Reservierungsstatus der Ressourcen in Bezug auf QoS für eine Ende-zu-Ende-Verbindung (e2e) zwischen UA A und UA B. Das direction-tag (hier: *none*) sagt in diesem Fall aus, dass bisher in keine Medienstromrichtung eine Ressourcenreservierung zur QoS-Gewährleistung vorliegt.

Der zweiten Medienattribut-Zeile kann man diejenigen Parameter entnehmen, die UA A als Voraussetzung für das Zustandekommen einer Verbindung mit UA B definiert: gewünscht (*des*) wird in diesem Fall eine vorgeschriebene (mandatory) QoS im Rahmen einer Ende-zu-Ende-Verbindung, und zwar in beiden Medienstromrichtungen (sendrecv).

UA B beginnt nach Erhalt von (SDP A1) mit der Ressourcenreservierung in seine abgehende VoIP-Verbindungsrichtung und antwortet auf die INVITE-Anfrage mit einer provisorischen Statusinformation „183 Session Progress" (siehe Schritt (2)). Diese besagt nicht nur, dass die INVITE-Anfrage empfangen wurde, sondern beinhaltet in ihrem SDP-Teil (SDP B1) neben der Wiederholung der aktuellen (a=curr: ...) und der gewünschten (a=des: ...) Reservierungszustände auch die Anfrage nach einer Bestätigung (*conf*) durch UA A für den Fall, dass die Reservierung von QoS-Ressourcen in der aus Sicht des UA B ankommenden (*recv*) Richtung abgeschlossen ist.

- (SDP B1) in Schritt (2) (183 Session Progress):

```
...
m=audio 30000 RTP/AVP 0
a=curr:qos e2e none
a=des:qos mandatory e2e sendrecv
a=conf:qos e2e recv
```

Nach Erhalt dieser Statusinformation beginnt UA A seinerseits mit der Ressourcenreservierung. Quasi parallel sendet er eine PRACK-Nachricht (siehe Schritt (3)) als Empfangsbestätigung für die provisorische Statusinformation „183 Session Progress". Dass im hier dargestellten Szenario die SIP-Nachricht PRACK zur Empfangsbestätigung einer provisorischen Statusinformation eingesetzt wird, hängt mit der Wichtigkeit der in dieser Statusinformation übermittelten Inhalte (hier: Vorbedingungen in (SDP B1) für das Zustandekommen der QoS-Session) zusammen. Die erweiterte SIP-Nachricht PRACK muss gemäß [3312] in einem solchen Fall von beiden beteiligten User Agents unterstützt werden, was durch den Eintrag „100rel" [3262; 3312] im SIP-Header-Feld „Supported" kenntlich gemacht wird.

Die PRACK-Nachricht wird durch UA B mit der Statusinformation „200 OK" (siehe Schritt (4)) bestätigt.

Sobald die Reservierung der für QoS benötigten Ressourcen in abgehender Richtung auf der Seite von UA A erfolgreich abgeschlossen ist, sendet UA A eine UPDATE-Nachricht (siehe Schritt (5)) mit folgendem SDP-Inhalt (SDP A2) an UA B:

- (SDP A2) in Schritt (5)) (UPDATE):

```
...
m=audio 20000 RTP/AVP 0
a=curr:qos e2e send
a=des:qos mandatory e2e sendrecv
```

Dieser SDP-Teil enthält neben der Wiederholung der für die Session geforderten QoS-Parameter (a=des: ...) auch die an UA B gerichtete Information, dass ab sofort (*curr*) in der aus Sicht des UA A abgehenden (*send*) Medienstromrichtung eine QoS im Rahmen einer Ende-zu-Ende-Verbindung gewährleistet ist.

Gesetzt den Fall, dass die Ressourcenreservierung in abgehender Verbindungsrichtung auf der Seite von UA B ebenfalls bereits abgeschlossen ist, sendet dieser nun als Bestätigung des Empfangs der UPDATE-Nachricht die Statusinformation „200 OK" in Schritt (6). Diese enthält in ihrem SDP-Teil (SDP B2) u.a. den aktuellen (*curr*) Reservierungsstatus aus Sicht des UA B (*sendrecv*, da sowohl durch UA A als auch durch UA B eine erfolgreiche Ressourcenreservierung abgeschlossen wurde).

- (SDP B2) in Schritt (6) (200 OK):

```
...
m=audio 30000 RTP/AVP 0
a=curr:qos e2e sendrecv
a=des:qos mandatory e2e sendrecv
```

Ein Vergleich der beiden Medienattribut-Zeilen „a=curr: ..." und „a=des: ..." im Auszug von (SDP B2) zeigt, dass nun alle für diese Verbindung notwendigen Vorbedingungen erfüllt sind. Der eigentliche Initialisierungsprozess der Session kann nun fortgesetzt werden. UA B meldet dem Benutzer einen ankommenden Anruf und versendet die (provisorische) Statusinformation „180 Ringing" (siehe Schritt (7)) an UA A. Dieser bestätigt den Erhalt mit einer PRACK-Nachricht in Schritt (8), die im Rahmen eines Dialogs auch weiterhin angewendet wird, wenn ihr Einsatz einmalig mit dem Eintrag „100rel" im „Supported"-Header-Feld definiert wurde.

Der Empfang der PRACK-Nachricht wird durch UA B wiederum mit der Statusinformation „200 OK" (siehe Schritt (9)) bestätigt.

Der Three Way Handshake des Verbindungsaufbaus wird von UA B durch das Senden der Statusinformation „200 OK" (siehe Schritt (10)) als Antwort auf die INVITE-Anfrage (siehe Schritt (1)) fortgesetzt und mit der Nachricht „ACK" (siehe Schritt (11)) von UA A komplettiert; die eigentliche VoIP-Session wurde erfolgreich initiiert.

Dieses Szenario dient der SIP-seitigen Absprache der beteiligten UAs untereinander als Basis für die Reservierung von Netzwerkressourcen zur Gewährleistung einer QoS im Rahmen einer SIP-Session. Die eigentliche Anforderung und Aushandlung z.B. einer zugesicherten Bandbreite für die Verbindung im Netzwerk muss durch die UAs separat mit den entsprechenden Netzelementen erfolgen. Hierfür bietet sich das IntServ-Protokoll RSVP (Resource Reservation Protocol) an (siehe Abschnitt 4.3.1), das auch für das UMTS Release 5 als eine Möglichkeit der QoS-Gewährleistung vorgesehen ist [Tric2; 3311; 3312]. Ein Mechanismus zur expliziten Aushandlung anzuwendender IP-QoS-Mechanismen (wie z.B. RSVP) wird in [5432] vorgestellt. Die Aushandlung erfolgt hierbei per SDP zwischen den Endsystemen im Rahmen des Session-Aufbaus und lässt sich mit dem SIP Precondition Framework kombinieren. Zusätzlich besteht die Möglichkeit, mit der in [3524] definierten SDP-Erweiterung mehrere separate, aber parallel laufende Nutzdatenströme (z.B. sowohl die Audio- als auch die Video-RTP-Ströme im Rahmen einer kombinierten Audio-Video-Session) an einen einzigen zuvor reservierten QoS-Pfad zu binden. Somit reicht die Reservierung eines einzigen QoS-Pfades pro Kommunikationsrichtung aus, unabhängig von der Anzahl der Nutzdatenströme.

Anwendung in UMTS und NGN

Die Anwendung des SIP Precondition Frameworks für die Quality of Service-Aushandlung kann in IMS-basierten UMTS-Netzen sowohl auf der Teilnehmer-SIP-Schnittstelle als auch zwischen zusammengeschalteten UMTS-Netzen unterschiedlicher Netzbetreiber erfolgen. Ein entsprechendes Beispiel wird in Abschnitt 14.2 beschrieben. Da das IMS ab NGN Release 1 (siehe Abschnitt 14.4) auch in Fest- bzw. konvergenten Netzen für die Session-Steuerung eingesetzt wird, findet auch hier der gezeigte QoS-Aushandlungsmechanismus Anwendung.

Anwendung in HFC-Netzen

Ein weiteres Beispiel für den Einsatz des oben gezeigten SIP-QoS-Mechanismus gemäß [3311; 3312] ist die netzübergreifende VoIP-Signalisierung zwischen HFC-Telekommunikationsnetzen auf Basis der DOCSIS/PacketCable-Standards (Data Over Cable Service Interface Specification) [DOCS; pack1]. Bild 10.2 zeigt die Zusammenschaltung zweier HFC-Telekommunikationsnetze. Es wird hierbei von PacketCable Version 1.5 ausgegangen.

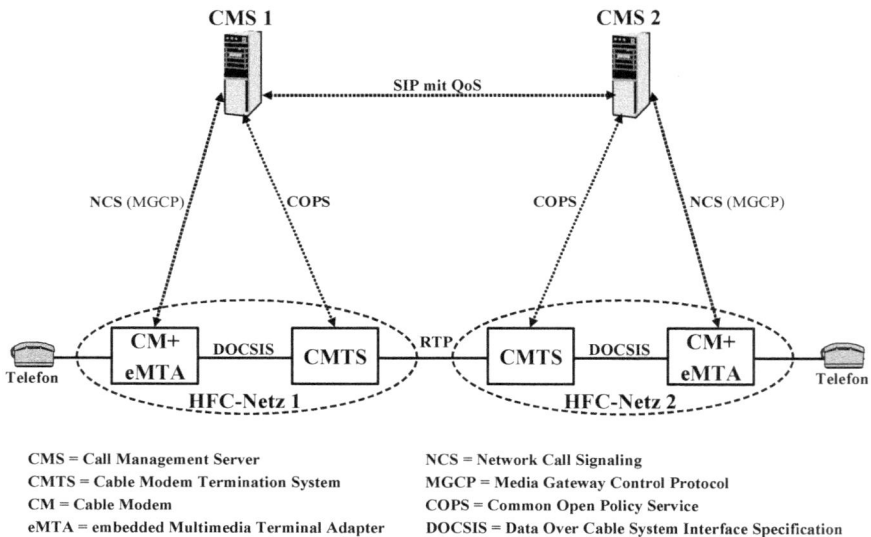

Bild 10.2: Kopplung zweier HFC-basierter Telekommunikationsnetze auf Basis DOCSIS/PacketCable

Das Telefon eines HFC-Netz-Teilnehmers ist an einen sog. eMTA (embedded Multimedia Terminal Adapter) angeschaltet, der mit dem CM (Cable Modem) in einer Hardware kombiniert ist und somit den DOCSIS-Netzabschluss am Kabelanschluss im Haus des Teilnehmers bildet. Das Gegenstück zu den Teilnehmer-CMs, das für die Ein- bzw. Auskopplung von IP in bzw. aus dem Koaxialkabelnetz beim Netzbetreiber benötigt wird, ist das sog. CMTS (Cable Modem Termination System).

Für die VoIP-Session-Vermittlung verfügen die Betreiber der in Bild 10.2 gezeigten Netze jeweils über einen separaten CMS (Call Management Server), der im NGN-Konzept (siehe

Abschnitt 3.1) einem Call Server entspricht. Die Session-Signalisierung zwischen dem CMS und dem Teilnehmer-eMTA erfolgt per NCS (Network Call Signaling) [P15N], einer an die in HFC-Netzen vorherrschenden Bedingungen angepassten Version von MGCP (Media Gateway Control Protocol; siehe Abschnitte 3.2 und 4.2). Die Quality of Service auf der DOCSIS-Schnittstelle zwischen CMTS und CM wird durch den CMS mittels COPS (Common Open Policy Service) [2748] gesteuert.

Die Zusammenschaltung der CMS verschiedener HFC-Netze erfolgt bezüglich der Signalisierung auf Basis von SIP (siehe Bild 10.2). Hierbei wird auch der SIP-Mechanismus gemäß [3311; 3312] zum Zweck der Sicherstellung einer definierten Quality of Service für einzuleitende Sessions angewendet [P15C]. Im Falle des Zustandekommens einer Session werden die RTP-Nutzdaten direkt zwischen den CMTS der per IP zusammengeschalteten Netze ausgetauscht.

Im Gegensatz zu PacketCable Version 1.5 wurde mit der Nachfolgeversion PacketCable 2.0 die Verwendung des IMS (IP Multimedia Subsystem; siehe Abschnitt 14.3) als Vermittlungsplattform auch für HFC-basierte Telekommunikationsnetze definiert [P20SS]. PacketCable übernahm damit weitestgehend die durch 3GPP standardisierte IMS-Architektur inklusive der assoziierten Protokolle und Protokollabläufe. Hiermit öffnete sich PacketCable auch für SIP-basierte Endsysteme, z.B. in Kabel-Modems eingebettete SIP User Agents sowie beliebige drahtlose und drahtgebundene Software- und Hardware-basierte SIP-Telefone [P20SS]. Entsprechend ist die Anwendung des SIP Precondition Frameworks für die QoS-Aushandlung ab PacketCable 2.0 auch auf der Schnittstelle zwischen dem Teilnehmerendsystem und der Vermittlungsinfrastruktur gegeben [PCID].

11 SIP und Mobilität

Spätestens nachdem SIP als Vermittlungsprotokoll für UMTS Release 5 festgelegt worden war, stellte sich die Frage nach seiner Mobilitätsunterstützung. Ziel dieses Kapitels ist die prinzipielle Betrachtung einiger mobilitätsrelevanter Aspekte in Bezug auf ihre Realisierbarkeit mit SIP.

Grundsätzlich kann man verschiedenartig definierte Formen der Mobilität unterscheiden. Sie werden im Folgenden im Zusammenhang mit SIP erläutert.

11.1 Persönliche Mobilität

„Persönliche Mobilität" bedeutet, dass ein Benutzer generell unter derselben, ihn persönlich identifizierenden Rufnummer bzw. SIP URI erreichbar ist, ganz gleich wo er sich befindet und welches Endgerät er benutzt [Schu2]. Im SIP ist diese Form der Mobilität bereits durch die Grundfunktion von Registrar Servern implementiert (siehe Abschnitt 6.2): Ein Benutzer kann sich von jedem Ort mit jedem beliebigen SIP UA bei demjenigen Registrar Server anmelden, der das Benutzerkonto des jeweiligen Anwenders verwaltet (siehe Bild 11.1). Der Registrar Server erkennt die logische Verbindung zwischen der im To-Header-Feld übermittelten ständigen SIP URI des Benutzers und seiner derzeitigen temporären IP-Adresse im Contact-Header-Feld der REGISTER-Anfrage.

Diese Informationen übergibt er an einen Location Server (siehe Abschnitt 6.5), der sie anderen SIP-Netzelementen (wie z.B. Proxy- oder Redirect Servern) bei Bedarf zur Verfügung stellt.

Der Benutzer mit der ständigen SIP URI sip:User@home, der sich zunächst am Ort A befindet, hat sich mit seinem IP-Telefon (IP-Adresse: 88.88.88.88) bei dem sein Benutzerkonto verwaltenden Registrar Server (Domain: home) registriert. Er ist nun am Ort A über das IP-Telefon unter seiner ständigen SIP URI erreichbar.

Zu einem späteren Zeitpunkt wechselt der Benutzer seinen Standort. Er befindet sich nun am Ort B. Dort registriert er das auf seinem Laptop installierte SIP-Software-Telefon (IP-Adresse: 90.90.90.90) wiederum bei seinem Heimat-Registrar Server mit der Domain home.

Der Anwender ist auch nun wieder über seine ständige SIP URI sip:User@home zu erreichen, obwohl er sich an einem anderen Ort (Ort B) befindet und ein anderes Endsystem (Softphone auf Laptop) benutzt, dem eine andere IP-Adresse zugewiesen ist.

Benutzer User   Domain home

UA 1 (IP Phone)
Ort A
IP 88.88.88.88
                    REGISTER sip:home
                    To: sip:User@home
                  Contact: sip:User@88.88.88.88

                                                sip:User@home ist auf
                                                seinem IP-Telefon (IP
                          200 OK   88.88.88.88) erreichbar

UA 2 (Soft Phone)
Ort B
IP 90.90.90.90
                    REGISTER sip:home
                    To: sip:User@home
                  Contact: sip:User@90.90.90.90

                                                sip:User@home ist auf
                                                seinem Laptop mittels Soft
                          200 OK   Phone (IP 90.90.90.90)
                                                erreichbar

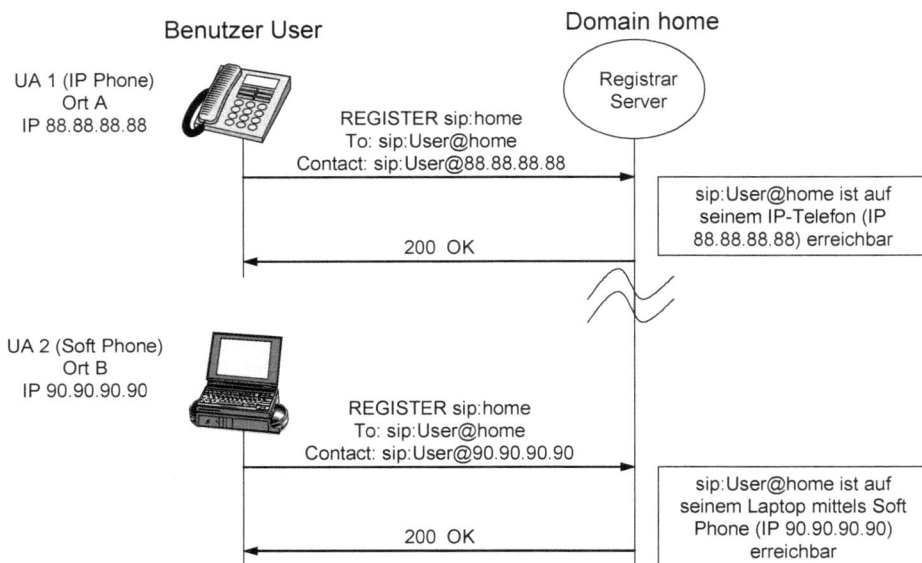

Bild 11.1: Persönliche Mobilität durch SIP-Registrierung

11.2 Session-Mobilität

Unter „Session-Mobilität" versteht man die Möglichkeit eines Benutzers, das zur Kommunikation benutzte Endgerät während einer laufenden Session zu wechseln, also eine Session
auf ein anderes Endgerät zu übertragen. Anwendungen hierfür sind z.B. das Verlegen einer
Telefonie-Session von einem Mobil- auf ein Festnetz-Endsystem oder umgekehrt, aber auch
das Auslagern einzelner Elemente einer Session auf ein anderes Endsystem (z.B. das Verlagern eines Video-Datenstroms im Rahmen einer kombinierten Audio- und Video-Session auf
einen Computer mit entsprechender, zur Video-Wiedergabe geeigneter Software, während
die Sprachkommunikation weiterhin über ein herkömmliches Telefonie-Endsystem erfolgen
soll) [Schu2].

Im SIP existieren derzeit zwei Möglichkeiten, diese Form der Mobilität zu realisieren. Beide
Möglichkeiten basieren auf „Third Party Call Control", also dem Prinzip der teilautomati-
sierten Vermittlung einer Kommunikationsverbindung durch eine dritte, am Nutzdatenaustausch unbeteiligte Instanz.

„Third-Party Call Control" mittels INVITE

Der UA desjenigen Teilnehmers, der die Session vollständig oder teilweise auf ein anderes
Endsystem auslagern möchte, betätigt sich als „Session Moderator", d.h., er vermittelt eine

Session zwischen seinem Kommunikationspartner und dem neu hinzukommenden Endsystem. Dies geschieht auf einfachste Weise mit der SIP-Anfrage INVITE (eine Session-initiierende Instanz muss bekanntlich nicht selbst am Nutzdatenaustausch beteiligt sein, siehe Abschnitt 5.2).

Bild 11.2 zeigt den Ablauf einer derartigen Auslagerung mittels der INVITE-Anfrage [Schu2]. Aus Gründen der Übersichtlichkeit wird hier auf die Darstellung von optionalen Statusinformationen wie „100 Trying" und „180 Ringing" bewusst verzichtet.

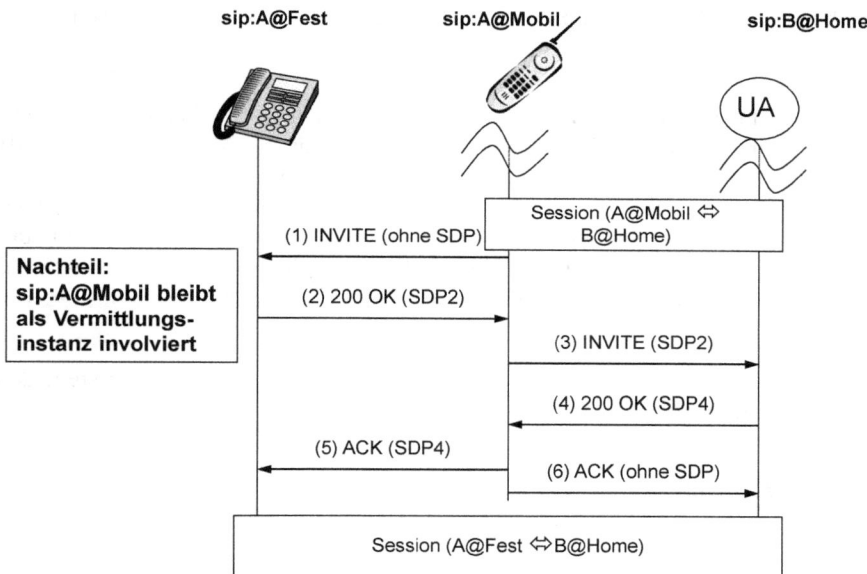

Bild 11.2: Session-Mobilität durch „Third-Party Call Control" mittels INVITE-Anfrage

Im in Bild 11.2 dargestellten Szenario möchte der Benutzer A, der über sein als sip:A@Mobil registriertes Endgerät ein Gespräch mit Teilnehmer B führt, diese Session auf sein als sip:A@Fest registriertes Festnetz-Endgerät verlagern.

Hierzu wird – ausgehend von sip:A@Mobil – zunächst eine INVITE-Anfrage (siehe Schritt (1)) an dasjenige Endsystem (sip:A@Fest) versendet, das bisher noch nicht an der Kommunikation beteiligt war. Diese Anfrage enthält keinen SDP-Anteil, da sie von demjenigen UA ausgeht, der zukünftig nicht mehr am Nutzdatenaustausch teilnehmen wird (d.h., seine Medien-Parameter sind für die neu zu initiierende Session irrelevant).

Das SIP-Endsystem sip:A@Fest bestätigt die Annahme der Session durch die Versendung einer Statusinformation „200 OK" (siehe Schritt (2)), in der es die für seine Seite gültigen Medien-Parameter in Form eines SDP-Anteils (SDP2) mitschickt. Das Endsystem sip:A@Mobil sendet SDP2 im Message Body einer INVITE-Anfrage (siehe Schritt (3)) nun an den anderen Kommunikationspartner sip:B@Home weiter, der die Annahme der Session-Änderung durch das Senden der Statusinformation „200 OK" in Schritt (4) anerkennt. Diese enthält die für die geänderte Verbindung auf der Seite von sip:B@Home gültigen Medien-Parameter in Form der SDP-Nachricht (SDP4).

Der nun aus dem Nutzdatenaustausch ausscheidende UA sip:A@Mobil leitet SDP4 im Message Body einer ACK-Nachricht (siehe Schritt (5)) an das für ihn in die Kommunikation einsteigende Endsystem sip:A@Fest weiter. Zur Erfüllung des Three Way Handshakes im Rahmen des erfolgreichen Session-Aufbaus versendet sip:A@Mobil eine weitere ACK-Nachricht (siehe Schritt (6)) an seinen bisherigen Kommunikationspartner sip:B@Home.

Die Übergabe der Nutzdaten-Session durch sip:A@Mobil an sip:A@Fest ist erfolgt.

Der Nachteil einer derartigen vollständigen Verlegung einer Medien-Session mittels INVITE ist allerdings, dass der „Session Moderator" (in Bild 11.2 also sip:A@Mobil) immer als SIP-vermittelnde Instanz zwischen den beiden Kommunikationspartnern an der Session beteiligt bleibt, auch wenn er nicht selbst am Nutzdatenaustausch teilnimmt. Er wird entsprechend z.B. bei der Veränderung von Session-Parametern und auch beim Abbau der Verbindung einbezogen. Obwohl er bezüglich des Nutzdatenverkehrs keine Sende- oder Empfangseinheit mehr darstellt, bleibt er dennoch zwingend in seiner Funktion als Initiator in die Session involviert.

Einen besseren Ansatz einer vollständigen oder teilweisen Session-Auslagerung stellt deshalb die Verlegung mittels der REFER-Anfrage [3515] dar.

„Third-Party Call Control" mittels REFER
Ähnlich wie bei der mittels INVITE-Anfrage realisierten Verlegung arbeitet der die Session auslagernde UA auch beim Einsatz der REFER-Anfrage zunächst als Vermittlungsinstanz zwischen dem bisherigen Kommunikationspartner und dem neu hinzukommenden Endgerät. Allerdings wird die Kontrolle über die Session für den Fall der vollständigen Verlegung komplett auf die zukünftigen Kommunikationsinstanzen – also auf die am Nutzdatenaustausch beteiligten Endsysteme – übertragen. Der aus der Kommunikation ausscheidende UA wird nicht weiter als Vermittler benötigt; er ist nun komplett von der Session ausgeschlossen.

Das Prinzip einer derartigen Verlegung mittels der REFER-Anfrage gemäß [Schu2] ist in Bild 11.3 dargestellt.

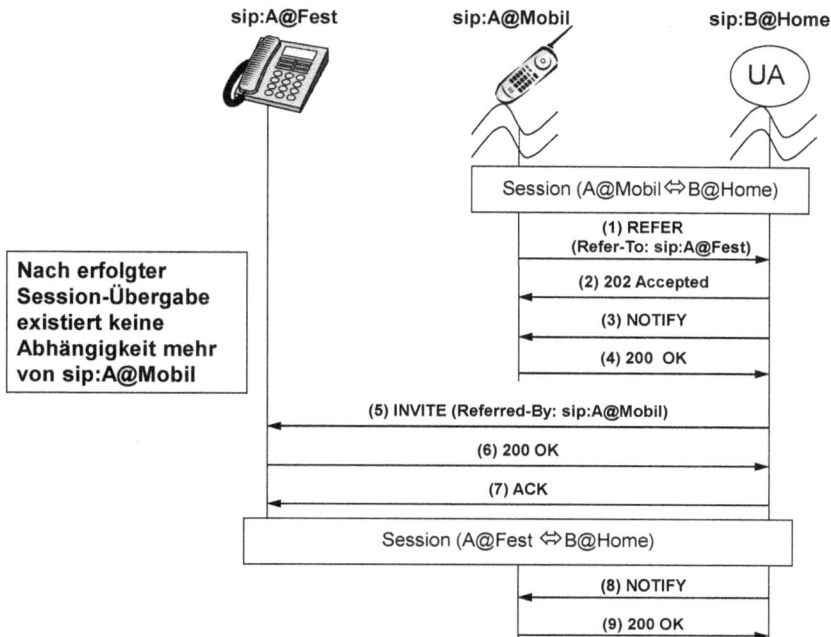

Bild 11.3: Session-Mobilität durch „Third-Party Call Control" mittels REFER-Anfrage

Wie Bild 11.3 zu entnehmen ist, empfängt sip:B@Home eine REFER-Anfrage (siehe Schritt (1)) von sip:A@Mobil. Diese Nachricht enthält im Header-Feld „Refer-To" [3515] die Anweisung, eine Session mit sip:A@Fest zu initiieren. sip:B@Home akzeptiert prinzipiell die Ausführung der Session-Verlagerung, bestätigt dies mit der Statusinformation „202 Accepted" (siehe Schritt (2)) und informiert sip:A@Mobil in Schritt (3) mittels NOTIFY-Nachricht über den aktuellen Stand dieses Events (siehe Abschnitt 5.5.3). Deren Erhalt wird durch den UA sip:A@Mobil in Schritt (4) mit der Statusinformation „200 OK" bestätigt. Anschließend versendet sip:B@Home in Schritt (5) eine INVITE-Anfrage an sip:A@Fest. Diese INVITE-Anfrage enthält im Header-Feld „Referred-By" [3892] auch die SIP URI desjenigen User Agents (sip:A@Mobil), von dem die Anweisung zur Initiierung der neuerlich einzuleitenden Session ausging.

Der UA sip:A@Fest, der bezüglich des Nutzdatenaustauschs an die Stelle von sip:A@Mobil treten soll, verschickt in Schritt (6) eine „200 OK"-Statusinformation an sip:B@Home und erklärt somit seine Teilnahme an der verlagerten Session. Zur Komplettierung des Three Way Handshakes bestätigt sip:B@Home noch einmal seine Bereitschaft mit der ACK-Nachricht (siehe Schritt (7)). Die erfolgreiche Übergabe der Session von sip:A@Mobil an sip:A@Fest ist abgeschlossen.

sip:B@Home informiert sip:A@Mobil mittels einer NOTIFY-Nachricht in Schritt (8) über den erfolgreichen Session-Aufbau mit sip:A@Fest. User Agent sip:B@Home bestätigt den Empfang dieser Nachricht mit „200 OK" (siehe Schritt (9)).

User Agent sip:A@Mobil kann die noch immer bestehende Session mit sip:B@Home nun beenden und steht danach in keiner SIP-Kommunikationsbeziehung mehr zu sip:B@Home oder sip:A@Fest.

Die Übergabe einer bestehenden SIP-Session an ein anderes SIP-Endsystem mittels der REFER-Anfrage wird gemäß [5359] auch bei der SIP-Realisierung des TK-Leistungsmerkmals „Verbindungsübergabe" (siehe Abschnitt 9.2) genutzt.

Verlagerung einzelner Medien
Wie bereits eingangs dieses Abschnitts erwähnt bietet die Kombination aus SIP und SDP auch die Möglichkeit, nicht nur komplette SIP-Sessions auf andere Endsteme zu verlegen, sondern auch lediglich einzelne Medienströme auf andere Sende- bzw. Empfangssysteme zu verlagern. Ein Anwendungsbeispiel hierfür ist beispielsweise die Umlenkung eines Videodatenstroms im Rahmen einer Videokonferenz auf ein mit großem Bildschirm ausgestattetes Empfangssystem. Die Audionutzdatenströme sollen aber weiterhin z.B. auf einem speziell für Telefonkonferenzen geeigneten Tischendgerät empfangen bzw. von diesem gesendet werden.

Eine ähnliche Anwendung ist in Bild 11.4 skizziert. Zwischen den beiden User Agents A und B wurde zunächst eine kombinierte Audio- und Video-Session aufgebaut (Schritt (1)). Nun sollen auf Seite des Nutzers B die Videonutzdatenströme zur optimaleren Darstellung des empfangenen bzw. zur besseren Aufnahme des zu sendenden Videobildes auf ein anderes Endgerät, hier z.B. einen an das Netzwerk angeschlossenen, mit Bildschirm und Kamera ausgestatteten PC, verlagert werden. User Agent B leitet diese Verlagerung in Form einer Session-Modifikation durch Senden einer Re-INVITE-Anfrage ein (Schritt (2)). Diese enthält einen modifizierten SDP-Teil, der nun für die Audio- und Videonutzdatenströme unterschiedliche Empfangs-IP-Adressen und -Port-Nummern sowie ggf. unterschiedliche Codec-Informationen übergibt. Für den Audionutzdatenstrom gelten weiterhin die auf User Agent B bezogenen Informationen, für den Videonutzdatenstrom hingegen die entsprechenden Parameter des Netzwerk-PCs. Ein Beispiel für einen entsprechenden SDP-Teil, in dem diese beiden Nutzdatenströme komplett getrennt voneinander beschrieben werden, findet sich in Abschnitt 5.7.3 dieses Buches (siehe dort Beispiel 2).

Nach Annahme der Session-Modifikation durch User Agent A (Bild 11.4, Schritte (3) und (4)) sendet User Agent A den seinerseits abgehenden Videonutzdatenstrom nun nicht mehr zu User Agent B, sondern direkt zum Netzwerk-PC. Dieser sendet ggf. ebenfalls einen Video-RTP-Strom zurück an User Agent A. User Agent B hingegen tauscht weiterhin Audionutzdatenströme mit User Agent A aus.

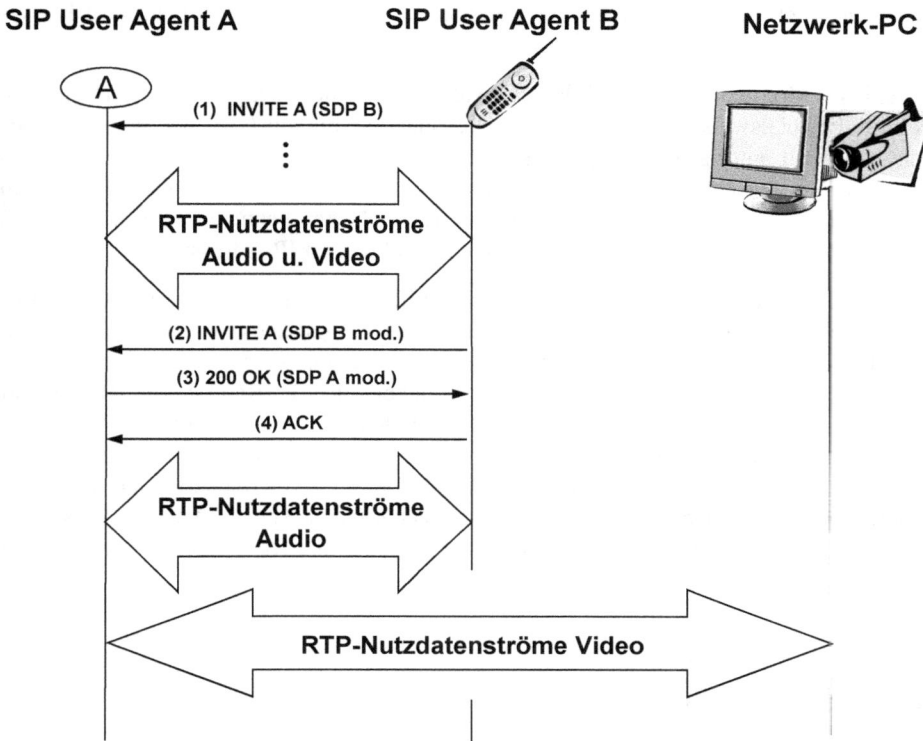

Bild 11.4: Verlagerung eines Mediums (hier: Video) auf ein anderes Sende-bzw. Empfangsgerät

11.3 Dienstemobilität

Als „Dienstemobilität" bezeichnet man die Möglichkeit eines Benutzers, jederzeit bestimmte, individuell auf den jeweiligen Anwender zugeschnittene Dienste in Anspruch nehmen und verwalten zu können, unabhängig davon, wo er sich befindet und welches Endsystem er benutzt. Dienste im Sinne dieser Definition können die durch einen SIP-Service-Provider zur Verfügung gestellten Basisdienste wie Videotelefonie und Instant Messaging, Leistungsmerkmale wie z.B. Anrufweiterleitung (für Telefonie), aber auch die Verwaltung und Nutzung persönlicher Komfortdaten wie Adressbuch- und Kurzwahlliste sein [Schu2].

Die reine Nutzung benutzerspezifischer, durch Service-Provider zur Verfügung gestellter Dienste und Dienstmerkmale mittels SIP ist orts- sowie endsystemunabhängig durch die in Abschnitt 11.1 erläuterte „persönliche Mobilität". Ist ein Benutzer bei dem sein Anwenderkonto verwaltenden Registrar Server registriert, kann er die dort eingerichteten Dienste jederzeit in Anspruch nehmen, unabhängig von seinem Standort und dem benutzten Endsystem.

Die zusätzliche Möglichkeit der mobilen Verwaltung Provider-spezifischer Leistungsmerkmale könnte beispielsweise durch die potentielle Zugriffsfähigkeit (z.B. per Web-Interface) eines entsprechend autorisierten Benutzers auf einen SIP-Server realisiert werden. Ein Anwender könnte so von jedem Ort und von einem beliebigen (zur entsprechenden Kommunikation fähigen) Endsystem die für ihn im Server gespeicherten benutzer- und dienstspezifischen Daten modifizieren, unabhängig z.B. von seiner aktuellen IP-Adresse.

Auch die Synchronisation benutzerbezogener, persönlicher Daten (Adressbuch, Kurzwahlliste etc.) zwischen unterschiedlichen Endsystemen mittels SIP ist denkbar. Ein Ansatz hierfür könnte z.B. die Einrichtung einer in einem Registrar Server integrierten Datenbank sein, die beim Registrierungsvorgang durch den UA angesprochen wird. Im Rahmen der REGISTER-Anfrage und weiterer folgender SIP-Nachrichten könnten die persönlichen Daten zwischen UA und Datenbank abgeglichen werden, sodass der Anwender jederzeit auf jedem Endsystem, das er gerade benutzt und das sich demzufolge beim Server registriert hat, denselben Datenstand vorfindet. Einen relativen Schutz der persönlichen Nutzerdaten vor Missbrauch würde in diesem Fall die SIP-Digest-Authentifizierung im Rahmen der Registrierung (siehe Abschnitt 12.1.1) bieten.

11.4   Endgerätemobilität

Der Begriff „Endgerätemobilität" besagt, dass ein Endsystem – z.B. ein SIP UA – sowohl bezüglich seiner ständigen Sende- und Empfangsbereitschaft als auch in Bezug auf die Aufrechterhaltung einer gerade währenden Session völlig unabhängig von einem bestimmten IP-Subnetz und somit frei beweglich ist [Schu2]. Diese Form der Mobilität macht allerdings nur im Zusammenhang mit einer funkbasierten Kommunikationsinfrastruktur Sinn, da eine festnetzbasierte Endgerätemobilität schlicht nur eine Verschmelzung aus den in den Abschnitten 11.1 bis 11.3 genannten Mobilitätsformen darstellen würde.

Eine differenzierte Betrachtung der funkbasierten Zugangsnetzstruktur soll hier allerdings nicht erfolgen. Vielmehr wird aufgezeigt, welche Voraussetzungen auf der Seite der SIP-Anwendungen erfüllt sein müssen, um den reibungslosen Ablauf einer funkbasierten SIP-vermittelten Kommunikation zu gewährleisten.

Ein mögliches Grundprinzip für eine derartige Kommunikation kann man im weitesten Sinne aus der in [5944] formulierten Spezifikation für „Mobile IP" ableiten. Allerdings stellt dieses Modell zur Schaffung einer mobilen, funkfähigen Kommunikationsinfrastruktur keine Alternative zu einer funkbasierten SIP-vermittelten Kommunikation dar, da einige Eigenschaften des „Mobile IP" (z.B. „IP in IP encapsulation", also das Verschachteln von IP-Paketen in andere, übergeordnete IP-Pakete) gemäß [Wedl] sehr ungünstige Auswirkungen (z.B. Laufzeitdifferenzen und Bandbreitenengpässe) gerade auf den bidirektionalen Austausch von

Echtzeitdaten haben können und somit den Einsatz im Rahmen einer wechselseitigen Multimediakommunikation beeinträchtigen können.

Den Schritt zwischen der durch SIP voll unterstützten „persönlichen Mobilität" (siehe Abschnitt 11.1) und einer potentiellen Endgerätemobilität stellt im Prinzip eine funkbasierte Kommunikationsinfrastruktur in Verbindung mit einer voll automatisierten Implementierung der Session-Mobilität (siehe Abschnitt 11.2) dar. Zwar wird im Falle einer erwünschten Endgerätemobilität keine Session von einem Endsystem an ein anderes übergeben, aber die Aufrechterhaltung einer Session muss auch dann gewährleistet sein, wenn sich die IP-Adresse eines Teilnehmers – z.B. im Rahmen eines Subnetz-Wechsels – ändert. Auch dies verlangt gewissermaßen nach einer „Session-Mobilität" im Rahmen eines „Handovers" von einem Subnetz in ein anderes.

Die zur Unterstützung der Endgerätemobilität relevanten Verhaltensweisen von SIP-Endsystemen lassen sich in drei wesentliche Bereiche unterteilen:

- Verhalten im Zustand der Gesprächsbereitschaft,
- Verhalten während einer laufenden Session,
- Verhalten bei kurzzeitigem Ausfall des Funkzugangs (z.B. durch „Funkloch") oder eines IP-Subnetzes (Network Partition).

Es folgt die Betrachtung möglicher Realisierungen dieser Verhaltensweisen im Einzelnen.

Verhalten im Zustand der Gesprächsbereitschaft
Um die ständige Bereitschaft zur Aufnahme einer abgehenden oder ankommenden Session sicherzustellen, muss ein SIP UA jederzeit über eine individuell gültige IP-Adresse verfügen. Um dies auch für den Fall eines diskreten Wechsels in ein anderes IP-Netz (z.B. durch den bewegungsbedingten Funkzellenwechsel) zu gewährleisten, muss die SIP-Anwendung von einer potentiellen IP-Adressenänderung des Endsystems Kenntnis erlangen [Schu2]. Dies könnte beispielsweise durch das regelmäßige Abfragen der aktuellen IP-Adresse durch die SIP-Anwendung bei derjenigen Software-Instanz erfolgen, die direkt mit der Funkschnittstelle des Endsystems in Verbindung steht.

Wünschenswerter wäre eine Lösung, durch die der SIP UA ohne eigenes Zutun über den IP-Adressenwechsel informiert würde, was allerdings die Implementierung einer entsprechenden Funktion in derjenigen Software-Instanz nötig machen würde, die in direktem Kontakt mit der Funkschnittstelle steht.

In jedem Fall wird der SIP UA nach Erhalt einer neuen IP-Adresse diese dem für ihn zuständigen SIP Registrar Server in Form einer neuerlichen REGISTER-Anfrage mitteilen. Wie in Abschnitt 11.1 beschrieben, ist der betreffende SIP UA dann weiterhin über seine ständige SIP URI erreichbar (siehe Bild 11.5).

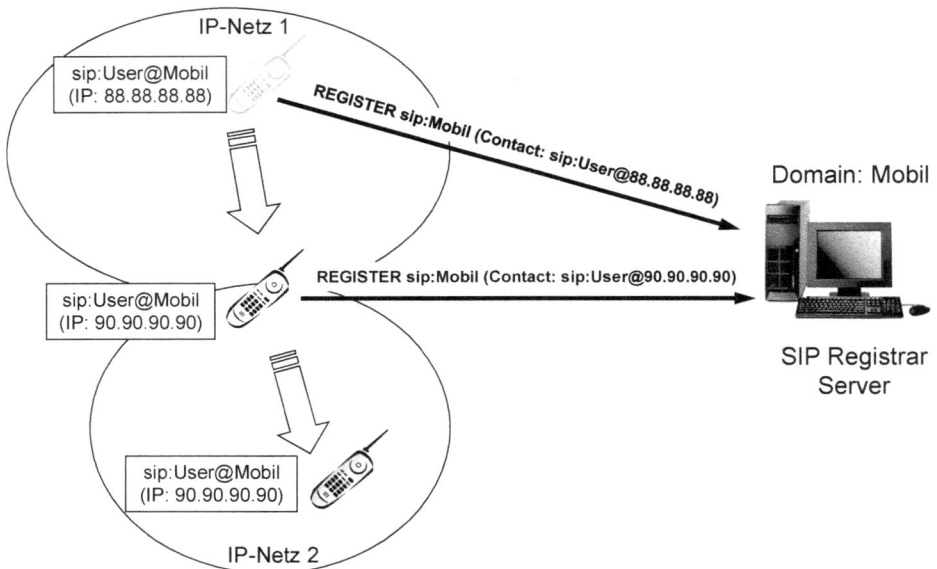

*Bild 11.5: Ständige Erreichbarkeit eines SIP UAs unter derselben SIP URI (sip:User@Mobil) durch erneute Regist-
rierung bei einem Registrar Server*

Im in Bild 11.5 dargestellten Szenario findet ein Standort-Wechsel des SIP UAs mit der
ständigen SIP URI sip:User@Mobil statt. Zunächst befindet er sich im funkbasierten IP-Netz
1 und hat dort die individuelle IP-Adresse 88.88.88.88. Nach dem Wechsel in das IP-Netz 2,
in dem ihm die IP-Adresse 90.90.90.90 zugewiesen wurde, registriert er sich selbstständig
erneut bei dem sein Benutzerkonto verwaltenden Registrar Server (Domain: Mobil) unter
Angabe seiner neuen temporären SIP URI im Contact-Header-Feld der REGISTER-Anfrage,
sodass er auch weiterhin unter seiner ständigen SIP URI sip:User@Mobil erreichbar ist.

Verhalten während einer laufenden Session
Die einfachste Möglichkeit, eine laufende SIP- bzw. Nutzdaten-Kommunikation im Falle
eines nötigen IP-Adressen-Wechsels aufrechtzuerhalten, ist die Modifizierung der Session
mittels einer INVITE-Anfrage, in deren SDP-Anteil dem Kommunikationspartner die neue
IP-Adresse für den RTP-Nutzdatenempfang mitgeteilt wird (siehe Bild 11.6). Im Falle des
Wechsels in ein anderes IP-Netz kann dadurch eine kurzzeitige Unterbrechung des RTP-
Nutzdatentransfers auftreten.

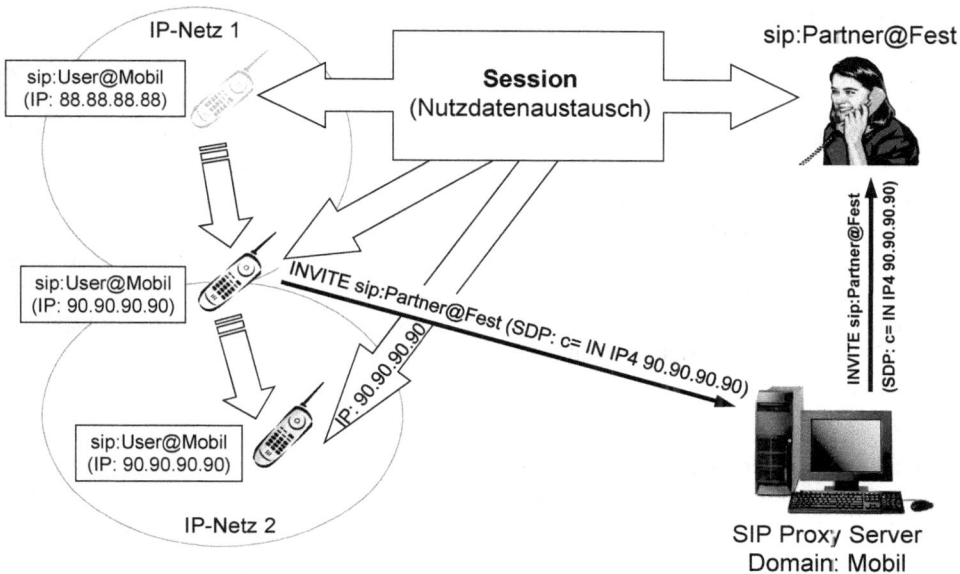

Bild 11.6: Aufrechterhaltung einer laufenden Session im Falle eines IP-Subnetz-Wechsels durch Neuinitialisierung mittels INVITE

Im in Bild 11.6 dargestellten Szenario besteht eine SIP-Session mit laufendem Nutzdatenaustausch zwischen den beiden UAs sip:User@Mobil (zunächst mit der IP-Adresse 88.88.88.88) und sip:Partner@Fest. sip:User@Mobil bewegt sich im Verlauf dieser Session aus dem Funkbereich seines ursprünglichen IP-Netzes 1 heraus. Beim Übertritt in das IP-Netz 2 wird dem Endsystem von sip:User@Mobil eine neue IP-Adresse (90.90.90.90) zugeteilt.

Damit der Nutzdatenaustausch zwischen sip:User@Mobil und seinem Kommunikationspartner aufrechterhalten werden kann, muss dieser von der neuen IP-Adresse des mobilen User Agents Kenntnis erlangen. Hierzu sendet sip:User@Mobil über seinen Heimat-Proxy Server (Domain: Mobil) eine INVITE-Anfrage (Re-INVITE; siehe Abschnitt 5.4) mit dem Zweck der Neuinitialisierung der Session an sip:Partner@Fest. Diese INVITE-Anfrage enthält in ihrem SDP-Anteil u.a. den SDP-Parametertyp c (Connection Data), durch den sip:Partner@Fest die neue, für den Nutzdatenaustausch relevante IP-Adresse von sip:User@Mobil erhält. Ab diesem Zeitpunkt sendet sip:Partner@Fest die von ihm ausgehenden Nutzdaten nur noch an die neue IP-Adresse des User Agents sip:User@Mobil. Der Nutzdatenaustausch wurde somit durch SIP erfolgreich an die neuen Netzgegebenheiten von sip:User@Mobil angepasst.

Verhalten bei kurzzeitigem Ausfall des Funkzugangs (z.B. durch „Funkloch") oder eines IP-Netzes

Im Falle eines Funk- oder IP-Netz-Ausfalls bis zu 32 Sekunden würde die eigentliche SIP-Kommunikation nicht wesentlich beeinträchtigt, da SIP-Anfragen innerhalb dieses Zeitrahmens SIP-Timer-gesteuert wiederholt werden. Dem hier angegebenen Zeitrahmen liegen die SIP-Timer-Default-Werte gemäß [3261] zu Grunde. Für den Fall eines länger andauernden Ausfalls wäre ein gewisser „Rückfall-Mechanismus" von Vorteil, der dafür sorgt, dass die beteiligten Kommunikationsinstanzen automatisch den SIP-Proxy- oder Redirect Server der Heimat-Domäne ihres Kommunikationspartners kontaktieren (siehe Bild 11.7). Auf diese Weise könnte eine SIP-Kommunikation wieder aufgenommen werden, sobald wieder Funkkontakt zum betreffenden UA besteht, selbst wenn einer oder beide Kommunikationspartner in der Zwischenzeit ihren Standort (und damit u.U. ihre temporäre IP-Adresse) gewechselt haben [Schu2].

Bild 11.7 zeigt den Ablauf einer solchen Verbindungs-Wiederaufnahme. Der Benutzer mit der ständigen SIP URI sip:User@Mobil befindet sich im Bereich des funkbasierten IP-Netzes 1. Ihm wurde die IP-Adresse 88.88.88.88 zugewiesen. Mittels einer REGISTER-Anfrage (siehe Schritt (1)) registriert er sich bei seinem Heimat-Registrar Server (Domäne: Mobil). Dieser bestätigt die Registrierung mit der Statusinformation „200 OK" in Schritt (2). Unmittelbar danach erfolgt ein Netzwerkausfall in IP-Netz 1, sodass sip:User@Mobil bis auf weiteres nicht erreichbar ist.

Der Teilnehmer mit der ständigen SIP URI sip:Partner@Fest möchte eine Session mit sip:User@Mobil initiieren und sendet zu diesem Zweck eine INVITE-Anfrage (siehe Schritt (3)) an den SIP-Server der Domäne Mobil. Aus Gründen der Anschaulichkeit handelt es sich hierbei um einen kombinierten SIP Registrar/Redirect Server (siehe Abschnitt 6.2 bzw. Abschnitt 6.4). Dieser empfängt Registrierungen von SIP User Agents und liefert, falls eine SIP-Anfrage an die ständige SIP URI eines bei ihm registrierten Teilnehmers eingeht, dessen im Rahmen der Registrierung übermittelte temporäre SIP URI mittels Statusinformationen des Grundtyps 3xx (Redirection; siehe Abschnitt 5.3) zurück.

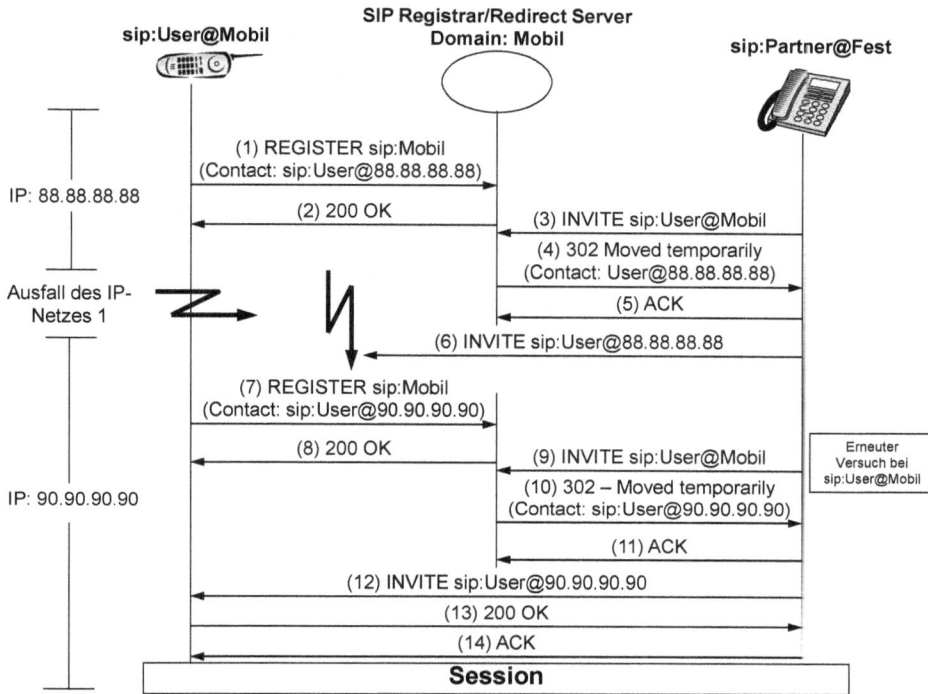

Bild 11.7: Automatischer Abwurf nach einem erfolglosen Session-Initiierungsversuch, anschließend erfolgreicher Verbindungsaufbau

Aus diesem Grund wird die in Schritt (3) in der Domain Mobil eingehende INVITE-Anfrage nicht durch den Server an sip:User@Mobil weitergeleitet, sondern es erfolgt eine Umleitungsaussage in Form der Statusinformation „302 Moved temporarily" (siehe Schritt (4)) durch den Redirect Server an sip:Partner@Fest. Diese Statusinformation enthält im Header-Feld „Contact" diejenige SIP URI, unter der der gewünschte Kommunikationspartner zu dieser Zeit erreichbar ist (sip:User@88.88.88.88). sip:Partner@Fest bestätigt den Empfang der Umleitungsaussage mit der Nachricht ACK (siehe Schritt (5)) und versendet in Schritt (6) umgehend eine INVITE-Anfrage mit dem Zweck der Initiierung einer Session an sip:User@88.88.88.88. Aufgrund des Netzwerkausfalls im IP-Netz 1 kommt diese Nachricht allerdings nicht beim Zielendsystem an; entsprechend erfolgt keinerlei Rückmeldung durch sip:User@88.88.88.88.

Der Benutzer mit der ständigen SIP URI sip:User@Mobil hat sich zwischenzeitlich in den Funkbereich des IP-Netzes 2 bewegt. Ihm wird eine neue IP-Adresse (90.90.90.90) zugewiesen und er registriert sich gemäß Bild 11.7 erneut mit einer REGISTER-Anfrage (siehe Schritt (7)) beim Registrar Server seiner Heimat-Domäne. Der Server bestätigt die neuerliche Registrierung mit der Statusinformation „200 OK" in Schritt (8).

Nach Ablauf einer gewissen Zeit, in der sip:Partner@Fest erfolglos versucht hat, sip:User@88.88.88.88 zu kontaktieren, löscht das SIP-Endystem von sip:Partner@Fest die in Schritt (4) vom Redirect Server empfangene Kontaktinformation. sip:Partner@Fest kontaktiert nun erneut den Redirect Server der Domain Mobil in Form einer INVITE-Anfrage (siehe Schritt (9)) mit dem Ziel, eine neue, aktuelle Kontakt-URI von sip:User@Mobil zu erhalten.

Der Redirect Server der Domain Mobil reagiert auf die erneute Anfrage von sip:Partner@Fest wiederum mit der Statusinformation 302 Moved temporarily (siehe Schritt (10)) und teilt diesem darin die neue temporäre URI (sip:User@90.90.90.90) des gewünschten Kommunikationspartners mit. sip:Partner@Fest sendet an diese URI eine INVITE-Anfrage (siehe Schritt (12)), die das Zielendsystem erreicht. Durch die Komplettierung des zum Verbindungsaufbau notwendigen Three Way Handshakes mittels der Statusinformation „200 OK" (siehe Schritt (13)) und der Nachricht ACK (siehe Schritt (14)) wird also erfolgreich eine Session zwischen sip:User@90.90.90.90 alias sip:User@Mobil und sip:Partner@Fest aufgebaut.

12   SIP und Sicherheit

Durch die in vorhergehenden Kapiteln bereits aufgezeigten grundsätzlichen Unterschiede zwischen paket- und leitungsvermittelten Telekommunikationsnetzen im Bezug auf den Transport von Nutz- bzw. Signalisierungsinformationen (siehe Kapitel 4) sowie aufgrund der elementaren Neuerungen des NGN-Konzepts im Vergleich mit herkömmlichen TK-Netzkonzepten (siehe Abschnitt 3.1) ergeben sich für paketvermittelte Telekommunikationsnetze völlig neue Anforderungen an Sicherheit und Datenschutz. Einige dieser Anforderungen beziehen sich primär auf den Austausch von Vermittlungs- bzw. Signalisierungsinformationen, andere Anforderungen richten sich ausdrücklich an den Nutzdatenaustausch.

Bezogen auf die Realisierung sicherheitsrelevanter Merkmale eines IP-basierten Telekommunikationsnetzes muss also zunächst eine grundsätzliche Zuordnung jeder zu betrachtenden Sicherheitsanforderung zu den Gruppen Vermittlung/Signalisierung bzw. Nutzdatentransport erfolgen. Tabelle 12.1 stellt eine derartige Zuordnung für ein SIP-basiertes, paketvermitteltes Telekommunikationsnetz exemplarisch für typische Sicherheitsanforderungen dar.

Tabelle 12.1: Zuordnung exemplarischer Sicherheitsanforderungen an den Informationsaustausch in einem Telekommunikationsnetz zu Vermittlung/Signalisierung bzw. Nutzdatenaustausch

Sicherheitsanforderung	Protokolltyp	
	Signalisierungsprotokoll (SIP)	Nutzdatentransportprotokoll (z.B. RTP)
Schutz vor Missbrauch eines Teilnehmerzugangs beim Netzbetreiber durch Unbefugte	Authentifizierung des Teilnehmers bei Registrierung und Verbindungsaufbau	
Schutz der Identität (z.B. Name) und persönlicher Informationen (z.B. Aufenthaltsort, IP-Adresse) eines Teilnehmers	Verhinderung des unbefugten Zugriffs auf persönliche Informationen, ggf. Verschlüsselung	
Schutz vor unbefugtem Abhören/Mitschneiden der Nutzdaten		Nutzdatenverschlüsselung
Sicherstellung der Integrität ankommender Nutzdaten		Nutzdatenauthentifizierung

In den folgenden Abschnitten werden standardisierte Mechanismen und Verfahren erläutert, die zur Realisierung verschiedener Sicherheitsanforderungen in SIP-basierten Telekommunikationsnetzen eingesetzt werden können. Hierbei wird die oben aufgezeigte Notwendigkeit der Zuordnung von Sicherheitsmerkmalen zu Vermittlung/Signalisierung und Nutzdatenaustausch berücksichtigt.

12.1 Sicherheitsmechanismen für die SIP-Signalisierung

Die folgenden Abschnitte widmen sich der konkreten Realisierung verschiedener Sicherheitsanforderungen an SIP als Vermittlungs-/Signalisierungsprotokoll in IP-basierten Telekommunikationsnetzen. Neben der Teilnehmerauthentifizierung bei SIP Servern (z.B. SIP Proxy oder -Registrar Servern) werden verschiedene Verfahren zum Schutz persönlicher sicherheitsrelevanter Daten gegen unbefugtes Mitlesen vorgestellt und erläutert.

12.1.1 SIP Digest

SIP Digest [3261] ist ein Verfahren zur Authentifizierung eines SIP-Teilnehmers bei einem durch ihn kontaktierten SIP-Netzelement, z.B. bei SIP Servern (u.a. Proxy- und Registrar Server) zur Identifizierung eines autorisierten Nutzers bei Netzbetreibern und Dienstanbietern. Auch eine Nutzer-zu-Nutzer-Authentifizierung (z.B. zum Filtern eingehender Verbindungswünsche ausschließlich eines bestimmten, autorisierten Personenkreises) mittels SIP Digest ist möglich, kommt in der Praxis bisher jedoch kaum zur Anwendung.

Bezüglich seiner Funktionsweise arbeitet SIP Digest nach dem gleichen Prinzip wie das HTTP Digest-Verfahren [2617] zur Authentifizierung berechtigter Nutzer eines HTTP-basierten WWW-Dienstes (z.B. Zugriff auf kostenpflichtige Web-Seiten).

Das SIP Digest-Authentifizierungsverfahren basiert auf der Übermittlung eines sog. Shared Secrets (geteiltes Geheimnis) mittels SIP vom sich authentifizierenden Teilnehmer zum SIP Server. Hierbei wird mit Hilfe eines sog. Nonce-Werts (einmalig gültiger Wert) ein fallbezogener und ggf. auch zeitlicher Zusammenhang zwischen der Dienstanforderung durch den Teilnehmer und der dafür vorausgesetzten Authentifizierung erzeugt. Die Übermittlung des u.a. vom Nonce-Wert abhängigen „Shared Secrets" erfolgt in verschlüsselter Form.

Für die erfolgreiche Durchführung einer SIP Digest-Authentifizierung muss zwischen dem zu authentifizierenden Teilnehmer und dem Betreiber des die Authentifizierung fordernden SIP Servers eine Beziehung (z.B. in Form einer Nutzungsvereinbarung) bestehen, auf deren Basis ein teilnehmerindividueller Benutzername sowie ein zugehöriges Passwort verabredet wurden. Das Passwort wird im Rahmen der Authentifizierung niemals direkt zwischen User Agent und SIP Server übermittelt, sondern lediglich als Bestandteil einer chiffrierten, aus mehreren Komponenten bestehenden Prüfsumme, die als „Shared Secret" dient.

Prinzip der SIP-Digest-Authentifizierung

Ist für die weitere Verarbeitung einer bei einem SIP Server (z.B. SIP Proxy- oder -Registrar Server) eingehenden SIP-Anfrage (z.B. INVITE oder REGISTER) eine Teilnehmerauthentifizierung erforderlich, wird die Anfrage durch den SIP Server zunächst mittels einer sinnentsprechenden SIP-Statusinformation („407 Proxy Authentication required" durch SIP Proxy Server bzw. „401 Unauthorized" durch andere SIP Server, z.B. Registrar Server) abgelehnt. In dieser Statusinformation fordert der SIP Server die Authentifizierung des Teilnehmers, indem er dem User Agent im Rahmen eines bestimmten Header-Feldes („Proxy-Authenticate" durch Proxy Server bzw. „WWW-Authenticate" u.a. durch Registrar Server) mindestens die folgenden, für die bevorstehende Authentifizierung notwendigen Informationen übergibt:

- **Digest Realm**: Bezeichnung des Gültigkeitsbereichs der durchzuführenden Authentifizierung, z.B. in Form eines Domain-Namens,
- **Nonce**: einmalig gültiger, base64- [4648] oder hexadezimal-codierter Wert, der durch den die Authentifizierung fordernden SIP Server generiert wird. Der Nonce-Wert wird als Bestandteil eines chiffrierten „Shared Secrets" zwischen User Agent und Server benötigt und stellt einen fallbezogenen sowie ggf. zeitlichen Zusammenhang zwischen der zunächst durch den SIP Server abgelehnten, unauthentifizierten Anfrage und der authentifiziert erfolgenden Wiederholung her.

Außerdem können auf demselben Weg weitere für die Authentifizierung benötigte Informationen vom SIP Server zum SIP User Agent übermittelt werden wie z.B. der Name eines bestimmten Algorithmus zur Verschlüsselung des dem SIP Server zu übergebenden „Shared Secrets". Fehlt diese Information, wird standardgemäß der MD5-Algorithmus (Message-Digest-Algorithmus 5) [1321] verwendet.

Nach Erhalt der ablehnenden Statusinformation berechnet der User Agent eine aus den folgenden fünf Komponenten bestehende Prüfsumme.

- **Benutzername** des zu authentifizierenden Nutzers, der sowohl dem Nutzer selbst als auch dem Betreiber des die Authentifizierung fordernden SIP Servers bekannt ist (z.B. durch Absprache/Zuweisung im Rahmen einer zuvor getroffenen Nutzungsvereinbarung). Ggf. wird der Teilnehmer durch das SIP-Endsystem zur Eingabe des für die Authentifizierung benötigten Benutzernamens aufgefordert.
- **Passwort**, das sowohl dem zu authentifizierenden Nutzer als auch dem SIP Server-Betreiber bekannt ist (z.B. durch Absprache/Zuweisung im Rahmen einer zuvor getroffenen Nutzungsvereinbarung). Ggf. wird der Teilnehmer durch das SIP-Endsystem zur Eingabe des für die Authentifizierung benötigten Passworts aufgefordert.
- **Nonce-Wert**, der im Rahmen der zunächst ablehnenden 407- bzw. 401-Statusinformation vom SIP Server zum SIP User Agent übermittelt wurde.
- **SIP-Methode** der Transaktion, für die die bevorstehende Authentifizierung erforderlich ist (z.B. REGISTER für den Fall einer Authentifizierung im Rahmen einer SIP-Registrierung bzw. INVITE im Falle der Authentifizierung für die Inanspruchnahme eines SIP-Vermittlungsdienstes).

- **Request URI** des Zielsystems der SIP-Anfrage, für deren Bearbeitung die Authentifizierung beim SIP Server erforderlich ist (z.B. sip:Angerufener@DomainB.de, wenn das Weiterleiten einer INVITE-Anfrage an diesen Teilnehmer durch einen Proxy Server die bevorstehende Authentifizierung voraussetzt bzw. sip:DomainA.de, wenn die Registrierung des betreffenden Teilnehmers in der Domäne DomainA.de die bevorstehende Authentifizierung voraussetzt).

Die aus diesen Komponenten berechnete Prüfsumme wird mit Hilfe eines Verschlüsselungsalgorithmus chiffriert, der ggf. durch den die Authentifizierung anfordernden SIP Server bestimmt werden kann. Wird durch den Server kein bestimmter Algorithmus gefordert, erfolgt die Verschlüsselung per MD5-Algorithmus [1321].

Nach der Berechnung und Chiffrierung der Prüfsumme sendet der SIP User Agent seine Anfrage erneut an den die Authentifizierung fordernden SIP Server. Diese wiederholte Anfrage beinhaltet das SIP-Header-Feld „Proxy-Authorization" (für die Authentifizierung bei einem SIP Proxy Server) bzw. „Authorization" (für die Authentifizierung z.B. bei einem SIP Registrar Server). Im Rahmen dieses Header-Feldes werden folgende Informationen vom zu authentifizierenden User Agent zum die Authentifizierung fordernden SIP Server übertragen:

- **Digest Username**: Benutzername des Teilnehmers,
- **Realm**: Bezeichnung des Gültigkeitsbereichs der Authentifizierung, z.B. in Form eines Domain-Namens,
- **Nonce**: Wiederholung des durch den die Authentifizierung fordernden SIP Servers übermittelten Nonce-Wertes,
- **Response**: per Verschlüsselungsalgorithmus chiffrierte, aus den o.g. fünf Komponenten bestehende Prüfsumme,
- **Request-URI** des Empfängers der SIP-Anfrage, für deren Bearbeitung die Authentifizierung beim SIP Server erforderlich ist (z.B. sip:Angerufener@DomainB.de, wenn das Weiterleiten einer INVITE-Anfrage an diesen Teilnehmer durch einen Proxy Server die bevorstehende Authentifizierung voraussetzt bzw. sip:DomainA.de, wenn die Registrierung des betreffenden Teilnehmers in der Domäne DomainA.de die bevorstehende Authentifizierung voraussetzt).

Nach Erhalt der erneuten Anfrage und der darin enthaltenen Authentifizierung berechnet der SIP Server seinerseits die korrekte Prüfsumme und vergleicht den per „Proxy-Authorization"- bzw. „Authorization"-Header-Feld vom User Agent übertragenen Nonce-Wert sowie die Prüfsumme mit den korrekten Werten. Stimmen die vom User Agent gesendeten Daten mit den durch den SIP Server ermittelten Werten überein, ist die Authentifizierung erfolgreich. In diesem Fall wird die vom User Agent ausgehende Anfrage durch den Server bearbeitet. Anderenfalls wird die Anfrage durch den SIP Server erneut mittels entsprechender Statusinformationen („407 Proxy Authentication required" bzw. „401 Unauthorized") abgewiesen.

SIP Digest-Authentifizierung im Rahmen der Registrierung

Die Registrierung eines SIP User Agents bei einem SIP Registrar Server (siehe Abschnitt 6.2) dient der eindeutigen Zuordnung einer den Teilnehmer als Person identifizierenden, ständigen SIP URI zur temporären, von der IP-Adresse abhängigen SIP-Kontaktadresse des Endsystems, das der betreffende Teilnehmer verwendet. Um sicherzustellen, dass ein sich registrierender Teilnehmer der rechtmäßige Nutzer der ständigen SIP URI ist, für die er sich registriert, bedarf es einer Authentifizierung im Rahmen des Registrierungsvorgangs. Hierfür wird standardgemäß das Digest-Verfahren eingesetzt.

Bild 12.1 zeigt den Ablauf eines SIP-Registrierungsvorgangs mit SIP Digest-Authentifizierung [3665].

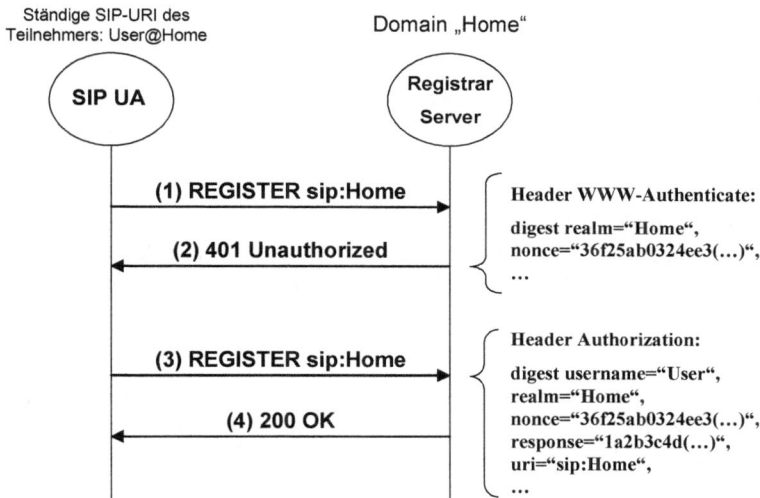

Bild 12.1: SIP-Registrierungsvorgang mit SIP Digest-Authentifizierung [3665]

Mit dem Zweck der Registrierung sendet der User Agent des Teilnehmers „User@Home" in Schritt (1) (siehe Bild 12.1) zunächst eine herkömmliche SIP-REGISTER-Anfrage zum SIP Registrar Server seiner Heimat-Domain „Home". Diese erste Nachricht enthält keinen Hinweis auf eine ggf. bevorstehende Authentifizierung, da diese vom Registrar Server angefordert werden muss.

Der Registrar Server der Domain „Home" lehnt den (unauthentifizierten) Registrierungsversuch des User Agents zunächst mit der SIP-Statusinformation „401 Unauthorized" ab (siehe Schritt (2)). In dieser Statusinformation wird der User Agent mit dem SIP-Header-Feld „WWW-Authenticate" zur Authentifizierung aufgefordert, indem folgende Informationen übergeben werden, die für eine SIP-Registrierung mit Digest-Authentifizierung erforderlich sind.

- **Digest Realm**: Gültigkeitsbereich der bevorstehenden Authentifizierung; hier „Home"
- **Nonce**: Einmalig gültiger Wert, anhand dessen die bevorstehende Authentifizierung eindeutig fallbezogen und ggf. zeitlich der zuvor erfolgten Ablehnung (Schritt (2)) zugeordnet werden kann; hier „36f25ab0324ee3(…)"

Der vom Teilnehmer „User@Home" verwendete SIP User Agent berechnet die Prüfsumme aus folgenden fünf Komponenten.

- **Benutzername**, den der Teilnehmer beim Betreiber der SIP-Domain „Home" inne hat, hier also „User". (Ggf. wird der Teilnehmer vom User Agent zur Eingabe des Benutzernamens aufgefordert.)
- **Passwort** des Teilnehmers „User@Home" beim Betreiber der SIP-Domain „Home". (Ggf. wird der Teilnehmer vom User Agent zur Eingabe des Passworts aufgefordert.)
- **Nonce-Wert**, der dem User Agent in Schritt (2) durch den Registrar Server übergeben wurde, hier „36f25ab0324ee3(…)"
- **SIP-Methode** der Anfrage, die die Authentifizierung notwendig macht; hier REGISTER
- **Request-URI** der Anfrage, die die Authentifizierung erforderlich macht. Im Falle einer SIP-Registrierung entspricht die Request-URI generell dem Domain-Namen der SIP-Domain, bei der die Registrierung erfolgen soll, hier also „sip:Home".

Nach der Berechnung und Verschlüsselung der Prüfsumme sendet der User Agent erneut eine REGISTER-Anfrage (siehe Schritt (3)) zum Registrar Server der Domain „Home". Diese Nachricht enthält das SIP-Header-Feld „Authorization", in dem der User Agent u.a. die verschlüsselte Prüfsumme (hier: 1a2b3c4d(…)) im Header-Feldparameter „response" übermittelt.

Der Registrar Server ermittelt seinerseits ebenfalls die Prüfsumme. Die hierfür benötigten Komponenten Benutzername, SIP-Methode und Request-URI entnimmt er hierzu der REGISTER-Anfrage. Des Weiteren benötigt der Server das Passwort des entsprechenden Benutzers. Dieses wird er üblicherweise aus einer Nutzerdatenbank des Providers entnehmen, auf die er entsprechenden Zugriff benötigt. Die fünfte Komponente, der nonce-Wert, wurde durch ihn selbst generiert und im Rahmen der Statusinformation „401 Unauthorized" (siehe Schritt (2)) an den User Agent übergeben.

Ergibt der Vergleich der vom User Agent übertragenen Prüfsumme mit der durch den Registrar Server ermittelten Prüfsumme eine Übereinstimmung, hat sich der Teilnehmer erfolgreich beim Registrar Server authentifiziert. Die REGISTER-Anfrage des User Agents (Schritt (3)) wird vom Registrar Server bearbeitet, der die erfolgreiche Registrierung in Schritt (4) mit der Statusinformation „200 OK" bestätigt.

Bild 12.2 zeigt den Packetyzer-Mitschnitt einer SIP-Registrierung mit Authentifizierung sowie eine Detaildarstellung der durch den SIP Registrar Server an den SIP User Agent gesendeten SIP-Statusinformation „401 Unauthorized" mit dem SIP-Header-Feld „WWW-Authenticate". In Bild 12.3 ist die anschließend vom SIP UA an den Registrar Server übermittelte zweite REGISTER-Anfrage inkl. der darin enthaltenen Authentifizierungsparameter (SIP-Header-Feld „Authorization") dargestellt.

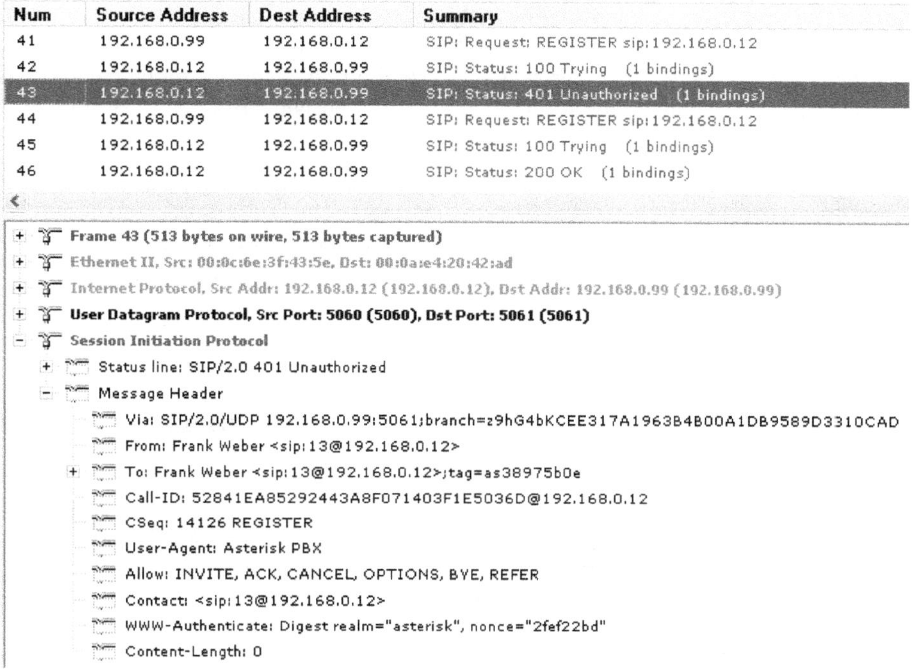

Num	Source Address	Dest Address	Summary
41	192.168.0.99	192.168.0.12	SIP: Request: REGISTER sip:192.168.0.12
42	192.168.0.12	192.168.0.99	SIP: Status: 100 Trying (1 bindings)
43	192.168.0.12	192.168.0.99	SIP: Status: 401 Unauthorized (1 bindings)
44	192.168.0.99	192.168.0.12	SIP: Request: REGISTER sip:192.168.0.12
45	192.168.0.12	192.168.0.99	SIP: Status: 100 Trying (1 bindings)
46	192.168.0.12	192.168.0.99	SIP: Status: 200 OK (1 bindings)

```
+  Y  Frame 43 (513 bytes on wire, 513 bytes captured)
+  Y  Ethernet II, Src: 00:0c:6e:3f:43:5e, Dst: 00:0a:e4:20:42:ad
+  Y  Internet Protocol, Src Addr: 192.168.0.12 (192.168.0.12), Dst Addr: 192.168.0.99 (192.168.0.99)
+  Y  User Datagram Protocol, Src Port: 5060 (5060), Dst Port: 5061 (5061)
-  Y  Session Initiation Protocol
   +     Status line: SIP/2.0 401 Unauthorized
   -     Message Header
            Via: SIP/2.0/UDP 192.168.0.99:5061;branch=z9hG4bKCEE317A1963B4B00A1DB9589D3310CAD
            From: Frank Weber <sip:13@192.168.0.12>
   +        To: Frank Weber <sip:13@192.168.0.12>;tag=as38975b0e
            Call-ID: 52841EA85292443A8F071403F1E5036D@192.168.0.12
            CSeq: 14126 REGISTER
            User-Agent: Asterisk PBX
            Allow: INVITE, ACK, CANCEL, OPTIONS, BYE, REFER
            Contact: <sip:13@192.168.0.12>
            WWW-Authenticate: Digest realm="asterisk", nonce="2fef22bd"
            Content-Length: 0
```

Bild 12.2: Ablauf einer SIP-Registrierung mit Authentifizierung sowie Darstellung der SIP-Statusinformation „401 Unauthorized"

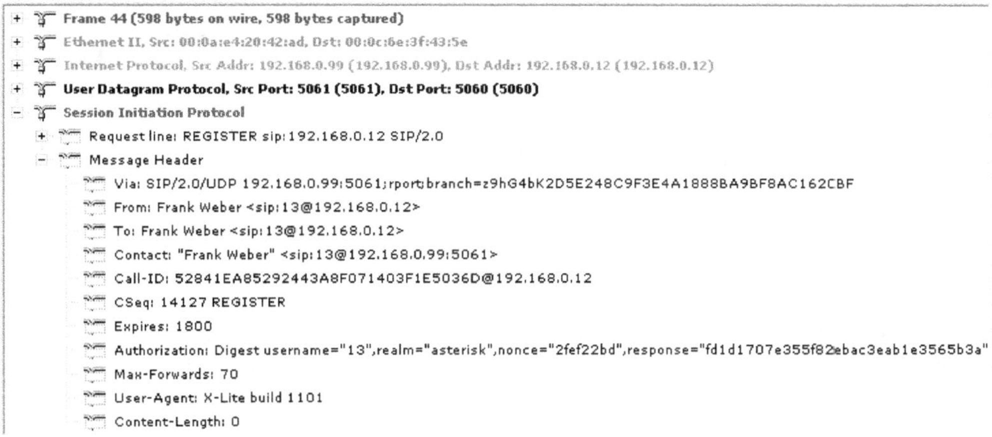

```
+  Y  Frame 44 (598 bytes on wire, 598 bytes captured)
+  Y  Ethernet II, Src: 00:0a:e4:20:42:ad, Dst: 00:0c:6e:3f:43:5e
+  Y  Internet Protocol, Src Addr: 192.168.0.99 (192.168.0.99), Dst Addr: 192.168.0.12 (192.168.0.12)
+  Y  User Datagram Protocol, Src Port: 5061 (5061), Dst Port: 5060 (5060)
-  Y  Session Initiation Protocol
   +     Request line: REGISTER sip:192.168.0.12 SIP/2.0
   -     Message Header
            Via: SIP/2.0/UDP 192.168.0.99:5061;rport;branch=z9hG4bK2D5E248C9F3E4A1888BA9BF8AC162CBF
            From: Frank Weber <sip:13@192.168.0.12>
            To: Frank Weber <sip:13@192.168.0.12>
            Contact: "Frank Weber" <sip:13@192.168.0.99:5061>
            Call-ID: 52841EA85292443A8F071403F1E5036D@192.168.0.12
            CSeq: 14127 REGISTER
            Expires: 1800
            Authorization: Digest username="13",realm="asterisk",nonce="2fef22bd",response="fd1d1707e355f82ebac3eab1e3565b3a"
            Max-Forwards: 70
            User-Agent: X-Lite build 1101
            Content-Length: 0
```

Bild 12.3: Darstellung der Authentifizierungsinformationen enthaltenden REGISTER-Anfrage

Durch einen SIP Proxy Server erzwungene SIP Digest-Authentifizierung

Die Inanspruchnahme eines SIP Proxy Servers (siehe Abschnitt 6.3) durch einen SIP User Agent entspricht der Nutzung eines durch den Server-Betreiber zur Verfügung gestellten Vermittlungsdienstes. Soll dieser Dienst nur einer bestimmten Nutzergruppe (z.B. nur Teilnehmern, die eine Nutzungsvereinbarung mit dem SIP-Server-Betreiber abgeschlossen haben) zur Verfügung stehen, empfiehlt sich der Einsatz von SIP Digest als Authentifizierungsverfahren.

Bild 12.4 zeigt den Aufbau einer SIP-Session zwischen zwei SIP User Agents unter Einbeziehung eines SIP Proxy Servers [3665]. Dieser erzwingt zunächst eine Authentifizierung des die Session einleitenden SIP User Agents.

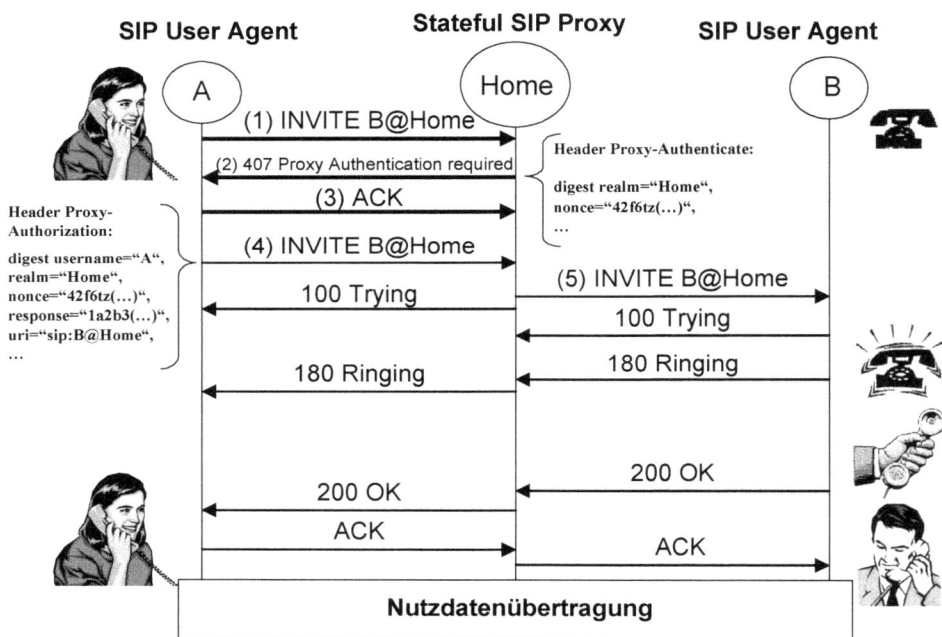

Bild 12.4: SIP-Session-Aufbau über einen SIP Proxy Server mit vorheriger Digest-Authentifizierung des Session-aufbauenden User Agents [3665]

Die Nutzerin des User Agents A schickt zum Zweck eines Session-Aufbaus mit User Agent B eine SIP-INVITE-Anfrage (siehe Schritt (1)) an den Proxy Server ihrer SIP-Heimat-Domain „Home". Der Proxy Server lehnt die Bearbeitung dieser Nachricht zunächst mit der Statusinformation „407 Proxy Authentication required" (siehe Schritt (2)) ab und übergibt User Agent A im in dieser Statusinformation enthaltenen SIP-Header-Feld „Proxy-Authenticate" den Namen des Gültigkeitsbereichs (Digest Realm, hier: „Home") für die nachfolgende Authentifizierung sowie einen Nonce-Wert (hier „42f6tz(…)"). User Agent A

bestätigt den Empfang der finalen Statusinformation „407 Proxy Authentication required"
gemäß SIP Three Way Handshake (siehe Abschnitt 5.4) in Schritt (3) mit der SIP-Nachricht
ACK und berechnet die Prüfsumme aus Benutzername und Passwort (jeweils zuvor zwischen Teilnehmer und Server-Betreiber z.B. im Rahmen einer Nutzungsvereinbarung abge-
sprochen), dem vom Proxy Server in Schritt (2) übergebenen Nonce-Wert, der der Anfrage
zu Grunde liegenden SIP-Methode (hier INVITE) sowie der Request-URI des Teilnehmers,
zu dem A eine Session initiieren möchte (hier sip:B@Home). Diese Prüfsumme wird verschlüsselt im Rahmen des SIP-Header-Feldes „Proxy-Authorization" als „Response" in einer
erneuten INVITE-Anfrage (siehe Schritt (4)) von User Agent A zum Proxy Server übermittelt.

Der Proxy Server vergleicht die von User Agent A gesendete Prüfsumme mit der durch ihn
selbst ermittelten. Stimmen sie überein, ist die Authentifizierung erfolgt. Der Proxy Server
bearbeitet die Anfrage, indem er die von User Agent A ausgehende INVITE-Anfrage an
User Agent B weiterleitet. Es folgt ein herkömmlicher SIP-Session-Aufbau zwischen den
User Agents A und B unter Einbeziehung des Proxy Servers.

**Erweiterung des Digest-Mechanismus durch Authentication and Key Agreement
(AKA) für die Nutzung in UMTS-Netzen**
Das in diesem Abschnitt beschriebene Digest-Verfahren wurde für die Nutzung in UMTS-
Netzen um den AKA-Mechanismus (Authentication and Key Agreement) [33102] ergänzt
[3310; 4169]. AKA dient in UMTS-Mobilfunknetzen (siehe Abschnitt 14.2) der Nut-
zerauthentifizierung sowie der Schlüsselverteilung zwischen Teilnehmerendgeräten und
Vermittlungs- bzw. Transportinfrastrukturen von Heimat- und ggf. besuchten Fremdnetzen.
Als Basis für die Authentifizierung dient ein zwischen dem Teilnehmerendsystem und der
Infrastruktur des Heimatnetzes des betreffenden Teilnehmers geteiltes Geheimnis. AKA
basiert auf symmetrischer Verschlüsselung und kann als Alternative zur Generierung eines
einmalig gültigen Nonce-Werts für die in diesem Abschnitt beschriebene Digest-
Authentifizierung genutzt werden [3310]. Hierzu werden AKA-Parameter auf das Digest-
Authentifizierungsschema abgebildet. Dies bietet in UMTS-Netzen zusätzliche Sicherheit, da
der im Rahmen der Digest-Authentifizierung verwendete Nonce-Wert per AKA auf die
Verwendung mit einer bestimmten USIM-Karte (UMTS Subscriber Identity Module; siehe
Abschnitt 14.2) beschränkt wird und somit Missbrauch vorgebeugt werden kann. AKA Ver-
sion 2 [4169] bezieht gegenüber Version 1 [3310] zusätzliche Komponenten in die Schlüs-
selbildung mit ein und ist somit unter bestimmten Umständen immun gegen Man-in-the-
Middle-Attacken.

12.1.2   SIP over TLS und SIPS (SIP Security)

Im Rahmen der SIP-Signalisierung werden in SIP-Anfragen und -Statusinformationen per
SIP und SDP potentiell sensible Daten (SIP URIs, IP-Adressen, ggf. Teilnehmernamen,
Verschlüsselungsinformationen sowie u.U. Informationen über Aufenthaltsorte o.ä.) über IP-
Netze transportiert. Sollen diese Daten vor dem Mitlesen/Manipulieren durch Unbefugte
geschützt werden, empfiehlt sich die verschlüsselte Übertragung der SIP-Nachrichten. Hier-

zu kommt meist TLS (Transport Layer Security) [5246; Dier] zum Einsatz, eine etablierte sichernde Protokollkombination, die z.B. auch für den verschlüsselten Transport von HTTP-Nachrichten verwendet wird.

SIP over TLS

TLS besteht im Wesentlichen aus zwei Komponenten („Handshake Protocol" sowie „Record Protocol"), die miteinander kombiniert folgende Aufgaben übernehmen:

- Gesicherte Authentifizierung der Identität direkt miteinander kommunizierender IP-Hosts im Rahmen einer Peer-to-Peer-Kommunikation
- Aushandlung sog. Shared Secrets (geteilter Geheimnisse) mit dem Ziel der Schaffung von gegen Mitschreiben und Man-in-the-Middle-Attacks geschützten Verbindungen
- Kryptografische Verschlüsselung der auszutauschenden Daten

Für den Transport von per TLS verschlüsselten Daten ist die Nutzung eines verbindungsorientiert arbeitenden Protokolls (z.B. TCP) vorgeschrieben. Allerdings existiert mit DTLS (Datagram Transport Layer Security) [6347] eine Alternative auf Basis UDP.

Wird TLS als Transportprotokoll für SIP-Nachrichten eingesetzt (SIP over TLS), führt dies zu einer Verschlüsselung der Nachrichten jedoch immer nur auf dem jeweiligen Kommunikationsabschnitt, also auf genau der Verbindung zwischen zwei direkt miteinander Nachrichten austauschenden SIP-Netzelementen, zwischen denen die TLS-Verbindung besteht. Dies kann z.B. die Verbindung zwischen einem SIP User Agent und dem von ihm unmittelbar SIP-Nachrichten empfangenden Proxy Server sein. In diesem Fall ist jedoch nicht gewährleistet, dass die SIP-Kommunikation auf ggf. nachfolgenden „Hops" ebenfalls verschlüsselt wird; hier könnte ohne weiteres auch UDP oder TCP (und damit unverschlüsselte Transportprotokolle) zum Einsatz kommen, sodass keine Sicherheit gegen unbefugtes Mitlesen mehr gegeben ist.

Wünschenswert ist hingegen eine Verschlüsselung der SIP-Kommunikation auf jedem Abschnitt von der Quelle bis zum endgültigen Ziel innerhalb der Signalisierungskette, also z.B. vom eine Session initiierenden SIP User Agent über alle beteiligten Proxy Server (ggf. auch von unterschiedlichen Dienstabietern) bis hin zu dem User Agent, zu dem die Session aufgebaut werden soll. Eine Möglichkeit hierzu stellt die Anwendung des sog. SIPS URI-Schemas [3261; 5630] dar.

SIPS (SIP Security)

Die Bezeichnung SIPS ist angelehnt an die Bezeichung HTTPS [2818], einem URL-Schema zur verschlüsselten HTTP-Kommunikation zwischen einem Web-Client (z.B. Web-Browser) und einem Web-Server im WWW.

Eine SIPS URI unterscheidet sich von einer herkömmlichen SIP URI prinzipiell nur durch das hinzugefügte „s" hinter der Protokollbezeichung sip.

- SIP URI: sip:mustermann@sip.de
- SIPS URI: sips:mustermann@sip.de

Kontaktiert ein SIP-Teilnehmer eine SIPS URI, so ist gewährleistet, dass der Austausch sämtlicher SIP-Nachrichten zwischen allen in die jeweilige SIP-Kommunikation involvierten SIP-Netzelementen (ggf. mehrere Proxy Server) ausschließlich verschlüsselt stattfindet. Die Verschlüsselung und die dafür erforderliche Schlüsselaushandlung erfolgt hierbei „Hop-by-Hop", also jeweils zwischen zwei direkt miteinander kommunizierenden SIP-Netzelementen (siehe Bild 12.5). Für die Übertragung von SIP-Nachrichten zwischen dem die SIPS-Kommunikation initiierenden User Agent und dem ersten SIP-Netzelement, das der Domäne des Ziel-UAs angehört (z.B. Inbound Proxy Server), ist TLS als Übertragungsverfahren für jeden „Hop" vorgeschrieben. Die SIP-Kommunikation innerhalb der Ziel-Domäne bis hin zum Ziel-UA kann per TLS, aber auch mittels eines anderen, innerhalb dieser Domäne üblichen Verfahrens (zum Beispiel IPsec (siehe Abschnitt 12.3)) zur verschlüsselten Übertragung von SIP-Nachrichten erfolgen [3261]. Die Verwendung von TLS auch auf dem letzten Hop wird gemäß [5630] jedoch empfohlen, ggf. unter Nutzung eines in [5626] beschriebenen Prinzips zur dauerhaften Nutzung einer einmal zwischen einem User Agent und einem Proxy Server aufgebauten TLS-Verbindung.

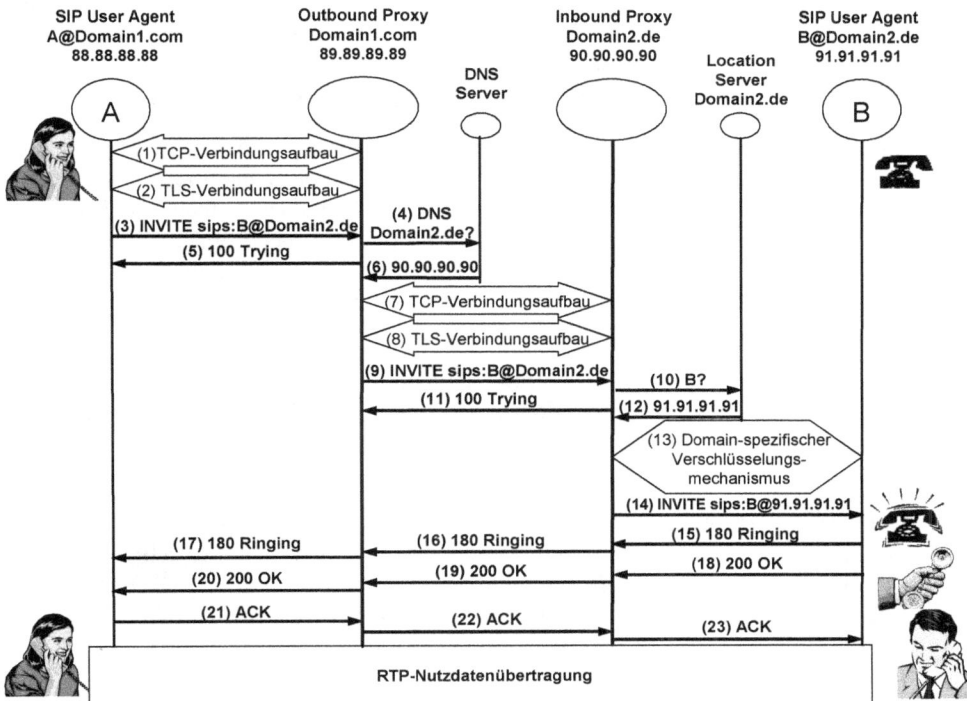

Bild 12.5: Domänenübergreifender SIP-Session-Aufbau unter Anwendung des SIPS URI-Schemas

Bild 12.5 zeigt den Aufbau einer SIP-Session über zwei SIP Proxy Server (Outbound Proxy Server der Heimatdomäne von Teilnehmerin A sowie Inbound Proxy Server der Heimatdomäne von Teilnehmer B) unter Anwendung des SIPS URI-Schemas. Teilnehmer B besteht in diesem Beispiel grundsätzlich auf der verschlüsselten Übermittlung von SIP-Nachrichten und hat aus diesem Grund zuvor seine SIPS URI (sips:B@Domain2.de) Teilnehmerin A bekannt gegeben.

Teilnehmerin A leitet den Session-Aufbau mit der Wahl der SIPS URI von Teilnehmer B ein. Aufgrund der Eingabe einer SIPS URI als Kontaktadresse baut User Agent A zunächst eine TCP-Verbindung (siehe Schritt (1)) zum Outbound-Proxy seiner Heimatdomäne (Domain1.com) auf, die für TLS-Handshake und -Key Exchange (siehe Schritt (2)) sowie für die verschlüsselte Übermittlung der folgenden SIP-Anfragen und -Statusinformationen zwischen diesen beiden SIP-Netzelementen benötigt wird.

In Schritt (3) sendet User Agent A die für User Agent B bestimmte INVITE-Nachricht über die aufgebaute TLS-Verbindung an den Outbound Proxy Server seiner Heimatdomäne. Nachdem der Proxy Server per DNS (siehe Schritte (4) und (6)) die IP-Adresse des Inbound Proxy Servers der Heimatdomäne des zu kontaktierenden Teilnehmers B ermittelt hat, leitet er den TCP-Verbindungsaufbau (siehe Schritt (7)) sowie die Etablierung einer TLS-basierten, verschlüsselten Übertragung (siehe Schritt (8)) zum Inbound Proxy Server der Domäne „Domain2.de" ein. Auf Basis dieser TLS-Verbindung erfolgt der verschlüsselte Austausch sämtlicher SIP-Nachrichten (z.B. INVITE in Schritt (9)) zwischen den beiden Proxy Servern für den SIP-Session-Aufbau zwischen den User Agents A und B.

Der Inbound Proxy Server der Domäne „Domain2.de" ermittelt unter Einsatz eines Location Servers die temporäre SIP-Kontaktadresse des von Teilnehmer B benutzten User Agents (siehe Schritte (10) und (12)). Nach ggf. notwendigem Verbindungsaufbau und Schlüsselaushandlung (siehe Schritt (13)) im Rahmen eines vom Betreiber der Domäne „Domain2.de" festgelegten Verfahrens zur verschlüsselten Übertragung von SIP-Nachrichten leitet der Inbound Proxy Server der Domäne „Domain2.de" die INVITE-Anfrage verschlüsselt an User Agent B weiter (siehe Schritt (14)).

Der Austausch sämtlicher SIP-Nachrichten im Rahmen des SIP-Session-Aufbaus zwischen den User Agents A und B erfolgt weiterhin „Hop-by-Hop" auf Basis der zwischen den jeweils direkt miteinander kommunizierenden SIP-Netzelementen aufgebauten Verbindungen zur verschlüsselten Übertragung.

Ein Beispiel für die Anwendung von SIPS auf SIP-MESSAGE-Nachrichten ist in [6216] dargestellt. In [5922] wird ein Weg aufgezeigt, um im Rahmen einer SIP over TLS-Verbindung eine gesicherte Authentifizierung einer SIP-Domäne zu ermöglichen. Die Basis hierfür bilden digitale Zertifikate in der gleichen Form, die beispielsweise für die organisierte Verwaltung digitaler Schlüssel und Signaturen in einer sog. PKI (Public Key Infrastructure; siehe Abschnitt 12.1.3) zum Einsatz kommt.

12.1.3   S/MIME (Security/Multipurpose Internet Mail Extension)

Neben den für die Medien-Aushandlung zwischen zwei SIP User Agents relevanten SDP-Parametern können in Message Bodys von SIP-Nachrichten auch weitere Daten wie z.B. detaillierte Informationen über den Presence-Zustand von Teilnehmern enthalten sein. Typischerweise handelt es sich hierbei um Daten, die ausschließlich von den beteiligten SIP-Endsystemen ausgewertet werden (Ende-zu-Ende). Eine rein SIP-basierte Vermittlungsinfrastruktur, die keine nutzdatenterminierenden Netzelemente (z.B. SIP B2BUA, SBC; siehe Abschnitte 6.8 bzw. 6.10) enthält, benötigt für ihre Vermittlungsaufgaben lediglich die Start-Line sowie bestimmte SIP-Header-Felder einer SIP-Anfrage bzw. -Statusinformation.

Die Verschlüsselung von SIP-Nachrichten unter Anwendung des SIPS URI-Schemas (siehe Abschnitt 12.1.2) schließt zwar die verschlüsselte Übertragung der Message Bodys von SIP-Anfragen und -Statusinformationen mit ein. Jedoch erfolgt die Verschlüsselung lediglich „Hop-by-Hop", sodass auch die in Message Bodys enthaltenen Informationen in jedem SIP-Netzelement (z.B. SIP Proxy Server), das von der jeweiligen SIP-Anfrage bzw. -Statusinformation durchlaufen wird, unverschlüsselt vorliegen.

Um zu erreichen, dass die in Message Bodys enthaltenen Informationen ausschließlich durch die an der Kommunikation beteiligten Endsysteme dechiffriert werden können, bedarf es einer Ende-zu-Ende-Verschlüsselung der Message Bodys. Hierfür eignet sich gemäß [3261] der Einsatz von S/MIME [5751; 3853].

Bei S/MIME handelt es sich um ein ursprünglich für den E-Mail-Dienst entwickeltes Verschlüsselungs- und Authentifizierungsverfahren zur geschützten Übertragung von Message Bodys (MIME (Multipurpose Internet Mail Extension)). Allerdings ist die Anwendung von S/MIME ausdrücklich nicht auf den E-Mail-Verkehr beschränkt, sondern kann generell für einen Ende-zu-Ende-gesicherten Transport von Message Bodys im IP-basierten Nachrichtenaustausch (z.B. für HTTP oder SIP) eingesetzt werden.

Der gesicherte Ende-zu-Ende-Transport mittels S/MIME wird durch den Einsatz sog. Private Keys (private Schlüssel) und Public Keys (öffentliche Schlüssel) realisiert. Ein per S/MIME zu verschlüsselnder Nachrichtenkörper wird durch den Absender mit dessen Private Key signiert und mit dem Public Key des Empfängers chiffriert. Für den Einsatz von S/MIME zur geschützten Ende-zu-Ende-Übertragung von SIP Message Body-Inhalten muss dem jeweiligen Absender (bzw. dem entsprechenden SIP User Agent) der Public Key des Empfängers bekannt sein. Generell werden sog. Certificates (Zertifikate) eingesetzt, um den Zusammenhang zwischen einer Teilnehmeridentität und einem zugehörigen Public Key für den Einsatz von S/MIME zu veröffentlichen. Die Authentizität eines Certificates ist abhängig von der Vertrauenswürdigkeit der Certificate-Quelle (z.B. Server zum Hosten von Certificates durch einen entsprechend autorisierten Betreiber). Bei der Verwendung derartiger Zertifikate wird im Allgemeinen vom Vorhandensein einer sog. Public Key Infrastructure (PKI), also einer zentralen Verwaltung für digitale Zertifikate, Schlüssel und Signaturen aller berechtigten Nutzer (z.B. alle Mitarbeiter eines Unternehmens) ausgegangen. Die Einrichtung und der

Betrieb einer PKI bedarf gewisser Investitionen und ist deshalb meist nur für große Unternehmen rentabel.

Um für S/MIME die generell im Zusammenhang mit Sicherheitszertifikaten auftretende Problematik der benötigten Zertifikatsverwaltung zu lösen, wird in [6072] ein auf SIP Event Notification (siehe Abschnitt 5.5.3) basierender Zertifizierungsdienst vorgestellt. Auch der Austausch von Public Keys kann ggf. per SIP erfolgen [3261].

S/MIME stellt folgende Sicherheitsmerkmale für den Transport von SIP-Nachrichtenkörpern (SIP Message Bodys) zur Verfügung [5751].

- Authentifizierung des Absenders der im Message Body einer SIP-Nachricht übertragenen Inhalte beim Empfänger
- Integrität (Unversehrtheit) der im Message Body einer SIP-Nachricht übermittelten Informationen
- Verbindliche Zuordnung der im Message Body von SIP-Nachrichten übermittelten Inhalte zu einem bestimmten Absender bzw. Empfänger
- Vertraulichkeit und Anonymität (Im per S/MIME verschlüsselten SIP Message Body enthaltene, ggf. identitätsbezogene Informationen können ausschließlich vom durch den Absender vorgesehenen Empfänger entschlüsselt werden.)

In [6216] wird die Anwendung von S/MIME zur Ende-zu-Ende-Signierung und -Verschlüsselung von SIP-Kurzmitteilungen auf Basis der SIP-Methode MESSAGE exemplarisch dargestellt.

Ende-zu-Ende-Authentifizierung von SIP-Teilnehmern
Werden alle wesentlichen SIP-Header-Felder einer SIP-Nachricht zusätzlich im Message Body der Nachricht mittels S/MIME chiffriert übermittelt, so lässt sich eine eingeschränkte Ende-zu-Ende-Authentifizierung zwischen den Teilnehmern erreichen [3893; 3420; 3261]. Vereinfacht dargestellt genügt hierfür die zusätzliche Übertragung des From-Header-Feldes (siehe Abschnitt 5.6.2) im mittels S/MIME verschlüsselten Message Body der Nachricht, um eine nachträgliche Abänderung der im Original-From-Header-Feld enthaltenen Informationen durch Dritte auszuschließen. Eine erfolgreiche Authentifizierung setzt jedoch voraus, dass die Identitätsangaben, die der betreffende Teilnehmer in verschlüsselter Form im Message Body der SIP-Nachricht übermittelt, von vornherein korrekt sind. Ein Schutz gegen vorsätzlich falsche Angaben mit dem Zweck der Identitätsverschleierung oder -fälschung ist durch den alleinigen Einsatz von S/MIME nicht gegeben [4474; Pete2].

Für die Nutzung von SIP in IMS-basierten UMTS-Netzen (siehe Abschnitte 14.2 und 14.3) wird für die Realisierung einer Ende-zu-Ende-Authentifizierung der Teilnehmer ein in [3325] beschriebenes Verfahren eingesetzt, das u.a. auf dem SIP-Header-Feld „P-Asserted-Identity" [3325] zur Übermittlung von Informationen über die Identität eines Teilnehmers beruht. Diese Identitätsangaben müssen zuvor innerhalb der SIP-Vermittlungsinfrastruktur überprüft worden sein (z.B. basierend auf Digest Authentifizierung; siehe Abschnitt 12.1.1). Dieses Verfahren ist jedoch nur für die Anwendung in gemanagten, vertrauenswürdigen Umgebungen (z.B. innerhalb des Netzes eines Netzbetreibers) bestimmt [4474; Pete2; 3325].

Eine weitere, ebenfalls zum Teil auf dem Digest-Verfahren (siehe Abschnitt 12.1.1) basierende Methode zur Ende-zu-Ende-Authentifizierung zwischen Teilnehmern einer Session wird in [4474; Pete2] näher erläutert. Bei dieser als „SIP Identity" bezeichneten Methode wird die Nutzeridentität ebenfalls in der Vermittlungsinfrastruktur des Absenders einer SIP-Anfrage überprüft und anschließend durch eine zentrale Vermittlungsinstanz (z.B. durch einen SIP Proxy Server; siehe Abschnitt 6.3) mittels SIP-Header-Feld „Identity" [4474; Pete2] in die SIP-Anfrage eingesetzt, die dann zum Empfänger weitergeleitet wird. Des Weiteren wird in dieser Anfrage im Header-Feld „Identity-Info" [4474; Pete2] eine Quelle für ein Zertifikat übergeben, das die Berechtigung und Vertrauenswürdigkeit der die Teilnehmeridentität bescheinigenden Instanz darlegt. In Verbindung mit einer in [4916] beschriebenen Erweiterung zu SIP kann so auch ein Anrufer über die tatsächliche Identität der die Session annehmenden Gegenstelle in Kenntnis gesetzt werden. Dies ist insbesondere dann sinnvoll, wenn eine einzuleitende Session von einer anderen Gegenstelle als der ursprünglich angewählten angenommen wird (z.B. infolge einer Rufumleitung).

12.1.4 Einsatz eines Anonymisierungsdienstes (Privacy Service)

SIP beinhaltet neben seiner Ende-zu-Ende-Signalisierungsfunktionalität auch die Funktion der Teilnehmersuche sowie der Session-Vermittlung. Aus diesen Gründen werden in SIP-Nachrichten Informationen (z.B. IP-Adressen, Domain-Namen sowie teilnehmerbezogene SIP URIs) zwischen SIP-Netzelementen ausgetauscht, die der Wegesuche bzw. dem in IP-Netzen notwendigen Routen der SIP-Nachrichten dienen. Diese zur Erfüllung der Vermittlungsaufgaben von SIP benötigten Informationen erzeugen zwangsläufig eine Transparenz von Personen- und Betreiberidentitäten, die anderen an der SIP-Kommunikation beteiligten Nutzern und SIP-Infrastrukturbetreibern Einblick in die Privatsphäre bzw. in ggf. sicherheitskritische Bereiche von Teilnehmern und SIP-Providern gewährt.

In [3323] wird ein Konzept zur Einbindung und Nutzung von Anonymisierungsfunktionen in SIP-Infrastrukturen vorgestellt. Dieses basiert auf dem Einsatz von Datenschutzdiensten (Privacy Services), die entweder in die bestehende Infrastruktur von SIP-Netzbetreibern eingebracht oder aber durch Drittanbieter realisiert werden können. Die Ansteuerung eines Anonymisierungsdienstes erfolgt mittels des in [3323] definierten SIP-Header-Feldes „Privacy", das durch SIP User Agents bzw. durch SIP Server (z.B. SIP Proxy Server) in zu anonymisierende SIP-Anfragen und -Statusinformationen eingebunden werden kann. Mittels verschiedener Feldwerte des Privacy-Header-Feldes werden folgende Anonymisierungsformen unterschieden bzw. angesprochen.

- **Teilnehmer-Anonymisierung (Privacy-Header-Feldwert „user"):** Per SIP übermittelte Informationen, die direkte Rückschlüsse auf die Identität des betreffenden Teilnehmers zulassen (z.B. im Rahmen von From- bzw. To-Header-Feldern), sollen durch den angesprochenen Anonymisierungsdienst so verändert werden, dass keine Teilnehmeridentifizierung mehr möglich ist.
- **Header-Anonymisierung (Privacy-Header-Feldwert „header"):** SIP-Header-Felder, die innerhalb der SIP-Vermittlungsinfrastruktur für das Routing von SIP-Nachrichten be-

nötigt werden (z.B. Via, Contact und Route bzw. Record-Route), sollen so anonymisiert werden, dass Rückschlüsse auf zuvor von der entsprechenden SIP-Nachricht durchlaufene SIP-Netzelemente bzw. Teilnehmeridentitäten unmöglich werden. Zur Realisierung dieser Anonymisierungsform eignet sich insbesondere der Einsatz eines Back-to-Back User Agents (siehe Abschnitt 6.8), der die SIP-Kommunikation sowohl in Richtung des Session-Initiators als auch in Richtung des zur Session eingeladenen Teilnehmers terminiert. Hierdurch lässt sich eine Anonymisierung auch Routing-relevanter SIP-Header-Felder erreichen, ohne dass dadurch die korrekte Weiterleitung von SIP-Anfragen und -Statusinformationen gefährdet ist.

- **Session-Anonymisierung (Privacy-Header-Feldwert „session“):** Während des SIP-Session-Aufbaus werden zwischen den beteiligten Endsystemen Informationen über die jeweils für den Nutzdatenempfang bestimmten Kontaktadressen (IP-Adressen und Port-Nummern) per SDP ausgetauscht. Besteht einer der Teilnehmer auf einer Session-Anonymisierung, so muss der angesprochene Datenschutzdienst diese per SDP übermittelten Kontaktdaten anonymisieren, indem er neutrale, durch ihn selbst zur Verfügung gestellte Kontaktinformationen für den Nutzdatenaustausch angibt. In der Folge agiert der Anonymisierungsdienst also nach erfolgreichem Session-Aufbau als die Nutzdaten in beide Kommunikationsrichtungen terminierendes Endsystem. Für diese Anonymisierungsform eignet sich ebenfalls der Einsatz eines Back-to-Back User Agents (siehe Abschnitt 6.8).

Des Weiteren lässt das SIP-Header-Feld „Privacy" folgende zusätzliche Feldwerte zur Steuerung von Anonymisierungsdiensten zu:

- **Privacy-Header-Feldwert „none“:** Ggf. durch den Betreiber einer SIP-Infrastruktur voreingestellte Anonymisierungsfunktionen sollen ausdrücklich nicht zur Anwendung kommen.
- **Privacy-Header-Feldwert „critical“:** Wird im Rahmen einer SIP-Dialog-initiierenden SIP-Nachricht der Privacy-Header-Feldwert „critical" eingesetzt, so darf die Session nur dann zustande kommen, wenn die gewünschten, zusätzlich im Privacy-Header angegebenen Anonymisierungsformen (Teilnehmer-, Header- und/oder Session-Anonymisierung) durch den angesprochenen Anonymisierungsdienst zur Verfügung gestellt werden können. Ist dies nicht der Fall, muss der Anonymisierungsdienst den Session-Aufbau ablehnen (z.B. mittels einer 5xx-Statusinformation).

12.1.5   Vergleich gängiger SIP-Sicherheitsmechanismen

Tabelle 12.2 vergleicht die in den Abschnitten 12.1.1 bis 12.1.4 erläuterten SIP-Sicherheitsmechanismen anhand der in Abschnitt 14.1 definierten Sicherheitsdienste. Hierbei wird lediglich der SIP-basierte Datenaustausch im Rahmen der Vermittlung bzw. Signalisierung, nicht jedoch der Nutzdatenaustausch berücksichtigt.

Tabelle 12.2: Vergleich von SIP-Sicherheitsmechanismen anhand definierter Sicherheitsdienste

SIP-Sicherheits-mechanismus	Sicherheitsdienst						
	Vertrau-lichkeit	Integrität	Authenti-fizierung	Zugriffs-kontrolle	Verbind-lichkeit	Verfüg-barkeit	Anony-mität
SIP Digest			+	+	+		
SIPS	+	+					
S/MIME	(+)	(+)	(+)	(+)	(+)		(+)
Anonymi-sierungsdienst							+

Wie aus Tabelle 12.2 zu ersehen ist, werden mit Ausnahme der Verfügbarkeit alle gängigen Sicherheitsdienste durch die Sicherheitsmechanismen SIP Digest und SIPS in Kombination mit der Nutzung eines Anonymisierungsdienstes abgedeckt.

Sollen die in SIP-Message Bodys enthaltenen Informationen (z.B. Nutzdatenempfangs-IP-Adressen und -Portnummern per SDP) zusätzlich Ende-zu-Ende gegen unbefugtes Mitlesen, Manipulationen etc. abgesichert werden, empfiehlt sich die parallele Anwendung von S/MIME.

12.1.6 Einsatz weiterer Sicherheitsmechanismen für die SIP-Kommunikation

Neben der Anwendung von SIP Digest bzw. SIPS ist auch die gegenseitige Aushandlung eines individuellen Verfahrens zur Hop-by-Hop-Authentifizierung bzw. -Verschlüsselung zwischen zwei direkt miteinander kommunizierenden SIP-Netzelementen möglich. Das in [3329] vorgestellte Prinzip zur Aushandlung eines Sicherheitsmechanismus für die SIP-Kommunikation basiert auf der Einführung der im Folgenden erläuterten SIP-Header-Felder.

- Header-Feld „**Security-Client**":
  Dieses Header-Feld dient als Transportfeld für jeweils einen Eintrag einer sog. Client-Liste, mit der ein SIP User Agent einem SIP Server (z.B. SIP Proxy Server) die User Agent-seitig verfügbaren Sicherheitsverfahren mitteilt. Sind Client-seitig mehrere Verfahren (z.B. SIP Digest (siehe Abschnitt 12.1.1), TLS (siehe Abschnitt 12.1.2) und IPsec mit IKE (Internet Key Exchange) (siehe Abschnitt 12.3)) nutzbar, ist für jedes Verfahren ein Security-Client-Header-Feld in die entsprechende SIP-Nachricht einzubinden.
- Header-Feld „**Security-Server**":
  Mit diesem Header-Feld wird jeweils ein Eintrag einer sog. Server-Liste vom SIP Server zum SIP User Agent übermittelt. Für jedes Server-seitig unterstützte Sicherheitsverfahren wird jeweils ein Security-Server-Header-Feld benötigt.

- Header-Feld „**Security-Verify**":
  Dieses Header-Feld dient der Rückübertragung jeweils eines Eintrags der Server-Liste durch den SIP User Agent. Unterstützt der Server mehrere Sicherheitsverfahren, wird pro Verfahren ein Security-Verify-Header-Feld benötigt.

Beispiel: SIP User Agent-seitige Einleitung einer gesicherten Kommunikation mit einem SIP Proxy Server
Bild 12.6 zeigt ein Beispiel für die von einem User Agent ausgehende Einleitung einer geschützten SIP-Kommunikation mit einem SIP Proxy Server.

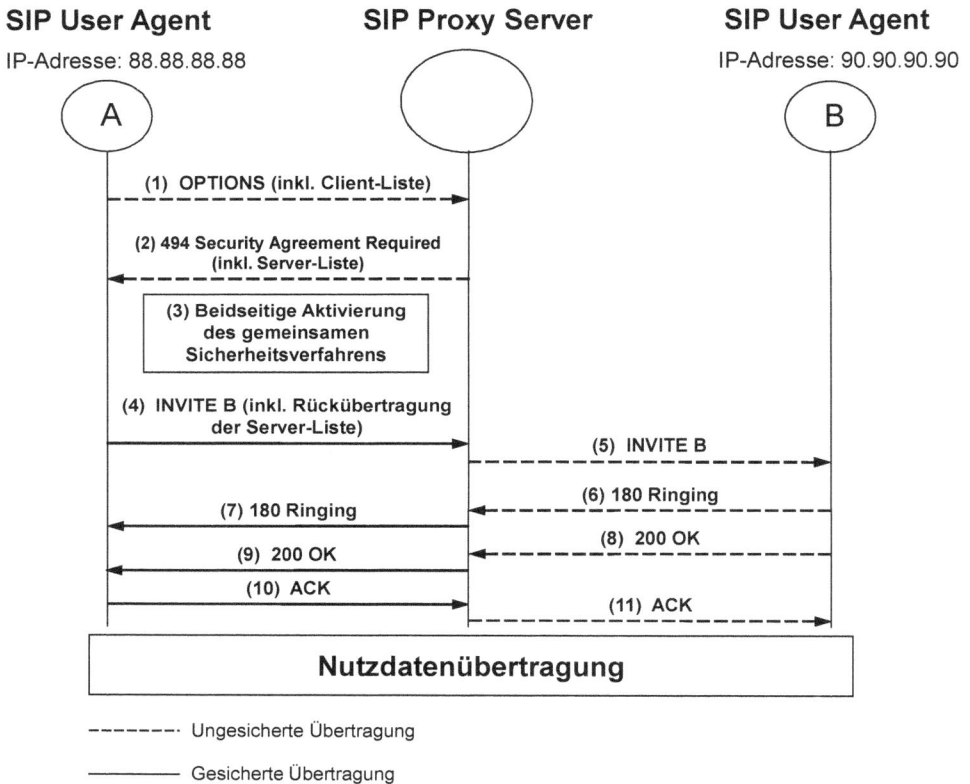

Bild 12.6: User Agent-seitige Einleitung einer gesicherten SIP-Kommunikation mit einem Proxy Server

User Agent A leitet in Schritt (1) des in Bild 12.6 dargestellten Kommunikationsverlaufs die Anwendung eines Verschlüsselungsverfahrens für die bevorstehende SIP-Kommunikation mit einem Proxy Server ein. Hierfür kommt die SIP-Anfrage OPTIONS mit folgendem Aufbau zum Einsatz:

```
OPTIONS sip:proxy.beispiel.com SIP/2.0
...
Security-Client: tls
Security-Client: digest
Require: sec-agree
Proxy-Require: sec-agree
```

Im Rahmen der beiden „Security-Client"-Header übermittelt der User Agent eine Liste der durch ihn unterstützten Sicherheitsverfahren (hier: TLS und SIP Digest) an den Proxy Server. Mittels der Header-Felder „Require" und „Proxy-Require" macht der User Agent deutlich, dass die Aushandlung eines Sicherheitsverfahrens (sec-agree) zwingende Voraussetzung für das Zustandekommen der nachfolgenden SIP-Kommunikation ist.

Der SIP Proxy Server reagiert auf die empfangene OPTIONS-Nachricht mit dem Aussenden der Statusinformation „494 Security Agreement Required" in Schritt (2) gemäß folgendem Aufbau:

```
SIP/2.0 494 Security Agreement Required
...
Security-Server: ipsec-ike;q=0.1
Security-Server: tls;q=0.2
```

In Form zweier „Security-Server"-Header-Felder teilt der Proxy Server dem anfragenden User Agent die Server-seitig unterstützten Sicherheitsverfahren mit (hier: IPsec mit IKE, TLS) und gibt jeweils eine Priorität für die Nutzung des Verfahrens an (hier: $q_{(IPsec/IKE)}$=0.1; $q_{(TLS)}$=0.2; TLS wird also bevorzugt.).

In Schritt (3) erfolgt die beidseitige Aktivierung des gemeinsam zu nutzenden Sicherheitsverfahrens, das von beiden Seiten jeweils durch Vergleich von Client- und Server-Liste logisch ermittelt wird. In diesem Beispiel ist TLS zu nutzen, da dieses Verfahren die einzige Gemeinsamkeit von Client- und Server-Liste darstellt.

Ist für die beiderseitige Bereitstellung des anzuwendenden Sicherheitsverfahrens der Austausch zusätzlicher Daten (z.B. Kryptografie-Schlüssel etc.) nötig, erfolgt dies unabhängig von SIP im Rahmen von Schritt (3).

Nach Abschluss der Aktivierung kommunizieren User Agent A und Proxy Server in Schritt (4) erstmals verschlüsselt miteinander. Mit der in diesem Schritt von A ausgehenden INVITE-Anfrage wird neben den für die Session-Initiierung mit User Agent B notwendigen Verbindungsdaten auch die in Schritt (2) übermittelte Server-Liste an den Server zurückgesendet. Wie anhand des folgenden Aufbaus der INVITE-Anfrage (Schritt (4)) ersichtlich, geschieht dies im Rahmen von „Security-Verify"-Header-Feldern:

```
INVITE sip:B@proxy.beispiel.com SIP/2.0
...
Security-Verify: ipsec-ike;q=0.1
Security-Verify: tls;q=0.2
```

```
Require: sec-agree
Proxy-Require: sec-agree
```

Nachfolgend vergleicht der Proxy Server die durch ihn in Schritt (4) empfangene mit der zuvor in Schritt (2) durch ihn ausgesendeten Server-Liste. Stimmen sie überein, so kann eine Manipulation der Listeninhalte (und somit der die Einleitung des Sicherheitsverfahrens betreffenden Daten) durch Dritte ausgeschlossen werden. In diesem Fall vermittelt der Proxy Server aufgrund der in Schritt (4) von User Agent A empfangenen Verbindungsdaten den Session-Aufbau zu User Agent B (Schritte (5) bis (11)). Dabei werden die zwischen A und dem Proxy Server auszutauschenden SIP-Nachrichten (Schritte (4), (7), (9) und (10)) gemäß dem ausgehandelten Sicherheitsverfahren (hier: TLS) verschlüsselt übertragen. Die Kommunikation zwischen dem Proxy Server und User Agent B (Schritte (5), (6), (8) und (11)) bleibt davon jedoch unberührt. Der ggf. gewünschte Einsatz eines Sicherheitsverfahrens auf diesem Verbindungsweg muss unabhängig von User Agent A direkt zwischen UA B und dem Proxy Server ausgehandelt werden.

Neben einer durch einen SIP User Agent ausgehenden Einleitung einer gesicherten SIP-Kommunikation mit einem SIP Server (siehe obiges Beispiel) ist in [3329] auch ein Server-seitiger Aushandlungsbeginn vorgesehen.

12.2 Sicherheitsmechanismen für die Nutzdatenkommunikation

Aufgrund der Protokolltrennung in Signalisierungs- und Nutzdateninformationsaustausch bei IP-basierter Übertragung müssen auch die jeweiligen Sicherheitsfunktionen separat betrachtet werden. Während im vorhergehenden Abschnitt Schutzmechanismen speziell für SIP als Vermittlungs- und Signalisierungsprotokoll vorgestellt wurden, widmen sich die folgenden Abschnitte der gesicherten Übertragung von Telekommunikationsnutzdaten (z.B. Sprache, Video, Text, ...) über IP-Netze.

12.2.1 SRTP (Secure Real-time Transport Protocol)

SRTP [3711] bietet eine Möglichkeit zur geschützten Übertragung von Echtzeitnutzdaten auf RTP-Basis [3550] (z.B. Sprache, Video, siehe Abschnitt 4.2.6). Durch den Einsatz von SRTP können folgende Sicherheitsdienste (siehe Abschnitt 14.1) auf RTP angewendet werden:

*   **Vertraulichkeit**: Schutz der RTP-Echtzeitnutzdaten sowie ggf. der RTCP-Kontrolldaten (siehe Abschnitt 4.2.7) gegen unbefugtes Mitlesen bzw. Mitschneiden durch Verschlüsselung der RTP-Payload,
*   **Integrität**: Schutz der RTP- und ggf. der RTCP-Daten vor Manipulationen, bzw. Erkennbarmachen von unberechtigten Eingriffen durch Einsatz eines Codes zur Nachrichtenauthentifizierung (Message Authentication Code, MAC).

Realisiert werden diese Sicherheitsfunktionen durch das Einbeziehen von Verschlüsselungsmechanismen und minimalen Protokollerweiterungen, die das RTP-Audio-Video-Profil [3551] ergänzen. Hierbei kann die Anwendung der Sicherheitsfunktionen sowohl auf RTP (SRTP) als auch auf RTCP-Daten (SRTCP (Secure RTP Control Protocol)) erfolgen.

Obwohl die SRTP-Spezifikation [3711] einen Standardsatz einsetzbarer Kryptografieverfahren benennt, ist auch die Verwendung beliebiger, ggf. zukünftiger Verschlüsselungstechniken mit SRTP möglich. Des Weiteren wurde bei der Entwicklung von SRTP explizit Wert auf die Nutzung in kombinierten drahtgebundenen und drahtlosen Netzen gelegt, was sich in der Optimierung des Protokolls auf potentiell knappe Ressourcen (Bandbreite auf der Netzwerkschnittstelle, Rechenleistung sowie Datenspeicherkapazität des Endgeräts) widerspiegelt.

Bild 12.7 zeigt ein RTP-Datagramm mit SRTP-Protokollerweiterungen.

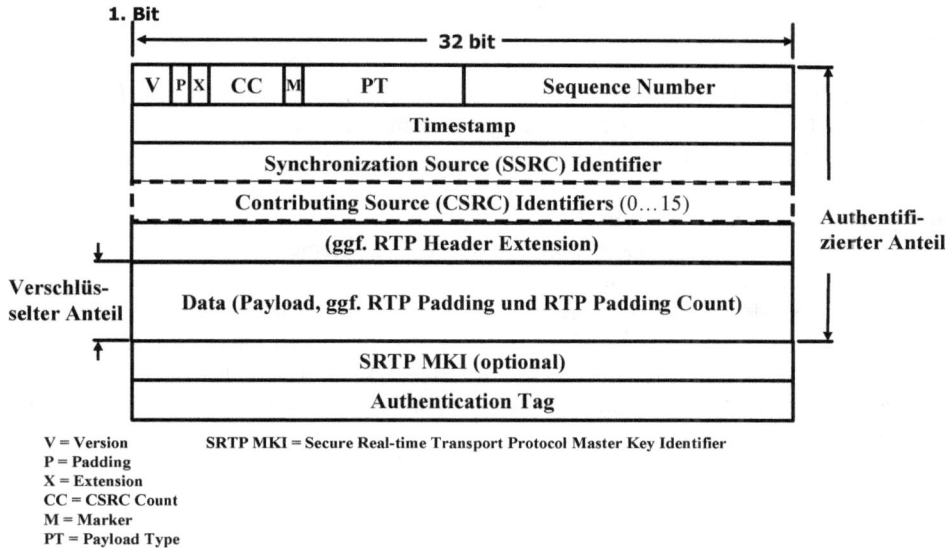

Bild 12.7: RTP-Datagramm mit SRTP-Protokollerweiterungen [3711]

Gegenüber einem herkömmlichen RTP-Datagramm, das auch das optionale Feld „RTP Extension" sowie ggf. an die Payload angehängte Padding- und Padding Count-Felder mit einschließt, besteht die SRTP-spezifische Erweiterung des Datagramms lediglich aus den nach der RTP-Payload angehängten Feldern „SRTP MKI" (Secure Real-time Transport Protocol Master Key Identifier) und „Authentication Tag" (siehe Bild 12.7), wobei das SRTP MKI-Feld optional ist. Dieses dient der Zuordnung eines bestimmten Master Keys zum entsprechenden Datagramm, was für den Fall mehrerer gleichzeitiger SRTP-Datenströme zwischen zwei Endsystemen sinnvoll sein kann.

Im Authentication Tag-Feld wird eine chiffrierte Prüfsumme über die im Datagramm enthaltenen RTP-Header und die Payload übertragen. Es dient so der Sicherstellung der Integrität des jeweiligen SRTP-Datagramms. Die Payload (im Falle von VoIP also eine Sprachsequenz) ist im SRTP-Datagramm in verschlüsselter Form enthalten (siehe Bild 12.7). [6904] beschreibt zusätzlich eine Möglichkeit, neben den Nutzdaten zusätzlich auch einzelne SRTP-Header-Felder zu verschlüsseln.

In [3711] werden folgende Verschlüsselungsverfahren als Standardsatz für den Einsatz mit SRTP definiert.

Verschlüsselungsalgorithmen
- AES (Advanced Encryption Standard) [F197] im Counter Mode [Dwor]
- AES im f8-Mode [35201]
- NULL Cipher (Anwendung eines Pseudo-Schlüssels, falls Vertraulichkeit nicht erforderlich)

Authentifizierungsalgorithmus
- HMAC-SHA1 (Keyed-Hashing for Message Authentication Code – Secure Hash Algorithm Standard 1) [2104; F180]

Schlüsselmanagement und -austausch
Vor dem SRTP-Nutzdatenaustausch zwischen zwei Endsystemen muss zunächst ein sog. Master Key zwischen den Geräten ausgetauscht werden. Für das Generieren und Verwalten des Master Keys werden in [3711] Schemata für das Management von Kryptografieschlüsseln gemäß [3830; 4567; 4568] empfohlen. Der eigentliche Austausch der Master Keys erfolgt bei diesen Schemata jeweils im Rahmen der SIP- bzw. SDP-Kommunikation zwischen den an der Kommunikation beteiligten Endsystemen vor dem SRTP-Nutzdatenaustausch. Aus dem Master Key werden in den Endgeräten sog. Session Keys abgeleitet, die unter Einsatz eines wählbaren Algorithmus als Schlüssel für die Chiffrierung der Nutzdaten verwendet werden.

Um zu verhindern, dass durch das unberechtigte Mitschneiden ggf. unverschlüsselt übermittelter SIP-Nachrichten der Master Key einer zu etablierenden SRTP-Kommunikation in die Hände unberechtigter Dritter gelangen kann, dürfen die entsprechenden Schlüssel keinesfalls ungeschützt zwischen den beteiligten Instanzen ausgetauscht werden.

Schlüsselaustauschverfahren SDES (Security Descriptions for Media Streams)
Werden die SRTP-Schlüssel, wie in der Praxis meist üblich, im Rahmen der SDP-Medienbeschreibungen ausgetauscht, dürfen diese nicht im Klartext übermittelt werden, sondern müssen gegen unberechtigtes Mitlesen gesichert sein. Hierbei spricht man von der Anwendung von SDES (Security Descriptions for Media Streams), darauf anspielend, dass dies gemäß [4568] als notwendige Voraussetzung angesehen wird, um SRTP-Schlüssel si-

cher per SIP/SDP zu übermitteln. Dies kann gemäß [4568] z.B. erfolgen, indem die SIP-Signalisierung grundsätzlich per TLS, am sinnvollsten unter Anwendung des SIPS URI-Schemas (siehe Abschnitt 12.1.2), und somit verschlüsselt übermittelt wird. Gemäß [4568] stellt die Nutzung von IPsec (siehe Abschnitt 12.3), wo möglich, eine Alternative zum TLS-basierten Transport der SIP-Nachrichten dar.

Bei Verwendung von SDES ist im Wesentlichen zu beachten, dass die SRTP-Schlüssel trotz Transportverschlüsselung überall dort im Klartext lesbar sind, wo auch die SIP-Nachrichten bzw. SDP-Anteile unverschlüsselt vorliegen. Dies ist in allen SIP-Netzelementen der Fall, die die betreffende SIP-Nachricht durchläuft (z.B. SIP Proxy Server der Dienstanbieter von Anrufer und Angerufenem). Soll die Mitlesbarkeit der SRTP-Schlüssel an diesen Stellen verhindert werden, muss die SDP-Medienbeschreibung entsprechend verschlüsselt in die SIP-Nachricht eingekapselt werden. Hierfür ist gemäß [3261] die Anwendung von S/MIME vorgesehen (siehe Abschnitt 12.1.3). Ist der Einsatz von S/MIME infrastrukturbedingt nicht möglich, muss die Verwendung eines anderen Schlüsselaustauschverfahrens in Betracht gezogen werden.

Schlüsselaustauschverfahren DTLS-SRTP (Datagram Transport Layer Security-SRTP)

Als Alternative zur Übermittlung der SRTP-Schlüssel im Rahmen der SDP-Medien-beschreibungen wird in [5763; 5764] ein Schlüsselaustauschverfahren auf Basis von DTLS [6347] vorgestellt. Dieses als „DTLS-SRTP" bezeichnete Verfahren wird gemäß [5411] als endgültige Lösung für den SRTP-Schlüsselaustausch zwischen SIP User Agents angesehen. Hierbei wird im Rahmen der SDP-Kommunikation zusätzlich zu den üblichen nutzdatenre-levanten Parametern (IP-Adressen, Port-Nummern und Codec-Angaben) ein sog. Fingerprint (Fingerabdruck) übermittelt. Über den gleichen IP-Socket (Kombination aus IP-Adresse und Port-Nummer), der gemäß SDP-Signalisierung für die SRTP-Nutzdatenkommunikation vorgesehen wurde, werden nun per DTLS die benötigten Schlüsselkomponenten zwischen den Endsystemen ausgetauscht. Hierbei beziehen sich die Endgeräte auf den zuvor per SDP übermittelten Fingerprint, sodass die Integrität der DTLS-Kommunikation gewährleistet ist. Sobald eines der Endgeräte die Schlüsselkomponenten des anderen per DTLS erhalten hat, ist es in der Lage, die per SRTP verschlüsselten Nutzdaten des anderen zu dechiffrieren. Dieses asynchrone Schlüsselaustauschverfahren bietet den zusätzlichen Vorteil, dass auch vor dem Zustandekommen der eigentlichen Session anfallende Nutzdaten (sog. Early Media, z.B. Tarifansagen aus dem PSTN; siehe Abschnitt 6.7.4) bereits per SRTP verschlüsselt übermittelt und auf der Empfängerseite dechiffriert werden können. Im Zusammenhang mit WebRTC (siehe Kapitel 13) verwenden einige Web-Browser SDES, andere DTLS-SRTP für den Schlüsselaustausch.

ZRTP (Zimmermann RTP)

Eine Alternative zu den o.g. SRTP-Schlüsselaustauschverfahren stellt die Anwendung von ZRTP [6189] dar. Hierbei handelt es sich um ein Protokoll zur Schlüsselaushandlung sowie zur Übermittlung von SRTP-Parametern. ZRTP-Nachrichten werden nach erfolgtem SIP/SDP-Session-Aufbau in RTP-Header-Erweiterungen (siehe Abschnitt 4.2.6) transportiert. Aus diesem Grund wird für die Anwendung von ZRTP keine Unterstützung durch das Session-Vermittlungsprotokoll (SIP/SDP) benötigt [6189].

Die Schlüsselaushandlung per ZRTP basiert auf einem Public Key-Verfahren, jedoch ohne dabei auf eine Infrastruktur (z.B. Server) zur Bereitstellung öffentlicher Schlüssel angewiesen zu sein. Vielmehr werden einmalig gültige öffentliche Schlüssel verwendet, die mittels Diffie-Hellman-Methode [Hell] zwischen den Endsystemen ausgehandelt werden.

Die Anwendung von ZRTP als Schlüsselaustauschverfahren für SRTP-Sitzungen bietet gegenüber anderen Austauschverfahren zusätzliche Vertraulichkeit sowie Schutz gegen Man-in-the-Middle-Attacken [6189].

Anwendung des SIP Precondition Frameworks
Das in [3312; 4032] definierte sog. Precondition Framework (Rahmenwerk zur Aushandlung von Session-Vorbedingungen per SIP/SDP) kann generell dazu genutzt werden, um im Verlauf des Session-Aufbaus zwischen den beteiligten Endsystemen Bedingungen für das Zustandekommen der betreffenden SIP-Session auszuhandeln. Eine Session kann also erst dann etabliert werden, wenn sich die Endsysteme auf gemeinsame Bedingungen für die bevorstehende Session geeinigt haben. Kapitel 10 dieses Buches beschreibt die Anwendung des Precondition Frameworks zur Aushandlung definierter Quality of Service-Bedingungen für die bevorstehende Session. In [5027] wird die Anwendung des Precondition Frameworks [3312; 4032] explizit für die Vor-Session-Aushandlung von Sicherheitsmechanismen für die Nutzdatenkommunikation zwischen den SIP-Endsystemen vorgesehen, was sowohl auf SRTP als auch auf ggf. andere Verfahren für den verschlüsselten Nutzdatenaustausch (siehe Abschnitt 12.2.2) bezogen werden kann.

12.2.2   Weitere Verfahren zum geschützten Nutzdatenaustausch

Neben SRTP (siehe Abschnitt 12.2.1) für den gesicherten Transport von Audio- und Videodaten ist auch der Einsatz anderer Verfahren für den gesicherten Austausch von Nutzdaten prinzipiell möglich. Jedoch eignet sich nicht jeder Sicherheitsmechanismus gleichermaßen für den Transport jedes Medientyps (z.B. Sprache, Video, Text, …). Insbesondere muss bei der Wahl eines ggf. einzusetzenden Schutzmechanismus die Echtzeitrelevanz des jeweiligen Mediums berücksichtigt werden. Medien, die primäre Sinne des Menschen in Kombination ansprechen (z.B. eine synchronisierte Kombination der Medien Audio und Video) oder die eine spontane Interaktion des empfangenden Teilnehmers hervorrufen können (z.B. bidirektionale VoIP-Telefonie) sind als echtzeitkritischer anzusehen als beispielsweise text- (z.B. Chat) oder standbildbasierte Kommunikationsformen. Für den Schutz des Austauschs der letztgenannten Medien kann beispielsweise auf TLS (siehe Abschnitt 12.1.2) als Sicherheitsmechanismus für den Nutzdatentransport zurückgegriffen werden [4572]. In den Abschnitten 5.8.3 und 5.8.4 werden Beispiele für entsprechende Kommunikationsabläufe (per SIP eingeleitete Sessions zur TLS-verschlüsselten Textkommunikation sowie für die TLS-verschlüsselte Übertragung einer Datei) aufgezeigt und erläutert.

12.3   IPsec (Internet Protocol Security)

Wie die Betrachtung der in den Abschnitten 12.1 und 12.2 beschriebenen Schutzmechanismen für den Austausch von sowohl Vermittlungsinformationen als auch Mediendaten zeigt, muss die Implementierung eines umfassenden Schutzes für Multimedia over IP-Kommunikation als komplexes Zusammenspiel mehrerer Sicherheitskomponenten angesehen werden. Dies ergibt sich unter anderem aus der strikten Protokolltrennung für den Signalisierungs- und den Nutzdatenaustausch. Einen alternativen Ansatz zur Anwendung separater Sicherheitsmechanismen für die Vermittlungs- und Medienkommunikation bietet die Realisierung von Schutzmechanismen auf der Ebene des „kleinsten gemeinsamen Nenners", in diesem Fall also in Form von Schutzfunktionen, die sich direkt auf IP (Schicht 3 des OSI-Referenzmodells) und somit auf sämtliche per IP transportierten Daten auswirken. Dies kann z.B. durch die Nutzung von IPsec [4301] erreicht werden.

Die im Wesentlichen aus den zwei Protokollen AH (Authentication Header) [4302] und ESP (Encapsulating Security Payload) [4303] bestehende IPsec-Architektur, die auch in VPNs (Virtual Private Networks) Anwendung findet, unterstützt u.a. die folgenden, auf Kryptografie basierenden Sicherheitsfunktionen in der IP-Schicht:

- Authentifizierung von IP-Datenquellen,
- Schutz gegen sog. „Replays" (Mitschneiden, Auswerten und Wiedereinsetzen von IP-Paketen durch unbefugte Dritte),
- Verschlüsselung der per IP transportierten Nutzdaten (z.B. SIP over UDP/TCP, RTP over UDP bzw. anderer Protokolle für den Austausch von Mediendaten).

Bevor eine IPsec-basierte Kommunikation zwischen zwei IP-Hosts etabliert werden kann, muss zwischen diesen Endsystemen ein Schlüsselaustausch stattfinden. Dies kann entweder manuell oder aber unter Zuhilfenahme eines entsprechenden Austauschverfahrens erfolgen. In Verbindung mit IPsec wird das Public Key-basierte IKE-Austauschverfahren (Internet Key Exchange) [5996] empfohlen [4301].

IPsec bietet einen umfassenden Schutz für jegliche Art von per IP transportierten Daten. Jedoch ist beim Einsatz in einer SIP-basierten Multimedia over IP-Infrastruktur zu beachten, dass sich der durch IPsec realisierte Schutz im Bezug auf den Austausch von Signalisierungsinformationen lediglich auf den IP-Transportweg zwischen zwei direkt miteinander kommunizierenden SIP-Netzelementen auswirkt. Eine Ende-zu-Ende-Sicherheit für die SIP-Kommunikation zwischen zwei SIP User Agents lässt sich also nur erreichen, wenn zwischen allen am Austausch von SIP-Nachrichten beteiligten Systemen (auch unter der Einbeziehung eines Domain-übergreifenden SIP Routings über ggf. mehrere SIP Proxy Server) jeweils IPsec oder aber andere, ggf. speziell auf SIP abgestimmte Sicherheitsmechanismen (siehe Abschnitt 12.1) eingesetzt werden.

12.4   Einsatz der Sicherheitsmechanismen bei Multimedia over IP

Dieser Abschnitt bietet einen zusammenfassenden Überblick über den Einsatz der wesentlichen, in diesem Kapitel genannten Sicherheitsmechanismen in der Praxis.

Bild 12.8 zeigt den grundlegenden Protokollstack für eine abgesicherte Session-basierte Kommunikation in einem SIP-IP-Telekommunikationsnetz. Hierbei werden Signalisierung und Medienkommunikation gleichermaßen im Hinblick auf Vertraulichkeit und Integrität berücksichtigt. Wird davon ausgegangen, dass ein zentraler Netzansatz besteht, d.h., ein Dienstanbieter managt den Dienstzugriff für seine Kunden, kann im Rahmen der Signalisierung zusätzlich noch die Authentifizierung und Autorisierung geboten werden.

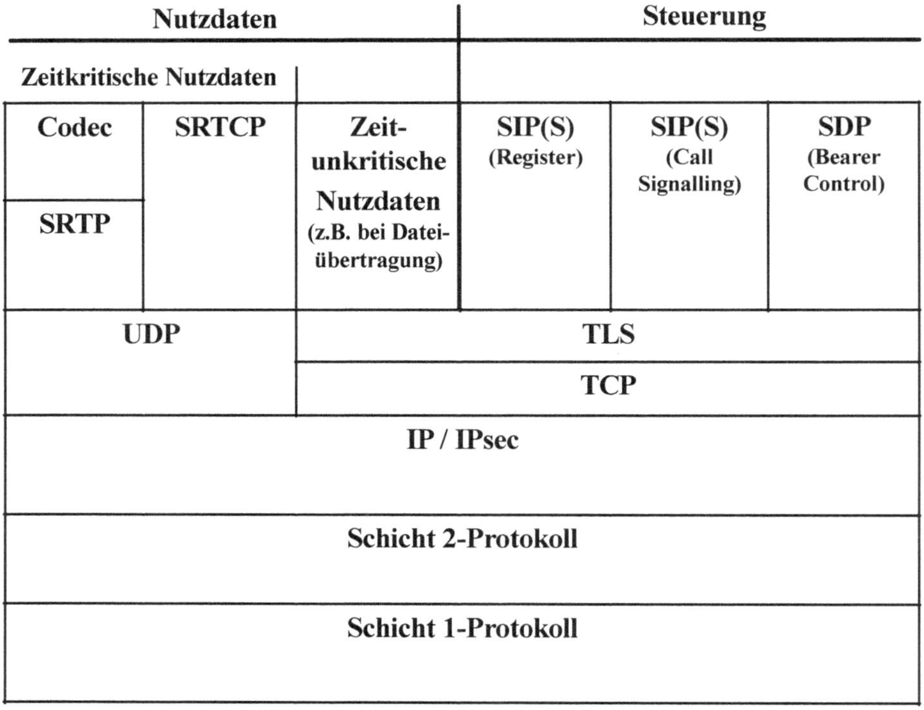

Nutzdaten			Steuerung		
Zeitkritische Nutzdaten					
Codec	**SRTCP**	**Zeit-unkritische Nutzdaten** (z.B. bei Datei-übertragung)	**SIP(S)** (Register)	**SIP(S)** (Call Signalling)	**SDP** (Bearer Control)
SRTP					
UDP		**TLS**			
		TCP			
IP / IPsec					
Schicht 2-Protokoll					
Schicht 1-Protokoll					

Bild 12.8: Protokoll-Stack für geschützte Kommunikation in SIP-basierten Telekommunikationsnetzen

Wird von einer geschützten Kommunikation ausgegangen, wird gemäß Bild 12.8 auf der Steuerungsseite SIP grundsätzlich über TLS übermittelt. Dies kann, muss aber nicht zwingend mit der Verwendung von SIPS URIs einhergehen (siehe Abschnitt 12.1.2). Der wesentliche Unterschied liegt darin, dass bei Verwendung von SIPS URIs immer davon ausgegangen werden kann, dass sämtliche SIP-Nachrichten von der Quelle bis zum Ziel auf jedem Kommunikationsabschnitt verschlüsselt übertragen werden. D.h., der die Nachricht absendende User Agent baut eine TLS-Verbindung zum nächsten empfangenden SIP-Netzelement (z.B. dem Outbound Proxy Server seines Providers) auf und sendet darüber die SIP-Nachricht. Der Outbound Proxy Server ermittelt den Inbound Proxy Server des nächsten zu involvierenden Providers, baut zu diesem ebenfalls eine TLS-Verbindung auf und übermittelt die SIP-Nachricht darüber etc. Wird SIP over TLS lediglich unter Verwendung von SIP URIs eingesetzt, wird das Transportprotokoll für jeden Kommunikationsabschnitt durch den jeweiligen Absender der SIP-Anfrage neu definiert. Eine Verpflichtung zur Nutzung von TLS (oder eines anderen verschlüsselnden Transportprotokolls) besteht hier explizit nicht.

Nach erfolgtem Session-Aufbau werden die Medien übertragen. Für echtzeitkritische Medien wie Audio und Video wird auch im Fall abgesicherter Kommunikation aus Performance-Gründen typischerweise UDP als Transportprotokoll verwendet (siehe Bild 12.8). Allerdings bietet das für gesicherte Kommunikation einzusetzende SRTP (siehe Abschnitt 12.2.1) einen hinreichenden Ende-zu-Ende-Schutz gegen unbefugtes Mitlesen und Manipulieren der Nutzdatenpakete, sodass in darunterliegenden Schichten keine weitere Transportverschlüsselung benötigt wird. Auch die Übermittlung von qualitätsbezogenen und anderen Informationen zur Nutzdaten-Session erfolgt geschützt, nämlich in Form von SRTCP, einer abgesicherten Variante des RTCP. Nutzdaten hingegen, die keinen Echtzeitbedingungen unterliegen, wie beispielsweise im Fall einer Dateiübertragung oder eines Chats, können wie SIP-Nachrichten mittels TLS verschlüsselt werden.

Bezüglich der gesicherten Echtzeitnutzdatenkommunikation liegt die größte Herausforderung im sicheren Schlüsselaustausch. Dies kann per SIP/SDP erfolgen, unter der Voraussetzung, dass die SIP-Kommunikation selber gegen unbefugtes Mitlesen geschützt ist. Alternativ können auch andere Schlüsselaustauschverfahren zum Einsatz kommen (siehe Abschnitt 12.2.1).

Unter bestimmten Voraussetzungen kann auch der Einsatz von IPsec sinnvoll bzw. angebracht sein als Alternative oder zusätzlich zu den bereits genannten Sicherheitsmechanismen. Wie Bild 12.8 zeigt, erübrigt sich bei Verwendung von IPsec die separate Betrachtung von Nutzdaten- und Signalisierungsübertragung, da mittels IPsec komplette IP-Pakete gekapselt werden, unabhängig von deren Inhalt. Da IPsec jedoch darauf angewiesen ist, sog. Tunnel zwischen den kommunizierenden IP-Hosts aufzubauen, ist eine explizite Unterstützung auf allen an der jeweiligen Kommunikation beteiligten Seiten erforderlich, was in gängigen Kommunikationsszenarien oft nicht der Fall ist.

13   SIP und WebRTC

WebRTC (Web Real-Time Communication between Browsers) ist eine maßgeblich bei W3C (World Wide Web Consortium) standardisierte Web Browser-basierte Lösung für Echtzeit-Audio-, -Video-, Text- und Collaboration-Applikationen [W3TR1; Perk; John2]. Hierbei wird auf dem Endgerät für die genannten Applikationen nur ein Standard-Browser, der JavaScript ausführt und WebRTC unterstützt [W3TR2], benötigt. Bei Standard-PC-Browsern gibt es WebRTC-Implementierungen, insbesondere von Opera, Google Chrome und Mozilla Firefox [WebR1]. Somit stehen in der Zukunft ca. 1 Mrd. „WebRTC-Endgeräte" zur Verfügung.

13.1   Funktionen und Anwendungen

Über die oben bereits genannten Dienste wie Browser-basierte Audio-, Video- und Textkommunikation sowie Collaboration hinaus kann es auf Basis von WebRTC viele weitere Anwendungen geben. Ein gutes Beispiel hierfür ist Head Tracking, bei dem durch Verfolgen der Kopfbewegung mit der Kamera des PCs z.B. das Betrachten verschiedener Seiten eines Gegenstandes auf einer Web-Seite mittels WebRTC-Technik gesteuert werden kann [shin]. Laut [Huve] sind WebRTC-Applikationen für den Consumer-Markt für interaktive Audio- und Video-Web-Sessions, in den Bereichen Gesundheit und Ausbildung, bei der Video-Überwachung und in sozialen Netzwerken interessant. Ebenso gilt dies für den Enterprise-Markt u.a. für Collaboration-Dienste mit Sprach-, Videokommunikation sowie Desktop- und Application Sharing inkl. Konferenzen [Huve].

Unter der Überschrift WebRTC wird ein API (Application Programming Interface) definiert, das es Web Browsern unter Nutzung von Skriptsprachen (speziell JavaScript) ermöglicht, mit Mediengeräten/-funktionen wie Mikrofon, Videokamera, Lautsprecher sowie Audio- und Video-Codecs zu interagieren, um in der Folge Audio-/Video-Echtzeit- und Datenkommunikation Peer-to-Peer (P2P) zwischen Browsern zu ermöglichen [Lore]. Dabei wird zum einen die bestehende HTML 5-Spezifikation (HyperText Markup Language) [W3TR3], die bereits das Streaming von Multimedia-Content von einem Server zu einem Browser unterstützt, erweitert, zum anderen wird auf vorhandene IETF-Protokolle (Internet Engineering Task Force) aufgesetzt [Lore].

Ergebnis ist eine standardisierte Lösung für die P2P-Multimediakommunikation zwischen Standard-Web Browsern ohne Zuhilfenahme von Plug-ins, wobei allerdings von der WebRTC-Philosophie her die Signalisierung nicht spezifiziert wird, sondern in das Ermessen des Applikationsentwicklers gestellt wird. Die populärsten Signalisierungsprotokolle im Zusammenhang mit WebRTC sind XMPP (Extensible Messaging and Presence Protocol) und vor allem SIP (Session Initiation Protocol) [Fern].

Gesamtlösungen entstehen durch das Zusammenspiel der von W3C und dort speziell von der WebRTC Working Group [W3CW] erarbeiteten WebRTC-Standards und den in Zusammenarbeit mit W3C von der IETF, vor allem der RTCWeb Working Group [rtcw], spezifizierten Architekturen und Protokollen.

13.2   Architektur und Medien-Übertragung

Gemäß Bild 13.1 (vgl. SIP-Trapezoid in Abschnitt 7.1.3) basiert die WebRTC-Architektur auf der in modernen Netzkonzepten typischen Trennung zwischen Signalisierungs- und Media-Ebene. Erstere ist nicht direkt Gegenstand der WebRTC-Spezifikationen (geht aber von einer Server-vermittelten (Application Provider) Signalisierung aus), während für Letztere die Protokolle etc. unter Festlegung einer P2P- bzw. Browser-to-Browser-basierten Kommunikation unter Nutzung von ICE (Interactive Connectivity Establishment) mit STUN (Session Traversal Utilities for NAT) und TURN (Traversal Using Relays around NAT) für die NAPT-Überwindung (siehe Kapitel 8) standardisiert werden [Fern].

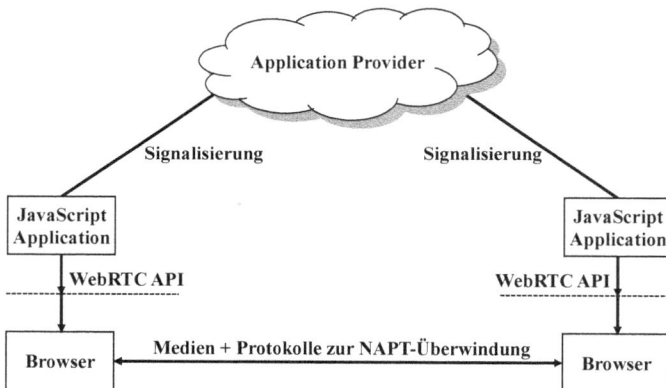

Bild 13.1: Prinzipielle WebRTC-Architektur [Fern]

Wie Bild 13.1 entnommen werden kann, interagiert eine Client-seitige Web-Applikation mittels JavaScript über das WebRTC API mit dem Browser. Daher unterstützt das ebenfalls in JavaScript implementierte API gemäß [W3TR1] die Echtzeitfähigkeiten des Browsers wie folgt [Lore; WebR2]:

PeerConnection
- P2P- bzw. Browser-to-Browser-basierte Kommunikation
- Zugriff auf Audio-Codecs wie iSAC, iLBC, Opus (siehe Abschnitt 4.1.2)
- Zugriff auf Video-Codecs wie VP8
- Jitter-Buffer, Paketverlustbehandlung, Echounterdrückung, Bandbreitenadaption, automatische Verstärkungsregelung
- Protokolle wie STUN und TURN für die NAPT-Überwindung der UDP nutzenden Medienströme im Rahmen des ICE-Mechanismus

MediaStream
- Handling von Audio- oder Video-Medienströmen, sender- und empfängerseitig
- Senden, Empfangen/Abspielen oder Aufnehmen
- Verschlüsselte Übermittlung der Echtzeit-Nutzdaten
- SRTP in Verbindung mit SRTCP (siehe Abschnitt 12.2.1)
- DTLS-SRTP (Datagram Transport Layer Security) für die SRTP-Schlüsselaushandlung. Optional wird bei der IETF dafür auch SDP SDES (Session Description Protocol Security Descriptions for Media Streams) verwendet (siehe Abschnitt 12.2.1)
- Übertragung aller Multimedia-Datenströme mit nur einer Port-Nummer in einer RTP-Session (sonst 1 RTP-Session pro Medium)

DataChannel
- Für die verschlüsselte Übermittlung von echtzeitunkritischen Nutzdaten
- SCTP (Stream Control Transmission Protocol) in DTLS [Jesu1; Jesu2], wobei die Medienaushandlung mit SDP gemäß [Holm] erfolgt

Die genannten Zusammenhänge gehen auch – in Teilen etwas detaillierter – aus Bild 13.2 hervor. Dabei ist darauf hinzuweisen, dass das Web API (WebRTC) für den Web-Applikationsentwickler entscheidend ist, während für den Browser-Entwickler das WebRTC C++ API von hauptsächlicher Bedeutung ist [WebR2].

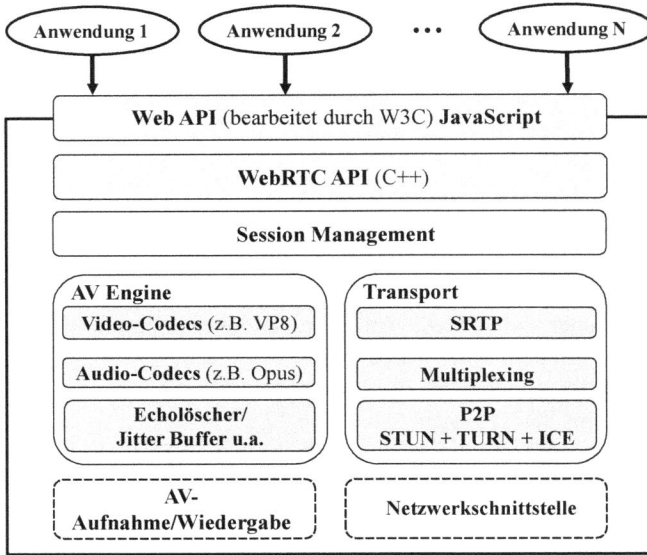

Bild 13.2: WebRTC-Browser-Architektur mit Web API [WebR2]

Im Vergleich zu Bild 13.1 detaillierter ist die WebRTC zugrundeliegende Architektur in Bild 13.3 dargestellt, wobei hier – ergänzend zu den reinen WebRTC-Standards – auch die Signalisierung z.B. mit SIP und WebSocket-Protokoll berücksichtigt ist [Alve; Sing1]. Für Letzteres sind Zusatzfunktionalitäten im Call Server zu ergänzen. Auf die Gesamtzusammenhänge wird ausführlich in Abschnitt 13.3 eingegangen.

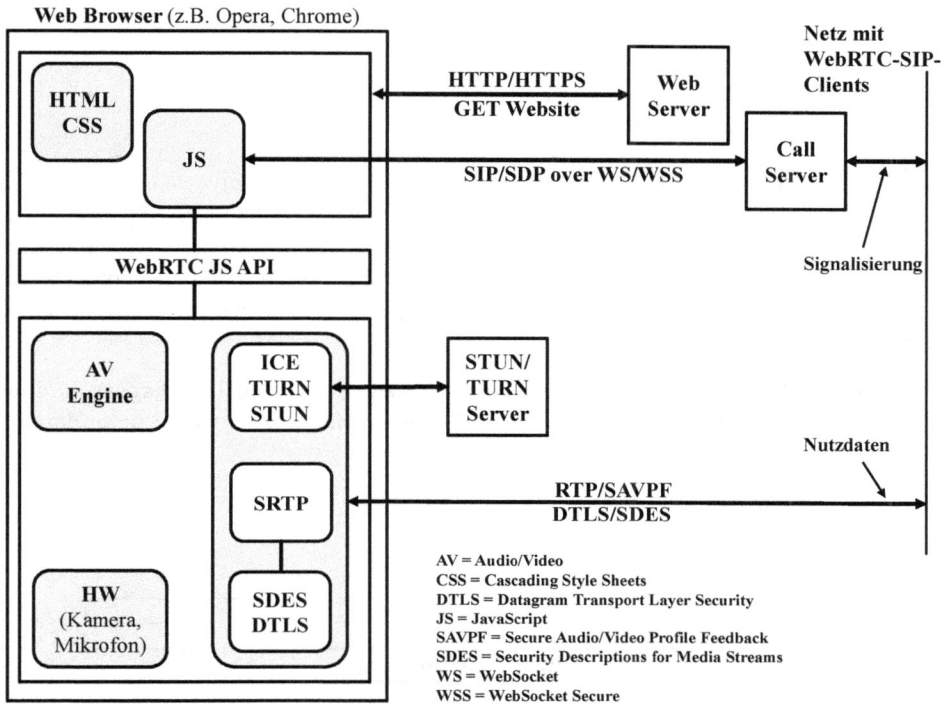

Bild 13.3: Erweiterte WebRTC-Architektur inkl. Signalisierung

13.3   WebRTC mit SIP-Signalisierung

Wie bereits aus Bild 13.3 hervorgeht, muss im Zusammenhang mit einer WebRTC-Lösung bei Einsatz von SIP für die Signalisierung der SIP Call Server das WebSocket-Protokoll (WS) für den Transport von SIP unterstützen. Additiv zum SIP CS wird ein beliebiger, im Netz verfügbarer Web Server zur Bereitstellung der WebRTC-Benutzeroberfläche und des JavaScript Codes für die Signalisierungsfunktionen benötigt. Der vom Browser zur Realisierung der SIP User Agent-Funktionalität benötigte JavaScript Code wird nach Aufruf einer entsprechenden Start-Web-Seite vom Web Server an den Client (Browser) geliefert und kann in der Folge ausgeführt werden. Konkret bedeutet dies, dass dem Browser durch den JavaScript-Code die benötigte SIP-Funktionalität bereitgestellt wird. Der Web Browser wird dadurch zum SIP User Agent.

Nach Aufruf besagter Web-Seite und Übermittlung des Web-Seiten-Inhalts inkl. des JavaScript-Codes baut der Browser eine TCP-Verbindung zum „WebRTC mit SIP"-unterstützenden Call Server auf, in der Folge wird mittels WebSocket-Protokoll [6455] eine bidirektionale Kommunikationsverbindung zwischen der Anwendung im Browser und dem CS aufgebaut.

13.3.1   WebSocket-Protokoll

Während bei einer reinen HTTP-Verbindung jede Server-Aktion zuvor vom Client angefragt werden muss (HTTP Polling), genügt es beim WebSocket-Protokoll [6455], dass der Client die Verbindung initiiert, in der Folge kann bidirektional kommuniziert werden. Vorteil der Nähe zu TCP ist die Nutzung bestehender TCP/IP-Infrastrukturen inkl. der Ports 80 und 443 (Tunneling over TLS (Transport Layer Security)) sowie von zwischengeschalteten HTTP Proxy Servern.

Das TCP-basierte WebSocket-Protokoll unterscheidet, wie in Bild 13.4 dargestellt, drei Phasen: Opening Handshake, Data Transfer und Closing Handshake, wobei diese durch einen TCP-Verbindungsauf- und -abbau flankiert werden.

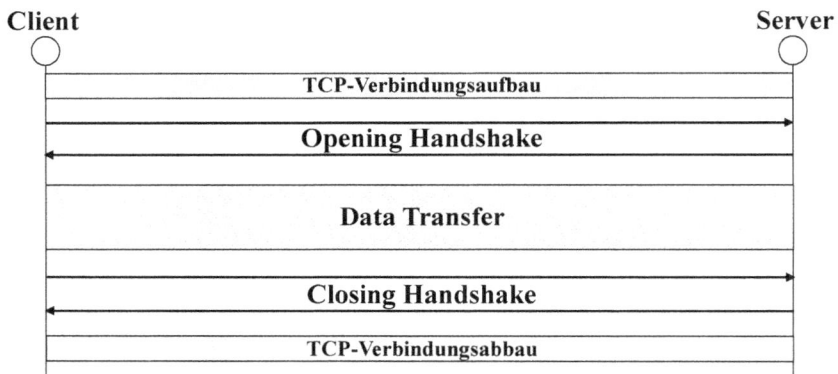

Bild 13.4: WebSocket-Protokoll-Verbindungsphasen

Opening Handshake:
- Protokoll-Stack: HTTP/TCP/IP
- Handshake von Client, z.B. "GET" Request von Client an Server wie nachfolgend für eine beispielhafte Chat-Applikation [6455]:

```
GET /chat HTTP/1.1
Host: server.example.com
Upgrade: websocket
Connection: Upgrade
Sec-WebSocket-Key: dGhlIHNhbXBsZSBub25jZQ==
Origin: http://example.com
```

```
Sec-WebSocket-Protocol: chat, superchat
Sec-WebSocket-Version: 13
```

- Handshake von Server, z.B. "101 Switching Protocols" Response von Server an Client
  wie im Folgenden [6455]:

```
HTTP/1.1 101 Switching Protocols
Upgrade: websocket
Connection: Upgrade
Sec-WebSocket-Accept: s3pPLMBiTxaQ9kYGzzhZRbK+xOo=
Sec-WebSocket-Protocol: chat
```

- Dabei u.a. Protokollaushandlung mittels Header-Feld Sec-WebSocket-Protocol

Data Transfer:
- Protokoll-Stack: Application Protocol/WebSocket/TCP/IP
- Unabhängige bidirektionale Kommunikation zwischen Client und Server mit Data Frames

Closing Handshake:
- Protokoll-Stack: WebSocket/TCP/IP
- Abbau der WebSocket-Verbindung mit Control Frames, danach TCP-Verbindungsabbau
  [6455].

Wie [6455] zu entnehmen ist, werden WebSocket-Nachrichten als sog. Frames mit einem
Aufbau gemäß Bild 13.5 übertragen, man spricht daher im Falle des WebSocket-Protokolls
von einem Base Framing Protocol.

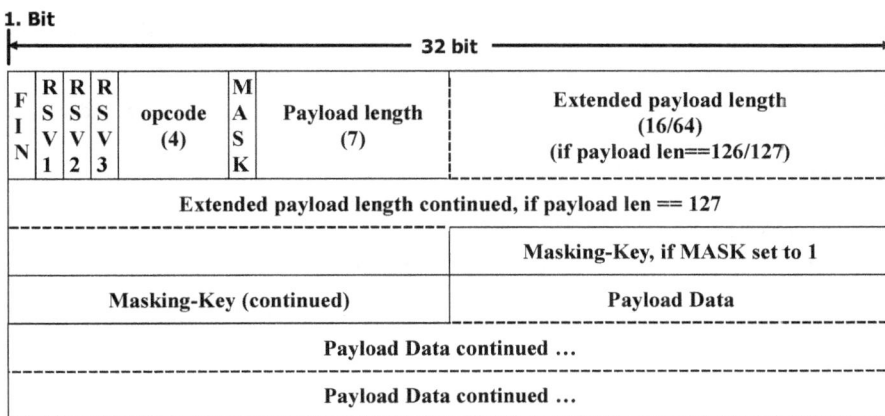

Bild 13.5: Frame-Aufbau einer WebSocket-Nachricht [6455]

Zum Verständnis der Funktionen eines WebSocket-Frames werden im Folgenden die Felder in Bild 13.5 kurz erläutert [6455].

- **FIN** (1 bit): kennzeichnet das Ende eines Nachrichtenfragments.
- **RSV1, RSV2, RSV3** (jeweils 1 bit): müssen 0 sein, außer eine Erweiterung wurde ausgehandelt, welche die Bedeutung der Bits klärt.
- **Opcode** (4 bit): definiert die Interpretation der Payload Data:
  %x0 → continuation frame
  %x1 → text frame
  %x2 → binary frame
  %x3-7 → reserviert
  %x8 → connection close
  %x9 → ping
  %xA → pong
  %xB-F → reserviert
- **MASK** (1 bit): Alle Frames, die vom Client zum Server gesendet werden, setzen dieses Bit auf 1, um zu kennzeichnen, dass die Payload Data maskiert wurden.
- **Payload length** (7 bit, 7+16 bit, 7+64 bit): Länge der Payload Data in Byte. Die ersten 7 bit kennzeichnen die Länge wie folgt:
  0 – 125 → 7 bit
  126 → 7 + 16 bit (16 bit unsigned Integer)
  127 → 7 + 64 bit (64 bit unsigned Integer)
- **Masking-Key** (0 oder 4 Bytes): dieses Feld ist vorhanden, wenn das MASK Bit gesetzt ist.
- **Payload Data** (x + y Bytes): Besteht aus einer Kette von Extension Data (x) und Application Data (y). Extension Data ist 0 Byte, außer eine Extension wurde ausgehandelt.

Basierend auf den derart aufgebauten Frames gibt es zwei Typen, die Control- und die Data Frames [6455].

Control Frames sind durch Opcodes definiert, deren most significant Bit auf 1 gesetzt ist. Die folgenden Opcodes sind definiert:

- 0x8 (Close): beendet die WebSocket-Kommunikation. Muss von Client und Server gesendet werden
- 0x9 (Ping): kann als Keepalive verwendet werden
- 0xA (Pong): muss auf ein Ping Request folgen, kann auch unaufgefordert z.B. als Heartbeat gesendet werden.
- 0xB – 0xF sind für zukünftige Control Frames reserviert

Data Frames sind durch Opcodes definiert, deren most significant Bit auf 0 gesetzt ist. Die folgenden Opcodes sind definiert:

- 0x1 (Text): beinhaltet UTF-8 codierten Payload
- 0x2 (Binary): beinhaltet binäre Daten
- 0x3 – 0x7 sind für zukünftige Non-Control Frames reserviert

13.3.2 SIP over WebSocket-Protokoll

Nach dem Aufbau einer WebSocket-Verbindung wird eine SIP-Registrierung vorgenommen, in der Folge kann eine SIP-Session zu einem fernen User Agent aufgebaut werden. Hierfür wurde der Basis-SIP-Standard RFC 3261 durch den RFC 7118 [7118] ergänzt. In diesem Standard wird ein WebSocket Sub-Protocol für den Transport von SIP-Nachrichten zwischen WebSocket Clients (z.B. Browser) und Servern (z.B. SIP Call Server) spezifiziert. Der Medientransport wird hier nicht betrachtet, er ist Gegenstand paralleler Standardisierungsaktivitäten bei der IETF [Perk] (siehe auch Abschnitt 13.2). Der komplette Signalisierungsablauf für SIP wird im Folgenden anhand beispielhafter WebSocket- und SIP-Nachrichten sowie der Bilder 13.6 und 13.7 erläutert. Im ersten Schritt werden in Ergänzung zu den Ausführungen in Abschnitt 13.3.1 beispielhafte Nachrichten zu einem WebSocket Opening Handshake für SIP gezeigt.

WebSocket-GET für SIP (1) [7118]:

```
GET / HTTP/1.1
Host: sip-ws.example.com
Upgrade: websocket
Connection: Upgrade
Sec-WebSocket-Key: dGhlIHNhbXBsZSBub25jZQ==
Origin: http://www.example.com
Sec-WebSocket-Protocol: sip
Sec-WebSocket-Version: 13
```

WebSocket-101 Switching Protocols für SIP (2) [7118]:

```
HTTP/1.1 101 Switching Protocols
Upgrade: websocket
Connection: Upgrade
Sec-WebSocket-Accept: s3pPLMBiTxaQ9kYGzzhZRbK+xOo=
Sec-WebSocket-Protocol: sip
```

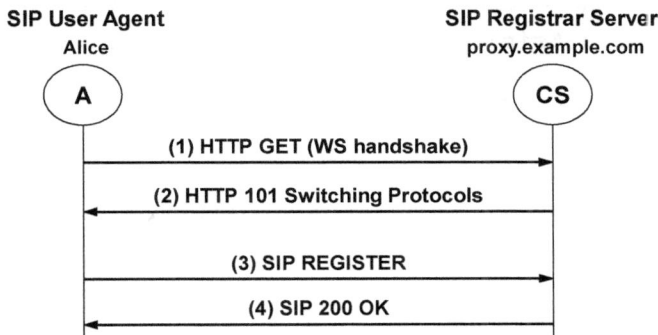

Bild 13.6: WebSocket-Verbindungsaufbau und SIP-Registrierung [7118]

Die beiden oben im Detail gezeigten Nachrichten (1) und (2) entsprechen den ersten beiden
Nachrichten im Message Sequence Chart in Bild 13.6. Dort schließt sich an den WebSocket-
Verbindungsaufbau die SIP-Registrierung des Browser-basierten SIP User Agents von Alice
an. Dabei steht „WS" für Requests über plain WebSocket-Verbindungen, „WSS" für sichere,
TLS nutzende Verbindungen. Die beiden folgenden beispielhaften SIP-Nachrichten (3) und
(4) repräsentieren den Registrierungsvorgang in Bild 13.6, wobei jede SIP-Nachricht in einer
WebSocket-Nachricht transportiert wird [7118].

SIP REGISTER auf Basis WebSocket-Verbindung (3) [7118]:

```
REGISTER sip.proxy.example.com SIP/2.0
Via: SIP/2.0/WSS df7jal23ls0d.invalid;branch=z9hG4bKasudf
From: sip:alice@example.com;tag=65bnmj.34asd
To: sip:alice@example.com
Call-ID: aiuy7k9njasd
CSeq: 1 REGISTER
Max-Forwards: 70
Supported: path, outbound, gruu
Contact: <sip:alice@df7jal23ls0d.invalid; transport=ws>
   ;reg-id=1
   ;+sip.instance="<urn:uuid:f81-7dec-14a06cf1>"
```

SIP 200 OK auf Basis WebSocket-Verbindung (4) [7118]:

```
SIP/2.0 200 OK
Via: SIP/2.0/WSS df7jal23ls0d.invalid;branch=z9hG4bKasudf
From: sip:alice@example.com;tag=65bnmj.34asd
To: sip:alice@example.com;tag=12isjljn8
Call-ID: aiuy7k9njasd
CSeq: 1 REGISTER
Supported: outbound, gruu
Contact: <sip:alice@df7jal23ls0d.invalid; transport=ws>
   ;reg-id=1
   ;+sip.instance="<urn:uuid:f81-7dec-14a06cf1>"
   ;pub-gruu="sip:alice@example.com;gr=urn:uuid:f81-7dec-
   14a06cf1"
   ;temp-gruu="sip:87ash54=3dd.98a@example.com;gr"
   ;expires=3600
```

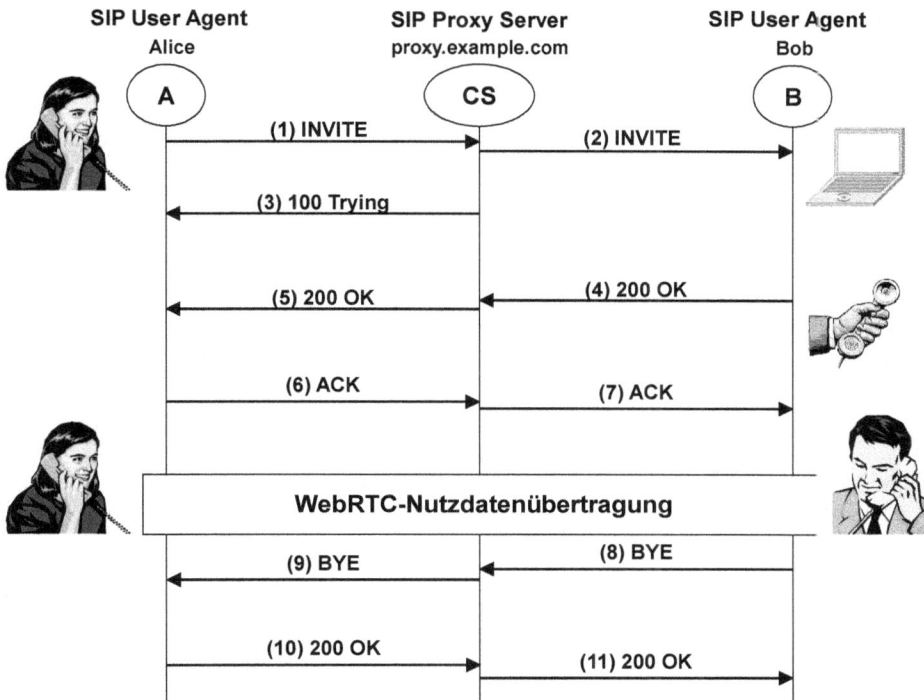

Bild 13.7: SIP-Session mit WebSocket-Verbindung [7118]

Für den Transport der SIP-Nachrichten kommt der Protokoll-Stack SIP/WebSocket/TCP/IP zur Anwendung. Weil der JavaScript-Protokoll-Stack nicht die temporäre SIP URI ermitteln kann, wird stattdessen im Via- und im Contact Header-Feld in (2) und (3) ein Wert „random value.invalid" übermittelt. Dies ist unproblematisch, da P2P-SIP-Signalisierung zwischen Browsern nicht vorgesehen ist und damit die temporäre SIP URI aus dem Contact Header nicht benötigt wird.

Nach erfolgreicher Registrierung findet gemäß Bild 13.7 ein SIP-Session-Aufbau, RTP-Nutzdatenaustausch und Session-Abbau mit BYE statt. Exemplarisch ist in der Folge die SIP Request INVITE des WebRTC unterstützenden Browsers von Alice dargestellt, die via WebSocket-Verbindung zum SIP Proxy Server proxy.example.com der Domäne example.com gesendet wird. Bei diesem Server handelt es sich um die Kombination von WebSocket- und SIP Registrar/Proxy Server.

SIP INVITE mit WebSocket-Verbindung (1) [7118]:

```
INVITE sip:bob@example.com SIP/2.0
Via: SIP/2.0/WSS
  df7jal23ls0d.invalid;branch=z9hG4bK56sdasks
```

```
From: sip:alice@example.com;tag=asdyka899
To: sip:bob@example.com
Call-ID: asidkj3ss
CSeq: 1 INVITE
Max-Forwards: 70
Supported: path, outbound, gruu
Route: <sip:proxy.example.com:443;transport=ws;lr>
Contact: <sip:alice@example.com
    ;gr=urn:uuid:f81-7dec-14a06cf1;ob>"
Content-Type: application/sdp
```

Die Vorteile der WebSocket-basierten SIP-Kommunikation sind, dass zum einen ein einfacher moderner Browser als SIP User Agent für verschiedenste Multimediadienste genutzt werden kann und dass zum anderen über beliebige TCP/IP-Netze und Firewalls hinweg (Server Ports 80 und 443) sicher (via TLS) kommuniziert werden kann.

Bild 13.8 zeigt ein Beispiel aus der Praxis für eine WebSocket-Nachricht in Form eines Data Frames, der eine SIP Request REGISTER transportiert, um einen WebRTC unterstützenden Browser bei einem SIP CS zu registrieren.

```
+ Internet Protocol Version 4, Src: 192.168.5.18 (192.168.5.18), Dst: 194.94.80.16 (194.94.80.16)
+ Transmission Control Protocol, Src Port: 49254 (49254), Dst Port: 5082 (5082), Seq: 547, Ack: 266, Len: 565
- websocket
    1... .... = Fin: True
    .000 .... = Reserved: 0x00
    .... 0001 = Opcode: Text (1)
    1... .... = Mask: True
    .111 1110 = Payload length: 126 Extended Payload Length (16 bits)
    Extended Payload length (16 bits): 557
    Masking-Key: 50f63171
+ Payload
- Unmask Payload
    [Text unmask [truncated]: REGISTER sip:192.168.0.89 SIP/2.0\r\nVia: SIP/2.0/WS 1av3isma0iji.invalid;branch=
```

Bild 13.8: WebSocket Data Frame mit SIP REGISTER-Nachricht

13.4   WebRTC, SIP und Echtzeitnutzdaten

Im Zusammenhang mit dem Einsatz von SIP für die Signalisierung in WebRTC-Umgebungen ist über die Ausführungen in Abschnitt 13.2 hinaus die spezielle Behandlung der Echtzeitnutzdaten (Audio und/oder Video), die zwischen den User Agents Peer-to-Peer übertragen werden, zu betrachten [W3TR2; Perk]. In [Perk] ist festgelegt, dass für RTP-basierte Nutzdaten nicht wie in bisherigen SIP/RTP-Standardumgebungen die Nutzdatenprofile RTP/AVP (nach RFC 3551, für unverschlüsselten Verkehr mit RTP [3551]) oder RTP/SAVP (nach RFC 3711, für verschlüsselten Verkehr mit SRTP [3711]) gelten, sondern dass das weiterentwickelte Profil RTP/SAVPF (nach RFC 5124 [5124] und dem Update RFC 7007 [7007]) implementiert sein muss. RFC 5124 kombiniert die Anforderungen des

RTP-Profils SAVP und des RTCP-Profils AVPF, um sichere, SRTP-basierte Nutzdaten-kommunikation mit Feedback durch SRTCP zu unterstützen. Dies hat u.a. Auswirkungen auf SDP, wie das [5124] entnommene Beispiel zeigt:

```
v=0
o=alice 3203093520 3203093520 IN IP4 host.example.com
s=Media with feedback
t=0 0
c=IN IP4 host.example.com
m=audio 49170 RTP/SAVPF 0 96
a=rtpmap:0 PCMU/8000
a=rtpmap:96 telephone-event/8000
a=fmtp:96 0-16
a=rtcp-fb:96 nack
a=key-mgmt:mikey uiSDF9sdhs727ghsd/dhsoKkdOokdo7eWsnDSJD...
```

Diese bei WebRTC und SIP neuen Zusammenhänge haben bezüglich der Nutzdatenkommu-nikation u.a. folgende Auswirkungen:

- Für WebRTC-basierte SIP User Agents (Browser) ist die Verwendung von SAVPF ein Muss, d.h., es werden die entsprechenden SDP-Parameter übermittelt, zudem sind die RTP-Nutzdaten grundsätzlich verschlüsselt (SRTP), und es kommt immer RTCP zum Einsatz.
- Einsatz des ICE-Verfahrens (siehe Abschnitt 8.3.4) zur Ermittlung der möglichen Sockets für die Nutzdatenübermittlung.
- Für alle den Nutzdaten zuzurechnenden Nachrichten (SRTP (Audio) + SRTP (Video) + SRTCP) wird pro User Agent nur ein einziger Socket für das Senden und das Empfangen verwendet.
- Diesen WebRTC-bedingten Anforderungen müssen ggf. die NGN-Vermittlungsinfra-struktur und die dort verwendeten Standard-User Agents Rechnung tragen (siehe Ab-schnitt 13.5). D.h., dass z.B. ein CS die SDP-Parameter in beiden Richtungen anpassen muss, zudem müssen korrespondierende Standard-User Agents immer mit SRTP arbeiten und RTCP unterstützen.

Darüber hinaus sind die für den notwendigen Schlüsselaustauch für die sichere Kommunika-tion vorgesehenen bzw. zum Einsatz kommenden Verfahren zu betrachten (siehe Abschnitt 12.2.1). Für den Key-Austausch eingesetzt werden sowohl SDP mit SDES (Session Descrip-tion Protocol Security Descriptions [4568]) als auch DTLS-SRTP (Datagram Transport Lay-er Security) [5763] eingesetzt. Für WebRTC empfohlen wird der Einsatz von DTLS-SRTP [Resc].

Umfassend sind die Anforderungen u.a. an die SDP-Signalisierung im Zusammenhang mit WebRTC in [Uber] zusammengefasst.

13.5 WebRTC-SIP- und Standard-SIP-Applikationen

Ausgehend von den Ausführungen in den Abschnitten 13.3 und 13.4 werden im Folgenden anhand des Bildes 13.9 die Protokoll-Stacks für Standard-SIP-Applikationen (a) und WebRTC-SIP- (b) einander gegenübergestellt [Sing1].

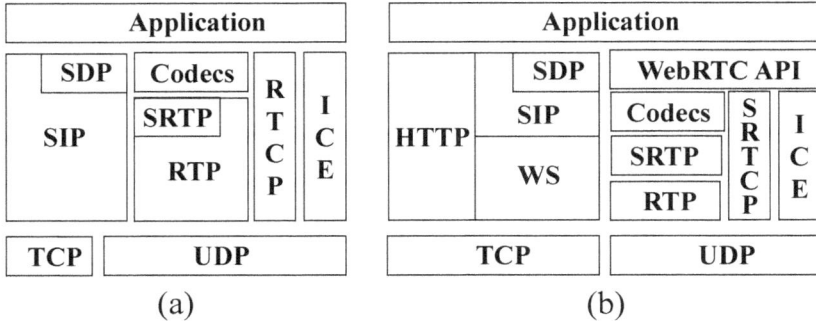

Bild 13.9: Standard-SIP- (a) und WebRTC-SIP- (b) Protokoll-Stacks im Vergleich [Sing1]

Gemäß Bild 13.9a kommen beim Protokoll-Stack für eine Standard-SIP-basierende Applikation SIP für das Handling der Signalisierungs-Sessions und SDP gemäß Offer-Answer-Modell für die Medienaushandlung zur Anwendung. Dabei kann als Transportprotokoll u.a. sowohl UDP als auch TCP genutzt werden. Im Zusammenhang mit WebRTC (Bild 13.9b) können zwar ebenfalls SIP und SDP genutzt werden, allerdings sind hier für den Transport die Protokolle WebSocket (WS) und HTTP sowie TCP vorgeschrieben.

Bei der Echtzeitnutzdatenübertragung kommen zwar in beiden Fällen prinzipiell die gleichen Protokolle zum Einsatz (SRTP, RTP, RTCP, UDP), die Unterschiede liegen hier aber, wie oben bereits ausgeführt (u.a. unterschiedliche Nutzdatenprofile (Abschnitt 13.4), unterschiedliche Anzahl von RTP-Sessions (Abschnitt 13.2)) im Detail.

Tabelle 13.1 stellt Standard-SIP- und WebRTC-SIP-Eigenschaften (Stand Februar 2015) einander gegenüber [Sing1].

Tabelle 13.1: Standard-SIP- und WebRTC-SIP-Eigenschaften im Vergleich

Eigenschaften	Standard-SIP	WebRTC-SIP
Medientransport	RTP, optional SRTP	SRTP
Audio/Video-Profile	AVP, optional SAVP	SAVPF
RTP Control	RTCP	RTCP
Port-Nummern	separate Ports für jeden Medienstrom und RTCP	ein Port für alle Medienströme und RTCP
Medienaushandlung	SDP	SDP
Audio-Codecs	typ. G.711 und weitere	G.711, Opus, optional weitere
Video-Codecs	typ. H.264, H.263 und weitere	VP8, H.264
Signalisierung	SIP	SIP
Signalisierungstransport	SIP over UDP, optional TCP oder SCTP bzw. TLS/TCP	SIP over WebSocket over TCP bzw. TLS/TCP
NAPT-Überwindung	typ. STUN, TURN, ICE	ICE (inkl. STUN, TURN)
Security-Modell	Nutzer vertraut Endgerät und Diensteanbieter	Nutzer vertraut Browser, bei Zugriff mit HTTPS auch der Webseite
Security für Medien	optional SRTP	SRTP
Schlüsselaustausch	optional SDP mit SDES oder DTLS-SRTP, auch ZRTP	DTLS-SRTP, SDP mit SDES nicht mehr empfohlen
Security für Signalisierung	optional SIP over TLS	optional SIP over WSS

Selbstverständlich muss nach Einführung von WebRTC in Netzen auch die übergreifende Kommunikation zwischen Endsystemen, die auf dem WebRTC-SIP-Standard basieren, und solchen, die originär Standard-SIP unterstützen, möglich sein. Dies kann – ähnlich wie für SIP, SDP, RTP bei der Migration von IPv4 nach IPv6 gemäß Bild 6.45 in Abschnitt 6.13 – mittels zwischengeschaltetem ALG bzw. SBC erfolgen oder mittels Call Server für die Signalisierungs- und gesteuertem Media Proxy für die Nutzdaten-Konvertierung. Die letztgenannte Lösung ist auf Basis obiger Ausführungen in Bild 13.10 detailliert dargestellt. Hier unterstützt der SIP Registrar/Proxy Server als Teil des Call Servers zusätzlich SIP over WebSocket-Protokoll sowie mittels zusätzlicher B2BUA-Funktionalität erforderliche SDP-Anpassungen. Die Medienströme (Audio, Video und/oder Daten) werden in einem zusätzlichen Media Proxy entsprechend den jeweiligen Anforderungen umgesetzt, wobei der CS den Media Proxy entsprechend den SDP-Parametern steuert. WebRTC-SIP-Clients und Standard-SIP User Agents können völlig unverändert bleiben.

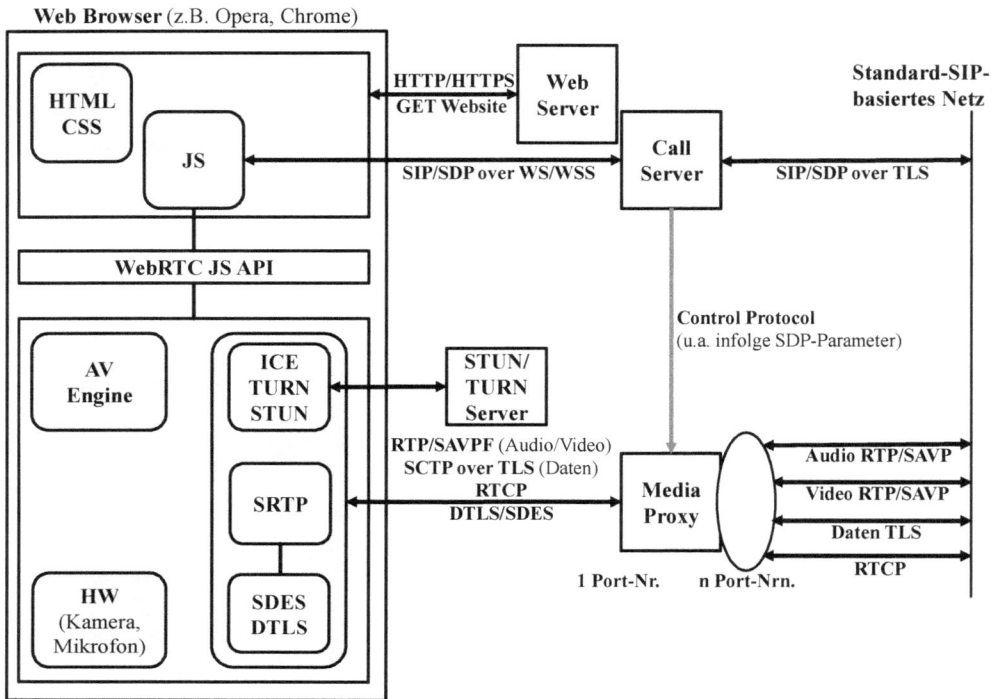

Bild 13.10: Gesamtlösung für das Zusammenspiel von WebRTC-SIP-Clients und Standard-SIP User Agents

WebRTC mit SIP ist auch ein wichtiges Thema für IMS-basierte NGN (siehe Abschnitte 14.3 und 14.4). Dabei stellt sich wie oben ebenfalls das Problem der Kommunikation zwischen Endsystemen, die auf dem WebRTC-SIP-Standard basieren, und solchen, die originär SIP gemäß 3GPP (UMTS-Mobilfunknetz) bzw. Standard-SIP (NGN-Festnetz) unterstützen. Hierzu werden in [23701] sieben verschiedene Lösungen diskutiert, wie in einem IMS-Umfeld die erforderlichen Protokollkonvertierungen umgesetzt werden können. Die Vielfalt der möglichen Lösungen liegt an der Komplexität und den zahlreichen Netzelementen eines NGN mit IMS. Trotzdem lassen sie sich im Wesentlichen auf die oben genannten Basislösungen mit SBC oder CS und Media Proxy (Bild 13.10) zurückführen, wobei beispielsweise gemäß [Crut] die erstgenannte Lösung mit SBC konkret in einem konvergenten Netz (siehe Abschnitt 14.6) eines öffentlichen Netzbetreibers erfolgreich implementiert wurde.

13.6 Basisabläufe beim Nachrichtenaustausch für WebRTC mit SIP

In diesem Abschnitt soll zusammenfassend ein Gesamtverständnis für WebRTC mit SIP hergestellt werden, indem alle Phasen und die Abläufe der relevanten Protokolle im Zusammenhang mit einer Session zwischen zwei WebRTC SIP User Agents dargestellt und erläutert werden. Bild 13.11 bietet eine solche Gesamtschau für ein Szenario mit einem WebRTC UA A im Browser hinter einem NAPT-Gateway 1, einem Call Server mit integriertem Web Server, SIP Registrar und SIP Proxy Server sowie einem WebRTC UA B, wobei alle zuletzt genannten Netzelemente sich ebenfalls in einem privaten IP-Netz hinter dem NAPT-GW 2 befinden. Das öffentliche IP-Netz stellt einen STUN Server zur Ermittlung öffentlicher Sockets bereit.

Im allerersten, in Bild 13.11 nicht dargestellten Schritt laden sich die Web Browser die Webseite inkl. JavaScript-Code zur Realisierung eines WebRTC SIP User Agents vom Web Server herunter. In der Folge bauen die UAs jeweils eine TCP-Verbindung ((1), siehe Abschnitt 4.2.4) zum CS auf. Diese ist Voraussetzung für die im Zusammenhang mit WebRTC und SIP-Signalisierung vorgeschriebene WebSocket-Protokoll-basierte Kommunikation (siehe Abschnitt 13.3.1). Das bedeutet u.a., dass der CS das WebSocket-Protokoll unterstützen muss. Im nächsten Schritt wird in einer ersten Phase eine WebSocket-Verbindung zwischen dem UA und dem CS aufgebaut. Dieser sog. WebSocket Opening Handshake basiert auf den Nachrichten HTTP Request GET (2) und HTTP Response 101 Switching Protocols (3) (siehe Abschnitte 13.3.1 und 13.3.2). In der zweiten Phase mit WebSocket Data Frames registriert sich z.B. der UA A beim im CS enthaltenen SIP Registrar Server ((4) und (5)). Daran anschließend ermittelt der UA durch eine Abfrage bei einem STUN Server im öffentlichen IP-Netz den dort sichtbaren öffentlichen Socket, d.h. IP-Adresse und Port-Nummer ((6) und (7), siehe Abschnitt 8.3.2). Diese Information wird benötigt, um im SDP-Teil der den Sessionaufbau initiierenden SIP INVITE des UA A die über das öffentliche Netz erreichbare IP-Adresse und Port-Nummer für die von UA B gesendeten RTP-Nutzdaten mitliefern zu können. Hierfür STUN zu nutzen, ist nur eine Möglichkeit. Alternativ kann z.B. ein TURN Server einbezogen werden (siehe Abschnitt 8.3.3). Werden nacheinander alle gegebenen Möglichkeiten zur NAPT-GW-Überwindung ermittelt (STUN, TURN, VPN), spricht man vom ICE-Verfahren (siehe Abschnitt 8.3.4). Dies wird von einem WebRTC Client standardmäßig unterstützt. Die hierbei erhaltenen Kontaktinformationen werden dann mittels SDP-Parameter (a) als candidates zum fernen User Agent übermittelt.

In der Folge werden mittels WebSocket-Transportprotokoll die SIP-Nachrichten zum Sessionaufbau übertragen: INVITE (8), 100 Trying (9), 180 Ringing (10), 200 OK (11) und ACK (12) zum Abschluss des SIP Three Way Handshakes (siehe Abschnitt 5.4). Dabei übermittelt UA B im SDP-Teil der 200 OK Response seine Kontaktinformation für den Nutzdatenempfang. Bevor nun Nutzdaten übertragen werden, wird zuerst auf Basis der als candidates ausgetauschten möglichen Sockets eine Erreichbarkeitsprüfung mit Peer-to-Peer STUN vorgenommen ((13) bis (16)). Der erste Socket, für den eine STUN Binding Response empfangen werden konnte, wird jeweils für die Nutzdaten verwendet. Um auf Änderungen reagieren zu können und um Ports erforderlichenfalls offen zu halten, werden in Erweiterung zur Darstellung in Bild 13.11 diese Erreichbarkeitsprüfungen während der Session immer wieder vorgenommen.

Mit den funktionierenden öffentlichen Sockets können die SRTP-Nutzdaten (siehe Abschnitte 4.2.6 und 12.2.1) auf Basis UDP (siehe Abschnitt 4.2.5) zwischen den User Agents ausgetauscht werden ((17) und (18)). Dabei ist das besondere im WebRTC-Umfeld, dass für alle Nutzdaten und das Überwachungsprotokoll RTCP (siehe Abschnitt 4.2.7) pro Übertragungsrichtung nur ein Socket und damit auch nur eine UDP-Portnummer verwendet werden.

Der Sessionabbau mit SIP Request BYE (19) und SIP Response 200 OK (20) nutzt wieder Data Frames des WebSocket-Protokolls. Anschließend kann in einer dritten WebSocket-Phase die Verbindung im sog. WebSocket Closing Handshake (21) wieder abgebaut werden, danach auch die zugehörige TCP-Verbindung (22).

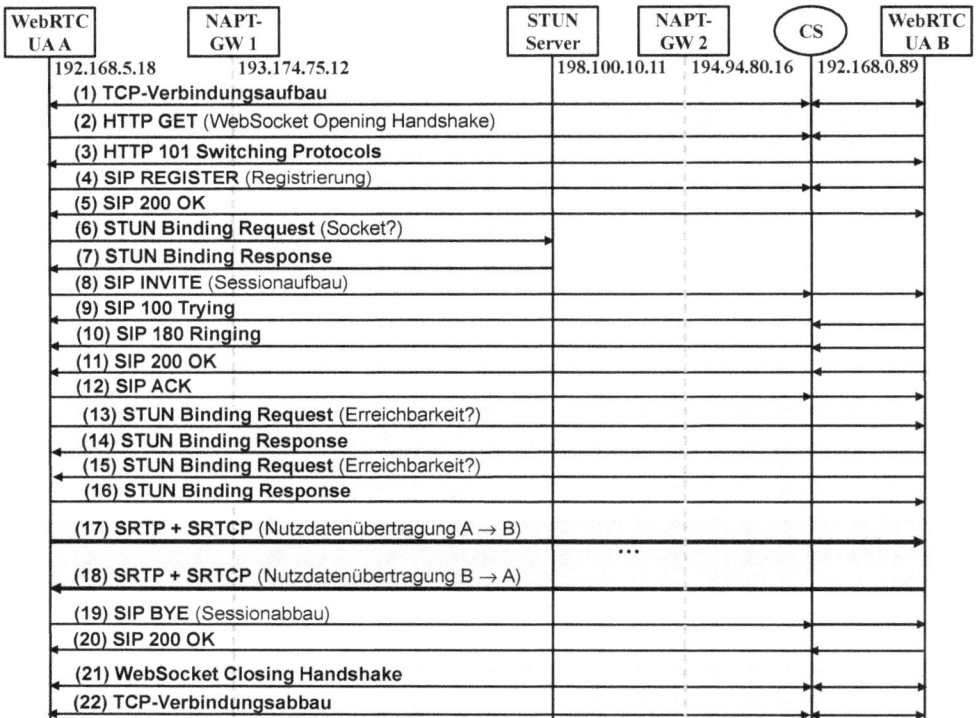

WebRTC UA A	NAPT-GW 1	STUN Server	NAPT-GW 2	CS	WebRTC UA B
192.168.5.18	193.174.75.12	198.100.10.11	194.94.80.16	192.168.0.89	

(1) TCP-Verbindungsaufbau
(2) HTTP GET (WebSocket Opening Handshake)
(3) HTTP 101 Switching Protocols
(4) SIP REGISTER (Registrierung)
(5) SIP 200 OK
(6) STUN Binding Request (Socket?)
(7) STUN Binding Response
(8) SIP INVITE (Sessionaufbau)
(9) SIP 100 Trying
(10) SIP 180 Ringing
(11) SIP 200 OK
(12) SIP ACK
(13) STUN Binding Request (Erreichbarkeit?)
(14) STUN Binding Response
(15) STUN Binding Request (Erreichbarkeit?)
(16) STUN Binding Response
(17) SRTP + SRTCP (Nutzdatenübertragung A → B)
...
(18) SRTP + SRTCP (Nutzdatenübertragung B → A)
(19) SIP BYE (Sessionabbau)
(20) SIP 200 OK
(21) WebSocket Closing Handshake
(22) TCP-Verbindungsabbau

Bild 13.11: Basisprotokollabläufe bei WebRTC mit SIP

Unter anderem bedingt durch die Verarbeitung des JavaScript-Codes im Browser und verschiedene Möglichkeiten der Suche nach candidates für Sockets können mehrere Sekunden zwischen dem Auslösen des Session-Aufbaus auf der UA-Webseite und dem Versenden der

INVITE vergehen. Diese Verzögerung ist für den Nutzer störend. Abhilfe schafft hier die ICE-Erweiterung Trickle (tröpfeln). Sobald ein möglicher Socket bekannt ist, wird mit dem Session-Aufbau begonnen, ohne weitere Zeit zu verlieren. Parallel hierzu werden zusätzliche Sockets ermittelt, die dann bei Bedarf eingebunden werden können (siehe Abschnitt 8.3.4, [John2]).

Zur weiteren Verdeutlichung der mit Bild 13.11 beschriebenen Zusammenhänge bei WebRTC zeigen die folgenden Bilder 13.12 bis 13.18 konkrete Beispiele speziell für die Nachrichten (2), (3), (7), (11), (16) und (18). Das Studium der Header-Felder, Parameter und Socket-Informationen gibt einen vertieften Einblick. Zudem ist ein Vergleich mit den in diesem Kapitel 13 gemachten Ausführungen zu den für WebRTC relevanten Protokollen möglich. Darüber hinaus kann ein praktischer Bezug z.B. zu den Inhalten der Kapitel 5 (SIP und SDP) sowie 8 (NAPT) hergestellt werden.

```
⊞ Internet Protocol Version 4, Src: 192.168.5.18 (192.168.5.18), Dst: 194.94.80.16 (194.94.80.16)
⊞ Transmission Control Protocol, Src Port: 49254 (49254), Dst Port: 5082 (5082), Seq: 1, Ack: 1, Len: 546
⊟ Hypertext Transfer Protocol
  ⊞ GET / HTTP/1.1\r\n
    Host: 194.94.80.16:5082\r\n
    Connection: Upgrade\r\n
    Pragma: no-cache\r\n
    Cache-Control: no-cache\r\n
    Upgrade: websocket\r\n
    Origin: http://194.94.80.16:8080\r\n
    Sec-WebSocket-Version: 13\r\n
    User-Agent: Mozilla/5.0 (Windows NT 6.3; WOW64) AppleWebKit/537.36 (KHTML, like Gecko) Chrome/39.0.2171.99
    Accept-Encoding: gzip, deflate, sdch\r\n
    Accept-Language: de-DE,de;q=0.8,en-US;q=0.6,en;q=0.4\r\n
    Sec-WebSocket-Key: B9UUuOM2XN51GChB4q1Nog==\r\n
    Sec-WebSocket-Extensions: permessage-deflate; client_max_window_bits\r\n
    Sec-WebSocket-Protocol: sip\r\n
```

Bild 13.12: HTTP GET (2) beim WebSocket Opening Handshake

```
⊞ Internet Protocol Version 4, Src: 194.94.80.16 (194.94.80.16), Dst: 192.168.5.18 (192.168.5.18)
⊞ Transmission Control Protocol, Src Port: 5082 (5082), Dst Port: 49254 (49254), Seq: 1, Ack: 547
⊟ Hypertext Transfer Protocol
  ⊞ HTTP/1.1 101 Web Socket Protocol Handshake\r\n
    Upgrade: WebSocket\r\n
    Connection: Upgrade\r\n
    Sec-WebSocket-Origin: http://194.94.80.16:8080\r\n
    Sec-WebSocket-Location: ws://194.94.80.16:5082/\r\n
    Sec-WebSocket-Accept: /WC9rr+hUGGeRwo+R5qp3GZYVF8=\r\n
    Sec-WebSocket-Protocol: sip\r\n
```

Bild 13.13: HTTP 101 Switching Protocols (3) beim WebSocket Opening Handshake

```
+ Internet Protocol Version 4, Src: 198.100.10.11 (198.100.10.11), Dst: 192.168.5.18 (192.168.5.18)
+ User Datagram Protocol, Src Port: 3478 (3478), Dst Port: 58146 (58146)
- Session Traversal Utilities for NAT
  + Message Type: 0x0101 (Binding Success Response)
    Message Length: 68
    Message Cookie: 2112a442
    Message Transaction ID: 576a51392f3076454c387a33
  - Attributes
    + MAPPED-ADDRESS: 193.174.75.12:58146
    + SOURCE_ADDRESS (Deprecated): 198.100.10.11:3478
    + CHANGED_ADDRESS (Deprecated): 198.100.10.12:3479
```

Bild 13.14: Von STUN Server gesendete STUN Binding Response (7) mit öffentlichem Socket

```
+ Internet Protocol Version 4, Src: 194.94.80.16 (194.94.80.16), Dst: 192.168.5.18
+ Transmission Control Protocol, Src Port: 5082 (5082), Dst Port: 49254 (49254), Seq: 3456
- WebSocket
    1... .... = Fin: True
    .000 .... = Reserved: 0x00
    .... 0001 = Opcode: Text (1)
    0... .... = Mask: False
    .111 1110 = Payload length: 126 Extended Payload Length (16 bits)
    Extended Payload length (16 bits): 1884
  - Payload
    - Session Initiation Protocol (200)
      + Status-Line: SIP/2.0 200 OK
      - Message Header
        + To: <sip:Musik@192.168.0.89>;tag=08189513_fd9f903c_6fdadc48_3021f6d4-cb1c-4d00-85
        + Via: SIP/2.0/WS 1av3isma0iji.invalid;branch=z9hG4bK881406;received=193.174.75.12;
        + CSeq: 8550 INVITE
          Call-ID: 0deu5thafrm3g2tqrn68
        + From: "Gerda" <sip:Gerda@192.168.0.89>;tag=etmoo0gcfb
          Server: Frankfurt University SIP Server v0.1
        + Contact: <sip:192.168.0.89:5082;transport=ws>
          Content-Type: application/sdp
          Content-Length: 1423
      + Message Body
```

Bild 13.15: Von User Agent A während Sessionaufbau empfangene SIP 200 OK (11)

Besonders hingewiesen werden soll auf den SDP-Ausschnitt in Bild 13.16. Interessant sind hier zum einen die beiden Media Attribute (a)-Parameter mit den beiden candidates für die möglichen Nutzdaten-Sockets. Zum anderen beschreibt SDP in diesem WebRTC-Beispiel nicht nur Audio mit dem Opus-Codec, sondern auch Video auf Basis des VP8-Videocodecs.

```
⊟ Message Body
  ⊟ Session Description Protocol
      Session Description Protocol Version (v): 0
    ⊞ Owner/Creator, Session Id (o): - 584753189710538114 0 IN IP4 0.0.0.0
      Session Name (s): Kurento Media Server
    ⊞ Connection Information (c): IN IP4 0.0.0.0
    ⊞ Time Description, active time (t): 0 0
    ⊞ Session Attribute (a): group:BUNDLE audio video
    ⊞ Media Description, name and address (m): audio 52854 RTP/SAVPF 111 111
    ⊞ Connection Information (c): IN IP4 194.94.80.16
    ⊞ Media Attribute (a): rtpmap:111 opus/48000/2
    ⊞ Media Attribute (a): rtpmap:111 opus/48000/2
      Media Attribute (a): sendrecv
    ⊞ Media Attribute (a): rtcp:52854 IN IP4 194.94.80.16
      Media Attribute (a): rtcp-mux
    ⊞ Media Attribute (a): ssrc:4221755499 cname:user1862661879@host-e414ff8c
    ⊞ Media Attribute (a): extmap:3 http://www.webrtc.org/experiments/rtp-hdrext/abs-send-time
    ⊞ Media Attribute (a): ice-ufrag:fegi
    ⊞ Media Attribute (a): ice-pwd:GknoKTN+c9vlrNdi635pwe
    ⊞ Media Attribute (a): fingerprint:sha-256 F9:FB:59:49:89:B3:ED:F1:EC:E4:91:E1:43:4C:DD:86:F5:B8:87:
    ⊞ Media Attribute (a): candidate:1 1 UDP 2013266431 192.168.0.89 52854 typ host
    ⊞ Media Attribute (a): candidate:2 1 UDP 1677721855 194.94.80.16 52854 typ srflx raddr 192.168.0.89
    ⊞ Media Description, name and address (m): video 52854 RTP/SAVPF 100
    ⊞ Connection Information (c): IN IP4 194.94.80.16
    ⊞ Bandwidth Information (b): AS:500
    ⊞ Media Attribute (a): rtpmap:100 VP8/90000
      Media Attribute (a): sendrecv
```

Bild 13.16: SDP-Ausschnitt aus der 200 OK SIP Response (11)

```
⊞ Internet Protocol Version 4, Src: 192.168.5.18 (192.168.5.18), Dst: 194.94.80.16
⊞ User Datagram Protocol, Src Port: 58146 (58146), Dst Port: 52854 (52854)
⊟ Session Traversal Utilities for NAT
  ⊞ Message Type: 0x0101 (Binding Success Response)
    Message Length: 44
    Message Cookie: 2112a442
    Message Transaction ID: b50809018441049eb50cd1f4
  ⊟ Attributes
    ⊞ XOR-MAPPED-ADDRESS: 194.94.80.16:52854
    ⊞ MESSAGE-INTEGRITY
    ⊞ FINGERPRINT
```

Bild 13.17: Von User Agent A gesendete STUN Binding Response (16) während der Erreichbarkeitsüberprüfung

Bild 13.18 mit den beiden UDP-Nachrichten, eine für RTP und eine für RTCP, stellt noch einmal heraus, dass für alle den Nutzdaten zuzurechnenden Nachrichten (hier RTP (Audio) + RTCP) pro User Agent nur ein einziger Socket für das Senden und das Empfangen verwendet wird.

```
194.94.80.16        192.168.5.18        RTP         232 PT=DynamicRTP-Type-111
194.94.80.16        192.168.5.18        RTCP        116 Receiver Report
```

Bild 13.18: Von User Agent B an A gesendete RTP- und RTCP-Pakete (18)

Praktisches Beispiel

Zur Weiterführung der obigen Ausführungen soll WebRTC mit SIP bei einem Telefonat (nur Audio), Videotelefonat (Audio und Video) sowie beim wechselseitigen Austausch von Kurzmitteilungen (Nachrichten) analysiert werden. Den hierfür erforderlichen Systemaufbau zeigt Bild 13.19. Benötigt werden nur ein am Internet betriebener PC mit einem WebRTC-fähigen Browser (z.B. Opera oder Chrome), die in Bild 13.19 dargestellten und an der Frankfurt University of Applied Sciences betriebenen Server inkl. eines automatisch antwortenden SIP User Agents sowie die Protokollanalyse-SW Wireshark. Alle Informationen zur Bedienung des WebRTC SIP User Agents und von Wireshark können Kapitel 17 entnommen werden. SIP-Nachrichten können in diesem WebRTC-Zusammenhang nicht nur mit Wireshark erfasst und ausgewertet werden, sondern auch direkt in der WebRTC SIP UA-Oberfläche im Browser.

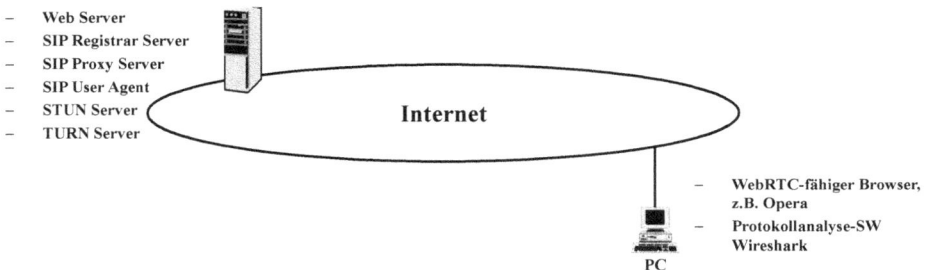

Bild 13.19: Systemaufbau für WebRTC und SIP in der Praxis

Um Nachrichten rund um WebRTC aufzuzeichnen bzw. auszuwerten, sollte wie folgt vorgegangen werden.

1. Erforderlichenfalls Internet-Zugang für PC aktivieren.
2. Protokollaufzeichnungsvorgang mit der Protokollanalyse-SW starten.
3. Webseite für WebRTC SIP UA unter http://sip.fb2.frankfurt-university.de/webrtcsipservlet abrufen, beliebigen Benutzernamen eingeben. Der UA wird automatisch registriert.
4. Initiieren einer WebRTC-SIP-Session mit dem automatisierten SIP User Agent an der Frankfurt University of Applied Sciences. Geben Sie hierfür den Benutzernamen auto in das mit „To:" gekennzeichnete Eingabefeld im linken Teil des WebRTC-Fensters ein. Klicken Sie dann auf „Anrufen" (Videotelefonat, wenn „Video aktivieren" markiert ist; sonst Audiotelefonat) oder „Nachricht". WebRTC verlangt in der Folge, dass Sie dem Browser Zugriff auf Kamera und Mikrofon Ihres Rechners erlauben. Der WebRTC-SIP-Client baut nun eine SIP-Session zum automatisierten SIP User Agent an der Hochschule auf. Zum Beenden der Session klicken Sie auf das Schaltsymbol mit dem waagerecht liegenden roten Hörersymbol.

5. Ergänzend zu Wireshark können Sie sich alle gesendeten und empfangenen SIP-Nachrichten nach Anklicken des links angeordneten Eingabefeldes „SIP Traces" anschauen.

6. Stoppen des Protokollaufzeichnungsprozesses in Wireshark.

7. Abspeichern der Protokolldaten. Dies ist von Vorteil, wenn man später eine detailliertere Analyse vornehmen möchte bzw. anhand der erfassten Daten die verschiedenen Protokolle im Zusammenhang mit WebRTC genauer unter die Lupe nehmen möchte. Dies sind beispielsweise TCP, WebSocket, STUN, TURN, ICE, SIP, SDP, UDP, SRTP, SRTCP.

8. Vergleichen der praktisch mitgeschnittenen Protokollnachrichten mit der Theorie. Beispiele zeigen die Bilder 13.12 bis 13.18.

14 Moderne Telekommunikationsnetze

Nachdem in den vorhergehenden Kapiteln die Funktionen, Protokolle (Kapitel 3 bis 4) und vor allem SIP (Kapitel 5 bis 13) für Multimediakommunikation erläutert wurden, sollen nun hier für verschiedene Netztypen die Zusammenhänge aufgezeigt werden.

Dazu werden in einem ersten Schritt die verschiedenen Arten von VoIP im Sinne einer klaren Abgrenzung klassifiziert. Dabei sind drei VoIP-Varianten zu berücksichtigen:

- Reines Voice over Internet,
- Voice over Internet mit Gateway zum PSTN,
- VoIP über NGN.

Selbstverständlich ist bei „VoIP über NGN" auch ein PSTN-Gateway inbegriffen. Die beiden VoIP-Klassen mit PSTN-Gateway wurden von der US-Regulierungsbehörde FCC (Federal Communications Commission) unter „Interconnected VoIP" subsummiert [FCC05].

Bild 14.1 zeigt diese drei VoIP-Varianten anschaulich im Vergleich. Bei den beiden Voice over Internet-Fällen handelt es sich beim Paketnetz um das Internet, d.h. ein IP-Netz, das zumindest Ende-zu-Ende weder definierte Quality of Service (QoS) noch Sicherheit bietet. Im Falle von reinem Voice over Internet fehlt zudem das Gateway ins PSTN (ISDN und Mobilfunknetze), da ja nur Internet-interne Telefonate möglich sind. Letztendlich handelt es sich in diesem Fall um eine reine Internet-Applikation. Bei der Variante „VoIP über NGN" hingegen ersetzt VoIP den PSTN-Telefondienst. Daher werden auch eine vergleichbare QoS und Sicherheit gefordert. Diese Anforderungen können heute nicht vom Internet, sondern nur von speziellen IP-basierten Netzen, den NGN, erfüllt werden. Wie Bild 14.1 verdeutlicht, haben alle drei VoIP-Varianten bez. der zum Einsatz kommenden Technik eine Menge Gemeinsamkeiten. Trotzdem gibt es entscheidende Unterschiede, die in der Diskussion berücksichtigt werden müssen. „Voice over Internet" und „VoIP über NGN" repräsentieren trotz vieler Gemeinsamkeiten zwei völlig unterschiedliche VoIP-Einsatzfälle mit ganz unterschiedlichen Implikationen für die Netzbetreiber und Diensteanbieter sowie die Nutzer.

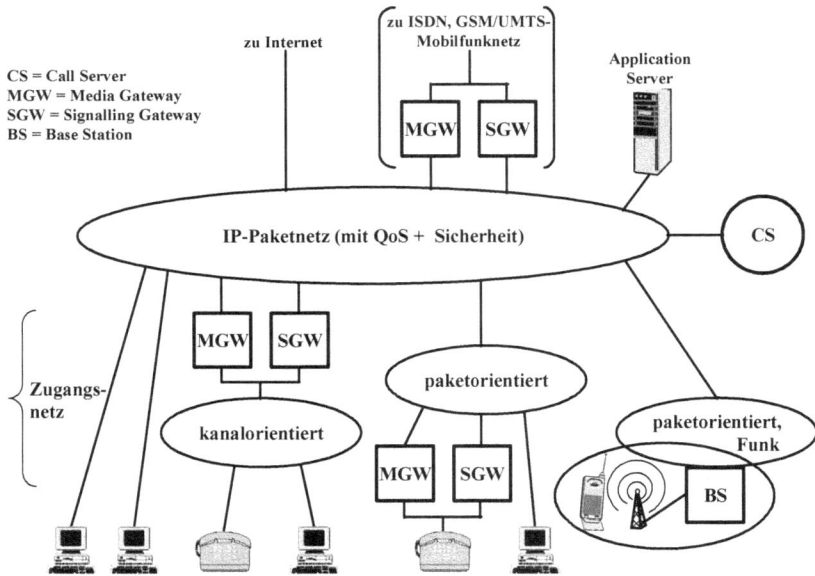

Bild 14.1: Voice over Internet ohne und mit PSTN-Gateway sowie VoIP über NGN im Vergleich

Die sich daraus ergebenden Auswirkungen auf die Netze werden im Folgenden anhand von sechs möglichen prinzipiellen Netzszenarien herausgearbeitet:

- Internet mit „Voice over Internet"
- Internet mit „Voice over Internet mit PSTN-Gateway"
- NGN mit VoIP
- NGN inkl. IMS mit VoIP
- Internet mit „P2P-Voice over Internet ohne/mit PSTN-Gateway"
- NGN mit P2P-VoIP

Während die erstgenannten vier Szenarien von zentralen Vermittlungsfunktionen im Netz ausgehen (CS, Application Server) (siehe Abschnitte 6.3, 7.1 und 6.12), basieren die beiden weiteren Szenarien auf der P2P-Kommunikation (siehe Abschnitte 3.2 und 7.2). Zur Verdeutlichung werden im Folgenden die sechs Netzszenarien anhand der Bilder 14.2 bis 14.7 kurz erläutert.

Das Szenario Internet mit „Voice over Internet" zeigt Bild 14.2. Die beiden mittels IP-Router zusammengeschalteten IP-Subnetze der Netzbetreiber 1 und 2 repräsentieren das öffentliche Internet, wobei Teile davon durchaus auch QoS unterstützen können. Hierauf basierend bietet ein Provider X die Internet-Anwendung „Voice over Internet", d.h. nur Internet-Nutzer können daran partizipieren. Dies ist einer der „ältesten" Einsatzfälle von VoIP. In großem Stil relevant ist er heute aber immer noch bez. VoIP in Ergänzung zu Instant Messaging-

Anwendungen. Wegen des Internet-Ansatzes sind normalerweise VoIP-Diensteanbieter X und Internet-Subnetzbetreiber 1 unterschiedliche Firmen.

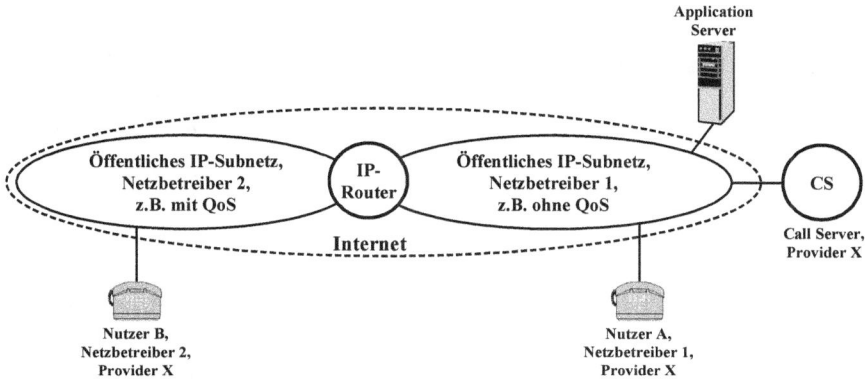

Bild 14.2: Internet mit „Voice over Internet"

Das zweite Internet-Szenario mit „Voice over Internet mit PSTN-Gateway" wird durch Bild 14.3 veranschaulicht. Der Unterschied zu Bild 14.2 besteht ausschließlich im zusätzlichen PSTN-Übergang, dargestellt durch die Gateway-Funktionen MGW, SGW und MGC. Dies ist der Voice over Internet-Normalfall. So werden die VoIP-Angebote von Online- oder VoIP-Providern realisiert, wobei auch hier wieder gilt: Bei dem VoIP-Diensteanbieter X und dem Internet-Subnetzbetreiber 1 handelt es sich häufig um unterschiedliche Firmen.

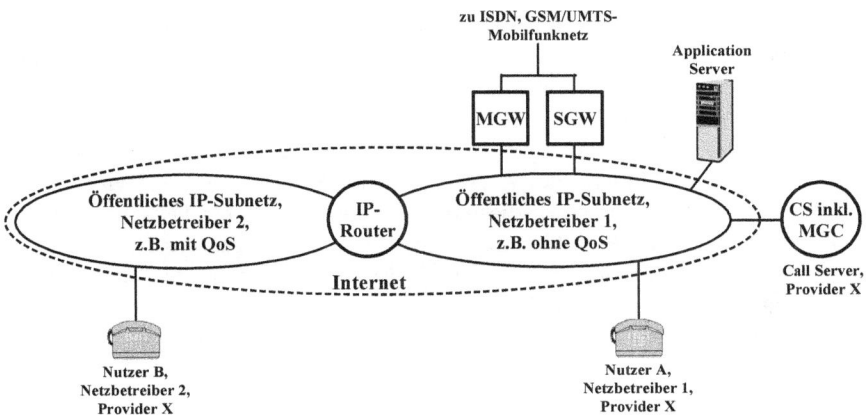

Bild 14.3: Internet mit „Voice over Internet mit PSTN-Gateway"

Bild 14.4 verdeutlicht das Szenario „NGN mit VoIP". Hier sind beispielhaft zwei gemanagte, QoS-unterstützende IP-Netze zusammengeschaltet. Im Hinblick auf die Sicherheit erfolgt der VoIP-Netzübergang via SBC (siehe Abschnitt 6.10). Insgesamt wird in diesem Netzszenario Ende-zu-Ende sowohl QoS als auch Sicherheit realisiert. Da auf die IP-Netze 1 und 2 nur Kunden der Netzbetreiber 1 und 2 zugreifen können, handelt es sich um private IP-Netze, selbst wenn öffentliche IP-Adressen verwendet werden sollten. Der NGN-Ansatz ist die Basis für moderne Telekommunikationsnetze, d.h., dass z.B. Festnetzbetreiber ihr ISDN durch ein NGN ablösen oder bereits abgelöst haben. Das bedeutet aber, dass Netztreiber 1 (Bit-Transporteur) und Provider X (Diensteanbieter) meist dieselbe Firma darstellen.

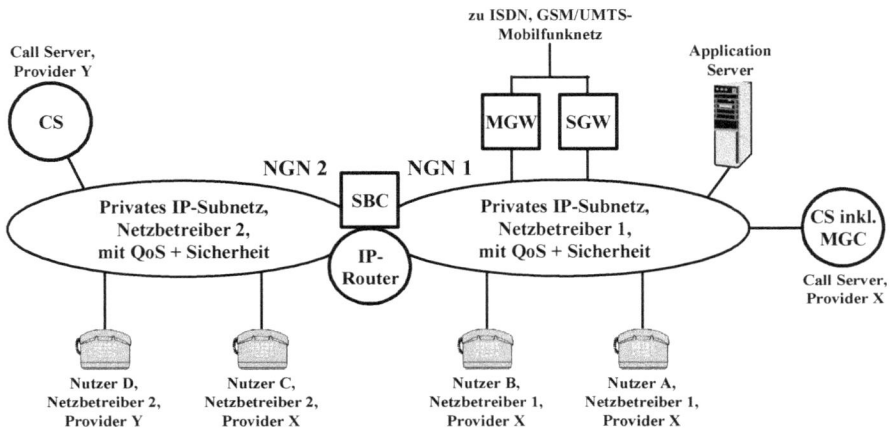

Bild 14.4: NGN mit VoIP

In Bild 14.5 ist im Prinzip die gleiche Funktionalität wie in Bild 14.4 dargestellt. Der Unterschied besteht darin, dass nun das NGN-Konzept ganz auf Basis des konkreten durchstandardisierten IMS-Ansatzes (IP Multimedia Subsystem) (siehe Abschnitte 14.2, 14.3 und 14.4) realisiert ist. Die Konkretisierung kommt hier durch die Aufteilung des SBC in SBC-S und SBC-M für die SIP-Signalisierung und die RTP-Nutzdaten zum Ausdruck (siehe Abschnitt 6.10) sowie die Einbindung des AAA-Servers HSS (Home Subscriber Server). Zumindest größere NGN-Netze sind IMS-basiert. Das gilt sowohl für Festnetze (siehe Abschnitt 14.4) als auch UMTS-Mobilfunknetze ab Release 5 (siehe Abschnitt 14.2) sowie konvergente Netze (siehe Abschnitte 14.4 und 14.6). Die HSS-basierte Zugriffssteuerung bez. des Netzzugangs und der Dienste hat zur Folge, dass Netztreiber 1 und Provider X so eng zusammenarbeiten müssen, dass es sich normalerweise um dieselbe Firma handelt.

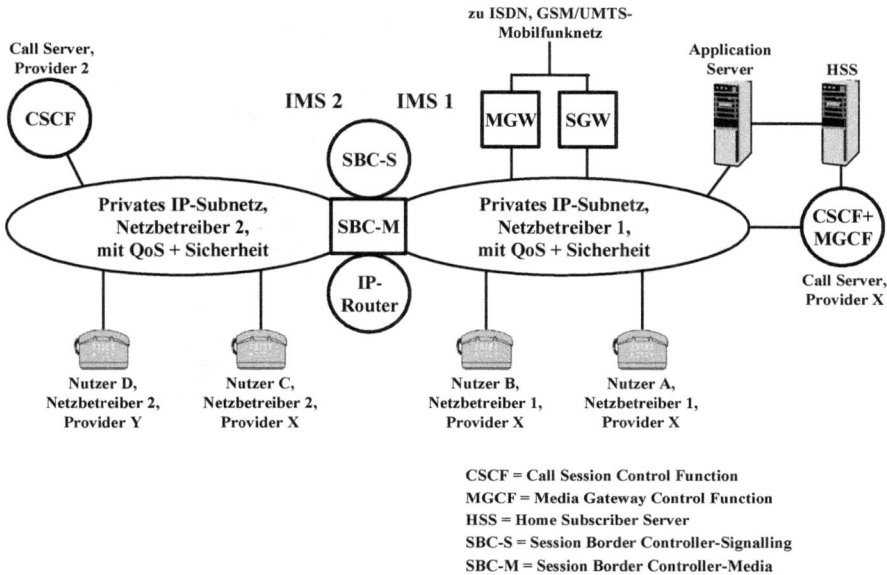

Bild 14.5: NGN inkl. IMS mit VoIP

Abschließend zu den sechs oben gelisteten Netzszenarien gehen die Bilder 14.6 und 14.7 auf die P2P-Kommunikation (siehe Abschnitte 3.2 und 7.2) ein. In beiden Fällen kommunizieren die Peers direkt miteinander. Zum Finden eines Zielkommunikationspartners werden ggf. noch Rendezvous Peers bzw. Super Nodes einbezogen. Das bekannteste Beispiel aus der Praxis für den Internet-Ansatz in Bild 14.6 ist Skype (siehe Abschnitt 3.2). Verschiedene Netzbetreiber (hier Netzbetreiber 1 und 2) stellen den Bit-Transport via Internet bereit, die Firma Microsoft (hier Provider X) liefert die Skype-spezifische VoIP-Funktionalität, vor allem in Form von Software für die Peers. Die P2P SIP-Standardisierung ist Thema bei der IETF (siehe Abschnitt 7.2). Ein Standard für P2P-VoIP könnte eine Einführung des im Hinblick auf die Minimierung der Betriebskosten sehr attraktiven Netzszenarios „NGN mit P2P-VoIP" in Bild 14.7 forcieren. Ein Netzbetreiber und Diensteanbieter (hier Netzbetreiber 1 und Provider X, dieselbe Firma) könnte dann z.B. den Telefondienst bei für ihn minimalen System- und Betriebskosten anbieten, zudem wäre eine optimale Skalierbarkeit gegeben.

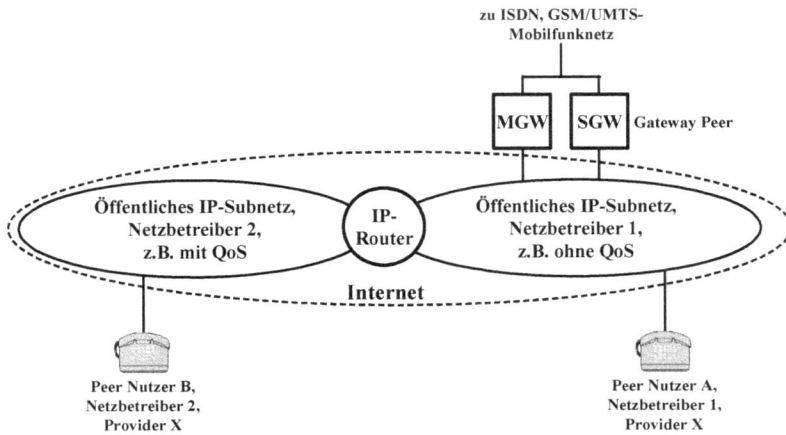

Bild 14.6: Internet mit „P2P-Voice over Internet ohne/mit PSTN-Gateway"

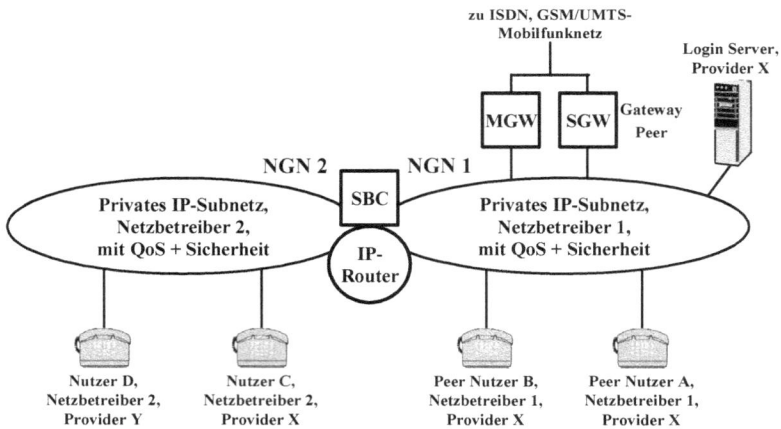

Bild 14.7: NGN mit P2P-VoIP

Nach der einführenden Diskussion der drei VoIP-Varianten und der sechs VoIP-Netz-szenarien wird in den folgenden Abschnitten u.a. der Frage nachgegangen, inwiefern verschiedene Telekommunikationsnetze (IP-Netze, siehe Abschnitt 14.1; UMTS-Mobilfunknetze, siehe Abschnitt 14.2; Konvergente Telekommunikationsnetze, siehe Abschnitt 14.6) die Anforderungen an eine moderne Kommunikationsinfrastruktur erfüllen können. Dazu wird die von ihnen bereitgestellte Funktionalität an den Kennzeichen eines NGN aus Abschnitt 3.1 gespiegelt:

1. paketorientiertes (Kern-) Netz für möglichst alle Dienste
2. Quality of Service
3. Offenheit für neue Dienste
4. Trennung der Verbindungs- und Dienstesteuerung vom Nutzdatentransport
5. Integration aller bestehenden wichtigen Telekommunikationsnetze, vor allem der Zugangsnetze
6. Application Server
7. Multimedia-Dienste
8. hohe Bitraten
9. übergreifendes einheitliches Netzmanagement
10. Mobilität
11. integrierte Sicherheitsfunktionen
12. den Diensten angemessene Entgelterfassung
13. Skalierbarkeit
14. unbeschränkter Nutzerzugang zu verschiedenen Netzen und Diensteanbietern
15. Berücksichtigung geltender regulatorischer Anforderungen.

Ergänzend zu diesen Betrachtungen wird in den Abschnitten 14.3. und 14.4 vertiefend auf das Thema IMS eingegangen. Darüber hinaus liefert Abschnitt 14.5 einen Überblick über IPTV (IP Television) im NGN-Kontext. Die eigentliche Aufgabe von Netzen ist die Bereitstellung von Diensten, daher widmet sich Abschnitt 14.7 diesem Thema. Zur Abrundung der NGN-Gesamtsicht werden Migrationsszenarien aufgezeigt (siehe Abschnitt 14.8).

14.1   IP-Netze

Ein reines IP-Netz, das für die Verbindungs- und Dienstesteuerung bei der Echtzeit- und Multimediakommunikation SIP einsetzt, zeigt Bild 14.8. Es entspricht Bild 3.3 aus Abschnitt 3.2, allerdings nur einer Untermenge davon, da es sich ja hier um ein homogenes IP-Netz handelt. Damit können alle Gateways zu leitungsvermittelten Netzen entfallen. Infolgedessen wird auch kein Media Gateway Controller benötigt.

Bild 14.8 zeigt in Verbindung mit den obigen Ausführungen, dass ein solches Netz direkt die NGN-Kennzeichen „1. paketorientiertes (Kern-) Netz für möglichst alle Dienste", „2. Quality of Service", „3. Offenheit für neue Dienste", „4. Trennung der Verbindungs- und Dienstesteuerung vom Nutzdatentransport", „6. Application Server", „7. Multimedia-Dienste", „13. Skalierbarkeit" und „14. unbeschränkter Nutzerzugang zu verschiedenen Netzen und Diensteanbietern" erfüllen kann.

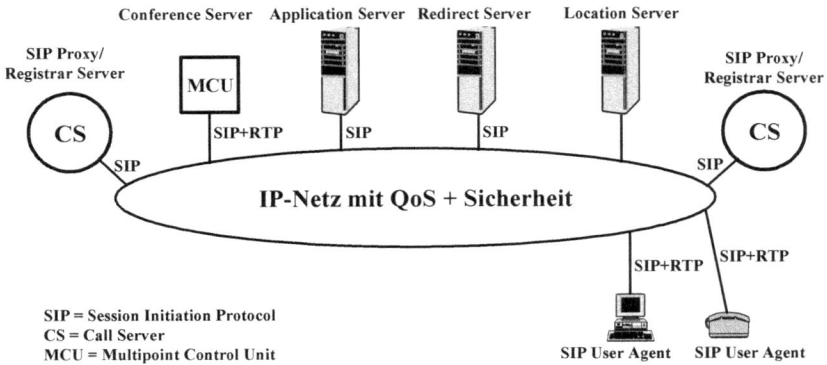

Bild 14.8: IP-Netz mit SIP

Die im Zusammenhang mit einer Multimedia SIP Session, aber auch bei einer Nutzung des World Wide Web zur Anwendung kommenden Protokolle stellt Bild 14.9 dar. Dabei wird speziell noch einmal die Trennung zwischen der Verbindungssteuerung mittels SIP und der Nutzdatenübermittlung verdeutlicht. Der gezeigte SIP Proxy Server enthält nur einen SIP-Protokoll-Stack, die auf RTP basierenden Nutzdaten können von ihm überhaupt nicht bearbeitet werden. Sie werden direkt zwischen den User Agents (UA) ausgetauscht. Damit sind auch Funktionen im Hinblick auf die QoS wie z.B. DiffServ nur Sache der IP-Router und gegebenenfalls der Endgeräte (siehe Abschnitt 4.3.2), die ja unter anderem SIP User Agents repräsentieren.

Bild 14.8 enthält zwei SIP Proxy Server. Dies verdeutlicht bereits, dass in größeren IP-Netzen mit vielen Nutzern oder bei Beteiligung von zwei Netzbetreibern normalerweise mehrere Proxy Server an der SIP-Kommunikation beteiligt sind. Daher ist dieser Sachverhalt mit Hilfe eines Message Sequence Charts für den SIP-Verbindungsaufbau in Bild 14.10 dargestellt (siehe auch Abschnitte 6.3, 7.1.2 und 7.1.3).

Im Falle eines reinen IP-Netzes sind überhaupt keine anderen Netztypen beteiligt. Daher kennt das Kernnetz auf Schicht 3 nur IP. Die IP-Pakete werden je nach Architektur und Netzgröße bzw. -ausdehnung mit IP over PPP (Point-to-Point Protocol) over SDH (Synchronous Digital Hierarchy; 155 Mbit/s bis zu 40 Gbit/s), IP over ATM (Asynchronous Transfer Mode) over SDH (155 Mbit/s bis zu 40 Gbit/s) oder IP over Ethernet (100 Mbit/s bis zu 100 Gbit/s) übertragen, zur Steigerung der Bitraten ggf. noch in Kombination mit DWDM (Dense Wavelength Division Multiplex) [Dous; Schu1].

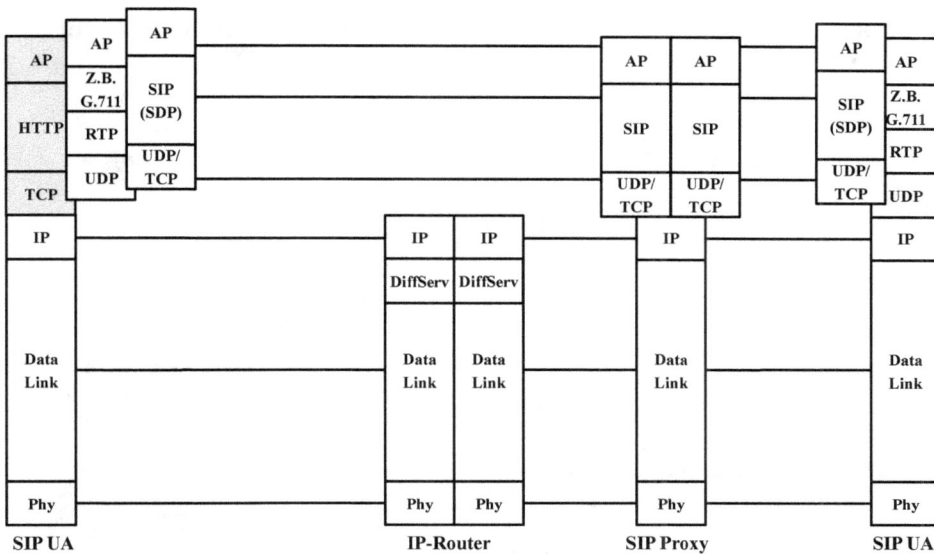

Bild 14.9: Protokolle für SIP/IP-Festnetz mit QoS

Auch die in diesem Zusammenhang möglichen Zugangsnetze sind alle IP-basiert. Beispielsweise können das Ethernet-LANs mit IP over Ethernet sein (10 Mbit/s bis 10 Gbit/s), xDSL-Zugangsnetze mit IP over ATM over xDSL (ADSL: bis 8 Mbit/s downstream, 1 Mbit/s upstream; ADSL2: bis 12 Mbit/s downstream; ADSL2+: bis 24 Mbit/s downstream; SDSL (Single pair Digital Subscriber Line): bis 2,3 Mbit/s; VDSL2 (Very high bit rate Digital Subscriber Line): bis ca. 50 Mbit/s; VDSL2 Vectoring: bis ca. 100 Mbit/s; G-fast: bis 500 Mbit/s [BITK]), WLANs (Wireless LAN) mit IP over IEEE 802.11b (bis 11 Mbit/s), IP over IEEE 802.11g bzw. 802.11a (bis 54 Mbit/s), IP over IEEE 802.11n (theoretisch bis 600 Mbit/s), IP over 802.11ac (theoretisch bis 1,3 Gbit/s) oder WiMAX (Worldwide interoperability for Microwave Access) mit IP over IEEE 802.16 (bis 134 Mbit/s) [Schi].

Damit sind auch die NGN-Kennzeichen „5. Integration aller bestehenden, wichtigen Telekommunikationsnetze, vor allem der Zugangsnetze" und „8. hohe Bitraten" nicht relevant oder im Wesentlichen erfüllt.

Auf Basis der genannten, relativ hochbitratigen IP-Teilnehmerschnittstellen kann ein Netzbetreiber durchaus auch „Triple Play" anbieten, die gleichzeitige Nutzung von Telefonie, Internet-Access und TV.

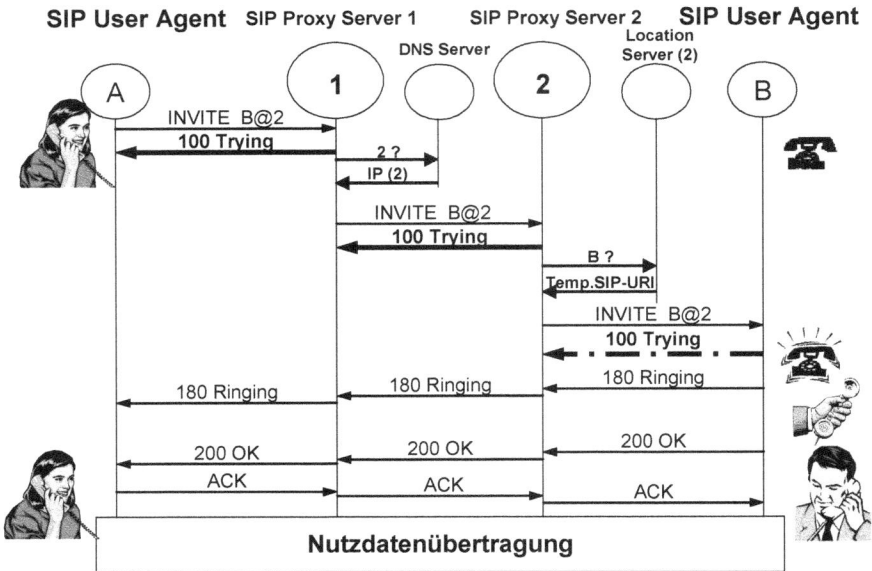

Bild 14.10: SIP-Kommunikation in IP-Festnetz mit zwei Proxy Servern

Interessanterweise hat sich das Netzmanagement bei IP-Netzen, d.h. ihre Steuerung und Überwachung, anders entwickelt als in leitungsvermittelten Kommunikationsnetzen wie dem ISDN. Während bei letzteren die ITU (International Telecommunications Union) federführend war und ist [M3010], wurde das Thema Netzmanagement in IP-Netzen von der IETF vorangetrieben. Der IETF-Ansatz ist einfacher, daher praktikabler und wird infolgedessen vielfach angewendet.

Im Rahmen der IETF-Netzmanagement-Standardisierung wurden Regeln zur Definition von Managed Objects, konkrete Managed Objects und das SNMP (Simple Network Management Protocol) vereinbart. SNMP wird über das verbindungslos arbeitende UDP transportiert, um auch bei Netzproblemen, die einen verbindungsorientierten Nachrichtenaustausch behindern, per Netzmanagement eingreifen zu können. Mittlerweile existieren von SNMP drei Versionen, wovon vor allem Version 3 zum Einsatz kommt. Die SNMP-Agenten in den zu managenden Netzelementen haben nur vergleichsweise geringe Komplexität, können damit ressourcenschonend implementiert werden, genügen aber damit von ihrer Eigenintelligenz her in manchen Fällen nicht den Anforderungen. Daher wurde z.B. die Remote Monitoring (RMON) MIB (Management Information Base) entwickelt. Entsprechende als RMON-Probes bezeichnete SNMP-Agenten arbeiten bezüglich der Datenerfassung eigenständig und nehmen damit Netzmanagementaufgaben auch ohne aktuelle Verbindung zum Manager in der Netzmanagementzentrale wahr [Krüg].

Problematisch wird bei SNMP zum Teil der Sicherheitsaspekt gesehen, vor allem bei Version 1. Insofern sind auch Web- und Command Line Interface-basiertes Management im Einsatz.

Insgesamt bietet aber SNMP-Netzmanagement für IP-Netze eine gute Basis, das NGN-Kennzeichen „9. übergreifendes einheitliches Netzmanagement" zu realisieren. Kein Problem ist dies auf jeden Fall bei Ethernet-Netzen, schwieriger wird es, wenn SNMP-inkompatible ATM- und SDH-Netze sowie Zugangsnetzsysteme Teil des IP-Netzes sind.

Mobilitätsunterstützung
Zur Unterstützung von Mobilität in IP-Netzen gibt es verschiedene Möglichkeiten mit unterschiedlichem Funktionsumfang. Dabei soll hier schwerpunktmäßig die Mobilitätsunterstützung durch die OSI-Schicht 3, die Netzwerkschicht, betrachtet werden, d.h. Mobilität über Subnetze und Netze hinweg.

Die einfachste Möglichkeit besteht in der Nutzung des DHCP (Dynamic Host Configuration Protocol), das für IPv4 im RFC 2131 [2131], für IPv6 im RFC 3315 [3315] definiert ist und mit UDP (Ports 67 und 68 für IPv4, 546 und 547 für IPv6) transportiert wird. Befindet sich ein Host-Rechner in einem für ihn fremden Netz, lässt er sich eine für dieses Netz gültige IP-Adresse, normalerweise nur für eine bestimmte Zeitdauer, geben (Lease) und kann in der Folge kommunizieren. Dazu sucht der mobile Host als sog. DHCP-Client einen DHCP-Server und fordert in der Folge bei diesem eine freie IP-Adresse an. Zusätzlich liefert der DHCP-Server dann die passende Subnetz-Maske, die Adresse eines DNS-Servers (Domain Name System) und des nächsten IP-Routers. Mit diesen Informationen ausgestattet kann der mobile Host alle Dienste in Anspruch nehmen, bei denen nicht von vornherein seine IP-Adresse bekannt sein muss, z.B. E-Mail, WWW-Homepage-Abruf. Selbst erreichbar ohne Eigeninitiative ist er jedoch nicht. Z.B. kann ein anderer Host B, der diese neue IP-Adresse ja nicht kennt, ihm keine IP-Pakete zusenden, ihn also beispielsweise nicht ankommend erreichen [2131; 3315; Roth].

Eine Lösung für dieses Problem bietet Mobile IP. Spezifiziert ist es unter anderem im RFC 5944 [5944] für IPv4 und 6275 [6275] für IPv6. Definiert wird dabei ein spezielles Set von Steuernachrichten, die mittels UDP mit Source Port any und Destination Port 434 gesendet werden.

Der mobile Host bekommt eine IP-Adresse b, die er auch beim Wechsel in ein fremdes Netz behält und unter der er auch dort erreichbar ist. Bild 14.11 zeigt für Mobile IP mit IPv4 die beteiligten Netzknoten und den Kommunikationsablauf. Der Mobile Node, Host B, besucht das IP-Netz C (Foreign Network). Er hat eine feste IP-Adresse b seines Heimatnetzes B (Home Network), die jedoch keine Gültigkeit für Netz C hat. Damit trotzdem z.B. Host A mit dem mobilen Host B kommunizieren kann, wurden bei Mobile IP die zusätzlichen Rechner Home Agent und Foreign Agent eingeführt, wobei diese z.B. Teil eines Routers sein können. Der Home Agent vertritt den mobilen Rechner, wenn dieser sich gerade nicht in seinem Home Network aufhält. Er ist über den aktuellen Aufenthaltsort des mobilen Hosts, d.h. seine aktuelle IP-Adresse informiert. Der Foreign Agent dient zur Weiterleitung von IP-

Paketen zum und vom Mobile Node. Der Kommunikationsablauf ist gemäß Bild 14.11 wie folgt:

Mobile Node Host B kommt neu in Netz C und muss in Erfahrung bringen, ob er sich in seinem Home oder einem Foreign Network befindet und gegebenenfalls wer sein Foreign Agent ist (Agent Discovery) (1). In der Folge wird der Home Agent vom Foreign Agent über den aktuellen Aufenthaltsort des Mobile Node informiert, in dem er ihm gesichert die Foreign Agent Care-off Address mitteilt, d.h. die IP-Adresse, unter der Host B über den Foreign Agent im fremden Netz erreicht werden kann ((2) und (3)). Möchte nun Host A in IP-Netz A mit Host B, der sich zur Zeit in Netz C befindet, kommunizieren, sendet Host A das erste IP-Paket mit der Zieladresse b in das Netz B und adressiert damit den für Host B zuständigen Home Agent (4). Dieser verpackt es in ein neues IP-Paket mit der Zieladresse Foreign Agent Care-off Address, d.h., es wird gekapselt und damit ohne Änderung an den Foreign Agent gesendet (Tunneling) (5), der es dann an den Mobile Node B weiterleitet (6). Weitere IP-Pakete von Host A an Host B werden ebenfalls getunnelt übermittelt ((8), (9) und (10)). IP-Pakete von Host B an Host A können direkt zugestellt werden ((7) und (11)). Hier muss nicht der Umweg über den Home Agent genommen werden, außer Sicherheitsaspekte machen dies erforderlich (Reverse Tunneling) [5944; Roth].

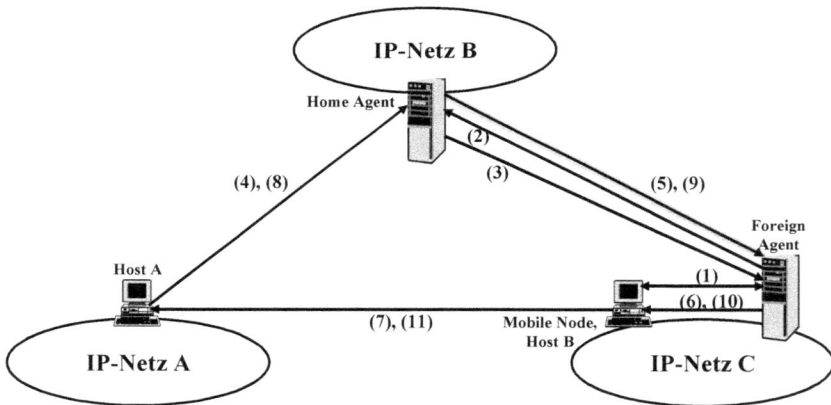

Bild 14.11: Mobile IP mit Foreign Agent bei IPv4

Verwendet man statt der Foreign Agent Care-off Address eine Co-located Care-off Address, d.h. verzichtet man auf den Foreign Agent, werden die Abläufe, wie aus Bild 14.12 ersichtlich, einfacher. In diesem Fall besorgt sich der Mobile Node B im fremden Netz per DHCP selbst eine sog. Co-located Care-off Address und teilt diese seinem Home Agent selbst mit ((1) und (2)). Der weitere Ablauf ist dann identisch wie oben: Host B sendet ein IP-Paket (3), der Home Agent tunnelt es zum Mobile Node B (4), dieser kommuniziert dann direkt mit Host A (5) oder per Tunnel [5944; Roth].

Kehrt der Mobile Node in sein Home Network zurück, muss er sich beim Home Agent deregistrieren, damit er für ihn ankommende IP-Pakete wieder selbst entgegennehmen kann.

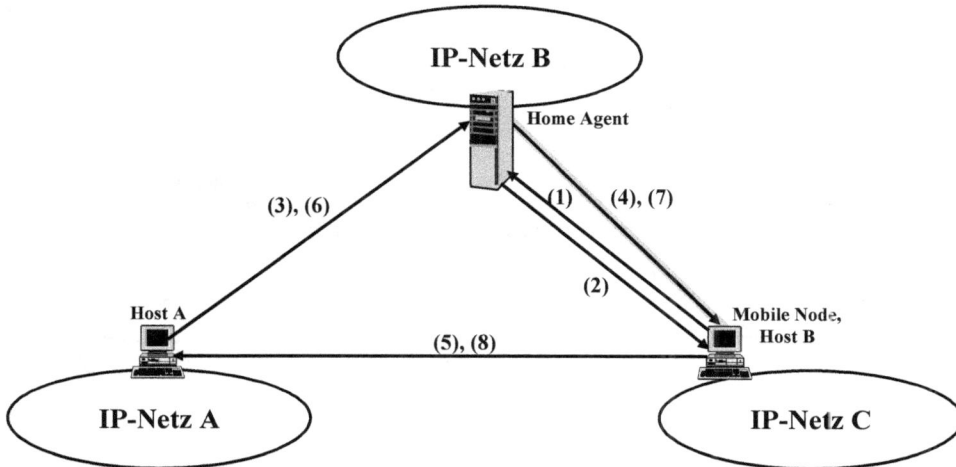

Bild 14.12: Mobile IP ohne Foreign Agent bei IPv4

Mit IPv6 wird Mobilität einfacher. Gemäß Bild 14.13 sind die Abläufe im Wesentlichen gleich wie in Bild 14.12. Das bedeutet, dass es im Foreign Network nur noch eine Co-located Care-off Address gibt, die sich Host B per DHCPv6, PPP (Point-to-Point Protocol) oder Selbstkonfiguration besorgt. Zudem kann das Tunneling auf das erste IP-Paket von Host A zu Host B beschränkt bleiben ((3) und (4)), der weitere Datenaustausch kann direkt erfolgen ((5) bis (8)). Im Hinblick auf die Sicherheit wird Nachricht (5), die ja wegen der damit verbundenen Adresszuordnung (Binding) entscheidend ist, gesichert übertragen [6275; Wies].

Mit Mobile IP lässt sich Mobilität über Netzgrenzen hinweg realisieren, sog. Macro Mobility. Schwierig wird sein Einsatz in zellularen Mobilfunknetzen bei Zellwechseln, da ja jedes Mal eine Registrierung beim Home Agent erforderlich ist und daher ein sehr hohes Signalisierungsaufkommen entstehen kann. Zur Unterstützung dieser Micro Mobility werden weitere Protokolle mit Mobile IP kombiniert [Skeh; Camp].

Interessanterweise wird Mobile IP für die Mobilitätsunterstützung bei SIP-gesteuerter multimedialer Echtzeitkommunikation gar nicht benötigt, da SIP bereits – wie in Kapitel 11 ausführlich erläutert – die nötigen Mechanismen bereitstellt.

Mit der Kombination aus DHCP, Mobile IP und SIP kann damit das NGN-Kennzeichen „10. Mobilität" von reinen IP-Netzen auf jeden Fall erfüllt werden. Allerdings zeigen die obigen Ausführungen auch, dass für Mobilität immer auch feste IP-Adressen erforderlich sind und damit der Einsatz von IPv6 vorteilhaft ist.

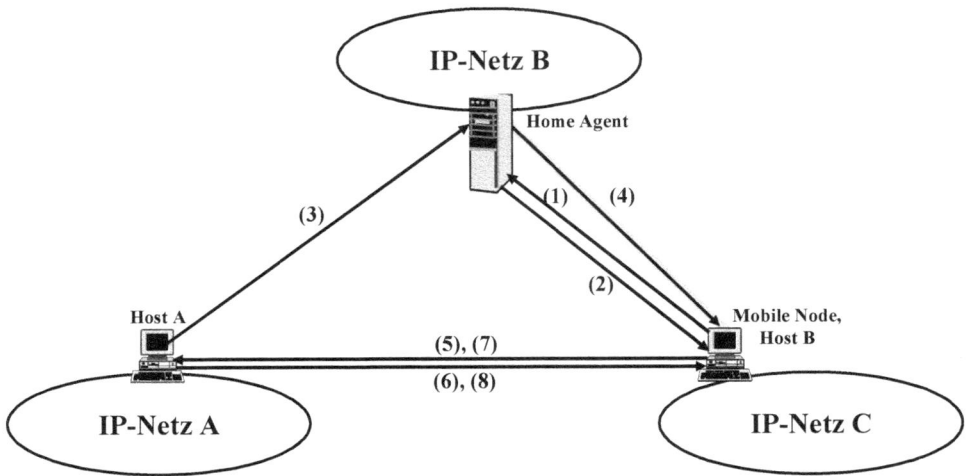

Bild 14.13: Mobile IP bei IPv6

Sicherheit

Das Thema Sicherheit ist gerade für reine IP-Netze wegen der durch IP gegebenen Offenheit für Angriffe von außerordentlicher Wichtigkeit. In der Literatur werden Sicherheit und Datenschutz durch sog. Sicherheitsdienste repräsentiert. Anhand von sieben Sicherheitsdiensten und ihrer möglichen Realisierung wird im Folgenden der Frage nach Sicherheit in IP-Netzen nachgegangen [Ecke; Raep].

- Vertraulichkeit: Sie schützt Informationen beim Transport durch die Netze vor unberechtigten Einblicken. Gegebenenfalls gehen die Anforderungen so weit, dass schon die bloße Existenz der Informationen für Außenstehende nicht mehr erkennbar sein darf.
- Integrität: Hierunter wird die Unversehrtheit von Daten verstanden, d.h. die Sicherung gegen beabsichtige oder zufällige Manipulationen. Der Empfänger muss in die Lage versetzt werden, die Unverfälschtheit der Daten beurteilen zu können.
- Authentifizierung: Bei vielen Anwendungen oder auch im Hinblick auf die Gebührenerfassung muss sich ein Nutzer gegenüber dem Netz oder einem Dienst ausweisen, er muss einen Beweis für seine Identität erbringen.
- Zugriffskontrolle: Der Authentifizierung nachgeschaltet ist häufig eine Zugriffskontrolle. Sie sorgt dafür, dass ein Nutzer oder eine Nutzerklasse nur auf die Dienste oder Netze zugreifen kann, für die er oder sie eine Berechtigung hat.
- Verbindlichkeit: Vor allem im Hinblick auf die Rechtssicherheit im Zusammenhang mit digitaler Kommunikation ist es erforderlich, dass ein zweifelsfreier Zusammenhang zwischen den übermittelten Daten und der Person, die sie versendet bzw. empfangen hat, hergestellt werden kann.

- Verfügbarkeit: Netze oder Dienste müssen den dafür autorisierten Nutzern zur Verfügung stehen, auch im Falle von durch Angriffe oder technisch bedingte Ausfälle hervorgerufenen Ressourcenengpässen.
- Anonymität: Sie schützt eine Person im Netz, indem sie verhindert, dass ihre Identität bekannt wird.

Beispiele möglicher Sicherheitstechniken werden nachfolgend aufgelistet und erforderlichenfalls kurz erläutert. Ihre denkbare Einbindung in ein IP-Netz zeigt Bild 14.14 auf, wobei die genannten Funktionen in den gezeigten Netzknoten nicht direkt integriert sein müssen. Der Zusammenhang zwischen den Sicherheitstechniken und -diensten geht aus Tabelle 14.1 hervor.

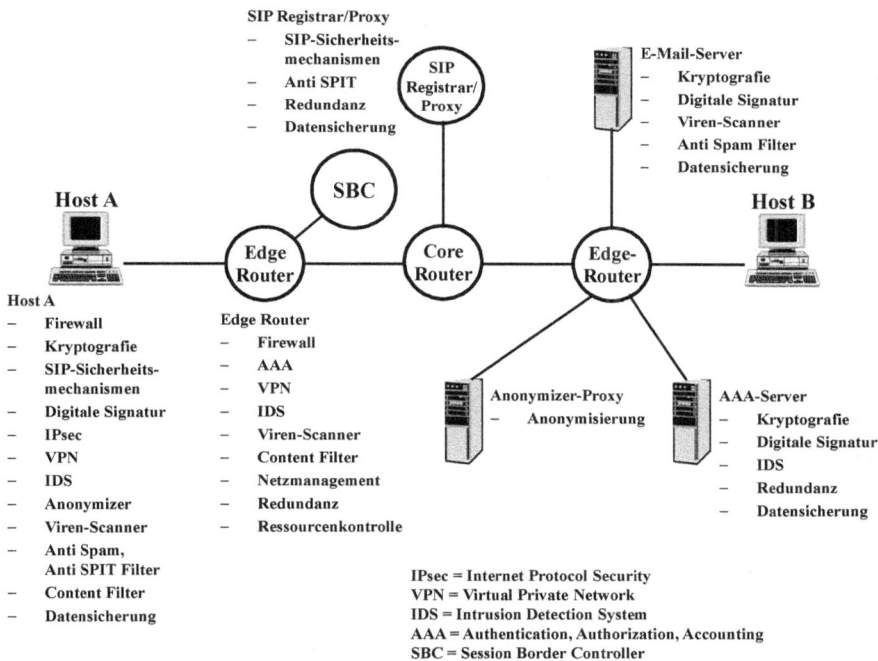

Bild 14.14: Funktionen für Sicherheit und Datenschutz in einem IP-Netz

- Firewall: realisiert eine wirkungsvolle Sicherheitsstrategie am Übergang zwischen zwei Netzen durch Zugriffskontrolle auf Basis von Paketfiltern (IP-Adressen, Port-Nummern, Protokoll-Typ u.a.), Stateful Inspection (Berücksichtigung der Vergangenheit, z.B. Antwort auf vorher gesendetes IP-Paket), Proxy-Funktionen und/oder Applikationsfiltern [Ecke; Steu].

- Kryptografie: Hierunter versteht man die Verschlüsselung von Informationen, um sie vor Unbefugten geheim halten zu können. Dabei kommen Schlüssel zum Einsatz, sowohl für den Chiffrierungs- als auch den Dechiffrierungsvorgang. Kryptografische Verfahren werden für die sichere Datenübermittlung in VPNs (Virtual Private Network), von Web-Seiten und E-Mails eingesetzt, aber auch zur Authentifizierung oder digitalen Signatur [Ecke; Schn].
- Authentication Server: per Passwort, Chipkarte, Biometrie; unter Einsatz von Kryptografie/Verschlüsselung; mit speziellen Protokollen für Einwahlzugänge oder verteilte Systeme [Ecke; Raep]
- Authorization Server: zur Rechteverwaltung und Zugriffskontrolle, normalerweise in Verbindung mit Authentication
- SIP-Registrar für Authentifizierung und Zugriffskontrolle
- SIP-Sicherheitsmechanismen (siehe Kapitel 12) für verschlüsselte Registrierung, Authentifizierung, Verbindungssteuerung und gesicherte Nutzdatenübermittlung
- Session Border Controller (siehe Abschnitt 6.10) für Authentifizierung, Zugriffskontrolle, Anonymisierung, Ressourcenkontrolle, Verschlüsselung u.a.
- Digitale Signatur
- IPsec (Internet Protocol Security): Im Hinblick auf die Sicherheit werden die betroffen IP-Pakete um zusätzliche Authentication und/oder Encapsulating Security Payload Header erweitert, um Authentifizierung und Integrität sowie Vertraulichkeit zu gewährleisten [Ecke].
- VPN (Virtual Private Network): Den Nutzern wird über ein öffentliches Netz hinweg ein für sie völlig transparentes privates Netz bereitgestellt (Tunneling) mit Authentifizierung, verschlüsselter Informationsübermittlung und einem privaten Adressbereich. Realisiert werden kann ein solches VPN z.B. mit IPsec oder MPLS (Multiprotocol Label Switching) [Raep].
- Intrusion Detection System (IDS) zum Erkennen von Angriffen [Raep]
- Anonymizer-Proxy: Server, der z.B. bei Zugriffen auf das WWW die Anfragen eines Clients anonymisiert, d.h. die IP-Adresse des Clients nach außen ändert. Für den angefragten Web-Server bleibt damit der anfordernde Client anonym [Müll].
- Viren-Scanner gegen Viren, Würmer, Trojaner
- Anti Spam, Anti SPIT Filter [Rose2; 5039]
- Content Filter
- Leistungsfähiges, übergreifendes Netzmanagement
- Redundanz wichtiger Netzknoten und Wege [Raep]
- Ressourcenkontrolle im Netz [Raep]
- Datensicherung bei wichtigen Netzknoten [Raep].

Mit relativ viel Aufwand lässt sich das NGN-Kennzeichen „11. integrierte Sicherheitsfunktionen" in einem großen IP-Netz bzw. einem Netz von IP-Netzen sicherlich erfüllen. Allerdings steigt durch diese Maßnahmen die ohnehin schon hohe Komplexität, und diese ist der schlimmste Feind von Sicherheit. So gilt es, die Netzarchitekturen, die Systeme und die Sicherheitsmaßnahmen in Kombination so zu gestalten, dass das Gesamtnetz möglichst einfach und damit sicherer wird [Schn].

Tabelle 14.1: Sicherheitsdienste und Technologien in IP-Netz

Technologien	Sicherheitsdienste						
	Vertrau-lichkeit	Integrität	Authenti-fikation	Zugriffs-kontrolle	Verbind-lichkeit	Verfüg-barkeit	Anony-mität
Firewall				+			
Kryptografie	+	+	+				
Authentication Server			+				
Authorization Server				+			
SIP-Registrar			+	+			
SIP-Sicherheits-mechanismen	+	+	+	+			
Session Border Controller	+		+	+		+	+
Digitale Signatur		+	+		+		
IPsec	+	+	+				
VPN	+	+	+	+		+	
IDS						+	
Anonymizer							+
Viren-Scanner				+		+	
Anti Spam, Anti SPIT Filter				+		+	
Content Filter				+		+	
Netzmanage-ment	+	+	+	+		+	+
Redundanz						+	
Ressourcenkon-trolle						+	
Datensicherung						+	

Inwiefern „12. den Diensten angemessene Entgelterfassung" von einem SIP/IP-Netz unterstützt wird, hängt zum einen von der Art der Vergebührung (nach Zeit, nach Datenvolumen, als Flatrate etc.) ab, zum anderen von der Netzarchitektur. Gegebenenfalls sind Lösungen mit einer Terminierung der RTP-IP-Nutzdatenströme im Netz notwendig (siehe Abschnitt 6.13).

Der Punkt „15. Berücksichtigung geltender regulatorischer Anforderungen" ist natürlich stark von der aktuellen Rechtslage abhängig. Insofern muss für das betrachtete Netz geprüft werden, ob z.B. „gesetzliches Abhören" und/oder „Notruf" unterstützt werden müssen. „Gesetzliches Abhören" [Klen; Stah; Klot] würde bedeuten, dass sowohl die SIP-Signalisierung als auch die RTP-IP-Nutzdaten auf Anforderung hin mitgeschnitten werden müssen. Dies geht nur mittels entsprechender Netzknoten (SIP Proxy Server für die SIP-Signalisierung, Edge Router, Session Border Controller und/oder IP-Media Gateway für die RTP-Nutzdaten) und den Zugriff darauf (siehe Abschnitt 6.13), wobei noch zu berücksichtigen ist, dass die SIP-Infrastruktur und das darunter liegende IP-Netz zu verschiedenen Netzbetreibern gehören können.

Ist Notruf (z.B. 112, 110) zu unterstützen, könnte die Anforderung so aussehen, dass der Ruf automatisch zur räumlich nächstgelegenen Notrufzentrale geroutet wird und zudem ein Rückschluss auf den aktuellen Aufenthaltsort des Rufenden möglich ist. Hier hat man es auf Grund der IP-Technik mit vielfältigen Problemen zu tun, die u.a. von der Zugangstechnik abhängen (Ermittlung des Standorts des Rufenden). Sie sind mittlerweile gelöst [Tric9], evtl. mit Einschränkungen bez. Netzbetreiber- und Diensteanbieter-übergreifender Notrufe.

14.2 UMTS-Mobilfunknetze

Die zellularen Mobilfunknetze der IMT-2000-Familie (International Mobile Telecommunications at 2000 MHz) und damit auch UMTS wurden und werden so spezifiziert, dass für die bestehenden Systeme ein Investitionsschutz gegeben ist. Das bedeutet im Falle von UMTS nicht nur, dass es einen direkten Migrationspfad von GSM/GPRS (General Packet Radio Service) zu UMTS gibt, sondern dass es, wie in den Tabellen 14.2 [Rel99; Rel4; Rel5], 14.3 [Rel6; Rel7; Rel8], 14.4 [Rel9; Rel10; Rel11] und 14.5 [Rel12; Rel13; Rel14] übersichtlich dargestellt, auch mehrere aufeinander aufbauende UMTS-Versionen gibt bzw. geben wird.

UMTS Releases in der Übersicht
Gemäß Tabelle 14.2 ist der Ausgangspunkt das Release 99. Es basiert auf dem GSM/GPRS-Kernnetz, ergänzt um ein im Vergleich zu GSM deutlich leistungsfähigeres Zugangsnetz UTRAN (Universal Terrestrial Radio Access Network). Im UMTS-Wirkbetrieb wurde mit Release 99 gestartet, insbesondere in Asien kam dann schon bald Release 4-Technik zum Einsatz. UMTS Release 4 zeichnet sich vor allem durch die Trennung der Verbindungssteuerung vom Nutzdatentransport aus. In der Realisierung zeigt sich das durch die Aufsplittung des bisher monolithischen MSC in einen MSC-Server für die Signalisierung und Media Gateways (MGWs) für die Nutzdaten. Wegen der hohen Bedeutung des NGN-Kennzeichens 4 „Trennung der Verbindungs- und Dienstesteuerung" vom Nutzdatentransport" (siehe Abschnitt 3.1) war somit UMTS Release 4 durchaus ein wichtiger Schritt auf dem Weg zu einem NGN-konformen UMTS-Netz. UMTS Release 5 schließlich, das im Folgenden noch detaillierter beschrieben wird, setzte dann durch die Einführung des SIP-basierten IMS (IP Multimedia Subsystem) für die Multimediakommunikation weitgehend das NGN-Konzept um (siehe Abschnitt 14.3). Zudem bietet es durch die Erweiterung mit HSDPA (High Speed Downlink Packet Access) wesentliche Verbesserungen, was die Downstream-Bitraten (bis zu 14,4 Mbit/s) im Zugangsnetz angeht.

Die auffälligsten neuen Funktionen bei UMTS Release 6 sind Multimedia Broadcast and Multicast Services (MBMS), die Einbindung von WLAN-Zugangsnetzen und mit HSUPA (High Speed Uplink Packet Access) deutlich erhöhte Upstream-Bitraten (bis zu 5,8 Mbit/s) im UTRAN. Zudem wird hier, im Unterschied zu Release 5, davon ausgegangen, dass „normale" Telefonate nicht grundsätzlich über MSCs bzw. MSC-Server und MGWs laufen müssen, sondern auch via IMS (Voice over IMS) realisiert werden können.

Tabelle 14.2: UMTS Releases 99, 4 und 5

Release 99 [Rel99]	Release 4 [Rel4]	Release 5 [Rel5]
• März 2000 [3GPPr]	• März 2001 [3GPPr]	• Juni 2002 [3GPPr]
• Kernnetz wie bei GSM + GPRS	• Release 99 +	• Release 4 +
• Zugangsnetz UTRAN (Universal Terrestrial Radio Access Network) + GERAN (GSM/EDGE Radio Access Network)	• Trennung von Signalisierung und Nutzdaten im Kernnetz	• NGN-Konzept
	• Statt MSC MSC-Server + MGWs	• Kernnetz mit IP Multimedia Subsystem (IMS)
	• ZGS Nr.7 over SIGTRAN (SIGnalling TRANsport)	• Multimedia over IP
• Höhere Datenraten, bis ca. 2 Mbit/s	• QoS-Architektur für PS Domain (Packet Switched)	• SIP
• USIM (UMTS Subscriber Identity Module)	• MMS-Erweiterungen	• HSDPA (High Speed Downlink Packet Access), höhere Datenraten, bis zu 14,4 Mbit/s downstream
• AMR Codec (Adaptive Multi-Rate), 3,4 kHz	• Location Services-Erweiterungen	• Ende-zu-Ende QoS
• MMS (Multimedia Messaging Service)	• MExE-Erweiterungen	• UTRAN mit IP-Transport
• Location Services	• OSA-Erweiterungen	• 1 x RNC an N x MSC/SGSN
• MExE (Mobile Station Execution Environment)	• Security-Erweiterungen	• Wideband AMR, 7 kHz
• CAMEL (Customized Applications for Mobile network Enhanced Logic) Phase 3	• Inter Release Roaming	• MMS-Erweiterungen
• OSA (Open Service Access)		• Location Services-Erweiterungen
• Inter Network Roaming		• MExE-Erweiterungen
		• CAMEL Phase 4
		• OSA-Erweiterungen
		• Security-Erweiterungen

Release 7 hat als wichtigste Aufgabe die Klammerfunktion zu den Festnetzen. Hier wurden die notwendigen IMS-Erweiterungen für ETSI TISPAN NGN Release 1 und 2 (siehe Abschnitt 14.4) sowie PacketCable-basierte HFC-Netze (siehe Kapitel 10) eingebracht. Zudem werden mit HSPA+ (High Speed Packet Access Plus) die Bitraten im UTRAN nochmals bis auf max. 42 Mbit/s downstream und 22 Mbit/s upstream erhöht. Release 8 schließlich repräsentiert wie bereits Release 5 wieder einen größeren Netzentwicklungsschritt. Die Standardisierung zu LTE (Long Term Evolution) spezifiziert UMTS-Zugangsnetze E-UTRAN (Evolved-UTRAN) mit Bitraten bis zu 100 Mbit/s in Downlink- und 50 Mbit/s in Uplink-Richtung. Die Arbeiten zur SAE (System Architecture Evolution) brachten eine neue Kernnetzarchitektur, den sog. Evolved Packet Core (EPC), hervor mit dem Ziel, unterschiedlichste Funkzugangsnetze wie z.B. E-UTRAN, aber auch feste Teilnehmeranschlüsse an das UMTS-Kernnetz anbinden zu können, möglichst einfach und ohne Einbeziehung des GPRS (siehe unten). Darüber hinaus wurde ein sog. Home NodeB bzw. eNodeB spezifiziert, um Kleinstfunkzellen (Femto-Zellen) für den Einsatz in einzelnen Gebäuden oder gar Räumen realisieren zu können.

Tabelle 14.3: UMTS Releases 6, 7 und 8

Release 6 [Rel6]	Release 7 [Rel7]	Release 8 [Rel8]
• März 2005 [3GPPr]	• März 2008 [3GPPr]	• März 2009 [3GPPr]
• Release 5 +	• Release 6 +	• Release 7 +
• MBMS (Multimedia Broadcast and Multicast Services)	• IMS-Erweiterungen für TISPAN NGN Release 1	• SAE (System Architecture Evolution) mit Evolved Packet System
• WLAN/UMTS Interworking	und 2 sowie PacketCable	(EPS) [Elna]
• IMS Phase 2	• Notruf via IMS	• Evolved Packet Core (EPC) für
• Voice over IMS	• Voice Group Call Ser-	Kernnetz [Elna]
• HSUPA (High Speed Uplink Packet Access), höhere Datenraten, bis zu 5,8 Mbit/s upstream	vices (VGCS) für Polizei, Feuerwehr etc.	• IMS-Erweiterungen, u.a. für Packet Cable und Corporate Network Access, Packet-switched Streaming
• HSDPA-Verbesserungen	• MBMS-Erweiterungen	Services (PSS) und Multimedia
• Presence	• WLAN/UMTS Interwor-	Broadcast/Multicast Services
• Push Services	king Phase 2	(MBMS)
• Packet Switched Streaming Services	• Multiple Input Multiple Output Antennas	• In-vehicle emergency call (eCall)
• Dienste mit Spracherkennung	(MIMO)	• Earthquake (Erdbeben) and Tsunami Warning System (ETWS)
• MMS-Erweiterungen	• RAN-Verbesserungen (Radio Access Network):	• Multimedia Priority Service
• Location Services-Erweiterungen	HSPA+ (High Speed Packet Access Plus), bis	• LTE (Long Term Evolution) mit eNodeB für Zugangsnetz (Evolved-
• MExE-Erweiterungen	zu 42/22 Mbit/s down-/upstream [Lesc2]	bzw. E-UTRAN), bis zu 100/50
• CAMEL-Erweiterungen	• Location Services-	Mbit/s down-/upstream
• OSA-Erweiterungen, Parlay X Web Services	Erweiterungen	• Home NodeB für 3G-Femto-Zelle
• Security-Erweiterungen	• OSA-Erweiterungen	• eNodeB für LTE-Femto-Zelle
• Digital Rights Management	• Security-Erweiterungen	• RAN-Verbesserungen
		• OSA-Erweiterungen
		• Security-Erweiterungen

Release 9 ergänzt Release 8 und bietet gemäß Tabelle 14.4 als interessanteste Neuerungen die Unterstützung von Personal Area Networks (PAN) und vor allem selbstoptimierende und -heilende Netze (Self-Organizing Networks (SON)). SON-unterstützende Netzknoten sollen in UMTS Release 9 auf Basis von Eigenüberwachung (Auswertung von Performance-Messwerten und Alarmen, Durchführung von Selbsttests) und Analyse bei Bedarf selbst korrigierend eingreifen, um eigenständig Probleme zu lösen [Rel9].

Während die Releases 99 bis 9 die menschliche mobile Kommunikation in den Mittelpunkt stellten, setzt Release 10 (Tabelle 14.4) u.a. einen Schwerpunkt auf die Kommunikation von und mit Maschinen/Geräten (Machine-to-Machine (M2M) communication), z.B. für Autohersteller und ausgelieferte Fahrzeuge oder für die Fernsteuerung von Heizung, Alarmsystemen etc. im Haushalt [Rel10]. Zudem wird unter der Überschrift „LTE Advanced" eine noch leistungsfähigere Zugangsnetztechnik, die der 4. Mobilfunkgeneration, spezifiziert (siehe unten) [Elna]. Das bedeutet, dass UMTS Release 10 den Übergang von den Mobilfunknetzgenerationen 3.x zu 4 markiert (siehe Abschnitt 15.3).

Tabelle 14.4: UMTS Releases 9, 10 und 11

Release 9 [Rel9]	Release 10 [Rel10]	Release 11 [Rel11]
• März 2010 [3GPPr] • Release 8 + • Diensteabgleich und Migration bez. CS und IMS • EPS-Erweiterungen • IMS-Erweiterungen, u.a. für Burst-artige Registrierungen, Home Node B, Anti-SPIT • LTE MBMS [Cox] • Öffentliches Warnsystem für Katastrophenschutz • Erweiterungen zu Multimedia Services • Unterstützung von Personal Area Networks (PAN) • Selbstoptimierende und selbstheilende Netze (Self-Organizing Networks (SON)) • LTE-Verbesserungen • RAN-Verbesserungen • Home NodeB/eNodeB-Erweiterungrn • Location Services-Erweiterungen • Security-Erweiterungen	• September 2011 [3GPPr] • Release 9 + • IMS-Erweiterungen • Netzoptimierung für die Kommunikation von und mit Maschinen/Geräten (Machine-to-Machine (M2M) communication), z.B. für Autohersteller, Haushalt • Erweiterungen zu Multimedia priority Service • SON-Erweiterungen • LTE Advanced [Cox], bis zu 1000/500 Mbit/s down-/upstream • LTE-Erweiterungen, u.a. Relaying mit Repeater [Cox] • Erweiterungen für Heterogeneous Networks (HetNet) mit verschieden großen überlappenden Funkzellen [Cox] • Home NodeB/eNodeB-Erweiterungen • Traffic Offload-Techniken – Local IP Access (LIPA) und Selected IP Traffic Offload (SIPTO) – zum dezentralen Weiterleiten von IP-Verkehr [Cox] • IP Flow Mobility (IFOM) und Multi Access PDN Connectivity (MAPCON) zur gleichzeitigen Nutzung verschiedener RAN-Techniken [Cox] • Erweiterungen zu OAM&P (Operations, Administration, Maintenance and Provisioning)	• März 2013 [3GPPr] • Release 10 + • IMS-Erweiterungen • Erweiterungen für M2M • Non Voice-Notrufdienste • Erweiterungen zu PSS, MMS und MBMS • IP-PBX Interworking • Broadband Forum Access Interworking • Mobile 3D Video-Codierung • SON-Erweiterungen • LTE-Verbesserungen • Coordinated Multipoint transmission and reception-Technik (CoMP) zur Reduktion des Interferenz-Einflusses [Cox] • Location Services-Erweiterungen • Management konvergenter Netze • Management von SONs

Die folgenden Releases 11 (Tabelle 14.4) und 12 bis 14 (Tabelle 14.5) bieten zahlreiche Verbesserungen und Erweiterungen, aber keine im Sinne des Netzes revolutionären Eigenschaften, vielleicht mit Ausnahme der Proximity-based Services (ProSe) in Release 12. Erwähnenswert sind Non Voice-Notrufdienste in Release 11, die Integration von Single Sign-On (SSO) Frameworks zur komfortablen Authentifizierung eines Nutzers im Mobilfunknetz für verschiedenste Betreiber- und Web-Dienste in einem Schritt sowie WebRTC via IMS in Release 12. Zudem werden – wie schon erwähnt – ab Release 12 die Proximity-based Services unterstützt. Auf Basis dieser Funktionalität können mobile, räumlich benachbarte Endgeräte die Nutzdaten direkt, ohne über das Mobilfunknetz zu gehen, austauschen. Man spricht in diesem Zusammenhang von Device-to-Device-Kommunikation (D2D) (siehe Abschnitt 15.3).

Tabelle 14.5: UMTS Releases 12, 13 und 14

Release 12 [Rel12]	Release 13 [Rel13]	Release 14 [Rel14]
• Ca. März 2015 [3GPPr] • Release 11 + • IMS-Erweiterungen • IMS-Zugriff via Satellit • Integration von Single Sign-On (SSO) Frameworks • IMS-basierte Telepresence • WebRTC mit IMS • Erweiterungen für M2M • LTE-Erweiterungen • RAN-Erweiterungen • Proximity-based Services (ProSe) mit Device-to-Device-Kommunikation für mobile Endgeräte in Nachbarschaft [Cox] • Location Services-Erweiterungen • Security-Erweiterungen • Management-Erweiterungen	• Ca. März 2016 [3GPPr] • Release 12 + • RAN-Erweiterungen für das Nutzen (Sharing) durch mehrere Provider • Support von 3rd Party Services, u.a. für M2M • Erweiterungen für M2M • Erweiterungen für WebRTC • Optimierte Dienste für öffentliche Sicherheit • Ende-zu-Ende Multimediadienste, u.a. bez. QoS • LTE-Erweiterungen • CoMP-Erweiterungen für LTE • Security-Erweiterungen • Management-Erweiterungen	• Im Frühjahr 2015 noch offen [3GPPr] • Release 13 + • Bis Ende 2014 nur Studien zu Erweiterungen bereits aus früheren Releases bekannter Themen definiert

UMTS Release 99 mit IMS

Wie bereits in Tabelle 14.2 angedeutet bietet UMTS Release 99 im Wesentlichen nur eine neue, leistungsfähigere Zugangsnetztechnik, das UTRAN (Universal Terrestrial Radio Access Network) [25401]. Im Kernnetz wird weiter die GSM- und GPRS-Technik genutzt [100522], die Sprachkommunikation erfolgt nach wie vor leitungsvermittelt. Erst Release 5 stellt im Sinne der Netztechnik eine echte Innovation dar. Hier wurden die Ideen des NGN-Konzepts mit seinen Vorteilen bei den Kosten und der Zukunftsfähigkeit eines Telekommunikationsnetzes weitgehend berücksichtigt. Entstanden ist eine komplette QoS-IPv6-basierte [23221], mit Hilfe von SIP [4083] Echtzeitmultimediakommunikation unterstützende Kommunikationsinfrastruktur mit umfassender Mobilitätsunterstützung. Die Bilder 14.15 und 14.16 zeigen den prinzipiellen Aufbau eines solchen Netzes. Ein Vergleich mit den Bildern 3.1 und 3.3 (siehe Kapitel 3) verdeutlicht die Zusammenhänge mit dem NGN-Konzept.

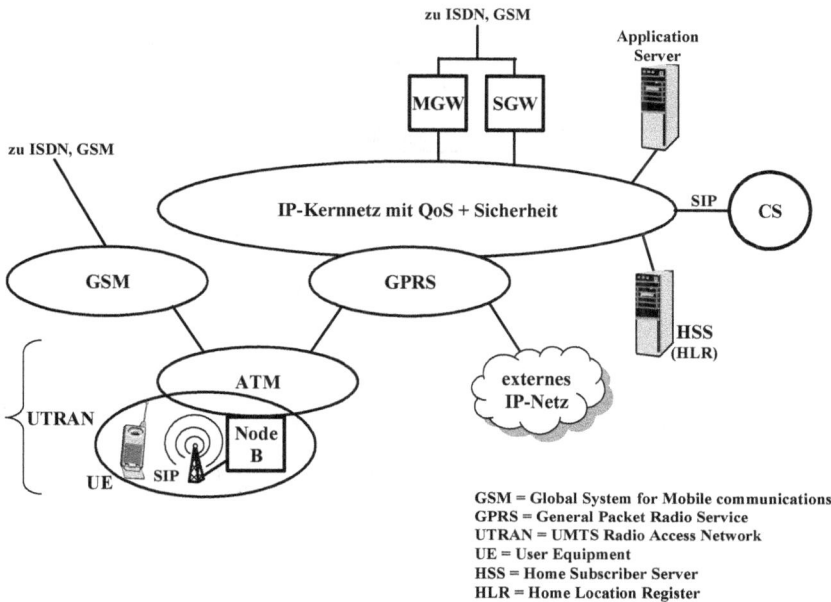

Bild 14.15: UMTS Release 5-Netzarchitektur im Überblick

Das UTRAN-Zugangsnetz in Bild 14.16 wird mittels Base Stations Node B und den zugehörigen Controllern RNC (Radio Network Controller) realisiert. Um in diesem Netzbereich die QoS sicherzustellen, erfolgt die Anbindung an MSC (Mobile Switching Center) und SGSN (Serving GPRS Support Node) z.B. mit einem ATM-Netz. Der Übergang zum vorzugsweise IPv6-basierten UMTS-Kernnetz, dem IP Multimedia Subsystem (IMS), wird durch die GPRS-Netzelemente SGSN und GGSN (Gateway GPRS Support Node) der Packet Switched Domain realisiert. Die QoS im UMTS-Kernnetz wird mit DiffServ (Differentiated Services), MPLS (Multiprotocol Label Switching) und/oder RSVP (Resource Reservation Protocol) gewährleistet [23207].

Die Serving-Call Session Control Function (S-CSCF) in Bild 14.16 entspricht dem Call Server (CS) in Bild 3.1 bzw. einem SIP Proxy/Registrar Server in Bild 3.3. Zudem kann die S-CSCF auch als Back-to-Back User Agent (siehe Abschnitt 6.8) zur umfassenden Bearbeitung von SIP-Nachrichten inkl. der SDP-Anteile fungieren. Die immer im Home Network angesiedelte S-CSCF, der IMS-Softswitch, registriert die Nutzer und steuert die SIP-Verbindungen sowie die Dienste und Dienstmerkmale. Dabei wird der die Nutzerprofile enthaltende HSS (Home Subscriber Server) abgefragt. Beim HSS handelt es sich um das aus GSM/GPRS-Netzen bekannte HLR (Home Location Register), das um die Internet Multimedia-Aspekte von UMTS ergänzt wurde.

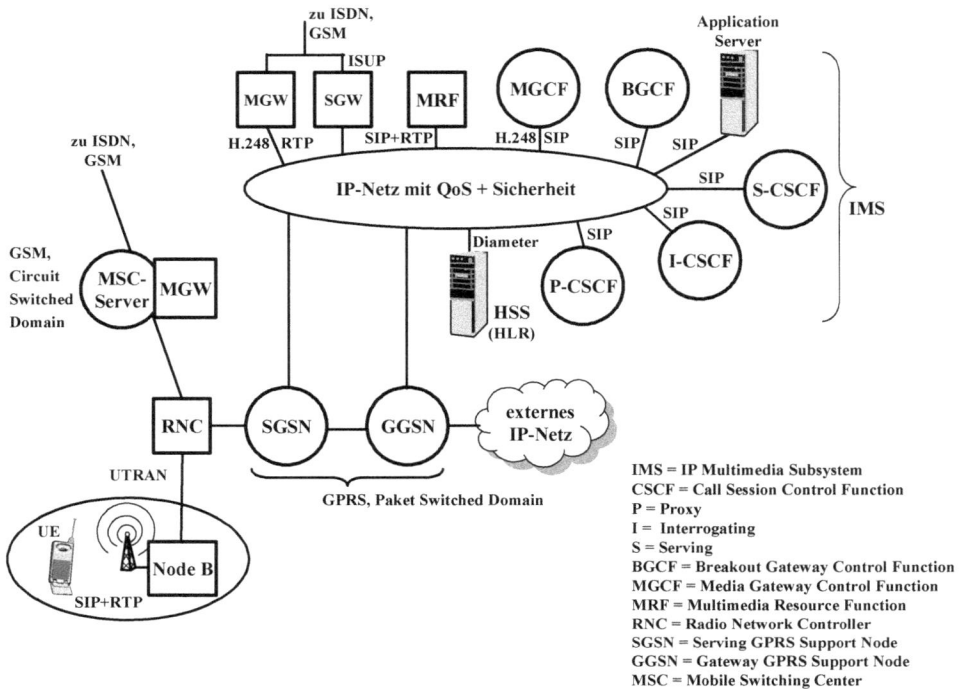

Bild 14.16: UMTS Release 5-Netzarchitektur im Detail

Die S-CSCF kommuniziert mit den UMTS-Endgeräten, dem User Equipment (UE), anderen CSCFs und den Application Servern per SIP. Unterstützt werden die S-CSCFs durch fallweise optionale Interrogating-CSCFs (I-CSCF). Sie dienen als SIP-Anlaufstelle im Netz, d.h. bei allen Registrierungswünschen und allen von extern eingehenden Verbindungswünschen klärt eine korrespondierende I-CSCF durch Abfragen des HSS, welche S-CSCF zuständig ist. Als zentrale Anlaufstelle sorgt die I-CSCF dafür, dass die IMS-Netzkonfiguration nach außen hin verborgen wird. Die Grenze zwischen GPRS und IMS, d.h. zwischen einem GGSN und dem IMS, ist durch eine Proxy-CSCF (P-CSCF) gekennzeichnet. Normalerweise arbeitet die P-CSCF ausschließlich als Proxy, d.h. SIP wird nicht terminiert, die Nachrichten werden zu einer S-CSCF weitergeleitet. Nur in Sonderfällen, z.B. bei einem Notruf, wird SIP im P-CSCF bearbeitet. Fordert ein UE eine Verbindung zu einem leitungsvermittelten Netz an, z.B. dem ISDN oder einem GSM-Netz, gibt die S-CSCF diese SIP-Anfrage an die Breakout Gateway Control Function (BGCF) (nach Bild 3.3 ein SIP Proxy Server) weiter. Die BGCF leitet die Anfrage zur BGCF eines Nachbarnetzes oder wählt in ihrem eigenen Netz die zugehörige Media Gateway Control Function (MGCF), d.h. nach Bild 3.3 den Media Gateway Controller (MGC) aus, der dann das Media Gateway (MGW) entsprechend steuert. Die Multimedia Resource Function (MRF) realisiert zum einen einen Conference Server, zum anderen können damit Multimediadaten ausgewertet und generiert werden, z.B. bei der Spracherkennung und Sprachsynthese [23002; 23228; Poik; Lobl; Lu; Bane2; Wusc2].

Wichtig für das Verständnis von UMTS (ab Release 5) und IMS ist, dass IP-Nutzdaten üblicherweise nur den GPRS-Netzanteil durchlaufen, nicht das IMS. Letzteres ist normalerweise ausschließlich für die Signalisierung und Steuerung zuständig. Nutzdaten werden vom IMS selbst nur dann übermittelt, wenn ein Media Gateway (MGW) oder die Media Resource Function (MRF) an der Multimediakommunikation beteiligt sind. Diese Besonderheit wird in Bild 14.16 durch die Aufteilung des IP-basierten Kernnetzes in die Packet Switched Domain (GPRS) und das IP Multimedia Subsystem (IMS) veranschaulicht.

Die Beschreibung der UMTS-Komponenten, ihrer Funktionen und des Bezugs zu den NGN-bzw. SIP-Aspekten hat bereits die enge Verzahnung der Ideen hinter UMTS Release 5 und dem NGN-Konzept verdeutlicht. Dies wird noch klarer, wenn man UMTS an den Merkmalen eines NGN spiegelt: „1. paketorientiertes (Kern-) Netz" mit IP, „2. Quality of Service" u.a. mittels DiffServ und ATM, „4. Trennung der Verbindungs- und Dienstesteuerung vom Nutzdatentransport" mit CSCF als Call Server sowie Verbindungs- und Dienstesteuerung mit SIP, „5. Integration aller bestehenden, wichtigen Telekommunikationsnetze, vor allem der Zugangsnetze" mit Gateways und MGCF als Media Gateway Controller, „6. Application Server" via SIP, „7. Multimedia-Dienste" mit IMS [Tric4].

Die Rolle des SIP verdeutlicht Bild 14.17.

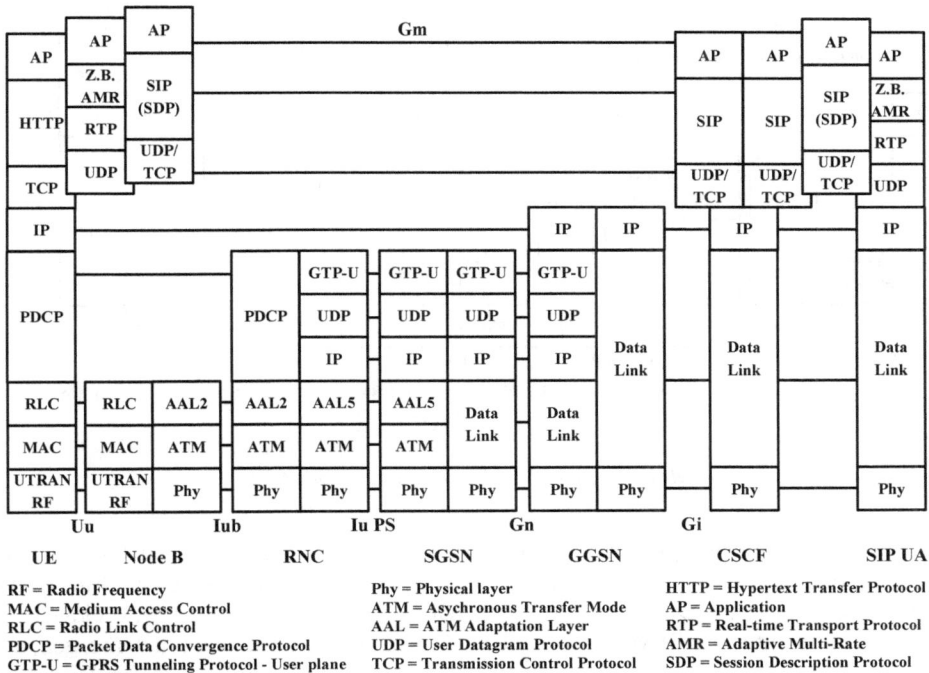

RF = Radio Frequency	Phy = Physical layer	HTTP = Hypertext Transfer Protocol
MAC = Medium Access Control	ATM = Asychronous Transfer Mode	AP = Application
RLC = Radio Link Control	AAL = ATM Adaptation Layer	RTP = Real-time Transport Protocol
PDCP = Packet Data Convergence Protocol	UDP = User Datagram Protocol	AMR = Adaptive Multi-Rate
GTP-U = GPRS Tunneling Protocol - User plane	TCP = Transmission Control Protocol	SDP = Session Description Protocol

Bild 14.17: Protokolle für UMTS Release 5 - Packet Switched, User Plane, Variante 1

Bild 14.17 zeigt im unteren Teil die im UTRAN (UE, Node B, RNC), im GPRS-Netz (SGSN, GGSN) und im IMS (CSCF) definierten Referenzpunkte bzw. Schnittstellen und die jeweils zur Anwendung kommenden, aufeinander abgestimmten Protokolle [25426; 25410; 29060]. IP in der Mitte bildet die alles integrierende Schicht. Darauf aufsetzend kann dann wie in einem ganz normalen IP-Netz gemäß Bild 14.9 (siehe Abschnitt 14.1) kommuniziert werden: z.B. via TCP und HTTP bei einem Web-Seiten-Abruf. Bei VoIP hat man es mit zwei weiteren Protokoll-Stacks zu tun: Zuerst wird mittels SIP eine Verbindung zwischen den Kommunikationspartnern UE im UMTS und SIP User Agent im IP-Festnetz aufgebaut, dann erst erfolgt der Nutzdatenaustausch über UDP, RTP und die Codecs. Interessanterweise läuft die SIP-Signalisierung auf Basis der UMTS-Protokoll-Stacks für die User Plane, nicht der für die Control Plane.

Bild 14.17 zeigt die Protokoll-Stacks am Iub- und Iu PS-Referenzpunkt (Packet Switched) für die Variante, bei der ATM als Basis für den Datentransport im UTRAN verwendet wird. Bild 14.18 stellt die reine IP-Alternative dar [25426; 25410].

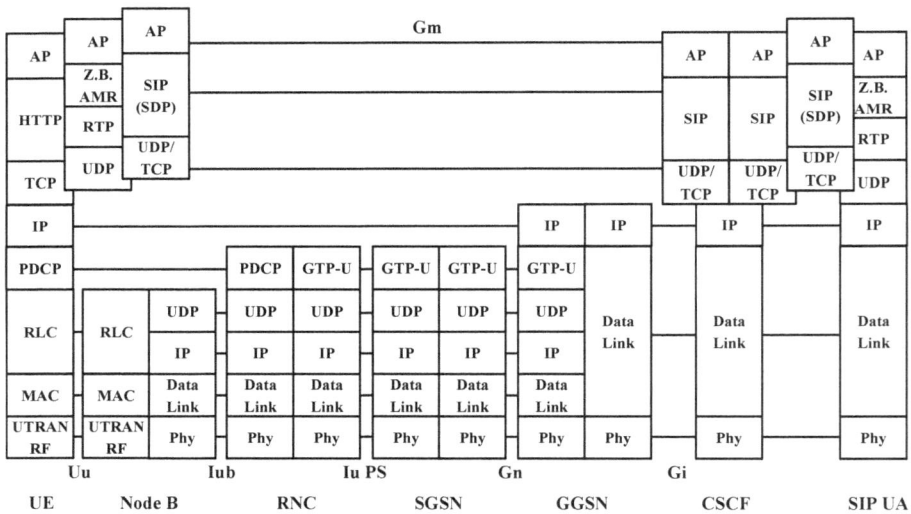

Bild 14.18: Protokolle für UMTS Release 5 - Packet Switched, User Plane, Variante 2

Bild 14.19 verdeutlicht beispielhaft die Abläufe bei der SIP-Kommunikation für den Fall, dass eine mobile Teilnehmerin A in ihrem Heimatnetz 1 mit einem Teilnehmer B im Home Network 2 kommuniziert [24228; Bale]. Dabei wird nur in Netz 2 eine I-CSCF eingesetzt, d.h. die interne Struktur des IP Multimedia Subsystems 2 wird nach außen hin verborgen, nur die I-CSCF tritt in Erscheinung. Sie repräsentiert die Schnittstelle zum Netz 1 und ermittelt daher unter anderem für den ankommenden Ruf durch Abfrage des HSS die S-CSCF, bei der Teilnehmer B registriert ist [Lu]. Das UE B initiiert nach dem Senden der SIP-Statusinformation „183 Session Progress" mit der PDP Context-Aktivierung (Packet Data Protocol) die Reservierung der für die gewünschte QoS benötigten Ressourcen. UE A startet denselben Vorgang nach Empfang von „183 Session Progress". Mit „UPDATE" wird signalisiert, dass die QoS vom Netz her zur Verfügung gestellt werden kann. Erst dann „klingelt" es bei Teilnehmer B (siehe Kapitel 10).

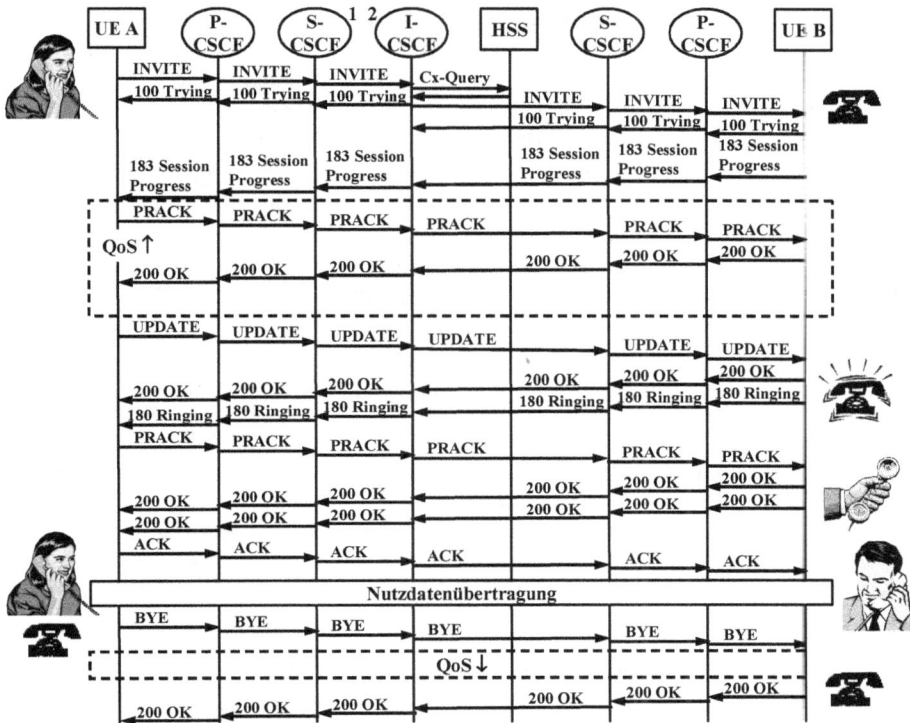

Bild 14.19: SIP-Kommunikation in UMTS Release 5-Netz

Mobilität wird in einem UMTS-Netz noch umfassender als bei GSM unterstützt. Zum einen sind natürlich die bereits in Abschnitt 2.2 erläuterten Mechanismen für Endgerätemobilität wie Handover, Location Management und Roaming realisiert, zum anderen ist aber auch Handover zwischen GSM- und UTRAN- (ab Release 99) sowie UTRAN- und WLAN-Funkzellen (ab Release 6) möglich. Entsprechend wird auch Inter Network Roaming und Inter Release Roaming unterstützt. Für den Nutzer besonders auffällig werden die Fortschritte bei der Dienstemobilität sein. Mit dem VHE (Virtual Home Environment) können die Teilnehmer ihre personalisierten Dienste mit verschiedenen Endgeräten und über Netzgrenzen hinweg nutzen [Walk2]. Insofern ist das NGN-Kennzeichen „10. Mobilität" bestens umgesetzt.

Bereits bei den GSM-Netzen wurde sehr viel Wert auf Sicherheit gelegt, da zellulare Mobilfunknetze über die Funkzugänge viel Angriffsfläche bieten. Entsprechend muss sich ein GSM-Endgerät beim Netz authentifizieren, wozu Daten von der SIM-Karte (Subscriber Identity Module) herangezogen werden. In der Folge werden die Gesprächsdaten über die Funkschnittstelle verschlüsselt übertragen. Im Hinblick auf eine gewisse Anonymität wird mit einer temporären Teilnehmerkennung zur Verschleierung der Aufenthaltsorte gearbeitet. Allerdings ist die Authentifizierung in einem GSM-Netz einseitig, ein Angreifer kann sich z.B. mit Hilfe eines IMSI-Catchers (International Mobile Subscriber Identity) als Basisstation ausgeben, zudem sind die verwendeten 64-bit-Schlüssel für den heutigen Stand der Rechnertechnik zu kurz, auf eine Signatur wird ganz verzichtet [Ecke]. Diese Schwachpunkte wurden bei UMTS von vornherein berücksichtigt. Daher authentifiziert sich auch das Netz gegenüber dem Endgerät bzw. der USIM-Karte (UMTS Subscriber Identity Module). Es werden 128-bit-Schlüssel verwendet, die Datenintegrität wird durch Signaturen gewährleistet [Ecke]. Bei Release 5 wurden eigens für das IMS Sicherheitsmechanismen eingeführt. Es findet eine eigene Authentifizierung zwischen UE und S-CSCF statt, zudem werden an den Übergängen zwischen verschiedenen IMS-Netzen sog. Security Gateways (SEG) vorgesehen, die miteinander sicherheitsrelevante IP-Daten, über IPsec und IKE (Internet Key Exchange) durch Authentifizierung und Verschlüsselung gesichert, austauschen [33203; 33210]. Damit ist das NGN-Kennzeichen „11. integrierte Sicherheitsfunktionen" recht stark ausgeprägt, allerdings ist auch die System- und Netzkomplexität enorm.

Die erreichte UMTS-Netzintegration und die enge Verzahnung mit dem bestehenden GSM/GPRS-Netz führen dazu, dass man beim Netzmanagement einen für ein komplexes Telekommunikationsnetz sehr hohen Integrationsgrad erreicht. Zumindest theoretisch sind alle Kern- und Zugangsnetzfunktionen eines UMTS/GSM/GPRS-Mobilfunknetzes von einem Netzmanagementsystem Ende-zu-Ende steuer- und überwachbar. Das NGN-Kennzeichen „9. übergreifendes einheitliches Netzmanagement" kann damit bei UMTS als erfüllt gelten.

Wegen des hohen Netzintegrationsgrades und der daraus resultierenden Verfügbarkeit von Zugriffspunkten auf die SIP-Signalisierungsdaten, die RTP-Nutzdaten und die aktuellen Aufenthaltsorte der Nutzer sind die NGN-Kennzeichen „12. den Diensten angemessene Entgelterfassung" und „15. Berücksichtigung geltender regulatorischer Anforderungen" von einem UMTS Release 5-Netz relativ einfach zu erfüllen.

Trotz dieses hohen Maßes an Übereinstimmung zwischen UMTS Release 5 und dem NGN-Konzept gibt es vor allem infolge der konsequenten Integration mit GSM/GPRS auch deutliche Defizite. Wie beispielsweise aus den Bildern 14.20 bis 14.22 mit den drei möglichen Protokoll-Stacks für die Control Plane (d.h. das Mobilitäts- und Session Management für die Paketdatenübermittlung) hervorgeht, ist die Komplexität durch die Kombination von UMTS-spezifischen, ATM-, IP- und ZGS Nr.7-Protokollen enorm hoch [25432; 25410; 29060]. Dass bei UMTS Release 5 immer zwischen Zugangsnetz UTRAN und IP-Kernnetz ein zusätzliches GPRS-Kernnetz benötigt wird, erhöht die Komplexität sowie die Kosten und erschwert die Einbindung zukünftiger Zugangsnetztechniken, die notwendig sind, um eine weitere wichtige NGN-Anforderung – „8. hohe Bitraten" – zu erfüllen. Ein erster Schritt in

Richtung hoher Bitraten wurde mit der Einbindung von WLANs (Wireless LANs) in UMTS Release 6 gegangen [22934].

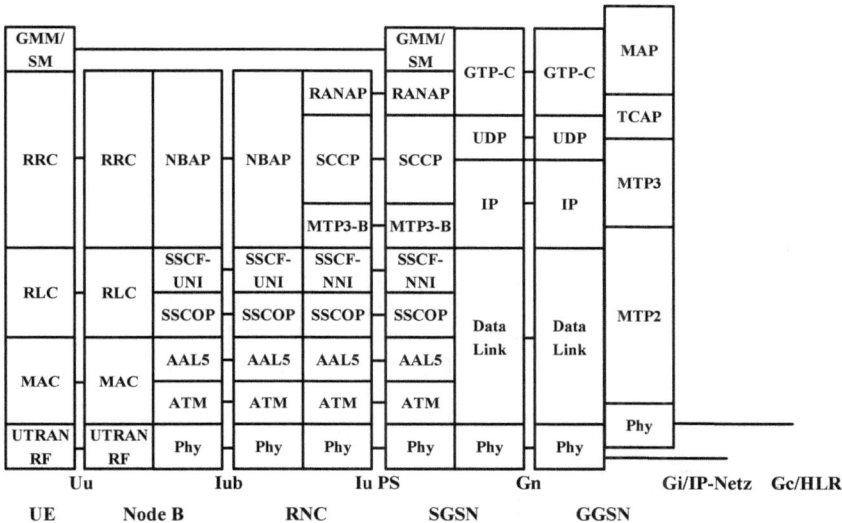

UE		Node B		RNC		SGSN	GGSN	Gi/IP-Netz Gc/HLR
GMM/SM					GMM/SM	GTP-C	GTP-C	MAP
RRC	RRC	NBAP	NBAP	RANAP	RANAP	UDP	UDP	TCAP
				SCCP	SCCP	IP	IP	MTP3
				MTP3-B	MTP3-B			
RLC	RLC	SSCF-UNI	SSCF-UNI	SSCF-NNI	SSCF-NNI	Data Link	Data Link	MTP2
		SSCOP	SSCOP	SSCOP	SSCOP			
MAC	MAC	AAL5	AAL5	AAL5	AAL5			
		ATM	ATM	ATM	ATM			Phy
UTRAN RF	UTRAN RF	Phy	Phy	Phy	Phy	Phy	Phy	

Uu — Iub — Iu PS — Gn — Gi/IP-Netz — Gc/HLR

RRC = Radio Resource Control
NBAP = Node B Application Part
RANAP = Radio Access Network Application Part
GMM = GPRS Mobility Management
SM = Session Management
GTP-C = GPRS Tunneling Protocol - Control plane

SSCOP = Service Specific Connection Oriented Protocol
SSCF-UNI = Service Specific Coordination Function-User Network Interface
MTP = Message Transfer Part
SCCP = Signalling Connection Control Part
TCAP = Transaction Capabilities Application Part
MAP = Mobile Application Part

Bild 14.20: Protokolle für UMTS Release 5 - Packet Switched, Control Plane, Variante 1

Die Netzkomplexität infolge u.a. GPRS ist auch nachteilig im Hinblick auf „13. Skalierbarkeit". Hier könnte der Übergang auf UMTS Release 8 – SAE (System Architecture Evolution) mit Multi Access-Unterstützung – Abhilfe schaffen (siehe unten). Zudem kann bereits ab dem Release 6 die Circuit Switched Domain entfallen, d.h. auch alle „normalen" Telefonate können dann SIP-gesteuert über das IMS laufen. Diese Betrachtungen zeigen, dass die UMTS-Versionen nach Release 5 ebenfalls weitere große Schritte hin zu einem NGN darstellen.

Ausgehend vom NGN-Gedanken gemäß Abschnitt 3.1 muss der Hauptkritikpunkt am IMS die vertikale Integration der Nutzer-Authentifizierung und der Zugriffskontrolle für den User Access und die Dienste in Form von Home Subscriber Server (HSS) [23002] und USIM-Karte sein. Damit wird verhindert, dass ein Teilnehmer frei wählen kann, über welchen Netzbetreiber und/oder Diensteanbieter er kommuniziert. Die NGN-Kennzeichen „14. unbeschränkter Nutzerzugang zu verschiedenen Netzen und Diensteanbietern" und „3. Offenheit für neue Dienste" sind damit beim 3GPP IMS nicht erfüllt.

Trotz dieses Defizits markiert UMTS Release 5 auch einen Meilenstein in Richtung der Konvergenz von Mobilfunk- und Festnetzen. Bei der ITU-T und bei ETSI TISPAN wurde das UMTS IP Multimedia Subsystem (IMS) für die zentrale Signalisierung und Session-Vermittlung in NGNs mit beliebigen Access-Techniken übernommen (siehe Abschnitt 14.4) [NGNP; 180001].

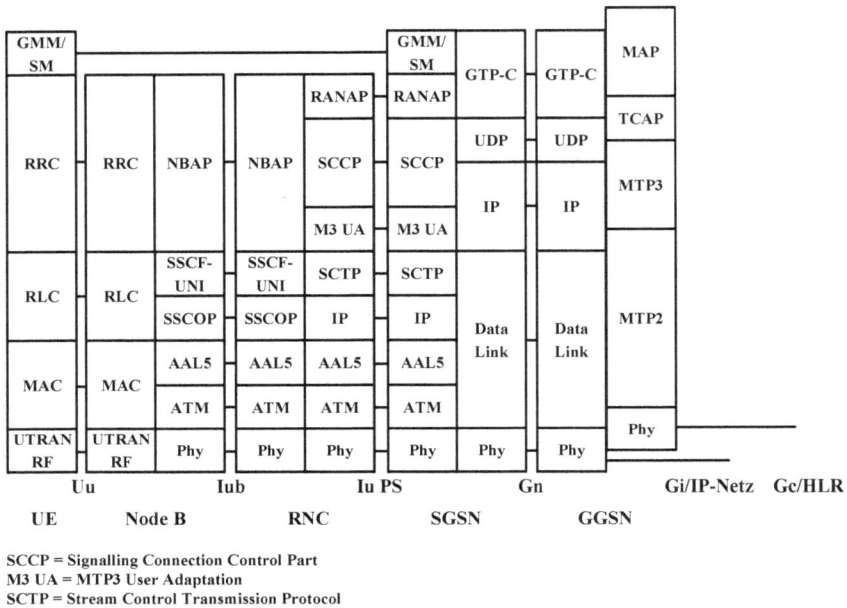

UE	Node B		RNC		SGSN		GGSN	
GMM/SM				RANAP	GMM/SM	GTP-C	GTP-C	MAP
					RANAP			
RRC	RRC	NBAP	NBAP	SCCP	SCCP	UDP	UDP	TCAP
						IP	IP	MTP3
				M3 UA	M3 UA			
RLC	RLC	SSCF-UNI	SSCF-UNI	SCTP	SCTP	SCTP		
		SSCOP	SSCOP	IP	IP	Data Link	Data Link	MTP2
MAC	MAC	AAL5	AAL5	AAL5	AAL5			
		ATM	ATM	ATM	ATM			
UTRAN RF	UTRAN RF	Phy	Phy	Phy	Phy	Phy	Phy	Phy

Uu — Iub — Iu PS — Gn — Gi/IP-Netz   Gc/HLR

SCCP = Signalling Connection Control Part
M3 UA = MTP3 User Adaptation
SCTP = Stream Control Transmission Protocol

Bild 14.21: Protokolle für UMTS Release 5 - Packet Switched, Control Plane, Variante 2

Mit den Bildern 14.17, 14.18 sowie 14.20, 14.21 und 14.22 wurden die Protokoll-Stacks für User- und Control Plane (d.h. für die Nutzdaten und für die Signalisierung/Steuerung) für den Fall paketorientierter Kommunikation auf Basis IP dargestellt. Der Vollständigkeit halber zeigen die Bilder 14.23 bis 14.26 die entsprechenden Protokoll-Stacks für leitungsvermittelte Kommunikation via UTRAN und GSM-Netz. Dabei sind auch jeweils die Systeme und die Referenzpunkte angegeben [25426; 25410; 25432; Weid2; Band].

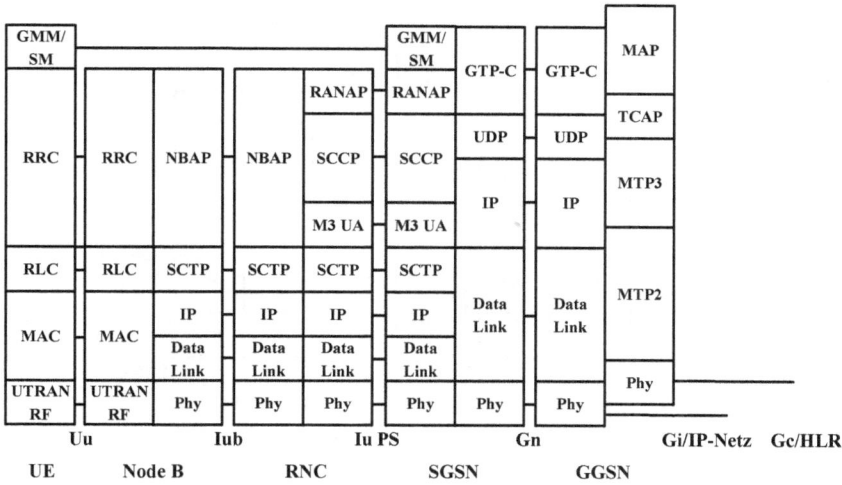

Bild 14.22: Protokolle für UMTS Release 5 - Packet Switched, Control Plane, Variante 3

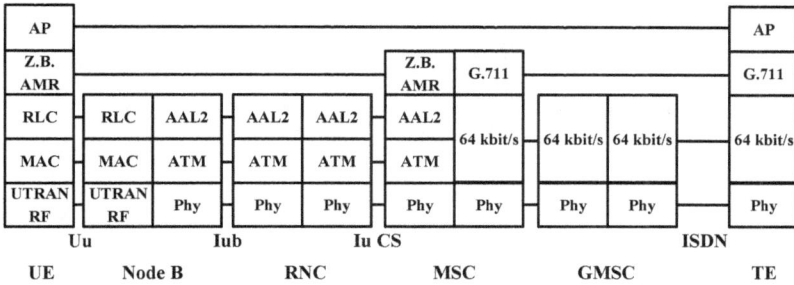

Bild 14.23: Protokolle für UMTS Release 5 - Circuit Switched, User Plane, Variante 1

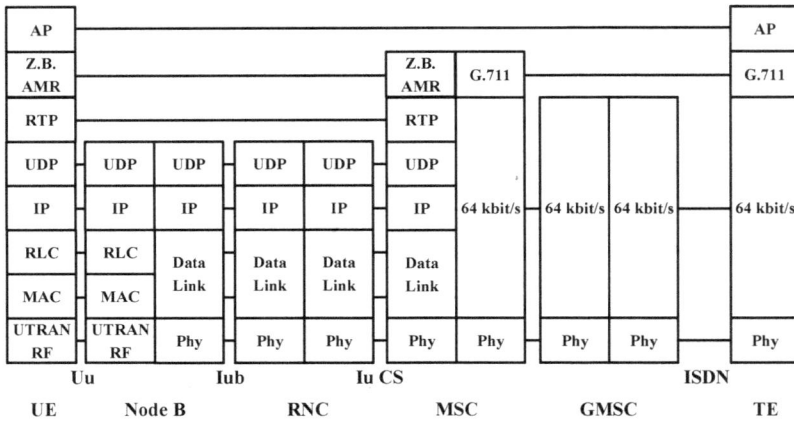

Bild 14.24: Protokolle für UMTS Release 5 - Circuit Switched, User Plane, Variante 2

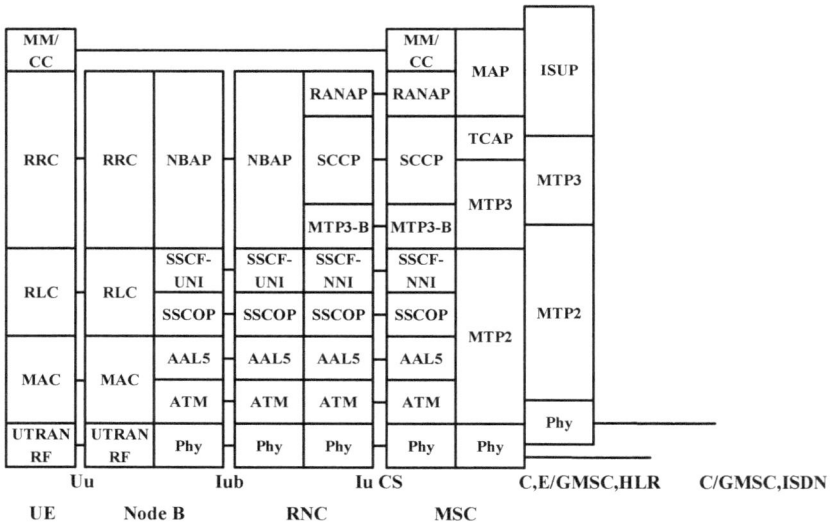

MM = Mobility Management
CC = Call Control
ISUP = ISDN User Part

Bild 14.25: Protokolle für UMTS Release 5 - Circuit Switched, Control Plane, Variante 1

MM/CC					MM/CC	MAP	ISUP
				RANAP	RANAP		
RRC	RRC	NBAP	NBAP	SCCP	SCCP	TCAP	MTP3
						MTP3	
			M3 UA	M3 UA		
RLC	RLC	SCTP	SCTP	SCTP	SCTP		MTP2
MAC	MAC	IP	IP	IP	IP	MTP2	
		Data Link	Data Link	Data Link	Data Link		
UTRAN RF	UTRAN RF	Phy	Phy	Phy	Phy	Phy	Phy

| Uu | | Iub | | Iu CS | | C,E/GMSC,HLR | C/GMSC,ISDN |
| UE | | Node B | | RNC | | MSC | |

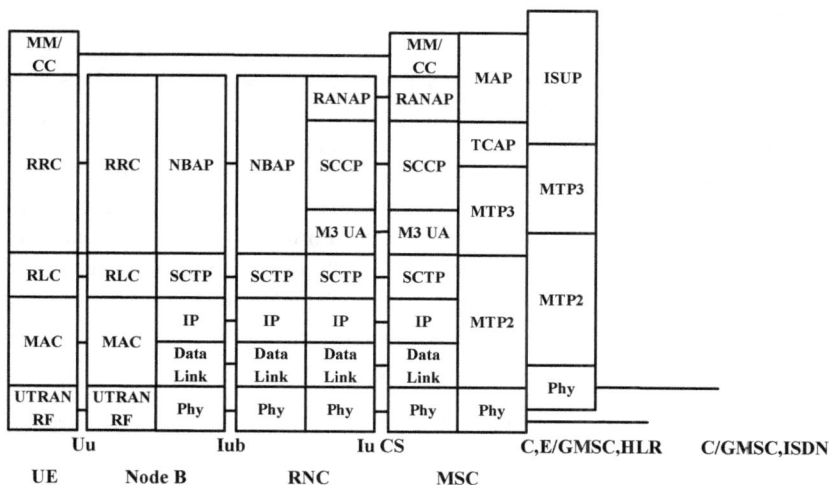

Bild 14.26: Protokolle für UMTS Release 5 - Circuit Switched, Control Plane, Variante 2

UMTS Release 8 mit LTE und EPC

Bereits bei Release 7 war die Machbarkeit eines ambitionierten All-IP Networks (AIPN) untersucht und für Release 8 eingeplant worden [22978]. Teile dieser Vorarbeiten wurden dann als Basis für die im sog. Evolved Packet System (EPS) zusammengeführten Ansätze SAE und LTE (Tabelle 14.3) herangezogen.

Diese Perspektive für Mobilfunknetze mit einem EPS ging u.a. von folgenden Anforderungen aus [22278]:

- höhere Datenraten, geringere Verzögerungen, höherer Sicherheitsgrad, verbesserte QoS
- Unterstützung verschiedener, bereits verfügbarer und auch zukünftiger Zugangsnetzsysteme
- Mobilitätsunterstützung und unterbrechungsfreie Dienstenutzung über die Grenzen der unterschiedlichen Access-Systeme hinweg
- Auswahl des jeweils genutzten Access Networks aufgrund von Betreibervorgaben, Nutzervorlieben oder den aktuellen Gegebenheiten im Zugangsnetz
- QoS-Überwachung im gesamten Netz
- Koexistenz mit den installierten Mobilfunksystemen
- Support von IPv4, IPv6 und Interworking zwischen IPv4 und IPv6
- Unterstützung von leitungsgebundenen Access-Systemen
- reduzierte Kosten für die Netzbetreiber.

Wie in Tabelle 14.3 bereits skizziert, wurde im Rahmen der UMTS Release 8-Standardisierung unter dem Titel LTE (Long Term Evolution) ein neues, sehr leistungsfähiges Funkzugangsnetz, das E-UTRAN (Evolved-UTRAN), spezifiziert. Es bot erstmalig eine rein paketbasierte Luftschnittstelle für alle Dienste, auch die bisher leitungsvermittelte Telefonie. Damit bietet sich die Möglichkeit, auf das leitungsvermittelte Kernnetz ganz zu verzichten. Da aber das bisherige paketvermittelte GPRS-Kernnetz nicht auf Echtzeitfähigkeit hin ausgelegt war, musste ebenfalls bei UMTS Release 8 unter der Überschrift SAE (System Architecture Evolution) auch ein neues paketvermitteltes Kernnetz, der EPC (Evolved Packet Core), standardisiert werden. Der EPC bietet – neben der optionalen Schnittstelle zum IMS – Schnittstellen zum E-UTRAN, zu anderen IP-basierten Zugangsnetzen (Non-3GPP IP Access: z.B. WLAN, WiMAX, DSL) und auch zum „normalen" UTRAN. Dadurch wird ermöglicht, dass immer die gerade besonders vorteilhafte oder verfügbare Zugangsnetztechnik zum Einsatz kommt. Diese revolutionären und doch auf eine Evolution hin ausgelegten Netzveränderungen sind in Bild 14.27 dargestellt [Cox; 23002].

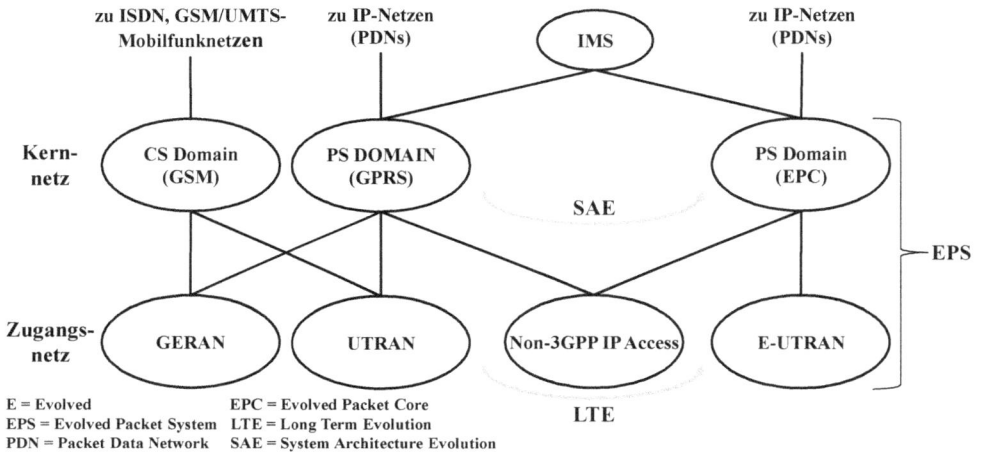

Bild 14.27: UMTS-Netzänderungen mit SAE und LTE

Links in Bild 14.27 werden die in Abschnitt 2.2 sowie oben bereits beschriebenen GSM- (CS Domain) und GPRS-Kernnetze (PS Domain) sowie die GSM/GPRS- (GERAN) und UMTS-Zugangsnetze (UTRAN) als seit Längerem eingeführte Techniken gezeigt. Sie können im Hinblick auf UMTS ab Release 5 (Tabelle 14.2) durch IMS und ab Release 6 (Tabelle 14.3) durch WLAN-Zugangsnetze ergänzt werden. Ab Release 8 (Tabelle 14.3) wird dann gemäß Bild 14.27 unter den Überschriften „System Architecture Evolution (SAE)" bzw. „Long Term Evolution (LTE)" die Netzarchitektur bzw. die Zugangsnetzübertragungstechnik migriert [23882]. Dies bedeutet, dass zum einen für die PS Domain eine neue Kernnetztechnik (der Evolved Packet Core (EPC)) und zum anderen eine deutlich leistungsfähigere Zugangsnetztechnik Evolved-UTRAN standardisiert wurden. Die Gesamtlösung aus EPC und E-UTRAN wird als Evolved Packet System (EPS) bezeichnet.

Vorteilhafterweise können die verschiedenen Netztechniken in Bild 14.27 im Sinne einer Evolution auch in Kombination verwendet werden, sodass z.B. allmählich von einem

GSM/GPRS- zu einem All-IP-Netz migriert werden kann. Zudem können die verschiedenen Zugangsnetze nebeneinander und kombiniert genutzt werden. Das beinhaltet übergreifende, umfassende Mobilitätsunterstützung, d.h., zwischen den unterschiedlichen Access-Netzen müssen auch Roaming und Handover möglich sein. Hierauf aufsetzend ist dann auch eine unterbrechungsfreie, rein IMS-basierte Dienstenutzung trotz Zugangsnetzwechsel möglich. Somit ist ab UMTS Release 8 bzw. der Verfügbarkeit des EPC z.B. Telefonieren ohne Gesprächsabbruch trotz Wechsel zwischen UTRAN-, E-UTRAN- und WLAN-Funkzellen möglich. Dies wäre bei dauerhafter Beibehaltung leitungsvermittelter Telefonie im Falle des UTRAN im Gesamtnetz nur mit sehr hohem Aufwand zu realisieren gewesen. Zudem ist längerfristig ein reines IP-Netz kostengünstiger, insofern sind MSC/VLR und GMSC sowie SGSN und GGSN als Kernnetztechniken noch eingezeichnet, die zugehörigen GSM- und GPRS-Netze werden aber längerfristig sicher abgeschaltet [23002; Lesc2].

Die LTE-Standardisierungsarbeiten für ein neues Funkzugangsnetz wurden bereits bei UMTS Release 7 mit einer Studie [25912] gestartet, um für die Nach-HSDPA/HSUPA-Ära eine den gewachsenen Wünschen genügende Funkzugangstechnik zur Verfügung zu haben. Die wesentlichen Anforderungen waren [25913]:

- 100 Mbit/s Downlink-Bitrate
- 50 Mbit/s Uplink-Bitrate
- RAN-Verzögerungszeit unter 10 ms
- mindestens 200 Nutzer pro Zelle
- zwei- bis viermal höhere spektrale Effizienz als bei UTRAN
- skalierbare Frequenzbandbreite
- optimiert für Paketdatenübertragung
- Koexistenz mit UTRAN und GERAN.

Während das Radio Access Network (RAN) im Falle von UTRAN mit RNC und mehreren daran angeschalteten NodeBs zweistufig aufgebaut ist, erfolgt die Realisierung im E-UTRAN gemäß der Detaillierung nach Bild 14.28 [23002; 23401; 23402; Elna; Lesc2] mit den eNodeBs (eNB) nur noch einstufig. Dadurch wird die für Echtzeitkommunikation wichtige Verzögerungszeit reduziert, zudem wird die Netzstruktur des RAN einfacher und flexibler. Allerdings werden nun sehr viele eNodeBs direkt an das Kernnetz, den EPC, angebunden, im Vergleich zu nur relativ wenigen RNCs im Falle des UTRAN.

Ein eNodeB versorgt eine oder mehrere Funkzellen. Im Einzelnen bietet er u.a. die folgenden Funktionalitäten [36300; Lesc2]:

- Radio Resource Management mit Radio Bearer Control, Radio Admission Control, Mobilitätssteuerung (Handover) und dynamischer Allokierung von Ressourcen für die UEs
- IP Header-Komprimierung und Verschlüsselung der Nutzerdaten
- Routing zum EPC
- Durchführung von Messungen und Bereitstellung von Messergebnissen für die Mobilitätssteuerung.

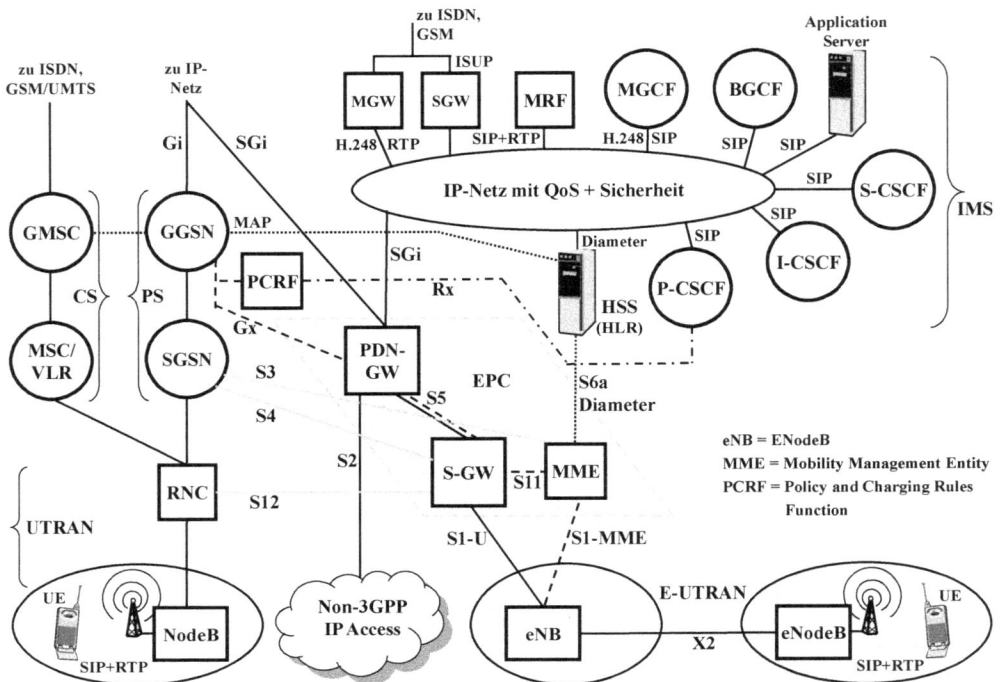

Bild 14.28: Mobilfunknetzarchitektur mit EPS, d.h. mit EPC und LTE

Wie aus Bild 14.28 ebenfalls hervorgeht, besteht das neue IP-Kernnetz, der Evolved Packet Core (EPC), an das die eNodeBs angebunden sind, in der Hauptsache aus MME (Mobility Management Entity), S-GW (Serving-GW), PDN-GW (Packet Data Network). Ergänzt werden diese Netzelemente durch die auch im GPRS zum Einsatz kommende PCRF (Policy and Charging Rules Function). Auch hier wird konsequent das NGN-Kennzeichen der Trennung von Signalisierung und Nutzdatentransport angewendet: Das MME hat Signalisierungs- bzw. Steuerungsaufgaben, während S-GW und PDN-GW alle Funktionen bez. der Nutzdaten bereitstellen.

Das MME ist u.a. zuständig für

- die komplette Signalisierung zwischen UE und EPC für RAN-unabhängige Funktionen wie Session und Mobility Management,
- die Sicherheit im RAN,
- die Authentifizierung der UEs nach Abfrage der Nutzerdaten im HSS,
- die Erreichbarkeit der UEs im Ruhezustand,
- die Zuweisung der sog. EPS Bearer, der Nutzdatenkanäle (vgl. PDP Context in den Abschnitten 14.2 und 14.3),
- die QoS-Parameteraushandlung,

- die Auswahl von S-GW und PDN-GW,
- das Roaming zwischen Access-Netzen sowie erforderlichenfalls die
- MME-Auswahl bei Handover [23401; 23002; 36300; Lesc2].

Die beiden Gateways S-GW und PDN-GW in Bild 14.28 sind für die IP-Nutzdatenübermittlung verantwortlich. Dabei repräsentiert das S-GW den Router am Übergang zum E-UTRAN, ergänzt um Funktionen für Lawful Interception, QoS-Bereitstellung und Charging. Zusätzlich fungiert das S-GW als mobiler Ankerpunkt beim Handover zwischen verschiedenen eNodeBs oder 3GPP-Zugangsnetzen [23401; 23002; 36300; Lesc2].

Das PDN-GW stellt den Router am Übergang zu anderen IP-Netzen und zum IMS dar. Es weist den UEs IP-Adressen zu, terminiert die EPS Bearer zu den UEs und bietet teilnehmerbezogene Firewall-Funktionen sowie ebenfalls Funktionen für Lawful Interception, die QoS-Bereitstellung und Charging. Darüber hinaus stellt das PDN-GW auch einen mobilen Ankerpunkt bereit, allerdings im Unterschied zum S-GW für die Mobilitätsunterstützung zwischen 3GPP- und beliebigen anderen Access Networks [23401; 23402; 23002; 36300; Lesc2].

Das Netzelement PCRF (Policy and Charging Rules Function) in Bild 14.28 liefert Vorgaben für die Nutzdatenströme (Policy) und für das Charging (vgl. Abschnitt 14.3). Angewandt werden diese Regeln auf dem PDN-GW, d.h., hier werden entsprechend den Vorgaben der PCRF Datenströme abgelehnt oder erlaubt und im letztgenannten Fall auch vergebührt. Für die Bereitstellung einer Ende-zu-Ende-QoS sorgt die PCRF für eine Synchronisierung der QoS-Absprachen auch über Netzgrenzen hinweg [23002; 23203; 23401; Lesc2].

Auch bei den erläuterten EPC-Komponenten handelt es sich zuerst einmal um logische Netzelemente. Sie können physikalisch einzeln, aber auch in Kombination in einem Gerät realisiert sein, z.B. S- und PDN-GW oder S-GW und MME zusammen [Lesc2].

Ergänzend zu den bisherigen Ausführungen zeigt Bild 14.28 für eine tiefergehende Betrachtung die Referenzpunkte der verschiedenen Schnittstellen innerhalb des EPC sowie nach extern, z.B. zum GPRS und IMS [23002].

Voice over LTE (VoLTE)
LTE-Zugangsnetze und das EPC-Kernnetz sind rein IP-basiert, d.h. sie unterstützen per se keine Sprachkommunikation. Daher können Telefonie bzw. Echtzeit-Multimediadienste in einem solchen Umfeld nur mittels zusätzlicher Funktionalitäten bereitgestellt werden.

Eine erste und technisch sehr einfach zu realisierende Möglichkeit ist die sog. OTT-Lösung (Over The Top) [Gupt]. Hierbei wird das Mobilfunknetz mit E-UTRAN und EPC nur für den IP-Transport genutzt, die besagten Echtzeitdienste werden On Top mit einem separaten System, ggf. auch von einem separaten Diensteanbieter (Third Party), erbracht. Dies ist eine gängige Methode zur Bereitstellung von Voice over Internet (siehe Bild 14.3, vgl. Skype (Abschnitt 3.2)), hat aber den Nachteil, dass Handover überhaupt nicht und Roaming nur eingeschränkt unterstützt werden und dass QoS nicht garantiert werden kann [Gupt; Cox].

Die zweite Möglichkeit, Circuit Switched Fallback (CSFB), nutzt eine parallel zu LTE und EPC existierende GSM/UMTS-Infrastruktur mit einer zusätzlichen GERAN- oder UTRAN-

Anbindung des mobilen Endgeräts (UE) und einer CS Domain (MSC) für die Telefonie-Bereitstellung und -Vermittlung (vgl. Bilder 14.27 und 14.28). Möchte ein LTE-Nutzer abgehend oder ankommend telefonieren, übergibt die CSFB-Funktionalität die Verbindung an das 2G/3G-Netz. Diese, für Netzbetreiber ohne IMS empfohlene und in [23272] standardisierte Lösung erfordert Erweiterungen an UE, MME, MSC und eNodeB, trotzdem ist sie vergleichsweise einfach zu implementieren. Handover und Roaming werden unterstützt, nachteilig sind das zwingend benötigte 2G/3G-Netz, deutlich längere Verbindungsaufbauzeiten und die fehlende LTE-Datenkonnektivität während eines Telefonats [Gupt; 23272; Elna].

Die dritte Möglichkeit „Voice over LTE over Generic Access Network (VoLGA)" wurde vom VoLGA-Industrie-Forum [VoLG] spezifiziert und kommt ohne jede Änderung sowohl im UMTS-Zugangs- als auch -Kernnetz aus. Die für Telefonie erforderlichen Funktionserweiterungen werden durch ein zwischen EPC und MSC geschaltetes Gateway, den sog. VoLGA Access Network Controller (VANC), bereitgestellt. Vorteile sind neben den unveränderten UMTS-Netzelementen u.a die zeitgleiche Nutzung von Telefonie und LTE-basierter Datenkommunikation sowie SMS- und Notrufunterstützung. Nachteilig sind das zusätzlich erforderliche Gateway VANC sowie die fehlende Standardisierung durch 3GPP [Gupt; Cox; VoLG].

Prinzipiell können alle vier hier genannten Möglichkeiten zur Bereitstellung von Sprachkommunikation in einem LTE-Netz mit dem Begriff „Voice over LTE (VoLTE)" charakterisiert werden. Speziell gilt dieser Terminus aber für die vierte Möglichkeit der Umsetzung, das sog. „GSMA VoLTE Profile" (Groupe Speciale Mobile Association) [Gupt] bzw. „IMS Profile for Voice and SMS" [IR92] mit dem in diesem Zusammenhang erstmaligen Einsatz des IMS für SIP-basierte Telefonie in LTE-Netzen (siehe oben, speziell Bild 14.28 sowie Abschnitt 14.3). [IR92] fordert u.a. auch den Support von "Single Radio Voice Call Continuity (SRVCC)" im UMTS-Netz für unterbrechungsfreies Handover beim Wechsel zwischen PS E-UTRAN und CS UTRAN bzw. GERAN inkl. aller Varianten mit und ohne HSPA [23216; 23237; Gupt]. SRVCC wurde von 3GPP standardisiert [23216; 23237], ist IMS-basiert, erfordert aber auch Erweiterungen in UE, MME und MSC. Vorteile dieser langfristigen, IP- und SIP-basierten VoLTE-Telefonie-Lösung mit SRVCC in einem EPS-Netz sind echte Multimedia over IP-Dienste inkl. Roaming und Handover bei Verlassen der LTE-Funkzellenabdeckung, Nachteil ist die hohe technische Komplexität [Gupt; Cox]. [Cuev] beschreibt ein Beispiel für ein konkretes öffentliches Netz, in dem VoLTE mit IMS und SRVCC umgesetzt wurde.

Ergänzend zu den SAE- und LTE-Aktivitäten bei UMTS Release 8 hatten sich im Vorfeld große Mobilfunknetzbetreiber in der Next Generation Mobile Networks-Initiative (NGMN) [NGMN1] zusammengeschlossen mit dem Ziel, durch das Einbringen einer kohärenten Sicht in die Standardisierung Funktionalität und Leistungsfähigkeit der Next Generation-Infrastruktur sicherzustellen. Zudem sollen Diensteplattformen und Endgeräte den Anforderungen der Netzbetreiber und der Nutzer genügen und deren Erwartungen entsprechen. Um diese Ziele zu erreichen, wurden und werden innerhalb der NGMN Alliance zahlreiche Publikationen zu den einschlägigen Themen erarbeitet und veröffentlicht. Die Ergebnisse werden dann in die Standardisierungsorganisationen wie 3GPP, ETSI und IEEE eingebracht. Darüber hinaus erfolgt die Zusammenarbeit mit anderen Industrieorganisationen wie GSMA,

UMTS Forum und WWRF. Schwerpunkte der NGMN-Aktivitäten liegen auf den Themengebieten

- Mobile Delivery Content Optimisation,
- RAN Evolution,
- NGCOR (Next Generation Converged Operations Requirements),
- Small Cells.

Grundsätzlich liegt ein Fokus auf LTE und LTE Advanced mit Ende-zu-Ende-Betrachtungen aus Sicht der Dienste [NGMN2]. Hiervon ausgehend sind die nächsten großen Themen für die NGMN Alliance Anforderungen, Technologien und Netzarchitekturen für die Mobilfunknetze der 5. Generation [ElHa] (siehe Abschnitt 15.3).

Trotz wesentlicher technischer Neuerungen bei LTE-basierten Systemen ab UMTS Release 8 werden entsprechende Realisierungen noch zur 3. Mobilfunkgeneration gezählt [Lesc2; Cox].

14.3 IMS (IP Multimedia Subsystem)

Das IMS wurde in seinen wesentlichen Grundzügen bereits in Abschnitt 14.2 erläutert. Wegen seiner Bedeutung nicht nur für die Mobilfunknetze ab UMTS Release 5 (siehe Abschnitt 14.2), sondern auch für NGN-Festnetze und konvergente Netze (siehe Abschnitte 14.4 und 14.6) wird im Folgenden das Thema IMS noch vertieft.

Daher werden in einem ersten Schritt auf Basis der Bilder 14.29 und 14.30 die Gemeinsamkeiten und Unterschiede der Begriffe NGN und IMS herausgearbeitet.

NGN und IMS
Bild 14.29 zeigt die NGN-Architektur aus Bild 3.1 (siehe Abschnitt 3.1) in einer Strata- [Tric10] bzw. Layer-Struktur [Mage1]. Darin werden die wesentlichen NGN-Subnetze und Netzelemente Schichten bzw. Strata zugewiesen. Der Begriff Schicht bzw. Layer ist vom OSI-Referenzmodell (Layer 1 bis 7) her geläufig, wird hier aber allgemeiner im Sinne eines Stratums benutzt, wobei ein Stratum normalerweise zwei oder mehr OSI-Schichten (Layer) umfasst. Hier wird zwischen drei Strata unterschieden:

- dem Transport Stratum mit unterlegtem Physical Layer [Tric10] bzw. dem Transport Layer [Mage1] zur Modellierung der Zugangsnetze und des IP-Kernnetzes inkl. des Nutzdatentransports (z.B. RTP),
- dem Service Stratum [Tric10] bzw. Call Control Layer [Mage1] für die Funktionen und Netzelemente für die Session-Steuerung (CS, MGC, z.B. mittels SIP, ISUP und H.248) sowie
- dem Application Stratum [Tric10] bzw. Application Layer [Mage1] für die Service Delivery Platform (SDP) mit den Application Servern zur Bereitstellung von Mehrwertdiensten (siehe Abschnitt 14.7).

Dies zeigt deutlich die im Hinblick auf Offenheit, Flexibilität und Skalierbarkeit vom NGN-Konzept forcierte Trennung des Nutzdatentransports von der Verbindungssteuerung sowie die Trennung der Funktionen für die Basisdienste von denen für die Mehrwertdienste. Unter diesen Gesichtspunkten gehören MGW und SGW eigentlich nicht zum Service Stratum, sondern zum Transport Stratum. Da sie gemäß den Ausführungen in Abschnitt 14.2 jedoch Teil des IMS und damit des Service Stratums sind, werden sie hier ebenfalls dazugezählt, allerdings aus dem genannten Grund an der Grenze zum Transport Stratum angesiedelt. Bild 14.29 enthält im Hinblick auf das NGN-Kennzeichen „14. unbeschränkter Nutzerzugang zu verschiedenen Netzen und Diensteanbietern" mindestens zwei AAA-Server, einen für den Nutzerzugang und einen für die Session-Nutzerdaten. Der Zugriff auf die SDP ist in Bild 14.29 vereinfachend überhaupt nicht beschränkt. Die Endgeräte, z.B. SIP User Agents kommunizieren selbstverständlich, wie in Bild 14.29 ebenfalls dargestellt, in allen drei Strata. Alle bei einer rein SIP-basierten Kommunikation beteiligten Subnetze, Netzelemente und Schnittstellen sind in Bild 14.29 grau hinterlegt bzw. markiert, um einen einfachen Vergleich mit einem NGN auf IMS-Basis zu ermöglichen.

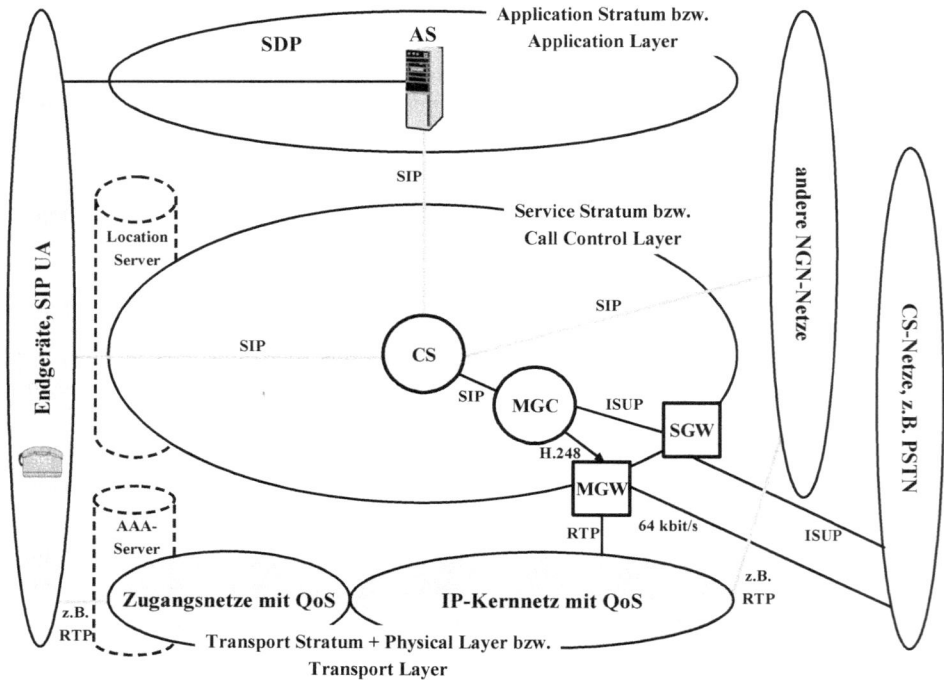

Bild 14.29: NGN-Architektur in einer Strata- bzw. Layer-Struktur

Die mit Bild 14.29 für ein NGN eingeführte Strata- bzw. Layer-Struktur wird in Bild 14.30 auf ein Netz mit IMS angewandt. Dabei wurden im Vergleich zu Bild 14.29 vor allem für das Service Stratum und die AAA-Server Konkretisierungen anhand der IMS-Netzelemente (P-CSCF und PDF/PCRF (Policy Decision Function/Policy and Charging Rules Function), I-CSCF und S-CSCF sowie HSS) aus Abschnitt 14.2 vorgenommen. Im Ergebnis wird nochmals deutlich, dass es sich auch hier, bei einem Netz mit IMS, um die Realisierung des NGN-Konzepts handelt. Letztendlich geht es beim IMS um nichts anderes als die vollständige und umfassende Spezifikation des Service Stratums bzw. Call Control Layers eines NGN.

Mit dem IMS wurde von 3GPP [3GPP] ein IP Multimedia Overlay-Netz definiert, das für ein NGN nicht nur die Session-Steuerung, sondern auch die QoS-Bereitstellung sowie alle erforderlichen Funktionen für die Sicherheit, die Authentifizierung, die Zugriffssteuerung und die Erfassung von Abrechnungsdaten (AAA, mittels HSS) spezifiziert. Dabei wird auf Internet-Protokolle wie SIP, SDP, Megaco/H.248, COPS (Common Open Policy Service) und Diameter [3588] zurückgegriffen. Nicht zum IMS gehört gemäß Bild 14.30 der eigentliche Nutzdatentransport. Streng genommen gilt dies auch für das Application Stratum mit den Application Servern (AS) der Service Delivery Platform (SDP). Allerdings werden die AS in manchen Dokumenten (z.B. [23002; 123228]) auch mit zum IMS gezählt.

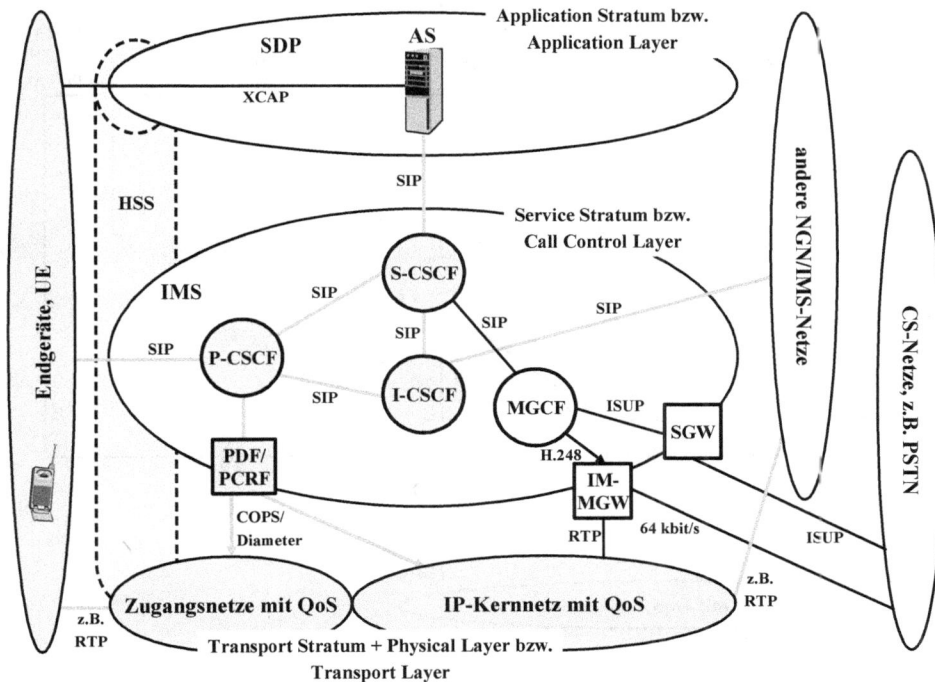

Bild 14.30: Einordnung des IMS im Gesamtnetz [Poik; Mage1; Tric10]

Ein IMS kombiniert Internet-Standards (IP, SIP u.a.) für kostengünstige Voice bzw. Multimedia over IP-Kommunikation mit den Konzepten (ZGS Nr.7, QoS, Sicherheit, Entgelterfassung) der klassischen ISDN- bzw. GSM-Telekommunikationsnetze [Mage2]. Da SIP prinzipiell nicht zwischen Telefonie und multimedialen Diensten unterscheidet, ist die Einführung neuer Dienste vergleichsweise einfach. Zudem bietet die IP-Transportplattform eine hervorragende Basis für kombinierte Sprach-/Datendienste bzw. konvergente Dienste. Dabei ist jedoch hervorzuheben, dass das IMS mit Ausnahme der Basisdienste keine Dienste, sondern nur Service Enabler standardisiert [Mage1] (siehe auch Abschnitt 14.7). Für die Dienstebereitstellung kommt vorteilhafterweise eine separate SDP zum Einsatz.

IMS im Detail
Mehr im Detail geht Bild 14.31 auf das IMS ein. Es zeigt für Release 5 nicht nur die einzelnen logischen Netzelemente, sondern auch ihre Verschaltung bzw. die Schnittstellen/Referenzpunkte inkl. der zur Anwendung kommenden Protokolle [123228; 23228; 23002; Poik].

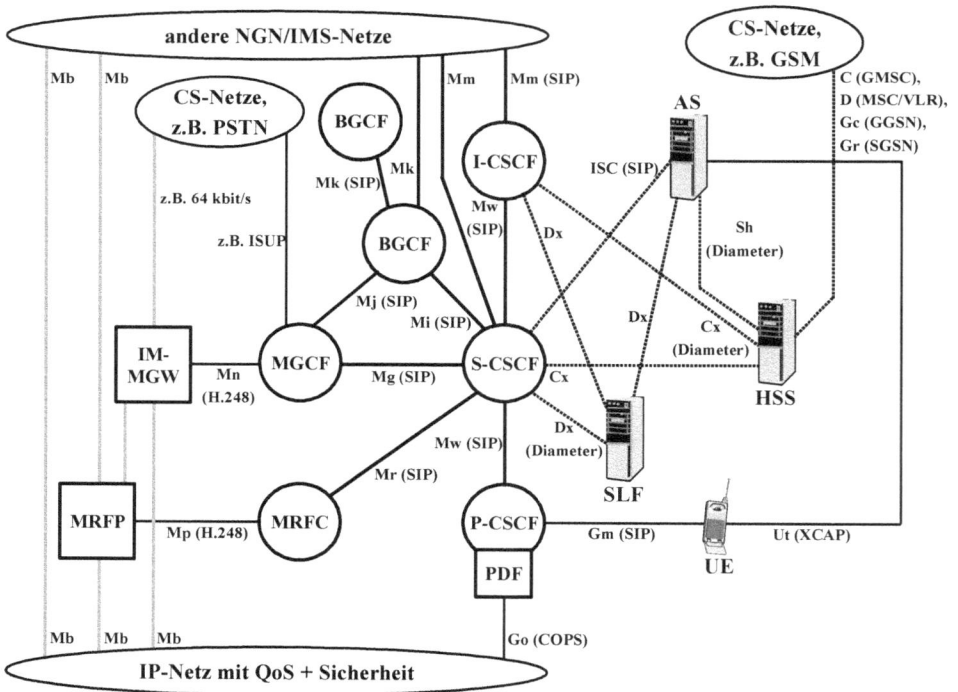

Bild 14.31: Netzelemente, Referenzpunkte und Protokolle im IMS in UMTS Release 5 [23002]

Im Hinblick auf einen besseren Überblick kann man das IMS in fünf Kategorien von logischen Netzelementen einteilen [Poik; Webe2].

- Session Management und Routing:
    P-CSCF (Proxy-Call Session Control Function)
    I-CSCF (Interrogating-CSCF)
    S-CSCF (Serving-CSCF)
- Datenbanken:
    HSS (Home Subscriber Server)
    SLF (Subscription Locator Function)
- Interworking:
    BGCF (Breakout Gateway Control Function)
    MGCF (Media Gateway Control Function)
    IM-MGW (IP Multimedia-Media Gateway)
    SGW (Signalling Gateway)
- Dienste:
    AS (Application Server)
    MRFC (Multimedia Resource Function Controller)
    MRFP (Multimedia Resource Function Processor)
- Quality of Service (QoS) und Sicherheit:
    PDF/PCRF (Policy Decision Function/Policy and Charging Rules Function)
    THIG (Topology Hiding Inter-network Gateway)
    SEG (Security Gateway)

Zur Vertiefung sind im Folgenden für alle genannten und in Bild 14.31 größtenteils auch dargestellten Netzelemente die einzelnen Funktionen aufgelistet [Poik; 23002; 23228; 123228].

P-CSCF (Proxy-CSCF)
- An der Schnittstelle zwischen IMS und PS Domain (GPRS)
- Erste Anlaufstelle im IMS für UE (User Equipment)
- Arbeitet normalerweise als SIP Proxy Server: SIP-Requests/Responses werden an UA oder von UA an I-CSCF weitergeleitet.
- Komprimieren/Dekomprimieren von SIP-Requests/Responses
- Accounting-Funktionen
- Auswertung des SDP (Session Description Protocol) wegen der Zugriffsrechte der Nutzer (Medien, Codecs etc.) und QoS
- Zusammenarbeit mit PDF/PCRF zur Bereitstellung der geforderten QoS
- Arbeitet in Sonderfällen, z.B. bei Ausfall der Nutzdatenübertragung, als SIP User Agent (z.B. zum Beenden der Session)
- Kommuniziert mit UE und S-CSCF bzw. I-CSCF mittels SIP, mit PDF/PCRF per Diameter-Protokoll

PDF/PCRF (Policy Decision Function/Policy and Charging Rules Function)
- Steuerung und Überwachung des IP-Netzes im Hinblick auf QoS
- Erlaubt oder verhindert die Nutzung eines Bearer Channels, z.B. eines PDP Contexts (Packet Data Protocol)
- Anzuwendende QoS-Klassen werden aus Nutzerprofilen abgeleitet
- Informiert P-CSCF, wenn Bearer Channel verloren ging oder modifiziert wurde
- PDF/PCRF ist in UMTS Rel. 5 Teil der P-CSCF, ab Rel. 6 repräsentiert sie ein eigenständiges logisches Netzelement.
- Kommuniziert mit SGSN und GGSN mittels COPS- (Common Open Policy Service) bzw. Diameter-Protokoll (ab Release 6), mit P-CSCF per Diameter-Protokoll

I-CSCF (Interrogating-CSCF)
- An der Schnittstelle zu anderen IMSs und IP Multimedia-Netzen
- Erste Anlaufstelle im IMS für ankommende Sessions
- Abfrage des HSS nach zuständiger S-CSCF bei Registrierung und Verbindungswünschen
- Kann als SIP Proxy Server arbeiten: SIP-Requests/Responses werden an S-CSCF oder fremdes Netz weitergeleitet.
- Bietet erforderlichenfalls **THIG** (Topology Hiding Inter-network Gateway) zum Verbergen von Netztopologie, -konfiguration und -kapazität. In diesem Fall arbeitet die I-CSCF als B2BUA (siehe Abschnitt 6.8) bzw. SBC-S (siehe Abschnitt 6.10).
- Accounting-Funktionen
- Kommuniziert mit S-CSCF bzw. P-CSCF mittels SIP, mit HSS und SLF per Diameter-Protokoll

SEG (Security Gateway)
- Sicherheitsfunktionen an der Grenze zwischen zwei Security Domains bzw. IMSs
- Eine Security Domain entspricht üblicherweise einer administrativen Domain, einem IMS-basierten Netz.
- IPsec (Internet Protocol Security) im Tunnel Mode sowie mit IKE (Internet Key Exchange)
- Aus Redundanz- oder Performance-Gründen kann es auch mehr als ein SEG pro Netz geben.

S-CSCF (Serving-CSCF)
- CS (Call Server) bzw. Softswitch
- SIP Proxy/Registrar Server
- Registriert Nutzer
- Speichert lokal Registrierungsinformation (Location Server)
- Steuert SIP-Verbindungen/Dienste/Dienstmerkmale, kommuniziert dazu mit UE, anderen CSCFs und Application Servern
- Nutzerdaten bzw. Filterkriterien zur Auswahl der ASs werden bei Registrierung vom HSS in die S-CSCF geladen. Diese AS-Filterkriterien sind Teil des Service-Profils eines Nutzers.
- Auswertung des SDP-Protokolls wegen der Zugriffsrechte der Nutzer
- Unterstützt ENUM-Abfragen (E.164 Number Mapping)

- Kann auch als SIP User Agent bzw. B2BUA (z.B. zum Modifizieren von Signalisierungsparametern) arbeiten
- Accounting-Funktionen
- Kommuniziert mit P- bzw. I-CSCF, S-CSCF, MGCF, BGCF oder MRFC mittels SIP, mit HSS und SLF per Diameter-Protokoll

HSS (Home Subscriber Server)
- Zentrale Datenbank
- Ersetzt HLR (Home Location Register) und AuC (Authentication Center) heutiger GSM/GPRS-Mobilfunknetze
- HLR und AuC für CS Domain
- HLR und AuC für PS Domain
- Nutzeridentität, Zugriffsrechte, Service Trigger-Informationen für IMS
- Zugriff durch MSC, GMSC der CS Domain; SGSN, GGSN der PS Domain; CSCF, ASs des IMS
- Wird mittels Diameter-Protokoll angesprochen
- Authentifizierung für alle Strata über HSS

SLF (Subscription Locator Function)
- Datenbank zum Finden des zuständigen HSS
- Bietet I-CSCF, S-CSCF und ASs die Möglichkeit, die Adresse des für einen bestimmten Nutzer zuständigen HSS zu ermitteln
- Zugriff durch I-CSCF, S-CSCF und ASs
- Wird mittels Diameter-Protokoll angesprochen

BGCF (Breakout Gateway Control Function)
- Entscheidet bei Bedarf, an welcher Stelle der Ausstieg in das PSTN (Public Switched Telephone Network) stattfindet
- Erhält SIP-Anfrage bei Verbindung zu leitungsvermittelndem Netz von S-CSCF, wählt MGCF (Media Gateway Control Function) im eigenen Netz aus oder leitet Anfrage an BGCF in anderem Netz weiter
- SIP Proxy Server
- Accounting-Funktionen
- Kommuniziert mit S-CSCF, MGCF und anderen BGCFs mittels SIP

MGCF (Media Gateway Control Function)
- MGC (Media Gateway Controller)
- Protokollkonvertierung ISUP/SIP (ISDN User Part) oder BICC/SIP (Bearer Independent Call Control)
- Steuert IM-MGW mittels H.248/Megaco-Protokoll
- Accounting-Funktionen
- Kommuniziert mit S-CSCF oder BGCF mittels SIP, mit CS-Netz mittels ISUP oder BICC (Bearer Independent Call Control), mit den IM-MGWs per H.248

IM-MGW (IP Multimedia-Media Gateway)
- MGW (Media Gateway)
- Nutzdatenkonvertierung, z.B. RTP/64 kbit/s (Real-time Transport Protocol)
- Wird von MGCF mittels H.248-Protokoll gesteuert
- Generierung von Hörtönen und Ansagen
- Transcoding
- Kommuniziert mit dem IP-Transportnetz mittels RTP, mit dem PSTN auf Basis von 64-kbit/s-Kanälen und mit dem MGCF per H.248

SGW (Signalling Gateway)
- Protokollwechsel auf der Transportebene von MTP zu SIGTRAN mit SCTP over IP (Message Transfer Part/Signalling Transport: Stream Control Transmission Protocol over Internet Protocol)
- Interpretiert weder ISUP bzw. BICC noch SIP
- Accounting-Funktionen
- Kommuniziert mit CS-Netz mittels MTP, mit MGCF auf Basis SIGTRAN mit SCTP over IP

AS (Application Server)
- Für Dienstebereitstellung, speziell von Mehrwertdiensten (siehe Abschnitte 6.12 und 14.7)
- Streng genommen oberhalb IMS im Application Stratum angesiedelt
- Wird von S-CSCF angesprochen
- S-CSCF leitet SIP-Requests/Responses anhand interner oder vom HSS abgefragter Filterkriterien zu bestimmtem AS weiter.
- Accounting-Funktionen
- Kommuniziert mit S-CSCF über die sog. ISC-Schnittstelle (IMS Service Control) mittels SIP (siehe Bild 14.32), mit Daten-Servern z.B. mittels HTTP (HyperText Transfer Protocol), mit HSS oder SLF per Diameter-Protokoll, mit einem UE ggf. mittels XCAP (XML Configuration Access Protocol)

MRF (Media Resource Function)
- Media Server (MS)
- Für Sprachaufzeichnung und -wiedergabe, Videoaufzeichnung und -wiedergabe, Spracherkennung, Konvertierung von Text in Sprache, Multimedia-Konferenzen, Transcoding multimedialer Daten
- MRF ist aus S-CSCF- und AS-Sicht Slave
- MRF wird via S-CSCF mittels SIP gesteuert, d.h., MRF repräsentiert SIP UA.
- Besteht gemäß den Bildern 14.31 und 14.32 [23228] aus zwei logischen Netzelementen, dem MRFC (Multimedia Resource Function Controller) und dem MRFP (Multimedia Resource Function Processor). Ersterer ist für die Steuerung, Letzterer für die Nutzdatenbehandlung zuständig.
- MRFC kommuniziert mit S-CSCF mittels SIP, steuert MRFP mittels H.248-Protokoll

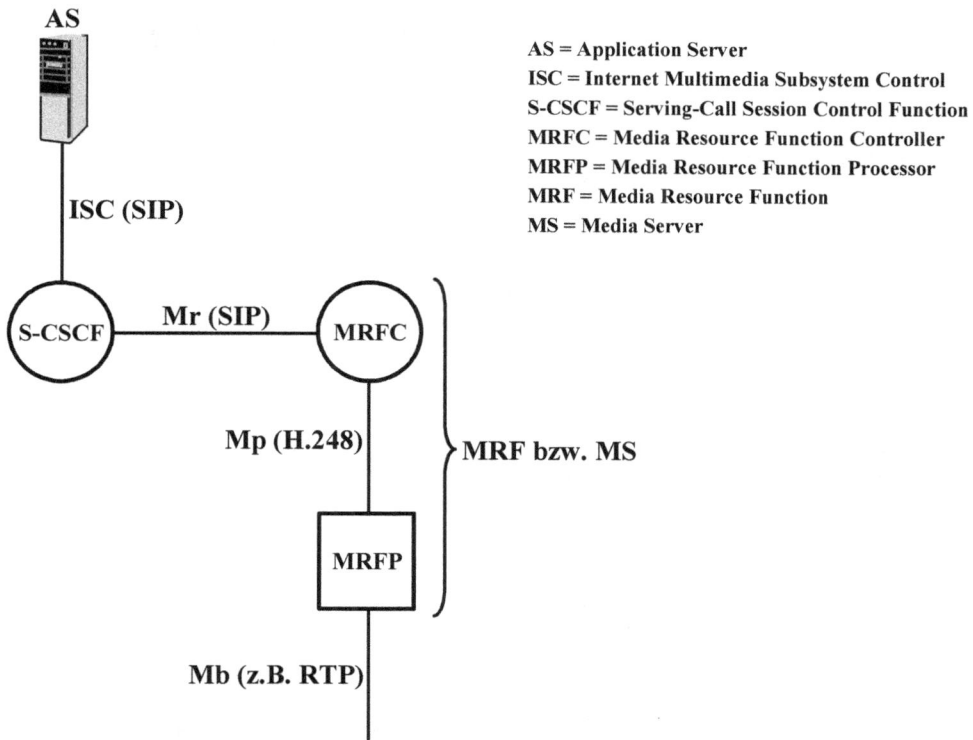

AS = Application Server
ISC = Internet Multimedia Subsystem Control
S-CSCF = Serving-Call Session Control Function
MRFC = Media Resource Function Controller
MRFP = Media Resource Function Processor
MRF = Media Resource Function
MS = Media Server

Bild 14.32: Media- und Application Server im IMS [23228]

Bild 14.33 zeigt abschließend verschiedene Application Server im IMS-Zusammenhang. Der IMS-Ansatz geht natürlich zuerst einmal von der Einbindung eines oder mehrerer SIP AS aus, wobei ggf. ein SCIM (Service Capability Interaction Manager, siehe Abschnitt 14.7) zwischengeschaltet ist. Darüber hinaus wurden aber von vornherein sowohl OSA/Parlay AS (Open Service Access) als auch CSE AS (CAMEL Service Environment) vorgesehen [23002] (siehe Abschnitt 14.7).

OSA/Parlay AS (Open Service Access)
- Basiert auf CORBA-Schnittstellen (Common Object Request Broker Architecture)
- Mittels OSA können 3rd-Party AS sicher an IMS angebunden werden, da OSA selbst Discovery, Authentifizierung, Registrierung und Zugriffssteuerung bietet (die IMS S-CSCF bietet dies für 3rd-Party AS nicht).
- Protokollkonvertierung ISC/OSA-API (Application Programming Interface) mittels OSA SCS (Service Capability Server)

CSE AS (CAMEL Service Environment)

- Basiert auf CAMEL-IN-Funktionalitäten (Customized Applications for Mobile network Enhanced Logic-Intelligent Network)
- Ermöglicht die Nutzung vorhandener CAMEL-basierter IN-Dienste
- Protokollkonvertierung ISC/CAP (CAMEL Application Part) mittels IM-SSF (IP Multimedia Service Switching Function)

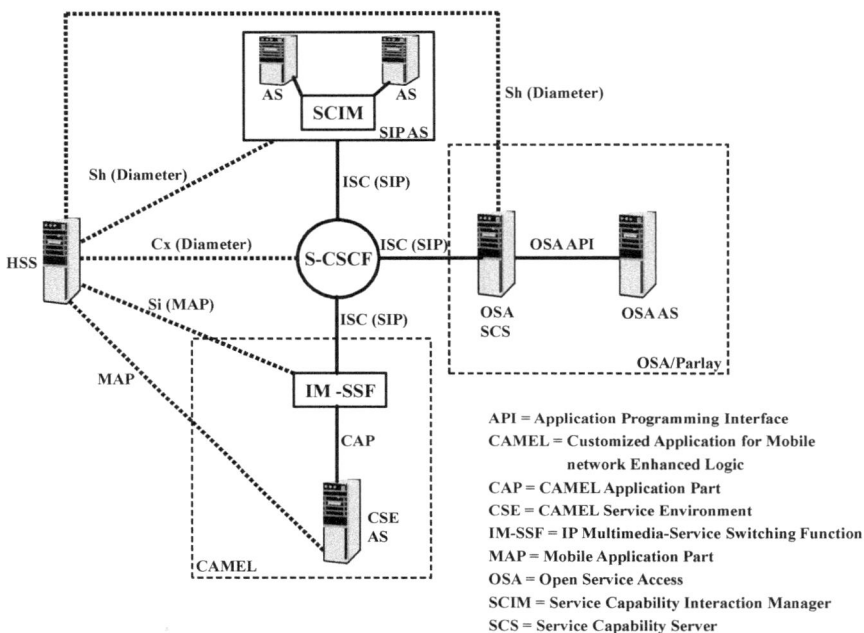

AS SCIM AS SIP AS

Sh (Diameter)

Sh (Diameter)

ISC (SIP)

Cx (Diameter) S-CSCF ISC (SIP) OSA API

HSS

Si (MAP) ISC (SIP) OSA SCS OSA AS

OSA/Parlay

MAP

IM -SSF

CAP

CSE AS

CAMEL

API = Application Programming Interface
CAMEL = Customized Application for Mobile
network Enhanced Logic
CAP = CAMEL Application Part
CSE = CAMEL Service Environment
IM-SSF = IP Multimedia-Service Switching Function
MAP = Mobile Application Part
OSA = Open Service Access
SCIM = Service Capability Interaction Manager
SCS = Service Capability Server

Bild 14.33: Einbindung verschiedener Application Server in das IMS [23002]

An dieser Stelle soll noch einmal ausdrücklich darauf hingewiesen werden, dass es sich bei den beschriebenen Netzelementen um logische Netzelemente handelt. Wie ein Hersteller sie für seine IMS-Lösung vorteilhaft physikalischen Geräten zuordnet, ggf. auch mehrere logische Netzelemente in einem Gerät kombiniert, ist ein zweiter Schritt.

Darüber hinaus ist an dieser Stelle darauf hinzuweisen, dass nach Release 5 über die in Bild 14.31 gezeigten und oben beschriebenen IMS-Netzelemente hinaus entsprechend den Anforderungen weitere Netzelemente definiert und spezifiziert wurden. Eine komplette Übersicht bis einschließlich Release 13 findet man in [23002]. Gemäß [23002] sind ab UMTS Release 6 noch die im Folgenden genannten und kurz skizzierten logischen Netzelemente hinzugekommen:

- IBCF (Interconnection Border Control Function) als Session Border Controller für die Signalisierung (SBC-S) am Übergang zu anderen NGN (siehe auch Abschnitt 14.4),

- TrGW (Transition Gateway) für NAPT (siehe Kapitel 8) und IPv4/IPv6-Protokollumsetzung im Medienpfad. Gesteuert wird ein TrGW von einem IBCF.
- E-CSCF (Emergency-CSCF) für das SIP Routing von Notrufen z.B. zur geografisch nächstgelegenen Notrufzentrale. Hierfür erforderlichenfalls benötigte Ortsinformation für ein mobiles Endgerät (UE) kann über die
- LRF (Location Retrieval Function) bezogen werden. Sollte während eines IMS-gesteuerten Notrufs ein Handover zwischen PS E-UTRAN (paketvermittelt) und CS UTRAN bzw. GERAN (leitungsvermittelt) oder umgekehrt notwendig sein, sorgt die
- EATF (Emergency Access Transfer Function) für Dienstekontinuität, d.h. ein Weiterbestehen der Notrufverbindung.
- Ein MRB (Media Resource Broker) schließlich unterstützt im Zusammenspiel mit S-CSCF und Application Servern die Nutzung eines gemeinsamen Pools verschiedener MRF-Ressourcen (Media Resource Function). Dabei weist der MRB den Sessions für eine spezielle Applikation MRF-Ressourcen z.B. aufgrund vorhandener Kapazitäten oder geforderter QoS zu.

Signalisierung im IMS

Um das Verständnis für das IMS zu vertiefen, werden im Folgenden die SIP-Registrierung und die Session-Vermittlung für den Roaming-Fall noch etwas näher betrachtet. Zudem wird auf Besonderheiten bei SIP im Zusammenhang mit dem IMS, auf die Rolle der I-CSCF und der THIG-Funktion sowie auf die Unterschiede zwischen IMS-konformen und „normalen" SIP User Agents eingegangen.

Bild 14.34 zeigt ein Netzszenario mit einem Heimnetz „Home" und einem besuchten Netz „Visited".

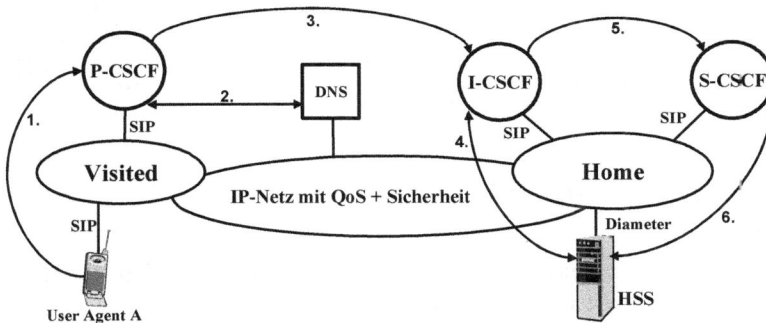

Bild 14.34: SIP-Registrierung im IMS mit Roaming

Ein Teilnehmer mit User Agent A ist Kunde im Netz Home, aber aktuell unterwegs im Netz Visited. Daher kann er seinen Registrierungswunsch nur an das IMS von Visited senden, und zwar an die dafür vorgesehene P-CSCF (1.). In der Folge klärt die P-CSCF mittels DNS-

Abfrage (2.), wie die IP-Adresse des IMS in Netz Home lautet, und leitet die REGISTER-Anfrage an die I-CSCF in Home weiter (3.). Die für User A zuständige S-CSCF, die in diesem Szenario als SIP Registrar arbeitet, wird anhand einer HSS-Abfrage ermittelt (4.). Nach Erhalt der Registrierungsanfrage (5.) kommuniziert die S-CSCF mit dem HSS die Authentifizierungsdaten (6.). Ergänzend zu Bild 14.34 detailliert das Message Sequence Chart in Bild 14.35 den Ablauf bei der Registrierung eines mobilen, sich in einem fremden Netz befindenden User Agents A [24228; 2782; 33203].

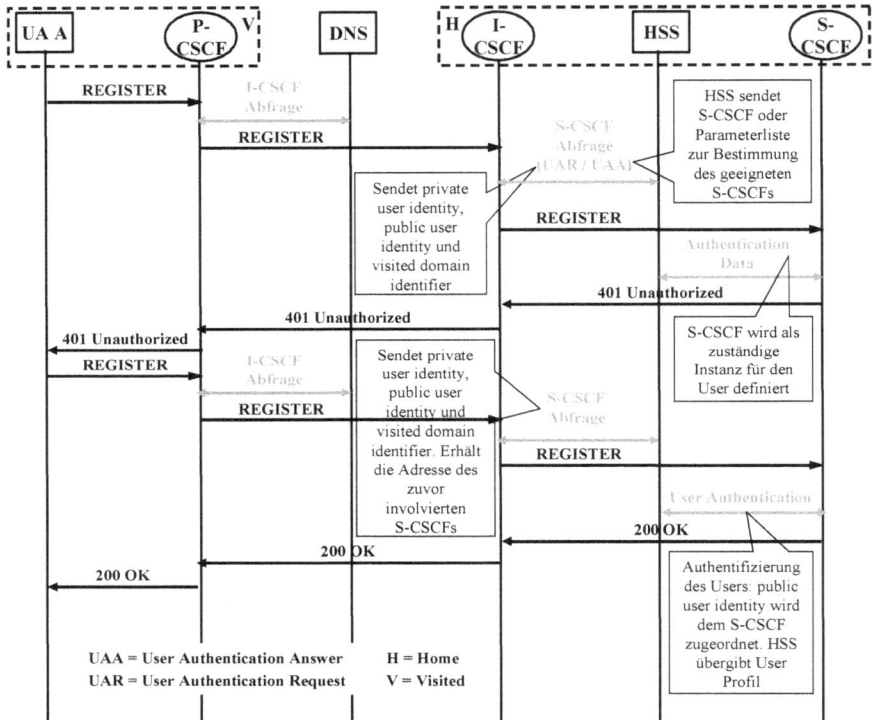

Bild 14.35: Kommunikationsablauf bei der SIP-Registrierung im IMS mit Roaming [24228]

SIP im IMS bringt im Vergleich mit SIP gemäß IETF (siehe u.a. Kapitel 5 und 6) einige Besonderheiten bzw. Erweiterungen mit sich. Neu ist z.B. die Private User Identity [23228]. Sie wird vom Netzbetreiber zugewiesen und ist damit auf der USIM-Karte gespeichert. Sie kennzeichnet das Dienste-Abonnement des Nutzers bzw. das User-Profil im HSS und wird (nur) bei der Registrierung authentifiziert. In diesem Zusammenhang wird sie als Digest Username bei der Übermittlung der Authentifizierungsdaten mittels AKA (Authentication and Key Agreement) eingesetzt. Im IMS gibt es damit pro Nutzer

- 1 x Private User Identity: z.B. user1_private@home1.net und

- N x Public User Identity (ständige SIP-URI): z.B. sip:user1_public1@home1.net; sip:user1_public2@home1.net.

Während die Private User Identity „nur" das Dienste-Abonnement eines Nutzers kennzeichnet und daher nicht für das Routing herangezogen wird, repräsentieren die korrespondierenden N Public User Identities ständige SIP-URIs bzw. Rufnummern, anhand derer im Netz geroutet wird.

Die Authentifikation für den IMS-Zugang basiert auf dem AKA-Protokoll (Authentication and Key Agreement) [33203]. Da AKA nicht direkt auf Basis des IP angewendet werden kann und ein wesentliches Ziel ohnehin SIP-basierte Kommunikation mit Authentifizierung ist, wird AKA in SIP getunnelt [3310; 4169]. D.h., dass AKA als Digest Authentication-Passwortsystem [3261; 2617] für die SIP-Registrierung bzw. die authentifizierte SIP-Kommunikation verwendet wird. Im Zusammenspiel mit dem IMS wird somit das sicherere Verfahren AKA mit SIP Digest anstelle des bei der „normalen" SIP-Kommunikation üblichen SIP Digest angewandt (siehe Abschnitt 12.1.1).

Für das IMS neu eingeführt wurden auch die beiden SIP-Erweiterungs-Header „Path" [3327] und „Service-Route" [3608]. Der Path Header ermöglicht während der Registrierung die Bestimmung des Pfades mit allen durchlaufenen P-CSCFs. Z.B. informiert die durch die Domain pcscf1.visited1.net gekennzeichnete P-CSCF mittels des Header-Feldes Path: <sip:term@pcscf1.visited1.net;lr> den Registrar (S-CSCF) darüber, dass die Registrierungsanfrage über sie empfangen wurde. Diese Information wird von der S-CSCF gespeichert. Erhält nun die S-CSCF eine INVITE-Anfrage für den mit hinterlegtem Path Header registrierten UA, fügt sie den Pfad mit den zu durchlaufenden P-CSCFs als Route Header ein und erzwingt damit, dass die INVITE-Nachricht die gleichen P-CSCFs wie bei der Registrierung, allerdings in umgekehrter Reihenfolge, durchläuft.

In Ergänzung hierzu wird mit dem Service-Route Header [3608] mit der 200 OK-Statusinformation während einer laufenden SIP-Registrierung dem SIP User Agent der aktive Registrar (S-CSCF), z.B. mit Service-Route: <sip:orig@scscf1.home1.net;lr>, mitgeteilt. Der UA speichert diese Information ebenfalls. In der Folge fügt dieser UA die empfangene Service-Route-Information bei von ihm gesendeten SIP Requests in den Route Header ein und adressiert damit via P-CSCF direkt die S-CSCF, ohne Einbeziehung der bei der Registrierung obligatorischen I-CSCF.

Letzteres wird bei dem in den Bildern 14.36 und 14.37 dargestellten Session-Aufbau zwischen zwei mobilen, sich in den besuchten Netzen „Visited 1" und „Visited 2" befindenden User Agents A und B angewandt. UA A sendet INVITE via P-CSCF von „Visited 1" (1.), vermittelt durch die S-CSCF in seinem Heimnetz „Home 1" (2.) an das Netz „Home 2" des Providers von User B. Dazu adressiert die S-CSCF von A die I-CSCF von Home 2 (3.). Diese ermittelt in einer HSS-Abfrage die für B zuständige S-CSCF (4.) und routet die INVITE-Nachricht dorthin (5.). Anhand der für B gespeicherten Registrierungsinformation inkl. Path Header wird die INVITE-Anfrage in das von B besuchte Netz Visited 2 an die dortige P-CSCF (6.) und weiter zum UA B geroutet (7.) [24228].

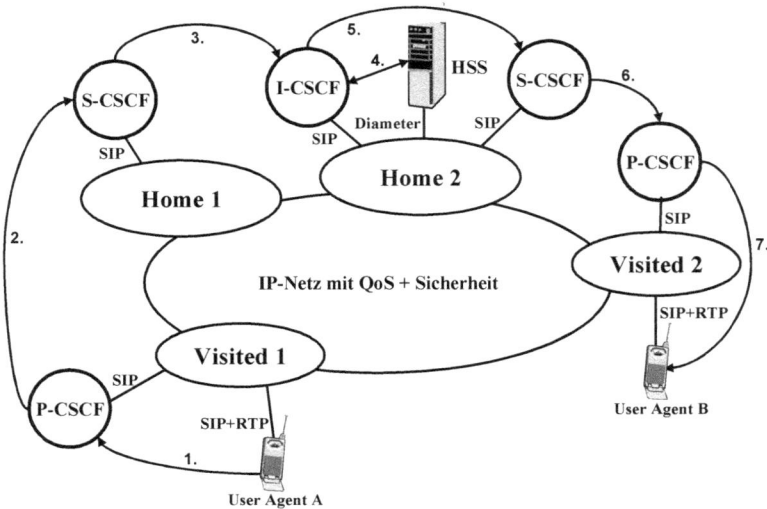

Bild 14.36: SIP-Session-Aufbau im IMS mit Roaming

Aus Bild 14.37 geht auch hervor, dass im Zusammenspiel mit dem IMS das SIP Precondition Framework für die Ressourcenreservierung zur Sicherstellung der gewünschten QoS zum Einsatz kommt unter Nutzung der SIP-Nachrichten 183 Session Progress, PRACK und UP-DATE sowie der speziellen SDP-Medienattribute für QoS-Unterstützung (siehe Kapitel 10).

Darüber hinaus verdeutlichen die Bilder 14.36 und 14.37, dass Mobilität über Heimnetzgrenzen hinaus nur unterstützt wird, wenn Roaming zwischen den beteiligten Providern vereinbart ist, da ein Teilnehmer aus einem besuchten NGN heraus seine Home-S-CSCF nur über die Visited-P-CSCF erreichen kann, nicht direkt. D.h., IMS-Netzbetreiber, die ihren Kunden umfassende Mobilitätsunterstützung bieten wollen, müssen mit allen anderen relevanten IMS-Netzbetreibern Roaming-Abkommen schließen.

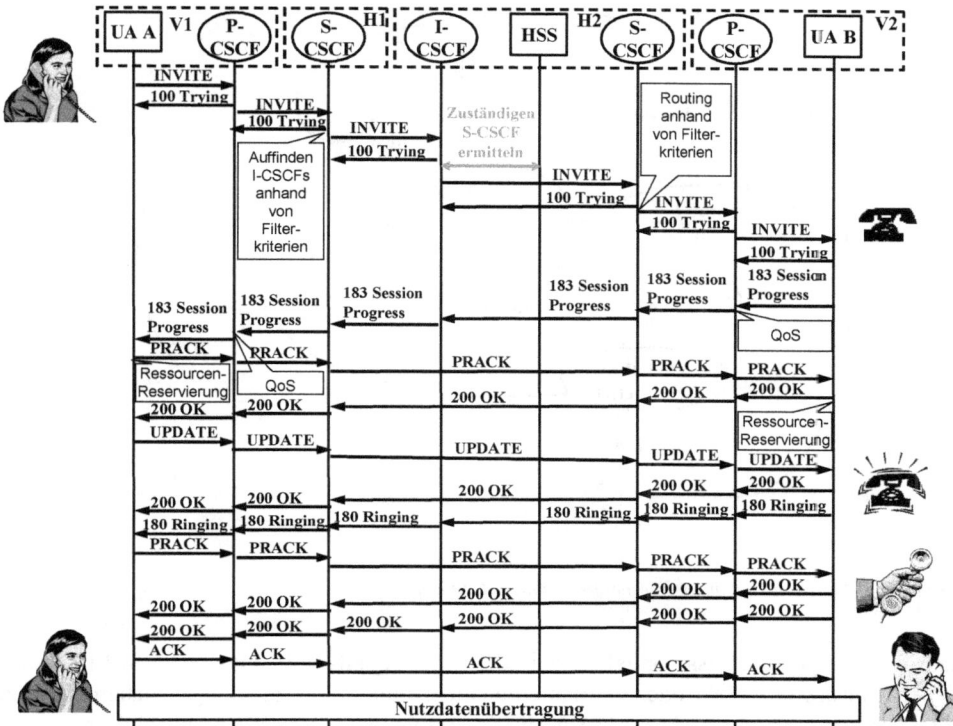

Bild 14.37: Kommunikationsablauf beim SIP-Session-Aufbau im IMS mit Roaming [24228]

Bei den obigen Ausführungen wurde deutlich, dass durch Einsatz eines IMS im NGN zwar vorteilhafterweise Vieles durch die Standardisierung geregelt ist, dass allerdings die Komplexität auch stark zunimmt. Dies wird anschaulich, wenn man das NGN/IMS-Szenario gemäß Bild 14.36 mit dem deutlich einfacheren Szenario der SIP-basierten Multimediakommunikation via Internet in Bild 14.38 vergleicht. Hier bilden die mit Home und Visited bezeichneten IP-Subnetze der verschiedenen Internet Service Provider das eine IP-Gesamtnetz, das Internet, innerhalb dessen ein SIP User Agent von überall her seinen korrespondierenden Call Server erreichen kann. Das wiederum hat zur Folge, dass im Prinzip ein UA A mittels seines zuständigen CS im Home 1-Subnetz direkt über den CS im Home 2-Subnetz einen UA B erreichen kann.

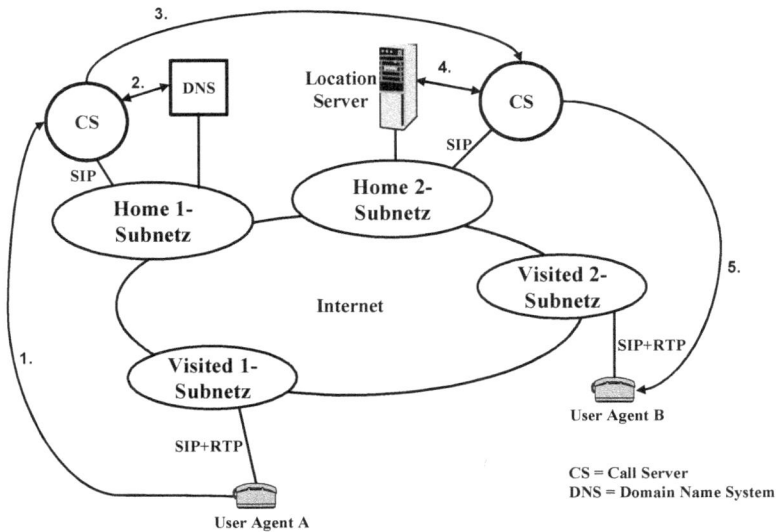

Bild 14.38: SIP-Session-Aufbau im Internet bei mobilem Teilnehmer

Auch deutlich wurde, dass handelsübliche SIP User Agents, z.B. klassische SIP-IP-Phones, für den Einsatz in NGNs oder dem Internet nicht ohne weiteres in IMS-basierten Netzen eingesetzt werden können, da ein UA im IMS u.a. folgende Anforderungen erfüllen muss:

• Unterstützung von Private und Public User Identities
• SIP Digest mit AKAv1 [3310] bzw. AKAv2 [4169]
• Path- und Service-Route Header
• Unterstützung der QoS-Aushandlung auf Basis des SIP Precondition Framework
• UA muss so konfiguriert werden können, dass als Outbound Proxy die Adresse des P-CSCFs (z.B. sip:pcscf.visited1.net:4060) eingetragen werden kann, die Request URI in REGISTER-Nachrichten jedoch lediglich auf die Domain verweist (z.B. sip:home1.net).

Sollen nichtsdestotrotz nicht-IMS-konforme UAs in einem IMS-basierten NGN zum Einsatz kommen, ist das nur möglich, wenn die eingesetzte IMS-Technik entsprechend konfiguriert werden kann, damit z.B. S-CSCF und HSS auch SIP Digest ohne AKA unterstützen.

Im Folgenden soll das Verständnis für die Rolle der I-CSCF noch etwas vertieft werden [23228; Poik]. Wie bereits aus Bild 14.35 hervorging, ist bei einer Registrierung eine I-CSCF immer beteiligt:

• P-CSCF leitet REGISTER-Nachrichten an I-CSCF weiter
• I-CSCF fragt die zuständige S-CSCF beim HSS an
• HSS gibt die Adresse der S-CSCF direkt zurück oder aber eine Liste von Parametern, anhand derer die I-CSCF die S-CSCF selbst auswählt.

Gemäß Bild 14.37 ist eine I-CSCF beim Session-Auf- und Abbau in folgenden Fällen nicht beteiligt:

- im Home und Visited Network von User A (abgehender Ruf): UA kennt nach erfolgreicher Registrierung zuständigen S-CSCF in Home Network von User A (infolge Service-Route Header);
- im Visited Network von User B (ankommender Ruf): S-CSCF in Home Network von User B kennt nach erfolgreicher Registrierung zuständigen P-CSCF (infolge Path Header).

Bei Session-Auf- und Abbau einbezogen werden muss die I-CSCF gemäß Bild 14.37 im Home Network von User B (ankommender Ruf) und grundsätzlich immer, wenn eine I-CSCF mit THIG-Funktionalität (Topology Hiding Inter-network Gateway) zum Verbergen eines Netzes zur Anwendung kommt [23228]. Ist Letzteres der Fall, werden durch die I-CSCF (THIG) konkrete Route-Informationen durch außerhalb des geschützten Netzes nicht interpretierbare Token ersetzt. Aus SIP-Sicht repräsentiert die I-CSCF (THIG) nach außen hin das komplette IMS.

Entgelterfassung im IMS
Wie bereits oben angesprochen versucht das IMS, die Vorteile aus der Internet-Welt und den klassischen Telekommunikationsnetzen in Form einer standardisierten Lösung für das Service Stratum zu kombinieren. Dazu zählt auch das Thema Entgelterfassung bzw. Charging [32200; 32240; Poik]. Die mittlerweile schon traditionelle Abrechnung in IP-basierten Netzwerken geht von einer Flatrate aus oder ist Volumen-basiert. Für die IP-Welt neue Abrechnungsmodelle im IMS basieren auf Sessions bzw. Events (z.B. auf Basis SUBSCRIBE oder MESSAGE). Beispiele für Dienste und ihre mögliche Abrechnung sind

- Peer-to-Peer Games als Pre-paid Service,
- Multimedia-Sessions als Post-paid Service (monatliche Rechnung),
- IM als flat-free Service.
- Session-based Messaging (z.B. Chat) nach Dauer bzw. Transferrate der Session.

Ein Post-paid Service nutzt Offline-Charging, d.h. die Charging-Informationen (z.B. Session-Dauer eines VoIP-Telefonats) werden hauptsächlich nach der Session – und nicht in Echtzeit – gesammelt. Am Ende des Monats wird via Billing-System eine Rechnung inkl. Verbrauchsübersicht erstellt und dem Kunden zur Verfügung gestellt. Pre-paid Services hingegen basieren auf einem Online-Charging. Das bedeutet, dass die am Service beteiligten IMS-Instanzen das Online Charging System (OCS) kontaktieren müssen, bevor sie dem User den Gebrauch des Dienstes (z.B. Online-Spiel) gestatten. Für derartige, das Charging betreffende Echtzeitabfragen ist das OCS zuständig. Es bekommt über das Billing-System entsprechende Informationen über die von einem Nutzer für den Pre-paid Service bereits geleisteten Zahlungen.

Für das Charging werten die IMS-Instanzen, wie z.B. eine CSCF, Trigger-Bedingungen wie

- Session initiation, z.B. 200 OK,

- Session modification, z.B. 200 OK,
- Session termination request, z.B. BYE (Session-basiertes Charging),
- SIP-Transaktionen wie MESSAGE, PUBLISH, SUBSCRIBE (Event-basiertes Charging),
- SIP-Header- und SIP-Message Body-Informationen

aus.

Bild 14.39 [32240; 32260; 32299; 32295; 32252; 32251; 32297; 32296; Poik] zeigt die Weiterverarbeitung der gewonnenen Charging-Daten für UMTS Release 6 sowohl für Offline- als auch Online-Charging.

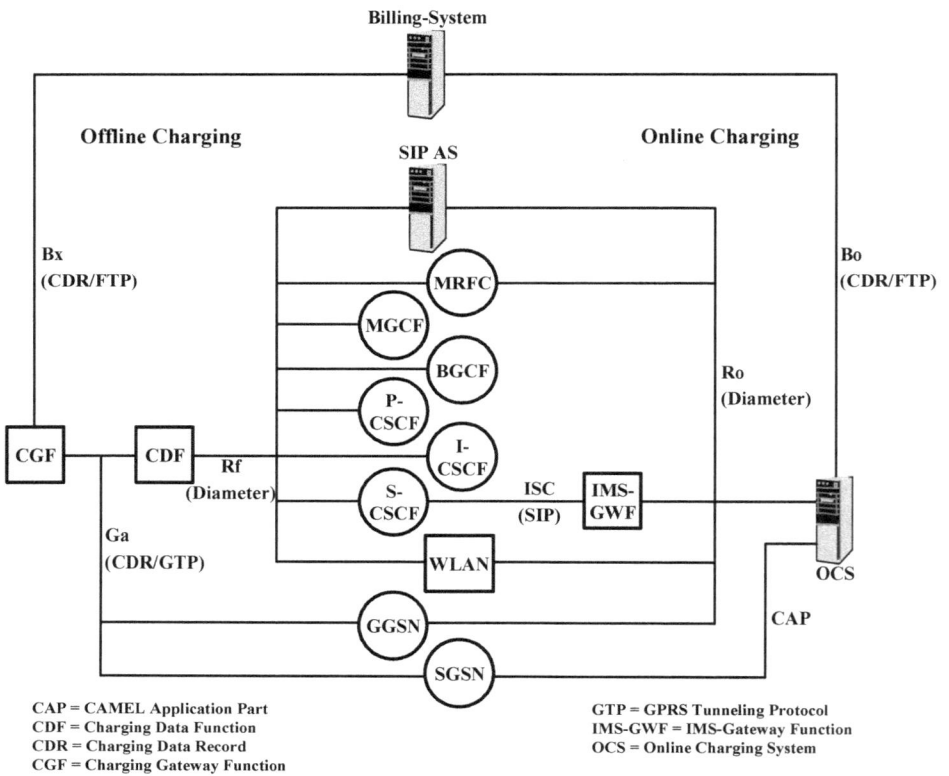

Bild 14.39: Offline- und Online-Charging im IMS [23002]

Im Falle von Offline-Charging (linke Hälfte in Bild 14.39) übergibt das aufgrund eines Triggers die Vergebührungsdaten erfassende Netzelement, z.B. eine S-CSCF, diese mittels Diameter-Protokoll an die CDF (Charging Data Function), die hieraus einen CDR-Datensatz (Charging Data Record) erstellt. Alternativ zur Darstellung in Bild 14.39 kann die CDF auch integriert in dem die Daten liefernden Netzelement sein [32240]. Die Schnittstellenanpassung inkl. Korrelation, Konsolidierung und Filterung der CDRs zwischen der die Charging-Daten zusammenführenden und die zugehörigen CDRs generierenden CDF und dem Billing-System stellt die Charging Gateway Function (CGF) bereit [32240; Poik]. Beispielsweise wird die 200 OK-Statusinformation zur Anzeige eines erfolgreichen Session-Aufbaus durch die S-CSCF erst dann weitervermittelt, wenn sie die Daten zur Erstellung des zugehörigen CDR geliefert hat.

Die etwas anders gelagerte Verarbeitung von Online-Charging-Daten geht aus der rechten Hälfte in Bild 14.39 hervor. Eine Trigger-Bedingung, z.B. der Empfang einer Instant Message (Textmitteilung) mittels SIP Request MESSAGE durch die S-CSCF, führt dazu, dass via Diameter-Protokoll das Online Charging System (OCS) [32296] abgefragt wird. Im Fall des IM-Versands muss beispielsweise geklärt werden, ob das Pre-paid-Konto des Kunden für die IM-Kommunikation noch genügend Guthaben aufweist. Erst wenn dies verifiziert wurde, wird die korrespondierende SIP-Nachricht MESSAGE weitervermittelt.

Auch für das Charging gilt, dass nach Release 6 über Bild 14.39 hinaus weitere Netzelemente hinzugefügt wurden. Zu erwähnen sind hier die oben charakterisierten PCRF und IBCF sowie MME, S-GW und PDN-GW des paketvermittelten EPC-Kernnetzes (siehe Abschnitt 14.2).

14.4   NGN mit IMS

Ausgehend von den umfangreichen Vorarbeiten zum IMS bei 3GPP [3GPP] starteten ITU-T [NGNG] und ETSI TISPAN [TISP] die Standardisierung zu NGN mit dem Ziel, IMS auch für Festnetze bzw. für konvergente Netze anzuwenden. Dabei waren die zwei wesentlichen Ziele

- IMS-basierte Dienste auf Breitband-Festnetzanschlüssen bereitstellen zu können und
- ganz oder in Teilen das PSTN bzw. ISDN zu ersetzen [180001].

Das Prinzip dieser Verallgemeinerung mit verschiedensten Nutzerzugängen wird durch Bild 14.40 verdeutlicht. Es zeigt im oberen Teil das aus Bild 14.16 bereits bekannte IMS, im unteren Teil die Access Networks und das IP-Kernnetz, wobei auch hier wieder offensichtlich wird, dass normalerweise die Nutzdaten das IMS nicht tangieren.

Von den oben genannten Zielen ausgehend bietet das von ETSI TISPAN bis Dezember 2005 [ngn] standardisierte NGN Release 1 die folgende Funktionalität [180001]:

- basiert auf 3GPP IMS Release 6 bzw. 7,
- PSTN/ISDN-Emulation, d.h. 1:1-Ersatz durch NGN,
- PSTN/ISDN-Simulation, d.h., NGN bietet „nur" ähnliche Dienste und Dienstmerkmale,
- xDSL-, xPON- (Passive Optical Network), HFC- , Ethernet- und Funk-Zugangsnetze,
- Unterstützung von QoS-Mechanismen für die Zugangsnetze,
- Interconnection mit anderen NGN,

- Persönliche Mobilität und nomadische Nutzung,
- Konvergente Dienste bezüglich fester und mobiler Zugänge.

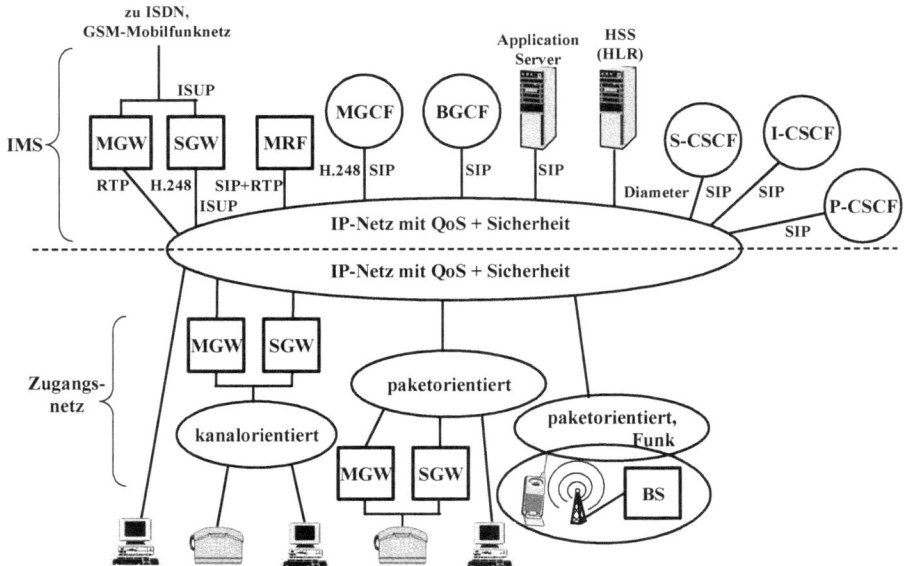

Bild 14.40: IMS in NGN

Entsprechend dieser Anforderungen muss im Vergleich zu UMTS (siehe Abschnitt 14.2) das IP Multimedia Subsystem (IMS) (siehe Abschnitt 14.3) um weitere Subsysteme für QoS, Authentifizierung und Zugangskontrolle ergänzt werden [282001]. Dies wurde in Bild 14.41, der Fortführung der Bilder 14.29 und 14.30 (siehe Abschnitt 14.3), mit dem NASS (Network Attachment Subsystem) und dem RACS (Resource and Admission Control Subsystem) berücksichtigt. Darüber hinaus gibt es aber im Vergleich zu der IMS-Einbindung in Bild 14.30 noch mehr Unterschiede. Beim ETSI TISPAN NGN-IMS wird im Unterschied zum 3GPP-IMS von einem Core IMS ausgegangen. Es repräsentiert nur ein Subset des 3GPP-IMS und beschränkt sich dabei auf die reine Session-Steuerung. Daher zählen AS, MRFP, IM-MGW und SGW nicht zum NGN-IMS [282007]. Diese Denkweise orientiert sich konsequent am NGN-Ansatz der Trennung von Nutzdaten, Verbindungssteuerung und Mehrwertdiensten.

Bild 14.41 enthält neben dem IMS mit NASS und RACS weitere Subsysteme [282001], für NGN Release 1 das PSTN/ISDN Emulation Subsystem (PES) [282002]. Die bereits ebenfalls erwähnte PSTN/ISDN Simulation wird vom IMS realisiert. Ab Release 2 kommt das IPTV Subsystem (IP Television) für Streaming und Content Broadcasting hinzu [181005; 282001]. Bei Bedarf können weitere Subsysteme hinzugefügt werden.

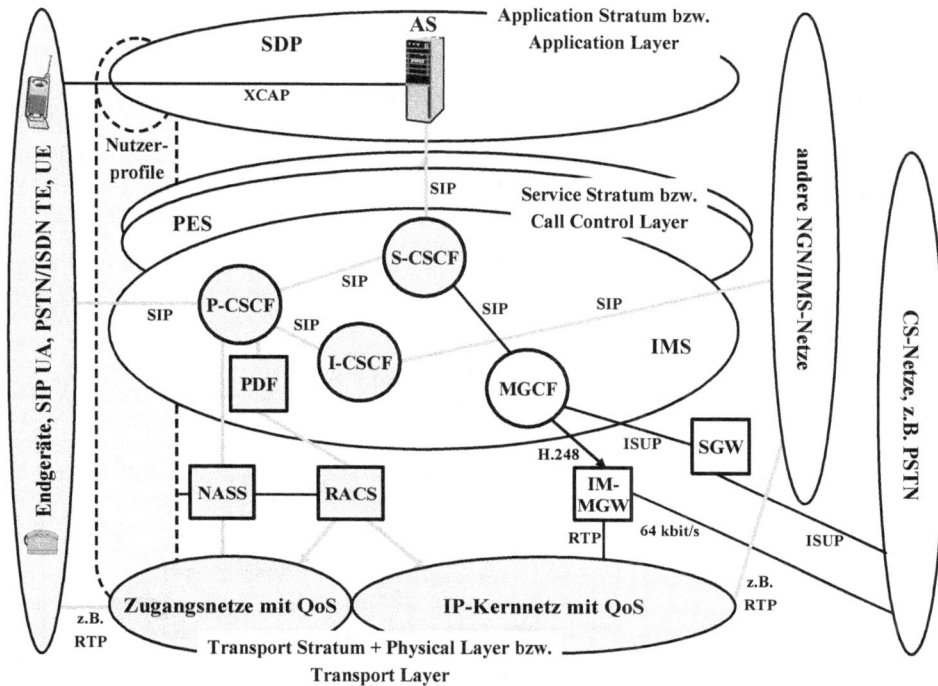

Bild 14.41: IMS in NGN nach ETSI TISPAN

Das NASS (Network Attachment Subsystem) übernimmt vereinfacht ausgedrückt die Rolle heutiger Broadband Remote Access Server (BRAS) (siehe Abschnitt 2.3). Zu seinen Funktionen zählen [282001; 282004]:

• Authentifizierung,
• dynamische IP-Adressvergabe,
• Zugriffsteuerung auf der Basis von Nutzerprofilen,
• Zugangs- und Endgerätekonfiguration,
• Ortsbestimmung bzw. Location Management.

Das RACS (Resource and Admission Control Subsystem) ist für die Steuerung der QoS, in NGN Release 1 speziell im Zugangsnetz, verantwortlich. Zu seinen Aufgaben gehören [282001; 282003]

• die Steuerung von Zugängen und Zugriffen auf Grund der Nutzerprofile und Ressourcenverfügbarkeit,
• die Steuerung der NAPT (Network Address and Port Translation) und der
• Priorisierung.

- Zudem ermittelt das RACS die verfügbaren Ressourcen und initiiert ggf. eine Ressourcenreservierung.

Eine Gesamtschau für ein NGN nach ETSI TISPAN und die Einbindung der oben beschriebenen Subsysteme inkl. IMS liefert Bild 14.42 [180001; NGNP]. Dabei wird offensichtlich, dass ein NGN nach ETSI TISPAN mit den sog. IP-Connectivity Access Networks (IP-CAN) bez. IP-basierter Kommunikation auch die 3GPP-Funkzugangsnetze (z.B. UTRAN, WLAN) mit einbezieht. Damit ist von Seiten der Standardisierung die Basis für konvergente Telekommunikationsnetze (siehe Abschnitt 14.6) gegeben.

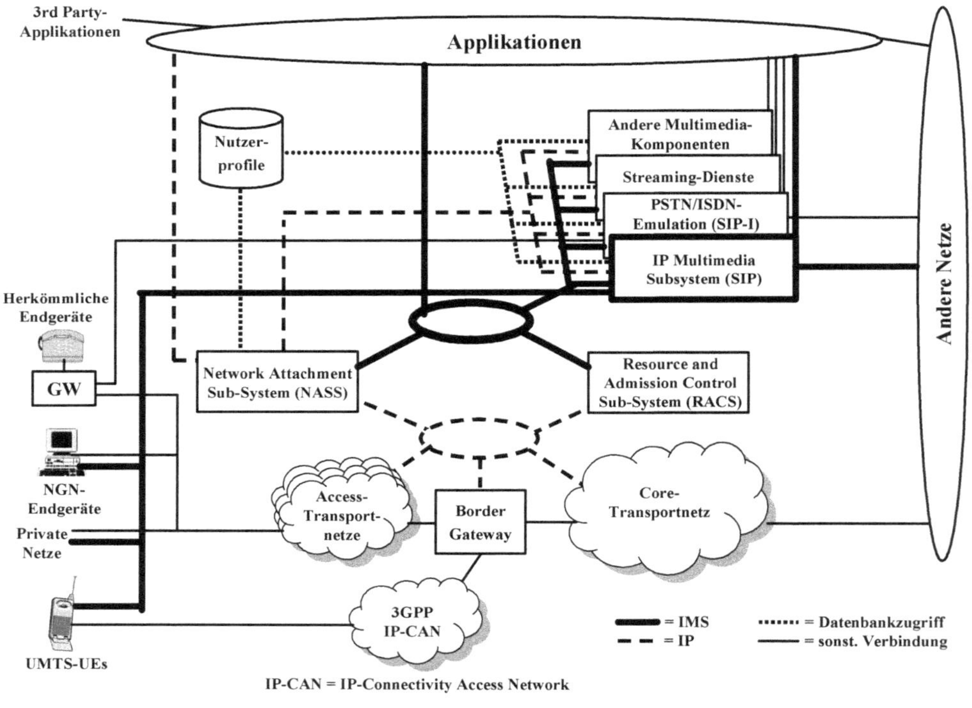

Bild 14.42: NGN nach ETSI TISPAN [180001]

ETSI NGN Releases

Zwar wurde bisher im Wesentlichen über NGN Release 1 gesprochen, die Erwähnung weiterer Subsysteme deutete aber schon auf weitere NGN-Versionen hin. Die Standards für Release 1 wurden bei ETSI im Dezember 2005, die für die Nachfolgeversion Release 2 im April 2008 verabschiedet [ngn; 180001; 181005]. Die jeweils unterstützten Funktionen und Leistungsmerkmale sind in den Tabellen 14.6a und 14.6b aufgelistet. Release 2 brachte als ganz

wesentliche Neuerung die IPTV-Unterstützung mit eigenem Subsystem. Besonders erwähnenswert sind darüber hinaus die Einbeziehung von Corporate Networks, eine ganze Reihe
weiterer Dienstmerkmale, ENUM sowie QoS-Unterstützung auch im Kernnetz. Release 2 hat
für die deutschen Netzbetreiber insofern eine besonders große Bedeutung, als im Unterschied
zu Release 1 auch die im Hinblick auf die Netzmigration wichtige umfassende ISDN-
Unterstützung auch bez. der Dienstmerkmale gegeben ist.

Tabelle 14.6a: ETSI TISPAN NGN Releases 1 und 2

Release 1 [180001]	Release 2 [181005]
• Dezember 2005 [ngn]	• April 2008 [ngn]
• basiert auf 3GPP IMS Release 6 bzw. 7	• basiert auf 3GPP IMS Release 7 bzw. 8
• Network Attachment Subsystem (NASS)	• Release 1 +
• Resource and Admission Control Subsystem (RACS)	• IMS-Erweiterungen
• PSTN/ISDN Emulation Subsystem (PES)	o Unterstützung von IN-Diensten
• nur PSTN-Unterstützung	o Overlap-Signalisierung
• PSTN/ISDN Simulation Subsystem (PSS)	• PSTN- und ISDN-Unterstützung
• Presence	• IP Television (IPTV)
• Persönliche Mobilität und nomadische Nutzung	o IPTV Subsystem
• Interworking	o IMS Support für IPTV
o SIP/ISUP	o Video on Demand
o SIP/BICC	• Fixed Mobile Convergence (FMC)
• Lawful Interception	• Corporate Network-Unterstützung
• Access Networks	• ENUM
o xDSL	• QoS-Unterstützung im Kernnetz
o xPON,	• Access Networks
o HFC	o 3G RAN
o Ethernet	o WLAN
o Funk	o HFC, Packet Cable
• Security	• Security-Erweiterungen

Tabelle 14.6b: ETSI TISPAN Releases 1 und 2, speziell Supplementary Services

Release 1 [180001]	Release 2 [00005]

• IMS-simulierte Supplementary Services
  o Videotelefonie
  o Multimedia Telephony (MMTel)
  o Originating Identification Presentation (OIP); Übermittlung der Rufnummer des Anrufenden
  o Originating Identification Restriction (OIR); Unterdrückung der Rufnummernübermittlung des Anrufenden
  o Anonymous Communication Rejection (ACR); Ablehnung anonym ankommender Rufe
  o Communication Baring (CB); Ablehnung bestimmter ankommender oder abgehender Rufe
  o Conference Call (CONF)
  o Message Waiting Indication (MWI); Hinweis auf vorhandene Nachricht(en)
  o Communication Diversion (CDIV); verschiedene Ausprägungen der Anrufweiterschaltung
  o Explicit Communication Transfer (ECT); Verbindungsübergabe
  o Malicious Communication Identification (MCID); Fangen (Identifizierung böswilliger Anrufer)
  o Terminating Identification Presentation (TIP); Übermittlung der Rufnummer des Angerufenen
  o Terminating Identification Restriction (TIR); Unterdrückung der Rufnummernübermittlung des Angerufenen
  o Communication HOLD (HOLD); Halten
  o Notrufdienste
	• IMS-simulierte Supplementary Services
	  o Closed User Group (CUG)
	  o Voice Call Continuity (VCC); Aufrechterhaltung eines Telefonats beim Wechsel zwischen CS und PS
	  o Call Waiting (CW); Anklopfen
	  o Advice of Charge (AoC); Gebührenübermittlung
	  o Call Completion on Busy Subscriber (CCBS); Rückruf bei besetzt
	  o Call Completion No Reply (CCNR); automatischer Rückruf
	• IMS-spezifische Supplementary Services
	  o SMS und MMS
	  o Direct Communication (DC); Push to talk
	  o Customized Originating Multimedia Information Presentation (COMIP); Übermittlung von Multimedia-Infos (z.B. Rufton, Bild des Rufenden, bevorzugte Medien) des Rufenden beim Session-Aufbau
	  o Customized Terminating Multimedia Information Presentation (CTMIP); Übermittlung von Multimedia-Informationen des Angerufenen beim Session-Aufbau
	  o Customized Originating Multimedia Information Filtering (COMIF); Filterung übermittelter Multimedia-Infos des Anrufenden
	  o Customized Terminating Multimedia Information Filtering (CTMIF); Filterung übermittelter Multimedia-Informationen des Angerufenen

Für das nachfolgende Release 3 wurden bis März 2011 umfangreiche Erweiterungen zu IPTV vorgenommen, u.a. für IMS-unterstütztes IPTV mit Mobilität und Roaming, User Generated Content (UGC) und Personalised Channels (PCh). Zudem wurden bis September 2011 erste Standardisierungsarbeiten für ein Content Delivery Network (CDN), d.h. ein System vernetzter Server zur Lieferung verteilter und gespiegelter Inhalte an die Nutzer, abgeschlossen [182019]. Weitere Themen von NGN Release 3 sind Peer-to-Peer-Dienste für IPTV, Unternehmensnetze mit NGN-Schnittstelle, NGN Interconnection, QoS-Steuerung in

Heimnetzen, RFID Security (Radio-Frequency Identification), NGN Security-Verbesserungen und Energiemonitoring in Heimnetzen [ngn].

Im Zusammenhang mit NGN Release 3 ist zu erwähnen, dass 2012 die ETSI-Arbeitsgruppe TISPAN geschlossen wurde. Die noch ausstehenden Arbeiten und die Pflege der Standards wurden an die neue Projektgruppe E2NA (End-to-End Network Architecture) [e2na] übergeben [ngn].

Netzarchitektur eines NGN mit IMS

Der ETSI TISPAN-Ansatz für NGN unter Nutzung des IMS soll anhand von Bild 14.43 noch etwas detaillierter betrachtet werden. Hier sind – wie bereits für IMS Release 5 in Bild 14.31 geschehen (siehe Abschnitt 14.3) – die Netzelemente, Referenzpunkte und Protokolle für Transport, Service (hier nur IMS) und Application Stratum in der aus den Bildern 14.29 und 14.41 (siehe Abschnitte 14.3 und 14.4) bekannten Strata-Struktur dargestellt [123517; 282001; Hour].

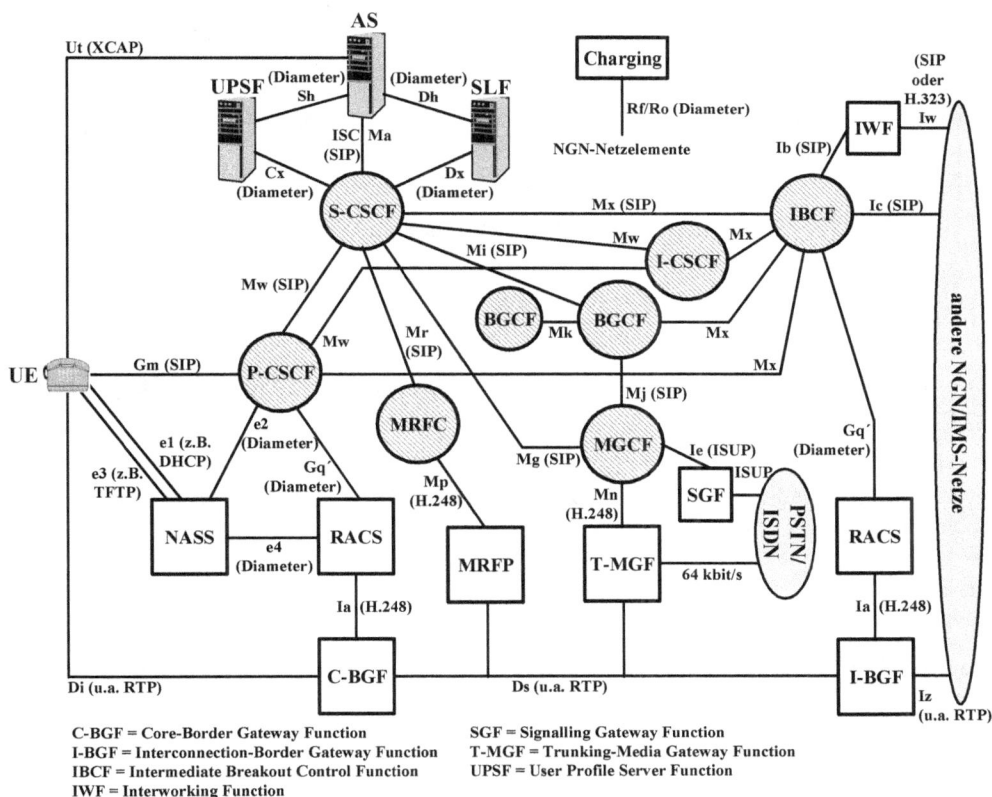

C-BGF = Core-Border Gateway Function
I-BGF = Interconnection-Border Gateway Function
IBCF = Intermediate Breakout Control Function
IWF = Interworking Function

SGF = Signalling Gateway Function
T-MGF = Trunking-Media Gateway Function
UPSF = User Profile Server Function

Bild 14.43: Netzelemente, Referenzpunkte und Protokolle in NGN Release 2-Netz [123517]

Die Funktionen der meisten in Bild 14.43 gezeigten Netzelemente wurden bereits oben in diesem und dem vorhergehenden Abschnitt erläutert, insofern soll im Folgenden nur auf die Neuerungen für NGN Release 2 mit dem IMS Release 8 [282001; 123517] eingegangen werden. Der Home Subscriber Server (HSS) wird nun unter Weglassung der mobilfunkspezifischen Funktionen (HLR und AuC, siehe Abschnitte 2.2 und 14.3) UPSF (User Profile Server Function) genannt [282001]. Neu im Core IMS (ab Release 8) ist die IBCF (Interconnection Border Control Function, siehe Abschnitt 14.3). Sie repräsentiert am Übergang zu einem anderen NGN-Netz einen SBC-S (SBC-Signalling, siehe Abschnitt 6.10) [Hour] mit den möglichen Funktionen

- Verbergen der Netztopologie und -infrastruktur,
- Monitoring der SIP-Signalisierung,
- Steuerung des Transport Stratums,
- IPv4/IPv6 SIP Interworking,
- Transit Routing,
- Charging.

Ergänzend zur IBCF kommt eine IWF (Interworking Function) zum Einsatz, wenn es sich bei dem angeschalteten fremden Netz um ein SIP-basiertes NGN ohne IMS oder ein NGN mit z.B. H.323-Protokollen handelt [123517].

Wichtig für die Behandlung der Nutzdaten sind I-BGF (Interconnection-Border Gateway Function) und C-BGF (Core-Border Gateway Function) in Bild 14.43. Sie trennen zwei Core IP-Netze (I-BGF) bzw. ein Core- und ein Access-Netz (C-BGF). Sie realisieren

- Allokierung sowie Umsetzung von IP-Adressen und Port-Nummern,
- Transcoding,
- IPv4/IPv6 Interworking,
- Charging.

Eine BGF enthält auch eine sog. Resource Control Enforcement Function (RCEF), mittels derer

- Firewall-Durchlässe (Pinholes) geöffnet und geschlossen werden,
- das Marking und Policing der IP-Pakete sowie die Ressourcenreservierung für QoS vorgenommen wird [282001].

Ein BGF repräsentiert an den besagten Netzübergängen einen SBC-M (SBC-Media, siehe Abschnitt 6.10) [Hour].

Die T-MGF in Bild 14.43 entspricht dem IM-MGW in Bild 14.31 (siehe Abschnitt 14.3).

14.5   NGN und IPTV

Die Marktbeobachtung und die Einführung eines speziellen Subsystems bei NGN Release 2 nach ETSI TISPAN (siehe Abschnitt 14.4) zeigen, dass das Thema IPTV (IP Television) wichtig geworden ist. Bevor aber im Folgenden eine Übersicht über die IPTV-Technik, die zum Einsatz kommenden Protokolle und die zugehörige Standardisierung gegeben wird, sollen zuerst in diesem Zusammenhang immer wieder genannte Begriffe diskutiert und definiert werden.

Zum einen wird von Internet- bzw. Web-TV gesprochen. Beide Begriffe meinen TV- oder allgemeiner Videoangebote, die gestreamt über das Internet ohne definierte Quality of Service angeboten werden. Als Endgeräte kommen standortfeste oder mobile Rechner, Tablets und Smartphones mit Web Browser und Video-Plugin bzw. entsprechenden Apps zum Einsatz. Es gibt keine feste Kundenbeziehung zwischen Anbieter und Nutzer.

Von IPTV spricht man dagegen dann, wenn die TV-Multimediadienste über ein NGN mit definierter QoS bereitgestellt werden, eine feste Kundenbeziehung vorliegt und als Endsystem eine sog. Set Top Box (STB) zur Anwendung kommt [Tele]. Bei der ITU-T wird IPTV wie folgt umschrieben [iptv]: „ITU-T defines IPTV as multimedia services such as television, video, audio, text, graphics, data delivered over IP-based networks managed to support the required level of quality of service (QoS)/quality of experience (QoE), security, interactivity and reliability. The definition of IPTV services encompasses not only simple TV services but also services that involve a combination of communication and video delivery, such as interactive advertising, video telephony, and email services."

IPTV-Netzarchitektur und Protokolle
Bild 14.44 zeigt die prinzipielle Netzarchitektur für IPTV. Dabei wurden in Bild 14.44 die in der Praxis besonders wichtigen Zugangsnetze mit

- xDSL (Digital Subscriber Line) und
- HFC (Hybrid Fiber Coax)

berücksichtigt.

Über xDSL und HFC hinaus können aber beliebige Zugangsnetze zum Einsatz kommen, sofern sie genügend Bandbreite für die vergleichsweise hochbitratige Videoübertragung zur Verfügung stellen, z.B.:

- FITL (Fiber In The Loop),
- UTRAN (Universal Terrestrial Radio Access Network),
- LTE (Long Term Evolution).

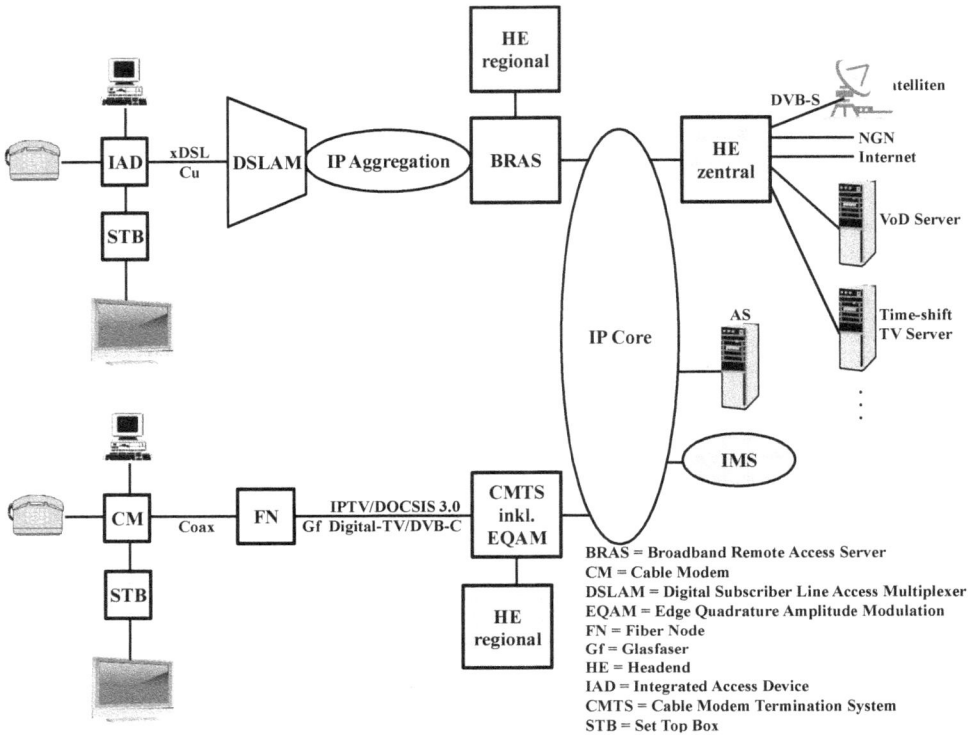

Bild 14.44: Netzarchitektur für IPTV

Von zentraler Bedeutung für die Versorgung mit IPTV-Diensten ist das sog. Headend (HE). Es bündelt die TV-, Video- bzw. Multimedia-Angebote verschiedener Quellen – von Satelliten, aus NGN-Netzen oder dem Internet, von Video on Demand- oder Time-shift TV-Servern etc. –, decodiert, multiplext, codiert und paketiert bei Bedarf und stellt für die verschiedenen Netze und Übermittlungstechniken die Multimedia-Streams bereit. Darüber hinaus wird von hier aus im Sinne einer hohen Verfügbarkeit und QoS die IPTV-Plattform (HEs und STBs) gemanagt [Bier; Jeni].

Im Falle eines xDSL-Kundenzugangs (VDSL oder ADSL2+) gelangt der Multimediastream vom HE via IP Core-Netz, BRAS (Broadband Remote Access Server), DSLAM (Digital Subscriber Line Access Multiplexer) und IAD (Integrated Access Device) zur Set Top Box. Diese liefert zum einen die Multimediadaten beispielsweise für das Fernsehgerät, zum anderen ermöglicht sie die Steuerung und interaktive Beeinflussung der IPTV-Dienste wie Programm- oder Filmauswahl, Anhalten und zeitversetztes Wiederanschalten usw.

Ist der Kunde über ein HFC-Netz angebunden, erfolgt die IPTV-Übermittlung zwischen HE und STB über das CMTS (Cable Modem Termination System) inkl. EQAM (Edge Quadrature Amplitude Modulation), FN (Fiber Node) und das CM (Cable Modem). Dabei kommt ein Protokoll-Stack mit IPTV over DOCSIS (Data Over Cable Service Interface

Specification) [Do3M; Kell] zum Einsatz. Die ältere und weit verbreitete Alternative zu IPTV in HFC-Netzen ist Digital-TV over DVB-C (Digital Video Broadcasting-Coaxial) [302769; Kell].

Im Sinne einer effektiven Bandbreitennutzung müssen die IP-Netze in Bild 14.44 Multicast-fähig sein. Damit wird es möglich, die IP-Pakete für z.B. einen TV-Kanal, der von N Nutzern zur gleichen Zeit gesehen wird, erst möglichst Nutzer-nah zu vervielfachen. Vom Headend muss für die N Nutzer nur ein Stream versendet werden. Das bedeutet aber auch, dass IPTV-Kunden mindestens zwei IP-Adressen, eine für individuelle (Unicast, z.B. für Time-shift TV), eine für gemeinsam in Anspruch genommene Dienste (Multicast, z.B. für Linear Broadcast TV), zugewiesen werden müssen.

Ergänzend zur Netzarchitektur in Bild 14.44 zeigt Bild 14.45 die wichtigsten, bei IPTV zum Einsatz kommenden Protokolle [Kell; 102034; Do3M; Bier], links für beliebige IP-, rechts für HFC-Netze. Ergänzend sind dabei für HFC-Netze ganz rechts auch die Protokolle [302769; H222] für die herkömmliche Digital-TV-Übertragung eingezeichnet.

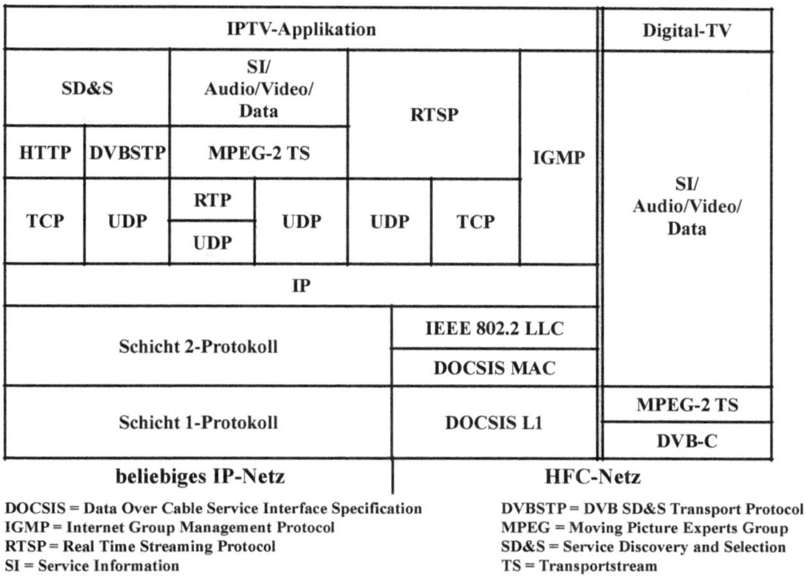

IPTV-Applikation						Digital-TV
SD&S	SI/ Audio/Video/ Data	RTSP				SI/ Audio/Video/ Data
HTTP / DVBSTP	MPEG-2 TS		IGMP			
TCP / UDP	RTP / UDP	UDP	UDP	TCP		
IP						
Schicht 2-Protokoll		IEEE 802.2 LLC				
		DOCSIS MAC				
Schicht 1-Protokoll		DOCSIS L1				MPEG-2 TS
						DVB-C
beliebiges IP-Netz		HFC-Netz				

DOCSIS = Data Over Cable Service Interface Specification
IGMP = Internet Group Management Protocol
RTSP = Real Time Streaming Protocol
SI = Service Information

DVBSTP = DVB SD&S Transport Protocol
MPEG = Moving Picture Experts Group
SD&S = Service Discovery and Selection
TS = Transportstream

Bild 14.45: Protokolle für IPTV

Die SI- (Service Information), Audio-, Video- und Data-Multimediadaten werden in einen MPEG-2-Transportstrom (Moving Picture Experts Group) mit Paketen gemäß Bild 14.46 gemultiplext und mittels RTP und UDP oder auch direkt via UDP mit IP-Paketen übermittelt [102034; Bier]. Das SD&S-Protokoll (Service Discovery and Selection) dient zum Finden und Auswählen eines Service Providers bzw. Dienstes und liefert u.a den Broadband Content Guide (BCG), eine Diensteliste in Form von XML-Records (eXtensible Markup Language).

Im Falle von Multicast-Diensten (push) wird SD&S mittels DVBSTP (DVB SD&S Transport Protocol) transportiert (XML over Multicast), im Falle von Unicast-Diensten (pull) via HTTP. Das IGMP (Internet Group Management Protocol) dient zum Abonnieren bzw. Freigeben von Multicast Streams, RTSP (Real Time Streaming Protocol) zur Steuerung von TV- und Radio-Programmen sowie von On-demand-Informationen (Multicast und Unicast) vom Endgerät aus [102034].

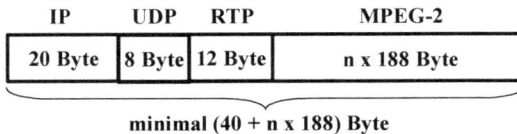

IP	UDP	RTP	MPEG-2
20 Byte	8 Byte	12 Byte	n x 188 Byte

minimal (40 + n x 188) Byte

In Ethernet-basierten Netzen: n ≤ 7
wegen MTU (Maximum Transmission Unit) **= 1500 Byte**

Bild 14.46: IP-Paket für MPEG-2-Transportstream (TS) [102034]

IPTV-Dienste und -Dienstebereitstellung
Durch die Unterstützung des Basisdienstes IPTV gibt es eine ganze Reihe interessanter Dienstemöglichkeiten [181016; Arba]. Im Bereich Content sind dies:

- Broadcast Linear TV (Video, Audio und Daten),
- Linear TV mit Trick-Modi (z.B. manipulierter Videostream für audiovisuelle Wiedergabe bei schnellem Vor- oder Rücklauf),
- Time-shift TV,
- PVR (Personal Video Recording),
- Video on Demand (VoD),
- Near Video on Demand,
- Pay per View
- Music on Demand (MoD),
- EPG/ECG (Electronic Program/Content Guide),
- Kunden-generierter Content,
- Werbung,

bei den interaktiven Diensten:

- Interactive TV,
- E-Learning,
- Informationsdienste (News, Wetter, Verkehr etc.),
- Unterhaltung (Fotoalben, Spiele, Karaoke etc.),
- E-Commerce (Banking, Shopping etc.),
- Interaktive Werbung.

Darüber hinaus können im TV-Umfeld Kommunikationsdienste wie VoIP, E-Mail, Instant Messaging etc. inkl. Presence-Unterstützung zur Anwendung kommen bzw. in der Zukunft beliebige TV-integrierende multimediale Mehrwertdienste.

Während häufig herstellerspezifische IPTV-Systeme in den Netzen vorherrschend sind, ging zumindest im Hinblick auf die Standardisierung die Entwicklung hin zu NGN- bzw. NGN/IMS-basierten IPTV-Lösungen [182028; 182027]. Besonders ein NGN mit IMS gemäß Bild 14.41 ist als Basis für IPTV sehr vorteilhaft, da das IMS von Hause aus eine ganze Reihe von Funktionen, die ein IPTV-System braucht, bereits mitbringt. Dazu zählen u.a. Authentifizierung/Zugriffssteuerung, Service Control, Nutzerprofile, Gebührenerfassung, Digital Rights Management, Quality of Service und Mobilitätsunterstützung (siehe Abschnitte 14.3 und 14.4). Zudem wird in diesem Fall eine Integration von IPTV mit beliebigen anderen Kommunikationsdiensten durch das zentrale IMS vergleichsweise einfach [Arba].

Aufgrund der Ausführungen in [182027] wurde Bild 14.41 (siehe Abschnitt 14.4) für IPTV konkretisiert. Das Ergebnis ist in Bild 14.47 dargestellt. Man erhält auch hier die typische 3-Ebenen-NGN-Struktur, wobei sich die IPTV-Headend-Funktionalität (vgl. Bild 14.44) auf Application, Call Control und Transport Layer verteilt. Die Signalisierung im Call Control Layer erfolgt mittels der IMS-CSCFs und SIP, die Nutzerprofilverwaltung, Authentifizierung, Zugriffsteuerung etc. mittels der IMS-Datenbank HSS bzw. UPSF und dem Diameter-Protokoll. Beispielsweise werden die Audio/Video-Nutzdaten eines Films als RTP/IP-Paketstrom von der Media Delivery Function (MDF) geliefert, wobei diese von der Media Control Function (MCF) gesteuert wird. Zusammen bilden sie einen Media Server (MS) bzw. eine Media Resource Function (MRF) gemäß Bild 14.32 (siehe Abschnitt 14.3). Die MCF entspricht somit einem Media Resource Function Controller (MRFC), die MDF einem Media Resource Function Processor (MRFP). Gesteuert wird die MCF von einem speziellen SIP Application Server, dem AS zur Realisierung der SCF (Service Control Function), der u.a. die Service-Authorisierung durch eine HSS-Abfrage vornimmt und via SIP die MCF triggert, z.B. den gewünschten Film abzuspielen. Ein weiterer SIP AS für die Funktionen SDF (Service Discovery Function) und SSF (Service Selection Function) unterstützt den Nutzer bei der Suche nach Diensten bzw. Angeboten (z.B. Filmen) und deren Auswahl. Ein Dienst bzw. Service-Angebot wird durch eine SIP URI gekennzeichnet und kann infolgedessen leicht per SIP adressiert werden. Die AS für SDF/SSF und SCF sowie der aus MCF und MDF bestehende MS repräsentieren Teile eines Headend in Bild 14.44.

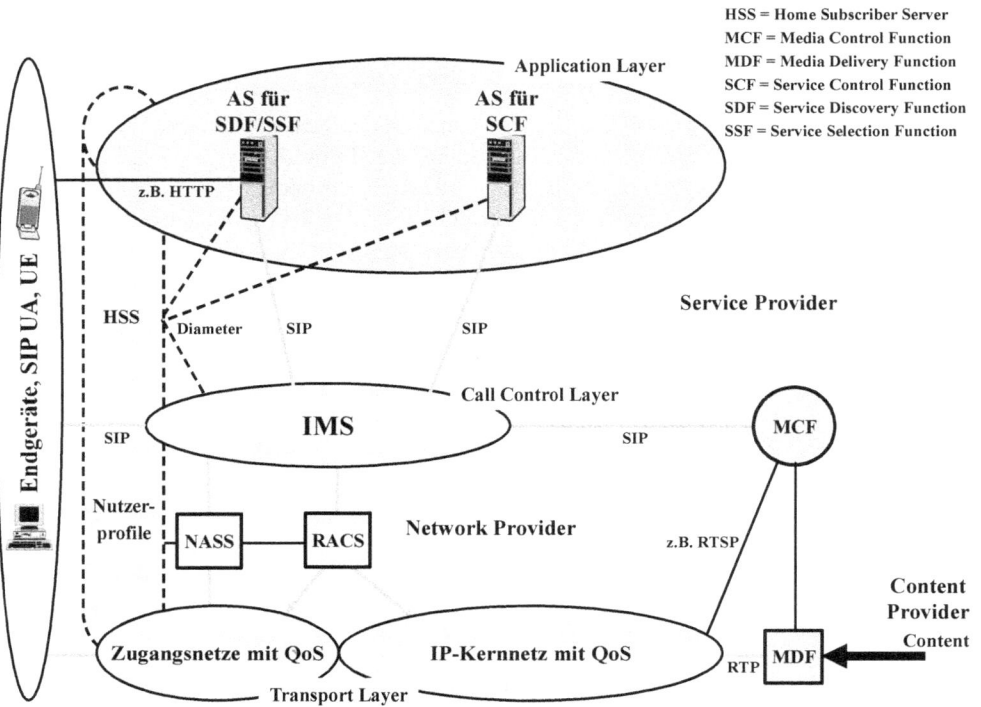

Bild 14.47: IMS-basierte IPTV-Lösung

Für ein besseres Verständnis der in Bild 14.47 dargestellten Funktionen zeigt Bild 14.48 den prinzipiellen, stark vereinfachten Ablauf bei einem konkreten Anwendungsbeispiel (Click-to-Service). Ein Nutzer ist auf der Suche nach einem interessanten Spielfilm und möchte deshalb den IPTV-Dienst „Pay per View" nutzen. Dazu registriert er sich gemäß dem Message Sequence Chart in Bild 14.48 als SIP-Teilnehmer beim IMS und wird durch eine HSS-Abfrage authentifiziert. In der Folge loggt er sich per Web Interface in den AS für SDF/SSF ein, wählt aus dem Angebot einen Film aus und klickt diesen an. Der Film ist durch eine SIP URI gekennzeichnet. Daher generiert der AS für SDF/SSF eine REFER-Nachricht, mit deren Hilfe er dem Endgerät UE des Nutzers die Film-SIP URI übermittelt (vgl. Abschnitte 5.2 und 9.2.1). Hiermit kann dann das UE via IMS den AS für SCF mittels SIP Request INVITE adressieren, der wiederum per SIP INVITE die Auswahl und das Abspielen des Films durch MCF/MDF triggert. Der Vorteil bei dieser Vorgehensweise ist zum einen die Einfachheit und die Nutzbarkeit der ohnehin vorhandenen IMS-Infrastruktur, zum anderen die Möglichkeit mittels SDP (vgl. Abschnitt 5.7) im Message Body der SIP-Nachrichten das Format der Film-Nutzdaten (z.B. Video-Codec, Bildschirmauflösung) UE-maßgeschneidert zu vereinbaren. Damit kann der Film von der IPTV-Plattform optimiert für das anfordernde Endgerät (hochauflösender Fernsehapparat oder Handy) geliefert werden. Mittels RTSP (Real Time

Streaming Protocol) kann der Film dann beispielsweise zwischendurch angehalten und wieder gestartet werden.

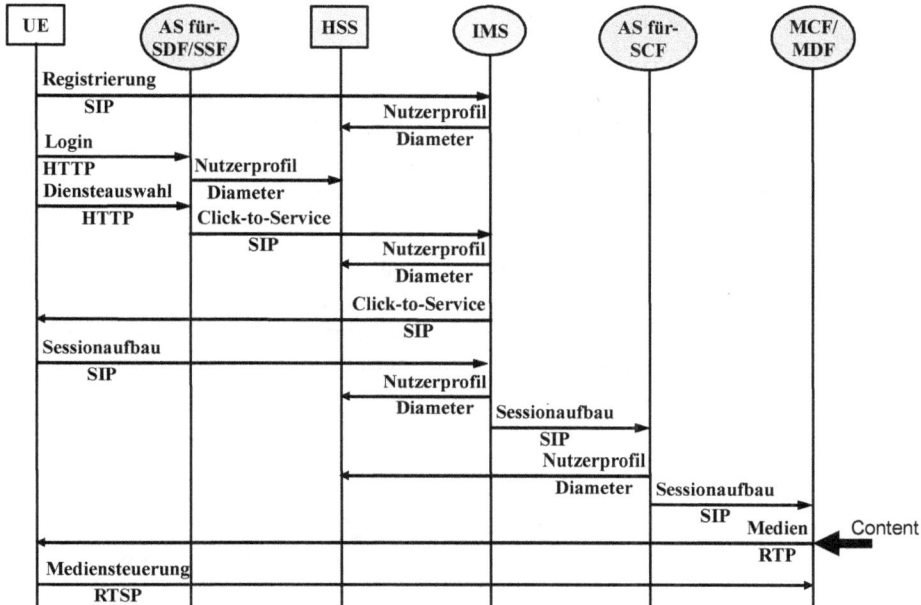

UE — AS für-SDF/SSF — HSS — IMS — AS für-SCF — MCF/MDF

Registrierung
SIP
Nutzerprofil
Login
Diameter
HTTP — Nutzerprofil
Diensteauswahl — Diameter
HTTP — Click-to-Service
SIP
Nutzerprofil
Diameter
Click-to-Service
SIP
Sessionaufbau
SIP
Nutzerprofil
Diameter — Sessionaufbau
SIP
Nutzerprofil
Diameter — Sessionaufbau
SIP — Medien — Content
RTP
Mediensteuerung
RTSP

Bild 14.48: Click-to-Service als Beispiel

14.6 Konvergente Telekommunikationsnetze

Sowohl im Sinne der Nutzer als auch der Netzbetreiber und Diensteanbieter ist es, konvergente Netze anzustreben. Dies gilt zum einen für die Integration der bestehenden Netze wie ISDN, GSM/UMTS und Internet in ein NGN, zum anderen für die Zusammenführung der Fest- und der Mobilfunknetze (Fixed Mobile Convergence). Beides bietet den Nutzern mehr Möglichkeiten und Komfort, den Anbietern Kosteneinsparungen und neue Geschäftsmöglichkeiten.

Konvergenz kann durch die Realisierung des NGN-Konzepts wie folgt unterstützt werden [Tric1]:

- Integration der bestehenden Netze,
- Fixed Mobile Convergence (FMC),
- ein Netz für alle Dienste,
- Diensteintegration für Sprache, Daten, Multimedia, IPTV u.a.,

- Persönliche Mobilität, d.h. unabhängig von Ort, Netz, Endgerät erreichbar sein und kommunizieren können,
- Dienstemobilität, d.h. unabhängig von Ort, Netz, Endgerät seine individuellen Dienste nutzen können.

Die Technik hierfür bieten u.a.

- das IMS (IP Multimedia Subsystem) ab UMTS Release 5 (siehe Abschnitt 14.3),
- das NGN mit IMS für Festnetz ab ETSI TISPAN NGN Release 1 (siehe Abschnitt 14.4),
- das IPTV-Subsystem (siehe Abschnitt 14.5) und
- UMTS ab Release 7 (siehe Abschnitt 14.2)

sowie entsprechende Endgeräte wie Softphones und Multimode Terminals.

Nachfolgend soll diese hochkomplexe und sehr lohnende Aufgabe, die Integration verschiedener großer Kommunikationsnetze wie ISDN, GSM und Internet in ein NGN, näher beleuchtet werden. Ein Beispiel für ein derartiges Netz zeigt Bild 14.49. Dabei wird deutlich, dass der NGN-Ansatz sowie SIP zusammen mit einem QoS-unterstützenden sicheren IP-Netz die übergreifende Klammer abgeben können.

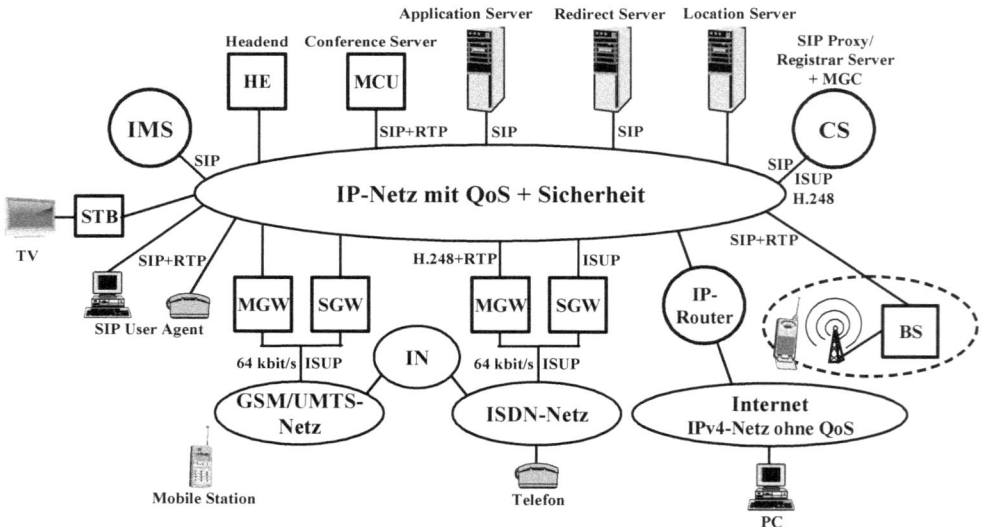

Bild 14.49: Architektur eines konvergenten Netzes

Protokolle in konvergentem Netz

Zum besseren Gesamtverständnis sind in den Bildern 14.50 und 14.51 die Protokoll-Stacks für die Signalisierung bzw. Nutzdatenübermittlung bei der Kommunikation zwischen Teilnehmern am ISDN (siehe Abschnitt 2.1) und an einem SIP/IP-Netz dargestellt – DSS1 (Digital Subscriber Signalling system no. 1, ISDN), ZGS Nr.7 (Zentrales Zeichengabesystem) mit ISUP (ISDN User Part), SIP/IP bzw. 64 kbit/s (ISDN), RTP/IP [Kanb; Band; 3372; 3398; 4960].

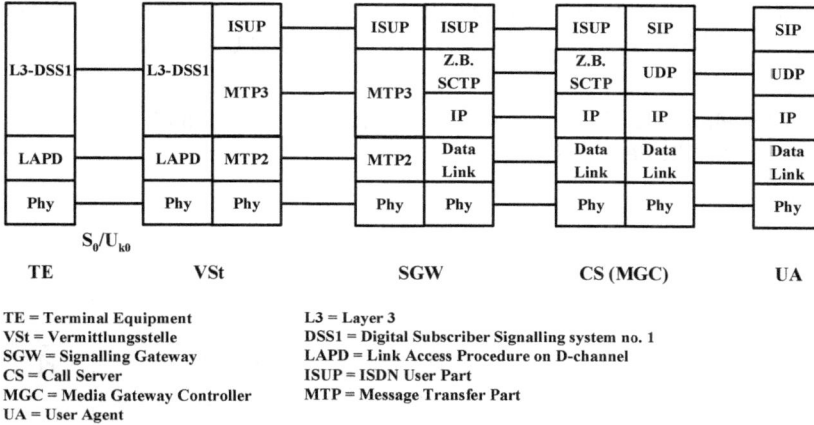

Schicht	TE	VSt		SGW		CS (MGC)		UA
	L3-DSS1	L3-DSS1	ISUP	ISUP	ISUP	ISUP	SIP	SIP
			MTP3	MTP3	Z.B. SCTP	Z.B. SCTP	UDP	UDP
					IP	IP	IP	IP
	LAPD	LAPD	MTP2	MTP2	Data Link	Data Link	Data Link	Data Link
	Phy	Phy	Phy	Phy	Phy	Phy	Phy	Phy

S_0/U_{k0} (zwischen TE und VSt)

Knoten: TE — VSt — SGW — CS (MGC) — UA

TE = Terminal Equipment
VSt = Vermittlungsstelle
SGW = Signalling Gateway
CS = Call Server
MGC = Media Gateway Controller
UA = User Agent

L3 = Layer 3
DSS1 = Digital Subscriber Signalling system no. 1
LAPD = Link Access Procedure on D-channel
ISUP = ISDN User Part
MTP = Message Transfer Part

Bild 14.50: Signalisierungsprotokolle in ISDN und SIP/IP-Netz

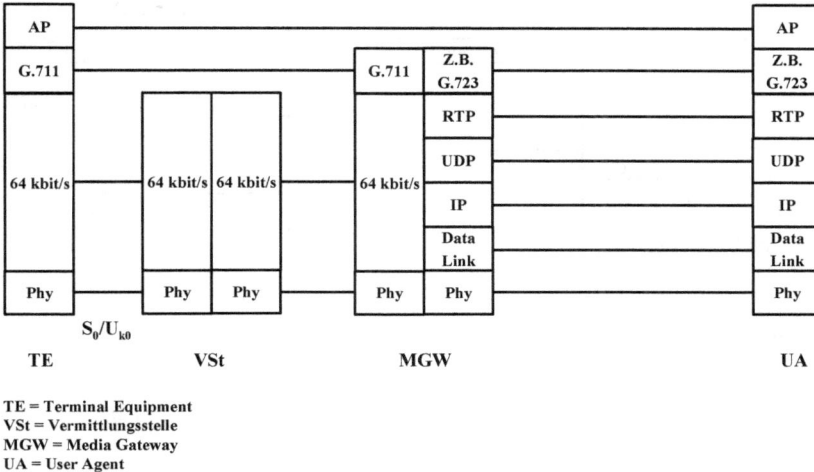

Schicht	TE	VSt		MGW			UA
	AP						AP
	G.711				G.711	Z.B. G.723	Z.B. G.723
						RTP	RTP
						UDP	UDP
	64 kbit/s	64 kbit/s	64 kbit/s	64 kbit/s		IP	IP
						Data Link	Data Link
	Phy	Phy	Phy	Phy		Phy	Phy

S_0/U_{k0} (zwischen TE und VSt)

Knoten: TE — VSt — MGW — UA

TE = Terminal Equipment
VSt = Vermittlungsstelle
MGW = Media Gateway
UA = User Agent

Bild 14.51: Protokolle für Nutzdatenübermittlung in ISDN und SIP/IP-Netz

Die Message Sequence Charts in den Bildern 14.52 und 14.53 verdeutlichen die dynami-
schen Abläufe in der Vermittlungsschicht, konkret den Verbindungsauf- und -abbau für
Telefonie. Dabei sind zwei Fälle berücksichtigt: Zuerst ist ein SIP User Agent (UA) der
Initiator des Telefonats, dann ein ISDN-Terminal (TE). Die Abläufe zeigen die zeitliche
Aufeinanderfolge der Protocol Data Units von SIP (INVITE etc.), ISUP (IAM etc.) und
DSS1 (SETUP etc.) [Kanb; Band; 3372; 3398] (siehe Abschnitte 6.7.2 und 6.7.4). Ganz
ähnlich stellt sich die Situation bei analogen Teilnehmeranschlüssen auf der ISDN-Seite dar.
Anstatt DSS1 und 64-kbit/s-Kanal stehen hier die Signalisierung mit analogen Steuersigna-
len und das 3,1-kHz-Sprachsignal (siehe Abschnitt 6.7.3).

Sowohl hier als auch bei den folgenden Protokollabläufen sind im Hinblick auf das Gesamtverständnis nur Basisfälle dargestellt.

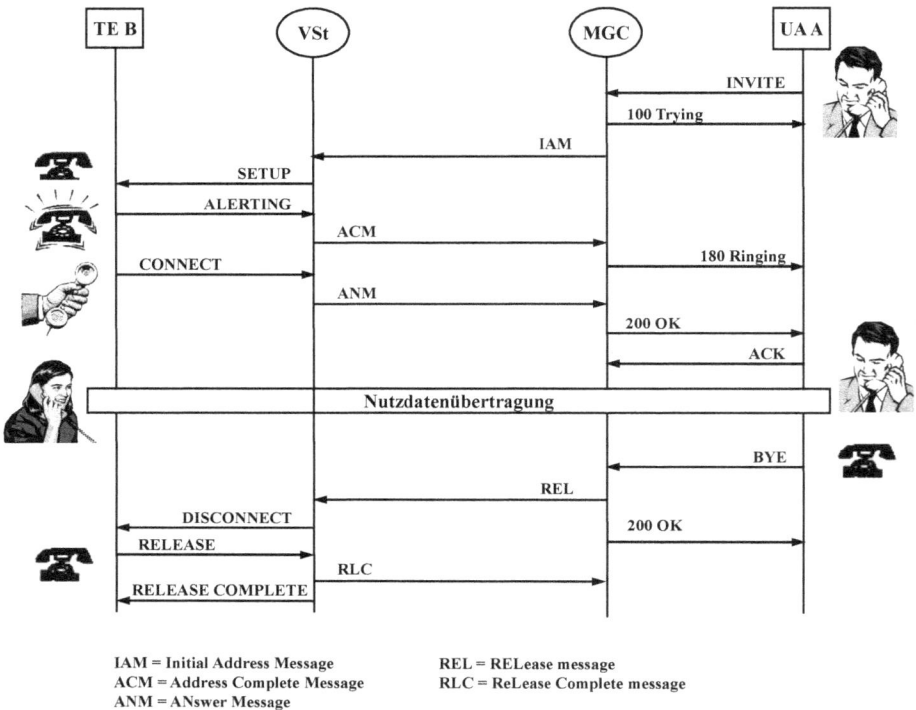

Bild 14.52: SIP-, ISUP- und DSS1-Kommunikation in ISDN und SIP/IP-Netz: ankommender Ruf aus ISDN-Sicht

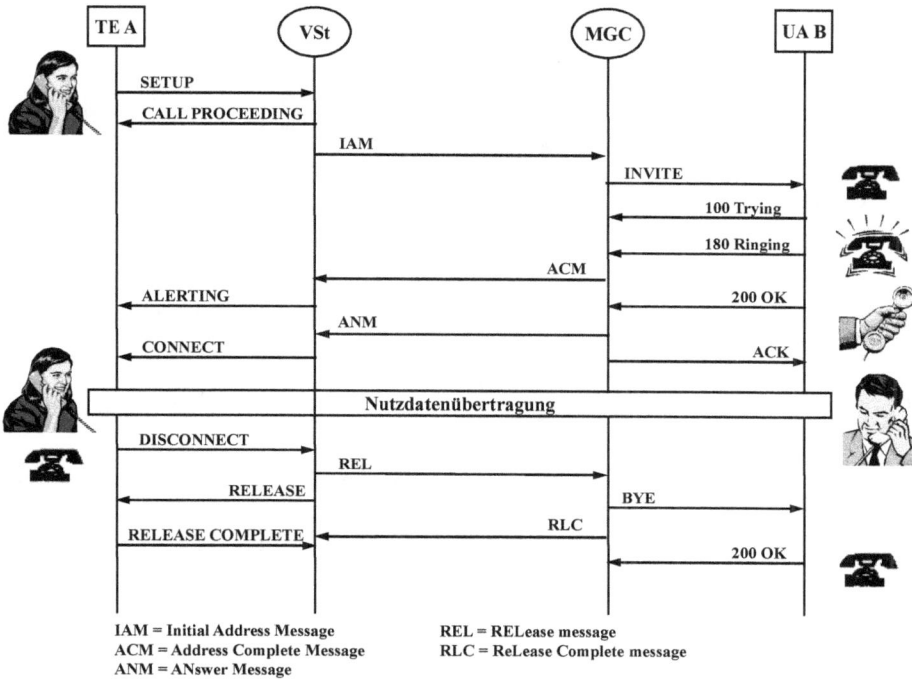

Bild 14.53: SIP-, ISUP- und DSS1-Kommunikation in ISDN und SIP/IP-Netz: abgehender Ruf aus ISDN-Sicht

Die Integration von SIP/IP- und GSM-Netz (siehe Abschnitt 2.2) verdeutlichen die Bilder 14.54 und 14.55. Sie zeigen für diese Netzkombination die Protokoll-Stacks für die Steuerung und Signalisierung bzw. Nutzdatenübermittlung – CC (Call Control, GSM), ZGS Nr.7 mit ISUP, SIP/IP bzw. 16/64 kbit/s (GSM), RTP/IP [Hein; Sieg1; Band; 3372; 3398; 4960].

MM/CC					MM/CC	ISUP	ISUP	ISUP	ISUP	SIP	SIP
RR	RR	RR	RR	BSSAP	BSSAP			Z.B. SCTP	Z.B. SCTP	UDP	UDP
				SCCP	SCCP	MTP3	MTP3	IP	IP	IP	IP
				MTP3	MTP3						
LAPDm	LAPDm	LAPDm	LAPDm	MTP2	MTP2	MTP2	MTP2	Data Link	Data Link	Data Link	Data Link
Phy	Phy	Phy	Phy	Phy	Phy	Phy	Phy	Phy	Phy	Phy	Phy

U$_m$ A$_{bis}$ A

MS   BTS   BSC   (G)MSC   SGW   CS (MGC)   UA

MS = Mobile Station	MM = Mobility Management
BTS = Base Transceiver Station	CC = Call Control
BSC = Base Station Controller	RR = Radio Resource management
MSC = Mobile Switching Center	LAPDm = Link Access Procedure on D-channel modified
GMSC = Gateway MSC	BSSAP = BSS Application Part
SGW = Signalling Gateway	SCCP = Signalling Connection Control Part
CS = Call Server	MTP = Message Transfer Part
MGC = Media Gateway Controller	ISUP = ISDN User Part
UA = User Agent	SCTP = Stream Control Transmission Protocol

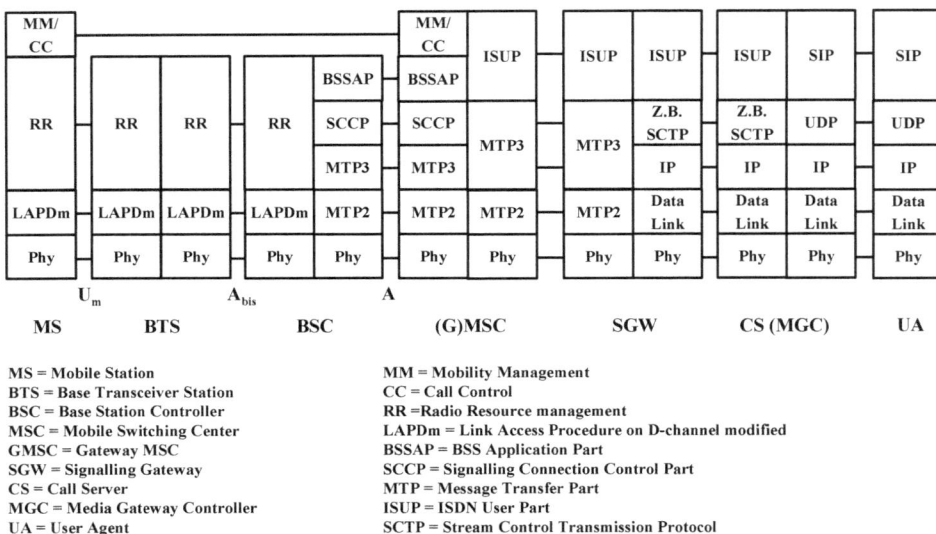

Bild 14.54: Steuerungs- und Signalisierungsprotokolle in GSM- und SIP/IP-Netz

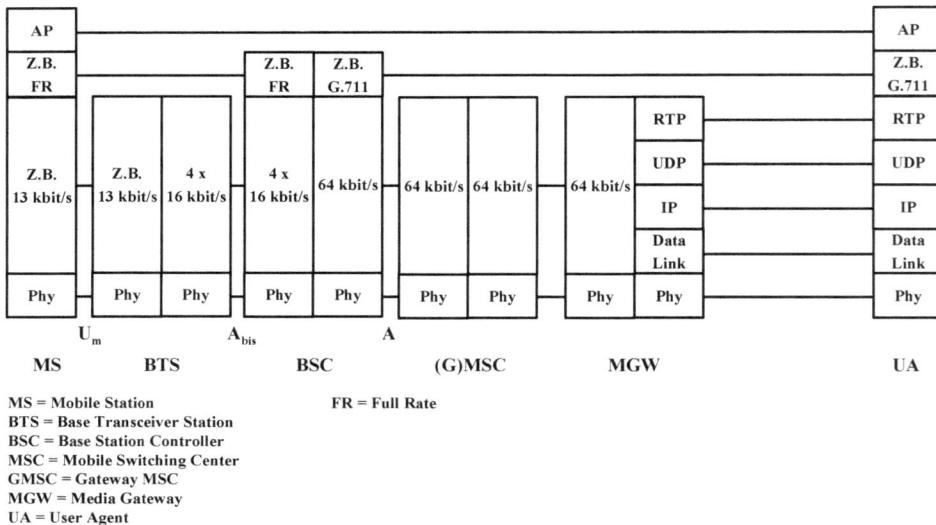

AP									AP
Z.B. FR			Z.B. FR	Z.B. G.711					Z.B. G.711
							RTP		RTP
Z.B. 13 kbit/s	Z.B. 13 kbit/s	4 x 16 kbit/s	4 x 16 kbit/s	64 kbit/s	64 kbit/s	64 kbit/s	64 kbit/s	UDP	UDP
								IP	IP
								Data Link	Data Link
Phy	Phy	Phy	Phy	Phy	Phy	Phy	Phy	Phy	Phy

U$_m$ A$_{bis}$ A

MS   BTS   BSC   (G)MSC   MGW   UA

MS = Mobile Station   FR = Full Rate
BTS = Base Transceiver Station
BSC = Base Station Controller
MSC = Mobile Switching Center
GMSC = Gateway MSC
MGW = Media Gateway
UA = User Agent

Bild 14.55: Protokolle für Nutzdatenübermittlung in GSM- und SIP/IP-Netz

Entsprechend verdeutlichen die Message Sequence Charts in den Bildern 14.56 und 14.57 die dynamischen Abläufe in der Schicht 3, speziell den Verbindungsauf- und -abbau für Telefonie. Dabei sind wieder zwei Fälle berücksichtigt: Zuerst ist ein SIP User Agent der Initiator des Telefonats, dann ein Mobile System (MS). Die Abläufe zeigen die zeitliche Aufeinanderfolge der Protocol Data Units von SIP (INVITE etc.), ISUP (IAM etc.) und CC (SETUP etc.), wobei die Gemeinsamkeiten mit ISDN bis hin zu gleichen CC- und DSS1-PDUs ins Auge springen [Hein; Sieg1; Band; 3372; 3398] (siehe Abschnitte 6.7.4 und 6.7.2). Allerdings sind wegen der Mobilitätsunterstützung bei GSM im Vergleich zu ISDN zusätzliche Funktionen und damit Protokolle erforderlich, die zum Teil ebenfalls in den Bildern 14.54 bis 14.57 enthalten sind. So muss bei einem aus GSM-Sicht ankommenden Ruf durch Abfrage des HLR zuerst einmal ermittelt werden, in welchem MSC-Bereich sich der Teilnehmer befindet. Dann wird die aktuelle Zelle ausfindig gemacht (Paging). Grundsätzlich muss sich eine Mobile Station authentifizieren, vor Verbindungsaufbau wird die Datenverschlüsselung (Ciphering) auf der Luftschnittstelle eingeschaltet [Hein; Sieg1].

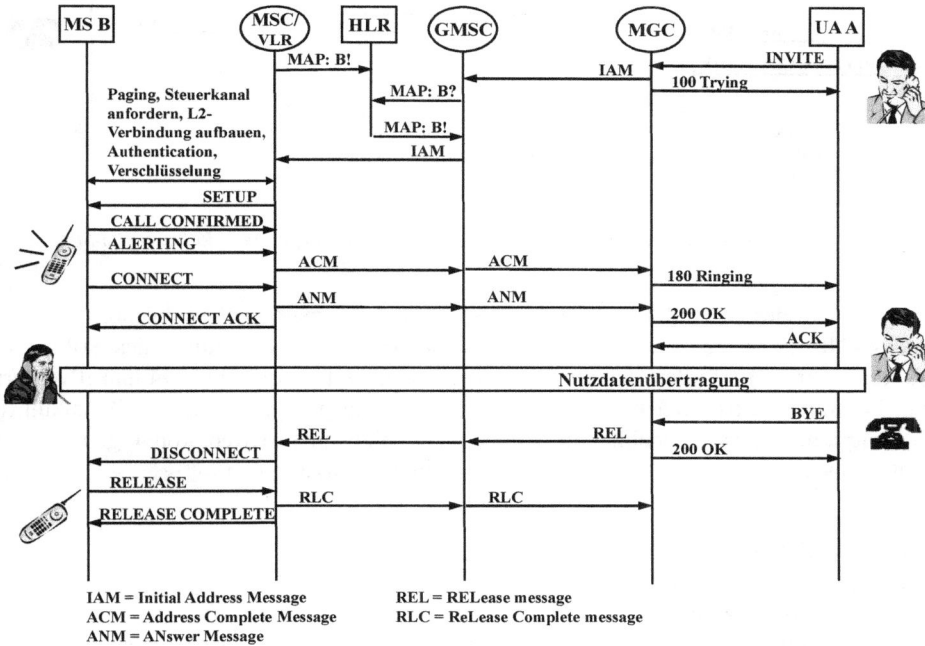

Bild 14.56: SIP-, ISUP- und CC-Kommunikation in GSM- und SIP/IP-Netz: ankommender Ruf aus GSM-Sicht

Viel problematischer als die Basisabläufe stellt sich die Integration eines heterogenen Telekommunikationsnetzes gemäß Bild 14.49 aus Sicht der Dienstmerkmale dar, wenn man also fordert, die im ISDN z.B. beim Telefondienst üblichen Leistungsmerkmale auch hier nutzen zu können (siehe Kapitel 9 sowie Abschnitte 6.12 und 14.4).

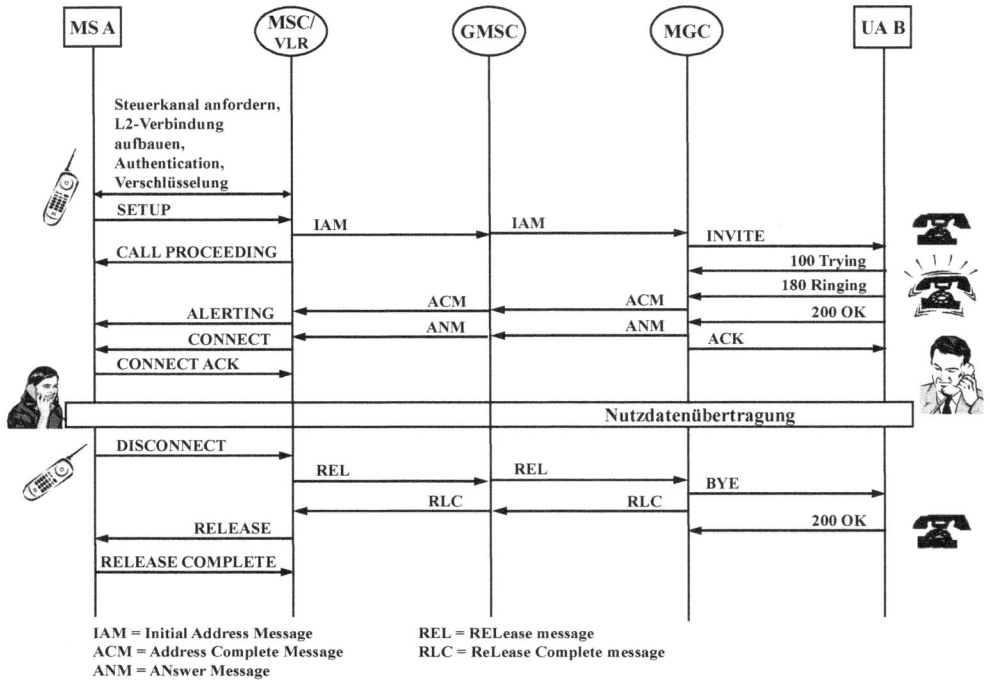

Bild 14.57: SIP-, ISUP- und CC-Kommunikation in GSM- und SIP/IP-Netz: abgehender Ruf aus GSM-Sicht

Die Einbindung des in Bild 14.49 ebenfalls gezeigten Internets (siehe Abschnitt 2.3), hier eines IPv4-Netzes, in ein längerfristig IPv6 (siehe Abschnitt 4.2.3) nutzendes SIP/IP-Netz (siehe Abschnitt 5.9) erfordert u.a. eine Strategie, wie noch längere Zeit IPv4 und IPv6 parallel im Gesamtnetz existieren können. Diese Anforderung gilt grundsätzlich für zukünftige IP-Netzmigrationen, sie ist unabhängig von dem Ziel eines integrierten, konvergenten NGN-Gesamtnetzes. Die Lösung besteht bez. IPv4/IPv6 in der Nutzung von

- IPv4/IPv6-Dual Stack,
- IPv6-Tunneling über IPv4,
- IPv4-Tunneling über IPv6 sowie
- IPv4/IPv6-Übersetzung

für die Anbindung von Hosts und Routern [Brun; Bada; Davi]. Darüber hinaus kommen SIP und IPv4/IPv6 verarbeitende Netzelemente wie ALG, SBC, Dual Stack-CS und RTP Proxy zum Einsatz (siehe Abschnitt 6.13).

Das IPv4/IPv6-Problem muss entsprechend auch bei der Integration der GPRS/GSM-Netze (siehe Abschnitt 2.2) gelöst werden. Die Integration von UMTS Release 99 oder Release 4 erfolgt im Wesentlichen wie die eines GSM/GPRS-Netzes (siehe Abschnitt 2.2). Mit Release 5 schließlich kann die Zusammenführung eines UMTS- und eines SIP/IPv6-Netzes, wie in Abschnitt 14.2 ausgeführt, vollzogen werden. Gemäß [23221] soll das IMS mit Ausnahme früher Realisierungen auf IPv6 basieren. Daher sind in [23221] auch die oben gelisteten Möglichkeiten für die Interoperabilität von IPv4 und IPv6 angegeben.

Für die Kommunikation zwischen Teilnehmern an leitungsvermittelten Netzen wie ISDN, GSM und UMTS Circuit Switched Domain, die über das SIP/IP-Kernnetz hinweg miteinander kommunizieren, gibt es mehrere Signalisierungsmöglichkeiten (siehe Abschnitt 6.7.4):

• ISUP-SIP-Konvertierung mit einem ISUP-SIP-Gateway [3372]
• ISUP-Transport mittels SIP, d.h. per Bridge [3372]
• ISUP-Transport mittels z.B. SCTP [4960] bzw. SIGTRAN (Signalling Transport) [4166].
Im letztgenannten Fall ist SIP überhaupt nicht beteiligt.

IN in konvergentem Netz
Bild 14.49 zeigt auch die Komponente Intelligentes Netz. Das IN wurde in Abschnitt 2.4 bereits erläutert. Hier stellt sich nun die Frage nach seiner Rolle bei der Integration eines heterogenen Netzes hin zu einem konvergenten Netz. Eine Antwort wird mit Bild 14.58 versucht, wobei unmittelbar deutlich wird, dass die Komplexität außerordentlich hoch ist. In Bild 14.58 dargestellt werden Vermittlungsstellen und die zugehörigen IN-Komponenten für das ISDN (VSt, Transit-VSt und SSP in der VSt sowie SCP für die IN-Dienstesteuerung [Sieg2]). Im gleichen Bild findet man die entsprechenden Funktionen für das GSM-Netz (MSC, GMSC, VLR und HLR für die Mobilitätssteuerung; gsmSSF (Service Switching Function) und gsmSCF (Service Control Function) für die sonstigen, unter dem Namen CAMEL laufenden übergreifenden IN-Funktionen [23078]) und für UMTS (u.a. CSCF und HSS sowie CAMEL Application Server [23002; 23228; Bane1]). Zudem werden für die Anbindung eines SIP/IP-Netzes CS (Call Server) bzw. MGC (Media Gateway Controller), SIP Application Server sowie die PINT- (PSTN/Internet Interworking Services) und SPIRITS-Komponenten (Services in the PSTN/IN requesting Internet Services) gezeigt [2848; 3136; 3298].

Mit PINT können aus einem leitungsvermittelten Netz heraus Dienste in einem IP-Netz angefordert werden, mit SPIRITS kann ein Teilnehmer im IP-Netz auf IN-Funktionen z.B. im ISDN zurückgreifen. Wie in Abschnitt 3.2 bereits erwähnt haben allerdings die PINT- und SPIRIT-Standards heute in der Praxis kaum noch Bedeutung.

Ergänzend zu den Netzfunktionen zeigt Bild 14.58 auch die Protokolle INAP (Intelligent Network Application Part), MAP (Mobile Application Part), CAP (CAMEL Application Part) sowie SIP, PINT und SPIRITS. Mit dem ZGS Nr.7-Protokoll ISUP (ISDN User Part) kommunizieren die Vermittlungsstellen und MGCs ohne das IN direkt miteinander. Die durchgezogenen Linien in Bild 14.58 kennzeichnen physikalische Übertragungswege, die meist über eine Nr.7-Paketvermittlungsstelle, einen STP (Signalling Transfer Point), geführt werden, die gestrichelt gezeichneten Linien markieren zusätzlich die direkten logischen Beziehungen auf Basis der genannten Protokolle.

Anhand des Bildes 14.58 und der zugehörigen Ausführungen wird deutlich, dass IN-Dienste relativ problemlos im ISDN, in GSM/UMTS Release 99-Netzen und auch zwischen ISDN- und GSM/UMTS Release 99-Netzen genutzt werden können, nicht aber ohne weiteres unter

Einbeziehung eines SIP/IP-Netzes. Hier besteht Anpassungs- bzw. Migrationsaufwand, wobei auch bezüglich der IN-Integration UMTS Release 5 mit dem IMS und SIP Application Servern, OSA/Parlay Application Servern (Open Service Access) und/oder CAMEL leistungsfähige Vorleistungen bietet [23002] (siehe Abschnitt 14.3).

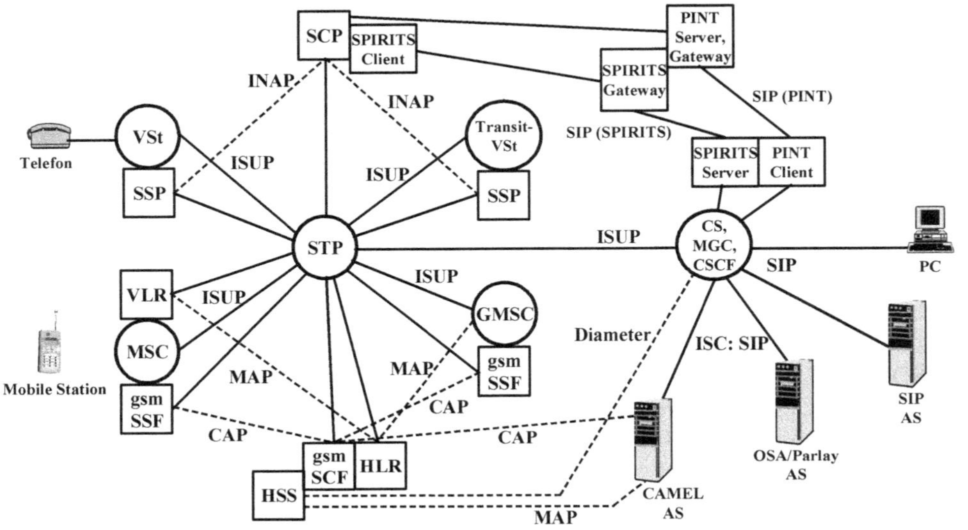

Bild 14.58: IN-Funktionen in einem konvergenten, heterogenen Telekommunikationsnetz

Sicherheit und Netzmanagement in konvergentem Netz

Auch sehr komplex ist das Thema Sicherheit in einem konvergenten, heterogenen Telekommunikationsnetz. ISDN bietet wegen seiner spezifischen Technik und den leitungsgebundenen Teilnehmerzugängen wenig zusätzliche Sicherheitsfunktionen. Bei den Mobilfunknetzen wurde und wird u.a. wegen der leicht attackierbaren Funkzugänge relativ viel Aufwand für Sicherheit und Datenschutz getrieben (siehe Abschnitt 14.2). IP-Netze sind wegen der IP-bedingten Offenheit besonders gefährdet, Maßnahmen wurden in Abschnitt 14.1 erläutert. Die Zusammenschaltung dieser Netze zu einem integrierten Netz führt zu einem höchst komplexen Gebilde mit dadurch allerhöchsten Anforderungen bezüglich Sicherheit und Datenschutz. Eine Übersicht des Netzes und der diesbezüglichen Funktionen zeigt Bild 14.59.

Insgesamt die schwierigste Aufgabe bei einem großen konvergenten, aber heterogenen Telekommunikationsnetz ist die Bereitstellung eines übergreifenden einheitlichen Netzmanagements, das die Belange der vorhandenen und neu einzuführenden Netzelemente, Subnetze und Dienste im ISDN, GSM- und UMTS-Netz, Internet und SIP/IP-Netz berücksichtigt.

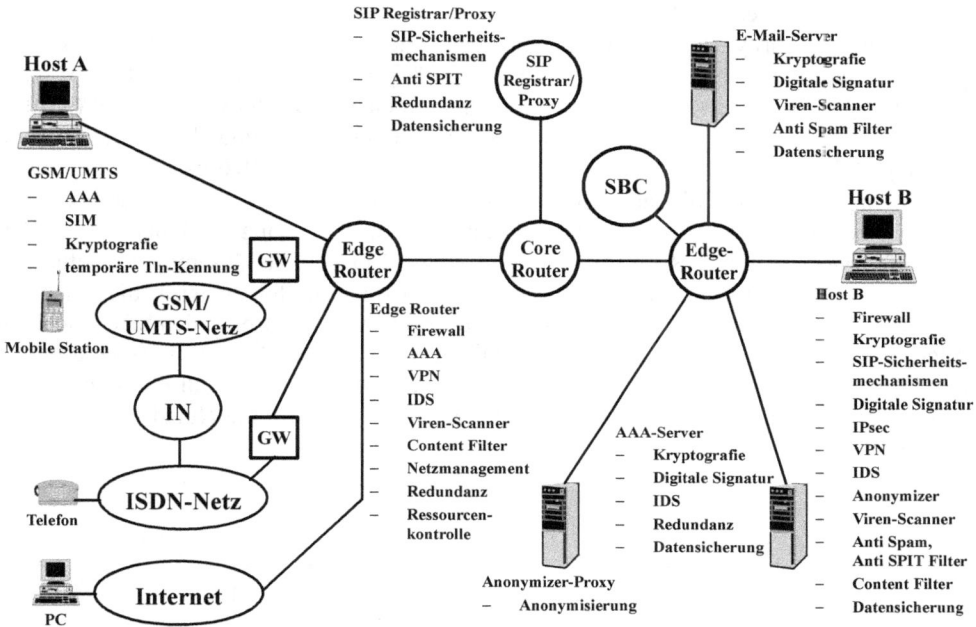

Bild 14.59: Funktionen für Sicherheit und Datenschutz in einem konvergenten, heterogenen Netz

Netzmanagementsysteme gehen im Hinblick auf die Netzüberwachung vor allem von den in den Netzelementen vorliegenden Informationen aus, d.h., die Basis ist das Network Element Management. Betrachtet man aus diesem Blickwinkel ein NGN gemäß Bild 14.41 und 14.49 (siehe Abschnitte 14.4 und 14.6), stellt man fest, dass diese Herangehensweise an die Netzüberwachung wegen der Aufteilung in horizontale und vertikale Subnetze wie Access Networks, IP Core Networks, IMS, Service Delivery Platform (SDP) mit ggf. unterschiedlichen Betreibern im Hinblick auf eine Ende-zu-Ende-Dienstgüte nicht ausreichend ist. Dies führt zur Einführung spezieller Systeme zur passiven und aktiven QoS-Überwachung [Maru; Sumn]. D.h., es findet ein Monitoring der Signalisierung und ausgewählter Nutzdatenparameter statt, erforderlichenfalls ergänzt durch aktives Testen, um unabhängig vom normalen Kundenverkehr bereits vorbeugend mögliche Probleme im Netz erkennen zu können. Eine Korrelation der Ergebnisse, ggf. auch mit denen aus dem Network Element Management, liefert die benötigte Ende-zu-Ende-Sicht auf Netzqualität und Dienstgüte. Insofern ergänzt ein derartiges QoS-Überwachungssubsystem das übliche Netzmanagementsystem.

NGN Interconnection

Die Zusammenschaltung von ISDN/PSTN-Netzen, aber auch leitungsvermittelt arbeitenden GSM- und UMTS-Netzen erfolgte und erfolgt über Schnittstellen mit Nr.7-Protokollen, speziell das ISUP- bzw. TUP-, ggf. auch das MAP-Protokoll. Abschließend zu diesem Abschnitt soll daher hier auch noch auf das wichtige Thema der Zusammenschaltung von NGN (NGN Interconnection) sowie der dafür notwendigen Festlegungen zu den Themen Signalisierung, Quality of Service, Routing, Telefondienstmerkmale, Nummerierung, Netzadressierung, Billing, Security etc. eingegangen werden. Hierzu gibt es Standardisierungs- bzw. Spezifizierungsergebnisse u.a. von der IETF in [5486], von ETSI TISPAN [184006] und – für Deutschland besonders relevant – von der Unterarbeitsgruppe NGN des AKNN (Arbeitskreis für technische und betriebliche Fragen der Nummerierung und der Netzzusammenschaltung) [aknn]. Letzterer definiert in [Ziem] eine IPv4- oder IPv6-basierte Zusammenschaltung mit SIP für die Signalisierung und RTP für die Echtzeitnutzdaten. Darüber hinaus werden über NGN-Netzgrenzen hinweg zu unterstützende Leistungsmerkmale spezifiziert, z.B. Rufnummernanzeige, Rufweiterschaltung sowie Notruf. Die Zusammenschaltung erfolgt mittels redundanter SBCs (siehe Bild 14.60), wobei empfohlen wird, die geforderte QoS durch IP-Priorisierung und durch Connection Admission Control in den SBCs sicherzustellen. Für die Abrechnung werden Call Detail Records erfasst. Die zum Einsatz kommenden SBCs können gemäß [Ziem] und Bild 14.60 jeweils in einen SBC-S in Form eines IBCF für die Signalisierung und einen SMC-M in Form eines I-BGF für die Nutzdaten (siehe Abschnitte 6.10 und 14.4) aufgeteilt werden.

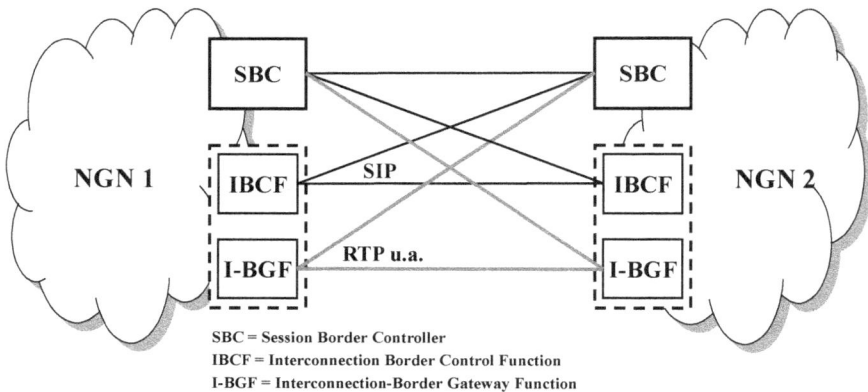

Bild 14.60: NGN-Zusammenschaltung (Interconnection) [Ziem]

Bezüglich aller anderen in diesem Kapitel noch nicht angesprochenen NGN-Kennzeichen gilt das in Abschnitt 14.1 im Zusammenhang mit IP-Netzen Gesagte.

14.7 Diensteentwicklung und -bereitstellung

Wie bereits im Zusammenhang mit der Erläuterung des SIP-Netzelements Application Server in Abschnitt 6.12 angesprochen besteht bei den Netzbetreibern und Diensteanbietern ein großer Bedarf, schnell, einfach und kostenoptimiert neue Dienste, sog. Mehrwertdienste (siehe Bild 6.36) anbieten zu können. Hauptgrund hierfür ist, dass mit normalen Telefongesprächen kaum noch Einnahmen erzielt werden können und daher auf Basis der durch NGN (Next Generation Networks) gegebenen neuen Dienstemöglichkeiten neue Einnahmequellen erschlossen werden müssen. Zudem entstehen bei den Kunden durch die in diesem Bereich prinzipiell unbegrenzten technischen Möglichkeiten auch neue Kommunikationsbedürfnisse. Daher ist es für Netzbetreiber und Dienste-Provider außerordentlich wichtig, leistungsfähige Diensteplattformen, sog. Service Delivery-Plattformen, zur Verfügung zu haben, mit denen in kürzester Zeit und mit geringstem Aufwand neue Anwendungen entwickelt und im Markt eingeführt werden können.

Service Delivery Platform
Obwohl der Begriff „Service Delivery Platform (SDP)" in der Literatur häufig verwendet wird, sind die zu findenden Definitionen in vielen Punkten unklar bzw. unzureichend. Daher wird im Folgenden eine in [Lehm2] erarbeitete Konkretisierung wiedergegeben:

Eine „Service Delivery Platform" ist eine einheitliche, standardisierte und skalierbare Software-Architektur zur Entwicklung, Bereitstellung und Integration von Mehrwertdiensten. Sie ist Teil des Application Layer. Über Abstraktionsschnittstellen ist sie mit den darunter liegenden Call Control- und Transport-Schichten verbunden. Dadurch wird die Komplexität dieser Layer verborgen und ein einfacher Zugriff auf Netzfunktionen wie z.B. Basisdienste (Telefonie, Videotelefonie, Instant Messaging u.a.) ermöglicht. Die angebotenen Mehrwertdienste können selbst bereitgestellt oder von Drittanbietern bezogen werden, zudem ermöglicht die SDP eine Dienstekomposition. Darüber hinaus stellt sie Standardschnittstellen zu SCE (Service Creation Environment), AAA-Server, OSS (Operations Support System, Netz- bzw. Service Management) und BSS (Business Support System, Management von Geschäftsprozessen) bereit.

Zur Veranschaulichung dieser Definition dient Bild 14.61. Hieraus geht auch die besondere Bedeutung des die SDP ergänzenden Service Creation Environment (SCE) hervor. Ein SCE stellt eine Entwicklungsumgebung zur Verfügung, mit deren Hilfe von Grund auf oder aus vorgefertigten Modulen (z.B. bereits existierenden Diensten) Mehrwertdienste entwickelt und konfiguriert werden können. Dabei werden die Entwickler üblicherweise durch grafische Werkzeuge unterstützt. Infolge der Anbindung des SCE an die SDP können neue Mehrwertdienste im Netz unmittelbar bereitgestellt werden. Diesen Vorgang nennt man Deployment [Lehm3].

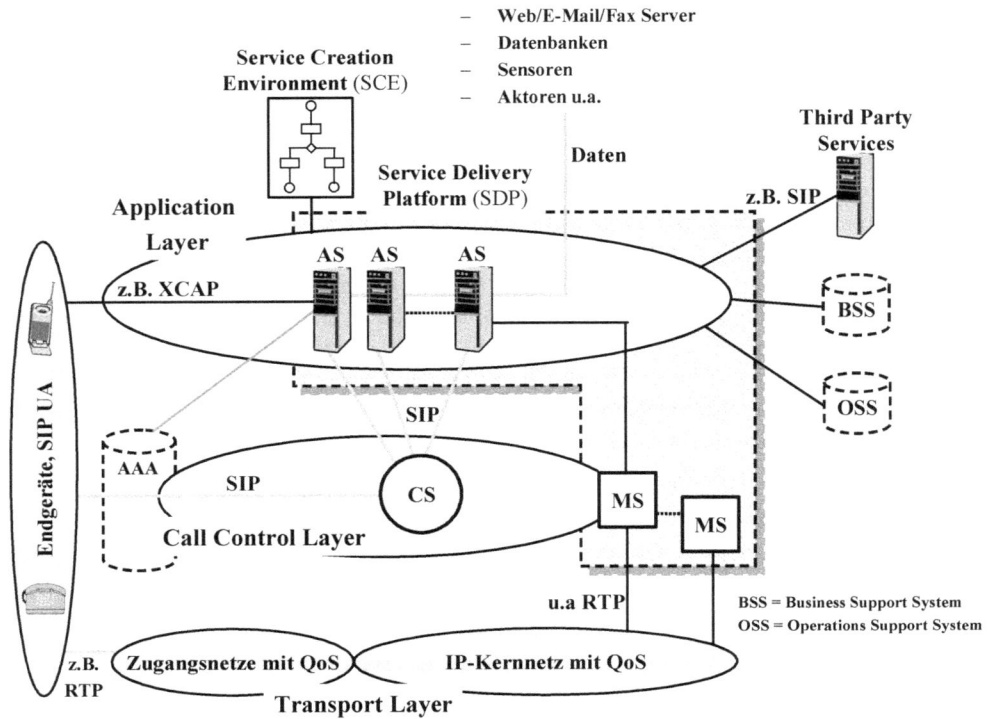

Bild 14.61: Service Delivery Platform (SDP) in NGN

Bild 14.61 verdeutlicht darüber hinaus, dass Media Server (MS) für die Nutzdatenverarbeitung ebenfalls zur SDP gehören, was zur Folge hat, dass Teile der SDP auch im Call Control und Transport Layer angesiedelt sind. Die eigentlichen SDP-Kernelemente für die Dienstebereitstellung sind aber die bereits in Abschnitt 6.12 erläuterten Application Server. Daher sind zur Vertiefung in Bild 14.62 die Funktionen eines SIP Application Servers inkl. möglicher Funktionalitäten der Media Server detailliert dargestellt. Hieran wird auch nochmals deutlich, welche ungeheuren Möglichkeiten bez. der Diensteentwicklung und -bereitstellung eine SIP/IP-basierte Service Delivery Platform bietet.

Diensteentwicklung und -bereitstellung
Für die Diensteentwicklung und -bereitstellung mittels SCE und SDP existieren verschiedene Lösungen, die anhand der vorhandenen Programmierschnittstellen in zwei Gruppen unterteilt werden können. Mit „Low Level API" (Application Programming Interface) werden jene Techniken gekennzeichnet, die direkt auf Servern ausgeführt werden. Dagegen setzt das „High Level API" auf Middleware auf, d. h. auf einer die Eigenheiten und Komplexität des darunter liegenden Netzes vor den Anwendungen verbergenden zusätzlichen Software-Schicht.

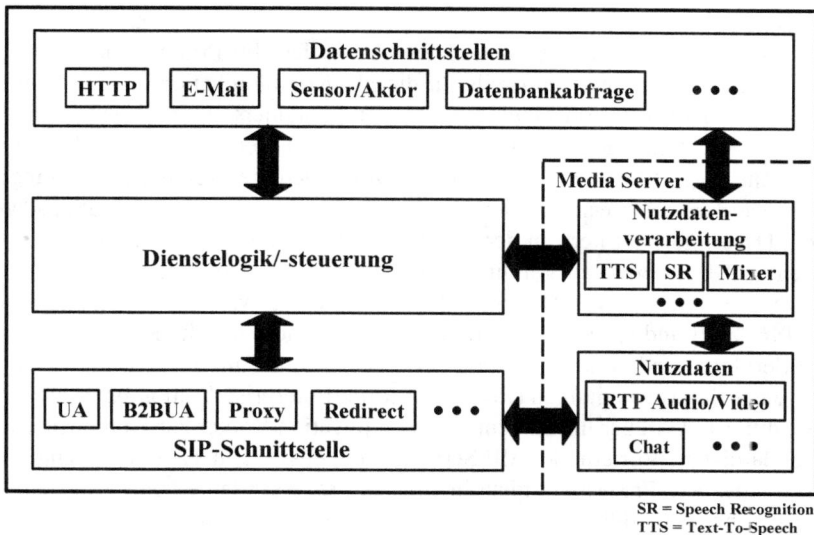

Bild 14.62: Funktionen eines SIP Application Servers

Zu den Lösungen mit Low Level API gehören

- SIP Servlets,
- CPL (Call Processing Language),
- SIP-CGI (Common Gateway Interface),
- JAIN (Java API for Integrated Networks),
- Scripting oder Software in C, C++, .NET oder Java,
- proprietäre APIs, beispielsweise Skype-API.

Lösungen mit High Level API sind

- JAIN SLEE (Service Logic Execution Environment),
- Parlay/OSA (Open Service Access) und Parlay X,
- CSE (CAMEL Service Environment),
- Web Services und SOA (Service Oriented Architecture)
- OSE (OMA Service Environment).

Auf die oben genannten proprietären APIs soll im Folgenden nicht näher eingegangen werden, da sie nicht auf offenen Standards basieren. Reine Scripting- bzw. Software-Lösungen sind zu unflexibel, nicht plattformunabhängig bzw. nicht standardisiert und werden daher hier auch nicht näher beleuchtet [Lehm3].

SIP Servlets

SIP Servlets sind Java-Programme, die auf Servern laufen. Im Prinzip sind es HTTP Servlets, die um eine Programmierschnittstelle für die SIP-Kommunikation erweitert wurden. Die Ausführungsumgebung in Form eines sog. Servlet-Containers stellt gemäß Bild 14.63 ein entsprechender SIP Application Server zur Verfügung. Er enthält darüber hinaus u.a. die SIP-Schnittstelle (vgl. Bild 14.62) und Timer für zeitgesteuerte Ereignisse. Empfangene SIP-Nachrichten werden entsprechend dem Inhalt einer speziellen Konfigurationsdatei, dem Deployment Descriptor, gefiltert. In der Folge werden die mit dem gewünschten Dienst korrespondierenden SIP Servlets ausgeführt. Bild 14.63 zeigt den Aufbau eines SIP-Application Servers mit SIP Servlets [Pete]. Das SIP Servlet API wurde von der Java Community standardisiert [116; 289] und spezifiziert mittlerweile [289] nicht nur die Kombination von SIP- und HTTP Servlets, sondern auch die von SIP Servlets und Enterprise Java Beans (EJB) in J2EE- bzw. Java EE-Anwendungen (Java 2 Platform, Enterprise Edition bzw. Java Platform, Enterprise Edition). Darüber hinaus wurde ein Application Router zur Komposition von SIP Servlets standardisiert. Vorteile der SIP Servlets sind, dass sie in Threads (leichtgewichtiger Prozess, Teil eines SW-Prozesses), nicht in eigenen Prozessen laufen und persistent sind und damit eine rel. hohe Ausführungsgeschwindigkeit haben. Zudem stellen SIP Servlets ein hohes Maß an Sicherheit bereit, da sie innerhalb eines SIP-Server-Prozesses laufen und daher nur über den Server selbst erreicht werden können. Weiterhin bieten sie alle Vorteile der Java-Technik, wie z.B. die Plattformunabhängigkeit und Erweiterbarkeit. Ein Nachteil kann sein, dass die SIP Servlet-Lösung auf das SIP-Protokoll fokussiert ist und somit andere Protokolle (z.B. Diameter) nicht ohne weiteres unterstützt werden [Lehm3; Boul].

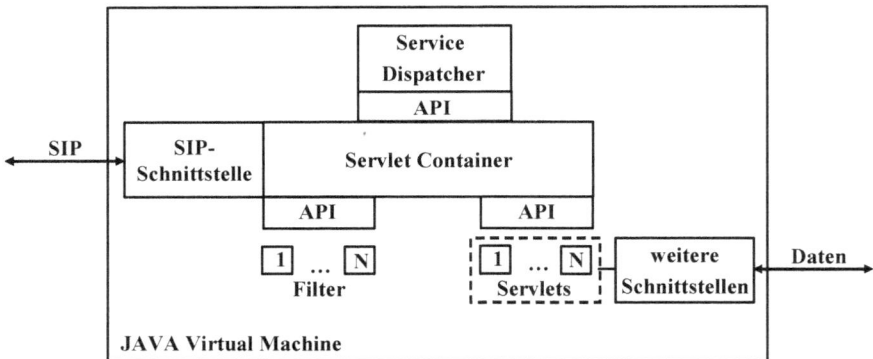

Bild 14.63: Application Server und SIP Servlets [Pete]

CPL (Call Processing Language)

CPL ist eine Programmiersprache auf der Basis von XML (Extensible Markup Language), die zur Beschreibung von Multimediadiensten entwickelt wurde [3880]. Sie zeichnet sich vorteilhaft durch die Unabhängigkeit von Betriebssystem und Signalisierungsprotokoll aus.

Durch Einschränkungen, die im Befehlssatz hinterlegt sind, können nur die dort bekannten Aktionen ausgeführt werden. Dadurch bietet CPL zwar ein hohes Maß an Sicherheit, ist jedoch bei der Funktionalität eingeschränkt. Proprietäre Erweiterungen des Befehlssatzes sind möglich, diese können aber wiederum die Sicherheit wesentlich beeinträchtigen. Mit grafischen Editoren können die Endnutzer selbst in CPL ihre eigenen Dienste programmieren; dies kann ein wesentlicher Vorteil sein [Lehm3].

SIP-CGI (Common Gateway Interface)

SIP-CGI liefert eine sprachneutrale Schnittstelle, die Interaktionen auf SIP Application Servern mit Programmen bzw. Skripten ermöglicht [3050]. Die Daten der eintreffenden SIP-Nachrichten werden via CGI an die ausführenden Programme übergeben. Vorteil hierbei ist, dass prinzipiell alle Programmier- bzw. Skriptsprachen verwendet werden können, solange sie vom Application Server unterstützt werden. Da CGI-Skripte normalerweise die gleichen Zugriffsrechte auf Ressourcen des Servers wie andere Serversoftware haben, sollten aus Sicherheitsgründen Dienste nur durch den Dienstanbieter selbst erstellt werden. Ein großer Nachteil von SIP-CGI kann die relativ geringe Ausführungsgeschwindigkeit sein, vor allem wenn Skriptsprachen wie z.B. Perl benutzt werden [Lehm3].

JAIN (Java API for Integrated Networks)

Mit JAIN wird das Ziel verfolgt, ein Framework für hochportable und konvergente Dienste zur Verfügung zu stellen. Dafür steht eine Anzahl sog. Network APIs wie z.B. JAIN SIP oder JAIN INAP zur Verfügung. Diese sind Low Level APIs, da ein direkter Zugriff auf alle Einzelheiten der Protokolle ermöglicht wird.

Das gesamte JAIN-Konzept basiert gemäß Bild 14.64 auf drei Schichten:

- Netzwerkschicht (Network Layer): beinhaltet Schnittstellen (Resource Adaptor) zu verschiedenen Netzen,
- Signalisierungsschicht (Signaling Layer): bietet erforderliche Vermittlungslogik (Call Control),
- Service Schicht (Service Layer): repräsentiert die Dienstelogik und Ausführungsumgebung (JSLEE (JAIN Service Logic Execution Environment)) und optional das SCE (Service Creation Environment).

Die JAIN APIs können generell in zwei Gruppen eingeteilt werden, die Java Application Interfaces und die Java Application Containers. Erstere bieten u.a. standardisierte Low Level APIs für die Benutzung bestimmter Protokolle wie u.a. SIP, MGCP, Megaco und INAP. Dadurch werden Entwickler vor der Komplexität der verwendeten Protokolle abgeschirmt und können deren Funktionalität einfach über Java-Objekte in Anspruch nehmen. Im Gegensatz dazu haben die Java Application Containers (High Level APIs) das Ziel, für Kommunikationsdienste eine Standard-Ablaufumgebung zu schaffen. Einen Standard hierfür bietet das im Folgenden erläuterte JAIN SLEE (Service Logic Execution Environment) [22; 240].

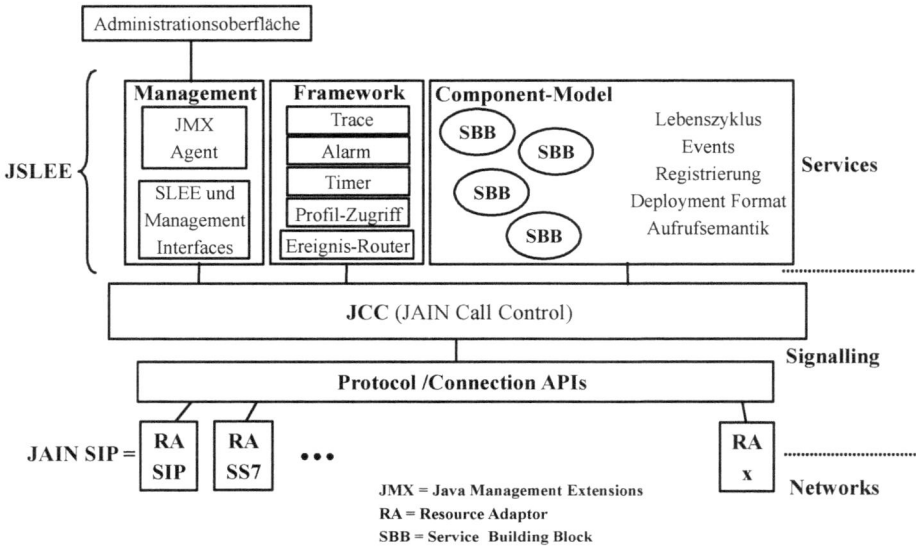

Bild 14.64: Application Server mit JAIN SLEE-Architektur

JAIN SLEE (Service Logic Execution Environment)

JAIN SLEE (siehe Bild 14.64) spezifiziert eine universelle, Java-basierte, komponentenge-
stützte und skalierbare Ablaufumgebung für Telekommunikationsdienste [22; 240]. Die
Technologie basiert auf Konzepten, die eng an J2EE bzw. Java EE angelehnt sind, allerdings
ist JAIN SLEE explizit für den Einsatz im Bereich der Intelligenten Netze entworfen worden. In der Spezifikation wird ein Komponenten- und Container-Modell definiert, wobei die
Komponenten hier als Service Building Blocks (SBB) bezeichnet werden. Basierend auf
diesen Komponenten greift die JAIN SLEE-Spezifikation auf bewährte Konzepte aus dem
Unternehmensbereich (J2EE bzw. Java EE) zurück und erlaubt eine Entkopplung der Dienste
vom darunter liegenden Netzwerk durch das Konzept der Resource-Adapter (RA).

JSLEE setzt gemäß Bild 14.64 auf drei Kernbereiche. Das Management wurde als JMX
(Java Management Extension) standardisiert und verwaltet die Dienste, ihre Bereitstellung
und die Profile. Die Dienste selbst werden als kombinierbare Service Building Blocks (SBB)
realisiert, d.h. die SBBs repräsentieren die eigentliche Dienstelogik. Ihr Aufruf und ihr Zusammenspiel werden vom sog. Framework gesteuert, speziell vom Ereignis-Router. Die
verschiedenen Resource-Adapter in Bild 14.64 ermöglichen flexibel die Kommunikation des
JSLEE mit außerhalb liegenden Netzen, Systemen oder auch Datenbanken. Ein solcher RA
wandelt die Protokollnachrichten in einfache Java-Objekte und umgekehrt und abstrahiert
damit von den konkreten Schnittstellen und Protokollen. Die besonderen Vorteile der JAIN-
Technologie sind ihre Flexibilität, die Plattformunabhängigkeit und eine relativ gute Performance [Lehm3].

Parlay/OSA (Open Service Access) und Parlay X

Für die Diensteentwicklung und -bereitstellung wurden von dem mittlerweile aufgelösten Industrieforum Parlay Group verschiedene, mit UML (Unified Modelling Language) spezifizierte Schnittstellen standardisiert, d.h. keine Application Server, sondern eher Gateways, wie in den Bildern 14.33 (siehe Abschnitt 14.3) und 14.65 dargestellt.

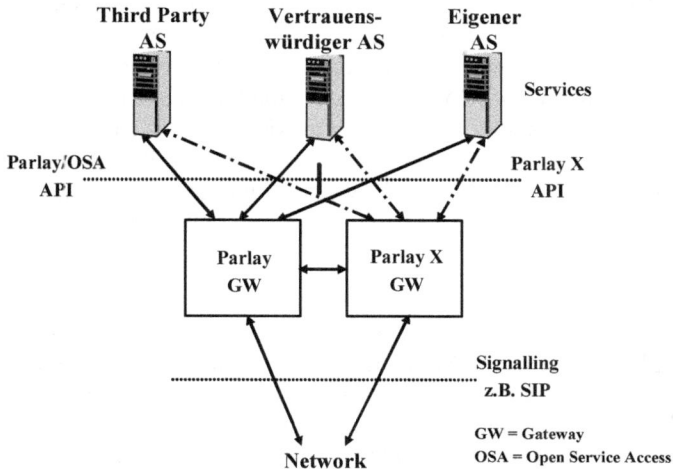

Bild 14.65: Application Server mit Parlay Gateway

Ein Parlay/OSA-Gateway setzt mittels sog. Service Capability Features (SCF) Protokolle wie z.B. SIP in das sog. OSA-API um. Darüber können dann Application Server mittels meist CORBA-basierter (Common Object Request Broker Architecture) Schnittstellen angesprochen werden. Das Gateway selbst dient hierbei als Middleware, um für die Diensterealisierung einen gesicherten und abstrahierten Zugriff auf Netzfunktionen zur Verfügung zu stellen. Ein großer Vorteil der Parlay-Techniken ist, dass Application Server von Dritten (Third Party AS) sicher an ein NGN/IMS angebunden werden können, da das OSA-Framework selbst die hierfür notwendigen Funktionen zur Erkennung (Discovery), Authentisierung, Registrierung und Zugriffssteuerung beinhaltet. Eine S-CSCF (siehe Abschnitt 14.3) bietet dies nur für eigene, nicht für fremde Application Server. Die zu Parlay/OSA alternative Parlay X-Lösung beruht auf der Web Service-Technik, auf die weiter unten detaillierter eingegangen wird. Beide Parlay-Techniken können auch kombiniert benutzt werden. Die wichtigsten Vorteile der Parlay-Lösungen sind der bereits angesprochene Third Party Access, allgemein das hohe Maß an Sicherheit und die Kombinierbarkeit von Web Services mit Parlay/OSA-Funktionen. Ein Nachteil ist die geringe Anzahl von Software-Entwicklern mit CORBA-Kenntnissen. Ein weiterer Nachteil ist der eingeschränkte Diensteumfang, der durch die bisher spezifizierten Dienste gegeben ist, denn nur diese können genutzt und kombiniert werden. Auch die relativ hohe Einlernzeit und Komplexität sind nicht zu unterschätzen [Lehm3]. Zudem ist darauf hinzuweisen, dass die OSA Parlay-Aktivitäten bei ETSI und dem

Industriekonsortium Parlay Group eingestellt und noch anfallende Arbeiten zur Open Mobile Alliance (OMA) [OMA] transferiert wurden.

CSE (CAMEL Service Environment)
CSE beruht auf CAMEL-IN-Funktionen in Mobilfunknetzen, d.h. mit CSE wird die Nutzung vorhandener IN-Dienste auf CAMEL-Basis in NGN/IMS-Umgebungen ermöglicht. Um die im CSE bereitgestellten Dienste weiterhin nutzen zu können, bedarf es jedoch einer Protokollumsetzung. Diese übernimmt, wie in Bild 14.33 (siehe Abschnitt 14.3) dargestellt, die IM-SSF (IP Multimedia-Service Switching Function). Hier werden die beiden Protokolle SIP (an der ISC-Schnittstelle) und CAP (CAMEL Application Part) ineinander konvertiert. Typische Dienste des CAMEL-IN sind z.B. SMS (Short Message Service), MMS (Multimedia Messaging Service) und Televoting. Der Vorteil dieser Technik liegt ausschließlich darin, bereits entwickelte CAMEL-gestützte Dienste weiterhin nutzen zu können. Neuentwicklungen mittels dieser Technik sind kostspielig und daher nicht zu empfehlen [Lehm3; 22078; 29078].

OMA SE (Open Mobile Alliance Service Environment)
Die Open Mobile Alliance (OMA) [OMA] spezifiziert offene globale Standards für netzunabhängige Anwendungen, vor allem für Mobilfunknetze. Hauptanforderungen sind die Unabhängigkeit von Betriebssystemen, Ausführungsumgebungen, Programmiersprachen und Herstellerplattformen sowie die Interoperabilität zwischen Geräten und über Netze hinweg (Roaming), zwischen Infrastrukturen und Diensteanbietern. Dabei sollen bereits vorhandene Techniken wie IMS genutzt werden. Die OMA definiert im OSE im Wesentlichen sog. Enabler (ähnlich den SBB der JAIN SLEE-Technik) wie z.B. die Presence-Funktion, deren Zusammenarbeit und standardisierte Schnittstellen zu den Applikationen. Die Anwendungen realisieren unter Nutzung der Enabler die eigentlichen Kommunikationsdienste. Dabei kann die Realisierung z.B. mittels Application-Servern innerhalb des OSE oder außerhalb (Third Party) vorgenommen werden. Darüber hinaus soll ein OSE einen einfachen, sicheren und geschützten Zugang zu den Netzressourcen ermöglichen. Insgesamt gesehen stellt sich das OSE-Konzept als sehr theoretisch dar. OSE-Realisierungen, z.B. mit JSLEE, sind nicht eindeutig von Parlay-Systemen zu unterscheiden. Somit sind auch die Vorteile prinzipiell die gleichen wie die des Parlay-Ansatzes, nämlich ein hohes Maß an Sicherheit und Nutzung der Web Services-Technik. Nachteilig sind die eher eingeschränkten Dienstemöglichkeiten, da hauptsächlich der Mobilfunkbereich abgedeckt wird [Lehm3; OMA].

Web Services und SOA (Service Oriented Architecture)
Web Services sind verteilte Software-Anwendungen, die sich gemäß Bild 14.66 an der SOA orientieren. Die Web Services verwenden sowohl standardisierte Metasprachen bzw. Schnittstellen wie WSDL (Web Service Description Language) zur Beschreibung eines Web Service und UDDI (Universal Description and Discovery Interface) für ein Service-Verzeichnis als auch Protokolle wie SOAP (vormals Simple Object Access Protocol). Sie sind unabhängig von der Programmiersprache, der Ausführungsplattform und dem Transportprotokoll (z.B. SIP oder HTTP). Basierend auf XML-Nachrichten vereinen Web Ser-

vices verteilte und objektorientierte Programmierstandards. Besonders hervorzuheben ist, dass Web Services untereinander kompositionsfähig sind, d.h. ein Web Service kann mit einem anderen zusammenarbeiten, um einen komplexeren Dienst zu ermöglichen. Aber auch die Nachteile sollen nicht unerwähnt bleiben. Aufgrund des Overheads, der durch Protokolle wie z.B. SOAP entsteht, leidet die Performance [Lehm3; Hamm].

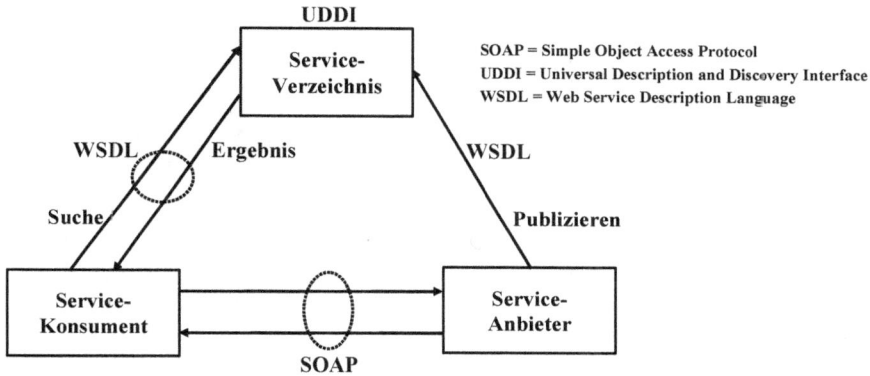

Bild 14.66: Web Services und SOA-Service-Dreieck

Die oben beschriebenen Lösungen zur Diensteentwicklung und -bereitstellung werden abschließend anhand einiger wesentlicher Kriterien einander gegenübergestellt. Die Ergebnisse, die in Abhängigkeit der jeweiligen Anforderungen als Basis für eine Technikauswahl dienen können, sind übersichtlich in den Tabellen 14.7a und 14.7b dargestellt [Lehm3].

Tabelle 14.7a: Vergleich der Lösungen für die Diensteentwicklung und -bereitstellung – Teil 1

Kriterien	SIP Servlets	CPL	SIP-CGI	JAIN SLEE	Parlay	OSE	Web Services
Betriebs-systemab-hängigkeit	nein, da Java	nein, da Skript	ja, je nach Program-mierspra-che	nein, da Java	nein, da z.B. Java einsetzbar	nein, da z.B. Java einsetzbar	nein, da z.B. Java einsetzbar
Protokoll-unterstüt-zung	nur SIP	SIP und H.323	nur SIP	SIP, Dia-meter u.a. Mit RAs bel. erwei-terbar	SIP, SS7 u.a. Mit SCFs bel. erweiter-bar	SIP, Dia-meter u.a. Mit Bin-ding Inter-faces bel. erweiterbar	protokoll-unabhängig
Abhängig von Pro-grammier-sprache	ja, Java	nein, da XML	ja	ja, Java	ja, objekt-orientiert (C++, C#, Java)	ja, objekt-orientiert (C++, C#, Java)	nein, da XML
Sicher gegen Angriffe	einge-schränkt	ja	nein	ja	ja	ja	ja
Skalier-barkeit	ja	nein	ja	ja	ja	ja	ja
Funktions-umfang erweiter-bar	ja	nein	ja	ja	ja	ja	ja
Ausfüh-rungs-geschwin-digkeit	sehr schnell	langsam	langsam	schnell	schnell	schnell	langsam
Dienste-wieder-verwen-dung	möglich	nicht möglich	möglich	hervorra-gend unter-stützt	hervorra-gend unterstützt	hervorra-gend unter-stützt	hervorra-gend unter-stützt

Tabelle 14.7b: Vergleich der Lösungen für die Diensteentwicklung und -bereitstellung – Teil 2

Kriterien	SIP Servlets	CPL	SIP-CGI	JAIN SLEE	Parlay	OSE	Web Services
Diensteer-stellung durch Endnutzer	ja, z.B. per Web-Interface	ja, z.B. per grafischem Editor	ja, z.B. per Web-Interface	nein	nein	nein	ja, z.B. per Web-Interface
3rd Party-Anbieter	wegen Sicherheit nicht zu empfehlen	nicht dafür konzipiert	wegen Sicherheit nicht zu empfehlen	prinzipiell möglich	extra dafür konzipiert	extra dafür konzipiert	prinzipiell möglich
Program-miereran-zahl	sehr viele, da Java	sehr wenige	sehr viele, Web-Entw.	sehr viele, da Java	viele, außer für CORBA	sehr viele, wenn z.B. Java	sehr viele
Entw.aufwand für typ. Dienst	Wochen bis Monate	Tage	Wochen bis Monate	≤ 1 Monat	≤ 3 Monate	≤ 3 Monate	Wochen bis Monate
Einlern-aufwand	niedrig	sehr niedrig	mittel	hoch	sehr hoch	sehr hoch	mittel
Anzahl der Dienste-möglich-keiten	nahezu unbe-grenzt	sehr begrenzt	nahezu unbe-grenzt	unbegrenzt	sehr begrenzt durch die spez. Service Capability Features	sehr be-grenzt durch die spez. Enabler	nahezu unbegrenzt
Besonder-heiten der Lösung	kombi-nierbar mit HTTP Servlets	bietet GUI Editor, limitierte Funktio-nalität	sehr rechen-intensiv	Middle-ware, kann andere Techniken integrieren, z.B. Serv-lets oder EJB, BPEL	Middle-ware, kann andere Techniken integrie-ren, z.B. Servlets oder JAIN	Middle-ware, Ent-wicklungs-umgebung für Mobil-funk	sollte als Aufsatz für andere Techniken dienen, z.B. Servlets

Ausgehend von den Tabellen 14.7a und 14.7b können in Abhängigkeit der genannten spezifischen Anforderungen die folgenden allgemeingültigen Empfehlungen zur Diensteentwicklung und Dienstebereitstellung gegeben werden.

- Third Party Access: Sicherer Zugang zu Diensten bzw. zu den Netzelementen und Funktionen der tieferen Schichten wird durch sichere Schnittstellen bzw. Middleware garantiert. Diese Schnittstellen werden durch Techniken wie Web Services, Parlay/OSA, Parlay X, OMA SE und JAIN SLEE realisiert.
- Diensteerstellung durch Endkunden: Mit Hilfe von GUI-Editoren (Graphical User Interface) oder Web-Schnittstellen wird Endkunden eine leicht verständliche und handhabbare Möglichkeit zur eigenen Diensteentwicklung gegeben. Als Basis hierfür bieten sich besonders CPL, SIP Servlets, JAIN SIP und Web Services an.
- Echtzeitfähigkeit: Für Echtzeitdienste, z.B. Videokonferenzen, sollten SIP Servlets, JAIN SIP (JAIN SLEE) oder in C programmierte Anwendungen genutzt werden. Natürlich bieten auch die technischen Lösungen Parlay/OSA bzw. OMA SE hierfür Unterstützung, wobei dann aber darauf zu achten ist, dass die konkrete Realisierung der Dienste eine schnelle Ausführung gewährleistet.
- Kombinationsfähigkeiten: Um verschiedene Techniken miteinander kombinieren und deren jeweilige Vorzüge nutzen zu können, bietet die Java-Technik eine solide Grundlage. Alle Java-orientierten Techniken sind praktisch beliebig erweiterbar und können so kombiniert mit anderen Techniken verwendet werden.
- Kompositionsfähigkeit: Damit Dienste nicht grundsätzlich immer neu entwickelt werden müssen, ist eine Komposition von bereits vorhandenen Diensten zu neuen wünschenswert. Diese Möglichkeit liefern SIP Servlets oder die Service Building Blocks (SBB) innerhalb der JAIN SLEE. Diese Art der Komposition ist aber auf die Dienstebereitstellungsplattform des Betreibers selbst beschränkt. Web Services hingegen ermöglichen eine einfache Dienstekomposition über Plattformen hinweg.
- Programmiersprache: Da sich die Java-Techniken immer mehr durchsetzen und eine Vorreiterposition bei der Entwicklung und Bereitstellung von Diensten einnehmen, sollte in jedem Fall diese Technik verwendet werden. Java stellt darüber hinaus auch für Parlay/OSA oder OMA SE eine oft genutzte Basis dar [Lehm3].

Zur Abrundung der bisherigen Betrachtungen von Lösungsmöglichkeiten zur Entwicklung und Bereitstellung von Mehrwertdiensten in NGN findet sich im Folgenden ein kurzer Überblick auf mögliche weitergehende und ergänzende Lösungen (siehe auch Bild 14.67).

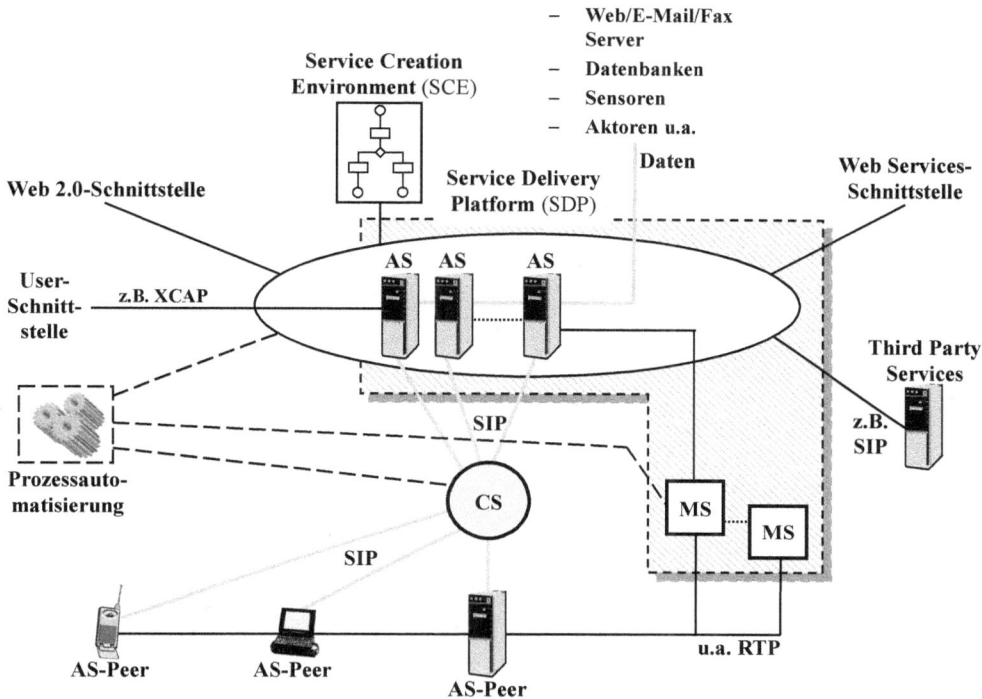

Bild 14.67: Mögliche weitergehende und ergänzende Lösungen für die Diensteentwicklung und -bereitstellung

Prozessautomatisierung bei der Dienstebereitstellung
Zur raschen Einführung neuer Dienste und für ihre Nutzung durch Kunden gibt es Lösungen, die zum Teil auch von Providern bereits genutzt werden, zur Automatisierung aller im Netz Ende-zu-Ende vorzunehmenden Einstellungen [Appe].

Kombination bekannter Lösungen
Viele der oben beschriebenen technischen Lösungen können miteinander kombiniert werden, wobei es hierfür drei verschiedene Ansätze gibt. Der erste Ansatz wurde bereits in Bild 14.33 (siehe Abschnitt 14.3) dargestellt. Das dort gezeigte logische Netzelement SCIM (Service Capability Interaction Manager) stellt eine Art Service Broker dar, der Dienste, die auf den Application Servern liegen, verknüpfen kann, um diese Dienstekombination dann als neuen Dienst anzubieten. Die technischen Lösungen, die auf den Application Servern zum Einsatz kommen, sind hier nur insofern relevant, als dass sie alle SIP unterstützen müssen. Der zweite Ansatz, der ebenfalls bereits in Bild 14.33 skizziert wurde, nutzt die Kombination verschiedener Lösungen mittels Gateways. Bild 14.33 zeigt, wie Parlay/OSA und CSE angebunden und somit kombinierbar gemacht werden. Ein dritter Ansatz besteht darin, verschiedene Lösungen innerhalb eines oder mehrerer SIP AS zu nutzen. Z.B. können ganz einfach

die auf Java basierenden Lösungen SIP Servlets und JAIN kombiniert werden. Zudem können Web Services einfach eingebunden werden [Lehm3].

Application Router

Ein Application Router organisiert die Kombination verschiedener Dienste zu einem neuen Mehrwertdienst. Für SIP Servlets wurde ein entsprechendes logisches Netzelement bereits in [289] spezifiziert. Dieser Application Router ermöglicht es, verschiedene SIP Servlets in sog. Service Chains (Ketten) zu organisieren und abzuarbeiten. Eine Anwendung für einen Application Router ist der oben angesprochene SCIM im IMS-Umfeld [Lehm3].

Web 2.0

Dem Web 2.0 liegt der Ansatz zugrunde, dass die Dienstenutzer auch selbst als Diensteanbieter auftreten. Übertragen auf Kommunikationsnetze würde das bedeuten, dass neue Dienste in NGN zunehmend von den Nutzern selbst entwickelt und dezentral oder auch zentral beim Provider für andere Nutzer bereitgestellt werden.

Kommunikationsbausteine

In [Team] wurden aus realistischen Kommunikationsabläufen einzelne, häufig wiederkehrende Kommunikationsbausteine abgeleitet. Diese Kommunikationsbausteine werden nun bei der Erstellung von neuen und komplexen Mehrwertdiensten immer wieder verwendet und können damit maßgeblich zu einer schnellen und kostengünstigen Diensteentwicklung beitragen.

Peer-to-Peer-Dienste

Mit der Zunahme der Peer-to-Peer-Kommunikation gerade auch im Bereich der multimedialen Echtzeitkommunikation wird auch die dezentrale Bereitstellung von Mehrwertdiensten durch die Peers um sich greifen. Diese den Web 2.0-Gedanken aufgreifende Entwicklung kann zu neuen Mehrwertdiensten und zu neuen, zentrale und dezentrale Lösungen integrierenden Netzarchitekturen führen [Lehm4; Lehm5; Lehm1].

Semantische Web Services

Semantische Web Services besitzen die Fähigkeit, sich selbst zu komponieren bzw. zu kombinieren. Mittels dieser Technik wird es daher einem Provider möglich, neue Mehrwertdienste anzubieten, ohne dass er diese vorher exakt spezifizieren muss, d.h. es entstehen neue Web Services durch automatische Kombination aus vorhandenen. Erforderlich ist hierfür eine semantische Erweiterung der Web Services [Linc].

Automatisierte Entwicklung von Mehrwertdiensten

In [Team] wurde ein Ansatz verfolgt, der das Ziel hat, ausgehend von einer einfachen textuellen Beschreibung automatisiert den gewünschten Mehrwertdienst auf einem JAIN SLEE AS im Netz bereitzustellen. Dabei wird die genannte Dienstskizze mittels BPEL (Business

Process Execution Language) formal beschrieben, wobei u.a. auf die im Zusammenhang mit [Team] oben genannten Kommunikationsbausteine zurückgegriffen wird. Die aus dem BPEL-Prozess resultierenden XML-Dateien werden mit Hilfe eines Code Generators in Java-Klassen und XML-Dienstbeschreibungsdateien (Deskriptoren) transformiert. Der Dienst besteht aus den Java-Klassen, die den zugehörigen JSLEE Service Building Block (SBB) repräsentieren, und aus den dazugehörigen Deskriptoren. In der Folge werden die Java-Klassen mittels Code Generator kompiliert, die resultierende Software ist auf einem JAIN SLEE Application Server lauffähig [Lehm6; Eich1]. Weitergehend wurde in [Eich2] eine Lösung für die automatisierte Entwicklung und Bereitstellung multimedialer Mehrwertdienste vorgestellt, die neben einer Erweiterung des JAIN SLEE-Konzepts noch eine deutlich höhere Flexibilität, die Einbindung einer grafischen Benutzeroberfläche sowie Diensteanpassungen zur Laufzeit bietet.

Diensteplattformen, Apps und neue Standards

Im Zusammenhang mit den über Telekommunikationsnetze angebotenen Diensten darf allerdings auch nicht verschwiegen werden, dass die Nutzung oben beschriebener Kommunikationsdiensteplattformen infolge über das Web bereitgestellter Dienste und vor allem wegen Mobile Apps (kurz Apps) zum Teil stark abgenommen hat. Ein Beispiel dafür ist der in Abschnitt 1.2 erwähnte Rückgang der SMS-Nutzung in Deutschland um 27% binnen eines Jahres durch die Konkurrenz von Messaging-Diensten wie WhatsApp.

Interessant ist an dieser Stelle ein kurzer Vergleich eines SIP Application Servers (siehe Abschnitt 6.12 und Bild 14.62) und eines Smartphones bzw. Tablet Computers. 3GPP definiert in [23002] einen SIP AS wie folgt: „A SIP Application Server offers value added IP Multimedia services and resides either in the user's home network or in a third party location. The third party could be a network or simply a standalone AS." In Ergänzung zeigt u.a. Bild 14.62, dass ein SIP AS eine SIP-basierte Kommunikationsschnittstelle sowie Datenschnittstellen bietet. Verknüpft werden diese Schnittstellen und ihr Zusammenspiel durch eine SW-Plattform für die Bereitstellung und Ausführung der Dienstelogik in Form von SW-Programmen inkl. der Medienbehandlung. Smartphones bieten durchaus vergleichbare Funktionen: eine Kommunikationsschnittstelle (im Falle von LTE IP-basiert mit SIP für die Signalisierung), eine IP-Datenschnittstelle (z.B. zur Nutzung von Webservices für den Zugriff auf Server und Datenbanken), Sensorschnittstellen sowie ein Betriebssystem (z.B. Android) als Ausführungsumgebung. Die Apps stellen dezentral, häufig in Zusammenarbeit mit auf Servern zentral bereitgestellten Funktionen, die Dienstelogik bereit: für IP Multimedia Services. Aus diesem Blickwinkel könnte man ein Smartphone als dezentralen Ersatz für oben genannte zentrale Application Server betrachten. Insofern ist eine Verschiebung der Marktanteile nicht verwunderlich.

Apps verschieben den Fokus von Sprach- zu Daten-zentrierten Anwendungen, die zudem für die Kommunikation das Internet verwenden. Daher rückt zum einen die Sprachkommunikation aus dem Fokus, zum anderen können die Vorteile NGN-basierter Telekommunikationsnetze wie QoS und Sicherheit nicht genutzt werden. In dieser Hinsicht vorteilhaft ist daher die Kombination der durch Apps und der durch NGN gegebenen Möglichkeiten. Apps sind kurzfristig verfügbar, durchlaufen keine aufwändigen Tests und werden üblicherweise unabhängig von Netzbetreibern und Diensteanbietern entwickelt sowie bereitgestellt. Werden nun APIs (Application Programming Interface) zur NGN-SDP bereitgestellt, können Mobile Apps und Web Apps (werden im Browser ausgeführt, vgl. WebRTC in Kapitel 13) die Möglichkeiten des Telekommunikationsnetzes wie QoS, hohe Verfügbarkeit, Sicherheit, Authentifizierung, angereicherte Sprach- und Videodienste etc. nutzen [Cope; Caru]. Ein gutes Beispiel für einen App-basierten Dienst, der die Fähigkeiten des Telekommunikationsnetzes vorteilhaft nutzt, ja nutzen muss, ist „Bitrate on-demand". Hierbei erhält der Nutzer nach einem Klick für eine bestimmte Zeitdauer eine höhere Zugangsbitrate, z.B. 50 Mbit/s statt 10 Mbit/s.

Im Ideal führt die beschriebene Kombination beider Welten dazu, dass die App-basierten Dienste auf verschiedenen Endgeräten mit mobilen und festen Anschlüssen inkl. Dienstesynchronisierung genutzt werden können [Cope; Caru].

Dieser Ansatz wurde von der ITU-T aufgegriffen und u.a. in der ITU-T-Empfehlung Y.2240 [Y2240] aus NGN-Sicht genauer ausgeführt. Ziel war hierbei die Spezifikation eines NGN Service Integration and Delivery Environment (NGN-SIDE) als offene Diensteumgebung für Applikationsentwickler (inkl. Endnutzer), 3rd Party-Anbieter, Diensteanbieter und Netzbetreiber zur gemeinsamen Nutzung der Ressourcen aus den Bereichen Festnetz, Mobilfunknetz, Rundfunk- und Fernsehverteilung, Internet und Content-Anbieter [Y2240; Caru].

Ähnliches gilt für die bei der ITU-T unter den Überschriften NGN-e (NGN Evolution) und „Network Intelligence Capability Enhancements (NICE)" [Y2301] laufenden Standardisierungsarbeiten zur evolutionären NGN-Weiterentwicklung. Hier gehen die Anforderungen über die in [Y2240] deutlich hinaus. Während dort der Fokus auf Offenheit und 3rd Party-Applikationen lag, kommen in [Y2301] aus Sicht der Nutzer und Applikationsanbieter die folgenden Anforderungen für die Dienstebereitstellung hinzu:

- Berücksichtigung (Kenntnis, Awareness) der verfügbaren Netzressourcen (z.B. Bitrate), des Aufenthaltsortes des Nutzers, der Parameter des Endgeräts, des verwendeten Zugangsnetzes etc.,
- Dienste, Bitrate, QoS on-demand,
- Nutzung unterschiedlicher Endgeräte in verschiedenen Zugangsnetzen mit definierter QoS unter einem Nutzer-Account,
- intelligentes Verkehrsmanagement und optimierte Verkehrsführung inkl. Netzwerkvirtualisierung (siehe Abschnitt 15.1).
- Daneben gilt wie in [Y2240] die Forderung nach Offenheit für 3rd Party-Applikationsanbieter über standardisierte APIs mit Zugriff auf die oben genannten Funktionen und Ressourcen.

Als beispielhafte Anwendungsfälle werden in [Y2301] einheitliches Nutzerprofil für Fest- und Mobilfunknetz, Bitrate on-demand, Berücksichtigung der verfügbaren Bitrate bei Datei-Download (Kontext) und gleichzeitigem garantiertem Videostreaming sowie 3rd Party-Videodienst mit QoS genannt.

In dieser Web 2.0/Telco 2.0-Ära mit zahlreichen neuen, im Vergleich zu herkömmlichen Kommunikationsdiensten schnell entwickelten und wenig getesteten Applikationen ist schwer vorhersehbar, ob ein neuer Dienst ein Erfolg wird, wieviele Nutzer er haben wird, wieviel Verkehr durch ihn hervorgerufen wird. Daher müssen die Fixkosten für die Dienstebereitstellung in einer SDP so gering wie möglich gehalten werden. Die Lösung hierfür ist eine flexibel anpassbare, auf Cloud Computing und damit Virtualisierung (siehe Abschnitt 15.1) basierende SDP. Die Vorteile sind vergleichsweise geringe Kosten, kurze Markteinführungszeiten (Time-to-Market) u.a. wegen erforderlichenfalls schnell verfügbarer Ressourcen und optimierter Energieverbrauch [Bagl; Caru].

Ein weiteres interessantes Thema im Kontext von Service Delivery-Plattformen sind Next Generation Service Overlay Networks (NGSON). Ein herkömmliches Netz mit einer SDP für die Bereitstellung und Ausführung von Mehrwertdiensten kann nur innerhalb seines Bereiches für die angestrebte Dienstgüte sorgen, nicht über die Netzgrenzen hinweg. Um diesem Nachteil zu begegnen, wurde vor Längerem das Konzept der Service Overlay Networks (SON) ausgearbeitet. Der SON-Ansatz geht davon aus, dass durch ein dienstebezogenes Overlay-Netz Mehrwertdienste mit definierter Dienstgüte über mehrere auch heterogene Netze hinweg bereitgestellt werden können. Da das ursprüngliche SON-Konzept nicht flexibel genug war, wird von IEEE NGSON standardisiert. Zwar gibt es seit 2011 den Basisstandard [S1903], allerdings steht zum Zeitpunkt der Drucklegung dieser Auflage die Konkretisierung z.B. in Form der Festlegung der zu verwendenten Protokolle noch aus [Lehm1]. Das NGSON-Konzept kann auf beliebige IP-Netze, u.a. mit IMS-Steuerung oder P2P-Kommunikation, angewandt werden. Dabei unterstützen logische, in einer Overlay-Struktur vernetzte NGSON-Knoten (ggf. als integrierte Funktion von physikalisch ohnehin vorhandenen Netzelementen) Service Discovery, Service Routing, Service Composition und QoS-Steuerung über verschiedene, darunter liegende Transportnetze hinweg [Lee; Lehm1; S1903].

14.8 Migrationsszenarien

Nachdem in den vorhergehenden Abschnitten 14.1, 14.2 und 14.6 verschiedene Netze auf ihren NGN-Reifegrad hin untersucht wurden, sollen nun für spezielle Szenarien mögliche Migrationswege aufgezeigt werden. Dabei wird der Schwerpunkt auf öffentliche Netze und das ISDN sowie das IN gelegt.

Netzmigration
Grundsätzlich gibt es für eine Netzmigration drei Alternativen [Bowe]:

- Upgrade,
- Ersatz und
- Overlay.

Bei einem ISDN-Upgrade werden leitüngsvermittelnde Vermittlungsstellen (VSt) mit VoIP-Technik hochgerüstet, z.B. indem sie mit Trunking Gateways ausgestattet werden und in der Folge im Kernnetz nur noch per VoIP kommuniziert wird. Bei einem Ersatz werden z.B.

ISDN-VSten komplett gegen Call Server ausgetauscht. Wird in diesem Fall die Access-Technik (Konzentratoren, Zugangsnetzsysteme) weiter verwendet und daher über Access Gateways an das IP-Netz angebunden, hat man eine Kombination von „Ersatz" und „Upgrade". Im Overlay-Fall wird die neue NGN-Technik parallel zur bestehenden nur bei Neubau und Reparatur eingesetzt. In der Praxis wird man häufig einen Mix aller drei Alternativen haben.

Die Ziele, die bei einer Migration verfolgt werden, sind bei allen Netzbetreibern mehr oder weniger die gleichen [MIG]:

- Reduzierung der Netzinfrastrukturkosten,
- Reduzierung der Betriebskosten,
- optimale Nutzung der Neuinvestitionen,
- optimale Weiterverwendung der bereits installierten Technik,
- schnellere Dienstebereitstellung,
- mindestens gleich gute Quality of Service,
- offene Netzarchitektur bezüglich der Dienstebereitstellung.

Der einzuschlagende Migrationsweg ist dann allerdings stark abhängig von der konkreten Situation des Netzbetreibers.

Eine mögliche strukturierte Vorgehensweise ist die schrittweise Migration mit vorheriger funktionaler Zerlegung des zu migrierenden Gesamtnetzes in Subnetze (Decomposition). Z.B. könnte ein ISDN-Gesamtnetz zerlegt werden in

- ISDN-Core-Netz,
- Access-Netz,
- ZGS Nr.7-Netz,
- IN,
- Netzmanagement,
- Festverbindungsnetz,
- ggf. IP-Netz,
- ggf. ATM-Netz,
- Transportnetz,
- Verbindungssteuerung,
- Dienstesteuerung [MIG].

Ausgehend von einem vorhandenen ISDN-Netz werden im Folgenden verschiedene Migrationsszenarien [MIG; Y2261; NGNP] vorgestellt und diskutiert. Die Ausgangssituation zeigt Bild 14.68.

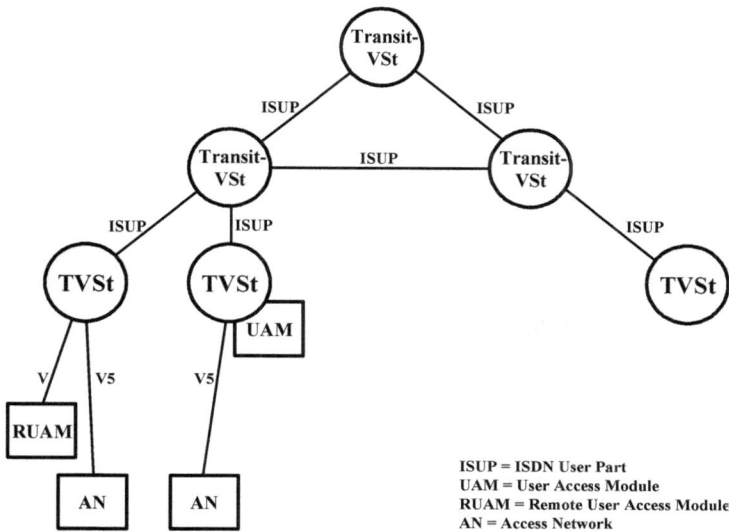

Bild 14.68: ISDN-Ausgangssituation

Das Kernnetz besteht aus Transit- und Teilnehmer-Vermittlungsstellen (TVSt), das Zugangsnetz entweder aus in die TVSt integrierten Teilnehmerschaltungen (UAM, User Access Module), abgesetzten Konzentratoren (RUAM, Remote User Access Module) oder Zugangsnetzsystemen (AN, Access Network). Die RUAMs sind normalerweise über proprietäre V-Schnittstellen an die TVSt angebunden, die ANs über standardisierte V5-Schnittstellen.

In Szenario A wird in einem ersten Schritt gemäß Bild 14.69 die NGN-Migration vorbereitet, indem die Vermittlungsfunktionen auf größere Vermittlungsstellen konzentriert werden und kleinere TVSten ersetzt werden, bei größtmöglicher Weiterverwendung von Teilnehmerschaltungen in RUAMs.

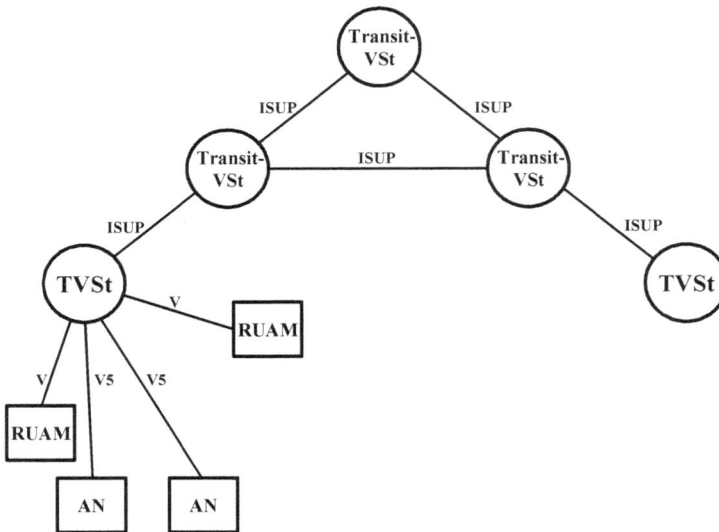

Bild 14.69: Ersatz von TVSten durch RUAMs (Szenario A, 1. Schritt)

Wie in Bild 14.70 dargestellt, werden dann in einem zweiten Schritt die VSten nach und nach durch Call Server (CS) ersetzt, wobei mehrere bisherige Vermittlungsstellenbereiche (bis zu 150000 Teilnehmer pro TVSt) von einem CS (bis zu 1 Mio Teilnehmer) bedient werden können. Die vorhandene Zugangstechnik (RUAM, AN) wird über Access Gateways (AG) angebunden bzw. durch AGs bzw. reine SIP/IP-Anschlüsse ersetzt. Das verbleibende ISDN und andere PSTN-Netze bleiben über Trunking Gateways (TG) gekoppelt. Bei minimaler Funktionalität wird ein Call Server bzw. Softswitch die Protokolle SIP, ISUP und Megaco unterstützen, ggf. aber auch V5 und V. Letzteres ist jedoch nur denkbar, wenn die Softswitches vom gleichen Hersteller wie die früher gelieferten RUAMs mit proprietärer V-Schnittstelle sind.

In Szenario B wird die Migration in einem Schritt vollzogen. Es entspricht damit dem auf Schritt 2 reduzierten Szenario A nach Bild 14.70.

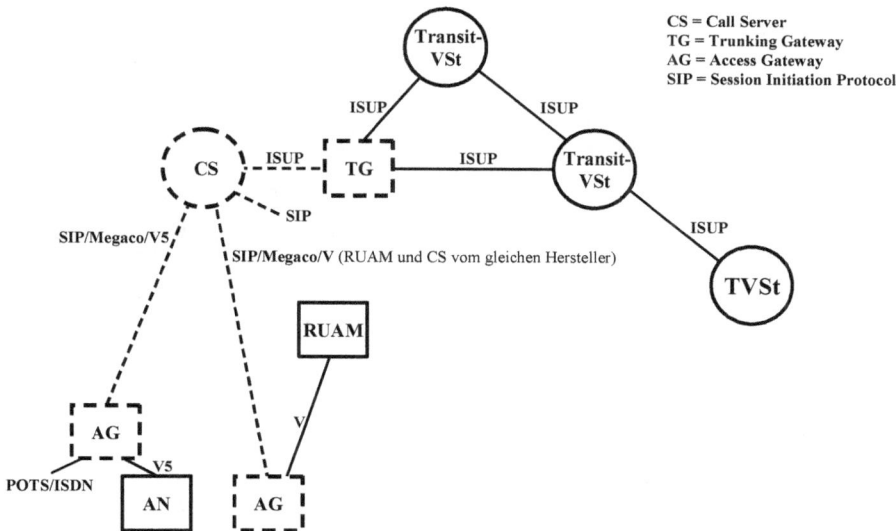

Bild 14.70: Ersatz von VSTen durch CS und TGs/AGs (Szenario A, 2. Schritt; Szenario B; Szenario C und D, 2. Schritt)

Szenario C geht von einem Overlay-Ansatz aus. Im ersten Schritt wird nur bei Netzerweiterungen und Ersatz NGN-Technik eingeführt, das bestehende ISDN läuft weiter (siehe Bild 14.71). In einem zweiten Schritt wird dann nach und nach entsprechend Szenario B (siehe Bild 14.70) das verbliebene ISDN migriert.

In Szenario D werden im ersten Schritt nur die Transit-VSten durch CS und TGs ersetzt (siehe Bild 14.72), im zweiten Schritt wird dann wie bei Szenario B auch die ISDN-Technik in den TVSt-Bereichen durch NGN-Systeme ersetzt (siehe Bild 14.70).

Ein anderer sehr wichtiger Bereich ist die Migration der Dienstebereitstellung, d.h. vor allem das Zusammenspiel von IN (siehe Abschnitte 2.4 und 14.6) und SIP Application Server (SIP AS) bzw. Service Delivery-Plattformen (SDP) (siehe Abschnitte 6.12 bzw. 14.7). Bei einem SIP AS handelt es sich um eine Software-Plattform für die Bereitstellung und Entwicklung SIP-basierter Dienste unter Einbeziehung verschiedenster anderer Server wie u.a. Web-, E-Mail-, Media-, Directory Server. Da man mit SIP AS auf der Basis IP die noch nie dagewesene Situation hat, in einem Netz relativ einfach alle Medien (Sprache, Video, Text, Daten) in beliebiger Kombination zu vielfältigen Diensten zusammenstellen zu können, ist dies ein sehr wichtiges und innovatives Segment der NGN-Technik (siehe Abschnitte 6.12 und 14.7).

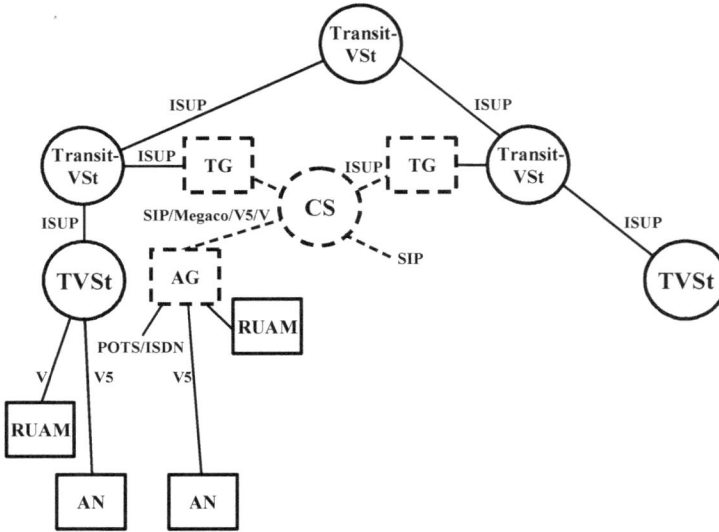

Bild 14.71: NGN-Overlay – CS und TGs/AGs für Erweiterungen und Ersatz (Szenario C, 1. Schritt)

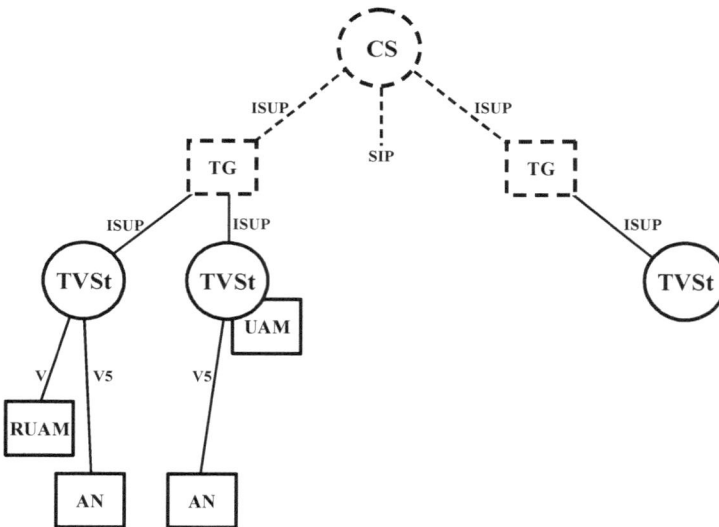

Bild 14.72: Ersatz von Transit-VSten durch CS und TGs (Szenario D, 1. Schritt)

Bild 14.73 zeigt die ISDN-IN-Ausgangssituation mit dem SCP (Service Control Point) für die IN-Dienstebereitstellung. Etwas vereinfacht ausgedrückt übernimmt diese Funktion in einem NGN ein AS (Application Server), wobei verschiedene Dienste von unterschiedlichen AS erbracht werden können.

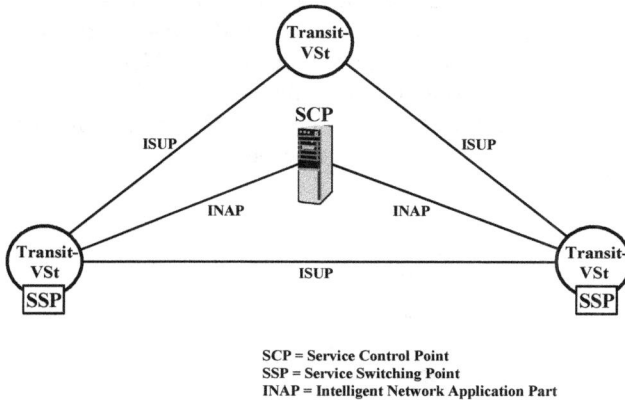

Bild 14.73: ISDN-IN-Ausgangssituation

Das Migrationsszenario X in Bild 14.74 geht davon aus, dass die SCP-Intelligenz auch in einem SIP-IP-Netz weiter genutzt wird (z.B. für vorhandene IN-Dienste).

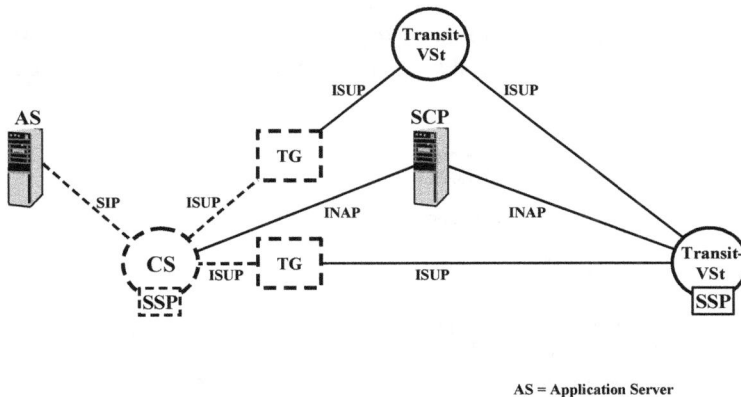

Bild 14.74: CS mit SSP nutzt IN-SCP (Szenario X)

Demzufolge kann der CS Dienste nicht nur bei einem AS, sondern mit der integrierten SSP-Funktion (Service Switching Point) und dem INAP-Protokoll (Intelligent Network Application Part) auch beim SCP anfordern. Dies setzt voraus, dass der CS die Funktionen SSP und INAP unterstützt.

In Szenario Y (siehe Bild 14.75) wird ein kombinierter AS/SCP eingesetzt. Mit Hilfe eines solchen Kombinetzelements könnten relativ einfach auch SIP/IP-ISDN-übergreifende Dienste realisiert werden. Sofern das vorhandene IN-System mit SIP AS-Funktionalität aufgerüstet werden kann, repräsentiert dieses Szenario Y die von den meisten Netzbetreibern favorisierte Migrationslösung. Szenario Z (siehe Bild 14.76) schließlich geht davon aus, dass die neue Dienstewelt mit den AS auch das IN für das ISDN ersetzt. IN-Anfragen aus dem ISDN werden in das SIP/IP-Netz geroutet und dort von einem AS bearbeitet.

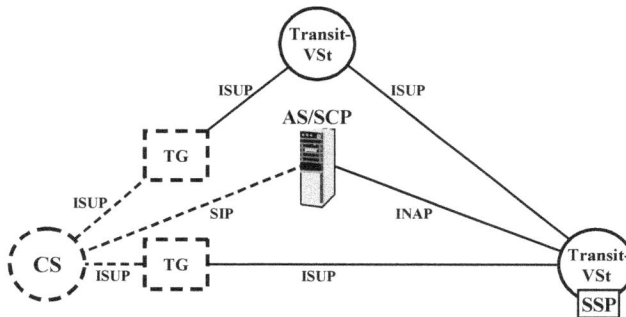

Bild 14.75: Kombinierter AS/SCP (Szenario Y)

Grundsätzlich gilt, dass es wegen der enormen Möglichkeiten Ziel eines jeden Netzbetreibers und Diensteanbieters sein sollte, zumindest längerfristig auf AS-Lösungen zu setzen.

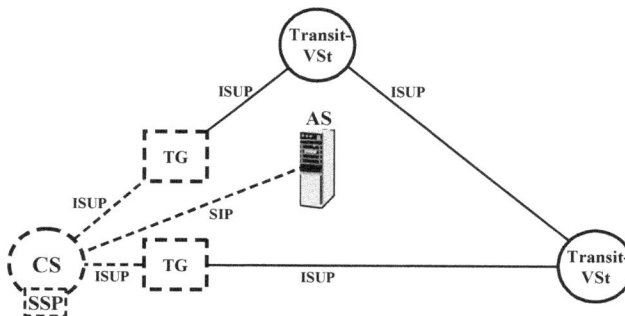

Bild 14.76: CS mit SSP und AS ersetzen IN (Szenario Z)

Migrationsbeispiele

Um das Thema „Migration hin zu einem NGN" zu konkretisieren, werden im Folgenden noch mit Zahlen hinterlegte Beispiele betrachtet [Tric6; ElBo1].

Zuerst wird von der Migration eines GSM-Netzes (siehe Abschnitt 2.2) zu einem IMS-basierten UMTS-Netz (siehe Abschnitte 14.2 und 14.3) bzw. zu UMTS Release 8 (Telefonie über IMS, All-IP; siehe Abschnitt 14.2) ausgegangen. Damit werden alle Fälle, z.B. auch UMTS Release 99, eingeschlossen, bei denen aus einem leitungsvermittelten in ein paket-vermitteltes Mobilfunknetz migriert wird. Andere Netze und zugehöriger Interconnect-Verkehr werden hier nicht betrachtet. Die zugrunde gelegten Parameter sind wie folgt:

- Teilnehmerentwicklung über 25 beliebige Zeitpunkte gemäß Bild 14.77, d.h. lineare Abnahme der GSM-, lineare Zunahme der IMS-Teilnehmer, am Anfang 21 Millionen GSM-Teilnehmer,
- 0,025 Erl Verkehrswert pro GSM-Teilnehmer,
- max. 150000 Mobilfunkteilnehmer pro MSC,
- max. 20000 Erl Verkehr pro MSC,
- max. BHCA-Wert (Busy Hour Call Attempts) von 750000 pro MSC,
- 0,4 Erl Verkehrswert pro IMS-Teilnehmer,
- max. 1 Million Teilnehmer pro S-CSCF (Serving-Call Session Control Function = IMS-Softswitch),
- max. 400000 Erl Verkehr pro S-CSCF,
- max. BHCA-Wert von 16 Millionen pro S-CSCF,
- max. 19354 Erl pro IMS/GSM-MG (Media Gateway).

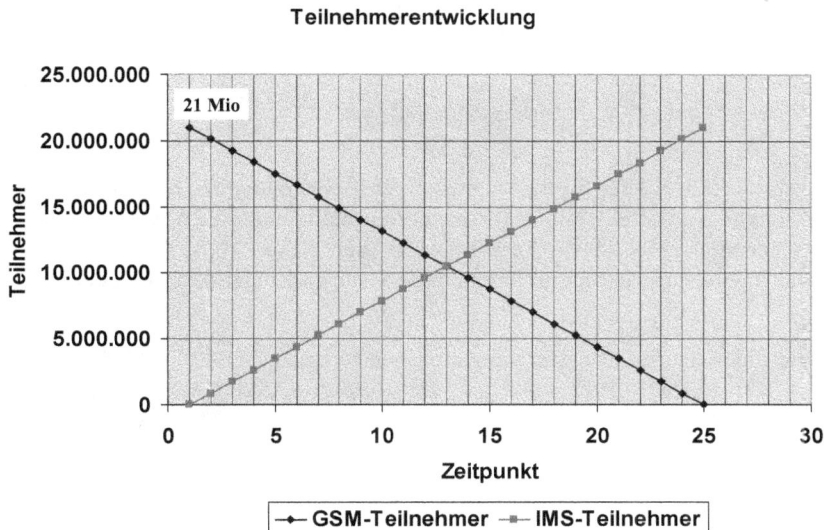

Bild 14.77: Teilnehmerentwicklung bei linearer GSM-IMS-Migration

Bild 14.78 zeigt die Entwicklung der Anzahl an weiterhin benötigten MSCs und neu hinzu kommenden CSCFs.

Bei der in Bild 14.78 gezeigten Entwicklung wird ein großer Vorteil der Umsetzung des NGN-Konzepts im IMS deutlich. Die Zahl der vermittelnden Knoten nimmt massiv ab, in diesem Fall um 85%. Statt 140 MSCs am Anfang werden am Schluss noch 21 CSCFs benötigt.

Benötigte Tln.-Vermittlungsknoten

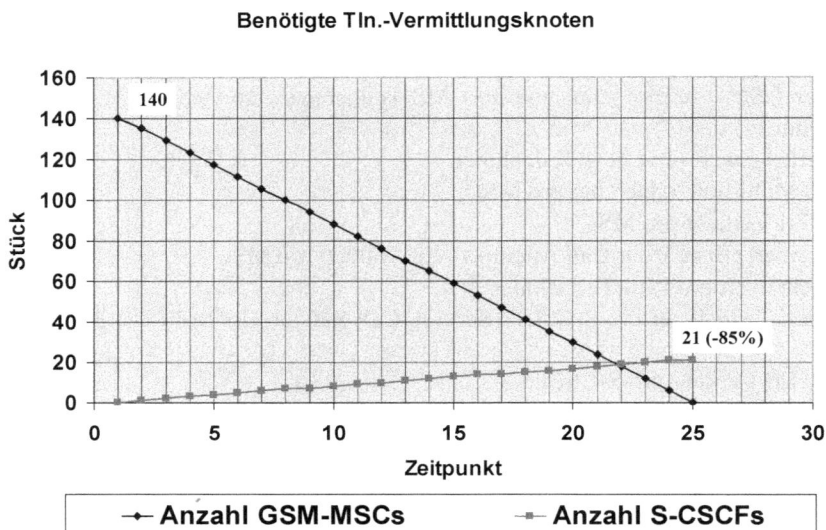

Bild 14.78: Anzahl der bei der GSM-IMS-Migration benötigten MSCs und CSCFs

Aus Bild 14.79 geht die Anzahl der für die Migration zur Behandlung des Nutzdatenverkehrs zwischen GSM (leitungsvermittelt) und IMS (paketvermittelt) benötigten Media Gateways hervor. Wegen der unterschiedlichen Verkehrswerte der GSM- (0,025 Erl) und IMS-Teilnehmer (0,4 Erl) wird das Maximum bereits nach 5 und nicht erst nach 13 Zeiteinheiten erreicht.

Abschließend wird die Migration von vier verschiedenen Netzen (ISDN, SIP/IP, GSM, IMS) hin zu einem All-IP-Netz (SIP/IP-Festnetz und IMS-basiertes UMTS-Mobilfunknetz) betrachtet (siehe Bild 14.80).

Anzahl der benötigten GSM/IMS-Gateways

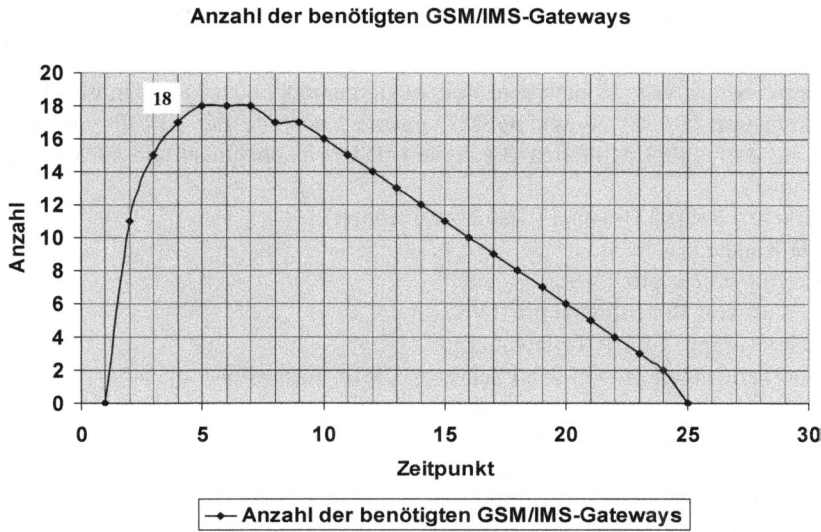

Bild 14.79: Anzahl der bei der GSM-IMS-Migration benötigten Media Gateways

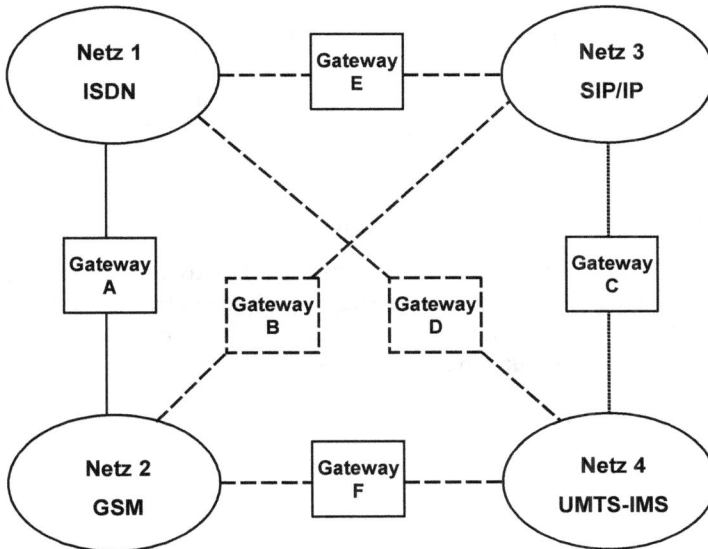

Bild 14.80: Migration mit vier verschiedenen Netzen: ISDN, GSM, SIP/IP, IMS

Im Migrationsszenario gemäß Bild 14.80 wird von folgenden Randbedingungen ausgegangen:

- Teilnehmerentwicklung über 25 beliebige Zeitpunkte gemäß Bild 14.81, d.h. gleichzeitige lineare Abnahme der ISDN- und GSM-, lineare Zunahme der SIP/IP- und IMS-Teilnehmer, am Anfang 53 Millionen B-Kanäle (=ISDN-Teilnehmer) und 67 Millionen GSM-Teilnehmer,
- 0,119 Erl Verkehrswert pro B-Kanal (Festnetzteilnehmer),
- max. 50000 B-Kanäle pro TVSt,
- max. 100000 Erl Verkehr pro TVSt,
- max. BHCA-Wert von 16 Millionen pro TVSt,
- 0,4 Erl Verkehrswert pro SIP/IP-Teilnehmer,
- max. 1 Million Teilnehmer pro CS (Call Server = SIP/IP-Softswitch),
- max. 400000 Erl Verkehr pro CS,
- max. BHCA-Wert von 16 Millionen pro CS,
- 0,025 Erl Verkehrswert pro GSM-Teilnehmer,
- max. 150000 Mobilfunkteilnehmer pro MSC,
- max. 20000 Erl Verkehr pro MSC,
- max. BHCA-Wert von 750000 pro MSC,
- 0,4 Erl Verkehrswert pro IMS-Teilnehmer,
- max. 1 Million Teilnehmer pro S-CSCF,
- max. 400000 Erl Verkehr pro S-CSCF,
- max. BHCA-Wert von 16 Millionen pro S-CSCF,
- max. 19354 Erl pro IP/ISDN- oder IMS/GSM-Media Gateway,
- Es wird angenommen, dass die GSM/IP- und ISDN/IP-Gateways austauschbar sind.

Als ein Ergebnis der Modellberechnung zeigt Bild 14.82 die Entwicklung der vermittelnden Knoten in den vier Netzen. 1060 TVSts und 447 MSCs am Anfang der Migration entsprechen 53 CS und 67 CSCFs am Ende, d.h. 1507 leitungsvermittelnden Knoten stehen 120 paketvermittelnde Knoten gegenüber. Das entspricht bei gleichzeitig deutlich erhöhtem Teilnehmerverkehr einer Abnahme der vermittelnden Knoten um 92%.

Pauschal gilt somit, dass auch in sehr großen öffentlichen Telekommunikationsnetzen nur noch vergleichsweise sehr wenige zentrale IP-basierte Vermittlungssysteme, sog. Call Server oder Softswitches, benötigt werden. Dies ist ein großer Vorteil für die Netzbetreiber, wirkt sich aber nachteilig auf die Vermittlungssystemhersteller aus.

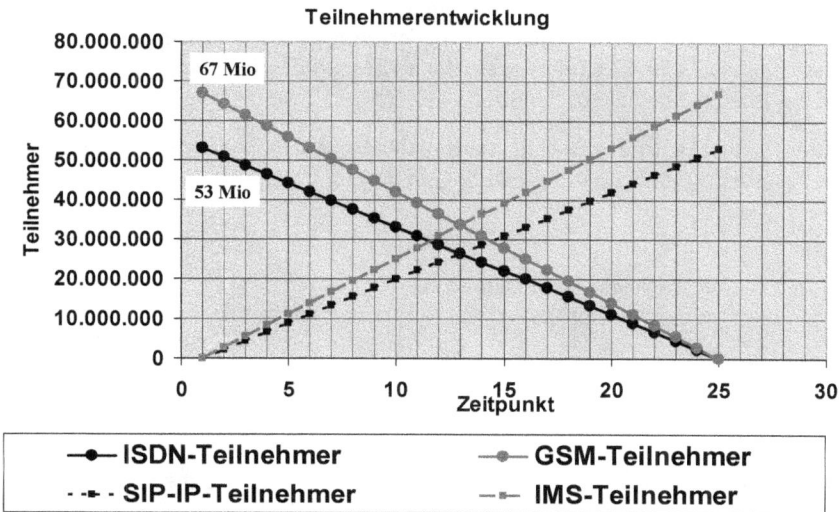

Bild 14.81: Teilnehmerentwicklung bei gleichzeitiger linearer Migration mit vier Netzen

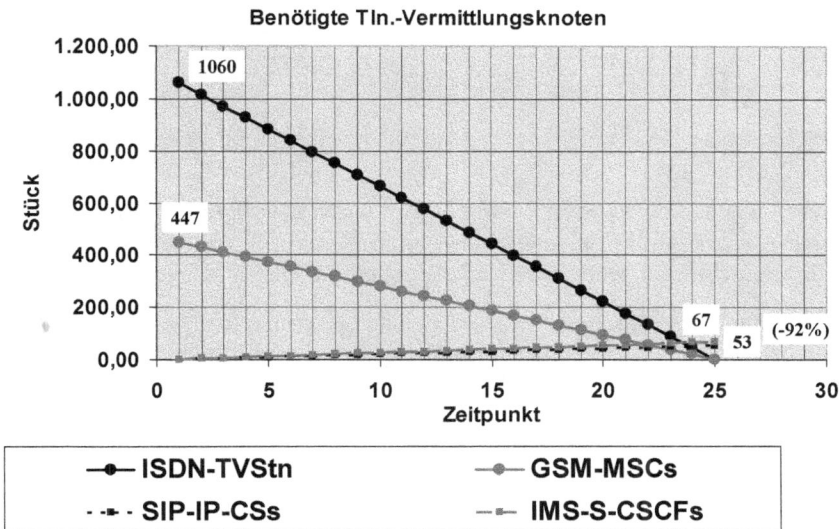

Bild 14.82: Anzahl der bei der Vier-Netze-Migration benötigten TVSten, CSs, MSCs und CSCFs

Die Zahl der benötigten Media Gateways speziell auch für den Übergang aus der leitungs- in die paketvermittelte Welt geht für den Fall einer gleichzeitigen linearen ISDN- und GSM-Teilnehmerentwicklung aus Bild 14.83 hervor. In der Spitze werden in Summe für alle Netze 209 C/P-MGs (Circuit/Packet switched) benötigt.

Gateways sind im Unterschied zu den Call Servern Hardware- und damit kostenintensiv. Umso problematischer ist es, dass ein Großteil der Gateways mit der Zeit überflüssig wird.

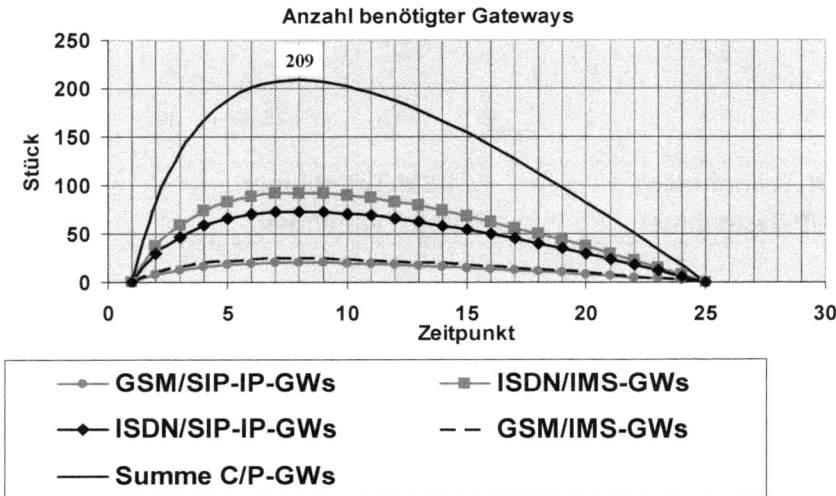

Bild 14.83: Anzahl der bei gleichzeitiger linearer Vier-Netze-Migration benötigten Media Gateways

Bild 14.84 geht ebenfalls von einem Szenario mit einer Vier-Netze-Migration aus, allerdings erfolgt der Übergang jetzt in zwei Stufen. Die linear verlaufende ISDN-SIP/IP-Migration ist bereits vollständig abgeschlossen, wenn der gleiche Vorgang für GSM-IMS gestartet wird.

Diese Sequenzialisierung der Migration der beiden leitungsvermittelten Netze ISDN und GSM führt gemäß den Rechnungsergebnissen in Bild 14.85 zu einer deutlichen Abnahme der in der Spitze benötigten und später überflüssigen C/P-Media Gateways. Statt 209 C/P-MGs bei der gleichzeitigen Migration von ISDN und GSM (siehe Bild 14.83) werden jetzt beim sequenziellen Vorgehen nur noch max. 173 C/P-MGs (siehe Bild 14.85) gebraucht, d.h. immerhin 17% weniger.

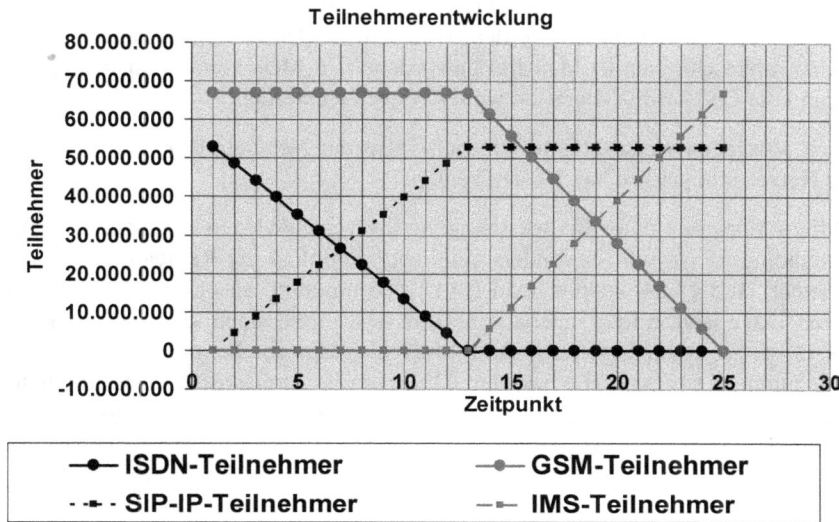

Bild 14.84: Teilnehmerentwicklung bei sequenzieller linearer Migration mit vier Netzen: 1. ISDN 2. GSM

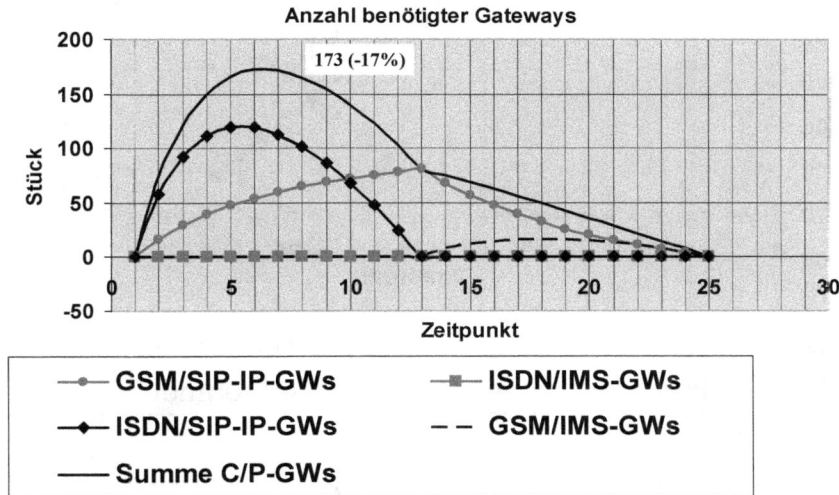

Bild 14.85: Anzahl der bei sequenzieller linearer Vier-Netze-Migration benötigten Media Gateways: 1. ISDN, 2. GSM

Diese Reduktion an C/P-MGs ist darin begründet, dass ein Teil der GSM-SIP/IP- und alle GSM-IMS-Gateways erst dann benötigt werden, wenn die ISDN-SIP/IP-Migration bereits fortgeschritten bzw. abgeschlossen ist, d.h. frei gewordene C/P-MGs können für den GSM-SIP/IP-Verkehr und die GSM-IMS-Migration weiter verwendet werden.

Mit einer solchen Vorgehensweise könnte beispielsweise ein Netzbetreiber, der zwei leitungsvermittelte Netze zu migrieren hat, Kosten sparen.

Dass ein sorgfältiges Vorgehen unter Berücksichtigung der verschiedenen Netzparameter bei der Migration unabdingbar ist, wird besonders deutlich, wenn man die Reihenfolge bei der Netzmigration gemäß Bild 14.84 entsprechend Bild 14.86 umdreht, ansonsten aber alle Parameter beibehält. D.h., jetzt erfolgt zuerst die GSM-IMS- und dann die ISDN-SIP/IP-Migration. Dies führt u.a. dazu, dass nach Bild 14.87 die Zahl der benötigten C/P-Media Gateways massiv zunimmt auf max. 264 bzw. um 43%. Dies ist zurückzuführen auf die hohe Zahl an GSM-Teilnehmern und den für die IMS-Nutzer angenommenen rel. hohen Verkehrswert von 0,4 Erl.

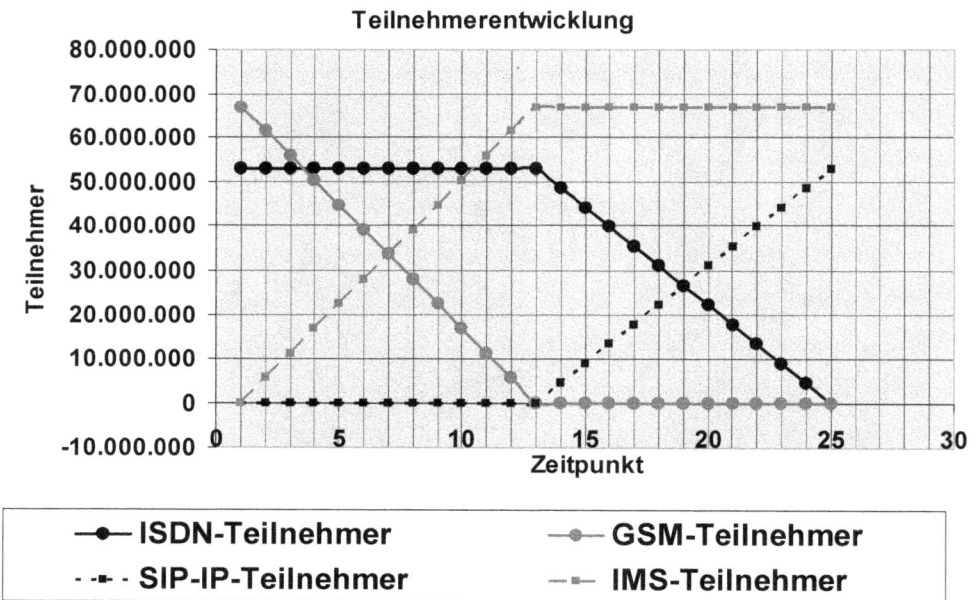

Bild 14.86: Teilnehmerentwicklung bei sequenzieller linearer Migration mit vier Netzen: 1. GSM, 2. ISDN

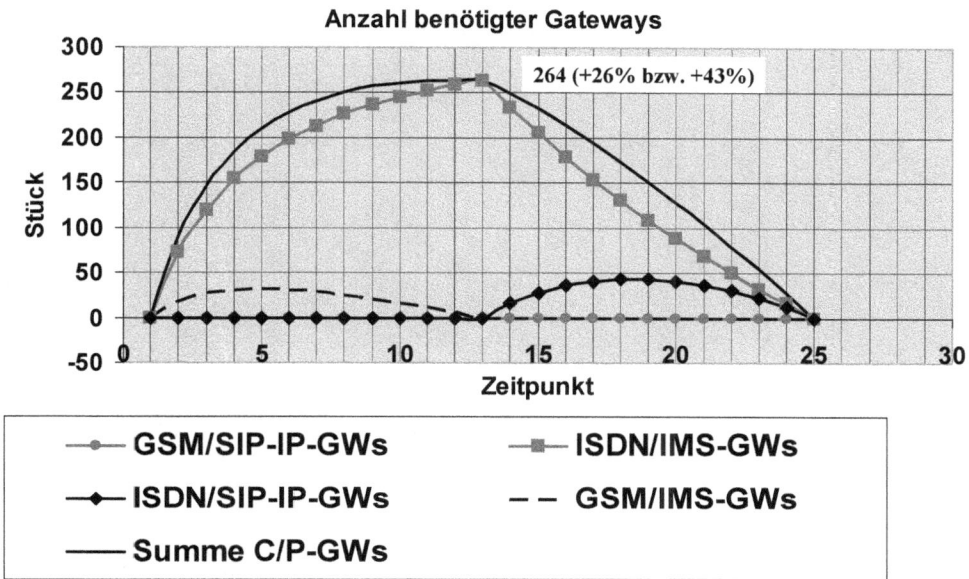

Bild 14.87: Anzahl der bei sequenzieller linearer Vier-Netze-Migration benötigten Media Gateways: 1. GSM, 2. ISDN

15 Netzentwicklung

Ausgehend vom bisher betrachteten NGN-Konzept (siehe Kapitel 3) und seiner Umsetzung in konkreten Kommunikationsnetzen (siehe Kapitel 14) wird hier anhand von derzeit erkennbaren Trends ein Ausblick auf die Weiterentwicklung der Telekommunikationsnetze gegeben. Begonnen wird mit den Basistechniken für die Virtualisierung der Netzfunktionen und Dienste – Network Functions Virtualisation (NFV) inkl. Cloud Computing (siehe Abschnitt 15.1) – sowie der Trennung von Netzsteuerung und Datentransport – Software Defined Networking (SDN) (siehe Abschnitt 15.2). Hieran schließen sich Betrachtungen zur Zukunft der Mobilfunknetze mit der 4. und speziell der 5. Generation an (siehe Abschnitt 15.3). Einen großen Einfluss auf die Gestaltung zukünftiger Netze wird die Kommunikation von sehr vielen Maschinen bzw. von smarten Dingen unter den Überschriften Machine-to-Machine (M2M) Communications bzw. IoT (Internet of Things) haben (siehe Abschnitt 15.4). Abgeschlossen werden diese Betrachtungen mit einem neuen Netzkonzept der ITU-T mit dem Titel „Future Networks" (siehe Abschnitt 15.5).

Die in den folgenden Abschnitten jeweils beschriebenen Netztechniken, -ausprägungen oder -konzepte sind in Bild 15.1 in der Übersicht dargestellt. Bereits an dieser Stelle wird auch auf die Zusammenhänge hingewiesen, wenngleich diese sich erst beim Lesen der Abschnitte 15.1 bis 15.5 erschließen werden.

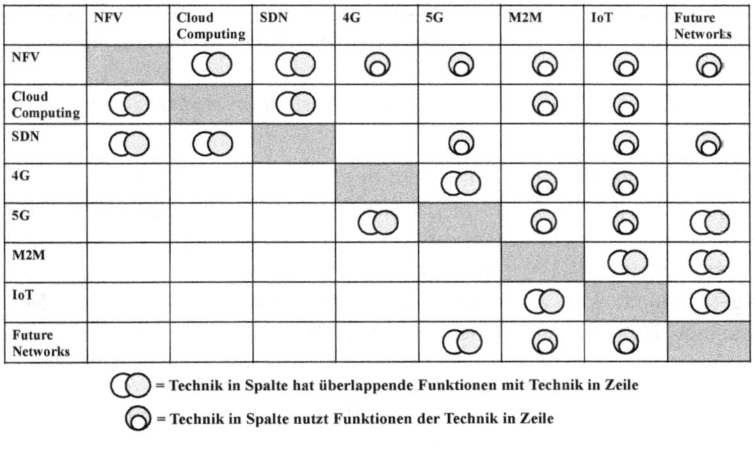

	NFV	Cloud Computing	SDN	4G	5G	M2M	IoT	Future Networks
NFV	(shaded)	⊂⊃	⊂⊃	⊙	⊙	⊙	⊙	⊙
Cloud Computing	⊂⊃	(shaded)	⊂⊃			⊙	⊙	
SDN	⊂⊃	⊂⊃	(shaded)		⊙		⊙	⊙
4G				(shaded)	⊂⊃	⊙	⊙	
5G				⊂⊃	(shaded)	⊙	⊙	⊂⊃
M2M						(shaded)	⊂⊃	⊂⊃
IoT						⊂⊃	(shaded)	⊂⊃
Future Networks				⊂⊃	⊙	⊙		(shaded)

⊂⊃ = Technik in Spalte hat überlappende Funktionen mit Technik in Zeile

⊙ = Technik in Spalte nutzt Funktionen der Technik in Zeile

Bild 15.1: Techniken und Konzepte für zukünftige Telekommunikationsnetze

15.1   Network Functions Virtualisation (NFV)

Die Funktionen der Netzelemente bzw. allgemeiner der Netzwerkdienste wie z.B. von Firewalls oder Gateways sind heutzutage zwar vor allem mittels Software realisiert, wobei allerdings die SW normalerweise auf spezieller und damit proprietärer Hardware, ggf. auf Basis eines auch proprietären Betriebssystems (OS, Operating System) läuft. Dies ist in Bild 15.2 für ein einzelnes Netzelement wie die S-CSCF eines IMS (siehe Abschnitt 14.3) und für den Netzwerkdienst CSCF, der die Funktionalitäten einer P-CSCF, I-CSCF und S-CSCF kombiniert, dargestellt. Im zuletzt genannten Fall, der CSCF, wird der Dienst durch das Zusammenspiel mehrerer Network Functions (NF) erbracht. Dazu müssen die einzelnen Dienste P-CSCF etc. durch eine zentrale Logik zu einem Gesamtdienst kombiniert werden, diesen Vorgang nennt man Orchestrierung von engl. Orchestration (Instrumentierung). Dieses für die Implementierung von Netzelementen und Netzwerkdiensten in Kommunikationsnetzen heute gängige und bestens eingeführte Konzept mit proprietärer HW hat vergleichsweise hohe Anschaffungskosten und eine rel. unflexible Netzarchitektur mit weitgehend festgelegten Funktionen zur Folge [Baue; Blen].

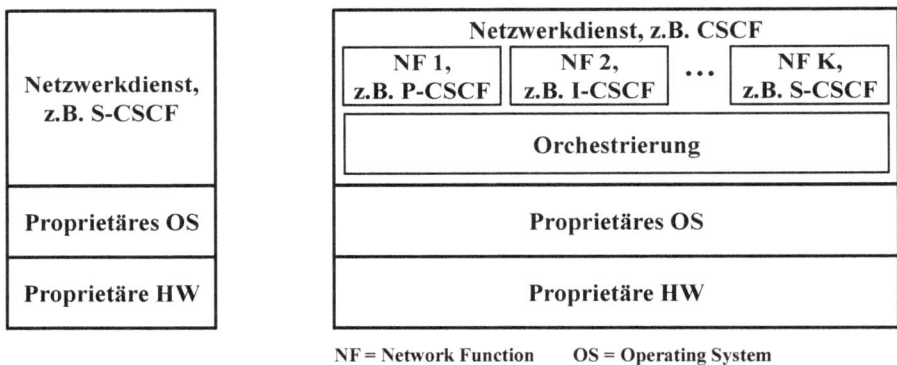

Bild 15.2: Implementierung von Netzelementen bzw. Netzwerkdiensten mit proprietärer Hardware

Um in der Zukunft diesen vor allem aus Sicht der Netzbetreiber bestehenden Nachteilen zu begegnen, wurde und wird das Konzept „Network Functions Virtualisation (NFV)" entwickelt und standardisiert. Es geht davon aus, dass Netzfunktionen komplett in SW realisiert werden und damit Standard-HW nutzen können. Das hat zur Folge, dass bewährte IT-Virtualisierungstechniken wie die Nutzung virtueller Rechner (VM, Virtual Machine) und deren gemeinsamer Betrieb auf Standard-Server-HW eingesetzt werden können [Baue; Blen].

Dieses Themas hat sich 2012 die Industry Specification Group for NFV (ISG NFV) innerhalb ETSI angenommen [nfv] und NFV wie folgt definiert:

„Network Functions Virtualisation aims to transform the way that network operators archi-
tect networks by evolving standard IT virtualisation technology to consolidate many network
equipment types onto industry standard high volume servers, switches and storage, which
could be located in Datacentres, Network Nodes and in the end user premises, ... It involves
the implementation of network functions in software that can run on a range of industry
standard server hardware, and that can be moved to, or instantiated in, various locations in
the network as required, without the need for installation of new equipment" [ETSI2].

Diese Zusammenhänge und die sich hieraus ergebenden Möglichkeiten werden in Bild 15.3
anhand eines virtuellen IMS (vgl. Abschnitt 14.3) mit den NFs P-CSCF, I-CSCF, S-CSCF,
HSS u.a. verdeutlicht. Die SW-Instanziierungen der NFs laufen auf virtuellen Rechnern
(VMs), deren Zahl bei Bedarf erhöht oder erniedrigt werden kann. Die VMs wiederum nutzen, abstrahiert über eine z.B. mittels Hypervisor realisierte Virtualisierungsschicht, Stan-
dard-Rechner-HW. Zudem können über die Darstellung in Bild 15.3 hinaus die VMs auch
auf separater HW an verschiedenen Standorten realisiert werden.

Konkret wurde der hier beispielhaft erwähnte Ansatz, ein IMS mittels NFV zu realisieren, in
[Care] mit Erfolg umgesetzt.

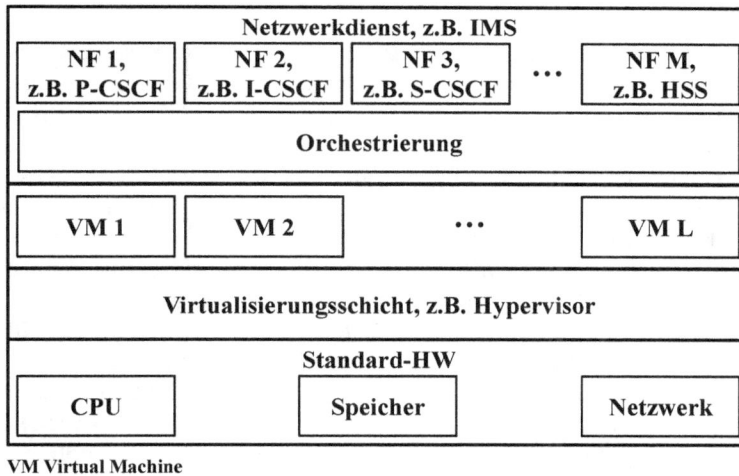

VM Virtual Machine

*Bild 15.3: NFV-basierte Implementierung von Netzelementen bzw. Netzwerkdiensten mit Standard-Hardware am
Beispiel des IMS*

Der Einsatz von Network Functions Virtualisation (NFV) kann den Netzbetreibern zahlreiche Vorteile bringen [ETSI2]:

• geringere Gerätekosten,

- schnellere Einführung neuer Netzeigenschaften und Leistungsmerkmale, da nur noch SW, nicht mehr HW-basiert,
- Einsatz der selben HW-Infrastruktur für Produktions-, Test- und Referenzumgebung,
- hohe Skalierbarkeit,
- Marktöffnung für reine SW-Hersteller,
- Möglichkeit, in nahezu Echtzeit die Netzkonfiguration an den aktuellen Verkehr und seine Verteilung im Netz anzupassen,
- Nutzung der selben HW durch mehrere Netzbetreiber,
- niedrigere elektrische Leistungsaufnahme,
- geringere Planungs-, Bereitstellungs- und Betriebskosten durch homogene HW-Plattform,
- Automatisierung bei Installation und Betrieb durch Anwendung von IT-Orchestrierungsmechanismen und Wiederverwendung von VMs,
- Vereinfachung des SW-Upgrades,
- Synergien zwischen Netzbetrieb und IT.

Interessanterweise waren einige der hier genannten Vorteile auch schon im Fokus bei der Erarbeitung des NGN-Konzepts. Übereinstimmungen gibt es gemäß Abschnitt 3.1 bei den Punkten „Offenheit für neue Dienste", Skalierbarkeit sowie Reduzierung der Beschaffungs- und Betriebskosten durch einheitlichere Technik (IP, Standard-HW z.B. für Call Server).

Wie bereits erwähnt, liefen und laufen umfangreiche Standardisierungsarbeiten zu NFV inkl. der erforderlichen Vorarbeiten bei ETSI. Dabei wird davon ausgegangen, dass eine VNF (Virtualised Network Function) die gleiche Funktion erbringt wie ihr physikalisches Pendant (Physical Network Function, PNF). Und obwohl erklärtes Ziel der NFV die Trennung von SW und HW ist, wird der Normalfall die Zusammenarbeit von VNFs und PNFs sein. Dabei versteht man unter einer NF (Network Function) sowohl ein Netzelement mit spezifischer Funktion wie z.B. einen DHCP-Server als auch Subnetze mit Switches und Routern für den Nachrichtentransport. Bild 15.4 [NFV002] gibt einen ersten Überblick über das NFV Framework nach ETSI. Es besteht aus drei Bereichen, den Virtualised Network Functions (VNF) mit den in SW implementierten Netzdiensten, der NFV Infrastructure (NFVI) für die Virtualisierung der VNFs auf Basis physikalischer HW-Ressourcen sowie dem NFV Management and Orchestration zur Dienstekomposition aus Subdiensten (Orchestration) und dem Lifecycle-Management der SW-, der virtuellen und der physikalischen Ressourcen. Dabei kann ein Netzwerkdienst beschrieben werden: mit einer einzelnen VNF oder als VNF Set, z.B. zur Implementierung eines Pools von Web Servern ohne Bezug zwischen den VNFs, oder als sog. VNF Forwarding Graph (VNF-FG) zur Beschreibung eines Netzwerkdienstes, der durch Vernetzung mehrerer VNFs gebildet wird, z.B. für den Zugriff auf einen Web Server via Firewall, NAT und Load Balancer. Dabei können VNF-FG und VNF Set auch kombiniert werden. Zudem gilt für eine VNF-Instanz gemäß Bild 15.4, dass sie auf verschiedenen virtuellen und physikalischen Ressourcen, auch an verschiedenen Standorten laufen kann. Ein Standort mit entsprechenden NFV-Ressourcen wird als NFVI-POP (NFV Infrastructure-Point of Presence) bezeichnet. Hierbei kann es sich um ein Rechenzentrum (Data Center), eine Vermittlungsstelle, einen IP-Netzknoten oder ein IAD (Integrated Access Device, siehe Abschnitt 2.3) beim Endkunden handeln [NFV002].

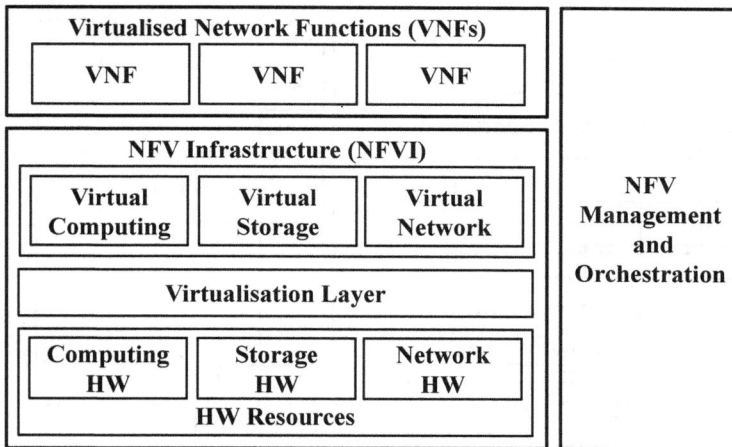

Bild 15.4: Übersicht zum NFV Framework nach ETSI [NFV002]

In Fortführung der Übersicht in Bild 15.4 zeigt Bild 15.5 das vollständige NFV-Referenzarchitektur-Framework nach ETSI [NFV002]. Ergänzend sind hier die Element Management-Funktionen (EM) zur Konfiguration, Analyse und Überwachung einer VNF gezeigt. Im Hinblick auf die Management-Gesamtsicht haben die Element Manager eine Schnittstelle zum Operations Support System (OSS) und Business Support System (BSS). OSS und BSS haben auch einen Überblick über die Situation bei den HW-Ressourcen in der NFVI, d.h. den verschiedenen NFVI-POPs. Im Bereich „NFV Management and Orchestration" ist der NFV Orchestrator zuständig für die Komposition der Netzwerkdienste aus VNFs. Die hierfür notwendigen Informationen erhält er von OSS/BSS und vor allem der „Service, VNF and Infrastructure Description", die Daten zu den VNFs (u.a. z.B. einen VNF-FG) zur Provisionierung und zur NFVI enthält. Diese Daten werden auch vom VNF Manager genutzt, um auf dieser Basis den Lifecyle einer VNF zu managen, d.h. die Instanziierung (Kreieren einer VNF), ein Update/Upgrade (neue SW oder geänderte Konfiguration), eine erforderliche Skalierung (Erhöhen oder Verringern der Kapazität einer VNF, z.B. Anzahl CPUs oder VMs) und die Terminierung (Rückgabe von durch eine VNF allokierten NFVI-Ressourcen). Der Virtualised Infrastructure Manager schließlich ist verantwortlich für die Allokierung und das Management der virtuellen und physikalischen Ressourcen unter Berücksichtigung der Interaktionen einer VNF mit den virtuellen Rechen-, Speicher- und Netzwerk-Ressourcen. Dabei werden auch Performance-, Fehler- und Kapazitätsplanungsdaten erfasst [NFV002; MAN001].

EM = Element Management

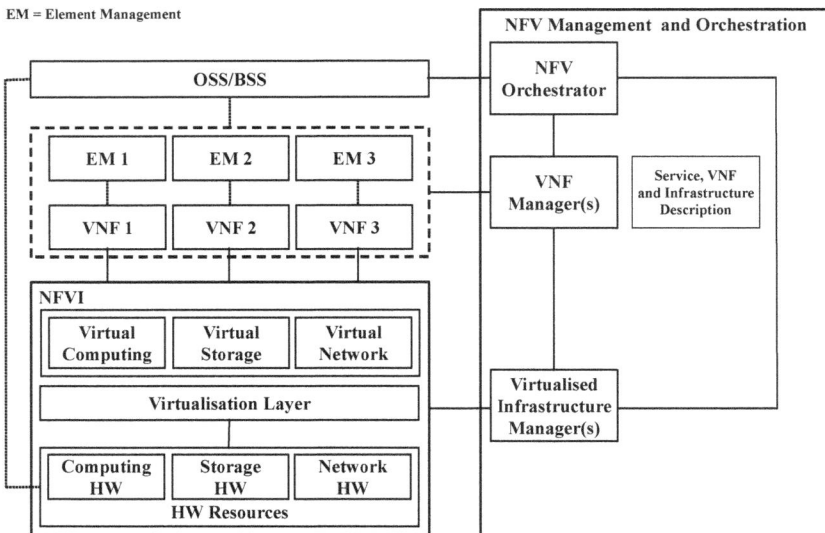

Bild 15.5: NFV-Referenzarchitektur-Framework nach ETSI [NFV002]

Zum Gesamtverständnis zeigt Bild 15.6 [MAN001] die Bereitstellung eines NFV-basierten Netzwerkdienstes, der aus verschiedenen kommunizierenden VNFs gebildet wird, die, entkoppelt durch die Virtualisierungsschicht, in mehreren NFVI-POPs auf unterschiedlicher HW an verschiedenen geografischen Standorten laufen. Repräsentiert werden könnte durch Bild 15.6 ein durch einen VNF Forwarding Graph beschriebener, durch die VNFs 1 bis 5 erbrachter Netzwerkdienst.

Gemäß [NFV001] werden zahlreiche Anwendungsfelder für NFV gesehen:

- Mobilfunk-IP-Kernnetz EPC mit MME, S-GW und PDN-GW (siehe Abschnitt 14.2),
- IMS mit P/I/S-CSCF, HSS, PCRF (siehe Abschnitte 14.2 und 14.3) [Care],
- Mobilfunk-Basisstationen wie BS, NodeB, eNodeB,
- Funktionen beim Endnutzer wie Residential Gateway (RGW)/IAD und Set Top Box (STB),
- Content Delivery Network (CDN) zur Lieferung verteilter und gespiegelter Inhalte, z.B. Video Streams,
- Fixed Access Network-Funktionen wie Steuer-Logik von DSLAM, OLT, ONU (siehe Abschnitte 2.1 und 2.3),
- Virtual Network Platform as a Service (VNPaaS), beispielsweise zur Anbindung mobiler Nutzer in einem öffentlichen Netz an ein Firmennetz mit NFV-basierter Bereitstellung von Firewall, DHCP-, DNS-, Proxy-, E-Mail- und VoIP-Server,
- Infrastructure as a Service (IaaS) auf Basis der NFVI, um z.B. ein Network as a Service (NaaS) aus der Cloud anbieten zu können.

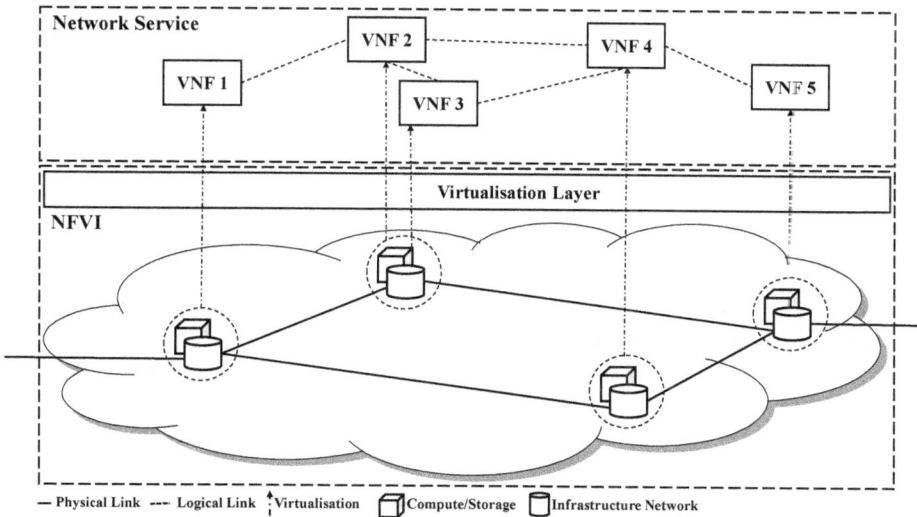

Bild 15.6: Beispiel für einen NFV-basierten Netzwerkdienst mit mehreren, an verschiedenen Standorten laufenden VNFs [MAN001]

[ETSI2] nennt darüber hinaus VPN-Gateways, SBCs (siehe Abschnitt 6.10), AAA-Server, Load Balancer, Security-Funktionen (Firewall Intrusion Detection System, Virus-Scanner, Anti-Spam). Vielversprechende Kandidaten für einen NFV-Einsatz sind gemäß [Apel] Media Server und CDNs, CPEs, das IMS, Netzanalyse- und Netzmanagement-Plattformen, Paket-Gateways und SDN-Controller (siehe Abschnitt 15.2).

Vor allem das oben zuletzt genannte NFV-Anwendungsfeld „Infrastructure as a Service (IaaS)" [NFV001] lässt eine gewisse Nähe zum Thema Cloud Computing vermuten. Diese Annahme basiert u.a. auf der Definition des amerikanischen National Institute of Standards and Technology in der revidierten Version von 2011 [Mell]:

„Cloud computing is a model for enabling ubiquitous, convenient, on-demand network access to a shared pool of configurable computing resources (e.g., networks, servers, storage, applications, and services) that can be rapidly provisioned and released with minimal management effort or service provider interaction. This cloud model is composed of five essential characteristics, three service models, and four deployment models." In der Folge werden als "Essential Characteristics" on-demand self-service, broad network access, resource pooling, rapid elasticity, measured service genannt. Die genannten "Service Models" sind Software as a Service (SaaS), Platform as a Service (PaaS) und Infrastructure as a Service (IaaS). Insbesondere die genannten Charakteristika sowie die Modelle IaaS und PaaS zeigen Gemeinsamkeiten mit NFV. Aber: Auch wenn bei beiden Ansätzen in weiten Teilen die gleichen Technologien zum Einsatz kommen, liegt gemäß [ETSI2] bei NFV der Fokus eindeutig auf dem Netz, bei Cloud Computing ist das Netz eher Mittel zum Zweck, um verschiedensten Kunden – nicht nur Kommunikationsnetzbetreibern und Service Providern – IT-Dienstleistungen bereitzustellen. Insofern gibt es deutliche Unterschiede, hingegen bei den eingesetzten Techniken wie flexiblen Breitband-IP-Netzen, Rechenzentren und vor allem Virtualisierung große Gemeinsamkeiten [Erl].

15.2   Software Defined Networking (SDN)

Die dynamische Instanziierung und das Migrieren von Netzfunktionen im Zuge der NFV stellen auch neue Anforderungen an die IP-Transportnetze. Datenpakete bzw. Datenflüsse müssen in Abhängigkeit der Netzsituation (z.B. Verkehrslastspitze) mit dynamisch verlagerten und/oder neu skalierten Netzanwendungen flexibel zu den zuständigen Netzwerkdiensten (z.B. IMS-VNFs) in der NFV-Infrastruktur (zu NFVI-POPs u.a. in verschiedenen Rechenzentren) weitergeleitet werden. Für die Steuerung solcher Datenflüsse wird Software Defined Networking (SDN) als eine Schlüsseltechnologie angesehen [Blen]. Während NFV Software und Hardware der Netzdienste entkoppelt, trennt SDN in den Netzknoten des IP-Transportnetzes, d.h. in Switches und Routern, die Steuerungslogik mit der zugehörigen Signalisierung (Control Plane) von den Nutzdaten (User Plane) durch Einführung eines zentralen SDN-Controllers für die Control Plane und dezentralen einfachen, auf die Datenpaketweiterleitung (Forwarding) reduzierten SDN-Switches [ONF2].

Erwähnt sei in diesem Zusammenhang, dass gemäß Abschnitt 3.1 die Trennung der Verbindungs- und Dienstesteuerung vom Nutzdatentransport auch schon ein wesentliches Merkmal des NGN-Konzepts war.

Das SDN-Konzept wurde und wird von der Open Networking Foundation (ONF) [ONF1] standardisiert inkl. des Steuerungsprotokolls OpenFlow [Open1]. Hier ist allerdings zu erwähnen, dass das SDN-Konzept auch mit anderen Steuerungsprotokollen (z.B. ForCES von der IETF [Dori] oder OpFlex von Cisco [Smit]) umgesetzt werden kann.

Ausgangspunkt für ein neues Konzept im Bereich Switching and Routing waren Veränderungen in den Ethernet- und IP-Netzen bzw. im korrespondierenden Netzverkehr. Die auf Client-Server-Applikationen hin optimierte traditionelle Netzarchitektur in Baumstruktur erfüllt nicht mehr die Anforderungen der Verkehrsmuster, die durch Kommunikation zwischen Servern, Servern und Datenbanken, durch Zugriffe mobiler Endgeräte auf Corporate Networks, durch Cloud Computing und „Big Data" mit massiver Parallelverarbeitung von Daten auf vielen Servern sowie durch NFV (siehe Abschnitt 15.1) entstehen. Die fehlende Flexibilität zeigt sich insbesondere dann, wenn man in einem solch dynamischen Netzumfeld die Anforderungen an die Sicherheit (Authentifizierung, Access Control-Listen u.a.), VLANs, QoS, die Konvergenz von Sprache, Video und Daten sowie ggf. den Einsatz neuer bzw. geänderter Protokolle heranzieht. Insbesondere in einem NFV- und Cloud Computing-Umfeld ist aus Sicht eines traditionellen Pakettransportnetzes die notwendige Skalierbarkeit nicht mehr gegeben. Darüber hinaus ist die Abhängigkeit von spezifischen Switch- und Router-Lieferanten wegen der gegebenen Kopplung der Steuer-SW mit proprietärer HW aus Netzbetreibersicht ein Nachteil [ONF2].

Den oben genannten Nachteilen wird durch das SDN-Konzept mit einer Architektur gemäß Bild 15.7 [ONF2] begegnet.

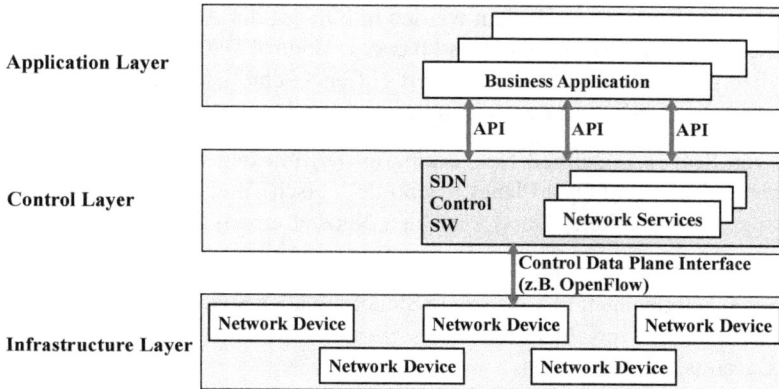

Bild 15.7: Prinzipielle SDN-Architektur [ONF2]

Die bisher monolithischen Switches und Router werden in einer Layer-Struktur in einfache, nur noch für das Forwarding von Datenpaketen zuständige SDN-Switches (Network Device, im Infrastructure Layer) und die Steuerlogik bereitstellende SDN-Controller (im Control Layer) aufgeteilt (Separierung von Control Plane und Data Plane). Im Hinblick auf Flexibilität und Kosten steuert üblicherweise ein SDN-Controller über das Control Data Plane Interface, z.B. mittels OpenFlow-Protokoll, eine ganze Reihe von SDN-Switches. Die eigentliche Protokollverarbeitung, d.h. die Entscheidung, was mit einem Flow, d.h. einer Folge zusammengehörender Datenpakete zu geschehen hat, erfolgt im SDN-Controller (zentrale logische Steuerung, kann trotzdem auf mehrere physikalische oder virtuelle, auch redundante Netzknoten verteilt sein). Die Regeln für das Weiterleiten (Forwarding) werden den SDN-Switches vom SDN-Controller z.B. per OpenFlow übermittelt. Solche einfachen SDN-Switches müssen nicht mehr zahlreiche Protokolle verstehen und auswerten können, sie müssen in der Hauptsache neben dem Paket-Forwarding die Kommunikation mit dem SDN-Controller unterstützen. Damit werden die Kosten reduziert, die Abhängigkeit von spezifischen Herstellern sinkt. Zudem wird ein komplettes, von einem SDN-Controller gesteuertes, aber aus vielen SDN-Switches bestehendes Transportnetz aus logischer Sicht ein einzelner Switch bzw. Router. Darüber hinaus zeigt Bild 15.7 einen weiteren Vorteil des SDN-Konzepts. Über APIs können SDN-Applikationen (Business Applications, im Application Layer) den SDN-Controller programmieren, damit sein Verhalten zur Laufzeit verändern und somit in der Folge kurzfristig neue Netzdienste implementieren (Programmierbarkeit). Das SDN-Konzept ermöglicht Netzadministratoren mittels auch selbst entwickelter SDN-Programme das Transportnetz flexibel und dynamisch von einem zentralen Punkt aus zu konfigurieren, zu managen, für Sicherheit zu sorgen und den Einsatz der Netz-Ressourcen zu optimieren. Dabei können SDN-Applikationen für Switching, Routing, Multicast, QoS, Bandbreitenmanagement, Traffic Engineering, Zugriffssteuerung, Energieverbrauch etc. zum

Einsatz kommen. Über die besagten APIs können auch Provisionierungs- und Orchestrie-rungssysteme (vgl. Abschnitt 15.1) angebunden werden [ONF2; Jars]. Präzisierend spricht eine neue SDN-Architekturspezifikation [ONF3] nicht mehr von Application Layer, Control Layer und Infrastructure Layer wie in Bild 15.7 [ONF2], sondern von Application plane, Controller plane und Data plane. Zudem werden in [ONF3] die APIs aus Bild 15.7 als A-CPI (Application-controller plane interface) und das sog. Control Data Plane Interface als D-CPI (Data-controller plane interface) konkretisiert (offene Schnittstellen). Darüber hinaus be-kommt jede Plane in [ONF3] eine Schnittstelle zu einem Managementsystem (OSS).

Der Einsatz von Software Defined Networking (SDN) mit den vier Kennzeichen „Separie-rung von Control Plane und Data Plane", „zentrale logische Steuerung", „offene Schnittstel-len" und „Programmierbarkeit" [Jars] kann den Netzbetreibern zahlreiche Vorteile bringen [ONF2]:

- zentralisierte, zeitgleiche und konsistente Steuerung aller Switches,
- Einsatz von Switches verschiedenster Hersteller,
- zentrale Gesamtsicht des Netzes,
- Einsatz von Orchestrierungs- und Management-Tools für automatisierte und schnelle Bereitstellung, Konfiguration und System-Updates im gesamten Netz,
- Programmierung des Netzes in Echtzeit,
- verbesserte Netzzuverlässigkeit und Sicherheit,
- feingranulare Behandlung unterschiedlicher Datenflüsse,
- einfachere Adaption des Netzes an die Nutzeranforderungen.

Im Folgenden sollen die Zusammenhänge bei SDN anhand von Bild 15.8 [Göra; ONF3; Jars] etwas genauer betrachtet werden, wobei in der Folge von OpenFlow als Steuerungsprotokoll ausgegangen wird. Die Regeln, wie ein SDN-Switch (Network Device/Element) mit ver-schiedenen Flows, d.h. zusammengehörenden Datenpaketen (mit z.B. gleichen IP-Quell- und Zieladressen), umgehen soll, werden in der sog. Flow Table festgehalten. Hierauf basierend arbeitet SDN grundlegend wie folgt [Göra]:

1. Der SDN-Controller versieht den SDN-Switch mit Flow Table-Einträgen.
2. Der SDN-Switch analysiert empfangene Datenpakete und prüft sie auf Übereinstimmun-gen mit den Flow Table-Einträgen. Bei Übereinstimmung wird die vorgesehene Aktion, z.B. das geforderte Forwarding, ausgeführt.
3. Gibt es keine Übereinstimmung, leitet der SDN-Switch das Paket via OpenFlow-Protokoll zum SDN-Controller zur Klärung der Bearbeitung weiter.
4. In der Folge wird der SDN-Controller die Flow Table im SDN-Switch mit einem neuen Eintrag aktualisieren, sodass der bisher unbekannte Datenfluss ab sofort lokal im SDN-Switch verarbeitet werden kann. Pauschal können auch Platzhalter (wild cards) für eine ganze Reihe verschiedener Datenflüsse gesetzt werden.

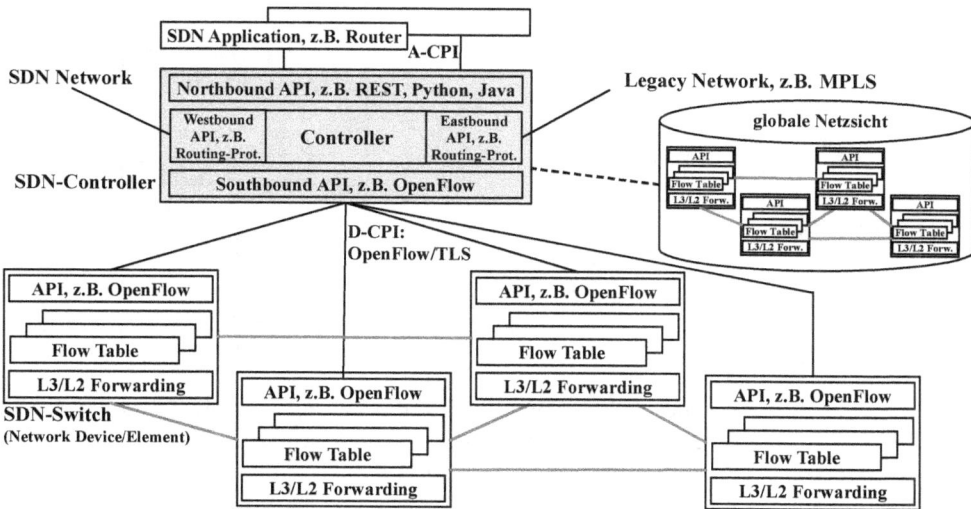

Bild 15.8: SDN-Controller und SDN-Switches im Netzverbund

Dabei ist eine Flow Table im Falle des hier betrachteten OpenFlow-Protokolls [Open1] gemäß Tabelle 15.1 strukturiert [Open1; ONF2]. Ein Flow bezeichnet alle Datenpakete mit denselben Eigenschaften, d.h., ein Flow wird in Tabelle 15.1 durch eine Zeile mit gleichen Werten in den zwölf Header-Feldern (siehe Kapitel 4) repräsentiert. Entsprechend besteht eine Flow Table aus Flow-spezifischen Zeilen mit resultierenden Aktionen (Actions) und Zählern (Counters) zur Erhebung von Statistiken, z.B. wie viele Pakete eines Flows empfangen und wieder versendet wurden. Bezüglich der Aktionen muss ein SDN-Switch gemäß [Open1] zwingend Pakete weiterleiten (Forward) und verwerfen (Drop) können. Die anderen Aktionen – Eintragen in eine einem Port vorangestellte Queue (Enqueue, z.B. für QoS-Support) und Header-Felder modifizieren (Modify-Field) – sind optional. Beim Weiterleiten gibt es u.a. die folgenden Möglichkeiten: an einen physikalischen Port (z.B. Port 1), an alle außer den Empfangsport (All), an den SDN-Controller (Controller) oder den SDN-Switch selbst (Local). Sind bei den Header-Feldern beliebige Werte zugelassen, sind sie in der Tabelle 15.1 durch einen * gekennzeichnet.

Tabelle 15.1: Struktur der Flow Table eines SDN-Switches

Header Fields												Actions	Counters
Ingress Port	Eth. Src	Eth. Dst	Eth. Type	VLAN ID	VLAN Prio.	IP Src	IP Dst	IP Protocol	IP ToS Bits	TCP/UDP Src	TCP/UDP Dst	• Forward (an Port) • Drop • EnQueue (an Queue eines Ports • Modify-Field (Header)	• per Table • per Flow • per Port • per Queue
*	*	10:20:*	*	*	*	*	*	*	*	*	*	Port 1	250
*	*	*	*	*	*	*	5.6.7.8	*	*	*	*	Port 2	300
*	*	*	*	*	*	*	*	TCP	*	*	25	Drop	892
*	*	*	*	*	*	*	192.*	*	*	*	*	Local	120
*	*	*	*	*	*	*	*	*	*	*	*	Controller	11

Die Kommunikation zwischen SDN-Switch und SDN-Controller erfolgt über das D-CPI (Southbound API), den sog. Secure Channel, mittels OpenFlow-Nachrichten, die auf Basis TLS und TCP verschlüsselt und verbindungsorientiert übertragen werden. Bei den zahlreichen spezifizierten OpenFlow-Nachrichten unterscheidet man zwischen den Typen Controller-to-Switch, asynchron und symmetrisch. Controller-to-Switch-Nachrichten werden vom SDN-Controller initiiert, um den Switch zu konfigurieren (z.B. mit der Nachricht OFPT_FLOW_MOD), seine Fähigkeiten abzufragen und die Flow Table zu verwalten. Asynchrone OpenFlow-Nachrichten werden vom SDN-Switch initiiert, um ein Paket, für das es keinen Flow Table-Eintrag gibt, zum Controller zu übertragen (mit OFPT_PACKET_IN) oder um über Statusänderungen oder Fehler zu informieren. Symmetrische Nachrichten schließlich können von beiden Seiten ausgehen. Hiermit wird eine OpenFlow-Verbindung aufgebaut (mit OFPT_HELLO), oder die Verfügbarkeit wird überprüft [Open1].

Bild 15.9 zeigt beispielhaft eine OpenFlow-Session. Zu Beginn wird eine TCP-Verbindung zwischen SDN-Switch und -Controller aufgebaut. Hierauf basierend wird ein sicherer Kanal mittels TLS realisiert. In diesem Secure Channel werden dann die OpenFlow-Nachrichten ausgetauscht. Begonnen wird mit OFPT_HELLO-Messages, um festzulegen, welche höchste OpenFlow-Version von beiden Netzelementen unterstützt wird. In der Folge nimmt der SDN-Controller neue Einträge in der Flow Table des Switches vor. Mit der gleichen Nachricht, aber anderen Parametern kann auch modifiziert oder gelöscht werden. Hat der Switch für ein empfangenes Paket keinen Eintrag in seiner Flow Table, leitet er es mit der Nachricht OFPT_PACKET_IN zur Auswertung an den Controller weiter, dieser liefert es nach der Bearbeitung mit OFPT_PACKET_OUT zurück an den Switch. Ggf. handelte es sich bei dem Paket um das erste Paket eines neuen, zukünftig entsprechend zu behandelnden Flows. In diesem Fall nimmt der Controller mit OFPT_FLOW_MOD die korrespondierende Eintragung in der Flow Table vor [Göra].

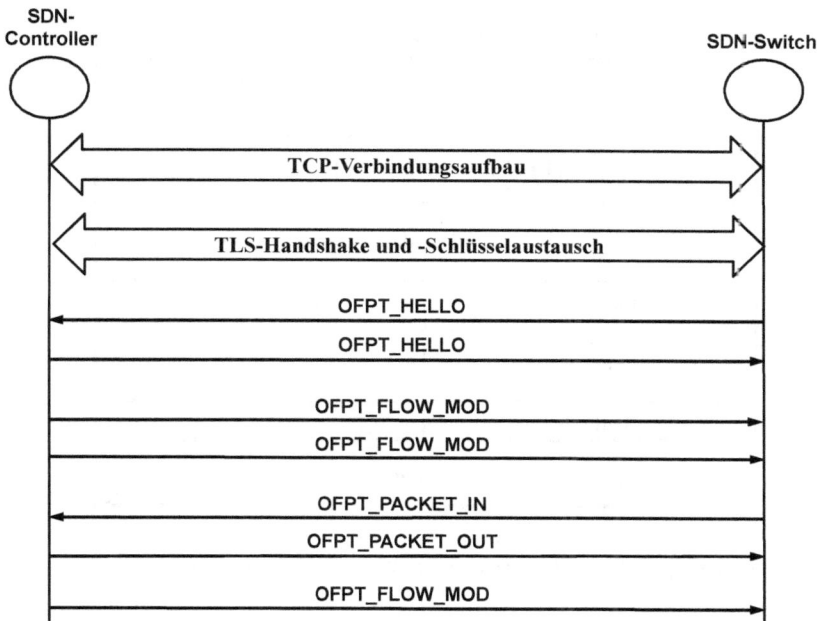

Bild 15.9: Beispielhafte OpenFlow-Session

Um darüber hinaus einen ersten Eindruck des OpenFlow-Protokolls zu vermitteln, ist in Bild 15.10 der Aufbau einer OFPT_FLOW_MOD-Konfigurationsnachricht dargestellt, in Ergänzung zeigt Bild 15.11 ein entsprechendes Beispiel aus der Praxis. Die ersten beiden 32-bit-Zeilen in Bild 15.10 umfassen den bei allen OpenFlow-Nachrichten gleichen Header, im Falle von OFPT_FLOW_MOD mit Type = 14. In „Fields to match against Flows" sind die Festlegungen für sämtliche Header-Felder gemäß Tabelle 15.1 festgelegt, die für ein empfangenes Paket überprüft werden müssen. Das Feld Command definiert, ob es sich um einen neuen Flow Table-Eintrag, eine Modifikation oder Löschung handelt. Ergänzt werden diese Angaben durch Timer und eine Priorität im Vergleich mit anderen, aber bez. der Header-Felder übereinstimmenden Einträgen. Die Buffer ID kennzeichnet ein infolge von OFPT_PACKET_IN zwischengespeichertes Paket, Out Port den Ausgangsport, und die Flags geben an, was mit dem Flow z.B. im Falle eines Verlusts der Konnektivität mit dem Controller passieren soll. Optional können weitere Aktionen definiert werden, z.B. das Setzen von ToS-Bits im Hinblick auf die QoS [Open1; Flow]. Das Praxisbeispiel in Bild 15.11 zeigt ergänzend, dass ein SDN-Controller üblicherweise für TCP den Port 6633 verwendet, obwohl bei der IANA hierfür 6653 statt 6633 registriert wurde [Open2].

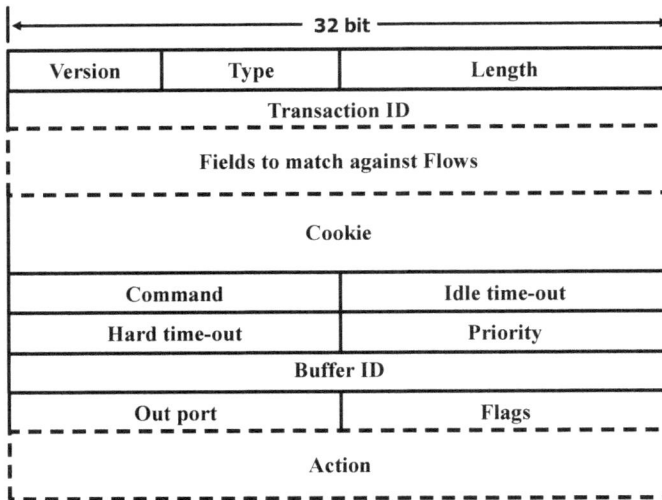

Version	Type	Length
Transaction ID		
Fields to match against Flows		
Cookie		
Command	Idle time-out	
Hard time-out	Priority	
Buffer ID		
Out port	Flags	
Action		

Bild 15.10: Aufbau einer OpenFlow-OFPT_FLOW_MOD-Konfigurationsnachricht

```
+ Ethernet II, Src: 08:00:27:21:2f:3e (08:00:27:21:2f:3e), Dst: 08:00:27:41:a1:d1
+ Internet Protocol Version 4, Src: 10.0.0.10 (10.0.0.10), Dst: 10.0.0.6
+ Transmission Control Protocol, Src Port: 6633 (6633), Dst Port: 48256 (48256)
- OpenFlow 1.0
    .000 0001 = Version: 1.0 (0x01)
    Type: OFPT_FLOW_MOD (14)
    Length: 80
    Transaction ID: 0
    Wildcards: 3145968
    In port: 4
    Ethernet source address: 08:00:27:21:2f:3e (08:00:27:21:2f:3e)
    Ethernet destination address: 14:da:e9:eb:d0:25 (14:da:e9:eb:d0:25)
    Input VLAN id: 65535
    Input VLAN priority: 0
    Padding: 0
    Cookie: 0x0020000000000000
    Command: New flow (0)
    Idle time-out: 5
    hard time-out: 0
    Priority: 0
    Buffer Id: 0xffffffff
    Out port: 0
    Flags: 0
```

Bild 15.11: OpenFlow-OFPT_FLOW_MOD-Konfigurationsnachricht aus der Praxis

Bisher wurde auf die OpenFlow-Grundlagen anhand von Version 1.0.0 eingegangen. Hier blieb die Standardisierung aber nicht stehen. Stand Anfang 2015 existierten neben 1.0.0 die Version 1.1.0, mehrere 1.3.x-Versionen und als neueste die Version 1.4.0 [ONF1]. Dabei nahm die Funktionalität immer mehr zu. Ausgehend von nur einer Flow Table sowie Ethernet-, IPv4- und TCP/UDP-Unterstützung bei Version 1.0.0 kamen mit 1.1.0 mehrere Flow

Tables und die sog. Group Table und damit das Klonen von Paketen für Broad- und Multicast hinzu. Zudem wurden ab Version 1.1.0 MPLS- und VLAN-Tagging unterstützt. 1.2.0 brachte neben zahlreichen Erweiterungen und Verbesserungen die Behandlung von IPv6-Paketen. Mit 1.3.x werden zusätzlich u.a. IPv6 Extension Header unterstützt. Durch Einführung der sog. Meter Table werden die QoS-Möglichkeiten deutlich erweitert. 1.4.0 schließlich brachte weniger grundlegende Neuerungen als zahlreiche Verbesserungen und Erweiterungen an bereits vorhandenen Funktionalitäten [Göra; Brau]. Im Zuge dieser permanenten Weiterentwicklung des OpenFlow-Protokolls kamen auch sukzessive neue Nachrichten hinzu [Flow].

Interessant ist, dass es zwar mit OpenFlow mehrere Spezifikationen für das Southbound API, das D-CPI (siehe Bild 15.8), gibt, aber keinen Standard für das Northbound API, das A-CPI. SDN-Controller können gemäß Bild 15.8 auch mit anderen Netzdomänen Informationen zwecks Routing-Optimierung austauschen, wobei dies üblicherweise über Routing-Protokolle, z.B. BGP (Border Gateway Protocol), erfolgt. Findet die Kommunikation mit einem anderen SDN-Network bzw. -Controller statt, spricht man von einem Westbound API, handelt es sich um ein herkömmliches Netz, z.B. mit MPLS-Routern, wird die Schnittstelle Eastbound API genannt [Jars].

Es gibt zahlreiche Anwendungsfälle, bei denen SDN vorteilhaft eingesetzt werden kann [Jars].

- Cloud-Orchestrierung (siehe Abschnitt 15.1): Das bisher übliche und nachteilige getrennte Management der Server in der Cloud und der zugehörigen Netzwerke kann mit SDN integriert werden. In Abhängigkeit von der Migration der VMs (Anzahl und/oder Lokation) kann das Transportnetz automatisiert umkonfiguriert werden. Umgekehrt können bei überlasteten Links VMs an einen, in dieser Hinsicht geeigneteren Standort umgezogen werden. Google nutzt diese Möglichkeiten, um die Link-Auslastung zwischen seinen Rechenzentren zu optimieren.
- Load Balancing: Jeder SDN-Switch kann vom SDN-Controller aus als Load Balancer so gesteuert werden, dass z.B. Dienstanfragen von Clients in Abhängigkeit der Last an verschiedene, den gleichen Dienst bereitstellende Server weitergeleitet werden. Üblicherweise zusätzliche Load Balancer-Netzelemente werden nicht benötigt.
- Routing-Anpassungen: Durch die zentrale Sicht auf das Netz sind Anpassungen bezüglich Pfadauswahl, Verkehrsoptimierung, redundanter Wege, unterschiedlicher Protokollversionen (z.B. IPv4, IPv6) und Routing-Protokollen sehr viel einfacher als bei monolithischen Routern.
- Verkehrs-Monitoring und -Messungen: In einem SDN-Netz werden per Definition zentral Informationen zum Zustand des Netzes gesammelt, die dann natürlich auch für Messzwecke und zur Auswertung zur Verfügung stehen. Darüber hinaus bietet eine SDN-Infrastruktur ohne Zusatzaufwand (keine Netzwerk-Taps erforderlich) Monitoring-Zugriff auf beliebige, interessierende Paket-Flows, z.B. um Verzögerungszeiten zu ermitteln.
- Netzmanagement: In herkömmlichen Netzen müssen die Verhaltensregeln (Policies, z.B. Access Control-Listen) pro Netzknoten aufwändig konfiguriert werden. Dies wird durch

die zentrale Steuerung in einem SDN-Netz sehr viel einfacher, eine automatisierte und optimierte adaptive Einstellung wird möglich.

- Applikationsspezifische Netzoptimierung: Über eines der Northbound APIs des SDN-Controllers kann eine Applikation das Transportnetz über seine Eigenschaften und seinen Zustand informieren und entsprechende Forwarding-Entscheidungen bzw. Ressourcen anfordern. Umgekehrt kann der SDN-Controller seine Netzsicht der Applikation übermitteln und diese z.B. im Falle eines Ressourcenengpasses zu einer Verhaltensänderung bewegen. Ein konketes Beispiel hierfür mit spezifisch gesteuerter QoS in Abhängigkeit von den von einem WebRTC-Dienst (siehe Kapitel 13) benutzten Medien (nur Audio, Video und Audio oder Daten) beschreibt [Ailb].
- Testnetze für Forschung (z.B. neues Routing-Protokoll), prototypische Realisierungen in der Entwicklung und Rollout neuer SW- und Protokollversionen [Mont].
- Parallelbetrieb mehrerer virtueller Transportnetze, bei Bedarf mit separaten SDN-Controllern, für verschiedene Anwendungsgebiete (z.B. für 1. Telekommunikation, 2. Smart Grid, 3. das Testen neuer Releases) auf Basis derselben HW. In einem solchen Fall spricht man von Network Slices (Netzwerkscheiben) [Mont].

15.3   Mobilfunknetze der 4. und 5. Generation

Wie bereits Abschnitt 14.2 entnommen werden konnte, herrscht bei den Mobilfunknetzen und ihrer Standardisierung bzw. technologischen Entwicklung eine große Dynamik. Begonnen mit UMTS Release 99 wird nach den bereits fertig spezifizierten Releases 4 bis 11 Anfang 2015 an den Releases 12 bis 14 gearbeitet. Dies verdeutlicht die starke Innovationskraft der zellularen Mobilfunknetze bei der Netzentwicklung, nicht nur bez. der Funkübertragungstechniken, sondern auch bez. der Netzarchitekturen, Systeme und Protokolle. Nicht zuletzt wird dies an den Überlegungen und ersten Implementierungen zum Einsatz von Network Functions Virtualisation (siehe Abschnitt 15.1) im EPC (siehe Abschnitt 14.2), beim IMS (siehe Abschnitt 14.3) und im Zusammenhang mit Mobilfunkbasisstationen deutlich.

Bereits 2008 wurden bei der ITU Anforderungen für die 4. Mobilfunkgeneration (4G) erarbeitet. Die dabei spezifizierten Bitraten von 600 Mbit/s im Down- und 270 Mbit/s im Uplink pro Funkzelle gehen deutlich über die mit LTE-Technik erzielbaren Werte hinaus. Hiervon ausgehend gehören Lösungen inkl. LTE (UMTS Releases 8 und 9) noch zur 3. Generation von Mobilfunknetzen (3.9G), wenngleich in der Praxis – mittlerweile auch von der ITU – im Zusammenhang mit LTE allein schon aus Marketinggründen häufig von 4G gesprochen wird [Cox].

Strenggenommen zählen erst Mobilfunknetze mit LTE-Advanced-Technik zu 4G, d.h. gemäß Abschnitt 14.2 und Tabelle 14.4 Systeme ab Release 10. Die NGMN Alliance ordnet 4G sogar erst das UMTS Release 12 zu [ElHa].

Die wesentlichen Anforderungen an LTE-Advanced und damit das Advanced E-UTRAN wurden in [36913] spezifiziert:

- kompatibel mit IMT-Mobilfunknetzen und Festnetzen,

- abwärtskompatibel mit E-UTRAN (siehe oben),
- Interworking mit anderen RANs,
- weltweite Einsetzbarkeit der Endgeräte,
- weltweites Roaming,
- Spitzenbitraten pro Funkzelle von 1 Gbit/s downlink bei geringer, 100 Mbit/s bei hoher Mobilität (350 bis 500 km/h),
- Spitzenbitraten von 500 Mbit/s uplink,
- sehr geringe Verzögerungszeiten von unter 10 ms für die Nutzdaten (User Plane),
- sehr hohe spektrale Effizienz.

Ausgehend von UMTS Release 10 gilt für ein 4G-Netz die bereits in Abschnitt 14.2 auf Basis von Bild 14.28 beschriebene generelle Architektur, allerdings mit eNodeBs, die auch LTE-Advanced-Übertragungstechnik (LTE-A) mit dementsprechend höheren Bitraten bieten. Über diese mit LTE-A gegebene revolutionäre Mobilfunkentwicklung hinaus gibt es bei den 4G-Releases 10 bis 12 zahlreiche evolutionäre, aber durchaus innovative Weiterentwicklungen, auf die im Folgenden näher eingegangen wird, zumal sie teilweise auch für 5G größere Bedeutung haben werden.

Um die räumliche Abdeckung durch eine Funkzelle zu erhöhen oder am Zellenrand größere Bitraten bieten zu können, wurde mit Release 10 das sog. Relaying eingeführt. Hierzu wurde gemäß Bild 15.12 ein Relay Node (RN) genannter Repeater spezifiziert, der sich Richtung mobilem Endgerät UE als eNB darstellt, aus Sicht des Netzes als Mobile Equipment (ME). Gesteuert wird er von einem sog. Donor eNB (DeNB), der hierfür auch PDN- (P-GW) und Serving-Gateway-Funktionalität bereitstellt (S-GW) sowie Handover zu anderen eNBs unterstützt. Das Relay-GW schließlich schirmt das Kernnetz (EPC) vor der Relaying-Funktionalität ab. Einschränkend ist darauf hinzuweisen, dass der RN stationär betrieben werden muss [Cox].

Zum Thema Traffic Offload, d.h. dem Einsatz bez. des Mobilfunks zusätzlicher Funktechniken wie WiFi bzw. anderer Mechanismen zur Erhöhung der Übertragungskapazitäten, bietet Release 10 vier verschiedene Techniken.

Die erste Möglichkeit für rein lokale Anwendung ist der sog. Local IP Access (LIPA). Hierbei wird – wie in Bild 15.12 gezeigt – durch einen Home eNB (HeNB) mit angeschlossenem Local Gateway (L-GW) die Vor-Ort-Kommunikation eines UE mit einem lokalen Gerät, z.B. einem Drucker, unterstützt [Cox].

Beim Selected IP Traffic Offload (SIPTO) wählt in Release 10 das MME eine möglichst kurze Route durch den EPC, während Release 12 SIPTO mittels Home eNB (siehe Bild 15.12) oder innerhalb einer Pico-Zelle unterstützt, um einen lokalen Internet-Zugang nutzen zu können [Cox].

Darüber hinaus zeigt Bild 15.12 die beiden Traffic Offload-Techniken Multi-Access PDN Connectivity (MAPCON) und IP Flow Mobility (IFOM). Mit MAPCON kann ein UE zeitlich parallel mit zwei, verschiedene Funktechniken wie LTE (3GPP) und WiFi (Non-3GPP) unterstützenden Zugangspunkten verbunden sein. Während via LTE beispielsweise ein Multimedia-IMS-Dienst genutzt wird, steht gleichzeitig via WiFi ein separater Internet-Zugang für z.B. Web-Dienste zur Verfügung. Damit wird bezüglich der Internet-Dienste die LTE-Macro-Zelle von Verkehr entlastet. Handover zwischen beiden Access Points (AP) wird unterstützt. IFOM bietet ähnliche Funktionalität wie MAPCON. Der Hauptunterschied besteht darin, dass mit IFOM ebenfalls verschiedene IP-Paketflüsse über verschiedene Funktechniken übertragen werden können, jedoch im Unterschied zu MAPCON jederzeit flexibel zugeordnet und auch verschoben werden können [Cox].

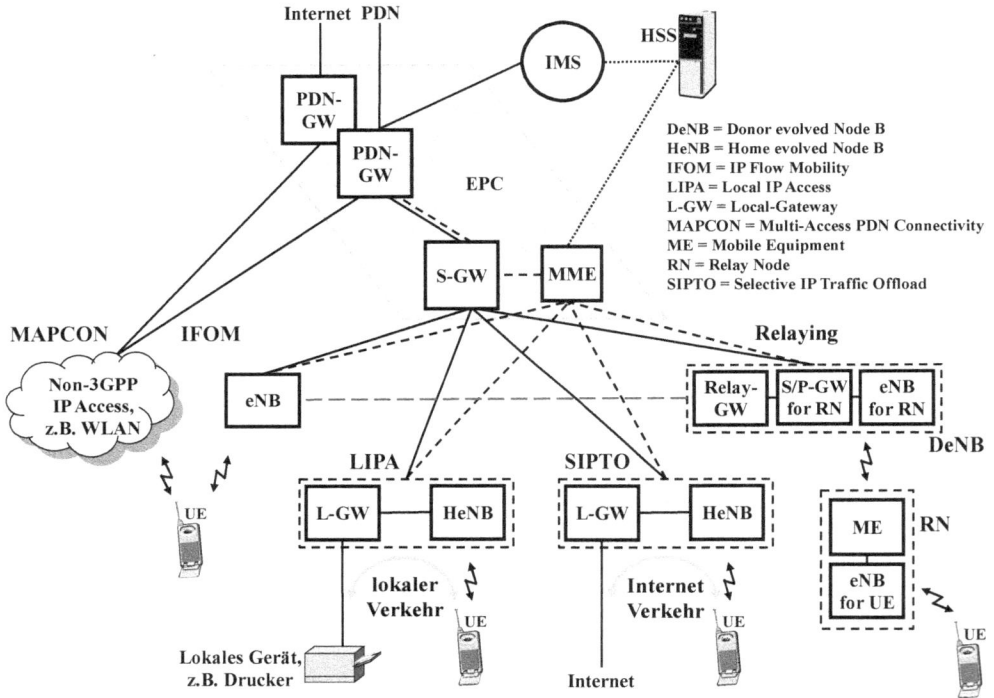

Bild 15.12: Netzarchitekturerweiterungen in Release 10 für 4. Mobilfunkgeneration

Ergänzend wurde in Release 10 ein erster Verkehrsentlastungsmechanismus für Machine-Type Communications (MTC) spezifiziert, wobei MTC bei 3GPP für Machine-to-Machine (M2M) Communications steht. MTC-Geräte wie z.B. Sensoren können im Vergleich zu Standard-UEs in einer Funkzelle sehr zahlreich sein (mehrere Tausend) und trotz wenig Datenverkehrs viel Signalisierungsverkehr generieren, zudem kann die Verkehrslast burstartig auftreten. Daher kann für die MTC-Geräte eine geringere Zugriffspriorität konfiguriert werden [Cox].

In Ergänzung zu Macro-Zellen für die Funkabdeckung eines größeren Gebietes werden wegen des höheren Verkehrs an Hotspots sowie zur Versorgung nicht genügend bedienter Teilbereiche, z.B. auch innerhalb von Gebäuden, sog. Small Cells mit Basisstationen geringer

Leistung eingesetzt (siehe Abschnitt 2.2). Dadurch erhöht man nicht nur die mögliche Verkehrslast, sondern spart auch Kosten. Zu den Small Cells zählen, wie in Bild 15.13 dargestellt, Pico-Zellen, Femto-Zellen mit Home eNodeBs (HeNB) für den Indoor-, aber auch Outdoor-Betrieb für beliebige Nutzer (Open) oder eine geschlossene Benutzergruppe (Closed, z.B. Familie) sowie die oben bereits angesprochenen Relay Nodes (RN) zur Reichweitenvergrößerung. Solch ein Mobilfunkzugangsnetz bezeichnet man als heterogenes Netz (Heterogeneous Network, HetNet). Zwar werden HetNets aus den oben genannten Gründen (Bitraten, Kosten) als wichtige Mobilfunk-Zukunftstechnik angesehen, das Problem eines HetNets in einer LTE-Umgebung ist aber, dass wegen der knappen Frequenzressourcen in den verschiedenen Funkzellen typischerweise jeweils dieselben Frequenzkanäle verwendet werden. Dies führt zu störenden Interferenzen, u.a. wegen der hohen Sendeleistung der Macro-Zelle und wegen der ohne Netzplanung stattfindenden Installation der an das Kernnetz über DSL- bzw. HFC-Anschlüsse angebundenen HeNBs. Ergebnisse sind u.a. eine Verringerung des von einer kleinen Zelle abdeckbaren Bereichs und Störungen von UEs in der Macro-Zelle durch HeNBs. Mit Release 8 wurde bereits Inter-cell Interference Coordination (ICIC) eingeführt, Release 10 erweitert dieses Verfahren im Hinblick auf die in Bild 15.13 gezeigten Zelltypen zum sog. Enhanced ICIC [Damn; Cox].

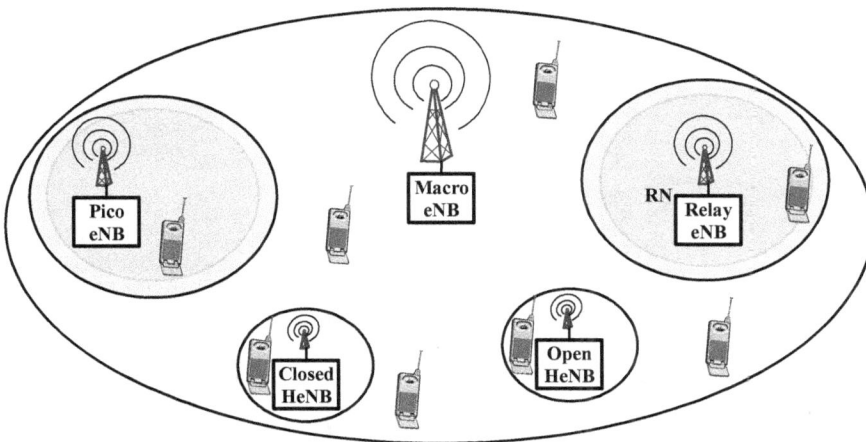

Bild 15.13: Heterogenes Mobilfunkzugangsnetz mit sich gegenseitig beeinflussenden Macro-, Pico- und Femto-Zellen sowie Relay-Knoten

Ergänzt werden die Mechanismen zur Interferenzreduktion in Release 10 durch die Coordinated Multipoint transmission and reception-Technik (CoMP) in Release 11 (siehe Abschnitt 14.2, Tabelle 14.4), die der Bitratenreduktion an Zellgrenzen infolge der Interferenz von Nachbarzellen entgegenwirkt ohne Beeinflussung des Verhaltens im Inneren der Zelle [Cox].

Ebenfalls nicht nur für 4G-, sondern auch für 5G-Netze relevant sind die mit Release 12 (siehe Abschnitt 14.2, Tabelle 14.5) standardisierten Mechanismen für Proximity-based Services (ProSe), d.h. Dienste mit Beteiligung mobiler Endgeräte (UE), die sich in der Nähe befinden. In diesem Fall findet eine Device-to-Device-Kommunikation (D2D) statt, d.h., die UEs tauschen mindestens die Nutzdaten Peer-to-Peer (P2P) aus. Hiermit verfolgte Ziele sind u.a. Verkehrsverlagerung aus Mobilfunk-Kern- (EPC) und Zugangsnetz (E-UTRAN), hohe Bitraten, kurze Verzögerungszeiten und Ressourceneffizienz bez. der Frequenzen und des Energieverbrauchs. Effektiv unterstützt werden sollen neue ortsbasierte Dienste mit P2P-Kommunikation. Einsatzmöglichkeiten werden insbesondere im Bereich der öffentlichen Sicherheit, aber auch für Applikationen in sozialen Netzwerken gesehen [Cox; Lin].

Bild 15.14 [23703] zeigt die Netzarchitektur für ProSe. Der ProSe Application Server (AS) stellt die jeweils relevanten Dienste-spezifischen Funktionalitäten und Daten sowohl dem EPC, speziell der ProSe Function, als auch den beteiligten UEs bereit. Die ProSe Function sorgt für Authorisierung und Konfiguration der UEs, stellt die Nutzerdaten bereit und bietet Sicherheits- und Abrechnungsfunktionen. Dabei werden ProSe AS (z.B. Teil einer Notrufzentrale), ProSe Function, EPC und UTRAN nur für den Austausch von Steuer- und Signalisierungsinformationen genutzt, u.a. beim Discovery-Prozess (Phase 1 eines ProSe-Dienstes), d.h. dem automatisierten Suchen und Finden von Kommunikationspartnern in der Nähe. Die Kommunikation bei der Diensteausführung findet P2P zwischen den UEs per LTE-, LTE-A- oder WLAN-Funktechnik statt (Phase 2). Bei den ProSe-Applikationen wird unterschieden, ob die Konnektivität zu einer Mobilfunkzelle benötigt wird (in-coverage) oder nicht (out-of-coverage). Dies gilt ggf. auch bereits für Phase 1, in diesem Fall würde bereits der Discovery-Prozess P2P laufen. Out-of-coverage-Dienste sind z.B. für den Einsatz im Bereich der öffentlichen Sicherheit bei Katastrophen, d.h. bei Ausfall der Mobilfunkinfrastruktur vorteilhaft [23703; Cox; Lin].

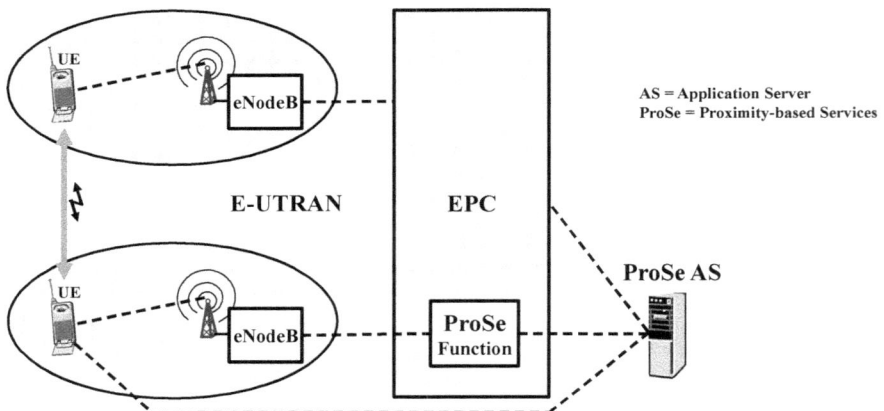

Bild 15.14: Mobilfunk-Netzarchitektur für Proximity-based Services (ProSe) mit Device-to-Device-Kommunikation (D2D) [23703]

Wie schon angedeutet spielt in 4G-Netzen MTC, d.h. M2M Communications mit einer großen Zahl von Sensoren und Aktoren, eine größere Rolle. Dies wiederum fördert den Ausbau von HetNets, insbesondere unter Einbeziehung von WLAN, und auch von D2D Communication, ebenfalls unter Nutzung von WLAN oder sogar Bluetooth [Deme].

Wie bereits oben erwähnt wurden ab Release 10 einige Neuerungen und Verbesserungen für Mobilfunknetze spezifiziert, die man bei den Überlegungen zur 5. Mobilfunkgeneration (5G) wiederfindet. Trotzdem wird es sich bei 5G im Vergleich zu 4G eher um eine Revolution als um eine Evolution handeln, insbesondere, aber nicht nur mit Blick auf die Zugangsnetze mit neuen RATs (Radio Access Technology). Dies liegt auch daran, dass sich die Themen rund um 5G noch weitgehend im Forschungsstadium [RAS] befinden, eine kommerzielle Einführung in den Netzen wird ab 2020 erwartet [ElHa; Osse].

Obwohl es sich bei 5G Anfang 2015 noch weitgehend um eine reine Vision handelt, gibt es bereits Gesamtsichten, ausgehend von den Anforderungen über Anwendungsfälle (Use Cases), Funktionen, Technologien und Frequenzen bis hin zu Netzarchitekturüberlegungen. An dieser Stelle sind insbesondere die NGMN Alliance mit u.a. [ElHa] und das EU-Projekt METIS (Mobile and wireless communications Enablers for the Twenty-twenty Information Society) mit u.a. [Osse; Mons] zu nennen. Hauptgründe für die 5G-Aktivitäten sind die erwartete extreme Zunahme bei den Bitraten und bei den verbundenen Endgeräten, Letzteres vor allem infolge von IoT (Internet of Things) [Osse; ElHa; Andr].

Aus dem Projekt METIS [Osse] kommen für 5G in Bezug auf bestimmte Anwendungen die folgenden Hauptanforderungen:

- 1 bis 10 Gbit/s Datenrate, u.a. für Büroanwendungen mit virtueller Realität,
- 9 GByte/Stunde und Nutzer Datenvolumen in der Hauptverkehrsstunde, u.a. in einem Stadion, und 500 GByte/Monat und Nutzer, u.a. in dichtbesiedelten Städten,
- weniger als 5 ms Ende-zu-Ende-Latenzzeit, u.a. für Verkehrsanwendungen,
- 10 Jahre Batterielaufzeit, u.a. für massenweise ausgebrachte Sensoren und Aktoren,
- bis zu 300000 Geräte pro Access Point,
- 99,999% Verfügbarkeit, u.a. für Smart Grid- und Verkehrsanwendungen,
- Energieverbrauch wie bei 4G,
- Kosten wie bei 4G.

Diese Liste verdeutlicht bereits, dass nicht für jede Anwendung alle diese ambitionierten Anforderungen erfüllt sein müssen und insofern das Netz im Hinblick auf die Kosten und den Energieverbrauch sehr flexibel sein muss.

Die NGMN-5G-Vision beschreibt die Anforderungen gemäß [ElHa] wie folgt:

- Nutzererlebnis (User Experience): 1 Gbit/s z.B. indoor, überall mindestens 50 Mbit/s; 1 ms Ende-zu-Ende-Latenzzeit; sehr hohe Mobilitätsanforderungen z.B. in Hochgeschwindigkeitszügen, aber auch stationärer Betrieb z.B. von Smart Metern.
- System-Performance: mehrere 10 Mbit/s pro Nutzer bei mehreren 10000 Nutzern z.B. in einem Stadion; 1 Gbit/s pro Nutzer für bis zu 10 Nutzer z.B. in einem Büro; mehrere 100000 gleichzeitige Verbindungen pro km^2 für massenweise ausgebrachte Sensoren; im Vergleich zu 4G verbesserte Spektraleffizienz, höhere Abdeckung in ländlichen Gebieten und effizientere Signalisierung wegen des Energieverbrauchs.

- Geräte (Device Requirements): hoher Grad an Programmier- und Konfigurierbarkeit; Betrieb in verschiedenen Frequenzbereichen und unterschiedlichen Modi; Verkehrsaggregation bei gleichzeitiger Nutzung mehrerer Funktechniken; Betrieb von Low Cost-MTC-Geräten (Machine Type Communications); erhöhte Batterielaufzeiten von mindestens 3 Tagen für ein Smartphone und bis zu 15 Jahren für ein MTC Device, z.B. einen Sensor.
- Verbesserte Netzdienste (Enhanced Services): nahtlose Verbindung trotz verschiedener APs und RAT-Netzen; Positionsgenauigkeiten von unter 1m in 80% der Fälle und in Räumen; hohe Netzwerksicherheit und Gewährleistung der Privatspäre trotz heterogener Zugangsnetze; hohe Verfügbarkeit, für bestimmte Anwendungsfälle bis 99,999%.
- Neue Geschäftsmodelle (New Business Models): u.a. für Verbindungsnetzbetreiber (connectivity provider), Diensteanbieter (service provider), 3rd Party-Diensteanbieter (partner service provider) und XaaS-Anbieter (X as a Service, XaaS asset provider) sowie ein gemeinsames Netz für mehrere Betreiber (network sharing).
- Netzbereitstellung, -betrieb und -management (Network Deployment, Operation and Management): 1000-fach höherer Verkehr als heute bei halbem Energieverbrauch; Konfigurierungsmöglichkeiten mit Ziel geringer Energieverbrauch oder hohe Performance; einfaches Einbringen neuer Dienste und neuer RATs; hohe Flexibilität und Skalierbarkeit; Fixed-Mobile-Konvergenz mit einheitlichem Nutzererlebnis; geringe Betriebskosten.

Da sich beide Anforderungslisten nur unwesentlich widersprechen, kann man davon ausgehen, dass durch ihre Gesamtheit die Anforderungen an die 5. Mobilfunkgeneration recht gut umschrieben werden. Hierauf basierend können eine ganze Reihe von Techniken für ein zukünftiges 5G-Netz identifiziert werden, die teilweise schon in 4G-Netzen eingesetzt werden und oben beschrieben sind: verschiedene RATs und heterogene Netze mit unterschiedlichen Funkzellengrößen (HetNets), leistungsfähiges Interferenzmanagement inkl. CoMP, hohe Dichte von Basisstationen (Ultra Dense Networks, UDN), Relaying (auch mit bewegten Relay-Knoten) und Device-to-Device-Kommunikation (D2D, Proximity-based Services) sowie nicht zuletzt Network Functions Virtualisation (NFV, siehe Abschnitt 15.1) und Software Defined Networking (SDN, siehe Abschnitt 15.2) [Mons; Andr; Chen]. Was die Funktechniken angeht, wird in Abhängigkeit vom Anwendungsfeld (stationär, schnelle Bewegung; in ländlichem Gebiet, innerhalb von Räumen; komplexe (z.B. Smartphone) oder einfache (z.B. Sensor) Endgeräte etc.) von verschiedenen Lösungen in unterschiedlichen, heute bereits verfügbaren als auch noch zu allokierenden Frequenzbereichen (Zentimeter- und Millimeterwellen) ausgegangen [ElHa; Andr; Chen].

Wegen der zum Teil je nach Anwendungsfeld stark divergierenden Anforderungen müssen von einem 5G-Netz unterschiedlichste Dienste an verschiedenen Orten mit stark variierender Bitrate und Anzahl an verbundenen Endgeräten bereitgestellt werden. Dies erfordert enorm hohe Flexibilität, Skalierbarkeit und Elastizität. Dies lässt sich aus heutiger Sicht am besten mit mehreren anwendungsspezifischen virtuellen Netzwerken auf einer physikalischen Infrastruktur auf Basis NFV und SDN realisieren [Mons]. Die NGMN Alliance hat in [ElHa] diesen Ansatz aufgegriffen und ausgearbeitet. Bild 15.15 zeigt das Ergebnis. Der Infrastructure Resources Layer bietet die erforderliche physikalische Netzinfrastruktur mit z.B. SDNbasierten vermittelnden Netzknoten und Rechen- sowie Speicherleistung (u.a. in Rechenzentren). Über Access Nodes (AN) sind die verschiedenen Zugangsnetze (u.a. RATs) an die Kernnetzinfrastruktur angebunden. Die benötigten Netzfunktionen werden bei Bedarf aus einer Bibliothek im Business Enablement Layer entnommen und in Form von SW-Instanzen als virtuelle Netzelemente auf den Cloud Nodes im Infrastructure Layer bereitgestellt. Auf deren Funktionalität greifen dann die 5G-Endgeräte, die RATs und die Netzbetreiber-, Enterprise- oder auch OTT-3rd-Party-Dienste (Over The Top) aus dem Business Application Layer zu. Für einen möglichst automatisierten und konsistenten Ende-zu-Ende-Betrieb über alle drei Schichten hinweg sorgt ein übergreifendes System für das Ende-zu-Ende-Management (E2E) und die Orchestrierung der HW, SW und Dienste [ElHa].

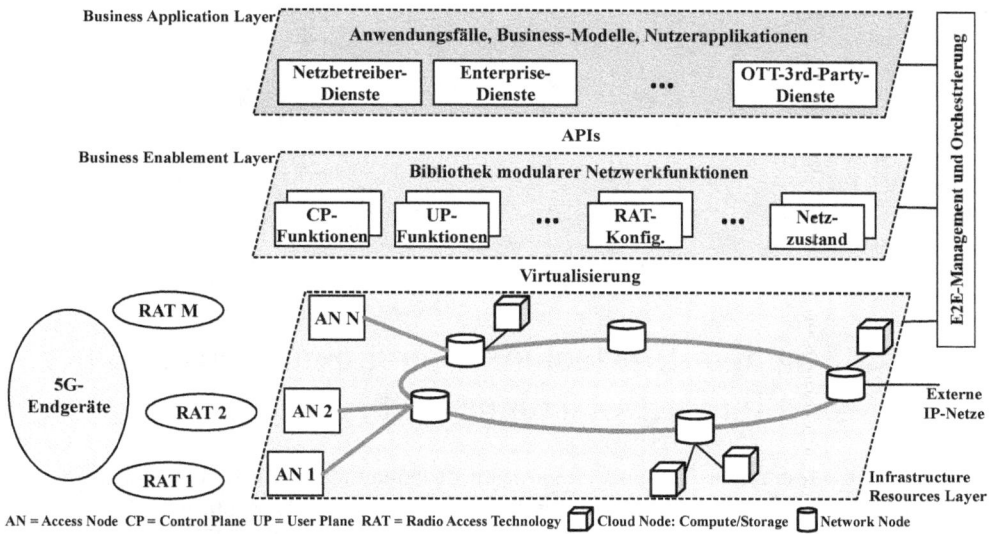

Bild 15.15: 5G-Netzarchitektur nach [ElHa]

Noch verdeutlicht werden die Vorteile einer solchen 5G-Netzarchitektur durch die Detaillierung gemäß Bild 15.16 [ElHa]. Hier wird offensichtlich, dass durch den Einsatz von NFV und SDN für verschiedene Anwendungsgebiete mit unterschiedlichen Anforderungen wie Smartphones, autonomes Fahren oder IoT jeweils optimale virtuelle Netze mit den benötigten Netzfunktionen auf einer einzigen physikalischen Plattform bereitgestellt werden können. Dabei sind die einzelnen sog. Netzwerkscheiben (Network Slices, vgl. Abschnitt 15.2) extrem skalierbar, d.h. es können nach Bedarf Rechenleistung, Speicher, virtuelle Maschinen und Netzfunktionen zu- bzw. abgeschaltet und/oder räumlich verschoben werden [ElHa].

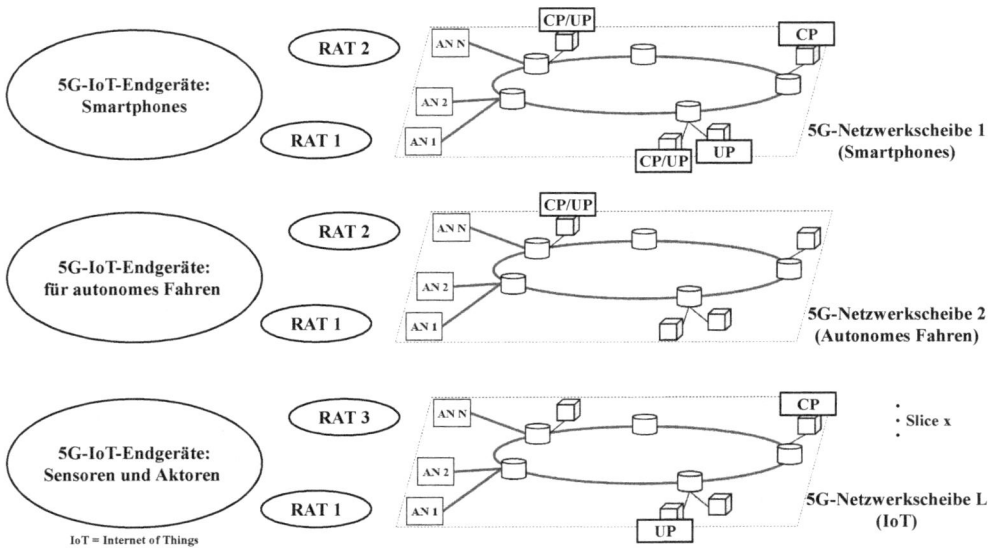

Bild 15.16: Verschiedene 5G-Netzwerkscheiben (Slices) auf Basis derselben physikalischen Infrastruktur [ElHa]

15.4 Machine-to-Machine Communications (M2M) und Internet of Things (IoT)

Bereits in den Abschnitten 14.2 und 15.3 war im Zusammenhang mit UMTS Release 10 von MTC (Machine-Type Communication) die Rede. MTC steht in der Mobilfunk-Nomenklatur für M2M-Kommunikation. Dies geht u.a. aus [22368] hervor, wobei MTC dort auch definiert wird: "Machine-type communication is a form of data communication which involves one or more entities that do not necessarily need human interaction." Aus Dienste- und Netzsicht unterscheidet sich MTC von Mensch-zu-Mensch-Kommunikation wegen unterschiedlicher Marktszenarien, reiner Datenkommunikation, der Forderung nach niedrigen Kosten und geringem Aufwand, einer möglicherweise sehr hohen Zahl kommunizierender Endgeräte und einem meist nur geringen Datenverkehr pro Endgerät [22368; Kim]. Dies zieht u.a. MTC-spezifische Funktionen in zellularen Mobilfunknetzen nach sich.

Die intensive Auseinandersetzung von 3GPP mit MTC ist darin begründet, dass sich wegen des geringen Installationsaufwands und der flächendeckenden Verfügbarkeit von Mobilfunknetzen M2M-Geräte (Devices) direkt oder über Gateways als mobile Endgeräte mit SIM-Karte einfach vernetzen lassen. M2M-Kommunikation ist aber selbstverständlich nicht auf den Mobilfunk beschränkt. Dies verdeutlicht die klassische Definition aus [Snep]: "Machine-to-Machine (M2M) refers to technologies that allow both wireless and wired systems to communicate with other devices of the same ability. M2M uses a device (such as sensor or meter) to capture an event (such as temperature, inventory level, etc.), which is relayed through a network (wireless, wired or hybrid) to an application (software program), translates the captured event into meaningful information."

Verdeutlicht wird diese Definition durch die in Bild 15.17 [Walt; 22368; Bosw] gezeigten M2M-Grundkonzepte. Mittels eines M2M-Gerätes (Device) wird ein Prozess bzw. ein Subsystem (z.B. ein Sensor) an ein Kommunikationsnetz (z.B. LAN, PSTN/ISDN, Internet, GSM/GPRS, UMTS) angebunden. In der Folge können die M2M Devices mit der auf einem Server bereitstellten M2M-Applikation (spezielle IT-Anwendung) interagieren, um Dienste für das Sammeln von Daten, ihre Weiterverarbeitung und Auswertung, das Überwachen inkl. der Standortverfolgung und das Steuern von Subsystemen oder Prozessen etc. bereitzustellen und auszuführen. Bild 15.17 verdeutlicht darüber hinaus, dass M2M Devices auch über ein lokales Netz und zwischengeschaltetes Gateway mit dem übergeordneten Kommunikationsnetz verbunden werden können. In diesem Fall kann das Gateway nicht nur erforderliche M2M-Intelligenz, sondern auch notwendige Protokollkonvertierungen beisteuern. Beispielsweise kommunizieren im Hinblick auf den Energieverbrauch optimierte M2M Devices häufig über Kurzstreckenfunk wie ZigBee oder Wireless M-Bus [102690], während im Kommunikationsnetz IP für den Nachrichtentransport eingesetzt wird. Allerdings können M2M-Anwendungen auch herkömmliche Telekommunikationsnetze wie das PSTN bzw. ISDN nutzen. Bild 15.17 zeigt schließlich auch den Fall, dass M2M Devices nicht nur mit einer zentralen Server-basierten M2M-Applikation kommunizieren, sondern auch untereinander [22368].

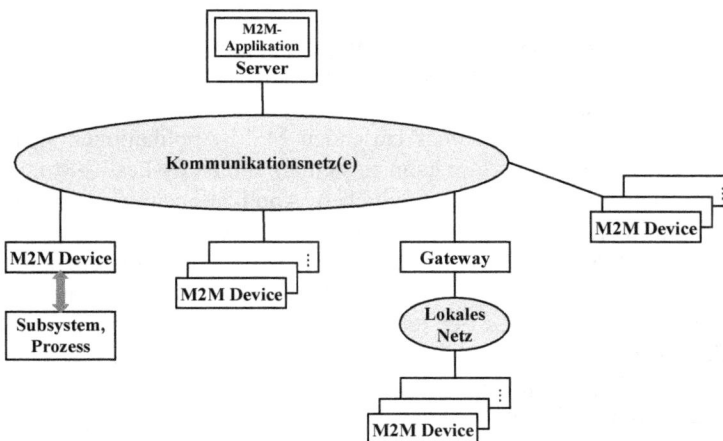

Bild 15.17: Grundkonzepte von M2M bzw. MTC

Auf Basis der angesprochenen Konzepte gibt es für die M2M-Kommunikation zahlreiche Anwendungsfelder und Applikationen mit zunehmender Tendenz. Beispielhaft sind im Bereich Gesundheit das Patientenmonitoring, Ambient Assisted Living (AAL, die Unterstützung von Menschen mit körperlichen Einschränkungen in ihrer heimischen Umgebung) oder auch das Taggen und Nachverfolgen von Gerätschaft (z.B. Rollstühlen) und Medikamenten in einem Krankenhaus zu nennen. Weitere Anwendungen sind im Transportbereich zu sehen wie das Flottenmanagement, Navigation, Diebstahlschutz, Fahrzeugnotruf u.a. Zunehmend wichtig ist zudem der Energiebereich mit Smart Metering, dem tarifabhängigen Steuern von Leistungsverbrauchern und Erzeugern (Demand Response) und Smart Grid, dem intelligenten Stromverteilnetz. Hiervon ausgehend sind Smart Homes, Smart Buildings bis hin zu Smart Cities zu nennen [Bosw; Glan]. Trotz aller Vernetzung und Kommunikationsfähigkeit geht es bei all diesen M2M-Anwendungen letztendlich aber nur um die Optimierung des Zusammenarbeitens von M2M Devices auf Basis von M2M-Applikationen innerhalb eines bestimmten, abgeschlossenen Gesamtprozesses, häufig unter Einbeziehung einer M2M-Diensteplattform [Kim]. Es geht bei M2M nicht um eine Verfügbarmachung smarter Gegenstände und Geräte über ein weltweites Netz wie im unten skizzierten Internet der Dinge. Von den eingesetzten Technologien her gibt es aber eine sehr hohe Übereinstimmung zwischen M2M Communications und Internet of Things (IoT).

Der wachsende M2M-Markt und der Einfluss der spezifischen M2M-Charakteristika auf die Netze haben dazu geführt, dass speziell bei ETSI [m2m], aber auch bei der weltweit agierenden oneM2M Global Standards Initiative umfangreiche Standardisierungsarbeiten zu M2M bereits liefen und noch laufen. Hieraus entstand in Weiterführung von Bild 15.17 die ETSI-M2M-Architekur in Bild 15.18 [102690]. Für die Kommunikation zeigt Bild 15.18 drei verschiedene Netze. Ein lokales Netz, das M2M Area Network für die Anbindung einfacher M2M Devices an ein M2M Gateway. Hier können sowohl leitungsgebundene Schnittstellen wie M-Bus, KNX oder PLC (Powerline Communication) als auch ZigBee- oder M-Bus-Funkschnittstellen zum Einsatz kommen. Die im Access Network zum Einsatz kommenden Techniken hängen von der Art des Netzes ab. Infrage kommen hier für die Anbindung von Gateways oder leistungsfähigeren M2M Devices u.a. xDSL, HFC, GERAN, UTRAN, eU-TRAN, WLAN u.a. Das Core Network, das die Gesamtvernetzung weit verteilter M2M-Endsysteme und der Server mit den darauf laufenden M2M-Applikationen sicherstellt, ist laut ETSI-Standard ein IP-Netz, d.h., hier kann es sich um ein NGN-Fest-, -Mobilfunk- oder konvergentes Netz handeln. Von unterschiedlichen Applikationen gemeinsam benötigte Funktionen werden aus Vereinfachungsgründen als sog. Service Capabilities (SC) über offene Schnittstellen allen M2M-Applikationen bereitgestellt: via mla-Referenzpunkt Nutzung der SCs der Network Domain durch eine Network Application (NA), via dla Zugriff einer Device Application (DA) auf die SCs des selben M2M Device oder eines M2M Gateways, via mld Interaktion der SCs eines M2M Devices bzw. Gateways mit den SCs der Network Domain und umgekehrt [102690]. Zu den standardisierten Service Capabilities zählen u.a. ein API zu den M2M-Applikationen, Funktionen für einen sicheren Transport, ein Repository für registrierte Devices und Applikationen, eine Auswahlmöglichkeit verfügbarer Kommunikationsschnittstellen, Device- und Gateway-Management, Funktionen für das Einbringen neuer Devices sowie Authentifizierung und Authorisierung [Bosw; 102921]. Bei den genannten Interfaces mla, dla und mld handelt es sich um Webservice RESTful (Representational State Transfer) APIs, auf die mittels HTTP oder im Falle von wenig performanten Devices per CoAP (Constrained Application Protocol), in beiden Fällen mit in XML beschriebenen Datenformaten, zugegriffen wird [102921; Bosw]. Grundsätzlich sind RESTful-Schnittstellen bei M2M-Realisierungen weit verbreitet [Kim].

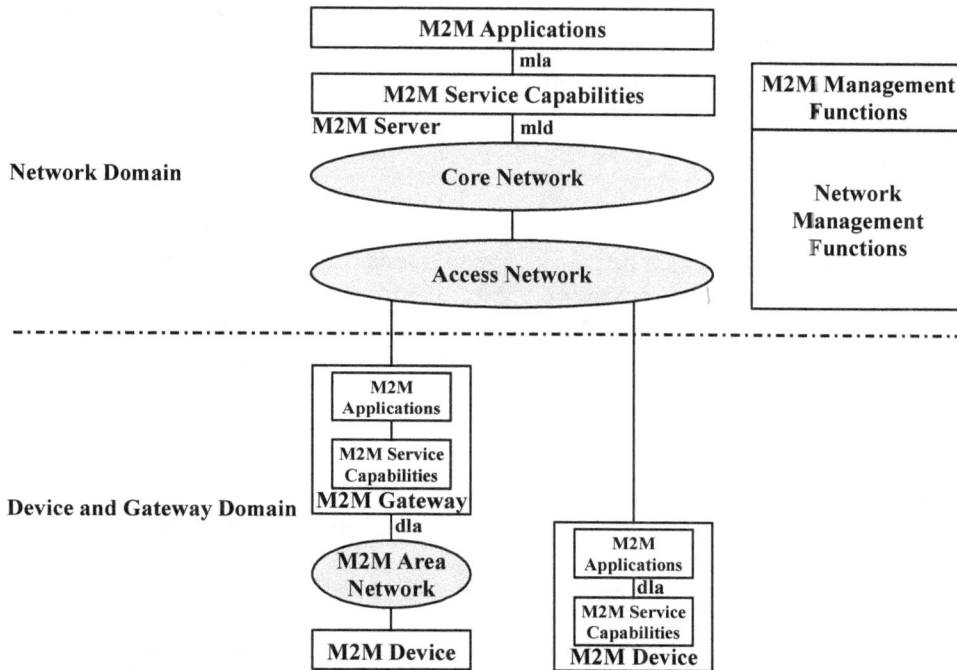

M2M Applications

mla

M2M Service Capabilities

M2M Server   mld

M2M Management Functions

Network Domain

Core Network

Network Management Functions

Access Network

Device and Gateway Domain

M2M Applications

M2M Service Capabilities

M2M Gateway

dla

M2M Area Network

M2M Device

M2M Applications

dla

M2M Service Capabilities

M2M Device

Bild 15.18: ETSI-M2M-Architektur [102690]

Wie bereits oben angedeutet gibt es große Gemeinsamkeiten zwischen M2M Communications und dem IoT. Diese, aber auch die Unterschiede werden im Folgenden herausgearbeitet. Dazu muss zuerst eine mögliche Definition für IoT herangezogen werden. Die ITU-T liefert in der Empfehlung Y.2060 eine offizielle Definition für das Internet der Dinge, Internet of Things (IoT) [Y2060]: A global infrastructure for the information society, enabling advanced services by interconnecting (physical and virtual) things based on existing and evolving interoperable information and communication technologies." Ergänzend wird in [Y2060] angemerkt: "Through the exploitation of identification, data capture, processing and communication capabilities, the IoT makes full use of things to offer services to all kinds of applications, whilst ensuring that security and privacy requirements are fulfilled."

IoT ergänzt die Kommunikationsformen "zu jeder Zeit (any time)" und „an jedem Ort (any place)" um die Dimension „mit jedem Ding (any thing)", wobei ein Ding (thing) mit Bezug zum IoT als physikalisches oder virtuelles Objekt betrachtet wird, das eindeutig identifiziert und in Kommunikationsnetze integriert werden kann. Handelt es sich um ein physikalisches

Objekt, wird es mittels eines Gerätes (Device) realisiert, welches auf jeden Fall Kommunikation unterstützen muss, optional aber auch Sensor- und Aktor-Funktionen sowie Datenerfassung, -speicherung und -verarbeitung bieten kann. Was die Kommunikation betrifft, kann es sich bei „any thing communication" um Kommunikation zwischen Computern, Personen, Personen und Dingen sowie nur zwischen Dingen handeln [Y2060].

Die grundlegenden Eigenschaften des IoT sind

- Interconnectivity, d.h. das Verbundensein mit der globalen Informations- und Kommunikationsinfrastruktur,
- Dinge-bezogene Dienste,
- Heterogenität, d.h. der Einsatz unterschiedlichster Hardware und Netzwerke,
- dynamische Veränderungen bez. Zustand, Ort, Geschwindigkeit etc. der angebundenen Geräte bzw. Dinge,
- sehr hohe Skalierbarkeit, da die Anzahl der angebundenen Geräte um Größenordnungen höher sein wird als die Nutzeranzahl im heutigen Internet [Y2060].

Diese Charakteristika des IoT werden durch die nachfolgend genannten Anforderungen ergänzt:

- IoT-Einbindung eines Dings auf Basis einer ID,
- Interoperabilität zwischen heterogenen und verteilten Systemen bez. der Bereitstellung und Nutzung von Diensten und Informationen,
- autonome Vernetzung mit Selbstmanagement, Eigenkonfiguration, Selbstoptimierung, Selbstschutz, etc.,
- autonome Dienstebereitstellung mit automatischer Erfassung, Übermittlung und Verarbeitung der Daten der Dinge (Things),
- Bereitstellung von Ortsinformation für Dinge und/oder Nutzer,
- Sicherheit,
- Privatsphäre,
- besonders hohe Qualitäts- und Sicherheitsstandards für den menschlichen Körper betreffende Dienste,
- Plug and Play- (besser: „Arrive and Operate" wegen Funkanbindung mobiler Geräte [Matt]) Anwendung von Dingen und korrespondierenden Diensten,
- Managebarkeit [Y2060].

Von den genannten Eigenschaften und Anforderungen ausgehend wurde von der ITU-T das IoT-Referenzmodell nach Bild 15.19 entwickelt. Es strukturiert die IoT-Funktionen in vier Ebenen: Application layer, Service support and Application support layer, Network layer und Device layer. Die Applikationsschicht stellt die IoT-spezifischen Applikationen bereit, die darunter liegende Unterstützungsschicht bietet hierfür benötigte Funktionen wie Datenverarbeitung und -speicherung (vgl. M2M Service Capabilites in Bild 15.18). Die Netzwerkschicht wiederum stellt alle Funktionen für die Vernetzung wie Zugang, Transport (Networking Capabilities) sowie Mobilitätsunterstützung und AAA (Authentication, Authorization and Accounting) bereit (Networking Capabilities). Die Geräteschicht schließlich umfasst die Funktionen für die Interaktion mit dem Netz, unmittelbar oder via Gateway, Ad-hoc-

Vernetzung sowie Mechanismen für Aktiv- und Stand by-Modi zum Energiesparen (Device Capabilities). Darüber hinaus bietet diese Schicht Gateways zur Anbindung von Geräten mit u.a. WiFi-, Bluetooth- oder ZigBee-Schnittstellen inkl. der ggf. erforderlichen Protokollkonversion (z.B. Protokoll-Stacks ZigBee/3G). Flankiert werden diese IoT-Schichten durch übergreifende Management- und Security-Funktionalitäten [Y2060].

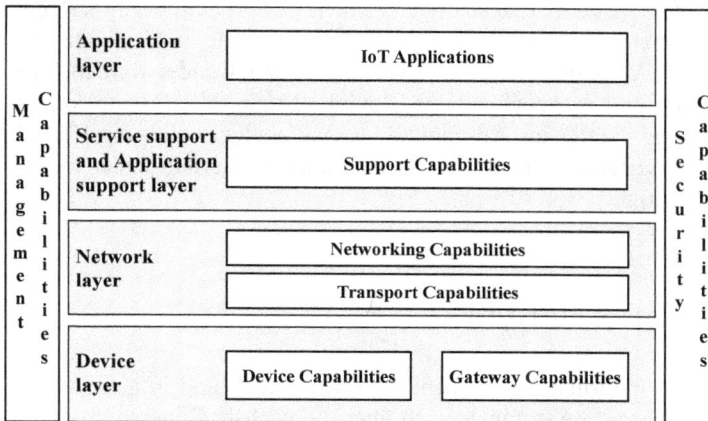

Bild 15.19: IoT-Referenzmodell nach ITU-T [Y2060]

An dieser Stelle zeigt ein Vergleich des IoT-Referenzmodells in Bild 15.19 mit der M2M-Architektur in Bild 15.18 den hohen Grad an Überlappung beider Konzepte.

Weniger formal und damit als interessante Ergänzung nähert sich [Matt] dem Internet der Dinge. Ausgehend von der Vision des „Ubiquitous Computing" von 1991 sieht [Matt] eine schrittweise Entwicklung mit Sensornetzen, RFID (Radio-Frequency Identification), Kurzstreckenfunk etc. hin zu smarten Gegenständen, die von Menschen über ein IP-Netzwerk, das Internet bzw. das Internet der Dinge, abgefragt, gesteuert und sogar gesucht werden können. Dadurch werden Alltagsdinge mit dem Fokus auf die Nutzung durch die Menschen mit dem Internet inkl. Apps und Cloud-Diensten verbunden. Dies geht so weit, dass auch ein komplett unintelligenter, aber eindeutig identifizierbarer Gegenstand (z.B. Tafel Schokolade, allerdings mit QR-Code (Quick Response)) mittels eines Gateways bzw. Proxys (z.B. Smartphone mit Kamera, Internetanbindung und geeigneter App) smart erscheint [Matt].

Wie oben schon erwähnt wurde, geht es bei M2M schwerpunktmäßig um Prozessoptimierungen durch eine Service-orientierte Vernetzung von M2M Devices auf Basis von M2M-Applikationen, wobei durchaus auch Mensch-Maschine-Kommunikation beteiligt sein kann. IoT dagegen hat seinen Schwerpunkt in der Verfügbarmachung smarter Gegenstände und Geräte über ein weltweites Netz.

Sowohl M2M als auch IoT werden in der Zukunft massiven Einfluss auf die Kommunikationsnetze haben. Da in diesen Zusammenhängen von IP-basierter Kommunikation ausgegangen wird, spricht immer mehr für NGN und All-IP-Netze. Weitere Gründe für die besondere Berücksichtigung von M2M und IoT bei der Netzmigration sind u.a. die sehr hohe, sich schnell ändernde Zahl an kommunizierenden Geräten, ihre möglicherweise sehr ungleiche und sich dynamisch verändernde Verteilung im Netz sowie die im Vergleich zur Mensch-Mensch-Kommunikation unterschiedlichen Verkehrscharakteristika. Dies muss bei der Weiterentwicklung der Netze berücksichtigt werden. Hier kann bezüglich der On-demand-Bereitstellung der benötigten Netzknoten und -ressourcen die in Abschnitt 15.1 beschriebene Network Functions Virtualisation (NFV) vorteilhaft angewendet werden. Für das ebenfalls benötigte verkehrs- und diensteabhängige, flexible Routing der Datenpakete bietet Software Defined Networking (SDN) aus Abschnitt 15.2 eine geeignete Lösung [Bahg]. Wie u.a. aus Abschnitt 15.3 hervorging, wird M2M bei der Standardisierung neuer Mobilfunk-Releases ohnehin berücksichtigt.

15.5   Future Networks

Grundsätzlich wird natürlich – ausgehend von den aktuell und in naher Zukunft existierenden Kommunikationsnetzen – immer auch über die nächste Generation von Netzen und die dort zum Einsatz kommenden Konzepte und Techniken nachgedacht. Ein konkretes Beispiel hierfür sind die in Abschnitt 15.3 beschriebenen Überlegungen zu Mobilfunknetzen der 5. Generation bei einer 3G/4G-Ausgangsbasis. Diese zukünftigen Netze, engl. Future Networks, müssen mit neuen Konzepten und Technologien den prognostizierten neuen Anforderungen genügen, dabei aber immer auch die Migration der bestehenden Netze hin zu den Future Networks berücksichtigen.

Wie u.a. bereits aus Abschnitt 14.2 hervorging, standardisierte 3GPP mit UMTS Release 5 das erste, dem damals neuen NGN-Konzept genügende Telekommunikationsnetz. In der Folge griff 3GPP ab UMTS Release 7 in den Überlegungen zu einem All-IP-Netz (AIPN) [22978; 22980], inspiriert durch das EU-Projekt Ambient Networks, das Konzept „Network Composition" auf. Network Composition meint das dynamische Verbinden zweier oder mehr Netze zu einem neuen Netz. Es repräsentiert eine, wenn nicht die Kernfunktionalität der Ambient Networks (siehe unten). [22980] definiert Network Composition wie folgt:

"A dynamically created cooperation between an evolved 3GPP network and another network or user device, or between networks/user devices in general. This cooperation is ruled by the Composition Agreement agreed during the Composition Process."

Dabei muss von den beteiligten Netzen bzw. Endgeräten geklärt werden, welche Regeln das neu kreierte zusammengesetzte Netz beachten muss, wie die logischen und physikalischen Ressourcen zu steuern und zu nutzen sind, wie die Tarifierung zu erfolgen hat etc. Auf dieser Basis können dann in ein 3GPP-Netz dynamisch und flexibel z.B. Ad hoc-Netze, PANs (Personal Area Networks) oder WLANs integriert werden.

Wie bereits erwähnt erscheint der Ambient Networks-Ansatz sehr interessant. Gemäß [Busr; WP1A] sollte ein Ambient Network (AN) die nachfolgend genannten zwölf generellen Anforderungen erfüllen:

1. Heterogeneous Networks, u.a. sollen unterschiedliche Access-Techniken unterstützt werden,
2. Mobility, in jeder Form und über verschiedene Netze hinweg,
3. Composition, das dynamische Verbinden von Netzen zu einem neuen Netz,
4. Security and Privacy inkl. der regulatorischen Anforderungen,
5. Backward Compatibility and Migration,
6. Network Robustness and Fault Tolerance inkl. Skalierbarkeit,
7. Quality of Service,
8. Multi-Domain Support,
9. Accountability,
10. Context Awareness,
11. Plug & Play-Erweiterbarkeit bez. der Dienstebereitstellung,
12. komfortabel bez. der Entwicklung neuer Dienste.

Ein Vergleich mit den Kennzeichen eines NGN nach Abschnitt 3.1 zeigt, dass der Hauptunterschied zwischen dem NGN-Konzept und dem Ambient Networks-Ansatz vor allem durch die obige Anforderung „3. Composition" beschrieben werden kann. Das Ziel ist, dass die Dienstenutzer jeweils den bestmöglichen Netzzugang bekommen, ohne dass die dahinterstehende Technik für sie sichtbar wird (z.B. keine Umkonfiguration des Endgeräts durch Nutzer notwendig). Das soll auch in heterogenen Netzen über Netzbetreibergrenzen und unterschiedliche Netztechnologien hinweg funktionieren. In einer solchen Umgebung ist der einfachste „Building Block" ein Netz, ein Ambient Network (AN). Somit handelt es sich bei einem AN nicht nur um ein Kernnetz, ein Access Network, ein Home oder ein Personal Area Network (PAN), sondern auch um ein Endgerät. Im Sinne einer nahtlosen (seamless) Nutzung der einen Menschen oder eine Maschine umgebenden (ambient) Kommunikationstechnik kooperieren die verschiedenen Ambient Networks „on demand" ohne Vorkonfiguration, um den gewünschten Dienst bestmöglich bereitstellen zu können. Das bedeutet, dass sich z.B. zwei Ambient Networks zu einem neuen AN zusammenschließen können (Composition) bzw. dass auch wieder eine Aufspaltung möglich ist. Das wäre mit dem in heutigen Netzen üblichen komplexen Control Layer, der Funktionen wie Sicherheit, Mobilitätsunterstützung und Quality of Service über das Netz „verschmiert", nicht zu realisieren. Daher hat man für ANs den sog. Ambient Control Space (ACS) definiert. Im Folgenden werden die zugehörigen Definitionen gemäß [Busr] zitiert.

"Ambient Network (AN): An Ambient Network is a set of one or more nodes and/or devices, which share a common control plane called the Ambient Control Space. Well-defined access to the Ambient Control Space is provided to Users or other Ambient Networks through external interfaces, in particular the Ambient Network Interface (ANI) for horizontal interaction and the Ambient Service Interface (ASI) and Ambient Resource Interface (ARI) for vertical interaction. An ambient network has one or more globally unique identities by which it can be contacted, and it may be able to compose with other Ambient Networks."

"Ambient Control Space (ACS): A set of all control layer representations and functions of resources in an Ambient Network. They are organized into various Functional Areas, along with the necessary functionality to ensure that the individual decisions of each Functional Area are consistent with each other and that conflicts between contradictionary decisions are resolved."

Veranschaulicht wird dieses Konzept durch Bild 15.20. Dort kommuniziert z.B. ein AN 0, ein Mobile Node, indem er sich selbständig mit anderen beteiligten ANs zu einem neuen AN zusammenschließt, um Ende-zu-Ende die gewünschte Funktionalität bereitzustellen. Dabei hat jedes beteiligte AN von außen betrachtet den gleichen Aufbau mit Ambient Control Space und Ambient Connectivity. Das Gleiche gilt für das durch die Komposition der ANs entstandene neue AN [Busr; WP1A; Nieb; Gayd].

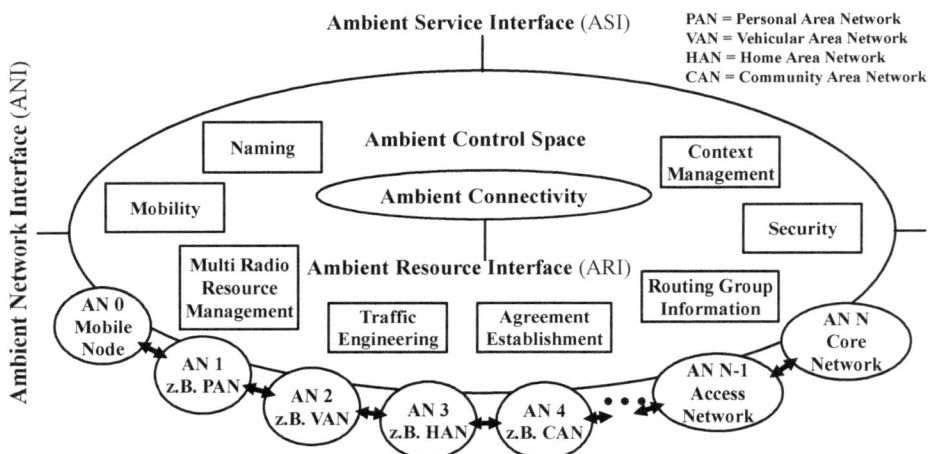

Bild 15.20: Ambient Networks

Der interessante Ansatz der Ambient Networks und der Network Composition hat sich bis heute nicht durchgesetzt und ist somit für zukünftige Netze nur von theoretischer Bedeutung. Stattdessen werden im Zusammenhang des Begriffes Future Networks z.B. in [Chem] als wesentliche Schlüsseltechniken Network Functions Virtualisation (NFV) (siehe Abschnitt 15.1), Software Defined Networking (SDN) (siehe Abschnitt 15.2) und Cloud Networking, umschrieben mit der NFV-Funktionalität NaaS (Network as a Service), genannt.

Nicht generalisiert, sondern im Sinne spezieller Standardisierungsaktivitäten wird der Begriff Future Networks von der ITU-T verwendet. In der Empfehlung Y.3001 [Y3001] wird ein Future Network (FN) recht allgemein als „A network able to provide services, capabilities, and facilities difficult to provide using existing network technologies" definiert. Konkreter beschreibt [Y3001] FNs durch vier Zielvorgaben (objectives) und zwölf korrespondierende

Designziele (design goals), die im Folgenden kurz erläutert werden und in Bild 15.21 [Y3001] aufeinander bezogen dargestellt sind.

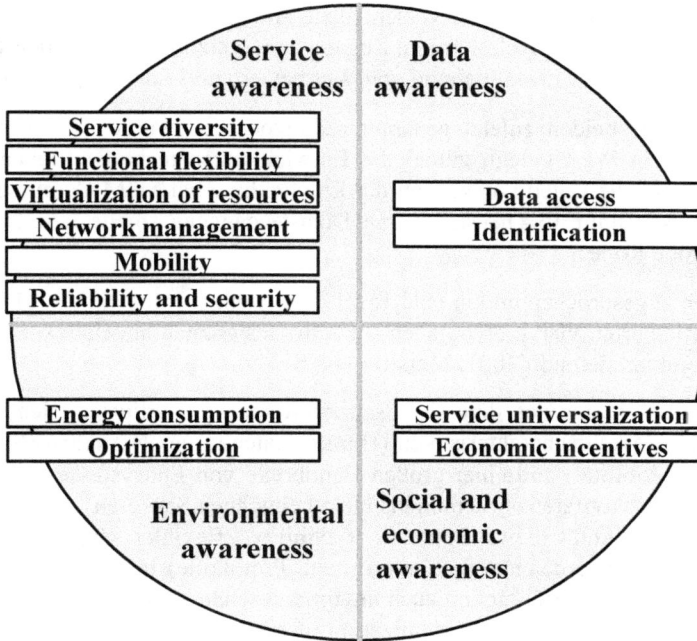

Bild 15.21: Vier Zielvorgaben und zwölf Designziele für Future Networks [Y3001]

Die vier Zielvorgaben bzw. Objectives sollen Netzaspekte in den Fokus rücken, die in bisherigen Netzen inkl. NGN wenig oder nicht berücksichtigt wurden [Y3001; Mats]:

- Servicebewusstsein bzw. Service awareness: FNs sollen heutige und zukünftige Dienste bereitstellen, die von ihren Funktionen her auf die Bedürfnisse der Applikationen und Nutzer zugeschnitten sind. Das bedeutet u.a., dass eine extrem große Zahl unterschiedlichster Dienste zu moderaten Bereitstellungs- und Betriebskosten angeboten werden kann.
- Datenbewusstsein bzw. Data awareness: FNs sollen eine Netzarchitektur bereitstellen, mit der riesige Datenmengen in einer verteilten Umgebung gehandhabt werden können. Nutzer sollen sicher, einfach, schnell und zuverlässig unabhängig von ihrem Standort gewünschte Daten abrufen können, wobei der Begriff Daten neben Audio und Video grundsätzlich alle Information meint, auf die über ein Netzwerk zugegriffen werden kann.
- Umweltbewusstsein bzw. Environmental awareness: FNs sollen umweltfreundlich sein, d.h. Architektur, Implementierung und Betrieb sollen einen minimalen Einfluss des Netzes auf die Umwelt sicherstellen, wobei insbesondere Material- und Energieverbrauch

sowie Treibhausgasemissionen zu minimieren sind. Darüber hinaus soll ein FN andere Branchen in ihrer Umweltfreundlichkeit unterstützen.

- Gesellschaftliches und wirtschaftliches Bewusstsein bzw. Social and economic awareness: FNs sollen gesellschaftliche und wirtschaftliche Themen in der Weise berücksichtigen, dass die Eintrittsbarrieren für verschiedene Akteure reduziert werden. Dazu zählen eine Reduzierung der Lifecycle-Kosten, Zugang zum Netz und zu den Diensten unabhängig vom Standort sowie Ermöglichung von Wettbewerb und finanziellen Erträgen.

Insbesondere auf die beiden zuletzt genannten Zielvorgaben wurde in bisherigen Netzen nicht von vornherein Wert gelegt, zumal die Entwicklungen technikgetrieben waren. Der besondere Fokus auf die Daten kommt von der Entwicklung bei M2M Communications und dem IoT (siehe Abschnitt 15.4). Das Thema Dienste dagegen spielte bereits beim NGN-Konzept eine große Rolle.

Wie bereits oben angesprochen und in Bild 15.21 dargestellt wurden in [Y3001] – ausgehend von den oben erläuterten vier Zielvorgaben – zwölf Designziele abgeleitet, die Future Networks näher charakterisieren [Y3001; Mats]:

- Dienstevielfalt bzw. Service diversity: Support verschiedenartigster Dienste mit unterschiedlichsten Verkehrscharakteristiken (Bitrate, Latenz) und -verhalten (Sicherheit, Zuverlässigkeit, Mobilität) und einer großen Bandbreite von Endsystemen (z.B. von hochauflösenden Videokonferenzsystemen bis hin zu einfachen Sensoren),
- Funktionale Flexibilität bzw. Function flexibility: flexibler Support (z.B. Video-Transcodierung, Sensordaten-Aggregation, neue Protokolle) inkl. der agilen Bereitstellung neuer Dienste in Abhängigkeit auch unvorhergesehener Nutzerwünsche,
- Ressourcenvirtualisierung bzw. Virtualization of resources: Virtualisieren der physikalischen Ressourcen und einziehen einer Abstraktionsebene sowie bereitstellen verschiedener, voneinander unabhängig arbeitender virtueller Netze,
- Netzwerkmanagement bzw. Network management: effizientes, automatisiertes Betreiben, Überwachen und Bereitstellen von Diensten und Netzeinrichtungen trotz eines massiven Aufkommens an Managementdaten,
- Mobilität bzw. Mobility: Mobilitätsunterstützung einer sehr großen Anzahl von Endsytemen, die sich ggf. mit hoher Geschwindigkeit über Grenzen heterogener Netze (u.a. verschiedene Zugangsnetze, Funkzellengrößen) hinweg bewegen,
- Zuverlässigkeit und Sicherheit bzw. Reliability and Security: Netzdesign und -betrieb im Sinne hoher Verfügbarkeit und Anpassungsfähigkeit (z.B. für Notfall und Katastrophenszenarien, Management von Straßen-, Schienen-, Luftverkehr, Smart Grids, medizinische Versorgung) sowie Sicherheit und Privatsphäre für die Nutzer,
- Datenzugriff bzw. Data access: effiziente Behandlung großer Mengen von Daten (z.B. in sozialen Netzwerken oder Sensornetzen) und Bereitstellen von Mechanismen zum schnellen Abruf von Daten unabhängig vom Bereitstellungsort (effiziente Speicher- und schnelle Suchmechanismen),
- Identifizierung bzw. Identification: Bereitstellen neuer Identifikationsverfahren (über die heute üblichen IP-Adressen hinaus) für effektive, skalierbare Mobilitätsunterstützung und Datenzugriffe,

- Energieverbrauch bzw. Energy consumption: Verbesserung der Energieeffizienz und Einsparen von Energie in allen Bereichen, Erfüllung der Nutzeranforderungen bei minimalem Netzverkehr,
- Optimierung bzw. Optimization: Anpassen der Netz-Performance und entsprechende Optimierung der Netzausrüstung an die realen Dienste- und Nutzeranforderungen, nicht an die möglichen Maximalanforderungen wie in heutigen Netzen,
- Diensteuniversalisierung bzw. Service universalization: Ermöglichen der Dienstebereitstellung in städtischen oder ländlichen Gebieten, entwickelten oder Entwicklungs-Ländern durch Reduzierung der Lifecycle-Kosten und Nutzung globaler Standards,
- Ökonomische Anreize bzw. Economic incentives: Bereitstellen einer nachhaltigen und wettbewerbsfähigen Umgebung (z.B. ohne fehlende QoS-Unterstützung wie in heutigen IP-Netzen) für verschiedene Mitwirkende wie Nutzer, Anbieter, Regierungseinrichtungen und Rechteinhaber.

Neben den oben genannten Charakteristika nennt [Y3001] auch mögliche Technologien, um diese Designziele zu erreichen. Erwähnt werden NFC (siehe Abschnitt 15.1), Content Distribution Networks (CDN) und P2P-Vernetzung inkl. Daten- bzw. Content-zentrierter Routing-Mechanismen für das effiziente Verteilen und Teilen von Inhalten, dezentrale Netzmanagementansätze (In-system network management) sowie dezentrale Mobilitätsunterstützung (Distributed mobile networking).

Bild 15.22 [Y3011; Mats] zeigt die Bedeutung von Virtualisierung für Future Networks und erläutert die Zusammenhänge.

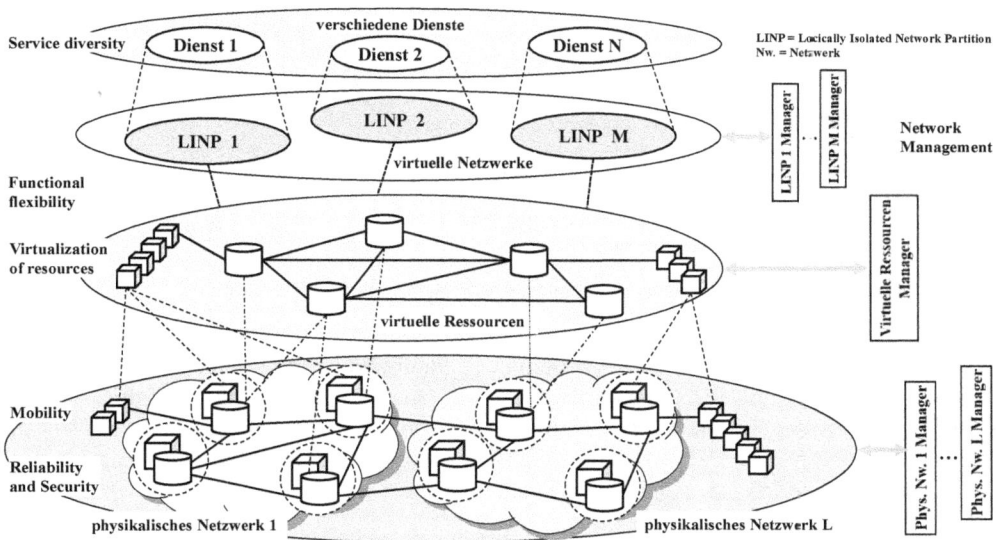

Bild 15.22: Virtualisierung in Future Networks unter besonderer Berücksichtigung von Service awareness [Y3011]

Gemäß Bild 15.22 werden die physikalischen Netze bzw. Ressourcen (Netzwerke, Rechner-
und Speicherressourcen) partitioniert und als virtuelle Ressourcen (virtuelle Maschinen,
virtuelle Netzwerkfunktionen) abstrahiert. Letztere bilden die Basis zur Bildung virtueller
Netzwerke, sog. LINPs (Logically Isolated Network Partitions), die wiederum dienstespezi-
fische Netze realisieren. Das bedeutet, dass die LINPs für verschiedene Dienste isoliert voneinander betrachtet werden können. Eine physikalische Ressource kann unter vielen virtuellen Ressourcen geteilt werden, während wiederum eine LINP sich aus zahlreichen virtuellen
Ressourcen zusammensetzt. Dieser Ansatz erinnert stark an die anvisierte 5G-
Netzarchitektur in Abschnitt 15.3. Ergänzend zu diesen Betrachtungen ordnet Bild 15.22 den
Ebenen der betrachteten FN-Architektur die sechs Designziele „Service diversity" etc. (siehe
Bild 15.21) aus der Zielvorgabe „Service awareness" zu [Y3011; Mats].

Die Zielvorgabe „Data awareness" mit den Designzielen „Data access" und „Identification"
zur Behandlung großer Datenmengen in einer verteilten Umgebung wird anhand von Bild
15.23 verdeutlicht. Anstatt – wie heute üblich – Content auf Basis einer Location-ID, z.B.
einer IPv6-Adresse, zu identifizieren und abzurufen (Location-ID-basiertes Routing), könnte
gemäß Bild 15.23 der im Netz mehrfach mit der derselben Content-ID gehaltene Inhalt, z.B.
aufgrund einer entsprechenden DNS-Antwort, vom geografisch nächstgelegenen Server
geliefert werden (Content-ID-basiertes Routing) [Mats].

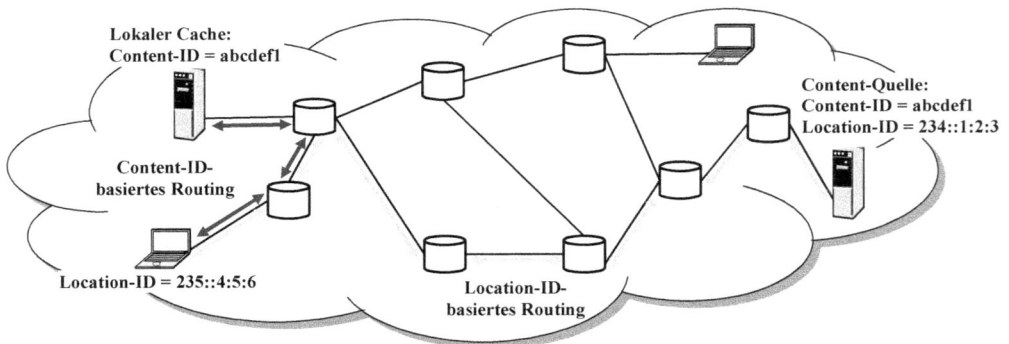

Bild 15.23: Routing in Future Networks unter besonderer Berücksichtigung von Data awareness

Weitere Konkretisierungen zur Virtualisierung in Future Networks finden sich in [Y3011],
[Y3300] befasst sich mit SDN (siehe Abschnitt 15.2) als Kerntechnologie zukünftiger Netze,
[Y3021] vertieft das Thema Energiesparen in FNs. Interessanterweise spricht [Y3041] im
Kontext der FNs von Smart Ubiquitous Networks (SUN), was auf den engen Bezug zwi-
schen FNs und dem IoT (siehe Abschnitt 15.4) hinweist.

Dass für Future Networks das Thema SDN relevant ist und deshalb mit einer eigenen Empfehlung Y.3300 [Y3300] berücksichtigt wird, kommt nicht von ungefähr. Geht man in Bild
15.22 davon aus, dass an physikalischen Ressourcen für die physikalischen Netzwerke nicht
nur Rechner, sondern auch und vor allem HW-Switches zum Einsatz kommen, gibt es für

eine Virtualisierung größerer Wide Area Networks, d.h. eine Bereitstellung virtueller Switches und Router abstrahiert von den physikalisch vorhandenen Geräten, keine echte Alternative zu SDN (siehe Abschnitt 15.2).

Abschließend muss darauf hingewiesen werden, dass im Unterschied zum standardisierten NGN-Konzept (siehe Abschnitt 3.1) der ITU-T-FN-Ansatz in seiner Gesamtheit und unter der Überschrift „Future Networks" noch keinen Eingang in die Weiterentwicklung der Telekommunikationsnetze gefunden hat, wesentliche Teilbereiche wie die Virtualisierung aber schon.

16   Standardisierung und Ausblick

Wie bereits in den vorhergehenden Kapiteln deutlich wurde, spielen für die Konzepte, Funktionalitäten und Protokolle heutiger und zukünftiger Telekommunikationsnetze offene Systeme mit standardisierten Schnittstellen eine große Rolle. Insofern macht es Sinn, an dieser Stelle den Blick verstärkt auf die maßgeblichen Standardisierungsorganisationen und Technikforen zu lenken. Mit ihrer Hilfe ist zum einen ein vertieftes und konkretes Einsteigen in spezielle Themengebiete möglich, zum anderen ermöglichen sie eine Verfolgung der weiteren Entwicklungen.

Ohne internationale Standardisierung kann sich heute und auch in Zukunft keine Technik für Kommunikationsnetze am Markt durchsetzen. Daher werden – sortiert nach Themengebieten und Buchabschnitten – im Folgenden die jeweils besonders relevanten Standardisierungsgremien und Technikforen genannt und Hinweise gegeben, wie auf ihre Ergebnisse zugegriffen werden kann.

Besonders relevant für die Standardisierung von (Internet-) Protokollen ist die IETF (Internet Engineering Taskforce): http://www.ietf.org [IETF]. Dies wird u.a. anhand von Tabelle 16.1 deutlich, aus der man die Zuständigkeit der IETF für zahlreiche Protokolle weit über IP hinaus ablesen kann. IETF-RFCs (Request for Comments), egal zu welchem IETF-Thema, können im Internet unter http://www.rfc-editor.org/rfcsearch.html [rfcs] mittels Stichworten oder Nummer gesucht und in der Folge als Text- oder pdf-Dokumente heruntergeladen werden. Selbst nach Drafts, d.h. nach sich erst noch im Standardisierungsprozess befindlichen Dokumenten, kann unter https://datatracker.ietf.org [data] gesucht und ggf. zugegriffen werden.

Besonders wichtig für Netzarchitekturen und -konzepte wie NGN, aber auch für Protokolle wie H.323 ist die ITU-T (International Telecommunication Union-Telecommunication Standardization Sector): http://www.itu.int/ITU-T [ITUT]. Dies geht auch aus Tabelle 16.1 hervor. Bereits verabschiedete ITU-T-Empfehlungen können auf der Web-Seite http://www.itu.int/en/ITU-T/publications/Pages/recs.aspx [itup] ausgewählt und als pdf-Dokumente abgerufen werden.

Die Spezifikationen rund um Ethernet-Schnittstellen inkl. WLAN kommen vom IEEE (Institute of Electrical and Electronics Engineers), weshalb diese Organisation ebenfalls in Tabelle 16.1 aufgenommen wurde: http://www.ieee.org [IEEE]. Allerdings sind diese Dokumente kostenpflichtig.

IPv6 ist zwar vor allem Thema bei der IETF. Wichtig in diesem Zusammenhang und daher in Tabelle 16.1 ebenfalls erwähnt ist auch das IPv6 Forum – http://www.ipv6forum.com

[IPv6] – mit dem Ziel der weltweiten Förderung der Einführung von IPv6 und der zugehörigen Technik.

Tabelle 16.1: NGN-Konzept und relevante Protokolle

Konzepte, Funktionen, Protokolle	Kapitel, Abschnitte	(Standardisierungs-) Organisationen				
		ITU-T	IETF	IEEE	IPv6 Forum	ETSI
NGN	3.1	+				+
SIP, RTP etc.	3.2		+			
H.323 etc.	3.2, 4.2.8	+				
MGCP etc.	3.2		+			
Codecs	4.1.2	+	+			
Schicht 2- Protokolle	4.2.1	(+)	(+)	+		
IPv4	4.2.2		+			
IPv6	4.2.3		+		+	
TCP, UDP, RTP, RTCP, RTCP-XR	4.2.4 – 4.2.7		+			
IntServ, DiffServ	4.3.1 – 4.3.3		+			

Wie bereits bekannt, aber auch aus Tabelle 16.2 ersichtlich wurden und werden die Standards zu SIP und den korrespondierenden Protokollen vor allem bei der IETF [IETF] erarbeitet. Im Bereich des SIP Interworking mit herkömmlichen Netzen wie dem ISDN oder GSM-Mobilfunknetzen sind auch die ITU-T sowie ETSI (European Telecommunications Standards Institute) und 3GPP (Third Generation Partnership Project) relevant.

ETSI ist die europäische Standardisierungsorganisation: http://www.etsi.org [ETSI]. Auch ETSI bietet verabschiedete Standards als pdf-Dokumente zum kostenlosen Download. Unterstützt wird der Nutzer dabei durch eine Suchmaschine unter http://www.etsi.org/standards-search [etss].

UMTS inkl. der SIP-Spezifika (siehe Tabelle 16.2), GSM und GPRS wurden und werden vom Gremium 3GPP, http://www.3gpp.org [3GPP], standardisiert, einem Zusammenschluss der regionalen Standardisierungsorganisationen Europas, der USA, Japans, Chinas und Koreas für zellulare Mobilfunknetze. Diese übergreifende Vorgehensweise bei den zellularen

Mobilfunknetzen führt zu weitgehend komplett durchdachten und durchstandardisierten Netzen und damit ab UMTS Release 5 (siehe Abschnitt 14.2) zu einem hohen Grad an erreichter Netzintegration auf Basis des NGN-Konzepts. Mit 3GPP abgestimmte und dessen Ergebnisse nutzende Aktivitäten für Festnetze sind bei ETSI angesiedelt. Alle 3GPP-Standards für die verschiedenen Releases können, ausgehend von der Übersichts-Web-Seite http://www.3gpp.org/specifications [3gpps], ausgewählt und als zip-File, welches normalerweise ein Word-Dokument enthält, heruntergeladen werden.

Im Zusammenhang mit SIP sind darüber hinaus gemäß Tabelle 16.2 die Industrievereinigung SIP Forum (http://www.sipforum.org [SIPF]) für Interoperabilität und hier vor allem für das SIP Trunking, das UPnP Forum (http://www.upnp.org [upnp1]) für die NAPT-Überwindung und RIPE NCC (Réseaux IP Européens Network Coordination Centre, https://www.ripe.net/data-tools/dns/enum [ripE]) wegen ENUM relevant.

Tabelle 16.2: SIP und Funktionen

Konzepte, Funktionen, Protokolle	Kapitel, Abschnitte	(Standardisierungs-) Organisationen						
		ITU-T	ETSI	IETF	3GPP	SIP Forum	UPnP Forum	RIPE NCC
SIP	5.1 – 5.6 u.a.			+	(+)	(+)		
SDP	5.7 u.a.			+				
SIP/ISUP	6.7.4	+	+	+	+			
SIP Trunking	6.7.5					+		
SIP Routing	7.1 – 7.2			+				
ENUM	7.3			+				+
SIP und NAPT	8			+			+	
SIP und Leistungsmerkmale	9		+	+				
SIP und Sicherheit	12			+	+			

Das Thema WebRTC (Tabelle 16.3) wird bezüglich der Kernfunktionalitäten beim W3C (World Wide Web Consortium, http://www.w3.org [W3C]) und dort speziell bei der W3C WebRTC Working Group (http://www.w3.org/2011/04/webrtc/ [W3CW]) bearbeitet. Protokoll- und speziell Signalisierungsaspekte sind Thema der IETF [IETF], dort speziell der IETF RTCWeb Working Group (http://tools.ietf.org/wg/rtcweb [rtcw]). Ergänzt werden die Aktivitäten dieser beiden Arbeitsgruppen durch die Firmen-WebRTC-Initiative WebRTC (http://www.webrtc.org/ [WebR1]).

Tabelle 16.3: WebRTC

Konzepte, Funktionen, Protokolle	Kapitel, Abschnitte	(Standardisierungs-) Organisationen		
		W3C	**IETF**	**WebRTC**
WebRTC	13	+	+	+

Videokommunikation spielt in heutigen und zukünftigen Kommunikationsnetzen im Hinblick auf die Dienste (z.B. Videostreaming, IPTV, Videotelefonie) und die benötigten hohen Bitraten eine außerordentliche Rolle (Tabelle 16.4). Seit Jahren laufen bei der ITU-T [ITUT] Standardisierungsarbeiten zu Videocodierung sowie zu Multimediadiensten und IPTV. Die beiden zuletzt genannten Themen sind unter dem Stichwort Digital Video Broadcasting (DVB) auch Gegenstand der Standardisierung bei ETSI [ETSI]. Nähere Informationen hierzu findet man unter http://www.etsi.org/technologies-clusters/technologies/broadcast/dvb [dvb]. Speziell um die Anforderungen, Funktionen und Protokolle in koaxialkabelbasierten HFC-Netzen kümmern sich die Firmenkonsortien CableLabs (Cable Television Laboratories, http://www.cablelabs.com [Cabl]) und Digital Video Broadcasting Project (DVB, https://www.dvb.org [DVBP]).

Tabelle 16.4: Videokommunikation und IPTV

Konzepte, Funktionen, Protokolle	Kapitel, Abschnitte	(Standardisierungs-) Organisationen			
		ITU-T	**ETSI**	**CableLabs**	**DVB**
Videokommunikation	5.7, 5.8.2	+	+	+	+
NGN und IPTV	14.5	+	+	+	+

Das weite Feld der Dienste, Dienstmerkmale, Mehrwertdienste und Application Server wird durch eine ganze Reihe von Organisationen adressiert (Tabelle 16.5). Nähere Informationen zur Realisierung von SIP Application Servern für die Bereitstellung von Mehrwertdiensten findet man beim Java Community Process (JCP, https://www.jcp.org [JCP]). U.a. stehen hier die Spezifikationen zu SIP Servlets, JAIN (Java APIs for Integrated Networks) sowie den Service Frameworks JAIN SLEE und Java EE zum Dowload bereit.

Dienste und (Telefonie-) Leitungsmerkmale betreffende Standards sind auch ein IETF-Thema [IETF], für die Interoperabilität mit dem PSTN bzw. ISDN ist ETSI [ETSI] zuständig. Die unter anderem im Zusammenhang mit Parlay X, aber auch SIP ASs zur Anwendung kommenden Web Services (http://www.w3.org/2002/ws [w3ws]) sind vor allem im Fokus des World Wide Web Consortiums (W3C) [W3C]. Näheres zu den IN-Standards (Intelligent Network) für Mobilfunknetze findet man unter dem Stichwort CAMEL (Customized Applications for Mobile network Enhanced Logic) bei 3GPP [3GPP]. Recht große Bedeutung bezüglich der Dienste vor allem, aber nicht nur für die zellularen Mobilfunknetze hat die

Open Mobile Alliance (OMA, http://www.openmobilealliance.org [OMA]). Service De-livery-Plattformen werden u.a. von der ITU-T und IEEE standardisiert.

Tabelle 16.5: Dienste und Application Server

Konzepte, Funktionen, Protokolle	Kapitel, Abschnitte	(Standardisierungs-) Organisationen							
		JCP	IETF	ETSI	W3C	3GPP	OMA	ITU-T	IEEE
SIP AS	6.12	+	+			+			
Leistungs-merkmale	9		+	+		+			
Dienste	14.7	+	+	+	+	+	+	+	+

Tabelle 16.6 rückt bez. der Standardisierung komplette Netze in den Mittelpunkt. NGN und auf diesem Konzept basierende Fest- bzw. konvergente Netze sind bei der ITU-T [ITUT] und ETSI [ETSI] angesiedelt. Eine Übersicht bez. NGN und ETSI gibt http://www.etsi.org/technologies-clusters/technologies/next-generation-networks [ngn]. Bis vor einigen Jahren war die ETSI-Arbeitsgruppe TISPAN [TISP] federführend in NGN und Festnetzen bzw. konvergenten Netzen inkl. IMS. Allerdings wurde diese wichtige Arbeits-gruppe nach Abschluss der Spezifikationen zu NGN Release 2 im Jahr 2012 geschlossen. Die noch ausstehenden Arbeiten und die Pflege der Standards wurden an die neue ETSI-Projektgruppe E2NA (End-to-End Network Architecture) übergeben. Näheres zu den E2NA-Aktivitäten kann https://portal.etsi.org/tb.aspx?tbid=784 [e2na] entnommen werden.

Die Mobilfunknetze hingegen, beginnend mit 2G bis hin zu 5G sind Thema des 3GPP [3GPP]. Wichtig im Zusammenhang mit zukünftigen Mobilfunknetzen ist auch die NGMN-Initiative [NGMN1], in der sich große Mobilfunknetzbetreiber zusammenschlossen, um aus einer gemeinsamen Sicht heraus die Standardisierung für Mobilfunknetze ab 2010 entspre-chend zu fördern und zu beeinflussen: http://www.ngmn.org [NGMN1].

An dieser Stelle ist ergänzend hinzuzufügen, dass ähnliche Aufgaben wie die von 3GPP für UMTS vom 3GPP2 (Third Generation Partnership Project 2, http://www.3gpp2.org [3GPP2]) für das amerikanische UMTS-Pendant cdma2000 wahrgenommen werden.

Federführend bei der Spezifikation des Software Defined Networking (SDN) mit OpenFlow als Steuerungsprotokoll ist die Open Networking Foundation (ONF): https://www.opennetworking.org [ONF1].

Detailliertere Informationen zu Network Functions Virtualisation (NFV) und den diesbezüg-lich laufenden umfangreichen ETSI-Standardisierungsarbeiten findet man unter http://www.etsi.org/technologies-clusters/technologies/nfv [nfv].

Um Machine-to-Machine Communications (M2M) kümmert sich zum einen sehr intensiv ETSI: http://www.etsi.org/technologies-clusters/technologies/m2m [m2m]. Zum anderen spielt mit Blick auf weltweite M2M-Standards oneM2M, ein Zusammenschluss von sieben regionalen Standardisierungsorganisationen unter ETSI-Beteiligung, eine maßgebliche Rolle: http://www.onem2m.org [onem].

Tabelle 16.6: Telekommunikationsnetze und ihre Weiterentwicklung

Konzepte, Funktionen, Protokolle	Kapitel, Abschnitte	(Standardisierungs-) Organisationen					
		ITU-T	ETSI	3GPP	NGMN	ONF	One M2M
NGN	3.1, 14.4	+	+				
IMS	14.3	(+)	+				
2G – GSM/GPRS	2.2			+			
3G - UMTS	14.2			+	+		
4G	15.3			+	+		
5G	15.3			+	+		
NFV	15.1	(+)	+				
SDN	15.2					+	
M2M	15.4	(+)	+				+
IoT	15.4	+	(+)				
Future Networks	15.5	+					

Das netzübergreifende Thema Netzmanagement spielt wegen seiner Wichtigkeit bei verschiedenen Organisationen eine bedeutende Rolle. Erwähnt seien hier die ITU-T [ITUT], ETSI [ETSI], die IETF [IETF] und das Industrieforum TeleManagement Forum (http://www.tmforum.org [TMFo]).

Basis der Standardisierung und des Betriebs von Telekommunikationsnetzen sind Behörden- bzw. Regierungsvorgaben. In diesem Zusammenhang sind die staatlichen Regulierungsbehörden zu nennen. Um hierfür zwei wichtige Beispiele zu nennen: Dies sind für Deutschland die Bundesnetzagentur (BNetzA, http://www.bundesnetzagentur.de [BNet]), für die USA die FCC (Federal Communications Commission, http://www.fcc.gov [FCC]).

Basierend auf den Ausführungen der vorangegangenen Kapitel und ausgehend von den heutigen Netzen soll ein Ausblick auf die Zukunft der Telekommunikationsnetze gewagt werden. Startpunkt ist das in Bild 16.1 in einer Layer-Struktur (siehe Abschnitt 14.3) gezeigte ISDN. Aus dieser Sicht kennzeichnend für das ISDN sind Leitungsvermittlung mit 64-kbit/s-Nutzdatenkanälen und vor allem die enge Verzahnung der Steuerlogik der ISDN-Vermittlungsstellen (Call Control Layer) mit dem 64-kbit/s-Zugangs- und Transportnetz infolge der Teilnehmerschnittstellen und der 64-kbit/s-Koppelnetze (Transport Layer), welche als integrierter Teil des 64-kbit/s-Netzwerkes betrachtet werden müssen. Folge und Nachteile dieser Layer-Verzahnung sind die Kohärenz von Verbindungssteuerung und Nutzdatentransport, rel. niedrige Bitraten sowie geringe Skalierbarkeit. Allerdings zeigt auch das ISDN in Form des Intelligenten Netzes (IN) bereits vorteilhafterweise separate Application Layer-Funktionen. Das bedeutet, dass neue Mehrwertdienste ohne Einfluss auf das eigentliche ISDN eingeführt und bereitgestellt werden können. Häufig ist ein weiterer Nachteil bei derartigen Netzen, dass es kein übergreifendes Netzmanagement gibt.

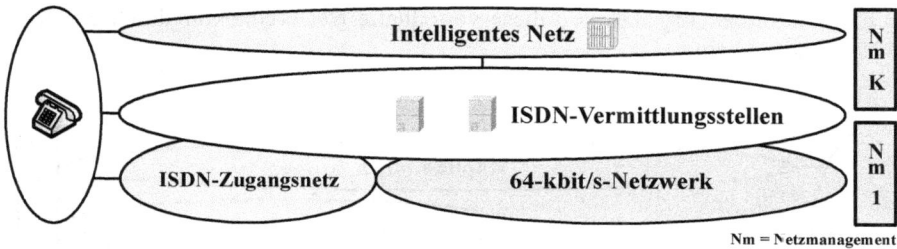

Bild 16.1: Das ISDN in einer Layer-Struktur

Unter Verwendung der 64-kbit/s-Transport- und Vermittlungstechnik ging der nächste Entwicklungsschritt zu zellularen GSM/GPRS-Mobilfunknetzen gemäß Bild 16.2.

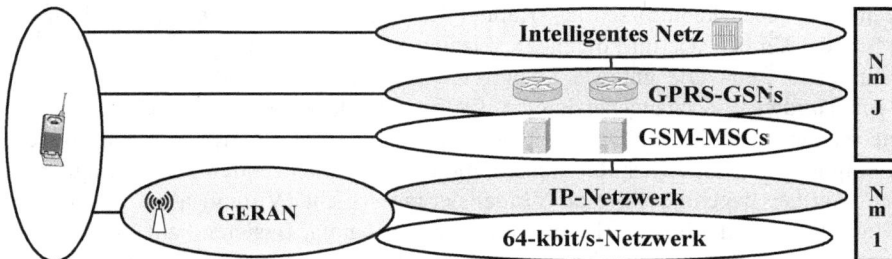

Bild 16.2: EIN GSM/GPRS-Netz in einer Layer-Struktur

Beim leitungsvermittelten Teil hat man hier die gleiche Situation mit den entsprechenden Nachteilen wie beim ISDN: Die Vermittlungsstellen, die GSM-MSCs, und das 64-kbit/s-Netzwerk sind über die Koppelnetze verzahnt. Neu ist die Bildung von parallel angeordneten Netzwerkscheiben (Network Slices) für die Paketdienste, das IP-Transportnetz neben dem 64-kbit/s-Netzwerk (Transport Layer) und die GPRS-GSNs neben den GSM-MSCs (Call Control Layer). Die Situation bez. Application Layer und Netzmanagement ist identisch wie beim ISDN.

Bild 16.3 schließlich zeigt ein modernes, dem NGN-Konzept genügendes Telekommunikationsnetz, hier bereits als All IP-Netz gezeichnet. Es genügt den NGN-Kennzeichen aus Abschnitt 3.1 und basiert daher auf einem IP-Paketnetz für alle Dienste (Transport Layer), separaten, u.a. Call Server enthaltenden Servicenetzen (Call Control Layer) sowie darauf aufgesetzt einer Applikationsplattform für Mehrwertdienste (Application Layer). Vorteile sind u.a eine Offenheit für neue Dienste, die Trennung der Verbindungs- und Dienstesteuerung vom Nutzdatentransport, eine gute Skalierbarkeit sowie die Möglichkeit hoher Bitraten. Letzteres wird erleichtert durch die Möglichkeit der Anbindung verschiedener leitungsgebundener oder funkbasierter Zugangsnetze. Dies führt zum einen zu einem konvergenten Netz. Zum anderen erhöhen diese Zugangsnetzscheiben genauso wie die Servicenetzscheiben (Network Slices) die Flexibilität. Ergänzt wird diese vorteilhafte Netzarchitektur durch ein übergreifendes Netzmanagement.

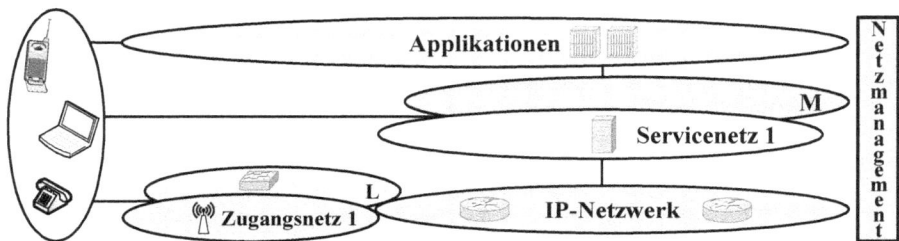

Bild 16.3: NGN bzw. All IP-Netz in einer Layer-Struktur

Basierend auf den Erkenntnissen aus Kapitel 15 wagt Bild 16.4 einen Ausblick in die Zukunft. So oder ähnlich wie im Folgenden skizziert könnten zukünftige Telekommunikationsnetze aufgebaut sein. Die unterste Ebene (Transport Layer) besteht im Wesentlichen nur noch aus Hardware: Zugangsnetzknoten für verschiedene Draht-, Glasfaser- und Funkbasierte Zugangstechniken, SDN Switches, optischen Übertragungssystemen sowie Standard-Computer- und -Speicher-Ressourcen, die u.a. in Rechenzentren zur Verfügung gestellt werden. Darüber liegend stellt eine Virtualisierungsschicht (Virtualisation Layer) virtuelle Maschinen für virtuelle Netzwerkfunktionen zur Verfügung. Basierend auf flexibel instanziierbaren und räumlich verschiebbaren virtuellen Maschinen werden im Call Control Layer nach Bedarf und angepasst an die zu unterstützenden Dienste und Endgeräte (Telefone, Computer, Tablets, Smartphones, Autos, Fabriken, Sensor- und Aktornetze etc.) virtuelle Zugangs- und Servicenetze als Netzwerkscheiben (Network Slices) orchestriert. Darauf aufsetzend laufen, ebenfalls als virtuelle Instanzen, die Applikationen zur Bereitstellung der Mehrwertdienste, z.B. für Smartphones, Car-to-X oder Industrie 4.0 (Application Layer). Gesteuert werden die virtuellen Applikationen, Dienste, Netzwerkfunktionen, virtuellen Maschinen und HW-Ressourcen durch ein Orchestrierungssystem. Inbetriebnahme, laufender Betrieb und Netzüberwachung werden durch ein übergreifendes Netzmanagementsystem unterstützt.

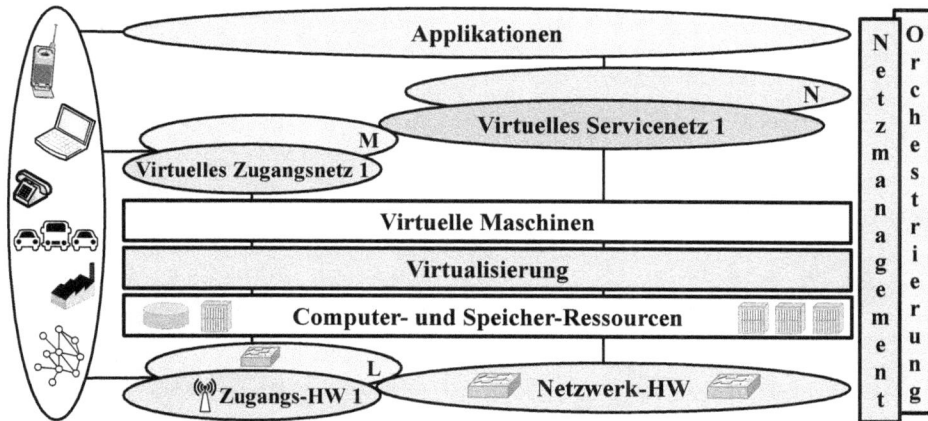

Bild 16.4: Ein Future Network in einer Layer-Struktur

Diese Ausführungen machen deutlich, dass in zukünftigen Netzen Network Functions Virtualisation (NFV, siehe Abschnitt 15.1) vermutlich in Kombination mit Software Defined Networking (SDN, siehe Abschnitt 15.2) eine große Rolle spielen wird. Dies würde zusammengefasst den NGN-Vorteilen eines All IPv6-Netzes mögliche Vorteile der Trennung von HW und SW (mit NFV) sowie der im Vergleich zu NGN weitergehenden Trennung von Control Plane und User Plane (mit SDN) hinzufügen.

Allerdings darf nicht verschwiegen werden, dass die Fehlersuche in einem derartigen virtualisierten, sich dynamisch an die Erfordernisse anpassenden Netz eine extrem herausfordernde Aufgabe sein kann und Orchestrierungsfehler katastrophale Auswirkungen haben können. Zudem muss wegen der Angriffsmöglichkeiten in verschiedenen, nach oben verborgenen Schichten auf Sicherheit und Datenschutz ganz besonderes Augenmerk gelegt werden.

17 Testaufbau mit SIP User Agent und Protokollanalyse-Software

In diesem Kapitel findet man alle grundsätzlichen Informationen, um die in diesem Buch enthaltenen praktischen Beispiele eigenständig erarbeiten zu können.

Bild 17.1 zeigt den Gesamt-Testaufbau hierfür.

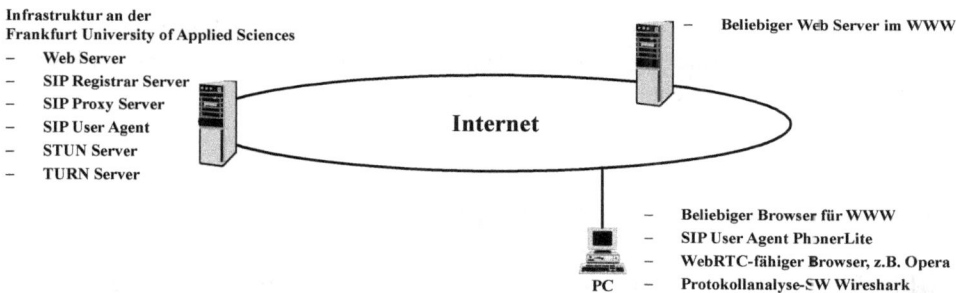

Bild 17.1: Gesamt-Testaufbau für die im Rahmen dieses Buches beschriebenen praktischen Beispiele

Hierbei symbolisiert der in Bild 17.1 rechts unten positionierte Computer denjenigen Rechner, auf dem die Praxisteile nutzerseitig ausgeführt werden sollen. Im Zusammenhang mit den in den Abschnitten 4.2.2 und 4.2.4 beschriebenen praktischen Beispielen für die Protokolle IPv4 und TCP dient ein Standard-Web-Browser als Client, ein beliebiger Web-Server (in Bild 17.1 rechts oben symbolisch dargestellt) kann als Kontaktinstanz verwendet werden. Der entsprechende Protokollverkehr wird durch den Aufruf einer Web-Seite erzeugt. Die Protokollanalyse-Software Wireshark (siehe Abschnitt 17.2) kann zur Aufzeichnung und Analyse der Protokolle eingesetzt werden.

Für die praktischen Beispiele zu den in den Abschnitten 4.2.5 bis 4.2.7 erläuterten Protokollen UDP, RTP und RTCP sowie für SIP – theoretische Grundlagen sowie ein praktisches Beispiel hierzu sind Gegenstand von Kapitel 5 – wird ein SIP User Agent benötigt. Hierfür wird die Verwendung des SIP User Agents PhonerLite empfohlen. Ein Download-Link sowie entsprechende Hinweise zur Installation, Konfiguration und Bedienung folgen in Abschnitt 17.1. Die Aufzeichnung und Analyse erfolgt wiederum mittels Wireshark.

Als SIP-Kontaktinstanz im Internet dient die öffentliche SIP-Infrastruktur des Labors für Telekommunikationsnetze der Frankfurt University of Applied Sciences. Ein dort stationierter SIP Proxy/Registrar Server vermittelt die SIP-Kommunikation mit einem automatisierten SIP User Agent, der im Rahmen von SIP-Sessions Audio-, aber auch Video-Nutzdaten versendet und automatisch auf eingehende Kurzmitteilungen antwortet. Ein STUN Server dient zur Unterstützung der NAT-Überwindung (Network Address Translation; siehe Kapitel 8). Diese SIP-Netzelemente werden durch den in Bild 17.1 links dargestellten Rechner symbolisiert.

Für die Durchführung des in Abschnitt 13.6 beschriebenen praktischen Anwendungsbeispiels zu SIP und WebRTC wird nutzerseitig ebenfalls ein herkömmlicher, WebRTC-fähiger Standard-Browser (z.B. Opera) verwendet. Die öffentliche WebRTC-Umgebung, die ebenfalls durch das Labor für Telekommunikationsnetze der Frankfurt University of Applied Sciences bereitgestellt wird, besteht aus einem Web Server als WebRTC-Schnittstelle, einem Web-Socket-fähigen SIP Proxy- und Registrar Server, einem automatisierten SIP User Agent sowie STUN- und TURN Servern zur NAPT-Überwindung. Die Bedienung im Rahmen des Anwendungsbeispiels wird in Abschnitt 17.3 erläutert.

In den folgenden Abschnitten werden Download-Links zur für die Durchführung der Praxisbeispiele benötigten Software angegeben. Vor allem aber wird ihre Handhabung bei Installation, Konfiguration und Bedienung näher erläutert.

17.1   SIP User Agent PhonerLite

PhonerLite [phon] stellt einen Software-basierten SIP User Agent dar, also eine Software, die einen handelsüblichen PC mit Windows-Betriebssystem zur SIP-Kommunikation allgemein bzw. zum Aufbau von SIP-Sessions inkl. Nutzdatenaustausch befähigt. Auch das Senden und Empfangen SIP-basierter Kurzmitteilungen ist möglich.

Durch die Aufzeichnung der SIP- und Medienkommunikation mit der Protokollanalyse-Software Wireshark (siehe Abschnitt 17.2) im Rahmen der jeweiligen praktischen Beispiele lassen sich mit Hilfe von PhonerLite die Protokolle SIP, SDP, UDP, RTP und RTCP veranschaulichen und im Detail darstellen. Eine ggf. aktivierte Firewall kann u.U. die UDP-, SIP-bzw. Medienkommunikation auf der Internet-Schnittstelle des betreffenden PCs beschränken oder unterbinden.

Ein Link zum Download ist auf der Web-Seite http://www.sip.e-technik.org zu finden. Dort werden ggf. auch ergänzende Hinweise zum Betrieb der PhonerLite-Software mit der öffentlichen SIP-Infrastruktur an der Frankfurt University of Applied Sciences gegeben. Weitere Informationen zu PhonerLite entnehmen Sie bitte der Web-Seite zur Software (http://www.phonerlite.de [phon]).

Hinweis zum Betrieb von PhonerLite in einem privaten IP-Netz (z.B. Firmen- oder Heimnetzwerk)

Der Aufbau einer SIP-Session zwischen PhonerLite innerhalb eines privaten IP-Netzes (z.B. Firmen- oder Heimnetzwerk) und der im Internet stationierten öffentlichen SIP-Infrastruktur der Frankfurt University of Applied Sciences ist grundsätzlich möglich, sofern keine Firewall dies verhindert.

Der in diesem Buch empfohlene User Agent PhonerLite beinhaltet einen STUN Client (siehe Abschnitt 8.3.2) zur Unterstützung der Kommunikation mit SIP- und Nutzdaten-terminierenden Instanzen im Internet über NAT Gateways (siehe Kapitel 8). Je nach Grundtyp bzw. Funktionsweise eines ggf. eingesetzten NAT Gateways (siehe Abschnitt 8.2) kann trotz der Anwendung von STUN eine eingeschränkte Kommunikationsfähigkeit infolge der NAT nicht ausgeschlossen werden. U.U. können die im Rahmen einer SIP-Session vereinbarten Medien (Voice over IP) zwar aus dem privaten IP-Netz ins Internet gesendet, jedoch nicht aus dem Internet empfangen werden (siehe Abschnitt 8.1). Analog dazu können in diesem Fall mit einer Protokollanalyse-Software (z.B. Wireshark) nur abgehende, nicht aber ankommende RTP- und RTCP-Pakete dargestellt werden.

Der reine Austausch von SIP-Nachrichten zwischen den im Internet angesiedelten SIP-Netzelementen und dem im privaten IP-Netz betriebenen PhonerLite-User Agent wird in der Regel jedoch zustande kommen, sofern keine im NAT-Gateway selbst angesiedelte Firewall dies verhindert. Ggf. wird die Session nach einigen Minuten von PhonerLite selbstständig wieder beendet, falls keine RTP-Pakete aus dem Internet empfangen werden.

Weitere Informationen zur NAT-Überwindung für SIP und Multimedia können Kapitel 8 entnommen werden.

17.1.1 Installation

Laden sie die Installationsdatei vom auf http://www.sip.e-technik.org angegebenen Pfad aus dem Internet herunter und führen Sie diese Datei aus. Sollte ein Fenster mit einer Sicherheitswarnung Ihres Betriebssystems erscheinen, betätigen Sie die Schaltfläche „Ausführen".

Wählen Sie im anschließend erscheinenden Fenster die gewünschte Landessprache für die Installationsdialoge. Die weitere Beschreibung der Installation im Rahmen dieses Kapitels basiert auf der Wahl der deutschen Sprache. Betätigen Sie anschließend die Schaltfläche „OK".

Es öffnet sich ein Begrüßungsfenster gemäß Bild 17.2. Betätigen Sie den Push-Button „Weiter". Sie sehen nun die Lizenzvereinbarung zur Installation und Nutzung der Software. Nehmen Sie den Lizenzinhalt zur Kenntnis, aktivieren Sie den Markierungskreis neben dem Wortlaut „Ich akzeptiere die Vereinbarung" und bestätigen Sie mit „Weiter".

Bild 17.2: Begrüßungsfenster der SIP User Agent-Software PhonerLite

Es erscheint ein Fenster zur Wahl des Verzeichnisses, in dem die Verknüpfungsdatei zum Ausführen der SIP User Agent-Software PhonerLite abgelegt werden soll. Sie können hier einen beliebigen Verzeichnisnamen eingeben. Das bereits vorgegebene Verzeichnis (üblicherweise „C:\Program Files\PhonerLite") sollte jedoch nach Möglichkeit beibehalten werden. Bestätigen Sie in jedem Fall Ihre Wahl mit „Weiter". Dies gilt auch für das sich nachfolgend öffnende Fenster, in dem der Ordner für die Darstellung der PhonerLite-Software im Windows-Startmenü zu wählen ist (das bereits vorgegebene Verzeichnis „PhonerLite" sollte nach Möglichkeit beibehalten werden).

Im nun folgenden Fenster können Sie entscheiden, ob auf dem Desktop ein Piktogramm zum direkten Starten von PhonerLite erstellt werden soll („Desktop-Symbol erstellen") und ob in der Schnellstartleiste Ihres Betriebssystems ein Symbol für den Start von PhonerLite angelegt werden soll („Symbol in der Schnellstartleiste erstellen"). Treffen Sie Ihre Wahl (beliebig) und klicken Sie auf „Weiter".

Das sich nun öffnende Fenster bietet letztmalig die Möglichkeit zum vollständigen Abbruch der Installation durch Klicken auf „Abbrechen". Des Weiteren zeigt es eine Zusammenfassung der bis dahin im Rahmen der Installation gemachten Angaben und bietet die Option, diese durch Klicken auf „Zurück" zu ändern. Soll hingegen mit der Installation fortgefahren werden, bestätigen Sie dies durch Klicken auf „Installieren". Es erscheint nun kurzzeitig ein Fenster, das den Fortschritt der laufenden Installation in Form eines Laufbalkens anzeigt.

Das sich anschließende Fenster informiert Sie über den Abschluss der Installation. Es besteht die Möglichkeit, die SIP User Agent-Software PhonerLite sofort zu starten.

Um im Anschluss direkt mit der Konfiguration der Software fortzufahren, belassen Sie den grünen Haken im Kästchen neben dem Schriftzug „PhonerLite starten", anderenfalls entfernen Sie den Haken durch Anklicken. Bestätigen Sie in jedem Fall Ihre Wahl durch Betätigen der Schaltfläche „Fertigstellen". Abschnitt 17.1.2 erläutert die für die Konfiguration notwendigen Schritte.

Die SIP User Agent-Software PhonerLite wurde nun auf dem Computer installiert. Ein Neustart des PCs vor der ersten Inbetriebnahme der Software ist normalerweise nicht erforderlich.

17.1.2   Konfiguration

Im Rahmen dieses Abschnitts werden lediglich diejenigen Konfigurationsschritte beschrieben, die für den Betrieb des SIP User Agents PhonerLite zur Durchführung der in diesem Buch enthaltenen Praxisteile notwendig sind. Informationen bezüglich weiterer Konfigurationsmöglichkeiten entnehmen Sie bitte der PhonerLite-Hilfe (Menüpunkt „Hilfeindex" im Menü „Hilfe").

Starten der Software
Starten Sie die SIP User Agent-Software PhonerLite über das Windows-Startmenü oder alternativ über das ggf. im Rahmen der Installation auf dem Desktop angelegte Programmstartsymbol. Bitte beachten Sie, dass zum Zeitpunkt des Starts von PhonerLite bereits eine aktive Internet-Verbindung bestehen sollte. Beim ersten Start von PhonerLite werden Sie durch einen Setup-Assistenten bei der Konfiguration der Software unterstützt. Die gemachten Angaben können nachträglich jederzeit geändert werden. Starten Sie hierfür bei Bedarf erneut den Setup-Assistenten über das Hilfe-Menü (Menüpunkt „Wizard") der PhonerLite-Software.

Dateneingabe beim ersten Software-Start
Im Rahmen des Setup-Vorgangs müssen zunächst Server-Daten eingegeben werden. Klicken Sie im ersten erscheinenden Fenster zunächst unten links auf das Feld neben dem Schriftzug „manuelle Konfiguration" und füllen Sie anschließend die Felder im rechten Teil des Fensters wie folgt aus (siehe Bild 17.3).

- Proxy/Registrar
  `sip.fb2.frankfurt-university.de`

- Realm/Domain
  `sip.fb2.frankfurt-university.de`

- STUN
  `ice.fb2.frankfurt-university.de`

Bild 17.3: Fenster zur Eingabe von Server-Daten im Rahmen der Konfiguration von PhonerLite

Klicken Sie anschließend auf den nach rechts zeigenden Pfeil in der rechten unteren Ecke des Fensters (siehe Bild 17.3).

Im nun erscheinenden Fenster ist für die Nutzung des User Agents PhonerLite mit der öffentlichen SIP-Infrastruktur an der Frankfurt University of Applied Sciences lediglich die Eingabe eines individuellen Benutzernamens im gleichnamig überschriebenen Eingabefeld nötig (siehe Bild 17.4). Aus dem eingegebenen Benutzernamen wird Ihre SIP URI für die Nutzung der in diesem Buch enthaltenen Praxisbeispiele gebildet. Der Benutzername ist frei wählbar, darf Buchstaben und Zahlen enthalten, möglichst aber keine Sonder- oder Leerzeichen, da die SIP-Registrierung ansonsten u.U. keinen Erfolg hat. Die automatisch gebildete SIP URI wird unterhalb des Eingabefeldes angezeigt. Alle anderen Felder des in Bild 17.4 dargestellten Fensters sollten nicht ausgefüllt werden.

Klicken Sie anschließend auf den nach rechts zeigenden Pfeil in der rechten unteren Ecke des Fensters (siehe Bild 17.4).

Bild 17.4: Fenster zur Eingabe benutzerspezifischer Daten im Rahmen der Konfiguration von PhonerLite

Das nachfolgende Fenster informiert abschließend über die Erstellung eines neuen Software-internen SIP-Accounts in PhonerLite. Betätigen Sie die mit einem Häkchen versehene Schaltfläche in der rechten unteren Ecke des Fensters.

Nun erscheint das Hauptfenster des Software-SIP User Agents PhonerLite (siehe Bild 17.5).

Im unteren Balken des Hauptfensters wird mittels eines runden Indikatorfeldes angezeigt, ob die SIP-Registrierung erfolgreich war. Ist dies der Fall, erscheint das Indikatorfeld grün und rechts neben der ebenfalls in diesem Balken angegebenen SIP URI steht das Wort „registriert" (siehe Bild 17.5). Sollte das Indikatorfeld in grauer, gelber oder roter Farbe angezeigt werden, überprüfen Sie zunächst Ihre Internet-Verbindung und anschließend die PhonerLite-Konfiguration. Wählen Sie hierfür im Menü „Hilfe" den Menüpunkt „Wizard" und folgen Sie dem Setup-Assistenten erneut wie in diesem Abschnitt beschrieben.

Die Konfiguration von PhonerLite für die Nutzung mit der öffentlichen SIP-Infrastruktur an der Frankfurt University of Applied Sciences ist damit abgeschlossen. Die im Rahmen der Konfiguration gemachten Angaben bleiben in der Software gespeichert, können aber jederzeit durch erneute Einleitung des Konfigurationsvorgangs geändert werden. Starten Sie hierfür bei Bedarf erneut den Setup-Assistenten über das Hilfe-Menü (Menüpunkt „Wizard") der PhonerLite-Software.

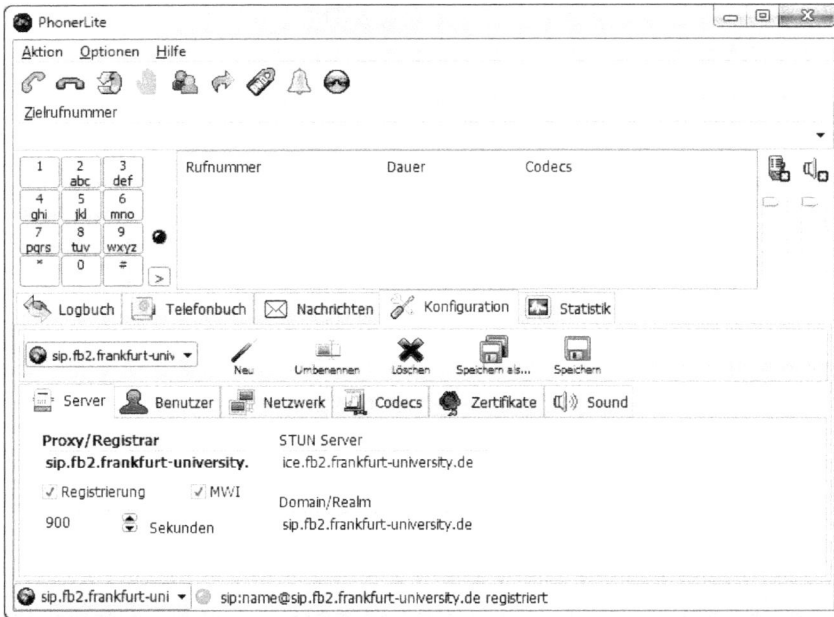

Bild 17.5: Hauptfenster des Software-User Agents PhonerLite

17.1.3   Bedienung

In diesem Abschnitt wird die Bedienung des SIP User Agents PhonerLite ausschließlich im Hinblick auf die Durchführung der in diesem Buch enthaltenen Praxisteile beschrieben. Informationen bezüglich erweiterter Bedienungsmöglichkeiten entnehmen Sie bitte der PhonerLite-Hilfe (Menü „Hilfe", Menüpunkt „Hilfeindex").

Bei Bedarf kann der untere Teil des PhonerLite-Hauptfensters mittels der Schaltfläche „>" (unten rechts neben dem Ziffernblock; siehe Ausschnitt in Bild 17.6) aus- und bei Bedarf wieder eingeblendet werden.

Initiieren einer SIP-Audio-Session mit dem automatisierten SIP User Agent an der Frankfurt University of Applied Sciences
Beachten Sie ggf. den in Abschnitt 17.1 gegebenen Hinweis zum Betrieb des User Agents PhonerLite in privaten IP-Netzen (z.B. Heim- oder Firmennetzwerk).

Geben Sie im mit dem Wort „Zielrufnummer" überschriebenen Feld in der linken oberen Ecke des PhonerLite-Hauptfensters den Benutzernamen „auto" ein (siehe Bild 17.6). PhonerLite bildet die vollständige SIP URI des automatisierten User Agents (sip:auto@sip.fb2.frankfurt-university.de; wird nicht angezeigt) selbstständig aus Ihrer Eingabe.

Bild 17.6: Ausschnitt aus dem Hauptfenster des SIP User Agents PhonerLite mit eingegebenem Benutzernamen des Ziel-User Agents

Klicken Sie nun auf die Schaltfläche mit dem diagonal angewinkelt dargestellten Hörersymbol (abgehobener (grüner) Hörer) unmittelbar oberhalb des Eingabefeldes (siehe Bild 17.6). PhonerLite baut in der Folge eine SIP-Session zum automatisierten SIP User Agent an der Frankfurt University of Applied Sciences auf. Im mittleren oberen Teil des Hauptfensters wird der Status der Session in Form von Symbolen dargestellt (siehe Bild 17.7). Des Weiteren werden Angaben über den Benutzernamen des Kommunikationspartners (hier: auto), die Dauer des Initiierungsvorgangs bzw. der Session (hier: 8 Sekunden) und die für die Nutzdatenübertragung pro Kommunikationsrichtung verwendeten Audio-Codecs (hier: OPUS in beiden Richtungen) gemacht.

Der automatisierte SIP User Agent antwortet üblicherweise wenige Sekunden nach der Initiierung einer Session. Sie hören einen gesprochenen Text. Nach dem Ende der Ansage beendet der automatisierte User Agent die SIP-Session automatisch. Natürlich kann die Session auch nutzerseitig beendet werden. Hierzu klicken Sie auf die Schaltfläche mit dem waagerecht liegenden Hörersymbol (aufgelegter (roter) Hörer) oberhalb dem mit „Zielrufnummer" überschriebenen Eingabefeld (siehe Bild 17.6).

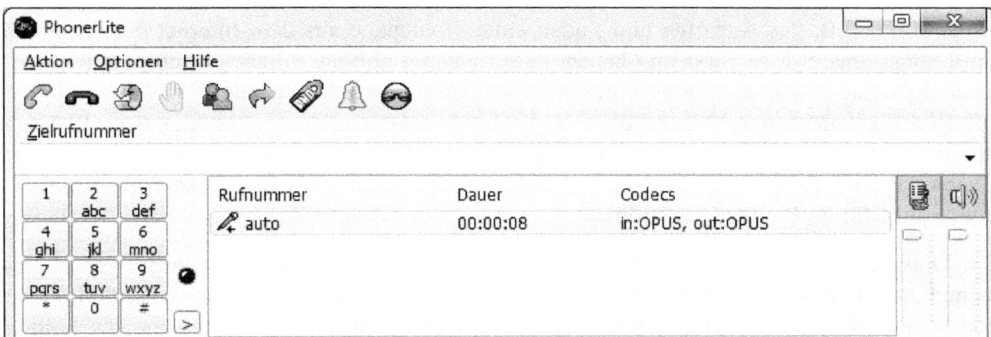

Bild 17.7: Ausschnitt aus dem Hauptfenster des SIP User Agents PhonerLite mit aktiver SIP-Session

Falls von PhonerLite z.B. aufgrund ungünstiger Eigenschaften einer zwischengeschalteten NAT (siehe Kapitel 8) keine RTP-Nutzdaten aus dem Internet empfangen werden, lässt sich dies anhand der durch Striche ersetzten Codec-Angabe für die ankommende Richtung („in:---") erkennen (siehe Ausschnitt in Bild 17.8).

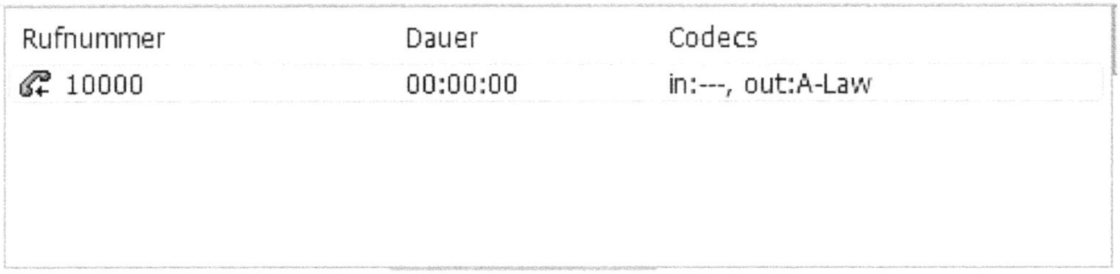

Rufnummer	Dauer	Codecs
☎ 10000	00:00:00	in:---, out:A-Law

Bild 17.8: Ausschnitt aus dem PhonerLite-Hauptfenster im Falle von unidirektionaler Nutzdatenkommunikation (nur abgehend) infolge NAT-Problematik

17.2   Protokollanalyse-Software Wireshark

Bei Wireshark (www.wireshark.org [wire]) handelt es sich um eine in der Netzwerkpraxis häufig eingesetzte, auf der GNU-Lizenz basierende kostenfreie Software zur Protokollanalyse. Da es sich bei Wireshark um Open Source-Software handelt, ist auch der Quellcode des Programms auf [wire] verfügbar. Des Weiteren existieren Pakete zur Installation von Wireshark unter verschiedenen Betriebssystemen (z.B. für gängige MS Windows-Versionen sowie zahlreiche Linux-Distributionen und für Apple MAC OS).

Wireshark bietet allen interessierten Lesern die Möglichkeit, theoretisch erworbene Kenntnisse anhand der in diesem Buch enthaltenen Praxisteile zu erproben. So können Abläufe wie z.B. das Aufrufen und Laden einer Homepage aus dem Internet oder aber die Initiierung einer SIP-Session im Ganzen aufgezeichnet und anschließend Schritt für Schritt nachvollzogen sowie die vorkommenden Protokolle analysiert werden. Zusätzlich bietet Wireshark erfahreneren Nutzern die Möglichkeit, insbesondere Multimedia over IP noch tiefgreifender zu analysieren (z.B. durch das automatisierte Erstellen von Message Sequence Charts (Pfeildiagrammen) für SIP-basierte Kommunikation sowie durch QoS-Analyse-Funktionen für RTP-Nutzdatenströme).

Ein Download-Link zu Wireshark-Installationsdateien befindet sich auf http://www.sip.e-technik.org. Die Installation von Wireshark unter MS Windows sowie die Grundfunktionen von Wireshark zur Protokollaufzeichnung und -analyse werden in den folgenden Abschnitten beschrieben. Weitergehende Informationen zu Wireshark entnehmen Sie bitte der Web-Seite zur Software ([wire]).

17.2.1 Installation

Laden Sie die Wireshark-Installationsdatei von der auf http://www.sip.e-technik.org verlinkten Web-Seite herunter. Führen Sie diese Datei aus. Sollte ein Fenster mit einer Sicherheitswarnung Ihres Betriebssystems erscheinen, betätigen Sie die Schaltfläche „Ausführen". Ein Begrüßungsfenster öffnet sich (siehe Bild 17.9).

Betätigen Sie den Push-Button „Next". Sie sehen nun die Lizenzvereinbarung zur Installation und Nutzung der Software. Nehmen Sie den Lizenzinhalt zur Kenntnis und betätigen Sie die Schaltfläche „I agree".

Es folgt ein Fenster, in dem der Software-Umfang der vorzunehmenden Wireshark-Installation definiert werden kann. Es wird empfohlen, den vordefinierten Installationsumfang nicht zu ändern. Klicken Sie auf die Schaltfläche „Next".

Bild 17.9: Begrüßungsfenster bei der Installation der Protokollanalyse-Software Wireshark

Im nächsten Fenster haben Sie unter der Überschrift „Create Shortcuts" durch Setzen bzw. Entfernen der betreffenden Haken die Wahl, ob dem Windows-Startmenü („Start Menu Item"), dem Desktop („Desktop Icon") und/oder der Windows-Schnellstartleiste („Quick Launch Icon") eine Schaltfläche zum Starten der Wireshark-Software hinzugefügt werden soll. Des Weiteren haben Sie unter der Überschrift „File Extensions" die Möglichkeit, Wireshark als Standard-Anwendung zum Öffnen diverser Protokollaufzeichnungs-Dateitypen zu definieren (empfohlen). Bestätigen Sie Ihre Wahl abschließend durch Anklicken der Schaltfläche „Next".

Das sich nun öffnende Fenster dient der Auswahl desjenigen Verzeichnisses auf der Festplatte, in das die Wireshark-Software installiert werden soll. Geben Sie bei Bedarf einen anderen als den bereits durch die Installationsroutine eingesetzten Namen für das Verzeichnis an. Allerdings wird empfohlen, den vorgegebenen Pfad und Verzeichnisnamen (üblicherweise „C:\Program Files\Wireshark") beizubehalten. Klicken Sie auf „Next".

Das nächste Fenster bezieht sich auf die Installation von WinPcap, einer für den Betrieb von Wireshark benötigten Zusatz-Software geringen Umfangs. Die Installation von WinPcap erfolgt automatisch im Rahmen der Wireshark-Installation, wenn im entsprechenden Kästchen unter der Überschrift „Install" neben dem Wortlaut „Install WinPcap (...)" ein Haken gesetzt ist (empfohlen). Bestätigen Sie Ihre Wahl anschließend durch Betätigen der Schaltfläche „Install". Dies startet den Prozess zur Installation der Protokollanalyse-Software Wireshark. Es erscheint ein entsprechendes Fenster mit einem Laufbalken, der den Fortschritt der Installation darstellt.

Nach einer gewissen Zeit wird im Rahmen der Wireshark-Installation ein Fenster eingeblendet, mit dem die Installation von WinPcap eingeleitet wird (siehe Bild 17.10). Betätigen Sie die Schaltfläche „Next".

Bild 17.10: Begrüßungsfenster bei der Installation von WinPcap im Rahmen der Wireshark-Installation

Sie sehen nun die Lizenzvereinbarung zur Installation und Nutzung der WinPcap-Software. Nehmen Sie den Lizenzinhalt zur Kenntnis und betätigen Sie die Schaltfläche „I agree". Im nun folgenden Fenster steht die Option zur Auswahl, den WinPcap-Treiber bereits zum Zeitpunkt des Betriebssystemstarts zu laden („Automatically start the WinPcap driver at boot time" (empfohlen)). Treffen Sie Ihre Wahl und klicken Sie auf die Schaltfläche „Install".

Ggf. erscheint kurzzeitig ein Fenster, in welchem der Installationsfortschritt von WinPcap dargestellt wird, gefolgt von einem weiteren Fenster, das auf den erfolgreichen Abschluss der WinPcap-Installation hinweist. Schließen Sie dieses Fenster durch Betätigen der Schaltfläche „Finish".

Nach Beendigung der WinPcap-Installation wird die Installation der Protokollanalyse-Software Wireshark automatisch fortgesetzt, was durch ein Fenster mit einem Fortschrittsbalken dargestellt wird. Ist der Wireshark-Installationsvorgang abgeschlossen, erscheint über dem Fortschrittsbalken das Wort „Completed" und die Schaltfläche „Next" wird aktiv. Betätigten Sie diese Schaltfläche.

Im folgenden Fenster werden Sie über den erfolgreichen Abschluss der Wireshark-Installation informiert. Sie haben die Möglichkeit, durch das Setzen von Haken in den entsprechenden Kästchen die Wireshark-Software sofort zu starten („Run Wireshark (…)") bzw. Informationen zur Wireshark-Software anzeigen zu lassen („Show News"). Bestätigen Sie Ihre Wahl durch Anklicken der Schaltfläche „Finish".

Die Protokollanalyse-Software Wireshark wurde nun auf dem Computer installiert. Ein Neustart des PCs vor der ersten Inbetriebnahme der Software ist in der Regel nicht erforderlich.

17.2.2   Konfiguration und Bedienung

Im Rahmen dieses Kapitels werden lediglich diejenigen Konfigurations- und Bedienungsschritte beschrieben, die für den Betrieb von Wireshark zur Durchführung der in diesem Buch enthaltenen Praxisteile notwendig sind. Informationen bezüglich weiterer Konfigurationsmöglichkeiten entnehmen Sie bitte der Wireshark-Hilfe (Menüpunkt „Help") oder der Homepage zur Software (http://www.wireshark.org [wire]).

Starten der Software
Starten Sie die Protokollanalyse-Software Wireshark über das Windows-Startmenü oder alternativ über das ggf. im Rahmen der Installation auf dem Desktop angelegte Programmstartsymbol.

Es erscheint nun kurzzeitig ein kleines Fenster, in dem der Verlauf des Programmstarts angezeigt wird. Nach einigen Sekunden öffnet sich das initiale Programmfenster der Protokollanalyse-Software Wireshark (siehe Bild 17.11).

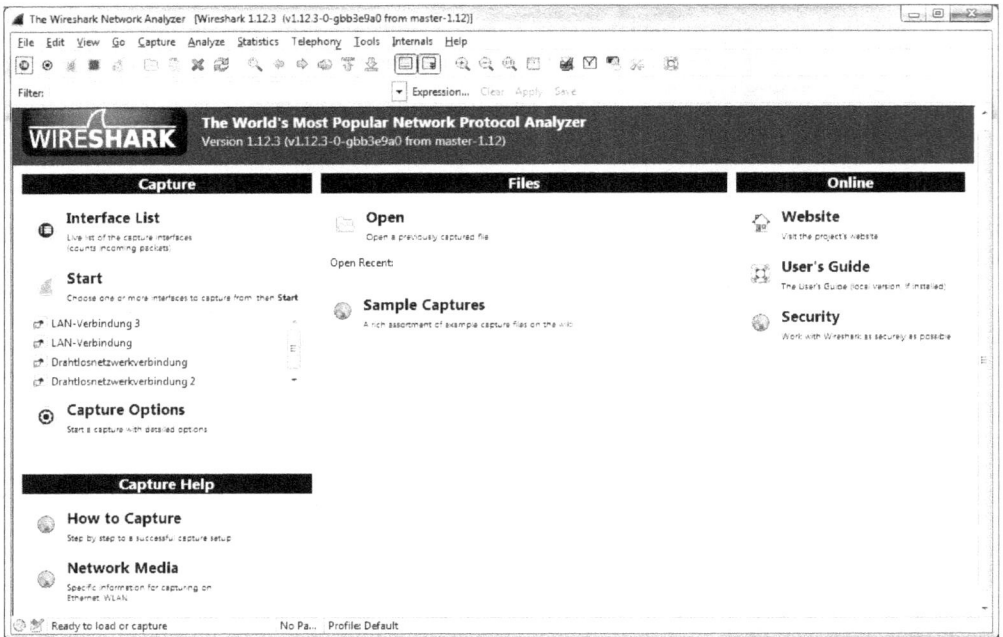

Bild 17.11: Initiales Programmfenster der Protokollanalyse-Software Wireshark

Vorbereitung zur Durchführung einer Paketaufzeichnung

Bild 17.12 zeigt die wesentlichsten Bedienelemente von Wireshark in Form eines kommentierten Ausschnitts des Programmfensters.

Zum Starten einer Aufzeichnung muss zunächst der Netzwerkadapter (z.B. eine Ethernet-Netzwerkkarte) gewählt werden, der für die folgende Aufzeichnung als Bindeglied zwischen dem betreffenden Netzwerk und der Protokollanalyse-Software Wireshark herangezogen werden soll. Klicken Sie hierzu auf die äußerst links angeordnete Schaltfläche in der Wireshark-Symbolleiste (siehe Bild 17.12). Ein Fenster zur Auswahl eines Netzwerkadapters erscheint (siehe Bild 17.13). In diesem Fenster sind alle zum jeweiligen Zeitpunkt aktivierten Netzwerkadapter unter Angabe der jeweiligen IP-Adresse zeilenweise aufgelistet. Ggf. ist eine IPv6-Adresse zu sehen, obwohl die Verbindung auf der jeweiligen Schnittstelle auf IPv4 basiert.

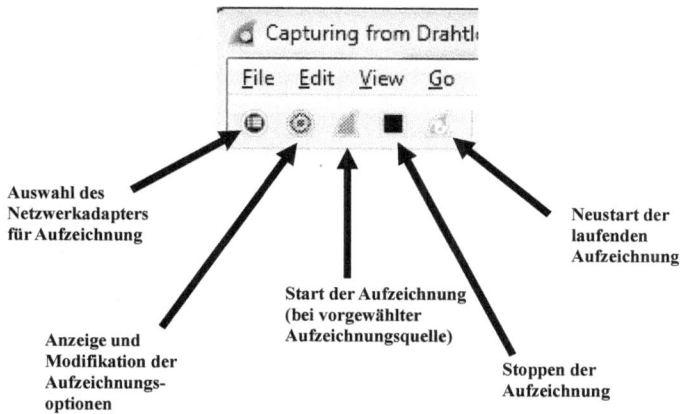

Bild 17.12: Wesentliche Bedienelemente der Protokollanalyse-Software Wireshark

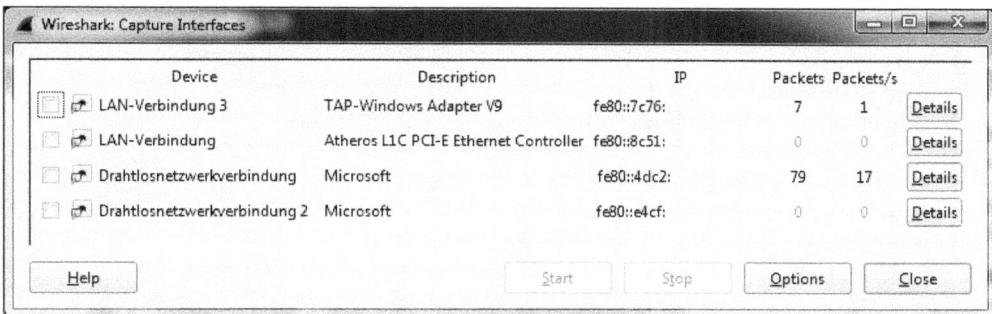

Bild 17.13: Fenster zur Auswahl eines Netzwerkadapters für die Aufzeichnung mit Wireshark

Durchführung einer Paketaufzeichnung auf einer Ethernet- oder WLAN-Netzwerkkarte

Suchen Sie im in Bild 17.13 dargestellten Fenster die entsprechende Netzwerkkarte aus, aktivieren Sie sie durch Klicken der quadratischen Schaltfläche links neben dem Schnittstellennamen und klicken Sie auf die Schaltfläche „Start“. Ab diesem Moment werden alle Pakete, die den entsprechenden Netzwerkadapter passieren, von Wireshark mitgeschrieben und im Wireshark-Programmfenster dargestellt (siehe Bild 17.14).

Zum Stoppen der Aufzeichnung klicken Sie in der Wireshark-Symbolleiste auf die vierte Schaltfläche von links (siehe Bild 17.12; „Stoppen der Aufzeichnung“).

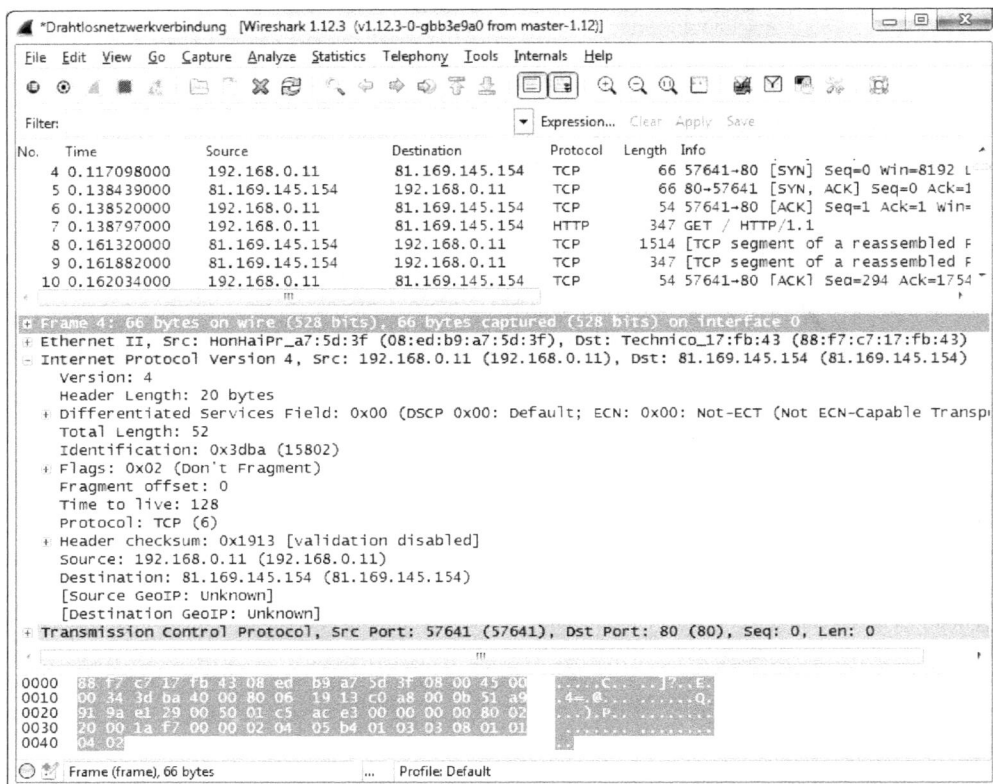

Bild 17.14: Darstellung einer laufenden Paketaufzeichnung mit Wireshark

Abspeichern einer Aufzeichnungs-Session

Mittels der Protokollanalyse-Software Wireshark lässt sich jede aufgezeichnete Session zum Zweck der späteren Auswertung auf einem Festspeichermedium (z.B. Festplatte) sichern. Öffnen Sie hierzu das Menü „File" und klicken Sie auf den Unterpunkt „Save As...". Wählen Sie das gewünschte Ablageverzeichnis aus, geben Sie einen Dateinamen für die abzuspeichernde Session im entsprechenden Feld ein und klicken Sie auf „Speichern". Der Dateityp „Wireshark/ ...- pcapng („.)" sollte beibehalten werden. Die die Paketaufzeichnung enthaltende Datei wird mit der Dateiendung .pcapng abgespeichert.

Laden einer zuvor gespeicherten Aufzeichnungs-Session

Eine einmal gespeicherte Session kann jederzeit wieder in der Protokollanalyse-Software Wireshark geladen und dargestellt werden. Öffnen Sie hierzu das Menü „File" und klicken Sie auf „Open...". Suchen Sie den Verzeichnispfad, unter dem die zu öffnende Session gespeichert wurde, markieren Sie die zu ladende Datei und betätigen Sie die Schaltfläche „Öffnen". Die Aufzeichnung wird nun geladen. Da im Rahmen des Speichervorgangs keine Datenreduktion erfolgt ist, ergeben sich durch das Speichern und nachträgliche Öffnen einer Aufzeichnung keinerlei Verluste bezüglich der Darstellungsmöglichkeiten von Abläufen, Protokollen oder Decodierungen.

Protokollanalyse einer Aufzeichnung

Das Programmfenster der Protokollanalyse-Software Wireshark beinhaltet beim ersten Start des Programms die drei in Bild 17.15 hervorgehobenen Darstellungsbereiche, mit deren Hilfe die im Rahmen einer Aufzeichnungs-Session mitgeschriebenen Daten dargestellt und analysiert werden können. Durch Anklicken, Festhalten und manuelles Verschieben der grauen Trennlinien zwischen den einzelnen Darstellungsbereichen lassen sich deren Darstellungshöhen im Programmfenster individuell anpassen.

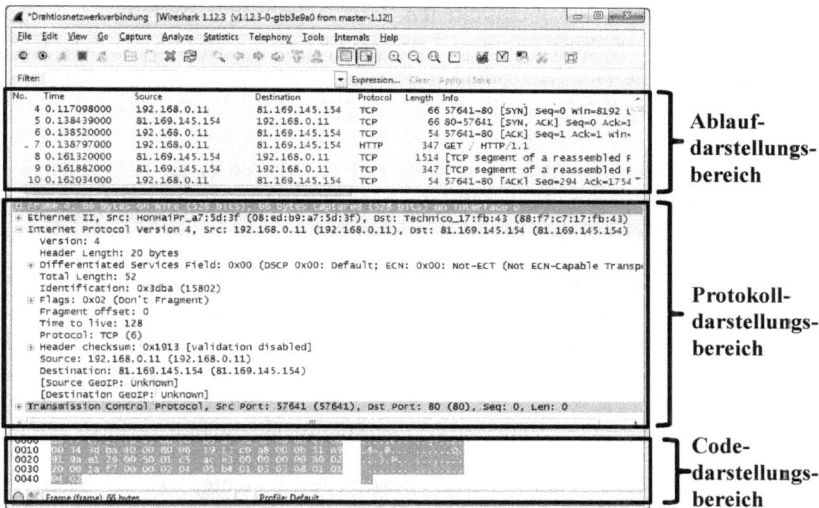

Bild 17.15: Standard-Fensteraufteilung von Wireshark

Des Weiteren existiert die Möglichkeit, die grundsätzliche Anordnung der Darstellungsbereiche im Wireshark-Programmfenster individuell zu verändern. Das entsprechende Konfigurationsfenster lässt sich bei Bedarf im Wireshark-Menü unter den Menüpunkt „Edit" über den Pfad „Preferences" erreichen. Wählen Sie im erscheinenden Fenster unter „User Interface" den Unterpunkt „Layout" und passen Sie die Positionen von Ablaufdarstellungsbereich („Packet List"), Protokolldarstellungsbereich („Packet Details") sowie Code-Darstellungsbereich („Packet Bytes") individuell nach Ihren Wünschen an.

Nach einer erfolgten Aufzeichnung werden im **Ablaufdarstellungsbereich** die aufgezeichneten gesendeten und empfangenen Pakete chronologisch aufgelistet; jede Zeile repräsentiert dabei ein separates Paket. Die in diesem Bereich enthaltenen Spalten haben folgende Bedeutung:

- In der Spalte „No." wird die fortlaufende Nummerierung der Pakete in der Reihenfolge ihres Eintreffens angezeigt.
- Die Spalte „Time" gibt denjenigen Zeitpunkt relativ zum Beginn der Aufzeichnung an, an dem ein Paket den Netzwerkadapter ankommend oder abgehend passiert hat. Die Darstellung erfolgt in der Einheit Sekunden mit sechs Nachkommastellen (der relative Zeitpunkt des Eintreffens bzw. Absendens jedes Pakets lässt sich also auf eine Mikrosekunde genau ablesen).
- Die Spalte „Source" gibt die IP-Adresse bzw. den Domain-Namen der Quellinstanz jedes Pakets wieder.
- Die Zieladresse jedes Pakets wird in der Spalte „Destination" dargestellt.
- Die Spalte „Protocol" gibt Auskunft über das Protokoll (z.B. „HTTP", „SIP/SDP" oder „RTP"), dem die im jeweiligen Paket enthaltenen Daten zuzuordnen sind.
- Die Spalte „Length" gibt Aufschluss über die Größe (in Byte) des jeweiligen Pakets.
- Weitere protokollspezifische Details zu den im jeweiligen Paket enthaltenen Daten werden in der Spalte „Info" dargestellt.

Bei Bedarf können dem Ablaufdarstellungsbereich weitere Spalten (z.B. zur Anzeige der Port-Nummern) hinzugefügt werden. Dies erfolgt im Menü unter „Edit" über den Menüpunkt „Preferences", „User Interface", „Columns", „Properties".

Wird im Ablaufdarstellungsbereich ein bestimmtes Paket durch Anklicken markiert, werden die darin enthaltenen Protokolle hierarchisch im **Protokolldarstellungsbereich** aufgelistet. Durch Anklicken eines ggf. vorhandenen Erweiterungssymbols (Plus-Zeichen) am linken Rand einer Zeile in diesem Darstellungsbereich lassen sich die jeweils enthaltenen signifikanten Daten (z.B. protokollspezifische Header) weiter aufschlüsseln bzw. durch Wireshark interpretieren. Bild 17.16 zeigt eine entsprechende Darstellung am Beispiel eines IP-Pakets.

Werden im Protokolldarstellungsbereich protokollspezifische Elemente, z.B. ein bestimmter Header, durch Anklicken markiert, so werden die entsprechenden Daten im **Code-Darstellungsbereich** in Hexadezimal- und ASCII-Schreibweise angezeigt und hervorgehoben.

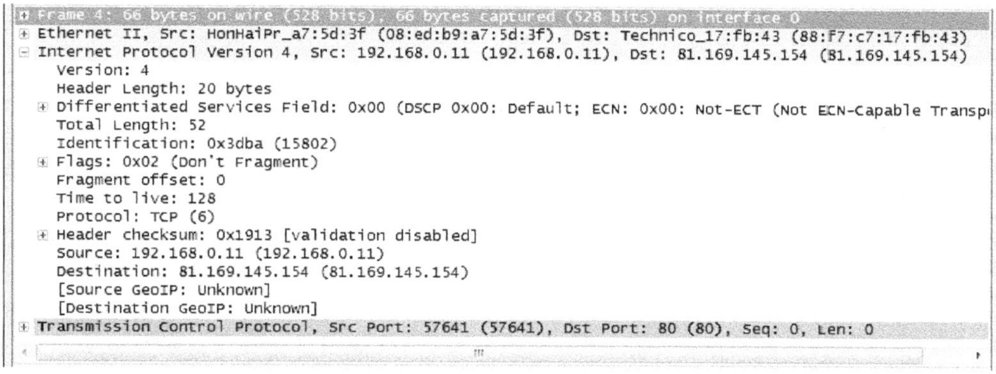
Frame 4: 66 bytes on wire (528 bits), 66 bytes captured (528 bits) on interface 0
Ethernet II, Src: HonHaiPr_a7:5d:3f (08:ed:b9:a7:5d:3f), Dst: Technico_17:fb:43 (88:f7:c7:17:fb:43)
Internet Protocol Version 4, Src: 192.168.0.11 (192.168.0.11), Dst: 81.169.145.154 (81.169.145.154)
Version: 4
Header Length: 20 bytes
Differentiated Services Field: 0x00 (DSCP 0x00: Default; ECN: 0x00: Not-ECT (Not ECN-Capable Transp
Total Length: 52
Identification: 0x3dba (15802)
Flags: 0x02 (Don't Fragment)
Fragment offset: 0
Time to live: 128
Protocol: TCP (6)
Header checksum: 0x1913 [validation disabled]
Source: 192.168.0.11 (192.168.0.11)
Destination: 81.169.145.154 (81.169.145.154)
[Source GeoIP: Unknown]
[Destination GeoIP: Unknown]
Transmission Control Protocol, Src Port: 57641 (57641), Dst Port: 80 (80), Seq: 0, Len: 0

Bild 17.16: Ausführliche Darstellung des Headers eines IP-Pakets im Wireshark-Protokolldarstellungsbereich

Anwendung des Anzeigefilters

Aus Gründen der Übersichtlichkeit kann es sinnvoll sein, die Darstellung der aufgezeichneten Pakete in Wireshark auf bestimmte Protokolle (z.B. SIP und RTP) zu beschränken. Hierzu eignet sich der in Wireshark integrierte Anzeigefilter. Unterhalb der Symbolleiste des Wireshark-Programmfensters lassen sich entsprechende Filterregeln eingeben (siehe Bild 17.17) und durch anschließendes Anklicken der Schaltfläche „Apply" auf die jeweils aktuelle Darstellung anwenden. Dies kann sowohl während einer laufenden Aufzeichnung als auch nach deren Beendigung erfolgen. Im in Bild 17.17 dargestellten Beispiel bewirkt der Filter, dass im Ablaufdarstellungsbereich lediglich Pakete angezeigt werden, die die Protokolle SIP (siehe Kapitel 5), RTP (siehe Abschnitt 4.2.6) oder STUN (siehe Abschnitt 8.3.2) beinhalten. Zwei über die PC-Tastatur verfügbare senkrechte Strich-Zeichen („||") drücken hierbei die logische ODER-Funktion aus. Weitere Informationen zum Anzeigefilter entnehmen Sie bei Bedarf bitte der Wireshark-Hilfefunktion.

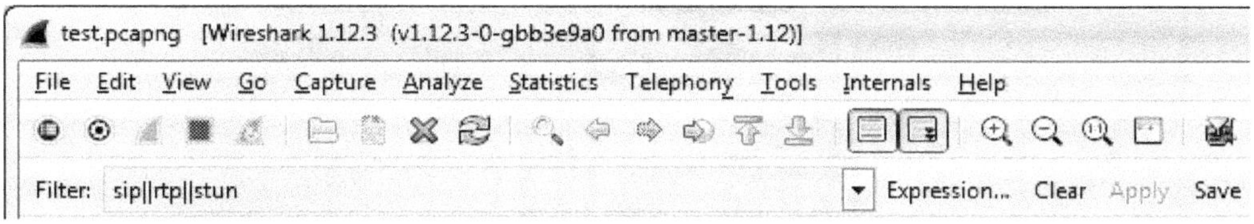
test.pcapng [Wireshark 1.12.3 (v1.12.3-0-gbb3e9a0 from master-1.12)]
File Edit View Go Capture Analyze Statistics Telephony Tools Internals Help
Filter: sip||rtp||stun
Expression... Clear Apply Save

Bild 17.17: Aktivierter Wireshark-Anzeigefilter

17.3   WebRTC-SIP-Praxisbeispiel

In diesem Abschnitt werden die wesentlichen Bedienschritte erläutert, um das in Abschnitt 13.6 genannte praktische Beispiel zur Kombination aus WebRTC und SIP durchspielen zu können. Informationen zu WebRTC sowie zur Nutzung dieser Technologie in Verbindung mit SIP und Echtzeitnutzdaten entnehmen Sie bitte Kapitel 13.

WebRTC lässt sich mit den meisten herkömmlichen Web Browsern nutzen (z.B. mit Opera, Google Chrome, Mozilla Firefox), es wird daher keine zusätzliche Software benötigt. Bitte beachten Sie, dass einzelne Funktionen im Rahmen des Praxisteils ggf. nicht von jedem Browser unterstützt werden, selbst wenn dieser grundsätzlich WebRTC-fähig ist.

Aufrufen der WebRTC-Anwendungsumgebung
Zur Durchführung der Schritte im Rahmen des Praxisteils installieren Sie ggf. einen WebRTC-fähigen Web Browser und starten Sie ihn. Geben Sie in die Adressleiste folgende URL ein.

```
http://sip.fb2.frankfurt-university.de/webrtcsipservlet/
```

Im Browser-Fenster erscheint die in Bild 17.18 dargestellte Startseite der durch das Labor für Telekommunikationsnetze der Frankfurt University of Applied Sciences bereitgestellten WebRTC-Anwendung.

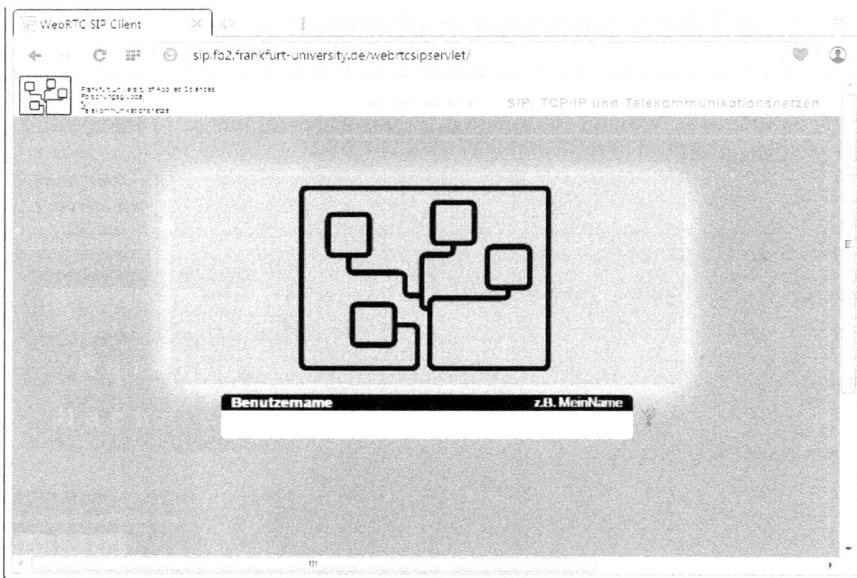

Bild 17.18: Startseite der WebRTC-Anwendung für Praxisbeispiel

Geben Sie in das mit „Benutzername" überschriebene Feld einen Namen (ohne Leerzeichen) ein, den Sie im Rahmen des WebRTC-Beispiels verwenden wollen (z.B. MeinName) und betätigen Sie die Return-Taste. Es erscheint nun die Web-Seite zur Bedienung der WebRTC-Anwendung für das in Abschnitt 13.6 beschriebene Praxisbeispiel (siehe Bild 17.19).

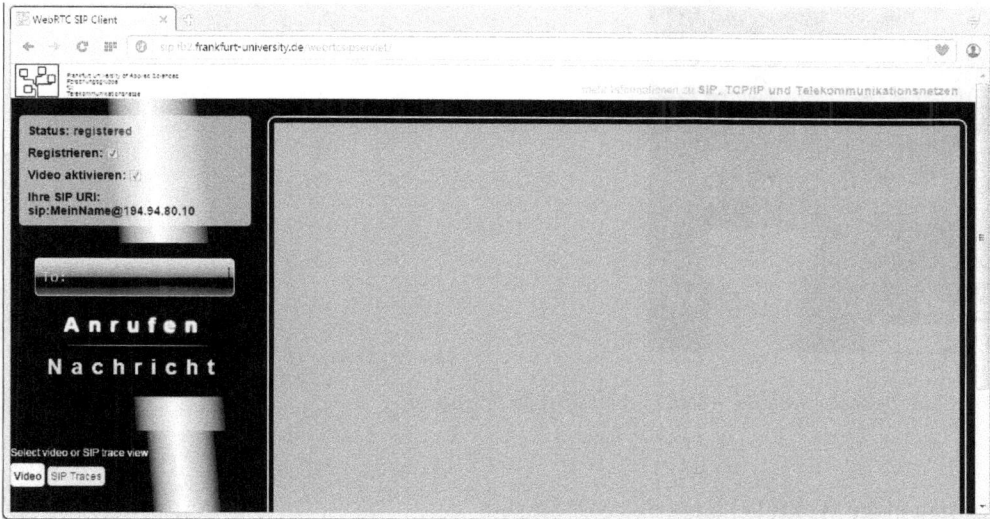

Bild 17.19: Web-Seite zur Bedienung der WebRTC-Anwendung für Praxisbeispiel

Im linken oberen Teil der Bedien-Web-Seite (siehe Ausschnitt in Bild 17.20) lässt sich der Status der Registrierung beim öffentlichen SIP Registrar Server der Frankfurt University of Applied Sciences ablesen (z.B. „registered").

Zur Simulation einer SIP-Deregistrierung (siehe Abschnitt 6.2) kann der Haken im Kästchen neben dem Wort „Registrieren" durch Anklicken entfernt werden, der Status ändert sich („connected", WebSocket-Verbindung besteht noch).

Sollen im Rahmen des folgenden praktischen Beispiels auch Videonutzdaten übertragen werden, muss der Haken im mit „Video aktivieren" betitelten Kästchen belassen werden. Bitte beachten Sie, dass die Darstellung des Videobildes u.U. nicht von jedem Browser unterstützt wird, selbst wenn dieser WebRTC-fähig ist.

Bild 17.20: Bedienelemente der WebRTC-Anwendung für Praxisbeispiel

Aufbau einer WebRTC-basierten SIP-Session

Geben Sie in das mit „To:" bezeichnete Feld den Begriff „auto" ein (siehe Bild 17.20). Hierbei handelt es sich um den Benutzernamen des automatisierten SIP User Agents in der öffentlichen SIP- und WebRTC-Infrastruktur des Labors für Telekommunikationsnetze der Frankfurt University of Applied Sciences. Klicken Sie anschließend auf „Anrufen", um eine SIP-Session aufzubauen und Audio- und ggf. Videonutzdaten zu empfangen.

Es erscheint ggf. ein Abfragefenster des Browsers bezüglich der Verwendung der Audio- und ggf. Video-Hardware des genutzten Computers (ähnlich Bild 17.21). Für einen erfolgreichen Session-Aufbau muss dies zugelassen werden.

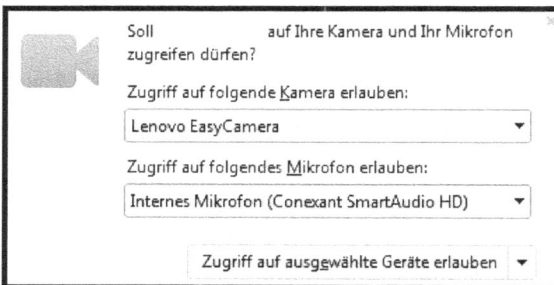

Bild 17.21: Abfragefenster des Browsers bezüglich der Verwendung von Audio- und Videohardware

Im unteren linken Teil des Browser-Fensters erscheint zeitgleich eine Dialogbox gemäß Bild 17.22. Sie zeigt den aktuellen Status des Session-Aufbaus an (*trying*, *in progress* oder *answered*). Bitte beachten Sie, dass es einige Sekunden dauern kann, bis alle Session-Parameter ausgehandelt sind und der Status von *trying* zu *in progress* und schließlich zu *answered* wechselt.

Durch Klicken auf das Symbol des (roten) aufgelegten Telefonhörers lässt sich die Session jederzeit wieder beenden.

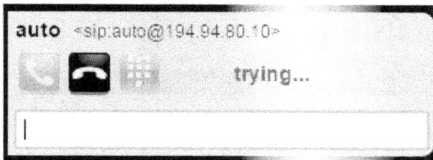

Bild 17.22: Dialogbox für WebRTC-basierte SIP-Session

Mit den Schaltflächen *Video* bzw. *SIP Traces* (siehe Bild 17.20) kann ausgewählt werden, ob im rechten Teil der Bedien-Web-Seite (siehe Bild 17.19) die im Rahmen der Bedienung ausgetauschten SIP-Nachrichten oder ggf. das Videobild angezeigt werden soll.

WebRTC-SIP-basierter Austausch von Kurzmitteilungen
Geben Sie in das mit „To:" bezeichnete Feld den Begriff „auto" ein (siehe Bild 17.20). Hierbei handelt es sich um den Benutzernamen des automatisierten SIP User Agents in der öffentlichen SIP- und WebRTC-Infrastruktur des Labors für Telekommunikationsnetze der Frankfurt University of Applied Sciences. Klicken Sie anschließend auf „Nachricht", um mit dem automatisierten User Agent SIP-basierte Kurzmitteilungen auszutauschen (siehe Abschnitt 5.8.5). Es erscheint eine Dialogbox ähnlich wie in Bild 17.22 dargestellt. Geben Sie hier einen beliebigen Text ein und betätigen Sie anschließend mit der Return-Taste. Die Kurzmitteilung wird an den automatisierten User Agent gesendet. Sobald dieser die Nachricht empfangen hat, sendet er als Antwort ebenfalls eine Kurzmitteilung zurück (*Herzlich Willkommen!!!*, siehe Bild 17.23).

Bild 17.23: Dialogbox für das Senden und Empfangen von Kurzmitteilungen per WebRTC-SIP

Darstellung von SIP-Nachrichten im Browser-Fenster

Mit den Schaltflächen *Video* bzw. *SIP Traces* (siehe Bild 17.20) kann ausgewählt werden, ob im rechten Teil der Bedien-Web-Seite die im Rahmen der Bedienung ausgetauschten SIP-Nachrichten oder ggf. das Videobild angezeigt werden soll. Wird *SIP Traces* gewählt, werden die seit Beginn der Durchführung des Praxisteils ausgetauschten SIP-Nachrichten im rechten Teil des Browser-Fensters in chronologischer Reihenfolge dargestellt (siehe Bild 17.24).

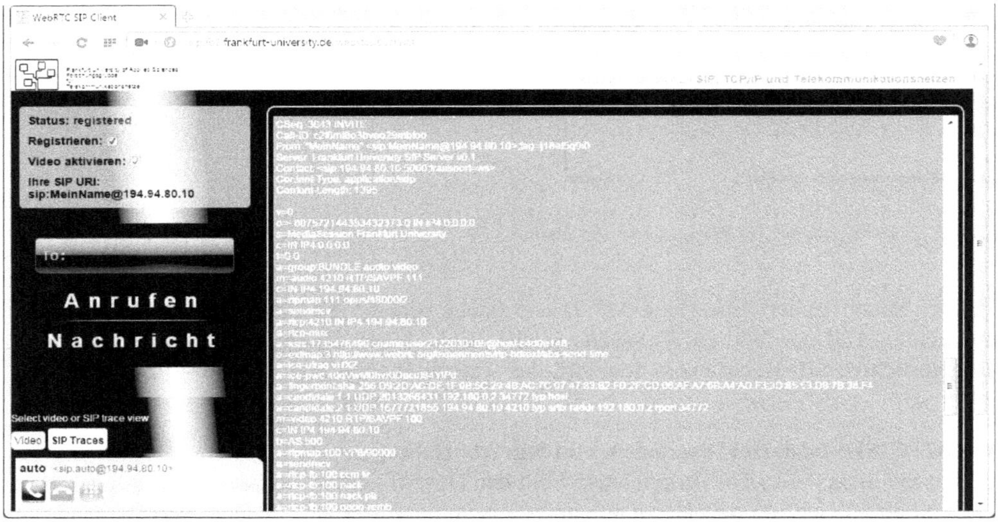

Bild 17.24: Darstellung der ausgetauschten SIP-Nachrichten im rechten Teil des Browser-Fensters

Parallel zur Darstellung der SIP-Nachrichten im Browser-Fenster kann die WebRTC-Kommunikation inkl. SIP zwischen dem Browser und der öffentlichen WebRTC-SIP-Infrastruktur an der Frankfurt University of Applied Sciences mit der Protokollanalyse-Software Wireshark mitgeschnitten und analysiert werden. Siehe hierzu Abschnitte 17.2 und 13.6.

Abkürzungen

3GPP	Third Generation Partnership Project
3PCC	Third Party Call Control

A

a	Attributes
AAA	Authentication, Authorization and Accounting
AAL	ATM Adaptation Layer
AAL	Ambient Assisted Living
ACELP	Algebraic Code-Excited Linear Prediction
ACF	Admission Confirm
A-CPI	Application-controller plane interface
ACR	Anonymous Communication Rejection
ACS	Ambient Control Space
Ack	Acknowledgement
ACK	Acknowledgement
ACM	Address Complete Message
ADPCM	Adaptive Differential Pulse Code Modulation
ADSL	Asymmetric Digital Subscriber Line
AES	Advanced Encryption Standard
AG	Access Gateway
AGCF	Access Gateway Control Function
AH	Authentication Header
AIPN	All-IP Network
AKA	Authentication and Key Agreement
AKNN	Arbeitskreis für technische und betriebliche Fragen der Nummerierung und der Netzzusammenschaltung
ALG	Application Layer Gateway
ALG	Application Level Gateway
AMR	Adaptive Multi-Rate
AN	Access Network
AN	Ambient Network
AN	Applikationsspezifisches Netz
AN	Access Node
ANI	Ambient Network Interface
ANM	Answer Message
AoC	Advice of Charge

AOL	America Online
AOR	Address Of Records
AP	Application
AP	Access Point
API	Application Programming Interface
App	Application
APP	Application-Defined
ARI	Ambient Resource Interface
arpa	Address and Routing Parameter Area domain
ARQ	Admission Request
AS	Application Server
ASCII	American Standard Code for Information Interchange
ASI	Ambient Service Interface
ATA	Analog Terminal Adapter
ATM	Asynchronous Transfer Mode
AuC	Authentication Center
AV	Audio/Video
AVP	Audio Video Profile

B

b	Bandwidth
B	Binär
B2BUA	Back-to-Back User Agent
BA	Behavior Aggregate
BCG	Broadband Content Guide
BG	Border Gateway
BGCF	Breakout Gateway Control Function
BGP	Border Gateway Protocol
BHCA	Busy Hour Call Attempts
BICC	Bearer Independent Call Control
BNetzA	Bundesnetzagentur
BPEL	Business Process Execution Language
BRAS	Broadband Remote Access Server
BS	Base Station
BSC	Base Station Controller
BSS	Base Station Subsystem
BSS	Business Support System
BSSAP	Base Station Subsystem Application Part
BT	Block Type
BTS	Base Transceiver Station

C

c	Connection Data
CableLabs	Cable Television Laboratories
CAMEL	Customized Applications for Mobile network Enhanced Logic

CAN	Connectivity Access Network
CAN	Community Area Network
CAP	CAMEL Application Part
Cat	Category
CB	Communication Baring
C-BGF	Core-Border Gateway Function
CBR	Constant Bit Rate
CC	Call Control
CC	CSRC Count
CCBS	Call Completion on Busy Subscriber
CCNR	Call Completion No Reply
CD	Compact Disc
CDF	Charging Data Function
CDIV	Communication Diversion
CDN	Content Delivery Network
CDN	Content Distribution Network
CDR	Call Detail Records
CDR	Charging Data Record
CFNA	Call Forwarding No Answer
CFU	Call Forwarding Unconditional
CGF	Charging Gateway Function
CGI	Common Gateway Interface
CH	Communication HOLD
CLIP	Calling Line Identification Presentation
CLIR	Calling Line Identification Restriction
CM	Cable Modem
CMS	Call Management Server
CMTS	Cable Modem Termination System
CNAME	Canonical Name
CoAP	Constrained Application Protocol
Comedia	Connection-Oriented Media Transport
COMIF	Customized Originating Multimedia Information Filtering
COMIP	Customized Originating Multimedia Information Presentation
CoMP	Coordinated MultiPoint
CoMP	Coordinated Multipoint transmission and reception
conf	Confirmation
conf	confirm
Conf	Confirmation
CONF	Conference
COPS	Common Open Policy Service
CORBA	Common Object Request Broker Architecture
CoS	Class of Service
CPG	Call Progress
CPL	Call Processing Language
CPS	Cyber Physical System

CPU	Central Processing Unit
CRC	Cyclic Redundancy Check
CRLF	Carriage Return Line Feed
CRM	Customer Relationship Management
CS	Call Server
CS	Circuit Switched
CS-ACELP	Conjugate Structure-Algebraic Code-Excited Linear Prediction
CSCF	Call Session Control Function
CSE	CAMEL Service Environment
CSeq	Command Sequence
CSFB	Circuit Switched Fallback
CSMA/CD	Carrier Sense Multiple Access/Collision Detection
CSRC	Contributing Source
CSS	Cascading Style Sheets
CTMIF	Customized Terminating Multimedia Information Filtering
CTMIP	Customized Terminating Multimedia Information Presentation
Cu	Kupfer
CUG	Closed User Group
curr	current
CW	Call Waiting

D

D	Delay
D2D	Device-to-Device
DA	Device Application
DC	Direct Communication
DCF	Disengage Confirm
D-CPI	Data-controller plane interface
DDDS	Dynamic Delegation Discovery System
DeNB	Donor eNB
DENIC	Deutsches Network Information Center
des	desired
DF	Don't Fragment
DfÜ	Datenfernübertragung
DHCP	Dynamic Host Configuration Protocol
DHT	Distributed Hash Table
DiffServ	Differentiated Services
DLRR	Delay since Last Receiver Reference
DLSR	Delay Since Last Sender Report
DNS	Domain Name System
DOCSIS	Data Over Cable Service Interface Specification
DoS	Denial of Service
DRQ	Disengage Request
DS	Differentiated Services
DSAP	Destination Service Access Point

DSCP	Differentiated Services Code Point
DSH	Dual Stack Host
DSL	Digital Subscriber Line
DSLAM	Digital Subscriber Line Access Multiplexer
DSS1	Digital Subscriber Signalling system no.1
DTLS	Datagram Transport Layer Security
DTMF	Dual Tone Multi Frequency
DVB	Digital Video Broadcasting
DVB	Digital Video Broadcasting Project
DVB-C	Digital Video Broadcasting-Coaxial
DVB-S	Digital Video Broadcasting-Satellite
DVBSTP	DVB SD&S Transport Protocol
DWDM	Dense Wavelength Division Multiplex

E

e	Email-Address
e	Evolved
E	Endeinrichtung
E	Evolved
E	Emergency
e2e	End-to-End, Ende-zu-Ende
E2E	Ende-zu-Ende
E2NA	End-to-End Network Architectures
e2u	E.164 Number to URL
EATF	Emergency Access Transfer Function
eCall	emergency Call
ECG	Electronic Content Guide
E-CSCF	Emergency-CSCF
ECT	Explicit Communication Transfer
EDGE	Enhanced Data Rates for GSM Evolution
EE	Enterprise Edition
EFR	Enhanced Full Rate
EIR	Equipment Identification Register
EJB	Enterprise Java Beans
EM	Element Management
eMTA	embedded Multimedia Terminal Adapter
eNB	eNodeB, evolved Node B
ENUM	E.164 Number Mapping
EPC	Evolved Packet Core
EPG	Electronic Program Guide
EPS	Evolved Packet System
EQAM	Edge Quadrature Amplitude Modulation
Erl	Erlang
ESP	Encapsulating Security Payload
ETSI	European Telecommunications Standards Institute

ETWS	Earthquake and Tsunami Warning System
EU	European Union
EURESCOM	European Institute for Research and Strategic Studies in Telecommunications
E-UTRAN	Evolved-UTRAN

F

FAQ	Frequently Asked Questions
FCC	Federal Communications Commission
FG	Forwarding Graph
FGNGN	Focus Group on Next Generation Networks
FIN	Finish
FIPS	Federal Information Processing Standards Publication
FITL	Fiber in the Loop
FMC	Fixed Mobile Convergence
FN	Fiber Node
FN	Future Network
FR	Full Rate
FTP	File Transfer Protocol
FTTB	Fibre To The Building
FTTH	Fibre To The Home

G

G	Generation
GENA	General Event Notification Architecture
GERAN	GSM/EDGE Radio Access Network
Gf	Glasfaser
G.fast	fast access to subscriber terminals
GGSN	Gateway GPRS Support Node
Gmin	Gap minimum
GMM	GPRS Mobility Management
GMSC	Gateway-MSC
GPRS	General Packet Radio Service
GR	GPRS Register
GRP	Global Routing Prefix
GRUU	Globally Routable User Agent URI
GSI	Global Standards Initiative
GSM	Global System for Mobile Communications
GSMA	Groupe Speciale Mobile Association
GTP	GPRS Tunneling Protocol
GTP-C	GPRS Tunneling Protocol-Control Plane
GTP-U	GPRS Tunneling Protocol-User Plane
GUI	Graphical User Interface
GW	Gateway

H

H	Home
H	Host
HAN	Home Area Network
HE	Headend
HeNB	Home eNB
HetNet	Heterogeneous Network
HFC	Hybrid Fiber Coax
HLR	Home Location Register
HMAC-SHA1	Keyed-Hashing for Message Authentication Code – Secure Hash Algorithm Standard 1
HR	Half Rate
HSDPA	High Speed Downlink Packet Access
HSPA+	High Speed Packet Access Plus
HSS	Home Subscriber Server
HSUPA	High Speed Uplink Packet Access
HTTP	HyperText Transfer Protocol
HTTPMU	HyperText Transfer Protocol over UDP Multicast
HTTP(M)U	Multicast and Unicast UDP HTTP Messages
HTTPS	HTTP Security
HTTPU	HyperText Transfer Protocol over UDP
HW	Hardware

I

i	Session Information
I	Interrogating
IaaS	Infrastructure as a Service
IAB	Internet Architecture Board
IAD	Integrated Access Device
IAM	Initial Address Message
IANA	Internet Assigned Number Authority
IBCF	Interconnection Border Control Function
I-BGF	Interconnection-Border Gateway Function
ICE	Interactive Connectivity Establishment
ICIC	Inter-cell Interference Coordination
ICID	Internet Caller-ID Delivery
ICMP	Internet Control Message Protocol
I-CSCF	Interrogating-Call Session Control Function
ID	Identification
ID	Identifier
IDS	Intrusion Detection System
IEEE	Institute of Electrical and Electronics Engineers
IETF	Internet Engineering Task Force
IFOM	IP Flow Mobility

IGD DCP	Inter Gateway Device Device Control Protocol
IGMP	Internet Group Management Protocol
IHL	Internet Header Length
IKE	Internet Key Exchange
IKT	Informations- und Kommunikationstechnik
iLBC	Internet Low Bit Rate Codec
IM	Internet Multimedia
IM	Instant Messaging
IM	IP Multimedia
IM-MGW	IP Multimedia-Media Gateway
IMS	IP Multimedia Subsystem
IMS-GWF	IMS-Gateway Function
IMSI	International Mobile Subscriber Identity
IM-SSF	IP Multimedia-Service Switching Function
IMT	International Mobile Telecommunications
IMT-2000	International Mobile Telecommunications at 2000 MHz
IN	Intelligent Network, Intelligentes Netz
IN	Internet, IP-basiertes Netzwerk
INAP	Intelligent Network Application Part
IntServ	Integrated Services
IoT	Internet of Things
IP	Internet Protocol
IP4	Internet Protocol Version 4
IP-CAN	IP-Connectivity Access Network
IPsec	Internet Protocol Security
IPTV	IP Television
ISC	Internet Multimedia Subsystem Service Control
ISG	Industry Specification Group
ISP	Internet Service Provider
ISDN	Integrated Services Digital Network
ISUP	ISDN User Part
IT	Informationstechnik
ITU	International Telecommunication Union
ITU-T	ITU-Telecommunication Standardization Sector
IVR	Interactive Voice Response
IWF	Interworking Function
IWU	Interworking Unit
IWV	Impulswahlverfahren

J

J2EE	Java 2 Platform, Enterprise Edition
JAIN	Java APIs for Integrated Networks
Java EE	Java Platform, Enterprise Edition
JB	Jitter Buffer
JCC	JAIN Call Control

JCP	Java Community Process
JMX	Java Management Extensions
JS	JavaScript
JSLEE	JAIN SLEE
JSR	Java Specification Request

K

k	Encryption Keys

L

L2TP	Layer 2 Tunneling Protocol
LAN	Local Area Network
LAPD	Link Access Procedure on D-channel
LAPDm	Link Access Procedure on D-channel modified
LDAP	Lightweight Directory Access Protocol
LD-CELP	Low Delay-Code-Excited Linear Prediction
LDP	Label Distribution Protocol
L-GW	Local Gateway
LINP	Logically Isolated Network Partition
LIPA	Local IP Access
LLC	Logical Link Control
LOC	Location
LP	Linear Prediction
LPC	Linear Predictive Coding
lr	Loose Routing
LRF	Local Retrieval Function
LSAP	Link Service Access Point
LSP	Label Switched Path
LSR	Last Sender Report
LTE	Long Term Evolution
LTE-A	LTE-Advanced
LWL	Lichtwellenleiter

M

m	Media Description
M	Marker
M2M	Machine-to-Machine
M3UA	MTP3 User Adaptation
MAC	Medium Access Control
MAC	Message Authentication Code
maddr	Multicast Address
man	mandatory
MAP	Mobile Application Part
MAPCON	Multi-Access PDN Connectivity
MBMS	Multimedia Broadcast and Multicast Service

MCF	Media Control Function
MCID	Malicious Communication Identification
MCU	Multipoint Control Unit
MD5	Message-Digest Algorithm 5
MDCT	Modified Discrete Cosine Transform
MDF	Media Delivery Function
ME	Mobile Equipment
Megaco	Media Gateway Control Protocol
METIS	Mobile and wireless communications Enablers for the Twenty-twenty Information Society
MExE	Mobile Station Execution Environment
MF	Multified
MFA	MPLS, Frame Relay and ATM
MFV	Mehrfrequenzwahlverfahren
MGC	Media Gateway Controller
MGCF	Media Gateway Control Function
MGCP	Media Gateway Control Protocol
MGW	Media Gateway
MIB	Management Information Base
MIDCOM	Middlebox Communication
MIKEY	Multimedia Internet Keying
MIME	Multipurpose Internet Mail Extension
MIMO	Multiple Input Multiple Output Antennas
MKI	Master Key Identifier
MLT-3	Multi Level Transmit-3 levels
MM	Mobility Management
MME	Mobility Management Entity
MMS	Multimedia Messaging Service
MMTel	Multimedia Telephony
MoD	Music on Demand
MOS	Mean Opinion Score
MOS-CQ	MOS-Conversational Quality
MOS-CQE	MOS-Conversational Quality Estimated
MOS-LQ	MOS-Listening Quality
MOS-LQO	MOS-Listening Quality Objective
MOS-LQS	MOS-Listening Quality Subjective
MPEG	Moving Picture Experts Group
MPLS	Multiprotocol Label Switching
MP-MLQ	Multi-Pulse-Maximum Likelihood Quantization
MRB	Media Resource Broker
MRF	Multimedia Resource Function
MRFC	Media Resource Function Controller
MRFP	Media Resource Function Processor
MS	Media Server
MS	Microsoft

MS	Mobile Station
MS	Mobile System
MSC	Mobile Switching Center
MSCML	Media Server Control Markup Language
MSML	Media Server Markup Language
MSN	Multiple Subscriber Number
MSS	Maximum Segment Size
MTC	Machine-Type Communications
MTP	Message Transfer Part
MTU	Maximum Transmission Unit
MWI	Message Waiting Indication

N

NA	Network Application
NaaS	Network as a Service
NAPT	Network Address and Port Translation
NA(P)T	Network Address (and Port) Translation
NAPTR	Name Authority Pointer
NASS	Network Attachment Subsystem
NAT	Network Address Translation
NBAP	Node B Application Part
NCS	Network Call Signaling
NF	Network Function
NFV	Network Functions Virtualisation
NFVI	NFV Infrastructure
NFVI-POP	NFV Infrastructure-Point of Presence
NGCOR	Next Generation Converged Operations Requirements
NGMN	Next Generation Mobile Networks
NGN	Next Generation Networks
NGN-e	NGN Evolution
NGNI	NGN Initiative
NGSON	Next Generation Service Overlay Network
NICE	Network Intelligence Capability Enhancements
NIST	National Institute of Standards and Technology
NNI	Network Network Interface
NSIS	Next Steps In Signaling
NSLP	NSIS Signaling Layer Protocol
NT	Network Termination
NTP	Network Time Protocol
Nw.	Netzwerk

O

o	Origin
OAM&P	Operations, Administration, Maintenance and Provisioning
OAN	Open Access Network

OCS	Online Charging System
OIP	Originating Identification Presentation
OIR	Originating Identification Restriction
OLT	Optical Line Termination
OMA	Open Mobile Alliance
ONF	Open Networking Foundation
ONU	Optical Network Unit
OS	Operating System
OSA	Open Service Access
OSE	OMA Service Environment
OSI	Open Systems Interconnection
OSPF	Open Shortest Path First
OSS	Operations Support System
OTN	Optical Transport Network
OTT	Over The Top
OUI	Organizational Unit Identifier

P

p	Phone Number
P	Padding
P	Proxy
P2P	Peer-to-Peer
P2PSIP	Peer-to-Peer Session Initiation Protocol
PaaS	Platform as a Service
PABX	Private Automatic Branch Exchange
PAN	Personal Area Network
PBX	Public Branch eXchange
PC	Personal Computer
PCh	Personalised Channel
PCM	Pulse Code Modulation
PCMA	Pulse Code Modulation a-law
PCMU	Pulse Code Modulation μ-law
PCRF	Policy and Charging Rules Function
P-CSCF	Proxy-Call Session Control Function
PCU	Packet Control Unit
PDCP	Packet Data Convergence Protocol
PDF	Policy Decision Function
PDH	Plesiochronous Digital Hierarchy
PDN	Packet Data Network
PDP	Packet Data Protocol
PDU	Protocol Data Unit
PES	PSTN/ISDN Emulation Subsystem
PESQ	Perceptual Evaluation of Speech Quality
P-GW	PDN-GW
PHB	Per-Hop Behavior

Phy	Physical Layer
PIDF	Presence Information Data Format
PINT	PSTN/Internet Interworking Services
PKI	Public Key Infrastructure
PLC	Powerline Communication
PNF	Physical Network Function
PON	Passive Optical Network
POP	Point of Presence
POP3	Post Office Protocol Version 3
POTS	Plain Old Telephone Service
PPP	Point-to-Point Protocol
PPPoE	PPP over Ethernet
PRACK	Provisional Response Acknowledgement
PRIV	Private
ProSe	Proximity-based Services
PS	Packet Switched
PSH	Push
PSS	Packet-switched Streaming Service
PSS	PSTN/ISDN Simulation Subsystem
PSTN	Public Switched Telephone Network
PT	Payload Type
PVC	Permanent Virtual Connection
PVR	Personal Video Recording

Q

QAM	Quadrature Amplitude Modulation
QoE	Quality of Experience
QoS	Quality of Service
QR	Quick Response

R

r	Repeat Times
R	Rating
R	Reliability
RA	Resource Adaptor
RACS	Resource and Admission Control Subsystem
RAM	Random Access Memory
RAN	Radio Access Network
RANAP	Radio Access Network Application Part
RAS	Registration, Admission and Status
RAT	Radio Access Technology
RC	Reception Report Count
RCEF	Resource Control Enforcement Function
recv	receive
recvonly	receive only

REL	Release Message
RELOAD	Resource Location And Discovery
RERL	Residual Echo Return Loss
REST	Representational State Transfer
Resv	Reservation
RF	Radio Frequency
RFC	Request for Comments
RFID	Radio-Frequency Identification
RG	Residential Gateway
RGW	Residential Gateway
RIP	Routing Information Protocol
RIPE NCC	Réseaux IP Européens Network Coordination Centre
RLC	Radio Link Control
RLC	Release Complete Message
RLE	Run Length Encoding
RMON	Remote Monitoring
RN	Relay Node
RNC	Radio Network Controller
RPC	Remote Procedure Call
RPE-LTP	Regular Pulse Excitation-Long Term Predictor
RR	Radio Resource Management
RR	Receiver Report
RRC	Radio Resource Control
RSA	Rivest, Shamir, Adleman
RSIP	Realm Specific IP
RST	Reset
RSVP	Resource Reservation Protocol
RSVP-TE	Resource Reservation Protocol-Traffic Engineering
RTCP	RTP Control Protocol
RTP	Real-time Transport Protocol
RTSP	Real Time Streaming Protocol
RUAM	Remote User Access Module
RX	Receiver

S

S	Serving
s	Session Name
SaaS	Software as a Service
SAE	System Architecture Evolution
SAP	Service Access Point
SAP	Session Announcement Protocol
SAVP	Secure Audio/Video Profile
SAVPF	Secure Audio/Video Profile Feedback
SB	Sub-Band
SBB	Service Building Block

S/BC	Session Border Control
SBC	Session Border Controller
SBC-M	Session Border Controller-Media
SBC-S	Session Border Controller-Signalling
SC	Service Capability
SCCP	Signalling Connection Control Part
SCE	Service Creation Environment
SCF	Service Capability Feature
SCF	Service Control Function
SCIM	Service Capability Interaction Manager
SCP	Service Control Point
SCS	Service Capability Server
S-CSCF	Serving-Call Session Control Function
SCTP	Stream Control Transmission Protocol
SDES	Security Descriptions for Media Streams
SDES	Source Description
SDF	Service Discovery Function
SDH	Synchronous Digital Hierarchy
SDN	Software Defined Networking
SDP	Service Delivery Platform
SDP	Session Description Protocol
SD&S	Service Discovery and Selection
SDSL	Single Pair Digital Subscriber Line
SEG	Security Gateway
sendrecv	send and receive
Seq	Sequence
SGF	Signalling Gateway Function
SGSN	Serving GPRS Support Node
SGW	Signalling Gateway
S-GW	Serving-GW
SI	Service Information
SIDE	Service Integration and Delivery Environment
SIGTRAN	SIGnalling TRANsport
SIM	Subscriber Identity Module
SIP	Session Initiation Protocol
SIP-I	SIP with encapsulated ISUP
SIPS	SIP Security
SIP-T	Session Initiation Protocol for Telephones
SIPTO	Selected IP Traffic Offload
SLA	Service Level Agreement
SLAAC	Stateless Address Autoconfiguration
SLEE	Service Logic Execution Environment
SLF	Subscription Locator Function
SLS	Service Level Specification
SM	Session Management

S/MIME	Security Multipurpose Internet Mail Extension
SMP	Service Management Point
SMS	Short Message Service
SMTP	Simple Mail Transfer Protocol
SNAP	Sub Net Access Protocol
SNMP	Simple Network Management Protocol
SOA	Service Oriented Architecture
SOAP	Simple Object Access Protocol
SON	Self-Organizing Networks
SON	Service Overlay Network
SP	Single Space
SPEERMINT	Session Peering for Multimedia Interconnect
SPIRITS	Services in the PSTN/IN Requesting Internet Services
SPIT	Spam over Internet Telephony
SR	Sender Report
SR	Speech Recognition
srflx	server reflexive
SRP	Specialized Resource Point
SRTCP	Secure RTP Control Protocol
SRTP	Secure Real-time Transport Protocol
SRVCC	Single Radio Voice Call Continuity
SS7	Signalling System no. 7
SSAP	Source Service Access Point
SSCF-UNI	Service Specific Coordination Function-User Network Interface
SSCOP	Service Specific Connection Oriented Protocol
SSDP	Simple Service Discovery Protocol
SSF	Service Selection Function
SSF	Service Switching Function
SSL	Secure Socket Layer
SSO	Single Sign-On
SSP	Service Switching Point
SSRC	Synchronization Source
STB	Set Top Box
STP	Signalling Transfer Point
STUN	Session Traversal Utilities for NAT
SUN	Smart Ubiquitous Network
SVC	Switched Virtual Circuit
SW	Software
SYN	Synchronization

T
t	Timing
T	Throughput
TCA	Traffic Conditioning Agreement
TCAP	Transaction Capabilities Application Part

TCP	Transmission Control Protocol
TCS	Traffic Conditioning Specification
TE	Terminal Equipment
TG	Trunking Gateway
TGCF	Trunking Gateway Control Function
THIG	Topology Hiding Inter-network Gateway
TIP	Terminating Identification Presentation
TIR	Terminating Identification Restriction
TISPAN	Telecoms & Internet converged Services & Protocols for Advanced Network
TK	Telekommunikation
TLS	Transport Layer Security
T-MGF	Trunking-Media Gateway Function
TMN	Telecommunication Management Network
TN	Telephone Network
ToS	Type of Service
TrGW	Transition Gateway
TS	Transportstream
tsp	Telephone Service Provider
TTL	Time To Live
TTS	Text-To-Speech
TUP	Telephone User Part
TURN	Traversal Using Relays around NAT
TV	Television
TVSt	Teilnehmervermittlungsstelle
U	
u	Uniform Resource Identifier
UA	User Agent
UAC	User Agent Client
UAM	User Access Module
UAS	User Agent Server
UBR	Unspecified Bit Rate
UC	Unified Communications
UCS	Unified Communications System
UDDI	Universal Description and Discovery Interface
UDN	Ultra Dense Networks
UDP	User Datagram Protocol
Ü	Übertragungssystem-Komponente
UE	User Equipment
UGC	User Generated Content
UHDTV	Ultra High Definition Television
UM	Unified Messaging
UMB	Ultra Mobile Broadband
UML	Unified Modelling Language

UMTS	Universal Mobile Telecommunications System
UN	United Nations
UNI	User Network Interface
UPnP	Universal Plug and Play
UPSF	User Profile Server Function
URG	Urgent
URI	Uniform Resource Identifier
URL	Uniform Resource Locator
USIM	UMTS Subscriber Identity Module
UTF	Universal Character Set Transformation Format
UTRAN	Universal Terrestrial Radio Access Network
UUI	User-to-User Information

V

v	Protocol Version
V	Vermittlungssystem
V	Version
V	Visited
VAN	Vehicular Area Network
VANC	VoLGA Access Network Controller
VCC	Voice Call Continuity
VCI	Virtual Channel Identifier
VDSL	Very High Bit Rate Digital Subscriber Line
VGCS	Voice Group Call Services
VHE	Virtual Home Environment
VLAN	Virtual LAN
VLR	Visitor Location Register
VM	Virtual Machine
VNF	Virtualised Network Function
VNPaas	Virtual Network Platform as a Service
VoD	Video on Demand
VoIP	Voice over IP
VoLGA	Voice over LTE over Generic Access Network
VoLTE	Voice over LTE
VPI	Virtual Path Identifier
VPN	Virtual Private Network, Virtuelles Privates Netz
VSELP	Vector Code Excited Linear Prediction
VSt	Vermittlungsstelle

W

W3C	World Wide Web Consortium
WAN	Wide Area Network
WB	Wideband
WDM	Wavelength Division Multiplex
WebRTC	Web Real-Time Communication between Browsers

WG	Working Group
WiFi	Wireless Fidelity
WiMAX	Worldwide interoperability for Microwave Access
WLAN	Wireless LAN
WSDL	Web Service Description Language
WS	WebSocket
WSS	WebSocket Secure
WWRF	Wireless World Research Forum
WWW	World Wide Web

X

X	Extension
XaaS	X as a Service
XCAP	XML Configuration Access Protocol
XML	Extensible Markup Language
XMPP	Extensible Messaging and Presence Protocol
XR	Extended Report

Z

z	Time Zones
ZGS	Zeichengabesystem
ZRTP	Zimmermann RTP

Literatur und Quellen

[00005]   ETSI WI 00005: Draft Release 2 Definition. ETSI TISPAN, April 2010

[22]   Ferry, David; Lim, Swee: JSR 22 – JAIN SLEE API Specification 1.0, Final Release. JCP, March 2004

[116]   Kristensen, Anders: JSR 116 – SIP Servlet API Version 1.0. JCP, February 2003

[240]   Ferry, David: JSR 240 – JAIN SLEE (JSLEE) 1.1 Specification, Final Release. JCP, July 2008

[289]   Kulkarni, Mihir; Cosmadopoulos, Yannis: JSR 289 – SIP Servlet Specification, Version 1.1. JCP, August 2008

[768]   Postel, J.: RFC 768 – User Datagram Protocol. IETF, August 1980

[791]   Postel, J.: RFC 791 – Internet Protocol. IETF, September 1981

[792]   Postel, J.: RFC 792 – Internet Control Message Protocol. IETF, September 1981

[793]   Postel, J.: RFC 793 – Transmission Control Protocol. IETF, September 1981

[1321]   Rivest, R.: RFC 1321 – The MD5 Message-Digest Algorithm. IETF, April 1992

[1349]   Almquist, P.: RFC 1349 – Type of Service in the Internet Protocol Suite. IETF, July 1992

[1633]   Braden, R.; Clark, D.; Shenker, S.: RFC 1633 – Integrated Services in the Internet Architecture: an Overview. IETF, June 1994

[1700]   Reynolds, J.; Postel, J.: RFC 1700 – Assigned Numbers. IETF, October 1994

[1812]   Baker, F. (Ed.): RFC 1812 – Requirements for IP Version 4 Routers. IETF, June 1995

[1889]   Schulzrinne, H.; Casner, S.; Frederick, R.; Jacobson, V.: RFC 1889 – RTP – A Transport Protocol for Real-time Applications (obsoleted by RFC 3550). IETF, January 1996

[1918]   Rekhter, Y.; Moskowitz, B.; Karrenberg, D.; de Groot, G. J.; Lear, E.: RFC 1918 – Address Allocation for Private Internets. IETF, February 1996

[2046]   Freed, N.; Borenstein, N.: RFC 2046 – Multipurpose Internet Mail Extensions (MIME) Part Two: Media Types. IETF, November 1996

[2104]   Krawczyk, H.; Bellare, M.; Canetti, R.: RFC 2104 – HMAC: Keyed-Hashing for Message Authentication. IETF, February 1997

[2131]   Droms, R.: RFC 2131 – Dynamic Host Configuration Protocol. IETF, March 1997

[2205]   Braden, R.; Zhang, L.; Berson, S.; Herzog, S.; Jamin, S.: RFC 2205 – Resource Reservation Protocol (RSVP) – Version 1 Functional Specification. IETF, September 1997

[2210]   Wroclawski, J.: RFC 2210 – The use of RSVP with IETF Integrated Services. IETF, September 1997

[2211]   Wroclawski, J.: RFC 2211 – Specification of the Controlled-Load Network Element Service. IETF, September 1997

[2212]   Shenker, S.; Partridge, C.; Guerin, R.: RFC 2212 – Specification of Guaranteed Quality of Service. IETF, September 1997

[2327]   Handley, M.; Jacobson, V.: RFC 2327 – SDP: Session Description Protocol (obsoleted by RFC 4566). IETF, April 1998

[2460]   Deering, S.; Hinden, R.: RFC 2460 – Internet Protocol Version 6 (IPv6) Specification. IETF, December 1998

[2474]   Nichols, K.; Blake, S.; Baker, F.; Black, D.: RFC 2474 – Definition of the Differentiated Services Field (DS Field) in the IPv4 and IPv6 Headers. IETF, December 1998

[2475]   Blake, S.; Black, D.; Carlson, M.; Davies, E.; Wang, Z.; Weiss, W.: RFC 2475 – An Architecture for Differentiated Services. IETF, December 1998

[2543]   Handley, M.; Schulzrinne, H.; Schooler, E.; Rosenberg, J.: RFC 2543 – SIP: Session Initiation Protocol (obsoleted by RFC 3261). IETF, March 1999

[2597]   Heinanen, J.; Baker, F.; Weiss, W.; Wroclawski, J.: RFC 2597 – Assured Forwarding PHB Group. IETF, June 1999

[2617]   Franks, J.; Hallam-Baker, P.; Hostetler, J.; Lawrence, S.; Leach, P.; Luotonen, A.; Stewart, L.: RFC 2617 – HTTP Authentication: Basic and Digest Access Authentication. IETF, June 1999

[2663]   Srisuresh, P.; Holdrege, M.: RFC 2663 – IP Network Address Translator (NAT) Terminology and Considerations. IETF, August 1999

[2748]   Durham, D. (Ed.); Boyle, J.; Cohen, R.; Herzog, S.; Rajan, R.; Sastry, A.: RFC 2748 – The COPS (Common Open Policy Service) Protocol. IETF, January 2000

[2750]   Herzog, S.: RFC 2750 – RSVP Extensions for Policy Control. IETF, January
            2000

[2782]   Gulbrandsen, A.; Vixie, P.; Esibov, L.: RFC 2782 – A DNS RR for specifying
            the location of services (DNS SRV). IETF, February 2000

[2818]   Rescorla, E.: RFC 2818 – HTTP over TLS. IETF, May 2000

[2848]   Petrack, S.; Conroy, L.: RFC 2848 – The PINT Service Protocol: Extensions to
            SIP and SDP for IP Access to Telephone Call Services. IETF, June 2000

[2998]   Bernet, Y.; Ford, P.; Yavatkar, R.; Baker, F.; Zhang, L.; Speer, M.; Braden, R.;
            Davie, B.; Wroclawski, J.; Felstaine, E.: RFC 2998 – A Framework for Integrat-
            ed Services Operation over DiffServ Networks. IETF, November 2000

[3022]   Srisuresh, P.; Egevang, K: RFC 3022 – Traditional IP Network Address Transla-
            tor (Traditional NAT). IETF, January 2001

[3027]   Holdrege, M.; Srisuresh, P.: RFC 3027 – Protocol Complications with the IP
            Network Address Translator. IETF, January 2001

[3050]   Lennox, J.; Schulzrinne, H.; Rosenberg, J.: RFC 3050 – Common Gateway
            Interface for SIP. IETF, January 2001

[3102]   Borella, M.; Lo, J.; Grabelsky, D.; Montenegro, G.: RFC 3102 – Realm Specific
            IP: Framework. IETF, October 2001

[3103]   Borella, M.; Grabelsky, D.; Lo, J.; Taniguchi, K.: RFC 3103 – Realm Specific
            IP: Protocol Specification. IETF, October 2001

[3136]   Slutsman, L.; Faynberg, I.; Lu, H.; Weissman, M.: RFC 3136 – The SPIRITS
            Architecture. IETF, June 2001

[3204]   Zimmerer, E.; Peterson, J.; Vemuri, A.; Ong, L.; Audet, F.; Watson, M.; Zo-
            noun, M.: RFC 3204 – MIME media types for ISUP and QSIG Objects. IETF,
            December 2001

[3246]   Davie, B.; Charny, A.; Bennett, J.C.R.; Benson, K.; Le Boudec, J.Y.; Courtney,
            W.; Davari, S.; Firoiu, V.; Stiliadis, D.: RFC 3246 – An Expedited Forwarding
            PHB (Per-Hop Behavior). IETF, March 2002

[3260]   Grossman, D.: RFC 3260 – New Terminology and Clarifications for DiffServ.
            IETF, April 2002

[3261]   Rosenberg, J.; Schulzrinne, H.; Camarillo, G.; Johnston, A.; Peterson, J.; Sparks,
            R.; Handley, M.; Schooler, E.: RFC 3261 – SIP: Session Initiation Protocol.
            IETF, June 2002

[3262]   Rosenberg, J.; Schulzrinne, H.: RFC 3262 – Reliability of Provisional Responses
            in the Session Initiation Protocol (SIP). IETF, June 2002

[3263]   Rosenberg, J.; Schulzrinne, H.: RFC 3263 – Session Initiation Protocol (SIP):
           Locating SIP Servers. IETF, June 2002

[3264]   Rosenberg, J.; Schulzrinne, H.: RFC 3264 – An Offer/Answer Model with the
           Session Description Protocol (SDP). IETF, June 2002

[3298]   Faynberg, I.; Gato, J.; Lu, H.; Slutsman, L.: RFC 3298 – Services in the Public
           Switched Telephone Network/Intelligent Network (PSTN/IN) Requesting Inter-
           net Service (SPIRITS) Protocol Requirements. IETF, August 2002

[3303]   Srisuresh, P.; Kuthan, J.; Rosenberg, J.; Molitor, A.; Rayhan, A.: RFC 3303 –
           Middlebox communication architecture and framework. IETF, August 2002

[3304]   Swale, R. P.; Mart, P. A.; Sijben, P.; Brim, S.; Shore, M.: RFC 3304 – Middle-
           box Communications (midcom) Protocol Requirements. IETF, August 2002

[3310]   Niemi, A.; Arkko, J.; Torvinen, V.: RFC 3310 – Hypertext Transfer Protocol
           (HTTP) Digest Authentication Using Authentication and Key Agreement
           (AKA). IETF, September 2002

[3311]   Rosenberg, J.: RFC 3311 – The Session Initiation Protocol (SIP) Update Meth-
           od. IETF, September 2002

[3312]   Camarillo, G.; Marshall, W.; Rosenberg, J.: RFC 3312 – Integration of Resource
           Management and SIP. IETF, October 2002

[3315]   Droms, R.; Bound, J.; Volz, B.; Lemon, T.; Perkins, C.; Carney, M.: RFC 3315
           – Dynamic Host Configuration Protocol for IPv6 (DHCPv6). IETF, July 2003

[3323]   Peterson, J.: RFC 3323 – A Privacy Mechanism for the Session Initiation Proto-
           col (SIP). IETF, November 2002

[3325]   Jennings, C.; Peterson, J.; Watson, M.: RFC 3325 – Private Extensions to the
           Session Initiation Protocol (SIP) for Asserted Identity within Trusted Networks.
           IETF, November 2002

[3326]   Schulzrinne, H.; Oran, D.; Camarillo, G.: RFC 3326 – The Reason Header Field
           for the Session Initiation Protocol (SIP). IETF, December 2002

[3327]   Willis, D.; Hoeneisen, B.: RFC 3327 – Session Initiation Protocol (SIP) Exten-
           sion Header Field for Registering Non-Adjacent Contacts. IETF, December
           2002

[3329]   Arkko, J.; Torvinen, V.; Camarillo, G.; Niemi, A.; Haukka, T.: RFC 3329 –
           Security Mechanism for the Session Initiation Protocol (SIP). IETF, January
           2003

[3362]   Parsons, G.: RFC 3362 – Real-time Facsimile (T.38) - image/t38 MIME Sub-
           type Registration. IETF, August 2002

[3372]   Vemuri, A.; Peterson, J.: RFC 3372 – Session Initiation Protocol for Te-
          lephones (SIP-T): Context and Architectures. IETF, September 2002

[3393]   Demichelis, C.; Chimento, P.: RFC 3393 – IP Packet Delay Variation Metric for
          IP Performance Metrics (IPPM). IETF, November 2002

[3398]   Camarillo, G.; Roach, A. B.; Peterson, J.; Ong, L.: RFC 3398 – Integrated Ser-
          vices Digital Network (ISDN) User Part (ISUP) to Session Initiation Protocol
          (SIP) Mapping. IETF, December 2002

[3401]   Mealling, M.: RFC 3401 – Dynamic Delegation Discovery System (DDDS) Part
          One: The Comprehensive DDDS. IETF, October 2002

[3402]   Mealling, M.: RFC 3402 – Dynamic Delegation Discovery System (DDDS) Part
          Two: The Algorithm. IETF, October 2002

[3403]   Mealling, M.: RFC 3403 – Dynamic Delegation Discovery System (DDDS) Part
          Three: The Domain Name System (DNS) Database. IETF, October 2002

[3404]   Mealling, M.: RFC 3404 – Dynamic Delegation Discovery System (DDDS) Part
          Four: The Uniform Resource Identifiers (URI) Resolution Application. IETF,
          October 2002

[3420]   Sparks, R.: RFC 3420 – Internet Media Type message/sipfrag. IETF, November
          2002

[3428]   Campbell, B. (Ed.); Rosenberg, J.; Schulzrinne, H.; Huitema, C.; Gurle, D.: RFC
          3428 – Session Initiation Protocol (SIP) Extension for Instant Messaging. IETF,
          December 2002

[3435]   Andreasen, F.; Foster, B.: RFC 3435 – Media Gateway Control Protocol
          (MGCP) Version 1.0. IETF, January 2003

[3489]   Rosenberg, J.; Weinberger, J.; Huitema, C.; Mahy, R.: RFC 3489 – STUN –
          Simple Traversal of User Datagram Protocol (UDP) Through Network Address
          Translators (NATs) (obsoleted by RFC 5389). IETF, March 2003

[3515]   Sparks, R.: RFC 3515 – The Session Initiation Protocol (SIP) Refer Method.
          IETF, April 2003

[3524]   Camarillo, G.; Monrad, A.: RFC 3524 – Mapping of Media Streams to Resource
          Reservation Flows. IETF, April 2003

[3525]   Groves, C.; Pantaleo, M.; Anderson, T.; Taylor, T.: RFC 3525 – Gateway Con-
          trol Protocol Version 1. IETF, June 2003

[3550]   Schulzrinne, H.; Casner, S.; Frederick, R.; Jacobson, V.: RFC 3550 – RTP: A
          Transport Protocol for Real-Time Applications. IETF, July 2003

[3551]   Schulzrinne, H.; Casner, S.: RFC 3551 – RTP Profile for Audio and Video Con-
          ferences with Minimal Control. IETF, July 2003

[3578]   Camarillo, G.; Roach, A. B.; Peterson, J.; Ong, L.: RFC 3578 – Mapping of Integrated Services Digital Network (ISDN) User Part (ISUP) Overlap Signalling to the Session Initiation Protocol (SIP). IETF, August 2003

[3581]   Rosenberg, J.; Schulzrinne, H.: RFC 3581 – An Extension to the Session Initiation Protocol (SIP) for Symmetric Response Routing. IETF, August 2003

[3588]   Calhoun, P.; Loughney, J.; Guttmann, E.; Zorn, G.; Arkko, J.: RFC 3588 – Diameter Base Protocol. IETF, September 2003

[3589]   Loughney, J.: RFC 3589 – Diameter Command Codes for Third Generation Partnership Project (3GPP) Release 5. IETF, September 2003

[3605]   Huitema, C.: RFC 3605 – Real Time Control Protocol (RTCP) attribute in Session Description Protocol (SDP). IETF, October 2003

[3608]   Willis, D.; Hoeneisen, B.: RFC 3608 – Session Initiation Protocol (SIP) Extension Header Field for Service Route Discovery During Registration. IETF, October 2003

[3611]   Friedman, T. (Ed.); Caceres, R. (Ed.); Clark, A. (Ed.): RFC 3611 – RTP Control Protocol Extended Reports (RTCP XR). IETF, November 2003

[3665]   Johnston, A.; Donovan, S.; Sparks, R.; Cunningham, C.; Summers, K.: RFC 3665 – Session Initiation Protocol (SIP) Basic Call Flow Examples. IETF, December 2003

[3666]   Johnston, A.; Donovan, S.; Sparks, R.; Cunningham, C.; Summers, K.: RFC 3666 – Session Initiation Protocol (SIP) Public Switched Telephone Network (PSTN) Call Flows. IETF, December 2003

[3711]   Baugher, M.; McGrew, D.; Naslund, M.; Carrara, E.; Norrman, K.: RFC 3711 – The Secure Real-time Transport Protocol. IETF, March 2004

[3726]   Brunner, M. (Ed.): RFC 3726 – Requirements for Signaling Protocols. IETF, April 2004

[3824]   Peterson, J.; Liu, H.; Yu, J.; Campbell, B.: RFC 3824 – Using E.164 numbers with the Session Initiation Protocol (SIP). IETF, June 2004

[3830]   Arkko, J.; Carrara, E.; Lindholm, F.; Naslund, M.; Norrman, K.: RFC 3830 – MIKEY: Multimedia Internet KEYing. IETF, August 2004

[3840]   Rosenberg, J.; Schulzrinne, H.; Kyzivat, P.: RFC 3840 – Indicating User Agent Capabilities in the Session Initiation Protocol (SIP). IETF, August 2004

[3853]   Peterson, J.: RFC 3853 – S/MIME Advanced Encryption Standard (AES) Requirement for the Session Initiation Protocol (SIP). IETF, July 2004

[3856]   Rosenberg, J.: RFC 3856 – A Presence Event Package for the Session Initiation Protocol (SIP). IETF, August 2004

[3863]   Sugano, H.; Fujimoto, S.; Klyne, G.; Bateman, A.; Carr, W.; Peterson, J.: RFC
          3863 – Presence Information Data Format (PIDF). IETF, August 2004

[3880]   Lennox, J.; Wu, X.; Schulzrinne H.: RFC 3880 – Call Processing Language
          (CPL): A Language for User Control of Internet Telephony Services. IETF, Oc-
          tober 2004

[3891]   Mahy, R.; Biggs, B.; Dean, R.: RFC 3891 – The Session Initiation Protocol
          (SIP) "Replaces" Header. IETF, September 2004

[3892]   Sparks, R.: RFC 3892 – The Session Initiation Protocol (SIP) Referred-By
          Mechanism. IETF, September 2004

[3893]   Peterson, J.: RFC 3893 – Session Initiation Protocol (SIP) Authenticated Identity
          Body (AIB) Format. IETF, September 2004

[3903]   Niemi, A. (Ed.): RFC 3903 – Session Initiation Protocol (SIP) Extension for
          Event State Publication. IETF, October 2004

[3911]   Mahy, R.; Petrie, D.: RFC 3911 – The Session Initiation Protocol (SIP) "Join"
          Header. IETF, October 2004

[3951]   Andersen, S.; Duric, A.; Astrom, H.; Hagen, R.; Kleijn, W.; Linden, J.: RFC
          3951 – Internet Low Bit Rate Codec (iLBC). IETF, December 2004

[4032]   Camarillo, G.; Kyzivat, P.: RFC 4032 – Update to the Session Initiation Protocol
          (SIP) Preconditions Framework. IETF, March 2005

[4083]   Garcia-Martin, M.: RFC 4083 – Input 3rd-Generation Partnership Project
          (3GPP) Release 5 Requirements on the Session Initiation Protocol (SIP). IETF,
          May 2005

[4097]   Barnes, M. (Ed.): RFC 4097 – Middlebox Communications (MIDCOM) Proto-
          col Evaluation. IETF, June 2005

[4123]   Schulzrinne, H.; Agboh, C.: RFC 4123 – Session Initiation Protocol (SIP)-H.323
          Interworking Requirements. IETF, July 2005

[4145]   Yon, D.; Camarillo, G.: RFC 4145 – TCP-Based Media Transport in the Session
          Description Protocol (SDP). IETF, September 2005

[4166]   Coene, L.; Pastor-Balbas, J.: RFC 4166 – Telephony Signalling Transport over
          Stream Control Transmission Protocol (SCTP) Applicability Statement. IETF,
          February 2006

[4168]   Rosenberg, J.; Schulzrinne, H.; Camarillo, G.: RFC 4168 – The Stream Control
          Transmission Protocol (SCTP) as a Transport for the Session Initiation Protocol
          (SIP). IETF, October 2005

[4169]   Torvinen, V.; Arkko, J.; Naslund, M.: RFC 4169 – Hypertext Transfer Protocol
           (HTTP) Digest Authentication Using Authentication and Key Agreement (AKA)
           Version-2. IETF, November 2005

[4235]   Rosenberg, J.; Schulzrinne, H.; Mahy, R. (Ed.): RFC 4235 – An INVITE-
           Initiated Dialog Event Package for the Session Initiation Protocol (SIP). IETF,
           November 2005

[4245]   Levin, O.; Even, R.: RFC 4245 – High-Level Requirements for Tightly Coupled
           SIP Conferencing. IETF, November 2005

[4267]   Froumentin, M.: RFC 4267 – The W3C Speech Interface Framework Media
           Types: application/voicexml+xml, application/ssml+xml, application/srgs,
           application/srgs+xml, application/ccxml+xml, and application/pls+xml. IETF,
           November 2005

[4291]   Hinden, R.; Deering, S.: RFC 4291 – IP Version 6 Addressing Architecture.
           IETF, February 2006

[4301]   Kent, S.; Seo, K.: RFC 4301 – Security Architecture for the Internet Protocol.
           IETF, December 2005

[4302]   Kent, S.: RFC 4302 – IP Authentication Header. IETF, December 2005

[4303]   Kent, S.: RFC 4303 – IP Encapsulating Security Payload (ESP). IETF, Decem-
           ber 2005

[4317]   Johnston, A.; Sparks, R.: RFC 4317 – Session Description Protocol (SDP) Of-
           fer/Answer Examples. IETF, December 2005

[4353]   Rosenberg, J.: RFC 4353 – A Framework for Conferencing with the Session
           Initiation Protocol (SIP). IETF, February 2006

[4474]   Peterson, J.; Jennings, C.: RFC 4474 – Enhancements for Authenticated Identity
           Management in the Session Initiation Protocol (SIP). IETF, August 2006

[4504]   Sinnreich, H. (Ed.); Lass, S.; Stredicke, C.: RFC 4504 – SIP Telephony Device
           Requirements and Configuration. IETF, May 2006

[4566]   Handley, M.; Jacobson, V.; Perkins, C.: RFC 4566 – SDP: Session Description
           Protocol. IETF, July 2006

[4567]   Arkko, J.; Lindholm, F.; Naslund, M.; Norrman, K.; Carrara, E.: RFC 4567 –
           Key Management Extensions for Session Description Protocol (SDP) and Real
           Time Streaming Protocol (RTSP). IETF, July 2006

[4568]   Andreasen, F.; Baugher, M.; Wing, D.: RFC 4568 – Session Description Proto-
           col (SDP) Security Descriptions for Media Streams. IETF, July 2006

[4572] Lennox, J.: RFC 4572 – Connection-Oriented Media Transport over the Transport Layer Security (TLS) Protocol in the Session Description Protocol (SDP). IETF, July 2006

[4575] Rosenberg, J.; Schulzrinne, H.; Levin, O.: RFC 4575 – A Session Initiation Protocol (SIP) Event Package for Conference State. IETF, August 2006

[4579] Johnston, A.; Levin, O.: RFC 4579 – Session Initation Protocol (SIP) Call Control – Conferencing for User Agents. IETF, August 2006

[4597] Even, R.; Ismail, N.: RFC 4597 – Conferencing Scenarios. IETF, July 2006

[4612] Jones, P.; Tamura, H.: RFC 4612 – Real-Time Facsimile (T.38) – audio/t38 MIME Sub-type Registration. IETF, August 2006

[4648] Josefsson, S.: RFC 4648 – The Base16, Base32, and Base64 Data Encodings. IETF, October 2006

[4662] Roach, A. B.; Campbell, B.; Rosenberg, J.: RFC 4662 – A Session Initiation Protocol (SIP) Event Notification Extension for Resource Lists. IETF, August 2006

[4722] Van Dyke, J.; Burger, E.; Spitzer, A.: RFC 4722 – Media Server Control Markup Language (MSCML) and Protocol. IETF, November 2006

[4733] Schulzrinne, H.; Taylor, T.: RFC 4733 – RTP Payload for DTMF Digits, Telephony Tones, and Telephony Signals. IETF, December 2006

[4734] Schulzrinne, H.; Taylor, T.: RFC 4734 – Definition of Events for Modem, Fax, and Text Telephony Signals. IETF, December 2006

[4740] Garcia-Martin, M. (Ed.); Belinchon, M.; Pallares-Lopez, M.; Canales-Valenzuela, C.; Tammi, K.: RFC 4740 – Diameter Session Initiation Protocol (SIP) Application. IETF, November 2006

[4787] Audet, F. (Ed.); Jennings, C.: RFC 4787 – Network Address Translation (NAT) Behavioral Requirements for Unicast UDP. IETF, January 2007

[4825] Rosenberg, J.: RFC 4825 - The Extensible Markup Language (XML) Configuration Access Protocol (XCAP). IETF, May 2007

[4862] Thomson, S.; Narten, T.; Jinmei, T.: RFC 4862 – IPv6 Stateless Address Autoconfiguration. IETF, September 2007

[4916] Elwell, J.: RFC 4916 – Connected Identity in the Session Initiation Protocol (SIP). IETF, June 2007

[4960] Stewart, R. (Ed.): RFC 4960 – Stream Control Transmission Protocol. IETF, September 2007

[4961]   Wing, D.: RFC 4961 – Symmetric RTP / RTP Control Protocol (RTCP). IETF,
            July 2007

[5027]   Andreasen, F.; Wing, D.: RFC 5027 – Security Preconditions for Session
            Description Protocol (SDP) Media Streams. IETF, October 2007

[5039]   Rosenberg, J.; Jennings, C.: RFC 5039 – The Session Initiation Protocol (SIP)
            and Spam. IETF, January 2008

[5057]   Sparks, R.: RFC 5057 – Multiple Dialog Usages in the Session Initiation Proto-
            col. IETF, November 2007

[5095]   Abley, J.; Savola, P.; Neville-Neil, G.: RFC 5095 – Deprecation of Type 0 Rout-
            ing Headers in IPv6. IETF, December 2007

[5124]   Ott, J.; Carrara, E.: RFC 5124 – Extended Secure RTP Profile for Real-time
            Transport Control Protocol (RTCP)-Based Feedback (RTP/SAVPF). IETF, Feb-
            ruary 2008

[5189]   Stiemerling, M.; Quittek, J.; Taylor, T.: RFC 5189 – Middlebox Communication
            (MIDCOM) Protocol Semantics. IETF, March 2008

[5201]   Moskowitz, R.; Nikander, P.; Jokela, P.; Henderson, T.: RFC 5201 – Host Iden-
            tity Protocol. IETF, April 2008

[5245]   Rosenberg, J.: RFC 5245 – Interactive Connectivity Establishment (ICE): A
            Protocol for Network Address Translator (NAT) Traversal for Offer/Answer
            Protocols. IETF, April 2010

[5246]   Dierks, T.; Rescorla, E.: RFC 5246 – The Transport Layer Security (TLS) Pro-
            tocol Version 1.2. IETF, August 2008

[5359]   Johnston, A. (Ed.); Sparks, R.; Cunningham, C.; Donovan, S.; Summers, K.:
            RFC 5359 – Session Initiation Protocol Service Examples. IETF, October 2008

[5367]   Camarillo, G.; Roach, A. B.; Levin, O.: RFC 5367 – Subscriptions to Request-
            Contained Resource Lists in the Session Initiation Protocol (SIP). IETF, October
            2008

[5382]   Guha, S. (Ed.); Biswas, K.; Ford, B.; Sivakumar, S.; Srisuresh, P.: RFC 5382 –
            NAT Behavioral Requirements for TCP. IETF, October 2008

[5389]   Rosenberg, J.; Mahy, R.; Matthews, P.; Wing, D.: RFC 5389 – Session Traversal
            Utilities for NAT (STUN). IETF, October 2008

[5411]   Rosenberg, J.: RFC 5411 – A Hitchhiker's Guide to the Session Initiation Proto-
            col (SIP). IETF, January 2009

[5432]   Polk, J.; Dhesikan, S.; Camarillo, G.: RFC 5432 – Quality of Service (QoS)
            Mechanism Selection in the Session Description Protocol (SDP). IETF, March
            2009

[5486]   Malas, D.; Meyer, D.: RFC 5486 – Session Peering for Multimedia Interconnect
          (SPEERMINT) Terminology. IETF, March 2009

[5508]   Srisuresh, P.; Ford, B.; Sivakumar, S.; Guha, S: RFC 5508 – NAT Behavioral
          Requirements for ICMP. IETF, April 2009

[5533]   Nordmark, E.; Bagnulo, M.: FRC 5533 – Shim6: Level 3 Multihoming Shim
          Protocol for IPv6. IETF, June 2009

[5597]   Denis-Courmont, R.: RFC 5597 – Network Address Translation (NAT) Behav-
          ioral Requirements for the Datagram Congestion Control Protocol. IETF, Sep-
          tember 2009

[5621]   Camarillo, G.: RFC 5621 – Message Body Handling in the Session Initiation
          Protocol (SIP). IETF, September 2009

[5626]   Jennings, C. (Ed.); Mahy, R. (Ed.); Audet, F. (Ed.): RFC 5626 – Managing Cli-
          ent-Initiated Connections in the Session Initiation Protocol (SIP). IETF, October
          2009

[5627]   Rosenberg, J.: RFC 5627 – Obtaining and Using Globally Routable User Agent
          URIs (GRUUs) in the Session Initiation Protocol (SIP). IETF, October 2009

[5630]   Audet, F.: RFC 5630 – The Use of the SIPS URI Scheme in the Session Initia-
          tion Protocol (SIP). IETF, October 2009

[5707]   Saleem, A.; Xin, Y.; Sharratt, G.: RFC 5707 – Media Server Markup Language
          (MSML). IETF, February 2010

[5751]   Ramsdell, B.; Turner, S.: RFC 5751 – Secure/Multipurpose Internet Mail Exten-
          sions (S/MIME) Version 3.2 Message Specification. IETF, January 2010

[5763]   Fischl, J.; Tschofenig, H.; Rescorla, E.: RFC 5763 – Framework for Establishing
          a Secure Real-time Transport Protocol (SRTP) Security Context Using Data-
          gram Transport Layer Security (DTLS). IETF, May 2010

[5764]   McGrew, D.; Rescorla, E.: RFC 5764 – Datagram Transport Layer Security
          (DTLS) Extension to Establish Keys for the Secure Real-time Transport Proto-
          col (SRTP). IETF, May 2010

[5766]   Mahy, R.; Matthews, P.; Rosenberg, J.: RFC 5766 – Traversal Using Relays
          around NAT (TURN): Relay Extensions to Session Traversal Utilities for NAT
          (STUN). IETF, April 2010

[5768]   Rosenberg, J.: RFC 5768 – Indicating Support for Interactive Connectivity Es-
          tablishment (ICE) in the Session Initiation Protocol (SIP). IETF, April 2010

[5780]   MacDonald, D.; Lowekamp, B.: RFC 5780 – NAT Behavior Discovery Using
          Session Traversal Utilities for NAT (STUN). IETF, May 2010

[5853] Hautakorpi, J.; Camarillo, G.; Penfield, R.; Hawrylyshen, A.; Bhatia, M.: RFC 5853 – Requirements from Session Initiation Protocol (SIP) Session Border Control (SBC) Deployments. IETF, April 2010

[5922] Gurbani, V.; Lawrence, S.; Jeffrey, A.: RFC 5922 – Domain Certificates in the Session Initiation Protocol (SIP). IETF, June 2010

[5944] Perkins, C. (Ed.): RFC 5944 – IP Mobility Support for IPv4, Revised. IETF, November 2010

[5952] Kawamura, S.; Kawashima, M.: RFC 5952 – A Recommendation for IPv6 Address Text Representation. IETF, August 2010

[5996] Kaufman, C.; Hoffman, P.; Nir, Y.; Eronen, P.: RFC 5996 – Internet Key Exchange Protocol Version 2 (IKEv2). IETF, September 2010

[6072] Jennings, C.; Fischl, J. (Ed.): RFC 6072 – Certificate Management Service for the Session Initiation Protocol (SIP). IETF, February 2011

[6086] Holmberg, C.; Burger, E.; Kaplan, H.: RFC 6086 – Session Initiation Protocol (SIP) INFO Method and Package Framework. IETF, January 2011

[6116] Bradner, S.; Conroy, L.; Fujiwara, K.: RFC 6116 – The E.164 to Uniform Resource Identifiers (URI) Dynamic Delegation Discovery System (DDDS) Application (ENUM). IETF, March 2011

[6120] Saint-Andre, P.: RFC 6120 – Extensible Messaging and Presence Protocol (XMPP): Core. IETF, March 2011

[6157] Camarillo, G.; El Malki, K.; Gurbani, V.: RFC 6157 – IPv6 Transition in the Session Initiation Protocol (SIP). IETF, April 2011

[6189] Zimmermann, P.; Johnston, A. (Ed.); Callas, J.: RFC 6189 – ZRTP: Media Path Key Agreement for Unicast Secure RTP. IETF, April 2011

[6216] Jennings, C.; Ono, K.; Sparks, R.; Hibbard, B. (Ed.): RFC 6216 – Example Call Flows Using Session Initiation Protocol (SIP) Security Mechanisms. IETF, April 2011

[6275] Perkins, C.; Johson, D.; Arkko, J.: RFC 3775 – Mobility Support in IPv6. IETF, July 2011

[6314] Boulton, C.; Rosenberg, J.; Camarillo, G.; Audet, F.: RFC 6314 – NAT Traversal Practices for Client-Server SIP. IETF, July 2011

[6337] Okumura, S.; Sawada, T.; Kyzivat, P.: RFC 6337 – Session Initiation Protocol (SIP) Usage of the Offer/Answer Model. IETF, August 2011

[6347] Rescorla, E.; Modadugu, N.: RFC 6347 – Datagram Transport Layer Security Version 1.2. IETF, January 2012

[6455]   Fette, I.; Melnikov, A.: RFC 6455 – The WebSocket Protocol. IETF, December
           2011

[6567]   Johnston, A.; Liess, L.: RFC 6567 – Problem Statement and Requirements for
           Transporting User-to-User Call Control Information in SIP. IETF, April 2012

[6665]   Roach, A. B.: RFC 6665 – SIP-Specific Event Notification. IETF, July 2012

[6716]   Valin, JM; Vos, K.; Terriberry, T: RFC 6716 – Definition of the Opus Audio
           Codec. IETF, September 2012

[6904]   Lennox, J.: RFC 6904 – Encryption of Header Extensions in the Secure Real-
           time Transport Protocol (SRTP). IETF, April 2013

[6910]   Worley, D.; Huelsemann, M.; Jesske, R.; Alexeitsev, D.: RFC 6910 – Comple-
           tion of Calls for the Session Initiation Protocol (SIP). IETF, April 2013

[6913]   Hanes, D.; Salgueiro, G.; Fleming, K.: RFC 6913 – Indicating Fax over IP Ca-
           pability in the Session Initiation Protocol (SIP). IETF, March 2013

[6940]   Jennings, C.; Lowekamp, B. (Ed.); Rescorla, E.; Baset, S.; Schulzrinne, H.: RFC
           6940 – REsource LOcation And Discovery (RELOAD) Base Protocol. IETF,
           January 2014

[7007]   Terriberry, T.: RFC 7007 – Update to Remove DVI4 from the Recommended
           Codecs for the RTP Profile for Audio and Video Conferences with Minimal
           Control (RTP/AVP). IETF, August 2013

[7045]   Carpenter, B.; Jiang, S.: RFC 7045 – Transmission and Processing of IPv6 Ex-
           tension Headers. IETF, December 2013

[7118]   Baz Castillo, I.; Millan Villegas, J.; Pascual, V.: RFC 7118 – The WebSocket
           Protocol as a Transport for the Session Initiation Protocol (SIP). IETF, January
           2014

[7230]   Fielding R. (Ed.); Reschke, J. (Ed.): RFC 7230 – Hypertext Transfer Protocol
           (HTTP/1.1): Message Syntax and Routing. IETF, June 2014

[7231]   Fielding R. (Ed.); Reschke, J. (Ed.): RFC 7231 – Hypertext Transfer Protocol
           (HTTP/1.1): Semantics and Content. IETF, June 2014

[7232]   Fielding R. (Ed.); Reschke, J. (Ed.): RFC 7232 – Hypertext Transfer Protocol
           (HTTP/1.1): Conditional Requests. IETF, June 2014

[7233]   Fielding R. (Ed.); Lavon, Y. (Ed.) Reschke, J. (Ed.): RFC 7233 – Hypertext
           Transfer Protocol (HTTP/1.1): Range Requests. IETF, June 2014

[7234]   Fielding R. (Ed.); Nottingham, M. (Ed.) Reschke, J. (Ed.): RFC 7234 – Hyper-
           text Transfer Protocol (HTTP/1.1): Caching. IETF, June 2014

[7235]   Fielding R. (Ed.); Reschke, J. (Ed.): RFC 7235 – Hypertext Transfer Protocol
            (HTTP/1.1): Authentication. IETF, June 2014

[7263]   Zong, N.; Jiang, X.; Even, R.; Zhang, Y.: RFC 7263 – An Extension to the RE-
            source LOcation And Discovery (RELOAD) Protocol to Support Direct Re-
            sponse Routing. IETF, June 2014

[7264]   Zong, N.; Jiang, X.; Even, R.; Zhang, Y.: RFC 7264 – An Extension to the RE-
            source LOcation And Discovery (RELOAD) Protocol to Support Relay Peer
            Routing. IETF, June 2014

[7350]   Petit-Huguenin, M.; Salgueiro, G.: RFC 7350 – Datagram Transport Layer Secu-
            rity (DTLS) as Transport for Session Traversal Utilities for NAT (STUN). IETF,
            August 2014

[7363]   Maenpaa, J.; Camarillo, G.: RFC 7363 – Self-Tuning Distributed Hash Table
            (DHT) for REsource LOcation And Discovery (RELOAD). IETF, September
            2014

[7374]   Maenpaa, J.; Camarillo, G.: RFC 7374 – Service Discovery Usage for REsource
            LOcation And Discovery (RELOAD). IETF, October 2014

[7433]   Johnston, A.; Rafferty, J.: RFC 7433 – A Mechanism for Transporting User-to-
            User Call Control Information in SIP. IETF, January 2015

[7434]   Drage, K. (Ed.); Johnston, A.: RFC 7434 – Interworking ISDN Call Control
            User Information with SIP. IETF, January 2015

[22078]   TS 22.078: Customised Applications for Mobile network Enhanced Logic
            (CAMEL); Service description; Stage 1 (Release 5). 3GPP, March 2005

[22278]   TS 22.278: Service requirements for the Evolved Packet System (EPS) (Release
            8). 3GPP, December 2008

[22368]   TR 22.368: Service requirements for Machine-Type Communications (MTC);
            Stage 1 (Release 13). 3GPP, December 2014

[22934]   TR 22.934: Feasibility Study on 3GPP system to Wireless Local Area Network
            (WLAN) interworking (Release 6). 3GPP, September 2003

[22978]   TR 22.978: All-IP Network (AIPN) Feasibility Study (Release 7). 3GPP, June
            2005

[22980]   TR 22.980: Network composition feasibility study (Release 12). 3GPP, October
            2014

[23002]   TS 23.002: Network architecture (Release 13). 3GPP, December 2014

[23078]   TS 23.078: Customized Applications for Mobile network Enhanced Logic
            (CAMEL) Phase 4 – Stage 2 (Release 5). 3GPP, June 2006

[23203]   TS 23.203: Policy and charging control architecture (Release 8). 3GPP, March
            2009

[23207]   TS 23.207: End-to-End Quality of Service (QoS) concept and architecture (Re-
            lease 5). 3GPP, September 2005

[23216]   TS 23.216: Single Radio Voice Call Continuity (SRVCC); Stage 2 (Release 12).
            3GPP, December 2014

[23218]   TS 23.218: IM Call Model; Stage 2 (Release 7). 3GPP, October 2006

[23221]   TS 23.221: Architectural requirements (Release 5). 3GPP, September 2004

[23227]   TS 23.237: IP Multimedia Subsystem (IMS) Service Continuity; Stage 2 (Re-
            lease 12). 3GPP, December 2014

[23228]   TS 23.228: IP Multimedia Subsystem (IMS); Stage 2 (Release 5). 3GPP, June
            2006

[23237]   TS 23.237: IP Multimedia Subsystem (IMS) Service Continuity; Stage 2 (Re-
            lease 12). 3GPP, December 2014

[23272]   TS 23.272: Circuit Switched (CS) fallback in Evolved Packet System (EPS);
            Stage 2 (Release 12). 3GPP, September 2014

[23401]   TS 23.401: General Packet Radio Service (GPRS) enhancements for Evolved
            Universal Terrestrial Radio Access Network (E-UTRAN) access (Release 8).
            3GPP, March 2009

[23402]   TS 23.402: Architecture enhancements for non-3GPP accesses (Release 8).
            3GPP, March 2009

[23701]   TR 23.701: Study on Web Real Time Communication (WebRTC) access to IP
            Multimedia Subsystem (IMS); Stage 2 (Release 12). 3GPP, December 2013

[23703]   TR 23.703: Study on architecture enhancements to support Proximity-based
            Services (ProSe) (Release 12). 3GPP, February 2014

[23882]   TR 23.882: 3GPP System Architecture Evolution: Report on Technical Options
            and Conclusions (Release 8). 3GPP, September 2009

[24147]   TS 24.147: Conferencing using the IP Multimedia (IM) Core Network (CN)
            subsystem; Stage 3 (Release 6). 3GPP, December 2006

[24228]   TS 24.228: Signalling flows for the IP multimedia call control based on Session
            Initiation Protocol (SIP) and Session Description Protocol (SDP); Stage 3 (Re-
            lease 5). 3GPP, September 2006

[25401]   TS 25.401: UTRAN Overall Description (Release 1999). 3GPP, June 2002

[25410]   TS 25.410: UTRAN Iu Interface: general aspects and principles (Release 5).
            3GPP, June 2004

[25426]   TS 25.426: UTRAN Iur and Iub interface data transport & transport signalling for DCH data streams (Release 5). 3GPP, September 2004

[25432]   TS 25.432: UTRAN Iub interface: signalling transport (Release 5). 3GPP, September 2002

[25912]   TR 25.912: Feasibility study for evolved Universal Terrestrial Radio Access (UTRA) and Universal Terrestrial Radio Access Network (UTRAN) (Release 7). 3GPP, June 2007

[25913]   TR 25.913: Requirements for Evolved UTRA (E-UTRA) and Evolved UTRAN (E-UTRAN) (Release 9). 3GPP, December 2009

[29060]   TS 29.060: GPRS Tunneling Protocol (GTP) across the Gp and Gn interface (Release 5). 3GPP, September 2005

[29078]   TS 29.078: Customised Applications for Mobile network Enhanced Logic (CAMEL) Phase 4; CAMEL Application Part (CAP) specification (Release 5). 3GPP, September 2004

[29163]   TS 29.163: Interworking between the IP Multimedia (IM) Core Network (CN) subsystem and Circuit Switched (CS) networks (Release 6). 3GPP, December 2004

[29333]   TS 29.333: Multimedia Resource Function Controller (MRFC) – Multimedia Resource Function Processor (MRFP) Mp Interface - Stage 3; (Release 8). 3GPP, March 2009

[32200]   TS 32.200: Charging principles (Release 5). 3GPP, September 2005

[32240]   TS 32.240: Charging architecture and principles (Release 6). 3GPP, September 2006

[32251]   TS 32.251: Packet Switched (PS) domain Charging (Relase 6). 3GPP, June 2007

[32252]   TS 32.252: Wireless Local Area Network (WLAN) charging (Release 6). 3GPP, September 2006

[32260]   TS 32.260: IP Multimedia Subsystem (IMS) charging (Relase 6). 3GPP, March 2007

[32295]   TS 32.295: Charging Data Record (CDR) transfer (Release 6). 3GPP, June 2006

[32296]   TS 32.296: Online Charging System (OCS): Applications and interfaces (Release 6). 3GPP, September 2006

[32297]   TS 32.297: Charging Data Record (CDR) file format and transfer (Release 6). 3GPP, September 2006

[32299]   TS 32.299: Diameter charging applications (Release 6). 3GPP, September 2007

[33102]   TS 33.102: Security architecture (Release 12). 3GPP, December 2014

[33203]   TS 33.203: Access security for IP-based services (Release 5). 3GPP, September 2007

[33210]   TS 33.210: IP network layer security (Release 5). 3GPP, September 2003

[35201]   TS 35.201: Specification of the 3GPP Confidentiality and Integrity Algorithms; Document 1: f8 and f9 Specification (Release 12). 3GPP, September 2014

[36300]   TS 36.300: Evolved Universal Terrestrial Radio Access (E-UTRA) and Evolved Universal Terrestrial Radio Access Network (E-UTRAN); Overall description; Stage 2 (Release 8). 3GPP, March 2009

[36913]   TR 36.913: Requirements for further advancements for Evolved Universal Terrestrial Radio Access (E-UTRA) (LTE-Advanced) (Release 12). 3GPP, September 2014

[100522]   TS 100 522: Network architecture (GSM 03.02 version 7.1.0 Release 1998). ETSI, February 2000

[102034]   TS 102 034: Transport of MPEG-2 TS Based DVB Services over IP Based Networks, V1.5.2. ETSI, December 2014

[102237]   TS 102 237-2: H.323-SIP interoperability test scenarios to support multimedia communications in NGN environments. ETSI, December 2003

[102690]   TS 102 690: Machine-to-Machine communications (M2M); Functional architecture, V.2.1.1. ETSI, October 2013

[102921]   TS 102 921: Machine-to-Machine communications (M2M); mIa, dIa and mId interfaces, V1.3.1. ETSI, September 2014

[123228]   TS 123 228: IP Multimedia Subsystem (IMS); Stage 2 (3GPP TS 23.228 version 7.5.0 Release 7). ETSI, September 2006

[123517]   TS 123 517: IP Multimedia Subsystem (IMS); Functional architecture (3GPP TS 23.517 version 8.0.0 Release 8). ETSI TISPAN, December 2007

[180000]   TR 180 000: NGN Terminology. ETSI TISPAN, February 2006

[180001]   TR 180 001: NGN Release 1; Release definition. ETSI TISPAN, March 2006

[181005]   TS 181 005: Service and Capability Requirements, V2.5.1. ETSI TISPAN, December 2009

[181016]   TS 181 016: Service Layer Requirements to integrate NGN Services and IPTV, V3.3.1. ETSI, July 2009

[182019]   TS 182 019: Content Delivery Network (CDN) Architecture, V3.1.2. ETSI TISPAN, September 2011

[182027]   TS 182 027: IPTV functions supported by the IMS subsystem, V3.5.1. ETSI, March 2011

[182028]   TS 182 028: NGN integrated IPTV subsystem Architecture, V3.5.1. ETSI, February 2011

[183004]   TS 183 004: PSTN/ISDN simulation services: Communication Diversion (CDIV); Protocol specification. ETSI TISPAN, June 2008

[183005]   TS 183 005: PSTN/ISDN simulation services: Conference (CONF); Protocol specification. ETSI TISPAN, June 2008

[183006]   TS 183 006: PSTN/ISDN simulation services; Message Waiting Indication (MWI): Protocol specification. ETSI TISPAN, June 2008

[183007]   TS 183 007: PSTN/ISDN simulation services; Originating Identification Presentation (OIP) and Originating Identification Restriction (OIR); Protocol specification. ETSI TISPAN, June 2008

[183008]   TS 183 008: PSTN/ISDN simulation services; Terminating Identification Presentation (TIP) and Terminating Identification Restriction (TIR); Protocol specification. ETSI TISPAN, June 2008

[183010]   TS 183 010: NGN Signalling Control Protocol; Communication HOLD (HOLD); PSTN/ISDN simulation services. ETSI TISPAN, June 2008

[183011]   TS 183 011: PSTN/ISDN simulation services; Anonymous Communication Rejection (ACR) and Communication Barring (CB); Protocol specification. ETSI TISPAN, June 2008

[183015]   TS 183 015: NGN Signalling Control Protocol; Communication Waiting (CW) PSTN/ISDN simulation services. ETSI TISPAN, April 2009

[183016]   TS 183 016: PSTN/ISDN simulation services; Malicious Communication Identification (MCID); Protocol specification. ETSI TISPAN, June 2008

[183023]   TS 183 023: Extensible Markup Language (XML) Configuration Access Protocol (XCAP) over the Ut interface for Manipulating NGN PSTN/ISDN Simulation Services. ETSI TISPAN, March 2006

[183029]   TS 183 029: PSTN/ISDN simulation services: Explicit Communication Transfer (ECT); Protocol specification. ETSI TISPAN, June 2008

[183036]   TS 183 036: ISDN/SIP interworking; Protocol specification. ETSI TISPAN, August 2012

[183042]   TS 183 042: PSTN/ISDN Simulation Services; Completion of Communications to Busy Subscriber (CCBS), Completion of Communications by No Reply (CCNR); Protocol specification. ETSI TISPAN, January 2009

[183043]   TS 183 043: IMS-based PSTN/ISDN Emulation; Stage 3 specification. ETSI TISPAN, April 2011

[183047]   TS 183 047: NGN IMS Supplementary Services; Advice Of Charge (AOC). ETSI TISPAN, June 2008

[183054]   TS 183 054: PSTN/ISDN simulation services; Protocol specification Closed User Group (CUG). ETSI TISPAN, June 2008

[184006]   TS 184 006: Interconnection and Routeing requirements related to Numbering and Naming for NGNs; NAR Interconnect. ETSI TISPAN, September 2008

[282001]   ES 282 001: NGN Functional Architecture. ETSI TISPAN, September 2009

[282002]   ES 282 002: PSTN/ISDN Emulation Sub-System (PES); Functional architecture. ETSI TISPAN, March 2006

[282003]   ES 282 003: Resource and Admission Control Sub-system (RACS); Functional Architecture. ETSI TISPAN, June 2006

[282004]   ES 282 004: NGN Functional Architecture; Network Attachment Sub-System (NASS). ETSI TISPAN, June 2006

[282007]   ES 282 007: IP Multimedia Subsystem (IMS); Functional architecture. ETSI TISPAN, June 2006

[283027]   ES 283 027: Endorsement of the SIP-ISUP Interworking between the IP Multimedia (IM) Core Network (CN) subsystem and Circuit Switched (CS) networks. ETSI TISPAN, April 2006

[302769]   EN 302 769: Frame structure channel coding and modulation for a second generation digital transmission system for cable systems (DVB-C2). V1.2.1. ETSI, April 2011

[383001]   EN 383 001: Interworking for SIP/SIP-T (BICC, ISUP). ETSI, June 2006

[3GPP]   http://www.3gpp.org

[3GPP2]   http://www.3gpp2.org

[3GPPr]   http://www.3gpp.org/releases

[3gpps]   http://www.3gpp.org/specifications

[AbuS]   Abu Salah, Stefan; Brack, Stephan; Grebe, Andreas; Marikar, Achim; Trick, Ulrich; Weber, Frank: BMBF-Forschungsprojekt: Verbesserung der netzeübergreifenden Quality of Service bei SIP-basierter VoIP-Kommunikation (QoSSIP) – Abschlussbericht. FH Köln und FH Frankfurt a.M., 2008

[Acme]   Acme Packet: Session Border Control. White Paper. www.telecommagazine.com, 2003

[Ailb]   Ailbayev, Azamat: SDN Controlled Data Network for WebRTC based Services. Master Thesis Frankfurt University of Applied Sciences, Fachgebiet Telekommunikationsnetze, WS 2014/15

[Akka1]   Akkaya, Özgür: Analyse, Realisierung und Test der Protokolle MEGACO und
            MGCP. Diplomarbeit FH Frankfurt a.M., Fachgebiet Digitale Übertragungs-
            technik – Telekommunikationsnetze, WS 2004/05

[Akka2]   Akkaya, Özgür; Trick, Ulrich: Forschungsprojekt: Notruf bei Voice over IP –
            Abschlussbericht. FH Frankfurt a.M., Forschungsgruppe für Telekommunikati-
            onsnetze, 2006

[aknn]   http://www.aknn.de

[Almu]   Almukarkar, Farah; Ibrahim, Shivan Mohammad: Das Skype-Voice over IP-
            Verfahren. Diplomarbeit FH Frankfurt a.M., Fachgebiet Digitale Übertragungs-
            technik – Telekommunikationsnetze, SS 2004

[Alve]   Alvestrand, H.: Overview: draft-ietf-rtcweb-overview-13 – Real Time Protocols
            for Browser-based Applications (Work in Progress). IETF, November 2014

[Andr]   Andrews, Jeffrey G.; Buzzi, Stefano; Choi, Wan; Hanly, Stephen V.; Lozano,
            Angel; Soong, Anthony C. K.; Zhang, Jianzhong Charlie: What Will 5G Be?
            IEEE Journal on Selected Areas in Communications Vol. 32 No.6 pp.1065-
            1082, June 2014

[Apel]   Apel, Jochen: Future Networks – First Implementations of SDN & NFV. ITG-
            Konferenz Zukunft der Netze, Braunschweig, September 2014

[Appe]   Appel, Jochen: NGN – aktuelle Entwicklungen. ITG-Workshop Zukunft der
            Netze, Bremen, November 2006

[Arba]   Arbanowski, Stefan: The FOKUS Open SOA Telco Playground. FhG FOKUS
            Berlin, 2008

[aste]   http://www.asterisk.org

[Bada]   Badach, Anatol; Hoffmann, Erwin: Technik der IP-Netze. Hanser, 2007

[Bagl]   Baglietto, Pierpaolo; Maresca, Massimo; Stecca, Michele; Moiso, Corrado:
            Towards a CAPEX-free Service Delivery Platform. Proc. 16th Int. Conf. on In-
            telligence in Next Generation Networks (ICIN), Berlin, October 2012

[Bahg]   Bahga, Arshdeep; Madisetti, Vijay: Internet of Things – A Hands-On Approach.
            Arshdeep Bagha & Vijay Madisetti, 2014

[Bale]   Bale, Mel C.: Voice and Internet multimedia in UMTS networks. BT Technol J
            Vol 19 No 1 January 2001, p. 48–66

[Band]   Bandow, Gerhard et al.: Zeichengabesysteme. Mi, 1999

[Bane1]   Banet, Franz-Josef: UMTS Virtual Home Environment. Aus Innovati-
            on@Infrastruktur, Hüthig, 2002

[Bane2]   Banet, Franz-Josef; Gärtner, Anke; Teßmer, Gerhard: UMTS – Netztechnik,
            Dienstarchitektur, Evolution. Hüthig, 2004

[Base]   Baset, Salman A.; Schulzrinne, Henning: An Analysis of the Skype Peer-to-Peer
            Internet Telephony Protocol. Department of Computer Science, Columbia Uni-
            .versity New York, September 2004

[Baue]   Bauer, Markus; Hilt, Volker: Network Functions Virtualization (NFV) and
            Software Defined Networking (SDN), Teil 4: Virtualisierung von Telekommu-
            nikationsdiensten. ITG News 01/2015, S. 20-22

[Bege]   Begen, A.: draft-begen-mmusic-rfc4566bis-iana-updates-01 – IANA Registry
            Updates for RFC 4566bis (Work in Progress). IETF, January 2015

[Bels]   Belson, David: akamai´s state of the internet Q3 2014 Report. Akamai, 2015

[Berg]   Berg, Stefan: Das IP Multimedia Subsystem – Enabler für ein neues Dienstezeit-
            alter? Wird IMS erfüllen, was Intelligente Netze einst versprachen? Detecon
            Management Report 4/2006, S.21-25

[Berg2]   Berg insight AB: The Global Wireless M2M Market – 6th Edition. Berg insight
            AB, August 2014

[Bier]   Biere, Dietmar: Digitale Kopfstellen auf dem Weg zur "Next Generation" TV
            Aufbereitung. 10. Kabelkongress FRK Leipzig, November 2007

[BIST]   SIP Trunking – Detailempfehlungen zur harmonisierten Implementierung in
            Deutschland unter besonderer Berücksichtigung der SIPconnect 1.1 Technical
            Recommendation des SIP-Forum. BITKOM, 2011

[BITK]   BITKOM: Stellungnahme Technische Potentiale LTE Mobilfunk und VDSL
            Vectoring. Bundesverband Informationswirtschaft, Telekommunikation und
            neue Medien, Mai 2012

[BITK1]   BITKOM: Jung und vernetzt – Kinder und Jugendliche in der digitalen Gesell-
            schaft. Studie BITKOM, 2014

[BITK2]   BITKOM: IT-Strategie – Digitale Agenda für Deutschland. Studie BITKOM,
            2014

[Blen]   Blenk, Andreas; Basta, Arsany; Kellerer, Wolfgang; Zinner, Thomas; Wamser,
            Florian; Tran-Gia, Phuoc: Network Functions Virtualization (NFV) and Soft-
            ware Defined Networking (SDN), Teil 1: Forschungsfragen und Anwendungs-
            fälle. ITG News 01/2015, S. 10-13

[BNet]   http://www.bundesnetzagentur.de

[Böhm]   Böhmer, Wolfgang: VPN – Virtual Private Networks. Hanser, 2005

[Bosw]   Boswarthick, David; Elloumi, Omar; Hersent, Olivier: M2M Communications –
            A Systems Approach. Wiley, 2012

[Boul]   Boulton, Chris; Gronowski, Kristoffer: Understanding SIP Servlets 1.1. Artech House, 2009

[Bowe]   Bower, Chris de Courcy; Franx, Wouter; Hammer, Manfred: Overlay NGN Migration Approach to Deliver Multimedia Services. IEEE, 2004

[Brac]   Brack, Stephan: BMBF-Forschungsprojekt QoSSIP – Zwischenbericht „Messungen der Sprachqualität bei Verwendung verschiedener Codecs". FH Frankfurt a.M., Forschungsgruppe für Telekommunikationsnetze, 2007

[Brau]   Braun, Wolfgang; Menth, Michael: Software-Defined Networking Using OpenFlow: Protocols, Applications and Architectural Design Choices. Future Internet 2014, 6, pp.302-336

[Brun]   Brunner, Tobias: Migration IPv4 auf IPv6. Semesterarbeit. Hochschule für Technik Zürich, Juli 2008

[Buhr]   Buhr, Walter: What is infrastructure? Aus „Volkswirtschaftliche Diskussionsbeiträge", Discussion Paper No. 107-03, Uni Siegen, 2003

[Bund]   Bundesregierung: Digitale Agenda 2014-2017. Bundesministerium für Wirtschaft und Energie, Bundesministerium des Inneren und Bundesministerium für Verkehr und digitale Infrastruktur, August 2014

[Busr]   Busropan, Bryan; Pittmann, Frank; Ruffino, Simone; Karasti, Olavi; Gebert, Jens; Koshimizu, Takashi; Moro, David; Ohlmann, Börje; Papadoglou, Nick; Schieder, Andreas; Speltacker, Winfried; Typpö, Ville; Svaet, Stein: Ambient Networks Scenarios, Requirements and Draft Concepts. 6. EU Framework Programme, Project 507134, WWI Ambient Networks, D1.2 Version 1.2, October 2004

[Cabl]   http://www.cablelabs.com

[Cama]   Camarillo, Gonzalo: SIP demystified. McGraw-Hill, 2002

[Camp]   Campbell, Andrew T.; Gomez, Javier; Kim, Sanghyo; Wan, Chieh-Yih: Comparison of IP Micromobility Protocols. IEEE Wireless Communications, Vol. 9, pp.72-78, February 2002

[Care]   Carella, Guiseppe; Corici, Marius; Crosta, Paolo; Comi, Paolo; Bohnert, Thomas Michael; Corici, Andreaa Ancuta; Vingarzan, Dragos; Magedanz, Thomas: Cloudified IP Multimedia Subsystem (IMS) for Network Function Virtualization (NFV)-based architectures. Proc. of IEEE Symposium on Computers and Communication, Funchal, June 2014

[Caru]   Carugi, Marco: Telecom Service Delivery Platforms and Application Stores. Int. Workshop "Innovative research directions in the field of telecommunications in the world", Moscow, July 2011

[Chem]   Chemouil, Prosper: Paving the long and winding road for future networks. IEEE/IFIP Network Operations and Management Symposium, Krakow, May 2014

[Chen]   Chen, Shanzhi; Zhao, Jian: The Requirements, Challenges, and Technologies for 5G of Terrestrial Mobile Telecommunication. IEEE Communications Magazine Vol. 52 Issue 5 pp.36-43, May 2014

[Chor]   http://pdos.csail.mit.edu/chord

[Cohe]   Cohen, J.; Aggarwal, S.; Goland, Y. Y.: draft-cohen-gena-p-base-01.txt – General Event Notification Architecture Base: Client to Arbiter. IETF, September 2000

[Cope]   Copeland, Rebecca: Telco App Stores – Friend or Foe. Proc. 14th Int. Conf. on Intelligence in Next Generation Networks (ICIN), Berlin, October 2010

[Cord]   Cordell, Pete J.; Potter, Morgan; Wilmot, Chris D.: H.323 – a key to the multimedia future. BT Technol J Vol 19 No 2 April 2001, p 89–106

[Cox]   Cox, Christopher: An Introduction to LTE – LTE, LTE-Advanced, SAE, VoLTE and 4G Mobile Communications. John Wiley, 2014

[Crut]   Crutel, P.: Interworking of WebRTC with IMS Networks. Proc. NGSP 2014, München, June 2014

[Cuev]   Cuevas, Antonio: Deployment of VoLTE on an IMS platform. Proc. NGSP 2014, München, June 2014

[Damn]   Damnajanovic, Alexandar; Montojo, Juan; Wei, Yongbin; Ji, Tingfang; Luo, Tao; Vajapeyam, Madhavan; Yoo, Taesang; Song, Osok; Malladi, Durga: A Survey on 3GPP Heterogeneous Networks. IEEE Wireless Communications Vol. 18 Issue 3 pp.10-21, June 2011

[data]   https://datatracker.ietf.org

[Davi]   Davis, Joseph: Understanding IPv6. Microsoft, 2008

[Dawk]   Dawkins, S. (Editor): SIPconnect 1.1 FINAL (v27) – SIP-PBX / Service Provider Interoperability: "SIPconnect 1.1 Technical Recommendation". SIP Forum Document Number: TWG-2. SIP Forum, 2011

[Deme]   Dementev, Oleg: Machine-Type Communications as Part of LTE-Advanced Technology in Beyond-4G Networks. Proc. 14th Conf. of FRUCT, Espoo, November 2013

[denE1]   Abschlussbericht zum Feldversuch ENUM. DENIC, September 2005

[denE2]   http://www.denic.de/de/enum

[denE3]   ENUM bei der DENIC – Pläne und Ansatzpunkte für zukünftige Vorhaben.
           DENIC, September 2006

[Dier]   Dierks, T.; Rescorla, E.: draft-ietf-tls-tls13-04 – The Transport Layer Security
           (TLS) Protocol Version 1.3 (Work in Progress). IETF, January 2015

[disp]   http://www.ietf.org/html.charters/dispatch-charter.html

[Ditt]   Dittler, Hans Peter: IPv6 – das neue Internetprotokoll. dpunkt, 2002

[Do3M]   DOCSIS 3.1: Data-Over-Cable Service Interface Specifications DOCSIS 3.1 –
           MAC and Upper Layer Protocols Interface Specification. Cable Television La-
           boratories, December 2014

[DOCS]   http://www.cablemodem.com

[Dori]   Doria, A.; Hadi Salim, J.; Haas, R.; Khosravi, H.; Wang, W.; Dong, L.; Gopal,
           R.; Halpern, J.: RFC 5810 – Forwarding and Control Element Separation
           (ForCES) Protocol Specification. IETF, March 2010

[Dous]   Douskalis, Bill: Putting VoIP To Work – Softswitch Network Design and
           Testing. Prentice Hall, 2002

[dvb]   http://www.etsi.org/technologies-clusters/technologies/broadcast/dvb

[DVBP]   https://www.dvb.org

[Dwor]   Dworkin, Morris: NIST Special Publication 800-38A – Recommendation for
           Block Cipher Modes of Operation. NIST, 2001

[E164]   E.164: The international public telecommunication numbering plan. ITU-T,
           November 2010

[e2na]   https://portal.etsi.org/tb.aspx?tbid=784

[Ecke]   Eckert, Claudia: IT-Sicherheit. Oldenbourg, 2014

[Eich1]   Eichelmann, Thomas; Fuhrmann, Woldemar; Trick, Ulrich; Ghita, Bogdan:
           Creation of value added services in NGN with BPEL. Proc. of 4th Symposium
           on Security, E-learning, Internet and Networking, SEIN 2008, pp.187-194, No-
           vember 2008

[Eich2]   Eichelmann, Thomas: Automated creation and provisioning of valueadded tele-
           communication services. PhD Thesis, Plymouth University, 2015

[Ekst]   Ekström, Hannes: Queue Management in 3rd Generation Wireless Networks.
           ITG-Fachbericht 176 Mobilfunk, S.119-129, Juni 2003

[ElBo1]   El Bouarfati, Soulaimane; Weber, Frank; Trick, Ulrich: Netzmodellierung und
           ISDN-NGN-Migration. 5. Würzburger Workshop "IP-Netzmanagement, Netz-
           planung und Optimierung", Juli 2005

[ElBo2]   El Bouarfati, Soulaimane: BMBF-Forschungsprojekt QoSSIP – Zwischenbericht „Messungen der QoS-Parameter für VoIP in verschiedenen IP-Netzen". FH Frankfurt a.M., Forschungsgruppe für Telekommunikationsnetze, 2007

[ElHa]   El Hattachi, R.; Erfanian, J.: NGMN 5G Initiative White Paper – Executive Version 1.0. NGMN, December 2014

[Elna]   Elnashar, Ayman; El-saidny, Mohamed A.; Sherif, Mahmoud: Design, Deployment and Performance of 4G LTE Networks. John Wiley, 2014

[emod]   http://www.itu.int/ITU-T/studygroups/com12/emodelv1/auditool.htm

[enum]   http://www.enum-center.de

[Eric1]   Ericsson: Ericsson Mobility Report. Ericsson, June 2014

[Eric2]   Ericsson: 10 Hot Consumer Trends 2015. Ericsson, January 2015

[Erl]   Erl, Thomas; Mahmood, Zaigham; Puttini, Ricardo: Cloud Computing – Concepts, Technology & Architecture. Prentice Hall, 2014

[ETSI]   http://www.etsi.org

[ETSI2]   ETSI ISG NFV: Network Functions Virtualisation – An Introduction, Benefits, Enablers, Challenges & Call for Action. SDN and OpenFlow World Congress, Darmstadt, October 2012

[etss]   http://www.etsi.org/standards-search

[EURE]   EURESCOM 0241-1109: Next Generation Networks: the service offering standpoint. Eurescom, November 2001

[Ezzo]   Ezzouine, Ikbal: Peer-to-Peer-Kommunikation mit SIP. Diplomarbeit FH Frankfurt a.M., Fachgebiet Digitale Übertragungstechnik – Telekommunikationsnetze, WS 2005/06

[F180]   FIPS 180-3: Secure Hash Standard. NIST, October 2008

[F197]   FIPS 197: Announcing the Advanced Encryption Standard (AES). NIST, November 2001

[FCC]   http://www.fcc.gov

[FCC05]   FCC: First Report and Order. June 2005

[FCCN]   FCC: FCC Finds U.S. Broadband Deployment Not Keeping Pace. FCC News, January 2015

[Fern]   Fernández, Luis López; Diaz, Miguel Parid; Mejias, Raúl Benitez; López, Fran-
            cisco Javier; Santos, José Antonio: Kurento: a media server technology for con-
            vergent WWW/mobile real-time multimedia communications supporting Web-
            RTC. Proc. IEEE 14th Int. Symposium and Workshops on a World of Wireless,
            Mobile and Multimedia Networks (WoWMoM), Madrid, 2013

[FGNG]   http://www.itu.int/ITU-T/ngn/fgngn

[Flow]   http://flowgrammable.org/sdn/openflow/message-layer

[Fues]   Fuest, Klaus; Pols, Axel et al.: Zukunft digitale Wirtschaft. Studie. BITKOM
            und Roland Berger, Jan. 2007

[G107]   G.107: The E-model, a computational model for use in transmission planning.
            ITU-T, March 2005

[G113]   G.113 Appendix I: Provisional planning values for the equipment impairment
            factor Ie and packet-loss robustness factor Bpl. ITU-T, May 2002

[G114]   G.114: One-way transmission time. ITU-T, May 2003

[G722]   G.722: 7 kHz audio-coding within 64 kbit/s. ITU-T, September 2012

[G7222]   G.722.2: Wideband coding of speech at around 16 kbit/s using Adaptive Multi-
            Rate Wideband (AMR-WB). ITU-T, July 2003

[Gall]   Gallon, Chris: Quality of Service for Next Generation Voice Over IP Networks;
            MSF Technical Report MSF-TR-QoS-001-Final. Multiservice Switching Forum,
            February 2003

[Gayd]   Gayda, Christian: Opportunities of future mobile communication. ITG-
            Fachbericht 184 Mobilfunk, S.97-116, Juni 2004

[Gilb]   Gilbert, Howard: Ethernet. Yale University
            (http://www.yale.edu/pclt/COMM/ETHER.HTM), 1995

[Gill]   Gillespie, Alex: Access Network – Technology and V5 Interfacing. Artech
            House, 1997

[Giuh]   Giuhat, Micaela: Security Impact on VoIP. Int. SIP Conference, Paris, January
            2004

[Glan]   Glanz, Axel; Büsgen, Marc: Machie-to-Machine-Kommunikation. Campus,
            2013

[Göra]   Göransson, Paul; Black, Chuck: Software Defined Networks – A Comprehen-
            sive Approach. Elsevier, 2014

[Gola1]   Goland, Yaron Y.; Cai, Ting; Leach, Paul; Gu, Ye; Albright, Shivaun: draft-cai-
            ssdp-v1-03.txt – Simple Service Discovery Protocol/1.0. IETF, October 1999

[Gola2]   Goland, Yaron Y.; Schlimmer, Jeffrey C.: draft-goland-http-udp-04.txt – Multicast and Unicast UDP HTTP Messages. UPnP Forum TechnicalCommittee, October 2000

[Gupt]   Gupta, Lav: Voice over LTE: Status and Migration Trends. Student Research Project, Washington University in St. Louis, May 2014

[H222]   H.222.0: Generic coding of moving pictures and associated audio information: Systems. ITU-T, October 2014

[H225]   H.225.0: Call signalling protocols and media streams packetization for packet-based multimedia communication systems. ITU-T, July 2003

[H245]   H.245: Control protocol for multimedia communication. ITU-T, July 2003

[H248]   H.248.1: Gateway control protocol. ITU-T, March 2003

[H323]   H.323: Packet-based multimedia communications systems. ITU-T, July 2003

[H4501]   H.450.1: Generic functional protocol for the support of supplementary services in H.323. ITU-T, February 1998

[H4502]   H.450.2: Call transfer supplementary service for H.323. ITU-T, February 1998

[H4503]   H.450.3: Call diversion supplementary service for H.323. ITU-T, February 1998

[H4504]   H.450.4: Call hold supplementary service for H.323. ITU-T, May 1999

[H4505]   H.450.5: Call park and call pickup supplementary services for H.323. ITU-T, May 1999

[H4506]   H.450.6: Call waiting supplementary service for H.323. ITU-T, May 1999

[H4507]   H.450.7: Message waiting indication supplementary service for H.323. ITU-T, May 1999

[H4508]   H.450.8: Name identification supplementary service for H.323. ITU-T, February 2000

[H4509]   H.450.9: Call completion supplementary services for H.323. ITU-T, November 2000

[H45010]   H.450.10: Call offering supplementary services for H.323. ITU-T, March 2001

[H45011]   H.450.11: Call intrusion supplementary services. ITU-T, March 2001

[H45012]   H.450.12: Common informational additional network feature for H.323. ITU-T, July 2001

[Hafe]   Hafer, Ronald: Entwicklung und Implementierung einer SIP-Vermittlungsinfrastruktur auf der Basis von IPv6. Bachelorarbeit FH Frankfurt a.M., Fachgebiet Telekommunikationsnetze, SS 2010

[Hamm]   Hammerschall, U: Verteilte Systeme und Anwendungen. Pearson, 2005

[Hand]   Handley, M.; Jacobson, V.; Perkins, C. S.; Begen, A.: draft-ietf-mmusic-rfc4566bis-14 – SDP: Session Description Protocol (Work in Progress). IETF, January 2015

[Haye]   Hayes, Malcolm; Kahabka, Marc: Intelligent schützen – Voice over IP Media Firewalls für moderne Multiservicenetze. NET 6/05, S. 31-33

[Hein]   Hein, Mathias: TCP/IP. MITP, 2002

[Hell]   Hellman, Martin E.; Diffie, Bailey W.; Merkle, Ralph C.: Cryptographic Apparatus and Method. United States Patent 4200770; April 29, 1980

[Hick]   Hicks, Jeff: VoIP: Do You See What I´m Saying? NetQoS, 2008

[Hoeh]   Hoeher, Thomas; Tomic, Slobodanka; Menedetter, Richard: SIP collides with IPv6. Int. Conf. on Networking and Services, ICNS ´06, Silicon Valley, July 2006

[Hofp]   Hofpauir, Scott: Building Applications Using SIP. Broadsoft, 1999

[Holm]   Holmberg, C.; Loreto, S.; Camarillo, G.: draft-ietf-mmusic-sctp-sdp-11 – Stream Control Transmission Protocol (SCTP)-Based Media Transport in the Session Description Protocol (SDP) (Work in Progress). IETF, December 2014

[Hour]   Hourihan, Seamus: IMS right & wrong. Acme Packet, Spring VON 2007, March 2007

[Huve]   Huve, F.: Network Function Virtualization: a key success factor for telecom service providers to offer WebRTC-based services? Proc. NGSP 2014, München, June 2014

[IAB]   http://www.iab.org

[IANA1]   http://www.iana.org/assignments/port-numbers

[IANA2]   http://www.iana.org/assignments/rtcp-xr-block-types

[IANA3]   http://www.iana.org/assignments/sip-events

[ID21]   Initiative D21: D21-Digital-Index 2014 – Die Entwicklung der digitalen Gesellschaft in Deutschland. Studie Initiative D21/TNS Infratest, 2014

[IEEE]   http://www.ieee.org

[IETF]   http://www.ietf.org

[IPCC]   IPCC: Reference Architecture. IPCC, V1.2, June 2002

[iptv]   https://academy.itu.int/topics/item/328-iptv

[IPv6]   http://www.ipv6forum.com

[IR92]   IR.92: IMS Profile for Voice and SMS, Version 7.0. GSMA, March 2013

[iSAC]   iSAC datasheet. Global IP Sound, 2005

[ituE]   http://www.itu.int/ITU-T/inr/enum

[itup]   http://www.itu.int/en/ITU-T/publications/Pages/recs.aspx

[ITUT]   http://www.itu.int/ITU-T

[ITUT2]   ITU-T: Measuring the Information Society Report 2014 – Executive Summary. ITU-T, 2014

[Ivov1]   Ivov, E.; Rescorla, E.; Uberti, J.: draft-ietf-mmusic-trickle-ice-02 - Trickle ICE: Incremental Provisioning of Candidates for the Interactive Connectivity Establishment (ICE) Protocol (Work in Progress). IETF, January 2015

[Ivov2]   Ivov, E.; Marocco, E.; Holmberg, C.: draft-ietf-mmusic-trickle-ice-sip-01 - A Session Initiation Protocol (SIP) usage for Trickle ICE (Work in Progress). IETF, January 2015

[Jaga]   Jagadeesan, Ram: Wideband Vocoders. Cisco Systems Document No. TR 41.3.3-01-05-11, May 2001

[Jars]   Jarschel, Michael; Zinner, Thomas; Hoßfeld, Tobias; Tran-Gia, Phuoc; Kellerer, Wolfgang: Interfaces, Attributes, and Use Cases: A Compass for SDN. IEEE Communications Magazine Vol 52 Issue 6 pp.210-217, June 2014

[JCP]   https://www.jcp.org

[Jeni]   Jenisch, Markus: QoS macht den Unterschied bei IPTV-Diensten. JDSU-Symposium für Carrier- und Unternehmensnetze, September 2008

[Jenn1]   Jennings, C.; Lowekamp, B.; Rescorla, E.; Baset, S.; Schulzrinne, H.; Schmidt, T. (Ed.): draft-ietf-p2psip-sip-14 – A SIP Usage for RELOAD (Work in Progress). IETF, January 2015

[Jenn2]   Jennings, C.: draft-jennings-behave-test-results-04 – NAT Classification Test Results. IETF, July 2007

[Jesu1]   Jesup, R.; Loreto, S.; Tuexen, M.: draft-ietf-rtcweb-data-protocol-08 – WebRTC Data Channel Establishment Protocol (Work in Progress). IETF, September 2014

[Jesu2]   Jesup, R.; Loreto, S.; Tuexen, M.: draft-ietf-rtcweb-data-channel-12 – RTCWeb Data Channels (Work in Progress). IETF, September 2014

[Jha]   Jha, Sanjay; Hassan, Mahbub: Engineering Internet QoS. Artech, 2002

[Jobm]   Jobmann, Klaus: Skript zur Vorlesung „Nachrichtenvermittlungstechnik II". Uni Hannover, Institut für Allgemeine Nachrichtentechnik – Kommunikationsnetze, SS 2001

[Joch]   Jochimsen, Reimut; Gustafsson, Knut: Infrastruktur. Grundlage der marktwirt-
            schaftlichen Entwicklung. Aus „Ökonomie für die Politik – Politik für die Öko-
            nomie", Duncker & Humblot, 2003

[John1]   Johnston, Alan B.: SIP – understanding the Session Initiation Protocol. Artech
            House, 2009

[John2]   Johnston, Alan B.; Burnett, Daniel C.: WebRTC. Digital Codex, 2014

[JXTA]   https://jxta.kenai.com

[Kanb]   Kanbach, Andreas; Körber, Andreas: ISDN - Die Technik. Hüthig, 1999

[Kell]   Keller, Andres: Breitbandkabel und Zugangsnetze – Technische Grundlagen und
            Standards. Springer, 2011

[Kera]   Keranen, A.; Rosenberg, J.: draft-ietf-mmusic-rfc5245bis-03 – Interactive Con-
            nectivity Establishment (ICE): A Protocol for Network Address Translator
            (NAT) Traversal for Offer/Answer Protocols (Work in Progress). IETF, October
            2014

[Kim]   Kim, Jaewoo; Lee, Jaiyong; Kim, Jaeho; Yun, Jaeseok: M2M Service Platforms:
            Survey, Issues, and Enabling Technologies. IEEE Communications Surveys &
            Tutorials Vol. 16 Issue 1 pp.61-76, February 2014

[Klen]   Klenner, Wolfgang; Klotz, Bernhard; Orlamünder, Harald: Lawful Interception
            – das gesetzliche Abhören in modernen Kommunikationsnetzen. Band 1 „VDE
            Kongress 2006 Aachen – Innovations for Europe", S.157-162, Oktober 2006

[Klot]   Klotz, Bernhard: Lawful Interception in Next Generation Networks. Alcatel
            Newsletter, April 2004

[Krem]   Krems, Sebastian: Von der Landkarte zum Kompass. Detecon Management
            Report 4/2006, S.5-9

[Krüg]   Krüger, Gerhard; Reschke, Dietrich (Hrsg.): Telematik. Fachbuchverlag Leipzig,
            2002

[Kühn]   Kühn, Paul: Vorlesungsskript Nachrichtenvermittlung I und II. Universität
            Stuttgart, Institut für Nachrichtenvermittlung und Datenverarbeitung, 1991

[Kuma]   Kumar, Vineet; Korpi, Markku; Sengodan, Senthil: IP Telephony with H.323.
            Wiley, 2001

[Lee]   Lee, Seung-Ik; Kang, Shin-Gak: NGSON: Features, State of the Art, and Reali-
            zation. IEEE Communications Magazine Vol. 50 Issue 1 pp.54-61, January 2012

[Lehm1]   Lehmann, Armin: Service composition based on SIP peer-to-peer networks. PhD
            Thesis, Plymouth University, 2014

[Lehm2]   Lehmann, Armin; Trick, Ulrich: Forschungsprojekt: Services in NGN - Abschlussbericht. FH Frankfurt a.M., Forschungsgruppe für Telekommunikationsnetze, 2007

[Lehm3]   Lehmann, Armin; Eichelmann, Thomas; Trick, Ulrich: Studie: Bereitstellung und Entwicklung von Mehrwertdiensten in NGN. FH Frankfurt a.M., Forschungsgruppe für Telekommunikationsnetze, 2009

[Lehm4]   Lehmann, A.; Eichelmann, T.; Trick, U.: Neue Möglichkeiten der Dienstebereitstellung durch Peer-to-Peer-Kommunikation. ITG-Fachbericht 208 Mobilfunk, S. 87-92, Mai 2008

[Lehm5]   Lehmann, Armin; Trick, Ulrich; Fuhrmann, Woldemar: SOA-basierte Peer-to-Peer-Mehrwertdienstebereitstellung. 14. Fachtagung Mobilkommunikation, Osnabrück, Mai 2009

[Lehm6]   Lehmann, Armin; Eichelmann, Thomas; Trick, Ulrich; Lasch, Rolf; Ricks, Björn; Tönjes, Ralf: TeamCom: A Service Creation Platform for Next Generation Networks. 4th Int. Conf. on Internet and Web Applications and Services, ICIW, Venice, May 2009

[Lesc1]   Lescuyer, Pierre: UMTS. dpunkt, 2002

[Lesc2]   Lescuyer, Pierre; Lucidarme, Thierry : Evolved Packet System (EPS) – The LTE and SAE Evolution of 3G UMTS. Wiley, 2008

[Lewi]   Lewis, Alex; Pacyk, Tom; Ross, David; Wintle, Randy: Microsoft Lync Server 2013 - Unleashed. SAMS, 2013

[Lin]   Lin, Xingqin; Andrews, Jeffrey G.; Ghosh, Amitabha; Ratasuk, Rapeepat: An Overview of 3GPP Device-to-Device Proximity Services. IEEE Communications Magazine Vol. 52 Issue 4 pp.40-48, April 2014

[Linc]   Linck, Christoph: Semantic Web Services. TU Darmstadt, Juli 2006

[Lobl]   Lobley, Nigel: GSM to UMTS - architecture evolution to support multimedia. BT Technol J Vol 19 No 1, pp.38-47, January 2001

[Lore]   Loreto, Salvatore; Romano, Simon Pietro: Real-Time Communications in the Web – Issues, Achievements, and Ongoing Standardization Efforts. IEEE Internet Computing, pp. 68-73, Sept.-Oct. 2012

[Lu]   Lu, Willie W. (Ed.): Broadband Wireless Mobile. Wiley, 2002

[Lüde]   Lüders, Christian: Mobilfunksysteme. Vogel, 2001

[Lüdt]   Lüdtke, Dan: IPv6 Workshop. 2. Auflage, CreateSpace Idenpendent Publishing Platform, 2013

[Lüke]   Lüke, Hans Dieter: Signalübertragung. Springer, 1999

[m2m]   http://www.etsi.org/technologies-clusters/technologies/m2m

[M3010]   M.3010: Maintenance: International Transmission Systems, Telephone Circuits,
             Telegraphy, Facsimile and Leased Circuits – Telecommunication Management
             Network – Principles for a Telecommunication Management Network. ITU-T,
             May 1996

[Mage1]   Magedanz, Thomas: Das IP Multimedia System (IMS) als Dienstplattform für
             Next Generation Networks. Vermittlungstechnisches Kolloquium Wien,
             22.06.2006

[Mage2]   Magedanz, Thomas: IMS als Diensteplattform für Netzbetreiber und MVNOs.
             Detecon Management Report, 04/2005

[MAN001]   GS NFV-MAN 001: Network Functions Virtualisation (NFV); Management and
             Orchestration, V1.1.1. ETSI, December 2014

[Maru]   Marusic, Denis; Trick, Ulrich: Forschungsprojekt: Konzepte zur Bestimmung
             der QoS bei VoIP in einem NGN - Abschlussbericht. FH Frankfurt a.M., For-
             schungsgruppe für Telekommunikationsnetze, 2006

[Mats]   Matsubara, Daisuke; Egawa, Takashi; Nishinaga, Nozomu; Kafle, Ved P.; Shin,
             Myung-Ki; Galis, Alex: Toward Future Networks: A Viewpoint from ITU-T.
             IEEE Communications Magazine Vol. 51 Issue 3 pp.112-118, March 2013

[Matt]   Mattern, Friedemann: Die technische Basis für M2M und das Internet der Dinge.
             Münchner Kreis, Fachkonferenz „M2M und das Internet der Dinge", Mai 2013

[Mell]   Mell, Peter; Grance, Timothy: The NIST Definition of Cloud Computing. NIST
             Special Publication 800-145. NIST, September 2011

[MIG]   Y.NGN-MIG: Migration of networks (including TDM Networks) to NGN. ITU-
             T, NGN-WD-87, June 2004

[Mini]   Minia, Valeria: Analyse, Realisierung und Test einer auf H.323 basierten Tele-
             kommunikationsanlage. Diplomarbeit FH Frankfurt a.M., Fachgebiet Digitale
             Übertragungstechnik – Telekommunikationsnetze, WS 2002/03

[Mons]   Monserrat, Jose F.; Droste, Heinz; Bulakci, Ömer; Eichinger, Josef; Queseth,
             Olav; Stamatelatos, Makis; Tullberg, Hugo; Venkatkumar, Venkatasubramani-
             an; Zimmermann, Gerd; Dötsch, Uwe; Osseiran, Afif: Rethinking the Mobile
             and Wireless Network Architecture – The METIS Research into 5G. Proc. Conf.
             on Networks and Communications (EuCNC), Bologna, June 2014

[Mont]   Montag, Josias: Software Defined Networking mit OpenFlow. Hauptseminarar-
             beit TU München, Lehrstuhl Netzarchitekturen und Netzdienste, WS 2012/13

[Moos]   Moos, Roland: Voice over IP – Standards und Technik. Deutsche Telekom Un-
             terrichtsblätter, Jg. 54, 7/2001

[Müll]   Müller, Günter; Eymann, Torsten; Kreutzer, Michael: Telematik- und Kommu-
            nikationssysteme in der vernetzten Wirtschaft. Oldenbourg, 2003

[nfv]   http://www.etsi.org/technologies-clusters/technologies/nfv

[NFV001]   GS NFV 001: Network Functions Virtualisation (NFV); Use Cases, V 1.1.1.
            ETSI, December 2013

[NFV002]   GS NFV 002: Network Functions Virtualisation (NFV); Architectural Frame-
            work, V 1.2.1. ETSI, December 2014

[NGMN1]   http://www.ngmn.org

[NGMN2]   NGMN: The NGNM Alliance - at a Glance. NGMN, January 2014

[ngn]   http://www.etsi.org/technologies-clusters/technologies/next-generation-networks

[NGNG]   http://www.itu.int/en/ITU-T/gsi/ngn/Pages/default.aspx

[NGNI]   IST NGN Initiative: NGNI Roadmap 2002. NGNI, 2002

[NGNP]   ITU-T: NGN FG Proceedings Part II. ITU, 2005

[Nieb]   Niebert, Norbert; Schieder, Andreas; Abramowicz, Henrik; Malmgren, Göran;
            Sachs, Joachim; Horn, Uwe; Prehofer, Christian; Karl, Holger: Ambient Net-
            works: An Architecture For Communication Network Beyond 3G. IEEE Wire-
            less Communications, pp.14-22, April 2004

[Nöll]   Nölle, Jochen: Voice over IP. VDE-Verlag, 2003

[NSIS]   http://www.ietf.org/html.charters/nsis-charter.html

[ODHT]   http://opendht.org

[OMA]   http://www.openmobilealliance.org

[onem]   http://www.onem2m.org

[ONF1]   https://www.opennetworking.org

[ONF2]   ONF: Software-Defined Networking: The New Norm for Networks. ONF White
            Paper. Open Networking Foundation, April 2012

[ONF3]   ONF: SDN architecture. Open Network Foundation, June 2014

[Opas1]   Opaschowski, Horst W.: So wollen wir leben – Die 10 Zukunftshoffnungen der
            Deutschen. Gütersloher Verlagshaus, 2014

[Opas2]   Opaschowski, Horst W.: Deutschland 2013 – Wie wir in Zukunft leben. Güters-
            loher Verlagshaus, 2013

[Open1]   ONF: OpenFlow Switch Specification, Version 1.0.0. ONF, December 2009

[Open2]   ONF: OpenFlow Switch Errata, Version 1.0.2. ONF, November 2013

[opus]   http://www.opus-codec.org

[Orla1]   Orlamünder, Harald: Protokoll der 9.Sitzung der ITG-Fachgruppe 5.2.3 "Next
             Generation Networks". Essen, 17. Februar 2004

[Orla2]   Orlamünder, Harald: High-Speed-Netze. Hüthig, 2000

[Orth]   Orthman, Franklin D.: Softswitch – Architecture for VoIP. McGraw-Hill, 2003

[Osse]   Osseiran, Afif; Boccardi, Frederico; Braun, Volker; Kusume, Katsutoshi;
             Marsch, Patrick; Maternia, Michal; Queseth, Olav; Schellmann, Malte; Schotten,
             Hans; Taoka, Hidekazu; Tullberg, Hugo; Uusitalo, Mikko A.; Timus, Bogdan;
             Fallgren, Mikael: Scenarios for the 5G Mobile and Wireless Communications:
             the Vision of the METIS Project. IEEE Communications Magazine Vol. 52 Is-
             sue 5 pp.26-35, May 2014

[P10N]   PKT-SP-EC-MGCP-I11-050812 – PacketCable Network-Based Call Signaling
             Protocol Specification. Cable Television Laboratories, August 2005

[P15A]   PKT-SP-CODEC1.5-I01-050128 – PacketCable 1.5 Specifications: Au-
             dio/Video Codecs. Cable Television Laboratories, January 2005

[P15C]   PKT-SP-CMSS1.5-I04-070412 – PacketCable 1.5 Specifications: CMS to CMS
             Signaling. Cable Television Laboratories, April 2007

[P15N]   PKT-SP-NCS1.5-I03-070412 – PacketCable 1.5 Specifications: Network-Based
             Call Signaling Protocol. Cable Television Laboratories, April 2007

[P20SS]   PKT-TR-SIP-C01-140314 – PacketCable 2.0 Technical Reports: SIP Signaling
             Technical Report. Cable Television Laboratories, March 2014

[P2PS]   http://datatracker.ietf.org/wg/p2psip/documents

[P563]   P.563: Single-ended method for objective speech quality assessment in narrow-
             band telephony applications. ITU-T, May 2004

[P800]   P.800: Methods for subjective determination of transmission quality. ITU-T,
             August 1996

[P8001]   P.800.1: Mean Opinion Score (MOS) Terminology. ITU-T, March 2003

[P862]   P.862: Perceptual evaluation of speech quality (PESQ): An objective method for
             end-to-end speech quality assessment of narrow-band telephone networks and
             speech codecs. ITU-T, February 2001

[P8621]   P.862.1: Mapping function for transforming P.862 raw result scores to MOS-
             LQO. ITU-T, November 2003

[pack1]   http://www.packetcable.com

[pack2]   http://www.packetizer.com/ipmc/h323_vs_sip

[Pate]   Patel, Kirit; Knappe, Michael: VoIP End to End delay budget planning for Private Networks. Cisco Systems, Febuary 2000

[Paul]   Paul, Linda; Wolf, Malthe: D21-Digital_index. 2014 – Die Entwicklung der digitalen Gesellschaft in Deutschland. Studie der Initiative D21. TNS Infratest und Initiative D21, 2014

[PCID]   PKT-SP-24.229-C01-140314 – PacketCable IMS Delta Specifications: Session Initiation Protocol (SIP) and Session Description Protocol (SDP); Stage 3 Specification 3GPP TS 24.229. Cable Television Laboratories, March 2014

[Perk]   Perkins, C.; Westerlund, M.; Ott, J.: draft-ietf-rtcweb-rtp-usage-22 – Web Real-time Communication (WebRTC): Media Transport and use of RTP (Work in Progress). IETF, February 2015

[Pete]   Peterbauer, K.; Stadler, J.; Miladinovic, J.; Pudil, T.: draft-peterbauer-sip-servlet-ext-00 – SIP Servlet API Extensions. IETF, August 2001

[Pete2]   Peterson, J.; Jennings, C.; Rescorla, E.: draft-ietf-stir-rfc4474bis-02 – Authenticated Identity Management in the Session Initiation Protocol (SIP) (Work in Progress). IETF, October 2014

[Peti]   Petit-Huguenin, M.; Keranen, A.: draft-ietf-mmusic-ice-sip-sdp-04 – Using Interactive Connectivity Establishment (ICE) with Session Description Protocol (SDP) offer/answer and Session Initiation Protocol (SIP) (Work in Progress). IETF, October 2014

[phon]   http://www.phonerlite.de

[Pico]   Picot, Arnold; Riemer, Kai; Taing, Stefan: Unified Communications. In "Enzyklopädie der Wirtschaftsinformatik", Online-Lexikon. Oldenbourg, Februar 2009

[Pohl]   Pohler, Matthias; Beckert, Bernd; Schefczyk, Michael: Technologische und ökonomische Langfristperspektiven der Telekommunikation. Schlussbericht an das Bundesministerium für Wirtschaft und Technologie. TU Dresden und FhG ISI, Sept. 2006

[Poik]   Poikselkä, Miikka; Mayer, Georg: The IMS – IP Multimedia Concepts and Services. John Wiley, 2013

[Q19125]   Q.1912.5: Interworking between Session Initiation Protocol (SIP) and Bearer Independent Call Control protocol or ISDN User Part. ITU-T, March 2004

[Rade]   Radermacher, Franz Josef: Infrastrukturen in Zeiten von Globalisierung und New Economy. Aus „Innovation@Infrastruktur", Hüthig, 2002

[Raep]   Raepple, Martin: Sicherheitskonzepte für das Internet. dpunkt, 2001

[Raja]   Rajan, Raju; Verma, Dinesh; Kamat, Sanjay; Felstaine, Eyal; Herzog, Shai: A
              Policy Framework for Integrated and Differentiated Services in the Internet.
              IEEE Network, September/October 1999, pp.36-41

[RAS]   http://www.ict-ras.eu

[Rech]   Rech, Jörg: Ethernet. Heise, 2008

[Rel10]   ETSI Mobile Competence Centre: Overview of 3GPP Release 10, V0.2.1.
              3GPP, June 2014

[Rel11]   ETSI Mobile Competence Centre: Overview of 3GPP Release 11 V0.2.0. 3GPP,
              September 2014

[Rel12]   ETSI Mobile Competence Centre: Overview of 3GPP Release 12 V0.1.4. 3GPP,
              September 2014

[Rel13]   ETSI Mobile Competence Centre: Overview of 3GPP Release 13 V0.0.6. 3GPP,
              June 2014

[Rel14]   ETSI Mobile Competence Centre: Overview of 3GPP Release 14 V0.0.1. 3GPP,
              September 2014

[Rel4]   ETSI Mobile Competence Centre: Overview of 3GPP Release 4 V1.1.2. 3GPP,
              February 2002

[Rel5]   ETSI Mobile Competence Centre: Overview of 3GPP Release 5 V0.1.1. 3GPP,
              February 2002

[Rel6]   ETSI Mobile Competence Centre: Overview of 3GPP Release 6 V0.1.1. 3GPP,
              February 2010

[Rel7]   ETSI Mobile Competence Centre: Overview of 3GPP Release 7 V0.9.16. 3GPP,
              January 2012

[Rel8]   ETSI Mobile Competence Centre: Overview of 3GPP Release 8 V0.3.3. 3GPP,
              September 2014

[Rel9]   ETSI Mobile Competence Centre: Overview of 3GPP Release 9 V0.3.4. 3GPP,
              September 2014

[Rel99]   ETSI Mobile Competence Center: Overview of 3GPP Release 1999 V0.1.1.
              3GPP, February 2010

[Resc]   Rescorla, E.: draft-ietf-rtcweb-security-arch-11 – WebRTC Security Architec-
              ture (Work in Progress). IETF, March 2015

[Reyn]   Reynolds, R. J. B.; Rix, A. W.: Quality VoIP – an engineering challenge. BT
              Technol J Vol 19 No 2 April 2001, pp.23-32

[rfcs]   http://www.rfc-editor.org/rfcsearch.html

[ripE]   https://www.ripe.net/data-tools/dns/enum

[Ritt]   Ritter, Ute: Von TDM- zu IP-Netzen – Wann lohnt sich der Umstieg? ntz H.6/2002, S. 28–30

[Röme]   Römer, Stefan: Entwicklung einer QoS-unterstützenden SIP-basierten VoIP-Vermittlungsinfrastruktur unter Einsatz des COPS-Protokolls. Diplomarbeit FH Frankfurt a.M., Fachgebiet Digitale Übertragungstechnik – Telekommunikationsnetze, SS 2006

[Rose]   Rosen, Brian: VoIP gateways and the Megaco architecture. BT Technol J Vol 19 No 2 April 2001, pp.66-76

[Rose2]   Rosenberg, Jonathan: SIP and SPAM. Int. SIP Conference, Paris, January 2005

[Rose3]   Rosenbach, Marcel; Stark, Holger: Der NSA-Komplex – Edward Snowden und der Weg in die totale Überwachung. Deutsche Verlags-Anstalt, 2014

[Rött]   Röttgers, Janko: Das Telefon im Bildschirm. Frankfurter Rundschau, 20.10.2003

[Roth]   Roth, Jörg: Mobile Computing. dpunkt, 2005

[rtcw]   http://tools.ietf.org/wg/rtcweb

[Rück]   Rückert, Julius; Bifulco, Roberto; Rizwan-Ul-Haq, Muhammad; Kolbe, Hans-Joerg; Hausheer, David: Flexible Traffic Management in Broadband Access networks using Software Defined Networking. Network Operations and Management Symposium (NOMS), Krakow, May 2014

[S1903]   IEEE Std 1903: IEEE Standard for the Functional Architecture of Next Generation Service Overlay Networks. IEEE, Ocober 2011

[Saar]   Saaranen, Mika; Baugher, Mark: UPnP Forum and Gateway committee overview. UPnP Forum, March 2010

[Sail]   Sailer, Reiner: Sicherheitsarchitektur für mehrseitig sichere Kommunikationsdienste am Beispiel ISDN. Universität Stuttgart, Institut für Nachrichtenvermittlung und Datenverarbeitung, 1999

[Sc20]   SIP Forum: SIPconnect 2.0. http://www.sipforum.org/content/view/179/213

[Schi]   Schill, Alexander: Mobile Communication and Mobile Computing. Vorlesung TU Dresden, SS 2013

[Schn]   Schneier, Bruce: Secrets & Lies. Wiley, 2004

[Scho]   Schott, Roland: Quality of Service in IP- und MPLS-Netzen. Tele Kommunikation Aktuell, April/Mai 2002

[Schu1]   Schulzrinne, Henning: Internet Telefonie – Mehr als nur ein Telefon mit Paketvermittlung. Columbia University, New York, 12. November 2000

[Schu2]   Schulzrinne, Henning; Wedlund, Elin: Application-Layer Mobility Support using SIP. Mobile Computing and Communications Review (MC2R), Volume 4, Number 3, Columbia University, July 2000

[shin]   http://shinydemos.com/facekat

[Sieg1]   Siegmund, Gerd: Technik der Netze. Hüthig, 2003

[Sieg2]   Siegmund, Gerd (Hrsg.): Intelligente Netze. Hüthig, 2001

[Sieg3]   Siegmund, Gerd: Next Generation Networks. Hüthig, 2002

[Sieg4]   Siegmund, Gerd: ATM – Die Technik. Hüthig, 2003

[SILK]   https://developer.skype.com/silk

[Sing1]   Singh, Kundan; Krishnaswamy, Venkatesh: A Case for SIP in JavaScript. IEEE Communications Magazine, pp. 28-33, April 2013

[Sing2]   Singh, Kundan; Schulzrinne, Henning: Peer-to-Peer Internet Telephony using SIP. Columbia University Technical Report CUCS-044-04, New York, October 2004

[Sing3]   Singh, Kundan; Schulzrinne, Henning: Using an External DHT as a SIP Location Service. Columbia University Technical Report CUCS-007-06, New York, February 2006

[Sing4]   Singh, Kundan; Schulzrinne, Henning: P2P-SIP – Peer to peer Internet telephony using SIP. Columbia University New York, June 2005

[Sinn1]   Sinnreich, Henry; Johnston, Alan B.: Internet Communications using SIP. Wiley, 2001

[Sinn2]   Sinnreich, Henry: The Disruption by SIP and IP in the Telecom Industry. Int. SIP Conference, Paris, January 2004

[SIPF]   http://www.sipforum.org

[Skeh]   Skehill, Ronan J.; McGrath, Sean: IP Mobility Management. IEE Symposium, Dublin, November 2001

[Skyp]   http://www.skype.com

[Smit]   Smith, M.; Adams, R.; Dvorkin, M.; Laribi, Y.; Pandey, V.; Garg, P.; Weidenbacher, N.: draft-smith-opflex-01 – OpFlex Control Protocol (Work in Progress). IETF, November 2014

[Snep]   Sneps-Sneppe, Manfred; Namiot, Dmitry: About M2M standards and their possible extensions. Proc. 2nd Baltic Congress on Future Internet Communications (BCFIC), Vilnius, April 2012

[snom]   http://www.snom.de

[Stah]   Stahl, Uwe: Lawful Interception (LI). Alcatel Newsletter, October 2003

[Stal1]   Stallings, William: ISDN and Broadband ISDN with Frame Relay and ATM. Pearson Education, 1999

[Stal2]   Stallings, William: Data and Computer Communications. Pearson Education, 2003

[Step]   Stephens, Tony; Cordell, Pete J.: SIP and H.323 – interworking VoIP networks. BT Technol J Vol 19 No 2 April 2001, p 119–127

[Steu]   Steuernagel, Kai: IP-Netze – Planung und Design. Hüthig, 2002

[Stew]   Stewart, R.; Tuexen, M.; Ruengeler, I.: draft-ietf-behave-sctpnat-09 – Stream Control Transmission Protocol (SCTP) Network Address Translation (Work in Progress). IETF, September 2013

[Stie]   Stiemerling, M.; Tschofenig, H.; Aoun, C.; Davies, E.: draft-ietf-nsis-nslp-natfw-20 – NAT/Firewall NSIS Signaling Layer Protocol (NSLP) (Work in Progress). IETF, November 2008

[Stös]   Stösser, Joachim: Quality of Service bei Voice over Internet – Wesentliche Faktoren, Simulationsmodell und Lösungen. Diplomarbeit FH Frankfurt a.M., Fachgebiet Digitale Übertragungstechnik – Telekommunikationsnetze, SS 2002

[Sumn]   Sumner, Scott: Advanced VoIP Testing Techniques. Internet Telephony, March 2006

[Sun]   Sun, Lingfen: Speech Quality Prediction for Voice over Internet Protocol Networks. PhD Thesis, University of Plymouth, January 2004

[T38]   T.38: Procedures for real-time Group 3 facsimile communication over IP networks. ITU-T, September 2010

[Tane]   Tanenbaum, Andrew S.: Computer Networks. Pearson Education, 2003

[Team]   http://www.ecs.fh-osnabrueck.de/teamcom.html

[Tele]   Teleste: Was sich mit IPTV alles machen lässt. 10. Kabelkongress FRK Leipzig, November 2007

[Thor]   Thorne, David J.: VoIP – the access dimension. BT Technol J Vol 19 No 2, pp.33-43, April 2001

[TISP]   http://www.etsi.org/tispan

[TMFo]   http://www.tmforum.org

[Toss]   Tosse, Ralf: Vorlesungsskript Performance von Kommunikationssystemen und -netzen. TU Ilmenau, Fachgebiet Kommunikationsnetze, März 2003

[Tric1]   Trick, Ulrich: Konvergenz der Netze & neueste Entwicklungen im Next Genera-
            tion Network. 1. Xyna Konferenz – Industrialisierung der Telekommunikation,
            Mainz, November 2006

[Tric2]   Trick, Ulrich: All over IP – der Schlüssel zur ITK-Infrastruktur der Zukunft. ntz
            56 (2003) H.1, S.30–33

[Tric3]   Trick, Ulrich: NGN im Laboreinsatz. NET 4/03, S.35-37

[Tric4]   Trick, Ulrich: Next Generation Network und UMTS. ITG-Fachbericht 176 Mo-
            bilfunk, S. 81-89, Juni 2003

[Tric5]   Trick, Ulrich; Wenzel, Günter; Knapp, Daniel: Erwartungen an ein NGN. ITG-
            Workshop Zukunft der Netze, Kaiserslautern, Oktober 2004

[Tric6]   Trick, Ulrich; Weber, Frank; El Bouarfati, Soulaimane: Modellierung heteroge-
            ner Telekommunikationsnetze. ITG-Fachbericht 187 Mobilfunk, S.41-49, Juni
            2005

[Tric7]   Trick, Ulrich; Diehl, Andreas; Fuhrmann, Woldemar; Burdys, Sven: Application
            Server und Service Provisioning. ITG-Workshop Zukunft der Netze, Bremen,
            November 2006

[Tric8]   Trick, Ulrich; Weber, Frank: Mobilität und Next Generation Networks (NGN).
            Band 1 „VDE Kongress 2006 Aachen – Innovations for Europe", S.181-186,
            Oktober 2006

[Tric9]   Trick, Ulrich; Akkaya, Özgür; Oehler, Steffen: Notruf bei VoIP. VDE-Jahrbuch
            Elektrotechnik 2007, Band 26, S. 217-237

[Tric10]   Trick, Ulrich; Weber, Frank; El Bouarfati, Soulaimane: Modellierung heteroge-
            ner Telekommunikationsnetze. ITG-Fachbericht 187 Mobilfunk, S. 41-49, Juni
            2005

[Tver]   Tveretin, A.: draft-tveretin-dispatch-remote-00 – Remote Call Control and Call
            Pick-up in SIP (Work in Progress). IETF, February 2015

[Uber]   Uberti, J.; Jennings, C.; Rescorla, E.: draft-ietf-rtcweb-jsep-09 – Javascript Ses-
            sion Establishment Protocol (Work in Progress). IETF, March 2015

[upnp1]   http://www.upnp.org

[upnp2]   Internet Gateway Device (IGD) Standardized Device Control Protocol V 1.0.
            UPnP Forum, November 2001

[upnp3]   UPnP   Forum: Internet   Gateway   Device   (IGD)   V2.0.
            http://upnp.org/specs/gw/igd2/

[VATM]   VATM: 16. TK-Marktanalyse Deutschland 2014. Studie Dialog Consult/VATM,
            Oktober 2014

[Vida]   Vidal, F. G.: VoIP in Public Networks: Issues, Challenges and Approaches. Informatik – Informatique 3/2001, S.38-44

[VoLG]   http://www.volga-forum.com

[W3C]   http://www.w3.org

[w3cS]   http://www.w3.org/TR/soap

[W3CW]   http://www.w3.org/2011/04/webrtc

[w3cX]   http://www.w3.org/XML

[W3TR1]   http://www.w3.org/TR/webrtc

[W3TR2]   http://www.w3.org/TR/mediacapture-streams

[W3TR3]   http://www.w3.org/TR/html5

[w3ws]   http://www.w3.org/2002/ws

[Walk1]   Walke, Bernhard: Mobilfunknetze und ihre Protokolle 1. Teubner, 2001

[Walk2]   Walke, Bernhard; Althoff, Marc Peter; Seidenberg, Peter: UMTS – Ein Kurs. Schlembach, 2002

[Walt]   Walter, Klaus-Dieter: M2M-Anwendungen per WLAN lösen. White Paper, Walter-M2M Ltd., März 2006

[Webe1]   Weber, Frank; Ezzouine, Ikbal; Trick, Ulrich: P2P SIP using JXTA. Int. SIP Conference, Paris, 2007

[Webe2]   Weber, Frank; Trick, Ulrich: SIP-basierte NGN-Architekturen und das IMS. ITG-Fachbericht 194 Mobilfunk, S. 23-34, Mai 2006

[WebR1]   http://www.webrtc.org

[WebR2]   http://www.webrtc.org/architecture

[Wedl]   Wedlund, Elin; Schulzrinne, Henning: Mobility Support Using SIP. Second ACM/IEEE International Conference on Wireless and Mobile Multimedia (WoWMoM'99), Seattle, Washington, August 1999

[Weid1]   Weidenfeller, Hermann: Grundlagen der Kommunikationstechnik. Teubner, 2002

[Weid2]   Weidenfeller, Hermann; Benkner, Thorsten: Telekommunikationstechnik. Schlembach, 2002

[Weik]   Weik, Hartmut; Stahl, Uwe: Voice over IP in der Praxis. NET 10/01, S.43-46

[Wies]   Wiese, Herbert: Das neue Internetprotokoll IPv6. Hanser, 2002

[wire]   http://www.wireshark.org

[WP1A]   WP1: AN Framework Architecture. 6. EU Framework Programme, Project
            507134, WWI Ambient Networks, D1.5 Version 1.0, December 2005

[Wusc2]   Wuschke, Martin: UMTS – Paketvermittlung im Transportnetz, Protokollaspek-
            te, Systemüberblick. Teubner, 2003

[Xiao]   Xiao, Xipeng; Ni, Lionel M.: Internet QoS: A Big Picture. IEEE Network, pp.8-
            18, March/April 1999

[Y2001]   Y.2001: General Overview of NGN. ITU-T, December 2004

[Y2060]   Y.2060: Overview of the Internet of things. ITU-T, June 2012

[Y2240]   Y.2240: Requirements Requirements and capabilities for next generation net-
            work service integration and delivery environment. ITU-T, April 2011

[Y2261]   Y.2261: PSTN/ISDN evolution to NGN. ITU-T, September 2006

[Y2301]   Y.2301: Network intelligence capability enhancement – Requirements and ca-
            pabilities. ITU-T, August 2013

[Y3001]   Y.3001: Future networks: Objectives and design goals. ITU-T, May 2011

[Y3011]   Y.3011: Framework of network virtualization for future networks. ITU-T, Janu-
            ary 2012

[Y3021]   Y.3021: Framework of energy saving for future networks. ITU-T, January 2012

[Y3041]   Y.3041: Smart ubiquitous networks – Overview. ITU-T, April 2013

[Y3300]   Y.3300: Framework of software-defined networking. ITU-T, June 2014

[Zhao]   Zhao, Weibin; Olshefski, David; Schulzrinne, Henning: Internet Quality of Ser-
            vice: an Overview. Columbia University, New York, Technical Report, Februa-
            ry 2000

[Ziem]   Ziemann, Peter: Konzept für die Zusammenschaltung von Next Generation
            Networks, Version 2.0.0. AKNN, März 2009

[Zopf]   Zopf, Bernd: Intelligentes Netz. telekom praxis, S.229-246, 2001

Index

www.ingramcontent.com/pod-product-compliance
Lightning Source LLC
Chambersburg PA
CBHW081209220326
41598CB00037B/6725